Win-Q

피복아크용접

기능사 필기

[가스텅스텐아크용접/이산화탄소가스아크용접기능사 포함]

시대에듀

편·저·자·약·력

홍순규

現 인천기계공업고등학교 교사

前 (주)SK 기술연구원 근무
   (주)하나마이크론 근무

끝까지 책임진다! 시대에듀!
QR코드를 통해 도서 출간 이후 발견된 오류나 개정법령, 변경된 시험 정보, 최신기출문제, 도서 업데이트 자료 등이 있는지 확인해
보세요! 시대에듀 합격 스마트 앱을 통해서도 알려 드리고 있으니 구글 플레이나 앱 스토어에서 다운받아 사용하세요.
또한, 파본 도서인 경우에는 구입하신 곳에서 교환해 드립니다.

편집진행 윤진영 · 최 영 | **표지디자인** 권은경 · 길전홍선 | **본문디자인** 정경일 · 심혜림

시험안내

피복아크용접 / 가스텅스텐아크용접 / 이산화탄소가스아크용접기능사

개요

각종 기계나 금속구조물 및 압력용기 등을 제작하기 위하여 전기, 가스 등의 열원을 이용하거나 기계적 힘을 이용하는 방법으로 다양한 용접장비 및 기기를 조작하여 금속과 비금속 재료를 필요한 형태로 융접, 압접, 납땜을 수행한다.

수행직무

용접 도면을 해독하여 용접절차사양서를 이해하고 용접재료를 준비하여 작업환경 확인, 안전보호구 준비, 용접장치와 특성 이해, 용접기 설치 및 점검관리하기, 용접 준비 및 본용접하기, 용접부 검사, 작업장 정리하기 등의 아크용접 관련 직무를 수행한다.

시험일정

구분	필기원서접수 (인터넷)	필기시험	필기합격 (예정자)발표	실기원서접수	실기시험	최종 합격자 발표일
제1회	1월 초순	1월 하순	2월 초순	2월 초순	3월 중순	4월 중순
제2회	3월 중순	4월 초순	4월 중순	4월 하순	5월 하순	7월 초순
제3회	6월 초순	6월 하순	7월 중순	7월 하순	8월 하순	9월 하순
제4회	8월 하순	9월 중순	10월 중순	10월 중순	11월 하순	12월 하순

※ 상기 시험일정은 시행처의 사정에 따라 변경될 수 있으니, www.q-net.or.kr에서 확인하시기 바랍니다.

시험요강

❶ 시행처 : 한국산업인력공단

❷ 시험과목
　㉠ 필기 : 1. 아크용접 2. 용접 안전 3. 용접재료 4. 도면 해독 5. 가스 절단 6. 기타 용접
　㉡ 실기 : 피복아크용접(가스텅스텐아크용접, 이산화탄소가스아크용접) 실무

❸ 검정방법
　㉠ 필기 : 객관식 4지 택일형 60문항(60분)
　㉡ 실기 : 작업형(2시간 정도)

❹ 합격기준(필기 · 실기) : 100점 만점에 60점 이상

용접 분야의 전문가를 향한 첫 발걸음!

이 교재는 피복아크용접기능사, 가스텅스텐아크용접기능사, 이산화탄소가스아크용접기능사를 취득하고자 하는 수험생들이 용접 이론 서적들을 참고하지 않아도 필기시험에 합격할 수 있도록 구성되었습니다. 특히 한국산업인력공단의 출제기준과 기출문제를 철저히 분석하여 핵심이론을 구성하였고 기출문제에도 상세히 해설을 첨부하였습니다. 국가기술자격의 필기시험은 문제은행방식으로, 기출문제가 반복적으로 출제되기 때문에 기출문제를 분석해서 풀어보고 이와 관련된 이론들을 학습하는 것이 효과적인 학습방법입니다. 그리고 피복아크용접기능사, 가스텅스텐아크용접기능사, 이산화탄소가스아크용접기능사는 출제기준이 거의 같기 때문에 따로 구분해서 학습할 필요가 없고, 어떤 종목을 준비하더라도 이 교재의 모든 기출문제를 풀어보고 학습해야 합니다. 이 교재는 용접이라는 분야를 처음 접하는 수험생들이 쉽게 이해할 수 있도록 상세히 풀어서 설명하였고, 꼭 알아야 하는 용접 관련 이론들만을 엄선해서 핵심이론으로 수록했습니다. 그러므로 이 교재를 통해서 한 번에 필기시험에 합격하고자 한다면 다음과 같이 교재를 활용하시기 바랍니다.

첫째, 빨간키의 내용을 하루에 한 번씩 암기하십시오.

　　　국가기술자격시험은 60문제 중에서 최소 36문제를 맞히면 되기 때문에 자주 등장하는 기출 어휘들에 노출되는 횟수를 증가시켜 익숙해질 필요가 있습니다.

둘째, 과년도 기출문제를 1시간 안에 빠른 속도로 반복 학습하십시오.

셋째, 실전 모의고사의 해설을 좀 더 꼼꼼하게 학습하십시오.

위와 같은 방법으로 이 교재를 활용한다면 분명 단기간에 필기시험에 합격할 수 있을 것이라고 자신합니다. 이 교재가 수험생 여러분의 자격증 취득에 길잡이가 되길 희망합니다. 마지막으로 본 교재가 출간될 수 있도록 도움을 주신 동료 선생님들과 에너지기계과 학생들에게 깊이 감사를 드리며, 시대에듀 회장님과 임직원 여러분들께도 감사드립니다.

편저자 씀

검정현황(피복아크용접기능사)

필기시험

실기시험

출제기준 (피복아크용접 / 가스텅스텐아크용접 / 이산화탄소가스아크용접기능사)

필기과목명	주요항목	세부항목	세세항목
아크용접, 용접 안전, 용접재료, 도면 해독, 가스 절단, 기타 용접	아크용접 장비 준비 및 정리 · 정돈	용접장비 설치, 용접설비 점검, 환기장치 설치	• 용접 및 산업용 전류, 전압 • 용접기 설치 주의사항 • 용접기 운전 및 유지보수 주의사항 • 용접기 안전 및 안전수칙 • 용접기 각부 명칭과 기능 • 전격방지기 • 용접봉 건조기 • 용접 포지셔너 • 환기장치, 용접용 유해가스 • 피복아크용접설비 • 피복아크용접 봉, 용접 와이어 • 피복아크용접 기법
	아크용접 가용접작업	용접 개요 및 가용접작업	• 용접의 원리 • 용접의 장단점 • 용접의 종류 및 용도 • 측정기의 측정원리 및 측정방법 • 가용접 주의사항
	아크용접작업	용접조건 설정, 직선비드 및 위빙용접	• 용접기 및 피복아크용접기기 • 아래보기, 수직, 수평, 위보기용접 • T형 필릿 및 모서리용접
	수동 · 반자동 가스 절단	수동 · 반자동 절단 및 용접	• 가스 및 불꽃 • 가스용접설비 및 기구 • 산소, 아세틸렌용접 및 절단기법 • 가스절단장치 및 방법 • 플라스마, 레이저 절단 • 특수가스 절단 및 아크 절단 • 스카핑 및 가우징
	아크용접 및 기타 용접	맞대기(아래보기, 수직, 수평, 위보기)용접, T형 필릿 및 모서리용접	• 서브머지드아크용접 • 가스텅스텐아크용접, 가스금속아크용접 • 이산화탄소가스아크용접 • 플럭스코어드아크용접 • 플라스마아크용접 • 일렉트로슬래그용접, 테르밋용접 • 전자빔용접　　　　　• 레이저용접 • 저항용접　　　　　　• 기타 용접
	용접부 검사	파괴, 비파괴 및 기타 검사(시험)	• 인장시험　　　　　　• 굽힘시험 • 충격시험　　　　　　• 경도시험 • 방사선투과시험　　　• 초음파탐상시험 • 자분탐상시험 및 침투탐상시험 • 현미경조직시험 및 기타 시험

필기과목명	주요항목	세부항목	세세항목
아크용접, 용접 안전, 용접재료, 도면 해독, 가스 절단, 기타 용접	용접 결함부 보수용접작업	용접 시공 및 보수	• 용접 시공 계획 • 용접 준비 • 본용접 • 열영향부 조직의 특징과 기계적 성질 • 용접 전 · 후처리(예열, 후열 등) • 용접결함, 변형 등 방지대책
	안전관리 및 정리 · 정돈	작업 및 용접 안전	• 작업 안전, 용접 안전관리 및 위생 • 용접 화재방지 • 산업안전보건법령 • 작업 안전 수행 및 응급처치 기술 • 물질안전보건자료
	용접재료 준비	금속의 특성과 상태도	• 금속의 특성과 결정구조 • 금속의 변태와 상태도 및 기계적 성질
		금속재료의 성질과 시험	• 금속의 소성변형과 가공 • 금속재료의 일반적 성질 • 금속재료의 시험과 검사
		철강재료	• 순철과 탄소강 • 열처리 종류 • 합금강 • 주철과 주강 • 기타 재료
		비철 금속재료	• 구리와 그 합금 • 알루미늄과 경금속 합금 • 니켈, 코발트, 고용융점 금속과 그 합금 • 아연, 납, 주석, 저용융점 금속과 그 합금 • 귀금속, 희토류 금속과 그 밖의 금속
		신소재 및 그 밖의 합금	• 고강도 재료 • 기능성 재료 • 신에너지 재료
	용접도면 해독	용접절차사양서 및 도면 해독(제도통칙 등)	• 일반사항(양식, 척도, 문자 등) • 선의 종류 및 도형의 표시법 • 투상법 및 도형의 표시방법 • 치수의 표시방법 • 부품번호, 도면의 변경 등 • 체결용 기계요소 표시방법 • 재료기호 • 용접기호 • 투상도면 해독 • 용접도면 • 용접기호 관련 한국산업규격(KS)

CBT 응시 요령

기능사 종목 전면 CBT 시행에 따른

CBT 완전 정복!

"CBT 가상 체험 서비스 제공"

한국산업인력공단
(http://www.q-net.or.kr) 참고

---

01 수험자 정보 확인

시험장 감독위원이 컴퓨터에 나온 수험자 정보와 신분증이 일치하는지를 확인하는 단계입니다. 수험번호, 성명, 생년월일, 응시종목, 좌석번호를 확인합니다.

---

02 안내사항

시험에 관한 안내사항을 확인합니다.

---

03 유의사항

부정행위에 관한 유의사항이므로 꼼꼼히 확인합니다.

---

04 문제풀이 메뉴 설명

문제풀이 메뉴의 기능에 관한 설명을 유의해서 읽고 기능을 숙지해 주세요.

05 시험 준비 완료

시험 안내사항 및 문제풀이 연습까지 모두 마친 수험자는 시험 준비 완료 버튼을 클릭한 후 잠시 대기합니다.

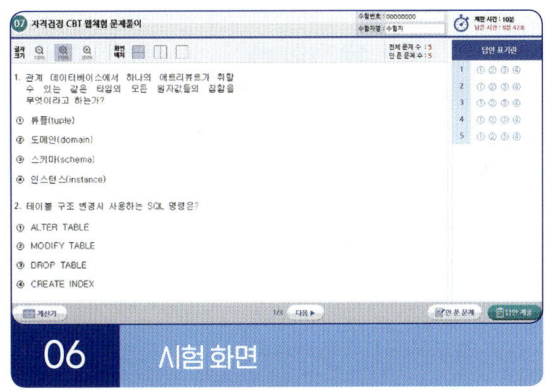

06 시험 화면

시험 화면이 뜨면 수험번호와 수험자명을 확인하고, 글자크기 및 화면배치를 조절한 후 시험을 시작합니다.

07 답안 제출

[답안 제출] 버튼을 클릭하면 답안 제출 승인 알림창이 나옵니다. 시험을 마치려면 [예] 버튼을 클릭하고 시험을 계속 진행하려면 [아니오] 버튼을 클릭하면 됩니다. 답안 제출은 실수 방지를 위해 두 번의 확인 과정을 거칩니다. [예] 버튼을 누르면 답안 제출이 완료되며 득점 및 합격여부 등을 확인할 수 있습니다.

CBT 완전 정복 Tip

내 시험에만 집중할 것
CBT 시험은 같은 고사장이라도 각기 다른 시험이 진행되고 있으니 자신의 시험에만 집중하면 됩니다.

이상이 있을 경우 조용히 손을 들 것
컴퓨터로 진행되는 시험이기 때문에 프로그램상의 문제가 있을 수 있습니다. 이때 조용히 손을 들어 감독관에게 문제점을 알리며, 큰 소리를 내는 등 다른 사람에게 피해를 주는 일이 없도록 합니다.

연습 용지를 요청할 것
응시자의 요청에 한해 연습 용지를 제공하고 있습니다. 필요시 연습 용지를 요청하며 미리 시험에 관련된 내용을 적어놓지 않도록 합니다. 연습 용지는 시험이 종료되면 회수되므로 들고 나가지 않도록 유의합니다.

답안 제출은 신중하게 할 것
답안은 제한 시간 내에 언제든 제출할 수 있지만 한 번 제출하게 되면 더 이상의 문제풀이가 불가합니다. 안 푼 문제가 있는지 또는 맞게 표기하였는지 다시 한 번 확인합니다.

구성 및 특징

CHAPTER 01 용접일반

제1절 용접원리

핵심이론 01 용접(Welding)

① 정의

용접이란 2개의 서로 다른 물체를 접합하고자 할 때 사용하는 기술이다.

② 용접의 분류

용접	접합 부위를 용융시켜 만든 용융 풀에 용가재인 용접봉을 넣어가며 접합시키는 방법
압접	접합 부위를 녹기 직전까지 가열한 후 압력을 가해 접합시키는 방법
납땜	모재를 녹이지 않고 모재보다 용융점이 낮은 금속(은납 등)을 녹여 접합부에 넣어 표면장력(원자 간 확산침투)으로 접합시키는 방법

③ 용접의 작업 순서

④ 용접과 타 접합법과의 차이점

구분	종류	장점 및 단점
야금적 접합법	용접이음 (융접, 압접, 납땜)	· 결합부에 틈새가 발생하지 않아서 이음효율이 좋다. · 영구적인 결합법으로 한 번 결합 시 분리가 불가능하다.
기계적 접합법	리벳이음, 볼트이음, 나사이음, 핀, 키, 접어 잇기 등	· 결합부에 틈새가 발생하여 이음효율이 좋지 않다. · 일시적인 결합법으로 잘못 결합 시 수정이 가능하다.
화학적 접합법	본드와 같은 화학물질에 의한 접합	· 간단하게 결합이 가능하다. · 이음강도가 크지 않다.

※ 야금 : 광석에서 금속을 추출하고 정련한 뒤 정련하여 사용목적에 알맞은 형상으로 제조하는 기술

⑤ 용접자세(Welding Position)

자세	KS규격	ISO	AWS
아래보기	F(Flat Position)	PA	1G
수평	H(Horizontal Position)	PC	2G
수직	V(Vertical Position)	PF	3G
위보기	OH(Overhead Position)	PE	4G

⑥ 용극식과 비용극식 아크 용접법

용극식 용접법 (소모성 전극)	용가재인 와이어 자체가 전극이 되어 모재와의 사이에서 아크를 발생시키면서 용접 부위를 채워나가는 용접 방법으로, 이때 전극의 역할을 하는 와이어는 소모된다. 예 서브머지드 아크 용접(SAW), MIG 용접, CO₂ 용접, 피복 금속 아크 용접(SMAW)
비용극식 용접법 (비소모성 전극)	전극봉을 사용하여 아크를 발생시키고 이 아크열로 용

2 ■ PART 01 핵심이론

다음 용접자세

① F : 아래보
③ H : 수평자

[해설]
용접자세
| 아래보기 자세(F) | |
| 수직자세 (V) | |

핵심이론 03 용접의 장점 및 단점

① 용접의 장점 및 단점

용접의 장점	용접의 단점
· 이음효율이 높다. · 재료가 절약된다. · 제작비가 적게 든다. · 이음 구조가 간단하다. · 유지와 보수가 용이하다. · 재료의 두께 제한이 없다. · 이종 재료도 접합이 가능하다. · 제품의 성능과 수명이 향상된다. · 유밀성, 기밀성, 수밀성이 우수하다. · 작업 공정이 줄고, 자동화가	· 취성이 생기기 쉽다. · 균열이 발생하기 쉽다. · 용접부의 결함 판단이 어렵다. · 용융 부위 금속의 재질이 변한다. · 저온에서 쉽게 약해질 우려가 있다. · 용접 모재의 재질에 따라 영향을 크게 받는다. · 용접 기술자(용접사)의 기량에 따라 품질이 다르다. · 용접 후 변형 및 수축에 따라 잔류응력이 발생한다.

② 이음효율

용접은 리벳과 같은 기계적 접합법보다 이음효율이 좋다.

$$이음효율(\eta) = \frac{시험편인장강도}{모재인장강도} \times 100\%$$

10년간 자주 출제된 문제

3-1. 맞대기 용접 이음에서 모재의 인장강도는 40kgf/mm²이며, 용접 시험편의 인장강도가 45kgf/mm²일 때 이음효율은 몇 %인가?

① 104.4 ② 112.5
③ 125.0 ④ 150.0

3-2. 용접법과 기계적 접합법을 비교할 때, 용접법의 장점이 아닌 것은?

① 작업 공정이 단축되며 경제적이다.
② 기밀성, 수밀성, 유밀성이 우수하다.
③ 재료가 절약되고 중량이 가벼워진다.
④ 이음효율이 낮다.

3-3. 일반적인 용접의 특징으로 틀린 것은?

① 재료의 두께에 제한이 없다.
② 작업공정이 단축되며 경제적이다.
③ 보수와 수리가 어렵고 제작비가 많이 든다.
④ 제품의 성능과 수명이 향상되며 이종 재료도 용접이 가능하다.

[해설]

3-1

$$이음효율(\eta) = \frac{시험편인장강도}{모재인장강도} \times 100\%$$

$$= \frac{45}{40} \times 100\%$$

$$= 112.5\%$$

3-2
용접은 두 금속을 용해한 후 하나의 물체로 만들기 때문에 리벳과 같은 기계적 접합법보다 이음효율이 더 높다.

3-3
용접은 유지와 보수가 쉽고 제작비가 적게 든다는 장점이 있다.

정답 3-1 ② 3-2 ④ 3-3 ③

핵심이론

필수적으로 학습해야 하는 중요한 이론들을 각 과목별로 분류하여 수록하였습니다. 시험과 관계없는 두꺼운 기본서의 복잡한 이론은 이제 그만! 시험에 꼭 나오는 이론을 중심으로 효과적으로 공부하십시오.

10년간 자주 출제된 문제

출제기준을 중심으로 출제 빈도가 높은 기출문제와 필수적으로 풀어보아야 할 문제를 핵심이론당 1~2문제씩 선정했습니다. 각 문제마다 핵심을 찌르는 명쾌한 해설이 수록되어 있습니다.

2014년 제1회 과년도 기출문제

01 필릿 용접부의 보수방법에 대한 설명으로 옳지 않은 것은?

① 간격이 1.5mm 이하일 때에는 그대로 용접하여도 좋다.
② 간격이 1.5~4.5mm일 때에는 넓혀진 만큼 각장을 감소시킬 필요가 있다.
③ 간격이 4.5mm일 때에는 라이너를 넣는다.
④ 간격이 4.5mm 이상일 때에는 300mm 정도의 치수로 판을 잘라낸 후 새로운 판으로 용접한다.

해설
필릿 용접부의 보수방법
· 간격이 1.5mm 이하일 때는 그대로 규정된 각장(다리길이)으로 용접하면 된다.
· 간격이 1.5~4.5mm일 때는 그대로 규정된 각장(다리길이)으로 용접하거나 각장을 증가시킨다.
· 간격이 4.5mm일 때에는 라이너를 넣는다.
· 간격이 4.5mm 이상일 때에는 이상 부위를 300mm 정도로 잘라낸 후 새로운 판으로 용접한다.

02 화재 발생 시 사용하는 소화기에 대한 설명으로 틀린 것은?

① 전기로 인한 화재에는 포말소화기를 사용한다.
② 분말 소화기는 기름 화재에 적합하다.
③ CO₂가스 소화기는 소규모의 인화성 액체 화재나 전기설비 화재의 초기 진화에 좋다.
④ 보통화재에는 포말, 분말, CO₂ 소화기를 사용한다.

해설
포소화기(포말소화기)의 소화재인 포는 액체로 되어 있기 때문에 전기화재에 사용할 경우 감전의 위험이 있어 사용이 불가능하다. 포소화기는 주로 A급, B급 화재에 사용된다.

134 ■ PART 02 과년도 기출문제

② 분말 소화기는 소화약제로 건조된 미세 분말에 방습제나 분산제로 처리하여 약제 분말이 방습성과 유동성을 갖도록 한 것으로 유류화재(B급)에 적합하나 A급, B급, C급 화재에 모두 사용이 가능하다.
③ CO₂가스 소화기(이산화탄소 소화기)는 CO₂를 액화하여 고압가스 용기에 충전한 것으로 CO₂가스가 용기에서 방출되면서 드라이아이스 상태가 되므로 냉각효과가 크다. 가스 상태인 약제는 좁은 공간의 침투가 가능하며 소규모의 인화성 액체 화재나 전기설비, 통신기기, 컴퓨터실 화재의 초기 진화용으로서 주로 사용되는데 소화기 사용 후 정비가 곤란한 설비에 효과적이며, A급, B급, C급 화재에 모두 사용이 가능하다.
④ 보통화재는 일반화재A급 화재를 말하는 것으로 포소화기(포말소화기), 분말소화기, CO₂가스 소화기의 사용이 가능하다.

화재의 종류에 따른 사용 소화기

분류	A급 화재	B급 화재	C급 화재	D급화재
명칭	일반(보통)	유류 및	전기화재	금속 화재

제1회 실전 모의고사

01 다음은 수중 절단(Underwater Cutting)에 대한 설명으로 틀린 것은?

① 일반적으로 수중 절단은 수심 45m 정도까지 작업이 가능하다.
② 수중작업 시 절단산소의 압력은 공기 중에서의 1.5~2배로 한다.
③ 수중작업 시 예열가스의 양은 공기 중에서의 4~8배 정도로 한다.
④ 연료가스로는 수소, 아세틸렌, 프로판, 벤젠 등이 사용되나 그중 아세틸렌이 가장 많이 사용된다.

해설
수중 절단용 가스의 특징
· 연료가스로는 수소가스를 가장 많이 사용한다.
· 일반적으로는 수심 45m 정도까지 작업이 가능하다.
· 수중작업 시 예열가스의 양은 공기 중에서의 4~8배로 한다.
· 수중작업 시 절단산소의 압력은 공기 중에서의 1.5~2배로 한다.

02 담금질 가능한 스테인리스강으로 용접 후 경도가 증가하는 것은?

① STS 316
② STS 304
③ STS 202
④ STS 410

해설
스테인리스강 중에서 400번 계열의 마텐자이트계 스테인리스강은 열처리가 가능하다.

424 ■ PART 03 실전 모의고사

03 보통화재와 기름화재의 소화기로는 적합하나 전기화재의 소화기로는 부적합한 것은?

① 포말소화기
② 분말소화기
③ CO₂소화기
④ 물소화기

해설
포소화기(포말소화기)의 소화재인 포는 액체로 되어 있어 전기화재에 사용할 경우 감전의 위험이 있기 때문에 사용이 불가능하다. 포소화기는 주로 A급, B급 화재에 사용된다.

04 이산화탄소 아크용접의 일반적인 용접작업(약 200A 미만)에서 팁과 모재 간 거리는 몇 mm 정도가 가장 적합한가?

① 0~5mm
② 10~15mm
③ 40~50mm
④ 30~40mm

해설
이산화탄소 아크 용접에서 팁과 모재 간 거리
· 저전류 영역(약 200A 미만) : 10~15mm
· 고전류 영역(약 200A 이상) : 15~25mm

05 TIG용접의 전원 특성 및 사용법에 대한 설명이 틀린 것은?

① 역극성을 사용하면 전극의 소모가 많아진다.
② 알루미늄용접 시 교류를 사용하면 용접이 잘된다.
③ 정극성은 연강, 스테인리스강용접에 적합하다.
④ 정극성을 사용할 때 전극은 둥글게 가공하여 사용해야 아크가 안정된다.

해설
TIG(불활성가스 텅스텐 아크)용접에서 전극으로 사용되는 텅스텐봉은 직류 정극성 및 직류 역극성 중 어떤 전원을 사용하더라도 뾰족하게 가공되어야 아크가 집중되면서 용접이 잘된다.

정답 1④ 2④ 3④ 4② 5④

- 맞대기용접의 이음효율 구하기
- 서브머지드 아크용접의 특징
- 응력 제거방법 중 노 내 풀림법의 특징
- 가스용접에서 전진법과 후진법의 차이점

- 아크쏠림 방지대책
- 일렉트로 슬래그용접의 특징
- 철의 공정반응(레데부라이트 생성)
- 마이크로미터 측정값 읽기

2022년 1회

2022년 2회

2023년 1회

2023년 2회

- 가스용접 납땜용 용제가 갖추어야 할 조건
- 일렉트로 슬래그용접의 특징
- 용접결함 중 치수상 결함의 종류
- 교류용접기와 직류용접기의 차이점

- 테르밋용접의 특징
- 아크에어가우징의 특징
- 알루미늄 합금의 종류
- 배관기호 중 물(W) 표시방법

- 가스 절단의 특징
- 탄산가스아크용접의 특징
- 스폿용접(점용접)의 3대 요소
- 피복아크용접봉에 사용된 피복제의 종류 및 특징

- 용접이음의 특징
- 스터드용접의 특징
- 스테인리스강의 종류 및 특징
- 가는 2점 쇄선(가상선)의 용도

2024년 1회

2024년 2회

2025년 1회

2025년 2회

- 플라스마 절단의 특징
- 용접결함의 종류 및 특징
- 교류아크용접기의 종류 및 특징
- 잔류응력 제거방법의 종류 및 특징

- CO_2 용접의 맞대기용접 조건
- 전자빔용접의 특징
- 용접결함 중 치수상 결함의 종류
- 도면에 척도를 표시하는 방법

20일 완성!

D-20	D-19	D-18	D-17
✅ 시험안내 및 빨간키 훑어보기	✅ CHAPTER 01 용접일반 1. 용접원리 ~ 2. 피복 금속 아크 용접	✅ CHAPTER 01 용접일반 3. 가스 용접 ~ 4. 절단 및 가공	✅ CHAPTER 01 용접일반 5. 특수 및 기타 용접

D-16	D-15	D-14	D-13
✅ CHAPTER 02 용접시공 및 검사 1. 용접시공 ~ 2. 파괴, 비파괴검사	✅ CHAPTER 03 작업안전 1. 작업 및 용접 안전 ~ 2. 용접 화재방지	✅ CHAPTER 04 용접재료 1. 용접재료 및 각종 금속 용접	✅ CHAPTER 04 용접재료 2. 용접재료의 열처리

D-12	D-11	D-10	D-9
✅ CHAPTER 05 용접도면 해독 1. 제도통칙	✅ CHAPTER 05 용접도면 해독 2. 도면 해독	✅ 이론 복습 CHAPTER 01 용접일반	✅ 이론 복습 CHAPTER 02 용접시공 및 검사 ~ CHAPTER 03 작업안전

D-8	D-7	D-6	D-5
✅ 이론 복습 CHAPTER 04 용접재료	✅ 이론 복습 CHAPTER 05 용접도면 해독	2014~2016년 과년도 기출문제 풀이	실전 모의고사 제1회~제3회 풀이

D-4	D-3	D-2	D-1
실전 모의고사 제4회~제6회 풀이	실전 모의고사 제7회~제8회 풀이	실전 모의고사 제9회~제10회 풀이	기출문제 및 실전 모의고사 복습

합격 수기

안녕하세요~ 2022년에 용접기능사 시험 봤던 수험자입니다.

올해 용접기능사 시험에 도전하였습니다. 시험유형은 뭐라고 말씀드려야 할까요? 난이도는 상입니다. 지금까지 봤던 기출문제와는 다른 유형의 문제입니다. 기출문제만 외우시면 아마도 힘들지 않을까싶습니다. 해설도 반드시 알아야 할 것 같습니다. 더 이상 기출 문제만 풀면 합격하는 기능사 시험은 아닌 것 같습니다. 문제를 꼼꼼히 더 읽어야 답을 유추할 수 있으니 꼼꼼히 문제를 푸시면 합격하지 않을까합니다. 다들 좋은 결과 있으시길 기원합니다.

2022년 용접기능사 합격자

이렇게 한 번에 붙고 합격수기도 쓰게 되어 뿌듯하네요.

저는 학교에서 용접을 배웠던 적이 있는 학생입니다. Win-Q 책으로 공부하고, 시험보고, 합격하면서 굳이 많은 내용을 다 공부하려고 하지 않아도 된다는 걸 느꼈습니다. 이미 아시는 분은 아시겠지만 이 책은 핵심적인 부분만 나오고 별로 중요하지 않은 부분은 나오지 않습니다. 그리고 이론 부분 뒤에는 기출문제가 쫙 있습니다.

일하는 중이었는데 5시에 일이 끝나면 저녁 먹고 하루에 3시간씩 공부했습니다. 규칙적으로 한다는 것이 쉽지 않았지만 날짜가 정해져 있으므로 인내하면서 1달 동안 공부했습니다. 이 정도 공부하니 책 내용과 문제들이 대부분 익숙해졌습니다. 시험 날에는 지각인줄 알고 걱정했는데 다행히 아니어서... 아무튼 그렇게 해서 합격을 했습니다. 크게 어렵지 않고 또 문제은행방식이라 단기간 열심히만 하면 충분히 합격할 수 있습니다. 그리고 기출문제를 많이 보세요 모두 화이팅입니다!

2023년 용접기능사 합격자

이 책의 목차

빨간키

빨리보는 간단한 키워드

■ 표준아크길이는 봉의 직경과 같게 한다. 봉의 직경이 3.2ϕ이면 표준아크길이는 3.2mm이다.

■ 아크전압(V_a) = 음극전압강하(V_k) + 양극전압강하(V_A) + 아크기둥의 전압강하(V_P)

■ 아크쏠림(자기불림)의 방지대책은 용접봉 끝을 아크쏠림 반대방향으로 기울이거나 접지점을 용접부에서 멀리 두며 교류아크 용접기를 사용하는 것이다.

■ **핫스타트장치**
아크가 발생하는 초기에만 용접전류를 커지게 만드는 아크 발생 제어장치이다.

■ 용접의 이음효율은 리벳과 같은 기계적 접합법보다 더 좋다.

$$이음효율(\eta) = \frac{시험편인장강도}{모재인장강도} \times 100\%$$

■ 용접의 장점은 이음효율이 높고 이종 재료도 접합이 가능하다는 것이고, 단점은 용접사의 기량에 따라 품질이 달라진다는 것이다.

용접법		종류
융접	아크용접	피복금속 아크용접, MIG용접, CO$_2$용접, STUD용접, TIG용접, 탄소아크용접, 원자수소용접, 서브머지드 아크용접
	가스용접	산소-아세틸렌용접, 산소-프로판용접, 산소-수소용접, 공기-아세틸렌용접
	기타 특수용접	테르밋용접, 레이저빔용접, 전자빔용접, 플라스마용접, 일렉트로슬래그용접
압접	저항용접	점용접, 심용접, 프로젝션용접, 업셋용접, 플래시버트용접, 방전충격용접
	비가열식	초음파용접, 확산용접, 마찰용접, 냉간용접
납땜	경납땜	–
	연납땜	–

■ 맞대기 용접에서 I형 홈은 6mm 이하의 판 두께에 적용하고 H형 홈은 두꺼운 판을 양쪽에서 용접하므로 완전한 용입을 얻고자 할 때, 그리고 U형 홈은 두꺼운 판을 한쪽 방향에서 충분한 용입을 얻고자 할 때 사용한다.

■ 손잡이 부분만 절연된 홀더는 B형, 전체가 절연된 안전형 홀더는 A형이다.

피복 금속 아크 용접기의 종류

아크 용접기
- 직류아크 용접기는 아크 안정성이 우수하고 비피복봉도 사용이 가능하며 자기쏠림의 방지가 불가능하다.
- 교류아크 용접기는 아크가 안정적이지 않고 비피복봉의 사용이 불가능하며 자기쏠림 방지가 가능하다.

가포화리액터형 교류아크 용접기는 조작이 간단하고 원격제어가 가능하다.

수동 아크 용접기는 아크의 안정을 위해서 외부특성을 나타낸 외부특성곡선을 필요로 한다. 외부특성곡선이란 부하 전류나 전압이 단자의 전류나 전압과의 관계를 곡선으로 나타낸 것으로 피복 금속 아크 용접(SMAW)에는 수하특성을, MIG나 CO_2용접에는 정전압특성이나 상승특성이 이용된다.
- 외부특성곡선의 종류
  - 정전류특성(CC특성 ; Constant Current) : 부하 전류나 전압이 변해도 단자 전류는 거의 변하지 않는다.
  - 정전압특성(CP특성 ; Constant Potential Voltage) : 부하 전류나 전압이 변해도 단자 전압은 거의 변하지 않는다.
  - 수하특성(DC특성 ; Drooping Characteristic) : 부하 전류가 증가하면 단자 전압이 낮아진다.
  - 상승특성(RC특성 ; Rising Characteristic) : 부하 전류가 증가하면 단자 전압이 약간 높아진다.

- 직류정극성은 모재가 (+)전극, 용접봉은 (−)전극이다. 모재에서 70% 열이, 용접봉에서 30% 열이 발생한다.
- 직류역극성은 모재가 (−)전극, 용접봉은 (+)전극이다. 모재에서 30% 열이, 용접봉에서 70% 열이 발생한다.
- 직류정극성(DCSP)은 용입이 깊고, 비드폭이 좁다. 후판 용접에 적합하다.
- 직류역극성(DCRP)은 용입이 얕고, 비드폭이 넓다. 박판 용접에 적합하다.
- 교류(AC)는 중간 정도의 성격을 띤다.

용접 극성에 따른 용입의 깊이는 DCSP > AC > DCRP 순이다.

■ 용접봉의 건조 온도

일반 용접봉은 100℃에서 30분~1시간 정도, 저수소계 용접봉은 300~350℃에서 1~2시간 정도이다.

■ 연강용 피복 아크 용접봉의 규격(저수소계 용접봉인 E4316의 경우)

E	43	16
Electrode	용착금속의 최소인장강도(kgf/mm^2)	피복제의 계통

■ 주요 용접봉의 종류

E4301	일미나이트계
E4303	라임티타니아계
E4311	고셀룰로스계
E4313	고산화타이타늄계
E4316	저수소계

■ 피복제(Flux)는 아크를 안정시키고 용착금속의 급랭을 방지하며 적당량의 합금 원소 첨가로 금속에 특수성을 부여한다.

배합제	용도	종류
고착제	심선에 피복제를 고착시킨다.	규산나트륨, 규산칼륨, 아교
탈산제	용융금속 중의 산화물을 탈산, 정련한다.	크롬, 망간, 알루미늄, 규소철, 톱밥, 페로망간, 페로실리콘, 망간철, 소맥분(밀가루)
가스발생제	중성, 환원성 가스를 발생하여 대기와의 접촉을 차단하여 용융금속의 산화나 질화를 방지한다.	아교, 녹말, 톱밥, 탄산바륨, 셀룰로이드, 석회석, 마그네사이트
아크안정제	아크를 안정시킨다.	산화타이타늄, 규산칼륨, 규산나트륨, 석회석
슬래그 생성제	용융점이 낮고 가벼운 슬래그를 만들어 산화나 질화를 방지한다.	석회석, 규사, 산화철, 일미나이트, 이산화망간
합금첨가제	용접부의 성질을 개선하기 위해 첨가한다.	페로망간, 페로실리콘, 니켈, 몰리브덴, 구리

■ 용착법에 의한 분류

구분	종류			
용접 방향에 의한 용착법	전진법	후퇴법	대칭법	스킵법(비석법)
	1 2 3 4 5	5 4 3 2 1	4 2 1 3	1 4 2 5 3
다층 비드 용착법	빌드업법(덧살올림법)	캐스케이드법		전진블록법
	4 3 2 1	4 3 2 1		4 8 12 / 3 7 11 / 2 6 10 / 1 5 9

- 스킵법(비석법) : 전체를 짧은 용접 길이 5군데로 나누어 놓고, 간격을 두면서 1-4-2-5-3 순으로 용접하는 방법으로 잔류응력을 작게 해야 할 경우에 사용한다.
- 덧살올림법(빌드업법) : 각 층마다 전체의 길이를 용접하면서 쌓아올리는 방법으로 가장 일반적인 방법이다.
- 캐스케이드법 : 한 부분의 몇 층을 용접하다가 이것을 다음 부분의 층으로 연속시켜 전체가 단계를 이루도록 용착시켜 나가는 방법이다.

▮ 사용률(Duty Cycle)은 용접기를 사용하여 아크 용접을 할 때 용접기의 2차측에서 아크를 발생하는 시간을 나타낸다.

$$사용률(\%) = \frac{아크\ 발생\ 시간}{아크\ 발생\ 시간 + 정지\ 시간} \times 100$$

▮ **아크 용접기의 허용사용률**

$$허용사용률 = \frac{(정격\ 2차\ 전류)^2}{(실제\ 용접전류)^2} \times 정격사용률(\%)$$

▮ 용접기의 1차 측에는 작업자의 안전을 위해 퓨즈(Fuse)를 부착한 안전 스위치를 설치해야 한다.
단, 규정값보다 크거나 구리로 만든 전선을 사용하면 안 된다.

$$퓨즈용량 = \frac{전력(kVA)}{전압(V)}$$

▮ **용접 입열(H)**

일반적으로 모재에 흡수된 열량은 입열의 75~85% 정도이다.

$$H = \frac{60EI}{v}\ (J/cm)$$

H : 용접 단위길이 1cm당 발생하는 전기적 에너지
E : 아크전압(V)
I : 아크전류(A)
v : 용접속도(cm/min)

▮ 납땜용 용제는 용제의 유효 온도의 범위와 납땜의 온도가 일치해야 한다.

▮ 경납용 용제는 붕산, 황동납, 인동납이 있고, 연납용 용제는 인산, 염산, 염화아연, 염화암모늄, 주석-납 등이 있다.

■ **아크 용접기의 고주파 발생 장치** : 교류 아크 용접기의 아크 안정성을 확보하기 위하여 상용 주파수의 아크 전류 외에 고전압(2,000~3,000V)의 고주파 전류를 중첩시키는 방식이다.

■ 다공성이란 금속 중에 기공(Blow Hole)이나 피트(Pit)가 발생하기 쉬운 성질을 말하는데 질소, 수소, 일산화탄소에 의해 발생된다. 이 불량을 방지하기 위해서는 용융강 중에 산화철(FeO)을 감소시킨다.

■ 가스 용기의 밸브나 조정기, 취구부는 기름이 묻은 천으로 닦아서는 안 된다.

■ 가스 용접에서 연강은 용제를 사용하지 않는다.

■ **가스 용접에서 압력조정기의 압력 전달 순서** : 부르동관 → 링크 → 섹터기어 → 피니언기어

■ **가스불꽃의 종류** : 아세틸렌불꽃, 탄화불꽃, 중성불꽃(표준불꽃), 산화불꽃

■ **산소-아세틸렌불꽃의 구성** : 불꽃심, 속불꽃, 겉불꽃

■ **용접 토치의 이상 현상** : 역류, 역화, 인화
  • 역류 : 토치 내부의 청소가 불량할 때 내부 기관에 막힘이 생겨 고압의 산소가 밖으로 배출되지 못하고 압력이 낮은 아세틸렌 쪽으로 흐르는 현상이다.
  • 역화 : 토치의 팁 끝이 모재에 닿아 순간적으로 막히거나 팁의 과열 또는 사용가스의 압력이 부적당할 때 팁 속에서 폭발음을 내면서 불꽃이 꺼졌다가 다시 나타나는 현상이다.
  • 인화 : 팁 끝이 순간적으로 막히면 가스의 분출이 나빠지고 가스 혼합실까지 불꽃이 도달하여 토치를 빨갛게 달구는 현상이다.

■ **가스 용기의 각인 사항**
제조자, 가스 명칭, 제조번호, 중량, 내용적, 내압시험압력 및 일자, 최고충전압력, "이음매 없는 용기"표기

■ 용기 속의 산소량 = 내용적 × 기압

■ 용접가능시간 = $\dfrac{\text{산소용기 총 가스량}}{\text{시간당 소비량}}$ = $\dfrac{\text{내용적} \times \text{압력}}{\text{시간당 소비량}}$

■ 일반 가스 용기의 도색 색상

가스 명칭	산소	수소	탄산가스	아르곤	암모니아	아세틸렌	프로판(LPG)	염소
도색	녹색	주황색	청색	회색	백색	황색	회색	갈색

■ 가스 호스의 색깔은 산소용이 검정색(흑색) 또는 녹색이고 아세틸렌용은 적색이다.

■ **아세틸렌가스량** : 가스용적(병 전체 무게 – 빈 병의 무게) = 905(병 전체 무게 – 빈 병의 무게)

■ **아세틸렌가스의 사용 압력**
- 저압식 : 0.07kgf/cm^2 이하
- 중압식 : $0.07 \sim 1.3 \text{kgf/cm}^2$
- 고압식 : 1.3kgf/cm^2 이상

■ **가스 용접봉의 표시(GA46 가스 용접봉의 경우)**

G	A	46
가스 용접봉	용착금속의 연신율 구분	용착금속의 최저인장강도(kgf/mm^2)

■ 가스 용접봉 지름$(D) = \dfrac{\text{판두께}(T)}{2} + 1$

■ **가스 용접에서의 전진법과 후진법의 차이점**

구분	전진법	후진법
토치 진행 방향	오른쪽 → 왼쪽	왼쪽 → 오른쪽
열 이용률	나쁘다.	좋다.
홈의 각도	크다(약 80°).	작다(약 60°).
용접속도	느리다.	빠르다.
용접변형	크다.	작다.
용접 가능 두께	박판	후판
기계적 성질	나쁘다.	좋다.
산화 정도	심하다.	양호하다.

■ 탄화불꽃은 아세틸렌 과잉 불꽃으로 속불꽃과 겉불꽃 사이에 아세틸렌 페더가 있다.

■ 가스용기는 통풍이 잘되고 직사광선이 없는 실내 공간에서 40℃ 이하를 유지하며 세워서 보관해야 한다.

■ 산소는 조연성 가스이고, 가연성 가스는 아세틸렌, 프로판, 메탄, 부탄, 수소 등이다.

■ 가스 용접은 전원이 없는 곳에서 사용이 가능하며 가열 열량을 쉽게 조절할 수 있으나 아크 용접에 비해 불꽃의 온도는 낮아서 제품의 신뢰성이 떨어진다.

■ 이산화탄소 가스의 농도가 3~4%일 때 인체에 미치는 영향은 두통과 뇌빈혈을 일으킨다.

■ CO₂아크 용접의 종류 : NCG법, 퓨즈 아크법, 유니언 아크법

■ 아세틸렌가스(C_2H_2)는 각종 액체에 용해가 잘된다(물-1배, 석유-2배, 벤젠-4배, 알코올-6배, 아세톤-25배).

■ 아세틸렌은 산소와 혼합되면 폭발성이 격렬해지는데 아세틸렌 15%, 산소 85% 부근이 가장 위험하다.

■ 수소가스는 연소 시 탄소가 존재하지 않아 납의 용접이나 수중 절단용 가스로 사용된다.

■ 가스절단에서 프로판과 산소가스의 혼합비율은 1 : 4.5이다.

■ 일렉트로 슬래그 용접은 용접의 종류들 중에서 가장 두꺼운 판을 용접할 수 있다.

■ 가변압식 팁 100번은 단위 시간당 아세틸렌가스의 소비량이 100L이다.

■ 절단 팁의 종류에는 동심형 팁(프랑스식)과 이심형 팁(독일식)이 있다.

■ 표준드래그 길이(mm) = 판 두께 $\times \dfrac{1}{5}$ = 판 두께의 20%

■ 드래그량(%) = $\dfrac{\text{드래그 길이}}{\text{판 두께}} \times 100$

■ 주철은 용융점이 슬래그의 용융점보다 낮고, 주철 중의 흑연은 철의 연속적인 연소를 방해하므로 가스 절단이 곤란하다.

■ 금속 아크 절단은 탄소 전극봉 대신 절단 전용 특수 피복제를 입힌 전극봉을 사용하여 절단한다.

■ 산소 아크 절단은 중공의 피복봉을 전극봉으로 해서 발생되는 아크열을 이용하여 모재를 용융시킨 후, 중공 부분으로 산소를 내보내서 절단하는 방법이다.

■ 아크 에어 가우징은 탄소봉을 전극으로 하여 아크를 발생시킨 후 절단을 하는 탄소 아크 절단법에 약 5~7kgf/cm^2 인 고압의 압축 공기를 병용하는 것으로 용융된 금속을 탄소봉과 평행으로 분출하는 압축 공기를 계속 불어내서 홈을 파내는 방법이다. 용접부의 홈 가공, 뒷면 따내기(Back Chipping), 용접 결함부 제거 등에 많이 사용된다.

■ 가스 가우징은 용접 결함이나 가접부 등의 제거를 위하여 사용하는 방법으로 용접 부분의 뒷면을 따내든지 U형, H형의 용접 홈을 가공하기 위하여 깊은 홈을 파내는 가공 방법이다.

■ 스카핑(Scarfing) : 강괴나 강편, 강재 표면의 홈이나 개재물, 탈탄층 등을 제거하기 위한 불꽃 가공이다.

■ 서브머지드 아크 용접(SAW)은 용접 부위에 미세한 입상의 플럭스를 도포한 뒤 와이어 릴에 감겨있는 와이어가 이송 롤러에 의하여 연속적으로 공급되며 동시에 용제 호퍼에서 용제가 다량으로 공급되기 때문에 와이어 선단은 용제에 묻힌 상태로 모재와의 사이에서 아크가 발생하여 용접이 이루어진다. 이때 아크가 플럭스 속에서 발생되므로 불가시 아크 용접, 잠호 용접, 개발자의 이름을 딴 케네디 용접, 그리고 이를 개발한 회사의 상품명인 유니언 멜트 용접이라고도 한다.

■ 서브머지드 아크 용접은 내식성이 우수하고 전류밀도가 높다. 용접이 깊어 개선각을 작게 해도 된다.

■ 서브머지드 아크 용접에서 사용하는 용제의 종류에는 용융형, 소결형, 혼성형이 있는데, 용융형은 흡습성이 가장 작고 소결형에 비해 좋은 비드를 얻는다. 소결형은 흡습성이 가장 크고 혼성형은 중간적 특성을 갖는다.

■ TIG 용접은 텅스텐 전극봉을 사용하여 아크를 발생시키고 용접봉을 아크로 녹이면서 용접하는 방법으로 비용극식 또는 비소모식 불활성 가스 아크 용접법이며 헬륨아크 용접법, 아르곤 용접법으로 불린다.

■ 불활성 가스 아크용접에서 TIG 용접과 MIG 용접이 속하는데 전원이 직류 역극성에서는 가스 이온이 모재 표면에 충돌하여 산화막을 제거하는 청정작용이 있어 알루미늄과 마그네슘 용접도 가능하다.

■ 텅스텐 전극봉의 종류 : 순텅스텐봉, 1~2% 토륨 텅스텐봉, 지르코니아 텅스텐봉

■ MIG 용접은 전류밀도가 아크용접의 4~6배, TIG용접의 2배 정도로 매우 높다.

■ MIG, CO_2 용접의 와이어의 송급 방식에는 Push, Pull, Push-Pull 방식이 있다.

■ MIG 용접의 제어 장치 기능

예비가스 유출시간	아크 발생 전 보호가스 유출로 아크 안정과 결함의 발생을 방지한다.
스타트 시간	아크가 발생되는 순간 전류와 전압을 크게 하여 아크 발생과 모재 융합을 돕는다.
크레이터 충전시간	크레이터 결함을 방지한다.
번 백 시간	크레이터처리에 의해 낮아진 전류가 서서히 줄어들면서 아크가 끊어지는 현상을 제어함으로써 용접부가 녹아내리는 것을 방지한다.
가스지연 유출시간	용접 후 5~25초 정도 가스를 흘려서 크레이터의 산화를 방지한다.

■ MIG 용접의 용적 이행 형태

단락 아크 용접, 스프레이 아크 용접, 펄스 아크 용접

■ MIG 용접의 용착금속의 보호방식에 따른 분류

가스발생식, 슬래그생성식, 반가스발생식

■ MIG 용접의 용접봉 이행형식에 따른 분류

스프레이형, 글로뷸러형(입상이행), 단락형, 맥동이행

■ CO_2가스 아크용접의 용접 재료는 철(Fe) 재료에만 한정되어 있다.

■ CO_2가스 아크용접에서는 일반적으로 탄산가스 함량이 3~4%일 때 두통이나 뇌빈혈을 일으키고, 15% 이상이면 위험 상태가 되고, 30% 이상이면 중독되어 생명이 위험하다.

■ 이산화탄소 가스 아크 용접에서 사용하는 와이어의 종류 : 솔리드와이어와 복합(플럭스)와이어

■ 솔리드 와이어 혼합 가스법의 종류

CO_2 + CO법, CO_2 + O_2법, CO_2 + Ar법, CO_2 + Ar + O_2법

■ 복합와이어는 구리색이며 아크가 안정적이고 동일 전류에서 전류밀도가 높다. 그러나 다층 용접 시 슬래그 제거가 필요하다.

▌ 스터드(Stud) 용접은 아크용접의 일부로서 봉재, 볼트 등의 스터드를 판 또는 프레임 등의 구조재에 직접 심는 능률적인 용접 방법이다.

▌ 스터드 용접에서 페룰(Ferrule)이란 모재와 스터드가 통전할 수 있도록 연결해 주는 것으로 아크 공간을 대기와 차단하여 아크분위기를 보호한다. 아크열을 집중시켜 주며 용착금속의 누출을 방지하고 작업자의 눈도 보호해 준다.

▌ 테르밋 용접은 금속 산화물과 알루미늄이 반응하여 열과 슬래그를 발생시키는 테르밋반응을 이용하는 용접법으로 강을 용접할 경우에는 산화철과 알루미늄 분말을 3 : 1로 혼합한 테르밋제를 만든다. 냄비의 역할을 하는 도가니에 넣은 후, 점화제를 약 1,000℃로 점화시키면 약 2,800℃의 열이 발생되어 용접용 강이 만들어지게 되는데 이 강을 용접 부위에 주입하여 용접을 완료한다.

▌ 일렉트로 슬래그 용접은 용융된 슬래그와 용융금속이 용접부에서 흘러나오지 못하도록 수랭동판으로 둘러싸고 이 용융풀에 용접봉을 연속적으로 공급하는데, 이때 발생하는 용융 슬래그의 저항열에 의하여 용접봉과 모재를 연속적으로 용융시키면서 용접하는 방법이다.

▌ 저항 용접의 3요소
용접전류, 가압력, 통전시간

▌ 저항 용접의 종류

겹치기 저항 용접	맞대기 저항 용접
• 점 용접(스폿용접) • 심 용접 • 프로젝션 용접	• 버트 용접 • 퍼커션 용접 • 업셋 용접 • 플래시 버트 용접 • 포일심 용접

▌ 심 용접(Seam Welding)
원판상의 롤러 전극 사이에 용접할 2장의 판을 두고, 전기와 압력을 가하며 전극을 회전시키면서 연속적으로 점 용접을 반복하는 용접

▌ 심 용접의 종류
맞대기 심 용접, 머시 심 용접, 포일 심 용접

점 용접법의 종류

단극식 점 용접, 다전극 점 용접, 직렬식 점 용접, 인터랙 점 용접, 맥동 점 용접

프로젝션 용접

모재의 편면에 프로젝션인 돌기부를 만들어 평탄한 동전극의 사이에 물려 대전류를 흘려보낸 후 돌기부에 발생된 열로서 용접하는 방법

초음파 용접

용접물을 겹쳐서 용접 팁과 하부의 앤빌 사이에 끼워 놓고 압력을 가하면서 초음파주파수(약 18kHz 이상)로 직각방향으로 진동을 주면서 그 마찰열로 압접하는 방법

초음파탐상법의 종류

투과법, 펄스반사법, 공진법

열영향부(HAZ ; Heat Affected Zone)

용접 시 열의 영향으로 금속의 성질이 본래 상태와 달라진 부분

- 치수상 결함 : 변형
- 구조상 결함 : 기공, 언더컷, 슬래그 섞임, 오버랩, 균열, 용입 불량
- 성질상 결함 : 기계적 불량, 화학적 불량

용접변형 방지법

억제법, 도열법, 역변형법

- 노 내 풀림법 : 가열로 내에서 유지온도는 625℃ 정도이며 판 두께가 25mm일 경우 1시간 동안 유지한다. 유지온도가 높거나 유지시간이 길수록 풀림 효과가 크다.
- 국부 풀림법 : 노 내 풀림이 곤란한 경우에 사용하며 용접선 양측을 각각 250mm나 판 두께가 12배 이상의 범위를 가열한 후 서랭한다. 유도가열장치를 사용하며 온도가 불균일하게 실시하면 잔류응력이 발생할 수 있다.
- 저온 응력 완화법 : 용접선 좌우 양측을 일정하게 이동하는 가스 불꽃으로 150mm의 폭을 약 150~200℃로 가열한 후 수랭하는 방법으로 용접선 방향의 인장응력을 완화시키기 위해서 사용한다.
- 피닝법 : 끝이 둥근 특수 해머를 사용하여 용접부를 연속적으로 타격하며 용접 표면에 소성변형을 주어 인장응력을 완화시킨다.

▌ 용접부 검사방법의 종류

비파괴검사	내부결함	방사선투과시험
		초음파탐상시험
	표면결함	외관검사
		자분탐상검사
		침투탐상검사
		누설검사
파괴검사 (기계적 시험)	인장시험	인장강도, 항복점, 연신율 측정
	굽힘시험	연성의 정도 측정
	충격시험	인성과 취성의 정도 조사
	경도시험	외력에 대한 저항의 크기 측정
	매크로시험	조직 검사
	피로시험	반복적인 외력에 대한 저항력 시험

※ 굽힘 시험은 용접 부위를 U자 모양으로 굽힘으로써 용접부의 연성 여부를 확인할 수 있다.

▌ 비파괴검사의 기호 및 영문 표기

명칭	기호	영문 표기
방사선투과시험	RT	Radiography Test
침투탐상검사	PT	Penetrant Test
초음파탐상검사	UT	Ultrasonic Test
와전류탐상검사	ET	Eddy Current Test
자분탐상검사	MT	Magnetic Test
누설검사	LT	Leaking Test
육안검사	VT	Visual Test

▌ 자분탐상 시험법의 종류

극간법, 직각통전법, 축통전법, 관통법, 코일법

▌ 안전모의 내부 수직거리는 25mm 이상 50mm 미만이다.

▌ 전격이란 강한 전류를 갑자기 몸에 느꼈을 때의 충격을 말하며, 용접기에는 작업자의 전격을 방지하기 위해서 반드시 전격방지기를 용접기에 부착해야 한다.

▌ 전류량이 50mA 이상일 때는 사망의 위험이 있다.

▌ CO_2 가스가 30% 이상일 때는 사망의 위험이 있다.

▌ 산업안전보건법상 빨간색은 금지, 파란색은 지시, 녹색은 안내를 나타낸다.

응급처치의 구명 4단계

기도 유지 – 지혈 – 쇼크 방지 – 상처의 치료

화재의 분류

- A급 화재(일반화재) : 나무, 종이, 섬유 등과 같은 물질의 화재
- B급 화재(유류화재) : 기름, 윤활유, 페인트와 같은 액체의 화재
- C급 화재(전기화재) : 전기화재
- D급 화재(금속화재) : 가연성 금속의 화재

열전도율이 높은 순서

$Ag > Cu > Au > Al > Mg > Zn > Ni > Fe > Pb$

강괴의 종류

킬드강, 림드강, 캡트강, 세미킬드강

킬드강은 Fe-Mn(페로 망간), Fe-Si(페로 실리콘), Al 등으로 완전히 탈산시킨 강이다.

가단 주철의 종류

흑심 가단 주철, 백심 가단 주철, 펄라이트 가단 주철, 특수 가단 주철

알루미늄합금의 종류

분류	종류	구성 및 특징
주조용 (내열용)	실루민	• Al + Si(10~14% 함유), 알팍스로도 불린다. • 해수에 잘 침식되지 않는다.
	라우탈	• Al + Cu 4% + Si 5% • 열처리에 의하여 기계적 성질을 개량할 수 있다.
	Y합금	• Al + Cu + Mg + Ni • 내연기관용 피스톤, 실린더 헤드의 재료로 사용된다.
	로엑스합금(Lo-Ex)	• Al + Si 12% + Mg 1% + Cu 1% + Ni • 열팽창 계수가 적어서 엔진, 피스톤용 재료로 사용된다.
	코비탈륨	• Al + Cu + Ni에 Ti, Cu 0.2% 첨가 • 내연기관의 피스톤용 재료로 사용된다.
가공용	두랄루민	• Al + Cu + Mg + Mn • 고강도로서 항공기나 자동차용 재료로 사용된다.
	알클래드	고강도 Al합금에 다시 Al을 피복한 것이다.
내식성	알민	Al + Mn, 내식성, 용접성이 우수하다.
	알드레이	Al + Mg + Si, 강인성이 없고 가공변형에 잘 견딘다.
	하이드로날륨	Al + Mg, 내식성, 용접성이 우수하다.

▌ 스테인리스강의 분류

구분	종류	합금성분	자성
Cr계	페라이트계 스테인리스강	Fe + Cr 12% 이상	자성체
	마텐자이트계 스테인리스강	Fe + Cr 13%	자성체
Cr + Ni계	오스테나이트계 스테인리스강	Fe + Cr 18% + Ni 8%	비자성체
	석출경화계 스테인리스강	Fe + Cr + Ni	비자성체

▌ • 두랄루민의 조성 : Al + Cu + Mg + Mn
  • Y합금의 조성 : Al + Cu + Mg + Ni

▌ 구리 합금의 종류는 청동과 황동으로 청동은 Cu + Sn(구리 + 주석)의 합금이고, 황동은 Cu + Zn(구리 + 아연)의 합금이다.

▌ 황동의 경년변화란 재료 내부의 상태가 세월이 경과함에 따라 서서히 변화하는데 그 때문에 부품의 특성이 당초의 값에서 변동하는 것으로 방치할 경우 기기의 오작동을 초래할 수 있다. 이것은 상온에서 장시간 방치할 경우에 발생한다.

▌ 기본 열처리의 종류

• 담금질(Quenching) : 강을 Fe-C상태도상에서 A_3 및 A_1 변태선 이상 30~50℃로 가열 후 급랭시켜 오스테나이트 조직에서 마텐자이트 조직으로 강도가 큰 재질을 만드는 열처리 작업이다.
• 뜨임(Tempering) : 담금질한 강을 A_1 변태점 이하로 가열 후 서랭하는 것으로 담금질되어 경화된 재료에 인성을 부여한다.
• 풀림(Annealing) : 재질을 연하고 균일화시킬 목적으로 목적에 맞는 일정온도 이상으로 가열한 후 서랭한다(완전풀림-A_3 변태점 이상, 연화풀림-650℃ 정도).
• 불림(Normalizing) : 담금질이 심하거나 결정입자가 조대해진 강을 표준화조직으로 만들어 주기 위하여 A_3점이나 A_{cm}점 이상으로 가열 후 공랭시킨다.

▌ 칠드주철

주조 시 주형에 냉금을 삽입하여 주물의 표면을 급랭시켜 조직을 백선화하고 경도를 증가시킨 내마모성 주철

▌ 인장응력$(\sigma) = \dfrac{하중(F)}{단면적(A)} \, \mathrm{kgf/cm^2}$

■ 방사선 종류에 따른 검출 결함의 종류

종류	특징	검출 가능한 결함
X선	• 얇은 판 투과 시 사용 • 물체 투과 시 일부는 물체에 흡수됨	균열, 비금속 개재물, 슬래그 혼입, 용입 불량, 블로홀(Blow Hole), 언더컷
γ선	두꺼운 판 투과 시 사용	선상조직

■ 톰백은 색깔이 아름답고 연성이 크며 금색에 가까워 장식 등에 사용되는 황동이다.

■ 스프링강을 담금질 후 뜨임 처리를 하면 소르바이트 조직이 얻어진다.

■ 해드필드강(Hadfield Steel)은 Fe과 C 이외에 Mn이 12% 함유된 고Mn강으로 인성이 높고 내마멸성, 내충격성이 우수해서 파쇄 장치나 기차레일, 굴착기, 분쇄기 롤러용 재료로 사용된다.

■ 탄소강에서 적열취성의 원인은 S이고, 청열취성의 원인은 P이다.

■ 질량효과가 작으면 열처리 효과가 좋다.

■ 콘스탄탄은 저항선이나 전열선, 열전쌍의 재료로 사용된다.

■ **침탄법의 종류**

액체침탄법, 고체침탄법, 가스침탄법

■ **표면 경화법의 종류**

• 하드페이싱 : 금속 표면에 스텔라이트나 경합금 등의 금속을 용착시켜 표면 경화층을 만드는 방법이다.
• 쇼트피닝 : 강이나 주철제의 작은 강구(볼)를 고속으로 표면층에 분사하여 표면층을 가공 경화시켜 강화하는 방법이다.
• 피닝 : 용접 부위를 둥근 해머로 연속으로 두드려서 표면층에 소성변형을 주는 조작으로 용접부의 잔류응력을 완화시키고자 할 때 사용하는 방법이다.
• 샌드 블라스트 : 분사 가공의 일종으로 직경이 작은 구를 압축 공기로 분사시키거나, 중력으로 낙하시켜 소재의 표면을 연마작업이나 녹 제거 등의 가공을 하는 방법이다.

■ 화염 경화법은 산소-아세틸렌가스 불꽃으로 강의 표면을 급격히 가열한 후 물을 분사시켜 급랭시킴으로써 표면을 경화시키는 방법이다.

▌MSDS(Material Safety Data Sheet, 물질안전보건자료)

화학물질을 안전하게 관리 및 사용하기 위해 필요한 정보를 기재한 Date Sheet로 16가지의 항목을 상세하게 기록하고 있다.

▌MSDS 관련 법령

산업안전보건법

▌MSDS 작성 및 제출의 주체

물질안전보건자료대상물질을 제조하거나 수입하려는 자

▌물질안전보건자료대상물질을 제조하려는 자의 정의

직접 사용 또는 양도·제공을 목적으로 화학물질 또는 혼합물을 생산·가공 또는 혼합 등을 하려는 자를 의미하며, 화학물질 또는 혼합물을 실제로 취급함으로써 생산·가공 또는 혼합하는 자를 의미한다.

▌일반 구조용 압연강재(SS400의 경우)

- S : Steel
- S : 일반 구조용 압연재(General Structural Purposes)
- 400 : 최저인장강도($41kgf/mm^2 \times 9.8 = 400N/mm^2$)

▌기계 구조용 압연강재(SM 45C의 경우)

- S : Steel
- M : 기계 구조용(Machine Structural Use)
- 45C : 탄소 함유량(0.40~0.50%)

▌ㄱ형강의 치수 표시 : (LA×B×t−K)의 경우

L	A	×	B	×	t	−	K
형강모양	세로폭		가로폭		두께		길이

▌ **선의 우선순위**

숫자나 문자 > 외형선 > 숨은선 > 절단선 > 중심선 > 무게 중심선 > 치수 보조선

▌ **가는 2점 쇄선(—‥—‥—)**

가상선으로 인접 부분이나 공구나 지그의 위치를 참고로 나타낼 때 사용한다.

▌ 아주 굵은 실선은 개스킷, 박판(얇은 판), 형강(H, L형강) 등 두께가 얇아서 실제 치수를 표시하기 곤란한 경우에
사용한다.

현의 치수 기입	호의 치수 기입
40	$\overset{\frown}{42}$

▌ **정투상도의 배열방법**

제1각법	제3각법
저면도 우측 면도 · 정면도 · 좌측 면도 · 배면도 평면도	평면도 좌측 면도 · 정면도 · 우측 면도 · 배면도 저면도

▌ **기선에 대한 기호의 표시**

화살표 쪽 또는 앞쪽의 용접	화살표 반대쪽 또는 뒤쪽의 용접

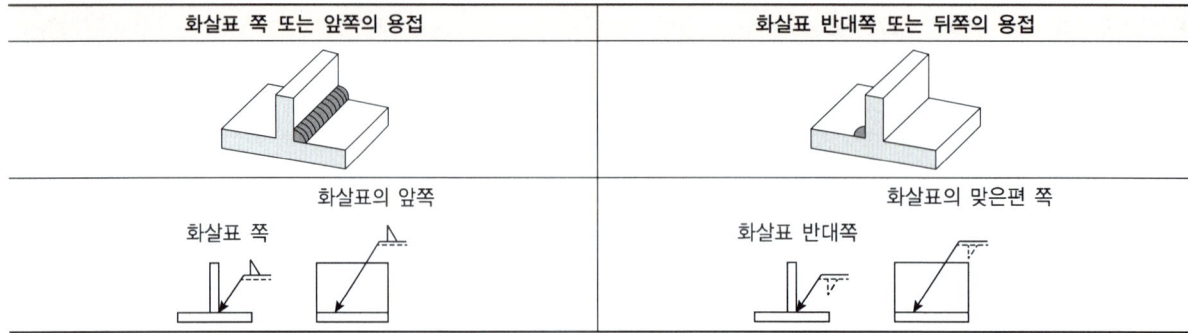

화살표의 앞쪽	화살표의 맞은편 쪽
화살표 쪽	화살표 반대쪽

필릿 용접		
스폿 용접		
플러그 용접 (슬롯 용접)		
뒷면 용접		
심 용접		

표제란에 표시해야 할 내용

척도, 각법, 단위, 제품명, 도면번호, 도면 작성일자, 도면 작성회사나 학교, 설계자 또는 제도자의 이름, 제도 목적(신개발이나 설계도 변경)

부품란에 표시해야 할 내용

부품번호, 부품명, 재질, 수량

기계 제도의 일반사항

• 도형의 크기와 대상물의 크기와의 사이에는 올바른 비례관계를 보유하도록 그린다. 다만, 잘못 볼 염려가 없다고 생각되는 도면은 도면의 일부 또는 전부에 대하여 비례관계는 지키지 않아도 좋다.
• 선의 굵기 방향의 중심은 선의 이론상 그려야 할 위치 위에 있어야 한다.
• 투명한 재료로 만들어지는 대상물 또는 부분은 투상도에서는 전부 불투명한 것으로 하고 그린다.
• 길이 치수는 특별히 지시가 없는 한 그 대상물의 측정을 2점 측정에 따라 행한 것으로 지시한다.
• 기능상의 요구, 호환성, 제작 기술 수준 등을 기본으로 불가결의 경우만 기하 공차를 지시한다.
• 한국산업표준에 제도에 사용하는 기호로서 규정한 기호를 그 규정에 따라 사용할 경우, 일반적으로는 특별한 주기를 필요로 하지 않는다.

▌ 도면에 반드시 마련해야 할 양식 : 윤곽선, 표제란, 중심마크

▌ • A : B = 도면에서의 크기 : 물체의 실제 크기, 축척 – 1 : 2, 현척 – 1 : 1, 배척 – 2 : 1
    • 비례척이 아님(NS) : NS는 Not to Scale의 약자로서 척도가 비례하지 않을 경우 사용

▌ 제도 시 선 굵기의 비율은 아주 굵은 선, 굵은 선, 가는 선 = 4 : 2 : 1로 한다.

▌ 용접부의 보조기호

구분		보조 기호	비고
용접부의 표면 모양	평탄	———	
	볼록	⌒	기선의 밖으로 향하여 볼록하게 한다.
	오목	⌣	기선의 밖으로 향하여 오목하게 한다.
용접부의 다듬질 방법	치핑	C	
	연삭	G	그라인더 다듬질일 경우
	절삭	M	기계 다듬질일 경우
	지정 없음	F	다듬질 방법을 지정하지 않을 경우
현장 용접		⚑	
온 둘레 용접		○	온 둘레 용접이 분명할 때에는 생략해도 좋다.
온 둘레 현장 용접		⚑	

▌ 체결부품의 조립 및 간략도 표시방법

기호	의미	기호	의미
┼	• 공장에서 드릴 가공 및 끼워 맞춤 • 카운터 싱크 없음	✳	• 현장에서 드릴 가공 및 끼워 맞춤 • 양쪽 면에 카운터 싱크 있음
✳	• 공장에서 드릴 가공, 현장에서 끼워 맞춤 • 먼 면에 카운터 싱크 있음	✳	• 공장에서 드릴 가공 및 끼워 맞춤 • 가까운 면에 카운터싱크 있음
✳	• 현장에서 드릴 가공 및 끼워 맞춤 • 먼 면에 카운터 싱크 있음	✳	• 현장에서 드릴 가공 및 끼워 맞춤 • 카운터 싱크 없음

명칭	형상	기호	의미
지그재그 단속 필릿 용접		$\dfrac{a\ \triangleright\ n\times l\ \diagup(e)}{a\ \triangleright\ n\times l\ \diagup(e)}$	a : 목두께 △ : 필릿 용접 n : 용접부 수 l : 용접 길이 (e) : 인접한 용접부 간격
플러그 용접		d ⊓ n(e)	d : 구멍 지름 □ : 플러그 용접 n : 용접부 수 (e) : 인접한 용접부 간격
심 용접		C ⊖ n×l(e)	c : 슬롯의 너비 ⊖ : 심 용접 n : 용접부 수 l : 용접길이 (e) : 인접한 용접부 간격
점 용접		d ◯ n(e)	d : 점 용접부의 지름 ◯ : 점 용접 n : 용접부 수 (e) : 인접한 용접부 간격

해칭(Hatching)과 스머징(Smudging)

단면도에는 필요한 경우 절단하지 않은 면과 구별하기 위해 해칭이나 스머징을 한다. 그리고 인접한 단면의 해칭은 기존 해칭이나 스머징 선의 방향 또는 각도를 달리하여 구분한다.

해칭	스머징
해칭은 45°의 가는 실선을 단면부의 면적에 2~3mm 간격으로 사선을 긋는다. 경우에 따라 30°, 60°로 변경이 가능하다.	외형선 안쪽에 색칠한다.

배관 접합 기호의 종류

유니언 연결	—∣∣—
칼라 연결	—⊃⊂—
플랜지 연결	—∣ ∣—
마개와 소켓 연결	—⊃—
확장 연결	—□—

▌ 전개도법의 종류

- 평행선법 : 삼각기둥, 사각기둥과 같은 여러 가지의 각기둥과 원기둥을 평행하게 전개하여 그리는 방법
- 방사선법 : 삼각뿔, 사각뿔 등의 각뿔과 원뿔을 꼭짓점을 기준으로 부채꼴로 펼쳐서 전개도를 그리는 방법
- 삼각형법 : 꼭짓점이 먼 각뿔, 원뿔 등을 해당 면을 삼각형으로 분할하여 전개도를 그리는 방법

▌ 주요 배관용 밸브의 종류

밸브 일반	⊢▷◁⊣
글로브 밸브	⊢▷●◁⊣
체크 밸브	⊢▷⊢ ⊢▷▶⊣
슬루스 밸브(게이트 밸브)	⊢▷◁⊣

▌ 목두께와 목길이

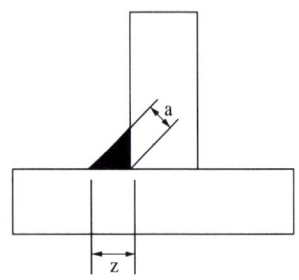

- a : 목두께
- z : 목길이($z = a\sqrt{2}$)

PART **01**

핵심이론

제1절 용접원리

핵심이론 01 용접(Welding)

① 정의

용접이란 2개의 서로 다른 물체를 접합하고자 할 때 사용하는 기술이다.

② 용접의 분류

용접	접합 부위를 용융시켜 만든 용융 풀에 용가재인 용접봉을 넣어가며 접합시키는 방법
압접	접합 부위를 녹기 직전까지 가열한 후 압력을 가해 접합시키는 방법
납땜	모재를 녹이지 않고 모재보다 용융점이 낮은 금속(은납 등)을 녹여 접합부에 넣어 표면장력(원자 간 확산침투)으로 접합시키는 방법

③ 용접의 작업 순서

용접 도면 → 재료 준비 → 절단 및 가공 → 이음부 청소 → 가접 → 본용접 → 검사 → 완성

④ 용접과 타 접합법과의 차이점

구분	종류	장점 및 단점
야금적 접합법	용접이음 (융접, 압접, 납땜)	• 결합부에 틈새가 발생하지 않아서 이음효율이 좋다. • 영구적인 결합법으로 한 번 결합 시 분리가 불가능하다.
기계적 접합법	리벳이음, 볼트이음, 나사이음, 핀, 키, 접어 잇기 등	• 결합부에 틈새가 발생하여 이음 효율이 좋지 않다. • 일시적인 결합법으로 잘못 결합 시 수정이 가능하다.
화학적 접합법	본드와 같은 화학물질에 의한 접합	• 간단하게 결합이 가능하다. • 이음강도가 크지 않다.

※ 야금 : 광석에서 금속을 추출하고 용융한 뒤 정련하여 사용목적에 알맞은 형상으로 제조하는 기술

⑤ 용접자세(Welding Position)

자세	KS규격	ISO	AWS
아래보기	F(Flat Position)	PA	1G
수평	H(Horizontal Position)	PC	2G
수직	V(Vertical Position)	PF	3G
위보기	OH(Overhead Position)	PE	4G

⑥ 용극식과 비용극식 아크 용접법

용극식 용접법 (소모성 전극)	용가재인 와이어 자체가 전극이 되어 모재와의 사이에서 아크를 발생시키면서 용접 부위를 채워나가는 용접 방법으로, 이때 전극의 역할을 하는 와이어는 소모된다. 예 서브머지드 아크 용접(SAW), MIG 용접, CO_2 용접, 피복 금속 아크 용접(SMAW)
비용극식 용접법 (비소모성 전극)	전극봉을 사용하여 아크를 발생시키고 이 아크열로 용가재인 용접을 녹이면서 용접하는 방법으로, 이때 전극은 소모되지 않고 용가재인 와이어(피복 금속 아크 용접의 경우 피복 용접봉)는 소모된다. 예 TIG 용접

> **10년간 자주 출제된 문제**

다음 용접자세에 사용되는 기호 중 틀리게 나타낸 것은?

① F : 아래보기자세

② V : 수직자세

③ H : 수평자세

④ O : 전 자세

해설

용접자세

아래보기 자세(F)	수평자세 (H)
수직자세 (V)	위보기자세 (OH)

정답 ④

① 아크(Arc)

양극과 음극 사이의 고온에서 이온이 분리되면 이온 화된 기체들이 매개체가 되어 전류가 흐르는 상태가 되는데 용접봉과 모재 사이에 전원을 연결한 후 용접 봉을 모재에 접촉시키면서 약 1~2mm 정도 들어 올리면 불꽃 방전에 의하여 청백색의 강한 빛이 아크 모양으로 생기는데 이것을 아크라고 한다. 청백색의 강렬한 빛과 열을 내는 이 Arc는 온도가 가장 높은 부분(아크 중심)이 약 6,000℃이며, 보통 3,000~5,000℃ 정도이다.

② 아크 길이

모재에서 용접봉 심선 끝부분까지의 거리(아크 기둥의 길이)로 용접봉의 직경에 따라 표준 아크 길이를 적용하는 것이 좋다.

아크 길이가 짧을 때	아크 길이가 길 때
• 용접봉이 자주 달라붙는다. • 슬래그 혼입 불량의 원인이 된다. • 발열량 부족으로 용입 불량 이 발생한다.	• 아크 전압이 증가한다. • 스패터가 많이 발생한다. • 열의 발산으로 용입이 나쁘다. • 언더컷, 오버랩 불량의 원인이 된다. • 공기의 유입으로 산화, 기공, 균열 이 발생한다.

③ 표준 아크 길이

봉의 직경(ϕ)	전류(A)	아크길이(mm)	전압(V)
1.6	20~50	1.6	14~17
3.2	75~135	3.2	17~21
4.0	110~180	4.0	18~22
4.8	150~220	4.8	18~24
6.4	200~300	6.4	18~26

※ 최적의 아크 길이는 아크 발생 소리로도 판단이 가능하다.

④ 아크 전압(V_a)

아크의 양극과 음극 사이에 걸리는 전압으로 아크의 길이에 비례하며 피복제의 종류나 아크 전류의 크기에도 영향을 크게 받는다.

$$아크\ 전압(V_a) = 음극전압강하(V_k) + 양극전압강하(V_A) \\ + 아크\ 기둥의\ 전압강하(V_P)$$

⑤ 아크 쏠림(Arc Blow, 자기 불림)

용접봉과 모재 사이에 전류가 흐를 때 그 주위에는 자기장이 생기는데 이 자기장이 용접봉에 대해 비대칭으로 형성되어 아크가 한쪽으로 쏠리는 현상이다. 아크 쏠림 현상이 발생하면 아크가 불안정하고 기공이나 슬래그 섞임, 용착금속의 재질 변화 등의 불량이 발생한다.

㉠ 아크 쏠림에 의한 영향
   • 아크가 불안정하다.
   • 과도한 스패터를 발생시킨다.
   • 용착금속의 재질을 변화시킨다.
   • 크레이터 결함의 원인이 되기도 한다.
   • 주로 용접 부재의 끝부분에서 발생한다.
   • 불완전한 용입이나 용착, 기공, 슬래그 섞임 불량을 발생시킨다.

ㄴ 아크 쏠림의 원인
- 철계 금속을 직류 전원으로 용접했을 경우
- 아크 전류에 의해 용접봉과 모재 사이에 형성된 자기장에 의해
- 직류용접기에서 비 피복 용접봉(맨(Bare) 용접봉)을 사용했을 경우

ㄷ 아크 쏠림(자기 불림)의 방지대책
- 용접 전류를 줄인다.
- 교류용접기를 사용한다.
- 접지점을 2개 연결한다.
- 아크 길이를 최대한 짧게 유지한다.
- 접지부를 용접부에서 최대한 멀리한다.
- 용접봉 끝을 아크 쏠림의 반대 방향으로 기울인다.
- 용접부가 긴 경우 가용접 후 후진법(후퇴 용접법)을 사용한다.
- 받침쇠, 긴 가용접부, 이음의 처음과 끝에 앤드 탭을 사용한다.

⑥ 핫스타트장치
ㄱ 핫스타트장치의 정의 : 아크 발생 초기에 용접봉과 모재가 냉각되어 있어 아크가 불안정하게 되는데 아크 발생을 더 쉽게 하기 위해 아크 발생 초기에만 용접전류를 특별히 크게 하는 장치이다.

ㄴ 핫스타트장치의 특징
- 기공 발생을 방지한다.
- 아크 발생을 쉽게 한다.
- 비드의 이음을 좋게 한다.
- 아크 발생 초기에 비드의 용입을 좋게 한다.

2-1. 다음 중 아크가 발생하는 초기에 용접봉과 모재가 냉각되어 있어 아크가 불안정하기 때문에 아크 발생을 쉽게 하기 위하여 아크 초기에만 용접전류를 특별히 크게 하는 장치는?
① 핫스타트장치   ② 고주파발생장치
③ 원격제어장치   ④ 전격방지장치

2-2. 다음 중 아크 용접에서 아크 쏠림 방지법이 아닌 것은?
① 교류용접기를 사용한다.   ② 접지점을 2개로 한다.
③ 짧은 아크를 사용한다.   ④ 직류용접기를 사용한다.

2-3. 다음 중 아크 쏠림 방지대책으로 틀린 것은?
① 접지점 2개를 연결할 것
② 용접봉 끝은 아크 쏠림 반대 방향으로 기울일 것
③ 접지점을 될 수 있는 대로 용접부에서 가까이 할 것
④ 큰 가접부 또는 이미 용접이 끝난 용착부를 향하여 용접할 것

【해설】
2-1
핫스타트장치 : 아크가 발생하는 초기에만 용접전류를 특별히 커지게 만드는 아크 발생 제어장치이다.

2-2
아크 쏠림은 교류용접기를 사용함으로써 방지할 수 있다.
아크 쏠림 방지대책
- 용접 전류를 줄인다.
- 교류용접기를 사용한다.
- 접지점을 2개 연결한다.
- 아크 길이는 최대한 짧게 유지한다.
- 접지부를 용접부에서 최대한 멀리한다.
- 용접봉 끝을 아크 쏠림의 반대 방향으로 기울인다.
- 용접부가 긴 경우 가용접 후 후진법(후퇴 용접법)을 사용한다.
- 받침쇠, 긴 가용접부, 이음의 처음과 끝에 앤드 탭을 사용한다.

2-3
아크 쏠림(자기 쏠림)을 방지하려면 접지부를 용접부에서 최대한 멀리한다.

정답 2-1 ① 2-2 ④ 2-3 ③

핵심이론 03 용접의 장점 및 단점

① 용접의 장점 및 단점

용접의 장점	용접의 단점
• 이음효율이 높다.	• 취성이 생기기 쉽다.
• 재료가 절약된다.	• 균열이 발생하기 쉽다.
• 제작비가 적게 든다.	• 용접부의 결함 판단이 어렵다.
• 이음 구조가 간단하다.	• 용융 부위 금속의 재질이 변한다.
• 유지와 보수가 용이하다.	• 저온에서 쉽게 약해질 우려가 있다.
• 재료의 두께 제한이 없다.	• 용접 모재의 재질에 따라 영향을
• 이종 재료도 접합이 가능하다.	크게 받는다.
• 제품의 성능과 수명이 향상된다.	• 용접 기술자(용접사)의 기량에
• 유밀성, 기밀성, 수밀성이 우	따라 품질이 다르다.
수하다.	• 용접 후 변형 및 수축에 따라 잔류
• 작업 공정이 줄고, 자동화가	응력이 발생한다.
용이하다.	

② 이음효율

용접은 리벳과 같은 기계적 접합법보다 이음효율이 좋다.

$$이음효율(\eta) = \frac{시험편인장강도}{모재인장강도} \times 100\%$$

3-1. 맞대기 용접 이음에서 모재의 인장강도는 40kgf/mm^{2}이며, 용접 시험편의 인장강도가 45kgf/mm^{2}일 때 이음효율은 몇 %인가?

① 104.4 ② 112.5
③ 125.0 ④ 150.0

3-2. 용접법과 기계적 접합법을 비교할 때, 용접법의 장점이 아닌 것은?

① 작업 공정이 단축되며 경제적이다.
② 기밀성, 수밀성, 유밀성이 우수하다.
③ 재료가 절약되고 중량이 가벼워진다.
④ 이음효율이 낮다.

3-3. 일반적인 용접의 특징으로 틀린 것은?

① 재료의 두께에 제한이 없다.
② 작업공정이 단축되며 경제적이다.
③ 보수와 수리가 어렵고 제작비가 많이 든다.
④ 제품의 성능과 수명이 향상되며 이종 재료도 용접이 가능하다.

【해설】

3-1

$$이음효율(\eta) = \frac{시험편인장강도}{모재인장강도} \times 100\%$$
$$= \frac{45}{40} \times 100\%$$
$$= 112.5\%$$

3-2
용접은 두 금속을 용해한 후 하나의 물체로 만들기 때문에 리벳과 같은 기계적 접합법보다 이음효율이 더 높다.

3-3
용접은 유지와 보수가 쉽고 제작비가 적게 든다는 장점이 있다.

정답 3-1 ② 3-2 ④ 3-3 ③

① 용접부의 형상 및 명칭

홈 각도

루트 간격

홈 깊이

루트면

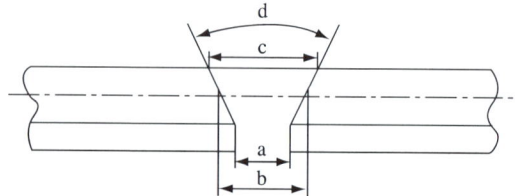

- a : 루트 간격
- b : 루트면 중심거리
- c : 용접면 간격
- d : 개선각(홈 각도)

② 용접 이음의 종류

맞대기 이음	모서리 이음	변두리 이음
겹치기 이음		맞물림 겹치기 이음
T 이음(필릿 용접)		십자형 이음
한면 맞대기판 이음		양면 맞대기판 이음
플레어 이음		

③ 맞대기 이음의 종류

I형	V형	X형
U형	H형	V형
K형	J형	양면 J형

④ 홈의 형상에 따른 특징

홈의 형상	특징
I형	• 가공이 쉽고 용착량이 적어서 경제적이다. • 판이 두꺼워지면 이음부를 완전히 녹일 수 없다.
V형	• 한쪽 방향에서 완전한 용입을 얻고자 할 때 사용한다. • 홈 가공이 용이하나 두꺼운 판에서는 용착량이 많아지고 변형이 일어난다.
X형	• 후판(두꺼운 판) 용접에 적합하다. • 홈 가공이 V형에 비해 어렵지만 용착량이 적다. • 양쪽에서 용접하므로 완전한 용입을 얻을 수 있다.
U형	• 홈 가공이 어렵다. • 두꺼운 판에서 비드의 너비가 좁고 용착량도 적다. • 두꺼운 판을 한쪽 방향에서 충분한 용입을 얻고자 할 때 사용한다.
H형	두꺼운 판을 양쪽에서 용접하므로 완전한 용입을 얻을 수 있다.
J형	한쪽 V형이나 K형 홈보다 두꺼운 판에 사용한다.

⑤ 용접부 홈(Groove)의 선택 방법

㉠ 홈의 폭이 좁으면 용접 시간은 짧아지나 용입이 나쁘다.

㉡ 루트 간격의 최댓값은 사용 용접봉의 지름을 한도로 한다.

㉢ 홈의 모양은 용접부가 되며, 홈 가공이 용이하며 용착량이 적게 드는 것이 좋다.

㉣ 홈의 모양이 6mm 이하에서는 I형 이음, V형 이음에서는 6~19mm, 그 이상에서는 X형, U형, H형 이음 등을 적절히 적용한다.

⑥ 맞대기 용접 홈의 형상별 적용 판 두께

형상	I형	V형	V형	X형	U형
적용 두께	6mm 이하	6~19mm	9~14mm	18~28mm	16~50mm

4-1. 판 두께가 보통 6mm 이하인 경우에 사용되고 루트 간격을 좁게 하면 용착금속의 양도 적어져서 경제적인 면에서는 우수하나 두께가 두꺼워지면 완전용입이 어려운 용접이음은?

① I형   ② V형
③ U형   ④ X형

4-2. 다음 그림에서 루트 간격을 표시하는 것은?

① a   ② b
③ c   ④ d

4-3. 다음 그림에 해당하는 용접 이음의 종류는?

① 겹치기 이음   ② 맞대기 이음
③ 전면 필릿 이음   ④ 모서리 이음

[해설]

4-1

I형은 6mm 이하의 두께를 가진 모재 용접 시 사용한다.
② V형 : 6~19mm
③ U형 : 16~50mm
④ X형 : 18~28mm

4-2

용접 홈의 형상에 대한 명칭
• a : 루트 간격
• b : 루트면 중심거리
• c : 용접면 간격
• d : 개선각(홈 각도)

정답 4-1 ①   **4-2** ①   **4-3** ①

핵심이론 05 용접법의 종류

※ 용접법의 분류

① 피복 금속 아크 용접(SMAW ; Shielded Metal Arc Welding)
보통 전기 용접, 피복 아크 용접이라고도 불리며, 피복제로 심선을 둘러싼 용접봉과 모재 사이에서 발생하는 아크열(약 6,000℃)을 이용하여 모재와 용접봉을 녹여서 용접하는 용극식 용접법이다.

② 가스 용접(Gas Welding)
사용하는 가연성 가스의 종류에 따라 산소-아세틸렌 용접, 산소-수소 용접, 산소-프로판 용접, 공기-아세틸렌 용접 등이 있으나 가장 많이 사용되는 것은 산소-아세틸렌가스이므로 가스 용접은 곧 산소-아세틸렌가스 용접을 의미하기도 한다.

③ 불활성 가스 아크 용접(TIG, MIG)

TIG 용접과 MIG 용접이 불활성 가스 아크 용접에 해당되며, 불활성 가스(Inert Gas)인 Ar을 보호가스로 하여 용접하는 특수용접법이다. 불활성 가스는 다른 물질과 화학반응을 일으키기 어려운 가스로 Ar(아르곤), He(헬륨), Ne(네온) 등이 있다.

④ CO_2 가스 아크 용접(이산화탄소가스 아크 용접, 탄산가스 아크 용접)

Coil로 된 용접 와이어를 송급 모터에 의해 용접 토치까지 연속으로 공급시키면서 토치 팁을 통해 빠져 나온 통전된 와이어 자체가 전극이 되어 모재와의 사이에 아크를 발생시켜 접합하는 용극식 용접법이다.

⑤ 서브머지드 아크 용접(SAW ; Submerged Arc Welding)

용접 부위에 미세한 입상의 플럭스를 도포한 뒤 용접선과 나란히 설치된 레일 위를 주행대차가 지나가면서 와이어를 용접부로 공급시키면 플럭스 내부에서 아크가 발생하면서 용접하는 자동 용접법이다. 아크가 플럭스 속에서 발생되므로 용접부가 눈에 보이지 않아 불가시 아크 용접, 잠호 용접이라고 불린다. 용접봉인 와이어의 공급과 이송이 자동이며 용접부를 플럭스가 덮고 있으므로 복사열과 연기가 많이 발생하지 않는다. 특히, 용접부로 공급되는 와이어가 전극과 용가재의 역할을 동시에 하므로 전극인 와이어는 소모된다.

⑥ 일렉트로 슬래그 용접(ESW ; Electro Slag Welding)

용융된 슬래그와 용융금속이 용접부에서 흘러나오지 못하도록 수랭동판으로 둘러싸고 이 용융풀에 용접봉을 연속적으로 공급하는데, 이때 발생하는 용융슬래그의 저항열에 의하여 용접봉과 모재를 연속적으로 용융시키면서 용접하는 방법이다.

⑦ 스터드 용접(STUD Welding)

점 용접의 일부로 봉재나 볼트 등의 스터드를 판 또는 프레임의 구조재에 직접 심는 능률적인 용접방법이다. 여기서 스터드란 판재에 덧대는 물체인 봉이나 볼트 같이 긴 물체를 일컫는 용어이다.

⑧ 전자빔 용접(EBW ; Electron Beam Welding)

고밀도로 집속되고 가속화된 전자빔을 높은 진공($10^{-6} \sim 10^{-4}$mmHg) 속에서 용접물에 고속도로 조사시키면 빛과 같은 속도로 이동한 전자가 용접물에 충돌하면서 전자의 운동에너지를 열에너지로 변환시켜 국부적으로 고열을 발생시키는데, 이때 생긴 열원으로 용접부를 용융시켜 용접하는 방식이다. 텅스텐(3,410℃)이나 몰리브덴(2,620℃)과 같이 용융점이 높은 재료의 용접에 적합하다.

⑨ 레이저빔 용접(레이저용접, LBW ; Laser Beam Welding)

레이저란 유도방사에 의한 빛의 증폭이란 뜻이며, 레이저빔은 레이저에서 얻어진 접속성이 강한 단색 광선으로서 강렬한 에너지를 가지고 있다. 이때의 광선 출력을 이용하여 용접을 하는 방법이 레이저빔 용접이다. 모재의 열 변형이 거의 없으며, 이종 금속의 용접이 가능하고 정밀한 용접을 할 수 있으며, 비접촉식 방식으로 모재에 손상을 주지 않는다는 특징을 갖는다.

⑩ 플라스마 아크 용접(Plasma Arc Welding)

높은 온도를 가진 플라스마를 한 방향으로 모아서 분출시키는 것을 일컬어 플라스마 제트라고 부르며, 이를 이용하여 용접이나 절단에 사용하는 용접 방법으로 설비비가 많이 드는 단점이 있다.

⑪ 원자 수소 아크 용접

2개의 텅스텐 전극 사이에서 아크를 발생시키고 홀더의 노즐에서 수소가스를 유출시켜서 용접하는 방법으로 연성이 좋고 표면이 깨끗한 용접부를 얻을 수 있으나, 토치 구조가 복잡하고 비용이 많이 들기 때문에 특수 금속 용접에 적합하다. 가열 열량의 조절이 용이하고 시설비가 싸며 박판이나 파이프, 비철합금 등의 용접에 많이 사용된다.

⑫ 납땜(Soldering)

금속의 표면에 용융금속을 접촉시켜 양 금속 원자 간의 응집력과 확산 작용에 의해 결합시키는 방법으로 고체금속 면에 용융금속이 잘 달라붙는 성질인 웨팅(Wetting)

성이 좋은 납땜용 용제의 사용과 성분의 확산현상이 중요하다.

⑬ 저온 용접

일반 용접의 온도보다 낮은 100~500℃에서 진행되는 용접방법이다.

⑭ 열풍 용접

용접 부위에 열풍을 불어넣어 용접하는 방법으로 주로 플라스틱 용접에 이용된다.

⑮ 마찰 용접

특별한 용가재 없이도 회전력과 압력만을 이용해서 두 소재를 붙이는 용접방법이다. 환봉이나 파이프 등을 가압된 상태에서 회전시키면 이때 마찰열이 발생하는데, 일정 온도에 도달하면 회전을 멈추고 가압시켜 용접한다. 이 마찰 용접은 TIG, MIG, 서브머지드 아크 용접과는 달리 아크를 발생하지 않으므로 발생열이 현저하게 적어 열영향부(HAZ) 역시 가장 좁다.

⑯ 고주파 용접

용접부 주위에 감은 유도 코일에 고주파 전류를 흘려서 용접 물체에 2차적으로 유기되는 유도전류의 가열작용을 이용하여 용접하는 방법이다.

⑰ 플러그 용접

위아래로 겹쳐진 판을 접합할 때 사용하는 용접법으로 위에 놓인 판의 한쪽에 구멍을 뚫고 그 구멍 아래부터 용접을 하면 용접불꽃에 의해 아랫면이 용해되면서 용접이 되며 용가재로 구멍을 채워 용접하는 용접방법이다.

⑱ 논가스 아크 용접

솔리드와이어 또는 플럭스가 든 와이어를 써서 보호가스가 없이도 공기 중에서 직접 용접하는 방법이다. 비피복 아크 용접이라고도 하며 반자동 용접으로서 가장 간편한 방법이다. 보호가스가 필요치 않으므로 바람에도 비교적 안정되어 옥외 용접도 가능하다.

5-1. 다음 중 압접에 속하지 않는 용접법은?

① 스폿 용접
② 심 용접
③ 프로젝션 용접
④ 서브머지드 아크 용접

5-2. 용접법의 분류 중에서 융접에 속하는 것은?

① 심 용접
② 테르밋 용접
③ 초음파 용접
④ 플래시 용접

｜해설｜

5-1

융접에 속하는 서브머지드 아크 용접(SAW)은 용접 부위에 미세한 입상의 플럭스를 도포한 뒤 와이어가 공급되어 아크가 플럭스 속에서 발생되므로 불가시 아크용접, 잠호용접, 개발자의 이름을 딴 케네디 용접, 그리고 이를 개발한 회사의 상품명인 유니언 멜트 용접이라고도 한다.

5-2

초음파 용접과 심 용접, 플래시 용접은 모두 압접에 속한다.

정답 5-1 ④ **5-2** ②

핵심이론 06 납땜(Brazing, Soldering)

① 납땜의 정의

금속의 표면에 용융금속을 접촉시켜 양 금속 원자 간의 응집력과 확산 작용에 의해 결합시키는 방법이다.

② 납땜용 용제가 갖추어야 할 조건

　㉠ 금속의 표면이 산화되지 않아야 한다.

　㉡ 납땜 후 슬래그 제거가 용이해야 한다.

　㉢ 모재나 땜납에 대한 부식이 최소이어야 한다.

　㉣ 전기 저항 납땜에 사용되는 용제는 도체이어야 한다.

　㉤ 용제의 유효온도 범위와 납땜의 온도가 일치해야 한다.

　㉥ 땜납의 표면장력을 맞추어서 모재와의 친화력이 높아야 한다.

③ 납땜용 용제의 종류

경납용 용제(Flux)		연납용 용제(Flux)	
• 붕사	• 붕산	• 송진	• 인산
• 불화나트륨	• 불화칼륨	• 염산	• 염화아연
• 은납	• 황동납	• 염화암모늄	• 주석-납
• 인동납	• 망간납	• 카드뮴-아연납	
• 양은납	• 알루미늄납	• 저융점 땜납	

10년간 자주 출제된 문제

납땜에 사용되는 용제가 갖추어야 할 조건으로 틀린 것은?

① 청정한 금속면의 산화를 방지할 것

② 납땜 후 슬래그의 제거가 용이할 것

③ 모재나 땜납에 대한 부식 작용이 최소한일 것

④ 전기 저항 납땜에 사용되는 것은 부도체일 것

[해설]

납땜용 용제가 갖추어야 할 조건

• 금속의 표면이 산화되지 않아야 한다.

• 납땜 후 슬래그 제거가 용이해야 한다.

• 모재나 땜납에 대한 부식이 최소이어야 한다.

• 전기저항 납땜에 사용되는 용제는 도체이어야 한다.

• 용제의 유효온도 범위와 납땜의 온도가 일치해야 한다.

• 땜납의 표면장력을 맞추어서 모재와의 친화력이 높아야 한다.

정답 ④

핵심이론 07 용접 용어

① 피복 금속 아크 용접의 구조

모재 (Base Metal)	용접 재료를 말한다.
용입 (Penetration)	용접부에서 모재 표면에서 모재가 용융된 부분까지의 총거리이다.
아크(Arc)	용접봉과 모재 사이에 전원을 연결한 후 용접봉을 모재에 접촉시킨 다음 약 1~2mm 정도 들어 올리면 불꽃 방전에 의하여 청백색의 강한 빛이 Arc 모양으로 생기는데 온도가 가장 높은 부분(아크 중심)이 약 6,000℃이며, 보통 4,000~5,000℃ 정도이다.
용융지 (Molton Pool)	모재가 녹은 부분(쇳물)이다.
아크분위기 (Arc Atmosphere)	아크 주위에 피복제에 의해 기체가 미치는 영역이다.
용착금속 (Molton Metal)	용접 시 용접봉의 심선으로부터 모재에 용착한 금속이다.
슬래그(Slag)	용융된 금속부분에서 순수 금속만을 빼내고 남은 찌꺼기 덩어리로 비드의 표면을 덮고 있다.
심선 (Core Wire)	용접봉의 중앙에 있는 금속으로 모재와 같은 재질로 되어 있으며 피복제로 둘러싸여 있다.
피복제(Flux)	용재나 용가재로도 불리며 용접봉의 심선을 둘러싸고 있는 성분으로 용착금속에 특정 성질을 부여하거나 슬래그 제거를 위해 사용된다.
용접봉 (Core Wire)	금속 심선(Core Wire) 위에 유기물, 무기물 또는 양자의 혼합물로서 만든 피복제를 바른 것으로 아크 안정 등 여러 가지 역할을 한다.
용락	모재가 녹아서 쇳물이 흘러내려서 구멍이 발생하는 현상이다.
용적	용융방울이라고도 하며 용융지에 용착되는 것으로서 용접봉이 녹아 이루어진 형상이다.
용접길이	용접 시작점과 크레이터(Crater)를 제외한 용접이 계속된 비드 부분의 길이이다.

② 용접선, 용접축, 다리길이

용접선	
용접축	
다리길이	

⊙ 용접선 : 접합 부위를 녹여서 서로 이은 자리에 생기
는 줄

⊙ 용접축 : 용접선에 직각인 용착부의 단면 중심을
통과하고 그 단면에 수직인 선

⊙ 다리길이 : 필릿 용접부에서 모재 표면의 교차점으
로부터 용접 끝부분까지의 길이

③ 필릿 용접(Fillet Welding)

2장의 모재를 T자 형태로 맞붙이거나 겹쳐 붙이기를
할 때 생기는 코너 부분을 용접하는 것

④ 하중 방향에 따른 필릿 용접의 종류

⊙ 하중 방향에 따른 필릿 용접

전면 필릿 이음	
측면 필릿 이음	
경사 필릿 이음	

⊙ 주요 필릿 용접의 정의

• 전면 필릿 용접 : 응력의 방향인 힘을 받는 방향과
용접선이 직각인 용접

• 측면 필릿 용접 : 응력의 방향인 힘을 받는 방향과
용접선이 평행인 용접

• 경사 필릿 용접 : 응력의 방향인 힘을 받는 방향과
용접선이 평행이나 직각 이외의 각인 용접

⑤ 형상에 따른 필릿 용접

연속 필릿	
단속 병렬 필릿	
단속 지그재그 필릿	

⑥ 필릿 용접부의 보수방법

⊙ 간격이 1.5mm 이하일 때는 규정된 각장(다리길이)
으로 용접하면 된다.

⊙ 간격이 1.5~4.5mm일 때는 규정된 각장(다리길
이)으로 용접하거나 각장을 증가시킨다.

⊙ 간격이 4.5mm일 때는 라이너를 넣는다.

⊙ 간격이 4.5mm 이상일 때는 이상 부위를 300mm
정도로 잘라낸 후 새로운 판으로 용접한다.

피복 아크 용접의 필릿 용접에서 루트 간격이 4.5mm 이상일 때의 보수 요령은?

① 규정대로의 각장으로 용접한다.
② 두께 6mm 정도의 뒷판을 대서 용접한다.
③ 라이너를 넣거나 부족한 판을 300mm 이상 잘라내서 대체하도록 한다.
④ 그대로 용접하여도 좋으나 넓혀진 만큼 각장을 증가시킬 필요가 있다.

해설

필릿 용접부에서 보수할 간격이 4.5mm 이상일 때는 이상 부위를 300mm 정도로 잘라낸 후 새로운 판으로 용접한다.

필릿 용접부의 보수방법
• 간격이 1.5mm 이하일 때는 규정된 각장(다리길이)으로 용접하면 된다.
• 간격이 1.5~4.5mm일 때는 규정된 각장(다리길이)으로 용접하거나 각장을 증가시킨다.
• 간격이 4.5mm일 때는 라이너를 넣는다.
• 간격이 4.5mm 이상일 때는 이상 부위를 300mm 정도로 잘라낸 후 새로운 판으로 용접한다.

정답 ③

제2절 피복 금속 아크 용접

핵심이론 01 피복 금속 아크 용접기

① 피복 금속 아크 용접기의 정의

아크 용접 시 열원을 공급해 주는 기기로서 용접에 알맞은 낮은 전압으로 대전류를 흐르게 해 주는 설비이다. 그 종류는 전원에 따라 직류 아크 용접기와 교류 아크 용접기로 나뉜다.

② 아크 용접기의 구비조건
　㉠ 내구성이 좋아야 한다.
　㉡ 역률과 효율이 높아야 한다.
　㉢ 구조 및 취급이 간단해야 한다.
　㉣ 사용 중 온도 상승이 작아야 한다.
　㉤ 단락되는 전류가 크지 않아야 한다.
　㉥ 전격방지기가 설치되어 있어야 한다.
　㉦ 아크 발생이 쉽고 아크가 안정되어야 한다.
　㉧ 아크 안정을 위해 외부 특성 곡선을 따라야 한다.
　㉨ 전류 조정이 용이하고 전류가 일정하게 흘러야 한다.
　㉩ 아크 길이의 변화에 따라 전류의 변동이 적어야 한다.
　㉪ 적당한 무부하전압이 있어야 한다(AC : 70~80V, DC : 40~60V).

③ 피복 금속 아크 용접기의 종류

④ 직류 아크 용접기와 교류 아크 용접기의 차이점

특성	직류 아크 용접기	교류 아크 용접기
아크 안정성	우수하다.	보통이다.
비피복봉 사용 여부	가능하다.	불가능하다.
극성 변화	가능하다.	불가능하다.
아크쏠림 방지	불가능하다.	가능하다.
무부하전압	약간 낮다(40~60V).	높다(70~80V).
전격의 위험	적다.	많다.
유지보수	다소 어렵다.	쉽다.
고장	비교적 많다.	적다.
구조	복잡하다.	간단하다.
역률	양호하다.	불량하다.
가격	고가이다.	저렴하다.

⑤ 직류 아크 용접기의 종류별 특징

발전기형	정류기형
고가이다.	저렴하다.
구조가 복잡하다.	소음이 없다.
보수와 점검이 어렵다.	구조가 간단하다.
완전한 직류를 얻는다.	취급이 간단하다.
전원이 없어도 사용이 가능하다.	전원이 필요하다.
소음이나 고장이 발생하기 쉽다.	완전한 직류를 얻지 못한다.

⑥ 교류 아크 용접기의 종류별 특징

　㉠ 가동 철심형

　　• 현재 가장 많이 사용된다.

　　• 미세한 전류조정이 가능하다.

　　• 광범위한 전류 조정이 어렵다.

　　• 가동 철심으로 누설 자속을 가감하여 전류를 조정한다.

㉡ 가동 코일형

　• 아크 안정성이 크고 소음이 없다.

　• 가격이 비싸며 현재는 거의 사용되지 않는다.

　• 용접기의 핸들로 1차 코일을 상하로 이동시켜 2차 코일의 간격을 변화시켜 전류를 조정한다.

㉢ 탭 전환형

　• 주로 소형이 많다.

　• 탭 전환부의 소손이 심하다.

　• 넓은 범위는 전류 조정이 어렵다.

　• 코일의 감긴 수에 따라 전류를 조정한다.

　• 미세 전류를 조정 시 무부하전압이 높아서 전격의 위험이 크다.

㉣ 가포화 리액터형

　• 조작이 간단하고 원격 제어가 가능하다.

　• 가변 저항의 변화로 용접 전류를 조정한다.

　• 전기적 전류 조정으로 소음이 없고 기계의 수명이 길다.

⑦ 교류 아크 용접기의 규격

종류	정격 2차 전류(A)	정격 사용률(%)	정격 부하 전압(V)	사용 용접봉 지름(mm)
AW200	200	40	30	2.0~4.0
AW300	300	40	35	2.6~6.0
AW400	400	40	40	3.2~8.0
AW500	500	60	40	4.0~8.0

⑧ 용접기의 외부특성곡선

용접기는 아크 안정성을 위해서 외부특성곡선을 필요로 한다. 외부특성곡선이란 부하전류와 부하단자 전압의 관계를 나타낸 곡선으로 피복 아크 용접에서는 수하특성을, MIG 용접 및 CO_2 용접기에서는 정전압특성이나 상승특성이 이용된다.

㉠ 정전류특성(CC특성 ; Constant Current) : 전압이 변해도 전류는 거의 변하지 않는다.

㉡ 정전압특성(CP특성 ; Constant Potential(Voltage)) : 전류가 변해도 전압은 거의 변하지 않는다.

ⓒ 수하특성(DC특성 ; Drooping Characteristic) : 전류가 증가하면 전압이 낮아진다.

ⓔ 상승특성(RC특성 ; Rising Characteristic) : 전류가 증가하면 전압이 약간 높아진다.

⑨ 아크 용접기의 고주파 발생장치

　㉠ 고주파 발생장치의 정의

　　교류 아크 용접기의 아크 안정성을 확보하기 위하여 상용 주파수의 아크 전류 외에 고전압(2,000~3,000V)의 고주파 전류를 중첩시키는 방식으로, 라디오나 TV 등에 방해를 주는 단점도 있으나 장점이 더 많다.

　㉡ 고주파 발생장치의 특징

　　• 아크 손실이 작아 용접하기 쉽다.

　　• 무부하전압을 낮게 할 수 있다.

　　• 전격의 위험이 적고 전원입력을 작게 할 수 있으므로 역률이 개선된다.

　　• 아크 발생 초기에 용접봉을 모재에 접촉시키지 않아도 아크가 발생된다.

⑩ 피복 금속 아크 용접(SMAW)의 회로 순서

용접기 → 전극케이블 → 용접봉 홀더 → 용접봉

→ 아 크 → 모 재 → 접지케이블

① 용접기　④ 용접봉　③ 용접봉 홀더

⑤ 아크

⑦ 접지케이블

⑥ 모재

② 전극케이블

1-1. 다음 중 교류 아크 용접기의 종류별 특성으로 가변저항의 변화를 이용하여 용접전류를 조정하는 형식은?

① 탭 전환형　　　　　② 가동 코일형

③ 가동 철심형　　　　④ 가포화 리액터형

1-2. 교류 아크 용접기와 비교했을 때 직류 아크 용접기의 특징을 옳게 설명한 것은?

① 아크의 안정성이 우수하다.

② 구조가 간단하다.

③ 극성 변화가 불가능하다.

④ 전격의 위험이 많다.

[해설]

1-1

④ 가포화 리액터형 : 가변저항의 변화로 용접전류를 조정한다. 전기적 전류 조정으로 소음이 없고 수명이 길다.

① 탭 전환형 : 코일의 감긴 수에 따라 전류를 조정하므로 넓은 범위의 전류 조정이 어렵다.

② 가동 코일형 : 1, 2차 코일 중 하나를 이용하여 누설 자속을 변화시켜 전류를 조정한다.

③ 가동 철심형 : 가동 철심으로 누설자속을 가감하여 전류를 조정한다.

1-2

직류 아크 용접기는 전류가 안정적으로 공급되므로 아크가 안정적이다.

정답 1-1 ④　1-2 ①

핵심이론 02 피복 금속 아크 용접기의 사용률(Duty Cycle), 역률 구하기

① 사용률(Duty Cycle)의 정의

용접기의 사용률은 용접기를 사용하여 아크 용접을 할 때 용접기의 2차 측에서 아크를 발생하는 시간을 나타내는 것으로, 사용률이 40%이면 아크를 발생하는 시간은 용접기가 가동된 전체 시간의 40%이고 나머지 60%는 용접작업 준비, 슬래그 제거 등으로 용접기가 쉬는 시간을 비율로 나타낸 것이다. 이 사용률을 고려하는 것은 용접기의 온도 상승을 방지하여 용접기를 보호하기 위해서 반드시 필요하다.

$$\text{사용률(\%)} = \frac{\text{아크발생시간}}{\text{아크발생시간 + 정지시간}} \times 100$$

② 교류 아크 용접기의 정격사용률(KS C 9602)

종류	정격사용률(%)	종류	정격사용률(%)
AWL - 130	30%	AW - 200	40%
AWL - 150		AW - 300	
AWL - 180		AW - 400	
AWL - 250		AW - 500	60%

③ 아크 용접기의 허용사용률

$$\text{허용사용률(\%)} = \frac{(\text{정격 2차 전류})^2}{(\text{실제 용접 전류})^2} \times \text{정격사용률(\%)}$$

④ 역률(Power Factor)

역률이 낮으면 입력에너지가 증가하며, 전기 소모량이 낮아진다. 또한 용접 비용이 증가하고, 용접기 용량이 커지며 시설비도 증가한다.

$$\text{역률} = \frac{\text{소비전력}}{\text{전원입력}} \times 100(\%)$$

⑤ 퓨즈용량

용접기의 1차 측에는 작업자의 안전을 위해 퓨즈(Fuse)를 부착한 안전 스위치를 설치해야 하는데, 이때 사용되는 퓨즈의 용량이 중요하다. 단, 규정값보다 크거나 구리로 만든 전선을 사용하면 안 된다.

$$\text{퓨즈용량} = \frac{\text{전력(kVA)}}{\text{전압(V)}}$$

⑥ 용접 입열

$$H = \frac{60EI}{v} (\text{J/cm})$$

여기서, H : 용접 단위 길이 1cm당 발생하는 전기적 에너지

E : 아크전압(V)

I : 아크전류(A)

v : 용접속도(cm/min)

※ 일반적으로 모재에 흡수된 열량은 입열의 75~85% 정도이다.

2-1. 정격전류 200A, 정격 사용률 40%인 아크 용접기로 실제 아크전압 30V, 아크전류 130A로 용접을 수행한다고 가정할 때 허용사용률은 약 얼마인가?

① 70%　　　　　　　② 75%
③ 80%　　　　　　　④ 95%

2-2. AW-300, 무부하전압 80V, 아크전압 20V인 교류 용접기를 사용할 때, 다음 중 역률과 효율을 올바르게 구한 것은? (단, 내부손실을 4kW라 한다)

① 역률 : 80.0%, 효율 : 20.6%
② 역률 : 20.6%, 효율 : 80.0%
③ 역률 : 60.0%, 효율 : 41.7%
④ 역률 : 41.7%, 효율 : 60.0%

2-3. AW-250, 무부하전압 80V, 아크전압 20V인 교류 용접기를 사용할 때, 역률과 효율은 각각 약 얼마인가?(단, 내부손실은 4kW이다)

① 역률 : 45%, 효율 : 56%
② 역률 : 48%, 효율 : 69%
③ 역률 : 54%, 효율 : 80%
④ 역률 : 69%, 효율 : 72%

2-4. 200V용 아크 용접기의 1차 입력이 15VA일 때, 퓨즈의 용량은 얼마(A)인가?

① 65A　　　　　　　② 75A
③ 90A　　　　　　　④ 100A

2-1

$$허용사용률 = \frac{(정격 \ 2차 \ 전류)^2}{(실제 \ 용접 \ 전류)^2} \times 정격사용률(\%)$$

$$= \frac{200^2}{130^2} \times 40\% = 94.67\%$$

2-2

- $역률(\%) = \dfrac{소비전력}{전원입력} \times 100(\%)$

  여기서, 전원입력 = 무부하 전압 × 정격 2차 전류 = 80 × 300 = 24,000W

  따라서, $역률(\%) = \dfrac{10,000}{24,000} \times 100(\%) = 41.66\% = 약 \ 41.7\%$

- $효율(\%) = \dfrac{아크전력}{소비전력} \times 100\%$

  여기서,

  아크전력 = 아크전압 × 정격 2차 전류 = 20 × 300 = 6,000W

  소비전력 = 아크전력 + 내부손실 = 6,000 + 4,000 = 10,000W

  따라서, $효율(\%) = \dfrac{6,000}{10,000} \times 100\% = 60\%$

2-3

- $역률(\%) = \dfrac{소비전력}{전원입력} \times 100(\%)$

  여기서, 전원입력 = 무부하전압 × 정격 2차 전류

  $\qquad = 80 \times 250 = 20,000W$

  따라서, $역률(\%) = \dfrac{9,000}{20,000} \times 100(\%) = 45\%$

- $효율(\%) = \dfrac{아크전력}{소비전력} \times 100\%$

  여기서,

  아크전력 = 아크전압 × 정격 2차 전류 = 20 × 250 = 5,000W

  소비전력 = 아크전력 + 내부손실 = 5,000 + 4,000 = 9,000W

  따라서, $효율(\%) = \dfrac{5,000}{9,000} \times 100\% = 55.5\% = 약 \ 56\%$

2-4

$$퓨즈용량 = \frac{전력(kVA)}{전압(V)} = \frac{15,000}{200} = 75(A)$$

∴ 75A 용량의 퓨즈를 부착하면 된다.

정답 **2-1** ④ **2-2** ④ **2-3** ① **2-4** ②

핵심이론 03 피복 금속 아크 용접기의 극성

① 용접기의 극성
  ㉠ 직류(Direct Current) : 전기의 흐름 방향이 한 방향으로 일정하게 흐르는 전원
  ㉡ 교류(Alternating Current) : 시간에 따라서 전기의 흐름 방향이 변하는 전원

② 아크 용접기의 극성에 따른 특징

직류 정극성 (DCSP ; Direct Current Straight Polarity)	• 용입이 깊다. • 비드 폭이 좁다. • 용접봉의 용융속도가 느리다. • 후판(두꺼운 판) 용접이 가능하다. • 모재에는 (+)전극이 연결되며 70%의 열이 발생하고, 용접봉에는 (−)전극이 연결되며 30%의 열이 발생한다.
직류 역극성 (DCRP ; Direct Current Reverse Polarity)	• 용입이 얕다. • 비드 폭이 넓다. • 용접봉의 용융속도가 빠르다. • 박판(얇은 판) 용접이 가능하다. • 주철, 고탄소강, 비철금속의 용접에 쓰인다. • 모재에는 (−)전극이 연결되며 30%의 열이 발생하고, 용접봉에는 (+)전극이 연결되며 70%의 열이 발생한다.
교류(AC)	• 극성이 없다. • 전원 주파수의 $\frac{1}{2}$ 사이클마다 극성이 바뀐다. • 직류 정극성과 직류 역극성의 중간적 성격이다.

③ 용접 극성에 따른 용입이 깊은 순서

$$DCSP > AC > DCRP$$

◢ **10년간 자주 출제된 문제** ◣

피복 아크 용접에서 아크의 특성 중 정극성에 비교하여 역극성의 특징으로 틀린 것은?

① 용입이 얕다.
② 비드 폭이 좁다.
③ 용접봉의 용융이 빠르다.
④ 박판, 주철 등 비철금속의 용접에 쓰인다.

【해설】

직류 역극성의 경우 용접봉에 (+)전극이 연결되어 70%의 열이 발생되므로 용접봉이 빨리 용융되므로 비드 폭을 넓게 할 수 있다.

정답 ②

① 용접 홀더의 구조

② 용접 홀더의 종류(KS C 9607)

종류	정격 용접 전류(A)	홀더로 잡을 수 있는 용접봉 지름(mm)	접촉할 수 있는 최대 홀더용 케이블의 도체 공칭 단면적(mm²)
125호	125	1.6~3.2	22
160호	160	3.2~4.0	30
200호	200	3.2~5.0	38
250호	250	4.0~6.0	50
300호	300	4.0~6.0	50
400호	400	5.0~8.0	60
500호	500	6.4~10.0	80

③ 안전 홀더의 종류

　㉠ A형 : 안전형으로 전체가 절연된 홀더이다.

　㉡ B형 : 비안전형으로 손잡이 부분만 절연된 홀더이다.

10년간 자주 출제된 문제

4-1. 다음 중 용접용 홀더의 종류에 속하지 않는 것은?

① 125호　　　　② 160호
③ 400호　　　　④ 600호

4-2. 용접 홀더 중 손잡이 부분 이외를 작업 중에 전격의 위험이 적도록 절연체로 제조되어 있어 주로 많이 사용되는 것은?

① A형　　　　② B형
③ C형　　　　④ D형

[해설]

4-1

600호는 용접용 홀더의 종류에 해당하지 않는다.

4-2

손잡이 이외의 부분까지 절연된 용접 홀더는 A형이다.

정답 4-1 ④ **4-2** ①

---

① 용접봉의 구조

[피복 아크 용접봉]

② 피복 금속 아크 용접봉의 종류

　㉠ E4301 : 일미나이트계

　㉡ E4303 : 라임티타니아계

　㉢ E4311 : 고셀룰로스계

　㉣ E4313 : 고산화타이타늄계

　㉤ E4316 : 저수소계

　㉥ E4324 : 철분산화타이타늄계

　㉦ E4326 : 철분저수소계

　㉧ E4327 : 철분산화철계

③ 용접봉의 건조 온도

용접봉은 습기에 민감해서 건조가 필요하다. 습기는 기공이나 균열 등의 원인이 되므로 저수소계 용접봉에 수소가 많으면 특히 기공을 발생시키기 쉽고 내균열성과 강도가 저하되며 셀룰로스계는 피복이 떨어진다.

일반 용접봉	약 100℃로, 30분~1시간
저수소계 용접봉	약 300~350℃에서 1~2시간

④ 용접봉의 용융속도

단위 시간당 소비되는 용접봉의 길이나 무게로 용융속도를 나타낼 수 있는데, 아크전류는 용접봉의 열량을 결정하는 주요 요인이다.

용접봉 용융속도 = 아크전류 × 용접봉 쪽 전압강하

⑤ 연강용 피복 아크 용접봉의 규격

　예 저수소계 용접봉인 E4316의 경우

E	43	16
Electrode (전기용접봉)	용착금속의 최소인장강도(kg/mm²)	피복제의 계통

⑥ 용접봉의 선택방법

모재의 강도에 적합한 용접봉을 선정하여 인장강도와 연신율, 충격값 등을 알맞게 한다.

⑦ 용접봉의 표준지름(ϕ) – KS 규격

$\phi 1.0$, $\phi 1.4$, $\phi 2.0$, $\phi 2.6$, $\phi 3.2$, $\phi 4.0$, $\phi 4.5$, $\phi 5.5$, $\phi 6.0$, $\phi 6.4$, $\phi 7.0$, $\phi 8.0$, $\phi 9.0$

⑧ 연강용 용접봉의 시험편 처리(KS D 7005)

SR	625±25℃에서 응력 제거 풀림을 한 것
NSR	용접한 상태 그대로 응력을 제거하지 않은 것

⑨ 피복 아크 용접봉의 편심률(e)

편심률은 일반적으로 3% 이내이어야 한다.

$$e = \frac{D - D'}{D} \times 100\%$$

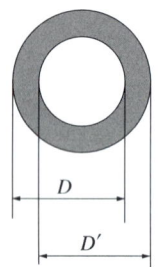

10년간 자주 출제된 문제

5-1. 연강용 피복 아크 용접봉의 종류를 나타내는 기호가 다음과 같은 경우 밑줄 친 43이 나타내는 의미로 옳은 것은?

E4316

① 피복제 계통
② 용착금속의 최소인장강도의 수준
③ 피복 아크 용접봉
④ 사용전류의 종류

5-2. 연강용 피복 아크 용접봉의 종류에 따른 피복제 계통이 틀린 것은?

① E4340 : 특수계
② E4316 : 저수소계
③ E4327 : 철분산화철계
④ E4313 : 철분산화타이타늄계

〔해설〕

5-1

연강용 피복 아크 용접봉의 규격(저수소계 용접봉인 E4316의 경우)
• E : Electrode(전기용접봉)
• 43 : 용착금속의 최소인장강도(kgf/mm^2)
• 16 : 피복제의 계통

5-2

E4313은 고산화타이타늄계 용접봉이다.
② 피복 금속 아크 용접봉의 종류 참고

정답 5-1 ② 5-2 ④

① 피복제(Flux)의 정의

용재나 용가재로도 불리며 용접봉의 심선을 둘러싸고 있는 성분으로 용착금속에 특정 성질을 부여하거나 슬래그 제거를 위해 사용된다.

② 피복제의 역할

㉠ 아크를 안정시킨다.

㉡ 전기 절연작용을 한다.

㉢ 보호가스를 발생시킨다.

㉣ 아크의 집중성을 좋게 한다.

㉤ 용착금속의 급랭을 방지한다.

㉥ 탈산작용 및 정련작용을 한다.

㉦ 용융금속과 슬래그의 유동성을 좋게 한다.

㉧ 용적(쇳물)을 미세화하여 용착효율을 높인다.

㉨ 슬래그 제거를 쉽게 하여 비드의 외관을 좋게 한다.

㉩ 적당량의 합금 원소 첨가로 금속에 특수성을 부여한다.

㉪ 중성 또는 환원성 분위기를 만들어 질화나 산화를 방지하고 용융금속을 보호한다.

㉫ 쇳물이 쉽게 달라붙을 수 있도록 힘을 주어 수직자세, 위보기자세 등 어려운 자세를 쉽게 한다.

㉬ 피복제는 용융점이 낮고 적당한 점성을 가진 슬래그를 생성하게 하여 용접부를 덮어 급랭을 방지하게 해 준다.

③ 심선을 둘러싸는 피복 배합제의 종류

배합제	용도	종류	
고착제	심선에 피복제를 고착시킨다.	• 규산나트륨 • 아교	• 규산칼륨
탈산제	용융금속 중의 산화물을 탈산, 정련한다.	• 크롬 • 알루미늄 • 톱 밥 • 페로실리콘 • 소맥분(밀가루)	• 망간 • 규소철 • 페로망간 • 망간철
가스 발생제	중성, 환원성 가스를 발생하여 대기와의 접촉을 차단하여 용융금속의 산화나 질화를 방지한다.	• 아교 • 톱밥 • 셀룰로이드 • 마그네사이트	• 녹말 • 탄산바륨 • 석회석
아크 안정제	아크를 안정시킨다.	• 산화타이타늄 • 규산나트륨	• 규산칼륨 • 석회석

배합제	용도	종류	
슬래그 생성제	용융점이 낮고 가벼운 슬래그를 만들어 산화나 질화를 방지한다.	• 석회석 • 산화철 • 이산화망간	• 규사 • 일미나이트
합금 첨가제	용접부의 성질을 개선하기 위해 첨가한다.	• 페로망간 • 니켈 • 구리	• 페로실리콘 • 몰리브덴

④ 용접봉별 피복제의 특성

㉠ 일미나이트계(E4301)

• 용입이 깊다.

• 내균열성이 좋다.

• 슬래그 제거가 쉽다.

• 전 자세용 용접봉이다.

• 슬래그의 유동성이 좋다.

• 작업성과 용접성이 우수하다.

• 비드 형상이 가늘고 아름답다.

• 일반 구조물이나 중요 구조물용으로 이용된다.

• 내균열성, 내가공성, 연성이 우수하여 25mm 이상의 후판용접도 가능하다.

• 일미나이트 광석 등을 주성분으로 약 30% 이상 합금한 것이며, 슬래그 생성계 용접봉이다.

• 일본에서 처음 개발한 것으로 값이 저렴하여 철도나 차량, 구조물, 압력 용기에 사용된다.

㉡ 라임티타니아계(E4303)

• 슬래그 생성계이다.

• 박판 용접에 적당하다.

• 비드 외관 및 작업성이 양호하다.

• 아크가 조용하고, 용입이 낮다.

• 피복이 두껍고 전 자세 용접성이 우수하다.

• 고산화타이타늄계 용접봉보다 약간 높은 전류를 사용한다.

• 슬래그의 유동성이 좋고, 다공질로서 제거가 용이하다.

• 산화타이타늄과 염기성 산화물이 다량으로 함유된 슬래그 생성식이다.

- E4313의 새로운 형태로 약 30% 이상의 산화타이타늄(TiO_2)과 석회석($CaCO_3$)이 주성분이다.
- E4313의 작업성을 따르면서 기계적 성질과 일미나이트계의 작업성이 부족한 점을 개량하여 만든 용접봉이다.

ⓒ 고셀룰로스계(E4311)
- 기공이 생기기 쉽다.
- 아크가 강하고, 용입이 깊다.
- 비드 표면이 거칠고 스패터가 많다.
- 전류가 높으면 용착금속이 나쁘다.
- 다량의 가스가 용착금속을 보호한다.
- 표면의 파형이 나쁘다.
- 슬래그 생성이 적어 위보기, 수직자세 용접에 좋다.
- 도금 강판, 저합금강, 저장탱크나 배관공사에 이용된다.
- 아크는 스프레이 형상으로 용입이 크고 용융속도가 빠르다.
- 가스 생성에 의한 환원성 아크분위기로 용착금속의 기계적 성질이 양호하다.
- 피복제에 가스 발생제인 셀룰로스를 20~30% 정도를 포함한 가스 생성식 용접봉이다.
- 사용 전류는 슬래그 실드계 용접봉에 비해 10~15% 낮게 하며 사용 전 70~100℃에서 30분~1시간 정도 건조해야 한다.

ⓔ 고산화타이타늄계(E4313)
- 아크가 안정하다.
- 균열이 생기기 쉽다.
- 박판 용접에 적합하다.
- 용입이 얕고 스패터가 적다.
- 슬래그의 박리성이 좋고 외관이 아름답다.
- 용착금속의 연성이나 인성이 다소 부족하다.
- 다층 용접에서는 만족할 만한 품질을 만들지 못한다.

- 저합금강이나 탄소량이 높은 합금강의 용접에 적합하다.
- 기계적 성질이 다른 용접봉에 비해 약하고 고온 균열을 일으키기 쉽다.
- 용접기의 2차 무부하전압이 낮을 때에도 아크가 안정적이며 조용하다.
- 피복제에 산화타이타늄(TiO_2)을 약 35% 정도 합금한 것으로 일반 구조용 용접에 사용된다.
- 균열에 대한 감수성이 좋아서 구속이 큰 구조물의 용접이나 고탄소강, 쾌삭강의 용접에 사용한다.

ⓜ 저수소계(E4316)
- 기공이 발생하기 쉽다.
- 운봉에 숙련이 필요하다.
- 석회석이나 형석이 주성분이다.
- 용착금속 중 수소 함량이 적다.
- 이행 용적의 양이 적고, 입자가 크다.
- 강력한 탈산작용으로 강인성이 풍부하다.
- 아크가 다소 불안정하고 균열 감수성이 낮다.
- 용착금속 중 수소량이 타 용접봉에 비해 1/10 정도로 현저하게 적다.
- 보통 저탄소강의 용접에 주로 사용되나 저합금강과 중, 고탄소강의 용접에도 사용된다.
- 피복제는 습기를 잘 흡수하기 때문에 사용 전에 300~350℃에서 1~2시간 정도 건조 후 사용해야 한다.
- 균열에 대한 감수성이 좋아 구속도가 큰 구조물의 용접이나 탄소 및 황의 함유량이 많은 쾌삭강의 용접에 사용한다.

ⓗ 철분산화타이타늄계(E4324)
- 용착속도가 빠르고, 용접 능률이 좋다.
- 위보기 용접자세에는 주로 사용하지 않는다.
- 용착금속의 기계적 성질은 E4313과 비슷하다.
- 작업성이 좋고 스패터가 적게 발생하나 용입이 얕다.

- 고산화타이타늄계(E4313)에 50% 정도의 철분을 첨가한 것이다.
- Ⓢ 철분저수소계(E4326)
  - 아래보기나 수평 필릿 용접에만 사용된다.
  - 저수소계에 비해 용착속도가 빠르고 용접 효율이 좋다.
  - E4316의 피복제에 30~50% 정도의 철분을 첨가한 것이다.
  - 용착금속의 기계적 성질이 양호하고 슬래그의 박리성이 저수소계 용접봉보다 좋다.
- Ⓞ 철분산화철계(E4327)
  - 용착금속의 기계적 성질이 좋다.
  - 용착효율이 좋고, 용접속도가 빠르다.
  - 슬래그 제거가 양호하고, 비드 표면이 깨끗하다.
  - 산화철을 주성분으로 다량의 철분을 첨가한 것이다.
  - 아크가 분무상(스프레이형)으로 나타나며 스패터가 적고 용입은 E4324보다 깊다.
  - 비드의 표면이 곱고 슬래그의 박리성이 좋아서 아래보기나 수평 필릿 용접에 많이 사용된다.
  - 주성분인 산화철에 철분을 첨가한 것으로 규산염을 다량 함유하고 있어서 산성의 슬래그가 생성된다.

6-1. 용접의 피복 배합제 중 탈산제로 쓰이는 가장 적합한 것은?

① 탄산칼륨　　　　② 페로망간
③ 형석　　　　　　④ 이산화망간

6-2. 피복 아크 용접봉에서 피복제의 역할로 옳은 것은?

① 재료의 급랭을 도와준다.
② 산화성 분위기로 용착금속을 보호한다.
③ 슬래그 제거를 어렵게 한다.
④ 아크를 안정시킨다.

6-3. 피복 아크 용접 봉의 피복제 작용을 설명한 것 중 틀린 것은?

① 스패터를 많게 하고, 탈산·정련작용을 한다.
② 용융금속의 용적을 미세화하고, 용착효율을 높인다.
③ 슬래그 제거를 쉽게 하며, 파형이 고운 비드를 만든다.
④ 공기로 인한 산화, 질화 등의 해를 방지하여 용착금속을 보호한다.

|해설|

6-1
용접봉의 피복 배합제 중에서 탈산제로는 사용되는 것은 페로망간과 페로실리콘이다.

6-2
피복제(Flux)의 역할
- 아크를 안정시킨다.
- 전기 절연 작용을 한다.
- 보호가스를 발생시킨다.
- 아크의 집중성을 좋게 한다.
- 용착금속의 급랭을 방지한다.
- 탈산작용 및 정련작용을 한다.
- 용융금속과 슬래그의 유동성을 좋게 한다.
- 용적(쇳물)을 미세화하여 용착효율을 높인다.
- 슬래그 제거를 쉽게 하여 비드의 외관을 좋게 한다.
- 적당량의 합금 원소 첨가로 금속에 특수성을 부여한다.
- 중성 또는 환원성 분위기를 만들어 질화나 산화를 방지하고 용융금속을 보호한다.
- 쇳물이 쉽게 달라붙을 수 있도록 힘을 주어 수직자세, 위보기 자세 등 어려운 자세를 쉽게 한다.

6-3
피복제는 스패터의 발생을 적게 하고 탈산·정련작용을 한다.

정답 6-1 ②　6-2 ④　6-3 ①

① 용접봉 운봉 방향(용착 방향)에 의한 분류

종류	특징	용접봉의 운봉 방향
전진법	한쪽 끝에서 다른 쪽 끝으로 용접을 진행하는 방법으로 용접 길이가 길면 끝부분 쪽에 수축과 잔류응력이 생긴다.	1 2 3 4 5
후퇴법	용접을 단계적으로 후퇴하면서 전체 길이를 용접하는 방법으로서, 수축과 잔류응력을 줄이는 용접기법이다.	5 4 3 2 1
대칭법	변형과 수축응력의 경감법으로 용접 전 길이에 걸쳐 중심에서 좌우로 또는 용접물 형상에 따라 좌우 대칭으로 용접기법이다.	4 2 1 3
스킵법 (비석법)	전체를 짧은 용접 길이 5군데로 나누어 놓고, 간격을 두면서 1-4-2-5-3 순으로 용접하는 방법으로 잔류응력을 적게 해야 할 경우 사용한다.	1 4 2 5 3

② 다층 용접(다층 비드 용착)법에 의한 분류

종류	특징	용접봉의 운봉 방향
덧살올림법 (빌드업법)	각 층마다 전체의 길이를 용접하면서 쌓아올리는 방법으로 가장 일반적인 방법이다.	4 / 3 / 2 / 1
전진블록법	한 개의 용접봉으로 살을 붙일 만한 길이로 구분해서 홈을 한 층 완료 후 다른 층을 용접하는 방법이다.	4 8 12 / 3 7 11 / 2 6 10 / 1 5 9
캐스케이드법	한 부분의 몇 층을 용접하다가 이것을 다음 부분의 층으로 연속시켜 전체가 단계를 이루도록 용착시켜 나가는 방법이다.	4 / 3 / 2 / 1

7-1. 용착법에 대해 잘못 표현된 것은?

① 후진법 : 용접 진행 방향과 용착 방향이 서로 반대가 되는 방법이다.
② 대칭법 : 이음의 수축에 따른 변형이 서로 대칭이 되게 할 경우에 사용된다.
③ 스킵법 : 이음 전 길이에 대해서 뛰어 넘어서 용접하는 방법이다.
④ 전진법 : 홈을 한 부분씩 여러 층으로 쌓아 올린 다음, 다른 부분으로 진행하는 방법이다.

7-2. 용착법을 용접 방향, 순서, 다층 용접으로 대별할 경우 다음 중 다층 용접법에 의한 분류법에 속하지 않는 것은?

① 덧살올림법
② 캐스케이드법
③ 전진블록법
④ 후진법

7-3. 한 부분의 몇 층을 용접하다가 이것을 다음 부분의 층으로 연속시켜 전체 모양이 계단 형태를 이루는 용착법은?

① 스킵법
② 덧살올림법
③ 전진블록법
④ 캐스케이드법

해설

7-1

• 전진법 : 한쪽 끝에서 다른 쪽으로 용접을 진행하는 방법이다. 용접 길이가 길면 끝부분 쪽에 수축과 잔류응력이 생긴다.
• 캐스케이드법 : 홈을 한 부분의 몇 층을 용접하다가 이것을 다음 부분의 층으로 연속시켜 전체가 단계를 이루도록 용착시켜 나가는 방법이다.

7-2

후진법은 다층이 아닌 용접봉의 이행 방향을 나타내는 것이다.
다층 용접법에 의한 분류
• 덧살올림법(빌드업법) : 각 층마다 전체의 길이를 용접하면서 쌓아올리는 방법으로 가장 일반적인 방법이다.
• 캐스케이드법 : 한 부분의 몇 층을 용접하다가 이것을 다음 부분의 층으로 연속시켜 전체가 단계를 이루도록 용착시켜 나가는 방법
• 전진블록법 : 한 개의 용접봉으로 살을 붙일 만한 길이로 구분해서 홈을 한 부분씩 여러 층으로 완전히 쌓아 올린 다음, 다른 부분으로 진행하는 방법이다.

7-3

② 다층 용접법에 의한 분류 참고

정답 7-1 ④ 7-2 ④ 7-3 ④

핵심이론 01   가스 용접 일반

① 가스 용접의 정의

　㉠ 주로 산소-아세틸렌가스를 열원으로 하여 용접부를 용융하면서 용가재를 공급하여 접합시키는 용접법으로 그 종류에는 사용하는 연료가스에 따라 산소-아세틸렌 용접, 산소-수소 용접, 산소-프로판 용접, 공기-아세틸렌 용접 등이 있다. 산소-아세틸렌가스의 불꽃 온도는 약 3,430℃이다.

　㉡ 가스 용접에 사용되는 가스는 조연성 가스와 가연성 가스를 혼합하여 사용한다.

　㉢ 연료가스는 연소속도가 빨라야 원활하게 작업이 가능하며 매끈한 절단면 및 용접물을 얻을 수 있다.

② 가스의 분류

조연성 가스	다른 연소 물질이 타는 것을 도와주는 가스	산소, 공기
가연성 가스 (연료 가스)	산소나 공기와 혼합하여 점화하면 빛과 열을 내면서 연소하는 가스	아세틸렌, 프로판, 메탄, 부탄, 수소
불활성 가스	다른 물질과 반응하지 않는 기체	아르곤, 헬륨, 네온

③ 가스 용접의 장점

　㉠ 운반이 편리하고 설비비가 싸다.

　㉡ 전원이 없는 곳에 쉽게 설치할 수 있다.

　㉢ 아크 용접에 비해 유해 광선의 피해가 적다.

　㉣ 가열할 때 열량 조절이 비교적 자유로워 박판 용접에 적당하다.

　㉤ 기화용제가 만든 가스 상태의 보호막은 용접 시 산화작용을 방지한다.

　㉥ 산화불꽃, 환원불꽃, 중성불꽃, 탄화불꽃 등 불꽃의 종류를 다양하게 만들 수 있다.

④ 가스 용접의 단점

　㉠ 폭발의 위험이 있다.

　㉡ 금속이 탄화 및 산화될 가능성이 많다.

　㉢ 아크 용접에 비해 불꽃의 온도가 낮다.

　　• 아크 : 약 3,000~5,000℃

　　• 산소-아세틸렌불꽃 : 약 3,430℃

　㉣ 열의 집중성이 나빠서 효율적인 용접이 어려우며 가열 범위가 커서 용접 변형이 크고 일반적으로 용접부의 신뢰성이 적다.

⑤ 가스 용접용 가스의 성질

　㉠ 산소가스(Oxygen, O_2)

　　• 무색, 무미, 무취의 기체이다.

　　• 액화 산소는 연한 청색을 띤다.

　　• 산소는 대기 중에 21%나 존재하기 때문에 쉽게 얻을 수 있다.

　　• 고압 용기에 35℃에서 150kgf/cm^{2}의 고압으로 압축하여 충전한다.

　　• 가스 용접 및 가스 절단용으로 사용되는 산소는 순도가 99.3% 이상이어야 한다.

　　• 순도가 높을수록 좋으며 KS 규격에 의하면 공업용 산소의 순도는 99.5% 이상이다.

　　• 산소 자체는 타지 않으나 다른 물질의 연소를 도와주어 조연성 가스라 부른다. 금, 백금, 수은 등을 제외한 원소와 화합하면 산화물을 만든다.

　㉡ 아세틸렌가스(Acetylene, C_2H_2)

　　• 400℃ 근처에서 자연 발화한다.

　　• 카바이드(CaC_2)를 물에 작용시켜 제조한다.

　　• 구리나 은 등과 반응할 때 폭발성 물질이 생성된다.

　　• 가스 용접이나 절단 등에 주로 사용되는 연료가스이다.

　　• 산소와 적당히 혼합 연소시키면 약 3,000~3,500℃의 고온을 낸다.

　　• 아세틸렌가스는 비중이 0.906으로서, 비중이 1.105인 산소보다 가볍다.

　　• 아세틸렌가스는 불포화 탄화수소의 일종으로 불완전한 상태의 가스이다.

　　• 각종 액체에 용해가 잘된다(물-1배, 석유-2배, 벤젠-4배, 알코올-6배, 아세톤-25배).

- 아세틸렌가스의 충전은 15℃, 1기압하에서 15 kgf/cm² 의 압력으로 한다. 아세틸렌가스 1L의 무게는 1.176g이다.
- 순수한 카바이드 1kg은 이론적으로 348L의 아세틸렌가스를 발생하며, 보통의 카바이드는 230~300L의 아세틸렌가스를 발생시킨다.
- 순수한 아세틸렌가스는 무색, 무취의 기체이나 아세틸렌가스 중에 포함된 불순물인 인화수소, 황화수소, 암모니아 등에 의해 악취가 난다.
- 아세틸렌이 완전 연소하는 데는 이론적으로 2.5배의 산소가 필요하나, 실제는 아세틸렌에 불순물이 포함되어 산소가 1.2~1.3배 필요하다.
- 가스병 내부가 1.5기압 이상이 되면 폭발위험이 있고 2기압 이상으로 압축하면 폭발한다. 아세틸렌은 공기 또는 산소와 혼합되면 폭발성이 격렬해지는데 아세틸렌 15%, 산소 85% 부근이 가장 위험하다.

ⓒ 아르곤가스(Argon, Ar)
- 불활성 가스이다.
- 물에 잘 용해된다.
- 녹는점은 −189.35℃이다.
- 끓는점은 −185.85℃이다.
- 밀도는 1,650kg/m³이다.
- 불연성이다.
- 무색, 무취, 무미의 성질을 갖는다.
- 특수강 정련 및 특수용접에 사용된다.
- 대기 중 약 0.9%를 차지한다(불활성 기체 중 가장 많음).
- 단원자 분자의 기체로 반응성이 거의 없어 불활성 기체라 한다.
- 공기보다 약 1.4배 무겁기 때문에 용접에 이용할 경우 용접부를 도포하여 산화 및 질화를 방지하고 용접부의 마무리를 잘해주어 TIG 용접 및 MIG 용접에 주로 이용된다.

ⓔ 액화석유가스(LPG ; Liquified Petroleum Gas)
- 일명 프로판 또는 LP가스라고도 부른다.
- 프로판(C_3H_8)과 부탄(C_4H_{10})이 주성분이다.
- 열효율이 높은 연소 기구의 제작이 가능하다.
- 사용 전 환기시키고 사용 중 점화를 확인해야 한다.
- 프로판 + 산소 → 이산화탄소 + 물 + 발열반응을 낸다.
- 연소할 때 필요한 산소량은 산소 : 프로판 = 4.5 : 1이다.
- 상온에서는 기체 상태이고 무색, 투명하며 약간의 냄새가 난다.
- 쉽게 기화하며 발열량이 높고 폭발 한계가 좁아 안전도가 높다.
- 액화가 용이하여 용기에 충전하여 저장할 수 있다(1/250 정도로 압축할 수 있다).

ⓜ 수소(Hydrogen, H_2)
- 물의 전기 분해로 제조한다.
- 무색, 무미, 무취로서 인체에 해가 없다.
- 비중은 0.0695로서 물질 중 가장 가볍다.
- 고압 용기에 충전한다(35℃, 150kgf/cm²).
- 산소와 화합하여 고온을 내며 아세틸렌가스 다음으로 폭발 범위가 넓다.
- 연소 시 탄소가 존재하지 않아 납의 용접이나 수중 절단용 가스로 사용된다.

⑥ 아세틸렌과 LP가스의 비교

아세틸렌가스	LP가스
• 점화가 용이하다.	• 슬래그 제거가 용이하다.
• 중성 불꽃을 만들기 쉽다.	• 절단면이 깨끗하고 정밀하다.
• 절단 시작까지 시간이 빠르다.	• 절단 위 모서리 녹음이 적다.
• 박판 절단 때 속도가 빠르다.	• 두꺼운 판(후판)을 절단할 때 유리하다.
• 모재 표면에 대한 영향이 적다.	• 포갬 절단에서 아세틸렌보다 유리하다.

⑦ 용접용 가스가 가스 용접이나 가스 절단에 사용되기 위한 조건
ㄱ 발열량이 클 것

ⓛ 연소속도가 빠를 것

ⓒ 불꽃의 온도가 높을 것

ⓔ 용융금속과 화학 반응을 일으키지 않을 것

ⓜ 취급이 쉽고 폭발 범위가 작을 것

⑧ 혼합 기체의 폭발 한계

기체의 종류	수소	메탄	프로판	아세틸렌
공기 중 기체 함유량(%)	4~74	5~15	2.4~9.5	2.5~80

⑨ 주요 가스의 화학식

ⓖ 부탄 : C_4H_{10}

ⓛ 프로판 : C_3H_8

ⓒ 펜탄 : C_5H_{12}

ⓔ 에탄 : C_2H_6

⑩ 착화온도(Ignition Temperature)

불이 붙거나 타는 온도를 말한다.

가스의 종류	수소	일산화탄소	아세틸렌	휘발유
착화온도(발화온도)	570℃	610℃	305℃	290℃

10년간 자주 출제된 문제

1-1. 아세틸렌은 액체에 잘 용해되며 석유에는 2배, 알코올에는 6배가 용해된다. 아세톤에는 몇 배가 용해되는가?

① 12
② 20
③ 25
④ 50

1-2. 다음 중 연소를 가장 바르게 설명한 것은?

① 물질이 열을 내며 탄화한다.
② 물질이 탄산가스와 반응한다.
③ 물질이 산소와 반응하여 환원한다.
④ 물질이 산소와 반응하여 열과 빛을 발생한다.

[해설]

1-1

아세틸렌가스(Acetylene, C_2H_2)는 각종 액체에 용해가 잘된다(물-1배, 석유-2배, 벤젠-4배, 알코올-6배, 아세톤-25배).

1-2

연소란 물질이 산소와 반응하여 열과 빛을 내면서 타는 현상을 말한다.

정답 1-1 ③ 1-2 ④

심이론 **02** 불꽃의 종류

① 가스별 불꽃의 온도 및 발열량

가스 종류	불꽃온도(℃)	발열량(kcal/m³)
아세틸렌	3,430	12,500
부탄	2,926	26,000
수소	2,960	2,400
프로판	2,820	21,000
메탄	2,700	8,500

② 산소-아세틸렌가스 불꽃의 종류

산소와 아세틸렌가스를 대기 중에서 연소시킬 때는 산소의 양에 따라 다음과 같이 4가지의 불꽃이 된다.

불꽃의 종류	명칭	산소 : 아세틸렌 비율
적황색(매연)	아세틸렌불꽃 (산소 약간 혼입)	–
담백색	탄화불꽃 (아세틸렌 과잉)	0.85~0.95 : 1
백심(회백색) $C_2H_2+O_2=2CO+H_2$ $C_2H_2=2C+H_2$ 바깥 불꽃(투명한 청색) $2CO+O_2=2CO_2$ $H_2+\frac{1}{2}O_2=H_2O$	중성불꽃 (표준불꽃)	1 : 1
	산화불꽃 (산소 과잉)	1.15~1.70 : 1

ⓖ 아세틸렌불꽃

• 아세틸렌 과잉불꽃이다.

• 아세틸렌가스만 공급 후 점화했을 때 발생되는 불꽃이다.

ⓛ 탄화불꽃

• 탄화불꽃은 아세틸렌 과잉 불꽃이라 한다.

• 속불꽃과 겉불꽃 사이에 연한 백색의 제3불꽃, 즉, 아세틸렌 페더가 있다.

• 아세틸렌 밸브를 열고 점화한 후, 산소 밸브를 조금만 열게 되면 다량의 그을음이 발생되어 연소를 하게 되는 경우가 발생한다.

• 탄화불꽃은 산소량이 부족할 경우 생기므로 금속의 산화를 방지할 필요가 있는 스테인리스강, 스텔라이트, 모넬 메탈 등의 용접에 사용된다.

ⓒ 중성불꽃(표준불꽃)
- 산소와 아세틸렌가스의 혼합비가 1 : 1일 때 얻어진다.
- 중성불꽃은 표준불꽃으로 용접작업에 가장 알맞은 불꽃이다.
- 금속의 용접부에 산화나 탄화의 영향이 가장 적게 미치는 불꽃이다.
- 탄화불꽃에서 산소량을 증가시키거나 아세틸렌 가스량을 감소시키면 아세틸렌 페더가 점차 감소되어 백심불꽃과 아세틸렌 페더가 일치될 때를 중성불꽃(표준불꽃)이라 한다.

ⓓ 산화불꽃
- 산소 과잉불꽃이다.
- 용접 시 금속을 산화시키므로 구리, 황동 등의 용접에 사용한다.
- 산화성 분위기를 만들어 일반적인 금속 용접에는 사용하지 않는다.
- 중성 불꽃에서 산소량을 증가시키거나 아세틸렌 가스량을 감소시키면 만들어진다.

③ 산소-아세틸렌가스 불꽃의 구성
산소와 아세틸렌을 1 : 1로 혼합하여 연소시키면 불꽃이 다음과 같이 생성되는데, 이때 생성되는 불꽃은 다음의 세 부분으로 구성된다.

불꽃심(백심) 속불꽃 겉불꽃
1,500℃ 2,900℃ 2,900℃ 2,000~2,700℃ 1,260℃
3,200~3,500℃

백심의 끝에서
2~3mm

④ 불꽃의 이상 현상
ⓐ 역류 : 토치 내부의 청소가 불량할 때 내부 기관에 막힘이 생겨 고압의 산소가 밖으로 배출되지 못하고 압력이 낮은 아세틸렌 쪽으로 흐르는 현상이다.

※ 방지 및 조치법
- 팁을 깨끗이 청소한다.
- 안전기와 발생기를 차단한다.
- 토치의 산소 밸브를 차단시킨다.
- 토치의 아세틸렌 밸브를 차단시킨다.

ⓑ 역화 : 토치의 팁 끝이 모재에 닿아 순간적으로 막히거나 팁의 과열 또는 사용가스의 압력이 부적당할 때 팁 속에서 폭발음을 내면서 불꽃이 꺼졌다가 다시 나타나는 현상이다. 불꽃이 꺼지면 산소 밸브를 차단하고, 이어 아세틸렌 밸브를 닫는다. 팁이 가열되었으면 물속에 담가 산소를 약간 누출시키면서 냉각한다.

ⓒ 인화 : 팁 끝이 순간적으로 막히면 가스의 분출이 나빠지고 가스 혼합실까지 불꽃이 도달하여 토치를 빨갛게 달구는 현상이다.

2-1. 아세틸렌 과잉불꽃이라 하며 속불꽃과 겉불꽃 사이에 백색의 제3불꽃 즉, 아세틸렌 페더(Excess Acetylene Feather)가 있는 불꽃은?

① 탄화불꽃
② 산화불꽃
③ 아세틸렌불꽃
④ 중성불꽃

2-2. 다음 중 불꽃의 구성요소가 아닌 것은?

① 불꽃심
② 속불꽃
③ 겉불꽃
④ 환원불꽃

|해설|

2-1

불꽃의 종류

명칭	특징	산소 : 아세틸렌 비율
아세틸렌불꽃	산소 약간 혼입	–
탄화불꽃	아세틸렌 과잉	0.85~0.95 : 1
중성불꽃	표준불꽃	1 : 1
산화불꽃	산소 과잉	1.15~1.70 : 1

2-2
③ 산소-아세틸렌가스 불꽃의 구성 참고

정답 2-1 ① 2-2 ④

① 가스 용접기의 구조

② 산소 용기(Oxygen Bomb) 취급 시 주의사항

　㉠ 용기를 굴리거나 충격을 가하는 일이 없도록 한다.

　㉡ 용기 밸브에 이상이 생겼을 때는 구매처에 반환한다.

　㉢ 사용이 끝난 용기는 밸브를 잠그고 '빈 병'이라고 표시한다.

　㉣ 용기의 밸브에 그리스(Grease)나 기름 등을 묻히면 안 된다.

　㉤ 이동할 때에는 밸브를 닫고 안전캡을 씌워 밸브가 손상되지 않도록 한다.

　㉥ 비눗물로 반드시 누설검사를 하고, 화기에서 5m 이상 거리를 유지한다.

　㉦ 용기의 밸브를 개폐할 때는 핸들을 천천히 돌리되, 1/4~1/2 회전 이내로 한다.

　㉧ 통풍이 잘되고 직사광선이 없는 곳에 보관하며, 항상 40℃ 이하를 유지한다.

　㉨ 겨울에 용기 밸브가 얼어서 산소 분출이 어려울 경우 화기를 사용하지 말고 더운물로 녹여서 사용한다.

③ 산소용기의 각인사항

　㉠ 용기 제조자의 명칭

　㉡ 충전가스의 명칭

　㉢ 용기 제조번호(용기번호)

　㉣ 용기의 중량(kg)

　㉤ 용기의 내용적(L)

　㉥ 내압시험압력(TP ; Test Pressure), 연월일

　㉦ 최고충전압력(FP ; Full Pressure)

　㉧ 이음매 없는 용기일 경우 '이음매 없는 용기' 표기

④ 용기 속의 산소량 구하기

용기 속의 산소량 = 내용적×기압

⑤ 용접가능시간 구하기

용접가능시간

$= \dfrac{\text{산소용기 총가스량}}{\text{시간당 소비량}} = \dfrac{\text{내용적}×\text{압력}}{\text{시간당 소비량}}$

※ 가변압식 팁 100번은 단위 시간당 가스 소비량이 100L이다.

⑥ 일반 가스 용기의 도색 색상

가스 명칭	도색	가스 명칭	도색
산소	녹색	암모니아	백색
수소	주황색	아세틸렌	황색
탄산가스	청색	프로판(LPG)	회색
아르곤	회색	염소	갈색

※ 산업용과 의료용의 용기 색상은 다르다(의료용의 경우 산소는 백색).

⑦ 가스 호스의 색깔

용도	색깔
산소용	검정색, 흑색 또는 녹색
아세틸렌용	적색

⑧ 아세틸렌 용기(Acetylene Bomb) 취급 시 주의사항

　㉠ 용기는 충격이나 타격을 주지 않도록 한다.

　㉡ 저장소의 전등 및 전기 스위치 등은 방폭 구조여야 한다.

　㉢ 가연성 가스를 사용하는 경우는 반드시 소화기를 비치하여야 한다.

　㉣ 가스의 충전구가 동결되었을 때는 35℃ 이하의 더운물로 녹여야 한다.

　㉤ 저장소에는 인화 물질이나 화기를 가까이 하지 않으며 통풍이 양호해야 한다.

　㉥ 용기 내의 아세톤 유출을 막기 위해 저장 또는 사용 중 반드시 용기를 세워 두어야 한다.

⑨ 아세틸렌가스량(L) 구하기

> L = 가스용적(병 전체 무게 – 빈 병의 무게)
> = 905(병 전체 무게 – 빈 병의 무게)

⑩ 아세틸렌가스의 사용 압력

저압식	0.07kgf/cm^2 이하
중압식	0.07~1.3kgf/cm^2
고압식	1.3kgf/cm^2 이상

3-1. 가스 용접에서 산소 용기 취급에 대한 설명이 잘못된 것은?

① 산소용기 밸브, 조정기 등은 기름천으로 잘 닦는다.
② 산소용기 운반 시에는 충격을 주어서는 안 된다.
③ 산소 밸브의 개폐는 천천히 해야 한다.
④ 가스 누설의 점검은 비눗물로 한다.

3-2. 가변압식 가스용접 토치에서 팁의 능력에 대한 설명으로 옳은 것은?

① 매시간당 소비되는 아세틸렌가스의 양
② 매시간당 소비되는 산소의 양
③ 매분당 소비되는 아세틸렌가스의 양
④ 매분당 소비되는 산소의 양

3-3. 산소 용기의 윗부분에 각인되어 있는 표시 중 최고충전압력의 표시는?

① TP
② FP
③ WP
④ LP

[해설]

3-1

가스 용접에서 사용되는 가스 용기를 취급할 때는 밸브나 조정기 그리고 연결 부위의 청소 시 이물질이 남지 않도록 마른 천으로 깨끗이 닦아야 한다. 기름천으로 닦을 경우 천에 부착된 기름이나 이물질이 가스에 혼입되어 불량을 유발할 수 있다.

3-2

가스용접 토치에서 팁의 능력은 매시간당 소비되는 아세틸렌가스의 양으로 나타낸다. 예를 들면, 100번 팁은 1시간 동안 표준불꽃으로 용접 시에는 아세틸렌가스의 소비량이 100L가 된다.

3-3

② 최고충전압력(FP ; Full Pressure)
① 내압시험압력(TP ; Test Pressure)

정답 3-1 ① **3-2** ① **3-3** ②

핵심이론 04 가스 용접용 용접봉

① 가스 용접용 용접봉

용가재(Filler Metal)라고 불리는 가스 용접봉은 용접할 재료와 동일 재질의 용착금속을 얻기 위해 모재와 조성이 동일하거나 비슷한 것을 사용한다. 용접 중 용접열에 의하여 성분과 성질이 변화되므로 용접봉 제조 시 필요한 성분을 첨가하거나 제조하는 경우도 있다.

② 가스 용접용 용접봉의 특징

㉠ 산화 방지를 위해 경우에 따라 용제(Flux)를 사용하기도 하나 연강의 가스 용접에서는 용제가 필요 없다.

㉡ 일반적으로 비피복 용접봉을 사용하지만, 보관 및 사용 중 산화 방지를 위해 도금이나 피복된 것도 있다.

③ 가스 용접봉의 표시

예 GA46 가스 용접봉의 경우

G	A	46
가스 용접봉	용착금속의 연신율 구분	용착금속의 최저 인장강도(kgf/mm^2)

④ KS상 연강용 가스 용접봉의 표준치수

ϕ1.0	ϕ1.6	ϕ2.0	ϕ2.6	ϕ3.2	ϕ4.0	ϕ5.0	ϕ6.0

⑤ 가스 용접봉 선택 시 조건

㉠ 용융온도가 모재와 같거나 비슷할 것

㉡ 용접봉의 재질 중에 불순물을 포함하고 있지 않을 것

㉢ 모재와 같은 재질이어야 하며 충분한 강도를 줄 수 있을 것

㉣ 기계적 성질에 나쁜 영향을 주지 말 것

⑥ 연강용 가스 용접봉의 성분이 모재에 미치는 영향

㉠ C(탄소) : 강의 강도를 증가시키나 연신율, 굽힘성이 감소된다.

㉡ Si(규소, 실리콘) : 기공은 막을 수 있으나 강도가 떨어지게 된다.

㉢ P(인) : 강에 취성을 주며 연성을 작게 한다.

㉣ S(황) : 용접부의 저항력을 감소시키며 기공과 취성이 발생할 우려가 있다.

㉤ FeO$_4$(산화철) : 강도를 저하시킨다.

⑦ 가스 용접용 용접봉의 종류

종류	시험편 처리	인장강도(kg/mm²)
GA 46	SR	46 이상
	NSR	51 이상
GA 43	SR	43 이상
	NSR	44 이상
GA 35	SR	35 이상
	NSR	37 이상
GB 46	SR	46 이상
	NSR	51 이상
GB 43	SR	43 이상
	NSR	44 이상
GB 35	SR	35 이상
	NSR	37 이상
GB 32	NSR	32 이상

※ 참 고
• SR : 응력제거풀림을 한 것
• NSR : 용접한 그대로 응력제거풀림을 하지 않은 것
예 '625±25℃에서 1시간 동안 응력을 제거했다' = SR

⑧ 가스 용접봉 지름

$$가스\ 용접봉\ 지름(D) = \frac{판\ 두께(T)}{2} + 1$$

4-1. 연강용 가스 용접봉의 성분 중 강의 강도를 증가시키나 연신율, 굽힘성 등을 감소시키는 것은?

① 규소(Si)
② 인(P)
③ 탄소(C)
④ 유황(S)

4-2. 가스 용접에서 모재의 두께가 8mm일 경우 적합한 가스 용접봉의 지름(mm)은?(단, 이론적인 계산식으로 구한다)

① 2.0
② 3.0
③ 4.0
④ 5.0

4-3. 일반적으로 두께가 3mm인 연강판을 가스 용접하기에 가장 적합한 용접봉의 직경은?

① 약 2.6mm
② 약 4.0mm
③ 약 5.0mm
④ 약 6.0mm

│해설│

4-1
순철에 C의 함유량이 증가할수록 강도와 경도는 증가하나 너무 단단해지기 때문에 반대로 취성(깨지는 성질)이 강해진다.
가스 용접봉에 포함된 성분이 미치는 영향
• 탄소(C) : 강의 강도를 증가시키나 연신율, 굽힘성이 감소된다.
• 규소, 실리콘(Si) : 기공을 막을 수 있으나 강도가 떨어지게 된다.
• 인(P) : 강에 취성을 주며 연성을 작게 한다.
• 황(S) : 용접부의 저항력을 감소시키며 기공과 취성을 발생할 우려가 있다.
• 산화철(FeO₄) : 강도를 저하시킨다.

4-2
$$가스\ 용접봉\ 지름(D) = \frac{판\ 두께(T)}{2} + 1 = \frac{8mm}{2} + 1 = 5mm$$

4-3
$$가스\ 용접봉\ 지름(D) = \frac{판\ 두께(T)}{2} + 1 = \frac{3mm}{2} + 1 = 2.5mm$$

정답 **4-1** ③ **4-2** ④ **4-3** ①

① 가스 용접용 용제

　　㉠ 용제를 사용하는 이유 : 금속을 가열하면 대기 중의 산소나 질소와 접촉하여 산화 및 질화작용이 일어난다. 이때 생긴 산화물이나 질화물은 모재와 용착금속과의 융합을 방해한다. 용제는 용접 중 생기는 이러한 산화물과 유해물을 용융시켜 슬래그로 만들거나 산화물의 용융온도를 낮게 한다. 그러나 가스 소비량을 적게 하지는 않는다.

　　㉡ 용융금속보다 비중이 가벼운 산화물을 용융금속 위로 떠오르고, 비중이 무거운 것은 용착금속의 내부에 남게 된다.

　　㉢ 용제는 분말이나 액체로 된 것이 있으며, 분말로 된 것은 물이나 알코올에 개어서 용접봉이나 용접 홈에 그대로 칠하거나 직접 용접 홈에 뿌려서 사용한다.

② 가스 용접용 용제의 특징

　　㉠ 용융온도가 낮은 슬래그를 생성한다.

　　㉡ 모재의 융점보다 낮은 온도에서 녹는다.

　　㉢ 불순물을 제거하므로 용착금속의 성질을 좋게 한다.

　　㉣ 용접 중에 생기는 금속의 산화물 또는 비금속 개재물을 용해한다.

③ 가스 용접용 용제의 종류

재질	용제
연강	용제를 사용하지 않는다.
반경강	중탄산소다, 탄산소다
주철	붕사, 탄산나트륨, 중탄산나트륨
알루미늄	염화칼륨, 염화나트륨, 염화리튬, 플루오린화칼륨
구리합금	붕사, 염화리튬

5-1. 가스 용접에서 용제(Flux)를 사용하는 이유는?

① 산화작용 및 질화작용을 도와 용착금속의 조직을 미세화하기 위해

② 모재의 용융온도를 낮게 하여 가스 소비량을 적게 하기 위해

③ 용접봉의 용융속도를 느리게 하여 용접봉 소모를 적게 하기 위해

④ 용접 중에 생기는 금속의 산화물 또는 비금속 개재물을 용해하여 용착금속의 성질을 양호하게 하기 위해

5-2. 다음 중 연강을 가스 용접할 때 사용하는 용제는?

① 붕사

② 염화나트륨

③ 사용하지 않는다.

④ 중탄산소다 + 탄산소다

[해설]

5-1

금속을 가열하면 대기 중의 산소나 질소와 접촉하여 산화 및 질화작용이 일어난다. 이때 생긴 산화물이나 질화물은 모재와 용착금속과의 융합을 방해한다. 용제는 용접 중 생기는 이러한 산화물과 유해물을 용융시켜 슬래그로 만들거나 산화물의 용융온도를 낮게 한다. 그러나 가스 소비량을 적게 하지는 않는다.

5-2

③ 가스 용접용 용제의 종류 참고

정답 5-1 ④　5-2 ③

핵심이론 06 산소-아세틸렌가스 용접 기기

① 산소 압력 조정기

산소압력조정기의 압력조정나사를 오른쪽으로 돌리면 밸브가 열린다.

산소 압력 조정기 형태	설치

② 아세틸렌 압력 조정기

아세틸렌 압력 조정기는 시계 반대 방향(왼나사)으로 회전시켜 단단히 죄어 설치한다.

아세틸렌 압력 조정기 형태	설치

핵심이론 07 산소-아세틸렌가스 용접

① 산소-아세틸렌가스 용접의 장점

㉠ 응용 범위가 넓으며, 운반 작업이 편리하다.

㉡ 전원이 불필요하며, 설치 비용이 저렴하다.

㉢ 아크 용접에 비해 유해 광선의 발생이 적다.

㉣ 열량 조절이 비교적 자유롭기 때문에 박판 용접에 적당하다.

② 산소-아세틸렌가스 용접의 단점

㉠ 열효율이 낮아서 용접속도가 느리다.

㉡ 아크 용접에 비해 불꽃의 온도가 낮다.

㉢ 열영향에 의하여 용접 후 변형이 심하게 된다.

㉣ 고압가스를 사용하므로 폭발 및 화재의 위험이 크다.

㉤ 용접부의 기계적 성질이 떨어져서 제품의 신뢰성이 낮다.

③ 용접 토치의 운봉법

㉠ 팁과 모재와의 거리는 불꽃 백심 끝에서 2~3mm로 일정하게 한다.

㉡ 용접 시 토치는 오른손으로 가볍게 잡고, 용접선을 따라 직선이나 작은 원, 반달형을 그리며 전진시켜 용융지를 형성한다.

④ 용접 토치 운봉법의 종류

가스 용접은 용접 비드 및 토치의 진행 방향에 따라 전진법과 후진법으로 나뉜다.

㉠ 전진법(좌진법)

• 판 두께가 5mm 이하인 박판 용접에 주로 사용한다.

- 용접 토치를 오른쪽, 용접봉을 왼손에 잡은 상태에서 용접 진행 방향이 오른쪽에서 왼쪽으로 나가는 방법이다.
- 전진법은 토치의 불꽃이 용융지의 앞쪽을 가열하기 때문에 모재가 과열되기 쉽고 변형이 많으며 기계적 성질도 저하된다.

ⓒ 후진법(우진법)
- 용접 변형이 전진법에 비해 작다.
- 가열 시간이 짧아 과열되는 현상이 적다.
- 토치를 왼쪽에서 오른쪽으로 이동하는 방법이다.
- 용접속도가 빨라서 두꺼운 판 및 다층 용접에 사용된다.

ⓒ 가스 용접에서의 전진법과 후진법의 차이점

구분	전진법	후진법
토치 진행 방향	오른쪽 → 왼쪽	왼쪽 → 오른쪽
열 이용률	나쁘다.	좋다.
비드의 모양	보기 좋다.	매끈하지 못하다.
홈의 각도	크다(약 80°).	작다(약 60°).
용접속도	느리다.	빠르다.
용접 변형	크다.	작다.
용접 가능 두께	두께 5mm 이하의 박판	후판
가열시간	길다.	짧다.
기계적 성질	나쁘다.	좋다.
산화 정도	심하다.	양호하다.
토치 진행 방향 및 각도		

7-1. 가스 용접에서 전진법과 후진법을 비교하여 설명한 것으로 맞는 것은?

① 용착금속의 냉각속도는 후진법이 서랭된다.
② 용접 변형은 후진법이 크다.
③ 산화의 정도가 심한 것은 후진법이다.
④ 용접속도는 후진법보다 전진법이 더 빠르다.

7-2. 산소-아세틸렌가스 용접의 장점이 아닌 것은?

① 가열 시 열량 조절이 쉽다.
② 전원설비가 없는 곳에서도 쉽게 설치할 수 있다.
③ 피복 아크 용접보다 유해 광선의 발생이 적다.
④ 피복 아크 용접보다 일반적으로 신뢰성이 높다.

7-3. 가스 용접에서 토치를 오른손에 용접봉을 왼손에 잡고 오른쪽에서 왼쪽으로 용접을 해 나가는 용접법은?

① 전진법   ② 후진법
③ 상진법   ④ 병진법

|해설|

7-2

산소-아세틸렌가스 용접은 피복 아크 용접(SMAW)에 비해 불꽃의 온도가 낮아서 용접부의 기계적 성질이 떨어져 제품의 신뢰성이 낮다.

- 산소-아세틸렌가스 용접의 장점
  - 응용 범위가 넓으며, 운반작업이 편리하다.
  - 전원이 불필요하며, 설치비용이 저렴하다.
  - 아크 용접에 비해 유해 광선의 발생이 적다.
  - 열량 조절이 비교적 자유롭기 때문에 박판 용접에 적당하다.
- 산소-아세틸렌가스 용접의 단점
  - 열효율이 낮아서 용접속도가 느리다.
  - 아크 용접에 비해 불꽃의 온도가 낮다.
  - 열 영향에 의하여 용접 후 변형이 심하게 된다.
  - 고압가스를 사용하므로 폭발 및 화재의 위험이 크다.
  - 용접부의 기계적 성질이 떨어져서 제품의 신뢰성이 낮다.

7-3

가스 용접 시 용접 토치를 오른쪽에서 왼쪽으로 용접이행을 하는 방식은 전진법이다.

정답 7-1 ① **7-2** ④ **7-3** ①

핵심이론 01 절단법의 종류

① 절단법의 열원에 의한 분류

종류	특징	분류
아크 절단	전기 아크열을 이용한 금속 절단법	산소 아크 절단
		피복 아크 절단
		탄소 아크 절단
		아크 에어 가우징
		플라스마 제트 절단
		불활성 가스 아크 절단
가스 절단	산소가스와 금속과의 산화 반응을 이용한 금속 절단법	산소-아세틸렌가스 절단
분말 절단	철분이나 플럭스 분말을 연속적으로 절단 산소 속에 혼입시켜서 공급하여 그 반응열이나 용제작용을 이용한 절단법	

② 절단법의 종류 및 특징

ㄱ 산소창 절단 : 가늘고 긴 강관(안지름 3.2~6mm, 길이 1.5~3m)을 사용해서 절단 산소를 큰 강괴의 심부에 분출시켜 창으로 불리는 강관 자체가 함께 연소되면서 절단이 되는 방법이다.

ㄴ 분말 절단 : 철분이나 플럭스 분말을 연속적으로 절단 산소 속에 혼입시켜서 공급하여 그 반응열을 이용한 절단방법이다.

ㄷ 아크 에어 가우징 : 탄소봉을 전극으로 하여 아크를 발생시킨 후 절단을 하는 탄소 아크 절단법에 약 5~7kgf/cm^{2}인 고압의 압축 공기를 병용하는 것으로 용융된 금속을 탄소봉과 평행으로 분출하는 압축 공기를 계속 불어내서 홈을 파내는 방법이다. 용접부의 홈 가공, 뒷면 따내기(Back Chipping), 용접 결함부 제거 등에 많이 사용된다.

ㄹ 플라스마 아크 절단 : 플라스마 절단에서는 플라스마 기류가 노즐을 통과할 때 열적 핀치 효과를 이용하여 20,000~30,000℃의 플라스마 아크를 만들어 내는데, 이 초고온의 플라스마 아크를 절단 열원으로 사용하여 가공물을 절단하는 방법이다.

ㅁ 가스 가우징 : 용접 결함이나 가접부 등의 제거를 위하여 사용하는 방법으로 가스 절단과 비슷한 토치를 사용해서 용접 부분의 뒷면을 따내거나 U형, H형의 용접 홈을 가공하기 위하여 깊은 홈을 파내는 가공방법이다.

ㅂ 산소 아크 절단 : 산소 아크 절단에 사용되는 전극봉은 가운데가 비어 있는 중공의 피복봉으로 발생되는 아크열을 이용하여 모재를 용융시킨 후, 중공 부분으로 절단 산소를 내보내서 절단하는 방법이다. 전원은 직류 정극성이나 교류를 사용하고, 산화 발열효과와 산소의 분출압력 때문에 작업속도가 빠르며, 입열 시간이 적어 변형이 작다. 전극의 운봉이 거의 필요 없고, 전극봉을 절단 방향으로 직선이 동시키면 된다. 또한 절단속도가 빨라 철강 구조물 해체나 수중 해체 작업에 이용된다. 그러나 가스 절단에 비해 절단면이 고르지 못한 단점이 있다.

ㅅ 피복 아크 절단 : 피복 아크 용접봉을 이용하는 것으로 토치나 탄소 용접봉이 없을 때나 토치의 팁이 들어가지 않는 좁은 곳에 사용하는 방법이다.

ㅇ 금속 아크 절단 : 탄소 전극봉 대신 절단 전용 특수 피복제를 입힌 전극봉을 사용하여 절단하는 방법이다. 직류 정극성이 적합하며, 교류도 사용은 가능하다. 절단면은 가스 절단면에 비해 거칠고 담금질 경화성이 강한 재료의 절단부는 기계 가공이 곤란하다.

ㅈ 포갬 절단 : 판과 판 사이의 틈새를 0.1mm 이상으로 포개어 압착시킨 후 절단하는 방법이다.

ㅊ TIG 절단 : 아크 절단법의 일종으로 텅스텐 전극과 모재 사이에 아크를 발생시켜 모재를 용융하여 절단하는 절단법으로 알루미늄과 마그네슘, 구리 및 구리합금, 스테인리스강 등의 금속재료의 절단에 사용한다. 절단가스로는 Ar + H$_2$의 혼합가스를 사용하고 전원은 직류 정극성을 사용한다.

③ 아크 절단과 가스 절단의 차이점

아크 절단은 절단면의 정밀도가 가스 절단보다 떨어지지만, 보통의 가스 절단이 곤란한 알루미늄, 구리, 스테인리스강 및 고합금강의 절단에 사용할 수 있다.

1-1. 압축공기를 이용하여 가우징, 결함 부위 제거, 절단 및 구멍 뚫기 등에 널리 사용되는 아크 절단 방법은?

① 탄소 아크 절단
② 금속 아크 절단
③ 산소 아크 절단
④ 아크 에어 가우징

1-2. 10,000~30,000℃의 높은 열에너지를 가진 열원을 이용하여 금속을 절단하는 절단법은?

① TIG 절단법
② 탄소 아크 절단법
③ 금속 아크 절단법
④ 플라스마 제트 절단법

[해설]

1-1

아크 에어 가우징은 탄소봉을 전극으로 하여 아크를 발생시킨 후 절단작업을 하는 탄소 아크 절단법에 약 5~7kgf/cm²인 고압의 압축 공기를 병용하는 것으로 용융된 금속을 탄소봉과 평행으로 분출하는 압축 공기를 계속 불어내서 홈을 파내는 방법이다. 용접부의 홈 가공, 뒷면 따내기(Back Chipping), 용접 결함부 제거 등에 많이 사용된다.
① 탄소 아크 절단 : 탄소나 흑연 전극봉과 금속 사이에서 아크를 일으켜 금속의 일부를 용융시켜 제거하면서 절단하는 방법
② 금속 아크 절단 : 탄소 전극봉 대신 절단 전용 특수 피복제를 입힌 전극봉을 사용하여 절단하는 방법
③ 산소 아크 절단 : 산소 아크 절단에 사용되는 전극봉은 중공의 피복봉으로 발생되는 아크열을 이용하여 모재를 용융시킨 후, 중공 부분으로 절단 산소를 내보내서 절단하는 방법

1-2

플라스마 아크 절단(플라스마 제트 절단)

10,000~30,000℃의 높은 온도를 가진 플라스마를 한 방향으로 모아서 분출시키는 것을 일컬어 플라스마 제트라고 부르는데 이 열원으로 절단하는 방법이다. 절단하려는 재료에 전기적 접촉하지 않으므로 금속재료와 비금속재료 모두 절단이 가능하다.

정답 1-1 ④ **1-2** ④

핵심이론 02 가스 절단

① 가스 절단의 정의

산소-아세틸렌가스 불꽃을 이용하여 재료를 절단시키는 작업으로 가스 절단 시 팁에서 나 온 불꽃의 백심 끝과 강판 사이의 간격은 1.5~2mm로 하며 절단한다.

② 가스 절단을 사용하는 이유

자동차를 제작할 때는 기계 설비를 이용하여 철판을 알맞은 크기로 자른 뒤 용접한다. 하지만 이는 기계적인 방법이고 용접에서 사용하는 절단은 열에너지에 의해 금속을 국부적으로 용융하여 절단하는 방법인 가스 절단이 사용되는데, 이는 철과 산소의 화학 반응열을 이용하는 열 절단법이다.

③ 가스 절단의 원리

가스 절단 시에는 절단속도가 알맞아야 하는데, 이 절단속도는 산소의 압력, 모재의 온도, 산소의 순도, 팁의 형에 따라 달라진다. 특히 절단 산소의 분출량과 속도에 따라 크게 좌우된다.

④ 산소-아세틸렌가스 용접용 토치별 사용압력

저압식	0.07kgf/cm² 이하
중압식	0.07~1.3kgf/cm²
고압식	1.3kgf/cm² 이상

⑤ 절단팁의 종류

절단 팁의 종류에는 동심형 팁(프랑스식)과 이심형 팁(독일식)이 있다.

동심형 팁 (프랑스식)	동심원의 중앙 구멍으로 고압 산소를 분출하고, 외곽 구멍으로는 예열용 혼합가스를 분출한다. 가스 절단에서 전후, 좌우 및 직선 절단을 자유롭게 할 수 있다.
이심형 팁 (독일식)	고압 가스 분출구와 예열 가스 분출구가 분리되고, 예열용 분출구가 있는 방향으로만 절단이 가능하다. 작은 곡선, 후진 등 절단은 어려우나 직선 절단의 능률이 높고, 절단면이 깨끗하다.

⑥ 다이버전트형 절단 팁

가스를 고속으로 분출할 수 있으므로 절단속도를 20~25% 증가시킬 수 있다.

[다이버전트형 팁]

⑦ 표준 드래그 길이

$$표준 \ 드래그 \ 길이(mm) = 판 \ 두께(mm) \times \frac{1}{5}$$
$$= 판 \ 두께의 \ 20\%$$

⑧ 드래그량

$$드래그량(\%) = \frac{드래그 \ 길이}{판 \ 두께} \times 100$$

⑨ 가스 절단의 절단속도

㉠ 산소의 순도가 높으면 절단속도가 빠르다.

㉡ 절단속도는 모재의 온도가 높을수록 고속 절단이 가능하다.

㉢ 절단속도는 절단산소의 순도와 분출속도에 따라 결정된다.

㉣ 절단속도는 절단산소의 압력과 산소 소비량이 많을수록 증가한다.

⑩ 양호한 절단면을 얻기 위한 조건

㉠ 드래그가 될 수 있으면 작을 것

㉡ 경제적인 절단이 이루어지도록 할 것

㉢ 절단면 표면의 각이 예리하고 슬래그의 박리성이 좋을 것

㉣ 절단면이 평활하며 드래그의 홈이 낮고 노치 등이 없을 것

⑪ 절단 산소의 순도가 떨어질 때의 현상

㉠ 절단면이 거칠고, 절단속도가 늦어진다.

㉡ 산소 소비량이 많아지고, 절단 개시 시간이 길어진다.

㉢ 슬래그가 잘 떨어지지 않고(박리성이 떨어짐), 절단면 홈의 폭이 넓어진다.

⑫ 가스 절단이 잘 안 되는 금속과 절단방법

㉠ 주철 : 주철의 용융점이 연소 온도 및 슬래그의 용융점보다 낮고, 주철 중의 흑연은 철의 연속적인 연소를 방해하므로 가스 절단이 곤란하다.

㉡ 스테인리스강, 알루미늄 등 : 절단 중 생기는 산화물의 용융점이 모재보다 고융점이므로 끈적끈적한 슬래그가 절단 표면을 덮어 산소와의 산화 반응을 방해하여 가스 절단이 곤란하다.

ⓒ 주철 및 스테인리스강, 알루미늄의 절단방법 : 산화물을 용해, 제거하기 위해서는 적당한 분말 용제(Flux)를 산소 기류에 혼입하거나 미리 절단부에 철분을 뿌린 다음 절단한다.

⑬ 가스 절단이 원활히 이루어지게 하는 조건

ⓐ 모재 중 불연소물이 적을 것

ⓑ 산화물이나 슬래그의 유동성이 좋을 것

ⓒ 산화 반응이 격렬하고 열을 많이 발생할 것

ⓓ 산화물이나 슬래그의 용융온도가 모재의 용융온도보다 낮을 것

ⓔ 모재의 연소온도가 그 용융온도보다 낮을 것(철의 연소온도 : 1,350℃, 용융온도 : 1,538℃)

ⓕ 절단속도가 알맞아야 한다. 절단속도는 산소의 압력, 모재의 온도, 산소의 순도, 팁의 형에 따라 달라진다. 특히 절단 산소의 분출량과 속도에 따라 크게 좌우된다.

ⓖ 가스 절단 시 예열 불꽃이 강하면 절단면이 거칠며 열량이 많아서 모서리가 용융되어 둥글게 되며, 철과 슬래그의 구분이 어려워진다. 반대로 약하면 절단속도가 늦어지고 드래그 길이가 증가한다.

⑭ 수중 절단용 가스의 특징

ⓐ 연료가스로는 수소가스를 가장 많이 사용한다.

ⓑ 일반적으로는 수심 45m 정도까지 작업이 가능하다.

ⓒ 수중작업 시 예열가스의 양은 공기 중에서의 4~8배로 한다.

ⓓ 수중작업 시 절단 산소의 압력은 공기 중에서의 1.5~2배로 한다.

ⓔ 연료가스로는 수소, 아세틸렌, 프로판, 벤젠 등을 사용한다.

⑮ 가스 절단에 영향을 미치는 요소

ⓐ 예열불꽃

ⓑ 후열불꽃

ⓒ 절단속도

ⓓ 산소가스의 순도

ⓔ 산소가스의 압력

ⓕ 가연성 가스의 압력

ⓖ 가스의 분출량과 속도

10년간 자주 출제된 문제

2-1. 가스 절단작업 시 표준 드래그 길이는 일반적으로 모재 두께의 몇 % 정도인가?

① 5   ② 10

③ 20   ④ 30

2-2. 양호한 절단면을 얻기 위한 조건으로 틀린 것은?

① 드래그가 가능한 클 것

② 슬래그 이탈이 양호할 것

③ 절단면 표면의 각이 예리할 것

④ 절단면이 평활하며 드래그의 홈이 낮을 것

|해설|

2-1

표준 드래그 길이(mm) = 판 두께(mm)$\times\frac{1}{5}$ = 판 두께의 20%

2-2

절단 후 양호한 절단면을 얻으려면 가능한 한 드래그를 작게 해야 한다.

드래그 : 가스 절단 시 한 번에 토치를 이동한 거리로서 절단면에 일정한 간격의 곡선이 나타나는 것

정답 2-1 ③ 2-2 ①

① 스카핑(Scarfing)

    ㉠ 정의 : 스카핑이란 강괴나 강편, 강재 표면의 홈이나 개재물, 탈탄층 등을 제거하기 위한 불꽃 가공으로 가능한 한 얇으면서 타원형의 모양으로 표면을 깎아내는 가공법이다. 종류로는 열간 스카핑, 냉간 스카핑, 분말 스카핑이 있다.

    ㉡ 스카핑속도 : 냉간재와 열간재에 따라서 스카핑속도가 달라진다.

냉간재	5~7m/min
열간재	20m/min

② 가스 가우징

    ㉠ 정의 : 가스 가우징은 용접 결함이나 가접부 등의 제거를 위하여 사용하는 방법으로 가스 절단과 비슷한 토치를 사용해서 용접 부분의 뒷면을 따내거나 U형, H형의 용접 홈을 가공하기 위하여 깊은 홈을 파내는 가공법이다.

    ㉡ 가스 가우징의 특징

      • 가스 절단보다 2~5배의 속도로 작업할 수 있다.

      • 약간의 진동에서도 작업이 중단되기 쉬워 상당한 숙련이 필요하다.

③ 아크 에어 가우징(Arc Air Gouging)

    ㉠ 정의 : 탄소 아크 절단법에 고압(5~7kgf/cm^2)의 압축공기를 병용하는 방법으로, 용융된 금속에 탄소봉과 평행으로 분출하는 압축공기를 전극 홀더의 끝부분에 위치한 구멍을 통해 연속해서 불어내어 홈을 파낸다. 홈 가공이나 구멍 뚫기, 절단작업, 뒷면 따내기(Back Chipping), 용접부의 결함 제거 등에 사용된다.

    ㉡ 특징

      • 소음이 적다.

      • 토치의 구조와 조작방법이 간단하다.

      • 용접 결함부의 발견이 쉽다.

      • 사용전원은 직류 역극성이다.

      • 비교적 좁은 장소의 가우징도 가능하며, 응용 범위가 넓고 경비가 저렴하다.

      • 작업능률이 가스 가우징보다 2~3배 높다.

      • 특수강에 적용할 수 있다.

      • 철이나 비철금속에 모두 사용 가능하다.

      • 흑연으로 된 탄소봉에 구리 도금한 전극을 사용한다.

      • 모재에 나쁜 영향을 미치지 않는다.

      • 용융된 금속을 순간적으로 불어내어 모재에 악영향을 주지 않는다.

    ㉢ 아크 에어 가우징의 구성요소

[아크 에어 가우징의 구성]

    • 가우징봉

    • 가우징 머신

    • 가우징 토치

    • 컴프레서(압축공기)

3-1. U형, H형의 용접 홈을 가공하기 위하여 슬로 다이 버전으로 설계된 팁을 사용하여 깊은 홈을 파내는 가공법은?

① 치핑
② 슬랙 절단
③ 가스 가우징
④ 아크 에어 가우징

3-2. 다음 그림은 가스 절단의 종류 중 어떤 작업을 나타낸 것인가?

① 산소창 절단
② 포갬 절단
③ 가스 가우징
④ 분말 절단

3-3. 스카핑속도는 냉간재와 열간재에 따라 다른데 다음 중 냉간재의 속도로 가장 적합한 것은?

① 1~3m/min
② 5~7m/min
③ 10~15m/min
④ 20~25m/min

3-4. 아크에서 가우징작업에 사용되는 압축 공기의 압력으로 적당한 것은?

① 1~3kgf/cm²
② 5~7kgf/cm²
③ 9~12kgf/cm²
④ 14~16kgf/cm²

3-5. 다음 중 아크 절단법이 아닌 것은?

① 스카핑
② 금속 아크 절단
③ 아크 에어 가우징
④ 플라스마 제트 절단

｛해설｝

3-1, 3-2

가스 가우징은 용접 결함이나 가접부 등의 제거를 위하여 사용하는 방법으로 가스 절단과 비슷한 토치를 사용해서 용접 부분의 뒷면을 따내거나 U형, H형의 용접 홈을 가공하기 위하여 깊은 홈을 파내는 가공법이다.

가스 가우징의 특징

• 가스 절단보다 2~5배의 속도로 작업할 수 있다.
• 약간의 진동에서도 작업이 중단되기 쉬워 상당한 숙련이 필요하다.

3-3

스카핑(Scarfing)이란 강괴나 강편, 강재 표면의 홈이나 개재물, 탈탄층 등을 제거하기 위하여 불꽃 가공으로 될 수 있는 대로 얇으면서 타원형 모양으로 표면을 깎아내는 가공법으로, 냉간재와 열간재에 따라서 스카핑속도가 달라진다.

• 냉간재 : 5~7m/min
• 열간재 : 20m/min

3-4

아크 에어 가우징은 탄소 아크 절단법에 고압(5~7kgf/cm²)의 압축공기를 병용하는 방법으로, 용융된 금속에 탄소봉과 평행으로 분출하는 압축공기를 전극 홀더의 끝부분에 위치한 구멍을 통해 연속해서 불어내어 홈을 파낸다. 홈 가공이나 구멍 뚫기, 절단 작업에 사용하며, 철이나 비철금속에 모두 이용할 수 있다. 가스 가우징보다 작업 능률이 2~3배 높고, 모재에 해를 입히지 않는다.

3-5

스카핑은 가스 가공법의 일종으로, 아크 절단에 속하지 않는다.

정답 3-1 ③　3-2 ③　3-3 ②　3-4 ②　3-5 ①

핵심이론 01 서브머지드 아크 용접 (SAW ; Submerged Arc Welding)

① 서브머지드 아크 용접(잠호 용접)의 정의

용접 부위에 미세한 입상의 플럭스를 도포한 뒤 와이어 릴에 감겨 있는 와이어가 이송 롤러에 의하여 연속적으로 공급되며, 동시에 용제 호퍼에서 용제가 다량으로 공급되기 때문에 와이어 선단은 용제에 묻힌 상태로 모재와의 사이에서 아크가 발생하여 용접이 이루어진다. 이때 아크가 플럭스 속에서 발생되므로 불가시 아크 용접, 잠호 용접, 개발자의 이름을 딴 케네디 용접, 그리고 이를 개발한 회사의 상품명인 유니언 멜트 용접이라고도 한다.

② 서브머지드 아크 용접의 특징

㉠ 용접속도가 빠른 경우 용입이 낮아지고, 비드 폭이 좁아진다.

㉡ 플럭스가 과열을 막아주므로 열 손실이 적으며 용입도 깊어 고능률 용접이 가능하다.

㉢ 아크 길이를 일정하게 유지시키기 위해 와이어의 이송속도가 적고 자동적으로 조정된다.

㉣ 용접전류가 커지면 용입과 비드 높이가 증가하고, 전압이 커지면 용입이 낮고 비드 폭이 넓어진다.

③ 서브머지드 아크 용접의 장점

㉠ 내식성이 우수하다.

㉡ 이음부의 품질이 일정하다.

㉢ 후판일수록 용접속도가 빠르다.

㉣ 높은 전류밀도로 용접할 수 있다.

㉤ 용접 조건을 일정하게 유지하기 쉽다.

㉥ 용접금속의 품질을 양호하게 얻을 수 있다.

㉦ 용제의 단열작용으로 용입을 크게 할 수 있다.

㉧ 용입이 깊어 개선각을 작게 해도 되어 용접 변형이 작다.

㉨ 용접 중 대기와 차폐되어 대기 중의 산소, 질소 등의 해를 받지 않는다.

㉩ 용접속도가 아크 용접에 비해서 판 두께가 12mm일 때에는 2~3배, 25mm일 때에는 5~6배 정도 빠르다.

④ 서브머지드 아크 용접의 단점

㉠ 설비비가 많이 든다.

㉡ 용접시공 조건에 따라 제품의 불량률이 커진다.

㉢ 용제의 흡습성이 커서 건조나 취급을 잘해야 한다.

㉣ 용입이 크므로 모재의 재질을 신중히 검사해야 하며, 요구되는 이음가공의 정도가 엄격하다.

㉤ 용접선이 짧고 복잡한 형상의 경우에는 용접기 조작이 번거롭다.

㉥ 아크가 보이지 않으므로 용접의 적부를 확인해서 용접할 수 없다.

㉦ 특수한 장치를 사용하지 않는 한 아래보기, 수평자세 용접에 한정된다.

㉧ 입열량이 크므로 용접금속의 결정립이 조대화되어 충격값이 낮아지기 쉽다.

⑤ 서브머지드 아크 용접용 용제
  ㉠ 용제의 종류
    • 용융형 : 흡습성이 가장 작으며, 소결형에 비해 좋은 비드를 얻는다.
    • 소결형 : 흡습성이 가장 좋다.
    • 혼성형 : 중간의 특성을 갖는다.
  ㉡ 용제의 제조방법

용제의 종류	제조과정
용융형 용제 (Fused Flux)	원광석을 아크 전기로에서 1,300℃ 이상에서 용융하여 응고시킨 후 분쇄하여 알맞은 입도로 만든 것이다.
소결형 용제 (Sintered Flux)	원료와 합금 분말을 규산화나트륨과 같은 점결제와 함께 낮은 온도에서 소정의 입도로 소결하여 제조한 것이다. 기계적 성질을 쉽게 조절할 수 있다.

  ㉢ 서브머지드 아크 용접에 사용되는 용융형 용제의 특징
    • 비드의 모양이 아름답다.
    • 고속 용접이 가능하다.
    • 화학적으로 안정되어 있다.
    • 미용융된 용제의 재사용이 가능하다.
    • 조성이 균일하고 흡습성이 작아서 가장 많이 사용한다.
    • 입도가 작을수록 용입이 얕고 너비가 넓다.
    • 작은 전류에는 입도가 큰 거친 입자를, 큰 전류에는 입도가 작은 미세한 입자를 사용한다. 작은 전류에 미세한 입자를 사용하면 가스 방출이 불량해서 Pock Mark 불량의 원인이 된다.
  ㉣ 서브머지드 아크 용접에 사용되는 소결형 용제의 특징
    • 흡습성이 뛰어난 결점이 있다.
    • 용융형 용제에 비해 용제의 소모량이 적다.
    • 페로실리콘이나 페로망간 등에 의해 강력한 탈산작용이 된다.
    • 분말형태로 작게 만든 후 결합하여 만들어서 흡습성이 가장 높다.

    • 고입열의 자동차 후판용접, 덧살 붙임 용접, 조선의 대판계(大板繼) 용접, 고장력강 및 스테인리스강의 용접에 사용된다.
⑥ 서브머지드 아크 용접과 일렉트로 슬래그 용접과의 차이점
  일렉트로 슬래그 용접은 처음 아크를 발생시킬 때는 모재 사이에 공급된 플럭스 속에 와이어를 밀어 넣고서 전류를 통하면 순간적으로 아크가 발생되는데, 이 점은 서브머지드 아크 용접과 같다. 그러나 서브머지드 아크 용접은 처음 발생된 아크를 플럭스 속에서 계속하여 열을 발생시키지만, 일렉트로 슬래그 용접은 처음 발생된 아크가 꺼져 버리고 저항열로서 용접이 계속된다는 점에서 다르다.
⑦ 서브머지드 아크용접의 다전극 용극 방식
  ㉠ 탠덤식 : 2개의 와이어를 독립전원(AC-DC 또는 AC-AC)에 연결한 후 아크를 발생시켜 한 번에 다량의 용착금속을 얻는 방식이다.
  ㉡ 횡병렬식 : 2개의 와이어를 한 개의 같은 전원에 (AC-AC 또는 DC-DC) 연결한 후 아크의 복사열로 모재를 용융시켜 다량의 용착금속을 얻는 방식으로 용접 폭이 넓고 용입이 깊다.
  ㉢ 횡직렬식 : 2개의 와이어를 독립전원에 직렬로 흐르게 하여 아크를 발생시켜 그 복사열로 다량의 용착금속을 얻는 방법으로, 용입이 얕아서 스테인리스강의 덧붙이 용접에 사용한다.

1-1. 서브머지드 아크 용접에서 용융형 용제의 특징에 대한 설명으로 옳은 것은?

① 흡습성이 크다.
② 비드 외관이 거칠다.
③ 용제의 화학적 균일성이 양호하다.
④ 용접전류에 따라 입도의 크기는 같은 용제를 사용해야 한다.

1-2. 서브머지드 아크 용접에서 사용하는 용제 중 흡습성이 가장 작은 것은?

① 용융형
② 혼성형
③ 고온소결형
④ 저온소결형

해설

1-1

서브머지드 아크 용접에 사용되는 용융형 용제의 특징
• 흡습성이 거의 없다.
• 비드 모양이 아름답다.
• 미용융된 용제의 재사용이 가능하다.
• 화학적으로 안정되어 있다.
• 용접전류에 따라 알맞은 입자의 크기를 가진 용제를 선택해야 한다.
• 용융 중에는 성분 추가가 어려워 와이어(Wire)에 필요 성분을 함유해야 한다.

1-2

서브머지드 아크 용접(SAW)용 용제 중 흡습성이 가장 작은 것은 용융형 용제이고 흡습성이 가장 큰 것은 소결형 용제이다.

서브머지드 아크 용접용 용제(Flux)
• 용융형 용제 : 흡습성이 가장 작으며, 소결형에 비해 좋은 비드를 얻을 수 있고 화학적으로 균일하다.
• 소결형 용제 : 흡습성이 가장 크며, 분말형태로 작게 한 후 결합해서 만든다.
• 혼성형 용제 : 흡습성이 용융형과 소결형의 중간이다.

정답 1-1 ③ 1-2 ①

핵심이론 02 TIG 용접(Tungsten Inert Gas arc welding)

① TIG 용접(불활성 가스 텅스텐 아크 용접)의 정의
텅스텐(Tungsten) 재질의 전극봉으로 아크를 발생시킨 후 모재와 같은 성분의 용가재를 녹여가며 용접하는 특수 용접법으로 불활성 가스 텅스텐 아크 용접으로도 불린다. 용접 표면을 불활성 가스인 아르곤가스로 보호하기 때문에 용접부가 산화되지 않아 깨끗한 용접부를 얻을 수 있다. 또한 전극으로 사용되는 텅스텐 전극봉이 아크만 발생시킬 뿐 용가재를 용입부에 별도로 공급해 주기 때문에 전극봉이 소모되지 않아 비용극식 또는 비소모성 전극 용접법이라고 불린다.

※ Inert Gas : 불활성 가스를 일컫는 말로 주로 아르곤(Ar)가스가 사용되며 헬륨(He), 네온(Ne) 등이 있다.

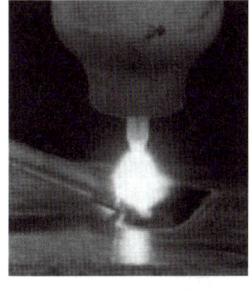

② 불활성 가스 텅스텐 아크 용접의 특징
㉠ 보통의 아크 용접법보다 생산비가 고가이다.
㉡ 모든 용접자세가 가능하며, 박판용접에 적합하다.
㉢ 용접 전원으로 DC나 AC가 사용되며 직류에서 극성은 용접 결과에 큰 영향을 준다.

ⓔ 보호가스로 사용되는 불활성 가스는 용접봉 지지
기 내를 통과시켜 용접물에 분출시킨다.

ⓜ 용접부가 불활성 가스로 보호되어 용가재 합금 성
분의 용착효율이 거의 100%에 가깝다.

ⓗ 직류 역극성에서 청정효과가 있어서 Al과 Mg과 같
은 강한 산화막이나 용융점이 높은 금속의 용접에
적합하다.

ⓢ 교류에서는 아크가 끊어지기 쉬우므로 용접 전류
에 고주파의 약전류를 중첩시켜 양자의 특징을 이
용하여 아크를 안정시킬 필요가 있다.

ⓞ 직류 정극성(DCSP)에서는 음전기를 가진 전자가
전극에서 모재쪽으로 흐르고, 가스 이온은 반대로
모재에서 전극쪽으로 흐르며 깊은 용입을 얻는다.

ⓩ 불활성 가스의 압력 조정과 유량 조정은 불활성 가
스 압력 조정기로 하며 일반적으로 1차 압력은
150kgf/cm^2, 2차 조정 압력은 140kgf/cm^2 정도이다.

③ TIG 용접용 토치의 구조

ⓖ 롱 캡

ⓛ 헤드

ⓒ 세라믹노즐

ⓔ 콜렛 척

ⓜ 콜렛 보디

④ TIG 용접용 토치의 종류

분류	명칭	내용
냉각방식에 의한 분류	공랭식 토치	200A 이하의 전류 시 사용
	수랭식 토치	650A 정도의 전류까지 사용
모양에 따른 분류	T형 토치	가장 일반적으로 사용
	직선형 토치	T형 토치를 사용이 불가능한 장소에서 사용
	가변형 머리 토치 (플렉시블)	토치 머리의 각도를 조정

⑤ 텅스텐 전극봉의 식별용 색상

텅스텐봉의 종류	색상
순 텅스텐봉	녹색
1% 토륨봉	노란색
2% 토륨봉	적색
지르코니아봉	갈색

⑥ TIG 용접기의 구성

ⓖ 용접토치　　　　　ⓛ 용접전원

ⓒ 제어장치　　　　　ⓔ 냉각수 순환장치

ⓜ 보호가스 공급장치

⑦ TIG 용접용 전원

아크 안정을 위해 주로 고주파 교류(ACHF)를 전원을
사용한다.

⑧ TIG 용접에서 고주파 교류(ACHF)을 전원으로 사용하
는 이유

ⓖ 긴 아크 유지가 용이하다.

ⓛ 아크를 발생시키기 쉽다.

ⓒ 비접촉에 의해 용착금속과 전극의 오염을 방지한다.

ⓔ 전극의 소모를 줄여서 텅스텐 전극봉의 수명을 길
게 한다.

ⓜ 고주파 전원을 사용하므로 모재에 접촉시키지 않
아도 아크가 발생한다.

ⓗ 동일한 전극봉에서 직류 정극선(DCSP)에 비해 고
주파 교류(ACHF)가 사용전류 범위가 크다.

2-1. TIG 용접 토치는 공랭식과 수랭식으로 분류되는데 가볍고
취급이 용이한 공랭식 토치의 경우 일반적으로 몇 A 정도까지
사용하는가?

① 200　　　　　　② 380
③ 450　　　　　　④ 650

2-2. TIG 용접 토치의 분류 중 형태에 따른 종류가 아닌 것은?

① T형 토치　　　　② Y형 토치
③ 직선형 토치　　　④ 플렉시블형 토치

[해설]

2-1

TIG 용접용 토치 중에서 공랭식은 200A 이하의 용접전류를 사용
해야 한다.

2-2

TIG용 토치를 분류할 때 Y형으로 분류하지 않는다.
④ TIG 용접용 토치의 종류 참고

정답 **2-1** ①　**2-2** ②

핵심이론 03 MIG 용접(Metal Inert Gas arc welding)

① MIG 용접(불활성 가스 금속 아크 용접)의 정의

용가재인 전극와이어($1.0 \sim 2.4\phi$)를 연속적으로 보내어 아크를 발생시키는 방법으로 용극식 또는 소모식 불활성 가스 아크 용접법이라 한다. Air Comatic, Sigma, Filler Arc, Argonaut 용접법 등으로도 불린다. 불활성 가스로는 주로 Ar을 사용한다.

② MIG 용접기의 용접 전원

MIG 용접의 전원은 직류 역극성(DCRP ; Direct Current Reverse Polarity)이 이용되며 청정작용이 있기 때문에 알루미늄이나 마그네슘 등은 용제가 없어도 용접이 가능하다.

③ MIG 용접의 특징

  ㉠ 분무 이행이 원활하다.

  ㉡ 열영향부가 매우 적다.

  ㉢ 용착효율은 약 98%이다.

  ㉣ 전 자세 용접이 가능하다.

  ㉤ 용접기의 조작이 간단하다.

  ㉥ 아크의 자기제어 기능이 있다.

  ㉦ 직류 용접기의 경우 정전압 특성 또는 상승 특성이 있다.

  ◎ 전류가 일정할 때 아크전압이 커지면 용융속도가 낮아진다.

  ㉧ 전류밀도가 아크 용접의 4~6배, TIG 용접의 2배 정도로 매우 높다.

  ㉨ 용접부가 좁고, 깊은 용입을 얻으므로 후판(두꺼운 판) 용접에 적당하다.

  ㉠ 전자동 또는 반자동식이 많으며 전극인 와이어는 모재와 동일한 금속을 사용한다.

  ㉣ 용접부로 공급되는 와이어가 전극과 용가재의 역할을 동시에 하므로 전극인 와이어는 소모된다.

  ㉤ 전원은 직류 역극성이 이용되며 Al, Mg 등에는 클리닝 작용(청정작용)이 있어 용제 없이도 용접이 가능하다.

  ㉹ 용접봉을 갈아 끼울 필요가 없어 용접 속도를 빨리할 수 있으므로 고속 및 연속적으로 양호한 용접을 할 수 있다.

④ MIG 용접의 단점

  ㉠ 장비 이동이 곤란하다.

  ㉡ 장비가 복잡하고 가격이 비싸다.

  ㉢ 보호가스 분출 시 외부의 영향이 없어야 하므로 방풍 대책이 필요하다.

  ㉣ 슬래그 덮임이 없어 용금의 냉각속도가 빨라서 열영향부(HAZ) 부위의 기계적 성질에 영향을 미친다.

⑤ MIG 용접기의 와이어 송급방식

  ㉠ Push 방식 : 미는 방식

  ㉡ Pull 방식 : 당기는 방식

  ㉢ Push-pull 방식 : 밀고 당기는 방식

⑥ MIG 용접의 제어 기능

종류	기능
예비가스 유출시간	아크 발생 전 보호가스 유출로 아크 안정과 결함의 발생을 방지한다.
스타트시간	아크가 발생되는 순간에 전류와 전압을 크게 하여 아크 발생과 모재의 융합을 돕는다.
크레이터 충전시간	크레이터 결함을 방지한다.

CHAPTER 01 용접일반 ■ **43**

종류	기능
번 백시간	크레이터처리에 의해 낮아진 전류가 서서히 줄어들면서 아크가 끊어지는 현상을 제어함으로써 용접부가 녹아내리는 것을 방지한다.
가스지연 유출시간	용접 후 5~25초 정도 가스를 흘려서 크레이터의 산화를 방지한다.

⑦ 용착금속의 보호방식에 따른 분류

가스발생식	피복제 성분이 주로 셀룰로스이며 연소 시 가스를 발생시켜 용접부를 보호한다.
슬래그생성식	피복제 성분이 주로 규사, 석회석 등 무기물로 슬래그를 만들어 용접부를 보호하며 산화 및 질화를 방지한다.
반가스발생식	가스발생식과 슬래그생성식의 중간이다.

⑧ MIG 용접 시 용융금속의 이행방식에 따른 분류

이행 방식	이행 형태	특징
단락이행		• 박판용접에 적합하다. • 모재로의 입열량이 적고 용입이 얕다. • 용융금속이 표면장력의 작용으로 모재에 옮겨가는 용적이행이다. • 저전류의 CO_2 및 MIG 용접에서 솔리드와이어를 사용할 때 발생한다.
입상이행 (글로블러, Globular)		• 글로뷸(Globule)은 용융방울인 용적을 의미한다. • 깊고 양호한 용입을 얻을 수 있어서 능률적이나 스패터가 많이 발생한다. • 초당 90회 정도의 와이어보다 큰 용적으로 용융되어 모재로 이행된다.
스프레이 이행		• 용적이 작은 입자로 되어 스패터 발생이 적고 비드의 외관이 좋다. • 가장 많이 사용되는 것으로 아크 기류 중에서 용가재가 고속으로 용융되어 미립자의 용적으로 분사되어 모재에 옮겨가면서 용착되는 용적이행이다. • 고전압, 고전류에서 발생하며, 아르곤가스나 헬륨가스를 사용하는 경합금 용접에서 주로 나타나며 용착속도가 빠르고 능률적이다.
맥동이행 (펄스아크)		연속적으로 스프레이 이행을 사용할 때 높은 입열로 인해 용접부의 물성이 변화되었거나 박판 용접 시 용락으로 인해 용접이 불가능할 때 낮은 전류에서도 스프레이 이행이 이루어지게 하여 박판용접을 가능하게 한다.

※ MIG 용접에서는 스프레이 이행 형태를 가장 많이 사용한다.

⑨ 공랭식 MIG 용접토치의 구성요소

　㉠ 노즐

　㉡ 토치 보디

　㉢ 콘택트 팁

　㉣ 전극와이어

　㉤ 작동스위치

　㉥ 스위치케이블

　㉦ 불활성 가스용 호스

⑩ 공랭식과 수랭식 MIG 토치의 차이점

공랭식	• 공기에 자연 노출시켜서 그 열을 식히는 냉각방식이다. • 피복 아크 용접기의 홀더와 같이 전선에 토치가 붙어서 공기에 노출된 상태로 용접하면서 자연 냉각되는 방식으로 장시간의 용접에는 부적당하다.
수랭식	• 과열된 토치 케이블인 전선을 물로 식히는 방식이다. • 현장에서 장시간 작업을 하면 용접토치에 과열이 발생되는데, 이 과열된 케이블 자동차의 라디에이터 장치처럼 물을 순환시켜 전선의 과열을 막음으로써 오랜 시간 동안 작업을 할 수 있다.

⑪ 아크의 자기 제어

　㉠ 어떤 원인에 의해 아크길이가 짧아져도 이것을 다시 길게 하여 원래의 길이로 돌아오는 제어 기능이다.

　㉡ 동일 전류에서 아크전압이 높으면 용융속도가 떨어지고, 와이어의 송급속도가 격감하여 용접물이 오목하게 패인다. 아크길이가 길어짐으로써 아크전압이 높아지면 전극의 용융속도가 감소하므로 아크길이가 짧아져 다시 원래 길이로 돌아간다.

3-1. 다음 중 MIG 용접 시 와이어 송급방식의 종류가 아닌 것은?

① 풀(Pull) 방식

② 푸시 오버(Push-over) 방식

③ 푸시 풀(Push-pull) 방식

④ 푸시(Push) 방식

3-2. 다음 중 MIG 용접의 용적이행 형태에 대한 설명으로 옳은 것은?

① 용적이행에는 단락이행, 스프레이이행, 입상이행이 있으며 가장 많이 사용되는 것은 입상이행이다.

② 스프레이이행은 저전압, 저전류에서 아르곤가스를 사용하는 경합금 용접에서 주로 나타난다.

③ 입상이행은 와이어보다 큰 용적으로 용융되어 이행하며 주로 CO_2 가스를 사용할 때 나타난다.

④ 직류 정극성일 때 스패터가 적고, 용입이 크게 되며 용적이행이 안정한 스프레이이행이 된다.

3-3. 다음 중 용융금속의 이행형태가 아닌 것은?

① 단락형　　　　　　② 스프레이형
③ 연속형　　　　　　④ 글로뷸러형

[해설]

3-1

MIG 용접의 와이어 송급 방식 : Push, Pull, Push-pull

3-2

MIG 용접은 직류 역극성을 사용한다. 현재 가장 많이 사용되는 용적이행은 스프레이이행인데 이것은 고전압과 고전류에서 많이 발생한다.

MIG 용접의 용적이행의 종류

- 단락이행 : 저전류의 CO_2 용접에서 솔리드와이어 사용 시 발생하며 박판 용접에 적합하다.
- 입상이행(Globular, 글로뷸러) : 와이어보다 큰 용적으로 용융되어 모재로 이행하며 매초 90회 정도의 용적이 이행되는데 주로 CO_2 가스 용접 시 발생한다.
- 스프레이이행 : 고전압, 고전류에서 발생하며, 아르곤가스나 헬륨가스를 사용하는 경합금 용접에서 주로 나타나며 용착속도가 빠르고 능률적이다.
- 맥동이행 : 연속적으로 스프레이이행 사용 시 높은 입열로 인해 용접부의 물성 변화 및 박판 용접 시 용락으로 용접이 불가능할 때 낮은 평균 전륫값에서 박판 용접도 가능하게 한다.

3-3

용융금속의 이행 방식 중 연속형은 없다.
⑧ MIG 용접 시 용융금속의 이행방식에 따른 분류 참고

정답 3-1 ②　3-2 ③　3-3 ③

핵심이론 04　CO_2 가스 아크 용접(탄산가스 아크 용접)

① **CO_2 용접의 정의**

CO_2 용접은 탄산가스 아크 용접, 이산화탄소 아크 용접이라고도 한다. 코일(Coil)로 된 용접 와이어를 송급 모터에 의해 용접 토치까지 연속으로 공급시키면서 토치 팁을 통해 빠져 나온 통전된 와이어 자체가 전극이 되어 모재와의 사이에 아크를 발생시켜 접합하는 용극식 용접법이다.

② **불활성 가스 대신 CO_2를 보호가스로 사용하는 이유**

㉠ 불활성 가스를 연강 용접 재료에 사용하는 것은 비경제적이며 기공을 발생시킬 우려가 있다.

㉡ 이산화탄소는 불활성 가스가 아니므로 고온 상태의 아크 중에서는 산화성이 크고 용착금속의 산화가 심하여 기공 및 그 밖의 결함이 생기기 쉬워 망간, 실리콘 등의 탄산제를 많이 함유한 망간-규소계 와이어와 값싼 이산화탄소, 산소 등의 혼합가스를 사용하는 용접법 등이 개발되었다.

③ **CO_2 용접의 특징**

㉠ 조작이 간단하다.

㉡ 가시아크로 시공이 편리하다.

㉢ 전 용접 자세로 용접이 가능하다.

㉣ 용착금속의 강도와 연신율이 크다.

㉤ MIG 용접에 비해 용착금속에 기공의 발생이 적다.

㉥ 보호가스가 저렴한 탄산가스이므로 경비가 적게 든다.

㉦ 킬드강이나 세미킬드강, 림드강도 쉽게 용접할 수 있다.

㉧ 아크와 용융지가 눈에 보여 정확한 용접이 가능하다.

㉨ 산화 및 질화가 되지 않아 양호한 용착금속을 얻을 수 있다.

㉩ 용접의 전류밀도가 커서 용입이 깊고 용접속도를 빠르게 할 수 있다.

㉪ 용착금속 내부의 수소 함량이 타 용접법보다 적어 은점이 생기지 않는다.

ⓔ 용제가 사용되지 않아 슬래그의 잠입이 적으며 슬래그를 제거하지 않아도 된다.

ⓕ 아크 특성에 적합한 상승 특성을 갖는 전원을 사용하므로 스패터의 발생이 적고 안정된 아크를 얻는다.

ⓖ 서브머지드 아크 용접에 비해 모재 표면의 녹이나 오물 등이 있어도 큰 지장이 없으므로 용접 시 완전한 청소를 하지 않아도 된다.

④ CO_2 용접의 단점

ⓐ 비드 외관이 타 용접에 비해 거칠다.

ⓑ 탄산가스(CO_2)를 사용하므로 작업량에 따라 환기를 해야 한다.

ⓒ 고온 상태의 아크 중에서는 산화성이 크고 용착금속의 산화가 심하여 기공 및 그 밖의 결함이 생기기 쉽다.

ⓓ 일반적으로 탄산가스 함량이 3~4%일 때 두통이나 뇌변형을 일으키고, 15% 이상이면 위험 상태가 되고, 30% 이상이면 중독되어 생명이 위험하다.

⑤ CO_2 용접의 전진법과 후진법의 차이점

전진법	후진법
• 용접선이 잘 보여 운봉이 정확하다.	• 스패터 발생이 적다.
• 높이가 낮고 평탄한 비드를 형성한다.	• 깊은 용입을 얻을 수 있다.
• 스패터가 비교적 많고 진행 방향으로 흩어진다.	• 높이가 높고 폭이 좁은 비드를 형성한다.
• 용착금속이 아크보다 앞서기 쉬워 용입이 얕다.	• 용접선이 노즐에 가려 운봉이 부정확하다.
	• 비드 형상이 잘 보여 폭, 높이의 제어가 가능하다.

⑥ 와이어 돌출길이에 따른 특징

와이어 돌출길이가 길 때	와이어 돌출길이가 짧을 때
• 용접 와이어의 예열이 많아진다.	• 가스 보호는 좋으나 노즐에 스패터가 부착되기 쉽다.
• 용착속도가 커진다.	• 용접부의 외관이 나쁘며, 작업성이 떨어진다.
• 용착효율이 커진다.	
• 보호 효과가 나빠지고 용접 전류가 낮아진다.	

※ 돌출길이 : 팁 끝부터 아크길이를 제외한 선단까지의 길이

⑦ 팁과 모재와의 적정 거리

㉠ 저전류 영역(약 200A 미만) : 10~15mm

㉡ 고전류 영역(약 200A 이상) : 15~25mm

⑧ CO_2 용접의 맞대기 용접 조건

판 두께(mm)	1.0	2.0	3.2	4.0
와이어지름(mm)	0.9	1.2	1.2	1.2
루트 간격(mm)	0	0	1.5	1.5
용접전류(A)	90~100	110~120	110~120	110~120
아크전압(V)	17~18	19~21	19~21	19~21
용접속도(m/min)	80~90	45~50	40~45	40~45

⑨ CO_2 용접의 재료 두께별 아크전압(V) 구하는 식

아크전압을 높이면 비드가 넓고 납작해지며 기포가 발생하며 아크길이가 길어진다. 반대로 아크전압이 낮으면 아크가 집중되어 용입이 깊어지고 아크길이는 짧아진다.

박판의 아크전압(V)	$0.04 \times$ 용접전류(I) + (15.5±10%)
	$0.04 \times$ 용접전류(I) + (15.5±1.5)
후판의 아크전압(V)	$0.04 \times$ 용접전류(I) + (20±10%)
	$0.04 \times$ 용접전류(I) + (20±2)

예 두께가 3.2mm인 박판을 CO_2 가스 아크 용접법으로 맞대기 용접을 하고자 한다. 용접전류 100A를 사용할 때, 이에 가장 적합한 아크전압(V)의 조정 범위는?

박판의 아크전압(V) = 0.04×100 + (15.5 + 1.5), (15.5 − 1.5)
= 4 + 17, 4 + 14
∴ 아크전압 조정 범위는 18~21V이다.

⑩ CO_2 가스 아크 용접용 토치구조

㉠ 노즐

㉡ 가스디퓨저

㉢ 스프링라이너

⑪ CO_2 용접에서의 와이어 송급방식

   ㉠ Push 방식 : 미는 방식

   ㉡ Pull 방식 : 당기는 방식

   ㉢ Push-pull 방식 : 밀고 당기는 방식

⑫ 솔리드와이어 혼합 가스법의 종류

   ㉠ CO_2 + CO법

   ㉡ CO_2 + O_2법

   ㉢ CO_2 + Ar법

   ㉣ CO_2 + Ar + O_2법

⑬ 사용 와이어에 따른 용접법의 분류

솔리드와이어 (Solid Wire)	복합 와이어 (FCW ; Flux Cored Wire)
• CO_2법 • 혼합가스법	• 아코스 아크법 • 유니언 아크법 • 휴즈 아크법 • NCG법 • S관상 와이어 • Y관상 와이어

⑭ 솔리드와이어와 복합(플럭스)와이어의 차이점

솔리드와이어	복합(플럭스)와이어
• 기공이 많다. • 용가재인 와이어만으로 구성되어 있다. • 동일 전류에서 전류밀도가 작다. • 용입이 깊다. • 바람의 영향이 크다. • 비드의 외관이 아름답지 않다. • 스패터 발생이 일반적으로 많다. • 아크의 안정성이 작다.	• 기공이 적다. • 와이어의 가격이 비싸다. • 비드의 외관이 아름답다. • 동일 전류에서 전류밀도가 크다. • 용제가 미리 심선 속에 들어 있다. • 탈산제나 아크 안정제 등의 합금원소가 포함되어 있다. • 바람의 영향이 작다. • 용입의 깊이가 얕다. • 스패터 발생이 적다. • 아크 안정성이 크다.

플럭스 와이어   솔리드 와이어

전류 통로

열 전달

⑮ CO_2 용접용 솔리드와이어의 호칭방법 및 종류

   ㉠ CO_2 용접용 솔리드와이어의 호칭방법

Y	G	A	–	50	W	–	1.2	–	20
용접 와이어	가스 실드 아크 용접	내후성 강의 종류		용착금속의 최소인장 강도	와이어 의 화학 성분		지름		무게
CO_2 용접용 와이어의 종류							지름		무게

   ㉡ CO_2 용접용 솔리드와이어의 종류

와이어의 종류	적용 강
YGA–50W	인장강도 400N/mm^{2}급 및 490N/mm^{2}급 내후성 강의 W형
YGA–50P	인장강도 400N/mm^{2}급 및 490N/mm^{2}급 내후성 강의 P형
YGA–58W	인장강도 570N/mm^{2}급 내후성 강의 W형
YGA–58P	인장강도 570N/mm^{2}급 내후성 강의 P형

※ 내후성 : 각종 기후에 잘 견디는 성질로 녹이 잘 슬지 않는 성질

⑯ CO_2 용접에서 전류의 크기에 따른 가스 유량

전류 영역		가스 유량(L/min)
250A 이하	저전류 영역	10~15
250A 이상	고전류 영역	20~25

⑰ CO_2 가스 아크 용접에서 기공발생의 원인

   ㉠ CO_2 가스의 유량이 부족하다.

   ㉡ 바람에 의해 CO_2 가스가 날린다.

   ㉢ 노즐과 모재 간 거리가 지나치게 길다.

⑱ 뒷댐재

   CO_2 가스 아크 용접에서 이면 비드 형성과 뒷면 가우징 및 뒷면 용접을 생략할 수 있고, 모재의 중량에 따른 뒤업기 작업도 생략할 수 있도록 용접 홈의 이면(뒷면)에 부착하는 용접 보조 도구이다.

4-1. 다음 중 이산화탄소 아크 용접의 특징에 대한 설명으로 틀린 것은?

① 전류밀도가 높아 용입이 깊다.
② 자동 또는 반자동 용접은 불가능하다.
③ 용착금속의 기계적, 금속학적 성질이 우수하다.
④ 가시 아크이므로 용융지의 상태를 보면서 용접할 수 있어 시공이 편리하다.

4-2. 다음 중 CO_2 아크 용접 시 박판의 아크전압(V_0) 산출 공식으로 가장 적당한 것은?(단, I는 용접전룻값을 의미한다)

① $V_0 = 0.07 \times I + 20 \pm 5.0$
② $V_0 = 0.05 \times I + 11.5 \pm 3.0$
③ $V_0 = 0.06 \times I + 40 \pm 6.0$
④ $V_0 = 0.04 \times I + 15.5 \pm 1.5$

4-3. 두께가 3.2mm인 박판을 CO_2 가스 아크 용접법으로 맞대기 용접을 하고자 한다. 용접전류 100A를 사용할 때, 이에 가장 적합한 아크전압(V)의 조정 범위는?

① 10~13V ② 18~21V
③ 23~26V ④ 28~31V

《해설》

4-1
이산화탄소 아크 용접은 Ar(아르곤)과 같은 불활성 가스 대신에 이산화탄소를 이용한 용극식 용접 방법으로 조작이 간단해서 자동 및 반자동 용접이 가능하다.

4-2
CO_2 가스 아크 용접에서의 아크전압(V)
아크전압을 높이면 비드가 넓고 납작해지며 기포가 발생한다. 반대로 아크전압이 낮으면 아크가 집중되어 용입이 깊어진다.
박판의 아크전압(V) = 0.04 × 용전전류(I) + (15.5±10%)

4-3
박판의 아크전압(V) = 0.04 × 용접전류 + (15.5±10%)
박판의 최소아크전압(V) = 0.04 × 100 + (15.5 - 1.5) = 4 + 14
         = 18V
박판의 최대아크전압(V) = 0.04 × 100 + (15.5 + 1.5) = 4 + 17
         = 21V
따라서, 아크전압의 조정 범위는 18~21V이다.

정답 **4-1** ② **4-2** ④ **4-3** ②

핵심이론 05 스터드 용접(Stud Welding)

① 스터드 용접의 정의

아크용접의 일부로서 봉재, 볼트 등의 스터드를 판 또는 프레임 등의 구조재에 직접 심는 능률적인 용접방법이다. 여기서 스터드란 판재에 덧대는 물체인 봉이나 볼트 같이 긴 물체를 일컫는 용어이다.

② 스터드 용접의 진행순서

모재에 스터드 고정 및 스터드를 둘러싸고 있는 페룰에 의한 통전	스터드를 들어올려 아크 발생	통전을 단절하고 가압스프링으로 가압	스터드 용접 완료

③ 페룰(Ferrule)

모재와 스터드가 통전할 수 있도록 연결해 주는 것으로, 아크공간을 대기와 차단하여 아크분위기를 보호한다. 아크열을 집중시켜 주며 용착금속의 누출을 방지하고 작업자의 눈도 보호해 준다.

5-1. 다음 중 스터드 용접에서 페룰의 역할이 아닌 것은?

① 아크열을 발산한다.
② 용착부의 오염을 방지한다.
③ 용융금속의 유출을 막아 준다.
④ 용융금속의 산화를 방지한다.

5-2. 볼트나 환봉 등을 강판이나 형강에 직접 용접하는 방법으로, 볼트나 환봉을 홀더에 끼우고 모재와 볼트 사이에 순간적으로 아크를 발생시켜 용접하는 것은?

① 피복 아크 용접　　② 스터드 용접
③ 테르밋 용접　　　④ 전자빔 용접

5-3. 스터드 용접에서 내열성의 도기로 용융금속의 산화 및 유출을 막아 주고 아크열을 집중시키는 역할을 하는 것은?

① 페룰　　　　　　② 스터드
③ 용접토치　　　　④ 제어장치

|해설|

5-1
페룰은 아크열을 집중시켜 주고 용착금속의 누출을 방지해 준다.

5-3
페룰(Ferrule)
모재와 스터드가 통전할 수 있도록 연결해 주는 것으로, 아크공간을 대기와 차단하여 아크분위기를 보호한다. 또한 아크열을 집중시켜 주며 용착금속의 누출을 방지하고 작업자의 눈도 보호해 준다.

정답 5-1 ① **5-2** ② **5-3** ①

핵심이론 06 테르밋 용접(Termit Welding)

① 테르밋 용접의 정의

금속 산화물과 알루미늄이 반응하여 열과 슬래그를 발생시키는 테르밋 반응을 이용하는 용접법이다. 강을 용접할 경우에는 산화철과 알루미늄 분말을 3 : 1로 혼합한 테르밋제를 만들어 냄비의 역할을 하는 도가니에 넣은 후 점화제를 약 1,000℃로 점화시키면 약 2,800℃의 열이 발생되어 용접용 강이 만들어지는데, 이 강(Steel)을 용접 부위에 주입 후 서랭하여 용접을 완료한다. 주로 철도 레일이나 차축, 선박의 프레임 접합에 사용한다.

② 테르밋 용접의 특징

㉠ 전기가 필요 없다.
㉡ 용접작업이 단순하다.
㉢ 홈 가공이 불필요하다.
㉣ 용접시간이 비교적 짧다.
㉤ 용접 결과물이 우수하다.
㉥ 용접 후 변형이 크지 않다.
㉦ 용접기구가 간단해서 설비비가 저렴하다.
㉧ 구조, 단조, 레일 등의 용접 및 보수에 이용한다.
㉨ 작업장소의 이동이 쉬워 현장에서 많이 사용된다.
㉩ 차량, 선박 등 접합 단면이 큰 구조물의 용접에 적용한다.
㉪ 금속 산화물이 알루미늄에 의해 산소를 빼앗기는 반응을 이용한다.
㉫ 차축이나 레일의 접합, 선박의 프레임 등 비교적 큰 단면을 가진 물체의 맞대기 용접과 보수 용접에 주로 사용한다.

③ 테르밋 용접용 점화제의 종류

㉠ 마그네슘
㉡ 과산화바륨
㉢ 알루미늄 분말

④ 테르밋 반응식

　㉠ $3FeO + 2Al \rightleftharpoons 3Fe + Al_2O_3 + 199.5kcal$

　㉡ $Fe2O_3 + 2Al \rightleftharpoons 2Fe + Al_2O_3 + 198.3kcal$

　㉢ $3Fe_3O_4 + 8Al \rightleftharpoons 9Fe + 4Al_2O_3 + 773.7kcal$

10년간 자주 출제된 문제

6-1. 다음 중 산화철 분말과 알루미늄 분말을 혼합한 배합제에 점화하면 반응열이 약 2,800℃에 달하며, 주로 레일이음에 사용되는 용접법은?

① 스폿 용접
② 테르밋 용접
③ 심 용접
④ 일렉트로 가스 용접

6-2. 금속산화물이 알루미늄에 의하여 산소를 빼앗기는 반응에 의해 생성되는 열을 이용한 용접법은?

① 마찰 용접
② 테르밋 용접
③ 일렉트로 슬래그 용접
④ 서브머지드 아크 용접

|해설|

6-1, 6-2

테르밋 용접(Termit Welding)

금속 산화물과 알루미늄이 반응하여 열과 슬래그를 발생시키는 테르밋반응을 이용하는 용접법이다. 강을 용접할 경우에는 산화철과 알루미늄 분말을 3 : 1로 혼합한 테르밋제를 만들어 냄비의 역할을 하는 도가니에 넣은 후 점화제를 약 1,000℃로 점화시키면 약 2,800℃의 열이 발생되어 용접용 강이 만들어지는데, 이 강(Steel)을 용접 부위에 주입 후 서랭하여 용접을 완료한다. 주로 철도 레일이나 차축, 선박의 프레임 접합에 사용된다.

정답 6-1 ② 6-2 ②

핵심이론 07 플라스마 아크 용접(플라스마 제트 용접)

① 플라스마

　기체를 가열하여 온도가 높아지면 기체의 전자가 심한 열운동에 의해 전리되어 이온과 전자가 혼합되면서 매우 높은 온도와 도전성을 가지는 현상을 말한다.

② 플라스마 아크 용접의 정의

　높은 온도를 가진 플라스마를 한 방향으로 모아서 분출시키는 것을 일컬어 플라스마 제트라고 부르며, 이를 이용하여 용접이나 절단에 사용하는 용접방법으로 설비비가 많이 드는 단점이 있다.

③ 플라스마 아크 용접과 플라스마 제트 용접의 차이점

[플라스마 아크 용접]　　　[플라스마 제트 용접]

④ 플라스마 아크 용접의 특징

　㉠ 용접 변형이 작다.

　㉡ 용접의 품질이 균일하다.

　㉢ 용접부의 기계적 성질이 좋다.

　㉣ 용접속도를 크게 할 수 있다.

　㉤ 용입이 깊고 비드의 폭이 좁다.

　㉥ 용접장치 중에 고주파 발생장치가 필요하다.

　㉦ 용접속도가 빨라서 가스 보호가 잘 안 된다.

　㉧ 무부하전압이 일반 아크 용접기보다 2~5배 더 높다. 핀치효과에 의해 전류밀도가 크고, 안정적이며 보유 열량이 크다.

　㉨ 스테인리스강이나 저탄소 합금강, 구리합금, 니켈합금과 같이 용접하기 힘든 재료도 용접이 가능하다.

　㉩ 판 두께가 두꺼울 경우 토치 노즐이 용접 이음부의 루트면까지 접근하기가 어려워서 모재의 두께는 25mm 이하로 제한을 받는다.

ⓐ 아크 용접에 비해 10~100배의 높은 에너지 밀도를 가짐으로써 10,000~30,000℃의 고온의 플라스마를 얻으므로 철과 비철금속의 용접과 절단에 이용된다.

⑤ 열적 핀치효과

아크 플라스마의 외부를 가스로 강제 냉각을 하면 아크 플라스마는 열손실이 증가하여 전류를 일정하게 하며 아크전압은 상승한다. 열손실이 최소한이 되도록 단면이 수축되고 전류밀도가 증가하여 상당히 높은 온도의 아크 플라스마가 얻어지는 것이다.

⑥ 자기적 핀치효과

아크 플라스마는 고전류가 되면 방전전류에 의하여 생기는 자장과 전류의 작용으로 아크의 단면이 수축되고 그 결과 아크 단면이 수축하여 가늘어지고 전류밀도가 증가하여 큰 에너지를 발생하는 것이다.

10년간 자주 출제된 문제

7-1. 플라스마 아크의 종류가 아닌 것은?

① 이행형 아크　　　② 비이행형 아크
③ 중간형 아크　　　④ 탠덤형 아크

7-2. 플라스마 아크 용접의 특징으로 틀린 것은?

① 용접부의 기계적 성질이 좋으며 변형도 작다.
② 용입이 깊고 비드 폭이 좁으며 용접속도가 빠르다.
③ 단층으로 용접할 수 있으므로 능률적이다.
④ 설비비가 적게 들고 무부하전압이 낮다.

7-3. 플라스마 아크 용접의 특징으로 틀린 것은?

① 비드 폭이 좁고 용접속도가 빠르다.
② 1층으로 용접할 수 있으므로 능률적이다.
③ 용접부의 기계적 성질이 좋으며 용접 변형이 작다.
④ 핀치효과에 의해 전류밀도가 작고 용입이 얕다.

7-4. 플라스마 아크 용접장치에서 아크 플라스마의 냉각가스로 쓰이는 것은?

① 아르곤과 수소의 혼합가스
② 아르곤과 산소의 혼합가스
③ 아르곤과 메탄의 혼합가스
④ 아르곤과 프로판의 혼합가스

|해설|

7-1

플라스마

초고온에서 음전하를 가진 전자와 양전하를 띤 이온으로 분리된 기체 상태를 말하는 것으로 흔히 제4의 물리상태라고도 한다.

플라스마 아크 용접용 아크의 종류별 특징

• 이행형 아크 : 텅스텐 전극봉에 (−), 모재에 (+)를 연결하는 것으로 모재가 전기전도성을 가진 것으로 용입이 깊다.
• 비이행형 아크 : 텅스텐 전극봉에 (−), 구속 노즐(+) 사이에서 아크를 발생시키는 것으로 모재에는 전기를 연결하지 않아서 비전도체도 용접이 가능하나 용입이 얕고 비드가 넓다.
• 중간형 아크 : 이행형과 비이행형 아크의 중간적 성질을 갖는다.

7-2

플라스마 아크 용접은 무부하전압이 일반 아크 용접보다 2~5배 더 높은데, 이 무부하전압이 높으면 그만큼 감전의 위험이 더 커지므로 이는 단점에 해당한다.

7-3

플라스마 아크 용접은 핀치효과에 의해 전류밀도가 크고, 안정적이며 보유 열량이 크다.

7-4

플라스마 아크 용접에서 아크 플라스마의 냉각가스로는 아르곤(Ar)과 수소(H_2)의 혼합가스가 사용된다.

정답 7-1 ④　7-2 ④　7-3 ④　7-4 ①

핵심이론 08 일렉트로 슬래그 용접

① 일렉트로 슬래그 용접의 정의

용융된 슬래그와 용융금속이 용접부에서 흘러나오지 못하도록 수랭동판으로 둘러싸고 이 용융 풀에 용접봉을 연속적으로 공급한다. 이때 발생하는 용융 슬래그의 저항열에 의하여 용접봉과 모재를 연속적으로 용융시키면서 용접하는 방법이다.

② 일렉트로 슬래그 용접의 장점

　㉠ 용접이 능률적이다.

　㉡ 후판 용접에 적당하다.

　㉢ 전기 저항열에 의한 용접이다.

　㉣ 용접시간이 적어서 용접 후 변형이 작다.

③ 일렉트로 슬래그 용접의 단점

　㉠ 손상된 부위에 취성이 크다.

　㉡ 가격이 비싸며, 용접 후 기계적 성질이 좋지 못하다.

　㉢ 냉각하는 데 시간이 오래 걸려서 기공이나 슬래그가 섞일 확률이 적다.

④ 일렉트로 슬래그 용접부의 구조

⑤ 일렉트로 슬래그 용접 이음의 종류

맞대기 이음	모서리 이음	T 이음	+자 이음
필릿 이음	변두리 이음	플러그 이음	덧붙이 이음
중간 이음	겹침 이음		

8-1. 다음 중 일렉트로 슬래그 용접 이음이 아닌 것은?

① 모서리 이음　　　　② 필릿 이음
③ T 이음　　　　　　④ X 이음

8-2. 일렉트로 슬래그 용접의 장점으로 틀린 것은?

① 용접 능률과 용접 품질이 우수하다.
② 최소한의 변형과 최단시간의 용접법이다.
③ 후판을 단일층으로 한 번에 용접할 수 있다.
④ 스패터가 많으며 80%에 가까운 용착효율을 나타낸다.

《해설》

8-1

일렉트로 슬래그 용접 이음에서 X 이음은 없다.

8-2

일렉트로 슬래그 용접의 장점
• 용접이 능률적이다.
• 전기 저항열에 의한 용접이다.
• 용접시간이 적어서 용접 후 변형이 작다.
• 다전극을 이용하면 더 효과적인 용접이 가능하다.
• 후판 용접을 단일층으로 한 번에 용접할 수 있다.
• 스패터나 슬래그 혼입, 기공 등의 결함이 거의 없다.
• 일렉트로 슬래그 용접의 용착량은 거의 100%에 가깝다.
• 냉각하는 데 시간이 오래 걸려서 기공이나 슬래그가 섞일 확률이 적다.

일렉트로 슬래그 용접의 단점
• 손상된 부위에 취성이 크다.
• 용접진행 중에 용접부를 직접 관찰할 수는 없다.
• 가격이 비싸며, 용접 후 기계적 성질이 좋지 못하다.
• 저융점 합금원소의 편석과 작은 형상계수로 인해 고온균열이 발생한다.

정답 8-1 ④　8-2 ④

핵심이론 09 전자빔 용접(EBW ; Electron Beam Welding)

① 전자빔 용접의 정의

고밀도로 집속되고 가속화된 전자빔을 높은 진공(10^{-6} ~10^{-4}mmHg) 속에서 용접물에 고속도로 조사시키면 빛과 같은 속도로 이동한 전자가 용접물에 충돌하면서 전자의 운동에너지를 열에너지로 변환시켜 국부적으로 고열을 발생시키는데, 이때 생긴 열원으로 용접부를 용융시켜 용접하는 방식이다. 텅스텐(3,410℃)이나 몰리브덴(2,620℃)과 같이 용융점이 높은 재료의 용접에 적합하다.

② 전자빔 용접의 장점

- ㉠ 에너지 밀도가 크다.
- ㉡ 정밀용접이 가능하다.
- ㉢ 용접부의 성질이 양호하다.
- ㉣ 활성 재료가 용이하게 용접된다.
- ㉤ 고용융점 재료의 용접이 가능하다.
- ㉥ 아크빔에 의해 열의 집중이 잘된다.
- ㉦ 고속 절단이나 구멍 뚫기에 적합하다.
- ㉧ 용접부가 작아서 입열량도 적으므로 HAZ와 용접변형이 작다.
- ㉨ 아크용접에 비해 용입이 깊어 다층용접도 단층용접으로 완성할 수 있다.
- ㉩ 얇은 판에서 두꺼운 판까지 용접할 수 있다(응용범위가 넓다).
- ㉪ 높은 진공상태에서 행해지므로 대기와 반응하기 쉬운 재료도 용접이 가능하다.
- ㉫ 진공 중에서도 용접하므로 불순가스에 의한 오염이 적고 높은 순도의 용접이 된다.

③ 전자빔 용접의 단점

- ㉠ 설비비가 비싸다.
- ㉡ 용접부에 경화 현상이 생긴다.
- ㉢ X선 피해에 대한 특수 보호장치가 필요하다.
- ㉣ 진공 중에서 용접하기 때문에 진공 상자의 크기에 따라 모재 크기가 제한된다.

④ 전자빔 용접의 가속전압

- ㉠ 고전압형 : 60~150kV

  ※ 참고 : 일부 전공서에는 70~150kV로 되어 있다.
- ㉡ 저전압형 : 30~60kV

10년간 자주 출제된 문제

다음 중 전자빔 용접에 관한 설명으로 틀린 것은?

① 용입이 낮아 후판 용접에는 적용하기 어렵다.
② 성분 변화에 의하여 용접부의 기계적 성질이나 내식성의 저하를 가져올 수 있다.
③ 가공재나 열처리에 대하여 소재의 성질을 저하시키지 않고 용접할 수 있다.
④ 10^{-6}~10^{-4}mmHg 정도의 높은 진공실 속에서 음극으로부터 방출된 전자를 고전압으로 가속시켜 용접을 한다.

[해설]

전자빔 용접은 얇은 판에서 두꺼운 판까지 용접이 가능하다.

정답 ①

① 레이저빔 용접(레이저 용접)의 정의

레이저란 유도방사에 의한 빛의 증폭이란 뜻이며, 레이저빔은 레이저에서 얻어진 접속성이 강한 단색 광선으로서 강렬한 에너지를 가지고 있다. 이때의 광선 출력을 이용하여 용접을 하는 방법이 레이저빔 용접이다. 모재의 열 변형이 거의 없으며, 이종 금속의 용접이 가능하고 정밀한 용접을 할 수 있으며, 비접촉식 방식으로 모재에 손상을 주지 않는다는 특징을 갖는다.

② 레이저빔 용접의 특징

ⓐ 접근이 곤란한 물체의 용접이 가능하다.

ⓑ 전자빔 용접기 설치비용보다 설치비가 저렴하다.

ⓒ 전자부품과 같은 작은 크기의 정밀 용접이 가능하다.

ⓓ 용접 입열이 매우 작으며, 열영향부의 범위가 좁다.

ⓔ 용접될 물체가 불량도체인 경우에도 용접이 가능하다.

ⓕ 에너지 밀도가 매우 높으며, 고융점을 가진 금속의 용접에 이용한다.

ⓖ 열원이 빛의 빔이기 때문에 투명재료를 써서 어떤 분위기 속에서도 (공기, 진공)용접이 가능하다.

10-1. 모재의 열 변형이 거의 없으며, 이종 금속의 용접이 가능하고 정밀한 용접을 할 수 있으며, 비접촉식 방식으로 모재에 손상을 주지 않는 용접은?

① 레이저 용접
② 테르밋 용접
③ 스터드 용접
④ 플라스마 제트 아크 용접

10-2. 다음 중 유도방사에 의한 광의 증폭을 이용하여 용융하는 용접법은?

① 맥동 용접
② 스터드 용접
③ 레이저 용접
④ 피복 아크 용접

해설

10-1

레이저빔 용접의 특징

• 접근이 곤란한 물체의 용접이 가능하다.
• 전자빔 용접기 설치비용보다 설치비가 저렴하다.
• 전자부품과 같은 작은 크기의 정밀 용접이 가능하다.
• 용접 입열이 매우 작으며, 열영향부의 범위가 좁다.
• 용접될 물체가 불량도체인 경우에도 용접이 가능하다.
• 에너지 밀도가 매우 높으며, 고융점을 가진 금속의 용접에 이용한다.
• 열원이 빛의 빔이기 때문에 투명재료를 써서 어떤 분위기 속에서도 (공기, 진공)용접이 가능하다.

10-2

레이저빔 용접(레이저 용접)

레이저는 유도방사에 의한 빛의 증폭이란 뜻이며, 레이저빔은 레이저에서 얻어진 접속성이 강한 단색 광선으로서 강렬한 에너지를 가지고 있다. 이때의 광선 출력을 이용하여 용접을 하는 방법이 레이저빔 용접이다. 모재의 열 변형이 거의 없으며, 이종 금속의 용접이 가능하고 정밀한 용접을 할 수 있으며, 비접촉식 방식으로 모재에 손상을 주지 않는다는 특징을 갖는다.

정답 10-1 ① 10-2 ③

핵심이론 11 전기 저항 용접(Resistance Welding)

① 전기 저항 용접의 정의

용접하고자 하는 2개의 금속면을 서로 맞대어 놓고 적당한 기계적 압력을 주며 전류를 흐르게 하면 접촉면에 존재하는 접촉 저항 및 금속 자체의 저항 때문에 접촉면과 그 부근에 열이 발생하여 온도가 올라간다. 그 부분에 가해진 압력 때문에 양면이 완전히 밀착하게 되며, 이때 전류를 끊어서 용접을 완료한다. 전기 저항 용접은 용접부에 대전류를 직접 흐르게 하여 이때 생기는 열을 열원으로 접합부를 가열하고, 동시에 큰 압력을 주어 금속을 접합하는 방법이다.

② 저항 용접의 분류

겹치기 저항 용접	맞대기 저항 용접
• 점 용접(스폿 용접) • 심 용접 • 프로젝션 용접	• 버트 용접 • 퍼커션 용접 • 업셋 용접 • 플래시 버트 용접 • 포일심 용접

③ 저항 용접의 3요소

용접전류, 가압력, 통전시간

④ 전기 저항 용접의 발열량

$$발열량(H) = 0.24I^2RT$$

여기서, I : 전류, R : 저항, T : 시간

⑤ 저항 용접의 장점

㉠ 작업자의 숙련이 필요 없다.

㉡ 작업속도가 빠르고 대량 생산에 적합하다.

㉢ 산화 및 변질 부분이 적고, 접합 강도가 비교적 크다.

㉣ 용접공의 기능에 대한 영향이 작다(숙련을 요하지 않는다).

㉤ 가압 효과로 조직이 치밀하며 용접봉, 용제 등이 불필요하다.

㉥ 열손실이 적고, 용접부에 집중열을 가할 수 있어서 용접 변형 및 잔류응력이 적다.

⑥ 저항 용접의 단점

㉠ 용융점이 다른 금속 간의 접합은 다소 어렵다.

㉡ 대전류를 필요로 하며 설비가 복잡하고 값이 비싸다.

㉢ 서로 다른 금속과의 접합이 곤란하며, 비파괴검사에 제한이 있다.

㉣ 급랭 경화로 용접 후 열처리가 필요하며, 용접부의 위치, 형상 등의 영향을 받는다.

⑦ 심 용접(Seam Welding)

㉠ 심 용접의 정의 : 원판상의 롤러 전극 사이에 용접할 2장의 판을 두고, 전기와 압력을 가하며 전극을 회전시키면서 연속적으로 점 용접을 반복하는 용접이다.

㉡ 심 용접의 종류

• 맞대기 심 용접

• 머시 심 용접

• 포일 심 용접

㉢ 심 용접의 특징

• 얇은 판의 용기 제작에 우수한 특성을 갖는다.

• 수밀, 기밀이 요구되는 액체와 기체를 담는 용기 제작에 사용된다.

• 점 용접에 비해 전류는 1.5~2배, 압력은 1.2~1.6배가 적당하다.

⑧ 점 용접법(스폿용접, Spot Welding)

㉠ 점 용접법의 정의 : 재료를 2개의 전극 사이에 끼워 놓고 가압하는 방법이다.

㉡ 점 용접법의 특징

• 공해가 극히 적다.

• 작업속도가 빠르다.

• 내구성이 좋아야 한다.

• 고도의 숙련을 요하지 않는다.

• 재질은 전기와 열전도도가 좋아야 한다.

- 고온에서도 기계적 성질이 유지되어야 한다.
- 구멍을 가공할 필요가 없고 변형이 거의 없다.

ⓒ 점 용접법의 종류
- 단극식 점 용접 : 점용접의 기본적인 방법으로 전극 1쌍으로 1개의 점 용접부를 만든다.
- 다전극 점 용접 : 전극을 2개 이상으로 2점 이상의 용접을 하며 용접속도 향상 및 용접 변형 방지에 좋다.
- 직렬식 점 용접 : 1개의 전류 회로에 2개 이상의 용접점을 만드는 방법으로 전류 손실이 크다. 전류를 증가시켜야 하며 용접 표면이 불량하고 균일하지 못하다.
- 인터랙 점 용접 : 용접 전류가 피용접물의 일부를 통하여 다른 곳으로 전달하는 방식이다.
- 맥동 점 용접 : 모재 두께가 다른 경우에 전극의 과열을 피하기 위해 전류를 단속하여 용접한다.

⑨ 프로젝션 용접
ⓐ 프로젝션 용접의 정의 : 모재의 편면에 프로젝션인 돌기부를 만들어 평탄한 동전극의 사이에 물려 대전류를 흘려보낸 후 돌기부에 발생된 저항열로 용접한다.

전극

돌기부
전극

ⓑ 프로젝션 용접의 특징
- 열의 집중성이 좋다.
- 스폿 용접의 일종이다.
- 전극의 가격이 고가이다.
- 대전류가 돌기부에 집중된다.
- 표면에 요철부가 생기지 않는다.
- 용접 위치를 항상 일정하게 할 수 있다.
- 좁은 공간에 많은 점을 용접할 수 있다.

- 전극의 형상이 복잡하지 않으며 수명이 길다.
- 돌기를 미리 가공해야 하므로 원가가 상승한다.
- 두께, 강도, 재질이 현저히 다른 경우에도 양호한 용접부를 얻는다.

11-1. 이음형상에 따라 저항 용접을 분류할 때 맞대기 용접에 속하는 것은?
① 업셋 용접
② 스폿 용접
③ 심 용접
④ 프로젝션 용접

11-2. 다음 중 전기 저항 용접에 있어 맥동 점 용접(Pulsation Welding)에 관한 설명으로 옳은 것은?
① 1개의 전류 회로에 2개 이상의 용접점을 만드는 용접법이다.
② 전극을 2개 이상으로 하여 2점 이상의 용접을 하는 용접법이다.
③ 점 용접의 기본적인 방법으로 1쌍의 전극으로 1점의 용접부를 만드는 용접법이다.
④ 모재 두께가 다른 경우 전극의 과열을 피하기 위하여 사이클 단위를 몇 번이고 전류를 단속하여 용접하는 것이다.

11-3. 저항 용접의 장점이 아닌 것은?
① 대량 생산에 적합하다.
② 후열처리가 필요하다.
③ 산화 및 변질 부분이 적다.
④ 용접봉, 용제가 불필요하다.

【해설】

11-2
맥동 점 용접은 모재 두께가 다른 경우에 전극의 과열을 피하기 위해서 전류를 단속하여 용접한다.

11-3
저항 용접은 용접부가 급랭되기 때문에 후열처리가 반드시 필요하며 이것은 단점에 속한다.

정답 11-1 ① 11-2 ④ 11-3 ②

핵심이론 12 초음파 용접(압접)

① 초음파 용접의 정의

용접물을 겹쳐서 용접 팁과 하부의 앤빌 사이에 끼워 놓고 압력을 가하면서 초음파주파수(약 18kHz 이상)로, 직각 방향으로 진동을 주면 접촉면의 불순물이 제거되면서 그 마찰열로 금속 원자간 결합이 이루어져 압접을 실시하는 접합법이다.

② 초음파 용접의 특징

㉠ 교류 전류를 사용한다.

㉡ 이종 금속의 용접도 가능하다.

㉢ 판의 두께에 따라 용접 강도가 많이 변한다.

㉣ 필름과 같은 극히 얇은 판도 쉽게 용접할 수 있다.

㉤ 냉간압접에 비해 주어지는 압력이 작아 용접물의 변형도 작다.

㉥ 금속이나 플라스틱 용접 및 모재가 서로 다른 종류의 금속 용접에 적당하다.

㉦ 금속은 0.01~2mm, 플라스틱 종류는 1~5mm의 두께를 가진 것도 용접이 가능하다.

다음 중 초음파 용접에 대한 설명으로 옳지 않은 것은?

① 이종 금속의 용접도 가능하다.

② 매우 얇은 판은 용접할 수 없다.

③ 금속이나 플라스틱 용접 및 모재가 서로 다른 종류의 금속 용접에 적당하다.

④ 냉간압접에 비해 주어지는 압력이 작아 용접물의 변형도 작다.

[해설]

초음파 용접은 필름과 같이 매우 얇은 판도 쉽게 용접할 수 있다.

정답 ②

① MAG 용접(Metal Active Gas arc welding)

  ㉠ MAG 용접의 정의 : MAG 용접은 용접 시 용접 와이어가 연속적으로 공급되며, 이 와이어와 모재 간에 발생하는 아크가 지속되면서 용접이 진행한다. 용접 와이어는 아크를 발생시키는 전극인 동시에 그 아크열에 의해서 스스로가 용해되어 용접금속을 형성해 나간다. 이때 토치 끝부분의 노즐에서 유출되는 실드가스(Shield Gas)가 용접금속을 보호하여 대기의 악영향을 막는다. 용접 와이어에는 솔리드와이어나 용융제가 포함된 와이어 전극이 사용되지만 이러한 경우, 용접 작업성이나 용접금속의 기계적 성질에 차이가 생긴다. MAG 용접은 최근에 실드가스의 종류와 특성을 고려해 정의된 것으로, 용접 원리는 미그 용접이나 탄산가스 아크 용접과 같다.

  ㉡ MAG 용접의 특징
  • 용착속도가 크기 때문에 용접을 빨리 완성할 수 있다.
  • 용착효율이 높기 때문에 용접 재료를 절약할 수 있다.
  • 용융부가 깊기 때문에 모재의 절단 단면적을 줄일 수 있다.

② MIG 용접과 MAG 용접의 차이점

연속적으로 공급되는 솔리드와이어를 사용하고 불활성 가스를 보호가스로 사용하는 경우는 MIG, Active Gas를 사용할 경우 MAG 용접으로 분류된다. MAG 용접은 두 종류의 가스를 사용하기보다 여러 가스를 혼합하여 사용한다. 일반적으로 Ar 80%, CO_2 20%의 혼합비로 섞어서 많이 사용하며 여기에 산소, 탄산가스를 혼합하여 사용하기도 한다.

가스메탈 아크 용접(GMAW)에서 보호가스를 아르곤(Ar)가스와 CO_2가스 또는 산소(O_2)를 소량 혼합하여 용접하는 방식을 무엇이라 하는가?

① MIG 용접

② FCA 용접

③ TIG 용접

④ MAG 용접

해설

• 연속적으로 공급되는 솔리드와이어를 사용하면서 불활성 가스를 보호가스로 사용하는 경우는 MIG 용접이며, Active Gas를 사용할 경우는 MAG 용접으로 분류된다.

• MAG 용접은 두 종류의 가스만을 사용하기보다는 여러 가스를 혼합하여 사용하는 데 일반적으로 Ar 80%, CO_2 20%의 혼합비로 섞은 후 산소나 탄산가스를 혼합하는 것이다.

정답 ④

용접시공 및 검사

핵심이론 01 열영향부(HAZ ; Heat Affected Zone)

① 열영향부의 정의

열영향부는 용접할 때의 열에 영향을 받아 금속의 성질이 본래 상태와 달라진 부분이다.

② 열영향부의 구조

③ 열영향부의 특징

㉠ 용융면 주변의 수 mm 구역은 마크로부식으로 관찰할 경우 모재의 원질부와 명확하게 구분되는 구역을 열영향부라고 한다.

㉡ 열영향부의 기계적 성질과 조직의 변화는 모재의 화학 성분, 냉각속도, 용접속도, 예열 및 후열 등에 따라서 달라지므로 변질부라고도 한다.

10년간 자주 출제된 문제

피복 아크 용접에 관한 사항으로 다음 그림의 (　　)에 들어가야 할 용어는?

① 용락부
② 용융지
③ 용입부
④ 열영향부

해설

열영향부(HAZ ; Heat Affected Zone)
용접할 때 용접부 주위가 발생 열에 영향을 받아서 금속의 성질이 처음 상태와 달라지는 부분으로 용융점(1,538℃) 이하에서 금속의 미세조직이 변하는 부분을 말한다.

정답 ④

핵심이론 02 용접 전처리(용접 예열)

① 용접 전과 후 모재에 예열을 가하는 목적

   ⊙ 열영향부(HAZ)의 균열을 방지한다.

   ⓒ 수축 변형 및 균열을 경감시킨다.

   ⓒ 용접금속에 연성 및 인성을 부여한다.

   ⓔ 열영향부와 용착금속의 경화를 방지한다.

   ⓜ 급열 및 급랭 방지로 잔류응력을 줄여 준다.

   ⓗ 용접금속의 팽창이나 수축의 정도를 줄여 준다.

   ⓢ 수소 방출을 용이하게 하여 저온균열을 방지한다.

   ⓞ 금속 내부의 가스를 방출시켜 기공 및 균열을 방지한다.

② 예열 불꽃의 세기

예열 불꽃이 너무 강할 때	예열 불꽃이 너무 약할 때
• 절단면이 거칠어진다. • 절단면 위 모서리가 녹아 둥글게 된다. • 슬래그가 뒤쪽에 많이 달라붙어 잘 떨어지지 않는다. • 슬래그 중의 철 성분의 박리가 어려워진다.	• 드래그가 증가한다. • 역화를 일으키기 쉽다. • 절단속도가 느려지며, 절단이 중단되기 쉽다.

③ 주요 예열방법

   ⊙ 물건이 작거나 변형이 큰 경우에는 전체 예열을 실시한다.

   ⓒ 국부 예열의 가열 범위는 용접선 양쪽에 50~100mm 정도로 한다.

   ⓒ 오스테나이트계 스테인리스강은 가능한 용접 입열을 작게 해야 하므로 용접 전 예열을 하지 않아야 한다.

   ⓔ 국부 예열일 경우 용접선 양쪽에서 50~100mm로 해야 하므로 물건이 작거나 변형이 큰 경우에는 전체 예열을 실시해야 한다.

④ 예열 및 절단

예열 시 팁의 백심에서 모재까지의 거리는 1.5~2.0mm가 되도록 유지하며 모재의 절단 부위를 예열한다. 약 900℃가 되었을 때 고압의 산소를 분출시키면서, 서서히 토치를 진행시키면 모재가 절단된다.

⑤ 탄소량에 따른 모재의 예열 온도(℃)

탄소량(%)	예열온도(℃)	탄소량(%)	예열온도(℃)
0.2 이하	90 이하	0.3~0.45	150~260
0.2~0.3	90~150	0.45~0.8	260~420

10년간 자주 출제된 문제

2-1. 가스 절단 시 예열불꽃이 강할 때 생기는 현상은?

① 절단면이 거칠어진다.

② 드래그가 증가한다.

③ 절단속도가 높아진다.

④ 절단이 중단되기 쉽다.

2-2. 다음 중 용접에서 예열하는 목적과 가장 거리가 먼 것은?

① 수소의 방출을 용이하게 하여 저온균열을 방지한다.

② 열영향부와 용착금속의 연성을 방지하고, 경화를 증가시킨다.

③ 용접부의 기계적 성질을 향상시키고, 경화조직의 석출을 방지시킨다.

④ 온도 분포가 완만하게 되어 열응력의 감소로 변형과 잔류응력의 발생을 적게 한다.

2-3. 용접작업에서 소재의 예열온도에 관한 설명 중 옳은 것은?

① 고장력강, 저합금강, 스테인리스강의 경우 용접부를 50~350℃로 예열한다.

② 연강을 0℃ 이하에서 용접할 경우, 이음의 양쪽 폭 100mm 정도를 80~140℃로 예열한다.

③ 열전도가 좋은 알루미늄 합금, 구리합금은 500~600℃로 예열한다.

④ 주철, 고급내열합금은 용접균열을 방지하기 위하여 예열을 하지 않는다.

2-4. 예열의 목적에 대한 설명으로 틀린 것은?

① 수소의 방출을 용이하게 하여 저온균열을 방지한다.

② 열영향부와 용착금속의 경화를 방지하고 연성을 증가시킨다.

③ 용접부의 기계적 성질을 향상시키고 경화조직의 석출을 촉진시킨다.

④ 온도 분포가 완만하게 되어 열응력의 감소로 변형과 잔류응력의 발생을 적게 한다.

〔해설〕

2-1

가스 절단 시 예열 불꽃이 강하면 절단면이 거칠고, 약하면 절단속도가 늦어지고 드래그 길이가 증가한다.

2-2

예열은 재료에 연성을 부여하기 위한 작업이다.

예열의 목적
- 변형 및 잔류응력 경감
- 열영향부(HAZ)의 균열 방지
- 용접 금속에 연성 및 인성 부여
- 냉각속도를 느리게 하여 수축 변형 방지
- 금속에 함유된 수소 등의 가스를 방출하여 균열 방지

2-3

고장력강, 고탄소강, 합금강 등을 예열하면 냉각을 완만하게 함으로써 용접부의 경화를 막으며 확산성 수소의 방출을 촉진시킴으로써 용접 균열을 방지할 수 있다. 주철이나 고급내열합금도 용접 균열을 막기 위해서는 예열이 필요하다.

2-4

용접 재료를 예열하는 목적은 금속의 갑작스런 팽창과 수축에 의한 변형 방지 및 잔류응력 제거이므로 열영향부의 경도 증가와는 거리가 멀다.

정답 2-1 ① 2-2 ② 2-3 ① 2-4 ③

핵심이론 03 용접 결함, 변형 및 방지대책

① 용접 결함의 종류

② 용접부 결함과 방지대책

모양	원인	방지대책
언더컷	• 전류가 높을 때 • 아크길이가 길 때 • 용접속도 부적당 시 • 부적당한 용접봉 사용 시	• 전류를 낮춘다. • 아크길이를 짧게 한다. • 용접속도를 알맞게 한다. • 적절한 용접봉을 사용한다.
오버랩	• 전류가 낮을 때 • 운봉, 작업각과 진행각 불량 시 • 부적당한 용접봉 사용 시	• 전류를 높인다. • 작업각과 진행각을 조정한다. • 적절한 용접봉을 사용한다.
용입 불량	• 이음 설계 결함 • 용접속도가 빠를 때 • 용접전류가 낮을 때 • 부적당한 용접봉 사용 시	• 루트 간격 및 치수를 크게 한다. • 용접속도를 적당히 조절한다. • 전류를 높인다. • 적절한 용접봉을 사용한다.

모양	원인	방지대책
균열	• 이음부의 강성이 클 때 • 부적당한 용접봉 사용 시 • C, Mn 등 합금성분이 많을 때 • 과대 전류, 속도가 클 때 • 모재에 유황 성분이 많을 때	• 예열, 피닝 등 열처리를 한다. • 적절한 용접봉을 사용한다. • 예열 및 후열한다. • 전류 및 속도를 적절하게 조정한다. • 저수소계 용접봉을 사용한다.
기공	• 수소나 일산화탄소 과잉 • 용접부의 급속한 응고 시 • 용접속도가 빠를 때 • 아크길이가 부적절할 때	• 건조된 저수소계 용접봉을 사용한다. • 적당한 전류 및 용접속도로 작업한다. • 이음 표면을 깨끗이 하고 예열을 한다.
슬래그 혼입	• 용접 이음이 부적당할 때 • 모든 층의 슬래그 제거가 불완전할 때 • 전류 과소, 불완전한 운봉 조작을 할 때	• 슬래그를 깨끗이 제거한다. • 루트 간격을 넓게 한다. • 전류를 약간 세게 하며 적절한 운봉을 조작한다.

③ 기타 균열 및 결함의 종류

ㄱ 저온균열 : 상온까지 냉각한 다음 시간이 지남에 따라 균열이 발생하는 불량으로, 일반적으로 200℃ 이하의 온도에서 발생하나 200~300℃에서 발생하기도 한다. 잔류응력이나 용착금속 내의 수소가스, 철강 재료의 용접부나 HAZ(열영향부)의 경화현상에 의해 주로 발생한다.

ㄴ 루트균열 : 맞대기 용접 이음의 가접이나 비드의 첫 층에서 루트면 근방 열영향부(HAZ)의 노치에서 발생하여 점차 비드 속으로 들어가는 균열(세로균열)로 함유 수소량에 의해서도 발생하는 저온균열의 일종이다.

ㄷ 크레이터균열 : 용접 루트의 노치에 의한 응력 집중부에 생기는 균열이다.

ㄹ 설퍼균열 : 유황의 편석이 층상으로 존재하는 강재를 용접하는 경우, 낮은 융점의 황화철공정이 원인이 되어 용접금속 내에 생기는 1차 결정립계 균열이다.

ㅁ 세로 굽힘 변형(Longitudinal Deformation) : 용접선의 길이 방향으로 발생하는 굽힘 변형으로 세로 방향의 수축 중심이 부재 단면의 중심과 일치하지 않을 경우에 발생한다.

ㅂ 가로 굽힘 변형(Transverse Deformation) : 각변형이라고도 하며 양면용접을 동시에 수행하면 용접 시 온도 변화는 양면에 대칭되나 실제는 한쪽 면씩 용접을 수행하기 때문에 수축량 등이 달라져 가로 굽힘 변형이 발생한다.

ㅅ 좌굴 변형 : 박판의 용접은 입열량에 비해 판재의 강성이 낮아 용접선 방향으로 작용하는 압축응력에 의해 좌굴형식의 변형이 발생한다.

ㅇ 래미네이션 불량 : 모재의 재질결함으로서 강괴일 때 기포가 내부에 존재해서 생기는 결함이다. 설퍼밴드와 같은 층상으로 편해하여 강재 내부에 노치를 형성한다.

ㅈ 비드 밑 균열 : 모재의 용융선 근처의 열영향부에서 발생되는 균열이며 고탄소강이나 저합금강을 용접할 때 용접열에 의한 열영향부의 경화와 변태응력 및 용착금속 내부의 확산성 수소에 의해 발생되는 균열이다.

ㅊ 라멜라 테어(Lamellar Tear) 균열 : 압연으로 제작된 강판 내부에 표면과 평행하게 층상으로 발생하는 균열로 T 이음과 모서리 이음에서 발생한다. 평행부와 수직부로 구성되며 주로 MnS계 개재물에 의해서 발생되는데 S의 함량을 감소시키거나 판두께 방향으로 구속도가 최소가 되게 설계하거나 시공함으로써 억제할 수 있다.

㉠ 스톱 홀(Stop Hole) : 용접부에 균열이 생겼을 때 균열이 더 이상 진행되지 못하도록 균열 진행 방향의 양단에 뚫는 구멍이다.

④ 용접으로 인한 재료의 변형방지법

　㉠ 억제법 : 지그나 보조판을 모재에 설치하거나 가접을 통해 변형을 억제하도록 한 것이다.

　㉡ 역변형법 : 용접 전에 변형을 예측하여 반대 방향으로 변형시킨 후 용접을 하도록 한 것이다.

　㉢ 도열법 : 용접 중 모재의 입열을 최소화하기 위해 물을 적신 동판을 덧대어 열을 흡수하도록 한 것이다.

　※ 용접 후 수축에 따른 작업 시 주의사항
　철이 열을 받으면 부피가 팽창하고 냉각이 되면 부피가 수축된다. 따라서 변형을 방지하기 위해서는 반드시 용접 후 수축이 큰 이음부를 먼저 용접한 뒤 수축이 작은 부분을 해야 한다.

⑤ 용접 후 재료 내부의 잔류응력 제거법

　㉠ 노 내 풀림법 : 가열 노(Furnace) 내에서 유지온도는 625℃ 정도이며 노에 넣을 때나 꺼낼 때의 온도는 300℃ 정도로 한다. 판 두께 25mm일 경우에 1시간 동안 유지하는데 유지온도가 높거나 유지시간이 길수록 풀림 효과가 크다.

　㉡ 국부 풀림법 : 노 내 풀림이 곤란한 경우에 사용하며 용접선 양측을 각각 250mm나 판 두께가 12배 이상의 범위를 가열한 후 서랭한다. 유도가열장치를 사용하며 온도가 불균일하게 실시하면 잔류응력이 발생할 수 있다.

　㉢ 기계적 응력 완화법 : 용접 후 잔류응력이 있는 제품에 하중을 주어 용접부에 약간의 소성변형을 일으킨 후 하중을 제거하면서 잔류응력을 제거하는 방법이다.

　㉣ 저온 응력 완화법 : 용접선의 양측을 정속으로 이동하는 가스불꽃에 의하여 약 150mm의 너비에 걸쳐 150~200℃로 가열한 뒤 곧 수랭하는 방법으로 주로 용접선 방향의 응력을 제거하는 데 사용한다.

㉤ 피닝법 : 끝이 둥근 특수 해머를 사용하여 용접부를 연속적으로 타격하며 용접 표면에 소성변형을 주어 인장응력을 완화시킨다.

⑥ 모재의 단면적과 응력의 상관관계

$$응력(\sigma) = \frac{작용\ 힘(하중,\ F)}{단면적(A)}$$

부재의 단면적을 높게 계산할수록 작용하는 응력은 낮게 설정되어 안전상의 문제가 발생한다. 따라서 안전상의 이유로 단면적은 얇은 쪽 부재의 두께로 계산해야 한다.

⑦ 용접 이음부 설계 시 주의사항

　㉠ 용접선의 교차를 최대한 줄인다.

　㉡ 용착량이 가능한 한 적게 설계되어야 한다.

　㉢ 용접길이가 감소될 수 있는 설계를 한다.

　㉣ 가능한 한 아래보기 자세로 작업한다.

　㉤ 용접 열이 국부적으로 집중되지 않도록 한다.

　㉥ 보강재 등 구속이 커지도록 구조설계를 한다.

　㉦ 용접 작업에 지장을 주지 않도록 공간을 남긴다.

　㉧ 열의 분포가 가능한 부재 전체에 고루 퍼지도록 한다.

⑧ 용접 변형 방지용 지그

바이스 지그	
스트롱백 지그	
역변형 지그	

3-1. 다음 용접 결함 중 구조상 결함에 속하는 것은?

① 기공
② 인장강도의 부족
③ 변형
④ 화학적 성질 부족

3-2. 그림과 같이 길이가 긴 T형 필릿 용접을 할 경우에 일어나는 용접변형의 명칭은?

① 회전 변형
② 세로 굽힘 변형
③ 좌굴 변형
④ 가로 굽힘 변형

3-3. 용접부를 끝이 구면인 해머로 가볍게 때려 용착금속부의 표면에 소성변형을 주어 인장응력을 완화시키는 잔류응력 제거법은?

① 피닝법
② 노 내 풀림법
③ 저온 응력 완화법
④ 기계적 응력 완화법

┤해설├

3-2

② 세로 굽힘 변형(Longitudinal Deformation) : 용접선의 길이 방향으로 발생하는 굽힘 변형으로 세로방향의 수축 중심이 부재 단면의 중심과 일치하지 않을 경우에 발생한다.
③ 좌굴 변형 : 박판의 용접은 입열량에 비해 판재의 강성이 낮아 용접선 방향으로 작용하는 압축응력에 의해 좌굴형식의 변형이 발생한다.
④ 가로 굽힘 변형(Transverse Deformation) : 각변형이라고도 하며 양면 용접을 동시에 수행하면 용접 시 온도 변화는 양면에 대칭되나 실제는 한쪽 면씩 용접을 수행하기 때문에 수축량 등이 달라져 가로 굽힘 변형이 발생한다.

3-3

① 피닝(Peening) : 특수 해머를 사용하여 모재의 표면에 지속적으로 충격을 가해줌으로써 재료 내부에 있는 잔류응력을 완화시키면서 표면층에 소성변형을 주는 방법이다.
② 노 내 풀림법 : 가열 노(Furnace) 내에서 유지온도는 625℃ 정도이며, 노에 넣을 때나 꺼낼 때의 온도는 300℃ 정도로 한다. 판 두께 25mm일 경우에 1시간 동안 유지하는데 유지온도가 높거나 유지시간이 길수록 풀림 효과가 크다.
③ 저온 응력 완화법 : 용접선의 양측을 정속으로 이동하는 가스 불꽃에 의하여 약 150mm의 너비에 걸쳐 150~200℃로 가열한 뒤 곧 수랭하는 방법으로 주로 용접선 방향의 응력을 제거하는 데 사용한다.
④ 기계적 응력 완화법 : 용접 후 잔류응력이 있는 제품에 하중을 주어 용접부에 약간의 소성변형을 일으킨 후 하중을 제거하면서 잔류응력을 제거하는 방법이다.

정답 3-1 ① **3-2** ② **3-3** ①

핵심이론 01 용접부 검사방법

① 용접부 검사방법의 종류

비파괴시험	내부결함	방사선투과시험
		초음파탐상시험
	표면결함	외관검사
		자분탐상검사
		침투탐상검사
		누설검사
파괴시험 (기계적 검사)	인장시험	인장강도, 항복점, 연신율 계산
	굽힘시험	연성의 정도 측정
	충격시험	인성과 취성의 정도 조사
	경도시험	외력에 대한 저항의 크기 측정
	매크로시험	조직검사
	피로시험	반복적인 외력에 대한 저항력 시험

※ 굽힘시험은 용접 부위를 U자 모양으로 굽힘으로써, 용접부의 연성 여부를 확인할 수 있다.

② 비파괴검사의 기호 및 영문 표기

명칭	기호	영문 표기
방사선투과시험	RT	Radiography Test
침투탐상검사	PT	Penetrant Test
초음파탐상검사	UT	Ultrasonic Test
와전류탐상검사	ET	Eddy Current Test
자분탐상검사	MT	Magnetic Test
누설검사	LT	Leaking Test
육안검사	VT	Visual Test

10년간 자주 출제된 문제

다음 중 용접부의 검사방법에 있어 비파괴 시험으로 비드 외관, 언더컷, 오버랩, 용입 불량, 표면 균일 등의 검사에 가장 적합한 것은?

① 부식검사
② 외관검사
③ 초음파탐상검사
④ 방사선투과검사

[해설]

용접부의 검사방법 중에서 비드의 외관, 언더컷, 오버랩, 표면균열 등 검사자의 육안으로 쉽게 파악할 수 있는 불량은 외관검사 (Visual Testing)가 적합하다.

정답 ②

핵심이론 02 인장시험

① 정의

만능시험기를 이용하여 규정된 시험편에 인장하중을 가하여 재료의 인장강도 및 연신율 등을 측정하는 시험법이다.

② 인장응력

재료에 인장하중이 가해질 때 생기는 응력이다.

$$인장응력(\sigma) = \frac{하중(F)}{단면적(A)} (\text{kgf/cm}^2)$$

③ 맞대기 용접부의 인장하중(힘)

$$인장응력(\sigma) = \frac{F}{A} = \frac{F}{t \times L} \text{ 식을 응용하면}$$

$$\sigma(\text{N/mm}^2) = \frac{W}{t(\text{mm}) \times L(\text{mm})}$$

④ 인장시험편

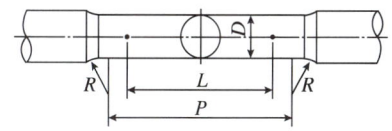

(단위 : mm)

지름(D)	표점거리(L)	평행부의 길이(P)	어깨부의 반지름(R)
14	50	60	15 이상

⑤ 인장시험을 통해 알 수 있는 사항

㉠ 인장강도 : 시험편이 파단될 때의 최대인장하중을 평행부의 단면적으로 나눈 값이다.

㉡ 항복점 : 인장시험에서 하중이 증가하여 어느 한도에 도달하면 하중을 제거해도 원위치로 돌아가지 못하고 변형이 남는 순간의 하중이다.

ⓒ 연신율(ε) : 시험편이 파괴되기 직전의 표점거리와 원표점거리와의 차를 변형량이라고 하는데, 연신율은 이 변형량을 원표점거리에 대한 백분율로 표시한 것이다.

$$\varepsilon = \frac{L_1 - L_0}{L_0} \times 100\%$$

ⓔ 단면 수축률(α) : 시험편이 파괴되기 직전의 최소 단면적(A)과 시험 전 원단면적과의 차가 단면 변형량이다. 단면 수축률은 변형량을 원단면적에 대한 백분율(%)로 표시한 것이다.

$$\alpha = \frac{A_0 - A_1}{A_0} \times 100\%$$

────────(10년간 **자주 출제된 문제**)────────

2-1. 맞대기 이음에서 판 두께가 6mm, 용접선의 길이가 120mm, 하중 7,000kgf에 대한 인장응력은 약 얼마인가?

① 9.7kgf/mm^2 ② 8.5kgf/mm^2
③ 9.1kgf/mm^2 ④ 7.6kgf/mm^2

2-2. 맞대기 용접 이음에서 판 두께가 9mm, 용접선의 길이가 120mm, 하중이 7,560N일 때 인장응력은 몇 N/mm²인가?

① 5 ② 6
③ 7 ④ 8

「해설」

2-1
인장응력은 재료를 양쪽 길이 방향으로 늘릴 때 내부에서 저항하는 정도를 측정하는 시험이다.

인장응력(σ) $= \dfrac{\text{하중}(F)}{\text{단면적}(A)} = \dfrac{7,000}{6 \times 120} = 9.72\text{kgf/mm}^2$

2-2
인장응력(σ) $= \dfrac{F}{A} = \dfrac{F}{t \times L} = \dfrac{7,560\text{N}}{9\text{mm} \times 120\text{mm}} = 7\text{N/mm}^2$

정답 2-1 ① 2-2 ③

① 굽힘시험법
　ⓐ 굽힘시험 측정 이유 : 용접부의 연성을 조사하기 위해 사용되는 시험법으로 보통 180°까지 굽힌다.
　ⓑ 굽힘시험 표면 상태에 따른 분류
　　• 표면굽힘시험
　　• 이면굽힘시험
　　• 측면굽힘시험
　ⓒ 굽힘방법
　　• 자유굽힘
　　• 롤러굽힘
　　• 형틀굽힘
　ⓓ 굽힘시험용 형틀의 형상

② 경도시험법
　ⓐ 경도시험의 측정 이유 : 경도는 기계적 성질 중에서 단단한 정도인데 경도시험은 이 단단한 정도를 시험한다. 경도값을 통해서 내마모성을 알 수 있으며 단단한 재료일수록 연신율이 작다.
　ⓑ 경도시험법의 원리 : 시험편 위에 강구나 다이아몬드와 같은 압입자에 일정한 하중을 가한 후 시험편에 나타난 자국을 측정하여 경도를 측정한다.

© 경도시험법의 종류

종류	시험 원리	압입자
브리넬 경도 (H_B)	압입자인 강구에 일정량의 하중을 걸어 시험편의 표면에 압입한 후, 압입자국의 표면적 크기와 하중의 비로 경도를 측정한다. $$H_B = \frac{P}{A} = \frac{P}{\pi D h}$$ $$= \frac{2P}{\pi D(D - \sqrt{D^2 - d^2})}$$ 여기서, D : 강구 지름 d : 압입자국의 지름 h : 압입자국의 깊이 A : 압입자국의 표면적	강구
비커스 경도 (H_V)	압입자에 1~120kg의 하중을 걸어 자국의 대각선 길이로 경도를 측정한다. 하중을 가하는 시간은 캠의 회전속도로 조절한다. $$H_V = \frac{P(하중)}{A(압입자국의 표면적)}$$	136°인 다이아몬드 피라미드 압입자
로크웰 경도 (H_{RB}, H_{RC})	압입자에 하중을 걸어 압입자국(홈)의 깊이를 측정하여 경도를 측정한다. • 예비하중 : 10kg • 시험하중 – B스케일 : 100kg – C스케일 : 150kg • $H_{RB} = 130 - 500h$ • $H_{RC} = 100 - 500h$ 여기서 h : 압입자국의 깊이	• B스케일 : 강구 • C스케일 : 120° 다이아몬드(콘)
쇼어 경도 (H_S)	추를 일정한 높이(h_0)에서 낙하시켜 이 추의 반발높이(h)를 측정해서 경도를 측정한다. $$H_S = \frac{10{,}000}{65} \times \frac{h(해머의 반발 높이)}{h_0(해머의 낙하 높이)}$$	다이아몬드 추

3-1. 모재 및 용접부에 대한 연성과 결함의 유무를 조사하기 위하여 시행하는 시험법은?

① 경도시험
② 피로시험
③ 굽힘시험
④ 충격시험

3-2. 금속재료시험법과 시험목적을 설명한 것으로 틀린 것은?

① 인장시험 : 인장강도, 항복점, 연신율 계산
② 경도시험 : 외력에 대한 저항의 크기 측정
③ 굽힘시험 : 피로한도값 측정
④ 충격시험 : 인성과 취성의 정도 조사

《해설》

3-1

굽힘시험은 용접 부위를 U자 모양으로 굽힘으로써, 용접부의 연성 여부를 확인할 수 있다.

3-2

굽힘시험은 용접시험에서 굽힘시험의 시편을 U자 모양으로 굽히는 것으로써 연성의 여부를 살펴보는 시험법이다. 피로한도란 반복시험에서 어떤 응력까지의 범위에서는 무한히 반복해도 재료가 파괴되지 않는 한계로, 내구한도라고도 한다. 피로한도는 온도와 반복응력의 주기 등에 좌우된다.

정답 **3-1** ③ **3-2** ③

① 충격시험의 목적

충격력에 대한 재료의 충격저항인 인성과 취성을 시험하는 데 있다. 재료에 충격력을 가해 파괴하려 할 때 재료가 잘 파괴되지 않는 성질인 인성, 파괴가 잘되는 성질인 메짐(취성)의 정도를 알아보는 데 있다.

② 충격시험 시 유의사항

충격시험은 충격값이 낮은 주철, 다이캐스팅용 합금 등에는 적용하지 않는다.

③ 충격시험방법

충격시험은 시험편에 V형 또는 U형의 노치부를 만들고 이 시편에 충격을 주어 충격량을 계산하는 방식의 시험법으로서, 시험기의 종류에 따라 샤르피식과 아이조드식으로 나뉜다.

④ 충격시험의 종류

㉠ 샤르피식 충격시험법 : 샤르피 충격시험기를 사용하여 시험편을 40mm 떨어진 2개의 지지대로 지지하고, 노치부를 지지대 사이의 중앙에 일치시킨 후 노치부 뒷면을 해머로 1회만 충격을 주어 시험편을 파단시킬 때 소비된 흡수에너지(E)와 충격값(U)를 구하는 시험방법이다.

[샤르피 시험기]

$$E = WR(\cos\beta - \cos\alpha)\, \text{kgf} \cdot \text{m}$$

여기서, E : 소비된 흡수에너지

W : 해머의 무게(kg)

R : 해머의 회전축 중심에서 무게중심까지의 거리(m)

α : 해머의 들어 올린 각도

β : 시험편 파단 후에 해머가 올라간 각도

$$U = \frac{E}{A_0}\, \text{kgf} \cdot \text{m/cm}^2$$

여기서, A_0 : 소비된 흡수에너지

㉡ 아이조드식 충격시험법

아이조드 충격시험기를 사용하여 시험편의 한 끝을 노치부에 고정하고 다른 끝을 노치부에서 22mm 떨어져 있는 위치에서 노치부와 같은 쪽의 면을 해머로 1회 충격으로 시험편을 판단하고 그 충격값을 구하는 시험방법이다.

[아이조드 시험기]

10년간 자주 출제된 문제

샤르피식의 시험기를 사용하는 시험방법은?

① 경도시험 ② 인장시험
③ 피로시험 ④ 충격시험

[해설]

충격시험

충격력에 대한 재료의 충격 저항인 인성과 취성을 측정하기 위한 시험으로 그 종류에는 샤르피식과 아이조드식 시험법이 있다.

• 샤르피식 충격 시험법 : 시험편을 40mm 떨어진 2개의 지지대 위에 가로 방향으로 지지하고, 노치부를 지지대 사이의 중앙에 일치시킨 후 노치부 뒷면을 해머로 1회만 충격을 주어 시험편을 파단시킬 때 소비된 흡수에너지(E)와 충격값(U)을 구하는 시험법이다.

• 아이조드식 충격 시험법 : 시험편을 세로 방향으로 고정시키는 방법으로 한쪽 끝을 노치부에 고정하고 반대쪽 끝을 노치부에서 22mm 떨어뜨린 후 노치부와 같은 쪽 면을 해머로 1회의 충격을 주어 시험편을 파단시킬 때 그 충격값을 구하는 시험법이다.

정답 ②

① 방사선투과시험법의 정의 및 검사방법

방사선투과시험은 용접부 뒷면에 필름을 놓고 용접물 표면에서 X선이나 γ선을 방사하여 용접부를 통과시키면, 금속 내부에 구멍이 있을 경우 그만큼 투과되는 두께가 얇아져서 필름에 방사선의 투과량이 많아지게 되므로 다른 곳보다 검게 됨을 확인함으로써 불량을 검출하는 시험법이다.

② 방사선투과시험의 특징

기공, 균열, 용착 불량, 슬래그 섞임 등의 투과량이 모두 다르므로 검게 되는 정도를 확인함으로써 결함의 종류와 위치를 찾을 수 있다.

③ 방사선투과시험의 기계 및 기구

ㄱ X선 발생장치

ㄴ 투과도계

ㄷ 필름 배지

ㄹ 필름 식별판

ㅁ 방사선 표지판

ㅂ 현상용 탱크

ㅅ 증감지

ㅇ 서베이미터

④ 방사선의 종류

ㄱ X선

• 얇은 판 투과 시 사용

• 물체 투과 시 일부는 물체에 흡수됨

ㄴ γ선 : 두꺼운 판 투과

⑤ 방사선투과시험의 결함 등급

종별	결함의 종류
제1종	기공(블로홀) 및 이와 유사한 둥근 결함
제2종	가는 슬래그 개입 및 이와 유사한 결함
제3종	터짐 및 이와 유사한 결함

5-1. 다음 중 방사선투과검사에 대한 설명으로 틀린 것은?

① 내부 결함 검출에 용이하다.

② 검사결과를 필름에 영구적으로 기록할 수 있다.

③ 래미네이션 및 미세한 표면 균열도 검출된다.

④ 방사선투과검사에 필요한 기구로는 투과도계, 계조계, 증감지 등이 있다.

5-2. X선이나 γ선을 재료에 투과시켜 투과된 빛의 강도에 따라 사진 필름에 감광시켜 결함을 검사하는 비파괴시험법은?

① 자분탐상검사

② 침투탐상검사

③ 초음파탐상검사

④ 방사선투과검사

해설

5-1

방사선투과검사(Radio Graphic Testing)는 래미네이션 결함이나 방사선 조사방향에 대해 기울어져 있는 균열 등은 검출되지 않는 단점이 있다.

※ 래미네이션 : 압연 방향으로 얇은 층이 발생하는 내부결함으로 강괴 내의 수축공, 기공, 슬래그가 잔류하면 미압착된 부분이 생겨서 이 부분에 중공이 생기는 불량

5-2

방사선투과시험(RT ; Radiography Test)

용접부 뒷면에 필름을 놓고 용접물 표면에서 X선이나 γ선을 방사하여 용접부를 통과시키면, 금속 내부에 구멍이 있을 경우 그만큼 투과되는 두께가 얇아져서 필름에 방사선의 투과량이 그만큼 많아지게 되므로 다른 곳보다 검게 됨을 확인함으로써 불량을 검출하는 방법

정답 5-1 ③ 5-2 ④

핵심이론 06 초음파탐상시험(UT ; Ultrasonic Test)

① 초음파탐상시험의 정의

사람이 들을 수 없는 매우 높은 주파수의 초음파를 사용하여 검사 대상물의 형상과 물리적 특성을 검사하는 방법이다. 4~5MHz 정도의 초음파가 경계면, 결함 표면 등에서 반사되어 되돌아오는 성질을 이용하는 방법으로 반사파의 시간과 크기를 스크린으로 관찰하여 결함의 유무, 크기, 종류 등을 검사하는 방법이다.

② 초음파탐상시험의 특징

ㄱ. 주파수가 높고 파장이 짧아 저항성이 크다.

ㄴ. 용접결함 등 불연속부에서 반사되는 성질이다.

ㄷ. 초음파는 특정 재질에서 일정한 속도로 전파되는 특성이 있다.

③ 초음파탐상법의 종류

ㄱ. 투과법 : 초음파펄스를 시험체 시험체의 한쪽면에서 송신하고 반대쪽면에서 송신하는 방법

ㄴ. 펄스반사법 : 불연속부와 같은 경계면에서는 투과 및 굴절 또는 반사를 하는데 불연속부에서 반사하는 초음파를 분석하여 검사하는 방법

ㄷ. 공진법 : 시험체에 가해진 초음파의 진동수와 시험체의 고유진동수가 일치할 때 진동의 폭이 커지는 현상으로, 공진현상을 이용하여 시험체의 두께 측정에 이용하는 방법이다.

④ 초음파탐상시험의 장점

ㄱ. 인체에 무해하다.

ㄴ. 미세한 크랙(Crack)을 감지한다.

ㄷ. 대상물에 대한 3차원적인 검사가 가능하다.

ㄹ. 균열이나 용융 부족 등의 결함을 찾는 데 탁월하다.

⑤ 초음파탐상시험의 단점

ㄱ. 기록 보존력이 떨어진다.

ㄴ. 결함의 경사에 좌우된다.

ㄷ. 검사자의 기능에 좌우된다.

ㄹ. 검사 표면을 평평하게 가공해야 한다.

ㅁ. 결함의 위치를 정확하게 감지하기 어렵다.

ㅂ. 모재의 두께가 약 6.4mm 이상이 되어야 한다.

ㅅ. 결함의 형상을 정확하게 감지하기 어렵다.

⑥ 초음파탐상촉자의 성능 측정 기호

ㄱ. UT-A : 경사각

ㄴ. UT-VA : 가변각

ㄷ. UT-LA : 종파 경사각

ㄹ. UT-N : 수직 형식으로 탐상

ㅁ. UT-S : 표면파

10년간 자주 출제된 문제

6-1. 초음파탐상법에서 일반적으로 널리 사용되며 초음파의 펄스를 시험체의 한쪽 면으로부터 송신하여 그 결함에서 반사되는 반사판의 형태로 결함을 판정하는 방법은?

① 투과법　　　　　② 공진법
③ 침투법　　　　　④ 펄스반사법

6-2. 다음 중 초음파탐상법에 속하지 않는 것은?

① 공진법　　　　　② 투과법
③ 프로드법　　　　④ 펄스반사법

해설

6-1, 6-2

초음파탐상법의 종류

• 투과법 : 초음파펄스를 시험체의 한쪽 면에서 송신하고 반대쪽 면에서 수신하는 방법

• 펄스반사법 : 불연속부와 같은 경계면에서는 투과 및 굴절 또는 반사를 하는데 이러한 불연속부에서 반사하는 초음파를 분석하여 검사하는 방법

• 공진법 : 시험체에 가해진 초음파의 진동수와 시험체의 고유진동수가 일치할 때 진동의 진폭이 커지는 현상인 공진을 이용하여 시험체의 두께를 측정하는 방법

정답 6-1 ④　6-2 ③

핵심이론 07 자분탐상시험(자기탐상시험, MT)

① **자분탐상시험의 정의**

철강 재료 등 강자성체를 자기장에 놓았을 때 시험편 표면이나 표면 근처에 균열 및 비금속 개재물과 같은 결함이 있으면 결함 부분에는 자속이 통하기 어려워 공간으로 누설되어 누설 자속이 생긴다. 이 누설 자속을 자분(자성 분말)이나 검사 코일을 사용하여 결함의 존재를 검출하는 검사방법이다.

전류를 통하여 자화가 될 수 있는 금속재료, 즉 철, 니켈과 같이 자기변태를 나타내는 금속 또는 그 합금으로 제조된 구조물이나 기계부품의 표면부에 존재하는 결함을 검출하는 비파괴시험법이나 알루미늄, 오스테나이트 스테인리스강, 구리 등 비자성체에는 적용이 불가능하다.

② **자분탐상시험의 특징**

ⓒ 취급이 간단하다.

ⓒ 인체에 해롭지 않다.

ⓒ 내부 결함 및 비자성체에서 사용이 곤란하다.

ⓒ 교류는 표면에, 직류는 내부에 수직으로 사용한다.

ⓒ 미세한 표면결함 및 표면직하결함 탐지에 뛰어나다.

③ **자분탐상시험의 방법(습식법)**

표면청소 – 형광체 Screen액 도포 – 습식 자분 도포 – 자화

④ **자분탐상시험의 종류**

ⓒ 극간법 : 시험편의 전체나 일부분을 전자석 또는 영구 자석의 자극 사이에 놓고 직선 자화시키는 방법이다.

ⓒ 직각통전법 : 실험편의 축에 대해 직각인 방향에 직접 전류를 흘려서 전류 주위에 생기는 자장을 원형으로 자화시키는 방법으로, 축에 직각인 방향의 결함을 검출하는 방법이다.

ⓒ 축통전법 : 시험편의 축 방향의 끝에 전극을 대고 전류를 흘려 원형으로 자화시키는 방법으로, 축 방향인 전류에 평행한 결함을 검출하는 방법이다.

ⓒ 관통법 : 시험편의 구멍에 철심을 통해 교류 자속을 흘려 그 주위에 유도 전류를 발생시켜 그 전류가 만드는 자기장에 의해 결함을 검출하는 방법이다.

ⓒ 코일법 : 시험편을 전자석으로 자화시키고 시험편에 따라 탐상 코일을 이동시키면서 전자 유도 전류로 검출하는 직선 자화방법이다.

10년간 자주 출제된 문제

비파괴검사방법 중 자분탐상시험에서 자화방법의 종류에 속하는 것은?

① 극간법   ② 스테레오법

③ 공진법   ④ 펄스반사법

|해설|

공진법과 펄스반사법은 초음파탐상검사(UT)에 속한다.

자분탐상시험(MT ; Magnetic Test)의 종류

• 축통전법

• 직각통전법

• 관통법

• 코일법

• 극간법

정답 ①

① 현미경 조직검사의 정의

금속 조직은 동일한 화학 성분이라도 주조 조직이나 가공조직, 열처리 조직이 다르며 금속의 성질에 큰 영향을 미친다. 따라서 현미경 조직검사는 조직을 관찰하고 결함을 파악하는 데 사용한다.

② 현미경 조직검사의 활용

㉠ 균열의 형상과 성장 상황

㉡ 금속 조직의 구분 및 결정 입도의 크기

㉢ 주조, 열처리, 단조 등에 의한 조직 변화

㉣ 비금속 개재물의 종류와 형상, 크기 및 편석 부분의 상황

㉤ 파단면 관찰에 의한 파괴 양상의 파악 등에 따른 상세한 검토

③ 현미경 조직검사의 방법

순서	검사 방법	내용
1	시료 채취 및 제작	검사 부위 채취(결함 검사) 시 결함부에서 가까운 부분을 25mm 크기로 절단한다.
2	연마	현미경 관찰이 용이하도록 평활한 측정면을 만드는 작업이다.
3	부식(Etching)	검사할 면을 부식시킨다.
4	조직 관찰	금속 현미경을 사용하여 시험편의 조직을 관찰한다.

④ 현미경 조직시험의 순서

시험편 채취 → 마운팅 → 샌드페이퍼 연마 → 폴리싱 → 부식 → 현미경 조직검사

⑤ 용융금속의 응고과정

결정핵 생성 → 수지상 결정(수지상정) 형성 → 결정립계(결정립경계) 형성 → 결정입자 구성

⑥ 연마(Grinding-polishing)

㉠ 연마의 종류

• 거친 연마

• 중간 연마

• 미세 연마

• 광택 연마

㉡ 연마 작업 시 주의사항

• 각 단계로 넘어갈 때마다 시험편의 연마 흔적이 나타나지 않도록 먼저 작업한 연마 방향에 수직 방향으로 연마를 하며 평면이 되게 한다.

• 광택 연마는 미세한 표면 홈을 제거하여 매끄러운 광택의 표면을 얻기 위한 최종 연마로 회전식 연마기를 사용하여 특수 연마포에 연마제를 뿌려가며 광택을 낸다.

㉢ 연마제의 종류

• 일반재료 : Fe_2O_3, Cr_2O_3, Al_2O_3

• 경합금 : Al_2O_3, MgO

• 초경합금 : 다이아몬드 페이스트

⑦ 부식제의 종류

부식할 금속	부식제
철강용	질산 알코올 용액과 피크르산 알코올 용액, 염산, 초산
Al과 그 합금	플루오린화 수소액, 수산화나트륨 용액
금, 백금 등 귀금속의 부식제	왕수

8-1. 현미경 시험을 하기 위해 사용되는 부식제 중 철강용에 해당되는 것은?

① 왕수
② 연화철액
③ 피크르산
④ 플루오린화 수소액

8-2. 금속재료의 미세조직을 금속현미경을 사용하여 광학적으로 관찰하고 분석하는 현미경시험의 진행순서로 맞는 것은?

① 시료 채취 → 연마 → 세척 및 건조 → 부식 → 현미경 관찰
② 시료 채취 → 연마 → 부식 → 세척 및 건조 → 현미경 관찰
③ 시료 채취 → 세척 및 건조 → 연마 → 부식 → 현미경 관찰
④ 시료 채취 → 세척 및 건조 → 부식 → 연마 → 현미경 관찰

｜해설｜

8-1

철강 재료용 부식제에는 질산 알코올 용액과 피크르산 알코올 용액이 있다.
① 왕수 : 금, 백금 등 귀금속의 부식제
④ 플루오린화 수소액 : Al과 그 합금의 부식제

8-2

시험편 채취 → 마운팅 → 샌드페이퍼 연마 → 폴리싱 → 부식 → 현미경 조직검사

정답 8-1 ③ 8-2 ①

핵 심이론 09 침투탐상시험(PT)

① 침투탐상시험의 정의

검사하려는 대상물의 표면에 침투력이 강한 형광성 침투액을 도포 또는 분무하거나 표면 전체를 침투액 속에 침적시켜 표면의 흠집 속에 침투액이 스며들게 한 다음 이를 백색 분말의 현상제(MgO, BaCO₃)를 뿌려서 침투액을 표면으로부터 빨아내어 결함을 검출하는 방법이다.

② 침투탐상시험의 특징

㉠ 물체의 표면에 균열, 홈, 핀홀 등 개구부를 갖는 결함에 대해서만 유효한 방법이다. 비자성 재료의 표면결함 검출에 효과가 있다.

㉡ 점성이 높은 침투액은 결함 내부로 천천히 이동하며 침투속도를 느리게 한다. 온도가 낮을수록 점성이 커지게 되기 때문에 검사 온도는 15~50℃ 사이에서 약 5분간 시험을 해야 한다.

㉢ 점성이란 서로 접촉하는 액체 간 떨어지지 않으려는 성질로 이것은 온도에 따라 바뀐다. 이 성질은 침투력 자체에는 영향을 미치지 않으나 침투액이 용접결함의 속으로 침투하는 속도에 영향을 준다.

㉣ 시험방법이 간단하여 초보자도 쉽게 검사할 수 있으므로, 검사원의 경험과는 큰 관련이 없다.

9-1. 침투탐상법의 장점으로 틀린 것은?

① 국부적 시험이 가능하다.
② 미세한 균열도 탐상이 가능하다.
③ 주변 환경, 특히 온도에 둔감해 제약을 받지 않는다.
④ 철, 비철, 플라스틱, 세라믹 등 거의 모든 제품에 적용이 용이하다.

9-2. 용접부의 비파괴시험방법의 기본기호 중 'PT'에 해당하는 것은?

① 방사선투과시험
② 초음파탐상시험
③ 자기분말탐상시험
④ 침투탐상시험

9-3. 용접부의 표면에 사용되는 검사법으로 비교적 간단하고 비용이 싸며, 특히 자기탐상검사가 되지 않는 금속재료에 주로 사용되는 검사법은?

① 방사선비파괴검사
② 누수검사
③ 침투비파괴검사
④ 초음파비파괴검사

〖해설〗

9-1

점성이 높은 침투액은 천천히 이동하며 침투속도를 느리게 한다. 온도가 낮을수록 점성이 커지게 되기 때문에 검사 온도 15~50℃ 사이에서 약 5분간 시험을 해야 한다. 점성이란 서로 접촉하는 액체 간 떨어지지 않으려는 성질로 온도에 따라 달라진다. 이 성질은 침투력 자체에는 영향을 미치지 않으나, 침투액이 용접 결함의 속으로 침투하는 속도에 영향을 준다.

9-2

PT는 Penetration Test로써 비파괴검사법 중에서 침투탐상검사를 말한다.

9-3

① 침투탐상시험의 정의 참고

정답 9-1 ③ 9-2 ④ 9-3 ③

핵심이론 10 와전류탐상검사(ET)

① 와전류탐상검사의 정의

도체에 전류가 흐르면 그 도체 주위에는 자기장이 형성되며, 반대로 변화하는 자기장 내에서는 도체에 전류가 유도된다.

② 와전류탐상검사의 특징

표면에 흐르는 전류의 형태를 파악하여 검사하는 방법으로 깊은 부위의 결함은 찾아낼 수 없다.

10-1. 와전류탐상검사의 장점이 아닌 것은?

① 결함의 크기, 두께 및 재질의 변화 등을 동시에 검사할 수 있다.
② 결함 지시가 모니터에 전기적 신호로 나타나므로 기록 보존과 재생이 용이하다.
③ 검사체의 표면으로부터 깊은 내부결함 및 강자성 금속도 탐상이 가능하다.
④ 표면부 결함의 탐상 감도가 우수하며 고온에서의 검사 및 얇고 가는 소재와 구멍의 내부 등을 검사할 수 있다.

10-2. 맴돌이 전류를 이용하여 용접부를 비파괴검사하는 방법으로 옳은 것은?

① 자분탐상검사
② 와류탐상검사
③ 침투탐상검사
④ 초음파탐상검사

〖해설〗

10-1

와전류탐상검사

도체에 전류가 흐르면 그 도체 주위에는 자기장이 형성되며, 반대로 변화하는 자기장 내에서는 도체에 전류가 유도된다. 표면에 흐르는 전류의 형태를 파악하여 검사하는 방법으로 깊은 부위의 결함은 찾아낼 수 없다.

10-2

② 맴돌이 전류를 사용하는 비파괴검사법은 와류탐상검사이다.

정답 10-1 ③ 10-2 ②

작업안전

제1절　작업 및 용접안전

핵심이론 01　안전율 및 안전기구

① 안전율

　㉠ 안전율의 정의 : 외부의 하중에 견딜 수 있는 정도를 수치로 나타낸 것이다.

$$S = \frac{극한강도(\sigma_u)}{허용능력(\sigma_a)}$$

　㉡ 연강재의 안전하중
　　• 정하중 : 3　　　　• 동하중(일반) : 5
　　• 동하중(주기적) : 8　• 충격하중 : 12

② 용접의 종류별 적정 차광번호(KS P 8141)

아크가 발생될 때 눈을 자극하는 빛인 적외선과 자외선을 차단하는 것으로, 번호가 클수록 빛을 차단하는 차광량이 많아진다.

용접의 종류	전류범위(A)	차광도 번호(No.)
납땜	–	2~4
가스 용접	–	4~7
산소 절단	901~2,000	5
	2,001~4,000	6
	4,001~6,000	7
피복 아크 용접 및 절단	30 이하	5~6
	36~75	7~8
	76~200	9~11
	201~400	12~13
	401~	14
아크 에어 가우징	126~225	10~11
	226~350	12~13
	351~	14~16
탄소 아크 용접	–	14
TIG, MIG	100 이하	9~10
	101~300	11~12
	301~500	13~14
	501~	15~16

③ 안전모

　㉠ 안전모의 거리 및 간격 상세도

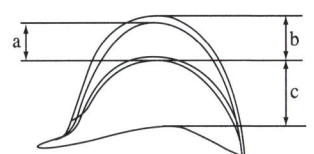

　　• a : 내부 수직거리
　　• b : 외부 수직거리
　　• c : 착용 높이

　㉡ 안전모 각 부의 명칭

번호	명칭	
A	모체	
B	착	머리받침끈
C	장	머리고정대
D	체	머리받침고리
E	턱 끈	
F	챙(차양)	

④ 안전모의 일반 기준

　㉠ 안전모는 모체, 착장체 및 턱끈을 가질 것

　㉡ 착장체의 머리고정대는 착용자의 머리 부위에 적합하도록 조절할 수 있을 것

　㉢ 턱끈은 사용 중 탈락되지 않도록 확실히 고정되는 구조일 것

　㉣ 안전모의 착용높이는 85mm 이상이고, 외부수직거리는 80mm 미만일 것

　㉤ 안전모의 내부수직거리는 25mm 이상 50mm 미만일 것

　㉥ 안전모의 수평 간격은 5mm 이상일 것

　㉦ 머리받침끈이 섬유인 경우 각각의 폭은 15mm 이상, 교차되는 끈의 폭의 합은 72mm 이상일 것

　㉧ 턱 끈의 폭은 10mm 이상일 것

　㉨ 안전모의 모체, 착장체를 포함한 질량은 440g을 초과하지 않을 것

ⓩ 안전모는 통기를 목적으로 모체에 구멍을 뚫을 수 있으며 총면적은 150mm² 이상, 450mm² 이하일 것

⑤ 안전모의 기호

기호	사용구분
A	물체의 낙하 및 비래에 의한 위험을 방지 또는 경감시키기 위한 것
AB	물체의 낙하 또는 비래 및 추락에 의한 위험을 방지 또는 경감시키기 위한 것
AE	물체의 낙하 또는 비래에 의한 위험을 방지 또는 경감하고, 머리 부위 감전에 의한 위험을 방지하기 위한 것
ABE	물체의 낙하 또는 비래 및 추락에 의한 위험을 방지 또는 경감하고, 머리 부위 감전에 의한 위험을 방지하기 위한 것

⑥ 귀마개를 착용하지 않아야 하는 작업자

강재 하역장의 크레인 신호자는 지표면에 있는 수신자의 호각소리에 주의를 기울여 협력 작업을 진행해야 한다.

10년간 자주 출제된 문제

1-1. 다음 중 납땜작업 시 차광유리의 차광도 번호로 가장 적절한 것은?

① 2~4 ② 5~6
③ 8~10 ④ 11~12

1-2. 높은 곳에서 용접작업 시 지켜야 할 사항으로 틀린 것은?

① 족장이나 발판이 견고하게 조립되어 있는지 확인한다.
② 고소 작업 시 착용하는 안전모의 내부 수직거리는 10mm 이내로 한다.
③ 주변에 낙하물건 및 작업위치 아래에 인화성 물질이 없는지 확인한다.
④ 고소 작업장에서 용접 작업 시 안전벨트 착용 후 안전로프를 핸드레일에 고정시킨다.

1-3. 용접이음 설계 시 충격하중을 받는 연강의 안전율은?

① 12 ② 8
③ 5 ④ 3

① 전격

전격이란 강한 전류를 갑자기 몸에 느꼈을 때의 충격을 말하며, 용접기에는 작업자의 전격을 방지하기 위해서 반드시 전격방지기를 용접기에 부착해야 한다. 전격방지기는 작업을 쉬는 동안에 2차 무부하전압이 항상 25V 정도로 유지되도록 하여 전격을 방지할 수 있다.

② 전격방지기의 역할

㉠ 용접작업 중 전격의 위험을 방지한다.

㉡ 작업을 쉬는 중 용접기의 2차 무부하전압을 25V로 유지하고 용접봉을 모재에 접촉하면 순간 전자개폐기가 닫혀서 보통 2차 무부하전압이 70~80V로 되어 아크가 발생되도록 한다. 용접을 끝내고 아크를 끊으면 자동적으로 전자개폐가 차단되어 2차 무부하 전압이 다시 25V로 된다. 이와 같이 해서 작업을 쉬는 동안에 2차 무부하 전압이 항상 25V 정도로 유지되도록 하면 전격을 방지할 수 있다.

2-1. 교류 아크 용접기는 무부하전압이 높아 전격의 위험이 있으므로 안전을 위하여 전격방지기를 설치한다. 이때 전격방지기의 2차 무부하전압은 몇 V 범위로 유지하는 것이 적당한가?

① 80~90V 이하
② 60~70V 이하
③ 40~50V 이하
④ 20~30V 이하

2-2. 용접작업에서 전격의 방지대책으로 틀린 것은?

① 땀, 물 등에 의해 젖은 작업복, 장갑 등은 착용하지 않는다.
② 텅스텐봉을 교체할 때 항상 전원 스위치를 차단하고 작업한다.
③ 절연 홀더의 절연 부분이 노출, 파손되면 즉시 보수하거나 교체한다.
④ 가죽 장갑, 앞치마, 발 덮개 등 보호구를 반드시 착용하지 않아도 된다.

[해설]

2-1

전격이란 강한 전류를 갑자기 몸에 느꼈을 때의 충격을 말하며, 용접기에는 작업자의 전격을 방지하기 위해 전격방지기를 용접기에 부착한다. 전격방지기는 작업을 쉬는 동안에 2차 무부하전압이 항상 25V 정도로 유지되도록 하여 전격을 방지할 수 있다.

2-2

전격을 예방하려면 작업할 때 반드시 가죽 장갑과 같은 안전용품을 착용해야 한다.

정답 2-1 ④ 2-2 ④

핵심이론 03 가스용기 취급상 주의사항

① 산소용기의 취급상 주의사항

　㉠ 산소용기에 전도, 충격을 주어서는 안 된다.

　㉡ 산소와 아세틸렌용기는 각각 별도로 지정한다.

　㉢ 산소용기 속에 다른 가스를 혼합해서는 안 된다.

　㉣ 산소용기, 밸브, 조정기, 고정구는 기름이 묻지 않게 한다.

　㉤ 다른 가스에 사용한 조정기, 호스 등을 그대로 재사용해서는 안 된다.

　㉥ 산소용기를 크레인 등으로 운반할 때는 로프나 와이어 등으로 매지 말고 철제상자 등 견고한 상자에 넣어 운반하여야 한다.

② 아세틸렌용기의 취급상 주의사항

　㉠ 온도가 높은 장소는 피한다.

　㉡ 용기는 충격을 가하거나 전도되지 않도록 한다.

　㉢ 불꽃과 화염 등의 접근을 막고 빈 병은 빨리 반납한다.

　㉣ 가스의 출구는 완전히 닫아서 잔여 아세틸렌이 나오지 않도록 한다.

　㉤ 세워서 사용한다. 눕혀서 사용하면 용기 속의 아세톤이 가스와 함께 유출된다.

　㉥ 압력조정기와 호스 등의 접속부에서 가스가 누출되는지 항상 주의하며 누출검사는 비눗물을 사용한다.

3-1. 다음 중 산소 및 아세틸렌 용기의 취급방법으로 적절하지 않은 것은?

① 산소용기의 밸브, 조정기, 도관, 취부구는 반드시 기름이 묻은 천으로 깨끗이 닦아야 한다.

② 산소용기의 운반 시 충격을 주어서는 안 된다.

③ 산소용기 내에 다른 가스를 혼합하면 안 되며, 산소용기는 직사광선을 피해야 한다.

④ 아세틸렌용기는 세워서 사용하며 병에 충격을 주어서는 안 된다.

3-2. 다음 중 아세틸렌용기와 호스의 연결부에 불이 붙었을 때 가장 우선적으로 해야 할 조치는?

① 용기의 밸브를 잠근다.

② 용기를 옥외로 운반한다.

③ 용기와 연결된 호스를 분리한다.

④ 용기 내의 잔류가스를 신속하게 방출시킨다.

【해설】

3-1

기체를 담고 있는 가스 용기의 연결 부위를 기름이나 이물질이 묻은 천으로 닦으면 이물질이 혼입될 수 있다.

3-2

가스 연결부 및 구성품에 불이 붙었을 경우에는 추가 피해를 방지하기 위하여 가스 방출을 막아야 하므로 용기의 밸브를 잠가야 한다.

정답 3-1 ① 3-2 ①

① 전류량이 인체에 미치는 영향

전류량	인체에 미치는 영향
1mA	전기를 조금 느낌
5mA	상당한 고통을 느낌
10mA	견디기 힘든 고통을 느낌
20mA	근육 수축, 스스로 현장을 탈피하기 힘듦
20~50mA	고통과 강한 근육 수축, 호흡이 곤란함
50mA	심장마비 발생으로 사망의 위험이 있음
100mA	사망과 같은 치명적인 결과를 줌

② CO_2 가스가 인체에 미치는 영향

CO_2 농도	증상	대책
1%	호흡속도 다소 증가	무해
2%	호흡속도 증가, 지속 시 피로를 느낌	무해
3~4%	호흡속도 평소의 약 4배 증대, 두통, 뇌빈혈, 혈압 상승	환기
6%	피부혈관의 확장, 구토	환기
7~8%	호흡곤란, 정신장애, 수분 내 의식불명	환기
10% 이상	시력장애, 2~3분 내 의식을 잃으며 방치 시 사망	• 30분 이내 인공호흡 • 의사의 조치 필요
15% 이상	위험 상태	• 즉시 인공호흡 • 의사의 조치 필요
30% 이상	극히 위험, 사망	–

③ CO(일산화탄소) 가스가 인체에 미치는 영향

농도	증상
0.01% 이상	건강에 유해
0.02~0.05%	중독 작용
0.1% 이상	수시간 호흡하면 위험
0.2% 이상	30분 이상 호흡하면 극히 위험, 사망

10년간 자주 출제된 문제

아크 용접 작업 중 인체에 감전된 전류가 20~50mA일 때 인체에 미치는 영향으로 옳은 것은?

① 고통을 느끼고 가까운 근육이 저려서 움직이지 않는다.
② 고통을 느끼고 강한 근육 수축이 일어나며 호흡이 곤란하다.
③ 고통을 수반한 쇼크를 느낀다.
④ 순간적으로 사망할 위험이 있다.

정답 ②

① 산업안전보건법에 따른 안전·보건표지의 색채, 색도 기준 및 용도

색상	용도	사례
빨간색	금지	정지신호, 소화설비 및 그 장소, 유해행위 금지
빨간색	경고	화학물질 취급장소에서 유해·위험 경고
노란색	경고	화학물질 취급장소에서의 유해·위험 경고 이외의 위험 경고, 주의표지 또는 기계방호물
파란색	지시	특정 행위의 지시 및 사실의 고지
녹색	안내	비상구 및 피난소, 사람 또는 차량의 통행표지
흰색	–	파란색이나 녹색에 대한 보조색
검은색	–	문자 및 빨간색, 노란색에 대한 보조색

② 응급처치의 구명 4단계

㉠ 1단계(기도 유지) : 질식을 막기 위해 기도 개방 후 이물질을 제거하고 호흡이 끊어지면 인공호흡을 한다.

㉡ 2단계(지혈) : 상처 부위의 피를 멈추게 하여 혈액 부족으로 인한 혼수상태를 예방한다.

㉢ 3단계(쇼크 방지) : 호흡곤란이나 혈액 부족을 제외한 심리적 충격에 의한 쇼크를 예방한다.

㉣ 4단계(상처의 치료) : 환자의 의식이 있는 상태에서 치료를 시작하며, 충격을 해소시켜야 한다.

10년간 자주 출제된 문제

안전·보건표지의 색채, 색도기준 및 용도에서 지시의 용도 색채는?

① 검은색   ② 노란색
③ 빨간색   ④ 파란색

정답 ④

핵심이론 01 화상과 상처의 정의

① 화재의 종류에 따른 사용 소화기

분류	A급 화재	B급 화재	C급 화재	D급 화재
명칭	일반(보통)화재	유류 및 가스화재	전기화재	금속화재
가연물질	나무, 종이, 섬유 등의 고체 물질	기름, 윤활유, 페인트 등의 액체 물질	전기설비, 기계전선 등의 물질	가연성 금속 (Al 분말, Mg 분말)
소화효과	냉각 효과	질식 효과	질식 및 냉각 효과	질식 효과
표현 색상	백색	황색	청색	–
소화기	• 물소화기 • 분말소화기 • 포(포말)소화기 • 이산화탄소 소화기 • 강화액 소화기 • 산, 알칼리 소화기	• 분말소화기 • 포(포말)소화기 • 이산화탄소 소화기	• 분말소화기 • 유기성 소화기 • 이산화탄소 소화기 • 무상강화액 소화기 • 할로겐화합 물소화기	• 건조된 모래 (건조사)
사용불가능소화기	–	–	포(포말)소화기	물 (금속가루는 물과 반응하여 폭발의 위험성이 있다)

※ 전기화재에서 무상강화액소화기는 무상(안개 모양)으로 뿌리기 때문에 사용이 가능하나 포소화기는 포가 물로 되어 있어 감전의 위험 때문에 사용이 불가능하다.

② 소화기의 특징

포소화기에서 포는 물로 되어 있기 때문에 감전의 위험이 있어 사용이 불가능하며 가연성의 액체를 소화할 때 사용한다. 무상강화액소화기도 액체로 되어 있으나 무상(안개모양)으로 뿌리기 때문에 소화용으로 사용은 가능하다.

※ 소화약제에 의한 분류

약제	종류
물(수계)	물소화기, 산, 알칼리소화기, 강화액소화기, 포소화기
가스계	이산화탄소, 할로겐
분말계	분말소화기

③ 화상의 등급

1도 화상	• 뜨거운 물이나 불에 가볍게 표피만 데인 화상 • 붉게 변하고 따가운 상태
2도 화상	• 표피 안의 진피까지 화상을 입은 경우 • 물집이 생기는 상태
3도 화상	• 표피, 진피, 피하지방까지 화상을 입은 경우 • 살이 벗겨지는 매우 심한 상태

④ 화상에 따른 피부의 손상 정도

⑤ 상처의 정의

㉠ 찰과상 : 마찰에 의해 피부의 표면에 입는 외상으로, 긁힌 상처라고도 불린다. 피부의 진피까지 상처를 입으면 출혈이 크다. 넘어지거나 물체의 긁힘에 의해 발생한다.

㉡ 타박상 : 외부의 충격이나 부딪침 등에 의해 연부 조직과 근육 등에 손상을 입어 통증이 발생되며 피부에 출혈과 부종이 보이는 경우이다.

㉢ 화상 : 뜨거운 물이나 불, 화학물질에 의해 피부나 피부의 내부조직이 손상된 현상이다.

㉣ 출혈 : 혈관의 손상에 의해 혈액이 혈관 밖으로 나오는 현상이다.

⑥ 응급 처치 시 유의사항

㉠ 충격방지를 위하여 환자의 체온 유지에 노력하여야 한다.

㉡ 의식불명 환자에게 물 등 기타의 음료수를 먹이지 말아야 한다.

㉢ 응급 의료진과 가족에게 연락하고 주위 사람에게 도움을 청해야 한다.

㉣ 긴급을 요하는 환자가 2인 이상 발생 시 대출혈, 중독의 환자부터 처치해야 한다.

1-1. 다음 중 B급 화재에 해당하는 것은?

① 일반화재
② 유류화재
③ 전기화재
④ 금속화재

1-2. 화재의 분류 중 C급 화재에 속하는 것은?

① 전기화재
② 금속화재
③ 가스화재
④ 일반화재

해설

1-1, 1-2

화재의 분류
• A급 화재(일반화재) : 나무, 종이, 섬유 등과 같은 물질의 화재
• B급 화재(유류화재) : 기름, 윤활유, 페인트와 같은 액체의 화재
• C급 화재(전기화재) : 전기화재
• D급 화재(금속화재) : 가연성 금속의 화재

정답 **1-1** ② **1-2** ①

핵심이론 02 물질안전보건자료(MSDS)

① MSDS(Material Safety Data Sheets, 물질안전보건자료)
화학물질을 안전하게 관리 및 사용하기 위해 필요한 정보를 기재한 Data Sheet로 16가지 항목이 상세하게 기록되어 있다.

② MSDS 관련 법령
산업안전보건법

③ MSDS(물질안전보건자료) 작성 및 제출의 주체
물질안전보건자료대상물질을 제조하거나 수입하려는 자

④ 물질안전보건자료대상물질을 제조하려는 자의 정의
직접 사용 또는 양도·제공을 목적으로 화학물질 또는 혼합물을 생산·가공 또는 혼합 등을 하려는 자를 의미하며, 화학물질 또는 혼합물을 실제로 취급함으로써 생산·가공 또는 혼합하는 자를 의미한다. 만약, 화학물질 및 화학제품의 제조를 위탁하여 수탁자가 해당 제품을 제조하는 경우 수탁자가 물질안전보건자료를 작성하여 제출해야 한다.

⑤ 물질안전보건자료대상물질을 수입하려는 자의 정의
직접 사용 또는 양도·제공을 목적으로 외국에서 국내로 화학물질 또는 혼합물을 들여오는 자를 뜻하며, 관세법 제19조에 따른 납세의무자를 의미한다.

⑥ MSDS에 포함되어야 할 사항
• 화학제품과 회사에 관한 정보
• 유행성, 위험성
• 구성성분의 명칭 및 함유량
• 응급조치 요령
• 폭발·화재 시 대처방법
• 누출사고 시 대처방법
• 취급 및 저장방법
• 노출 방지 및 개인보호구
• 물리화학적 특성
• 안정성 및 반응성

- 독성에 관한 정보
- 환경에 미치는 영향
- 폐기 시 주의사항
- 운송에 필요한 정보
- 법적 규제 현황
- 그 밖의 참고사항

⑦ 건강 및 환경 유해성 분류에 대한 한계농도 기준(화학물질의 분류·표시 및 물질안전보건자료에 관한 기준 별표 6)

구 분	건강 및 환경 유해성 분류		한계농도
건강 유해성	1. 급성 독성		1%
	2. 피부 부식성/피부 자극성		1%
	3. 심한 눈 손상성/눈 자극성		1%
	4. 호흡기 과민성		0.1%
	5. 피부 과민성		0.1%
	6. 생식세포 변이원성	1A 및 1B	0.1%
		2	1%
	7. 발암성		0.1%
	8. 생식독성		0.1%
	9. 특정표적장기독성 : 1회 노출		1%
	10. 특정표적장기독성 : 반복 노출		1%
	11. 흡인 유해성		1%
환경 유해성	12. 수생환경 유해성		1%
	13. 오존층 유해성		0.1%

제1절   용접재료 및 각종 금속 용접

핵심이론 01   금속의 일반적인 성질

① 금속의 일반적인 특성
  ㉠ 비중이 크다.
  ㉡ 전기 및 열의 양도체이다.
  ㉢ 금속 특유의 광택을 갖는다.
  ㉣ 이온화하면 양(+)이온이 된다.
  ㉤ 상온에서 고체이며 결정체이다(단, Hg 제외).
  ㉥ 연성과 전성이 우수하여 소성변형이 가능하다.

② 철 결정구조의 종류별 특징

종류	체심입방격자 (BCC ; Body Centered Cubic)	면심입방격자 (FCC ; Face Centered Cubic)	조밀육방격자 (HCP ; Hexagonal Close Packed lattice)
성질	• 강도가 크다. • 용융점이 높다. • 전성과 연성이 작다.	• 전기전도도가 크다. • 가공성이 우수하다. • 장신구로 사용된다. • 전성과 연성이 크다. • 연한 성질의 재료이다.	• 전성과 연성이 작다. • 가공성이 좋지 않다.
원소	W, Cr, Mo, V, Na, K	Al, Ag, Au, Cu, Ni, Pb, Pt, Ca	Mg, Zn, Ti, Be, Hg, Zr, Cd, Ce
단위 격자	2개	4개	2개
배위 수	8	12	12
원자 충진율	68%	74%	74%

③ 합금(Alloy)
  ㉠ 철강에 영향을 주는 주요 10가지 합금원소에는 C(탄소), Si(규소), Mn(망간), P(인), S(황), N(질소), Cr(크롬), V(바나듐), Mo(몰리브덴), Cu(구리), Ni(니켈)인데, 이러한 철강의 합금원소는 각각 철강재의 용접성과 밀접한 관련이 있다. 그중 탄소(C)가 가장 큰 영향을 미치는데, 탄소량이 적을수록 용접성이 좋으므로, 저탄소강이 가장 용접성이 좋다.
  ㉡ 합금의 일반적 성질
    • 경도가 증가한다.
    • 주조성이 좋아진다.
    • 용융점이 낮아진다.
    • 전성, 연성은 떨어진다.
    • 성분 금속의 비율에 따라 색이 변한다.
    • 성분 금속보다 강도 및 경도가 증가한다.
    • 성분을 이루는 금속보다 우수한 성질을 나타내는 경우가 많다.

④ 금속의 비중

경금속		중금속			
Mg	1.7	Sn	5.8	Ag	10.4
Be	1.8	V	6.1	Pb	11.3
Al	2.7	Cr	7.1	W	19.1
Ti	4.5	Mn	7.4	Au	19.3
–	–	Fe	7.8	Pt	21.4
–	–	Ni	8.9	Ir	22
–	–	Cu	8.9	–	–

※ 경금속과 중금속을 구분하는 비중의 경계 : 4.5

⑤ 열전도율이 높은 순서

> Ag > Cu > Au > Al > Mg > Zn > Ni > Fe > Pb > Sb

※ 열전도율이 높을수록 고유저항은 작아진다.

⑥ 재료의 성질

  ㉠ 탄성 : 외력에 의해 변형된 물체가 외력을 제거하면 다시 원래의 상태로 되돌아가려는 성질이다.

  ㉡ 소성 : 물체에 변형을 준 뒤 외력을 제거해도 원래의 상태로 되돌아오지 않고 영구적으로 변형되는 성질로 가소성으로도 불린다.

  ㉢ 전성 : 넓게 퍼지는 성질로 가단성으로도 불린다. 전성(가단성)이 크면 큰 외력에도 쉽게 부러지지 않아서 단조가공의 난이도를 나타내는 척도로 사용된다.

  ㉣ 연성 : 탄성한도 이상의 외력이 가해졌을 때 파괴되지 않고 잘 늘어나는 성질이다.

  ㉤ 취성 : 물체가 외력에 견디지 못하고 파괴되는 성질로 인성에 반대되는 성질이다. 취성재료는 연성이 거의 없으므로 항복점이 아닌 탄성한도를 고려해서 다뤄야 한다.

    • 적열취성[赤熱(붉을 적, 더울 열)] : 철이 빨갛게 달궈진 상태이다. S(황)의 함유량이 많은 탄소강이 900℃ 부근에서 적열상태가 되었을 때 파괴되는 성질로 철에 S의 함유량이 많으면 황화철이 되면서 결정립계 부근의 S이 망상으로 분포되면서 결정립계가 파괴된다. 적열취성을 방지하려면 Mn(망간)을 합금하여 S을 MnS로 석출시키면 된다. 이 적열취성은 높은 온도에서 발생하므로 고온취성으로도 불린다.

    • 청열취성[靑熱(푸를 청, 더울 열)] : 철이 산화되어 푸른빛으로 달궈져 보이는 상태이다. 탄소강이 200~300℃에서 인장강도와 경도값이 상온일 때보다 커지는 반면, 연신율이나 성형성은 오히려 작아져서 취성이 커지는 현상이다. 이 온도범위(200~300℃)에서는 철의 표면에 푸른 산화피막이 형성되기 때문에 청열취성이라고 불린다. 따라서 탄소강은 200~300℃에서는 가공을 피해야 한다.

  • 저온취성 : 탄소강이 천이온도에 도달하면 충격치가 급격히 감소되면서 취성이 커지는 현상이다.

  • 상온취성 : P(인)의 함유량이 많은 탄소강이 상온(약 24℃)에서 충격치가 떨어지면서 취성이 커지는 현상이다.

  ㉥ 인성 : 재료가 파괴되기(파괴강도) 전까지 에너지를 흡수할 수 있는 능력이다.

  ㉦ 강도 : 외력에 대한 재료 단면의 저항력이다.

  ㉧ 경도 : 재료 표면의 단단한 정도이다.

  ㉨ 연신율(ε) : 재료에 외력이 가해졌을 때 처음길이에 비해 나중에 늘어난 길이의 비율이다.

$$\varepsilon = \frac{\text{나중길이} - \text{처음길이}}{\text{처음길이}} = \frac{l_1 - l_0}{l_0} \times 100$$

  ㉩ 피로한도 : 재료에 하중을 반복적으로 가했을 때 파괴되지 않는 응력변동의 최대범위이며, S-N곡선으로 확인할 수 있다. 재질이나 반복하중의 종류, 표면 상태나 형상에 큰 영향을 받는다.

  ㉪ 피로수명 : 반복 하중을 받는 재료가 파괴될 때까지 반복적으로 재료에 가한 수치나 시간이다.

  ㉫ 크리프 : 고온에서 재료에 일정 크기의 하중(정하중)을 작용시키면 시간이 경과함에 따라 변형이 증가하는 현상이다.

  ㉬ 잔류응력 : 변형 후 외력을 제거해도 재료의 내부나 표면에 남아 있는 응력이다. 물체의 온도 변화에 의해서 발생할 수 있는데 추가적으로 소성변형을 해 주거나 재결정온도 전까지 온도를 올려줌으로써 감소시킬 수 있다. 표면에 남아 있는 인장잔류응력은 피로수명과 파괴강도를 저하시킨다.

  ㉭ 재결정온도 : 1시간 안에 95% 이상 새로운 재결정이 형성되는 온도이다. 금속이 재결정되면 불순물이 제거되어 더 순수한 결정을 얻어낼 수 있는데, 이 재결정은 금속의 순도나 조성, 소성변형 정도, 가열 시간에 큰 영향을 받는다.

㉮ 가단성 : 단조가공 동안 재료가 파괴되지 않고 변형되는 금속의 성질이다. 단조가공의 난이도를 나타내는 척도로서 전성의 다른 말로도 사용되는데 합금보다는 순금속의 가단성이 더 크다.

㉯ 슬립 : 금속이 소성변형을 일으키는 원인으로 원자 밀도가 가장 큰 격자면에서 잘 일어난다.

㉰ 전위[슨卒(구를 전, 자리하다 위)] : 안정된 상태의 금속결정은 원자가 규칙적으로 질서정연하게 배열되어 있는데, 이 상태에서 어긋나 있는 상태를 말하며 이는 전자현미경으로 확인이 가능하다.

㉱ 다공성 : 다공성이란 금속 중에 기공(Blow Hole)이나 피트(Pit)가 발생하기 쉬운 성질을 말하는데 질소, 수소, 일산화탄소에 의해 발생된다. 이 불량을 방지하기 위해서는 용융된 강 중에 녹아 있는 산화철(FeO)을 적당히 감소시켜야 한다.

⑦ 금속조직의 종류 및 특징

㉠ 페라이트(Ferrite) : α철
체심입방격자인 α철이 723℃에서 최대 0.02%의 탄소를 고용하는데, 이때의 고용체가 페라이트이다. 전연성이 크고 자성체이다.

㉡ 펄라이트(Pearlite) : α철(페라이트) + Fe_3C(시멘타이트)의 층상구조조직으로 질기고 강한 성질을 갖는 금속조직이다.

㉢ 시멘타이트(Cementite) : 순철에 6.67%의 탄소(C)가 합금된 금속조직으로 경도가 매우 크나 취성도 크다. 재료 기호는 Fe_3C로 표시한다.

㉣ 마텐자이트(Martensite) : 강을 오스테나이트 영역의 온도까지 가열한 후 급랭시켜 얻는 금속조직으로 강도가 경도가 크다.

㉤ 베이나이트(Bainite) : 공석강을 오스테나이트 영역까지 가열 한 후 250~550℃의 온도 범위에서 일정 시간 동안 항온을 유지하는 항온열처리조작을 통해서 얻을 수 있는 금속조직이다. 펄라이트와 마텐자이트의 중간 조직으로 냉각 온도에 따라 분류된다.

※ 항온 열처리 온도에 따른 분류
• 250~350℃ : 하부 베이나이트
• 350~550℃ : 상부 베이나이트

㉥ 오스테나이트(Austenite) : γ철
강을 A_1 변태점 이상으로 가열했을 때 얻어지는 조직으로 비자성체이며 전기저항이 크고 질기고 강한 성질을 갖는다.

⑧ Fe-C계 평형상태도에서의 3개 불변반응

공석반응	• 반응온도 : 723℃ • 탄소함유량 : 0.8% • 반응내용 : γ 고용체 $\leftrightarrow$ α고용체 + Fe_3C • 생성조직 : 펄라이트 조직
공정반응	• 반응온도 : 1,147℃ • 탄소함유량 : 4.3% • 반응내용 : 융체(L) $\leftrightarrow$ γ 고용체 + Fe_3C • 생성조직 : 레데부라이트 조직
포정반응	• 반응온도 : 1,494℃(1,500℃) • 탄소함유량 : 0.18% • 반응내용 : γ 고용체 $\leftrightarrow$ δ고용체 + 융체(L) • 생성조직 : 오스테나이트 조직

10년간 자주 출제된 문제

1-1. 그림과 같은 결정격자의 금속 원자는?

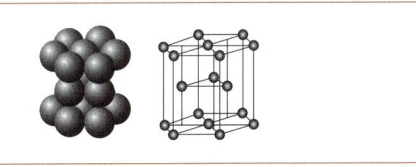

① Ni
② Mg
③ Al
④ Au

1-2. 금속에 대한 성질을 설명한 것으로 틀린 것은?

① 모든 금속은 상온에서 고체 상태로 존재한다.
② 텅스텐(W)의 용융점은 약 3,410℃이다.
③ 이리듐(Ir)의 비중은 약 22.5이다.
④ 열 및 전기의 양도체이다.

1-3. 다음 중 CO_2 가스 아크 용접에서 일반적으로 다공성의 원인이 되는 가스가 아닌 것은?

① 산소(O_2)
② 수소(H_2)
③ 질소(N_2)
④ 일산화탄소(CO)

1-1

그림은 조밀육방격자의 결정구조로 이 결정구조를 갖는 금속은 Mg과 Zn과 같이 전연성이 작고 가공성이 좋지 않은 금속이다.
① Ni : 면심입방격자(FCC)
③ Al : 면심입방격자(FCC)
④ Au : 면심입방격자(FCC)

1-2

상온에서 대부분의 금속은 고체이며 결정체이지만 수은(Hg)은 액체 상태이므로 ①번은 틀린 표현이다.

금속의 일반적인 특성
• 비중이 크다.
• 전기 및 열의 양도체이다.
• 금속 특유의 광택을 갖는다.
• 이온화하면 양(+)이온이 된다.
• 상온에서 고체이며 결정체이다(단, Hg 제외).
• 연성과 전성이 우수하며 소성변형이 가능하다.

1-3

다공성이란 금속 중에 기공(Blow Hole)이나 피트(Pit)가 발생하기 쉬운 성질을 말하는데 이 불량은 질소, 수소, 일산화탄소에 의해 발생된다. 이를 방지하기 위해서는 용융된 강 중에 녹아 있는 산화철(FeO)의 함유량을 적당히 감소시켜야 한다.

정답 1-1 ②　**1-2** ①　**1-3** ①

핵심이론 02 기계가공법

① **소성가공**

소성가공이란 금속재료에 힘을 가해서 형태를 변화시켜 갖가지 모양을 만드는 가공방법으로서 압연, 단조, 인발 등의 가공방법이 속한다.

② **절삭가공**

절삭공구로 재료를 깎아 가공하는 방법으로, 칩(Chip)이 발생되는 가공법이다. 절삭가공에 사용되는 공작기계로는 선반, 밀링, 드릴링머신, 세이퍼 등이 있다(선반가공은 재료를 깎는 작업 방법으로서 절삭가공에 속한다).

③ **열간가공**

재결정온도 이상에서 하는 소성가공법이다. 열간가공으로는 가공 경화가 일어나지 않으며 연속하여 가공을 할 수 있고, 조밀하고 균질한 조직이 되어 안정된 재질을 얻을 수 있으나 냉간가공에 비해 치수는 부정확하다.

※ **금속의 재결정 온도**

금속	온도(℃)	금속	온도(℃)	금속	온도(℃)
주석(Sn)	상온 이하	마그네슘(Mg)	150	백금(Pt)	450
납(Pb)	상온 이하	알루미늄(Al)	150	철(Fe)	450
카드뮴(Cd)	상온	구리(Cu)	200	니켈(Ni)	600
아연(Zn)	상온	은(Ag)	200	몰리브덴(Mo)	900
–	–	금(Au)	200	텅스텐(W)	1,200

④ **냉간가공**

㉠ 강철을 720℃(재결정온도) 이하로 가공하는 방법으로 강철의 조직은 치밀해지나 가공도가 진행될수록 내부에 변형을 일으켜 점성을 감소시키는 결점이 있다. 또한, 200~300℃ 부근에서는 청열취성이 발생되므로 이 온도 부근에서는 가공을 피해야 한다. 경량의 형강이 냉간가공으로 제조된다. 열간가공에 의해 형성된 강재를 최종 치수로 마무리하는 경우에 압연, 인발, 압출, 판금가공에 의해

실시된다.

ⓒ 냉간가공의 특징
- 수축에 의한 변화가 없다.
- 가공 온도와 상온과의 차가 작다.
- 표면의 마무리를 깨끗하게 할 수 있다.
- 재료 표면의 산화가 없기 때문에 치수 정밀도를 향상할 수 있다.
- 냉간가공에 의해 적당한 내부 변형이 발생하여 금속을 경화하여 재질을 강하게 할 수 있다.
- 강을 200~300℃의 범위에서 냉간 가공하면 결정격자에 변형을 발생시켜 재료가 무르게 되기 때문에 가공이 어렵게 되는데 이 현상을 청열취성(Blue Shortness)이라고 한다.

⑤ 가공 경화
소성변형을 부여하면 이후 같은 종류의 응력이 가해질 때마다 항복점이 상승하여 다음의 소성변형을 일으키는 데 필요한 저항이 증가하는데 이와 같은 현상을 가공 경화라고 한다.

다음 중 금속재료의 가공방법에 있어 냉간가공의 특징으로 볼 수 없는 것은?
① 제품의 표면이 미려하다.
② 제품의 치수 정도가 좋다.
③ 연신율과 단면 수축률이 저하된다.
④ 가공 경화에 의한 강도가 저하된다.

[해설]

냉간가공은 열간가공에 의해 형성된 강재를 최종 치수로 마무리하는 경우에 압연, 인발, 압출, 판금가공 등에 의해 상온에서 실시되는데 가공 경화에 의해 강도가 향상된다.
냉간가공의 특징
- 수축에 의한 변화가 없다.
- 가공 온도와 상온과의 차가 작다.
- 표면의 마무리를 깨끗하게 할 수 있다.
- 재료 표면의 산화가 없기 때문에 치수 정밀도를 향상할 수 있다.
- 냉간가공에 의해 적당한 내부 변형이 발생하여 금속을 경화하여 재질을 강하게 할 수 있다.

정답 ④

핵심이론 03 탄소강 및 합금강

① 철강의 분류

성질	순철	강	주철
영문 표기	Pure Iron	Steel	Cast Iron
탄소 함유량	0.02% 이하	0.02~2.0%	2.0~6.67%
담금질성	담금질이 안 됨	좋음	잘되지 않음
강도 · 경도	연하고 약함	큼	경도는 크나 잘 부서짐
활용	전기재료	기계재료	주조용 철
제조	전기로	전로	큐폴라

② 탄소강의 정의
순철은 너무 연해 구조용 강으로 부적합하기에 규소와 망간, 인 등을 첨가하여 강도를 높인 것을 탄소강이라 하며 연강으로도 불린다.

③ 탄소함유량 증가에 따른 철강의 특성
ⓐ 경도 증가
ⓑ 취성 증가
ⓒ 항복점 증가
ⓓ 충격치 감소
ⓔ 인장강도 증가
ⓕ 인성 및 연신율, 단면수축률 감소

④ 탄소강의 표준조직
탄소강의 표준조직은 철과 탄소(C)의 합금에 따른 평형상태도에 나타나는 조직으로, 종류로는 페라이트, 펄라이트, 오스테나이트, 시멘타이트, 레데부라이트가 있다.

⑤ 탄소주강의 분류
ⓐ 저탄소 주강 : 0.2% 이하의 C가 합금된 주조용 재료
ⓑ 중탄소 주강 : 0.2~0.5%의 C가 합금된 주조용 재료
ⓒ 고탄소 주강 : 0.5% 이상의 C가 합금된 주조용 재료

⑥ 저탄소강의 용접성
저탄소강은 연하기 때문에 용접 시 특히 문제가 되는 것은 노치취성과 용접터짐이다. 저탄소강은 어떠한 용접법으로도 가능하나, 노치취성과 용접터짐의 발생 우려가 있어서 용접 전 예열이나 저수소계와 같이 적절한 용접봉을 선택해서 사용해야 한다.

⑦ 강괴의 종류

　㉠ 킬드강 : 평로, 전기로에서 제조된 용강을 Fe-Mn, Fe-Si, Al 등으로 완전히 탈산시킨 강이다.

　㉡ 세미킬드강 : Al으로 림드강과 킬드강의 중간 정도로 탈산시킨 강이다.

　㉢ 림드강 : 평로, 전로에서 제조된 것을 Fe-Mn으로 가볍게 탈산시킨 강이다.

　㉣ 캡트강 : 림드강을 주형에 주입한 후 탈산제를 넣거나 주형에 뚜껑을 덮고 리밍 작용을 억제하여 내부를 조용하게 응고시키는 것에 의해 강괴의 표면 부근을 림드강처럼 깨끗한 것으로 만듦과 동시에 내부를 세미킬드강처럼 편석이 적은 상태로 만든 강이다.

킬드강	림드강	세미킬드강
수축공 / 강괴	기포 / 강괴	수축공 / 기포 / 강괴

⑧ 탄소강의 질량효과

　탄소강을 담금질하였을 때 강의 질량(크기)에 따라 조직과 기계적 성질이 변하는 현상을 질량효과라고 한다. 질량이 무거운 제품을 담금질 시 질량이 큰 제품일수록 내부의 열이 많기 때문에 천천히 냉각되며, 그 결과 조직과 경도가 변한다.

10년간 자주 출제된 문제

3-1. 다음 중 질량효과(Mass Effect)가 가장 큰 것은?

① 탄소강　　　　　② 니켈강
③ 크롬강　　　　　④ 망간강

3-2. 기계구조물 저합금강에 양호하게 요구되는 조건이 아닌 것은?

① 항복강도　　　　② 가공성
③ 인장강도　　　　④ 마모성

3-3. 다음 중 순철의 동소체가 아닌 것은?

① α철　　　　　　② β철
③ γ철　　　　　　④ δ철

3-4. 질량의 대소에 따라 담금질효과가 다른 현상을 질량효과라고 한다. 탄소강에 니켈, 크롬, 망간 등을 첨가하면 질량효과는 어떻게 변하는가?

① 질량효과가 커진다.
② 질량효과가 작아진다.
③ 질량효과는 변하지 않는다.
④ 질량효과가 작아지다가 커진다.

〔해설〕

3-1

질량효과(Mass Effect) : 탄소강을 담금질하였을 때 강의 질량(크기)에 따라 조직과 기계적 성질이 변하는 현상이다. 질량이 무거운 제품을 담금질 시 질량이 큰 제품일수록 내부의 열이 많기 때문에 천천히 냉각되며, 그 결과 조직과 경도가 변한다.

3-2

마모성은 미끄럼이나 회전에 의한 마찰에 의해서 마모되는 성질을 말하는 것으로 표면 경화 열처리를 통해 얻어진 재료에 요구되는 성질은 내마모성이 높다. 그러나 합금 성분이 적은 저합금강에 크게 요구되는 성질은 아니다.

3-3

β철은 존재하지 않는다. 동소체란 같은 원소로 되어 있으나 온도나 압력 등 조건에 따라 성질이 달라지는 물질을 말하는데 그 대표적인 물질로는 물(H_2O)과 철(Fe)이 있다.

• 물의 동소체 : 얼음, 물, 수증기
• 철의 동소체 : α철, γ철, δ철

3-4

탄소강을 담금질하였을 때 재료는 질량이나 크기에 따라 냉각속도가 다르기 때문에 경화의 깊이도 달라져 경도에 차이가 생기는데 이러한 현상을 질량효과라고 한다. 탄소강에 Ni, Cr, Mn을 첨가하면 담금질성이 좋아져서 담금질 깊이도 커지기 때문에 담금질 후 재료 안팎의 경도 차이가 없어서 질량효과는 작아진다.

※ 질량효과가 작다는 것은 재료의 크기가 커져도 재료 안팎의 경도 차이가 없이 담금질이 잘된다는 의미이다.

정답 3-1 ①　3-2 ④　3-3 ②　3-4 ②

① 탄소(C)

　㉠ 경도를 증가시킨다.

　㉡ 충격치를 감소시킨다.

　㉢ 인성과 연성을 감소시킨다.

　㉣ 일정 함유량까지 강도를 증가시킨다.

　㉤ 인장강도, 경도, 항복점을 증가시킨다.

　㉥ 함유량이 많아질수록 취성(메짐)이 강해진다.

② 규소(Si)

　㉠ 탈산제로 사용한다.

　㉡ 유동성을 증가시킨다.

　㉢ 용접성과 가공성을 저하시킨다.

　㉣ 인장강도, 탄성한계, 경도를 상승시킨다.

　㉤ 결정립의 조대화로 충격값과 인성, 연신율을 저하시킨다.

③ 망간(Mn)

　㉠ 탈산제로 사용한다.

　㉡ 주조성을 향상시킨다.

　㉢ 주철의 흑연화를 방지한다.

　㉣ 고온에서 결정립 성장을 억제한다.

　㉤ 인성과 점성, 인장강도를 증가시킨다.

　㉥ 강의 담금질효과를 증가시켜 경화능을 향상시킨다.

　㉦ 탄소강에 함유된 황(S)을 MnS로 석출시켜 적열취성을 방지한다.

　※ 경화능 : 담금질함으로써 생기는 경화의 깊이 및 분포의 정도를 표시하는 것으로 경화능이 클수록 담금질이 잘된다는 의미이다.

④ 인(P)

　㉠ 불순물을 제거한다.

　㉡ 상온취성의 원인이 된다.

　㉢ 강도와 경도를 증가시킨다.

　㉣ 연신율과 충격값을 저하시킨다.

　㉤ 결정립의 크기를 조대화시킨다.

　㉥ 편석이나 균열의 원인이 된다.

　㉦ 주철의 용융점을 낮추고 유동성을 좋게 한다.

⑤ 황(S)

　㉠ 인성을 저하시킨다.

　㉡ 불순물을 제거한다.

　㉢ 절삭성을 양호하게 한다.

　㉣ 편석과 적열취성의 원인이 된다.

　㉤ 철을 여리게 하며 알칼리성에 약하다.

⑥ 수소(H_2)

　백점, 헤어크랙의 원인이 된다.

⑦ 몰리브덴(Mo)

　㉠ 내식성을 증가시킨다.

　㉡ 뜨임취성을 방지한다.

　㉢ 담금질 깊이를 깊게 한다.

⑧ 크롬(Cr)

　㉠ 강도와 경도를 증가시킨다.

　㉡ 탄화물을 만들기 쉽게 한다.

　㉢ 내식성, 내열성, 내마모성을 증가시킨다.

⑨ 납(Pb)

　절삭성을 크게 하여 쾌삭강의 재료가 된다.

⑩ 코발트(Co)

　고온에서 내식성, 내산화성, 내마모성, 기계적 성질이 뛰어나다.

⑪ 구리(Cu)

　㉠ 고온취성의 원인이 된다.

　㉡ 압연 시 균열의 원인이 된다.

⑫ 니켈(Ni)

　내식성 및 내산성을 증가시킨다.

⑬ 타이타늄(Ti)

　㉠ 부식에 대한 저항이 매우 크다.

　㉡ 가볍고 강력해서 항공기용 재료로 사용된다.

⑭ 비금속 개재물

강 중에는 Fe_2O_3, FeO, MnS, MnO_2, Al_2O_3, SiO_2 등 여러 가지의 비금속 개재물이 섞여 있다. 이러한 비금속 개재물은 재료 내부에 점 상태로 존재하여 인성 저하와 열처리 시 균열의 원인이 된다. 산화철, 알루미나, 규산염 등은 단조나 압연 중에 균열을 일으키기 쉬우며, 적열메짐의 원인이 된다.

10년간 자주 출제된 문제

4-1. 다음 중 탄소강에서 적열취성을 방지하기 위하여 첨가하는 원소는?

① S
② Mn
③ P
④ Ni

4-2. 탄소강 중에 함유된 규소의 일반적인 영향 중 틀린 것은?

① 경도의 상승
② 연신율의 감소
③ 용접성의 저하
④ 충격값의 증가

해설

4-1
탄소강에서 적열취성은 황(S)에 의해 발생되는데 이 황을 제거하기 위해서는 용강 중에 망간(Mn)을 투입하여 MnS로 추출하여 제거할 수 있다.

4-2
규소는 충격값을 저하시킨다.

정답 4-1 ② 4-2 ④

핵심이론 05 주철 및 주강

① 주철

용광로에 철광석, 석회석, 코크스를 장입하여 열원을 넣어주면 쇳물이 나오는데 이 쇳물은 보통 4.5% 정도의 탄소가 함유된다. 이 쇳물을 보통 주철(Cast Iron)이라고 하며 철에 탄소가 2~6.67%까지 함유된다. 주조에 사용되어 주철이라고 부른다. 탄소 함유량이 철에 비해 많기 때문에 가스 절단이 용이하지 못하며, 비철금속의 경우도 구리, 납, 주석, 아연, 금, 백금, 수은과 같은 것으로 용융온도가 낮아 가스 절단 시 발생하는 불꽃에 의해 바로 용융되서 절단되지 못하기 때문에 분말 절단을 사용한다.

② 주철의 특징

㉠ 주조성이 우수하다.

㉡ 기계가공성이 좋다.

㉢ 압축강도가 크고 경도가 높다.

㉣ 가격이 저렴해서 널리 사용된다.

㉤ 고온에서 기계적 성질이 떨어진다.

㉥ 600℃ 이상으로 가열과 냉각을 반복하면 부피가 팽창한다.

㉦ 주철 중의 규소(Si)는 공정점을 저탄소강 영역으로 이동시킨다.

㉧ 용융점이 낮고 주조성이 좋아서 복잡한 형상을 쉽게 제작한다.

㉨ 주철 중 탄소의 흑연화를 위해서는 탄소와 규소의 함량이 중요하다.

㉩ 주철을 파면상으로 분류하면 회주철, 백주철, 반주철로 구분할 수 있다.

㉪ 주철에서 탄소와 규소의 함유량이 많을수록 비중은 작아지고 용융점은 낮아진다.

㉫ 강에 비해 탄소의 함유량이 많기 때문에 취성과 경도가 커지나 인장강도는 작아진다.

㉬ 투자율을 크게 하려면 화합 탄소를 적게 하고, 유리 탄소를 균일하게 분포시킨다.

③ 주철의 종류

    ㉠ 보통주철(GC 100~GC 200) : 인장강도가 100~200 N/mm^2(10~20kgf/mm^2) 정도로 주철 중에서 인장강도가 가장 낮다. 기계가공성이 좋고 값이 싸며 기계 구조물의 몸체 등의 재료로 사용된다. 주조성이 좋으나 취성이 커서 연신율이 거의 없다. 탄소 함유량이 높기 때문에 고온에서 기계적 성질이 떨어지는 단점이 있다.

    ㉡ 고급주철(GC 250~GC 350) : 편상흑연주철 중 인장강도가 250N/mm^2 이상의 주철로 조직이 펄라이트라서 펄라이트주철로도 불린다. 고강도와 내마멸성을 요구하는 기계 부품에 주로 사용된다.

    ㉢ 회주철(Gray Cast Iron)

       • GC 200으로 표시되는 주조용 철로, 200은 최저 인장강도를 나타낸다. 탄소가 흑연 박편의 형태로 석출되며 내마모성과 진동흡수능력이 우수하고 압축강도가 좋아서 엔진 블록이나 브레이크 드럼용 재료, 공작기계의 베드용 재료로 사용된다. 이 회주철 조직에 가장 큰 영향을 미치는 원소는 C와 Si이다.

       • 회주철의 특징

           – 주조와 절삭가공이 쉽다.

           – 인장력에 약하고 깨지기 쉽다.

           – 탄소강이 비해 진동에너지의 흡수가 좋다.

           – 유동성이 좋아서 복잡한 형태의 주물을 만들 수 있다.

    ㉣ 구상흑연주철 : 주철 속 흑연이 완전히 구상이고 그 주위가 페라이트조직으로 되어 있는데, 이 형상이 황소의 눈과 닮았다고 해서 불스아이주철로도 불린다. 일반 주철에 니켈(Ni), 크롬(Cr), 몰리브덴(Mo), 구리(Cu)를 첨가하여 재질을 개선한 주철로 내마멸성, 내열성, 내식성이 대단히 우수하여 자동차용 주물이나 주조용 재료로 사용되며 다른 말로 노듈러주철, 덕타일주철로도 불린다.

※ 흑연을 구상화하는 방법

    황(S)이 적은 선철을 용해한 후 Mg, Ce, Ca 등을 첨가하여 제조하는데, 흑연이 구상화되면 보통주철에 비해 강력하고 점성이 강한 성질을 갖게 한다.

    ㉤ 백주철 : 회주철을 급랭하여 얻는 주철로 파단면이 백색이다. 흑연을 거의 함유하고 있지 않으며 탄소가 시멘타이트로 존재하기 때문에 다른 주철에 비해 시멘타이트의 함유량이 많아서 단단하지만, 취성이 큰 단점이 있다. 마모량이 큰 제분용 볼(Mill Ball)과 같은 기계요소의 재료로 사용된다.

    ㉥ 가단주철

       • 백주철을 고온에서 장시간 열처리하여 시멘타이트 조직을 분해하거나 소실시켜 조직의 인성과 연성을 개선한 주철로 가단성이 부족했던 주철을 강인한 조직으로 만들기 때문에 단조작업이 가능한 주철이다. 제작 공정이 복잡해서 시간과 비용이 상대적으로 많이 든다.

       • 가단주철의 종류

           – 흑심가단주철 : 흑연화가 주목적

           – 백심가단주철 : 탈탄이 주목적

           – 특수가단주철

           – 펄라이트가단주철

    ㉦ 미하나이트주철 : 바탕이 펄라이트조직으로 인장강도가 350~450MPa인 이 주철은 담금질이 가능하고 인성과 연성이 대단히 크며, 두께 차이에 의한 성질의 변화가 매우 작아서 내연기관의 실린더 재료로 사용된다.

    ㉧ 고규소주철 : C(탄소)가 0.5~1.0%, Si(규소)가 14~16% 정도 합금된 주철로서 내식용 재료로 화학공업에 널리 사용된다. 경도가 높아 가공성이 곤란하며 재질이 여린 결점이 있다.

ⓩ 칠드주철 : 주조 시 주형에 냉금을 삽입하여 주물의 표면을 급랭시켜 조직을 백선화하고 경도를 증가시킨 내마모성 주철이다. 칠드된 부분은 시멘타이트 조직으로 되어 경도가 높아지고 내마멸성과 압축강도가 커서 기차바퀴나 분쇄기 롤러 등에 사용된다.

ⓩ ADI(Austempered Ductile Iron)주철 : 재질을 경화시키기 위해 구상흑연주철을 항온열처리법인 오스템퍼링으로 열처리한 주철이다.

④ 주강

주강은 주조할 수 있는 강으로 C(탄소)가 0.1~0.5% 함유되어 있는데 전기로에서 녹여 주조용 용강을 만든다. 주철에 비해 용융점이 높아서 주조하기 힘들며 용접 후 수축이 큰 단점이 있어서 주조 시 입구에 압탕을 설치해야 한다. 모양이 크거나 복잡하여 단조가공이 곤란하거나 대형 기어 등에 주로 사용한다.

⑤ 탄소 주강품의 기계적 성질

종류	인장강도(N/mm^2)	탄소 함유량(%)
SC360	360 이하	0.20 이하
SC410	420 이하	0.30 이하
SC450	450 이하	0.35 이하
SC480	480 이하	0.40 이하

⑥ 주철의 보수용접작업의 종류

㉠ 비녀장법 : 균열부 수리나 가늘고 긴 부분을 용접할 때 용접선에 직각이 되게 지름이 6~10mm 정도인 ㄷ자형의 강봉을 박고 용접하는 방법이다.

㉡ 버터링법 : 처음에는 모재와 잘 융합이 되는 용접봉으로 적정 두께까지 용착시킨 후 다른 용접봉으로 용접하는 방법이다.

㉢ 로킹법 : 스터드 볼트 대신에 용접부 바닥에 홈을 파고 이 부분을 걸쳐서 힘을 받도록 하는 방법이다.

⑦ 주철의 장단점

장점	단점
• 용점이 낮고, 유동성이 양호하다. • 마찰 저항이 좋다. • 절삭성이 우수하다. • 압축강도가 크다. • 가격이 싸다.	• 충격에 약하다. • 취성이 크고, 소성변형이 어렵다. • 담금질, 뜨임이 불가능하다.

⑧ 흑연화

Fe$_3$C 상태에서는 불안정하게 되어 Fe과 흑연으로 분리되는 현상이다.

⑨ 탄소강의 표현

SC 360에서 SC는 Steel Carbon의 약자로써 탄소강을 의미한다. 360은 인장강도가 360N/mm^{2}을 나타낸다.

⑩ 주철의 성장

㉠ 주철을 600℃ 정도 이상의 온도에서 가열과 냉각을 반복하면 부피의 증가로 재료가 파열되는데, 이 현상을 주철의 성장이라고 한다.

㉡ 주철 성장의 원인
• 흡수된 가스에 의한 팽창
• A$_1$변태에서 부피 변화로 인한 팽창
• 시멘타이트(Fe$_3$C)의 흑연화에 의한 팽창
• 페라이트 중 고용된 규소(Si)의 산화에 의한 팽창
• 불균일한 가열에 의해 생기는 파열, 균열에 의한 팽창

㉢ 주철의 성장을 방지하는 방법
• 편상흑연을 구상흑연화한다.
• C와 Si의 양을 적게 해야 한다.
• 흑연의 미세화로서 조직을 치밀하게 한다.
• Cr, Mn, Mo 등을 첨가하여 펄라이트 중의 Fe$_3$C (시멘타이트) 분해를 막는다.

⑪ 주강의 정의

주철에 비해 탄소(C)의 함유량을 줄인 용강(용융된 강)을 주형에 주입해서 만든 주조용 강 재료로, 주철에 비해 기계적 성질이 좋고 용접에 의한 보수작업이 용이하며 단조품에 비해 가공공정이 적으면서 대형

제품을 만들 수 있는 장점이 있어서 형상이 크거나 복잡해서 단조품으로 만들기 곤란하거나 주철로는 강도가 부족한 경우 사용한다. 그러나 주조 조직이 거칠고 응고 시 수축률도 크며 취성이 있어서 주조 후에는 완전풀림을 통해 조직을 미세화하고 주조응력을 제거해야 한다는 단점이 있다.

⑫ 주강의 특징

  ㉠ 주철로서는 강도가 부족한 곳에 사용된다.

  ㉡ 일반적인 주강의 탄소 함량은 0.1~0.6% 정도이다.

  ㉢ 함유된 탄소(C)의 양이 많이 때문에 완전풀림을 실시해야 한다.

  ㉣ 기포나 기공 등이 생기기 쉬우므로 제강작업 시 다량의 탈산제가 필요하다.

⑬ 주강의 종류

  ㉠ 탄소주강

    • Fe과 C의 합금만으로 만들어진 주강으로 탄소의 함유량에 따라 기계적 성질이 다르게 나타난다.

    • 탄소주강의 분류

      – 저탄소 주강 : 0.2% 이하의 C가 합금된 주조용 재료

      – 중탄소 주강 : 0.2~0.5%의 C가 합금된 주조용 재료

      – 고탄소 주강 : 0.5% 이상의 C가 합금된 주조용 재료

  ㉡ 합금주강

    • 원하는 목적에 따라 탄소주강에 다양한 합금원소를 첨가해서 만든 주조용 재료로 탄소주강에 비해 강도가 우수하고 인성과 내마모성이 크다.

    • 합금주강의 분류

      – Ni주강 : 강인성 향상을 위해 1~5%의 Ni을 첨가한 것으로 연신율의 저하를 막고 강도 및 내마멸성이 향상되어 톱니바퀴나 차축용 재료로 사용된다.

      – Cr주강 : 탄소주강에 3% 이하의 Cr을 첨가하여 강도와 내마멸성을 증가시킨 재료로 분쇄기계용 재료로 사용된다.

      – Ni-Cr주강 : 1~4% 정도의 Ni, 1% 정도의 Cr을 합금한 주강으로 강도가 크고 인성이 양호해서 자동차나 항공기용 재료로 사용된다.

      – Mn주강 : Mn을 약 1% 합금한 저망간주강은 제지용 롤러에, 약 12% 합금한 고망간주강(하드필드강)은 오스테나이트 입계의 탄화물 석출로 취약하나 약 1,000℃에서 담금질하면 균일한 오스테나이트조직이 되면서 조직이 강인해지므로 광산이나 토목용 기계부품에 사용이 가능하다.

⑭ 마우러 조직도

주철의 조직을 지배하는 주요 요소인 C와 Si의 함유량에 따른 주철의 조직의 관계를 나타낸 그래프이다.

※ 빗금 친 부분은 고급주철이다.

영역	주철 조직	경도
Ⅰ	백주철	
Ⅱ$_a$	반주철	최대
Ⅱ	펄라이트주철	↕
Ⅱ$_b$	회주철	
Ⅲ	페라이트주철	최소

5-1. 주철과 비교한 주강에 대한 설명으로 틀린 것은?

① 주철에 비하여 강도가 더 필요할 경우에 사용한다.
② 주철에 비하여 용접에 의한 보수가 용이하다.
③ 주철에 비하여 주조 시 수축량이 커서 균열 등이 발생하기 쉽다.
④ 주철에 비하여 용융점이 낮다.

5-2. 주철의 성장 원인이 아닌 것은?

① Fe_3C 흑연화에 의한 팽창
② 불균일한 가열로 생기는 균열에 의한 팽창
③ 흡수되는 가스의 팽창으로 인해 항복되어 생기는 팽창
④ 고용된 원소인 Mn의 산화에 의한 팽창

5-3. 다음 중 주철에 관한 설명으로 틀린 것은?

① 비중은 C와 Si 등이 많을수록 작아진다.
② 용융점은 C와 Si 등이 많을수록 낮아진다.
③ 주철을 600℃ 이상의 온도에서 가열 및 냉각을 반복하면 부피가 감소한다.
④ 투자율을 크게 하기 위해서는 화합 탄소를 적게 하고, 유리 탄소를 균일하게 분포시킨다.

|해설|

5-1

주강은 주철에 비해 탄소(C)의 함유량이 더 적으므로 용융점이 더 높다.

5-2

주철은 고용된 원소인 Si의 산화에 의해 성장한다. 주철의 물리적 성질은 화학 조성과 조직에 따라 크게 달라진다. 또한 주철을 600℃ 이상의 온도에서 가열과 냉각을 반복하면 부피가 증가하여 파열되는데, 이 현상을 주철의 성장이라고 한다.

5-3

주철은 C의 함유량이 많기 때문에 600℃ 이상으로 가열과 냉각을 반복하면 부피가 팽창한다.

정답 5-1 ④ 5-2 ④ 5-3 ③

핵심이론 06 공구재료

① 절삭공구재료의 구비 조건
  ㉠ 내마모성이 커야 한다.
  ㉡ 충격에 잘 견뎌야 한다.
  ㉢ 고온경도가 커야 한다.
  ㉣ 열처리와 가공이 쉬워야 한다.
  ㉤ 절삭 시 마찰계수가 작아야 한다.
  ㉥ 강인성(억세고 질긴 성질)이 커야 한다.
  ㉦ 성형성이 용이하고 가격이 저렴해야 한다.
  ※ 고온경도 : 접촉 부위의 온도가 높아지더라도 경도를 유지하는 성질이다.

② 공구강의 고온경도가 높은 순서
  다이아몬드 > 입방정 질화붕소 > 세라믹 > 초경합금 > 주조경질합금(스텔라이트) > 고속도강 > 합금공구강 > 탄소공구강

③ 공구재료의 종류
  ㉠ 탄소공구강(STC) : 300℃의 절삭열에도 경도 변화가 작고 열처리가 쉬우며 값이 저렴한 반면, 강도가 작아서 고속 절삭용 공구재료로는 사용이 부적합하며 수기가공용 공구인 줄이나 쇠톱날, 정의 재료로 사용된다.
  ㉡ 합금공구강(STS) : 탄소강에 W, Cr, W-Cr, Mn, Ni 등을 합금하여 제작하는 공구재료로 600℃의 절삭열에도 경도 변화가 작아서 바이트나 다이스, 탭, 띠톱용 재료로 사용된다.
  ㉢ 고속도강(HSS) : 탄소강에 W-18%, Cr-4%, V-1%이 합금된 것으로 600℃의 절삭열에도 경도 변화가 없다. 탄소강보다 2배의 절삭속도로 가공이 가능하기 때문에 강력 절삭 바이트나 밀링 커터용 재료로 사용된다. 고속도강에서 나타나는 시효 변화를 억제하기 위해서는 뜨임처리를 3회 이상 반복함으로써 잔류응력을 제거해야 한다. 크게 W계와 Mo계로 분류된다.

ㄹ 주조경질합금 : 스텔라이트라고도 하며 800℃의
  절삭열에도 경도 변화가 없다. 열처리가 불필요하
  며 고속도강보다 2배의 절삭속도로 가공이 가능하
  나 내구성과 인성이 작다. 청동이나 황동의 절삭재
  료로도 사용된다.

ㅁ 초경합금(소결 초경합금)

  • 1,100℃의 고온에서도 경도 변화 없이 고속절삭
    이 가능한 절삭공구로 WC, TiC, TaC 분말에 Co
    나 Ni 분말을 함께 첨가한 후 1,400℃ 이상의 고
    온으로 가열하면서 프레스로 소결시켜 만든다.
    진동이나 충격을 받으면 쉽게 깨지는 단점이 있
    으나 고속도강의 4배의 절삭속도로 가공이 가능
    하다.

  • 초경합금의 특징
    – 경도가 높다.
    – 내마모성이 크다.
    – 고온에서 변형이 작다.
    – 고온경도 및 강도가 양호하다.
    – 소결합금으로 이루어진 공구이다.
    – HRC(로크웰경도 C스케일) 50 이상으로 경
      도가 크다.

ㅂ 세라믹 : 무기질의 비금속재료를 고온에서 소결한
  것으로 1,200℃의 절삭열에도 경도 변화가 없는
  신소재이다. 주로 고온에서 소결시켜 만들 수 있는
  데 내마모성과 내열성, 내화학성(내산화성)이 우
  수하나 인성이 부족하고 성형성이 좋지 못하며 충
  격에 약한 단점이 있다.

ㅅ 다이아몬드 : 절삭공구용 재료 중에서 가장 경도가
  높고(HB 7,000), 내마멸성이 크며 절삭속도가 빨
  라서 가공이 매우 능률적이나 취성이 크고 값이 비
  싼 단점이 있다. 강에 비해 열팽창이 크지 않아서
  장시간의 고속절삭이 가능하다.

ㅇ 입방정 질화붕소(Cubic Boron Nitride) : CBN공
  구라고도 하며 미소분말을 고온이나 고압에서 소
  결하여 만든 것으로 다이아몬드 다음으로 경한 재
  료이다. 내열성과 내마모성이 뛰어나서 철계 금속
  이나 내열합금의 절삭, 난삭재, 고속도강의 절삭에
  주로 사용한다.

6-1. WC, TiC, TaC 등의 금속탄화물을 Co로 소결한 것으로서
탄화물 소결공구라고 하며, 일반적으로 칠드 주철, 경질 유리
등도 쉽게 절삭할 수 있는 공구강은?

① 세라믹   ② 고속도강
③ 초경합금   ④ 주조경질합금

6-2. 주위의 온도 변화에 따라 선팽창 계수나 탄성률 등의 특정
한 성질이 변하지 않는 불변강이 아닌 것은?

① 인바   ② 엘린바
③ 코엘린바   ④ 스텔라이트

해설

6-1
초경합금은 텅스텐 카바이드, 타이타늄 카바이드 등의 소결재료
로 제작되어 약 1,100℃의 고온에서도 열에 의한 변형 없이 가공
할 수 있다.

6-2
스텔라이트는 주조경질합금의 일종이다.

정답 6-1 ③ 6-2 ④

① 스테인리스강의 정의

일반 강 재료에 Cr(크롬)을 12% 이상 합금하여 만든 내식용 강으로 부식이 잘 일어나지 않아서 최근 조리용 재료로 많이 사용되는 금속재료이다. 스테인리스강에는 크롬(Cr)이 가장 많이 함유된다.

② 스테인리스강의 분류

구분	종류	주요 성분	자성
Cr계	페라이트계 스테인리스강	Fe + Cr 12% 이상	자성체
	마텐자이트계 스테인리스강	Fe + Cr 13%	자성체
Cr + Ni계	오스테나이트계 스테인리스강	Fe + Cr 18% + Ni 8%	비자성체
	석출경화계 스테인리스강	Fe + Cr + Ni	비자성체

③ 스테인리스강의 일반적인 특징

㉠ 내식성이 우수하다.

㉡ 대기 중이나 수중에서 녹이 발생하지 않는다.

㉢ 황산, 염산 등의 크롬 산화막에 침식되어 내식성을 잃는다.

④ 오스테나이트 스테인리스강 용접 시 유의사항

㉠ 짧은 아크를 유지한다.

㉡ 아크를 중단하기 전에 크레이터 처리를 한다.

㉢ 낮은 전륫값으로 용접하여 용접 입열을 억제한다.

⑤ 스테인리스강의 종류별 특징

㉠ 페라이트계 스테인리스강

• 자성체이다.

• 체심입방격자(BCC)이다.

• 열처리에 의해 경화되지 않는다.

• 순수한 Cr계 스테인리스강이다.

• 유기산과 질산에는 침식되지 않는다.

• 염산, 황산 등과 접촉하게 되면 내식성을 잃어버린다.

• 오스테나이트계 스테인리스강에 비하여 내산성이 낮다.

• 표면이 잘 연마된 것은 공기나 물 중에 부식되지 않는다.

㉡ 마텐자이트계 스테인리스강

• 자성체이다.

• 체심입방격자이다.

• 열처리에 의해 경화된다.

• 순수한 Cr계 스테인리스강이다.

㉢ 오스테나이트계 스테인리스강

• 비자성체이다.

• 비경화성이다.

• 내식성이 크다.

• 면심입방격자이다.

• 용접성이 좋지 않다.

㉣ PH형 스테인리스강(석출경화계) : Precipitation Hardening의 약자로서 Cr-Ni계 스테인리스강에 Al, Ti, Nb, Cu 등을 첨가하여 석출경화를 이용하여 강도를 높인 스테인리스강의 총칭이다.

────────────────────

10년간 자주 출제된 문제

7-1. 다음 중 스테인리스강의 분류에 해당하지 않는 것은?

① 페라이트계
② 마텐자이트계
③ 스텔라이트계
④ 오스테나이트계

7-2. 오스테나이트계 스테인리스강의 표준성분에서 크롬과 니켈의 함유량은?

① 10% 크롬, 10% 니켈
② 18% 크롬, 8% 니켈
③ 10% 크롬, 8% 니켈
④ 8% 크롬, 18% 니켈

7-3. 탄소강에 니켈이나 크롬 등을 첨가하여 대기 중이나 수중 또는 산에 잘 견디는 내식성을 부여한 합금강으로 불수강이라고도 하는 것은?

① 고속도강
② 주강
③ 스테인리스강
④ 탄소공구강

7-1

스텔라이트계 스테인리스강은 존재하지 않는다.

스테인리스강의 분류

구분	종류	주요 성분	자성
Cr계	페라이트계 스테인리스강	Fe + Cr 12% 이상	자성체
	마텐자이트계 스테인리스강	Fe + Cr 13%	자성체
Cr + Ni계	오스테나이트계 스테인리스강	Fe + Cr 18% + Ni 8%	비자성체
	석출경화계 스테인리스강	Fe + Cr + Ni	비자성체

7-2

Cr-Ni계 스테인리스강은 오스테나이트계 스테인리스강으로 Cr-18%와 Ni-8%로 구성되어 있다.

7-3

탄소강에 Ni이나 Cr을 첨가하여 내식성을 강하게 만든 철강 제품을 스테인리스강이라고 한다.
① 고속도강 : 절삭작업 시 고속으로 회전하는 절삭공구의 재료로 사용 가능한 강
② 주강 : 주조용으로 사용이 가능한 강
④ 탄소공구강 : 절삭공구를 제작하는 재료로써 절삭가공 시 약 300℃까지 작업이 가능한 강

정답 7-1 ③ 7-2 ② 7-3 ③

핵심이론 08 알루미늄과 그 합금

① 알루미늄의 성질

　㉠ 비중은 2.7이다.

　㉡ 용융점은 660℃이다.

　㉢ 면심입방격자이다.

　㉣ 비강도가 우수하다.

　㉤ 주조성이 우수하다.

　㉥ 열과 전기전도성이 좋다.

　㉦ 내식성 및 가공성이 양호하다.

　㉧ 담금질 효과는 시효경화로 얻는다.

　㉨ 염산이나 황산 등의 무기산에 잘 부식된다.

　㉩ 보크사이트 광석에서 추출하는 경금속이다.

　※ 시효경화란 열처리 후 시간이 지남에 따라 강도와 경도가 증가하는 현상이다.

② 알루미늄합금의 종류 및 특징

분류	종류	구성 및 특징
주조용 (내열용)	실루민	• Al + Si(10~14% 함유) • 알펙스로도 불림 • 해수에 잘 침식되지 않음
	라우탈	• Al + Cu 4% + Si 5% • 열처리에 의하여 기계적 성질을 개량
	Y합금	• Al + Cu + Mg + Ni • 내연기관용 피스톤, 실린더 헤드의 재료로 사용
	로엑스 합금 (Lo-Ex)	• Al + Si 12% + Mg 1% + Cu 1% + Ni • 열팽창 계수가 작아서 엔진, 피스톤용 재료로 사용
	코비탈륨	• Al + Cu + Ni에 Ti, Cu 0.2% 첨가 • 내연기관의 피스톤용 재료로 사용
가공용	두랄루민	• Al + Cu + Mg + Mn • 고강도로서 항공기나 자동차용 재료로 사용
	알클래드	고강도 Al합금에 다시 Al을 피복한 것
내식성	알민	• Al + Mn • 내식성, 용접성이 우수한 알루미늄 합급
	알드레이	• Al + Mg + Si • 강인성이 없고 가공변형에 잘 견딤
	하이드로 날륨	• Al + Mg • 내식성, 용접성이 우수한 알루미늄 합금

③ 알루미늄 및 알루미늄합금의 용접성이 불량한 이유
    ㉠ 용접 후 변형이 적고 균열이 생기지 않는다.
    ㉡ 색채에 따른 가열 온도 판정이 불가능하다.
    ㉢ 응고 시 수소가스를 흡수하여 기공이 발생한다.
    ㉣ 용융점이 660℃로 낮아서 지나치게 용융되기 쉽다.
    ㉤ 산화알루미늄의 용융온도가 알루미늄의 용융온도
       보다 높아서 용접성이 좋지 못하다.
④ 알루미늄이 철강에 비하여 일반 용접봉으로 용접이 매
   우 곤란한 이유
    ㉠ 비열 및 열전도도가 커서 단시간에 용접온도를 높
       이는 데에는 높은 온도의 열원이 필요하다.
    ㉡ 강에 비해 팽창계수가 약 2배, 응고수축이 1.5배
       커서 용접변형이 클 뿐 아니라, 합금에 따라서는
       응고균열이 생기기 쉽다.
    ㉢ 산화알루미늄의 비중(4.0)이 보통 알루미늄의 비
       중(2.7)에 비해 커서 용융금속 표면에 떠오르기 어
       렵고, 용착금속 속에 남는다.
    ㉣ 액상에 있어서의 수소 용해도가 고상 때보다 매우
       커서 수소가스를 흡수하여 응고할 때에 기공으로
       되어 용착금속 중에 남는다.
    ㉤ 산화알루미늄의 용융점은 알루미늄의 용융점
       (658℃)에 비하여 매우 높아서(약 2,050℃) 용융
       되지 않은 채로 유동성을 해치고, 알루미늄 표면
       을 덮어 금속 사이의 융합을 방지하는 등 작업을
       크게 해친다.
⑤ 알루미늄합금의 열처리방법
   알루미늄 합금은 변태점이 없어 담금질이 불가능하기
   때문에 시효경화나 석출경화를 이용하여 기계적 성질
   을 변화시킨다.

⑥ 개량처리
    ㉠ 개량처리의 정의 : Al에 Si(규소, 실리콘)가 고용될
       수 있는 한계는 공정온도인 577℃에서 약 1.6%이
       고, 공정점은 12.6%이다. 이 부근의 주조 조직은
       육각판의 모양으로, 크고 거칠며 취성이 있어서 실
       용성이 없는데, 이 합금에 나트륨이나 수산화나트
       륨, 플루오린화 알칼리, 알칼리 염류 등을 용탕 안
       에 넣고 10~50분 후에 주입하면 조직이 미세화되
       며, 공정점과 온도가 각각 14%, 556℃로 이동하는
       데 이 처리를 개량처리라고 한다.
    ㉡ 개량처리 된 합금의 명칭 : 실용 합금으로는 10~13%
       의 Si가 함유된 실루민(Silumin)이 유명하다.
    ㉢ 개량처리에 주로 사용되는 원소 : 나트륨(Na)
⑦ 알루미늄 방식법의 종류
    ㉠ 수산법
    ㉡ 황산법
    ㉢ 크롬산법

8-1. 두랄루민(Duralumin)의 합금 성분은?

① Al + Cu + Sn + Zn
② Al + Cu + Si + Mo
③ Al + Cu + Ni + Fe
④ Al + Cu + Mg + Mn

8-2. Al에 약 10%까지의 마그네슘을 첨가한 합금으로 다른 주물용 알루미늄의 합금에 비하여 내식성, 강도, 연신율이 우수한 것은?

① 실루민
② 두랄루민
③ 하이드로날륨
④ Y합금

8-3. 알루미늄과 그 합금에 대한 설명 중 틀린 것은?

① 비중 2.7, 용융점 약 660℃이다.
② 알루미늄 주물은 무게가 가벼워서 자동차 산업에 많이 사용된다.
③ 염산이나 황산 등의 무기산에도 잘 부식되지 않는다.
④ 대기 중에서 내식성이 강하고 전기와 열의 좋은 전도체이다.

[해설]

8-1
시험에 등장하는 주요 알루미늄 합금으로는 Y합금과 두랄루민이 있다.
• Y합금 : Al+Cu+Mg+Ni
• 두랄루민 : Al+Cu+Mg+Mn

8-2
알루미늄 합금의 종류

합금의 종류	용도	구성
Y합금	내열 주조용	Al + Cu + Mg + Ni
두랄루민	고강도 재료	Al + Cu + Mg + Mn
라우탈	내식용	Al + Cu + Si
하이드로날륨	내식성	Al + Mg

정답 8-1 ④ 8-2 ③ 8-3 ③

핵심이론 09 구리와 그 합금

① 구리(Cu)의 성질

  ㉠ 비중은 8.96이다.

  ㉡ 비자성체이다.

  ㉢ 내식성이 좋다.

  ㉣ 용융점은 1,083℃, 끓는점은 2,560℃이다.

  ㉤ 전기전도율이 우수하다.

  ㉥ 전기와 열의 양도체이다.

  ㉦ 전연성과 가공성이 우수하다.

  ㉧ Ni, Sn, Zn 등과 합금이 잘된다.

  ㉨ 건조한 공기 중에서 산화하지 않는다.

  ㉩ 방전용 전극 재료로 가장 많이 사용된다.

  ㉪ 아름다운 광택과 귀금속적 성질이 우수하다.

  ㉫ 결정격자는 면심입방격자이며 변태점이 없다.

  ㉬ 황산, 염산에 용해되며 습기, 탄소가스, 해수에 녹이 생긴다.

  ㉭ 수소병이라 하여 환원 여림에 일종으로 산화구리를 환원성 분위기에서 가열하면 수소가 구리 중에 확산·침투하여 균열이 발생한다. 질산에는 급격히 용해된다.

② 구리합금의 대표적인 종류

  ㉠ 청동 : Cu + Sn, 구리 + 주석

  ㉡ 황동 : Cu + Zn, 구리 + 아연

③ 구리 용접이 어려운 이유

  ㉠ 구리는 열전도율이 높고 냉각속도가 크다.

  ㉡ 수소와 같이 확산성이 큰 가스를 석출하여, 그 압력 때문에 더욱 약점이 조정된다.

  ㉢ 열팽창계수는 연강보다 약 50% 크므로 냉각에 의한 수축과 응력집중을 일으켜 균열이 발생하기 쉽다.

  ㉣ 구리는 용융될 때 심한 산화를 일으키며, 가스를 흡수하기 쉬우므로 용접부에 기공 등이 발생하기 쉽다.

ⓜ 구리의 경우 열전도율과 열팽창계수가 높아서 가열 시 재료의 변형이 일어나기 쉽고, 열의 집중성이 떨어져서 저항 용접이 어렵다.

ⓑ 구리 중의 산화구리(Cu_2O)를 함유한 부분이 순수한 구리에 비하여 용융점이 약간 낮으므로, 먼저 용융되어 균열이 발생하기 쉽다.

ⓢ 가스용접, 그 밖의 용접방법으로 환원성 분위기 속에서 용접을 하면 산화구리는 환원될 가능성이 커진다. 이때 용적은 감소하여 스펀지(Sponge) 모양의 구리가 되므로 더욱 강도를 약화시킨다. 그러므로 용접용 구리 재료는 전해구리보다 탈산구리를 사용해야 하며, 용접봉은 탈산구리 용접봉 또는 합금 용접봉을 사용해야 한다.

10년간 자주 출제된 문제

Cu의 용융점은 몇 ℃인가?

① 1,083℃   ② 960℃
③ 1,530℃   ④ 1,455℃

【해설】
구리의 용융점은 1,083℃이다.
① 구리(Cu)의 성질 참고

정답 ①

핵심이론 10 황동과 청동

① 황동과 청동합금의 종류

황동	청동
• 양은 • 톰백 • 알브락 • 델타메탈 • 문쯔메탈 • 규소황동 • 네이벌황동 • 고속도황동 • 알루미늄황동 • 애드미럴티황동	• 켈밋 • 포금 • 쿠니알 • 인청동 • 콘스탄탄 • 베어링청동

② 황동의 종류

톰백	Cu에 Zn을 5~20% 합금한 것으로 색깔이 아름답고 냉간가공이 쉽게 되어 단추나 금박, 금 모조품과 같은 장식용 재료로 사용된다.
문쯔메탈	60%의 Cu와 40%의 Zn이 합금된 것으로 인장강도가 최대이며, 강도가 필요한 단조제품이나 볼트나 리벳용 재료로 사용한다.
알브락	Cu 75% + Zn 20% + 소량의 Al, Si, As의 합금으로 해수에 강하며 내식성과 내침수성이 커서 복수기관과 냉각기관에 사용한다.
애드미럴티황동	7:3 황동에 Sn 1%를 합금한 것으로 콘덴서 튜브에 사용한다.
델타메탈	6:4 황동에 1~2%의 Fe을 첨가한 것으로, 강도가 크고 내식성이 좋아서 광산기계나 선박용, 화학용 기계에 사용한다.
쾌삭황동	황동에 Pb을 0.5~3% 합금한 것으로 피절삭성 향상을 위해 사용한다.
납황동	3% 이하의 Pb을 6:4 황동에 첨가하여 절삭성을 향상시킨 쾌삭황동으로 기계적 성질은 다소 떨어진다.
강력황동	4:6 황동에 Mn, Al, Fe, Ni, Sn 등을 첨가하여 한층 더 강력하게 만든 황동이다.
네이벌황동	6:4 황동에 0.8% 정도의 Sn을 첨가한 것으로 내해수성이 강해서 선박용 부품에 사용한다.

③ 황동의 자연균열

황동의 자연균열이란 냉간가공한 황동의 파이프, 봉 재제품이 보관 중에 자연적으로 균열이 생기는 현상으로, 그 원인은 암모니아나 암모늄에 의한 내부응력 때문이다. 방지법은 표면에 도색이나 도금을 하거나 200~300℃로 저온 풀림 처리를 하여 내부응력을 제거하면 된다.

④ 재료의 경년변화

경년변화란 재료 내부의 상태가 세월이 경과함에 따라 서서히 변화하는데 그 때문에 부품의 특성이 당초의 값보다 변동하는 것으로, 방치할 경우 기기의 오작동을 초래할 수 있다. 이것은 상온에서 장시간 방치할 경우에 발생한다.

⑤ 주요 청동합금

켈밋합금	• Cu 70% + Pb 30~40%의 합금이다. • 열전도성과 압축강도가 크고 마찰계수가 작아서 고속, 고온, 고하중용 베어링 재료로 사용된다.
베릴륨 청동	• Cu에 1~3%의 베릴륨을 첨가한 합금이다. • 담금질한 후 시효경화시키면 기계적 성질이 합금강에 뒤떨어지지 않고 내식성도 우수하여 기어, 판스프링, 베어링용 재료로 쓰이는데 가공하기 어렵다는 단점이 있다.
연청동	납 청동이라고도 하며 베어링용이나 패킹 재료로 사용된다.
알루미늄 청동	• Cu에 2~15%의 Al을 첨가한 합금으로, 강도가 매우 높고 내식성이 우수하다. • 기어나 캠, 레버, 베어링용 재료로 사용된다.

⑥ 콜슨(Corson)합금

니켈 청동합금으로 Ni 3~4%, Si 0.8~1.0%의 Cu 합금이다. 인장강도와 도전율이 높아서 통신선, 전화선과 같이 얇은 선재로 사용된다.

⎧ 10년간 자주 출제된 문제 ⎫

황동 중 60% Cu + 40% Zn 합금으로, 조직이 $\alpha + \beta$이므로 상온에서 전연성이 낮으나 강도가 큰 합금은?

① 길딩메탈(Gilding Metal)
② 문쯔메탈(Muntz Metal)
③ 두라나메탈(Durana Metal)
④ 애드미럴티메탈(Admiralty Metal)

|해설|

문쯔메탈
60%의 Cu와 40%의 Zn이 합금된 것으로 인장강도가 최대이며, 강도가 필요한 단조제품이나 볼트나 리벳용 재료로 사용한다.

정답 ②

① 마그네슘(Mg)과 그 합금

㉠ 마그네슘의 성질

• 절삭성이 우수하다.
• 용융점은 650℃이다.
• 조밀육방격자 구조이다.
• 고온에서 발화하기 쉽다.
• Al에 비해 약 35% 가볍다.
• 알칼리성에는 거의 부식되지 않는다.
• 구상흑연주철 제조 시 첨가제로 사용된다.
• 비중이 1.74로 실용금속 중 가장 가볍다.
• 열전도율과 전기전도율은 Cu, Al보다 낮다.
• 비강도가 우수하여 항공기나 자동차 부품으로 사용된다.
• 대기 중에는 내식성이 양호하나 산이나 염류(바닷물)에는 침식되기 쉽다.

※ 마그네슘합금은 부식되기 쉽고, 탄성 한도와 연신율이 작으므로 Al, Zn, Mn 및 Zr 등을 첨가한 합금으로 제조된다.

㉡ 마그네슘합금의 종류

구분	종류
주물용 마그네슘합금	Mg-Al계 합금
	Mg-Zn계 합금
	Mg-히토류계 합금
가공용 마그네슘합금	Mg-Mn계 합금
	Mg-Al-Zn계 합금
	Mg-Zn-Zr계 합금

※ 알루미늄은 주조 조직을 미세화하며 기계적 성질을 향상시킨다.

② 니켈(Ni)과 그 합금

㉠ 니켈의 성질

• 용융점은 1,455℃이다.
• 밀도는 8.9g/cm³이다.
• 아름다운 광택과 내식성이 우수하다.
• 강자성체로서 자성을 띠는 금속원소이다.
• 냄새가 없는 은색의 단단한 고체금속이다.

ⓛ Ni-Fe계 합금의 특징
  • 불변강으로 내식용 니켈 합금이다.
  • 일반적으로 강하고 인성이 좋으며 공기나 물, 바닷물에도 부식되지 않을 정도로 내식성이 우수하여 밸브나 보일러용 파이프에 사용된다.
ⓒ Ni-Fe계 합금(불변강)의 종류

종류	용도
인바	• Fe에 35%의 Ni, 0.1~0.3%의 Co, 0.4%의 Mn이 합금된 불변강의 일종으로 상온 부근에서 열팽창계수가 매우 작아서 길이 변화가 거의 없다. • 줄자나 측정용 표준자, 바이메탈용 재료로 사용한다.
슈퍼인바	• Fe에 30~32%의 Ni, 4~6%의 Co를 합금한 재료로 20℃에서 열팽창계수가 0에 가까워서 표준 척도용 재료로 사용한다. • 인바에 비해 열팽창계수가 작다.
엘린바	Fe에 36%의 Ni, 12%의 Cr이 합금된 재료로 온도 변화에 따라 탄성률의 변화가 미세하여 시계태엽이나 계기의 스프링, 기압계용 다이어프램, 정밀 저울용 스프링 재료로 사용한다.
퍼멀로이	• 자기장의 세기가 큰 합금의 상품명이다. • Fe에 35~80%의 Ni이 합금된 재료로 열팽창계수가 작고 열처리를 하면 높은 자기투과도를 나타내기 때문에 측정기나 고주파 철심, 코일, 릴레이용 재료로 사용된다.
플래티나이트	Fe에 46%의 Ni이 합금된 재료로 열팽창계수가 유리와 백금과 가까우며 전구 도입선이나 진공관의 도선용으로 사용한다.
코엘린바	• 엘린바에 코발트(Co)를 첨가한 재료이다. • Fe에 Cr 10~11%, Co 26~58%, Ni 10~16%를 합금한 것으로 온도 변화에 대한 탄성률의 변화가 작고 공기 중이나 수중에서 부식되지 않아서 스프링, 태엽, 기상관측용 기구의 부품에 사용한다.

③ Cu와 Ni의 합금

콘스탄탄	Cu에 Ni을 40~45% 합금한 재료로 온도 변화에 영향을 많이 받으며 전기 저항성이 커서 저항선이나 전열선, 열전쌍의 재료로 사용된다.
니크롬	니켈과 크롬의 이원합금으로 고온에 잘 견디며 높은 저항성이 있어서 저항선이나 전열선으로 사용된다.
모넬메탈	Cu에 Ni이 60~70% 합금된 재료로 내식성과 고온강도가 높아서 화학기계나 열기관용 재료로 사용된다.
큐프로니켈	Cu에 Ni을 15~25% 합금한 재료로 백동이라고도 한다. 소성가공성과 내식성이 좋고 비교적 고온에서도 잘 견디어 열교환기의 재료로 사용된다.
베네딕트메탈	Cu 85%에 Ni이 14.5 정도 합금된 재료로 복수기관이나 건축공구, 화학기계의 부품용으로 사용되는 내식용 백색합금이다.
니켈 실버 (Nikel Silver)	은백색의 Cu + Zn + Ni의 합금으로 기계적 성질과 내식성, 내열성이 우수하여 스프링 재료로 사용되며, 전기저항이 작아서 온도 조절용 바이메탈 재료로도 사용된다. 기계 재료로 사용될 때는 양백, 식기나 장식용으로 사용 시에는 양은으로 불리는 경우가 많다.

④ 배빗메탈
  Sn, Sb 및 Cu가 주성분인 화이트 메탈로서, 발명자 Issac Babbit의 이름을 따서 배빗메탈이라 한다. 내열성이 우수하여 주로 내연기관용 베어링에 많이 쓰인다.
⑤ 텅갈로이
  WC(탄화텅스텐)의 합금으로써 총 경질 합금에 이용되는데, 절삭 작업 중 열이 발생하면 재료에 변형이 발생하므로 불변강에는 속하지 않는다.
⑥ 니칼로이
  50%의 Ni, 1% 이하의 Mn, 나머지 Fe이 합금된 것으로 투자율이 높아서 소형 변압기나 계전기, 증폭기용 재료로 사용한다.
⑦ 어드밴스
  56%의 Cu, 1.5% 이하의 Mn, 나머지 Ni의 합금으로 전기 저항에 대한 온도 계수가 작아서 열전쌍이나 저항 재료를 활용한 전기 기구에 사용한다.
⑧ 타이타늄(Ti)의 성질
  ⊙ 비중은 4.5이다.
  ⓛ 용융점은 1,668℃이다.
  ⓒ 가볍고 내식성이 우수하다.

ㄹ 타이타늄 용접 시 보호 장치가 필요하다.

ㅁ 강한 탈산제 및 흑연화 촉진제로 사용된다.

ㅂ 600℃ 이상에서 급격한 산화로 TIG 용접 시 용접
토치에 특수(Shield Gas) 장치가 필요하다.

10년간 자주 출제된 문제

11-1. 마그네슘의 성질에 대한 설명 중 잘못된 것은?

① 비중은 1.74이다.
② 비강도가 Al(알루미늄) 합금보다 우수하다.
③ 면심입방격자이며, 냉간가공이 가능하다.
④ 구상흑연주철의 첨가제로 사용한다.

11-2. 주요성분이 Ni-Fe 합금인 불변강의 종류가 아닌 것은?

① 인바   ② 모넬메탈
③ 엘린바   ④ 플래티나이트

[해설]

11-1

Mg(마그네슘)의 특징
• 용융점은 650℃이다.
• 조밀육방격자 구조이다.
• Al에 비해 약 35% 가볍다.
• 냉간가공은 거의 불가능하다.
• 구상흑연주철의 첨가재로 사용된다.
• 비중이 1.74로 실용금속 중 가장 가볍다.
• 비강도가 우수하여 항공우주용 재료로 사용된다.
• 항공기, 자동차부품, 구상흑연주철의 첨가제로 사용된다.
• 대기 중에서 내식성이 양호하나 산이나 염류(바닷물)에는 침식
되기 쉽다.

11-2

모넬메탈 : Cu에 Ni이 60~70% 합금된 재료로 내식성과 고온강도
가 높아서 화학기계나 열기관용 재료로 사용된다.

정답 11-1 ③ 11-2 ②

제2절 용접재료의 열처리

핵심이론 01 열처리

① **열처리의 정의** : 열처리란 사용 목적에 따라 강(Steel)
에 필요한 성질을 부여하는 조작이다.

② **열처리의 분류**

③ **열처리의 특징**

ㄱ 결정립을 미세화시킨다.

ㄴ 결정립을 조대화하면 강이 물러진다.

ㄷ 강에 가열하거나 냉각하는 처리를 통해 금속의 기
계적 성질을 변화시키는 처리이다.

④ **기본 열처리의 종류**

ㄱ 담금질(Quenching) : 강을 Fe-C 상태도의 A_3 및
A_1 변태선에서 약 30~50℃의 온도로 가열한 후
급랭시켜 오스테나이트 조직에서 마텐자이트 조직
으로 만들어 강도를 하는 열처리작업이다.

ㄴ 뜨임(Tempering) : 담금질한 강을 A_1 변태점 이하
로 가열한 후 서랭하는 것으로 담금질되어 경화된
재료에 인성을 부여한다.

ⓒ 풀림(Annealing) : 재질을 연하고 균일화시킬 목적으로, 목적에 맞는 일정온도 이상으로 가열한 후 서랭한다(완전풀림은 A₃ 변태점 이상, 연화풀림은 650℃ 정도).

ⓔ 불림(Normalizing) : 담금질이 심하거나 결정입자가 조대해진 강을 표준화조직으로 만들어 주기 위하여 A₃점이나 Acm점 이상으로 가열 후 공랭시킨다. Normal은 표준이라는 의미이다.

⑤ 금속조직의 경도 순서
   페라이트 < 오스테나이트 < 펄라이트 < 소르바이트 < 베이나이트 < 트루스타이트 < 마텐자이트 < 시멘타이트

⑥ 철에 열을 가한 후 물에 식히는 작업인 담금질을 하는 이유
   상온에서 체심입방격자인 강을 오스테나이트 조직의 영역까지 가열하여 면심입방격자의 오스테나이트 조직으로 만든 후 급랭하면 상온에서도 오스테나이트 조직의 강을 만들 수 있다. 강을 오스테나이트 조직으로 만들려는 목적은 페라이트와 시멘타이트의 층상조직으로 이루어진 오스테나이트 조직이 다른 금속 조직에 없는 질기고 강한 성질을 얻기 위함이다.

⑦ 금속을 가열한 후 냉각하는 방법에 따른 금속조직
   ⓐ 노랭 : 펄라이트
   ⓑ 공랭 : 소르바이트
   ⓒ 유랭 : 트루스타이트
   ⓓ 수랭 : 마텐자이트

⑧ 항온열처리
   ⓐ 항온열처리의 정의 : 변태점의 온도 이상으로 가열한 재료를 연속 냉각하지 않고 500~600℃의 온도인 염욕 중에서 냉각하여 일정한 시간 동안 유지한 뒤 냉각시켜 담금질과 뜨임처리를 동시에 하여 원하는 조직과 경도값을 얻는 열처리법이다. 그 종류에는 항온풀림, 항온담금질, 항온뜨임이 있다.

ⓑ 항온열처리의 종류

		내용
항온풀림		재료의 내부응력을 제거하여 조직을 균일화하고 인성을 향상시키기 위한 열처리 조작으로, 가열한 재료를 연속적으로 냉각하지 않고 약 500~600℃의 염욕 중에 냉각하여 일정 시간 동안 유지시킨 뒤 냉각시키는 방법이다.
항온뜨임		약 250℃의 열욕에서 일정 시간을 유지시킨 후 공랭하여 마텐자이트와 베이나이트의 혼합된 조직을 얻는 열처리법이다. 고속도강이나 다이스강을 뜨임처리하고자 할 때 사용한다.
항온담금질	오스템퍼링	강을 오스테나이트 상태로 가열한 후 300~350℃의 온도에서 담금질을 하여 하부 베이나이트 조직으로 변태시킨 후 공랭하는 방법이다. 강인한 베이나이트 조직을 얻고자 할 때 사용한다.
	마템퍼링	강을 M_s점과 M_f점 사이에서 항온 유지 후 꺼내어 공기 중에서 냉각하여 마텐자이트와 베이나이트의 혼합조직을 얻는 방법이다. • M_s : 마텐자이트 생성 시작점 • M_f : 마텐자이트 생성 종료점
	마퀜칭	강을 오스테나이트 상태로 가열한 후 M_s점 바로 위에서 기름이나 염욕에 담그는 열욕에서 담금질하여 재료의 내부 및 외부가 같은 온도가 될 때까지 항온을 유지한 후 공랭하여 열처리하는 방법으로, 균열이 없는 마텐자이트 조직을 얻을 때 사용한다.
	오스포밍	가공과 열처리를 동시에 하는 방법으로 조밀하고 기계적 성질이 좋은 마텐자이트를 얻고자 할 때 사용된다.
	M_s퀜칭	강을 M_s점보다 다소 낮은 온도에서 담금질하여 물이나 기름 중에서 급랭시키는 열처리방법으로 잔류 오스테나이트의 양이 적다.

1-1. 다음 중 철강재료의 기초적인 열처리 4가지에 해당하지 않는 것은?

① Annealing
② Normalizing
③ Tempering
④ Creeping

1-2. 경도가 큰 재료를 A_1 변태점 이하의 일정 온도로 가열하여 인성을 증가시킬 목적으로 하는 열처리법은?

① 뜨임(Tempering)
② 풀림(Annealing)
③ 불림(Normalizing)
④ 담금질(Quenching)

1-3. 담금질한 강을 뜨임 열처리하는 이유는?

① 강도를 증가시키기 위하여
② 경도를 증가시키기 위하여
③ 취성을 증가시키기 위하여
④ 연성을 증가시키기 위하여

【해설】

1-1

기본 열처리의 종류
- 담금질(Quenching) : 급랭시켜 재질을 경화시킨다.
- 뜨임(Tempering) : 담금질되어 경화된 재료에 인성을 부여한다.
- 풀림(Annealing) : 재질을 연하고 균일화시킨다.
- 불림(Normalizing) : 일정 온도에서 가열 후 공랭시켜 표준화 조직으로 만든다.

1-2

담금질한 강을 A_1 변태점(723℃) 이하로 가열 후 서랭하는 열처리 조작은 뜨임(Tempering)이다.

1-3

뜨임(Tempering) : 담금질한 강을 A_1 변태점(723℃) 이하로 가열 후 서랭하는 것으로, 담금질로 경화된 재료에 인성을 부여하고 내부응력을 제거한다.

정답 **1-1** ④ **1-2** ① **1-3** ④

핵심이론 02 표면경화법

① 표면경화법의 종류

종류		침탄재료
화염경화법		산소-아세틸렌불꽃
고주파경화법		고주파 유도전류
질화법		암모니아가스
침탄법	고체침탄법	목탄, 코크스, 골탄
	액체침탄법	사이안화칼륨(KCN), 사이안화나트륨(NaCN)
	가스침탄법	메탄, 에탄, 프로판
금속 침투법	세라다이징	아연(Zn)
	칼로라이징	알루미늄(Al)
	크로마이징	크롬(Cr)
	실리코나이징	규소, 실리콘(Si)
	보로나이징	붕소(B)

② 표면경화법의 성질에 따른 분류

물리적 표면경화법	화학적 표면경화법
화염경화법	침탄법
고주파경화법	질화법
하드페이싱	금속침투법
쇼트피닝	–

③ 침탄법과 질화법

특성	침탄법	질화법
경도	질화법보다 낮다.	침탄법보다 높다.
수정 여부	침탄 후 수정이 가능하다.	불가능하다.
처리시간	짧다.	길다.
열처리	침탄 후 열처리가 필요하다.	불필요하다.
변형	변형이 크다.	변형이 작다.
취성	질화층보다 여리지 않다.	질화층부가 여리다.
경화층	질화법에 비해 깊다.	침탄법에 비해 얇다.
가열온도	질화법보다 높다.	낮다.

④ 침탄법

ㄱ 침탄법의 정의 : 순철에 0.2% 이하의 C가 합금된 저탄소강을 목탄과 같은 침탄제 속에 완전히 파묻은 상태로 약 900~950℃로 가열하여 재료의 표면에 탄소(C)를 침입시켜 고탄소강으로 만든 후 급랭시킴으로써 표면을 경화시키는 열처리법이다. 기어나 피스톤 핀을 표면경화할 때 주로 사용된다.

ⓛ 침탄법의 종류

고체침탄법	침탄제인 목탄이나 코크스 분말과 소금 등의 침탄 촉진제를 재료와 함께 침탄 상자에서 약 900℃의 온도에서 약 3~4시간 가열하여 표면에서 0.5~2mm의 침탄층을 얻는 표면경화법이다.
액체침탄법	• 침탄제인 NaCN, KCN에 염화물과 탄화염을 40~50% 첨가하고 600~900℃에서 용해하여 C와 N가 동시에 소재의 표면에 침투하게 하여 표면을 경화시키는 방법으로써 침탄과 질화가 동시에 된다는 특징이 있다. • 침탄제의 종류 : NaCN(사이안화나트륨), KCN (사이안화칼륨)
가스침탄법	메탄가스나 프로판가스를 이용하여 표면을 침탄 하는 표면경화법이다.

⑤ 질화법

암모니아(NH_3) 가스 분위기(영역) 안에 재료를 넣고 500℃에서 50~100시간을 가열하면 재료표면에 Al, Cr, Mo원소와 함께 질소가 확산되면서 강 재료의 표면이 단단해지는 표면경화법이다. 내연기관의 실린더 내벽이나 고압용 터빈날개를 표면경화할 때 주로 사용된다.

⑥ 화염경화법

㉠ 화염경화법의 정의 : 산소-아세틸렌가스 불꽃으로 강의 표면을 급격히 가열한 후 물을 분사시켜 급랭시킴으로써 표면을 경화시키는 방법이다.

㉡ 화염경화법의 특징
  • 설비비가 저렴하다.
  • 가열온도의 조절이 어렵다.
  • 부품의 크기와 형상은 무관하다.

⑦ 금속침투법

경화고자 하는 재료의 표면을 가열한 후 여기에 다른 종류의 금속을 확산작용으로 부착시켜 합금 피복층을 얻는 표면경화법이다.

종류	침투 원소
세라다이징	아연(Zn)
칼로라이징	알루미늄(Al)
크로마이징	크롬(Cr)
실리코나이징	규소, 실리콘(Si)
보로나이징	붕소(B)

⑧ 고주파경화법

㉠ 고주파경화법의의 정의 : 고주파 유도 전류로 강 (Steel)의 표면층을 급속 가열한 후 급랭시키는 방법으로 가열 시간이 짧고, 피가열물에 대한 영향을 최소로 억제하며 표면을 경화시키는 표면경화법이다. 고주파는 소형 제품이나 깊이가 얕은 담금질 층을 얻고자 할 때, 저주파는 대형 제품이나 깊은 담금질층을 얻고자 할 때 사용한다.

㉡ 고주파경화법의 특징
  • 작업비가 싸다.
  • 직접 가열하므로 열효율이 높다.
  • 열처리 후 연삭과정을 생략할 수 있다.
  • 조작이 간단하여 열처리 시간이 단축된다.
  • 불량이 적어서 변형을 수정할 필요가 없다.
  • 급열이나 급랭으로 인해 재료가 변형될 수 있다.
  • 경화층이 이탈되거나 담금질 균열이 생기기 쉽다.
  • 가열 시간이 짧아서 산화되거나 탈탄의 우려가 적다.
  • 마텐자이트 생성으로 체적이 변화하여 내부응력이 발생한다.
  • 부분 담금질이 가능하므로 필요한 깊이만큼 균일하게 경화시킬 수 있다.

⑨ 기타 표면경화법

㉠ 하드페이싱 : 금속 표면에 스텔라이트나 경합금 등의 금속을 용착시켜 표면경화층을 만드는 방법이다.

㉡ 쇼트피닝 : 강이나 주철제의 작은 강구(볼)를 금속 표면에 고속으로 분사하여 표면층을 냉간가공에 의한 가공경화 효과로 경화시키면서 압축 잔류응력을 부여하여 금속부품의 피로수명을 향상시키는 표면경화법이다.

㉢ 피닝(Peening) : 타격 부분이 둥근 구면인 특수 해머를 사용하여 모재의 표면에 지속적으로 충격을 가해줌으로써 재료 내부에 있는 잔류응력을 완화시키면서 표면층에 소성변형을 주는 방법이다.

ⓔ 샌드 블라스트 : 분사 가공의 일종으로 직경이 작은 구를 압축 공기로 분사시키거나 중력으로 낙하시켜 소재의 표면을 연마작업이나 녹 제거 등의 가공을 하는 방법이다.

2-1. 금속 침투법 중 표면에 아연을 침투시키는 방법으로 표면에 경화층을 얻어 내식성을 좋게 하는 것은?

① 세라다이징(Sheradizing)
② 크로마이징(Chromizing)
③ 칼로라이징(Calorizing)
④ 실리코나이징(Siliconizing)

2-2. 소재의 표면에 강이나 주철로 된 작은 입자를 고속으로 분사시켜 표면경도를 높이는 것은?

① 쇼트피닝
② 하드페이싱
③ 화염경화법
④ 고주파경화법

2-3. 탄소강의 열처리방법 중 표면경화 열처리에 속하는 것은?

① 풀림
② 담금질
③ 뜨임
④ 질화법

2-4. 고주파 담금질의 특징을 설명한 것 중 옳은 것은?

① 직접 가열하므로 열효율이 높다.
② 열처리 불량은 적으나 변형 보정이 항상 필요하다.
③ 열처리 후의 연삭 과정을 생략 또는 단축시킬 수 없다.
④ 간접 부분 담금질법으로 원하는 깊이만큼 경화하기 힘들다.

2-5. 침탄법에 대한 설명으로 옳은 것은?

① 표면을 용융시켜 연화시키는 것이다.
② 망상 시멘타이트를 구상화시키는 방법이다.
③ 강재의 표면에 아연을 피복시키는 방법이다.
④ 강재의 표면에 탄소를 침투시켜 경화시키는 것이다.

[해설]

2-1

금속침투법의 종류

종류	침투 원소	종류	침투 원소
세라다이징	Zn(아연)	실리코나이징	Si(규소, 실리콘)
칼로라이징	Al(알루미늄)	보로나이징	B(붕소)
크로마이징	Cr(크롬)	–	–

2-2

쇼트피닝은 강이나 주철제의 작은 강구(볼)를 고속으로 표면층에 분사하여 표면층을 가공경화시켜 경화하는 방법이다.

2-3

질화법이 표면경화 열처리에 속하며 담금질, 뜨임, 풀림은 불림과 더불어 철의 기본 열처리로 재료의 내부 및 외부를 모두 열처리하는 방법이다.

2-4

고주파경화법은 고주파 유도전류에 의해서 강 부품의 표면층만을 직접 급속히 가열한 후 급랭시키는 방법으로 열효율이 높다.

2-5

침탄법

순철에 0.2% 이하의 C가 합금된 저탄소강을 목탄과 같은 침탄제 속에 완전히 파묻은 상태로 약 900~950℃로 가열하여 재료의 표면에 탄소(C)를 침입시켜 고탄소강으로 만든 후 급랭시킴으로써 표면을 경화시키는 열처리법이다. 기어나 피스톤 핀을 표면경화할 때 주로 사용된다.

정답 2-1 ① 2-2 ① 2-3 ④ 2-4 ① 2-5 ④

CHAPTER 05 용접도면 해독

제1절 제도통칙

핵심이론 01 기계제도의 일반사항

① 기계제도의 목적

제도의 목적은 설계자의 제작 의도를 기계도면에 반영하여 제품 제작 기술자에게 말을 대신하여 전달하는 제작도로서, 이는 제도 표준에 근거하여 제품 제작에 필요한 모든 사항을 담고 있어야 한다. 그러나 설계자 임의의 창의성을 기록하면 제작자가 설계자의 의도를 정확히 이해하기 어렵기 때문에 창의적인 사항을 기록해서는 안 된다.

② 기계제도의 일반사항

㉠ 선의 굵기 방향의 중심은 선의 이론상 그려야 할 위치 위에 있어야 한다.

㉡ 한국산업표준에 제도에 사용하는 기호로서 규정한 기호를 그 규정에 따라 사용할 경우, 일반적으로는 특별한 주기를 필요로 하지 않는다.

㉢ 기능상의 요구, 호환성, 제작 기술 수준 등을 기본으로 불가결의 경우만 기하공차를 지시한다.

㉣ 길이 치수는 특별히 지시가 없는 한 그 대상물의 측정을 2점 측정에 따라 행한 것으로 지시한다.

㉤ 투명한 재료로 만들어지는 대상물 또는 부분은 투상도에서 전부 불투명한 것으로 하고 그린다.

㉥ 도형의 크기와 대상물의 크기와의 사이에는 올바른 비례관계를 보유하도록 그린다. 다만, 잘못 볼 염려가 없다고 생각되는 도면은 도면의 일부 또는 전부에 대해 비례관계는 지키지 않아도 좋다.

③ 도형의 스케치방법

㉠ 프린트법 : 스케치할 물체의 표면에 광명단 또는 스탬프잉크를 칠한 다음 용지에 찍어 실형을 뜨는 방법이다.

㉡ 모양뜨기법(본뜨기법) : 물체를 종이 위에 올려놓고 그 둘레의 모양을 직접 제도연필로 그리거나 납선, 구리선을 사용하여 모양을 만드는 방법이다.

㉢ 프리핸드법 : 운영자나 컴퍼스 등의 제도용품을 사용하지 않고 손으로 작도하는 방법이다. 스케치의 일반적인 방법으로 척도에 관계없이 적당한 크기로 부품을 그린 후 치수를 측정한다.

㉣ 사진 촬영법 : 물체의 사진을 찍는 방법이다.

④ 한국산업규격(KS)의 부문별 분류기호

분류기호	분야	분류기호	분야
KS A	기본	KS K	섬유
KS B	기계	KS Q	품질경영
KS C	전기·전자	KS R	수송기계
KS D	금속	KS T	물류
KS E	광산	KS V	조선
KS F	건설	KS W	항공우주
KS I	환경	KS X	정보

⑤ 국가별 산업표준기호

국가		기호
한국	KS	Korea Industrial Standards
미국	ANSI	American National Standards Institutes
영국	BS	British Standards
독일	DIN	Deutsche Industrie Norm
일본	JIS	Japanese Industrial Standards
프랑스	NF	Norme Francaise
스위스	SNV	Schweizerische Normen Vereinigung

⑥ 도면에 마련되는 양식

윤곽선(*)	도면 용지의 안쪽에 그려진 내용이 확실히 구분되도록 하고, 종이의 가장자리가 찢어져서 도면의 내용을 훼손하지 않도록 하기 위해서 굵은 실선으로 표시한다.
표제란(*)	도면 관리에 필요한 사항과 도면 내용에 관한 중요 사항으로서 도명, 도면 번호, 기업(소속명), 척도, 투상법, 작성 연월일, 설계자 등을 기입한다.
중심마크(*)	도면의 영구 보존을 위해 마이크로필름으로 촬영하거나 복사하고자 할 때 굵은 실선으로 표시한다.
비교눈금	도면을 축소하거나 확대했을 때 그 정도를 알기 위해 도면 아래쪽의 중앙 부분에 10mm 간격의 눈금을 굵은 실선으로 그려놓은 것이다.
재단마크	인쇄, 복사, 플로터로 출력된 도면을 규격에서 정한 크기로 자르기 편하도록 하기 위해 사용한다.

※ 도면에 반드시 기입해야 할 양식은 윤곽선, 표제란, 중심마크이다.

※ 표제란은 항상 도면 용지의 우측 하단에 위치시킨다.

⑦ 도면의 분류

분류	명칭	정의
용도에 따른 분류	계획도	설계자의 의도와 계획을 나타낸 도면
	공정도	제조 공정 도중이나 공정 전체를 나타낸 제작도면
	시공도	현장 시공을 대상으로 해서 그린 제작도면
	상세도	건조물이나 구성재의 일부를 상세하게 나타낸 도면이며 일반적으로 큰 척도로 그림
	제작도	건설이나 제조에 필요한 정보 전달을 위한 도면
	검사도	검사에 필요한 사항을 기록한 도면
	주문도	주문서에 첨부하여 제품의 크기나 형태, 정밀도 등을 나타낸 도면
	승인도	주문자 등이 승인한 도면
	승인용도	주문자 등의 승인을 얻기 위한 도면
	설명도	구조나 기능 등을 설명하기 위한 도면
내용에 따른 분류	부품도	부품에 대하여 최종 다듬질 상태에서 구비해야 할 사항을 기록한 도면
	기초도	기초를 나타낸 도면
	장치도	제조공업에서 각 장치의 배치나 제조 공정의 관계를 나타낸 도면
	배선도	구성 부품에서 배선의 실태를 나타낸 계통도면
	배치도	건물의 위치나 기계의 설치 위치를 나타낸 도면
	조립도	2개 이상의 부품들이 조립한 상태에서 상호 관계와 필요 치수 등을 나타낸 도면
	구조도	구조물의 구조를 나타낸 도면
	스케치도	실제 물체를 보고 그린 도면
표현 형식에 따른 분류	선도	기호와 선을 사용하여 장치나 플랜트의 기능, 그 구성 부분 사이의 상호 관계, 에너지나 정보의 계통 등을 나타낸 도면
	전개도	대상물을 구성하는 면을 평행으로 전개한 도면
	외관도	대상물의 외형 및 최소로 필요한 치수를 나타낸 도면
	계통도	급수나 배수, 전력 등의 계통을 나타낸 도면
	곡면선도	선체나 자동차 차체 등이 복잡한 곡면을 여러 개의 선으로 나타낸 도면

1-1. 기계제도에서 도면 작성 시 반드시 기입해야 할 것은?

① 비교눈금   ② 윤곽선
③ 구분기호   ④ 재단마크

1-2. KS에서 기계제도에 관한 일반사항 설명으로 틀린 것은?

① 치수는 참고치수, 이론적으로 정확한 치수를 기입할 수도 있다.
② 도형의 크기와 대상물의 크기와의 사이에는 올바른 비례관계를 보유하도록 그린다. 다만, 잘못 볼 염려가 없다고 생각되는 도면은 도면의 일부 또는 전부에 대하여 이 비례관계는 지키지 않아도 좋다.
③ 기능상의 요구, 호환성, 제작 기술 수준 등을 기본으로 불가결의 경우만 기하공차를 지시한다.
④ 길이 치수는 특별히 지시가 없는 한 그 대상물의 측정을 3점 측정에 따라 행한 것으로 하여 지시한다.

|해설|

1-1
도면에 반드시 기입해야 할 양식은 윤곽선, 표제란, 중심마크이다.

1-2
기계제도의 일반사항
• 선의 굵기 방향의 중심은 선의 이론상 그려야 할 위치 위에 있어야 한다.
• 한국산업표준에 제도에 사용하는 기호로서 규정한 기호를 그 규정에 따라 사용할 경우, 일반적으로는 특별한 주기를 필요로 하지 않는다.
• 기능상의 요구, 호환성, 제작 기술 수준 등을 기본으로 불가결의 경우만 기하공차를 지시한다.
• 길이 치수는 특별히 지시가 없는 한 그 대상물의 측정을 2점 측정에 따라 행한 것으로 지시한다.
• 투명한 재료로 만들어지는 대상물 또는 부분은 투상도에서 전부 불투명한 것으로 하고 그린다.
• 도형의 크기와 대상물의 크기와의 사이에는 올바른 비례관계를 보유하도록 그린다. 다만, 잘못 볼 염려가 없다고 생각되는 도면은 도면의 일부 또는 전부에 대해 비례관계는 지키지 않아도 좋다.

정답 1-1 ② **1-2** ④

핵심이론 02 도면의 크기 및 척도

① 도면의 종류별 크기 및 윤곽치수(단위 : mm)

크기의 호칭			A0	A1	A2	A3	A4
a×b			841 × 1,189	594 × 841	420 × 594	297 × 420	210 × 297
도면 윤곽	c(최소)		20	20	10	10	10
	d (최소)	철하지 않을 때	20	20	10	10	10
		철할 때	25	25	25	25	25

※ A0의 넓이 = $1m^2$

A0~A3   A4

㉠ 도면을 철할 때 윤곽선은 왼쪽과 오른쪽이 용지 가장자리에서 띄는 간격이 다르다.
㉡ 제도용지의 세로와 가로의 비는 $1 : \sqrt{2}$ 이며, 복사한 도면은 A4용지로 접어서 보관한다.

② 도면에 사용되는 척도
㉠ 척도 기입 위치 : 도면 전체의 그림 크기에 대한 척도값은 표제란의 척도란에 표시한다.
㉡ 척도 표시 방법 : 척도란 도면상의 길이와 실제 길이와의 비를 말한다. 척도의 표시에서 A : B = 도면에서의 크기 : 물체의 실제크기이므로 척도 2 : 1은 실제 제품을 2배 확대해서 그린 그림이다.

> A : B = 도면에서의 크기 : 물체의 실제 크기
> 예 축척 − 1 : 2, 현척 − 1 : 1, 배척 − 2 : 1

종류	의미
축척	실물보다 작게 축소해서 그리는 것으로 1 : 2, 1 : 20의 형태로 표시
배척	실물보다 크게 확대해서 그리는 것으로 2 : 1, 20 : 1의 형태로 표시
현척	실물과 동일한 크기로 1 : 1의 형태로 표시

ⓒ 비례척이 아님(NS) : NS는 Not to Scale의 약자로서 척도가 비례하지 않을 경우 비례척이 아님을 의미하며, 치수 밑에 밑줄을 긋기도 한다.

2-1. 도면용으로 사용하는 A2 용지의 크기로 맞는 것은?(단, 길이 단위는 mm이다)

① 841×1,189　　② 594×841
③ 420×594　　　④ 270×420

2-2. 도면의 척도값 중 실제 형상을 확대하여 그리는 것은?

① 2 : 1　　　② $1 : \sqrt{2}$
③ 1 : 1　　　④ 1 : 2

【해설】
2-2
척도 표시 방법
A : B = 도면에서의 크기 : 물체의 실제 크기
예 축척 – 1 : 2, 현척 – 1 : 1, 배척 – 2 : 1

정답 2-1 ③　2-2 ①

---

① 선의 종류

명칭	기호명칭	기호	설명
외형선	굵은 실선	——————	대상물이 보이는 모양을 표시하는 선
치수선	가는 실선	————	치수 기입을 위해 사용하는 선
치수 보조선			치수를 기입하기 위해 도형에서 인출한 선
지시선			지시, 기호를 나타내기 위한 선
회전 단면선			회전한 형상을 나타내기 위한 선
수준면선			수면, 유면 등의 위치를 나타내는 선
숨은선	가는 파선	— — — —	대상물의 보이지 않는 부분의 모양을 표시
절단선	가는 1점 쇄선이 겹치는 부분에는 굵은 실선	⌐	절단한 면을 나타내는 선
중심선	가는 1점 쇄선	— · — · —	도형의 중심을 표시하는 선
기준선			위치 결정의 근거임을 나타내기 위해 사용
피치선			반복 도형의 피치의 기준을 잡음
무게 중심선	가는 2점 쇄선	— · · — · · —	단면의 무게중심을 연결한 선
가상선			가공 부분의 이동하는 특정 위치나 이동 한계의 위치를 나타내는 선
특수 지정선	굵은 1점 쇄선	— — — —	특수한 가공이나 특수 열처리가 필요한 부분 등 특별한 요구사항을 적용할 범위를 표시할 때 사용하는 선
파단선	불규칙한 가는 실선	〜〜〜	대상물의 일부를 파단한 경계나 일부를 떼어낸 경계를 표시하는 선
	지그재그 선	〜Ⅴ〜	
해칭	가는 실선(사선)	/////////	단면도의 절단면을 나타내는 선
개스킷	아주 굵은 실선	▬▬▬	개스킷 등 두께가 얇은 부분을 표시하는 선

② 선의 활용

③ 두 종류 이상의 선이 중복되는 경우, 선의 우선순위

> 숫자나 문자 > 외형선 > 숨은선 > 절단선 > 중심선 > 무게중심선 > 치수 보조선

④ 가는 2점 쇄선(—— ·· ——)으로 표시되는 가상선의 용도

㉠ 반복되는 것을 나타낼 때

㉡ 가공 전이나 후의 모양을 표시할 때

㉢ 도시된 단면의 앞부분을 표시할 때

㉣ 물품의 인접 부분을 참고로 표시할 때

㉤ 이동하는 부분의 운동 범위를 표시할 때

㉥ 공구 및 지그 등 위치를 참고로 나타낼 때

㉦ 단면의 무게중심을 연결한 선을 표시할 때

공구 표시

가공 전후의 모양

⑤ 아주 굵은 실선의 활용

두께가 얇아서 실제 치수를 표시하기 곤란한 경우에는 열처리 표시와 비슷한 굵기의 아주 굵은 실선으로 표시하여 개스킷, 박판(얇은 판), 형강(H, L형강) 등임을 표시한다.

⑥ 기하공차의 종류 및 기호

적용하는 형체	공차의 종류		기호
단독 형체	모양공차	진직도 공차	▬
		평면도 공차	▱
		진원도 공차	○
		원통도 공차	⌭
단독 형체 또는 관련 형체		선의 윤곽도 공차	⌒
		면의 윤곽도 공차	⌓
관련 형체	자세공차	평행도 공차	//
		직각도 공차	⊥
		경사도 공차	∠
	위치공차	위치도 공차	⊕
		동축도 공차 또는 동심도 공차	◎
		대칭도	⌖
	흔들림공차	원주 흔들림 공차	↗
		온흔들림 공차	↗↗

⑦ 제도 시 선 굵기의 비율

제도 시 선 굵기의 비율은 아주 굵은 선, 굵은 선, 가는 선 = 4 : 2 : 1로 해야 한다.

⑧ 평면 표시

기계제도에서 대상으로 하는 부분이 평면인 경우에는 단면에 가는 실선을 대각선 표시를 해 준다. 그리고 만일 단면이 정사각형일 때는 해당 단면의 치수 앞에 정사각형 기호를 붙여 □20와 같이 표시한다.

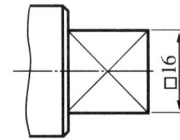

3-1. 다음 선들이 겹칠 경우 선의 우선순위가 가장 높은 것은?

① 중심선
② 치수 보조선
③ 절단선
④ 숨은선

3-2. 그림과 같이 가공 전 또는 가공 후의 모양을 표시하는 데 사용하는 선의 명칭은?

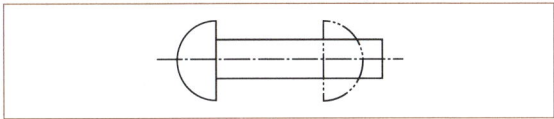

① 숨은선
② 파단선
③ 가상선
④ 절단선

3-3. 인접 부분을 참고로 표시하는 데 사용하는 선은?

① 숨은선
② 가상선
③ 외형선
④ 피치선

【해설】

3-1

두 종류 이상의 선이 중복되는 경우, 선의 우선순위

숫자나 문자 > 외형선 > 숨은선 > 절단선 > 중심선 > 무게중심선 > 치수 보조선

3-2

가는 2점 쇄선(—‥—‥—‥—)으로 표시되는 가상선의 용도

• 인접 부분을 참고로 표시할 때
• 공구 및 지그 등 위치를 참고로 나타낼 때
• 가공 전이나 후의 모양을 표시할 때
• 반복되는 것을 나타낼 때
• 도시된 단면의 앞부분을 표시할 때
• 단면의 무게중심을 연결한 선을 표시할 때

3-3

인접 부분을 참고로 표시할 때는 가상선(가는 2점 쇄선)을 사용한다.

정답 **3-1** ④ **3-2** ③ **3-3** ②

핵심이론 04 치수기입방법

① 치수표시기호

기호	구분
ϕ	지름
Sϕ	구의 지름
R	반지름
SR	구의 반지름
□	정사각형
C	45° 모따기
t	두께
p	피치
$\overset{\frown}{50}$	호의 길이
$\underline{50}$	비례척도가 아닌 치수
$\boxed{50}$	이론적으로 정확한 치수
(50)	참고 치수
~~50~~	치수의 취소(수정 시 사용)

② 치수기입의 원칙(KS B 0001)

㉠ 중복 치수는 피한다.

㉡ 치수는 주투상도에 집중한다.

㉢ 관련되는 치수는 한곳에 모아서 기입한다.

㉣ 치수는 공정마다 배열을 분리해서 기입한다.

㉤ 치수는 계산해서 구할 필요가 없도록 기입한다.

㉥ 치수 숫자는 치수선 위 중앙에 기입하는 것이 좋다.

㉦ 치수 중 참고 치수에 대하여는 수치에 괄호를 붙인다.

㉧ 도면에 나타나는 치수는 특별히 명시하지 않는 한 다듬질 치수를 표시한다.

㉨ 치수는 투상도와의 모양 및 치수의 비교가 쉽도록 관련 투상도 쪽으로 기입한다.

㉩ 치수는 대상물의 크기, 자세 및 위치를 가장 명확하게 표시할 수 있도록 기입한다.

㉠ 기능상 필요한 경우 치수의 허용 한계를 지시한다(단, 이론적 정확한 치수는 제외).

㉡ 대상물의 기능·제작·조립 등을 고려하여, 꼭 필요한 치수를 분명하게 도면에 기입한다.

㉢ 하나의 투상도인 경우, 수평 방향의 길이 치수는

투상도의 위쪽에, 수직 방향의 길이 치수는 투상도
의 오른쪽에서 읽을 수 있도록 기입한다.

③ 길이와 각도의 치수기입

현의 치수기입	호의 치수기입
40	42
반지름의 치수기입	각도의 치수기입
R8	105° 36′ 30°

④ 중복되는 구멍의 치수는 간략하게 나타내고 도면상에
도 해당 위치에 중심 표시만 해 준다.

구멍의 개수
30 50 13×ϕ25 30

⑤ 치수의 배치 방법

종류	도면상 표현 및 내용
직렬치수 기입법	(46) 4 6 10 6 10 6 4 4 6-ϕ4 • 직렬로 나란히 연결된 각각의 치수에 공차가 누적되 어도 상관없는 경우에 사용한다. • 축을 기입할 때는 중요도가 작은 치수는 괄호를 붙여 서 참고 치수로 기입한다.
병렬치수 기입법	46 42 36 기준면 26 20 10 4 6-ϕ4 3 • 기준면을 설정하여 개별로 기입하는 방법이다. • 각 치수의 일반공차는 다른 치수의 일반공차에 영향 을 주지 않는다.

종류	도면상 표현 및 내용
누진치수 기입법	기점기호 ○ 12 24 32 t5 • 한 개의 연속된 치수선으로 간편하게 기입하는 방법 이다. • 치수의 기준점에 기점기호(○)를 기입하고, 치수 보 조선과 만나는 곳마다 화살표를 붙인다.
좌표치수 기입법	175 160 120 90 60 20 ϕ16 ϕ26 ϕ16 ϕ16 ϕ26 ϕ14 ϕ26 t10 ϕ14 ϕ14 ϕ14 20 60 100 140 180 200 235 • 구멍의 위치나 크기 등의 치수는 좌표를 사용해도 된다. • 프레스 금형이나 사출 금형의 설계도면 작성 시 사용 한다. • 기준면에 해당하는 쪽의 치수 보조선의 위치는 제품 의 기능, 조립, 검사 등의 조건을 고려하여 정한다.

4-1. 치수 기입법에서 지름, 반지름, 구의 지름 및 반지름, 모따기, 두께 등을 표시할 때 사용되는 보조기호 표시가 잘못된 것은?

① 두께 : D6
② 반지름 : R3
③ 모따기 : C3
④ 구의 지름 : Sϕ6

4-2. 치수 기입이 '□20'으로 치수 앞에 정사각형이 표시되었을 경우의 올바른 해석은?

① 이론적으로 정확한 치수가 20mm이다.
② 체적이 20mm³인 정육면체이다.
③ 면적이 20mm²인 정육면체이다.
④ 한 변의 길이가 20mm인 정사각형이다.

4-3. 다음 중 호의 길이 치수를 나타내는 것은?

「해설」

4-1

두께는 t를 사용해야 한다.

4-2

□20은 한 변의 길이가 20mm인 정사각형을 표시하는 기호이다.

4-3

③ 길이와 각도의 치수기입 참고

정답 4-1 ① 4-2 ④ 4-3 ①

핵심이론 05 투상법(Projection)

① 투상법의 정의

광선을 물체에 비추어 하나의 평면에 맺히는 형태로서 형상, 크기, 위치 등을 일정한 법칙에 따라 표시하는 도법을 투상법이라 한다.

② 투상법의 종류

③ 투상도

투상도란 그 입체를 평면으로 표현한 일종의 설계도와 같다. 주로 정면도와 평면도, 측면도로 세 방향에서 그리게 되는데 보이는 선은 실선으로, 보이지 않는 선은 파선으로 그린다. 그렇게 하면 그 입체의 생김새를 알 수 있고 실제 모형을 제작할 수도 있다.

④ 정투상도의 배열방법 및 기호

제1각법	제3각법

※ 기호를 표시할 때 3각법의 투상방법은 눈 → 투상면 → 물체로서, 당구에서 3쿠션을 연상시키면 그림의 좌측을 당구공, 우측을 당구대로 생각하면 암기하기 쉽다. 1각법은 공의 위치가 반대가 된다.

⑤ 제3각법으로 물체 표현하기

⑥ 투상도의 종류

　㉠ 부분확대도 : 특정한 부분의 도형이 작아서 그 부분을 자세하게 나타낼 수 없거나 치수 기입을 할 수 없을 때에는 그 부분을 가는 실선으로 싸고 한글이나 알파벳 대문자로 표시한다.

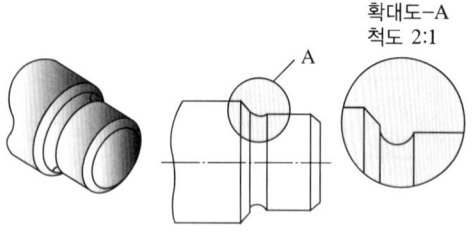

　㉡ 보조투상도 : 경사면을 지니고 있는 물체는 그 경사면의 실제 모양을 표시할 필요가 있는데, 이 경우 보이는 부분의 전체 또는 일부분을 보조투상도로 나타낸다.

　㉢ 회전투상도 : 각도를 가진 물체의 그 실제 모양을 나타내기 위해서는 그 부분의 회전해서 실제 모양을 나타내야 한다.

　㉣ 부분투상도 : 그림의 일부를 도시하는 것으로도 충분한 경우에는 필요한 부분만 투상하여 그린다.

　㉤ 국부투상도 : 대상물의 구멍, 홈 등과 같이 한 부분의 모양을 도시하는 것으로 충분한 경우에 국부투상도를 도시한다.

　㉥ 대칭 물체의 투상도를 생략해서 간단히 그리기

[단면도를 대칭 기호로 생략]

[대칭 모양을 파단선으로 생략]

Ⓐ 모양이 반복되는 투상도를 간략하게 그리기 : 같은 크기의 모양이 반복되어 여러 개가 있는 경우 모두 그리지 않고 일반만 생각하면 복잡하지 않아 읽기도 쉽다.

Ⓞ 등각투상도 : 등각투상도는 정면, 평면, 측면을 하나의 투상도에서 동시에 볼 수 있도록 그린 도법으로, 직육면체의 등각 투상도에서 직각으로 만나는 3개의 모서리는 각각 120°를 이룬다.

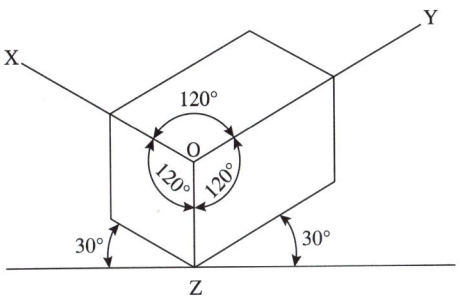

5-1. 제3각 정투상도에서 저면도의 배치 위치로 옳은 것은?

① 정면의 아래쪽 ② 정면의 오른쪽
③ 정면의 위쪽 ④ 정면의 왼쪽

5-2. 그림과 같은 입체도에서 화살표 방향이 정면일 때 정면도로 가장 적합한 것은?

① ②
③ ④

5-3. 특정 부위의 도면이 작아 치수기입 등이 곤란할 경우 그 해당 부분을 확대하여 그린 투상도는?

① 회전투상도 ② 국부투상도
③ 부분투상도 ④ 부분확대도

|해설|

5-1
제3각법에서 저면도는 정면도의 아래쪽에 위치시킨다.

5-3
특정 부위가 작을 경우 다음 그림처럼 부분확대도를 사용한다.

확대도-A
척도 2:1

A

정답 5-1 ① 5-2 ② 5-3 ④

① 단면도의 정의

물체의 내·외부 모양이 복잡한 경우 숨은선으로 표시하면 복잡하여 도면을 이해하기가 어렵다. 이 경우에 물체를 좀 더 명확하게 표시할 필요가 있는 곳에 절단 또는 파단한 것으로 가상하여 물체 내부가 보이는 것과 같이 표시하면 숨은선이 없어지고 필요한 곳이 뚜렷하게 표시된다. 그림과 같이 가상의 절단면을 설치하고, 그림 (b)와 같이 앞부분을 잘라 낸 후 그림 (c)와 같이 남겨진 부분의 모양을 그린 것을 단면도 (Sectional View)라 한다.

② 단면도의 표시방법

(a) 절단면 설치   (b) 앞부분을 떼어 낸 모양

(C) 단면도   기본 중심선 절단면 표시   기본 중심선이 아닌 절단면의 표시

③ 해칭(Hatching)이나 스머징(Smudging)

단면도에는 필요한 경우 절단하지 않은 면과 구별하기 위해 해칭이나 스머징을 한다. 그리고 인접한 단면의 해칭은 기존 해칭이나 스머징 선의 방향 또는 각도를 달리하여 구분한다.

해칭	스머징
해칭은 45°의 가는 실선을 단면부의 면적에 2~3mm 간격으로 사선을 긋는다.	외형선 안쪽에 색칠한다.

④ 단면도의 종류

온 단면도	• 전단면도라고도 한다. • 물체 전체를 직선으로 절단하여 앞부분을 잘라내고 남은 뒷부분의 단면 모양을 그린 것이다. • 절단 부위의 위치와 보는 방향이 확실한 경우에는 절단선, 화살표, 문자 기호를 기입하지 않아도 된다.
한쪽 단면도	• 반단면도라고도 한다. • 절단면을 전체의 반만 설치하여 단면도를 얻는다. • 상하 또는 좌우가 대칭인 물체를 중심선을 기준으로 1/4 절단하여 내부 모양과 외부 모양을 동시에 표시하는 방법이다.
부분 단면도	• 파단선을 그어서 단면 부분의 경계를 표시한다. • 일부분을 잘라 내고 필요한 내부의 모양을 그리기 위한 방법이다.

파단선   떼어 낸 부분의 단면

회전 도시 단면도	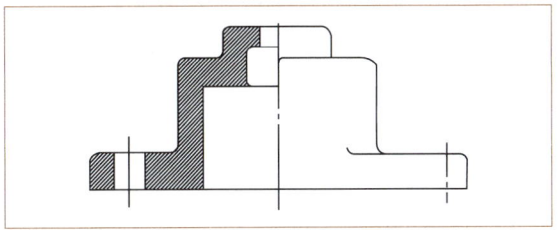 (a) 암의 회전 단면도 (b) 훅의 회전 단면도(투상도 밖) 　(투상도 안) • 절단선의 연장선 뒤에도 그릴 수 있다. • 투상도의 절단할 곳과 겹쳐서 그릴 때는 가는 실선으로 　그린다. • 주투상도의 밖으로 끌어 내어 그릴 경우는 가는 1점 쇄선 　으로 한계를 표시하고 굵은 실선으로 그린다. • 핸들이나 벨트 풀리, 바퀴의 암, 리브, 축, 형강 등의 　단면의 모양을 90°로 회전시켜 투상도의 안이나 밖에 　그린다.
계단 단면도	 A-B-C-D • 절단면을 여러 개 설치하여 그린 단면도이다. • 복잡한 물체의 투상도 수를 줄일 목적으로 사용한다. • 절단선, 절단면의 한계와 화살표 및 문자기호를 반드시 　표시하여 절단면의 위치와 보는 방향을 정확히 명시해야 　한다.

⑤ 길이 방향으로 절단 도시가 가능 및 불가능한 기계요소

길이 방향으로 절단하여 도시가 가능한 것	보스, 부시, 칼라, 베어링, 파이프 등 KS 규격에서 절단하여 도시가 불가능하다고 규정된 이외의 부품
길이 방향으로 절단하여 도시가 불가능한 것	축, 키, 바퀴의 암, 핀, 볼트, 너트, 리브, 리벳, 코터, 기어의 이, 베어 링의 볼과 롤러

6-1. 대칭형의 물체는 그림과 같이 조합하여 그릴 수 있는데,
이러한 단면도를 무슨 단면도라고 하는가?

① 온단면도　　　　　② 한쪽단면도
③ 부분단면도　　　　④ 회전도시단면도

6-2. 그림과 같은 구조물의 도면에서 (A), (B)의 단면도의 명칭은?

① 온단면도　　　　　② 변환단면도
③ 회전도시단면도　　④ 부분단면도

6-3. 한쪽단면도에 대한 설명으로 올바른 것은?

① 대칭형의 물체를 중심선을 경계로 하여 외형도의 절반과 단
　면도의 절반을 조합하여 표시한 것이다.
② 부품도의 중앙 부위 전후를 절단하여, 단면을 90° 회전시켜
　표시한 것이다.
③ 도형 전체가 단면으로 표시된 것이다.
④ 물체의 필요한 부분만 단면으로 표시한 것이다.

|해설|

6-2

한쪽 면만 표시하면 그 단면을 표시하기 힘들 때 일부분을 절단하
여 90°로 회전시킨 회전도시 단면도를 사용한다.

회전도시 단면도	 (a) 암의 회전 단면도　(b) 훅의 회전 단면도 　(투상도 안)　　　　　(투상도 밖)

정답 6-1 ② 　6-2 ③ 　6-3 ①

① 나사의 도시(도면에 표시)방법

　ㄱ 단면 시 암나사는 안지름까지 해칭한다.

　ㄴ 수나사와 암나사의 골지름은 모두 가는 실선으로 그린다.

　ㄷ 수나사와 암나사 결합부의 단면은 수나사 기준으로 나타낸다.

　ㄹ 수나사의 바깥지름과 암나사의 안지름은 굵은 실선으로 그린다.

　ㅁ 완전 나사부와 불완전 나사부의 경계선은 굵은 실선으로 그린다.

　ㅂ 수나사와 암나사의 측면도시에서 골지름과 바깥지름은 가는 실선으로 그린다.

　ㅅ 암나사의 단면 도시에서 드릴 구멍의 끝 부분은 굵은 실선으로 120°로 그린다.

　ㅇ 불완전 나사부의 골밑을 나타내는 선은 축선에 대하여 30°의 경사진 가는 실선으로 그린다.

　ㅈ 가려서 보이지 않는 암나사의 안지름은 보통의 파선으로 그리고, 바깥지름은 가는 파선으로 그린다.

　ㅊ 나사의 끝면에서 본 그림에서 나사의 골밑은 가는 실선으로 원주의 3/4에 가까운 원의 일부로 그린다.

　　※ 참고
　　　• 완전 나사부 : 환봉이나 구멍에 나사내기를 할 때, 완전한 나사산이 만들어져 있는 부분
　　　• 불완전 나사부 : 환봉이나 구멍에 나사내기를 할 때, 나사가 끝나는 곳에서 불완전 나사산을 갖는 부분
　　　• 도시 : 도면에 표시의 줄임말

② 축의 도시방법

　ㄱ 긴 축은 중간을 파단하여 짧게 그릴 수 있다.

　ㄴ 축의 키홈 부분의 표시는 부분단면도로 나타낸다.

　ㄷ 축의 끝은 모따기를 하고 모따기 치수를 기입한다.

　ㄹ 축은 길이 방향으로 절단하여 단면을 도시하지 않는다.

　ㅁ 축은 일반적으로 중심선을 수평 방향으로 놓고 그린다.

　ㅂ 축의 일부 중 평면 부위는 가는 실선으로 대각선 표시를 한다.

　ㅅ 축의 구석 홈 가공부는 확대하여 상세 치수를 기입할 수 있다.

　ㅇ 축의 끝에는 조립을 쉽고 정확하게 하기 위해서 모따기를 한다.

　ㅈ 긴 축은 중간 부분을 파단하여 짧게 그리고 실제 치수를 기입한다.

　ㅊ 축 끝의 모따기는 폭과 각도를 기입하거나 45°인 경우 C로 표시한다.

　ㅋ 널링을 도시할 때 빗줄인 경우 축선에 대하여 30°로 엇갈리게 그린다.

③ 기어의 도시방법

　ㄱ 이끝원은 굵은 실선으로 한다.

　ㄴ 피치원은 가는 1점 쇄선으로 한다.

　ㄷ 맞물리는 한 쌍의 기어의 이끝원은 굵은 실선으로 그린다.

　ㄹ 헬리컬 기어의 잇줄 방향은 통상 3개의 가는 실선으로 그린다.

　ㅁ 보통 축에 직각인 방향에서 본투상도를 주투상도로 할 수 있다.

　ㅂ 이뿌리원(이골원)은 가는 실선으로 그린다. 단, 축에 직각 방향으로 단면 투상할 경우에는 굵은 실선으로 한다.

④ 스프링 도시방법

　ㄱ 스프링은 원칙적으로 무하중 상태로 그린다.

　ㄴ 그림 안에 기입하기 힘든 사항은 일괄하여 요목표에 표시한다.

　ㄷ 코일의 중간 부분을 생략할 때는 생략한 부분을 가는 2점 쇄선으로 표시한다.

　ㄹ 스프링의 종류와 모양만을 도시할 때는 재료의 중심선만을 굵은 실선으로 그린다.

　ㅁ 하중과 높이 등의 관계를 표시할 필요가 있을 때에는 선도 또는 요목표에 표시한다.

ⓗ 스프링의 종류와 모양만을 간략도로 나타내는 경우 재료의 중심선만 굵은 실선으로 그린다.

ⓢ 코일 부분의 투상은 나선이 되고, 시트에 근접한 부분의 피치 및 각도가 연속적으로 변하는 것은 직선으로 표시한다.

ⓞ 스프링은 특별한 단서가 없는 한 모두 오른쪽 감기로 도시하며, 왼쪽 감기로 도시할 경우에는 '감긴 방향 왼쪽'이라고 명시해야 한다.

ⓩ 코일 스프링에서 양 끝을 제외한 동일 모양 부분의 일부를 생략하는 경우 생략되는 부분의 선지름의 중심선은 가는 1점 쇄선으로 나타낸다.

10년간 자주 출제된 문제

코일 스프링의 제도에 대한 설명 중 틀린 것은?

① 원칙적으로 하중이 걸리지 않은 상태로 그린다.
② 특별한 단서가 없는 한 모두 오른쪽 감기로 도시하고, 왼쪽 감기로 도시할 때에는 '감긴 방향 왼쪽'이라고 표시한다.
③ 그림 안에 기입하기 힘든 사항은 일괄하여 요목표에 표시한다.
④ 부품도 등에서 동일 모양 부분을 생략하는 경우에는 생략된 부분을 가는 파선 또는 굵은 파선으로 표시한다.

|해설|

코일 스프링 제도 시 주의점
• 무하중 상태를 도시하는 것이 원칙이다.
• 중간 일부를 생략할 때는 생략 부분을 가는 1점 쇄선 또는 가는 2점 쇄선으로 표시한다.
• 스프링의 종류 및 모양만을 간략하게 그릴 때에는 스프링 소선의 중심선을 굵은 실선으로 그린다.
• 특별한 단서가 없는 한 모두 오른쪽 감기로 도시한다.

정답 ④

핵심이론 08 기계 재료의 표시방법

① 일반 구조용 압연강재
예 SS400
• S : Steel
• S : 일반 구조용 압연강재(General Structural Purposes)
• 400 : 최저인장강도 400N/mm^2

② 기계 구조용 압연강재
예 SM45C
• S : Steel
• M : 기계 구조용(Machine Structural Use)
• 45C : 탄소 함유량(0.40~0.50%)

③ 탄소강 단강품
예 SF490A
• SF : carbon Steel Forging for general use
• 490 : 최저인장강도 490N/mm^2
• A : 어닐링, 노멀라이징 또는 노멀라이징 템퍼링을 한 단강품

④ 제도용지 표시
예 KS B ISO 5457 − A1t−TP 112.5−R−TBL
• TP 112.5 : 트레이싱 용지 112.5g/m^2
  ※ OP : 불투명용지 60~120g/m^2
• R : 인쇄 시 뒷면
• TBL : TBL 형식에 따르는 표제란을 도면에 기재한다.
  → A1으로 제단된 트레이싱 용지의 단위 면적당 질량이 112.5g/m^{2}이다. 뒷면(R)에 인쇄한 것이 TBL 형식에 따르는 표제란을 가진 도면이다.

⑤ 육각 볼트의 호칭

규격 번호	종류	부품 등급	나사부의 호칭×길이	−	강도 구분	재료	−	지정 사항
KS B 1002	육각 볼트	A	M12×80	−	8.8	SM20 C	−	둥근 끝

⑥ 리벳의 호칭

규격 번호	종류	호칭지름×길이	재료
KS B 0112	열간 둥근 머리 리벳	10×30	SM50

※ 접시 머리 리벳의 호칭길이 : 접시 부분인 머리까지 재료에 파묻히므로 머리부를 포함해서 호칭길이를 나타낸다.

⑦ ㄱ형강 표시

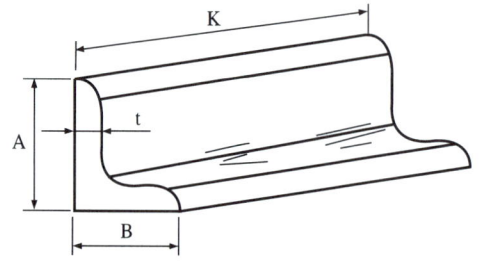

예 형강의 치수표시(LA×B×t-K)

L	A	×	B	×	t	-	K
형강 모양	세로 폭		가로 폭		두께		길이

10년간 자주 출제된 문제

8-1. 기계재료 기호 SM 15CK에서 '15'가 의미하는 것은?

① 침탄 깊이
② 최저인장강도
③ 탄소함유량
④ 최대인장강도

8-2. 리벳의 호칭방법으로 적합한 것은?

① 규격번호, 종류, 호칭지름×길이, 재료
② 종류, 호칭지름×길이, 재료, 규격번호
③ 재료, 종류, 호칭지름×길이, 규격번호
④ 호칭지름×길이, 종류, 재료, 규격번호

8-3. 일반 구조용 압연강재 SS400에서 400이 나타내는 것은?

① 최저인장강도
② 최저압축강도
③ 평균인장강도
④ 최대인장강도

|해설|

8-1

SM 15CK는 기계 구조용 탄소강재로서, S는 강을 나타내는 Steel, M은 기계를 나타내는 Machine, 15는 탄소함유량의 중간값(0.10~0.20)을 나타내며, C는 탄소로서 Carbon이다.

8-2

리벳의 호칭순서는 다음과 같다.
규격번호, 종류, 호칭지름×길이, 재료

8-3

SS400에서 SS는 Structure Steel로서 일반 구조용 압연강재를 뜻하며, 400은 최저인장강도 $400N/mm^2$를 의미한다.

정답 8-1 ③ 8-2 ① 8-3 ①

핵심이론 01 KS 재료기호

명칭	기호
알루미늄 합금주물	AC1A
알루미늄 청동	ALBrC1
다이캐스팅용 알루미늄합금	ALDC1
청동 합금 주물	BC(CAC)
편상흑연주철	FC
회주철품	GC
구상흑연주철품	GCD
구상흑연주철	GCD
인청동	PBC2
합판	PW
피아노선재	PWR
보일러 및 압력 용기용 탄소강	SB
보일러용 압연강재	SBB
보일러 및 압력용기용 강재	SBV
탄소강 주강품	SC
크롬강	SCr
주강품	SCW
탄소강 단조품	SF
고속도 공구강재	SKH
기계 구조용 탄소강재	SM
용접 구조용 압연강재	SM 표시 후 A, B, C 순서로 용접성이 좋아짐
니켈-크롬강	SNC
니켈-크롬-몰리브덴강	SNCM
판스프링강	SPC
냉간압연 강판 및 강대(일반용)	SPCC
드로잉용 냉간압연 강판 및 강대	SPCD
열간압연 연강판 및 강대(드로잉용)	SPHD
배관용 탄소강판	SPP
스프링용강	SPS
배관용 탄소강관	SPW
일반 구조용 압연강재	SS
탄소공구강	STC
합금공구강(냉간금형)	STD
합금공구강(열간금형)	STF
일반 구조용 탄소강관	STK
기계 구조용 탄소강관	STKM

명칭	기호
합금공구강(절삭공구)	STS
리벳용 원형강	SV
탄화텅스텐	WC
화이트메탈	WM

10년간 자주 출제된 문제

다음 중 일반 구조용 탄소강관의 KS 재료 기호는?

① SPP ② SPS
③ SKH ④ STK

|해설|

① SPP : 배관용 탄소강판
② SPS : 스프링용 강
③ SKH : 고속도 공구강재

정답 ④

① 용접부 보조기호의 정의

용접부의 표면 모양이나 다듬질 방법, 용접장소 및 방법 등을 표시하는 기호이다.

② 용접부의 보조기호(Ⅰ)

구분		보조 기호	비고
용접부의 표면 모양	평탄	──	–
	볼록	⌒	기선의 밖으로 향하여 볼록하게 한다.
	오목	⌣	기선의 밖으로 향하여 오목하게 한다.
용접부의 다듬질 방법	치핑	C	–
	연삭	G	그라인더 다듬질일 경우
	절삭	M	기계 다듬질일 경우
	지정 없음	F	다듬질 방법을 지정하지 않을 경우
현장 용접		⚑	온 둘레 용접이 분명할 때에는 생략해도 좋다.
온 둘레 용접		○	
온 둘레 현장 용접		⚑	

③ 용접부의 보조기호(Ⅱ)

기호	설명
M	영구적인 덮개판(이면판재) 사용
MR	제거 가능한 덮개판(이면판재) 사용
⌣	끝단부 토(Toe)를 매끄럽게 함
⧸	필릿 용접부 토(Toe)를 매끄럽게 함

※ 토(Toe) : 용접 모재와 용접 표면이 만나는 부위

④ 용접 기호의 일반적인 사항

㉠ 꼬리는 삭제가 가능하다.

㉡ 화살표 및 기준선에 모든 관련 기호를 붙인다.

㉢ 화살표는 용접부를 지시하며 기선에 대해 60°의 직선으로 한다.

㉣ 기선은 보통 수평선으로 하고, 기선의 한쪽 끝에는 화살표를 붙이다.

㉤ 용접부(용접면)가 화살표 쪽에 있을 때는 용접기호를 기준선(실선)에 기입한다.

㉥ 용접부(용접면)가 화살표 반대쪽에 있을 때는 용접기호를 동일선(파선)에 기입한다.

㉦ 용접기호는 비드 및 살붙이기를 제외하고, 두 부재 간 접합부 용접의 종류를 나타낸다.

㉧ 기준선은 도면의 이음부를 표시하는 선에 평행으로 그리나 불가능한 경우 수직으로 기입한다.

⑤ 용접기호의 구성

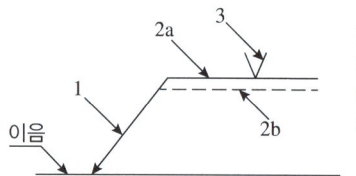

1 : 화살표(지시선)
2a : 기준선(기선, 실선)
2b : 동일선(파선)
3 : 용접기호
　　(이음 용접기호)

※ 설명선은 a, b와 같이 기선, 화살표, 꼬리로 구성되며, 꼬리가 필요 없으면 생략해도 된다.

⑥ 용접 기호의 용접부 방향 표시

⑦ 보조기호 기입하기

용접 부위가 화살표 쪽이나 앞쪽	$S \begin{array}{|c|} \hline R \\ \hline A \\ \hline G \\ \hline \end{array} L(n)-P$ 기선 T
용접 부위가 화살표 반대쪽이나 뒤쪽	$S \begin{array}{|c|} \hline G \\ \hline A \\ \hline R \\ \hline \end{array} L(n)-P$ 기선 T
겹치기 이음부의 저항용접 시	$S \quad (n)-P$ 기선 T

S : 용접부의 단면 치수 또는 강도
R : 루트 간격
A : 홈 각도
L : 단속 필릿 용접의 길이, 슬롯 용접의 홈 길이나 용접 길이
n : 단속 필릿 용접, 플러그 용접, 슬롯 용접, 점 용접 등의 수
P : 단속 필릿 용접, 플러그 용접, 슬롯 용접, 점 용접 등의 피치
T : 특별 지시사항(J형, U형 등의 루트 반지름, 용접방법, 비파괴시험의 보조기호 등 기타)

⑧ 용접부 기호표시

a : 목두께
z : 목길이($z = a\sqrt{2}$)

⑨ 플러그 용접기호의 해석

8 □ 4(70)

플러그 용접에서 용접부 수는 4개, 간격은 70mm, 구멍의 지름은 8mm이다.

10년간 자주 출제된 문제

2-1. 전체 둘레 현장 용접의 보조기호로 맞는 것은?

① ○
② ◉
③ ⚑
④ (flag on circle)

2-2. 보기와 같은 KS 용접 기호의 해독으로 틀린 것은?

6 ○ 5 (100)

① 화살표 반대쪽 점 용접
② 점 용접부의 지름 6mm
③ 용접부의 개수(용접 수) 5개
④ 점 용접한 간격은 100mm

|해설|

2-2

용접부가 화살표 쪽에 있으면 기호는 실선 위에 위치해야 한다. 반대로 화살표의 반대 방향으로 용접부가 만들어져야 한다면 점선 위에 용접기호를 위치시켜야 한다. 따라서 기호가 실선 위에 존재하므로 용접은 화살표 쪽에서 진행되어야 한다.

 실선 위에 V표가 있으면 화살표 쪽에 용접한다.
점선 위에 V표가 있으면 화살표 반대쪽에 용접한다.

정답 2-1 ④ **2-2** ①

핵심이론 03 용접의 종류별 도시 및 기본 기호

① 기본 기호(KS B 0052)

번호	명칭	도시	기본기호
1	필릿 용접		◺
2	점 용접(스폿 용접)		○
3	플러그 용접(슬롯 용접)		⊓
4	이면(뒷면) 용접		⌣
5	심 용접		⊖
6	겹침 이음		⟨
7	끝면 플랜지형 맞대기 용접		⋔
8	평행(I형) 맞대기 용접		‖
9	V형 맞대기 용접		∨
10	일면 개선형 맞대기 용접		∨
11	넓은 루트면이 있는 V형 맞대기 용접		∀
12	가장자리 용접		‖‖
13	표면(서페이싱) 육성 용접		⌢⌢

번호	명칭	도시	기본기호
14	서페이싱 용접		———
15	경사 접합부		/ /

※ 육성 용접 : 재료의 표면에 내마모나 내식용 재료를 입히는 용접법

② 용접부별 기호 표시

명칭	단속 필릿 용접	지그재그 단속 필릿 용접
형상		
기호	a △ n × l (e)	$\frac{a}{a}$ △ n × l (e)
의미	a : 목두께 △ : 필릿 용접 n : 용접부 수 l : 용접 길이 (e) : 인접한 용접부 간격	a : 목두께 △ : 필릿 용접 n : 용접부 수 l : 용접 길이 (e) : 인접한 용접부 간격
명칭	플러그(슬롯)용접	플러그 용접
형상		
기호	C ▢ n × l (e)	d ▢ n(e)
의미	c : 슬롯의 너비 ▢ : 플러그 용접 n : 용접부 수 l : 용접길이 (e) : 인접한 용접부 간격	d : 구멍 지름 ▢ : 플러그 용접 n : 용접부 수 (e) : 인접한 용접부 간격
명칭	심 용접	점 용접
형상		
기호	C ⊖ n × l (e)	d ◯ n(e)
의미	c : 슬롯의 너비 ⊖ : 심 용접 n : 용접부 수 l : 용접길이 (e) : 인접한 용접부 간격	d : 점 용접부의 지름 ◯ : 점 용접 n : 용접부 수 (e) : 인접한 용접부 간격

③ 필릿 용접에서 목두께(a)와 목길이(z)

a : 목두께

z : 목길이(다리길이, $z = a\sqrt{2}$)

10년간 자주 출제된 문제

3-1. 그림과 같은 용접 기호의 의미를 바르게 설명한 것은?

d ▢ n(e)

① 구멍의 지름이 n이고 e의 간격으로 d개인 플러그 용접
② 구멍의 지름이 d이고 e의 간격으로 n개인 플러그 용접
③ 구멍의 지름이 n이고 e의 간격으로 d개인 심 용접
④ 구멍의 지름이 d이고 e의 간격으로 n개인 심 용접

3-2. 그림의 용접 도시기호는 어떤 용접을 나타내는가?

① 점 용접   ② 플러그 용접
③ 심 용접   ④ 가장자리 용접

【해설】

3-2

(▢) 기호는 플러그 용접(슬롯 용접)에 대한 기호이다.

정답 **3-1** ② **3-2** ②

핵심이론 04 배관도시기호

① 밸브, 콕, 계기의 표시

밸브일반		전자 밸브	
글로브 밸브		전동 밸브	
체크 밸브		콕 일반	
슬루스 밸브 (게이트 밸브)		닫힌 콕 일반	
앵글 밸브		닫혀 있는 밸브 일반	
3방향 밸브		볼 밸브	
안전 밸브 (스프링식)		안전 밸브 (추식)	
공기빼기 밸브		버터플라이 밸브	

② 주요 배관 접합 기호의 종류

유니언 연결		플랜지 연결	
칼라 연결		마개와 소켓 연결	
확장 연결		일반 연결	
관의 지지		–	–

③ 관의 접속 상태와 그림 기호

관의 접속 상태	그림 기호	
접속하지 않을 때		
교차 또는 분기할 때	교차	분기

④ 파이프 안에 흐르는 유체의 종류

　㉠ A(Air) : 공기

　㉡ G(Gas) : 가스

　㉢ O(Oil) : 유류

　㉣ S(Steam) : 수증기

　㉤ W(Water) : 물

　㉥ C : 냉수

⑤ 계기 표시의 도면 기호

　㉠ T(Temperature) : 온도계

　㉡ F(Flow Rate) : 유량계

　㉢ V(Vacuum) : 진공계

　㉣ P(Pressure) : 압력계

⑥ 관의 끝부분 표시

끝부분의 종류	그림 기호
막힌 플랜지	
나사박음식 캡 및 나사박음식 플러그	
용접식 캡	

⑦ 관 이음의 종류

부품명칭	그림 기호	
	플랜지 이음	나사 이음
엘보		
45° 엘보		
오는 엘보		
가는 엘보		
티		
가는 티		
오는 티		
크로스		
와이		
이음		
신축 이음		
줄이개		
유니언		
캡		
부시	–	
플러그	–	

4-1. 그림과 같은 배관 접합 기호의 설명으로 옳은 것은?

$$\text{———————}\!\mid$$

① 블랭크 연결　　　　② 유니언 연결
③ 마개와 소켓 연결　　④ 칼라 연결

4-2. KS 배관 제도 밸브 도시 기호에서 기호의 뜻은?

$$\text{——}\!\!\mid\!\!\text{N}\!\!\mid\!\!\text{——}$$

① 안전 밸브　　　　　② 체크 밸브
③ 일반 밸브　　　　　④ 앵글 밸브

4-3. 배관도에서 유체의 종류와 문자 기호를 나타내는 것 중 틀린 것은?

① 공기 : A　　　　　② 연료가스 : G
③ 증기 : W　　　　　④ 연료유 또는 냉동기유 : O

【해설】

4-1
블랭크 플랜지는 내부 플랜지의 일종으로, 관 끝을 폐쇄하기 위해 사용하며 구멍이 뚫리지 않는 플랜지를 말한다.

4-2
체크 밸브란 액체의 역류를 방지하기 위해 한쪽 방향으로만 흐르게 하는 밸브이다. 기호는 다음과 같이 두 가지로 나타낸다.

4-3
④ 파이프 안에 흐르는 유체의 종류 참고

정답 **4-1** ①　**4-2** ②　**4-3** ③

핵심이론 05 전개도법

① 전개도법의 정의
전개도는 입체의 표면을 하나의 평면 위에 펼쳐 놓은 도형으로 투상도를 기본으로 하여 그린 도면이다.

② 전개도와 투상도의 관계
투상도는 그 입체를 평면으로 표현한 일종의 설계도와 같다. 주로 정면도와 평면도, 측면도로 세 방향에서 그리게 되는데 보이는 선은 실선으로 그리고, 보이지 않는 선은 파선으로 그린다. 그렇게 하면 그 입체의 생김새를 알 수 있고 실제 모형을 제작할 수 있으므로 이 투상도를 기본으로 하여 전개도를 그린다.

③ 전개도법의 종류
㉠ 평행선법 : 삼각기둥, 사각기둥과 같은 여러 가지의 각기둥과 원기둥을 평행하게 전개하여 그리는 방법

ⓛ 방사선법 : 삼각뿔, 사각뿔 등의 각뿔과 원뿔을 꼭
    짓점을 기준으로 부채꼴로 펼쳐서 전개도를 그리
    는 방법

ⓒ 삼각형법 : 꼭짓점이 먼 각뿔, 원뿔 등을 해당 면을
    삼각형으로 분할하여 전개도를 그리는 방법

④ 전개도법 작성 시 주의사항

ⓒ 문자 기호는 가능한 한 간략하게 중요 부분만 기
    입한다.

ⓒ 주서의 크기는 치수 숫자의 크기보다 한 단계 위의
    크기로 한다.

ⓒ 제품의 전개도를 그릴 때는 위쪽이나 아래쪽에 '전
    개도'라고 주서로 기입하는 것이 좋다.

ⓒ 전개도에 사용된 작도선은 0.18mm, 외형선은 가
    능한 한 0.5mm를 넘지 않은 굵기로 긋는다.

5-1. 전개도법의 종류 중 주로 각기둥이나 원기둥의 전개에 가
장 많이 이용되는 방법은?

① 삼각형을 이용한 전개도법
② 방사선을 이용한 전개도법
③ 평행선을 이용한 전개도법
④ 사각형을 이용한 전개도법

5-2. 전개도 작성 시 삼각형 전개법으로 사용하기 가장 적합한
형상은?

①   ②

③   ④

5-3. 판금작업 시 강판재료를 절단하기 위하여 가장 필요한 도
면은?

① 조립도   ② 전개도
③ 배관도   ④ 공정도

해설

5-3

전개도 : 금속판을 접어서 만든 물체를 펼친 모양으로 표시할
필요가 있는 경우에 그리는 도면

정답 **5-1** ③ **5-2** ② **5-3** ②

교육은 우리 자신의 무지를 점차 발견해 가는 과정이다.

- 윌 듀란트 -

과년도 기출문제

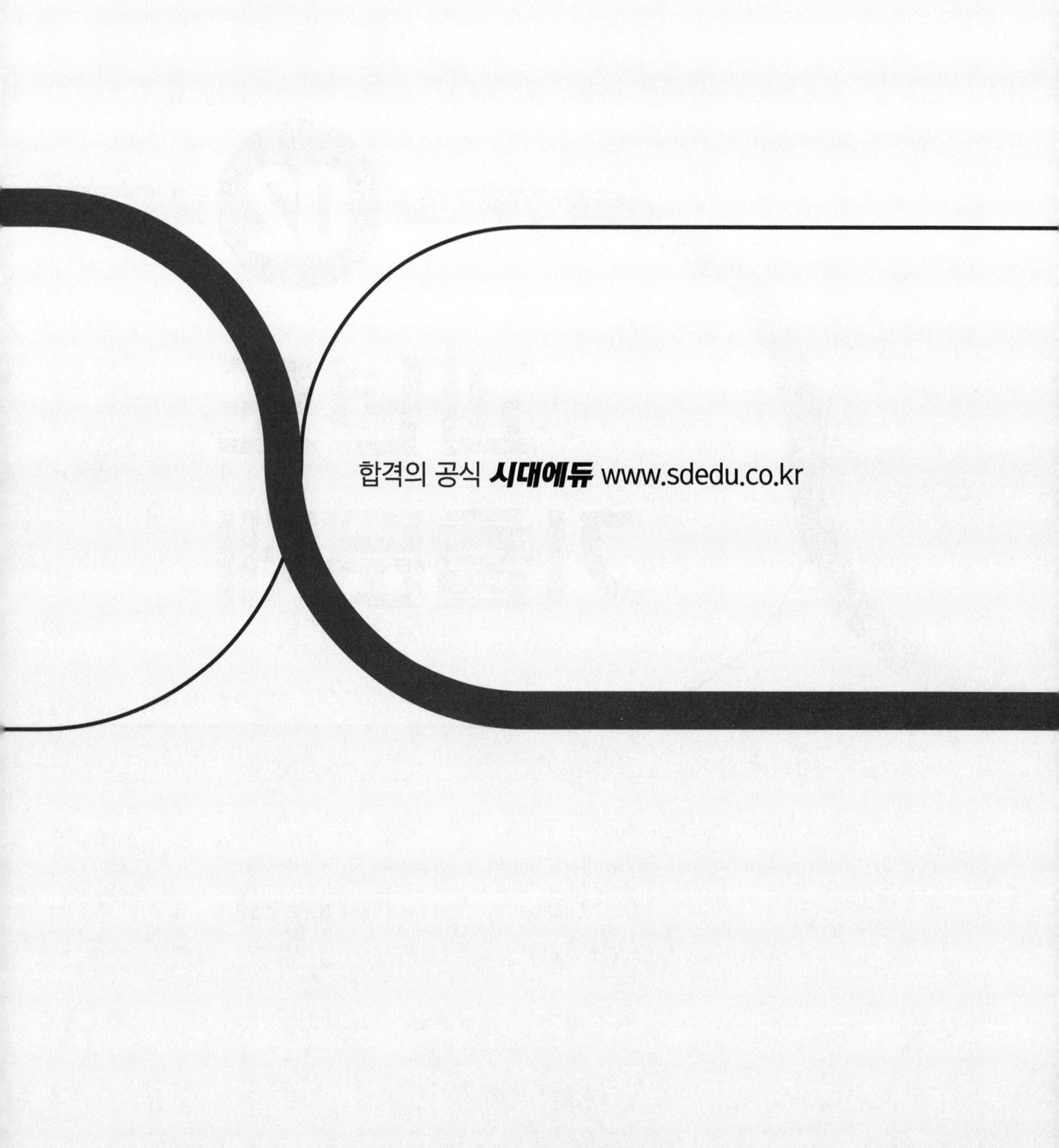

합격의 공식 *시대에듀* www.sdedu.co.kr

CHAPTER 01

용접기능사
과년도 기출문제

2014~2016년　　과년도 기출문제

01 필릿 용접부의 보수방법에 대한 설명으로 옳지 않은 것은?

① 간격이 1.5mm 이하일 때에는 그대로 용접하여도 좋다.

② 간격이 1.5~4.5mm일 때에는 넓혀진 만큼 각장을 감소시킬 필요가 있다.

③ 간격이 4.5mm일 때에는 라이너를 넣는다.

④ 간격이 4.5mm 이상일 때에는 300mm 정도의 치수로 판을 잘라낸 후 새로운 판으로 용접한다.

해설

필릿 용접부의 보수방법
- 간격이 1.5mm 이하일 때에는 그대로 규정된 각장(다리길이)으로 용접하면 된다.
- 간격이 1.5~4.5mm일 때에는 그대로 규정된 각장(다리길이)으로 용접하거나 각장을 증가시킨다.
- 간격이 4.5mm일 때에는 라이너를 넣는다.
- 간격이 4.5mm 이상일 때에는 이상 부위를 300mm 정도로 잘라낸 후 새로운 판으로 용접한다.

02 화재 발생 시 사용하는 소화기에 대한 설명으로 틀린 것은?

① 전기로 인한 화재에는 포말소화기를 사용한다.

② 분말 소화기는 기름 화재에 적합하다.

③ CO_2가스 소화기는 소규모의 인화성 액체 화재나 전기설비 화재의 초기 진화에 좋다.

④ 보통화재에는 포말, 분말, CO_2 소화기를 사용한다.

해설

포소화기(포말소화기)의 소화재인 포는 액체로 되어 있기 때문에 전기화재에 사용할 경우 감전의 위험이 있어 사용이 불가능하다. 포소화기는 주로 A급, B급 화재에 사용된다.

② 분말 소화기는 소화약제로 건조된 미세 분말에 방습제나 분산제로 처리하여 약제 분말이 방습성과 유동성을 갖도록 한 것으로 유류화재(B급)에 적합하나 A급, B급, C급 화재에 모두 사용이 가능하다.

③ CO_2가스 소화기(이산화탄소 소화기)는 CO_2를 액화하여 고압가스 용기에 충진한 것으로 CO_2가스가 용기에서 방출되면서 드라이아이스 상태가 되므로 냉각효과가 크다. 가스 상태인 약제는 좁은 공간의 침투가 가능하며 소규모의 인화성 액체 화재나 전기설비, 통신기기, 컴퓨터실 화재의 초기 진화용으로서 주로 사용되는데 소화기 사용 후 정비가 곤란한 설비에 효과적이며, A급, B급, C급 화재에 모두 사용이 가능하다.

④ 보통화재는 일반화재(A급 화재)를 말하는 것으로 물과 포소화기(포말소화기), 분말소화기, CO_2가스 소화기의 사용이 가능하다.

화재의 종류에 따른 사용 소화기

분류	A급 화재	B급 화재	C급 화재	D급화재
명칭	일반(보통)화재	유류 및 가스화재	전기화재	금속 화재
가연물질	나무, 종이, 섬유 등의 고체 물질	기름, 윤활유, 페인트 등의 액체 물질	전기설비, 기계 전선 등의 물질	가연성 금속 (AI 분말, Mg 분말)
소화효과	냉각 효과	질식 효과	질식 및 냉각효과	질식 효과
표현색상	백색	황색	청색	–
소화기	물, 분말소화기, 포(포말)소화기, 이산화탄소 소화기, 강화액소화기, 산·알칼리 소화기	분말소화기, 포(포말)소화기, 이산화탄소 소화기	분말소화기, 유기성 소화기, 이산화탄소 소화기, 무상강화액 소화기, 할로겐화합물소화기	건조된 모래 (건조사)
사용 불가능 소화기	–	–	포(포말)소화기	물 (금속가루는 물과 반응하여 폭발의 위험성이 있다)

03 탄산가스 아크용접에 대한 설명으로 맞지 않은 것은?

① 가시 아크이므로 시공이 편리하다.

② 철 및 비철류의 용접에 적합하다.

③ 전류밀도가 높고 용입이 깊다.

④ 바람의 영향을 받으므로 풍속 2m/s 이상일 때에는 방풍장치가 필요하다.

해설

탄산가스 아크용접은 철(Fe)의 용접에만 사용되고 있으며 알루미늄과 같은 비철금속의 용접에는 적합하지 않다.

CO_2가스(탄산가스) 아크 용접의 특징

• 용착 효율이 양호하다.

• 용접봉 대신 와이어를 사용한다.

• 용접 재료는 철(Fe)에만 한정되어 있다.

• 용접전원은 교류를 정류시켜서 직류로 사용한다.

• 용착금속에 수소함량이 적어서 기계적 성질이 좋다.

• 전류밀도가 높아서 용입이 깊고 용접 속도가 빠르다.

• 전원은 직류 정전압 특성이나 상승 특성이 이용된다.

• 솔리드 와이어는 슬래그 생성이 적어서 제거할 필요가 없다.

• 바람의 영향을 받아 풍속 2m/s 이상은 방풍장치가 필요하다.

• 탄산가스 함량이 3~4%일 때 두통이나 뇌빈혈을 일으키고, 15% 이상이면 위험 상태, 30% 이상이면 가스에 중독되어 생명이 위험해지기 때문에 자주 환기를 해야 한다.

04 서브머지드 아크 용접에서 다전극 방식에 의한 분류가 아닌 것은?

① 탠덤식

② 횡병렬식

③ 횡직렬식

④ 이행형식

해설

서브머지드 아크용접(SAW)에서 2개 이상의 전극와이어를 사용하여 한꺼번에 많은 양의 용착금속을 얻을 수 있는 다전극 용극 방식에는 탠덤식, 횡병렬식, 횡직렬식이 있다.

05 용접부에 X선을 투과하였을 경우 검출할 수 있는 결함이 아닌 것은?

① 선상조직

② 비금속 개재물

③ 언더컷

④ 용입 불량

해설

방사선의 종류에 따른 검출 결함의 종류

종류	X선	γ선
특징	• 얇은 판 투과 시 사용 • 물체 투과 시 일부는 물체에 흡수됨	두꺼운 판 투과 시 사용
검출 가능한 결함	균열, 비금속 개재물, 슬래그 혼입, 용입 불량, 블로홀(Blow Hole), 언더컷	선상조직

06 구리와 아연을 주성분으로 한 합금으로 철강이나 비철금속의 납땜에 사용되는 것은?

① 황동납

② 인동납

③ 은납

④ 주석납

해설

① 황동납 : Cu와 Zn의 합금으로 철강이나 비철금속의 납땜에 사용된다. 전기 전도도가 낮고 진동에 대한 저항도 작다.

② 인동납 : Cu에 P이나 P과 Ag를 합금한 것으로 전기 전도도 및 기계적 성질이 좋다.

③ 은납 : Ag–Cu–Zn이나 Cd–Ni–Sn을 합금한 것으로 Al이나 Mg을 제외한 대부분의 철 및 비철금속의 납땜에 사용한다.

④ 주석납 : Sn과 Pb의 합금으로 접착성이 좋고 기계적 강도가 큰 재료의 납땜에 사용한다.

07 MIG 용접 제어장치의 기능으로 크레이터 처리 기능에 의해 낮아진 전류가 서서히 줄어들면서 아크가 끊어지며 이면 용접부가 녹아내리는 것을 방지하는 것을 의미하는 것은?

① 예비가스 유출시간　② 스타트 시간
③ 크레이터 충전 시간　④ 번 백 시간

해설

MIG 용접의 제어 장치 기능

종류	기능
예비가스 유출시간	아크 발생 전 보호가스 유출로 아크 안정과 결함의 발생을 방지한다.
스타트 시간	아크가 발생되는 순간에 전류와 전압을 크게 하여 아크 발생과 모재의 융합을 돕는다.
크레이터 충전시간	크레이터 결함을 방지한다.
번 백 시간	크레이터 처리에 의해 낮아진 전류가 서서히 줄어들면서 아크가 끊어지는 현상을 제어함으로써 용접부가 녹아내리는 것을 방지한다.
가스지연 유출시간	용접 후 5~25초 정도 가스를 흘려서 크레이터의 산화를 방지한다.

08 용접기 설치 및 보수할 때 지켜야 할 사항으로 옳은 것은?

① 셀렌정류기형 직류아크 용접기에서는 습기나 먼지 등이 많은 곳에 설치해도 괜찮다.
② 조정핸들, 미끄럼 부분 등에 주유해서는 안 된다.
③ 용접 케이블 등의 파손된 부분은 즉시 절연 테이프로 감아야 한다.
④ 냉각용 선풍기, 바퀴 등에도 주유해서는 안 된다.

해설

③ 용접 케이블이나 용접 홀더 등 전기가 연결된 부분이 파손되었을 때는 전원을 차단하고, 그 즉시 절연테이프로 감거나 파손 부품을 교체해야 사고를 예방할 수 있다.
① 셀렌정류기에 의해 3상 교류를 직류로 전환하는 셀렌정류기형 직류아크 용접기는 회전부가 없기 때문에 소음이 적고 취급이나 보수가 용이한 장점이 있으나 습기나 먼지에 취약하다.
② 조정핸들이나 미끄럼 부위는 그리스와 같은 윤활유를 주유하여 조정이 원활하도록 해야 한다.
④ 냉각용 선풍기나 바퀴 부분도 운동이 원활하도록 윤활유를 주유해 주어야 한다.

09 이산화탄소 아크용접의 솔리드와이어 용접봉에 대한 설명으로 YGA-50W-1.2-20에서 '50'이 뜻하는 것은?

① 용접봉의 무게
② 용착금속의 최소 인장강도
③ 용접와이어
④ 가스실드 아크용접

해설

• CO_2 용접용 솔리드와이어의 호칭 방법

	용접 와이어	Y
CO_2용접용 와이어의 종류	가스 실드아크 용접	G
	내후성 강의 종류	A
		–
	용착금속의 최소 인장강도	50
	와이어의 화학성분	W
		–
지름	지름	1.2
		–
무게	무게	20

• CO_2 용접용 솔리드와이어의 종류

와이어 종류	적용 강
YGA-50W	인장강도-400N/mm^2급 및 490N/mm^2급 내후성 강의 W형
YGA-50P	인장강도-400N/mm^2급 및 490N/mm^2급 내후성 강의 P형
YGA-58W	인장강도-570N/mm^2급 내후성 강의 W형
YGA-58P	인장강도-570N/mm^2급 내후성 강의 P형

※ 내후성 : 각종 기후에 잘 견디는 성질로 녹이 잘 슬지 않는 성질

10 전기저항 점 용접법에 대한 설명으로 틀린 것은?

① 인터랙 점 용접이란 용접점의 부분에 직접 2개의 전극을 물리지 않고 용접전류가 피용접물의 일부를 통하여 다른 곳으로 전달하는 방식이다.

② 단극식 점 용접이란 전극이 1쌍으로 1개의 점 용접부를 만드는 것이다.

③ 맥동 점 용접은 사이클 단위를 몇 번이고 전류를 연속하여 통전하는 것으로 용접 속도 향상 및 용접변형방지에 좋다.

④ 직렬식 점 용접이란 1개의 전류 회로에 2개 이상의 용접점을 만드는 방법으로 전류 손실이 많아 전류를 증가시켜야 한다.

해설
맥동 점 용접은 모재의 두께가 다를 경우 전극의 과열을 막기 위해 전류를 단속하면서 용접하는 방법이다. 전류를 연속하여 통전하여 용접 속도를 향상시키면서 용접 변형을 방지하는 용접법은 심(Seam) 용접이다.

11 다음 중 스터드 용접법의 종류가 아닌 것은?

① 아크 스터드 용접법
② 텅스텐 스터드 용접법
③ 충격 스터드 용접법
④ 저항 스터드 용접법

해설
스터드(Stud) 용접의 종류
• 아크 스터드 용접
• 저항 스터드 용접
• 충격 스터드 용접

12 전자 빔 용접의 종류 중 고전압 소전류형의 가속 전압은?

① 20~40kV
② 50~70kV
③ 70~150kV
④ 150~300kV

해설
전자 빔 용접(EBW ; Electron Beam Welding)의 가속전압
• 고전압형 : 60~150kV(일부 전공서에는 70~150kV로 되어 있다)
• 저전압형 : 30~60kV

13 TIG 용접에서 직류 정극성으로 용접할 때 전극 선단의 각도로 가장 적합한 것은?

① 5~10°
② 10~20°
③ 30~50°
④ 60~70°

해설
TIG 용접에서 직류 정극성이나 직류 역극성 중 어떤 방식을 사용해도 전극 선단의 각도는 30~50°를 유지해야만 보호가스가 모재의 산화를 막는 작용을 할 수 있다.

14 일반적으로 안전을 표시하는 색채 중 특정행위의 지시 및 사실의 고지 등을 나타내는 색은?

① 노란색
② 녹색
③ 파란색
④ 흰색

해설
산업안전보건법에 따른 안전·보건표지의 색채, 색도기준 및 용도

색상	용도	사례
빨간색	금지	정지신호, 소화설비 및 그 장소, 유해행위 금지
	경고	화학물질 취급장소에서 유해·위험 경고
노란색	경고	화학물질 취급장소에서의 유해·위험 경고 이외의 위험 경고, 주의표지 또는 기계방호물
파란색	지시	특정 행위의 지시 및 사실의 고지
녹색	안내	비상구 및 피난소, 사람 또는 차량의 통행표지
흰색	–	파란색이나 녹색에 대한 보조색
검은색	–	문자 및 빨간색, 노란색에 대한 보조색

15 아크 용접부에 기공이 발생하는 원인과 가장 관련이 없는 것은?

① 이음 강도 설계가 부적당할 때

② 용착부가 급랭될 때

③ 용접봉에 습기가 많을 때

④ 아크 길이, 전륫값 등이 부적당할 때

해설

• 용접 이음을 설계할 때 용접부의 이음 강도가 부적당할 때는 용입 불량이나 균열이 발생한다.

• 기공은 용착부의 급랭이나 용접봉에 습기가 있을 때, 아크 길이와 모재에 따른 용접 전류가 부적당할 때 발생한다.

결함	기공
모양	
원인	• 수소나 일산화탄소 가스가 과잉으로 분출될 때 • 용접 전류가 부적당할 때 • 용접부가 급속히 응고될 때 • 용접 속도가 빠를 때 • 아크길이가 부적절할 때
방지대책	• 건조된 저수소계 용접봉을 사용한다. • 전류 및 용접 속도를 알맞게 조절한다. • 이음 표면을 깨끗하게 하고 예열을 한다.

16 용접부의 시험검사에서 야금학적 시험방법에 해당되지 않는 것은?

① 파면 시험

② 육안 조직 시험

③ 노치 취성 시험

④ 설퍼 프린트 시험

해설

야금이란 광석에서 금속을 추출하고 용융 후에 정련하여 사용목적에 맞는 형상으로 제조하는 일련의 과정으로, 야금학적 시험은 금속 조직의 변화를 통해 금속의 특성을 알아보는 시험법이다. 따라서 파면 시험이나 육안 조직 시험, 설퍼 프린트 시험이 이에 속하며 노치 취성 시험은 파괴 시험법이다.

17 다층용접 방법 중 각 층마다 전체의 길이를 용접하면서 쌓아 올리는 용착법은?

① 전진 블록법

② 덧살 올림법

③ 캐스케이드법

④ 스킵법

해설

분류		특징
용착 방향에 의한 용착법	전진법	한쪽 끝에서 다른쪽 끝으로 용접을 진행하는 방법으로 용접 길이가 길면 끝부분 쪽에 수축과 잔류응력이 생긴다.
	후퇴법	용접을 단계적으로 후퇴하면서 전체 길이를 용접하는 방법으로써, 수축과 잔류응력을 줄이는 용접 기법이다.
	대칭법	변형과 수축응력의 경감법으로 용접의 전 길이에 걸쳐 중심에서 좌우 또는 용접물 형상에 따라 좌우 대칭으로 용접하는 기법이다.
	스킵법 (비석법)	용접부 전체의 길이를 5개 부분으로 나누어 놓고 1-4-2-5-3순으로 용접하는 방법으로 용접부에 잔류응력을 적게 해야 할 경우에 사용한다.
다층 비드 용착법	덧살올림법 (빌드업법)	각 층마다 전체의 길이를 용접하면서 쌓아올리는 방법으로 가장 일반적인 방법이다.
	전진블록법	한 개의 용접봉으로 살을 붙일만한 길이로 구분해서 홈을 한층 완료 후 다른 층을 용접하는 방법이다.
	캐스케이드법	한 부분의 몇 층을 용접하다가 다음 부분의 층으로 연속시켜 전체가 단계를 이루도록 용착시켜 나가는 방법이다.

18 용접작업 시 작업자의 부주의로 발생하는 안염, 각막염, 백내장 등을 일으키는 원인은?

① 용접 퓸 가스 　② 아크 불빛

③ 전격 재해 　④ 용접 보호 가스

해설

용접 눈병이라고도 불리는 전광성 안염은 아크 불빛에 많이 노출이 되었을 때 발생하는 증상으로 용접 중 이 질병이 발생하면 그 즉시 냉습포 찜질을 한 다음 치료를 받아야 한다. 각막염이나 백내장 역시 아크 불빛에 의해 발병하는 눈병에 속한다.

19 플라스마 아크용접에 대한 설명으로 잘못된 것은?

① 아크 플라스마의 온도는 10,000~30,000℃ 온도에 달한다.

② 핀치효과에 의해 전류밀도가 크므로 용입이 깊고 비드폭이 좁다.

③ 무부하 전압이 일반 아크 용접기에 비하여 2~5배 정도 낮다.

④ 용접장치 중에 고주파 발생장치가 필요하다.

해설

플라스마 아크 용접의 특징

• 용접 변형이 작다.

• 용접의 품질이 균일하다.

• 용접부의 기계적 성질이 좋다.

• 용접 속도를 크게 할 수 있다.

• 용입이 깊고 비드의 폭이 좁다.

• 용접장치 중에 고주파 발생장치가 필요하다.

• 용접속도가 빨라서 가스 보호가 잘 안 된다.

• 무부하 전압이 일반 아크 용접기보다 2~5배 더 높다.

• 핀치효과에 의해 전류밀도가 크고, 안정적이며 보유 열량이 크다.

• 아크 용접에 비해 10~100배의 높은 에너지 밀도를 가짐으로써 10,000~30,000℃의 고온의 플라스마를 얻으므로 철과 비철 금속의 용접과 절단에 이용된다.

• 스테인리스강이나 저탄소 합금강, 구리합금, 니켈합금과 같이 비교적 용접하기 힘든 재료도 용접이 가능하다.

• 판 두께가 두꺼울 경우 토치 노즐이 용접 이음부의 루트면까지의 접근이 어려워서 모재의 두께는 25mm 이하로 제한을 받는다.

20 다음 그림과 같은 다층 용접법은?

① 빌드업법

② 캐스케이드법

③ 전진블록법

④ 스킵법

해설

그림은 캐스케이드법으로 한 부분의 몇 층을 용접하다가 이것을 다음 부분의 층으로 연속시켜 전체가 단계를 이루도록 용착시켜 나가는 방법이다.

용착법의 종류

구분	종류	
	전진법	후퇴법
용접 방향에 의한 용착법	1 2 3 4 5	5 4 3 2 1
	대칭법	스킵법(비석법)
	4 2 1 3	1 4 2 5 3
	빌드업법(덧살올림법)	캐스케이드법
다층 비드 용착법	4 3 2 1	4 3 2 1
	전진블록법	
	4 8 12 / 3 7 11 / 2 6 10 / 1 5 9	

21 용접결함 중 구조상 결함이 아닌 것은?

① 슬래그 섞임　　② 용입 불량과 융합 불량

③ 언더컷　　　　④ 피로강도 부족

해설

용접결함의 종류

22 다음 중 TIG 용접기의 주요장치 및 기구가 아닌 것은?

① 보호가스 공급장치

② 와이어 공급장치

③ 냉각수 순환장치

④ 제어장치

해설

와이어 공급장치는 불활성가스를 사용하는 MIG 용접이나 CO_2가스를 사용하는 탄산가스 아크용접에 사용되는 구성장치이다.

TIG 용접기의 구성

• 용접 토치

• 용접 전원

• 제어장치

• 냉각수 순환장치

• 보호가스 공급장치

23 피복 아크 용접봉에서 피복 배합제인 아교는 무슨 역할을 하는가?

① 아크 안정제

② 합금제

③ 탈산제

④ 환원가스 발생제

해설

아교는 동물의 가죽이나 힘줄, 창자, 뼈 등을 고아서 그 액체를 고형화한 물질로서 고착제나 가스발생제로 사용한다.

피복 배합제의 종류

배합제	용도	종류
고착제	심선에 피복제를 고착시킨다.	규산나트륨, 규산칼륨, 아교
탈산제	용융금속 중의 산화물을 탈산, 정련한다.	크롬, 망간, 알루미늄, 규소철, 페로망간, 페로실리콘, 망간철, 톱밥, 소맥분(밀가루)
가스발생제	중성, 환원성 가스를 발생하여 대기와의 접촉을 차단하고 용융금속의 산화나 질화를 방지한다.	아교, 녹말, 톱밥, 탄산바륨, 셀룰로이드, 석회석, 마그네사이트
아크안정제	아크를 안정시킨다.	산화타이타늄, 규산칼륨, 규산나트륨, 석회석
슬래그 생성제	용융점이 낮고 가벼운 슬래그를 만들어 산화나 질화를 방지한다.	석회석, 규사, 산화철, 일미나이트, 이산화망간
합금첨가제	용접부의 성질을 개선하기 위해 첨가한다.	페로망간, 페로실리콘, 니켈, 몰리브덴, 구리

24 직류아크 용접기와 비교한 교류아크 용접기의 설명에 해당되는 것은?

① 아크의 안정성이 우수하다.

② 자기쏠림 현상이 있다.

③ 역률이 매우 양호하다.

④ 무부하 전압이 높다.

해설
교류아크 용접기의 무부하 전압은 직류아크 용접기보다 높다.
직류아크 용접기와 교류아크 용접기의 차이점

특성	직류아크 용접기	교류아크 용접기
아크 안정성	우수	보통
비피복봉 사용 여부	가능	불가능
극성 변화	가능	불가능
자기쏠림 방지	불가능	가능
무부하 전압	약간 낮음(40~60V)	높음(70~80V)
전격의 위험	적다.	많다.
유지보수	다소 어렵다.	쉽다.
고장	비교적 많다.	적다.
구조	복잡하다.	간단하다.
역률	양호	불량
가격	고가	저렴

25 용접설계에 있어서 일반적인 주의사항 중 틀린 것은?

① 용접에 적합한 구조 설계를 할 것

② 용접 길이는 될 수 있는 대로 길게 할 것

③ 결함이 생기기 쉬운 용접 방법은 피할 것

④ 구조상의 노치부를 피할 것

해설
용접하는 부위의 길이(용접 길이)가 길어질수록 모재가 받는 열량은 더 커지기 때문에 용접 변형의 발생 가능성도 더 크다. 또한 용접봉도 불필요하게 더 사용되므로 재료비가 상승되기 때문에 용접 길이는 용접부를 최적으로 설계하여 그에 알맞은 적정한 길이로 실시해야 한다.

26 A는 병 전체 무게(빈 병 + 아세틸렌가스)이고, B는 빈 병의 무게이며, 또한 15℃, 1기압에서의 아세틸렌가스 용적을 905L라고 할 때, 용해 아세틸렌가스의 양 C(리터)를 계산하는 식은?

① C = 905(B − A)

② C = 905 + (B − A)

③ C = 905(A − B)

④ C = 905 + (A − B)

해설
용해 아세틸렌 1kg을 기화시키면 약 905L의 아세틸렌가스가 발생되므로, 아세틸렌가스의 양(C)을 구하는 공식은 다음과 같다.
아세틸렌 가스량(C) = 905L(병 전체 무게(A) − 빈 병의 무게(B))

27 내용적 40.7L의 산소병에 150kgf/cm²의 압력이 게이지에 표시되었다면 산소병에 들어있는 산소량은 몇 리터인가?

① 3,400   ② 4,055

③ 5,055   ④ 6,105

해설
용기속의 산소량 = 내용적 × 기압 = 40.7 × 150 = 6,105L

28 산소 프로판가스 절단에서 프로판가스 1에 대하여 얼마 비율의 산소를 필요로 하는가?

① 8   ② 6

③ 4.5   ④ 2.5

해설
산소-프로판가스 절단 시 '산소 : 프로판가스'의 혼합 비율을 4.5 : 1로 맞추어야 표준 불꽃이 만들어지면서 절단 작업이 양호하게 된다.

29 아세틸렌가스가 산소와 반응하여 완전연소할 때 생성되는 물질은?

① CO, H_2O

② $2CO_2$, H_2O

③ CO, H_2

④ CO_2, H_2

해설

아세틸렌가스(C_2H_2)와 산소(O_2)가 반응하면 $2CO_2$와 H_2O가 생성된다. 아세틸렌가스(C_2H_2)와 산소(O_2)의 반응식은 다음과 같다.

$C_2H_2 + \dfrac{5}{2} O_2 = 2CO_2 + H_2O + 1,259kJ/mol(발열량)$

30 가스용접에서 양호한 용접부를 얻기 위한 조건으로 틀린 것은?

① 모재 표면에 기름, 녹 등을 용접 전에 제거하여 결함을 방지하여야 한다.

② 용착금속의 용입 상태가 불균일해야 한다.

③ 과열의 흔적이 없어야 하며, 용접부에 참가된 금속의 성질이 양호해야 한다.

④ 슬래그, 기공 등의 결함이 없어야 한다.

해설

가스용접에서 양호한 용접부를 얻기 위해서는 용착금속의 용입 상태가 균일해야 한다. 만일 용입 상태가 불균일하면 응력이 집중되어 재료가 파괴되거나 용접부의 강도가 낮아질 수 있다.

31 아크쏠림은 직류아크 용접 중에 아크가 한쪽으로 쏠리는 현상을 말하는데 아크쏠림 방지법이 아닌 것은?

① 접지점을 용접부에서 멀리한다.

② 아크 길이를 짧게 유지한다.

③ 가용접을 한 후 후퇴 용접법으로 용접한다.

④ 가용접을 한 후 전진법으로 용접한다.

해설

아크쏠림을 방지하기 위해서는 용착 방향을 전진법보다는 후진법(후퇴 용접법)으로 해야 한다.

아크쏠림 방지대책

• 용접 전류를 줄인다.

• 교류용접기를 사용한다.

• 접지점을 2개 연결한다.

• 아크 길이는 최대한 짧게 유지한다.

• 접지부를 용접부에서 최대한 멀리한다.

• 용접봉 끝을 아크쏠림의 반대 방향으로 기울인다.

• 용접부가 긴 경우 가용접 후 후진법(후퇴 용접법)을 사용한다.

• 받침쇠, 긴 가용접부, 이음의 처음과 끝에 앤드 탭을 사용한다.

32 용접기의 가동 핸들로 1차 코일을 상하로 움직여 2차 코일의 간격을 변화시켜 전류를 조정하는 용접기로 맞는 것은?

① 가포화 리액터형
② 가동코어 리액터형
③ 가동 코일형
④ 가동 철심형

용접기의 핸들로 1차 코일을 이동시켜 2차 코일과의 간격을 변화시킴으로써 전류를 조정하는 교류아크 용접기는 가동 코일형이다.

교류아크 용접기의 종류별 특징

종류	특징
가동 철심형	• 현재 가장 많이 사용된다. • 미세한 전류 조정이 가능하다. • 광범위한 전류의 조정이 어렵다. • 가동 철심으로 누설 자속을 가감하여 전류를 조정한다.
가동 코일형	• 아크 안정성이 크고 소음이 없다. • 가격이 비싸며 현재는 거의 사용되지 않는다. • 용접기의 핸들로 1차 코일을 상하로 이동시켜 2차 코일의 간격을 변화시켜 전류를 조정한다.
탭 전환형	• 주로 소형이 많다. • 탭 전환부의 소손이 심하다. • 넓은 범위의 전류 조정이 어렵다. • 코일의 감긴 수에 따라 전류를 조정한다. • 미세 전류의 조정 시 무부하 전압이 높아서 전격의 위험이 크다.
가포화 리액터형	• 조작이 간단하고 원격 제어가 된다. • 가변 저항의 변화로 전류의 원격 조정이 가능하다. • 전기적 전류 조정으로 소음이 없고 기계의 수명이 길다.

33 프로판 가스가 완전연소하였을 때 설명으로 맞는 것은?

① 완전연소하면 이산화탄소로 된다.
② 완전연소하며 이산화탄소와 물이 된다.
③ 완전연소하면 일산화탄소와 물이 된다.
④ 완전연소하면 수소가 된다.

프로판가스는 LPG(액화 석유 가스)의 주성분으로 LP가스라고도 불리는데, 완전연소 시 이산화탄소＋물을 발생시키면서 발열한다.

34 가스용접 시 사용하는 용제에 대한 설명으로 틀린 것은?

① 용제의 융점은 모재의 융점보다 낮은 것이 좋다.
② 용제는 용융금속의 표면에 떠올라 용착금속의 성질을 양호하게 한다.
③ 용제는 용접 중에 생기는 금속의 산화물 또는 비금속 개재물을 용해하여 용융온도가 높은 슬래그를 만든다.
④ 연강에는 용제를 일반적으로 사용하지 않는다.

가스용접에서 용제(Flux)를 사용하는 이유는 용접 중에 생기는 금속의 산화물이나 비금속 개재물을 용해하여 용융점이 낮은 슬래그를 만들어서 용착금속의 성질을 양호하게 하기 위함이다.

가스용접용 용제의 특징
• 용융온도가 낮은 슬래그를 생성한다.
• 모재의 용융점보다 낮은 온도에서 녹는다.
• 일반적으로 연강에서는 용제를 사용하지 않는다.
• 불순물을 제거함으로써 용착금속의 성질을 좋게 한다.
• 용접 중에 생기는 금속의 산화물이나 비금속 개재물을 용해한다.

35 용접법을 융접, 압접, 납땜으로 분류할 때 압접에 해당하는 것은?

① 피복 아크 용접

② 전자 빔 용접

③ 테르밋 용접

④ 심 용접

해설

압접에 속하는 심(Seam) 용접은 원판상의 롤러 전극 사이에 용접할 2장의 판을 두고, 전기와 압력을 가하며 전극을 회전시키면서 연속적으로 점 용접(Spot Welding)을 반복하는 용접법이다.

36 가스용접에서 가변압식(프랑스식) 팁(Tip)의 능력을 나타내는 기준은?

① 1분에 소비하는 산소가스의 양

② 1분에 소비하는 아세틸렌가스의 양

③ 1시간에 소비하는 산소가스의 양

④ 1시간에 소비하는 아세틸렌가스의 양

해설

가스용접용 토치 팁인 가변압식(프랑스식) 팁은 '100번 팁', '200번 팁'과 같이 나타내는데, '가변압식 100번 팁'이란 표준불꽃으로 1시간에 소비하는 아세틸렌가스의 양이 100L임을 나타내는 것이다.

37 피복금속 아크 용접봉은 습기의 영향으로 가공(Blow Hole)과 균열(Crack)의 원인이 된다. 보통 용접봉(1)과 저수소계 용접봉(2)의 온도와 건조 시간은?(단, 보통 용접봉은 (1)로, 저수소계 용접봉은 (2)로 나타냈다)

① (1) 70~100℃ 30~60분, (2) 100~150℃ 1~2시간

② (1) 70~100℃ 2~3시간, (2) 100~150℃ 20~30분

③ (1) 70~100℃ 30~60분, (2) 300~350℃ 1~2시간

④ (1) 70~100℃ 2~3시간, (2) 300~350℃ 20~30분

해설

용접봉은 습기에 민감해서 반드시 건조가 필요하다. 만일 용접봉에 습기가 있으면 기공이나 균열의 원인이 되는데 저수소계 용접봉은 일반 용접봉보다 습기에 더 민감하여 기공을 발생시키기가 더 쉽다. 따라서 일반 용접봉보다 더 높은 온도로 건조시켜야 한다.

일반 용접봉	약 100℃에서 30분~1시간
저수소계 용접봉	약 300~350℃에서 1~2시간

38 직류 아크용접에서 역극성의 특징으로 맞는 것은?

① 용입이 깊어 후판 용접에 사용된다.

② 박판, 주철, 고탄소강, 합금강 등에 사용된다.

③ 봉의 녹음이 느리다.

④ 비드폭이 좁다.

해설

피복금속 아크용접(SMAW)에서 직류 역극성을 전원으로 사용하면 모재보다 용접봉에 더 많은 열이 발생되므로 용접봉 심선의 용융속도가 빠르게 된다. 따라서 모재의 용입은 얕고 비드의 폭이 넓게 퍼지는 특성이 있으므로 박판이나 주철, 고탄소강 등의 용접에 알맞다.

- 직류 정극성(DCSP ; Direct Current Straight Polarity)
  - 용입이 깊다.
  - 비드 폭이 좁다.
  - 용접봉의 용융속도가 느리다.
  - 후판(두꺼운 판) 용접이 가능하다.
  - 모재에는 (+)전극이 연결되며 70% 열이 발생하고, 용접봉에는 (-)전극이 연결되며 30% 열이 발생한다.
- 직류 역극성(DCRP ; Direct Current Reverse Polarity)
  - 용입이 얕다.
  - 비드 폭이 넓다.
  - 용접봉의 용융속도가 빠르다.
  - 박판(얇은 판) 용접이 가능하다.
  - 모재에는 (-)전극이 연결되며 30% 열이 발생하고, 용접봉에는 (+)전극이 연결되며 70% 열이 발생한다.
- 교류(AC)
  - 극성이 없다.
  - 전원 주파수의 $\frac{1}{2}$ 사이클마다 극성이 바뀐다.

39 가스가공에서 강제 표면의 홈, 탈탄층 등의 결함을 제거하기 위해 얇게 그리고 타원형 모양으로 표면을 깎아내는 가공법은?

① 가스 가우징   ② 분말 절단

③ 산소창 절단   ④ 스카핑

해설

스카핑(Scarfing)은 강괴나 강편, 강재 표면의 홈이나 개재물, 탈탄층 등을 제거하기 위한 불꽃 가공으로 가능한 얇으면서 타원형의 모양으로 표면을 깎아내는 가공법이다.

① 가스가우징 : 용접 결함이나 가접부 등의 제거를 위해 사용하는 방법으로, 가스 절단과 비슷한 토치를 사용해 용접부의 뒷면을 따내거나 U형이나 H형의 용접 홈을 가공하기 위하여 깊은 홈을 파내는 가공법

② 분말절단 : 철 분말이나 용제 분말을 절단용 산소에 연속적으로 혼입하여 그 산화열을 이용하여 절단하는 방법

③ 산소창 절단 : 가늘고 긴 강관(안지름 3.2~6mm, 길이 1.5~3m)을 사용해서 절단 산소를 큰 강괴의 중심부에 분출시켜 창으로 불리는 강관 자체가 함께 연소되면서 절단하는 방법

40 가스 침탄법의 특징에 대한 설명으로 틀린 것은?

① 침탄온도, 기체혼합비 등의 조절로 균일한 침탄층을 얻을 수 있다.

② 열효율이 좋고 온도를 임의로 조절할 수 있다.

③ 대량생산에 적합하다.

④ 침탄 후 직접 담금질이 불가능하다.

해설

가스침탄 후 직접 열처리가 가능하며 열처리 순서는 1차 담금질(기름 냉각) → 2차 담금질(수중 냉각) → 뜨임의 순으로 진행한다.

가스 침탄법의 특징

- 작업이 간편하고 열효율이 높다.
- 연속 침탄에 의해 대량생산이 가능하다.
- 열효율이 좋고 온도를 임의로 조절할 수 있다.
- 침탄온도, 기체혼합비, 공급량을 조절하여 균일한 침탄층을 얻는다.
- 가스 침탄 후 직접 열처리가 가능하며 1차 담금질(기름 냉각) → 2차 담금질(수중 냉각) → 뜨임의 순서로 진행한다.

41 다음 중 알루미늄 합금(Alloy)의 종류가 아닌 것은?

① 실루민(Silumin)

② Y합금

③ 로엑스(Lo-ex)

④ 인코넬(Inconel)

해설

인코넬은 내열성과 내식성이 우수한 니켈 합금의 일종이다.
알루미늄 합금의 종류 및 특징

분류	종류	구성 및 특징
주조용 (내열용)	실루민	• Al + Si(10~14% 함유), 알펙스로도 불린다. • 해수에 잘 침식되지 않는다.
	라우탈	• Al + Cu 4% + Si 5% • 열처리에 의하여 기계적 성질을 개량할 수 있다.
	Y합금	• Al + Cu + Mg + Ni • 피스톤, 실린더 헤드의 재료로 사용된다.
	로엑스 합금 (Lo-Ex)	• Al + Si 12% + Mg 1% + Cu 1% + Ni • 열팽창 계수가 작아서 엔진, 피스톤용 재료로 사용된다.
	코비탈륨	• Al + Cu + Ni에 Ti, Cu 0.2% 첨가 • 내연기관의 피스톤용 재료로 사용된다.
가공용	두랄루민	• Al + Cu + Mg + Mn • 고강도로서 항공기나 자동차용 재료로 사용된다.
	알클래드	고강도 Al합금에 다시 Al을 피복한 것이다.
내식성	알민	Al + Mn, 내식성, 용접성이 우수하다.
	알드레이	Al + Mg + Si, 강인성이 없고 가공변형에 잘 견딘다.
	하이드로날륨	Al + Mg, 내식성, 용접성이 우수하다.

42 다음 중 풀림의 목적이 아닌 것은?

① 결정립을 조대화시켜 내부응력을 상승시킨다.

② 가공경화 현상을 해소시킨다.

③ 경도를 줄이고 조직을 연화시킨다.

④ 내부응력을 제거한다.

해설

풀림은 재료 내부의 응력을 제거하고 조직을 연하고 균일화시킬 목적으로 실시하는 열처리조작으로 가공경화현상을 완화시킨다. 그러나 결정립 조대화나 내부응력을 상승시키지는 않는다.

※ 가공경화 : 재료를 가공·변형시키면서 재료의 경도가 증가되는 성질

열처리의 기본 4단계

• 담금질(Quenching) : 재질을 경화시킬 목적으로 강을 오스테나이트 조직의 영역으로 가열한 후 급랭시켜 강도와 경도를 증가시키는 열처리법이다.

• 뜨임(Tempering) : 담금질한 강을 A_1변태점(723℃) 이하로 가열 후 서랭하는 것으로 담금질로 경화된 재료에 인성을 부여하고 내부응력을 제거한다.

• 풀림(Annealing) : 재질을 연하고 균일화시킬 목적으로 실시하는 열처리법으로 완전풀림은 A_3변태점(968℃) 이상의 온도로, 연화풀림은 650℃ 정도의 온도로 가열한 후 서랭한다.

• 불림(Normalizing) : 담금질 정도가 심하거나 결정입자가 조대해진 강을 표준화조직으로 만들기 위하여 A_3점(968℃)이나 Acm(시멘타이트)점 이상의 온도로 가열 후 공랭시킨다.

43 저용융점 합금이 아닌 것은?

① 아연과 그 합금

② 금과 그 합금

③ 주석과 그 합금

④ 납과 그 합금

해설

금(Au)은 용융점이 1,063℃이므로 다른 금속에 비해 고용융점 합금에 속한다.

• 아연(Zn)의 용융점 : 420℃

• 주석(Sn)의 용융점 : 230℃

• 납(Pb)의 용융점 : 327℃

44 탄소가 0.25%인 탄소강이 0~500℃의 온도범위에서 일어나는 기계적 성질의 변화 중 온도가 상승함에 따라 증가되는 성질은?

① 항복점　　　　② 탄성한계
③ 탄성계수　　　　④ 연신율

해설
연신율은 재료의 늘어난 정도를 백분율로 나타낸 수치로서 온도가 상승함에 따라 재료의 성질은 연하게 되므로 연신율은 커진다. 항복점과 탄성한계, 탄성계수는 온도의 영향보다 탄소의 함유량에 의해 성질이 정해지는 금속의 특성들이다.

45 용접할 때 예열과 후열이 필요한 재료는?

① 15mm 이하 연강판
② 중탄소강
③ 18℃일 때 18mm 연강판
④ 순철판

해설
용접은 용접 중 갑작스럽게 발생되는 열에 의해 재료 내부에 응력을 발생시키며 조직을 변화시킨다. 또한 재료에 변형도 일으키기 때문에 용접 전이나 중, 후에 반드시 예열 및 후열처리를 실시해야 한다. 그러나 탄소의 함유량이 0.3% 이하인 연강이나 순철과 같은 저탄소강의 용접재료까지는 예열이나 후열처리를 할 필요는 없다.

46 철강에서 펄라이트 조직으로 구성되어 있는 강은?

① 경질강　　　　② 공석강
③ 강인강　　　　④ 고용체강

해설
공석강은 탄소의 함유량이 0.8%이며 모두 펄라이트 조직으로 이루어진 강(Steel)이다. 펄라이트 조직은 페라이트와 펄라이트의 혼합조직으로 질기고 강한 성질을 갖는다.

47 특수 주강 중 주로 롤러 등으로 사용되는 것은?

① Ni 주강　　　　② Ni-Cr 주강
③ Mn 주강　　　　④ Mo 주강

해설
특수 주강들 중에서 내마멸성과 인성이 요구되는 롤러용 재료로는 Mn 주강이 주로 사용된다.
특수 주강의 종류 및 특징

종류	특징
Ni 주강	0.15~0.45%의 탄소강에 1~3.5%의 Ni을 합금한 것으로 연신율의 저하를 막고 강도와 인성 그리고 내마멸성을 크게 한다. 철도나 선박의 부품용 재료로 사용된다.
Ni-Cr 주강	니켈에 의한 강인성과 크롬에 의한 강도 및 경도를 증가시킬 목적으로 Ni 1~4%, Cr 0.5~2%를 합금한 저합금 주강이다. 톱니바퀴나 캠 등 강도와 내마모성이 요구되는 부품에 사용된다.
Mn 주강	0.9~1.2%의 저Mn 주강은 제지용 기계부품이나 롤러의 재료로 사용되며, 해드필드강이라고도 불리는 12%의 고Mn 주강은 인성이 높고 내마멸성도 매우 크므로 분쇄기 롤러용으로 사용된다.
Mo 주강	Mo의 특성에 따라 내열성과 큰 경도가 요구되는 기계 부품용 재료로 사용된다.
Cr 주강	보통 주강에 3% 이하의 Cr을 첨가하면 강도와 내마멸성이 우수해져 철도나 선박용 부품에 사용되며, 10% 이상인 고크롬 주강은 내식성이 우수하여 화학용, 기계용 재료로 사용된다.

48 주철의 편상 흑연 결함을 개선하기 위하여 마그네슘, 세륨, 칼슘 등을 첨가한 것으로 기계적 성질이 우수하여 자동차 주물 및 특수 기계의 부품용 재료에 사용되는 것은?

① 미하나이트 주철
② 구상흑연 주철
③ 칠드 주철
④ 가단 주철

해설

구상흑연주철

불스아이 조직이 나타나는 주철로 Ni(니켈), Cr(크롬), Mo(몰리브덴), Cu(구리) 등을 첨가하여 재질을 개선한 것으로 노듈러 주철, 덕타일 주철로도 불린다. 내마멸성, 내열성, 내식성이 매우 우수하여 자동차용 주물이나 특수기계의 부품용, 주조용 재료로 쓰인다. 흑연을 구상화하는 방법은 황(S)이 적은 선철을 용해하여 주입 전에 Mg, Ce, Ca 등을 첨가하여 제조하는데 편상 흑연의 결함도 제거할 수 있다. 보통 주철에 비해 강력하고 점성이 강하다.

① 미하나이트주철 : 바탕이 펄라이트 조직으로 흑연이 미세하게 분포되어 있다. 인장강도가 350~450MPa인 이 주철은 담금질이 가능하고 인성과 연성이 대단히 크며, 두께 차이에 의한 성질의 변화가 매우 작아서 내마멸성을 요구하는 공작기계의 안내면이나 강도를 요하는 내연기관의 실린더용 재료로 사용된다.

③ 칠드 주철 : 주조 시 주형에 냉금을 삽입하여 주물을 급랭시켜 표면은 경화시키고 내부는 본래의 연한 조직으로 남게 하는 내마모성 주철이다. 칠드된 부분은 시멘타이트 조직으로 되어 경도가 크고, 내마멸성과 압축강도도 커져서 기차바퀴나 분쇄기의 롤러용 재료로 사용된다.

※ 냉금 : 부분적인 온도차를 감소시키고, 각부의 응고와 수축을 조절하기 위해 쓰이는 금속재료

④ 가단 주철 : 회주철의 결점을 보완한 것으로 백주철의 주물을 장시간 열처리하여 탈탄과 시멘타이트의 흑연화에 의해 연성을 갖게 하여 단조가공을 가능하게 한 주철이다. 탄소의 함량이 많아서 주조성이 우수하며 적당한 열처리에 의해 주강과 같은 강인한 조직이다.

49 18-8 스테인리스강의 조직으로 맞는 것은?

① 페라이트
② 오스테나이트
③ 펄라이트
④ 마텐자이트

해설

오스테나이트계 18-8형 스테인리스강은 일반 강(Steel)에 Cr-18%와 Ni-8%가 합금된 재료이다.

스테인리스강의 분류

구분	종류	주요성분	자성
Cr계	페라이트계 스테인리스강	Fe + Cr 12% 이상	자성체
	마텐자이트계 스테인리스강	Fe + Cr 13%	자성체
Cr + Ni계	오스테나이트계 스테인리스강	Fe + Cr 18% + Ni 8%	비자성체
	석출경화계 스테인리스강	Fe+Cr+Ni	비자성체

50 Ni-Cu계 합금에서 60~70% Ni합금은?

① 모넬메탈(Monel-metal)
② 어드밴스(Advance)
③ 콘스탄탄(Constantan)
④ 알민(Almin)

해설

모넬메탈은 Cu에 60~70%의 Ni이 합금된 재료로 내식성과 고온 강도가 높아서 화학 기계나 열기관, 터빈날개, 펌프의 임펠러용 재료로 사용된다.

② 어드밴스 : 44%의 Ni에 1%의 Mn을 합금한 재료로 전기 저항선용 재료로 많이 사용된다.

③ 콘스탄탄 : Cu에 Ni을 40~45% 합금한 재료로 온도변화에 영향을 많이 받으며 전기 저항성이 커서 저항선이나 전열선, 열전쌍의 재료로 사용된다.

④ 알민 : 내식용 알루미늄 합금으로 Al에 Mn을 합금한 재료이다. 내식성이 크고 용접성이 우수하다.

51 용접 보조기호 중 현장용접을 나타내는 기호는?

용접부 보조기호

구분	보조기호
현장 용접	▶
온 둘레 용접	○
온 둘레 현장 용접	⚑

52 2종류 이상의 선이 같은 장소에서 중복될 경우 다음 중 가장 우선적으로 그려야 할 선은?

① 중심선
② 숨은선
③ 무게 중심선
④ 치수 보조선

두 종류 이상의 선이 중복되는 경우 선의 우선순위
숫자나 문자 > 외형선 > 숨은선 > 절단선 > 중심선 > 무게 중심선 > 치수 보조선

53 도면에 리벳의 호칭이 'KS B 1102 보일러용 둥근 머리 리벳 13 × 30 SV 400'로 표시된 경우 올바른 설명은?

① 리벳의 수량 13개
② 리벳의 길이 30mm
③ 최대 인장강도 400kPa
④ 리벳의 호칭 지름 30mm

'13 × 30'에서 13은 리벳의 호칭지름이 13mm이고, 30은 리벳의 길이가 30mm, 'SV'는 리벳용 압연강재임을 나타낸다.
리벳의 호칭방법

재료	SV 400
호칭지름 × 길이	13 × 30
종류	보일러용 둥근 머리 리벳
규격 번호	KS B 1102

54 단면도의 표시방법에 관한 설명 중 틀린 것은?

① 단면을 표시할 때에는 해칭 또는 스머징을 한다.
② 인접한 단면의 해칭은 선의 방향 또는 각도를 변경하든지 그 간격을 변경하여 구별한다.
③ 절단했기 때문에 이해를 방해하는 것이나 절단하여도 의미가 없는 것은 원칙적으로 긴쪽 방향으로는 절단하여 단면도를 표시하지 않는다.
④ 개스킷 같이 얇은 제품의 단면은 투상선을 한 개의 가는 실선으로 표시한다.

단면도를 표시할 때 개스킷과 같이 두께가 얇은 제품의 단면은 투상선을 한 개의 굵은 실선으로 표시한다.

55 기계제도에서 도면에 치수를 기입하는 방법에 대한 설명으로 틀린 것은?

① 길이는 원칙으로 mm의 단위로 기입하고, 단위 기호는 붙이지 않는다.

② 치수의 자릿수가 많을 경우 세 자리마다 콤마를 붙인다.

③ 관련 치수는 되도록 한곳에 모아서 기입한다.

④ 치수는 되도록 주투상도에 집중하여 기입한다.

해설

치수 기입 시 주의사항

• 한 도면 안에서의 치수는 같은 크기로 기입한다.
• 각도를 라디안 단위로 기입하는 경우 그 단위 기호인 rad을 기입한다.
• cm나 m를 사용할 필요가 있는 경우는 반드시 cm나 m를 기입해야 한다.
• 길이 치수는 원칙적으로 mm의 단위로 기입하고, 단위 기호는 붙이지 않는다.
• 치수 숫자는 정자로 명확하게 치수선의 중앙 위쪽에 약간 띄어서 평행하게 표시한다.
• 치수 숫자의 단위수가 많은 경우 3자리마다 숫자의 사이를 적당히 띄우고 콤마는 붙이지 않는다.
• 숫자와 문자는 고딕체를 사용하고, 도면과 투상도의 크기에 따라 알맞은 크기와 굵기를 선택한다.
• 각도 치수는 일반적으로 도의 단위로 기입하고, 필요한 경우 분, 초를 병용할 수 있으며 도, 분, 초 등의 단위를 기입한다.

56 그림은 투상법의 기호이다. 몇 각법을 나타내는 기호인가?

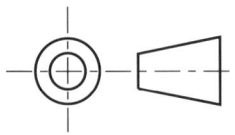

① 제1각법
② 제2각법
③ 제3각법
④ 제4각법

해설

제1각법과 제3각법

제1각법	제3각법
눈 → 물체 → 투상면	눈 → 투상면 → 물체

※ 3각법의 투상방법은 눈 → 투상면 → 물체로서, 당구에서 3쿠션을 연상시키면 그림의 좌측을 당구공, 우측을 당구 큐대로 생각하면 암기하기 쉽다. 1각법은 공의 위치가 반대가 된다.

57 배관도에서 사용된 밸브 표시가 올바른 것은?

① 밸브 일반 – ▷◁

② 게이트밸브 – ▶●◁

③ 나비밸브 – ◁

④ 체크밸브 – ∕∖

체크밸브는 유체의 흐름을 한쪽 방향으로만 흐르도록 제어하는 밸브로서 ──∕∖──, ──▷◁── 와 같이 2가지로 표현할 수 있다.

밸브 및 콕의 표시 방법

밸브일반	▷◁	전자밸브	Ⓢ▷◁
글로브밸브	▶●◁	전동밸브	Ⓜ▷◁
체크밸브	∕∖ ▷◀	콕 일반	▷○◁
슬루스밸브 (게이트밸브)	▶●◁	닫힌 콕 일반	▶●◁
앵글밸브	↗	닫혀 있는 밸브 일반	▶◀
3방향 밸브	▷◁	볼밸브	▷⊗◁
안전밸브 (스프링식)	∕⧧	안전밸브(추식)	⌐◦
공기빼기밸브	◇	버터플라이 밸브(나비밸브)	╲●╱

58 그림과 같은 정면도와 우측면도에 가장 적합한 평면도는?

정면도   우측면도

평면도란 물체를 위에서 바라본 형상으로 정면도의 우측면과 우측면도의 좌측면을 통해서 물체 내부의 가운데 부분에 빈 공간이 있는 것을 유추하면 우측 상단에서 좌측 하단으로 이어지는 대각선으로 점선이 그려진 ③번이 정답임을 알 수 있다. 한국산업인력공단에서는 ②번도 복수정답 처리를 하였다.

59 전개도는 대상물을 구성하는 면을 평면 위에 전개한 그림을 의미하는데, 원기둥이나 각기둥의 전개에 가장 적합한 전개도법은?

① 평행선 전개도법

② 방사선 전개도법

③ 삼각형 전개도법

④ 사각형 전개도법

전개도법의 종류

종류	의미
평행선법	삼각기둥, 사각기둥과 같은 여러 가지의 각기둥과 원기둥을 평행하게 전개하여 그리는 방법
방사선법	삼각뿔, 사각뿔 등의 각뿔과 원뿔을 꼭짓점을 기준으로 부채꼴로 펼쳐서 전개도를 그리는 방법
삼각형법	꼭짓점이 먼 각뿔, 원뿔 등을 해당 면을 삼각형으로 분할하여 전개도를 그리는 방법

60 다음 중 일반구조용 탄소 강관의 KS 재료 기호는?

① SPP   ② SPS

③ SKH   ④ STK

④ STK : 일반구조용 탄소강관
① SPP : 배관용 탄소 강판
② SPS : 스프링용강
③ SKH : 고속도 공구강재

01 가연성 가스로 스파크 등에 의한 화재에 대하여 가장 주의해야 할 가스는?

① C_3H_8 ② CO_2
③ He   ④ O_2

해설

C_3H_8은 프로판으로 가스 누출 시 스파크(불꽃)에 의한 폭발의 위험성이 있기 때문에 누출되지 않도록 주의해야 한다.
① C_3H_8(프로판) : LPG가스(액화석유가스)의 주성분으로 가솔린을 제조할 때 만들어지는 부산물이다. 원유나 천연가스 속에 용해되어 있다.
② CO_2(이산화탄소) : 산소와는 반대로 연소를 방해하기 때문에 소화기의 약제로 사용한다.
③ He(헬륨) : 불활성 가스로 다른 금속이나 스파크에 의해 반응하지 않기 때문에 폭발의 위험성은 없다.
④ O_2(산소) : 조연성 가스에 속하며 연소를 도와주는 역할을 한다.

가스의 분류

조연성 가스	다른 연소 물질이 타는 것을 도와주는 가스	산소, 공기
가연성 가스 (연료 가스)	산소나 공기와 혼합하여 점화하면 빛과 열을 내면서 연소하는 가스	아세틸렌, 프로판, 메탄, 부탄, 수소
불활성 가스	다른 물질과 반응하지 않는 기체	아르곤, 헬륨, 네온

02 용접 시 냉각속도에 관한 설명 중 틀린 것은?

① 예열을 하면 냉각속도가 완만하게 된다.
② 얇은 판보다는 두꺼운 판이 냉각속도가 크다.
③ 알루미늄이나 구리는 연강보다 냉각속도가 느리다.
④ 맞대기 이음보다는 T형 이음이 냉각속도가 크다.

해설

AI이나 Cu는 Fe보다 열전도율이 더 크기 때문에 냉각속도도 더 빠르다.

열전도율의 크기 순서

Ag > Cu > Au > Al > Mg > Zn > Ni > Fe > Pb

03 용접 전류가 낮거나 운봉 및 유지 각도가 불량할 때 발생하는 용접 결함은?

① 용락   ② 언더컷
③ 오버랩   ④ 선상조직

해설

용접 전류가 낮거나 용접봉의 운봉각과 유지각이 불량할 때는 오버랩(Overlap) 불량이 발생하며, 이를 방지하기 위해서는 전류를 높이거나 용접봉의 운봉 및 유지각을 알맞게 조절하고 용접조건에 알맞은 용접봉을 사용해야 한다.

용접부 결함과 방지 대책

모양	원인	방지대책
언더컷	• 전류가 높을 때 • 아크 길이가 길 때 • 용접 속도가 빠를 때 • 운봉 각도가 부적당할 때 • 부적당한 용접봉을 사용할 때	• 전류를 낮춘다. • 아크 길이를 짧게 한다. • 용접 속도를 알맞게 한다. • 운봉 각도를 알맞게 한다. • 알맞은 용접봉을 사용한다.
오버랩	• 전류가 낮을 때 • 운봉, 작업각, 진행각과 같은 유지각도가 불량할 때 • 부적당한 용접봉을 사용할 때	• 전류를 높인다. • 작업각과 진행각을 조정한다. • 알맞은 용접봉을 사용한다.
용입 불량	• 이음 설계에 결함이 있을 때 • 용접 속도가 빠를 때 • 전류가 낮을 때 • 부적당한 용접봉을 사용할 때	• 치수를 크게 한다. • 용접 속도를 적당히 조절한다. • 전류를 높인다. • 알맞은 용접봉을 사용한다.
균열	• 이음부의 강성이 클 때 • 부적당한 용접봉을 사용할 때 • C, Mn 등 합금성분이 많을 때 • 과대 전류, 용접 속도가 클 때 • 모재에 유황 성분이 많을 때	• 예열이나 피닝처리를 한다. • 알맞은 용접봉을 사용한다. • 예열 및 후열처리를 한다. • 전류 및 용접 속도를 알맞게 조절한다. • 저수소계 용접봉을 사용한다.

모양	원인	방지대책
기공	• 수소나 일산화탄소 가스가 과잉으로 분출될 때 • 용접 전륫값이 부적당할 때 • 용접부가 급속히 응고될 때 • 용접 속도가 빠를 때 • 아크길이가 부적절할 때	• 건조된 저수소계 용접봉을 사용한다. • 전류 및 용접 속도를 알맞게 조절한다. • 이음 표면을 깨끗하게 하고 예열한다.
슬래그 혼입	• 전류가 낮을 때 • 용접 이음이 부적당할 때 • 운봉 속도가 너무 빠를 때 • 모든 층의 슬래그 제거가 불완전할 때	• 슬래그를 깨끗이 제거한다. • 루트 간격을 넓게 한다. • 전류를 약간 높게 하며 운봉 조작을 적절하게 한다. • 슬래그를 앞지르지 않도록 운봉속도를 유지한다.

04 서브머지드 아크 용접기에서 다전극 방식에 의한 분류에 속하지 않는 것은?

① 푸시풀식
② 탠덤식
③ 횡병렬식
④ 횡직렬식

해설
서브머지드 아크 용접(SAW)에서 2개 이상의 전극와이어를 사용하여 한꺼번에 많은 양의 용착금속을 얻을 수 있는 다전극 용극 방식에는 탠덤식, 횡병렬식, 횡직렬식이 있다.

05 용접 이음을 설계할 때 주의사항으로 틀린 것은?

① 구조상의 노치부를 피한다.
② 용접 구조물의 특성 문제를 고려한다.
③ 맞대기 용접보다 필릿 용접을 많이 하도록 한다.
④ 용접성을 고려한 사용 재료의 선정 및 열 영향 문제를 고려한다.

해설
용접 이음을 설계할 때 응력 집중을 막기 위해서는 구조상에 노치부가 없어야 한다. 필릿 용접보다는 맞대기 용접으로 설계하여 용융되어 접합되는 면적을 더 크게 하여 용접 강도를 높여야 한다. 또한 용접성을 위한 재료의 선정과 발생열이 재료에 미치는 영향 등도 고려 대상이다.

06 용접현장에서 지켜야 할 안전 사항 중 잘못 설명한 것은?

① 탱크 내에서는 혼자 작업한다.
② 인화성 물체 부근에서는 작업을 하지 않는다.
③ 좁은 장소에서의 작업 시는 통풍을 실시한다.
④ 부득이 가연성 물체 가까이서 작업시는 화재 발생 예방 조치를 한다.

해설
저장탱크와 같이 밀폐된 공간에서 용접할 때는 작업자가 발생가스에 의해 질식되는 사고가 발생할 수 있으므로 반드시 보조 작업자와 함께 작업을 실시해야 한다. 또한 작업 전이나 중, 후에는 반드시 내부를 환기시켜야 한다.

07 용접 후 인장 또는 굴곡시험으로 파단시켰을 때 은점을 발견할 수 있는데 이 은점을 없애는 방법은?

① 수소 함유량이 많은 용접봉을 사용한다.
② 용접 후 실온으로 수 개월간 방치한다.
③ 용접부를 염산으로 세척한다.
④ 용접부를 망치로 두드린다.

해설
용접 후 용접부에 은점이 발생되었다면 이것은 수소(H_2)가스와 용융금속 간의 반응에 의한 것으로 이 결함을 없애기 위해서는 실온(약 24℃)에서 수 개월간 방치하면 된다.

08 이산화탄소의 특징이 아닌 것은?

① 색, 냄새가 없다.

② 공기보다 가볍다.

③ 상온에서도 쉽게 액화한다.

④ 대기 중에서 기체로 존재한다.

> **해설**
> 이산화탄소(탄산가스)가스의 특징
> • 상온에서도 쉽게 액화한다.
> • 투명하며 무미하고 무취하다.
> • 공기보다 1.53배, 아르곤보다 1.38배 무겁다.
> • 압축 냉각을 하면 액화되어 고압 용기에 쉽게 채워진다.
> • 농도가 짙은 이산화탄소가 공기 중에 노출되면 눈, 코, 입에 자극이 느껴진다.
> • 분출량은 이음형상, 노즐과 모재 간 거리, 작업 시 바람의 방향, 풍속 등에 의해 결정되며 일반적으로 20L/min 전후이다.

09 용접기의 구비조건에 해당되는 사항으로 옳은 것은?

① 사용 중 용접기 온도 상승이 커야 한다.

② 용접 중 단락되었을 경우 대전류가 흘러야 된다.

③ 소비전력이 큰 역률이 좋은 용접기를 구비한다.

④ 무부하 전압을 최소로하여 전격기의 위험을 줄인다.

> **해설**
> 아크 용접기는 아크의 안정을 위해 적당한 무부하 전압은 필요하므로 최소로 하여 전격의 위험을 줄여야 한다.
> **아크 용접기의 구비조건**
> • 내구성이 좋아야 한다.
> • 역률과 효율이 높아야 한다.
> • 구조 및 취급이 간단해야 한다.
> • 사용 중 온도 상승이 적어야 한다.
> • 단락되는 전류가 크지 않아야 한다.
> • 전격방지기가 설치되어 있어야 한다.
> • 아크발생이 쉽고 아크가 안정되어야 한다.
> • 아크 안정을 위해 외부 특성 곡선을 따라야 한다.
> • 전류 조정이 용이하고 전류가 일정하게 흘러야 한다.
> • 아크길이의 변화에 따라 전류의 변동이 적어야 한다.
> • 적당한 무부하 전압이 있어야 한다(AC : 70∼80V, DC : 40∼60V).

10 주성분이 은, 구리, 아연의 합금인 경납으로 인장강도, 전연성 등의 성질이 우수하여 구리, 구리합금, 철강, 스테인리스강 등에 사용되는 납재는?

① 양은납   ② 알루미늄납

③ 은납   ④ 내열납

> **해설**
> 경납용 용제에 속하는 은납은 은, 구리, 아연의 합금으로 인장강도와 전연성이 우수하여 구리나 구리합금, 철강, 스테인리스강의 접합에 사용된다.

11 용접부의 검사법 중 기계적 시험이 아닌 것은?

① 인장시험   ② 부식시험

③ 굽힘시험   ④ 피로시험

> **해설**
> 부식시험은 화학적 시험법에 속하며 재료의 조직검사를 목적으로 실시한다.
> **용접부 검사 방법의 종류**

비파괴 시험	내부결함	방사선 투과 시험(RT)
		초음파 탐상 시험(UT)
	표면결함	외관검사(VT)
		자분탐상검사(MT)
		침투탐상검사(PT)
		누설검사(LT)
파괴시험 (기계적 검사)	인장시험	인장강도, 항복점, 연신율 계산
	굽힘시험	연성의 정도 측정
	충격시험	인성과 취성의 정도 측정
	경도시험	외력에 대한 저항의 크기 측정
	매크로시험	조직검사
	피로시험	반복적인 외력에 대한 저항력 측정

12 용접을 크게 분류할 때 압접에 해당되지 않는 것은?

① 저항용접   ② 초음파용접

③ 마찰용접   ④ 전자빔용접

해설

전자빔용접은 고밀도로 집속되고 가속화된 전자 빔을 높은 진공 속에서 용접물에 고속도로 조사시키면 빛과 같은 속도로 이동한 전자가 용접물에 충돌하면서 전자의 운동에너지를 열에너지로 변환시켜 국부적으로 고열을 발생시키는데, 이때 생긴 열원으로 용접부를 용융시켜 용접하는 방식이다. 따라서 전자빔용접은 융접에 속한다.

13 CO_2가스 아크 용접장치 중 용접전원에서 박판 아크 전압을 구하는 식은?(단, I는 용접 전류의 값이다)

① $V = 0.04 \times I + 15.5 \pm 1.5$

② $V = 0.004 \times I + 155.5 \pm 11.5$

③ $V = 0.05 \times I + 11.5 \pm 2$

④ $V = 0.005 \times I + 111.5 \pm 2$

해설

CO_2용접의 재료 두께별 아크 전압(V) 구하는 식

박판의 아크전압(V)	0.04×용접전류(I)+(15.5±10%)
	0.04×용접전류(I)+(15.5±1.5)
후판의 아크전압(V)	0.04×용접전류(I)+(20±10%)
	0.04×용접전류(I)+(20±2)

14 가스 중에서 최소의 밀도로 가장 가볍고 확산속도 가 빠르며, 열전도가 가장 큰 가스는?

① 수소   ② 메탄

③ 프로판   ④ 부탄

해설

수소(H_2)가스는 다른 가스에 비해 밀도가 작고 가벼워서 확산속도 가 빠르며 열전도성도 가장 크기 때문에 폭발했을 때 그 위험성이 더 크다.

15 다음 중 비용극식 불활성 가스 아크 용접은?

① GMAW   ② GTAW

③ MMAW   ④ SMAW

해설

② GTAW(Gas Tungsten Arc Welding) : 텅스텐봉을 전극으로 사용하고 Ar을 보호가스로 사용하며 별도로 용가재를 용융지 에 넣어주면서 용접하는 비용극식 용접법으로 TIG용접이 이에 속한다.

① GMAW(Gas Metal Arc Welding) : 용가재인 와이어 자체가 전극이 되어 모재와의 사이에서 아크를 발생시키면서 접합하 는 방법이므로 용극식 용접법에 속하며 MIG나 MAG, CO_2가스 아크 용접이 이에 속한다.

③ MMAW(Manual Metal Arc Welding) : 금속재료에만 아크를 발생시켜 용접하는 용극식 용접법이다. 일반적으로는 SMAW 가 MMAW를 포함하는 의미로 사용된다.

④ SMAW(Shielded Metal Arc Welding) : 보통 전기용접이라고 불리며 피복봉을 사용하는 용극식 용접법이다.

용극식 용접법	용가재인 와이어 자체가 전극이 되어 모재와의 사이에서 아크를 발생시키면서 접합하는 방법
비용극식 용접법	텅스텐 전극봉을 사용하여 아크를 발생시키고 이 아크에 용가재인 용접봉을 아크열로 녹이면서 용접 하는 방법

16 알루미늄 분말과 산화철 분말을 1 : 3의 비율로 혼 합하고, 점화제로 점화하면 일어나는 화학반응은?

① 테르밋반응

② 용융반응

③ 포정반응

④ 공석반응

해설

테르밋반응은 금속 산화물과 알루미늄이 반응하여 열과 슬래그를 발생시키는 것으로 화학반응에 속한다.

테르밋 용접 : 알루미늄 분말과 산화철을 1 : 3의 비율로 혼합하여 테르밋제를 만든 후 냄비의 역할을 하는 도가니에 넣어 약 1,000℃ 로 점화하면 약 2,800℃의 열이 발생되면서 용접용 강이 만들어지 게 되는데 이 강을 용접부에 주입하면서 용접하는 방법이다.

17 전기 저항 점 용접 작업 시 용접기에서 조정할 수 있는 3대 요소에 해당하지 않는 것은?

① 용접 전류
② 전극 가압력
③ 용접 전압
④ 통전시간

해설
저항용접의 3요소
• 용접 전류
• 가압력
• 통전시간

18 다음 보기와 같은 용착법은?

┌─ 보기 ─────────────────────────────┐
│   ① ④ ② ⑤ ③   │
│   → → → → →   │
└───────────────────────────────────────┘

① 대칭법
② 전진법
③ 후진법
④ 스킵법

해설
비석법으로도 불리는 스킵법은 용접부 전체의 길이를 5개 부분으로 나누어 놓고 1-4-2-5-3순으로 용접하는 방법으로 용접부에 잔류응력을 적게 해야 할 경우에 사용하는 용착법이다.
용착법의 종류

구 분	종류	
	전진법	**후퇴법**
용접 방향에 의한 용착법	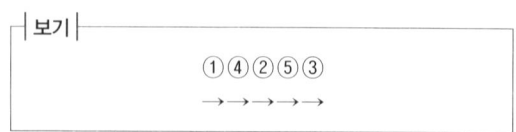 1 2 3 4 5	5 4 3 2 1
	대칭법	**스킵법(비석법)**
	4 2 1 3	1 4 2 5 3
	빌드업법(덧살올림법)	**캐스케이드법**
다층 비드 용착법	4 / 3 / 2 / 1	4 / 3 / 2 / 1
	전진블록법	
	4 8 12 / 3 7 11 / 2 6 10 / 1 5 9	

19 불활성 가스 아크 용접에 관한 설명으로 틀린 것은?

① 아크가 안정되어 스패터가 적다.
② 피복제나 용제가 필요하다.
③ 열 집중성이 좋아 능률적이다.
④ 철 및 비철 금속의 용접이 가능하다.

해설
불활성 가스 아크 용접에는 TIG 용접과 MIG 용접이 속하는데 이들 용접에는 불활성 가스(Inert Gas)인 Ar을 보호가스로 사용하면서 피복되지 않은 용가재를 반드시 넣어주면서 용접해야 한다.
※ 불활성 가스란 다른 물질과 화학반응을 일으키기 어려운 가스로서 Ar(아르곤), He(헬륨), Ne(네온) 등이 있다.

20 초음파 탐상법에서 널리 사용되며 초음파의 펄스를 시험체의 한쪽면으로부터 송신하여 결함에코의 형태로 결함을 판정하는 방법은?

① 투과법
② 공진법
③ 침투법
④ 펄스 반사법

해설
초음파 탐상법의 종류
• 투과법 : 초음파 펄스를 시험체의 한쪽 면에서 송신하고 반대쪽 면에서 수신하는 방법
• 공진법 : 시험체에 가해진 초음파 진동수와 고유진동수가 일치할 때 진동 폭이 커지는 공진현상을 이용하여 시험체의 두께를 측정하는 방법
• 펄스 반사법 : 시험체 내로 초음파 펄스를 송신하고 내부 또는 바닥면에서 그 반사파를 탐지하는 결함에코의 형태로 내부 결함이나 재질을 조사하는 방법으로 현재 가장 널리 사용된다.

21 불활성 가스 금속 아크 용접에서 가스 공급계통의 확인 순서로 가장 적합한 것은?

① 용기 → 감압밸브 → 유량계 → 제어장치 → 용접토치
② 용기 → 유량계 → 감압밸브 → 제어장치 → 용접토치
③ 감압밸브 → 용기 → 유량계 → 제어장치 → 용접토치
④ 용기 → 제어장치 → 감압밸브 → 유량계 → 용접토치

해설
불활성가스 금속 아크 용접(MIG)에서 가스의 공급 순서
압력용기에서 나온 가스는 압력을 낮춰주는 감압밸브를 지나고
유량계를 통해 용접에 알맞은 유량으로 조정된 후 용접기의 제
어장치에 의해서 분출방식이 결정된 다음 최종적으로 용접토치
를 통해 분출된다.

아크 에어 가우징의 구성요소

• 가우징 머신
• 가우징 봉
• 가우징 토치
• 컴프레서(압축공기)

22 CO_2 가스 아크 용접에서 일반적으로 용접전류를 높게 할 때의 사항을 열거한 것 중 옳은 것은?

① 용접입열이 작아진다.
② 와이어의 녹아내림이 빨라진다.
③ 용착률과 용입이 감소한다.
④ 우수한 비드 형상을 얻을 수 있다.

해설
CO_2가스(이산화탄소, 탄산가스) 아크 용접에서 용접전류를 높게
하면 용가재인 와이어에 더 많은 열이 가해지므로 와이어의 용융속
도는 빨라진다.

24 두 개의 모재를 강하게 맞대어 놓고 서로 상대 운동을 주어 발생되는 열을 이용하는 방식은?

① 마찰 용접   ② 냉간 압접
③ 가스 압접   ④ 초음파 용접

해설
마찰 용접은 접합물을 강하게 맞대어 접촉시킨 후 서로 상대운동을
시키면 마찰열이 발생하는데 이 열에 의해서 접합하는 방법이다.

23 다음 중 아크 에어 가우징에 사용되지 않는 것은?

① 가우징 토치   ② 가우징 봉
③ 압축공기   ④ 열교환기

해설
아크 에어 가우징 : 탄소 아크 절단법에 고압(5~7kgf/cm²)의 압축공
기를 병용하는 방법이다. 용융된 금속에 탄소봉과 평행으로 분출하
는 압축공기를 전극 홀더의 끝부분에 위치한 구멍을 통해 연속해서
불어내어 홈을 파내는 방법으로 홈 가공이나 구멍 뚫기, 절단 작업에
사용된다. 또한 철이나 비철 금속에 모두 이용할 수 있으며, 가스
가우징보다 작업 능률이 2~3배 높고 모재에도 해를 입히지 않는다.

25 헬멧이나 핸드실드의 차광유리 앞에 보호유리를 끼우는 가장 타당한 이유는?

① 시력을 보호하기 위하여
② 가시광선을 차단하기 위하여
③ 적외선을 차단하기 위하여
④ 차광유리를 보호하기 위하여

해설
보호유리는 용접 작업 시 발생하는 스패터로부터 상대적으로 고가
인 차광유리를 보호하기 위하여 차광유리 앞에 끼운다.
※ 차광유리란 아크광선으로부터 눈을 보호해주는 특수 유리를
말한다.

26 수소 함유량이 타 용접봉에 비해서 $\frac{1}{10}$ 정도 현저하게 적고 특히 균열의 감수성이나 탄소, 황의 함유량이 많은 강의 용접에 적합한 용접봉은?

① E4301   ② E4313
③ E4316   ④ E4324

해설

저수소계 용접봉(E4316)은 석회석이나 형석을 주성분으로 한 피복제를 심선 위에 피복시킨 용접봉으로 수소의 함유량이 타 용접봉에 비해 $\frac{1}{10}$ 정도 적게 함유되어 있다. 보통 저탄소강의 용접에 사용되나 저합금강이나 중 · 고탄소강의 용접에도 사용할 수 있다.

피복아크 용접봉의 종류

일미 나이트계 (E4301)	• 일미나이트(TiO₂ · FeO)를 약 30% 이상 합금한 것으로 우리나라에서 많이 사용한다. • 일본에서 처음 개발한 것으로 작업성과 용접성이 우수하며 값이 저렴하여 철도나 차량, 구조물, 압력 용기에 사용된다. • 내균열성, 내가공성, 연성이 우수하여 25mm 이상의 후판용접도 가능하다.
라임 티타니아계 (E4303)	• E4313의 새로운 형태로 약 30% 이상의 산화타이타늄(TiO₂)과 석회석(CaCO₃)이 주성분이다. • 산화타이타늄과 염기성 산화물이 다량으로 함유된 슬래그 생성식이다. • 피복이 두껍고 전 자세 용접성이 우수하다. • E4313의 작업성을 따르면서 기계적 성질과 일미나이트계의 부족한 점을 개량하여 만든 용접봉이다. • 고산화타이타늄계 용접봉보다 약간 높은 전류를 사용한다.
고셀룰 로스계 (E4311)	• 피복제에 가스 발생제인 셀룰로스를 20~30% 정도를 포함한 가스 생성식 용접봉이다. • 발생 가스량이 많아 피복량이 얇고 슬래그가 적으므로 수직, 위보기 용접에서 우수한 작업성을 보인다. • 가스 생성에 의한 환원성 아크 분위기로 용착금속의 기계적 성질이 양호하며 아크는 스프레이 형상으로 용입이 크고 용융 속도가 빠르다. • 슬래그가 적어 비드 표면이 거칠고 스패터가 많다. • 사용 전류는 슬래그 실드계 용접봉에 비해 10~15% 낮게 하며 사용 전 70~100℃에서 30분~1시간 건조해야 한다. • 도금 강판, 저합금강, 저장탱크나 배관공사에 이용된다.

고산화 타이타늄계 (E4313)	• 균열에 대한 감수성이 좋아서 구속이 큰 구조물의 용접이나 고탄소강, 쾌삭강의 용접에 사용한다. • 피복제에 산화타이타늄(TiO₂)을 약 35% 정도 합금한 것으로 일반 구조용 용접에 사용된다. • 용접기의 2차 무부하 전압이 낮을 때에도 아크가 안정적이며 조용하다. • 스패터가 적고 슬래그의 박리성도 좋아서 비드의 모양이 좋다. • 저합금강이나 탄소량이 높은 합금강의 용접에 적합하다. • 다층 용접에서는 만족할 만한 품질을 만들지 못한다. • 기계적 성질이 다른 용접봉에 비해 약하고 고온 균열을 일으키기 쉬운 단점이 있다.
철분 저수소계 (E4326)	• E4316의 피복제에 30~50% 정도의 철분을 첨가한 것으로 용착속도가 크고 작업 능률이 좋다. • 용착금속의 기계적 성질이 양호하고 슬래그의 박리성이 저수소계 용접봉보다 좋으며 아래보기나 수평 필릿 용접에만 사용된다.
철분 산화타이 타늄계 (E4324)	• E4313의 피복제에 철분을 50% 정도 첨가한 것이다. • 작업성이 좋고 스패터가 적게 발생하나 용입이 얕다. • 용착금속의 기계적 성질은 E4313과 비슷하다.
저수소계 (E4316)	• 석회석이나 형석을 주성분으로 한 피복제를 사용한다. • 보통 저탄소강의 용접에 주로 사용되나 저합금강과 중, 고탄소강의 용접에도 사용된다. • 용착금속 중의 수소량이 타 용접봉에 비해 1/10 정도로 현저하게 적다. • 균열에 대한 감수성이 좋아 구속도가 큰 구조물이 용접이나 탄소 및 황의 함유량이 많은 쾌삭강의 용접에 사용한다. • 피복제는 습기를 잘 흡수하기 때문에 사용 전에 300~350℃에서 1~2시간 건조 후 사용해야 한다.
철분 산화철계 (E4327)	• 주성분인 산화철에 철분을 첨가한 것으로 규산염을 다량 함유하고 있어서 산성의 슬래그가 생성된다. • 아크가 분무상으로 나타나며 스패터가 적고 용입은 E4324보다 깊다. • 비드의 표면이 곱고 슬래그의 박리성이 좋아서 아래보기나 수평 필릿 용접에 많이 사용된다.

27 교류 아크용접기의 종류 중 조작이 간단하고 원격 조정이 가능한 용접기는?

① 가포화 리액터형 용접기
② 가동 코일형 용접기
③ 가동 철심형 용접기
④ 탭 전환형 용접기

해설

교류 아크용접기의 종류별 특징

종류	특징
가동 철심형	• 현재 가장 많이 사용된다. • 미세한 전류 조정이 가능하다. • 광범위한 전류의 조정이 어렵다. • 가동 철심으로 누설 자속을 가감하여 전류를 조정한다.
가동 코일형	• 아크 안정성이 크고 소음이 없다. • 가격이 비싸며 현재는 거의 사용되지 않는다. • 용접기의 핸들로 1차 코일을 상하로 이동시켜 2차 코일의 간격을 변화시켜 전류를 조정한다.
탭 전환형	• 주로 소형이 많다. • 탭 전환부의 소손이 심하다. • 넓은 범위의 전류 조정이 어렵다. • 코일의 감긴 수에 따라 전류를 조정한다. • 미세 전류의 조정 시 무부하 전압이 높아서 전격의 위험이 크다.
가포화 리액터형	• 조작이 간단하고 원격 제어가 된다. • 가변 저항의 변화로 전류의 조정이 가능하다. • 전기적 전류 조정으로 소음이 없고 기계의 수명이 길다.

28 산소-아세틸렌가스 불꽃 중 일반적인 가스 용접에는 사용하지 않고 구리, 황동 등의 용접에 주로 이용되는 불꽃은?

① 탄화 불꽃
② 중성 불꽃
③ 산화 불꽃
④ 아세틸렌 불꽃

해설

산소-아세틸렌가스 용접으로 구리나 황동과 같은 비철금속을 용접할 때는 아세틸렌가스보다 산소가스를 과잉으로 분출시켜 산화 불꽃을 만든 후 용접에 사용한다.

29 가연성 가스에 대한 설명 중 가장 옳은 것은?

① 가연성 가스는 CO_2와 혼합하면 더욱 잘 탄다.
② 가연성 가스는 혼합 공기가 적은 만큼 완전 연소한다.
③ 산소, 공기 등과 같이 스스로 연소하는 가스를 말한다.
④ 가연성 가스는 혼합한 공기와의 비율이 적절한 범위 안에서 잘 연소한다.

해설

가연성 가스는 산소나 공기와 혼합하여 점화원인 불꽃에 의해 탈 물질을 연소시키는 가스로 산소나 공기와의 비율을 알맞게 조절하면 연소효율을 높일 수 있다. 이산화탄소가스는 연소를 방해하는 성질을 갖는다.

30 고체 상태에 있는 두 개의 금속 재료를 융접, 압접, 납땜으로 분류하여 접합하는 방법은?

① 기계적인 접합법
② 화학적 접합법
③ 전기적 접합법
④ 야금적 접합법

해설

용접(야금적 접합법)과 기타 금속 접합법과의 차이점

구분	종류	장점 및 단점
야금적 접합법	용접(융접, 압접, 납땜)	• 결합부에 틈이 발생하지 않아서 이음효율이 좋다. • 영구적 결합법으로 한 번 결합 시 분리가 불가능하다.
기계적 접합법	리벳, 볼트, 나사, 핀, 키, 접어잇기	• 결합부에 틈이 발생하여 이음 효율이 좋지 않다. • 일시적 결합법으로 잘못 결합 시 수정이 가능하다.
화학적 접합법	본드와 같은 화학물질에 의한 접합	–

※ 야금이란 광석에서 금속을 추출하고 용융 후 정련하여 사용목적에 알맞은 형상으로 제조하는 기술인데 용접은 이 야금적 접합법에 속한다.

31 가스 용접용 토치의 팁 중 표준불꽃으로 1시간 용접 시 아세틸렌 소모량이 100L인 것은?

① 고압식 200번 팁

② 중압식 200번 팁

③ 가변압식 100번 팁

④ 불변압식 100번 팁

해설
가스용접용 토치 팁인 가변압식(프랑스식) 팁은 '100번 팁', '200번 팁'과 같이 나타내는데, '가변압식 100번 팁'이란 표준불꽃으로 1시간에 소비하는 아세틸렌가스의 양이 100L임을 나타내는 것이다.

32 수동 가스절단 작업 중 절단면의 윗 모서리가 녹아 둥글게 되는 현상이 생기는 원인과 거리가 먼 것은?

① 팁과 강판 사이의 거리가 가까울 때

② 절단가스의 순도가 높을 때

③ 예열 불꽃이 너무 강할 때

④ 절단속도가 너무 느릴 때

해설
가스 절단 중 모재의 윗면 모서리가 녹아서 둥글게 되는 현상은 모재에 열량을 크게 주었을 때 발생하는 것으로 팁과 강판 사이의 거리가 너무 가깝거나 예열 불꽃이 너무 강할 때, 절단속도가 너무 느릴 때 발생한다. 그러나 절단가스의 순도가 높으면 높을수록 모재를 깨끗한 단면으로 절단할 수 있으나 녹아서 둥글게 되는 현상과는 관련이 없다.

33 직류 아크용접기의 음(−)극에 용접봉을, 양(+)극에 모재를 연결한 상태의 극성을 무엇이라 하는가?

① 직류정극성

② 직류역극성

③ 직류음극성

④ 직류용극성

해설
직류 아크용접기의 극성 중에서 직류 정극성은 모재에 (+)전극을, 용접봉에는 (−)전극을 연결하는 방법으로 모재에서 열이 70% 발생하므로 용입을 깊게 할 수 있기 때문에 후판 용접도 가능하다.
아크 용접기의 극성

직류 정극성 (DCSP ; Direct Current Straight Polarity)	• 용입이 깊고 비드 폭이 좁다. • 용접봉의 용융속도가 느리다. • 후판(두꺼운 판) 용접이 가능하다. • 모재에는 (+)전극이 연결되며 70% 열이 발생하고, 용접봉에는 (−)전극이 연결되며 30% 열이 발생한다.
직류 역극성 (DCRP ; Direct Current Reverse Polarity)	• 용입이 얕고 비드 폭이 넓다. • 용접봉의 용융속도가 빠르다. • 박판(얇은 판) 용접이 가능하다. • 모재에는 (−)전극이 연결되며 30% 열이 발생하고, 용접봉에는 (+)전극이 연결되며 70% 열이 발생한다.
교류(AC)	• 극성이 없다. • 전원 주파수의 1/2사이클마다 극성이 바뀐다.

34 직류용접에서 발생되는 아크 쏠림의 방지 대책 중 틀린 것은?

① 큰 가접부 또는 이미 용접이 끝난 용착부를 향하여 용접할 것

② 용접부가 긴 경우 후퇴 용접법(Back Step Welding)으로 할 것

③ 용접봉 끝을 아크가 쏠리는 방향으로 기울일 것

④ 되도록 아크를 짧게 하여 사용할 것

해설

아크쏠림 방지대책
- 용접 전류를 줄인다.
- 교류용접기를 사용한다.
- 접지점을 2개 연결한다.
- 아크 길이는 최대한 짧게 유지한다.
- 접지부를 용접부에서 최대한 멀리한다.
- 용접봉 끝을 아크쏠림의 반대 방향으로 기울인다.
- 용접부가 긴 경우는 가용접 후 후진법(후퇴 용접법)을 사용한다.
- 받침쇠, 긴 가용접부, 이음의 처음과 끝에는 앤드 탭을 사용한다.

35 다음 중 주철 용접 시 주의사항으로 틀린 것은?

① 용접봉은 가능한 한 지름이 굵은 용접봉을 사용한다.

② 보수 용접을 행하는 경우는 결함부분을 완전히 제거한 후 용접한다.

③ 균열의 보수는 균열의 성장을 방지하기 위해 균열의 양 끝에 정지 구멍을 뚫는다.

④ 용접 전류는 필요 이상 높이지 말고 직선 비드를 배치하며, 지나치게 용입을 깊게 하지 않는다.

해설

주철에 사용하는 용접봉은 지름이 작은 것을 사용하여 가급적 모재에 주는 열량을 감소시켜 모재가 용융되어 아래로 흘러내리지 않도록 해야 한다.

36 아크 용접기의 구비조건으로 틀린 것은?

① 구조 및 취급이 간단해야 한다.

② 사용 중에 온도 상승이 커야 한다.

③ 전류 조정이 용이하고, 일정한 전류가 흘러야 한다.

④ 아크 발생 및 유지가 용이하고 아크가 안정되어야 한다.

해설

아크 용접기는 사용 중에 용접기 내부의 온도 상승이 작아야만 내부의 부품들이 안전하게 보호되고, 작업자가 오랜 시간 동안 사고나 고장 없이 사용할 수 있다.
※ 9번 해설 참조

37 아크용접에서 피복제의 역할이 아닌 것은?

① 전기 절연작용을 한다.

② 용착금속의 응고와 냉각속도를 빠르게 한다.

③ 용착금속에 적당한 합금원소를 첨가한다.

④ 용적(Globule)을 미세화하고, 용착효율을 높인다.

해설

피복제(Flux)는 용융금속에 떠 있는 불순물을 응집시켜 슬래그(Slag)를 형성시키는 역할을 한다. 이 슬래그(Slag)는 비중이 높아서 용융금속의 맨 위에 뜨게 되며 순수한 금속부터 응고가 시작되기 때문에 슬래그는 맨 마지막(비드 윗면)이 되서야 응고된다. 이렇게 먼저 응고된 용착금속을 슬래그가 이불처럼 덮고 있는 구조이기 때문에 용접부 금속의 냉각 속도가 느려진다.

38 철강을 가스절단하려고 할 때 절단조건으로 틀린 것은?

① 슬래그의 이탈이 양호하여야 한다.

② 모재에 연소되지 않는 물질이 적어야 한다.

③ 생성된 산화물의 유동성이 좋아야 한다.

④ 생성된 금속 산화물의 용융온도는 모재의 용융점 보다 높아야 한다.

철강을 가스절단으로 작업하고자 할 때는 절단 시 생성되는 금속 산화물의 용융온도가 모재의 용융온도보다 낮아야 한다.

39 수중 절단 작업을 할 때에는 예열 가스의 양을 공기 중의 몇 배로 하는가?

① 0.5~1배

② 1.5~2배

③ 4~8배

④ 9~16배

수중 절단에는 주로 수소(H_2)가스가 사용되며 예열 가스의 양은 공기 중의 4~8배로 한다.

40 18-8형 스테인리스 강의 특징을 설명한 것 중 틀린 것은?

① 비자성체이다.

② 18-8에서 18은 Cr%, 8은 Ni%이다.

③ 결정구조는 면심입방격자를 갖는다.

④ 500~800℃로 가열하면 탄화물이 입계에 석출 하지 않는다.

18-8형 스테인리스강은 오스테나이트계로써 18%의 Cr과 8%의 Ni이 합금된 재료로 결정구조는 면심입방격자(FCC ; Face Centered Cubic)이다. 500~800℃로 가열하면 탄화물이 결정립계에서 석출된다.
오스테나이트계 스테인리스강의 특징
• 비자성체이다.
• 비경화성이다.
• 내식성이 크다.
• 면심입방격자이다.
• 용접성이 좋지 않다.
• 염산이나 황산에 강하다.

41 산소나 탈산제를 품지 않으며, 유리에 대한 봉착성이 좋고 수소취성이 없는 시판동은?

① 무산소동   ② 전기동

③ 정련동   ④ 탈산동

① 무산소구리(무산소동) : Cu에 산소가 있으면 수소와의 반응으로 H_2O를 생성하면서 수소 취성을 일으키고, 내식성도 나빠지기 때문에 산소 함유량을 0.008% 이하가 되도록 탈산시킨 구리이다. 탈산제로는 P, Si, Mg, Ca, Li, Be, Ti, Zr 등이 사용된다. 산소나 탈산제를 함유하고 있지 않으므로 유리에 대한 봉착성이 우수하고 고온에서 수소 취성이 없는 것이 특징이다. 또한 용접성이 우수하여 가스관이나 열 교환관용 재료로 사용된다.
② 전기구리(전기동) : 전해정련에 의해서 제조한 순구리로서 전선용 재료로 사용한다. 도전율을 좋게 하기 위해서는 불순물이 적어야 하므로 전기 분해에 의해서 정련한 구리를 만드는데 이 구리를 전기동이라고 하며 순도는 99.8% 이상이다.
③ 정련구리(정련동) : 제련한 구리를 다시 정련 공정을 거쳐서 순도가 99.9% 이상으로 만든 고품위의 구리이다.
④ 탈산동(탈산구리)은 흡수한 산소를 인(P)으로 탈산시켜 산소를 0.01% 이하로 만든 구리(Copper, 동)이다.

42 Mg(마그네슘)의 융점은 약 몇 ℃인가?

① 650℃   ② 1,538℃

③ 1,670℃   ④ 3,600℃

해설

Mg(마그네슘)의 특징
• 용융점은 650℃이다.
• 조밀육방격자 구조이다.
• Al에 비해 약 35% 정도 가볍다.
• 냉간가공은 거의 불가능하다.
• 구상흑연주철의 첨가제로 사용된다.
• 비중이 1.74로 실용금속 중에서 가장 가볍다.
• 비강도가 우수하여 항공우주 부품용 재료로 사용된다.
• 항공기, 자동차부품, 구상흑연주철의 첨가제로 사용된다.
• 대기 중에서 내식성이 양호하나 산이나 염류(바닷물)에 침식되기 쉽다.

44 강재 부품에 내마모성이 좋은 금속을 용착시켜 경질의 표면층을 얻는 방법은?

① 브레이징(Brazing)

② 쇼트피닝(Shot Peening)

③ 하드 페이싱(Hard Facing)

④ 질화법(Nitriding)

해설

하드페이싱은 금속 표면에 스텔라이트나 경합금 등 내마모성이 좋은 금속을 용착시켜 표면에 경화층을 형성시키는 표면경화법이다.

① 브레이징 : 450℃ 이상에서 용융되는 용가재를 가지고 접합하고자 하는 모재의 용융점 이하에서 실시하는 것으로 모재는 상하지 않게 하면서 용가재(은납 등)에 열을 가해 녹인 후 이를 이용하여 두 모재를 접합하는 기술이다. 용접과 달리 브레이징은 모재의 용융점 이하에서 실시하므로 용가재만 녹이면 다시 분리가 가능하다.

② 쇼트피닝 : 강이나 주철제의 작은 강구(볼)를 고속으로 표면층에 분사하여 표면층을 가공 경화시키는 방법이다.

④ 질화법 : 재료의 표면경도를 향상시키기 위한 방법으로 암모니아(NH_3)가스의 영역 안에 재료를 놓고 약 500℃에서 50~100시간을 가열하면 재료 표면의 Al, Cr, Mo이 질화되면서 표면이 단단해지는 표면경화법이다.

43 용접금속의 용융부에서 응고 과정에 순서로 옳은 것은?

① 결정핵 생성 → 수지상정 → 결정경계

② 결정핵 생성 → 결정경계 → 수지상정

③ 수지상정 → 결정핵 생성 → 결정경계

④ 수지상정 → 결정경계 → 결정핵 생성

해설

용융금속이 응고할 때는 먼저 핵이 생기고, 이 핵을 중심으로 나뭇가지 모양의 수지상정(Dendrite)이 발달한다. 그런 다음 각각의 수지상정들이 결정을 이루며 결정립계인 결정경계가 만들어지면서 최종적으로는 금속의 결정입자가 구성(생성)된다.

용융금속의 응고과정
결정핵 생성 → 수지상 결정(수지상정) 형성 → 결정립계(결정경계) 형성 → 결정입자 구성

45 합금강이 탄소강에 비하여 좋은 성질이 아닌 것은?

① 기계적 성질 향상

② 결정입자의 조대화

③ 내식성, 내마멸성 향상

④ 고온에서 기계적 성질 저하 방지

해설

합금이란 순수한 금속에 특수 원소를 첨가하여 금속에 특수성을 부여하기 위한 것이기 때문에 합금강은 탄소강에 비해 결정입자가 미세해지므로 강도나 경도 등의 기계적 성질이 우수해진다.

46 용해 시 흡수한 산소를 인(P)으로 탈산하여 산소를 0.01% 이하로 한 것이며, 고온에서 수소 취성이 없고 용접성이 좋아 가스관, 열교환관 등으로 사용되는 구리는?

① 탈산구리
② 정련구리
③ 전기구리
④ 무산소구리

해설
구리는 동(Copper)으로도 불리는 데 탈산구리는 흡수한 산소를 인(P)으로 탈산시켜 산소의 함유량을 0.01% 이하로 만든 구리로서 산소나 탈산제를 함유하고 있지 않으므로 유리에 대한 봉착성이 우수하고 고온에서 수소 취성이 없다. 또한 용접성이 우수하여 가스관이나 열 교환관용 재료로 사용된다.

47 질량의 대소에 따라 담금질 효과가 다른 현상을 질량 효과라고 한다. 탄소강에 니켈, 크롬, 망간 등을 첨가하면 질량효과는 어떻게 변하는가?

① 질량효과가 커진다.
② 질량효과가 작아진다.
③ 질량효과는 변하지 않는다.
④ 질량효과가 작아지다가 커진다.

해설
탄소강을 담금질하였을 때 재료는 질량이나 크기에 따라 냉각속도가 다르기 때문에 경화의 깊이도 달라져 경도에 차이가 생기는데 이러한 현상을 질량효과라고 한다. 탄소강에 Ni, Cr, Mn을 첨가하면 담금질성이 좋아져서 담금질 깊이도 커지기 때문에 담금질 후 재료 안팎의 경도 차이가 없어서 질량효과는 작아진다.
※ 질량효과가 작다는 것은 재료의 크기가 커져도 재료 안팎의 경도 차이가 없이 담금질이 잘된다는 의미이다.

48 주철에 관한 설명으로 틀린 것은?

① 인장강도가 압축강도보다 크다.
② 주철은 백주철, 반주철, 회주철 등으로 나눈다.
③ 주철은 메짐(취성)이 연강보다 크다.
④ 흑연은 인장강도를 약하게 한다.

해설
주철은 일반 철강 재료보다 탄소의 함유량이 많기 때문에 압축강도는 크지만 인장강도는 작다.
주철의 특징
• 압축 강도와 경도가 크다.
• 기계 가공성이 좋고 값이 싸다.
• 고온에서 기계적 성질이 떨어진다.
• 용융점이 낮고 유동성이 좋아서 주조하기 쉽다.
• 주철 중 탄소의 흑연화를 위해서는 탄소량과 규소의 함량이 중요하다.
• 주철을 파면상으로 분류하면 백주철, 반주철, 회주철로 구분할 수 있다.
• 강에 비해 탄소의 함유량이 많기 때문에 취성과 경도가 커지고 인장강도는 작아진다.
• 고온에서 소성변형이 곤란하나 주조성이 우수하여 복잡한 형상을 쉽게 생산할 수 있다.

49 저합금강 중에서 연강에 비하여 고장력강의 사용 목적으로 틀린 것은?

① 재료가 절약된다.
② 구조물이 무거워진다.
③ 용접공수가 절감된다.
④ 내식성이 향상된다.

해설
고장력강이란 연강의 강도를 높이기 위해 합금원소를 소량으로 첨가한 것으로 인장강도가 50kgf/cm² 이상인 강을 말하는데, 보통 강보다 가벼우면서도 강도가 크기 때문에 구조물의 중량을 줄일 수 있다. 최근 자동차에 이와 같은 고장력강판의 사용 비율을 늘려서 충돌 시 탑승자의 안전성을 높이면서도 연비를 줄였다는 광고를 자주 접할 수 있다.

50

다음 중 주조상태의 주강품 조직이 거칠고 취약하기 때문에 반드시 실시해야 하는 열처리는?

① 침탄
② 풀림
③ 질화
④ 금속침투

주조한 강 제품(주강품)의 조직은 거칠고 외력에 취약하기 때문에 반드시 풀림처리를 해야 한다. 풀림(Annealing)처리는 재질을 연하고 균일화시킬 목적으로 실시하는 열처리법이다.

51

도면에 아래와 같이 리벳이 표시되었을 경우 올바른 설명은?

```
KS B 1101 둥근 머리 리벳 25×36 SWRM 10
```

① 호칭 지름은 25mm이다.
② 리벳이음의 피치는 400mm이다.
③ 리벳의 재질은 황동이다.
④ 둥근머리부의 바깥지름은 36mm이다.

둥근 머리 리벳의 호칭지름은 25mm이며 재료는 연강선재로 만들어졌다.
리벳의 호칭

규격 번호	종류
KS B 1101	둥근 머리 리벳
호칭지름×길이	재료
25×36	SWRM 10(연강선재)

52

기계제도에서 사용하는 선의 굵기의 기준이 아닌 것은?

① 0.9mm
② 0.25mm
③ 0.18mm
④ 0.7mm

KS 규격에 따른 선의 굵기 기준
0.18mm, 0.25mm, 0.35mm, 0.5mm, 0.7mm, 1mm

53

배관용 아크 용접 탄소강 강관의 KS 기호는?

① PW
② WM
③ SCW
④ SPW

재료 기호의 종류

명칭	기호	명칭	기호
탄소공구강	STC	기계구조용 탄소강재	SM
합금공구강	STS	일반구조용 압연강재	SS
탄소 주강품	SC	배관용 탄소 강판	SPP
탄소강 단강품	SF	배관용 탄소 강관	SPW
회주철품	GC	주강품	SCW
스프링용강	SPS	구상흑연 주철품	GCD
판스프링강	SPC	용접 구조용 압연강재	SM으로 표시되고 A, B, C의 순서로 용접성이 좋아진다.
니켈-크롬강	SNC	고속도 공구강재	SKH
니켈-크롬-몰리브덴강	SNCM	리벳용 압연강재	SV
보일러용 압연강재	SBB	보일러 및 압력용기 용강재	SBV
기계구조용 탄소강관	STKM	청동 합금 주물	BC3(CAC)
일반구조용 탄소강관	STK	인청동	PBC2
피아노선재	PWR	알루미늄 청동	ALBrC1
합판	PW	알루미늄 합금, 금형 안에서 Al을 성형한 것	ALDC1
화이트메탈	WM	알루미늄 합금주물	AC1A

54 기계제도 도면에서 't20'이라는 치수가 있을 경우 't'가 의미하는 것은?

① 모따기 ② 재료의 두께

③ 구의 지름 ④ 정사각형의 변

해설

't20'은 Thickness 20mm를 줄여서 표현한 것으로 재료의 두께(t)가 20mm임을 나타낸다.

치수 보조 기호의 종류

기호	구분	기호	구분
ϕ	지름	p	피치
Sϕ	구의 지름	$\overset{\frown}{50}$	호의 길이
R	반지름	$\underline{50}$	비례척도가 아닌 치수
SR	구의 반지름	$\boxed{50}$	이론적으로 정확한 치수
□	정사각형	(50)	참고 치수
C	45° 모따기	~~50~~	치수의 취소 (수정 시 사용)
t	두께	–	–

55 단면을 나타내는 해칭선의 방향이 가장 적합하지 않은 것은?

①   ②

③   ④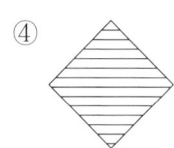

해설

단면도에는 필요한 경우 절단하지 않은 면과 구별하기 위해 해칭이나 스머징을 하는데, 해칭을 그릴 때는 45°의 가는 실선을 2~3mm 간격으로 사선을 그리며 경우에 따라 30°, 60°의 각도로도 가능하다. 그러나 ③번처럼 외형선과 같은 방향으로 해칭을 해서는 안 된다.

해칭	스머징
해칭은 45°의 가는 실선을 단면의 면적에 따라 2~3mm 간격으로 사선을 그리며, 경우에 따라서 30°, 60°로 변경해도 된다.	외형선 안쪽에 색칠한다.

56 그림은 배관용 밸브의 도시 기호이다. 어떤 밸브의 도시 기호인가?

① 앵글밸브　　② 체크밸브
③ 게이트밸브　　④ 안전밸브

해설
체크밸브는 유체의 흐름을 한쪽 방향으로만 흐르도록 제어하는 밸브로서 ⊥⊥⊥ , ⊥◄ 와 같이 2가지로 표현할 수 있다.

밸브 및 콕의 표시 방법

밸브일반	⋈	전자밸브	Ⓢ⋈
글로브밸브	⋈	전동밸브	Ⓜ⋈
체크밸브	⊥◄	콕 일반	⋈
슬루스밸브 (게이트밸브)	⋈	닫힌 콕 일반	◆◆
앵글밸브	△	닫혀 있는 밸브 일반	◆◆
3방향 밸브	⋈	볼밸브	⋈
안전밸브 (스프링식)	⋈	안전밸브(추식)	⋈
공기빼기밸브	◇	버터플라이밸브 (나비밸브)	

57 그림과 같이 제3각법으로 정면도와 우측면도를 작도할 때 누락된 평면도로 적합한 것은?

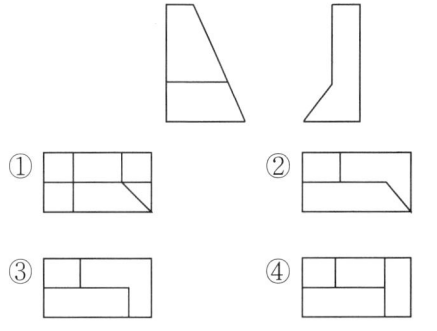

해설
물체를 위에서 바라보는 형상인 평면도는 우측면도의 왼쪽 하단부에 대각선으로 그려진 실선을 고려하면 평면도의 우측 하단부에 ②번과 같이 나타날 수 있음을 유추할 수 있다.

58 도면에서의 지시한 용접법으로 바르게 짝지어진 것은?

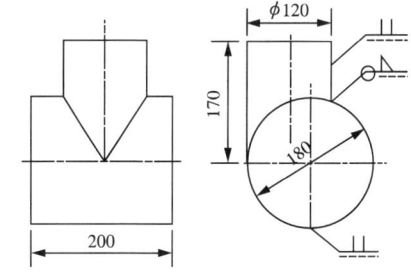

① 이면 용접, 필릿 용접
② 겹치기 용접, 플러그 용접
③ 평형 맞대기 용접, 필릿 용접
④ 심 용접, 겹치기 용접

해설
용접기호

용접기호	의미
⊥⊥⊥	화살표쪽으로 맞대기 용접
△	화살표쪽으로 필릿 용접

59 기계 제작 부품 도면에서 도면의 윤곽선 오른쪽 아래 구석에 위치하는 표제란을 가장 올바르게 설명한 것은?

① 품번, 품명, 재질, 주서 등을 기재한다.
② 제작에 필요한 기술적인 사항을 기재한다.
③ 제조 공정별 처리방법, 사용공구 등을 기재한다.
④ 도번, 도명, 제도 및 검도 등 관련자 서명, 척도 등을 기재한다.

해설
표제란에는 도면관리와 도면을 설명해주는 중요 사항인 도명, 도면 번호, 기업(소속명), 척도, 투상법, 작성연일, 설계자, 검도자, 재질, 수량 등을 기입한다.
※ 일반주서나 개별주서, 제작에 필요한 기술적인 사항, 사용 공구 등은 개별 부품도의 옆에 표시하거나 우측 중앙 부분에 '주서란'을 만들어 기입할 수도 있다.

60 그림과 같은 원추를 전개하였을 경우 전개면의 꼭지각이 180°가 되려면 ϕD의 치수는 얼마가 되어야 하는가?

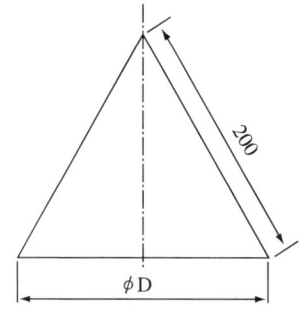

① $\phi 100$
② $\phi 120$
③ $\phi 180$
④ $\phi 200$

해설
전개면의 꼭지각(θ) 구하는 식

전개면의 꼭지각 $\theta = 360 \times \dfrac{r(\text{원의 반지름})}{l(\text{모선의 길이})}$

위 식을 이용해서 원의 지름(D)을 구하면

$180 = 360 \times \dfrac{r}{200}$

$180 \times 200 = 360r$

$\dfrac{180 \times 200}{360} = r$

$r = 100$

반지름(r)이 100mm이므로 지름(D)은 200mm가 된다.

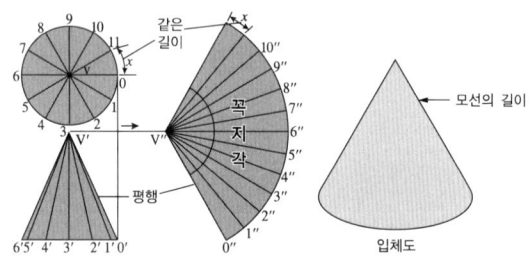

01 납땜 시 강한 접합을 위한 틈새는 어느 정도가 가장 적당한가?

① 0.02~0.10mm　　② 0.20~0.30mm

③ 0.30~0.40mm　　④ 0.40~0.50mm

해설

납땜 시 강한 접합을 위한 틈새는 0.02~0.1mm가 적당하다.

02 다음 중 맞대기 저항 용접의 종류가 아닌 것은?

① 업셋 용접　　② 프로젝션 용접

③ 퍼커션 용접　　④ 플래시 버트 용접

해설

용접법의 분류

03 MIG 용접에서 가장 많이 사용되는 용적 이행 형태는?

① 단락 이행　　② 스프레이 이행

③ 입상 이행　　④ 글로뷸러 이행

해설

MIG(Metal Inert Gas Arc Welding) 용접에서는 스프레이 이행 형태를 가장 많이 사용한다.

용적 이행 방식의 종류

이행 방식	이행 형태	특징
단락 이행 (Short Circuiting Transfer)		• 박판용접에 적합하다. • 입열량이 적고 용입이 얕다. • 저전류의 CO_2 및 MIG용접에서 솔리드 와이어를 사용할 때 발생한다.
입상 이행 (글로뷸러, Globular Transfer)		• 글로뷸(Globule)은 용융방울인 용적을 의미한다. • 깊고 양호한 용입을 얻을 수 있어서 능률적이나 스패터가 많이 발생한다. • 초당 90회 정도의 와이어보다 큰 용적으로 용융되어 모재로 이행된다.
스프레이 이행		• 용적이 작은 입자로 되어 스패터 발생이 적고 비드가 외관이 좋다. • 가장 많이 사용되는 것으로 아크기류 중에서 용가재가 고속으로 용융되어 미립자의 용적으로 분사되어 모재에 옮겨가면서 용착되는 용적이행이다. • 고전압, 고전류에서 발생하며, 아르곤가스나 헬륨가스를 사용하는 경합금 용접에서 주로 나타나며 용착속도가 빠르고 능률적이다.
맥동 이행 (펄스아크)		연속적으로 스프레이 이행을 사용할 때 높은 입열로 인해 용접부의 물성이 변화되었거나 박판 용접 시 용락으로 인해 용접이 불가능하게 되었을 때 낮은 전류에서도 스프레이 이행이 이루어지게 하여 박판용접을 가능하게 한다.

04 다음 중 용접부의 검사방법에 있어 비파괴 검사법이 아닌 것은?

① X선 투과 시험
② 형광침투 시험
③ 피로시험
④ 초음파 시험

해설

피로시험(Fatigue Test)은 재료의 강도시험으로 재료에 반복응력을 가했을 때 파괴되기까지의 반복하는 수를 구해서 응력(S)과 반복 횟수(N)와의 상관관계를 알 수 있는 것으로 파괴 시험법에 속한다.

비파괴 검사의 종류 및 검사방법

명칭	기호	검사방법
방사선 투과 시험	RT (Radiography Test)	용접부 뒷면에 필름을 놓고 용접물 표면에서 X선이나 γ선을 방사하여 용접부를 통과시키면, 금속 내부에 구멍이 있을 경우 그만큼 투과되는 두께가 얇아져서 필름에 방사선의 투과량이 그만큼 많아지게 되므로 다른 곳보다 검게 됨을 확인함으로써 불량을 검출하는 방법
침투 탐상 검사	PT (Penetrant Test)	• 검사하려는 대상물의 표면에 침투력이 강한 형광성 침투액을 도포 또는 분무하거나 표면 전체를 침투액 속에 침적시켜 표면의 흠집 속에 침투액이 스며들게 한 다음 이를 백색 분말의 현상액을 뿌려서 침투액을 표면으로부터 빨아내서 결함을 검출하는 방법 • 침투액이 형광물질이면 형광침투 탐상시험이라고 불린다.
초음파 탐상 검사	UT (Ultrasonic Test)	• 사람이 들을 수 없는 매우 높은 주파수의 초음파를 사용하여 검사 대상물의 형상과 물리적 특성을 검사하는 방법 • 4~5MHz 정도의 초음파가 경계면, 결함 표면 등에서 반사하여 되돌아오는 성질을 이용하는 방법으로 반사파의 시간과 크기를 스크린으로 관찰하여 결함의 유무, 크기, 종류 등을 검사하는 방법
와전류 탐상 검사	ET (Eddy Current Test)	도체에 전류가 흐르면 도체 주위에는 자기장이 형성되며, 반대로 변화하는 자기장 내에서는 도체에 전류가 유도된다. 표면에 흐르는 전류의 형태를 파악하여 검사하는 방법
자분 탐상 검사	MT (Magnetic Test)	철강 재료 등 강자성체를 자기장에 놓았을 때 시험편 표면이나 표면 근처에 균열이나 비금속 개재물과 같은 결함이 있으면 결함 부분에는 자속이 통하기 어려워 공간으로 누설되어 누설 자속이 생긴다. 이 누설 자속을 자분(자성 분말)이나 검사 코일을 사용하여 결함의 존재를 검출하는 방법
누설 검사	LT (Leaking Test)	탱크나 용기 속에 유체를 넣고 압력을 가하여 새는 부분을 검출함으로써 구조물의 기밀성, 수밀성을 검사하는 방법
육안검사 (외관 검사)	VT (Visual Test)	용접부의 표면이 좋고 나쁨을 육안으로 검사하는 것으로 가장 많이 사용하며 간편하고 경제적인 검사 방법

05 CO₂ 가스 아크 용접에서 솔리드 와이어에 비교한 복합와이어의 특징을 설명한 것으로 틀린 것은?

① 양호한 용착금속을 얻을 수 있다.
② 스패터가 많다.
③ 아크가 안정된다.
④ 비드 외관이 깨끗하며 아름답다.

해설

솔리드와이어와 복합와이어의 차이점

솔리드와이어	복합와이어
• 색이 까맣다. • 용가제인 와이어만으로 구성되어 있다. • 동일 전류에서 전류밀도가 작다. • 용착속도가 빠르고 용입이 깊다.	• 구리색이다. • 아크가 안정적이다. • 용착 속도가 빠르다. • 와이어 가격이 비싸다. • 스패터 발생량이 적다. • 비드 형상과 외관이 아름답다. • 동일전류에서 전류밀도가 높다. • 용제가 미리 심선 속에 들어 있다. • 다층 용접 시 슬래그 제거가 필요하다. • 탈산제, 아크안정제 등 합금원소가 포함된다.

06 다음 용접법 중 저항용접이 아닌 것은?

① 스폿용접
② 심용접
③ 프로젝션용접
④ 스터드용접

해설

스터드용접은 아크 용접법에 속한다.
※ 2번 해설 참조

07 아크 용접의 재해라 볼 수 없는 것은?

① 아크광선에 의한 전안염

② 스패터 비산으로 인한 화상

③ 역화로 인한 화재

④ 전격에 의한 감전

해설

역화란 가스용접 시 용접토치에 발생되는 이상 현상으로 아크 용접의 재해와는 거리가 멀다.

역화 : 토치의 팁 끝이 모재에 닿아 순간적으로 막히거나 팁의 과열 또는 사용가스의 압력이 부적당할 때 팁 속에서 폭발음을 내면서 불꽃이 꺼졌다가 다시 나타나는 현상이다.

08 다음 중 전자 빔 용접의 장점과 거리가 먼 것은?

① 고진공 속에서 용접을 하므로 대기와 반응되기 쉬운 활성 재료도 용이하게 용접된다.

② 두꺼운 판의 용접이 불가능하다.

③ 용접을 정밀하고 정확하게 할 수 있다.

④ 에너지 집중이 가능하기 때문에 고속으로 용접이 된다.

해설

전자 빔 용접의 장단점

장점	• 에너지 밀도가 크다. • 용접부의 성질이 양호하다. • 아크 용접에 비해 용입이 깊다. • 활성 재료가 용이하게 용접이 된다. • 고용융점 재료의 용접이 가능하다. • 아크빔에 의해 열의 집중이 잘된다. • 고속 절단이나 구멍 뚫기에 적합하다. • 얇은 판에서 두꺼운 판까지 용접할 수 있다(응용 범위가 넓다). • 높은 진공상태에서 행해지므로 대기와 반응하기 쉬운 재료도 용접이 가능하다. • 진공 중에서도 용접하므로 불순가스에 의한 오염이 적고 높은 순도의 용접이 된다. • 용접부가 작아서 용접부의 입열이 작고 용입이 깊어 용접 변형이 적고 정밀 용접이 가능하다.
단점	• 용접부에 경화 현상이 생긴다. • X선 피해에 대한 특수 보호 장치가 필요하다. • 진공 중에서 용접하기 때문에 진공 상자의 크기에 따라 모재 크기가 제한된다.

09 대상물에 감마선(γ선), 엑스선(X선)을 투과시켜 필름에 나타나는 상으로 결함을 판별하는 비파괴 검사법은?

① 초음파 탐상 검사   ② 침투 탐상 검사

③ 와전류 탐상 검사   ④ 방사선 투과 검사

해설

방사선 투과 검사(Radiography Test)는 비파괴 검사의 일종으로 용접부 뒷면에 필름을 놓고 용접물 표면에서 X선이나 γ선을 방사하여 용접부를 통과시키면, 금속 내부에 구멍이 있을 경우 그만큼 투과되는 두께가 얇아져서 필름에 방사선의 투과량이 그만큼 많아지게 되므로 다른 곳보다 검게 됨을 확인함으로써 불량을 검출하는 방법이다.

10 다음 그림 중에서 용접 열량의 냉각속도가 가장 큰 것은?

해설

냉각속도는 방열 면적이 클수록 빨라지는데, 보기 중에서 ④번의 방열 면적이 가장 크다.

11 MIG용접의 용적이행 중 단락 아크용접에 관한 설명으로 맞는 것은?

① 용적이 안정된 스프레이형태로 용접된다.

② 고주파 및 저전류 펄스를 활용한 용접이다.

③ 임계전류 이상의 용접 전류에서 많이 적용된다.

④ 저전류, 저전압에서 나타나며 박판용접에 사용된다.

해설

MIG용접에서 사용하는 용적 이행방식 중에서 단락이행(단락 아크 용접) 방식은 저전류, 저전압에서 나타나며 주로 박판용접에 사용된다.

12 용접결함 중 내부에 생기는 결함은?

① 언더컷   ② 오버랩

③ 크레이터 균열   ④ 기공

해설

기공은 용접부 내부에 기포가 생기는 불량이다.

모양	원인	방지대책
언더컷	• 전류가 높을 때 • 아크 길이가 길 때 • 용접 속도가 빠를 때 • 운봉 각도가 부적당할 때 • 부적당한 용접봉을 사용할 때	• 전류를 낮춘다. • 아크 길이를 짧게 한다. • 용접 속도를 알맞게 한다. • 운봉 각도를 알맞게 한다. • 알맞은 용접봉을 사용한다.
오버랩	• 전류가 낮을 때 • 운봉, 작업각, 진행각과 같은 유지각도가 불량할 때 • 부적당한 용접봉을 사용할 때	• 전류를 높인다. • 작업각과 진행각을 조정한다. • 알맞은 용접봉을 사용한다.
용입 불량	• 이음 설계에 결함이 있을 때 • 용접 속도가 빠를 때 • 전류가 낮을 때 • 부적한 용접봉을 사용할 때	• 치수를 크게 한다. • 용접속도를 적당히 조절한다. • 전류를 높인다. • 알맞은 용접봉을 사용한다.
균열	• 이음부의 강성이 클 때 • 부적당한 용접봉을 사용할 때 • C, Mn 등 합금성분이 많을 때 • 과대 전류, 용접 속도가 클 때 • 모재에 유황 성분이 많을 때	• 예열이나 피닝처리를 한다. • 알맞은 용접봉을 사용한다. • 예열 및 후열처리를 한다. • 전류 및 용접 속도를 알맞게 조절한다. • 저수소계 용접봉을 사용한다.
기공	• 수소나 일산화탄소 가스가 과잉으로 분출될 때 • 용접 전룻값이 부적당 할 때 • 용접부가 급속히 응고될 때 • 용접 속도가 빠를 때 • 아크길이가 부적절할 때	• 건조된 저수소계 용접봉을 사용한다. • 전류 및 용접 속도를 알맞게 조절한다. • 이음 표면을 깨끗하게 하고 예열을 한다.
슬래그 혼입	• 전류가 낮을 때 • 용접 이음이 부적당할 때 • 운봉 속도가 너무 빠를 때 • 모든 층의 슬래그 제거가 불완전할 때	• 슬래그를 깨끗이 제거한다. • 루트 간격을 넓게 한다. • 전류를 약간 높게 하며 운봉 조작을 적절하게 한다. • 슬래그를 앞지르지 않도록 운봉속도를 유지한다.

13 다음 중 불활성 가스 텅스텐 아크 용접에서 중간 형태의 용입과 비드 폭을 얻을 수 있으며, 청정 효과가 있어 알루미늄이나 마그네슘 등의 용접에 사용되는 전원은?

① 직류정극성

② 직류역극성

③ 고주파 교류

④ 교류 전원

해설

TIG용접에서 고주파 교류(ACHF)를 사용하면 직류정극성과 직류역극성의 중간 형태의 용입을 얻을 수 있다. 교류 사용 시 전극의 정류작용으로 아크가 안정하지 못해서 고주파 전류를 사용하는데 고주파 전류는 아크를 발생하기 쉽고 전극의 소모를 줄여 텅스텐봉의 수명을 길게 하는 장점이 있다.

고주파 교류(ACHF)의 특성

• 청정 효과가 있다.

• 전극의 수명을 길게 한다.

• 사용 전류의 범위가 크다.

• 긴 아크의 유지가 용이하다.

• 알루미늄이나 마그네슘의 용접에 사용된다.

• 직류정극성과 직류역극성의 중간 형태의 용입을 얻는다.

• 고주파 전원을 사용하므로 모재에 접촉시키지 않아도 아크가 발생한다.

14 용접용 용제는 성분에 의해 용접 작업성, 용착금속의 성질이 크게 변화하는데 다음 중 원료와 제조방법에 따른 서브머지드 아크 용접의 용접용 용제에 속하지 않는 것은?

① 고온 소결형 용제

② 저온 소결형 용제

③ 용융형 용제

④ 스프레이형 용제

해설

서브머지드 아크 용접에 사용하는 용제에는 용융형 용제와 소결형 용제가 있으며 제조 온도에 따라 저온 소결형과 고온 소결형으로 나뉘기도 한다. 그러나 서브머지드 아크 용접에 스프레이형 용제는 사용되지 않는다.

15 용접 시 발생하는 변형을 적게 하기 위하여 구속하고 용접하였다면 잔류응력은 어떻게 되는가?

① 잔류응력이 작게 발생한다.

② 잔류응력이 크게 발생한다.

③ 잔류응력은 변함없다.

④ 잔류응력과 구속용접과는 관계없다.

해설

철(Fe)은 열을 받으면 팽창하는 성질을 갖는다. 용접 시 발생하는 열 때문에 용접 구조물은 다소 팽창하게 되는데, 이때 구속된 용접물은 열에 의해 팽창하려는 힘과 구속하려는 힘 때문에 내부에 잔류응력이 더 크게 발생한다.

17 안전·보건 표지의 색채, 색도기준 및 용도에서 문자 및 빨간색 또는 노란색에 대한 보조색으로 사용되는 색채는?

① 파란색

② 녹색

③ 흰색

④ 검은색

해설

산업안전보건법에 따른 안전·보건표지의 색채, 색도기준 및 용도

색상	용도	사례
빨간색	금지	정지신호, 소화설비 및 그 장소, 유해행위 금지
	경고	화학물질 취급장소에서 유해·위험 경고
노란색	경고	화학물질 취급장소에서의 유해·위험 경고 이외의 위험 경고, 주의표지 또는 기계방호물
파란색	지시	특정 행위의 지시 및 사실의 고지
녹색	안내	비상구 및 피난소, 사람 또는 차량의 통행표지
흰색	–	파란색이나 녹색에 대한 보조색
검은색	–	문자 및 빨간색, 노란색에 대한 보조색

16 용접결함 중 균열의 보수방법으로 가장 옳은 방법은?

① 작은 지름의 용접봉으로 재용접한다.

② 굵은 지름의 용접봉으로 재용접한다.

③ 전류를 높게 하여 재용접한다.

④ 정지 구멍을 뚫어 균열 부분은 홈을 판 후 재용접한다.

해설

용접 결함 중에서 균열이 발생했다면 그 상태에서 보강 용접형태의 재용접을 하면 안 되며, 반드시 정지 구멍을 뚫어 균열 부분에 홈을 파는 등 결함 부분을 완전히 제거한 후에 재용접을 실시해야 한다.

18 감전의 위험으로부터 용접 작업자를 보호하기 위해 교류용접기에 설치하는 것은?

① 고주파 발생 장치

② 전격 방지 장치

③ 원격 제어 장치

④ 시간 제어 장치

해설

전격이란 갑자기 강한 전류를 느꼈을 때의 충격을 말한다. 용접기에는 작업자의 전격을 방지하기 위해 반드시 전격방지기를 용접기에 부착해야 한다. 전격방지기는 작업을 쉬는 동안에 2차 무부하 전압이 항상 25V 정도로 유지되도록 하여 전격을 방지할 수 있다.

19 산화하기 쉬운 알루미늄을 용접할 경우에 가장 적합한 용접법은?

① 서브머지드 아크용접
② 불활성가스 아크용접
③ CO_2 아크용접
④ 피복아크 용접

해설
산화하기 쉬운 알루미늄의 용접에는 청정작용이 있는 불활성가스 아크 용접(TIG 또는 MIG)이 가장 적합하다.

20 용접 홈의 형식 중 두꺼운 판의 양면 용접을 할 수 없는 경우에 가공하는 방법으로 한쪽 용접에 의해 충분한 용입을 얻으려고 할 때 사용되는 홈은?

① I형 홈
② V형 홈
③ U형 홈
④ H형 홈

해설
홈의 형상에 따른 특징

홈의 형상	특징
I형	• 가공이 쉽고 용착량이 적어서 경제적이다. • 판이 두꺼워지면 이음부를 완전히 녹일 수 없다.
V형	• 한쪽 방향에서 완전한 용입을 얻고자 할 때 사용한다. • 홈 가공이 용이하나 두꺼운 판에서는 용착량이 많아지고 변형이 일어난다.
X형	• 후판(두꺼운 판) 용접에 적합하다. • 홈가공이 V형에 비해 어렵지만 용착량이 적다. • 양쪽에서 용접하므로 완전한 용입을 얻을 수 있다.
U형	• 홈 가공이 어렵다. • 두꺼운 판에서 비드의 너비가 좁고 용착량도 적다. • 두꺼운 판을 한쪽 방향에서 충분한 용입을 얻고자 할 때 사용한다.
H형	두꺼운 판을 양쪽에서 용접하므로 완전한 용입을 얻을 수 있다.
J형	한쪽 V형이나 K형 홈보다 두꺼운 판에 사용한다.

21 금속산화물이 알루미늄에 의하여 산소를 빼앗기는 반응에 의해 생성되는 열을 이용하여 금속을 접합시키는 용접법은?

① 스터드 용접
② 테르밋 용접
③ 원자수소 용접
④ 일렉트로 슬래그 용접

해설
테르밋 용접은 금속 산화물과 알루미늄이 반응하여 열과 슬래그를 발생시키는 테르밋 반응을 이용하는 것이다. 먼저 알루미늄 분말과 산화철을 1 : 3의 비율로 혼합하여 테르밋제를 만든 후 냄비의 역할을 하는 도가니에 넣어 약 1,000℃로 점화하면 약 2,800℃의 열이 발생되면서 용접용 강이 만들어지게 되는데 이 강을 용접부에 주입하면서 용접하는 방법으로 차축이나 레일의 접합, 선박의 프레임 등 비교적 큰 단면을 가진 물체의 맞대기 용접과 보수용접에 주로 사용한다.
① 스터드 용접 : 점용접의 일부로서 봉재나 볼트 등의 스터드를 판 또는 프레임의 구조재에 직접 심는 능률적인 용접 방법이다. 여기서 스터드란 판재에 덧대는 물체인 봉이나 볼트 같이 긴 물체를 일컫는 용어이다.
③ 원자수소 용접 : 2개의 텅스텐 전극 사이에서 아크를 발생시키고 홀더의 노즐에서 수소가스를 유출시켜서 용접하는 방법으로 연성이 좋고 표면이 깨끗한 용접부를 얻을 수 있으나, 토치 구조가 복잡하고 비용이 많이 들기 때문에 특수 금속 용접에 적합하다.
④ 일렉트로 슬래그 용접 : 용융된 슬래그와 용융금속이 용접부에서 흘러나오지 못하도록 수랭동판으로 둘러싸고 이 용융 풀에 용접봉을 연속적으로 공급하는데 이때 발생하는 용융 슬래그의 저항열에 의하여 용접봉과 모재를 연속적으로 용융시키면서 용접하는 방법이다.

22 다음 그림과 같이 각 층마다 전체의 길이를 용접하면서 쌓아올리는 가장 일반적인 방법으로 주로 사용하는 용착법은?

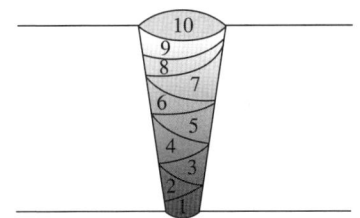

① 교호법 ② 덧살 올림법
③ 캐스케이드법 ④ 전진 블록법

해설

덧살올림법(빌드업 법)은 각 층마다 전체의 길이를 용접하면서 쌓아올리는 가장 일반적인 용착법이다.
용착법의 종류

구분	종류	
용접 방향에 의한 용착법	전진법	후퇴법
	1 2 3 4 5 →	← 5 4 3 2 1
	대칭법	스킵법(비석법)
	4 2 1 3	1 4 2 5 3
다층 비드 용착법	빌드업법(덧살올림법)	캐스케이드법
	4 3 2 1	4 3 2 1
	전진블록법	
	4 8 12 / 3 7 11 / 2 6 10 / 1 5 9	

23 용접의 의한 이음을 리벳이음과 비교했을 때, 용접 이음의 장점이 아닌 것은?

① 이음구조가 간단하다.
② 판 두께에 제한을 거의 받지 않는다.
③ 용접 모재의 재질에 대한 영향이 작다.
④ 기밀성과 수밀성을 얻을 수 있다.

해설

용접의 장점 및 단점

용접의 장점	용접의 단점
• 이음효율이 높다.	• 취성이 생기기 쉽다.
• 재료가 절약된다.	• 균열이 발생하기 쉽다.
• 제작비가 적게 든다.	• 용접부의 결함 판단이 어렵다.
• 이음 구조가 간단하다.	• 용융부위 금속의 재질이 변한다.
• 보수와 수리가 용이하다.	• 저온에서 쉽게 약해질 우려가 있다.
• 재료의 두께 제한이 없다.	
• 이종재료도 접합이 가능하다.	• 용접 모재의 재질에 따라 영향을 크게 받는다.
• 제품의 성능과 수명이 향상된다.	• 용접 기술자(용접사)의 기량에 따라 품질이 다르다.
• 유밀성, 기밀성, 수밀성이 우수하다.	• 용접 후 변형 및 수축함에 따라 잔류응력이 발생한다.
• 작업 공정이 줄고, 자동화가 용이하다.	

24 피복 아크 용접 회로의 순서가 올바르게 연결된 것은?

① 용접기 – 전극케이블 – 용접봉 홀더 – 피복아크
　용접봉 – 아크 – 모재 – 접지케이블

② 용접기 – 용접봉 홀더 – 전극케이블 – 모재 –
　아크 – 피복아크 용접봉 – 접지케이블

③ 용접기 – 피복아크 용접봉 – 아크 – 모재 – 접지
　케이블 – 전극케이블 – 용접봉 홀더

④ 용접기 – 전극케이블 – 접지케이블 – 용접봉
　홀더 – 피복아크 용접봉 – 아크 – 모재

해설

피복 금속 아크 용접(SMAW)의 회로 순서

용접기 → 전극케이블 → 용접봉 홀더 → 용접봉 → 아크 → 모재
→ 접지케이블

2. 전극케이블

25 연강용 가스 용접봉의 용착금속의 기계적 성질 중
시험편의 처리에서 '용접한 그대로 응력을 제거하
지 않은 것'을 나타내는 기호는?

① NSR　　　　② SR

③ GA　　　　④ GB

해설

연강용 용접봉의 시험편 처리(KS D 7005)

SR	625±25℃에서 응력 제거 풀림을 한 것
NSR	용접한 상태 그대로 응력을 제거하지 않은 것

26 용접 중에 아크가 전류의 자기작용에 의해서 한쪽
으로 쏠리는 현상을 아크쏠림(Arc Blow)이라 한
다. 다음 중 아크쏠림의 방지법이 아닌 것은?

① 직류 용접기를 사용한다.

② 아크의 길이를 짧게 한다.

③ 보조판(엔드탭)을 사용한다.

④ 후퇴법을 사용한다.

해설

아크쏠림 방지대책

• 용접 전류를 줄인다.
• 교류용접기를 사용한다.
• 접지점을 2개 연결한다.
• 아크 길이는 최대한 짧게 유지한다.
• 접지부를 용접부에서 최대한 멀리한다.
• 용접봉 끝을 아크쏠림의 반대 방향으로 기울인다.
• 용접부가 긴 경우 가용접 후 후진법(후퇴 용접법)을 사용한다.
• 받침쇠, 긴 가용접부, 이음의 처음과 끝에 엔드탭을 사용한다.

27 발전(모터, 엔진형)형 직류 아크 용접기와 비교하
여 정류기형 직류 아크 용접기를 설명한 것 중 틀린
것은?

① 고장이 적고 유지보수가 용이하다.

② 취급이 간단하고 가격이 싸다.

③ 초소형 경량화 및 안정된 아크를 얻을 수 있다.

④ 완전한 직류를 얻을 수 있다.

해설

직류 아크 용접기의 종류별 특징

발전기형	정류기형
• 고가이다.	• 저렴하다.
• 완전한 직류를 얻는다.	• 완전한 직류를 얻지 못한다.
• 전원이 없어도 사용이 가능하다.	• 전원이 필요하다.
• 소음이나 고장이 발생하기 쉽다.	• 소음이 없다.
• 구조가 복잡하다.	• 구조가 간단하다.
• 보수와 점검이 어렵다.	• 고장이 적고 유지보수가 용이하다.
• 다소 무게감이 있다.	• 소형 경량화가 가능하다.

28 가스 절단에서 양호한 절단면을 얻기 위한 조건으로 맞지 않는 것은?

① 드래그가 가능한 한 클 것
② 절단면 표면의 각이 예리할 것
③ 슬래그 이탈이 양호할 것
④ 경제적인 절단이 이루어질 것

해설

가스 절단에서 양호한 절단면을 얻기 위한 조건
• 드래그 홈이 얕을 것
• 슬래그가 잘 이탈할 것
• 드래그가 가능한 한 작을 것
• 절단면 표면의 각이 예리할 것
• 절단면이 평활하며 노치 등이 없을 것

29 용접봉의 용융금속이 표면장력의 작용으로 모재에 옮겨 가는 용적이행으로 맞는 것은?

① 스프레이형
② 핀치효과형
③ 단락형
④ 용적형

해설

용접봉의 이행방식 중에서 용융금속이 표면장력의 작용으로 모재에 옮겨가는 형식은 단락이행형이다.
※ 3번 해설 참조

30 피복 아크 용접봉에서 피복제의 가장 중요한 역할은?

① 변형 방지
② 인장력 증대
③ 모재 강도 증가
④ 아크 안정

해설

용접봉의 심선을 덮고 있는 피복제(Flux)는 아크를 안정시키는 역할을 한다.
피복제(Flux)의 역할
• 아크를 안정시킨다.
• 전기 절연 작용을 한다.
• 보호가스를 발생시킨다.
• 아크의 집중성을 좋게 한다.
• 용착금속의 급랭을 방지한다.
• 용착금속의 탈산·정련작용을 한다.
• 용융금속과 슬래그의 유동성을 좋게 한다.
• 용적(쇳물)을 미세화하여 용착효율을 높인다.
• 용융점이 낮고 적당한 점성의 슬래그를 생성한다.
• 슬래그 제거를 쉽게 하여 비드의 외관을 좋게 한다.
• 적당량의 합금 원소를 첨가하여 금속에 특수성을 부여한다.
• 중성 또는 환원성 분위기를 만들어 질화나 산화를 방지하고 용융 금속을 보호한다.
• 쇳물이 쉽게 달라붙도록 힘을 주어 수직자세, 위보기 자세 등 어려운 자세를 쉽게 한다.

31 저수소계 용접봉의 특징이 아닌 것은?

① 용착금속 중의 수소량이 다른 용접봉에 비해서 현저하게 적다.

② 용착금속의 취성이 크며 화학적 성질도 좋다.

③ 균열에 대한 감수성이 특히 좋아서 두꺼운 판 용접에 사용된다.

④ 고탄소강 및 황의 함유량이 많은 쾌삭강 등의 용접에 사용되고 있다.

해설
저수소계(E4316) 용접봉의 특징
• 기공이 발생하기 쉽다.
• 운봉에 숙련이 필요하다.
• 석회석이나 형석이 주성분이다.
• 용착금속 중 수소 함량이 적다.
• 중탄소강, 고장력강 용접에 사용한다.
• 이행 용적의 양이 적고, 입자가 크다.
• 강력한 탈산 작용으로 강인성이 풍부하다.
• 아크가 다소 불안정하고 균열 감수성이 낮다.
• 수소 함유량이 타 용접봉에 비해 현저히 작다.
• 균열에 대한 감수성이 좋아서 후판 용접에도 사용된다.
• 고탄소강 및 황의 함유량이 많은 쾌삭강 용접에 사용된다.
• 취성이 크지 않으며 기계적 성질과 화학적 성질이 우수하다.

32 폭발 위험성이 가장 큰 산소와 아세틸렌의 혼합비 (%)는?(단, 산소 : 아세틸렌)

① 40 : 60

② 15 : 85

③ 60 : 40

④ 85 : 15

해설
가스 용접 시 산소 : 아세틸렌가스의 혼합비가 산소 85% : 아세틸렌 15% 부근일 때 폭발의 위험성이 가장 크다.

33 연강용 피복금속 아크 용접봉에서 다음 중 피복제의 염기성이 가장 높은 것은?

① 저수소계

② 고산화철계

③ 고셀룰로스계

④ 타이타늄계

해설
피복제의 염기성이 가장 높은 용접봉은 저수소계 용접봉이다.
피복아크 용접봉의 종류

일미나이트계 (E4301)	• 일미나이트($TiO_2 \cdot FeO$)를 약 30% 이상 합금한 것으로 우리나라에서 많이 사용한다. • 일본에서 처음 개발한 것으로 작업성과 용접성이 우수하며 값이 저렴하여 철도나 차량, 구조물, 압력 용기에 사용된다. • 내균열성, 내가공성, 연성이 우수하여 25mm 이상의 후판용접도 가능하다.
라임 티타니아계 (E4303)	• E4313의 새로운 형태로 약 30% 이상의 산화타이타늄(TiO_2)과 석회석($CaCO_3$)이 주성분이다. • 산화타이타늄과 염기성 산화물이 다량으로 함유된 슬래그 생성식이다. • 피복이 두껍고 전 자세 용접성이 우수하다. • E4313의 작업성을 따르면서 기계적 성질과 일미나이트계의 부족한 점을 개량하여 만든 용접봉이다. • 고산화타이타늄계 용접봉보다 약간 높은 전류를 사용한다.
고셀룰 로스계 (E4311)	• 피복제에 가스 발생제인 셀룰로스를 20~30% 정도를 포함한 가스 생성식 용접봉이다. • 발생 가스량이 많아 피복량이 얇고 슬래그가 적으므로 수직, 위보기 용접에서 우수한 작업성을 보인다. • 가스 생성에 의한 환원성 아크 분위기로 용착금속의 기계적 성질이 양호하며 아크는 스프레이 형상으로 용입이 크고 용융 속도가 빠르다. • 슬래그가 적어 비드 표면이 거칠고 스패터가 많다. • 사용 전류는 슬래그 실드계 용접봉에 비해 10~15% 낮게 하며 사용 전 70~100℃에서 30분~1시간 건조해야 한다. • 도금 강판, 저합금강, 저장탱크나 배관공사에 이용된다.

고산화 타이타늄계 (E4313)	• 균열에 대한 감수성이 좋아서 구속이 큰 구조물의 용접이나 고탄소강, 쾌삭강의 용접에 사용한다. • 피복제에 산화타이타늄(TiO_2)을 약 35% 정도 합금한 것으로 일반 구조용 용접에 사용된다. • 용접기의 2차 무부하 전압이 낮을 때에도 아크가 안정적이며 조용하다. • 스패터가 적고 슬래그의 박리성도 좋아서 비드의 모양이 좋다. • 저합금강이나 탄소량이 높은 합금강의 용접에 적합하다. • 다층 용접에서는 만족할 만한 품질을 만들지 못한다. • 기계적 성질이 다른 용접봉에 비해 약하고 고온 균열을 일으키기 쉬운 단점이 있다.
철분 저수소계 (E4326)	• E4316의 피복제에 30~50% 정도의 철분을 첨가한 것으로 용착속도가 크고 작업 능률이 좋다. • 용착금속의 기계적 성질이 양호하고 슬래그의 박리성이 저수소계 용접봉보다 좋으며 아래보기나 수평 필릿 용접에만 사용된다.
철분 산화타이 타늄계 (E4324)	• E4313의 피복제에 철분을 50% 정도 첨가한 것이다. • 작업성이 좋고 스패터가 적게 발생하나 용입이 얕다. • 용착금속의 기계적 성질은 E4313과 비슷하다.
저수소계 (E4316)	• 석회석이나 형석을 주성분으로 한 피복제를 사용한다. • 보통 저탄소강의 용접에 주로 사용되나 저합금강과 중, 고탄소강의 용접에도 사용된다. • 용착금속 중의 수소량이 타 용접봉에 비해 1/10 정도로 현저하게 적다. • 균열에 대한 감수성이 좋아 구속도가 큰 구조이 용접이나 탄소 및 황의 함유량이 많은 쾌삭강의 용접에 사용한다. • 피복제는 습기를 잘 흡수하기 때문에 사용 전에 300~350℃에서 1~2시간 건조 후 사용해야 한다.
철분 산화철계 (E4327)	• 주성분인 산화철에 철분을 첨가한 것으로 규산염을 다량 함유하고 있어서 산성의 슬래그가 생성된다. • 아크가 분무상으로 나타나며 스패터가 적고 용입은 E4324보다 깊다. • 비드의 표면이 곱고 슬래그의 박리성이 좋아서 아래보기나 수평 필릿 용접에 많이 사용된다.

34 35℃에서 150kgf/cm²으로 압축하여 내부 용적 45.7L의 산소 용기에 충전하였을 때, 용기 속의 산소량은 몇 L인가?

① 6,855 ② 5,250
③ 6,105 ④ 7,005

해설
용기 속의 산소량 구하는 식
용기 속의 산소량 = 내용적 × 기압
= 45.7L × 150 = 6,855L

35 산소 프로판 가스용접 시 산소 : 프로판 가스의 혼합비로 가장 적당한 것은?

① 1 : 1 ② 2 : 1
③ 2.5 : 1 ④ 4.5 : 1

해설
산소-프로판가스 용접에서 혼합 비율은 산소 : 프로판 = 4.5 : 1이다.

36 교류 피복 아크 용접기에서 아크 발생 초기에 용접 전류를 강하게 흘려보내는 장치를 무엇이라고 하는가?

① 원격 제어장치
② 핫 스타트 장치
③ 전격 방지기
④ 고주파 발생장치

해설
핫 스타트 장치는 아크가 발생하는 초기에만 용접전류를 커지게 만드는 아크 발생 제어 장치이다.
① 원격 제어장치 : 원거리에서 용접 전류 및 용접 전압 등의 조정이 필요할 때 설치하는 원거리 조정 장치이다.
③ 전격 방지기 : 용접기가 작업을 쉬는 동안에 2차 무부하전압을 항상 25V 정도로 유지되도록 하여 전격을 방지하는 장치로 용접기에 부착된다.
④ 고주파 발생장치 : 교류 아크 용접기의 아크 안정성을 확보하기 위하여 상용 주파수의 아크 전류 외에 고전압(2,000~3,000V)의 고주파 전류를 중첩시키는 방식이며 라디오나 TV 등에 방해를 주는 결점도 있으나 장점이 더 많다.

37 아크절단법의 종류가 아닌 것은?

① 플라스마제트 절단

② 탄소 아크 절단

③ 스카핑

④ 티그 절단

해설

스카핑(Scarfing)이란 강괴나 강편, 강재 표면의 홈이나 개재물, 탈탄층 등을 제거하기 위한 불꽃 가공으로 가능한 얇으면서 타원형의 모양으로 표면을 깎아내는 가공법으로 아크 절단법에는 속하지 않는다.

절단법의 열원에 의한 분류

종류	특징	분류
아크 절단	전기 아크열을 이용한 금속 절단법	산소 아크 절단
		피복 아크 절단
		탄소 아크 절단
		아크 에어 가우징
		플라스마제트 절단
		불활성 가스 아크 절단
가스 절단	산소가스와 금속과의 산화 반응을 이용한 금속 절단법	산소-아세틸렌가스 절단
분말 절단	철분이나 플럭스 분말을 연속적으로 절단 산소 속에 혼입시켜서 공급하여 그 반응열이나 용제작용을 이용한 절단법	

38 부탄가스의 화학 기호로 맞는 것은?

① C_4H_{10}

② C_3H_8

③ C_5H_{12}

④ C_2H_6

39 아크 에어 가우징에 가장 적합한 홀더 전원은?

① DCRP

② DCSP

③ DCRP, DCSP 모두 좋다.

④ 대전류의 DCSP가 가장 좋다.

해설

아크 에어 가우징은 직류 역극성(DCRP ; Direct Current Reverse Polarity)을 전원으로 사용한다.

아크 에어 가우징

탄소 아크 절단법에 고압(5~7kgf/cm²)의 압축공기를 병용하는 방법이다. 용융된 금속에 탄소봉과 평행으로 분출하는 압축공기를 전극 홀더의 끝부분에 위치한 구멍을 통해 연속해서 불어내어 홈을 파내는 방법으로 홈 가공이나 구멍 뚫기, 절단 작업에 사용된다. 이것은 철이나 비철 금속에 모두 이용할 수 있으며, 가스 가우징보다 작업 능률이 2~3배 높고 모재에도 해를 입히지 않는다.

40 열간가공이 쉽고 다듬질 표면이 아름다우며 용접성이 우수한 강으로 몰리브덴 첨가로 담금질성이 높아 각종 축, 강력볼트, 암, 레버 등에 많이 사용되는 강은?

① 크롬 – 몰리브덴강

② 크롬 – 바나듐강

③ 규소 – 망간강

④ 니켈 – 구리 – 코발트강

해설

Cr-Mo(크롬-몰리브덴)강은 열간가공이 쉽고 다듬질 표면이 아름다우며 용접성이 우수한 강으로 축이나 강력볼트, 암이나 레버용 재료로 사용된다.

41 고장력강(HT)의 용접성을 가급적 좋게 하기 위해 줄여야 할 합금원소는?

① C
② Mn
③ Si
④ Cr

해설
고장력강(High Tension)의 용접성을 좋게 하기 위해서는 C의 함유량을 줄여야 한다. C의 함유량이 많아지면 용접성이 저하된다.

42 내식강 중에서 가장 대표적인 특수 용도용 합금강은?

① 주강
② 탄소강
③ 스테인리스강
④ 알루미늄강

해설
내식강 중 가장 대표적인 특수 합금강은 스테인리스강이다.
스테인리스강의 분류

구분	종류	주요성분	자성
Cr계	페라이트계 스테인리스강	Fe + Cr 12% 이상	자성체
	마텐자이트계 스테인리스강	Fe + Cr 13%	자성체
Cr + Ni계	오스테나이트계 스테인리스강	Fe + Cr 18% + Ni 8%	비자성체
	석출경화계 스테인리스강	Fe + Cr + Ni	비자성체

43 아공석강의 기계적 성질 중 탄소 함유량이 증가함에 따라 감소하는 성질은?

① 연신율
② 경도
③ 인장강도
④ 항복강도

해설
아공석강이란 순철에 C가 0.02~0.8% 합금된 것으로 탄소 함유량이 증가함에 따라 강도와 경도(인장강도, 항복강도)가 증가하나 연신율은 떨어진다.

44 금속침투법에서 칼로라이징이란 어떤 원소로 사용하는 것인가?

① 니켈
② 크롬
③ 붕소
④ 알루미늄

해설
표면경화법의 일종인 금속침투법에서 칼로라이징은 금속 표면에 Al(알루미늄)을 침투시키는 것이다.
금속침투법

세라다이징	Zn(아연)
칼로라이징	Al(알루미늄)
크로마이징	Cr(크롬)
실리코나이징	Si(규소, 실리콘)
보로나이징	B(붕소)

45 주조 시 주형에 냉금을 삽입하여 주물표면을 급랭시키는 방법으로 제조되며 금속 압연용 롤 등으로 사용되는 주철은?

① 가단주철
② 칠드주철
③ 고급주철
④ 페라이트주철

해설
칠드주철은 주조 시 주형에 냉금을 삽입하여 주물의 표면을 급랭시켜 경화시키고 내부는 본래의 연한 조직으로 남게 하는 내마모성 주철이다. 칠드된 부분은 시멘타이트 조직으로 되어 경도가 높아지고 내마멸성과 압축강도가 커서 기차바퀴나 분쇄기롤러에 사용된다.
① 가단주철 : 주조성이 우수한 백선의 주물을 만들고, 열처리하여 강인한 조직으로 단조가공을 가능하게 한 주철이다. 고탄소 주철로서 회주철과 같이 주조성이 우수한 백선주물을 만들고 열처리함으로써 강인한 조직으로 만들기 때문에 단조작업을 가능하게 한다.
③ 고급주철(GC 250~GC 350) : 펄라이트주철이라고도 하며, 편상 흑연 주철 중 인장강도가 $250N/mm^2$의 주철로 조직이 펄라이트로 이루어져 있다. 고강도와 내마멸성을 요구하는 기계 부품에 주로 사용된다.
④ 페라이트주철 : 조직의 대부분이 페라이트로 이루어져 있는 편상 흑연 주철이다. 강도가 낮으므로 실용적인 가치는 다소 낮은 편이다.

46 알루마이트법이라 하며, Al 제품을 2% 수산 용액에서 전류를 흘려 표면에 단단하고 치밀한 산화막을 만드는 방법은?

① 통산법 ② 황산법
③ 수산법 ④ 크롬산법

해설
알루미늄 방식법의 종류
• 수산법 : 알루마이트법이라고도 하며 Al 제품을 2%의 수산 용액에서 전류를 흘려 표면에 단단하고 치밀한 산화막 조직을 형성시키는 방법이다.
• 황산법 : 전해액으로 황산(H_2SO_4)을 사용하며, 가장 널리 사용되는 Al 방식법이다. 경제적이며 내식성과 내마모성이 우수하다. 착색력이 좋아서 유지하기가 용이하다.
• 크롬산법 : 전해핵으로 크롬산(H_2CrO_4)을 사용하며, 반투명이나 에나멜과 같은 색을 띤다. 광학기계나 가전제품, 통신기기 등에 사용된다.

47 주위의 온도에 의하여 선팽창 계수나 탄성률 등의 특정한 성질이 변하지 않는 불변강이 아닌 것은?

① 인바 ② 엘린바
③ 슈퍼인바 ④ 배빗메탈

해설
배빗메탈은 화이트메탈로도 불리는 Sn, Sb계 합금의 총칭이다. 내열성이 우수하여 주로 내연기관용 베어링 재료로 사용되는 합금 재료로서 불변강에는 속하지 않는다.
불변강의 종류

종류	용도
인바	Fe에 Ni을 35% 첨가하여 열팽창계수가 작은 합금으로 줄자, 정밀기계부품 등에 사용한다.
슈퍼인바	인바에 비해 열팽창계수가 작은 합금으로 표준 척도에 사용한다.
엘린바	Fe에 36%의 Ni, 12%의 Cr을 함유한 합금으로 시계의 태엽, 계기의 스프링, 기압계용 다이어프램 등 정밀 계측기나 시계 부품에 사용한다.
퍼멀로이	Fe에 니켈을 35~80% 함유한 Ni-Fe계 합금으로 코일, 릴레이 부품으로 사용한다.
플래티나이트	Fe에 Ni 46%를 함유하고 평행계수가 유리와 거의 같으며, 백금선 대용의 전구 도입선에 사용하며 진공관의 도선용으로 사용한다.
코엘린바	Fe에 Cr 10~11%, Co 26~58%, Ni 10~16% 합금한 것으로 온도 변화에 대한 탄성률의 변화가 적고 공기 중이나 수중에서 부식되지 않아서 스프링, 태엽, 기상관측용 기구의 부품에 사용한다.

48 다음 가공법 중 소성가공법이 아닌 것은?

① 주조 ② 압연
③ 단조 ④ 인발

해설
소성가공이란 물체에 변형을 준 뒤 외력을 제거해도 원래 상태로 돌아가지 않는 성질인 소성을 이용하는 가공법으로 그 종류에는 압연, 인발, 단조, 프레스 가공 등이 있다. 주조는 만들고자 하는 제품의 형상을 가진 형틀에 용융된 쇳물을 부은 후 식혀서 만드는 기계제작법의 일종으로 소성가공법에는 속하지 않는다.

49 다음 중 담금질에서 나타나는 조직으로 경도와 강도가 가장 높은 조직은?

① 시멘타이트 ② 오스테나이트
③ 소르바이트 ④ 마텐자이트

해설
담금질에 따른 금속 조직의 경도와 강도가 높은 순서
M(마텐자이트) > T(트루스타이트) > S(소르바이트) > P(펄라이트) > A(오스테나이트) > F(페라이트)

50 일반적으로 강에 S, Pb, P 등을 첨가하여 절삭성을 향상시킨 강은?

① 구조용강 ② 쾌삭강
③ 스프링강 ④ 탄소공구강

해설
쾌삭강은 강을 절삭할 때 칩(Chip)을 짧게 하고 절삭성을 좋게 하기 위해 황이나 납 등의 특수원소를 첨가한 강으로 일반 탄소강보다 인(P), 황(S)의 함유량을 많게 하거나 납(Pb), 셀레늄(Se), 지르코늄(Zr) 등을 첨가하여 제조한 강이다.

51 다음과 같이 파단선을 경계로 필요로 하는 요소의 일부만을 단면으로 표시하는 단면도는?

① 온단면도 ② 부분단면도
③ 한쪽단면도 ④ 회전도시단면도

해설

단면도의 종류

단면도명	특징
온단면도 (전단면도)	• 전단면도라고도 한다. • 물체 전체를 직선으로 절단하여 앞부분을 잘라 내고 남은 뒷부분의 단면 모양을 그린 것이다. • 절단 부위의 위치와 보는 방향이 확실한 경우에는 절단선, 화살표, 문자 기호를 기입하지 않아도 된다.
한쪽단면도 (반단면도)	• 반단면도라고도 한다. • 절단면을 전체의 반만 설치하여 단면도를 얻는다. • 상하 또는 좌우가 대칭인 물체를 중심선을 기준으로 1/4 절단하여 내부 모양과 외부 모양을 동시에 표시하는 방법이다.

단면도명	특징
부분단면도	• 파단선을 그어서 단면 부분의 경계를 표시한다. • 일부분을 잘라 내고 필요한 내부의 모양을 그리기 위한 방법이다.
회전도시 단면도	(a) 암의 회전 단면도(투상도 안) (b) 훅의 회전 단면도(투상도 밖) • 절단선의 연장선 뒤에도 그릴 수 있다. • 투상도의 절단할 곳과 겹쳐서 그릴 때는 가는 실선으로 그린다. • 주투상도의 밖으로 끌어내어 그릴 경우는 가는 1점 쇄선으로 한계를 표시하고 굵은 실선으로 그린다. • 핸들이나 벨트 풀리, 바퀴의 암, 리브, 축, 형강 등의 단면의 모양을 90°로 회전시켜 투상도의 안이나 밖에 그린다.
계단단면도	• 절단면을 여러 개 설치하여 그린 단면도이다. • 복잡한 물체의 투상도 수를 줄일 목적으로 사용한다. • 절단선, 절단면의 한계와 화살표 및 문자기호를 반드시 표시하여 절단면의 위치와 보는 방향을 정확히 명시해야 한다.

52 다음과 같은 치수기입방법은?

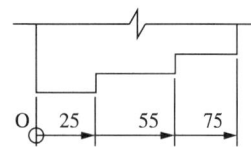

① 직렬치수기입법　　② 병렬치수기입법
③ 조합치수기입법　　④ 누진치수기입법

해설

치수의 배치 방법

종류	도면상 표현
직렬치수 기입법	• 직렬로 나란히 연결된 개개의 치수에 주어진 일반 공차가 차례로 누적되어도 기능과 상관없는 경우 사용한다. • 축을 기입할 때는 중요도가 작은 치수는 괄호를 붙여서 참고 치수로 기입한다.
병렬치수 기입법	• 기준면을 설정하여 개개별로 기입되는 방법이다. • 각 치수의 일반공차는 다른 치수의 일반공차에 영향을 주지 않는다.
누진치수 기입법	• 한 개의 연속된 치수선으로 간편하게 사용하는 방법이다. • 치수의 기준점에 기점기호(○)를 기입하고, 치수 보조선과 만나는 곳마다 화살표를 붙인다.

종류	도면상 표현
좌표치수 기입법	 • 구멍의 위치나 크기 등의 치수는 좌표를 사용해도 된다. • 프레스 금형이나 사출 금형의 설계도면 작성 시 사용한다. • 기준면에 해당하는 쪽의 치수 보조선의 위치는 제품의 기능, 조립, 검사 등의 조건을 고려하여 정한다.

53 관의 구배를 표시하는 방법 중 틀린 것은?

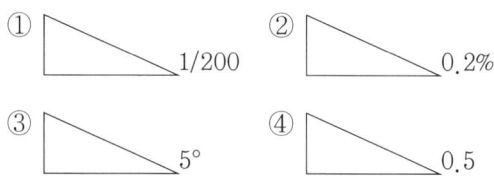

해설

관의 구배를 표시할 때 단위 없이 소수점만으로는 표시하지 않는다.
관의 구배(기울기)를 표시하는 방법

• $\dfrac{\text{높이}}{\text{가로길이}}$의 비율로 표시　예 $\dfrac{1}{200}$

• 비율로 표시　예 0.2%

• 각도로 표시　예 5°

54 도면에서 표제란과 부품란으로 구분할 때 다음 중
일반적으로 표제란에만 기입하는 것은?

① 부품번호　　② 부품기호
③ 수량　　④ 척도

해설

부품란은 표제란 위쪽의 적당한 위치에 기입하는데, 이 부품란에
는 부품번호와 부품명, 수량 등이 기입되며 표제란에는 척도가
기입된다.

55 다음과 같은 용접이음 방법의 명칭으로 가장 적합한 것은?

① 연속 필릿 용접
② 플랜지형 겹치기 용접
③ 연속 모서리 용접
④ 플랜지형 맞대기 용접

해설
그림은 플랜지형 맞대기 용접이다.

양면 플랜지형 맞대기 용접		

56 KS 재료 기호에서 고압 배관용 탄소강관을 의미하는 것은?

① SPP   ② SPS
③ SPPA   ④ SPPH

해설
① SPP(Steel Pipe Piping) : 배관용 탄소강 강관
② SPS(SPring Steel) : 스프링용 강

57 용도에 의한 명칭에서 선의 종류가 모두 가는 실선인 것은?

① 치수선, 치수보조선, 지시선
② 중심선, 지시선, 숨은선
③ 외형선, 치수보조선, 해칭선
④ 기준선, 피치선, 수준면선

해설
선의 종류 및 용도

명칭	기호명칭	기호	
외형선	굵은 실선	———	대상물의 보이는 모양을 표시하는 선
치수선	가는 실선	———	치수 기입을 위해 사용하는 선
치수보조선			치수를 기입하기 위해 도형에서 인출한 선
지시선			지시, 기호를 나타내기 위한 선
회전단면선			회전한 형상을 나타내기 위한 선
수준면선			수면, 유면 등의 위치를 나타내는 선
숨은선	가는 파선	— — —	대상물의 보이지 않는 부분의 모양을 표시
절단선	가는 1점 쇄선이 겹치는 부분에는 굵은 실선		절단한 면을 나타내는 선
중심선	가는 1점 쇄선	— ·· — ·· —	도형의 중심을 표시하는 선
기준선			위치 결정의 근거임을 나타내기 위해 사용
피치선			반복 도형의 피치의 기준을 잡음
무게중심선	가는 2점 쇄선	— ·· — ·· —	단면의 무게중심 연결한 선
가상선			가공 부분의 이동하는 특정 위치나 이동 한계의 위치를 나타내는 선
특수지정선	굵은 1점 쇄선	— ·· — ·· —	특수한 부분을 지정할 때 사용하는 선
파단선	불규칙한 가는 실선	∼∼∼	대상물의 일부를 파단한 경계나 일부를 떼어낸 경계를 표시하는 선
	지그재그 선	—⋀⋁⋀—	

명칭	기호명칭		기호
해칭	가는 실선 (사선)	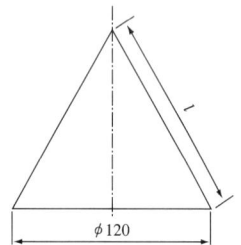	단면도의 절단면을 나타내는 선
열처리	굵은 1점 쇄선	— · — · —	특수 열처리가 필요한 부분을 나타내는 선
개스켓	아주 굵은 실선	▬▬▬	개스켓 등 두께가 얇은 부분 표시하는 선

59 리벳의 호칭 방법으로 옳은 것은?

① 규격 번호, 종류, 호칭지름×길이, 재료
② 명칭, 등급, 호칭지름×길이, 재료
③ 규격 번호, 종류, 부품 등급, 호칭, 재료
④ 명칭, 다듬질 정도, 호칭, 등급, 강도

해설

리벳의 호칭

규격 번호	종류	호칭지름×길이	재료
KS B 0112	열간 둥근 머리 리벳	10×30	SM50

58 다음과 같은 원뿔을 전개하였을 경우 나타난 부채꼴의 전개각(전개된 물체의 꼭지각)이 150°가 되려면 l의 치수는?

φ120

① 100
② 122
③ 144
④ 150

해설

전개면의 꼭지각(θ) 구하는 식

전개면의 꼭지각 $\theta = 360 \times \dfrac{r}{l}$

여기서, r : 원의 반지름
　　　　l : 모선의 길이
모선의 길이(l)를 구하면

$150 = 360 \times \dfrac{60}{l}$

$150 \times l = 360 \times 60$

$l = \dfrac{360 \times 60}{150} = 144\text{mm}$

60 다음과 같은 제3각법 정투상도의 3면도를 기초로 한 입체도로 가장 적합한 것은?

①
②
③
④

해설

물체의 정면도와 평면도를 보면 가운데 실선 부분이 끝까지 닿아 있지 않으므로 ①, ③, ④번은 정답에서 제외가 된다. 따라서 정답이 ②번임을 알 수 있다.

01 화재의 폭발 및 방지조치 중 틀린 것은?

① 필요한 곳에 화재를 진화하기 위한 발화 설비를 설치할 것
② 배관 또는 기기에서 가연성 증기가 누출되지 않도록 할 것
③ 대기 중에 가연성 가스를 누설 또는 방출시키지 말 것
④ 용접 작업 부근에 점화원을 두지 않도록 할 것

해설
필요한 곳에 화재를 진화하기 위해서는 스프링클러나 소화전과 같은 진화용 설비를 설치해야 한다. 발화 설비는 불을 일으키는 장치이므로 화재 방지장치와는 거리가 멀다.

02 용접 변형에 대한 교정 방법이 아닌 것은?

① 가열법
② 가압법
③ 절단에 의한 정형과 재용접
④ 역변형법

해설
역변형법은 용접을 시작하기 전 모재에 역변형을 주고 가접하는 것이므로 변형 방지법에 속한다. 변형에 대한 교정 방법과는 거리가 멀다.

03 서브머지드 아크 용접에서 다전극 방식에 의한 분류가 아닌 것은?

① 유니언식
② 횡병렬식
③ 횡직렬식
④ 탠덤식

해설
서브머지드 아크용접(SAW)에서 2개 이상의 전극와이어를 사용하여 한꺼번에 많은 양의 용착금속을 얻을 수 있는 다전극 용극 방식에는 탠덤식, 횡병렬식, 횡직렬식이 있다.

04 현미경 조직시험 순서 중 가장 알맞은 것은?

① 시험편 채취 – 마운팅 – 샌드 페이퍼 연마 – 폴리싱 – 부식 – 현미경 검사
② 시험편 채취 – 폴리싱 – 마운팅 – 샌드 페이퍼 연마 – 부식 – 현미경 검사
③ 시험편 채취 – 마운팅 – 폴리싱 – 샌드 페이퍼 연마 – 부식 – 현미경 검사
④ 시험편 채취 – 마운팅 – 부식 – 샌드 페이퍼 연마 – 폴리싱 – 현미경 검사

해설
현미경 조직시험의 순서
시험편 채취 → 마운팅 → 샌드 페이퍼 연마 → 폴리싱 → 부식 → 현미경 조직검사

05 토륨 텅스텐 전극봉에 대한 설명으로 맞는 것은?

① 전자 방사능력이 떨어진다.

② 아크 발생이 어렵고 불순물 부착이 많다.

③ 직류 정극성에는 좋으나 교류에는 좋지 않다.

④ 전극의 소모가 많다.

토륨 텅스텐 전극봉의 특징
• 전극의 소모가 적다.
• 전자 방사 능력이 우수하다.
• 저전류에서도 아크 발생이 용이하다.
• 전극온도가 낮아도 전류용량을 크게 할 수 있다.
• 순 텅스텐 전극봉에 토륨을 1~2% 함유한 것이다.
• 전도성이 좋기 때문에 아크 발생이 쉽고 안정적이다.
• 직류 정극성(DCSP)에는 좋으나 교류에는 좋지 않다.

06 다른 전기저항용접 중 맞대기 용접이 아닌 것은?

① 업셋 용접

② 버트 심용접

③ 프로젝션 용접

④ 퍼커션 용접

저항용접의 종류

겹치기 저항 용접	맞대기 저항 용접
점용접(스폿용접)	버트용접
심용접	퍼커션용접
프로젝션 용접	업셋용접
–	플래시 버트 용접
	포일심 용접

07 불활성가스 금속아크 용접의 용적이행 방식 중 용융이행 상태는 아크기류 중에서 용가재가 고속으로 용융, 미립자의 용적으로 분사되어 모재에 용착되는 용적이행은?

① 용락 이행

② 단락 이행

③ 스프레이 이행

④ 글로뷸러 이행

용적 이행방식의 종류

이행 방식	이행 형태	특징
단락 이행 (Short Circuiting Transfer)		• 박판용접에 적합하다. • 입열량이 적고 용입이 얕다. • 저전류의 CO_2 및 MIG용접에서 솔리드 와이어를 사용할 때 발생한다.
입상 이행 (글로뷸러, Globular Transfer)		• 글로뷸(Globule)은 용융방울인 용적을 의미한다. • 깊고 양호한 용입을 얻을 수 있어서 능률적이나 스패터가 많이 발생한다. • 초당 90회 정도의 와이어보다 큰 용적으로 용융되어 모재로 이행된다.
스프레이 이행		• 용적이 작은 입자로 되어 스패터 발생이 적고 비드가 외관이 좋다. • 가장 많이 사용되는 것으로 아크기류 중에서 용가재가 고속으로 용융되어 미립자의 용적으로 분사되어 모재에 옮겨가면서 용착되는 용적이행이다. • 고전압, 고전류에서 발생하며, 아르곤가스나 헬륨가스를 사용하는 경합금 용접에서 주로 나타나며 용착속도가 빠르고 능률적이다.
맥동 이행 (펄스아크)		연속적으로 스프레이 이행을 사용할 때 높은 입열로 인해 용접부의 물성이 변화되었거나 박판용접 시 용락으로 인해 용접이 불가능하게 되었을 때 낮은 전류에서도 스프레이 이행이 이루어지게 하여 박판용접을 가능하게 한다.

08 용착금속의 극한 강도가 30kg/mm²에 안전율이 6 이면 허용 용력은?

① 3kg/mm² ② 4kg/mm²

③ 5kg/mm² ④ 6kg/mm²

해설

안전률$(S) = \dfrac{극한강도}{허용응력}$

$6 = \dfrac{30kg/mm^2}{허용응력}$

$\therefore$ 허용응력 $= \dfrac{30kg/mm^2}{6} = 5kg/mm^2$

09 상온에서 강하게 압축함으로써 경계면을 국부적으로 소성변형시켜 접합하는 것은?

① 냉간 압접
② 플래시 버트 용접
③ 업셋 용접
④ 가스 압접

해설

냉간 압접은 상온에서 강하게 압축함으로써 경계면을 국부적으로 소성변형시켜 접합하는 가공법이다.
② 플래시 버트 용접 : 2개의 금속 단면을 가볍게 접촉시키면서 큰 전류를 흐르게 하면 열이 집중적으로 발생하면서 그 부분이 용융되고 불꽃이 튀게 되는데, 이때 접촉이 끊어지고 다시 피용접재를 전진시면서 용융과 불꽃 튀는 것을 반복하면서 강한 압력을 가해 압접하는 방법으로 불꽃 용접이라고도 불린다.
③ 업셋 용접 : 금속체의 면과 면을 맞대고 압력을 가한 후 열을 주어 맞댄 면을 접합하는 용접이다.
④ 가스 압접 : 접합할 양쪽 부재의 끝부분을 산소 아세틸렌 가스로 가열하고 용융 온도에 이르기 직전에 접합면에 압력을 가하여 접합하는 방법

10 일렉트로 슬래그 용접의 단점에 해당되는 것은?

① 용접능률과 용접품질이 우수하므로 후판용접 등에 적당하다.
② 용접 진행 중에 용접부를 직접 관찰할 수 없다.
③ 최소한의 변형과 최단시간의 용접법이다.
④ 다전극을 이용하면 더욱 능률을 높일 수 있다.

해설

일렉트로 슬래그 용접 : 용융된 슬래그와 용융금속이 용접부에서 흘러나오지 못하도록 수랭동판으로 둘러싸고 이 용융 풀에 용접봉을 연속적으로 공급하는데 이때 발생하는 용융 슬래그의 저항열에 의하여 용접봉과 모재를 연속적으로 용융시키면서 용접하는 방법이다.

장점	단점
• 용접이 능률적이다.	• 손상된 부위에 취성이 크다.
• 후판용접에 적당하다.	• 용접 진행 중에 용접부를 직접 관찰할 수는 없다.
• 전기 저항열에 의한 용접이다.	
• 용접 시간이 적어서 용접 후 변형이 적다.	• 가격이 비싸며 용접 후 기계적 성질이 좋지 못하다.

11 다음 중 용접 결함의 보수 용접에 관한 사항으로 가장 적절하지 않은 것은?

① 재료의 표면에 있는 얕은 결함은 덧붙임 용접으로 보수한다.
② 언더컷이나 오버랩 등은 그대로 보수 용접을 하거나 정으로 따내기 작업을 한다.
③ 결함이 제거된 모재 두께가 필요한 치수보다 얕게 되었을 때에는 덧붙임 용접으로 보수한다.
④ 덧붙임 용접으로 보수할 수 있는 한도를 초과할 때에는 결함 부분을 잘라내어 맞대기 용접으로 보수한다.

해설

재료의 표면에 얕은 결함이 있으면 스카핑으로 불어내서 결함을 제거한 뒤 재용접을 해야 한다.

12 TIG용접 및 MIG용접에 사용되는 불활성가스로 가장 적합한 것은?

① 수소가스   ② 아르곤가스

③ 산소가스   ④ 질소가스

> **해설**
> TIG용접 및 MIG용접에 주로 사용되는 불활성가스는 아르곤(Ar)가스이다.

13 차축, 레일의 접합, 선박의 프레임 등 비교적 큰 단면을 가진 주조나 단조품의 맞대기용접과 보수용접에 주로 사용되는 용접법은?

① 서브머지드 아크 용접

② 테르밋 용접

③ 원자 수소 아크 용접

④ 오토콘 용접

> **해설**
> ② 테르밋 용접 : 금속 산화물과 알루미늄이 반응하여 열과 슬래그를 발생시키는 테르밋 반응을 이용하는 것으로 먼저 알루미늄 분말과 산화철을 1 : 3의 비율로 혼합하여 테르밋제를 만든 후 냄비의 역할을 하는 도가니에 넣어 약 1,000℃로 점화하면 약 2,800℃의 열이 발생되면서 용접용 강이 만들어지는데 이 강을 용접부에 주입하면서 용접하는 방법으로 차축이나 레일의 접합, 선박의 프레임 등 비교적 큰 단면을 가진 물체의 맞대기 용접과 보수용접에 주로 사용한다.
> ① 서브머지드 아크 용접(SAW) : 용접 부위에 미세한 입상의 플럭스를 도포한 뒤 와이어가 공급되어 아크가 플럭스 속에서 발생되므로 불가시 아크용접, 잠호용접, 개발자의 이름을 딴 케네디 용접, 그리고 이를 개발한 회사의 상품명인 유니언 멜트 용접이라고도 한다.
> ③ 원자 수소 아크 용접 : 2개의 텅스텐 전극 사이에서 아크를 발생시키고 홀더의 노즐에서 수소가스를 유출시켜서 용접하는 방법으로 연성이 좋고 표면이 깨끗한 용접부를 얻을 수 있으나, 토치 구조가 복잡하고 비용이 많이 들기 때문에 특수 금속 용접에 적합하다.

14 CO_2 가스 아크 용접 시 저전류 영역에서 가스유량은 약 몇 L/min 정도가 가장 적당한가?

① 1~5   ② 6~10

③ 10~15   ④ 16~20

> **해설**
> CO_2 용접에서 전류의 크기에 따른 가스 유량
>
> | 전류 영역 | | 가스 유량(L/min) |
> |---|---|---|
> | 250A 이하 | 저전류 영역 | 10~15 |
> | 250A 이상 | 고전류 영역 | 20~25 |

15 용접 시 두통이나 뇌빈혈을 일으키는 이산화탄소 가스의 농도는?

① 1~2%   ② 3~4%

③ 10~15%   ④ 20~30%

> **해설**
> CO_2(이산화탄소)가스가 인체에 미치는 영향
>
> | CO_2 농도 | 증상 |
> |---|---|
> | 1% | 호흡속도 다소 증가 |
> | 2% | 호흡속도 증가, 지속 시 피로를 느낌 |
> | 3~4% | 호흡속도 평소의 약 4배 증대, 두통, 뇌빈혈, 혈압 상승 |
> | 6% | 피부혈관의 확장, 구토 |
> | 7~8% | 호흡곤란, 정신장애, 수분 내 의식불명 |
> | 10% 이상 | 시력장애, 2~3분 내 의식을 잃으며 방치 시 사망 |
> | 15% 이상 | 위험 상태 |
> | 30% 이상 | 극히 위험, 사망 |

16 모재 두께 9mm, 용접 길이 150mm인 맞대기 용접의 최대 인장 하중(kg)은 얼마인가?(단, 용착금속의 인장강도는 43kg/mm²이다)

① 716kg   ② 4,450kg

③ 40,635kg   ④ 58,050kg

> **해설**
> $$인장강도(\sigma) = \frac{작용하는\ 힘(F)}{작용면적(A)}$$
> $$43kg/mm^2 = \frac{F}{9mm \times 150mm}$$
> $$\therefore F = 43 \times (9 \times 150) = 58,050kg$$

17 용접에서 예열에 관한 설명 중 틀린 것은?

① 용접 작업에 의한 수축 변형을 감소시킨다.

② 용접부의 냉각 속도를 느리게 하여 결함을 방지한다.

③ 고급 내열합금도 용접 균열을 방지하기 위하여 예열을 한다.

④ 알루미늄 합금, 구리 합금은 50~70℃의 예열이 필요하다.

해설

후판, 구리 또는 구리 합금, 알루미늄 합금 등과 같이 열전도가 큰 것은 이음부의 열 집중이 부족하여 용합 불량이 생기기 쉬우므로 200~400℃ 정도의 예열이 필요하다.

예열의 목적

• 잔류응력을 감소시킨다.
• 열영향부(HAZ)의 균열을 방지한다.
• 용접 금속에 연성 및 인성을 부여한다.
• 냉각속도를 느리게 하여 결함 및 수축 변형을 방지한다.
• 금속에 함유된 수소 등의 가스를 방출하여 균열을 방지한다.

18 용접부의 연성결함의 유무를 조사하기 위하여 실시하는 시험법은?

① 경도 시험
② 인장 시험
③ 초음파 시험
④ 굽힘 시험

해설

굽힘 시험 : 용접부의 연성결함의 유무를 조사하기 위해 실시하는 시험법으로 용접 완료 후에 해당 부분을 U자 모형으로 굽혀서 크랙(Crack) 여부를 검사함으로써 알 수 있다.

19 용접부 시험 중 비파괴 시험방법이 아닌 것은?

① 피로 시험
② 누설 시험
③ 자기적 시험
④ 초음파 시험

해설

피로시험(Fatigue Test)은 재료의 강도시험으로 재료에 반복응력을 가했을 때 파괴되기까지의 반복하는 수를 구해서 응력(S)과 반복횟수(N)와의 상관관계를 알 수 있는 것으로 파괴 시험법에 속한다.

비파괴 검사의 종류 및 검사방법

명칭	기호	검사방법
방사선 투과 시험	RT (Radiogra -phy Test)	용접부 뒷면에 필름을 놓고 용접물 표면에서 X선이나 γ선을 방사하여 용접부를 통과시키면, 금속 내부에 구멍이 있을 경우 그만큼 투과되는 두께가 얇아져서 필름에 방사선의 투과량이 그만큼 많아지게 되므로 다른 곳보다 검게 됨을 확인함으로써 불량을 검출하는 방법
침투 탐상 검사	PT (Penetrant Test)	• 검사하려는 대상물의 표면에 침투력이 강한 형광성 침투액을 도포 또는 분무하거나 표면전체를 침투액 속에 침적시켜 표면의 흠집 속에 침투액이 스며들게 한 다음 이를 백색 분말의 현상액을 뿌려서 침투액을 표면으로부터 빨아내서 결함을 검출하는 방법 • 침투액이 형광물질이면 형광침투 탐상시험이라고 불린다.
초음파 탐상 검사	UT (Ultrasonic Test)	• 사람이 들을 수 없는 매우 높은 주파수의 초음파를 사용하여 검사 대상물의 형상과 물리적 특성을 검사하는 방법 • 4~5MHz 정도의 초음파가 경계면, 결함 표면 등에서 반사하여 되돌아오는 성질을 이용하는 방법으로 반사파의 시간과 크기를 스크린으로 관찰하여 결함의 유무, 크기, 종류 등을 검사하는 방법
와전류 탐상 검사	ET (Eddy Current Test)	도체에 전류가 흐르면 도체 주위에는 자기장이 형성되며, 반대로 변화하는 자기장 내에서는 도체에 전류가 유도된다. 표면에 흐르는 전류의 형태를 파악하여 검사하는 방법
자분 탐상 검사	MT (Magnetic Test)	철강 재료 등 강자성체를 자기장에 놓았을 때 시험편 표면이나 표면 근처에 균열이나 비금속 개재물과 같은 결함이 있으면 결함 부분에는 자속이 통하기 어려워 공간으로 누설되어 누설 자속이 생긴다. 이 누설 자속을 자분(자성 분말)이나 검사 코일을 사용하여 결함의 존재를 검출하는 방법
누설 검사	LT (Leaking Test)	탱크나 용기 속에 유체를 넣고 압력을 가하여 새는 부분을 검출함으로써 구조물의 기밀성, 수밀성을 검사하는 방법
육안 검사 (외관 검사)	VT (Visual Test)	용접부의 표면이 좋고 나쁨을 육안으로 검사하는 것으로 가장 많이 사용하며 간편하고 경제적인 검사 방법

20 불활성 가스 금속 아크 용접의 제어장치로서 크레이터 처리 기능에 의해 낮아진 전류가 서서히 줄어들면서 아크가 끊어지는 기능으로 이면용접 부위가 녹아내리는 것을 방지하는 것은?

① 예비가스 유출시간
② 스타트 시간
③ 크레이터 충전시간
④ 번 백 시간

해설

MIG 용접에서 용접 끝부분에 생기는 크레이터 불량을 처리하고자 할 때, 이면(뒷면) 용접부의 녹아내림을 방지하기 위해 사용하는 제어 기능은 번 백 시간이다.

MIG 용접의 제어 장치 기능

종류	기능
예비가스 유출시간	아크 발생 전 보호가스 유출로 아크 안정과 결함의 발생을 방지한다.
스타트 시간	아크가 발생되는 순간에 전류와 전압을 크게 하여 아크 발생과 모재의 융합을 돕는다.
크레이터 충전시간	크레이터 결함을 방지한다.
번 백 시간	크레이터처리에 의해 낮아진 전류가 서서히 줄어들면서 아크가 끊어지는 현상을 제어함으로써 용접부가 녹아내리는 것을 방지한다.
가스지연 유출시간	용접 후 5~25초 정도 가스를 흘려서 크레이터의 산화를 방지한다.

21 경납용 용가재에 대한 각각의 설명이 틀린 것은?

① 은납 : 구리, 은, 아연이 주성분으로 구성된 합금으로 인장강도, 전연성 등의 성질이 우수하다.
② 황동납 : 구리와 니켈의 합금으로, 값이 저렴하여 공업용으로 많이 쓰인다.
③ 인동납 : 구리가 주성분이며 소량의 은, 인을 포함한 합금으로 되어 있다. 일반적으로 구리 및 구리합금의 땜납으로 쓰인다.
④ 알루미늄납 : 일반적으로 알루미늄에 규소, 구리를 첨가하여 사용하며 융점은 600℃ 정도이다.

해설

황동납 : Cu와 Zn의 합금으로 철강이나 비철금속의 납땜에 사용되는 합금재료로 전기전도도가 낮고 진동에 대한 저항력도 작다.

22 하중의 방향에 따른 필릿 용접의 종류가 아닌 것은?

① 전면 필릿
② 측면 필릿
③ 연속 필릿
④ 경사 필릿

해설

하중 방향에 따른 필릿 용접의 종류

하중 방향에 따른 필릿 용접	형상에 따른 필릿 용접
전면 필릿 이음	연속 필릿
측면 필릿 이음	단속 병렬 필릿
경사 필릿 이음	단속 지그재그 필릿

23 용접법을 크게 융접, 압접, 납땜으로 분류할 때 압접에 해당되는 것은?

① 전자빔 용접
② 초음파 용접
③ 원자 수소 용접
④ 일렉트로 슬래그 용접

해설

24 가스용접 작업에서 후진법의 특징이 아닌 것은?

① 열 이용률이 좋다.
② 용접속도가 빠르다.
③ 용접 변형이 작다.
④ 얇은 판의 용접에 적당하다.

해설

가스용접에서의 전진법과 후진법의 차이점

구분	전진법	후진법
열 이용률	나쁘다.	좋다.
비드의 모양	보기 좋다.	매끈하지 못하다.
홈의 각도	크다(약 80°).	작다(약 60°).
용접 속도	느리다.	빠르다.
용접 변형	크다.	작다.
용접 가능 두께	두께 5mm 이하의 박판	후판
가열 시간	길다.	짧다.
기계적 성질	나쁘다.	좋다.
산화 정도	심하다.	양호하다.
토치 진행방향 및 각도	오른쪽 → 왼쪽	왼쪽 → 오른쪽

25 피복 아크 용접봉은 피복제가 연소한 후 생성된 물질이 용접부를 보호한다. 용접부의 보호방식에 따른 분류가 아닌 것은?

① 가스발생식   ② 스프레이형
③ 반가스발생식   ④ 슬래그생성식

해설

용착금속의 보호방식에 따른 분류
• 가스발생식 : 피복제 성분이 주로 셀룰로스이며 연소 시 가스를 발생시켜 용접부를 보호한다.
• 슬래그생성식 : 피복제 성분이 주로 규사, 석회석 등의 무기물로 슬래그를 만들어 용접부를 보호하며 산화 및 질화를 방지한다.
• 반가스발생식 : 가스발생식과 슬래그생성식의 중간적 성질을 갖는다.

26 산소 아크 절단을 설명한 것 중 틀린 것은?

① 가스 절단에 비해 절단면이 거칠다.

② 직류 정극성이나 교류를 사용한다.

③ 중실(속이 찬) 원형봉의 단면을 가진 강(Steel)전극을 사용한다.

④ 절단속도가 빨라 철강 구조물 해체, 수중 해체 작업에 이용된다.

해설

산소 아크 절단에 사용되는 전극봉은 중공의 피복봉으로, 이 전극봉에서 발생되는 아크열을 이용하여 모재를 용융시킨 후 중공 부분으로 절단 산소를 내보내서 절단하는 방법이다. 입열 시간이 적어 변형이 작고 전극의 운봉이 거의 필요 없다. 그리고 전극봉을 절단 방향으로 직선 이동만 시키면 되나 절단면이 고르지 못하다는 단점이 있다.

산소 아크 절단의 특징

• 전극의 운봉이 거의 필요 없다.
• 입열시간이 적어서 변형이 작다.
• 가스 절단에 비해 절단면이 거칠다.
• 전원은 직류 정극성이나 교류를 사용한다.
• 가운데가 비어 있는 중공의 원형봉을 전극봉으로 사용한다.
• 절단속도가 빨라 철강 구조물 해체나 수중 해체 작업에 이용된다.

27 다음 가스 중 가연성 가스로만 되어 있는 것은?

① 아세틸렌, 헬륨

② 수소, 프로판

③ 아세틸렌, 아르곤

④ 산소, 이산화탄소

해설

가스의 종류

조연성가스	다른 연소 물질이 타는 것을 도와주는 가스	산소, 공기
가연성가스 (연료가스)	산소나 공기와 혼합하여 점화하면 빛과 열을 내면서 연소하는 가스	아세틸렌, 프로판, 메탄, 부탄, 수소
불활성가스	다른 물질과 반응하지 않는 기체	아르곤, 헬륨, 네온

28 가스 가우징용 토치의 본체는 프랑스식 토치와 비슷하나 팁은 비교적 저압으로 대용량의 산소를 방출할 수 있도록 설계되어 있는데 이는 어떤 설계구조인가?

① 초크

② 인젝트

③ 오리피스

④ 슬로 다이버전트

해설

다이버전트형 팁은 저압에서도 대용량의 산소를 고속 분출할 수 있어서 보통의 팁에 비해 절단 속도를 20~25% 증가시킬 수 있다.

[다이버전트형 팁]

29 다음 괄호 안에 알맞은 용어는?

용접의 원리는 금속과 금속을 서로 충분히 접근시키면 금속원자 간에 ( )이 작용하여 스스로 결합하게 된다.

① 인력
② 기력
③ 자력
④ 응력

해설

용접은 금속원자 간에 인력이 작용하여 스스로 결합하는 작업이다.

30 가스용접 시 양호한 용접부를 얻기 위한 조건에 대한 설명 중 틀린 것은?

① 용착금속의 용입 상태가 균일해야 한다.

② 슬래그, 기공 등의 결함이 없어야 한다.

③ 용접부에 첨가된 금속의 성질이 양호하지 않아도 된다.

④ 용접부에는 기름, 먼지, 녹 등을 완전히 제거하여야 한다.

해설

가스용접 시 양호한 용접부를 얻기 위해서는 용접부에 첨가된 금속의 성질도 우수해야 한다. 만일 모재와 첨가 금속이 완전히 융합되지 않거나 결함이 발생하면 응력이 집중되어 구조물 파괴의 원인이 된다.

31 가스용접에 대한 설명 중 옳은 것은?

① 아크 용접에 비해 불꽃의 온도가 높다.

② 열집중성이 좋아 효율적인 용접이 가능하다.

③ 전원 설비가 있는 곳에서만 설치가 가능하다.

④ 가열할 때 열량 조절이 비교적 자유롭기 때문에 박판 용접에 적합하다.

해설

가스용접의 장점 및 단점

장점
• 운반이 편리하고 설비비가 싸다.
• 전원이 없는 곳에 쉽게 설치할 수 있다.
• 아크 용접에 비해 유해 광선의 피해가 적다.
• 가열할 때 열량 조절이 비교적 자유로워 박판 용접에 적당하다.

단점
• 폭발의 위험이 있다.
• 아크 용접에 비해 불꽃의 온도가 낮다.
• 열 집중성이 나빠서 효율적인 용접이 어렵다.
• 가열 범위가 커서 용접 변형이 크고 일반적으로 용접부의 신뢰성이 적다.

32 연강용 피복 아크용접봉의 피복배합제 중 아크 안정제 역할을 하는 종류로 묶어 놓은 것 중 옳은 것은?

① 적철강, 알루미나, 붕산

② 붕산, 구리, 마그네슘

③ 알루미나, 마그네슘, 탄산나트륨

④ 산화타이타늄, 규산나트륨, 석회석, 탄산나트륨

해설

피복 배합제의 종류

배합제	용도	종류
고착제	심선에 피복제를 고착시킨다.	규산나트륨, 규산칼륨, 아교
탈산제	용융금속 중의 산화물을 탈산, 정련한다.	크롬, 망간, 알루미늄, 규소철, 페로망간, 페로실리콘, 망간철, 톱밥, 소맥분(밀가루)
가스발생제	중성, 환원성 가스를 발생하여 대기와의 접촉을 차단하고 용융금속의 산화나 질화를 방지한다.	아교, 녹말, 톱밥, 탄산바륨, 셀룰로이드, 석회석, 마그네사이트
아크안정제	아크를 안정시킨다.	산화타이타늄, 규산칼륨, 규산나트륨, 석회석
슬래그 생성제	용융점이 낮고 가벼운 슬래그를 만들어 산화나 질화를 방지한다.	석회석, 규사, 산화철, 일미나이트, 이산화망간
합금첨가제	용접부의 성질을 개선하기 위해 첨가한다.	페로망간, 페로실리콘, 니켈, 몰리브덴, 구리

33 연강 피복 아크용접봉인 E4316의 계열은 어느 계열인가?

① 저수소계
② 고산화타이타늄계
③ 철분저수소계
④ 일미나이트계

해설

피복아크 용접봉의 종류

종류	특징
일미 나이트계 (E4301)	• 일미나이트(TiO₂·FeO)를 약 30% 이상 합금한 것으로 우리나라에서 많이 사용한다. • 일본에서 처음 개발한 것으로 작업성과 용접성이 우수하며 값이 저렴하여 철도나 차량, 구조물, 압력 용기에 사용된다. • 내균열성, 내가공성, 연성이 우수하여 25mm 이상의 후판용접도 가능하다.
라임 티타니아계 (E4303)	• E4313의 새로운 형태로 약 30% 이상의 산화타이타늄(TiO₂)과 석회석(CaCO₃)이 주성분이다. • 산화타이타늄과 염기성 산화물이 다량으로 함유된 슬래그 생성식이다. • 피복이 두껍고 전 자세 용접성이 우수하다. • E4313의 작업성을 따르면서 기계적 성질과 일미나이트계의 부족한 점을 개량하여 만든 용접봉이다. • 고산화타이타늄계 용접봉보다 약간 높은 전류를 사용한다.
고셀룰 로스계 (E4311)	• 피복제에 가스 발생제인 셀룰로스를 20~30% 정도 포함한 가스 생성식 용접봉이다. • 발생 가스량이 많아 피복량이 얇고 슬래그가 적으므로 수직, 위보기 용접에서 우수한 작업성을 보인다. • 가스 생성에 의한 환원성 아크 분위기로 용착금속의 기계적 성질이 양호하며 아크는 스프레이 형상으로 용입이 크고 용융 속도가 빠르다. • 슬래그가 적어 비드 표면이 거칠고 스패터가 많다. • 사용 전류는 슬래그 실드계 용접봉에 비해 10~15% 낮게 하며 사용 전 70~100℃에서 30분~1시간 건조해야 한다. • 도금 강판, 저합금강, 저장탱크나 배관공사에 이용된다.
고산화 타이타늄계 (E4313)	• 균열에 대한 감수성이 좋아서 구속이 큰 구조물의 용접이나 고탄소강, 쾌삭강의 용접에 사용한다. • 피복제에 산화타이타늄(TiO₂)을 약 35% 정도 합금한 것으로 일반 구조용 용접에 사용된다. • 용접기의 2차 무부하 전압이 낮을 때에도 아크가 안정적이며 조용하다. • 스패터가 적고 슬래그의 박리성도 좋아서 비드의 모양이 좋다. • 저합금강이나 탄소량이 높은 합금강의 용접에 적합하다. • 다층 용접에서는 만족할 만한 품질을 만들지 못한다. • 기계적 성질이 다른 용접봉에 비해 약하고 고온 균열을 일으키기 쉬운 단점이 있다.
저수소계 (E4316)	• 석회석이나 형석을 주성분으로 한 피복제를 사용한다. • 보통 저탄소강의 용접에 주로 사용되나 저합금강과 중, 고탄소강의 용접에도 사용된다. • 용착금속 중의 수소량이 타 용접봉에 비해 1/10 정도로 현저하게 적다. • 균열에 대한 감수성이 좋아 구속도가 큰 구조물이 용접이나 탄소 및 황의 함유량이 많은 쾌삭강의 용접에 사용한다. • 피복제는 습기를 잘 흡수하기 때문에 사용 전에 300~350℃에서 1~2시간 건조 후 사용해야 한다.
철분 산화 타이타늄계 (E4324)	• E4313의 피복제에 철분을 50% 정도 첨가한 것이다. • 작업성이 좋고 스패터가 적게 발생하나 용입이 얕다. • 용착금속의 기계적 성질은 E4313과 비슷하다.
철분 저수소계 (E4326)	• E4316의 피복제에 30~50% 정도의 철분을 첨가한 것으로 용착속도가 크고 작업 능률이 좋다. • 용착금속의 기계적 성질이 양호하고 슬래그의 박리성이 저수소계 용접봉보다 좋으며 아래보기나 수평 필릿 용접에만 사용된다.
철분 산화철계 (E4327)	• 주성분인 산화철에 철분을 첨가한 것으로 규산염을 다량 함유하고 있어서 산성의 슬래그가 생성된다. • 아크가 분무상으로 나타나며 스패터가 적고 용입은 E4324보다 깊다. • 비드의 표면이 곱고 슬래그의 박리성이 좋아서 아래보기나 수평 필릿 용접에 많이 사용된다.

34 가스 절단 시 양호한 절단면을 얻기 위한 품질 기준이 아닌 것은?

① 슬래그 이탈이 양호할 것
② 절단면의 표면각이 예리할 것
③ 절단면이 평활하며 노치 등이 없을 것
④ 드래그의 홈이 높고 가능한 클 것

해설

가스 절단에서 양호한 절단면을 얻기 위한 조건

• 드래그 홈이 얕을 것
• 슬래그가 잘 이탈할 것
• 슬래그가 가능한 한 작을 것
• 절단면 표면의 각이 예리할 것
• 절단면이 평활하며 노치 등이 없을 것

35 정격 2차 전류 200A, 정격 사용률 40%, 아크용접기로 150A의 용접전류 사용 시 허용사용률은 약 얼마인가?

① 51%   ② 61%

③ 71%   ④ 81%

해설

$$허용사용률(\%) = \frac{(정격2차전류)^2}{(실제용접전류)^2} \times 정격사용률(\%)$$

$$= \frac{200A^2}{150A^2} \times 40\% = 71.1\%$$

36 직류 아크 용접에서 정극성의 특징 설명으로 맞는 것은?

① 비드 폭이 넓다.
② 주로 박판용접에 쓰인다.
③ 모재의 용입이 깊다.
④ 용접봉의 녹음이 빠르다.

해설

직류 아크 용접기를 정극성으로 사용하면 모재에서 약 70%의 열이 발생되므로 용입을 깊게 할 수 있다.
아크 용접기의 극성

직류 정극성 (DCSP ; Direct Current Straight Polarity)	• 용입이 깊다. • 비드 폭이 좁다. • 용접봉의 용융속도가 느리다. • 후판(두꺼운 판) 용접이 가능하다. • 모재에는 (+)전극이 연결되며 70% 열이 발생하고, 용접봉에는 (−)전극이 연결되며 30% 열이 발생한다.
직류 역극성 (DCRP ; Direct Current Reverse Polarity)	• 용입이 얕다. • 비드 폭이 넓다. • 용접봉의 용융속도가 빠르다. • 박판(얇은 판) 용접이 가능하다. • 모재에는 (−)전극이 연결되며 30% 열이 발생하고, 용접봉에는 (+)전극이 연결되며 70% 열이 발생한다.
교류(AC)	• 극성이 없다. • 전원 주파수의 $\frac{1}{2}$ 사이클마다 극성이 바뀐다.

37 용해아세틸렌 가스는 각각 몇 ℃, 몇 kgf/cm² 로 충전하는 것이 가장 적합한가?

① 40℃, 160kgf/cm²

② 35℃, 150kgf/cm²

③ 20℃, 30kgf/cm²

④ 15℃, 15kgf/cm²

해설

용해아세틸렌 가스는 약 15℃의 온도에서 15kgf/cm²의 압력으로 충전해야 한다.

38 교류 아크 용접기 종류 중 AW−500의 정격 부하 전압은 몇 V인가?

① 28V   ② 32V

③ 36V   ④ 40V

해설

교류 아크 용접기의 규격

종류	정격 2차 전류(A)	정격 사용률(%)	정격부하 전압(V)	사용 용접봉 지름(mm)
AW200	200	40	30	2.0~4.0
AW300	300	40	35	2.6~6.0
AW400	400	40	40	3.2~8.0
AW500	500	60	40	4.0~8.0

39 피복 아크 용접봉의 피복 배합제의 성분 중에서 탈산제에 해당하는 것은?

① 산화타이타늄(TiO_2)

② 규소철(Fe−Si)

③ 셀룰로스(Cellulose)

④ 일미나이트($TiO_2 \cdot FeO$)

해설

용접봉의 피복 배합제 성분들 중에서 규소철은 탈산제로 사용된다.

40 다음 중 탄소량이 가장 적은 강은?

① 연강　　　　　② 반경강
③ 최경강　　　　④ 탄소공구강

해설
① 연강 : 0.15~0.28%의 탄소 함유량
② 반경강 : 0.3~0.4%의 탄소 함유량
③ 최경강 : 0.5~0.6%의 탄소 함유량
④ 탄소공구강 : 0.6~1.5%의 탄소 함유량

41 보통 주강에 3% 이하의 Cr을 첨가하여 강도와 내마멸성을 증가시켜 분쇄기계, 석유화학 공업용 기계부품 등에 사용되는 합금 주강은?

① Ni 주강　　　② Cr 주강
③ Mn 주강　　　④ Ni-Cr 주강

해설
특수 주강의 종류 및 특징

종류	특징
Ni 주강	0.15~0.45%의 탄소강에 1~3.5%의 Ni을 합금한 것으로 연신율의 저하를 막고 강도와 인성 그리고 내마멸성을 크게 한다. 철도나 선박의 부품용 재료로 사용된다.
Ni-Cr 주강	니켈에 의한 강인성과 크롬에 의한 강도 및 경도를 증가시킬 목적으로 Ni 1~4%, Cr 0.5~2%를 합금한 저합금 주강이다. 톱니바퀴나 캠 등 강도와 내마모성이 요구되는 부품에 사용된다.
Mn 주강	0.9~1.2%의 저Mn 주강은 제지용 기계부품이나 롤러의 재료로 사용되며, 해드필드강이라고도 불리는 12%의 고Mn 주강은 인성이 높고 내마멸성도 매우 크므로 분쇄기 롤러용으로 사용된다.
Mo 주강	Mo의 특성에 따라 내열성과 큰 경도가 요구되는 기계 부품용 재료로 사용된다.
Cr 주강	보통 주강에 3% 이하의 Cr을 첨가하면 강도와 내마멸성이 우수해져 철도나 분쇄기계, 선박용 부품에 사용되며, 10% 이상인 고크롬 주강은 내식성이 우수하여 화학용 기계용 재료로 사용된다.

42 열간가공과 냉간가공을 구분하는 온도로 옳은 것은?

① 재결정 온도
② 재료가 녹는 온도
③ 물의 어는 온도
④ 고온취성 발생 온도

해설
열간가공과 냉간가공을 구분하는 온도는 재결정 온도이다.

43 조성이 2.0~3.0% C, 0.6~1.5% Si 범위의 것으로 백주철을 열처리로에 넣어 가열해서 탈탄 또는 흑연화 방법으로 제조한 주철은?

① 가단 주철　　　② 칠드 주철
③ 구상 흑연 주철　④ 고력 합금 주철

해설
가단주철은 회주철의 결점을 보완한 것으로 백주철의 주물을 장시간 열처리하여 탈탄과 시멘타이트의 흑연화에 의해 연성을 갖게 하여 단조가공을 가능하게 한 주철이다. 탄소의 함량이 많아서 주조성이 우수하며 적당한 열처리에 의해 주강과 같은 강인한 조직이다. 조성은 C가 2~3%, Si가 0.6~1.5% 합금되어 있다.
② 칠드 주철 : 주조 시 주형에 냉금을 삽입하여 주물을 급랭시켜 표면은 경화시키고 내부는 본래의 연한 조직으로 남게 하는 내마모성 주철이다. 칠드된 부분은 시멘타이트 조직으로 되어 경도가 크고, 내마멸성과 압축강도도 커져서 기차바퀴나 분쇄기의 롤러용 재료로 사용된다.
③ 구상 흑연 주철 : 불스아이 조직이 나타나는 주철로 Ni(니켈), Cr(크롬), Mo(몰리브덴), Cu(구리) 등을 첨가하여 재질을 개선한 것으로 노듈러 주철, 덕타일 주철로도 불린다. 내마멸성, 내열성, 내식성이 대단히 우수하여 자동차용 주물이나 특수기계의 부품용, 주조용 재료로 쓰인다. 흑연을 구상화하는 방법은 황(S)이 적은 선철을 용해하여 주입 전에 Mg, Ce, C 등을 첨가하여 제조하는데 편상 흑연의 결함도 제거할 수 있다. 보통 주철에 비해 강력하고 점성이 강하다.
④ 고력 합금 주철 : Ni-Cr계 주철로서 강인하고 내마멸성과 내식성이 크고 절삭성이 좋아서 크랭크 축이나 실린더 압연용 롤의 재료로 사용된다.

44 구리(Cu)에 대한 설명으로 옳은 것은?

① 구리는 체심입방격자이며, 변태점이 있다.

② 전기 구리는 O_2나 탈산제를 품지 않는 구리이다.

③ 구리의 전기 전도율은 금속 중에서 은(Ag)보다 높다.

④ 구리는 CO_2가 들어 있는 공기 중에서 염기성 탄산구리가 생겨 녹청색이 된다.

해설

① 구리는 면심입방격자이며, 변태점이 없다.

② 전기구리는 전해정련에 의해서 제조한 순구리로서 O_2나 탈산제를 갖고 있다.

③ 구리의 전기 전도율은 금속 중에서 은(Ag)보다 낮다.

45 담금질에 대한 설명 중 옳은 것은?

① 위험구역에서는 급랭한다.

② 임계구역에서는 서랭한다.

③ 강을 경화시킬 목적으로 실시한다.

④ 정지된 물속에서 냉각 시 대류단계에서 냉각속도가 최대가 된다.

해설

담금질(Quenching)은 재질을 경화시킬 목적으로 강을 오스테나이트 조직의 영역으로 가열한 후 급랭시켜 강도와 경도를 증가시키는 열처리법이다.

① 위험구역에서는 서랭한다.

② 임계구역에서는 급랭한다.

④ 정지된 물속에서 냉각 시 대류단계에서 냉각속도는 최소가 된다.

46 스테인리스강의 종류에 해당되지 않는 것은?

① 페라이트계 스테인리스강

② 레데부라이트계 스테인리스강

③ 석출경화형 스테인리스강

④ 마텐자이트계 스테인리스강

해설

레데부라이트계는 스테인리스강의 조직학상 분류에 속하지 않는다.

스테인리스강의 분류

구분	종류	주요성분	자성
Cr계	페라이트계 스테인리스강	Fe + Cr 12% 이상	자성체
	마텐자이트계 스테인리스강	Fe + Cr 13%	자성체
Cr + Ni계	오스테나이트계 스테인리스강	Fe + Cr 18% + Ni 8%	비자성체
	석출경화계 스테인리스강	Fe + Cr + Ni	비자성체

47 강의 표준 조직이 아닌 것은?

① 페라이트(Ferrite)

② 펄라이트(Pearlite)

③ 시멘타이트(Cementite)

④ 소르바이트(Sorbite)

해설

강의 표준조직

• 페라이트

• 펄라이트

• 시멘타이트

• 오스테나이트

48 마그네슘(Mg)의 특성을 설명한 것 중 틀린 것은?

① 비강도가 Al 합금보다 떨어진다.

② 구상흑연 주철의 첨가제로 사용된다.

③ 비중이 약 1.74 정도로 실용금속 중 가볍다.

④ 항공기, 자동차부품, 전자기기, 선박, 광학기계, 인쇄제판 등에 사용된다.

해설

마그네슘(Mg)은 Al에 비해 약 35% 가볍기 때문에 비강도가 더 크다.

Mg(마그네슘)의 특징

• 용융점은 650℃이다.

• 조밀육방격자 구조이다.

• Al에 비해 약 35% 가볍다.

• 냉간가공은 거의 불가능하다.

• 구상흑연주철의 첨가재로 사용된다.

• 비중이 1.74로 실용금속 중에서 가장 가볍다.

• 비강도가 우수하여 항공우주 부품용 재료로 사용된다.

• 항공기, 자동차부품, 구상흑연주철의 첨가재로 사용된다.

• 대기 중에서 내식성이 양호하나 산이나 염류(바닷물)에 침식되기 쉽다.

49 금속 침투법 중 칼로라이징은 어떤 금속을 침투시킨 것인가?

① B   ② Cr

③ Al   ④ Zn

해설

표면경화법의 종류

종류		침탄재료
화염 경화법		산소-아세틸렌불꽃
고주파 경화법		고주파 유도전류
질화법		암모니아가스
침탄법	고체 침탄법	목탄, 코크스, 골탄
	액체 침탄법	KCN(사이안화칼륨), NaCN(사이안화나트륨)
	가스 침탄법	메탄, 에탄, 프로판
금속 침투법	세라다이징	아연(Zn)
	칼로라이징	알루미늄(Al)
	크로마이징	크롬(Cr)
	실리코나이징	규소, 실리콘(Si)
	보로나이징	붕소(B)

50 Al-Si계 합금의 조대한 공정조직을 미세화하기 위하여 나트륨(Na), 수산화나트륨(NaOH), 알칼리염류 등을 합금 용탕에 첨가하여 10~15분간 유지하는 처리는?

① 시효 처리   ② 풀림 처리

③ 개량 처리   ④ 응력제거 풀림처리

해설

개량처리란 Al-Si계 합금의 조대한 공정조직을 미세화하기 위하여 나트륨(Na), 가성소다(NaOH), 알칼리염류 등을 합금 용탕에 첨가하여 10~15분간 유지하는 처리방법이다.

① 시효처리 : 강을 일정 온도로 가열한 후 강 속에 함유된 물질을 미세하게 석출시켜 재료를 경화시키는 방법

② 풀림처리 : 재질을 연하고 균일화시킬 목적으로 실시하는 열처리법으로 완전풀림은 A₃변태점(968℃) 이상의 온도로, 연화풀림은 650℃ 정도의 온도로 가열한 후 서랭한다.

④ 응력제거 풀림처리 : 용접에 의해서 생긴 잔류응력을 제거하기 위한 열처리의 일종으로 구조용 강의 경우 약 550~650℃의 온도 범위로 일정한 시간을 유지하였다가 노 속에서 냉각시킨다.

51 그림과 같이 지름이 같은 원기둥과 원기둥이 직각으로 만날 때의 상관선은 어떻게 나타나는가?

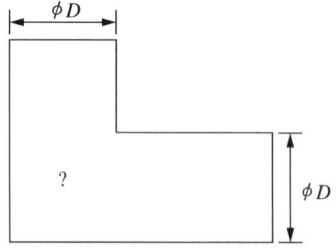

① 점선 형태의 직선

② 실선 형태의 직선

③ 실선 형태의 포물선

④ 실선 형태의 하이포이드 곡선

해설

원기둥과 원기둥이 직각으로 만나면 그 상관선은 실선 형태의 직선으로 표시한다.

52 리벳 이음(Rivet Joint) 단면의 표시법으로 가장 올바르게 투상된 것은?

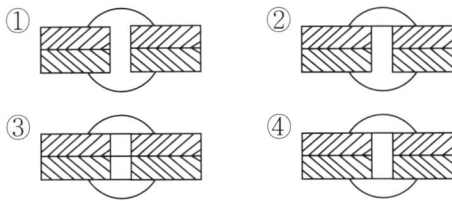

리벳의 모양은 다음과 같으므로 단면에서도 ④번과 같이 표시한다.

53 다음 중 지시선 및 인출선을 잘못 나타낸 것은?

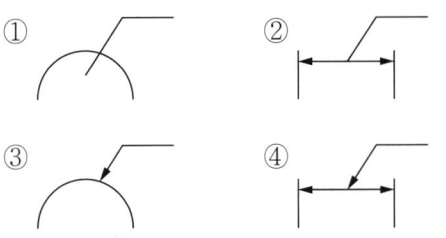

지시선 및 인출선을 기입할 때 ④번과 같이 치수선에서 다시 인출선을 끌어내고자 할 때 그 끝부분에 화살표를 붙여서는 안 된다.

54 다음 중 치수기입의 원칙에 대한 설명으로 가장 적절한 것은?

① 중요한 치수는 중복하여 기입한다.
② 치수는 되도록 주 투상도에 집중하여 기입한다.
③ 계산하여 구한 치수는 되도록 식을 같이 기입한다.
④ 치수 중 참고 치수에 대하여는 네모 상자 안에 치수 수치를 기입한다.

치수 기입 원칙(KS B 0001)
• 중복 치수는 피한다.
• 치수는 주투상도에 집중한다.
• 관련되는 치수는 한 곳에 모아서 기입한다.
• 치수는 공정마다 배열을 분리해서 기입한다.
• 치수는 계산해서 구할 필요가 없도록 기입한다.
• 치수 숫자는 치수선 위 중앙에 기입하는 것이 좋다.
• 치수 중 참고 치수에 대하여는 수치에 괄호를 붙인다.
• 필요에 따라 기준으로 하는 점, 선, 면을 기준으로 하여 기입한다.
• 도면에 나타나는 치수는 특별히 명시하지 않는 한 다듬질 치수를 표시한다.
• 치수는 투상도와의 모양 및 치수의 비교가 쉽도록 관련 투상도 쪽으로 기입한다.
• 치수는 대상물의 크기, 자세 및 위치를 가장 명확하게 표시할 수 있도록 기입한다.
• 기능상 필요한 경우 치수의 허용 한계를 지시한다(단, 이론적 정확한 치수는 제외).
• 대상물의 기능, 제작, 조립 등을 고려하여, 꼭 필요한 치수를 분명하게 도면에 기입한다.
• 하나의 투상도인 경우, 수평 방향의 길이 치수 위치는 투상도의 위쪽에서 읽을 수 있도록 기입한다.
• 하나의 투상도인 경우, 수직 방향의 길이 치수 위치는 투상도의 오른쪽에서 읽을 수 있도록 기입한다.

55 KS 재료기호 중 기계 구조용 탄소강재의 기호는?

① SM 35C   ② SS 490B

③ SF 340A   ④ STKM 20A

해설

기계 구조용 탄소강재의 KS 규격 : KS D 3752에 SM 10C~SM 58C, SM 9CK, SM 15CK, SM 20CK가 규정되어 있다. 여기서 SM 35C의 탄소 함유량은 0.32~0.38%이다.
① SM : 기계 구조용 탄소강재, 용접 구조용 압연강재
② SS : 일반구조용 압연강재
③ SF : 탄소강 단조품
④ STKM : 기계 구조용 탄소강관

56 제3각 정투상법으로 투상한 그림과 같은 투상도의 우측면도로 가장 적합한 것은?

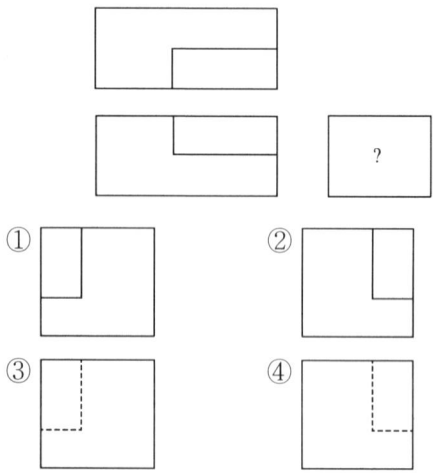

해설

정면도의 오른쪽 상단과 평면도의 오른쪽 하단부의 형상을 보면, 우측면도의 왼쪽 상단 부분에 빈 공간이 생긴다는 것을 알 수 있기 때문에 정답이 ①번임을 유추할 수 있다.

57 기계제도에서의 척도에 대한 설명으로 잘못된 것은?

① 척도는 표제란에 기입하는 것이 원칙이다.

② 축척의 표시는 2 : 1, 5 : 1, 10 : 1 등과 같이 나타낸다.

③ 척도란 도면에서의 길이와 대상물의 실제길이의 비이다.

④ 도면을 정해진 척도값으로 그리지 못하거나 비례하지 않을 때에는 척도를 'NS'로 표시할 수 있다.

해설

축척의 표시는 1 : 2, 1 : 5, 1 : 10과 같이 나타내어야 하며, 2 : 1, 5 : 1, 10 : 1은 배척에 대한 표시이다.
축척의 표시
A : B = 도면에서의 크기 : 물체의 실제크기
예 축척 – 1 : 2, 현척 – 1 : 1, 배척 – 2 : 1

58 다음 용접기호에서 '3'의 의미로 올바른 것은?

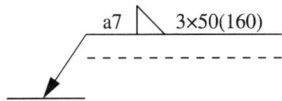

① 용접부 수
② 용접부 간격
③ 용접의 길이
④ 필릿용접 목 두께

해설
• a7 = 목두께가 7mm
• ◺ = 필릿용접
• 3×50 = 용접부 개수×용접길이
• (160) = 인접한 용접부 간 간격 160mm

단속 필릿 용접부의 표시방법

명칭	단속 필릿 용접부		
형상			
기호	$a \triangle n \times l(e)$		
의미	• a : 목 두께　　• ◺ : 필릿용접기호 • n : 용접부 개수　　• l : 용접 길이 • (e) : 인접한 용접부 간격		

• 용접부 기호 표시

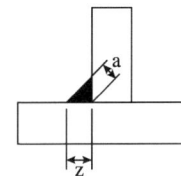

• a : 목 두께
• z : 목길이(다리길이)

59 다음 배관 도면에 포함되어 있는 요소로 볼 수 없는 것은?

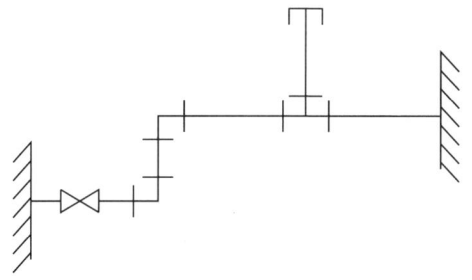

① 엘보　　　　　② 티
③ 캡　　　　　　④ 체크밸브

해설

배관 도면에 체크밸브는 보이지 않는다. 체크 밸브는 유체가 한쪽 방향으로만 흐르고 반대쪽으로는 흐르지 못하도록 할 때 사용하는 밸브로 기호로는 다음과 같이 2가지로 표시한다.

➝⊢⊲⊢, ➝▷⊲

60 리벳 구멍에 카운터 싱크가 없고 공장에서 드릴 가공 및 끼워 맞추기 할 때의 간략 표시 기호는?

① 　　　②

③ 　　　④

해설
리벳 구멍 자리에 카운터 싱크가 없고 드릴 가공 및 끼워 맞춤을 하고자 할 때 표시하는 기호는 ┼이다. 양쪽 면에 카운터 싱크가 있고 현장에서 드릴가공 및 끼워 맞춤을 하는 표시는 ✳이다.

01 불활성 가스 텅스텐 아크용접(TIG)의 KS규격이나 미국용접협회(AWS)에서 정하는 텅스텐 전극봉의 식별 색상이 황색이면 어떤 전극봉인가?

① 순텅스텐
② 지르코늄텅스텐
③ 1% 토륨텅스텐
④ 2% 토륨텅스텐

해설

텅스텐 전극봉의 식별 색상

종류	색상
순텅스텐봉	녹색
1% 토륨텅스텐봉	노랑(황색)
2% 토륨텅스텐봉	적색
지르코늄텅스텐봉	갈색
세륨텅스텐봉	회색

02 서브머지드 아크 용접의 다전극 방식에 의한 분류가 아닌 것은?

① 푸시식
② 탠덤식
③ 횡병렬식
④ 횡직렬식

해설

서브머지드 아크용접(SAW)의 다전극 용극 방식에는 탠덤식, 횡병렬식, 횡직렬식이 있다.

03 다음 중 정지구멍(Stop Hole)을 뚫어 결함 부분을 깎아 내고 재용접해야 하는 결함은?

① 균열
② 언더컷
③ 오버랩
④ 용입 부족

해설

용접물에 균열이 발생되었을 경우 계속적인 진행을 방지하기 위해 정지구멍(Stop Hole)을 뚫어서 결함 부분을 깎아낸 후 재용접을 해야 한다.

04 다음 중 비파괴 시험에 해당하는 시험법은?

① 굽힘 시험
② 현미경 조직 시험
③ 파면 시험
④ 초음파 시험

해설

초음파 시험은 초음파(Ultrasonic)를 사용해서 결함부위를 찾는 방법으로 비파괴 검사법에 속한다.

용접부 검사 방법의 종류

비파괴 시험	내부결함	방사선 투과 시험(RT)
		초음파 탐상 시험(UT)
	표면결함	외관검사(VT)
		자분탐상검사(MT)
		침투탐상검사(PT)
		누설검사(LT)
파괴 시험 (기계적 시험)	인장시험	인장강도, 항복점, 연신율 계산
	굽힘시험	연성의 정도 측정
	충격시험	인성과 취성의 정도 측정
	경도시험	외력에 대한 저항의 크기 측정
	매크로시험	조직검사
	피로시험	반복적인 외력에 대한 저항력 측정
화학적 시험	화학분석 시험	–

05 산업용 로봇 중 직각좌표계 로봇의 장점에 속하는 것은?

① 오프라인 프로그래밍이 용이하다.
② 로봇 주위에 접근이 가능하다.
③ 1개의 선형축과 2개의 회전축으로 이루어졌다.
④ 작은 설치공간에 큰 작업영역이다.

해설
직각좌표로봇은 X, Y, Z로 표시되는 직각좌표계에서 각 좌표축 방향으로 독립적으로 움직이는 직동관절로 이루어진 것이다. 모듈별로 판매되기 때문에 오프라인 프로그래밍을 적용하기가 용이하다는 장점이 있다.
직각좌표계 로봇의 특징
• 프레임이 커서 설치공간을 많이 차지하므로 작동범위가 좁다.
• 직선 운동을 위한 기구학적 설계가 복잡하다.
• 로봇 주위에는 위험하므로 접근은 불가능하다.
• X, Y, Z축 방향으로 움직일 수 있는 독립 관절로 이루어졌다.

06 용접 후 변형 교정 시 가열 온도 500~600℃, 가열 시간 약 30초, 가열 지름 20~30mm로 하여, 가열한 후 즉시 수랭하는 변형교정법을 무엇이라 하는가?

① 박판에 대한 수랭 동판법
② 박판에 대한 살수법
③ 박판에 대한 수랭 석면포법
④ 박판에 대한 점 수축법

해설
박판에 대한 점 수축법 : 용접 후 변형을 교정할 때 지름 20~30cm 정도를 500~600℃로 30초 정도 가열한 후 즉시 수랭하는 변형교정법

07 용접 전의 일반적인 준비 사항이 아닌 것은?

① 사용 재료를 확인하고 작업내용을 검토한다.
② 용접전류, 용접순서를 미리 정해둔다.
③ 이음부에 대한 불순물을 제거한다.
④ 예열 및 후열처리를 실시한다.

해설
예열 및 후열처리는 용접 작업이 완료된 용접물을 사용하는 것이므로 용접 전의 준비 사항과는 거리가 멀다.

08 금속 간의 원자가 접합되는 인력 범위는?

① 10^{-4}cm
② 10^{-6}cm
③ 10^{-8}cm
④ 10^{-10}cm

해설
금속 간 거리를 10^{-8}cm 내로 두면 원자 간 인력에 의해 스스로 결합이 되나, 일반적으로는 표면의 불순물과 산화물 때문에 순수한 결합이 힘들어 용접과 같은 결합법을 사용한다.

09 불활성 가스 금속아크 용접(MIG)에서 크레이터 처리에 의해 낮아진 전류가 서서히 줄어들면서 아크가 끊어지는 기능으로 용접부가 녹아내리는 것을 방지하는 제어기능은?

① 스타트 시간
② 예비 가스 유출 시간
③ 번 백 시간
④ 크레이터 충전 시간

해설
MIG 용접의 제어 장치 기능

종류	기능
예비 가스 유출 시간	아크 발생 전 보호가스 유출로 아크 안정과 결함의 발생을 방지한다.
스타트 시간	아크가 발생되는 순간에 전류와 전압을 크게 하여 아크 발생과 모재의 융합을 돕는다.
크레이터 충전 시간	크레이터 결함을 방지한다.
번 백 시간	크레이터처리에 의해 낮아진 전류가 서서히 줄어들면서 아크가 끊어지는 현상을 제어함으로써 용접부가 녹아내리는 것을 방지한다.
가스 지연 유출 시간	용접 후 5~25초 정도 가스를 흘려서 크레이터의 산화를 방지한다.

10 다음 중 용접용 지그 선택의 기준으로 적절하지 않은 것은?

① 물체를 튼튼하게 고정시켜 줄 크기와 힘이 있을 것
② 변형을 막아 줄 만큼 견고하게 잡아줄 수 있을 것
③ 물품의 고정과 분해가 어렵고 청소가 편리할 것
④ 용접 위치를 유리한 용접자세로 쉽게 움직일 수 있을 것

[해설]
용접용 지그는 원활한 작업을 위해 고정과 분해가 쉽고 청소하기도 편리해야 한다.

11 다음 중 테르밋 용접의 특징에 관한 설명으로 틀린 것은?

① 전기가 필요없다.
② 용접 작업이 단순하다.
③ 용접 시간이 길고 용접 후 변형이 크다.
④ 용접 기구가 간단하고 작업 장소의 이동이 쉽다.

[해설]
테르밋 용접
금속산화물과 알루미늄이 반응하여 열과 슬래그를 발생시키는 테르밋 반응을 이용하는 것으로 먼저 알루미늄 분말과 산화철을 1 : 3의 비율로 혼합하여 테르밋제를 만든 후 냄비의 역할을 하는 도가니에 넣어 약 1,000℃로 점화하면 약 2,800℃의 열이 발생되면서 용접용 강이 만들어지는데 이 강을 용접부에 주입하면서 용접하는 용접법이다.
테르밋 용접의 특징
• 설비비가 싸다.
• 용접비용이 싸다.
• 이동이 용이하다.
• 용접작업이 단순하다.
• 홈 가공이 불필요하다.
• 전기 공급이 필요 없다.
• 현장에서 직접 사용된다.
• 용접시간이 짧고 용접 후 변형이 작다.
• 구조, 단조, 레일 등의 용접 및 보수에 이용한다.
• 차량, 선박, 접합 단면이 큰 구조물의 용접에 적용한다.

12 서브머지드 아크 용접에 대한 설명으로 틀린 것은?

① 가시용접으로 용접 시 용착부를 육안으로 식별이 가능하다.
② 용융속도와 용착속도가 빠르며 용입이 깊다.
③ 용착금속의 기계적 성질이 우수하다.
④ 개선각을 작게 하여 용접 패스 수를 줄일 수 있다.

[해설]
서브머지드 아크 용접(SAW)은 용접부가 눈에 보이지 않는 불가시 용접이다.

13 다음 중 용접 설계상 주의해야 할 사항으로 틀린 것은?

① 국부적으로 열이 집중되도록 할 것
② 용접에 적합한 구조의 설계를 할 것
③ 결함이 생기기 쉬운 용접 방법은 피할 것
④ 강도가 약한 필릿 용접은 가급적 피할 것

[해설]
용접 시 국부적으로 열이 집중되면 변형이 되기 쉬우므로 발생열이 쉽게 분산되도록 설계해야 한다.

14 이산화탄소 아크 용접법에서 이산화탄소(CO_2)의 역할을 설명한 것 중 틀린 것은?

① 아크를 안정시킨다.
② 용융금속 주위를 산성 분위기로 만든다.
③ 용융속도를 빠르게 한다.
④ 양호한 용착금속을 얻을 수 있다.

[해설]
CO_2 가스 아크 용접에서 이산화탄소가스의 역할은 용착부를 보호하는 데 있으며, 용융속도를 빠르게 하지는 않는다.

15 이산화탄소 아크 용접에 관한 설명으로 틀린 것은?

① 팁과 모재 간의 거리는 와이어의 돌출길이에 아크길이를 더한 것이다.

② 와이어 돌출길이가 짧아지면 용접와이어의 예열이 많아진다.

③ 와이어의 돌출길이가 짧아지면 스패터가 부착되기 쉽다.

④ 약 200A 미만의 저전류를 사용할 경우 팁과 모재 간의 거리는 10~15mm 정도 유지한다.

해설
가스 아크 용접에서 와이어의 돌출길이가 짧아지면 용접와이어의 예열은 줄어든다.

16 강구조물 용접에서 맞대기 이음의 루트 간격의 차이에 따라 보수용접을 하는데 보수방법으로 틀린 것은?

① 맞대기 루트 간격 6mm 이하일 때에는 이음부의 한쪽 또는 양쪽을 덧붙임 용접한 후 절삭하여 규정 간격으로 개선 홈을 만들어 용접한다.

② 맞대기 루트 간격 15mm 이상일 때에는 판을 전부 또는 일부(대략 300mm 이상의 폭)를 바꾼다.

③ 맞대기 루트 간격 6~15mm일 때에는 이음부에 두께 6mm 정도의 뒷댐판을 대고 용접한다.

④ 맞대기 루트 간격 15mm 이상일 때에는 스크랩을 넣어서 용접한다.

해설
보수용접할 때 맞대기 루트 간격이 15mm 이상일 때에는 판을 전부 또는 일부(대략 300mm 이상의 폭)를 바꾸어서 보수해야 하나 스크랩을 넣어서 보수하지는 않는다.

17 용접 시공 시 발생하는 용접 변형이나 잔류응력의 발생을 줄이기 위해 용접 시공 순서를 정한다. 다음 중 용접시공 순서에 대한 사항으로 틀린 것은?

① 제품의 중심에 대하여 대칭으로 용접을 진행시킨다.

② 같은 평면 안에 많은 이음이 있을 때에는 수축은 가능한 한 자유단으로 보낸다.

③ 수축이 적은 이음을 가능한 먼저 용접하고 수축이 큰 이음을 나중에 용접한다.

④ 리벳작업과 용접을 같이 할 때는 용접을 먼저 실시하여 용접열에 의해서 리벳의 구멍이 늘어남을 방지한다.

해설
용접물의 변형이나 잔류응력의 누적을 피하려면 수축이 큰 이음을 먼저 용접하고 수축이 적은 이음을 나중에 용접해야 한다.

18 용접 작업 시의 전격에 대한 방지대책으로 올바르지 않은 것은?

① TIG 용접 시 텅스텐 봉을 교체할 때는 전원스위치를 차단하지 않고 해야 한다.

② 습한 장갑이나 작업복을 입고 용접하면 감전의 위험이 있으므로 주의한다.

③ 절연홀더의 절연 부분이 균열이나 파손되었으면 곧바로 보수하거나 교체한다.

④ 용접 작업이 끝났을 때나 장시간 중지할 때에는 반드시 스위치를 차단시킨다.

해설
전격을 방지하기 위해서는 TIG 용접 시 텅스텐 전극봉 교체 시 반드시 전원스위치를 차단한 후 교체해야 한다.

19 단면적이 10cm²의 평판을 완전 용입 맞대기 용접한 경우의 견디는 하중은 얼마인가?(단, 재료의 허용응력을 1,600kgf/cm²로 한다)

① 160kgf
② 1,600kgf
③ 16,000kgf
④ 16kgf

해설

$$\sigma_a = \frac{F}{A}$$

$$1,600 \text{kgf/cm}^2 = \frac{F}{10 \text{cm}^2}, \ F = 16,000 \text{kgf}$$

20 용접 길이가 짧거나 변형 및 잔류응력의 우려가 적은 재료를 용접할 경우 가장 능률적인 용착법은?

① 전진법
② 후진법
③ 비석법
④ 대칭법

해설

잔류응력 발생 가능성이 적은 재료는 아크가 발생하는 방향으로 용접하는 전진법이 가장 능률적이다.

21 다음 중 아세틸렌(C_2H_2)가스의 폭발성에 해당되지 않는 것은?

① 406~408℃가 되면 자연 발화한다.
② 마찰·진동·충격 등의 외력이 작용하면 폭발위험이 있다.
③ 아세틸렌 90%, 산소 10%의 혼합 시 가장 폭발위험이 크다.
④ 은·수은 등과 접촉하면 이들과 화합하여 120℃ 부근에서 폭발성이 있는 화합물을 생성한다.

해설

산소-아세틸렌가스를 혼합할 때 가장 폭발위험이 큰 비율은 산소 85%, 아세틸렌 15%이다.

22 스터드 용접의 특징 중 틀린 것은?

① 긴 용접시간으로 용접변형이 크다.
② 용접 후의 냉각속도가 비교적 빠르다.
③ 알루미늄, 스테인리스강 용접이 가능하다.
④ 탄소 0.2%, 망간 0.7% 이하 시 균열 발생이 없다.

해설

스터드 용접은 용접시간이 짧고 국부적으로 가열하기 때문에 용접변형이 작다.

23 연강용 피복아크 용접봉 중 저수소계 용접봉을 나타내는 것은?

① E4301
② E4311
③ E4316
④ E4327

해설

용접봉의 종류

기호	종류
E4301	일미나이트계
E4303	라임티타니아계
E4311	고셀룰로스계
E4313	고산화타이타늄계
E4316	저수소계
E4324	철분 산화타이타늄계
E4326	철분 저수소계
E4327	철분 산화철계

24 산소-아세틸렌가스 용접의 장점이 아닌 것은?

① 용접기의 운반이 비교적 자유롭다.

② 아크용접에 비해서 유해광선의 발생이 적다.

③ 열의 집중성이 높아서 용접이 효율적이다.

④ 가열할 때 열량 조절이 비교적 자유롭다.

해설

가스용접의 장점 및 단점

장점	단점
• 운반이 편리하고 설비비가 싸다. • 전원이 없는 곳에 쉽게 설치할 수 있다. • 아크 용접에 비해 유해 광선의 피해가 적다. • 가열할 때 열량 조절이 비교적 자유로워 박판 용접에 적당하다.	• 폭발의 위험이 있다. • 아크 용접에 비해 불꽃의 온도가 낮다. • 열 집중성이 낮아서 효율적인 용접이 어렵다. • 가열 범위가 커서 용접 변형이 크고 일반적으로 용접부의 신뢰성이 적다.

25 직류 피복아크 용접기와 비교한 교류 피복아크 용접기의 설명으로 옳은 것은?

① 무부하 전압이 낮다.

② 아크의 안정성이 우수하다.

③ 아크 쏠림이 거의 없다.

④ 전격의 위험이 적다.

해설

교류 아크 용접기는 아크 쏠림이 거의 없으나, 무부하 전압이 높고 아크의 안정성이 불안정하고 전격의 위험이 크다는 단점이 있다.

26 다음 중 산소용기의 각인 사항에 포함되지 않는 것은?

① 내용적

② 내압시험압력

③ 가스충전 일시

④ 용기 중량

해설

산소용기에 각인하는 사항

• 용기 제조자의 명칭
• 충전가스의 명칭
• 용기 제조번호(용기번호)
• 용기의 중량(kg)
• 용기의 내용적(L)
• 내압시험압력, 연월일
• 최고충전압력(kg/cm^2)
• 이음매없는 용기일 경우 '이음매없음' 표기

27 정류기형 직류 아크 용접기에서 사용되는 셀렌 정류기는 80℃ 이상이면 파손되므로 주의하여야 하는데 실리콘 정류기는 몇 ℃ 이상에서 파손이 되는가?

① 120℃

② 150℃

③ 80℃

④ 100℃

해설

실리콘 정류기는 약 150℃ 이상이 되면 파손된다.

28 가스용접 작업 시 후진법의 설명으로 옳은 것은?

① 용접속도가 빠르다.
② 열 이용률이 나쁘다.
③ 얇은 판의 용접에 적합하다.
④ 용접변형이 크다.

해설

가스용접에서의 전진법과 후진법의 차이점

구분	전진법	후진법
열이용률	나쁘다.	좋다.
비드의 모양	보기 좋다.	매끈하지 못하다
홈의 각도	크다(약 80°).	작다(약 60°).
용접 속도	느리다.	빠르다.
용접 변형	크다.	작다.
용접 가능 두께	두께 5mm 이하의 박판	후판
가열 시간	길다.	짧다.
기계적 성질	나쁘다.	좋다.
산화 정도	심하다.	양호하다.
냉각 정도	급랭	서랭
토치 진행방향 및 각도	오른쪽 → 왼쪽	왼쪽 → 오른쪽

29 절단의 종류 중 아크 절단에 속하지 않는 것은?

① 탄소 아크 절단
② 금속 아크 절단
③ 플라스마 제트 절단
④ 수중 절단

해설

절단법의 열원에 의한 분류

종류	특징	분류
아크 절단	전기 아크열을 이용한 금속 절단법	산소 아크 절단
		피복 아크 절단
		탄소 아크 절단
		아크 에어 가우징
		플라스마 제트 절단
		불활성 가스 아크 절단
가스 절단	산소가스와 금속과의 산화 반응을 이용한 금속 절단법	산소-아세틸렌가스 절단
분말 절단	철분이나 플럭스 분말을 연속적으로 절단 산소 속에 혼입시켜서 공급하여 그 반응열이나 용제작용을 이용한 절단법	

30 강재의 표면에 개재물이나 탈탄층 등을 제거하기 위하여 비교적 얇고 넓게 깎아내는 가공 방법은?

① 스카핑
② 가스 가우징
③ 아크 에어 가우징
④ 워터 제트 절단

해설

스카핑 : 강괴나 강편, 강재 표면의 홈이나 개재물, 탈탄층 등을 제거하기 위한 불꽃 가공으로 가능한 한 얇으면서 타원형의 모양으로 표면을 깎아내는 가공법

31 다음 중 용접기에서 모재를 (+)극에, 용접봉을 (−)극에 연결하는 아크 극성으로 옳은 것은?

① 직류정극성   ② 직류역극성
③ 용극성   ④ 비용극성

해설
아크 용접기의 극성

직류정극성 (DCSP ; Direct Current Straight Polarity)	• 용입이 깊다. • 비드 폭이 좁다. • 용접봉의 용융속도가 느리다. • 후판(두꺼운 판) 용접이 가능하다. • 모재에는 (+)전극이 연결되며 70% 열이 발생하고, 용접봉에는 (−)전극이 연결되며 30% 열이 발생한다.
직류역극성 (DCRP ; Direct Current Reverse Polarity)	• 용입이 얕다. • 비드 폭이 넓다. • 용접봉의 용융속도가 빠르다. • 박판(얇은 판) 용접이 가능하다. • 주철, 고탄소강, 비철금속의 용접에 쓰인다. • 모재에는 (−)전극이 연결되며 30% 열이 발생하고, 용접봉에는 (+)전극이 연결되며 70% 열이 발생한다.
교류(AC)	• 극성이 없다. • 전원 주파수의 $\frac{1}{2}$ 사이클마다 극성이 바뀐다. • 직류 정극성과 직류 역극성의 중간적 성격이다.

32 야금적 접합법의 종류에 속하는 것은?

① 납땜 이음   ② 볼트 이음
③ 코터 이음   ④ 리벳 이음

해설
납땜은 용접의 한 종류이므로 야금적 접합법에 속한다. 볼트, 코터, 리벳 이음은 기계적 접합법의 종류들이다.

33 수중 절단작업에 주로 사용되는 연료 가스는?

① 아세틸렌   ② 프로판
③ 벤젠   ④ 수소

해설
수중 절단작업에 사용되는 가스는 수소(H_2)가스이다.

34 탄소 아크 절단에 압축공기를 병용하여 전극홀더의 구멍에서 탄소 전극봉에 나란히 분출하는 고속의 공기를 분출시켜 용융금속을 불어내어 홈을 파는 방법은?

① 아크에어 가우징   ② 금속아크 절단
③ 가스 가우징   ④ 가스 스카핑

해설
아크에어 가우징은 탄소 아크 절단법에 고압(5~7kgf/cm²)의 압축공기를 병용하는 방법이다. 용융된 금속에 탄소봉과 평행으로 분출하는 압축공기를 전극 홀더의 끝부분에 위치한 구멍을 통해 연속해서 불어내어 홈을 파내는 방법으로 홈 가공이나 구멍 뚫기, 절단 작업에 사용된다. 이것은 철이나 비철 금속에 모두 이용할 수 있으며, 가스 가우징보다 작업 능률이 2~3배 높고 모재에도 해를 입히지 않는다.
아크에어 가우징의 구성요소
• 가우징머신   • 가우징봉
• 가우징토치   • 컴프레서(압축공기)

35 가스 용접 시 팁 끝이 순간적으로 막혀 가스 분출이 나빠지고 혼합실까지 불꽃이 들어가는 현상을 무엇이라 하는가?

① 인화   ② 역류
③ 점화   ④ 역화

해설
인화란 토치의 팁 끝이 모재에 닿아 순간적으로 막히거나 팁의 과열 또는 사용가스의 압력이 부적당할 때 팁 속에서 폭발음을 내면서 불꽃이 꺼졌다가 다시 나타나는 현상이다. 절단 시 인화가 발생하면 산소 및 아세틸렌가스를 모두 잠그고 토치의 기능을 점검해야 하며 팁이 과열되었으므로 물에 담가서 식힌다.

36 피복배합제의 종류에서 규산나트륨, 규산칼륨 등의 수용액이 주로 사용되며 심선에 피복제를 부착하는 역할을 하는 것은 무엇인가?

① 탈산제
② 고착제
③ 슬래그 생성제
④ 아크 안정제

피복배합제의 종류

배합제	용도	종류
고착제	심선에 피복제를 고착시킨다.	규산나트륨, 규산칼륨, 아교
탈산제	용융금속 중의 산화물을 탈산, 정련한다.	크롬, 망간, 알루미늄, 규소철, 페로망간, 페로실리콘, 망간철, 톱밥, 소맥분(밀가루)
가스발생제	중성, 환원성 가스를 발생하여 대기와의 접촉을 차단하고 용융금속의 산화나 질화를 방지한다.	아교, 녹말, 톱밥, 탄산바륨, 셀룰로이드, 석회석, 마그네사이트
아크안정제	아크를 안정시킨다.	산화타이타늄, 규산칼륨, 규산나트륨, 석회석
슬래그 생성제	용융점이 낮고 가벼운 슬래그를 만들어 산화나 질화를 방지한다.	석회석, 규사, 산화철, 일미나이트, 이산화망간
합금첨가제	용접부의 성질을 개선하기 위해 첨가한다.	페로망간, 페로실리콘 니켈, 몰리브덴, 구리

37 판의 두께(t)가 3.2mm인 연강판을 가스용접으로 보수하고자 할 때 사용할 용접봉의 지름(mm)은?

① 1.6mm
② 2.0mm
③ 2.6mm
④ 3.0mm

용접봉은 접합하려는 모재의 두께를 기준으로 해야 함으로써 다음과 같은 식이 적용되어야 한다.

용접봉지름(D) $= \dfrac{\text{모재두께}(t)}{2} + 1 = \dfrac{3.2\text{mm}}{2} + 1 = 2.6\text{mm}$

38 가스 절단 시 예열 불꽃의 세기가 강할 때의 설명으로 틀린 것은?

① 절단면이 거칠어진다.
② 드래그가 증가한다.
③ 슬래그 중의 철 성분의 박리가 어려워진다.
④ 모서리가 용융되어 둥글게 된다.

가스 절단 시 예열 불꽃의 세기가 강하면 드래그는 감소한다.

39 황(S)이 적은 선철을 용해하여 구상흑연주철을 제조 시 주로 첨가하는 원소가 아닌 것은?

① Al
② Ca
③ Ce
④ Mg

흑연을 구상화하는 방법은 황(S)이 적은 선철을 용해하여 주입 전에 Mg, Ce, Ca 등을 첨가하여 제조한다.

40 해드필드(Hadfield)강은 상온에서 오스테나이트 조직을 가지고 있다. Fe 및 C 이외에 주요 성분은?

① Ni
② Mn
③ Cr
④ Mo

해드필드강(Hadfield Steel)은 Fe과 C 이외에 Mn이 12% 함유된 고Mn강으로 인성이 높고 내마멸성, 내충격성이 우수해서 파쇄장치나 기차레일, 굴착기, 분쇄기 롤러용 재료로 사용된다.

41 조밀육방격자의 결정구조로 옳게 나타낸 것은?

① FCC
② BCC
③ FOB
④ HCP

해설

철의 결정구조

종류	기호	성질	원소
체심 입방격자	BCC	• 강도가 크다. • 용융점이 높다. • 전연성이 적다.	W, Cr, Mo, V, Na, K
면심 입방격자	FCC	• 가공성이 우수하다. • 연한 성질의 재료이다. • 장신구로 많이 사용된다. • 전연성과 전기전도도가 크다.	Al, Ag, Au, Cu, Ni, Pb, Pt, Ca
조밀 육방격자	HCP	• 전연성이 불량하다. • 가공성이 좋지 않다.	Mg, Zn, Ti, Be, Hg, Zr, Cd, Ce

해설

황동의 종류

톰백	Cu(구리)에 Zn(아연)을 5~20% 합금한 것으로 색깔이 아름다워 장식용 재료로 사용한다.
문쯔 메탈	60%의 Cu(구리)와 40%의 Zn(아연)이 합금된 것으로 인장강도가 최대이며, 강도가 필요한 단 조제품이나 볼트, 리벳 등의 재료로 사용한다.
알브락	Cu(구리) 75% + Zn(아연) 20% + 소량의 Al, Si, As 등의 합금이고, 해수에 강하며 내식성과 내침 수성이 커서 복수기관과 냉각기관에 사용한다.
애드미럴티 황동	7-3 황동에 Sn(주석) 1%를 합금한 것으로 전연 성이 좋아서 관이나 판으로 증발기, 열교환기, 콘덴서 튜브를 만드는 재료로 사용한다.
델타메탈	6-4 황동에 철(1~2%)을 합금한 것으로 부식에 강해서 기계나 선박용 재료로 사용한다.
쾌삭황동	황동에 Pb(납)을 0.5~3% 합금한 것으로 피절 삭성 향상을 위해 사용한다.

42 전극재료의 선택 조건을 설명한 것 중 틀린 것은?

① 비저항이 작아야 한다.
② Al과의 밀착성이 우수해야 한다.
③ 산화 분위기에서 내식성이 커야 한다.
④ 금속 규화물의 용융점이 웨이퍼 처리 온도보다
낮아야 한다.

해설

금속 규화물의 용융점이 웨이퍼의 처리 온도보다 반드시 높아야만
기본 형태를 유지할 수 있다.

43 7-3 황동에 주석을 1% 첨가한 것으로, 전연성이
좋아 관 또는 판을 만들어 증발기, 열교환기 등에
사용되는 것은?

① 문쯔 메탈
② 네이벌 황동
③ 카트리지 브래스
④ 애드미럴티 황동

44 탄소강의 표준 조직을 검사하기 위해 A_3 또는 A_{cm}
선보다 30~50℃ 높은 온도로 가열한 후 공기 중에
냉각하는 열처리는?

① 노멀라이징
② 어닐링
③ 템퍼링
④ 퀜칭

해설

열처리의 기본 4단계

• 담금질(Quenching) : 재질을 경화시킬 목적으로 강을 오스테나
이트 조직의 영역으로 가열한 후 급랭시켜 강도와 경도를 증가시
키는 열처리법이다.
• 뜨임(Tempering) : 담금질한 강을 A_1변태점(723℃) 이하로 가열
후 서랭하는 것으로 담금질로 경화된 재료에 인성을 부여하고
내부응력을 제거한다.
• 풀림(Annealing) : 재질을 연하고 균일화시킬 목적으로 실시하
는 열처리법으로 완전풀림은 A_3변태점(968℃) 이상의 온도로,
연화풀림은 650℃ 정도의 온도로 가열한 후 서랭한다.
• 불림(Normalizing) : 담금질 정도가 심하거나 결정입자가 조대해
진 강을 표준화조직으로 만들기 위하여 A_3점(968℃)이나 Acm(시
멘타이트)점보다 30~50℃ 이상의 온도로 가열 후 공랭시킨다.

45 소성변형이 일어나면 금속이 경화하는 현상을 무엇이라 하는가?

① 탄성경화
② 가공경화
③ 취성경화
④ 자연경화

해설
가공경화 : 금속을 냉간 가공하면 결정 입자가 미세화되어 재료가 단단해지고(경화) 연신율이 감소하여 재료를 강하게 하는 가공방법

47 마우러 조직도에 대한 설명으로 옳은 것은?

① 주철에서 C와 P량에 따른 주철의 조직관계를 표시한 것이다.
② 주철에서 C와 Mn량에 따른 주철의 조직관계를 표시한 것이다.
③ 주철에서 C와 Si량에 따른 주철의 조직관계를 표시한 것이다.
④ 주철에서 C와 S량에 따른 주철의 조직관계를 표시한 것이다.

해설
마우러 조직도란 주철의 조직을 지배하는 주요 요소인 C와 Si의 함유량에 따른 주철의 조직의 관계를 나타낸 그래프이다.
마우러 조직도

영역	주철 조직	경도
I	백주철	
II$_a$	반주철	최대
II	펄라이트 주철	↕
II$_b$	회주철	최소
III	페라이트 주철	

46 납 황동은 황동에 납을 첨가하여 어떤 성질을 개선한 것인가?

① 강도
② 절삭성
③ 내식성
④ 전기전도도

해설
쾌삭강으로도 불리는 납 황동은 절삭성을 개선한 구리합금이다.

48 순 구리(Cu)와 철(Fe)의 용융점은 약 몇 ℃인가?

① Cu : 660℃, Fe : 890℃
② Cu : 1,063℃, Fe : 1,050℃
③ Cu : 1,083℃, Fe : 1,539℃
④ Cu : 1,455℃, Fe : 2,200℃

해설
• 구리(Cu)의 용융점 : 1,083℃
• 철(Fe)의 용융점 : 1,538℃(일부 책에 1,539℃ 표기)

49 게이지용 강이 갖추어야 할 성질로 틀린 것은?

① 담금질에 의한 변형이 없어야 한다.
② HRC 55 이상의 경도를 가져야 한다.
③ 열팽창 계수가 보통 강보다 커야 한다.
④ 시간에 따른 치수 변화가 없어야 한다.

해설
게이지용 강은 열팽창 계수가 보통 강보다 작아야 측정 시 오차가 작다.

50 그림에서 마텐자이트 변태가 가장 빠른 곳은?

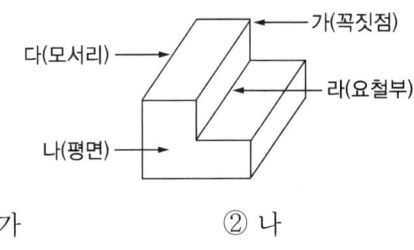

① 가
② 나
③ 다
④ 라

해설
마텐자이트 변태는 냉각속도가 빠를수록 잘 만들어지는데, 꼭짓점의 냉각속도가 가장 빠르므로 (가)지점에서 마텐자이트 변태가 가장 빠르다.

51 그림과 같은 입체도의 제3각 정투상도로 가장 적합한 것은?

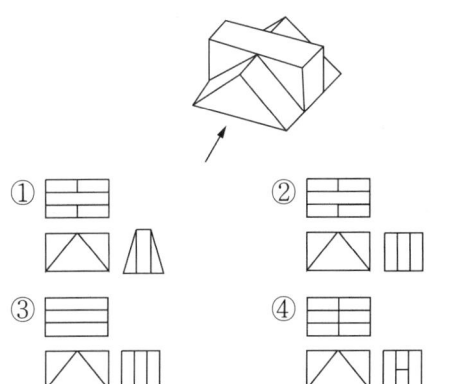

해설
우측면도에는 3개의 직사각형이 이어진 모양을 보여야 하며, 평면도에는 3개의 직사각형에서 맨 위와 맨 아래 것의 중간에 세로줄이 그어져야 하므로 정답은 ②번이다.

52 다음 중 저온 배관용 탄소 강관 기호는?

① SPPS
② SPLT
③ SPHT
④ SPA

해설
② SPLT : 저온 배관용 강관
① SPPS : 압력 배관용 탄소 강관
③ SPHT : 고온 배관용 탄소 강관
④ SPA : 배관용 합금강 강관

53 다음 중에서 이면 용접 기호는?

① ○
② ╱│
③ ▽
④ ╱│

해설
용접 기호

명칭	기본기호
스폿용접	○
베벨형 맞대기 용접(일면 개선형 맞대기 용접)	╱│
뒷면용접(이면 용접)	▽
넓은 루트면이 있는 한 면 개선형 맞대기 용접	╱│

54 다음 중 현의 치수 기입을 올바르게 나타낸 것은?

① 40

② 40

③ 40

④ 40

길이와 각도의 치수 기입

현의 치수 기입	호의 치수 기입
40	$\widehat{42}$
반지름의 치수 기입	각도의 치수 기입
R8	105°

55 다음 중 대상물을 한쪽 단면도로 올바르게 나타낸 것은?

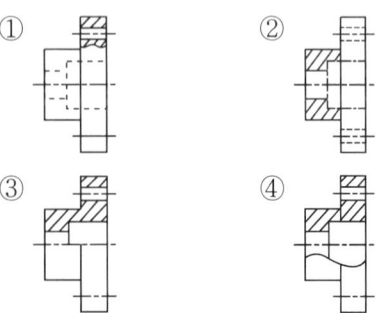

한쪽 단면도(반단면도) : 절단면을 상하 또는 좌우가 대칭인 물체를 중심선을 기준으로 1/4 절단하여 내부 모양과 외부 모양을 동시에 표시하는 방법으로 도면에는 다음과 같이 표현한다. 따라서 정답 ③번과 같다.

56 다음 중 도면에서 단면도의 해칭에 대한 설명으로 틀린 것은?

① 해칭선은 반드시 주된 중심선에 45°로만 경사지게 긋는다.
② 해칭선은 가는 실선으로 규칙적으로 줄을 늘어놓는 것을 말한다.
③ 단면도에 재료 등을 표시하기 위해 특수한 해칭(또는 스머징)을 할 수 있다.
④ 단면 면적이 넓을 경우에는 그 외형선에 따라 적절한 범위에 해칭(또는 스머징)을 할 수 있다.

단면도에는 필요한 경우 절단하지 않은 면과 구별하기 위해 해칭이나 스머징을 하는데, 해칭을 그릴 때는 45°의 가는 실선을 2~3mm 간격으로 사선을 그리며 경우에 따라 30°, 60°의 각도로도 가능하다.

해칭	스머징
해칭은 45°의 가는 실선을 단면부의 면적에 2~3mm 간격으로 사선을 긋는다. 경우에 따라 30°, 60°로 변경이 가능하다.	외형선 안쪽에 색칠한다.

57 배관의 간략도시방법 중 환기계 및 배수계의 끝장치 도시방법의 평면도에서 그림과 같이 도시된 것의 명칭은?

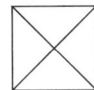

① 배수구
② 환기관
③ 벽붙이 환기 삿갓
④ 고정식 환기 삿갓

평면도 도시방법	명칭
	고정식 환기 삿갓
	회전식 환기 삿갓
	벽붙이 환기 삿갓
	콕이 붙은 배수구
	배수구

58 그림과 같은 입체도에서 화살표 방향에서 본 투상을 정면으로 할 때 평면도로 가장 적합한 것은?

해설
물체를 위쪽에서 바라보는 평면도는 다음 그림에서 보듯이 ①번이 된다.

평면도   정면도   우측면도

59 나사 표시가 'L 2N M50×2-4h'로 나타날 때 이에 대한 설명으로 틀린 것은?

① 왼 나사이다.
② 2줄 나사이다.
③ 미터 가는 나사이다.
④ 암나사 등급이 4h이다.

해설
수나사의 등급이 4h이다.
나사의 표시방법

L	2N	M50×2	–	4h
왼 나사	2줄 나사	미터나사 ϕ50mm 피치 : 2	–	정밀등급

60 무게중심선과 같은 선의 모양을 가진 것은?

① 가상선
② 기준선
③ 중심선
④ 피치선

해설

명칭	기호명칭	기호	용도
무게 중심선	가는 2점 쇄선	─ ‥ ─ ‥ ─	단면의 무게중심을 연결한 선
가상선			가공 부분의 이동하는 특정 위치나 이동 한계의 위치를 나타내는 선

01

맞대기이음에서 판 두께 100mm, 용접 길이 300cm, 인장하중이 9,000kgf일 때 인장응력은 몇 kgf/cm² 인가?

① 0.3   ② 3
③ 30   ④ 300

해설

인장 응력을 구하는 식

$$\sigma = \frac{F(W)}{A} = \frac{작용\ 힘(N\ or\ kgf)}{단위면적(mm^2)}$$

$$= \frac{9,000kgf}{10cm \times 300cm} = 3kgf/cm^2$$

※ 단위를 cm로 변환해서 계산해야 한다.

02

안전표지 색채 중 방사능 표시의 색상은 어느 색인가?

① 빨강   ② 노랑
③ 자주   ④ 녹색

해설

산업안전보건법에 따른 안전·보건표지의 색채, 색도기준 및 용도

색상	용도	사례
빨간색	금지	정지신호, 소화설비 및 그 장소, 유해행위 금지
	경고	화학물질 취급장소에서 유해·위험 경고
노란색	경고	화학물질 취급장소에서의 유해·위험 경고 이외의 위험 경고, 주의표지 또는 기계방호물
파란색	지시	특정 행위의 지시 및 사실의 고지
녹색	안내	비상구 및 피난소, 사람 또는 차량의 통행표지
흰색	–	파란색이나 녹색에 대한 보조색
검은색	–	문자 및 빨간색, 노란색에 대한 보조색

03

다음은 용접 이음부의 홈의 종류이다. 박판 용접에 가장 적합한 것은?

① K형   ② H형
③ I형   ④ V형

해설

맞대기 용접에서 판 두께가 6mm 이하일 때는 주로 I형 홈 형상을 사용한다.

04

용접할 때 용접 전 적당한 온도로 예열을 하면 냉각 속도를 느리게 하여 결함을 방지할 수 있다. 예열 온도 설명 중 옳은 것은?

① 고장력강의 경우는 용접 홈을 50~350℃로 예열
② 저합금강의 경우는 용접 홈을 200~500℃로 예열
③ 연강을 0℃ 이하에서 용접할 경우는 이음의 양쪽 폭 100mm 정도를 40~250℃로 예열
④ 주철의 경우는 용접홈을 40~75℃로 예열

해설

고장력강의 용접 홈을 50~350℃ 정도로 예열한 후 용접하면 결함을 방지할 수 있다. 참고로 후판, 구리 또는 구리 합금, 알루미늄 합금 등과 같이 열전도가 큰 재료는 이음부의 열집중이 부족하여 융합 불량이 생기기 쉬우므로 200~400℃ 정도의 예열이 필요하다.
② 저합금강도 두께에 따라 다르나 일반적으로 50~350℃ 정도로 예열한다.
③ 연강을 기온이 0℃ 이하에서 용접하면 저온 균열이 발생하기 쉬우므로 이음의 양쪽을 약 100mm 폭이 되게 하여 약 50~75℃ 정도로 예열하는 것이 좋다.
④ 주철도 두께에 따라 다르나 일반적으로 500~600℃ 정도로 예열한다.

05 피복아크 용접 시 전격을 방지하는 방법으로 틀린 것은?

① 전격방지기를 부착한다.
② 용접홀더에 맨손으로 용접봉을 갈아 끼운다.
③ 용접기 내부에 함부로 손을 대지 않는다.
④ 절연성이 좋은 장갑을 사용한다.

해설
용접봉을 용접홀더에 끼우면 용접봉의 심선에도 전기가 통하게 되므로 감전이 될 수 있기 때문에 반드시 용접장갑을 착용한 뒤 용접봉을 갈아 끼워야 한다.

06 용접선과 하중의 방향이 평행하게 작용하는 필릿 용접은?

① 전면   ② 측면
③ 경사   ④ 변두리

해설
용접선과 하중의 방향이 평행하게 작용하는 것은 측면 필릿 용접이다.
하중 방향에 따른 필릿 용접의 종류

하중 방향에 따른 필릿 용접	형상에 따른 필릿 용접
전면 필릿 이음	연속 필릿
측면 필릿 이음	단속 병렬 필릿
경사 필릿 이음	단속 지그재그 필릿

07 주철의 보수용접방법에 해당되지 않는 것은?

① 스터드법   ② 비녀장법
③ 버터링법   ④ 백킹법

해설
주철의 보수용접방법
• 스터드법 : 스터드 볼트를 사용해서 용접부가 힘을 받도록 하는 방법
• 비녀장법 : 균열부 수리나 가늘고 긴 부분을 용접할 때 용접선에 직각이 되게 지름이 6~10mm 정도인 ㄷ자형의 강봉을 박고 용접하는 방법
• 버터링법 : 처음에는 모재와 잘 융합되는 용접봉으로 적정 두께까지 용착시킨 후 다른 용접봉으로 용접하는 방법
• 로킹법 : 스터드 볼트 대신에 용접부 바닥에 홈을 파고 이 부분을 걸쳐서 힘을 받도록 하는 방법

08 다음 중 용접부 검사방법에 있어 비파괴 시험에 해당하는 것은?

① 피로 시험   ② 화학분석 시험
③ 용접균열 시험   ④ 침투 탐상 시험

해설
용접부 검사 방법의 종류

비파괴 시험	내부결함	방사선 투과 시험(RT)
		초음파 탐상 시험(UT)
	표면결함	외관검사(VT)
		자분탐상검사(MT)
		침투탐상검사(PT)
		누설검사(LT)
파괴 시험 (기계적 시험)	인장시험	인장강도, 항복점, 연신율 계산
	굽힘시험	연성의 정도 측정
	충격시험	인성과 취성의 정도 측정
	경도시험	외력에 대한 저항의 크기 측정
	매크로시험	조직검사
	피로시험	반복적인 외력에 대한 저항력 측정
화학적 시험	화학분석시험	–

09 용접작업 시 안전에 관한 사항으로 틀린 것은?

① 높은 곳에서 용접작업할 경우 추락, 낙하 등의 위험이 있으므로 항상 안전벨트와 안전모를 착용한다.

② 용접작업 중에 유해 가스가 발생하기 때문에 통풍 또는 환기 장치가 필요하다.

③ 가연성의 분진, 화약류 등 위험물이 있는 곳에서는 용접을 해서는 안 된다.

④ 가스용접은 강한 빛이 나오지 않기 때문에 보안경을 착용하지 않아도 된다.

해설
가스용접 시에도 강한 빛이 나오기 때문에 반드시 보안경을 착용해야 한다.

11 용접부의 중앙으로부터 양끝을 향해 용접해 나가는 방법으로, 이음의 수축에 의한 변형이 서로 대칭이 되게 할 경우에 사용되는 용착법을 무엇이라 하는가?

① 전진법 ② 비석법
③ 캐스케이드법 ④ 대칭법

해설
용착법의 종류

구분	종류	
용접 방향에 의한 용착법	전진법 1 2 3 4 5	후퇴법 5 4 3 2 1
	대칭법 4 2 1 3	스킵법(비석법) 1 4 2 5 3
다층 비드 용착법	빌드업법(덧살올림법) 4 3 2 1	캐스케이드법 4 3 2 1
	전진블록법 4 8 12 3 7 11 2 6 10 1 5 9	

10 용접부에 결함 발생 시 보수하는 방법 중 틀린 것은?

① 기공이나 슬래그 섞임 등이 있는 경우는 깎아내고 재용접한다.

② 균열이 발견되었을 경우 균열 위에 덧살올림 용접을 한다.

③ 언더컷일 경우 가는 용접봉을 사용하여 보수한다.

④ 오버랩일 경우 일부분을 깎아내고 재용접한다.

해설
결함 중에서 균열이 발생했다면 그 상태에서 보강 용접형태의 재용접을 하면 안 되며, 반드시 정지구멍을 뚫어 균열 부분에 홈을 파는 등 결함 부분을 완전히 제거한 후에 재용접을 실시해야 한다.

12 용접 시공 시 발생하는 용접변형이나 잔류응력 발생을 최소화하기 위하여 용접순서를 정할 때 유의사항으로 틀린 것은?

① 동일 평면 내에 많은 이음이 있을 때 수축은 가능한 한 자유단으로 보낸다.

② 중심선에 대하여 대칭으로 용접한다.

③ 수축이 적은 이음은 가능한 먼저 용접하고, 수축이 큰 이음은 나중에 한다.

④ 리벳작업과 용접을 같이 할 때에는 용접을 먼저 한다.

해설
용접물의 변형이나 잔류응력의 누적을 피하려면 수축이 큰 이음을 먼저 용접하고 수축이 적은 이음을 나중에 용접해야 한다.

13 납땜에서 경납용 용제에 해당하는 것은?

① 염화아연　　　② 인산

③ 염산　　　　　④ 붕산

해설
납땜용 용제의 종류

경납용 용제(Flux)	연납용 용제(Flux)
• 붕사	• 송진
• 붕산	• 인산
• 불화나트륨	• 염산
• 불화칼륨	• 염화아연
• 은납	• 염화암모늄
• 황동납	• 주석-납
• 인동납	• 카드뮴-아연납
• 망간납	• 저융점 땜납
• 양은납	
• 알루미늄납	

14 서브머지드 아크 용접에 관한 설명으로 틀린 것은?

① 장비의 가격이 고가이다.

② 홈 가공의 정밀을 요하지 않는다.

③ 불가시 용접이다.

④ 주로 아래보기 자세로 용접한다.

해설
서브머지드 아크 용접(SAW)은 용접부가 눈에 보이지 않는 불가시 용접이긴 하나 완벽한 용접을 위해서 홈 가공을 정밀하게 해야 한다.

15 불활성 가스를 이용한 용가재인 전극 와이어를 송급 장치에 의해 연속적으로 보내어 아크를 발생시키는 소모식 또는 용극식 용접 방식을 무엇이라 하는가?

① TIG 용접

② MIG 용접

③ 피복아크 용접

④ 서브머지드 아크 용접

해설
불활성 가스 금속 아크 용접(MIG) : 용가재인 전극와이어(1.0~2.4ϕ)를 송급장치를 이용해서 연속적으로 용융풀로 보내어 아크를 발생시키는 방법으로 용극식 또는 소모식 불활성 가스 아크 용접법이다. 불활성 가스로는 주로 Ar을 사용하는 이 용접 방법은 전류밀도가 아크 용접의 4~6배, TIG용접의 2배 정도로 높다.

16 용접부의 시험에서 비파괴 검사로만 짝지어진 것은?

① 인장 시험 - 외관 시험

② 피로 시험 - 누설 시험

③ 형광 시험 - 충격 시험

④ 초음파 시험 - 방사선 투과시험

해설
비파괴 검사는 용접물에 손상을 일으키지 않는 시험법이므로 초음파 시험이나 방사선 투과시험이 이에 속한다.
용접부 검사 방법의 종류

비파괴 시험	내부결함	방사선 투과 시험(RT)
		초음파 탐상 시험(UT)
	표면결함	외관검사(VT)
		자분탐상검사(MT)
		침투탐상검사(PT)
		누설검사(LT)
파괴 시험 (기계적 시험)	인장시험	인장강도, 항복점, 연신율 계산
	굽힘시험	연성의 정도 측정
	충격시험	인성과 취성의 정도 측정
	경도시험	외력에 대한 저항의 크기 측정
	매크로시험	조직검사
	피로시험	반복적인 외력에 대한 저항력 측정

17 CO_2 가스 아크 용접에서 아크전압에 대한 설명으로 옳은 것은?

① 아크전압이 높으면 비드 폭이 넓어진다.
② 아크전압이 높으면 비드가 볼록해진다.
③ 아크전압이 높으면 용입이 깊어진다.
④ 아크전압이 높으면 아크길이가 짧다.

> **해설**
> 아크전압이 높으면 와이어가 빨리 용융되므로 비드 폭은 넓어진다.

18 논 가스 아크 용접의 장점으로 틀린 것은?

① 보호 가스나 용제를 필요로 하지 않는다.
② 피복아크 용접봉의 저수소계와 같이 수소의 발생이 적다.
③ 용접비드가 좋지만 슬래그 박리성은 나쁘다.
④ 용접장치가 간단하며 운반이 편리하다.

> **해설**
> 논 가스 아크 용접은 용접비드가 깨끗하지 않으나 슬래그 박리성은 좋은 편이다. 용접아크에 의해 스패터가 많이 발생하고 용접전원도 특수하게 만들어야 한다는 단점이 있다.
> 논 가스 아크 용접
> 솔리드 와이어나 플럭스 와이어를 사용하여 보호 가스가 없이도 공기 중에서 직접 용접하는 방법이다. 비피복 아크 용접이라고도 하며 반자동 용접으로서 가장 간편한 용접 방법이다. 보호 가스가 필요치 않으므로 바람에도 비교적 안정되어 옥외에서도 용접이 가능하나 용착금속의 기계적 성질은 다른 용접에 비해 좋지 않다는 단점이 있다.

19 납땜 시 용제가 갖추어야 할 조건이 아닌 것은?

① 모재의 불순물 등을 제거하고 유동성이 좋을 것
② 청정한 금속면의 산화를 쉽게 할 것
③ 땜납의 표면장력에 맞추어 모재와의 친화도를 높일 것
④ 납땜 후 슬래그 제거가 용이할 것

> **해설**
> 납땜용 용제가 갖추어야 할 조건
> • 금속의 표면이 산화되지 않아야 한다.
> • 모재나 땜납에 대한 부식이 최소이어야 한다.
> • 용제의 유효온도 범위와 납땜의 온도가 일치해야 한다.
> • 땜납의 표면장력을 맞추어서 모재와의 친화력이 높아야 한다.

20 다음 전기 저항 용접법 중 주로 기밀, 수밀, 유밀성을 필요로 하는 탱크의 용접 등에 가장 적합한 것은?

① 점(Spot)용접법
② 심(Seam)용접법
③ 프로젝션(Projection)용접법
④ 플래시(Flash)용접법

> **해설**
> 심 용접(Seam Welding) : 원판상의 롤러 전극 사이에 용접할 2장의 판을 맞대어 두고, 전기와 압력을 가하며 전극을 회전시키면 연속적으로 점용접이 반복되는 방법으로 기밀이나 수밀, 유밀성을 필요로 하는 저장탱크의 용접에 사용한다.

21 다음 중 불활성가스(Inert Gas)가 아닌 것은?

① Ar   ② He
③ Ne   ④ CO_2

> **해설**
> 이산화탄소(CO_2)가스는 화학적으로 활성이 낮은 기체에 속하기는 하나, 불활성가스에는 속하지 않는다.

22 MIG 용접이나 탄산가스 아크 용접과 같이 전류 밀도가 높은 자동이나 반자동 용접기가 갖는 특성은?

① 수하 특성과 정전압 특성
② 정전압 특성과 상승 특성
③ 수하 특성과 상승 특성
④ 맥동 전류 특성

해설
MIG 및 CO_2 용접과 같이 전류밀도가 높은 용접기의 경우 정전압 특성 또는 상승 특성이 있다.
용접기의 특성 4가지
• 정전류특성 : 부하 전류나 전압이 변해도 단자 전류는 거의 변하지 않는다.
• 정전압특성 : 부하 전류나 전압이 변해도 단자 전압은 거의 변하지 않는다.
• 수하특성 : 부하 전류가 증가하면 단자 전압이 낮아진다.
• 상승특성 : 부하 전류가 증가하면 단자 전압이 약간 높아진다.

23 가스절단에 대한 설명으로 옳은 것은?

① 강의 절단 원리는 예열 후 고압산소를 불어대면 강보다 용융점이 낮은 산화철이 생성되고 이때 산화철은 용융과 동시 절단된다.
② 양호한 절단면을 얻으려면 절단면이 평활하며 드래그의 홈이 높고 노치 등이 있을수록 좋다.
③ 절단산소의 순도는 절단속도와 절단면에 영향이 없다.
④ 가스절단 중에 모래를 뿌리면서 절단하는 방법을 가스분말절단이라 한다.

해설
가스절단은 절단 할 모재를 먼저 가스 토치 팁의 불꽃으로 예열한 후 용융점 이하의 온도에서 가열한 후 고압산소를 이용해서 용융된 산화철을 불어내서 절단하는 방법이다. 용접기능사 실기시험에는 주로 산소–LPG가스나 산소–아세틸렌 가스를 사용한다.

24 직류 아크 용접 시 정극성으로 용접할 때의 특징이 아닌 것은?

① 박판, 주철, 합금강, 비철금속의 용접에 이용된다.
② 용접봉의 녹음이 느리다.
③ 비드 폭이 좁다.
④ 모재의 용입이 깊다.

해설
아크 용접기의 극성

직류 정극성 (DCSP ; Direct Current Straight Polarity)	• 용입이 깊다. • 비드 폭이 좁다. • 용접봉의 용융속도가 느리다. • 후판(두꺼운 판) 용접이 가능하다. • 모재에는 (+)전극이 연결되며 70% 열이 발생하고, 용접봉에는 (−)전극이 연결되며 30% 열이 발생한다.
직류 역극성 (DCRP ; Direct Current Reverse Polarity)	• 용입이 얕다. • 비드 폭이 넓다. • 용접봉의 용융속도가 빠르다. • 박판(얇은 판) 용접이 가능하다. • 모재에는 (−)전극이 연결되며 30% 열이 발생하고, 용접봉에는 (+)전극이 연결되며 70% 열이 발생한다.
교류(AC)	• 극성이 없다. • 전원 주파수의 $\frac{1}{2}$ 사이클마다 극성이 바뀐다.

25 가스용접에 사용되는 가스의 화학식을 잘못 나타낸 것은?

① 아세틸렌 : C_2H_2
② 프로판 : C_3H_8
③ 에탄 : C_4H_7
④ 부탄 : C_4H_{10}

해설
에탄의 화학식은 C_2H_6이다.

26 피복아크 용접봉의 피복배합제 성분 중 가스발생제는?

① 산화타이타늄
② 규산나트륨
③ 규산칼륨
④ 탄산바륨

해설
피복배합제의 종류

배합제	용도	종류
고착제	심선에 피복제를 고착시킨다.	규산나트륨, 규산칼륨, 아교
탈산제	용융금속 중의 산화물을 탈산, 정련한다.	크롬, 망간, 알루미늄, 규소철, 페로망간, 페로실리콘, 망간철, 톱밥, 소맥분(밀가루)
가스발생제	중성, 환원성 가스를 발생하여 대기와의 접촉을 차단하고 용융금속의 산화나 질화를 방지한다.	아교, 녹말, 톱밥, 탄산바륨, 셀룰로이드, 석회석, 마그네사이트
아크안정제	아크를 안정시킨다.	산화타이타늄, 규산칼륨, 규산나트륨, 석회석
슬래그 생성제	용융점이 낮고 가벼운 슬래그를 만들어 산화나 질화를 방지한다.	석회석, 규사, 산화철, 일미나이트, 이산화망간
합금첨가제	용접부의 성질을 개선하기 위해 첨가한다.	페로망간, 페로실리콘, 니켈, 몰리브덴, 구리

27 다음 중 산소-아세틸렌 용접법에서 전진법과 비교한 후진법의 설명으로 틀린 것은?

① 용접 속도가 느리다.
② 열 이용률이 좋다.
③ 용접변형이 작다.
④ 홈 각도가 작다.

해설
가스용접에서의 전진법과 후진법의 차이점

구분	전진법	후진법
열이용률	나쁘다.	좋다.
비드의 모양	보기 좋다.	매끈하지 못하다.
홈의 각도	크다(약 80°).	작다(약 60°).
용접 속도	느리다.	빠르다.
용접 변형	크다.	작다.
용접 가능 두께	두께 5mm 이하의 박판	후판
가열 시간	길다.	짧다.
기계적 성질	나쁘다.	좋다.
산화 정도	심하다.	양호하다.
냉각 정도	급랭	서랭
토치 진행방향 및 각도	오른쪽 → 왼쪽	왼쪽 → 오른쪽

28 얇은 철판을 쌓아 포개어 놓고 한꺼번에 절단하는 방법으로 가장 적합한 것은?

① 분말절단   ② 산소창절단
③ 포갬절단   ④ 금속아크절단

해설
포갬절단 : 얇은 철판을 포개어 압착시킨 후 한 번에 절단하는 방법
① 분말절단 : 철 분말이나 용제 분말을 절단용 산소에 연속적으로 혼입하여 그 산화열을 이용하여 절단하는 방법
② 산소창절단 : 가늘고 긴 강관(안지름 3.2~6mm, 길이 1.5~3m)을 사용해서 절단 산소를 큰 강괴의 중심부에 분출시켜 창으로 불리는 강관 자체가 함께 연소되면서 절단하는 방법

29 다음 중 가스 용접에서 산화불꽃으로 용접할 경우 가장 적합한 용접 재료는?

① 황동
② 모넬메탈
③ 알루미늄
④ 스테인리스

해설
• 산화불꽃은 산소과잉의 불꽃으로 산소 : 아세틸렌가스의 비율이 1.15~1.17 : 1로 강한 산화성을 나타내며 가스 불꽃들 중 온도가 가장 높다. 이 산화불꽃으로는 황동 등의 구리합금의 용접에 적합하다.
• 탄화불꽃은 아세틸렌 과잉 불꽃으로 가스용접에서 산화방지가 필요한 금속의 용접, 즉 스테인리스, 스텔라이트 등의 용접에 사용되며 금속 표면에 침탄작용을 일으키기 쉽다.

30 납땜 용제가 갖추어야 할 조건으로 틀린 것은?

① 모재의 산화 피막과 같은 불순물을 제거하고 유동성이 좋을 것
② 청정한 금속면의 산화를 방지할 것
③ 납땜 후 슬래그의 제거가 용이할 것
④ 침지 땜에 사용되는 것은 젖은 수분을 함유할 것

해설
납땜용 용제 중 침지 땜에 사용이 되는 것이라도 수분을 함유해서는 안 된다.

31 다음 중 아크 발생 초기에 모재가 냉각되어 있어 용접 입열이 부족한 관계로 아크가 불안정하기 때문에 아크 초기에만 용접 전류를 특별히 크게 하는 장치를 무엇이라 하는가?

① 원격제어장치
② 핫스타트장치
③ 고주파발생장치
④ 전격방지장치

해설
핫스타트장치는 아크가 발생하는 초기에만 용접전류를 커지게 만드는 아크 발생 제어 장치이다.
핫스타트장치의 장점
• 기공을 방지한다.
• 아크 발생을 쉽게 한다.
• 비드의 이음을 좋게 한다.
• 아크 발생 초기에 비드의 용입을 좋게 한다.

32 아크 전류가 일정할 때 아크 전압이 높아지면 용융 속도가 늦어지고, 아크 전압이 낮아지면 용융 속도는 빨라진다. 이와 같은 아크 특성은?

① 부저항 특성
② 절연회복 특성
③ 전압회복 특성
④ 아크길이 자기제어 특성

해설
아크길이 자기제어 : 자동용접에서 와이어 자동 송급 시 아크 길이가 변동되어도 항상 일정한 길이가 되도록 유지하는 제어기능이다. 아크전류가 일정할 때 전압이 높아지면 용접봉의 용융속도가 늦어지고, 전압이 낮아지면 용융속도가 빨라지게 하는 것으로 전류밀도가 클 때 잘 나타난다.

33 용접기의 사용률이 40%인 경우 아크 시간과 휴식 시간을 합한 전체 시간은 10분을 기준으로 했을 때 아크 발생시간은 몇 분인가?

① 4
② 6
③ 8
④ 10

해설
용접기의 사용률이 40%이므로, 이는 전체 사용시간 10분 중 40%인 4분 동안만 아크를 발생했다는 것을 나타낸다.

34 용접봉의 용융속도는 무엇으로 표시하는가?

① 단위시간당 소비되는 용접봉의 길이
② 단위시간당 형성되는 비드의 길이
③ 단위시간당 용접 입열의 양
④ 단위시간당 소모되는 용접전류

해설
용접봉의 용융속도는 단위시간당 소비되는 용접봉의 길이로 나타내며, 다음과 같은 식으로 나타낼 수도 있다.
※ 용융속도 = 아크전류 × 용접봉 쪽 전압 강하

35 전류조정을 전기적으로 하기 때문에 원격 조정이 가능한 교류 용접기는?

① 가포화 리액터형　　② 가동 코일형
③ 가동 철심형　　　　④ 탭 전환형

해설
교류 아크 용접기의 종류별 특징

종류	특징
가동 철심형	• 현재 가장 많이 사용된다. • 미세한 전류 조정이 가능하다. • 광범위한 전류의 조정이 어렵다. • 가동 철심으로 누설 자속을 가감하여 전류를 조정한다.
가동 코일형	• 아크 안정성이 크고 소음이 없다. • 가격이 비싸며 현재는 거의 사용되지 않는다. • 용접기의 핸들로 1차 코일을 상하로 이동시켜 2차 코일의 간격을 변화시켜 전류를 조정한다.
탭 전환형	• 주로 소형이 많다. • 탭 전환부의 소손이 심하다. • 넓은 범위의 전류 조정이 어렵다. • 코일의 감긴 수에 따라 전류를 조정한다. • 미세 전류의 조정 시 무부하 전압이 높아서 전격의 위험이 크다.
가포화 리액터형	• 조작이 간단하고 원격 제어가 된다. • 가변 저항의 변화로 전류의 원격 조정이 가능하다. • 전기적 전류 조정으로 소음이 없고 기계의 수명이 길다.

36 35℃에서 150kgf/cm^{2}으로 압축하여 내부용적 40.7L의 산소 용기에 충전하였을 때, 용기 속의 산소량은 몇 L인가?

① 4,470　　　　② 5,291
③ 6,105　　　　④ 7,000

해설
용기 속의 산소량 구하는 식
용기 속의 산소량 = 내용적 × 기압
　　　　　　　= 40.7L × 150
　　　　　　　= 6,105L

37 다음 중 가스 절단에 있어 양호한 절단면을 얻기 위한 조건으로 옳은 것은?

① 드래그가 가능한 한 클 것
② 절단면 표면의 각이 예리할 것
③ 슬래그 이탈이 이루어지지 않을 것
④ 절단면이 평활하며 드래그의 홈이 깊을 것

해설
가스 절단 시 양호한 절단면을 얻으려면 절단면 표면의 각이 예리하여야 한다. 절단면 각이 예리하지 않으면 일정한 각도로 절단되기 힘들다.

38 피복 아크 용접 결함 중 기공이 생기는 원인으로 틀린 것은?

① 용접 분위기 가운데 수소 또는 일산화탄소 과잉
② 용접부의 급속한 응고
③ 슬래그의 유동성이 좋고 냉각하기 쉬울 때
④ 과대 전류와 용접속도가 빠를 때

해설
슬래그의 유동성이 좋거나 용접물의 냉각이 쉬우면 일반적으로 결함이 발생하지 않는다.

39 고Mn강으로 내마멸성과 내충격성이 우수하고, 특히 인성이 우수하기 때문에 파쇄 장치, 기차레일, 굴착기 등의 재료로 사용되는 것은?

① 엘린바(Elinvar)
② 디디뮴(Didymium)
③ 스텔라이트(Stellite)
④ 해드필드(Hadfield)강

해설
해드필드강(Hadfield Steel)은 Fe과 C 이외에 Mn이 12% 함유된 고Mn강으로 인성이 높고 내마멸성, 내충격성이 우수해서 파쇄 장치나 기차레일, 굴착기, 분쇄기 롤러용 재료로 사용된다.

40 시험편의 지름이 15mm, 최대하중이 5,200kgf일 때 인장강도는?

① $16.8kgf/mm^2$

② $29.4kgf/mm^2$

③ $33.8kgf/mm^2$

④ $55.8kgf/mm^2$

해설

인장응력을 구하는 식

$$\sigma = \frac{F(W)}{A} = \frac{작용 \ 힘(N \ 또는 \ kgf)}{단위면적(mm^2)}$$

$$= \frac{5,200kgf}{\dfrac{\pi \times 15mm^2}{4}}$$

$$= 29.42kgf/mm^2$$

※ 인장강도는 인장응력의 다른 말로도 사용된다.

41 상자성체 금속에 해당되는 것은?

① Al

② Fe

③ Ni

④ Co

해설

자성체의 종류

종류	특성	원소
강자성체	자기장이 사라져도 자화가 남아 있는 물질	Fe(철), Co(코발트), Ni(니켈), 페라이트
상자성체	자기장이 제거되면 자화하지 않는 물질	Al(알루미늄), Sn(주석), Pt(백금), Ir(이리듐)
반자성체	자기장에 의해 반대 방향으로 자화되는 물질	유리, Bi(비스무트), Sb(안티몬)

42 포금(Gun Metal)에 대한 설명으로 틀린 것은?

① 내해수성이 우수하다.

② 성분은 8~12% Sn 청동에 1~2% Zn을 첨가한 합금이다.

③ 용해주조 시 탈산제로 사용되는 P의 첨가량을 많이 하여 합금 중에 P을 0.05~0.5% 정도 남게 한 것이다.

④ 수압, 수증기에 잘 견디므로 선박용 재료로 널리 사용된다.

해설

포금(Gun Metal)은 8~12% Sn에 1~2% Zn을 함유한 구리합금으로 단조성이 좋고 내식성이 있어서 밸브나 기어, 베어링의 부시용 재료로 사용된다.

43 순철의 자기변태(A_2)점 온도는 약 몇 ℃인가?

① 210℃

② 768℃

③ 910℃

④ 1,400℃

해설

• 순철의 자기변태점 : 768℃, A_2변태점

• 자기변태 : 금속이 퀴리점이라고 불리는 자기변태온도를 지나면서 자성을 띤 강자성체에서 자성을 잃어버리는 상자성체로 변화되는 현상으로 자기변태점이 없는 대표적인 금속으로는 Zn(아연)과 Al(알루미늄)이 있다.

금속의 종류	자기변태점	금속의 종류	자기변태점
주석	18℃	시멘타이트	210℃
Ni	350℃	Co	1,120℃

44 금속재료의 경량화와 강인화를 위하여 섬유강화금속 복합재료가 많이 연구되고 있다. 강화섬유 중에서 비금속계로 짝지어진 것은?

① K, W

② W, Ti

③ W, Be

④ SiC, Al_2O_3

해설

강화섬유 중에서 비금속계에는 탄화규소(SiC)와 산화알루미나(Al_2O_3)가 있다.

45 동(Cu)합금 중에서 가장 큰 강도와 경도를 나타내며 내식성, 도전성, 내피로성 등이 우수하여 베어링, 스프링 및 전극재료 등으로 사용되는 재료는?

① 인(P) 청동　　　② 규소(Si) 동
③ 니켈(Ni) 청동　　④ 베릴륨(Be) 동

해설
베릴륨 청동은 내식성과 내열성이 우수하여 고급 스프링이나 베어링 재료로 사용된다.

46 황동은 도가니로, 전기로 또는 반사로 등에서 용해하는데, Zn의 증발로 손실이 있기 때문에 이를 억제하기 위해서는 용탕 표면에 어떤 것을 덮어 주는가?

① 소 금　　　　　② 석회석
③ 숯가루　　　　　④ Al 분말가루

해설
황동을 도가니로나 전기로 등에서 용해할 때 Zn의 증발 손실을 억제하기 위해서 용탕 표면을 숯가루로 덮어 준다.

47 건축용 철골, 볼트, 리벳 등에 사용되는 것으로 연신율이 약 22%이고, 탄소 함량이 약 0.15%인 강재는?

① 연강　　　　　　② 경강
③ 최경강　　　　　④ 탄소공구강

해설
연강은 0.15~0.28의 탄소 함유량을 가진 강재로 건축용 철골이나 볼트, 리벳의 재료로 사용된다.
강의 종류별 탄소함유량
• 반경강 : 0.3~0.4%의 탄소 함유량
• 경강 : 0.4~0.5%의 탄소 함유량
• 최경강 : 0.5~0.6%의 탄소 함유량
• 탄소공구강 : 0.6~1.5%의 탄소 함유량

48 다음의 금속 중 경금속에 해당하는 것은?

① Cu　　　　　　② Be
③ Ni　　　　　　④ Sn

해설
경금속과 중금속의 구분은 비중 4.5를 기준으로 한다.
금속의 비중

경금속				중금속			
Mg	Be	Al	Ti	Sn	V	Cr	Mn
1.74	1.85	2.7	4.5	5.8	6.16	7.19	7.43

중금속						
Fe	Ni	Cu	Ag	Pb	W	Pt
7.87	8.9	8.96	10.49	11.34	19.1	21.45

49 저용융점(Fusible) 합금에 대한 설명으로 틀린 것은?

① Bi를 55% 이상 함유한 합금은 응고 수축을 한다.
② 용도로는 화재통보기, 압축공기용 탱크 안전밸브 등에 사용된다.
③ 33~66% Pb을 함유한 Bi 합금은 응고 후 시효 진행에 따라 팽창현상을 나타낸다.
④ 저용융점 합금은 약 250℃ 이하의 용융점을 갖는 것이며 Pb, Bi, Cd, In 등의 합금이다.

해설
저용융점 합금에 Bi를 55% 이상 함유한 합금은 응고 수축을 하지 않는다.

50 주철의 일반적인 성질을 설명한 것 중 틀린 것은?

① 용탕이 된 주철은 유동성이 좋다.

② 공정 주철의 탄소량은 4.3% 정도이다.

③ 강보다 용융 온도가 높아 복잡한 형상이라도 주조하기 어렵다.

④ 주철에 함유하는 전탄소(Total Carbon)는 흑연 +화합탄소로 나타낸다.

해설
주철은 주조에 사용되므로 유동성이 좋아서 복잡한 형상이라도 주조하기 쉽다.

51 보기 도면은 정면도와 우측면도만이 올바르게 도시되어 있다. 평면도로 가장 적합한 것은?

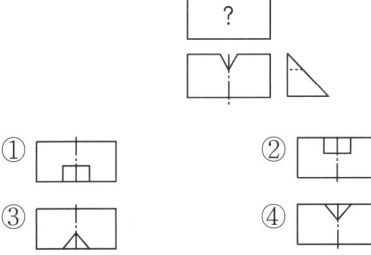

해설
우측면에 보면 왼쪽의 높이가 크므로 평면도에서는 아래쪽에 홈의 모양이 배치되어야 하므로 정답은 ③번이 된다.

52 그림과 같은 용접기호의 설명으로 옳은 것은?

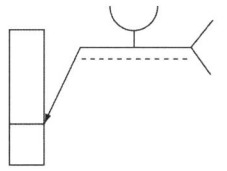

① U형 맞대기용접, 화살표쪽 용접

② V형 맞대기용접, 화살표쪽 용접

③ U형 맞대기용접, 화살표 반대쪽 용접

④ V형 맞대기용접, 화살표 반대쪽 용접

해설
⌣형상은 U형 맞대기용접을 의미한다. 또한 이 형상이 점선이 아닌 실선 위에 ⌣ 있으므로 이는 화살표쪽 용접임을 나타낸다. 만일 점선 위에 그려졌다면 화살표 반대쪽 용접이 된다.

53 선의 종류와 용도에 대한 설명의 연결이 틀린 것은?

① 가는 실선 : 짧은 중심을 나타내는 선

② 가는 파선 : 보이지 않는 물체의 모양을 나타내는 선

③ 가는 1점 쇄선 : 기어의 피치원을 나타내는 선

④ 가는 2점 쇄선 : 중심이 이동한 중심궤적을 표시하는 선

해설
가는 2점 쇄선으로는 중심이 아닌 단면의 무게중심을 연결한 선을 표시할 때 사용한다.

가는 2점 쇄선(—··—··—)으로 표시되는 가상선의 용도

• 반복되는 것을 나타낼 때
• 가공 전이나 후의 모양을 표시할 때
• 도시된 단면의 앞 부분을 표시할 때
• 물품의 인접 부분을 참고로 표시할 때
• 이동하는 부분의 운동 범위를 표시할 때
• 공구 및 지그 등 위치를 참고로 나타낼 때
• 단면의 무게중심을 연결한 선을 표시할 때

공구 표시

54 다음과 같은 배관의 등각 투상도(Isometric Drawing)를 평면도로 나타낸 것으로 맞는 것은?

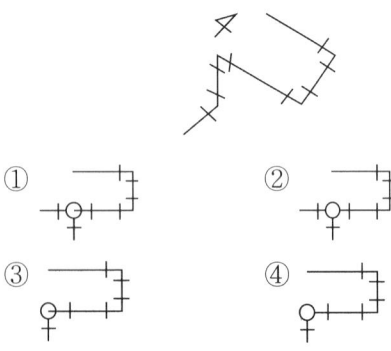

① ② ③ ④

그림은 등각 배관도이다.
단선 도시 배관도의 종류

스케치 배관도	
투상 배관도	
등각 배관도	

55 KS에서 규정하는 체결부품의 조립 간략 표시방법에서 구멍에 끼워 맞추기 위한 구멍, 볼트, 리벳의 기호 표시 중 공장에서 드릴 가공 및 끼워맞춤을 하는 것은?

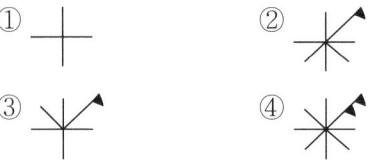

① ② ③ ④

KS B ISO 5845-1

기호	의미
	• 공장에서 드릴 가공 및 끼워 맞춤 • 카운터 싱크 없음
	• 공장에서 드릴 가공, 현장에서 끼워 맞춤 • 먼 면에 카운터 싱크 있음
	• 현장에서 드릴 가공 및 끼워 맞춤 • 먼 면에 카운터 싱크 있음
	• 현장에서 드릴 가공 및 끼워 맞춤 • 양쪽 면에 카운터 싱크 있음
	• 공장에서 드릴 가공 및 끼워 맞춤 • 가까운 면에 카운터 싱크 있음
	• 현장에서 드릴 가공 및 끼워 맞춤 • 카운터 싱크 없음

56 그림의 입체도를 제3각법으로 올바르게 투상한 투상도는?

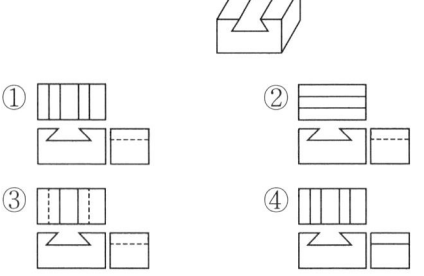

① ② ③ ④

정면도에서 더브테일의 양 끝단은 물체를 위에서 바라보는 평면도에서는 보이지 않으므로 그 경계선에는 ③번과 같이 세로줄의 점선이 그려져야 한다.

57 표제란에 표시하는 내용이 아닌 것은?

① 재질　　　　② 척도
③ 각법　　　　④ 제품명

재질이나 수량, 부품명은 부품란에 표시한다.

58 그림과 같은 단면도에서 'A'가 나타내는 것은?

① 바닥 표시 기호
② 대칭 도시 기호
③ 반복 도형 생략 기호
④ 한쪽 단면도 표시 기호

A는 대칭 도시 기호로서 노란색의 가는 실선으로 중심선 위에 표시해 준다.

59 치수 기입 방법이 틀린 것은?

 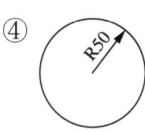

구(Sphere)의 지름은 ②번과 같이 표시할 수 없다.

60 전기아연도금 강판 및 강대의 KS기호 중 일반용 기호는?

① SECD　　　　② SECE
③ SEFC　　　　④ SECC

SECC(Steel Electrolytic Commercial Cold) : 냉간 압연강판에 아연을 도금한 전기아연도금 강판 중 일반용이다. 여기서 SPCC는 냉간 압연강판이다.
전기아연도금 강관 및 강대의 종류
• SECD : 전기아연도금 강판 중 드로잉용
• SECE : 전기아연도금 강판 중 심드로잉용
• SEFC : 전기아연도금 강판 중 가공용

01 다음 중 텅스텐과 몰리브덴 재료 등을 용접하기에 가장 적합한 용접은?

① 전자 빔 용접
② 일렉트로 슬래그 용접
③ 탄산가스 아크 용접
④ 서브머지드 아크 용접

해설

① 전자 빔 용접 : 고밀도로 집속되고 가속화된 전자 빔을 높은 진공 속에서 용접물에 고속도로 조사시키면 빛과 같은 속도로 이동한 전자가 용접물에 충돌하면서 전자의 운동에너지를 열에너지로 변환시켜 국부적으로 고열을 발생시키는데, 이때 생긴 열원으로 용접부를 용융시켜 용접하는 방식이다. 텅스텐(3,410℃)이나 몰리브덴(2,620℃)과 같이 용융점이 높은 재료의 용접에 적합하다.

② 일렉트로 슬래그 용접 : 용융된 슬래그와 용융금속이 용접부에서 흘러나오지 못하도록 수랭동판으로 둘러싸고 이 용융 풀에 용접봉을 연속적으로 공급하는데 이때 발생하는 용융 슬래그의 저항열에 의하여 용접봉과 모재를 연속적으로 용융시키면서 용접하는 방법이다.

③ 탄산가스 아크 용접(이산화탄소 아크용접, CO_2용접) : 코일(Coil)로 된 용접 와이어를 송급 모터에 의해 용접 토치까지 연속으로 공급시키면서 토치 팁을 통해 빠져 나온 통전된 와이어 자체가 전극이 되어 모재와의 사이에 아크를 발생시켜 접합하는 용극식 용접법이다.

④ 서브머지드 아크 용접 : 용접 부위에 미세한 입상의 플럭스를 도포한 뒤 용접선과 나란히 설치된 레일 위를 주행대차가 지나가면서 와이어를 용접부로 공급시키면 플럭스 내부에서 아크가 발생하면서 용접하는 자동 용접법이다. 아크가 플럭스 속에서 발생되므로 용접부가 눈에 보이지 않아 불가시 아크용접, 잠호용접이라고 불린다. 용접봉인 와이어의 공급과 이송이 자동이며 용접부를 플럭스가 덮고 있으므로 복사열과 연기가 많이 발생하지 않는다.

02 서브머지드 아크 용접 시, 받침쇠를 사용하지 않을 경우 루트 간격을 몇 mm 이하로 하여야 하는가?

① 0.2
② 0.4
③ 0.6
④ 0.8

해설

서브머지드 아크 용접(SAW)으로 맞대기 용접 시 판의 두께가 얇거나 루트 면의 치수가 용융금속을 지지하지 못할 경우에는 용융금속의 용락을 방지하기 위해서 받침쇠(Backing)를 사용하는데 받침쇠가 없는 경우에는 루트 간격을 0.8mm 이하로 한다.

03 연납땜 중 내열성 땜납으로 주로 구리, 황동용에 사용되는 것은?

① 인동납
② 황동납
③ 납-은납
④ 은납

해설

납-은납 : 내열성의 연납땜용 용제로 구리나 황동의 납땜에 사용된다. 인동납과 황동납, 은납은 모두 경납땜용 용제에 속한다.
납땜용 용제의 종류

경납땜용 용제(Flux)	연납땜용 용제(Flux)
• 붕사	• 송진
• 붕산	• 인산
• 불화나트륨	• 염산
• 불화칼륨	• 염화아연
• 은납	• 염화암모늄
• 황동납	• 주석-납
• 인동납	• 카드뮴-아연납
• 망간납	• 저융점 땜납
• 양은납	
• 알루미늄납	

04 용접부 검사법 중 기계적 시험법이 아닌 것은?

① 굽힘 시험
② 경도 시험
③ 인장 시험
④ 부식 시험

해설

부식 시험은 화학적 시험법에 속한다.

파괴 시험 (기계적 시험)	인장 시험	인장강도, 항복점, 연신율 측정
	굽힘 시험	연성의 정도 측정
	충격 시험	인성과 취성의 정도 측정
	경도 시험	외력에 대한 저항의 크기 측정
	매크로 시험	조직검사
	피로 시험	반복적인 외력에 대한 저항력 측정

05 일렉트로 가스 아크 용접의 특징 설명 중 틀린 것은?

① 판두께에 관계없이 단층으로 상진 용접한다.
② 판두께가 얇을수록 경제적이다.
③ 용접속도는 자동으로 조절된다.
④ 정확한 조립이 요구되며, 이동용 냉각 동판에 급수 장치가 필요하다.

해설

일렉트로 가스 아크 용접의 특징

• 용접속도는 자동으로 조절된다.
• 판두께가 두꺼울수록 경제적이다.
• 이산화탄소(CO_2)가스를 보호가스로 사용한다.
• 판두께에 관계없이 단층으로 상진 용접한다.
• 용접 홈의 기계가공이 필요하며 가스절단 그대로 용접할 수 있다.
• 정확한 조립이 요구되며 이동용 냉각 동판에 급수장치가 필요하다.
• 용접 장치가 간단해서 취급이 쉬워 용접 시 숙련이 요구되지 않는다.

06 텅스텐 전극봉 중에서 전자 방사 능력이 현저하게 뛰어난 장점이 있으며 불순물이 부착되어도 전자 방사가 잘되는 전극은?

① 순텅스텐 전극
② 토륨 텅스텐 전극
③ 지르코늄 텅스텐 전극
④ 마그네슘 텅스텐 전극

해설

토륨 텅스텐 전극봉의 특징

• 전극의 소모가 적다.
• 전자 방사 능력이 우수하다.
• 저전류에서도 아크 발생이 용이하다.
• 불순물이 부착되어도 전자 방사가 잘된다.
• 전극온도가 낮아도 전류용량을 크게 할 수 있다.
• 순텅스텐 전극봉에 토륨을 1~2% 함유한 것이다.
• 전도성이 좋기 때문에 아크 발생이 쉽고 안정적이다.
• 직류 정극성(DCSP)에는 좋으나 교류에는 좋지 않다.

07 다음 중 표면 피복 용접을 올바르게 설명한 것은?

① 연강과 고장력강의 맞대기 용접을 말한다.
② 연강과 스테인리스강의 맞대기 용접을 말한다.
③ 금속 표면에 다른 종류의 금속을 용착시키는 것을 말한다.
④ 스테인리스 강판과 연강판재를 접합 시 스테인리스 강판에 구멍을 뚫어 용접하는 것을 말한다.

해설

표면 피복 용접이란 금속의 표면에 다른 종류의 금속을 용착시켜 피복시킴으로써 용접하는 방법이다.

08 산업용 용접 로봇의 기능이 아닌 것은?

① 작업 기능 ② 제어 기능
③ 계측인식 기능 ④ 감정 기능

해설

산업용 용접 로봇에는 감정 기능이 필요 없으며, 생산성 향상을 위해 작업기능과 제어기능, 계측인식 기능이 필요하다.

09 불활성 가스 금속 아크 용접(MIG)의 용착효율은 얼마 정도인가?

① 58% ② 78%
③ 88% ④ 98%

해설

MIG 용접의 특징
• 분무 이행이 원활하다.
• 열영향부가 매우 적다.
• 용착효율은 약 98%로 높은 편이다.
• 전자세 용접이 가능하다.
• 용접기의 조작이 간단하다.
• 아크의 자기제어 기능이 있다.
• 직류용접기의 경우 정전압 특성 또는 상승 특성이 있다.
• 전류가 일정할 때 아크 전압이 커지면 용융속도가 낮아진다.
• 전류밀도가 아크 용접의 4~6배, TIG용접의 2배 정도로 매우 높다.
• 용접부가 좁고, 깊은 용입을 얻으므로 후판(두꺼운 판) 용접에 적당하다.
• 알루미늄이나 마그네슘 등은 청정작용으로 용제 없이도 용접이 가능하다.
• 전자동 또는 반자동식이 많으며 전극인 와이어는 모재와 동일한 금속을 사용한다.
• 전원은 직류 역극성이 이용된다.
• 용접봉을 갈아 끼울 필요가 없어 용접 속도를 빨리할 수 있으므로 고속 및 연속적으로 양호한 용접을 할 수 있다.

10 다음 중 일렉트로 슬래그 용접의 특징으로 틀린 것은?

① 박판용접에는 적용할 수 없다.
② 장비 설치가 복잡하며 냉각장치가 요구된다.
③ 용접시간이 길고 장비가 저렴하다.
④ 용접 진행 중 용접부를 직접 관찰할 수 없다.

해설

일렉트로 슬래그 용접 : 용융된 슬래그와 용융금속이 용접부에서 흘러나오지 못하도록 수랭 동판으로 둘러싸고 이 용융 풀에 용접봉을 연속적으로 공급하는데 이때 발생하는 용융 슬래그의 저항열에 의하여 용접봉과 모재를 연속적으로 용융시키면서 용접하는 방법이다.
• 일렉트로 슬래그 용접의 장점
 – 용접이 능률적이다.
 – 후판용접에 적당하다.
 – 전기 저항열에 의한 용접이다.
 – 용접 시간이 적어서 용접 후 변형이 적다.
• 일렉트로 슬래그 용접의 단점
 – 손상된 부위에 취성이 크다.
 – 장비 설치가 복잡하며 냉각장치가 요구된다.
 – 용접진행 중에 용접부를 직접 관찰할 수는 없다.
 – 가격이 비싸며 용접 후 기계적 성질이 좋지 못하다.

11 용접에 있어 모든 열적 요인 중 가장 영향을 많이 주는 요소는?

① 용접 입열 ② 용접 재료
③ 주위 온도 ④ 용접 복사열

해설

용접할 때 가장 큰 영향을 미치는 요소는 모재에 열이 직접 가해지는 용접 입열이다.

12 사고의 원인 중 인적 사고 원인에서 선천적 원인은?

① 신체의 결함 ② 무지
③ 과실 ④ 미숙련

해설

인적 사고 중 선천적 사고는 신체의 결함이며 무지나 과실, 미숙련은 후천적인 원인에 속한다.

13 TIG 용접에서 직류 정극성을 사용하였을 때 용접효율을 올릴 수 있는 재료는?

① 알루미늄　　　　② 마그네슘
③ 마그네슘 주물　　④ 스테인리스강

해설
TIG 용접을 직류 정극성으로 사용할 경우 모재에서 70%의 열이 발생되므로 용융점이 비교적 높은 재료인 탄소강이나 스테인리스강, 구리합금의 용접에서 효율을 높일 수 있다.

14 재료의 인장 시험방법으로 알 수 없는 것은?

① 인장강도　　　　② 단면수축률
③ 피로강도　　　　④ 연신율

해설
피로강도는 재료에 인장과 압축하중을 반복적으로 가해 주는 시험법이므로 인장 시험방법만으로는 알 수 없다.

15 용접 변형 방지법의 종류에 속하지 않는 것은?

① 억제법　　　　　② 역변형법
③ 도열법　　　　　④ 취성 파괴법

해설
① 억제법 : 지그설치 및 가접을 통해 변형을 억제하도록 한 것
② 역변형법 : 용접 전에 변형을 예측하여 반대 방향으로 변형시킨 후 용접을 하도록 한 것
③ 도열법 : 용접 중 모재의 입열을 최소화하기 위해 물을 적신 동판을 덧대어 열을 흡수하도록 한 것

16 솔리드 와이어와 같이 단단한 와이어를 사용할 경우 적합한 용접 토치 형태로 옳은 것은?

① Y형　　　　　　② 커브형
③ 직선형　　　　　④ 피스톨형

해설
MIG 용접토치의 종류
• 커브형 : 주로 단단한 와이어에 사용한다.
• 피스톨형 : 비교적 연한 비철금속의 와이어에 사용한다.

17 안전 · 보건표지의 색채, 색도기준 및 용도에서 색채에 따른 용도를 올바르게 나타낸 것은?

① 빨간색 : 안내　　② 파란색 : 지시
③ 녹색 : 경고　　　④ 노란색 : 금지

해설
산업안전보건법에 따른 안전 · 보건표지의 색채, 색도기준 및 용도

색상	용도	사례
빨간색	금지	정지신호, 소화설비 및 그 장소, 유해행위 금지
	경고	화학물질 취급장소에서 유해 · 위험 경고
노란색	경고	화학물질 취급장소에서의 유해 · 위험 경고 이외의 위험 경고, 주의표지 또는 기계방호물
파란색	지시	특정 행위의 지시 및 사실의 고지
녹색	안내	비상구 및 피난소, 사람 또는 차량의 통행표지
흰색	–	파란색이나 녹색에 대한 보조색
검은색	–	문자 및 빨간색, 노란색에 대한 보조색

18 용접금속의 구조상의 결함이 아닌 것은?

① 변형   ② 기공

③ 언더컷   ④ 균열

용접 결함의 종류

19 금속재료의 미세조직을 금속현미경을 사용하여 광학적으로 관찰하고 분석하는 현미경시험의 진행순서로 맞는 것은?

① 시료 채취 → 연마 → 세척 및 건조 → 부식 → 현미경 관찰

② 시료 채취 → 연마 → 부식 → 세척 및 건조 → 현미경 관찰

③ 시료 채취 → 세척 및 건조 → 연마 → 부식 → 현미경 관찰

④ 시료 채취 → 세척 및 건조 → 부식 → 연마 → 현미경 관찰

현미경 조직시험의 순서
시험편 채취 → 마운팅 → 샌드페이퍼 연마 → 폴리싱 → 세척 및 건조 → 부식 → 현미경 조직검사

20 강판의 두께가 12mm, 폭 100mm인 평판을 V형 홈으로 맞대기 용접 이음할 때, 이음효율 $\eta = 0.8$ 로 하면 인장력 P는?(단, 재료의 최저인장강도는 40N/mm^{2}이고, 안전율은 4로 한다)

① 960N   ② 9,600N

③ 860N   ④ 8,600N

인장률(S) 구하는 식을 응용하면

$$4 = \frac{40\text{N/mm}^2}{\sigma_a}, \ \sigma_a = 10 \text{ N/mm}^2$$

$$\sigma_a = \frac{F}{A \times \eta}$$

$$10\,\text{N/mm}^2 = \frac{F}{12\text{mm} \times 100\text{mm} \times 0.8}$$

$$F = 10\text{N/mm}^2 \times 1,200\text{mm}^2 \times 0.8 = 9,600\text{N}$$

따라서, 인장력은 9,600N이 된다.

21 다음 중 목재, 섬유류, 종이 등에 의한 화재의 급수에 해당하는 것은?

① A급   ② B급

③ C급   ④ D급

해설

화재의 종류에 따른 사용 소화기

분류	A급 화재	B급 화재	C급 화재	D급화재
명칭	일반(보통) 화재	유류 및 가스화재	전기화재	금속 화재
가연 물질	나무, 종이, 섬유 등의 고체 물질	기름, 윤활유, 페인트 등의 액체 물질	전기설비, 기계 전선 등의 물질	가연성 금속 (Al 분말, Mg 분말)
소화 효과	냉각 효과	질식 효과	질식 및 냉각효과	질식 효과
표현 색상	백색	황색	청색	–
소화기	물, 분말소화기, 포(포말) 소화기, 이산화탄소 소화기, 강화 액소화기, 산・알칼리 소화기	분말소화기, 포(포말) 소화기, 이산화탄소 소화기	분말소화기, 유기성 소화기, 이산화탄소 소화기, 무상강화액 소화기, 할로겐화합 물소화기	건조된 모래 (건조사)
사용 불가능 소화기	–	–	포(포말) 소화기	물 (금속가루는 물과 반응하여 폭발의 위험성이 있다)

22 용접부의 시험 중 용접성 시험에 해당하지 않는 시험법은?

① 노치 취성 시험   ② 열특성 시험

③ 용접 연성 시험   ④ 용접 균열 시험

해설

용접성 시험에는 용접물에 대한 노치 정도와 연성 정도, 균열 시험 등이 있으나 열 특성은 실시하지 않는다.

23 다음 중 가스용접의 특징으로 옳은 것은?

① 아크 용접에 비해서 불꽃의 온도가 높다.

② 아크 용접에 비해 유해광선의 발생이 많다.

③ 전원 설비가 없는 곳에서는 쉽게 설치할 수 없다.

④ 폭발의 위험이 크고 금속이 탄화 및 산화될 가능성이 많다.

해설

가스용접의 장점 및 단점

장점
• 운반이 편리하고 설비비가 싸다.
• 전원이 없는 곳에 쉽게 설치할 수 있다.
• 아크 용접에 비해 유해 광선의 피해가 적다.
• 가열할 때 열량 조절이 비교적 자유로워 박판 용접에 적당하다.
• 기화용제가 만든 가스 상태의 보호막은 용접 시 산화작용을 방지한다.
• 산화불꽃, 환원불꽃, 중성불꽃, 탄화불꽃 등 불꽃의 종류를 다양하게 만들 수 있다.

단점
• 폭발의 위험이 있다.
• 금속이 탄화 및 산화될 가능성이 많다.
• 아크 용접에 비해 불꽃의 온도가 낮다.
• 아크(약 3,000~5,000℃), 산소-아세틸렌불꽃(약 3,430℃)
• 열의 집중성이 나빠서 효율적인 용접이 어려우며 가열 범위가 커서 용접 변형이 크고 일반적으로 용접부의 신뢰성이 적다.

24 산소-아세틸렌 용접에서 표준불꽃으로 연강판 두께 2mm를 60분간 용접하였더니 200L의 아세틸렌가스가 소비되었다면, 다음 중 가장 적당한 가변 압식 팁의 번호는?

① 100번   ② 200번

③ 300번   ④ 400번

해설

가스용접용 토치 팁인 가변압식(프랑스식) 팁은 '100번 팁', '200 번 팁'과 같이 나타내는데, '가변압식 200번 팁'이란 표준불꽃으로 1시간(60분)에 소비하는 아세틸렌가스의 양이 200L임을 나타내는 것이다.

25 연강용 가스 용접봉의 시험편 처리 표시 기호 중 NSR의 의미는?

① 625±25℃로서 용착금속의 응력을 제거한 것
② 용착금속의 인장강도를 나타낸 것
③ 용착금속의 응력을 제거하지 않은 것
④ 연신율을 나타낸 것

해설

연강용 용접봉의 시험편 처리(KS D 7005)

SR	625±25℃에서 응력 제거 풀림을 한 것
NSR	용접한 상태 그대로 응력을 제거하지 않은 것

26 피복 아크 용접에서 사용하는 용접용 기구가 아닌 것은?

① 용접 케이블
② 접지 클램프
③ 용접 홀더
④ 팁 클리너

해설

팁 클리너는 가스 용접이나 CO₂ 용접, MIG 용접과 같이 팁을 사용해서 용접하는 구조에서 막힌 팁의 구멍을 뚫는 도구이다.
피복 금속 아크 용접(SMAW)의 회로 순서
용접기 → 전극케이블 → 용접봉홀더 → 용접봉 → 아크 → 모재 → 접지케이블

2. 전극케이블

27 피복아크 용접봉의 피복제의 주된 역할로 옳은 것은?

① 스패터의 발생을 많게 한다.
② 용착금속에 필요한 합금원소를 제거한다.
③ 모재 표면에 산화물이 생기게 한다.
④ 용착금속의 냉각속도를 느리게 하여 급랭을 방지한다.

해설

④ 피복제는 용착금속 위를 덮음으로써 냉각속도를 느리게 하며 급랭을 방지한다.
① 피복제는 스패터의 발생을 적게 한다.
② 피복제는 용착금속에 필요한 합금원소를 첨가한다.
③ 피복제는 모재 표면에 산화물의 발생을 억제한다.

28 용접의 특징에 대한 설명으로 옳은 것은?

① 복잡한 구조물 제작이 어렵다.
② 기밀, 수밀, 유밀성이 나쁘다.
③ 변성의 우려가 없어 시공이 용이하다.
④ 용접사의 재량에 따라 용접부의 품질이 좌우된다.

해설

용접의 장점 및 단점

용접의 장점	용접의 단점
• 이음효율이 높다.	• 취성이 생기기 쉽다.
• 재료가 절약된다.	• 균열이 발생하기 쉽다.
• 제작비가 적게 든다.	• 용접부의 결함 판단이 어렵다.
• 이음 구조가 간단하다.	• 용융부위 금속의 재질이 변한다.
• 보수와 수리가 용이하다.	
• 재료의 두께 제한이 없다.	• 저온에서 쉽게 약해질 우려가 있다.
• 이종재료도 접합이 가능하다.	
• 제품의 성능과 수명이 향상된다.	• 용접 모재의 재질에 따라 영향을 크게 받는다.
• 유밀성, 기밀성, 수밀성이 우수하다.	• 용접 기술자(용접사)의 기량에 따라 품질이 다르다.
• 작업 공정이 줄고, 자동화가 용이하다.	• 용접 후 변형 및 수축함에 따라 잔류응력이 발생한다.

29 가스 절단에서 팁(Tip)의 백심 끝과 강판 사이의 간격으로 가장 적당한 것은?

① 0.1~0.3mm

② 0.4~1mm

③ 1.5~2mm

④ 4~5mm

해설
가스 절단 시 팁에서 나온 불꽃의 백심 끝과 강판 사이의 간격은 1.5~2mm로 해야 한다.

30 스카핑 작업에서 냉간재의 스카핑 속도로 가장 적합한 것은?

① 1~3m/min

② 5~7m/min

③ 10~15m/min

④ 20~25m/min

해설
스카핑(Scarfing)은 강괴나 강편, 강재 표면의 홈이나 개재물, 탈탄층 등을 제거하기 위한 불꽃 가공으로 가능한 한 얇으면서 타원형의 모양으로 표면을 깎아내는 가공법으로 재료가 냉간재와 열간재에 따라서 스카핑 속도가 달라진다.

분류	스카핑 속도
냉간재	5~7m/min
열간재	20m/min

31 AW-300, 무부하 전압 80V, 아크 전압 20V인 교류용접기를 사용할 때, 다음 중 역률과 효율을 올바르게 계산한 것은?(단, 내부손실을 4kW라 한다)

① 역률 : 80.0%, 효율 : 20.6%

② 역률 : 20.6%, 효율 : 80.0%

③ 역률 : 60.0%, 효율 : 41.7%

④ 역률 : 41.7%, 효율 : 60.0%

해설

효율(%) $= \dfrac{\text{아크전력}}{\text{소비전력}} \times 100\%$

여기서, 아크전력 = 아크전압 × 정격2차전류 = 20 × 300
$= 6,000\text{W}$

소비전력 = 아크전력 + 내부손실 = 6,000 + 4,000
$= 10,000\text{W}$

따라서, 효율(%) $= \dfrac{6,000}{10,000} \times 100\% = 60\%$

역률(%) $= \dfrac{\text{소비전력}}{\text{전원입력}} \times 100(\%)$

여기서, 전원입력 = 무부하전압 × 정격2차전류 = 80 × 300
$= 24,000\text{W}$

따라서, 역률(%) $= \dfrac{10,000}{24,000} \times 100(\%) = 41.66\% ≒ 41.7\%$

32 가스 용접에서 후진법에 대한 설명으로 틀린 것은?

① 전진법에 비해 용접변형이 작고 용접속도가 빠르다.

② 전진법에 비해 두꺼운 판의 용접에 적합하다.

③ 전진법에 비해 열 이용률이 좋다.

④ 전진법에 비해 산화의 정도가 심하고 용착금속 조직이 거칠다.

해설

가스 용접의 운봉법에서 후진법은 전진법에 비해 산화의 정도가 양호하며 용착금속의 조직도 양호하다.
가스 용접에서의 전진법과 후진법의 차이점

구분	전진법	후진법
열 이용률	나쁘다.	좋다.
비드의 모양	보기 좋다.	매끈하지 못하다.
홈의 각도	크다(약 80°).	작다(약 60°).
용접 속도	느리다.	빠르다.
용접 변형	크다.	작다.
용접 가능 두께	두께 5mm 이하의 박판	후판
가열 시간	길다.	짧다.
기계적 성질	나쁘다.	좋다.
산화 정도	심하다.	양호하다.
토치 진행방향 및 각도	오른쪽 → 왼쪽	왼쪽 → 오른쪽

33 피복아크용접에 관한 사항으로 다음 그림의 (　) 에 들어가야 할 용어는?

용접 비드 （　）
원질부

① 용락부

② 용융지

③ 용입부

④ 열영향부

해설

열영향부(HAZ ; Heat Affected Zone)

용접할 때 용접부 주위가 발생 열에 영향을 받아서 금속의 성질이 처음 상태와 달라지는 부분으로 용융점(1,538℃) 이하에서 금속의 미세조직이 변하는 부분을 말한다.

용접 금속
a
열영향부
본드부
모재부
b

34 용접봉에서 모재로 용융금속이 옮겨가는 이행형식이 아닌 것은?

① 단락형
② 글로뷸러형
③ 스프레이형
④ 철심형

해설
용적 이행방식의 종류

이행 방식	이행 형태	특징
단락이행		• 박판용접에 적합하다. • 모재로의 입열량이 적고 용입이 얕다. • 저전류의 CO_2 및 MIG용접에서 솔리드 와이어를 사용할 때 발생한다.
입상이행 (글로뷸러, Globular)		• 글로뷸(Globule)은 용융방울인 용적을 의미한다. • 깊고 양호한 용입을 얻을 수 있어서 능률적이나 스패터가 많이 발생한다. • 초당 90회 정도의 와이어보다 큰 용적으로 용융되어 모재로 이행된다.
스프레이 이행		• 용적이 작은 입자로 되어 스패터 발생이 적고 비드가 외관이 좋다. • 가장 많이 사용되는 것으로 아크기류 중에서 용가재가 고속으로 용융되어 미립자의 용적으로 분사되어 모재에 옮겨가면서 용착되는 용적이행이다. • 고전압, 고전류에서 발생하며, 아르곤가스나 헬륨가스를 사용하는 경합금 용접에서 주로 나타나며 용착속도가 빠르고 능률적이다.
맥동이행 (펄스아크)		• 연속적으로 스프레이 이행을 사용할 때 높은 입열로 인해 용접부의 물성이 변화되었거나 박판 용접 시 용락으로 인해 용접이 불가능하게 되었을 때 낮은 전류에서도 스프레이 이행이 이루어지게 하여 박판 용접을 가능하게 한다.

35 직류 아크용접에서 용접봉의 용융이 늦고, 모재의 용입이 깊어지는 극성은?

① 직류 정극성
② 직류 역극성
③ 용극성
④ 비용극성

해설
아크 용접기의 극성

직류 정극성(DCSP ; Direct Current Straight Polarity)	• 용입이 깊다. • 비드 폭이 좁다. • 용접봉의 용융속도가 느리다. • 후판(두꺼운 판) 용접이 가능하다. • 모재에는 (+)전극이 연결되며 70% 열이 발생하고, 용접봉에는 (−)전극이 연결되며 30% 열이 발생한다.
직류 역극성(DCRP ; Direct Current Reverse Polarity)	• 용입이 얕다. • 비드 폭이 넓다. • 용접봉의 용융속도가 빠르다. • 박판(얇은 판) 용접이 가능하다. • 주철, 고탄소강, 비철금속의 용접에 쓰인다. • 모재에는 (−)전극이 연결되며 30% 열이 발생하고, 용접봉에는 (+)전극이 연결되며 70% 열이 발생한다.
교류(AC)	• 극성이 없다. • 전원 주파수의 $\frac{1}{2}$ 사이클마다 극성이 바뀐다. • 직류 정극성과 직류 역극성의 중간적 성격이다.

36 아세틸렌 가스의 성질로 틀린 것은?

① 순수한 아세틸렌 가스는 무색무취이다.

② 금, 백금, 수은 등을 포함한 모든 원소와 화합 시 산화물을 만든다.

③ 각종 액체에 잘 용해되며 물에는 1배, 알코올에는 6배 용해된다.

④ 산소와 적당히 혼합하여 연소시키면 높은 열을 발생한다.

해설
아세틸렌가스(Acetylene, C_2H_2)의 특징
• 400℃ 근처에서 자연 발화한다.
• 순수한 아세틸렌 가스는 무색무취이다.
• 아세틸렌가스 1L의 무게는 1.176g이다.
• 카바이드(CaC_2)를 물에 작용시켜 제조한다.
• 비중이 0.906으로서 1.105인 산소보다 가볍다.
• 구리나 은과 반응할 때 폭발성 물질이 생성된다.
• 가스 용접이나 절단 등에 주로 사용되는 연료가스이다.
• 충전은 15℃, 1기압하에서 15kgf/cm^2의 압력으로 한다.
• 산소와 적당히 혼합 연소시키면 3,000∼3,500℃의 고온을 낸다.
• 아세틸렌가스는 불포화 탄화수소의 일종으로 불완전한 상태의 가스이다.
• 각종 액체에 용해가 잘된다(물 1배, 석유 2배, 벤젠 4배, 알코올 6배, 아세톤 25배).
• 순수한 카바이드 1kg은 이론적으로 348L의 아세틸렌가스를 발생하며, 보통의 카바이드는 230∼300L의 아세틸렌가스를 발생시킨다.

37 아크 용접기에서 부하전류가 증가하여도 단자전압이 거의 일정하게 되는 특성은?

① 절연특성
② 수하특성
③ 정전압특성
④ 보존특성

해설
용접기의 특성
• 정전류특성 : 부하 전류나 전압이 변해도 단자 전류는 거의 변하지 않는다.
• 정전압특성 : 부하 전류나 전압이 변해도 단자 전압은 거의 변하지 않는다.
• 수하특성 : 부하 전류가 증가하면 단자 전압이 낮아진다.
• 상승특성 : 부하 전류가 증가하면 단자 전압이 약간 높아진다.

38 피복제 중에 산화타이타늄을 약 35% 정도 포함하였고 슬래그의 박리성이 좋아 비드의 표면이 고우며 작업성이 우수한 특징을 지닌 연강용 피복 아크 용접봉은?

① E4301
② E4311
③ E4313
④ E4316

해설
피복아크 용접봉의 종류

종류		특징
E4301	일미나이트계	• 일미나이트($TiO_2 \cdot FeO$)를 약 30%이상 합금한 것으로 우리나라에서 많이 사용한다. • 일본에서 처음 개발한 것으로 작업성과 용접성이 우수하며 값이 저렴하여 철도나 차량, 구조물, 압력 용기에 사용된다. • 내균열성, 내가공성, 연성이 우수하여 25mm 이상의 후판용접도 가능하다.
E4303	라임 티타니아계	• E4313의 새로운 형태로 약 30% 이상의 산화타이타늄(TiO_2)과 석회석($CaCO_3$)이 주성분이다. • 산화타이타늄과 염기성 산화물이 다량으로 함유된 슬래그 생성식이다. • 피복이 두껍고 전 자세 용접성이 우수하다. • E4313의 작업성을 따르면서 기계적 성질과 일미나이트계의 작업성 부족한 점을 개량하여 만든 용접봉이다. • 고산화타이타늄계 용접봉보다 약간 높은 전류를 사용한다.
E4311	고셀룰로스계	• 피복제에 가스 발생제인 셀룰로스(유기물)를 20∼30% 정도 포함한 가스 생성식의 대표적인 용접봉이다. • 발생 가스량이 많아 피복량이 얇고 슬래그가 적으므로 수직, 위 보기 용접에서 우수한 작업성을 보인다. • 가스 생성에 의한 환원성 아크 분위기로 용착금속의 기계적 성질이 양호하며 아크는 스프레이 형상으로 용입이 크고 용융 속도가 빠르다. • 슬래그가 적으므로 비드 표면이 거칠고 스패터가 많다. • 사용 전류는 슬래그 실드계 용접봉에 비해 10∼15% 낮게 하며 사용 전 70∼100℃에서 30분∼1시간 건조해야 한다. • 도금 강판, 저합금강, 저장탱크나 배관 공사에 이용된다.

종류		특징
E4313	고산화타이타늄계	• 균열에 대한 감수성이 좋아서 구속이 큰 구조물의 용접이나 고탄소강, 쾌삭강의 용접에 사용한다. • 피복제에 산화타이타늄(TiO₂)을 약 35% 정도 합금한 것으로 일반 구조용 용접에 사용된다. • 용접기의 2차 무부하 전압이 낮을 때에도 아크가 안정적이며 조용하다. • 스패터가 적고 슬래그의 박리성도 좋아서 비드의 모양이 좋다. • 저합금강이나 탄소량이 높은 합금강의 용접에 적합하다. • 다층 용접에서는 만족할 만한 품질을 만들지 못한다. • 기계적 성질이 다른 용접봉에 비해 약하고 고온 균열을 일으키기 쉬운 단점이 있다.
E4316	저수소계	• 용접봉 중에서 피복제의 염기성이 가장 높다. • 석회석이나 형석을 주성분으로 한 피복제를 사용한다. • 보통 저탄소강의 용접에 주로 사용되나 저합금강과 중, 고탄소강의 용접에도 사용된다. • 용착금속 중의 수소량이 타 용접봉에 비해 1/10 정도로 현저하게 적다. • 균열에 대한 감수성이 좋아 구속도가 큰 구조물이 용접이나 탄소 및 황의 함유량이 많은 쾌삭강의 용접에 사용한다. • 피복제는 습기를 잘 흡수하기 때문에 사용 전에 300~350℃에서 1~2시간 건조 후 사용해야 한다.
E4324	철분 산화타이타늄계	• E4313의 피복제에 철분을 50% 정도 첨가한 것이다. • 작업성이 좋고 스패터가 적게 발생하나 용입이 얕다. • 용착금속의 기계적 성질은 E4313과 비슷하다.
E4326	철분 저수소계	• E4316의 피복제에 30~50% 정도의 철분을 첨가한 것으로 용착속도가 크고 작업 능률이 좋다. • 용착금속의 기계적 성질이 양호하고 슬래그의 박리성이 저수소계 용접봉보다 좋으며 아래보기나 수평 필릿 용접에만 사용된다.

종류		특징
E4327	철분 산화철계	• 주성분인 산화철에 철분을 첨가한 것으로 규산염을 다량 함유하고 있어서 산성의 슬래그가 생성된다. • 아크가 분무상으로 나타나며 스패터가 적고 용입은 E4324보다 깊다. • 비드의 표면이 곱고 슬래그의 박리성이 좋아서 아래보기나 수평 필릿 용접에 많이 사용된다.

39 상률(Phase Rule)과 무관한 인자는?

① 자유도 ② 원소 종류

③ 상의 수 ④ 성분 수

해설

깁스의 상률에 원소의 종류는 고려되지 않는다.

Gibbs의 상률

$$F = C - P + 2$$
여기서, F : 자유도
C : 화학성분의 수
P : 상의 수

40 공석조성을 0.80%C라고 하면, 0.2%C 강의 상온에서의 초석페라이트와 펄라이트의 비는 약 몇 %인가?

① 초석페라이트 75% : 펄라이트 25%

② 초석페라이트 25% : 펄라이트 75%

③ 초석페라이트 80% : 펄라이트 20%

④ 초석페라이트 20% : 펄라이트 80%

해설

• 초석페라이트 : $\dfrac{0.6}{0.8} \times 100\% = 75\%$

• 펄라이트 : $\dfrac{0.2}{0.8} \times 100\% = 25\%$

41 금속의 물리적 성질에서 자성에 관한 설명 중 틀린 것은?

① 연철(鍊鐵)은 잔류자기는 작으나 보자력이 크다.
② 영구자석재료는 쉽게 자기를 소실하지 않는 것이 좋다.
③ 금속을 자석에 접근시킬 때 금속에 자석의 극과 반대의 극이 생기는 금속을 상자성체라 한다.
④ 자기장의 강도가 증가하면 자화되는 강도도 증가하나 어느 정도 진행되면 포화점에 이르는 이 점을 퀴리점이라 한다.

해설
연철은 전류자기가 크고 보자력이 작다.
※ 보자력(保磁力) : 지킬 보, 자석 자, 힘 력, 자성을 오랫동안 지니고 있는 힘

42 다음 중 탄소강의 표준 조직이 아닌 것은?

① 페라이트   ② 펄라이트
③ 시멘타이트   ④ 마텐자이트

해설
탄소강의 표준조직
• 페라이트
• 펄라이트
• 시멘타이트
• 오스테나이트

43 주요성분이 Ni-Fe 합금인 불변강의 종류가 아닌 것은?

① 인바   ② 모넬메탈
③ 엘린바   ④ 플래티나이트

해설
모넬메탈 : Cu에 Ni이 60~70% 합금된 재료로 내식성과 고온강도가 높아서 화학기계나 열기관용 재료로 사용된다.
Ni-Fe계 합금(불변강)의 종류

종류	용도
인바	• Fe에 35%의 Ni, 0.1~0.3%의 Co, 0.4%의 Mn이 합금된 불변강의 일종으로 상온 부근에서 열팽창계수가 매우 작아서 길이 변화가 거의 없다. • 줄자나 측정용 표준자, 바이메탈용 재료로 사용한다.
슈퍼인바	Fe에 30~32%의 Ni, 4~6%의 Co를 합금한 재료로 20℃에서 열팽창계수가 0에 가까워서 표준 척도용 재료로 사용한다.
엘린바	Fe에 36%의 Ni, 12%의 Cr이 합금된 재료로 온도변화에 따라 탄성률의 변화가 미세하여 시계태엽이나 계기의 스프링, 기압계용 다이어프램, 정밀 저울용 스프링 재료로 사용한다.
퍼멀로이	Fe에 35~80%의 Ni이 합금된 재료로 열팽창계수가 작아서 측정기나 고주파 철심, 코일, 릴레이용 재료로 사용된다.
플래티나이트	Fe에 46%의 Ni이 합금된 재료로 열팽창계수가 유리와 백금과 가까우며 전구 도입선이나 진공관의 도선용으로 사용한다.
코엘린바	Fe에 Cr 10~11%, Co 26~58%, Ni 10~16% 합금한 것으로 온도변화에 대한 탄성률의 변화가 적고 공기 중이나 수중에서 부식되지 않아서 스프링, 태엽, 기상관측용 기구의 부품에 사용한다.

44 탄소강 중에 함유된 규소의 일반적인 영향 중 틀린 것은?

① 경도의 상승   ② 연신율의 감소
③ 용접성의 지하   ④ 충격값의 증가

해설
규소는 충격값을 저하시킨다.

45 다음 중 이온화 경향이 가장 큰 것은?

① Cr   ② K

③ Sn   ④ H

해설

이온화 경향이 큰 금속 순서

K > Ca > Na > Mg > Al > Zn > Fe > Ni > Sn > Pb > H > Cu > Hg > Ag > Pt > Au

46 실온까지 온도를 내려 다른 형상으로 변형시켰다가 다시 온도를 상승시키면 어느 일정한 온도 이상에서 원래의 형상으로 변화하는 합금은?

① 제진합금   ② 방진합금

③ 비정질합금   ④ 형상기억합금

해설

④ 형상기억합금 : 항복점을 넘어서 소성변형된 재료는 외력을 제거해도 원래의 상태로 복원이 불가능하지만, 형상기억합금은 고온에서 일정 시간 유지함으로써 원하는 형상으로 기억시키면 상온에서 외력에 의해 변형되어도 기억시킨 온도로 가열만 하면 변형 전 형상으로 되돌아오는 합금이다. 그 종류에는 Ni-Ti계, Ni-Ti-Cu계, Cu-Al-Ni계 합금이 있으며 니티놀이 대표적인 제품이다.

① 제진(制振)합금 : 소음의 원인이 되는 진동을 흡수하는 합금재료로 제진강판 등이 있다.

  • 제진(制振) : 절제할 제, 떨 진, 떨림을 절제한다.

  • 제진(除塵) : 뜰 제, 티끌 진, 공기 중에 떠도는 먼지를 없앤다.

② 방진재료 : 진동을 방지해 주는 재료로 고무나 주철 등 다양한 재료가 사용된다.

③ 비정질합금 : 일정한 결정구조를 갖지 않는 아모르포스(Amorphous)구조이며 재료를 고속으로 급랭시키면 제조할 수 있다. 강도와 경도가 높으면서도 자기적 특성이 우수하여 변압기용 철심 재료로 사용된다.

47 금속에 대한 설명으로 틀린 것은?

① 리튬(Li)은 물보다 가볍다.

② 고체 상태에서 결정구조를 가진다.

③ 텅스텐(W)은 이리듐(Ir)보다 비중이 크다.

④ 일반적으로 용융점이 높은 금속은 비중도 큰 편이다.

해설

금속의 비중

경금속	Mg	1.74	Al	2.7
	Be	1.85	Ti	4.5
중금속	Sn	5.8	Cu	8.96
	V	6.16	Ag	10.49
	Cr	7.19	Pb	11.34
	Mn	7.43	W	19.1
	Fe	7.87	Pt	21.4
	Ni	8.9	Ir	22

48 고강도 Al 합금으로 조성이 Al – Cu – Mg – Mn 인 합금은?

① 라우탈
② Y-합금
③ 두랄루민
④ 하이드로날륨

해설

알루미늄 합금의 종류 및 특징

분류	종류	구성 및 특징
주조용 (내열용)	실루민	• Al + Si(10~14% 함유), 알펙스로도 불린다. • 해수에 잘 침식되지 않는다.
	라우탈	• Al + Cu 4% + Si 5% • 열처리에 의하여 기계적 성질을 개량할 수 있다.
	Y합금	• Al + Cu + Mg + Ni • 내연기관용 피스톤, 실린더 헤드의 재료로 사용된다.
	로엑스 합금 (Lo-Ex)	• Al + Si 12% + Mg 1% + Cu 1% + Ni • 열팽창 계수가 작아서 엔진, 피스톤용 재료로 사용된다.
	코비탈륨	• Al + Cu + Ni에 Ti, Cu 0.2% 첨가 • 내연기관의 피스톤용 재료로 사용된다.
가공용	두랄루민	• Al + Cu + Mg + Mn • 고강도로서 항공기나 자동차용 재료로 사용된다.
	알클래드	• 고강도 Al합금에 다시 Al을 피복한 것이다.
내식성	알 민	• Al + Mn • 내식성과 용접성이 우수한 알루미늄 합금이다.
	알드레이	• Al + Mg + Si 강인성이 없고 가공 변형에 잘 견딘다.
	하이드로날륨	• Al + Mg • 내식성과 용접성이 우수한 알루미늄 합금이다.

49 7 : 3 황동에 1% 내외의 Sn을 첨가하여 열교환기, 증발기 등에 사용되는 합금은?

① 콜슨 황동
② 네이벌 황동
③ 애드미럴티 황동
④ 에버듀어 메탈

해설

황동의 종류

톰백	Cu에 Zn을 5~20% 합금한 것으로 색깔이 아름답고 냉간가공이 쉽게 되어 단추나 금박, 금 모조품과 같은 장식용 재료로 사용된다.
문쯔메탈	60%의 Cu와 40%의 Zn이 합금된 것으로 인장강도가 최대이며, 강도가 필요한 단조제품이나 볼트나 리벳용 재료로 사용한다.
알브락	Cu 75% + Zn 20% + 소량의 Al, Si, As의 합금이다. 해수에 강하며 내식성과 내침수성이 커서 복수기관과 냉각기관에 사용한다.
애드미럴티 황동	Cu와 Zn의 비율이 7 : 3황동에 Sn 1%를 합금한 것으로 콘덴서 튜브나 열교환기, 증발기용 재료로 사용한다.
델타메탈	6 : 4황동에 1~2% Fe을 첨가한 것으로, 강도가 크고 내식성이 좋아서 광산기계나 선박용, 화학용 기계에 사용한다.
쾌삭황동	황동에 Pb을 0.5~3% 합금한 것으로 피절삭성 향상을 위해 사용한다.
납 황동	3% 이하의 Pb를 6 : 4황동에 첨가하여 절삭성을 향상시킨 쾌삭황동으로 기계적 성질은 다소 떨어진다.
강력 황동	4 : 6황동에 Mn, Al, Fe, Ni, Sn 등을 첨가하여 한층 더 강력하게 만든 황동
네이벌 황동	6 : 4황동에 0.8% 정도의 Sn을 첨가한 것으로 내해수성이 강해서 선박용 부품에 사용한다.

※ 6 : 4황동 : Cu 60% + Zn 40%의 합금

50 구리에 5~20% Zn을 첨가한 황동으로, 강도는 낮으나 전연성이 좋고 색깔이 금색에 가까워 모조금이나 판 및 선 등에 사용되는 것은?

① 톰백   ② 켈밋
③ 포금   ④ 문쯔메탈

해설
① 톰백 : Cu에 Zn을 5~20% 합금한 것으로 색깔이 아름답고 냉간가공이 쉽게 되어 단추나 금박, 금 모조품과 같은 장식용 재료로 사용된다.
② 켈밋 : Cu 70% + Pb 30~40%의 합금, 열전도와 압축 강도가 크고 마찰계수가 적다. 고속, 고하중용 베어링에 사용된다.
③ 포금 : 8~12% Sn에 1~2% Zn을 함유한 구리합금으로 단조성이 좋고 내식성이 있어서 밸브나 기어, 베어링의 부시용 재료로 사용된다.
④ 문쯔메탈 : 60%의 Cu(구리)와 40%의 Zn(아연)이 합금된 황동합금으로 인장강도가 최대이며 강도가 필요한 단조제품이나 볼트, 리벳용 재료로 사용한다.

51 열간 성형 리벳의 종류별 호칭길이(L)를 표시한 것 중 잘못 표시된 것은?

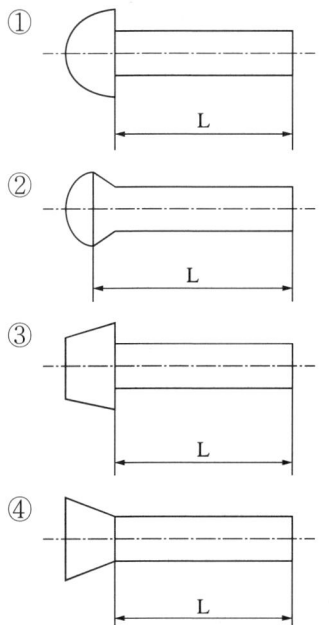

해설
④번의 접시머리 리벳의 호칭길이는 다음과 같이 표시한다.

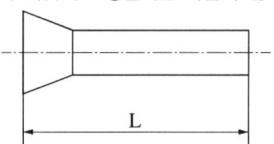

52 다음 중 배관용 탄소 강관의 재질기호는?

① SPA
② STK
③ SPP
④ STS

해설
③ SPP : 배관용 탄소강관
① SPA : 배관용 합금강 강관
② STK : 일반 구조용 탄소강관
④ STS : 합금공구강(절삭공구)

53 그림과 같은 KS 용접 보조기호의 설명으로 옳은 것은?

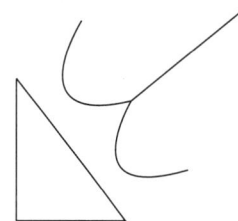

① 필릿 용접부 토를 매끄럽게 함
② 필릿 용접 중앙부를 볼록하게 다듬질
③ 필릿 용접 끝단부에 영구적인 덮개 판을 사용
④ 필릿 용접 중앙부에 제거 가능한 덮개 판을 사용

해설
용접 보조기호 중 '◺ : 필렛용접', '⌣ : 토를 매끄럽게 함'을 의미하므로 문제의 그림은 '필릿 용접부 토를 매끄럽게 함'을 의미한다.
※ 토란 용접 모재와 용접표면이 만나는 부위를 말한다.

54 그림과 같은 경 ㄷ형강의 치수 기입 방법으로 옳은 것은?(단, L은 형강의 길이를 나타낸다)

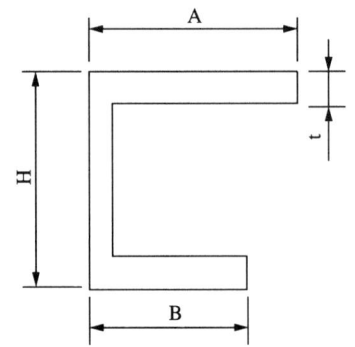

① ㄷ A × B × H × t − L
② ㄷ H × A × B × t − L
③ ㄷ B × A × H × t − L
④ ㄷ H × B × A × L − t

해설
ㄷ형강의 치수 기입

ㄷ	H	×	A	×	B	×	t	−	L
형강의 형상	높이		윗면 길이		아랫면 길이		재질 두께		형강 길이

55 도면에서 반드시 표제란에 기입해야 하는 항목으로 틀린 것은?

① 재질
② 척도
③ 투상법
④ 도명

해설
재질은 부품란에 그리는 항목이다. 부품란에는 품번과 품명, 재질, 수량, 비고를 기입한다.

56 선의 종류와 명칭이 잘못된 것은?

① 가는 실선 − 해칭선
② 굵은 실선 − 숨은선
③ 가는 2점 쇄선 − 가상선
④ 가는 1점 쇄선 − 피치선

해설
숨은선은 점선으로 표시한다.

57 그림과 같은 입체도에서 화살표 방향을 정면으로 할 때 평면도로 가장 적합한 것은?

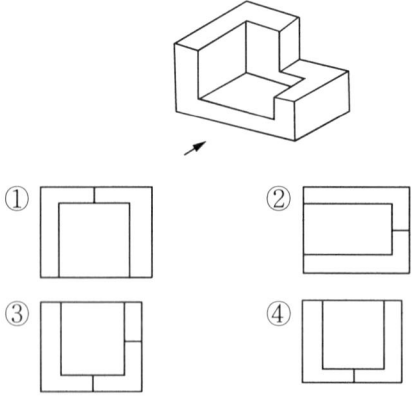

해설
평면도는 화살표를 기준으로 물체를 위에서 바라본 형상이다. 물체를 위에서 보았을 때 중앙부 하단에는 사각형의 형상이 보이는데 이것을 나타내는 것은 ①번밖에 없다.

58 도면의 밸브 표시방법에서 안전밸브에 해당하는 것은?

① ⊢▶ᅵ   ② ⊣◁▷⊢

③ (스프링식 기호)   ④ (동력 조작 기호)

해설

① ⊢▶ᅵ : 체크밸브

② ⊣◁▷⊢ : 밸브 일반

③ (스프링식 기호) : 안전밸브(스프링식)

④ (동력 조작 기호) : 밸브 개폐부의 동력 조작

59 제1각법과 제3각법에 대한 설명 중 틀린 것은?

① 제3각법은 평면도를 정면도의 위에 그린다.

② 제1각법은 저면도를 정면도의 아래에 그린다.

③ 제3각법의 원리는 눈 → 투상면 → 물체의 순서가 된다.

④ 제1각법에서 우측면도는 정면도를 기준으로 본 위치와는 반대쪽인 좌측에 그려진다.

해설

제1각법은 저면도를 정면도의 위에 그려야 한다.
제1각법과 제3각법

제1각법	제3각법
투상면을 물체의 뒤에 놓는다.	투상면을 물체의 앞에 놓는다.
눈 → 물체 → 투상면	눈 → 투상면 → 물체
저면도 / 우측면도 정면도 좌측면도 배면도 / 평면도	평면도 / 좌측면도 정면도 우측면도 배면도 / 저면도
(투상 그림)	(투상 그림)

60 일반적으로 치수선을 표시할 때, 치수선 양 끝에 치수가 끝나는 부분임을 나타내는 형상으로 사용하는 것이 아닌 것은?

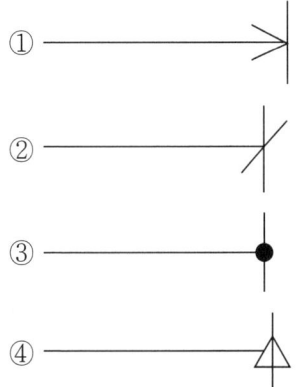

① ─────▶ᅵ

② ─────╱

③ ─────●

④ ─────△

해설

치수선을 표시할 때 치수선 양 끝에 치수가 끝나는 부분을 나타낼 때 ④번과 같이 표시하지는 않는다.
치수 끝 표시방법

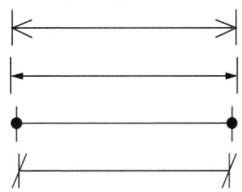

01 초음파 탐상법의 종류에 속하지 않는 것은?

① 투과법   ② 펄스반사법

③ 공진법   ④ 극간법

해설

초음파탐상법의 종류

- 투과법 : 초음파펄스를 시험체의 한쪽면에서 송신하고 반대쪽면에서 수신하는 방법
- 펄스반사법 : 불연속부와 같은 경계면에서는 투과 및 굴절 또는 반사를 하는데 이러한 불연속부에서 반사하는 초음파를 분석하여 검사하는 방법
- 공진법 : 시험체에 가해진 초음파의 진동수와 시험체의 고유진동수가 일치할 때 진동의 진폭이 커지는 현상인 공진을 이용하여 시험체의 두께를 측정하는 방법

02 CO_2 가스 아크 용접에서 기공의 발생 원인으로 틀린 것은?

① 노즐에 스패터가 부착되어 있다.

② 노즐과 모재 사이의 거리가 짧다.

③ 모재가 오염(기름, 녹, 페인트)되어 있다.

④ CO_2 가스의 유량이 부족하다.

해설

CO_2 가스 아크 용접에서 기공의 발생원인

- 노즐에 스패터가 부착되었을 때
- 노즐과 모재 사이의 거리가 멀 때
- CO_2 가스(보호가스)의 유량이 부족할 때
- 모재가 오염(기름이나 녹, 페인트)되어 있을 때

03 연납과 경납을 구분하는 온도는?

① 550℃

② 450℃

③ 350℃

④ 250℃

해설

연납땜과 경납땜을 구분하는 온도는 450℃이다.

04 전기저항용접 중 플래시 용접 과정의 3단계를 순서대로 바르게 나타낸 것은?

① 업셋 → 플래시 → 예열

② 예열 → 업셋 → 플래시

③ 예열 → 플래시 → 업셋

④ 플래시 → 업셋 → 예열

해설

플래시 용접 과정의 3단계

예열 → 플래시 → 업셋

05 용접작업 중 지켜야 할 안전사항으로 틀린 것은?

① 보호 장구를 반드시 착용하고 작업한다.
② 훼손된 케이블은 사용 후에 보수한다.
③ 도상된 탱크 안에서의 용접은 충분히 환기시킨 후 작업한다.
④ 전격 방지기가 설치된 용접기를 사용한다.

해설
용접 작업 시 훼손된 케이블은 반드시 사용 전에 보수를 완료해야 한다.

06 전격의 방지대책으로 적합하지 않는 것은?

① 용접기의 내부는 수시로 열어서 점검하거나 청소한다.
② 홀더나 용접봉은 절대로 맨손으로 취급하지 않는다.
③ 절연 홀더의 절연 부분이 파손되면 즉시 보수하거나 교체한다.
④ 땀, 물 등에 의해 습기 찬 작업복, 장갑, 구두 등은 착용하지 않는다.

해설
전격의 방지를 위해서는 전격방지기를 설치하거나, 용접기 주변이나 작업 중 물이 용접기기에 닿지 않도록 주의해야 한다. 그러나 용접기 내부를 수시로 열어서 점검하면 오히려 용접기 내부를 열 때 전격이 발생할 위험이 더 크다.
전격
강한 전류를 갑자기 몸에 느꼈을 때의 충격을 말하며, 용접기에는 작업자의 전격을 방지하기 위해서 반드시 전격방지기를 용접기에 부착해야 한다.
전격방지기
작업을 쉬는 동안에 2차 무부하 전압이 항상 25V 정도로 유지되도록 하여 전격을 방지할 수 있다.

07 용접 홈이음 형태 중 U형은 루트 반지름을 가능한 크게 만드는데 그 이유로 가장 알맞은 것은?

① 큰 개선각도
② 많은 용착량
③ 충분한 용입
④ 큰 변형량

해설
홈의 형상에 따른 특징

홈의 형상	특징
I형	• 가공이 쉽고 용착량이 적어서 경제적이다. • 판이 두꺼워지면 이음부를 완전히 녹일 수 없다.
V형	• 한쪽 방향에서 완전한 용입을 얻고자 할 때 사용한다. • 홈 가공이 용이하나 두꺼운 판에서는 용착량이 많아지고 변형이 일어난다.
X형	• 후판(두꺼운 판) 용접에 적합하다. • 홈가공이 V형에 비해 어렵지만 용착량이 적다. • 양쪽에서 용접하므로 완전한 용입을 얻을 수 있다.
U형	• 두꺼운 판에서 비드의 너비가 좁고 용착량도 적다. • 루트 반지름을 최대한 크게 만들며 홈 가공이 어렵다. • 두꺼운 판을 한쪽 방향에서 충분한 용입을 얻고자 할 때 사용한다.
H형	두꺼운 판을 양쪽에서 용접하므로 완전한 용입을 얻을 수 있다.
J형	한쪽 V형이나 K형 홈보다 두꺼운 판에 사용한다.

08 다음 중 용접 후 잔류응력완화법에 해당하지 않는 것은?

① 기계적 응력완화법
② 저온응력완화법
③ 피닝법
④ 화염경화법

해설
화염경화법은 재료의 표면을 경화시키는 열처리법으로 잔류응력 제거와는 거리가 멀다.
잔류응력 제거법의 종류
• 기계적 응력완화법 : 용접 후 잔류응력이 있는 제품에 하중을 주어 용접부에 약간의 소성변형을 일으킨 후 하중을 제거하면서 잔류응력을 제거하는 방법이다.
• 저온응력완화법 : 용접선의 양측을 정속으로 이동하는 가스불꽃에 의하여 약 150mm의 너비에 걸쳐 150~200℃로 가열한 뒤 곧 수랭하는 방법으로 주로 용접선 방향의 응력을 제거하는 데 사용한다.
• 노 내 풀림법 : 가열로 내에서 냉각 시간을 천천히 하게 하여 잔류응력을 제거해 나가는 방법
• 국부 풀림법 : 재료의 전체 중에서 일부분만의 재질을 표준화시키거나 잔류응력의 제거를 위해 사용하는 방법
• 피닝법 : 특수 해머를 사용하여 모재의 표면에 지속적으로 충격을 가해 줌으로써 재료 내부에 있는 잔류응력을 완화시키면서 표면층에 소성변형을 주는 방법이다.

09 용접 지그나 고정구의 선택 기준 설명 중 틀린 것은?

① 용접하고자 하는 물체의 크기를 튼튼하게 고정시킬 수 있는 크기와 강성이 있어야 한다.
② 용접 응력을 최소화할 수 있도록 변형이 자유스럽게 일어날 수 있는 구조이어야 한다.
③ 피용접물의 고정과 분해가 쉬워야 한다.
④ 용접간극을 적당히 받쳐 주는 구조이어야 한다.

해설
용접 지그나 고정구는 변형이 최소가 되도록 고정시키는 구조이어야 할 뿐, 변형이 자유롭게 일어나게 하는 구조가 되면 안 된다.

10 다음 중 CO_2 가스 아크 용접의 장점으로 틀린 것은?

① 용착금속의 기계적 성질이 우수하다.
② 슬래그 혼입이 없고, 용접 후 처리가 간단하다.
③ 전류밀도가 높아 용입이 깊고, 용접 속도가 빠르다.
④ 풍속 2m/s 이상의 바람에도 영향을 받지 않는다.

해설
CO_2 가스 아크 용접은 보호가스로 CO_2 가스(탄산가스)를 사용하므로 바람이 세게 불면 용접물에 미치는 영향이 크다.
CO_2 가스 아크 용접의 장점
• 조작이 간단하다.
• 가시아크로 시공이 편리하다.
• 전 용접자세로 용접이 가능하다.
• 용착금속의 강도와 연신율이 크다.
• MIG용접에 비해 용착금속에 기공의 발생이 적다.
• 보호가스가 저렴한 탄산가스이므로 경비가 적게 든다.
• 킬드강이나 세미킬드강, 림드강도 쉽게 용접할 수 있다.
• 아크와 용융지가 눈에 보여 정확한 용접이 가능하다.
• 산화 및 질화가 되지 않아 양호한 용착금속을 얻을 수 있다.
• 용접의 전류밀도가 커서 용입이 깊고 용접속도를 빠르게 할 수 있다.
• 용착금속 내부의 수소 함량이 타 용접법보다 적어 은점이 생기지 않는다.
• 용제가 사용되지 않아 슬래그의 잠입이 적으며 슬래그를 제거하지 않아도 된다.
• 아크 특성에 적합한 상승 특성을 갖는 전원을 사용하므로 스패터의 발생이 적고 안정된 아크를 얻을 수 있다.
• 서브머지드 아크용접에 비해 모재 표면의 녹이나 오물이 있어도 큰 영향이 없으므로 용접 시 완전한 청소를 하지 않아도 된다.
탄산가스 아크 용접(이산화탄소 아크용접, CO_2 용접)
코일(Coil)로 된 용접 와이어를 송급 모터에 의해 용접토치까지 연속으로 공급시키면서 토치 팁을 통해 빠져 나온 통전된 와이어 자체가 전극이 되어 모재와의 사이에 아크를 발생시켜 접합하는 용극식 용접법이다.

11 다음 중 용접 작업 전 예열을 하는 목적으로 틀린 것은?

① 용접 작업성의 향상을 위하여

② 용접부의 수축 변형 및 잔류응력을 경감시키기 위하여

③ 용접금속 및 열영향부의 연성 또는 인성을 향상시키기 위하여

④ 고탄소강이나 합금강의 열영향부 경도를 높게 하기 위하여

해설
용접 작업 전 예열을 하는 목적은 작업성 향상이나 변형 예방 및 잔류응력 제거, 열영향부의 연성 및 인성 향상이 있다. 그러나 열영향부의 경도 향상은 열처리와 관련이 있을 뿐 예열과는 거리가 멀다.

12 다음 중 다층용접 시 적용하는 용착법이 아닌 것은?

① 빌드업법   ② 캐스케이드법

③ 스킵법   ④ 전진블록법

해설
스킵법(비석법)은 단층 용접 시 사용하는 용접봉의 운봉 방식이다.
용착법의 종류

구분	종류	
용접 방향에 의한 용착법	전진법 1 2 3 4 5	후퇴법 5 4 3 2 1
	대칭법 4 2 1 3	스킵법(비석법) 1 4 2 5 3
다층 비드 용착법	빌드업법(덧살올림법)	캐스케이드법
	전진블록법	

13 다음 중 용접자세 기호로 틀린 것은?

① F   ② V

③ H   ④ OS

해설
용접자세(Welding Position)

자세	KS규격	모재와 용접봉 위치	ISO	AWS
아래 보기	F (Flat Position)	편평한 면	PA	1G
수평	H (Horizontal Position)		PC	2G
수직	V (Vertical Position)		PF	3G
위보기	OH (Overhead Position)		PE	4G

14 피복아크 용접 시 지켜야 할 유의사항으로 적합하지 않은 것은?

① 작업 시 전류는 적정하게 조절하고 정리정돈을 잘하도록 한다.

② 작업을 시작하기 전에는 메인스위치를 작동시킨 후에 용접기 스위치를 작동시킨다.

③ 작업이 끝나면 항상 메인스위치를 먼저 끈 후에 용접기 스위치를 꺼야 한다.

④ 아크 발생 시 항상 안전에 신경을 쓰도록 한다.

해설
피복아크 용접 작업이 끝나면 항상 용접기의 스위치를 먼저 끈 뒤 메인스위치를 꺼야 용접기에 전기적인 충격이 가지 않는다.

15 자동화 용접장치의 구성요소가 아닌 것은?

① 고주파 발생장치　　② 칼럼
③ 트랙　　　　　　　④ 갠트리

16 주철 용접 시 주의사항으로 옳은 것은?

① 용접 전류는 약간 높게하고 운봉하여 곡선비드를 배치하며 용입을 깊게 한다.
② 가스 용접 시 중성불꽃 또는 산화불꽃을 사용하고 용제는 사용하지 않는다.
③ 냉각되어 있을 때 피닝작업을 하여 변형을 줄이는 것이 좋다.
④ 용접봉의 지름은 가는 것을 사용하고, 비드의 배치는 짧게 하는 것이 좋다.

> **해설**
> 주철의 용융점은 상대적으로 낮기 때문에 용접봉의 지름은 가는 것이 좋으며, 입열량을 적게 하기 위해 비드의 배치는 짧게 하는 것이 좋다.

17 다음 중 테르밋 용접의 특징에 관한 설명으로 틀린 것은?

① 용접 작업이 단순하다.
② 용접기구가 간단하고, 작업장소의 이동이 쉽다.
③ 용접 시간이 길고, 용접 후 변형이 크다.
④ 전기가 필요 없다.

> **해설**
> 테르밋 용접의 특징
> • 설비비가 싸다.
> • 용접비용이 싸다.
> • 이동이 용이하다.
> • 용접작업이 단순하다.
> • 홈 가공이 불필요하다.
> • 전기 공급이 필요 없다.
> • 현장에서 직접 사용된다.
> • 용접시간이 짧고 용접 후 변형이 작다.
> • 구조, 단조, 레일 등의 용접 및 보수에 이용한다.
> • 차량, 선박, 접합단면이 큰 구조물의 용접에 적용한다.

18 용접 진행 방향과 용착 방향이 서로 반대가 되는 방법으로 잔류응력은 다소 적게 발생하나 작업의 능률이 떨어지는 용착법은?

① 전진법　　　　　② 후진법
③ 대칭법　　　　　④ 스킵법

> **해설**
> 용접법의 종류

분류		특징
용착 방향에 의한 용착법	전진법	한쪽 끝에서 다른 쪽 끝으로 용접을 진행하는 방법으로 용접 진행 방향과 용착 방향이 서로 같다. 용접 길이가 길면 끝부분 쪽에 수축과 잔류응력이 생긴다.
	후퇴법	용접을 단계적으로 후퇴하면서 전체 길이를 용접하는 방법으로 용접 진행 방향과 용착 방향이 서로 반대가 된다. 수축과 잔류응력을 줄이는 용접 기법이나 작업 능률이 떨어진다.
	대칭법	변형과 수축응력의 경감법으로 용접의 전 길이에 걸쳐 중심에서 좌우 또는 용접물 형상에 따라 좌우 대칭으로 용접하는 기법이다.
	스킵법 (비석법)	용접부 전체의 길이를 5개 부분으로 나누어 놓고 1-4-2-5-3 순으로 용접하는 방법으로 용접부에 잔류응력을 적게 해야 할 경우에 사용한다.
다층 비드 용착법	덧살올림법 (빌드업법)	각 층마다 전체의 길이를 용접하면서 쌓아올리는 방법으로 가장 일반적인 방법이다.
	전진블록법	한 개의 용접봉으로 살을 붙일 만한 길이로 구분해서 홈을 한 층 완료한 후 다른 층을 용접하는 방법이다.
	캐스케이드법	한 부분의 몇 층을 용접하다가 다음 부분의 층으로 연속시켜 전체가 단계를 이루도록 용착시켜 나가는 방법이다.

19 서브머지드 아크 용접의 특징으로 틀린 것은?

① 콘택트 팁에서 통전되므로 와이어 중에 저항열이 적게 발생되어 고전류 사용이 가능하다.

② 아크가 보이지 않으므로 용접부의 적부를 확인하기가 곤란하다.

③ 용접 길이가 짧을 때 능률적이며 수평 및 위보기 자세 용접에 주로 이용된다.

④ 일반적으로 비드 외관이 아름답다.

해설
서브머지드 아크 용접은 자동용접법에 속하므로 용접 길이가 길 때 능률적이고, 용접부를 입상의 용제로 덮기 때문에 위보기 자세의 용접은 불가능하다.

서브머지드 아크 용접
용접 부위에 미세한 입상의 플럭스를 도포한 뒤 용접선과 나란히 설치된 레일 위를 주행대차가 지나가면서 와이어를 용접부로 공급시키면 플럭스 내부에서 아크가 발생하면서 용접하는 자동 용접법이다. 아크가 플럭스 속에서 발생되므로 용접부가 눈에 보이지 않아 불가시 아크용접, 잠호용접이라고 불린다. 용접봉인 와이어의 공급과 이송이 자동이며 용접부를 플럭스가 덮고 있으므로 복사열과 연기가 많이 발생하지 않는다.

20 전기저항용접의 발열량을 구하는 공식으로 옳은 것은?(단, H : 발열량(cal), I : 전류(A), R : 저항(Ω), t : 시간(sec)이다)

① $H = 0.24IRt$

② $H = 0.24IR^2t$

③ $H = 0.24I^2Rt$

④ $H = 0.24IRt^2$

해설
전기저항 용접의 발열량
발열량(H) $= 0.24I^2RT$
여기서, I : 전류, R : 저항, T : 시간

21 비용극식, 비소모식 아크 용접에 속하는 것은?

① 피복아크 용접

② TIG 용접

③ 서브머지드 아크 용접

④ CO_2 용접

해설
용극식과 비용극식 아크 용접법

용극식 용접법 (소모성 전극)	용가재인 와이어 자체가 전극이 되어 모재와의 사이에서 아크를 발생시키면서 용접 부위를 채워나가는 용접 방법으로 이때 전극의 역할을 하는 와이어는 소모된다. 예 서브머지드 아크 용접(SAW), MIG용접, CO_2용접, 피복금속 아크용접(SMAW)
비용극식 용접법 (비소모성 전극)	전극봉을 사용하여 아크를 발생시키고 이 아크열로 용가재인 용접을 녹이면서 용접하는 방법으로 이때 전극은 소모되지 않고 용가재인 와이어(피복금속 아크용접의 경우 피복 용접봉)는 소모된다. 예 TIG용접

22 TIG 용접에서 직류 역극성에 대한 설명이 아닌 것은?

① 용접기의 음극에 모재를 연결한다.

② 용접기의 양극에 토치를 연결한다.

③ 비드 폭이 좁고 용입이 깊다.

④ 산화 피막을 제거하는 청정작용이 있다.

해설

직류 역극성은 모재보다 용접봉에서 70%의 열이 발생되므로 용접봉이 상대적으로 빨리 녹아내리므로 비드의 폭이 넓고 용입이 작다.

23 재료의 접합방법은 기계적 접합과 야금적 접합으로 분류하는데 야금적 접합에 속하지 않는 것은?

① 리벳   ② 융접

③ 압점   ④ 납땜

해설

야금이란 광석에서 금속을 추출하고 용융 후에 정련하여 사용목적에 알맞은 형상으로 제조하는 기술로 야금학적 접합이란 접합부위를 용융시켜 결합시키는 방법을 말하는 것으로 용접(융접, 압접, 납땜)이 이에 속한다. 그러나 리벳은 기계적 접합법이다.

구분	종류	장점 및 단점
야금적 접합법	용접이음 (융접, 압접, 납땜)	• 결합부에 틈새가 발생하지 않아서 이음효율이 좋다. • 영구적인 결합법으로 한번 결합 시 분리가 불가능하다.
기계적 접합법	리벳이음, 볼트이음, 나사이음 핀, 키, 접어잇기 등	• 결합부에 틈새가 발생하여 이음효율이 좋지 않다. • 일시적 결합법으로 잘못 결합 시 수정이 가능하다.
화학적 접합법	본드와 같은 화학 물질에 의한 접합	• 간단하게 결합이 가능하다. • 이음강도가 크지 않다.

24 다음 중 알루미늄을 가스 용접할 때 가장 적절한 용제는?

① 붕사

② 탄산나트륨

③ 염화나트륨

④ 중탄산나트륨

해설

가스용접으로 알루미늄을 용접할 때는 Al에 소량의 P를 합금한 용접봉을 사용하는데, 여기에 가장 적절한 용제(Flux)로는 염화나트륨을 사용한다.

25 다음 중 연강용 가스용접봉의 종류인 'GA43'에서 '43'이 의미하는 것은?

① 가스 용접봉

② 용착금속의 연신율 구분

③ 용착금속의 최소 인장강도 수준

④ 용착금속의 최대 인장강도 수준

해설

가스 용접봉의 표시- GA43 용접봉의 경우

G	A	43
가스용접봉	용착금속의 연신율 구분	용착금속의 최저 인장강도(kgf/mm^2)

26 일반적인 용접의 장점으로 옳은 것은?

① 재질 변형이 생긴다.

② 작업 공정이 단축된다.

③ 잔류응력이 발생한다.

④ 품질검사가 곤란하다.

> **해설**
> 용접은 두께에 따라서 다르나 한 번의 용접만으로 접합이 이루어지므로 작업 공정 수를 타 접합법보다 적게 할 수 있다.
> 용접의 장점 및 단점

용접의 장점	용접의 단점
• 이음효율이 높다. • 재료가 절약된다. • 제작비가 적게 든다. • 이음 구조가 간단하다. • 보수와 수리가 용이하다. • 재료의 두께 제한이 없다. • 이종재료도 접합이 가능하다. • 제품의 성능과 수명이 향상된다. • 유밀성, 기밀성, 수밀성이 우수하다. • 작업 공정이 줄고, 자동화가 용이하다.	• 취성이 생기기 쉽다. • 균열이 발생하기 쉽다. • 용접부의 결함 판단이 어렵다. • 용융부위 금속의 재질이 변한다. • 저온에서 쉽게 약해질 우려가 있다. • 용접 모재의 재질에 따라 영향을 크게 받는다. • 용접 기술자(용접사)의 기량에 따라 품질이 다르다. • 용접 후 변형 및 수축함에 따라 잔류응력이 발생한다.

27 아크 용접에서 아크쏠림 방지대책으로 옳은 것은?

① 용접봉 끝을 아크쏠림 방향으로 기울인다.

② 접지점을 용접부에 가까이 한다.

③ 아크 길이를 길게 한다.

④ 직류용접 대신 교류용접을 사용한다.

> **해설**
> 아크쏠림 방지대책
> • 용접 전류를 줄인다.
> • 교류용접기를 사용한다.
> • 접지점을 2개 연결한다.
> • 아크 길이는 최대한 짧게 유지한다.
> • 접지부를 용접부에서 최대한 멀리한다.
> • 용접봉 끝을 아크쏠림의 반대 방향으로 기울인다.
> • 용접부가 긴 경우 가용접 후 후진법(후퇴 용접법)을 사용한다.
> • 받침쇠, 긴 가용접부, 이음의 처음과 끝에 엔드 탭을 사용한다.

28 토치를 사용하여 용접 부분의 뒷면을 따내거나 U형, H형으로 용접 홈을 가공하는 것으로 일명 가스 파내기라고 부르는 가공법은?

① 산소창 절단   ② 선삭

③ 가스 가우징   ④ 천공

> **해설**
> ③ 가스 가우징 : 용접 결함이나 가접부 등의 제거를 위해 사용하는 방법으로써 가스 절단과 비슷한 토치를 사용해 용접부의 뒷면을 따내거나 U형이나 H형의 용접 홈을 가공하기 위하여 깊은 홈을 파내는 가공법
> ① 산소창 절단 : 가늘고 긴 강관(안지름 3.2~6mm, 길이 1.5~3m)을 사용해서 절단 산소를 큰 강괴의 중심부에 분출시켜 창으로 불리는 강관 자체가 함께 연소되면서 절단하는 방법

29 가스절단 시 예열 불꽃이 약할 때 일어나는 현상으로 틀린 것은?

① 드래그가 증가한다.

② 절단면이 거칠어진다.

③ 역화를 일으키기 쉽다.

④ 절단속도가 느려지고, 절단이 중단되기 쉽다.

> **해설**
> 예열 불꽃의 세기

예열 불꽃이 너무 강할 때	예열 불꽃이 너무 약할 때
• 절단면이 거칠어진다. • 절단면 위 모서리가 녹아 둥글게 된다. • 슬래그가 뒤쪽에 많이 달라붙어 잘 떨어지지 않는다. • 슬래그 중의 철 성분의 박리가 어려워진다.	• 드래그가 증가한다. • 역화를 일으키기 쉽다. • 절단 속도가 느려지며, 절단이 중단되기 쉽다.

30 환원가스발생 작용을 하는 피복아크 용접봉의 피복제 성분은?

① 산화타이타늄 　　② 규산나트륨

③ 탄산칼륨 　　④ 당밀

해설

피복 배합제의 종류

배합제	용도	종류
고착제	심선에 피복제를 고착시킨다.	규산나트륨, 규산칼륨, 아교
탈산제	용융금속 중의 산화물을 탈산, 정련한다.	크롬, 망간, 알루미늄, 규소철, 페로망간, 페로실리콘, 망간철, 톱밥, 소맥분(밀가루)
가스발생제	중성, 환원성 가스를 발생하여 대기와의 접촉을 차단하고 용융금속의 산화나 질화를 방지한다.	아교, 녹말, 톱밥, 탄산바륨, 셀룰로이드, 석회석, 마그네사이트
아크안정제	아크를 안정시킨다.	산화타이타늄, 규산칼륨, 규산나트륨, 석회석
슬래그 생성제	용융점이 낮고 가벼운 슬래그를 만들어 산화나 질화를 방지한다.	석회석, 규사, 산화철, 일미나이트, 이산화망간
합금첨가제	용접부의 성질을 개선하기 위해 첨가한다.	페로망간, 페로실리콘 니켈, 몰리브덴, 구리

31 용접작업을 하지 않을 때는 무부하 전압을 20~30V 이하로 유지하고 용접봉을 작업물에 접촉시키면 릴레이(Relay)작동에 의해 전압이 높아져 용접작업이 가능하게 하는 장치는?

① 아크부스터 　　② 원격제어장치

③ 전격방지기 　　④ 용접봉 홀더

해설

전격방지기

용접 작업 중 전격의 위험을 방지하는 장치로 작업하지 않을 때 용접기의 2차 무부하전압을 25V로 유지하고, 용접봉을 모재에 접촉하면 그 순간 전자개폐기가 닫혀서 2차 무부하전압이 70~80V로 되어 아크가 발생되도록 하는 장치이다.

전격

강한 전류를 갑자기 몸에 느꼈을 때의 충격을 말하며, 용접기에는 작업자의 전격을 방지하기 위해서 반드시 전격방지기를 용접기에 부착해야 한다.

32 직류아크 용접기와 비교하여 교류아크 용접기에 대한 설명으로 가장 올바른 것은?

① 무부하 전압이 높고 감전의 위험이 많다.

② 구조가 복잡하고 극성 변화가 가능하다.

③ 자기쏠림 방지가 불가능하다.

④ 아크 안정성이 우수하다.

해설

교류아크 용접기는 직류아크 용접기보다 무부하 전압이 높아서 전격의 위험도 크다.

직류아크 용접기와 교류아크 용접기의 차이점

특성	직류아크 용접기	교류아크 용접기
아크안정성	우수	보통
비피복봉 사용 여부	가능	불가능
극성변화	가능	불가능
자기쏠림 방지	불가능	가능
무부하 전압	약간 낮다(40~60V).	높다(70~80V).
전격의 위험	적다.	많다.
유지보수	다소 어렵다.	쉽다.
고장	비교적 많다.	적다.
구조	복잡하다.	간단하다.
역률	양호	불량
가격	고가	저렴

33 피복 아크 용접에서 직류 역극성(DCRP) 용접의 특징으로 옳은 것은?

① 모재의 용입이 깊다.

② 비드 폭이 좁다.

③ 봉의 용융이 느리다.

④ 박판, 주철, 고탄소강의 용접 등에 쓰인다.

해설

직류 역극성은 용접봉보다 모재에서 열이 작게 발생하는 특성을 갖고 있으므로 박판(얇은 판)이나 주철, 고탄소강의 용접에 사용한다.
아크 용접기의 극성

직류 정극성 (DCSP ; Direct Current Straight Polarity)	• 용입이 깊다. • 비드 폭이 좁다. • 용접봉의 용융속도가 느리다. • 후판(두꺼운 판) 용접이 가능하다. • 모재에는 (+)전극이 연결되며 70% 열이 발생하고, 용접봉에는 (−)전극이 연결되며 30% 열이 발생한다.
직류 역극성 (DCRP ; Direct Current Reverse Polarity)	• 용입이 얕다. • 비드 폭이 넓다. • 용접봉의 용융속도가 빠르다. • 박판(얇은 판) 용접이 가능하다. • 주철, 고탄소강, 비철금속의 용접에 쓰인다. • 모재에는 (−)전극이 연결되며 30% 열이 발생하고, 용접봉에는 (+)전극이 연결되며 70% 열이 발생한다.
교류(AC)	• 극성이 없다. • 전원 주파수의 $\frac{1}{2}$ 사이클마다 극성이 바뀐다. • 직류 정극성과 직류 역극성의 중간적 성격이다.

34 다음 중 아세틸렌가스의 관으로 사용할 경우 폭발성 화합물을 생성하게 되는 것은?

① 순구리관

② 스테인리스강관

③ 알루미늄합금관

④ 탄소강관

해설

아세틸렌가스는 구리나 은과 반응할 때 폭발성 물질이 생성된다. 따라서 ①번 순구리관을 가스관으로 사용할 경우에 폭발성 화합물을 생성하게 된다.

35 가스용접 보재의 두께가 3.2mm일 때 가장 적당한 용접봉의 지름을 계산식으로 구하면 몇 mm인가?

① 1.6

② 2.0

③ 2.6

④ 3.2

해설

가스용접봉지름$(D) = \dfrac{\text{판두께}(T)}{2} + 1$

$\therefore D = \dfrac{3.2}{2} + 1 = 2.6\text{mm}$

36 가스 용접에 사용되는 가연성 가스의 종류가 아닌 것은?

① 프로판 가스

② 수소 가스

③ 아세틸렌 가스

④ 산소

해설

가스의 분류

조연성 가스	다른 연소 물질이 타는 것을 도와주는 가스	산소, 공기
가연성 가스 (연료 가스)	산소나 공기와 혼합하여 점화하면 빛과 열을 내면서 연소하는 가스	아세틸렌. 프로판, 메탄, 부탄, 수소
불활성 가스	다른 물질과 반응하지 않는 기체	아르곤, 헬륨, 네온

37 피복아크 용접기를 사용하여 아크 발생을 8분간 하고 2분간 쉬었다면 용접기 사용률은 몇 %인가?

① 25

② 40

③ 65

④ 80

해설

용접기의 사용률이란 용접기를 사용하여 아크 용접을 할 때 용접기의 2차 측에서 아크를 발생한 시간을 의미한다.

사용률(%)

$= \dfrac{\text{아크 발생 시간}}{\text{아크 발생 시간} + \text{정지 시간}} \times 100\% = \dfrac{8}{8+2} \times 100\% = 80\%$

38 피복제 중에 산화타이타늄(TiO₂)을 약 35% 정도 포함한 용접봉으로서 아크는 안정되고 스패터는 적으나 고온 균열(Hot Crack)을 일으키기 쉬운 결점이 있는 용접봉은?

① E4301

② E4313

③ E4311

④ E4316

해설

피복아크 용접봉의 종류

종류		특징
E4301	일미나이트계	• 일미나이트($TiO_2 \cdot FeO$)를 약 30% 이상 합금한 것으로 우리나라에서 많이 사용한다. • 일본에서 처음 개발한 것으로 작업성과 용접성이 우수하며 값이 저렴하여 철도나 차량, 구조물, 압력 용기에 사용된다. • 내균열성, 내가공성, 연성이 우수하여 25mm 이상의 후판용접도 가능하다.
E4303	라임 티타니아계	• E4313의 새로운 형태로 약 30% 이상의 산화타이타늄(TiO_2)과 석회석($CaCO_3$)이 주성분이다. • 산화타이타늄과 염기성 산화물이 다량으로 함유된 슬래그 생성식이다. • 피복이 두껍고 전 자세 용접성이 우수하다. • E4313의 작업성을 따르면서 기계적 성질과 일미나이트계의 작업성 부족한 점을 개량하여 만든 용접봉이다. • 고산화타이타늄계 용접봉보다 약간 높은 전류를 사용한다.
E4311	고셀룰로스계	• 피복제에 가스 발생제인 셀룰로스(유기물)를 20~30% 정도 포함한 가스 생성식의 대표적인 용접봉이다. • 발생 가스량이 많아 피복량이 얇고 슬래그가 적으므로 수직, 위 보기 용접에서 우수한 작업성을 보인다. • 가스 생성에 의한 환원성 아크 분위기로 용착금속의 기계적 성질이 양호하며 아크는 스프레이 형상으로 용입이 크고 용융 속도가 빠르다. • 슬래그가 적으므로 비드 표면이 거칠고 스패터가 많다. • 사용 전류는 슬래그 실드계 용접봉에 비해 10~15% 낮게 하며 사용 전 70~100℃에서 30분~1시간 건조해야 한다. • 도금 강판, 저합금강, 저장탱크나 배관 공사에 이용된다.

종류		특징
E4313	고산화타이타늄계	• 균열에 대한 감수성이 좋아서 구속이 큰 구조물의 용접이나 고탄소강, 쾌삭강의 용접에 사용한다. • 피복제에 산화타이타늄(TiO_2)을 약 35% 정도 합금한 것으로 일반 구조용 용접에 사용된다. • 용접기의 2차 무부하 전압이 낮을 때에도 아크가 안정적이며 조용하다. • 스패터가 적고 슬래그의 박리성도 좋아서 비드의 모양이 좋다. • 저합금강이나 탄소량이 높은 합금강의 용접에 적합하다. • 다층 용접에서는 만족할 만한 품질을 만들지 못한다. • 기계적 성질이 다른 용접봉에 비해 약하고 고온 균열을 일으키기 쉬운 단점이 있다.
E4316	저수소계	• 용접봉 중 피복제의 염기성이 가장 높다. • 석회석이나 형석을 주성분으로 한 피복제를 사용한다. • 보통 저탄소강의 용접에 주로 사용되나 저합금강과 중, 고탄소강의 용접에도 사용된다. • 용착금속 중의 수소량이 타 용접봉에 비해 1/10 정도로 현저하게 적다. • 균열에 대한 감수성이 좋아 구속도가 큰 구조물이 용접이나 탄소 및 황의 함유량이 많은 쾌삭강의 용접에 사용한다. • 피복제는 습기를 잘 흡수하기 때문에 사용 전에 300~350℃에서 1~2시간 건조 후 사용해야 한다.
E4324	철분 산화타이타늄계	• E4313의 피복제에 철분을 50% 정도 첨가한 것이다. • 작업성이 좋고 스패터가 적게 발생하나 용입이 얕다. • 용착금속의 기계적 성질은 E4313과 비슷하다.
E4326	철분 저수소계	• E4316의 피복제에 30~50% 정도의 철분을 첨가한 것으로 용착속도가 크고 작업 능률이 좋다. • 용착금속의 기계적 성질이 양호하고 슬래그의 박리성이 저수소계 용접봉보다 좋으며 아래보기나 수평 필릿 용접에만 사용된다.
E4327	철분 산화철계	• 주성분인 산화철에 철분을 첨가한 것으로 규산염을 다량 함유하고 있어서 산성의 슬래그가 생성된다. • 아크가 분무상으로 나타나며 스패터가 적고 용입은 E4324보다 깊다. • 비드의 표면이 곱고 슬래그의 박리성이 좋아서 아래보기나 수평 필릿 용접에 많이 사용된다.

39 알루미늄과 마그네슘의 합금으로 바닷물과 알칼리에 대한 내식성이 강하고 용접성이 매우 우수하여 주로 선박용 부품, 화학 장치용 부품 등에 쓰이는 것은?

① 실루민
② 하이드로날륨
③ 알루미늄 청동
④ 애드미럴티 황동

해설
알루미늄 합금의 종류 및 특징

분류	종류	구성 및 특징
주조용 (내열용)	실루민	• Al + Si(10~14% 함유), 알펙스로도 불린다. • 해수에 잘 침식되지 않는다.
	라우탈	• Al + Cu 4% + Si 5% • 열처리에 의하여 기계적 성질을 개량할 수 있다.
	Y합금	• Al + Cu + Mg + Ni • 내연기관용 피스톤, 실린더 헤드의 재료로 사용된다.
	로엑스 합금 (Lo-Ex)	• Al + Si 12% + Mg 1% + Cu 1% + Ni • 열팽창 계수가 작아서 엔진, 피스톤용 재료로 사용된다.
	코비탈륨	• Al + Cu + Ni에 Ti, Cu 0.2% 첨가 • 내연기관의 피스톤용 재료로 사용된다.
가공용	두랄루민	• Al + Cu + Mg + Mn • 고강도로서 항공기나 자동차용 재료로 사용된다.
	알클래드	고강도 Al합금에 다시 Al을 피복한 것이다.
내식성	알민	• Al + Mn • 내식성과 용접성이 우수한 알루미늄 합금이다.
	알드레이	Al + Mg + Si 강인성이 없고 가공변형에 잘 견딘다.
	하이드로날륨	• Al + Mg • 내식성과 용접성이 우수한 알루미늄 합금으로 선박용 부품이나 화학 장치용 부품용 재료로 사용된다.

40 열과 전기의 전도율이 가장 좋은 금속은?

① Cu
② Al
③ Ag
④ Au

해설
열 및 전기 전도율이 높은 순서
Ag > Cu > Au > Al > Mg > Zn > Ni > Fe > Pb > Sb

41 섬유 강화 금속 복합 재료의 기지 금속으로 가장 많이 사용되는 것으로 비중이 약 2.7인 것은?

① Na
② Fe
③ Al
④ Co

해설
비중이 약 2.7인 금속은 Al(알루미늄)이다.

42 비파괴검사가 아닌 것은?

① 자기탐상시험
② 침투탐상시험
③ 샤르피충격시험
④ 초음파탐상시험

해설
샤르피충격시험은 파괴검사에 속한다.
비파괴시험법의 분류

내부결함	방사선투과시험(RT)
	초음파탐상시험(UT)
	와전류탐상시험(ET)
표면결함	외관검사(VT)
	자분탐상검사(MT)
	침투탐상검사(PT)
	누설검사(LT)

43 주철의 유동성을 나쁘게 하는 원소는?

① Mn ② C

③ P ④ S

주철의 유동성을 나쁘게 하는 원소는 황(S)이다.

44 다음 금속 중 용융 상태에서 응고할 때 팽창하는 것은?

① Sn ② Zn

③ Mo ④ Bi

Bi(비스무트)는 냉각 시 부피가 약 3.32% 늘어나기 때문에 냉각 시 부피가 줄어들면 안 되는 금속활자 등의 제조에 합금하여 사용한다. 이렇게 냉각 시 부피가 늘어나는 것은 물(Water)도 있다. 물과 비스무트를 제외하고 대부분의 금속은 응고 시 부피가 수축한다.

45 강자성체 금속에 해당되는 것은?

① Bi, Sn, Au ② Fe, Pt, Mn

③ Ni, Fe, Co ④ Co, Sn, Cu

자성체의 종류

종류	특성	원소
강자성체	자기장이 사라져도 자화가 남아 있는 물질	Fe(철), Co(코발트), Ni(니켈), 페라이트
상자성체	자기장이 제거되면 자화하지 않는 물질	Al(알루미늄), Sn(주석), Pt(백금), Ir(이리듐)
반자성체	자기장에 의해 반대 방향으로 자화되는 물질	유리, Bi(비스무트), Sb(안티몬)

46 강에서 상온 메짐(취성)의 원인이 되는 원소는?

① P ② S

③ Mn ④ Cu

탄소강에 P(인)을 합금하면 상온 취성의 원인이 된다.

47 60% Cu – 40% Zn 황동으로 복수기용 판, 볼트, 너트 등에 사용되는 합금은?

① 톰백(Tombac)

② 길딩메탈(Gilding Metal)

③ 문쯔메탈(Muntz Metal)

④ 애드미럴티메탈(Admiralty Metal)

황동의 종류

톰백	Cu에 Zn을 5~20% 합금한 것으로 색깔이 아름답고 냉간가공이 쉽게 되어 단추나 금박, 금 모조품과 같은 장식용 재료로 사용된다.
문쯔메탈	60%의 Cu와 40%의 Zn이 합금된 것으로 인장강도가 최대이며, 강도가 필요한 단조제품이나 복수기용 판, 볼트나 리벳용 재료로 사용한다.
알브락	Cu 75% + Zn 20% + 소량의 Al, Si, As의 합금이다. 해수에 강하며 내식성과 내침수성이 커서 복수기관과 냉각기관에 사용한다.
애드미럴티 황동	Cu와 Zn의 비율이 7 : 3황동에 Sn 1%를 합금한 것으로 콘덴서 튜브나 열교환기, 증발기용 재료로 사용한다.
델타메탈	6 : 4황동에 1~2% Fe을 첨가한 것으로, 강도가 크고 내식성이 좋아서 광산기계나 선박용, 화학용 기계에 사용한다.
쾌삭황동	황동에 Pb을 0.5~3% 합금한 것으로 피절삭성 향상을 위해 사용한다.
납 황동	3% 이하의 Pb을 6 : 4황동에 첨가하여 절삭성을 향상시킨 쾌삭황동으로 기계적 성질은 다소 떨어진다.
강력 황동	4 : 6황동에 Mn, Al, Fe, Ni, Sn 등을 첨가하여 한층 더 강력하게 만든 황동
네이벌 황동	6 : 4황동에 0.8% 정도의 Sn을 첨가한 것으로 내해수성이 강해서 선박용 부품에 사용한다.

48 구상흑연주철에서 그 바탕조직이 펄라이트이면서 구상흑연의 주위를 유리된 페라이트가 감싸고 있는 조직의 명칭은?

① 오스테나이트(Austenite) 조직
② 시멘타이트(Cementite) 조직
③ 레데부라이트(Ledeburite) 조직
④ 불스 아이(Bull's Eye) 조직

해설
구상흑연주철
주철 속 흑연이 완전히 구상이고 바탕조직은 펄라이트이고 그 주위가 페라이트 조직으로 되어 있는데 이 형상이 황소의 눈과 닮았다고 해서 불스아이 주철로도 불린다. 일반 주철에 Ni(니켈), Cr(크롬), Mo(몰리브덴), Cu(구리)를 첨가하여 재질을 개선한 주철로 내마멸성, 내열성, 내식성이 대단히 우수하여 자동차용 주물이나 주조용 재료로 사용되며 다른 말로 노듈러 주철, 덕타일 주철로도 불린다.

49 시편의 표점거리가 125mm, 늘어난 길이가 145mm이었다면 연신율은?

① 16%
② 20%
③ 26%
④ 30%

해설
연신율(ε) : 시험편이 파괴되기 직전의 표점거리와 원표점거리와의 차를 변형량이라고 하는데, 연신율은 이 변형량을 원표점거리에 대한 백분율로 표시한 것이다.

$$\varepsilon = \frac{L_1 - L_0}{L_0} \times 100\%$$
$$= \frac{145 - 125}{125} \times 100\% = 16\%$$

50 주변 온도가 변화하더라도 재료가 가지고 있는 열팽창계수나 탄성계수 등의 특정한 성질이 변하지 않는 강은?

① 쾌삭강
② 불변강
③ 강인강
④ 스테인리스강

해설
불변강
일반적으로 Ni-Fe계의 내식용 니켈 합금이다. 일반적으로 주변 온도가 변해도 재료가 가진 열팽창계수나 탄성계수가 변하지 않아서 불변강이라고 불린다. 또한 강하고 인성이 좋으며 공기나 물, 바닷물에도 부식되지 않을 정도로 내식성이 우수하여 밸브나 보일러용 파이프에 사용된다.

51 그림과 같은 도시 기호가 나타내는 것은?

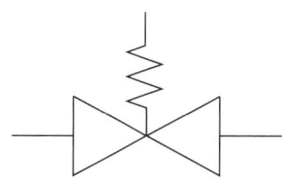

① 안전밸브
② 전동밸브
③ 스톱밸브
④ 슬루스밸브

해설
그림은 안전밸브를 나타내는 기호이다. 안전밸브는 탱크 내부의 압력이 기준압력 이상이 될 경우 밸브를 열어 압력을 낮춤으로써 폭발을 방지하는 역할을 한다.
밸브 및 콕의 표시 방법

밸브일반	⋈	전자밸브	Ⓢ
글로브밸브	▶●	전동밸브	Ⓜ
체크밸브	▷▷	콕 일반	⟁
슬루스밸브 (게이트밸브)	▶◁	닫힌 콕 일반	◆○◆
앵글밸브	⟁	닫혀 있는 밸브 일반	▶◀
3방향 밸브	⋈	볼밸브	⊗
안전밸브 (스프링식)	⟎	안전밸브(추식)	⟎
공기빼기밸브	◇	버터플라이밸브 (나비밸브)	⟍●

52 도면에 물체를 표시하기 위한 투상에 관한 설명 중 잘못된 것은?

① 주투상도는 대상물의 모양 및 기능을 가장 명확하게 표시하는 면을 그린다.

② 보다 명확한 설명을 위해 주투상도를 보충하는 다른 투상도를 많이 나타낸다.

③ 특별한 이유가 없는 경우 대상물을 가로길이로 놓은 상태로 그린다.

④ 서로 관련되는 그림의 배치는 되도록 숨은선을 쓰지 않도록 한다.

해설
보다 더 명확한 투상을 위해서라도 주투상도를 보충하는 다른 투상도는 적게 해야 한다.

53 KS 기계재료 표시기호 SS 400의 400은 무엇을 나타내는가?

① 경도
② 연신율
③ 탄소 함유량
④ 최저 인장강도

해설
SS 400 : 일반 구조용 압연강재
• SS : General Structural Purposes
• 400 : 최저 인장강도 400N/mm²

54 그림과 같은 입체도의 화살표 방향 투상도로 가장 적합한 것은?

①

②

③

④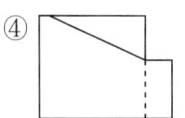

해설
물체를 화살표 방향에서 보았을 때, 전체적인 형상이 우측에서 좌측으로 내려가는 형상이므로 정답을 ①, ③번으로 압축시킬 수 있으며, 여기서 선의 우선순위에 의해 외형선이 숨은선보다 먼저 나타나고, 좌측 하단부에 숨은선 표시가 된 ③번이 정답이다.
두 종류 이상의 선이 중복되는 경우 선의 우선순위
숫자나 문자 > 외형선 > 숨은선 > 절단선 > 중심선 > 무게중심선 > 치수 보조선

55 치수 기입의 원칙에 관한 설명 중 틀린 것은?

① 치수는 필요에 따라 기준으로 하는 점, 선 또는 면을 기준으로 하여 기입한다.

② 대상물의 기능, 제작, 조립 등을 고려하여 필요하다고 생각되는 치수를 명료하게 도면에 지시한다.

③ 치수 입력에 대해서는 중복 기입을 피한다.

④ 모든 치수에는 단위를 기입해야 한다.

해설
도면에는 단위로 mm를 사용하는데, 치수에는 기입하지 않는다.

56 그림과 같은 KS 용접기호의 해석으로 올바른 것은?

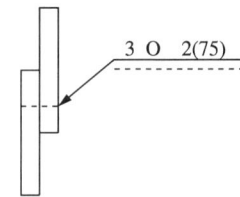

① 지름이 2mm이고 피치가 75mm인 플러그 용접이다.

② 폭이 2mm이고 길이가 75mm인 심 용접이다.

③ 용접 수가 2개이고, 피치가 75mm인 슬롯 용접이다.

④ 용접 수는 2개이고, 피치가 75mm인 스폿(점) 용접이다.

해설
'3O2(75)'=용접부의 수는 2개이고, 피치(용접부 간격)가 75mm인 점 용접을 의미한다.
'dOn(e)'에서

- d : 점 용접부의 지름
- O : 점 용접
- n : 용접부 수
- (e) : 인접한 용접부의 간격

57 그림과 같은 입체도를 3각법으로 올바르게 도시한 것은?

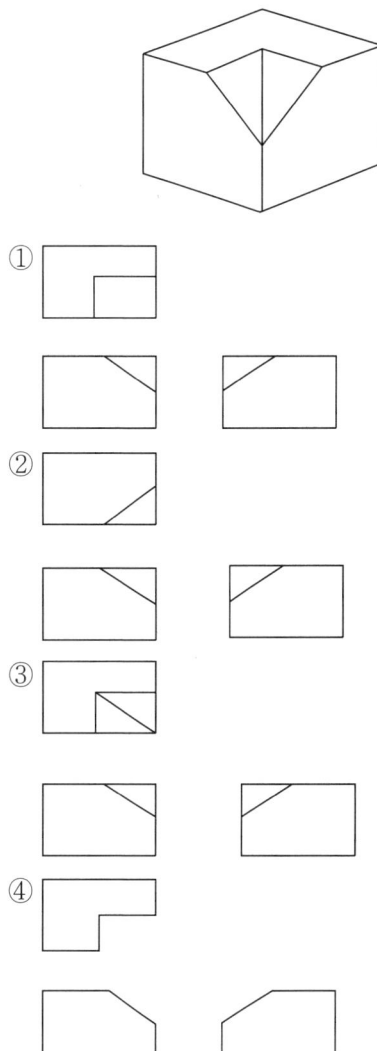

해설
입체도를 위에서 바라보는 형상인 평면도에서 오른쪽 하단부의 형상이 ◻인 것을 확인하면 정답이 ③번임을 알 수 있다.

58 그림과 같이 기계 도면 작성 시 가공에 사용하는 공구 등의 모양을 나타낼 필요가 있을 때 사용하는 선으로 올바른 것은?

① 가는 실선

② 가는 1점 쇄선

③ 가는 2점 쇄선

④ 가는 파선

가는 2점 쇄선(— · · — · · —)으로 표시되는 가상선의 용도

- 반복되는 것을 나타낼 때
- 가공 전이나 후의 모양을 표시할 때
- 도시된 단면의 앞부분을 표시할 때
- 물품의 인접 부분을 참고 표시할 때
- 이동하는 부분의 운동 범위를 표시할 때
- 공구 및 지그 등 위치를 참고로 나타낼 때
- 단면의 무게중심을 연결한 선을 표시할 때

가공 전후의 모양

 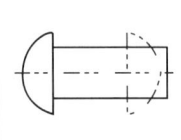

59 도면의 척도 값 중 실제 형상을 확대하여 그리는 것은?

① 2:1

② 1:$\sqrt{2}$

③ 1:1

④ 1:2

배척은 도면의 길이가 실제 대상물보다 크게 그려진 경우에 적용하는 척도이다.

종류	의미
축척	실물보다 작게 축소해서 그리는 것으로 1:2, 1:20의 형태로 표시
배척	실물보다 크게 확대해서 그리는 것으로 2:1, 20:1의 형태로 표시
현척	실물과 동일한 크기로 1:1의 형태로 표시
척도 A : B = 도면에서의 크기 : 물체의 실제 크기	

60 기호를 기입한 위치에서 먼 면에 카운터 싱크가 있으며, 공장에서 드릴 가공 및 현장에서 끼워 맞춤을 나타내는 리벳의 기호 표시는?

①   ②

③   ④

현장 가공 기호(KS B ISO 5845-1)

기호	의미
	• 공장에서 드릴 가공 및 끼워 맞춤 • 카운터 싱크 없음
	• 공장에서 드릴 가공, 현장에서 끼워 맞춤 • 먼 면에 카운터 싱크 있음
	• 현장에서 드릴 가공 및 끼워 맞춤 • 먼 면에 카운터 싱크 있음
	• 현장에서 드릴 가공 및 끼워 맞춤 • 양쪽 면에 카운터 싱크 있음
	• 공장에서 드릴 가공 및 끼워 맞춤 • 가까운 면에 카운터 싱크 있음
	• 현장에서 드릴 가공 및 끼워 맞춤 • 카운터 싱크 없음

01 지름이 10cm인 단면에 8,000kgf의 힘이 작용할 때 발생하는 응력은 약 몇 kgf/cm²인가?

① 89
② 102
③ 121
④ 158

해설
인장응력을 구하는 식

$$\sigma = \frac{F(W)}{A} = \frac{F}{\frac{\pi d^2}{4}} = \frac{\text{작용 힘(N 또는 kgf)}}{\text{단위면적(mm}^2)}$$

$$= \frac{8,000\text{kgf}}{\frac{\pi \times 100\text{cm}^2}{4}} = 101.85\text{kgf/cm}^2$$

02 화재의 분류 중 C급 화재에 속하는 것은?

① 전기화재
② 금속 화재
③ 가스 화재
④ 일반 화재

해설
화재의 종류

분류	A급 화재	B급 화재	C급 화재	D급 화재
명칭	일반(보통) 화재	유류 및 가스 화재	전기화재	금속 화재

03 다음 중 귀마개를 착용하고 작업하면 안 되는 작업자는?

① 조선소의 용접 및 취부작업자
② 자동차 조립공장의 조립작업자
③ 강재 하역장의 크레인 신호자
④ 판금작업장의 타출 판금작업자

해설
강재 하역장의 크레인 신호자는 크레인 작동 기사와의 신호로 호루라기를 사용하기 때문에 귀마개를 착용하면 안 된다.

04 용접 열원을 외부로부터 공급받는 것이 아니라, 금속산화물과 알루미늄 간의 분말에 점화제를 넣어 점화제의 화학반응에 의하여 생성되는 열을 이용한 금속 용접법은?

① 일렉트로 슬래그 용접
② 전자 빔 용접
③ 테르밋 용접
④ 저항 용접

해설
③ 테르밋 용접 : 금속 산화물과 알루미늄이 반응하여 열과 슬래그를 발생시키는 테르밋 반응을 이용하는 용접법이다. 강을 용접할 경우에는 산화철과 알루미늄 분말을 3:1로 혼합한 테르밋제를 만든 후 냄비의 역할을 하는 도가니에 넣은 다음, 점화제를 약 1,000℃로 점화시키면 약 2,800℃의 열이 발생되어 용접용 강이 만들어지는데, 이 강(Steel)을 용접 부위에 주입 후 서랭하여 용접을 완료하며 철도 레일이나 차축, 선박의 프레임 접합에 주로 사용된다.
① 일렉트로 슬래그 용접 : 용융된 슬래그와 용융금속이 용접부에서 흘러나오지 못하도록 수랭동판으로 둘러싸고 이 용융 풀에 용접봉인 ⌀2.5∼⌀3.2의 전극 와이어를 연속적으로 공급하는데 이때 발생하는 용융 슬래그의 저항열에 의하여 용접봉과 모재를 연속적으로 용융시키면서 용접하는 방법이다.
② 전자 빔 용접 : 고밀도로 집속되고 가속화된 전자 빔을 높은 진공 속에서 용접물에 고속도로 조사시키면 빛과 같은 속도로 이동한 전자가 용접물에 충돌하면서 전자의 운동에너지를 열에너지로 변환시켜 국부적으로 고열을 발생시키는데, 이때 생긴 열원으로 용접부를 용융시켜 용접하는 방식이다. 텅스텐(3,410℃)이나 몰리브덴(2,620℃)과 같이 용융점이 높은 재료의 용접에 적합하다.
④ 저항 용접 : 용접할 2개의 금속면을 상온 혹은 가열 상태에서 서로 맞대어 놓고 기계로 적당한 압력을 주면서 전류를 흘려주면 금속의 저항 때문에 접촉면과 그 부근에서 열이 발생하는데 그 순간 큰 압력을 가하여 양면을 완전히 밀착시켜 접합시키는 용접법이다.

05 용접 작업 시 전격 방지대책으로 틀린 것은?

① 절연홀더의 절연 부분이 노출, 파손되면 보수하거나 교체한다.

② 홀더나 용접봉은 맨손으로 취급한다.

③ 용접기의 내부에 함부로 손을 대지 않는다.

④ 땀, 물 등에 의한 습기 찬 작업복, 장갑, 구두 등을 착용하지 않는다.

해설

전격을 방지하려면 홀더나 용접봉을 절대 맨손으로 취급하면 안되며 절연성의 용접 장갑을 반드시 착용해야 한다.

전격

강한 전류를 갑자기 몸에 느꼈을 때의 충격을 말하며, 용접기에는 작업자의 전격을 방지하기 위해서 반드시 전격방지기를 용접기에 부착해야 한다.

전격방지기

작업을 쉬는 동안에 2차 무부하 전압을 항상 25V 정도로 유지하도록 하여 전격을 방지할 수 있다.

06 서브머지드 아크 용접봉 와이어 표면에 구리를 도금한 이유는?

① 접촉 팁과의 전기 접촉을 원활히 한다.

② 용접 시간이 짧고 변형을 적게 한다.

③ 슬래그 이탈성을 좋게 한다.

④ 용융금속의 이행을 촉진시킨다.

해설

서브머지드 아크 용접(SAW)은 용접봉 역할을 하는 와이어와 모재 사이의 전기전도율이 용접 품질에 큰 영향을 미치기 때문에 와이어와 접촉 팁 사이의 전기전도율 향상을 위해 구리(Cu)를 와이어 표면에 도금한다.

07 기계적 접합으로 볼 수 없는 것은?

① 볼트 이음　　② 리벳 이음

③ 접어 잇기　　④ 압접

해설

압접은 용접법의 일종으로 야금적 접합법에 속한다.

구분	종류	장점 및 단점
야금적 접합법	용접 이음(융접, 압접, 납땜)	• 결합부에 틈새가 발생하지 않아서 이음효율이 좋다. • 영구적인 결합법으로 한 번 결합 시 분리가 불가능하다.
기계적 접합법	리벳 이음, 볼트 이음, 나사 이음, 핀, 키, 접어 잇기 등	• 결합부에 틈새가 발생하여 이음효율이 좋지 않다. • 일시적 결합법으로 잘못 결합 시 수정이 가능하다.
화학적 접합법	본드와 같은 화학 물질에 의한 접합	• 간단하게 결합이 가능하다. • 이음강도가 크지 않다.

※ 야금 : 광석에서 금속을 추출하고 용융 후 정련하여 사용목적에 알맞은 형상으로 제조하는 기술

08 플래시 용접(Flash Welding)법의 특징으로 틀린 것은?

① 가열 범위가 좁고 열영향부가 작으며 용접속도가 빠르다.

② 용접면에 산화물의 개입이 적다.

③ 종류가 다른 재료의 용접이 가능하다.

④ 용접면의 끝맺음 가공이 정확하여야 한다.

해설

플래시 용접(플래시 버트 용접)

2개의 금속 단면을 가볍게 접촉시키면서 큰 전류를 흐르게 하면 열이 집중적으로 발생하면서 그 부분이 용융되고 불꽃이 튀게 되는데, 이때 접촉이 끊어지고 다시 피용접재를 전진시키면서 용융과 불꽃 튀는 것을 반복하면서 강한 압력을 가해 압접하는 방법으로 불꽃 용접이라고도 불린다.

• 소비 전력이 작다.

• 접합 강도가 부족하다.

• 열변형이 커서 좌굴이 발생한다.

• 용접면에 산화물의 개입이 적다.

• 가열 범위가 좁고 열영향부가 작다.

• 종류가 다른 재료의 용접이 가능하다.

• 용접면의 끝맺음 가공이 정확하지 않아도 된다.

• 열이 능률적으로 집중 발생하므로 용접속도가 빠르다.

09 서브머지드 아크 용접부의 결함으로 가장 거리가 먼 것은?

① 기공
② 균열
③ 언더컷
④ 용착

해설
서브머지드 아크 용접은 자동 용접법의 일종이므로 용착 불량이 발생하기 어렵다.
서브머지드 아크 용접
용접 부위에 미세한 입상의 플럭스를 도포한 뒤 용접선과 나란히 설치된 레일 위를 주행대차가 지나가면서 와이어를 용접부로 공급시키면 플럭스 내부에서 아크가 발생하면서 용접하는 자동 용접법이다. 아크가 플럭스 속에서 발생되므로 용접부가 눈에 보이지 않아 불가시 아크용접, 잠호 용접이라고 불린다.

10 다음이 설명하고 있는 현상은?

> 알루미늄 용접에서는 사용 전류에 한계가 있어 용접 전류가 어느 정도 이상이 되면 청정 작용이 일어나지 않아 산화가 심하게 생기며 아크 길이가 불안정하게 변동되어 비드 표면이 거칠게 주름이 생기는 현상

① 번백(Burn Back)
② 퍼커링(Puckering)
③ 버터링(Buttering)
④ 멜트 백킹(Melt Backing)

해설
② 퍼커링 : 알루미늄 용접에서는 사용 전류에 한계가 있어서 전류가 일정값 이상이 되면 청정 작용이 일어나지 않아 산화가 심하게 생기고 아크 길이가 불안정하게 되어 비드의 표면이 거칠어져서 주름이 생기는 현상
① 번백 : 크레이터처리에 의해 낮아진 전류가 서서히 줄어들면서 아크가 끊어지는 현상
③ 버터링 : 맞대기 용접 시 모재가 열에 의해 영향을 받는 것을 방지하기 위해 홈의 면과 모재를 서로 다른 종류의 금속으로 덧붙여 놓은 것
④ 멜트 백킹(용락 받침) : 용락 방지를 위해 사용하는 보조 장치

11 CO_2 가스 아크 용접 결함에 있어서 다공성이란 무엇을 의미하는가?

① 질소, 수소, 일산화탄소 등에 의한 기공을 말한다.
② 와이어 선단부에 용적이 붙어 있는 것을 말한다.
③ 스패터가 발생하여 비드의 외관에 붙어 있는 것을 말한다.
④ 노즐과 모재 간 거리가 지나치게 작아서 와이어 송급 불량을 의미한다.

해설
다공성이란 금속 중에 기공(Blow Hole)이나 피트(Pit)가 발생하기 쉬운 성질을 말하는데 이 불량은 질소, 수소, 일산화탄소에 의해 발생된다. 이 불량을 방지하기 위해서는 용융강 중에 산화철(FeO)을 적당히 감소시켜야 한다.

12 아크 쏠림의 방지대책에 관한 설명으로 틀린 것은?

① 교류용접으로 하지 말고 직류용접으로 한다.
② 용접부가 긴 경우는 후퇴법으로 용접한다.
③ 아크 길이는 짧게 한다.
④ 접지부를 될 수 있는 대로 용접부에서 멀리한다.

해설
아크 쏠림 방지대책
• 용접 전류를 줄인다.
• 교류용접기를 사용한다.
• 접지점을 2개 연결한다.
• 아크 길이는 최대한 짧게 유지한다.
• 접지부를 용접부에서 최대한 멀리한다.
• 용접봉 끝을 아크 쏠림의 반대 방향으로 기울인다.
• 용접부가 긴 경우는 가용접 후 후진법(후퇴 용접법)을 사용한다.
• 받침쇠, 긴 가용접부, 이음의 처음과 끝에는 앤드 탭을 사용한다.

13 박판의 스테인리스강의 좁은 홈의 용접에서 아크 교란 상태가 발생할 때 적합한 용접방법은?

① 고주파 펄스 티그 용접

② 고주파 펄스 미그 용접

③ 고주파 펄스 일렉트로 슬래그 용접

④ 고주파 펄스 이산화탄소 아크 용접

해설
박판의 스테인리스강의 좁은 홈을 용접할 때 아크 교란(아크 쏠림) 상태가 발생하면 고주파 펄스의 티그(Tig) 용접을 실시한다.

14 현미경 시험을 하기 위해 사용되는 부식제 중 철강 용에 해당되는 것은?

① 왕수

② 염화제2철용액

③ 피크르산

④ 플루오린화 수소액

해설
현미경 시험용 부식제

부식할 금속	부식제
철강용	질산 알코올 용액, 피크르산 알코올 용액, 염산, 초산
Al과 그 합금	플루오린화 수소액, 수산화나트륨 용액
금, 백금 등 귀금속의 부식제	왕수
구리 및 구리합금	염화제2철용액

15 용접 자동화의 장점을 설명한 것으로 틀린 것은?

① 생산성 증가 및 품질을 향상시킨다.

② 용접조건에 따른 공정을 늘일 수 있다.

③ 일정한 전륫값을 유지할 수 있다.

④ 용접와이어의 손실을 줄일 수 있다.

해설
용접 자동화는 용접 조건이 다소 달라도 공정의 수를 줄일 수 있다는 장점이 있다.

16 용접부의 연성결함을 조사하기 위하여 사용되는 시험법은?

① 브리넬 시험

② 비커스 시험

③ 굽힘 시험

④ 충격 시험

해설
③ 굽힘 시험 : 용접부의 연성결함 여부를 조사하기 위한 시험법으로 용접부를 U자 모양으로 굽힌다.
① 브리넬 시험 : 경도 시험
② 비커스 시험 : 경도 시험
④ 충격 시험 : 샤르피, 아이조드 시험법으로 소비된 흡수 에너지(E)와 충격값(U)를 구한다.

17 서브머지드 아크 용접에 관한 설명으로 틀린 것은?

① 아크 발생을 쉽게 하기 위하여 스틸 울(Steel Wool)을 사용한다.

② 용융속도와 용착속도가 빠르다.

③ 홈의 개선각을 크게 하여 용접효율을 높인다.

④ 유해 광선이나 퓸(Fume) 등이 적게 발생한다.

해설
서브머지드 아크 용접뿐만 아니라 다른 용접방법들 역시 홈의 개선각을 크게 하면 용접효율이 낮아진다.

18 가용접에 대한 설명으로 틀린 것은?

① 가용접 시에는 본 용접보다도 지름이 큰 용접봉을 사용하는 것이 좋다.

② 가용접은 본 용접과 비슷한 기량을 가진 용접사에 의해 실시되어야 한다.

③ 강도상 중요한 곳과 용접의 시점 및 종점이 되는 끝부분은 가용접을 피한다.

④ 가용접은 본 용접을 실시하기 전에 좌우의 홈 또는 이음부분을 고정하기 위한 짧은 용접이다.

해설
가용접은 용접 전 용접물들을 단순히 고정시키기 위한 것이므로, 본 용접 시보다 지름이 작은 용접봉을 사용한다.

19 용접 이음의 종류가 아닌 것은?

① 겹치기 이음

② 모서리 이음

③ 라운드 이음

④ T형 필릿 이음

> **해설**
>
> 용접이음의 종류

맞대기 이음	모서리 이음	변두리 이음
겹치기 이음		맞물림 겹치기 이음
T 이음(필릿 용접)	십자형 이음	한면 맞대기판 이음
양면 맞대기판 이음		플레어 이음

20 플라스마 아크 용접의 특징으로 틀린 것은?

① 용접부의 기계적 성질이 좋으며 변형도 적다.

② 용입이 깊고 비드 폭이 좁으며 용접속도가 빠르다.

③ 단층으로 용접할 수 있으므로 능률적이다.

④ 설비비가 적게 들고 무부하 전압이 낮다.

> **해설**
>
> 플라스마 아크 용접은 무부하 전압이 일반 아크 용접보다 2~5배 더 높은데 이 무부하 전압이 높으면 그만큼 감전의 위험이 더 커지므로 이는 단점에 해당한다.

21 용접 자세를 나타내는 기호가 틀리게 짝지어진 것은?

① 위보기 자세 : O

② 수직 자세 : V

③ 아래보기 자세 : U

④ 수평 자세 : H

> **해설**
>
> 용접 자세(Welding Position)

자세	KS규격	모재와 용접봉 위치	ISO	AWS
아래 보기	F (Flat Position)	편평한 면	PA	1G
수평	H (Horizontal Position)		PC	2G
수직	V (Vertical Position)		PF	3G
위보기	OH (Overhead Position)		PE	4G

22 이산화탄소 아크 용접의 보호가스 설비에서 저전류 영역의 가스 유량은 약 몇 L/min 정도가 가장 적당한가?

① 1~5   ② 6~9

③ 10~15   ④ 20~25

> **해설**
>
> CO_2 용접에서 전류의 크기에 따른 가스 유량

전류 영역		가스 유량(L/min)
250A 이하	저전류 영역	10~15
250A 이상	고전류 영역	20~25

23 가스 용접의 특징으로 틀린 것은?

① 응용범위가 넓으며 운반이 편리하다.

② 전원 설비가 없는 곳에서도 쉽게 설치할 수 있다.

③ 아크 용접에 비해서 유해 광선의 발생이 적다.

④ 열집중성이 좋아 효율적인 용접이 가능하여 신뢰성이 높다.

해설
가스용접의 장점 및 단점

장점	• 운반이 편리하고 설비비가 싸다. • 전원이 없는 곳에 쉽게 설치할 수 있다. • 아크 용접에 비해 유해 광선의 피해가 적다. • 가열할 때 열량 조절이 비교적 자유로워 박판 용접에 적당하다. • 기화용제가 만든 가스 상태의 보호막은 용접 시 산화작용을 방지한다. • 산화불꽃, 환원불꽃, 중성불꽃, 탄화불꽃 등 불꽃의 종류를 다양하게 만들 수 있다.
단점	• 폭발의 위험이 있다. • 아크 용접에 비해 불꽃의 온도가 낮다. 아크(약 3,000~5,000℃), 산소-아세틸렌불꽃(약 3,430℃) • 열의 집중성이 나빠서 효율적인 용접이 어려우며 가열 범위가 커서 용접 변형이 크고 일반적으로 용접부의 신뢰성이 적다.

24 규격이 AW300인 교류 아크 용접기의 정격 2차 전류 조정 범위는?

① 0~300A
② 20~220A
③ 60~330A
④ 120~430A

해설
정격 2차 전류의 조정 범위는 20~110%이다. 따라서 AW300의 정격 2차 전룻값은 300A이므로 전류 조정 범위는 60~330A가 된다.
교류 아크 용접기의 규격

종류	정격 2차 전류(A)	정격 사용률(%)	정격부하 전압(V)	사용 용접봉 지름(mm)
AW200	200	40	30	2.0~4.0
AW300	300	40	35	2.6~6.0
AW400	400	40	40	3.2~8.0
AW500	500	60	40	4.0~8.0

25 아세틸렌가스의 성질 중 15℃ 1기압에서의 아세틸렌 1L의 무게는 약 몇 g인가?

① 0.151
② 1.176
③ 3.143
④ 5.117

해설
아세틸렌가스(Acetylene, C_2H_2)의 특징
• 400℃ 근처에서 자연 발화한다.
• 아세틸렌가스 1L의 무게는 1.176g이다.
• 카바이드(CaC_2)를 물에 작용시켜 제조한다.
• 비중이 0.906으로서 1.105인 산소보다 가볍다.
• 구리나 은과 반응할 때 폭발성 물질이 생성된다.
• 가스 용접이나 절단 등에 주로 사용되는 연료가스이다.
• 충전은 15℃, 1기압하에서 15kgf/cm²의 압력으로 한다.
• 산소와 적당히 혼합 연소시키면 3,000~3,500℃의 고온을 낸다.
• 아세틸렌가스는 불포화 탄화수소의 일종으로 불완전한 상태의 가스이다.
• 각종 액체에 용해가 잘 된다(물-1배, 석유-2배, 벤젠-4배, 알코올-6배, 아세톤-25배).
• 순수한 카바이드 1kg은 이론적으로 348L의 아세틸렌가스를 발생하며, 보통의 카바이드는 230~300L의 아세틸렌가스를 발생시킨다.

26 가스 용접에서 모재의 두께가 6mm일 때 사용되는 용접봉의 직경은 얼마인가?

① 1mm
② 4mm
③ 7mm
④ 9mm

해설
$$용접봉의\ 지름(D) = \frac{모재\ 두께(t)}{2} + 1 = \frac{6mm}{2} + 1 = 4mm$$

27 피복 아크 용접 시 아크열에 의하여 용접봉과 모재가 녹아서 용착금속이 만들어지는데 이때 모재가 녹은 깊이를 무엇이라 하는가?

① 용융지　　　　② 용입
③ 슬래그　　　　④ 용적

해설
② 용입 : 피복 아크 용접 시 아크열에 의해 용접봉과 모재가 녹아서 용착금속이 만들어지는데 이때 모재가 녹은 깊이이다.
① 용융지 : 모재가 녹은 부분(쇳물)이다.
③ 슬래그 : 용융된 금속부에서 순수 금속만을 빼내고 남은 찌꺼기 덩어리로 비드의 표면을 덮고 있다.
④ 용적 : 용융방울이라고도 하며 용융지에 용착되는 것으로서 용접봉이 녹아 이루어진 형상이다.

28 직류 아크 용접기로 두께가 15mm이고, 길이가 5m인 고장력 강판을 용접하는 도중에 아크가 용접봉 방향에서 한쪽으로 쏠렸다. 다음 중 이러한 현상을 방지하는 방법이 아닌 것은?

① 이음의 처음과 끝에 엔드 탭을 이용한다.
② 용량이 더 큰 직류용접기로 교체한다.
③ 용접부가 긴 경우에는 후퇴 용접법으로 한다.
④ 용접봉 끝을 아크쏠림 반대방향으로 기울인다.

해설
아크가 용접봉의 진행 방향에서 한쪽으로 쏠렸다면 이는 아크 쏠림이 발생한 것으로, 이 아크 쏠림을 방지하기 위해서는 교류용접기를 사용해야 한다.

29 강재 표면의 홈이나 개재물, 탈탄층 등을 제거하기 위해 얇고, 타원형 모양으로 표면을 깎아내는 가공법은?

① 가스 가우징
② 너깃
③ 스카핑
④ 아크 에어 가우징

해설
③ 스카핑(Scarfing) : 강괴나 강편, 강재 표면의 홈이나 개재물, 탈탄층 등을 제거하기 위한 불꽃가공으로, 가능한 한 얇으면서 타원형의 모양으로 표면을 깎아내는 가공법이다.
① 가스 가우징 : 용접 결함이나 가접부 등의 제거를 위해 사용하는 방법으로써 가스 절단과 비슷한 토치를 사용해 용접부의 뒷면을 따내거나 U형이나 H형의 용접 홈을 가공하기 위하여 깊은 홈을 파내는 가공법이다.
④ 아크 에어 가우징 : 탄소 아크 절단법에 고압(5~7kgf/cm^2)의 압축공기를 병용하는 방법으로 용융된 금속에 탄소봉과 평행으로 분출하는 압축공기를 전극 홀더의 끝부분에 위치한 구멍을 통해 연속해서 불어내어 홈을 파내는 방법으로 홈 가공이나 구멍 뚫기, 절단 작업에 사용된다. 이것은 철이나 비철 금속에 모두 이용할 수 있으며, 가스가우징보다 작업 능률이 2~3배 높고 모재에도 해를 입히지 않는다.

30 가스용기를 취합할 때의 주의사항으로 틀린 것은?

① 가스용기의 이동 시는 밸브를 잠근다.
② 가스용기에 진동이나 충격을 가하지 않는다.
③ 가스용기의 저장은 환기가 잘되는 장소에서 한다.
④ 가연성 가스용기는 눕혀서 보관한다.

해설
가스용기는 가연성이든 불연성이든 모두 세워서 보관해야 한다.

31 피복 아크 용접봉은 금속심선의 겉에 피복제를 발라서 말린 것으로 한쪽 끝은 홀더에 물려 전류를 통할 수 있도록 심선길이의 얼마만큼을 피복하지 않고 남겨 두는가?

① 3mm
② 10mm
③ 15mm
④ 25mm

해설
피복 아크 용접봉은 용접봉 전체를 피복제로 피복하지 않고 용접홀더에 물릴 수 있도록 약 25mm 정도를 남겨둔다.

32 다음 중 두꺼운 강판, 주철, 강괴 등의 절단에 이용되는 절단법은?

① 산소창 절단
② 수중 절단
③ 분말 절단
④ 포갬 절단

해설
① 산소창 절단 : 가늘고 긴 강관(안지름 3.2~6mm, 길이 1.5~3m)을 사용해서 절단 산소를 큰 강괴의 중심부에 분출시켜 창으로 불리는 강관 자체가 함께 연소되면서 절단하는 방법으로 주로 두꺼운 강판이나 주철, 강괴 등의 절단에 사용된다.
② 수중 절단 : 물속에서 작업하는 절단작업으로 연소가스로는 수소를 주로 사용하며 침몰선의 해체, 교량의 교각 개조에 주로 사용한다.
③ 분말 절단 : 철 분말이나 용제 분말을 절단용 산소에 연속적으로 혼입하여 그 산화열을 이용하여 절단하는 방법이다.
④ 포갬 절단 : 얇은 철판을 포개어 압착시킨 후 한 번에 절단하는 방법이다.

33 피복 배합제의 성분 중 탈산제로 사용되지 않는 것은?

① 규소철
② 망간철
③ 알루미늄
④ 유황

해설
유황은 철강 재료에 소량이라도 포함되면 재료에 악영향을 미치는 성분으로 오히려 탈황제를 통해서 유황을 제거하기 때문에 탈산제로는 사용되지 않는다.

34 고셀룰로스계 용접봉은 셀룰로스를 몇 % 정도 포함하고 있는가?

① 0~5
② 6~15
③ 20~30
④ 30~40

해설
고셀룰로스계(E4311) 용접봉의 특징
• 슬래그가 적으므로 비드 표면이 거칠고 스패터가 많다.
• 도금 강판, 저합금강, 저장탱크나 배관공사에 이용된다.
• 발생 가스량이 많아 피복량이 얇고 슬래그가 적으므로 수직, 위보기 용접에서 우수한 작업성을 보인다.
• 피복제에 가스 발생제인 셀룰로스(유기물)를 20~30% 정도 포함한 가스 생성식의 대표적인 용접봉이다.
• 사용 전류는 슬래그 실드계 용접봉에 비해 10~15% 정도 낮게 하며 사용 전 70~100℃에서 30분~1시간 건조해야 한다.
• 가스 생성에 의한 환원성 아크 분위기로 용착금속의 기계적 성질이 양호하며 아크는 스프레이 형상으로 용입이 크고 용융속도가 빠르다.

35 용접법의 분류 중 압접에 해당하는 것은?

① 테르밋 용접

② 전자 빔 용접

③ 유도가열 용접

④ 탄산가스 아크 용접

해설
용접의 분류

36 피복 아크 용접에서 일반적으로 가장 많이 사용되는 차광유리의 차광도 번호는?

① 4~5   ② 7~8

③ 10~11   ④ 14~15

해설
용접법의 종류별 적절한 차광번호

용접의 종류	차광번호
납땜	No. 2~4
가스 용접	No. 4~7
피복 아크 용접	No. 10~11
탄소 아크 용접	No. 14
불활성가스 용접	No. 12~13

37 가스 절단에 이용되는 프로판가스와 아세틸렌가스를 비교하였을 때 프로판가스의 특징으로 틀린 것은?

① 절단면이 미세하며 깨끗하다.

② 포갬 절단 속도가 아세틸렌보다 느리다.

③ 절단 상부 기슭이 녹은 것이 적다.

④ 슬래그의 제거가 쉽다.

해설
산소-프로판 가스의 포갬 절단 속도는 아세틸렌가스 절단보다 빠르다.
※ 포갬 절단 : 판과 판 사이의 틈새를 0.1mm 이상으로 포개어 압착시킨 후 절단하는 방법

38 교류 아크 용접기의 종류에 속하지 않는 것은?

① 가동코일형

② 탭전환형

③ 정류기형

④ 가포화 리액터형

39 Mg 및 Mg 합금의 성질에 대한 설명으로 옳은 것은?

① Mg의 열전도율은 Cu와 Al보다 높다.

② Mg의 전기전도율은 Cu와 Al보다 높다.

③ Mg합금보다 Al합금의 비강도가 우수하다.

④ Mg은 알칼리에 잘 견디나, 산이나 염수에는 침식 된다.

해설

④ Mg은 산이나 염류(바닷물)에 침식되기 쉽다.

① Mg의 열전도율은 Cu와 Al보다 낮다.

② Mg의 전기전도율은 Cu와 Al보다 낮다.

③ Mg은 Al에 비해 약 35% 가볍기 때문에 비강도가 더 크다.

Mg(마그네슘)의 특징

• 용융점은 650℃이다.

• 조밀육방격자 구조이다.

• Al에 비해 약 35% 가볍다.

• 냉간가공은 거의 불가능하다.

• 구상흑연주철의 첨가제로 사용된다.

• 비중이 1.74로 실용금속 중에서 가장 가볍다.

• 비강도가 우수하여 항공우주 부품용 재료로 사용된다.

• 항공기, 자동차 부품, 구상흑연주철의 첨가제로 사용된다.

• 대기 중에서 내식성이 양호하나 산이나 염류(바닷물)에 침식되기 쉽다.

40 금속 간 화합물의 특징을 설명한 것 중 옳은 것은?

① 어느 성분 금속보다 용융점이 낮다.

② 어느 성분 금속보다 경도가 낮다.

③ 일반 화합물에 비하여 결합력이 약하다.

④ Fe_3C는 금속 간 화합물에 해당되지 않는다.

해설

금속 간 화합물이란 성분이 다른 두 종류 이상의 원소가 간단한 원자비로 결합한 것으로 일반 화합물에 비해서 결합력이 약하다.

41 니켈-크롬 합금 중 사용한도가 1,000℃까지 측정 할 수 있는 합금은?

① 망가닌   ② 우드메탈

③ 배빗메탈   ④ 크로멜-알루멜

해설

크로멜-알루멜 재질은 70~1,000℃의 범위에서 주로 사용하며, 최대 1,400℃까지 측정할 수 있다.

① 망가닌 : Cu + Ni + Mn의 합금으로 온도에 의한 전기 저항의 변화가 작고 내식성이 좋아 표준 저항기용 재료로 사용온도는 100℃이다.

42 주철에 대한 설명으로 틀린 것은?

① 인장강도에 비해 압축강도가 높다.

② 회주철은 편상 흑연이 있어 감쇠능이 좋다.

③ 주철 절삭 시에는 절삭유를 사용하지 않는다.

④ 액상일 때 유동성이 나쁘며, 충격 저항이 크다.

해설

주철의 특징

• 주조성이 우수하다.

• 기계 가공성이 좋다.

• 압축강도가 크고 경도가 높다.

• 취성이 커서 충격 저항에 약하다.

• 가격이 저렴해서 널리 사용된다.

• 고온에서 기계적 성질이 떨어진다.

• 주철 중의 규소는 공정점을 저탄소강 영역으로 이동시킨다.

• 용융점이 낮고 유동성이 좋아서 복잡한 형상을 쉽게 제작한다.

• 주철 중 탄소의 흑연화를 위해서는 탄소와 규소의 함량이 중요하다.

• 주철을 파면상으로 분류하면 회주철, 백주철, 반주철로 구분할 수 있다.

• 강에 비해 탄소의 함유량이 많기 때문에 취성과 경도가 커지나 강도는 작아진다.

43 철에 Al, Ni, Co를 첨가한 합금으로 잔류 자속밀도 가 크고 보자력이 우수한 자성 재료는?

① 퍼멀로이   ② 센더스트

③ 알니코 자석   ④ 페라이트 자석

해설

알니코 자석 : 알(알루미늄), 니(니켈), 코(코발트)의 합금으로 만들어진 자석으로 잔류 자속밀도가 크고 보자력이 우수하다.

44 물과 얼음, 수증기가 평형을 이루는 3중점 상태에서의 자유도는?

① 0   ② 1

③ 2   ④ 3

물과 얼음, 수증기의 3중점에서의 자유도는 0이다.

45 황동의 종류 중 순 Cu와 같이 연하고 코이닝하기 쉬우므로 동전이나 메달 등에 사용되는 합금은?

① 95% Cu–5% Zn 합금

② 70% Cu–30% Zn 합금

③ 60% Cu–40% Zn 합금

④ 50% Cu–50% Zn 합금

톰백은 95%의 Cu에 Zn이 5% 정도 합금된 재료로 코이닝과 같은 냉간가공이 쉽게 되어 메달이나 동전용 재료로 사용된다.
황동의 종류

톰백	Cu에 Zn을 5~20% 합금한 것으로 색깔이 아름답고 냉간가공이 쉽게 되어 단추나 금박, 동전, 메달, 금 모조품과 같은 장식용 재료로 사용된다. ※ 코이닝 작업이 쉽게 된다.
문쯔메탈	60%의 Cu와 40%의 Zn이 합금된 것으로 인장강도가 최대이며, 강도가 필요한 단조제품이나 볼트, 리벳용 재료로 사용한다.
알브락	Cu 75% + Zn 20% + 소량의 Al, Si, As의 합금이다. 해수에 강하며 내식성과 내침수성이 커서 복수기관과 냉각기관에 사용한다.
애드미럴티 황동	7:3 황동에 Sn 1%를 합금한 것으로 콘덴서 튜브에 사용한다.
델타메탈	6:4 황동에 1~2% Fe을 첨가한 것으로, 강도가 크고 내식성이 좋아서 광산기계나 선박용, 화학용 기계에 사용한다.
쾌삭 황동	황동에 Pb을 0.5~3% 합금한 것으로 피절삭성 향상을 위해 사용한다.
납 황동	3% 이하의 Pb을 6:4 황동에 첨가하여 절삭성을 향상시킨 쾌삭황동으로 기계적 성질은 다소 떨어진다.
강력 황동	4:6 황동에 Mn, Al, Fe, Ni, Sn 등을 첨가하여 한층 더 강력하게 만든 황동이다.
네이벌 황동	6:4 황동에 0.8% 정도의 Sn을 첨가한 것으로 내해수성이 강해서 선박용 부품에 사용한다.

※ 6:4 황동 : Cu 60% + Zn 40%의 합금

46 금속재료의 표면에 강이나 주철의 작은 입자(ϕ0.5~1.0mm)를 고속으로 분사시켜, 표면의 경도를 높이는 방법은?

① 침탄법

② 질화법

③ 폴리싱

④ 쇼트피닝

④ 쇼트피닝 : 강이나 주철제의 작은 강구(볼)를 금속표면에 고속으로 분사하여 표면층을 냉간가공에 의한 가공경화 효과로 경화시키면서 압축 잔류응력을 부여하여 금속부품의 피로수명을 향상시키는 표면경화법이다.
① 침탄법 : 순철에 0.2% 이하의 C가 합금된 저탄소강을 목탄과 같은 침탄제 속에 완전히 파묻은 상태로 약 900~950℃로 가열하여 재료의 표면에 C(탄소)를 침입시켜 고탄소강으로 만든 후 급랭시킴으로써 표면을 경화시키는 열처리법이다. 기어나 피스톤 핀을 표면경화할 때 주로 사용된다.
② 질화법 : 암모니아(NH₃)가스 분위기(영역) 안에 재료를 넣고 500℃에서 50~100시간을 가열하면 재료표면에 Al, Cr, Mo 원소와 함께 질소가 확산되면서 강 재료의 표면이 단단해지는 표면경화법이다. 내연기관의 실린더 내벽이나 고압용 터빈날개를 표면경화할 때 주로 사용된다.
③ 폴리싱 : 알루미나 등의 연마 입자가 부착된 연마 벨트로 제품 표면의 이물질을 제거하여 제품의 표면을 매끈하고 광택나게 만드는 정밀입자가공법으로 버핑가공의 전 단계에서 실시한다.

47 탄소강은 200~300℃에서 연신율과 단면 수축률이 상온보다 저하되어 단단하고 깨지기 쉬우며, 강의 표면이 산화되는 현상은?

① 적열메짐   ② 상온메짐

③ 청열메짐   ④ 저온메짐

해설

③ 청열취성(靑熱, 푸를 청, 더울 열, 철이 산화되어 푸른빛으로 달궈져 보이는 상태) : 탄소강이 200~300℃에서 인장강도와 경도값이 상온일 때보다 커지는 반면, 연신율이나 성형성은 오히려 작아져서 취성이 커지는 현상이다. 200~300℃에서는 철의 표면에 푸른 산화피막이 형성되기 때문에 청열취성이라고 불린다. 따라서 탄소강은 이 온도범위에서는 가공을 피해야 한다.

① 적열취성(赤熱, 붉을 적, 더울 열, 철이 빨갛게 달궈진 상태) : S(황)의 함유량이 많은 탄소강이 900℃ 부근에서 적열(赤熱) 상태가 되었을 때 파괴되는 성질로 철에 S의 함유량이 많으면 황화철이 되면서 결정립계 부근의 S이 망상으로 분포되면서 결정립계가 파괴된다. 적열취성을 방지하려면 Mn(망간)을 합금하여 S을 MnS로 석출시키면 된다. 이 적열취성은 높은 온도에서 발생하므로 고온취성으로도 불린다.

② 상온취성 : P(인)의 함유량이 많은 탄소강이 상온(약 24℃)에서 충격치가 떨어지면서 취성이 커지는 현상이다.

④ 저온취성 : 탄소강이 천이온도에 도달하면 충격치가 급격히 감소되면서 취성이 커지는 현상이다.

48 강에 S, Pb 등의 특수 원소를 첨가하여 절삭할 때 칩을 잘게 하고 피삭성을 좋게 만든 강은 무엇인가?

① 불변강   ② 쾌삭강

③ 베어링강   ④ 스프링강

해설

② 쾌삭강 : 강을 절삭할 때 칩을 짧게 하고 절삭성을 좋게 하기 위해 황이나 납 등의 특수원소를 첨가한 강으로 일반 탄소강보다 인(P), 황(S)의 함유량을 많게 하거나 납(Pb), 셀레늄(Se), 지르코늄(Zr) 등을 첨가하여 제조한 강이다.

① 불변강 : 일반적으로 Ni-Fe계의 내식용 니켈 합금이다. 일반적으로 주변 온도가 변해도 재료가 가진 열팽창계수나 탄성계수가 변하지 않아서 불변강이라고 불린다.

49 주위의 온도 변화에 따라 선팽창 계수나 탄성률 등의 특정한 성질이 변하지 않는 불변강이 아닌 것은?

① 인바   ② 엘린바

③ 코엘린바   ④ 스텔라이트

해설

스텔라이트는 주조경질합금의 일종이다.

불변강의 종류

종류	용도
인바	• Fe에 35%의 Ni, 0.1~0.3%의 Co, 0.4%의 Mn이 합금된 불변강의 일종으로 상온 부근에서 열팽창계수가 매우 작아서 길이 변화가 거의 없다. • 줄자나 측정용 표준자, 바이메탈용 재료로 사용한다.
슈퍼인바	Fe에 30~32%의 Ni, 4~6%의 Co를 합금한 재료로 20℃에서 열팽창계수가 0에 가까워서 표준 척도용 재료로 사용한다.
엘린바	Fe에 36%의 Ni, 12%의 Cr이 합금된 재료로 온도 변화에 따라 탄성률의 변화가 미세화 하여 시계태엽이나 계기의 스프링, 기압계용 다이어프램, 정밀 저울용 스프링 재료로 사용한다.
퍼멀로이	Fe에 35~80%의 Ni이 합금된 재료로 열팽창계수가 작아서 측정기나 고주파 철심, 코일, 릴레이용 재료로 사용된다.
플래티나이트	Fe에 46%의 Ni이 합금된 재료로 열팽창계수가 유리와 백금과 가까우며 전구 도입선이나 진공관의 도선용으로 사용한다.
코엘린바	Fe에 Cr 10~11%, Co 26~58%, Ni 10~16% 합금한 것으로 온도 변화에 대한 탄성률의 변화가 작고 공기 중이나 수중에서 부식되지 않아서 스프링, 태엽, 기상관측용 기구의 부품에 사용한다.

50 Al의 비중과 용융점(℃)은 약 얼마인가?

① 2.7, 660℃   ② 4.5, 390℃

③ 8.9, 220℃   ④ 10.5, 450℃

51 기계제도에서 물체의 보이지 않는 부분의 형상을 나타내는 선은?

① 외형선   ② 가상선

③ 절단선   ④ 숨은선

52 그림과 같은 입체도의 화살표 방향을 정면도로 표현할 때 실제와 동일한 형상으로 표시되는 면을 모두 고른 것은?

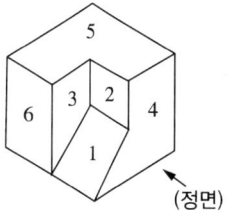

(정면)

① 3과 4   ② 4와 6

③ 2와 6   ④ 1과 5

53 다음 중 한쪽 단면도를 올바르게 도시한 것은?

①   ②

③   ④

54 다음 재료 기호 중 용접구조용 압연강재에 속하는 것은?

① SPPS380

② SPCC

③ SCW450

④ SM400C

SM400C : 용접구조용 압연강재를 나타내는 기호이며, 일반구조용 압연강재의 표시인 SS400(일반구조용 압연강재로 최저인장강도는 330N/mm²)에서 뒤에 용접성에 따라 A, B, C를 추가시켜 표현한다.

55 그림의 도면에서 X의 거리는?

① 510mm

② 570mm

③ 600mm

④ 630mm

20-5 드릴 : ϕ5의 드릴로 20개의 구멍을 뚫으라는 지시

X의 범위 안에는 20개의 구멍이 있으나 2개는 $\frac{1}{2}$만 포함되므로

총 19개의 원만 존재한다. 따라서, 원의 중심 간 거리가 30mm이므로 X = 30mm × 19 = 570mm이다.

56 다음 치수 중 참고 치수를 나타내는 것은?

① (50)

② □50

③ 50(박스)

④ 50(밑줄)

치수 표시 기호

기호	구분	기호	구분
ϕ	지름	p	피치
Sϕ	구의 지름	⌒50	호의 길이
R	반지름	50(밑줄)	비례척도가 아닌 치수
SR	구의 반지름	50(박스)	이론적으로 정확한 치수
□	정사각형	(50)	참고 치수
C	45° 모따기	~~50~~	치수의 취소 (수정 시 사용)
t	두께	–	–

57 주 투상도를 나타내는 방법에 관한 설명으로 옳지 않은 것은?

① 조립도 등 주로 기능을 나타내는 도면에서는 대상물을 사용하는 상태로 표시한다.

② 주투상도를 보충하는 다른 투상도는 되도록 작게 표시한다.

③ 특별한 이유가 없을 경우, 대상물을 세로 길이로 놓은 상태로 표시한다.

④ 부품도 등 가공하기 위한 도면에서는 가공에 있어서 도면을 가장 많이 이용하는 공정에서 대상물을 놓은 상태로 표시한다.

도면에는 특별한 이유가 없을 경우 대상물을 안전한 상태로 표시해야 한다. 따라서 길이가 긴 가로 방향으로 표시한다.

58 그림에서 나타난 용접기호의 의미는?

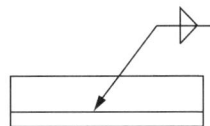

① 플래어 K형 용접
② 양쪽 필릿 용접
③ 플러그 용접
④ 프로젝션 용접

해설
용접기호에서 기준선(기선)의 위와 아래에 필릿 용접의 기호인 '△'가 위치해 있으므로 이는 양쪽을 필릿 용접 처리를 하라는 표시이다.

59 그림과 같은 배관 도면에서 도시기호 S는 어떤 유체를 나타내는 것인가?

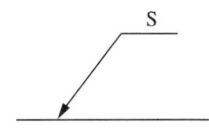

① 공기   ② 가스
③ 유류   ④ 증기

해설
관에 흐르는 유체의 종류

종류	기호	종류	기호
공기	A	물	W
가스	G	기름	O
수증기	S	냉수	C

60 그림의 입체도에서 화살표 방향을 정면으로 하여 제3각법으로 그린 정투상도는?

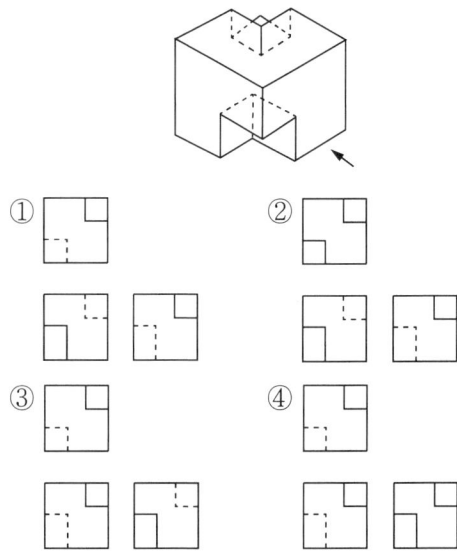

①   ②

③   ④

해설
물체를 화살표 방향으로 보면 정면도가 된다. 정면도에서는 물체의 좌측 하단부의 빈 공간은 육안으로 확인되나 우측 상단부의 빈 공간은 보이지 않으므로 이 부분의 윤곽선은 숨은선(점선)으로 표시되어야 하기 때문에 ①, ②번으로 정답의 범위가 좁혀진다. 평면도에서 보면 정면도와 반대로 육안 확인이 되므로 정답은 ①번이 된다.

제1각법과 제3각법

제1각법	제3각법
저면도	평면도
우측면도 정면도 좌측면도 배면도	좌측면도 정면도 우측면도 배면도
평면도	저면도

01 플라스마 아크 용접장치에서 아크 플라스마의 냉각가스로 쓰이는 것은?

① 아르곤과 수소의 혼합가스
② 아르곤과 산소의 혼합가스
③ 아르곤과 메탄의 혼합가스
④ 아르곤과 프로판의 혼합가스

해설
플라스마 아크 용접에서 아크 플라스마의 냉각가스로는 Ar(아르곤)과 H_2(수소)의 혼합가스가 사용된다.

02 용접 설계상 주의사항으로 틀린 것은?

① 용접에 적합한 설계를 할 것
② 구조상의 노치부가 생성되게 할 것
③ 결함이 생기기 쉬운 용접방법은 피할 것
④ 용접이음이 한곳으로 집중되지 않도록 할 것

해설
노치란 모재의 한쪽 면에 흠집이 있는 것을 말하는데, 용접부에 노치가 있으면 응력이 집중되어 크랙(Crack)이 발생하기 쉽다.

03 전자 빔 용접의 특징으로 틀린 것은?

① 정밀 용접이 가능하다.
② 용접부의 열영향부가 크고 설비비가 적게 든다.
③ 용입이 깊어 다층용접도 단층용접으로 완성할 수 있다.
④ 유해가스에 의한 오염이 적고 높은 순도의 용접이 가능하다.

해설
전자 빔 용접은 용접부가 작아서 입열량도 적으므로 열영향부(HAZ) 역시 작아진다. 그리고 용접 변형이 적고 정밀 용접이 가능하나 설비비가 많이 든다.
전자 빔 용접(EBW ; Electron Beam Welding)의 장점 및 단점

장점	• 에너지 밀도가 크다. • 용접부의 성질이 양호하다. • 아크 용접에 비해 용입이 깊다. • 활성 재료가 용이하게 용접이 된다. • 고용융점 재료의 용접이 가능하다. • 아크빔에 의해 열의 집중이 잘된다. • 고속 절단이나 구멍 뚫기에 적합하다. • 얇은 판에서 두꺼운 판까지 용접할 수 있다(응용 범위가 넓다). • 높은 진공상태에서 행해지므로 대기와 반응하기 쉬운 재료도 용접이 가능하다. • 진공 중에서도 용접하므로 불순가스에 의한 오염이 적고 높은 순도의 용접이 된다. • 용접부가 작아서 용접부의 입열이 작고 용입이 깊어 용접 변형이 적고 정밀 용접이 가능하다.
단점	• 용접부에 경화 현상이 생긴다. • X선 피해에 대한 특수 보호장치가 필요하다. • 진공 중에서 용접하기 때문에 진공 상자의 크기에 따라 모재 크기가 제한된다.

전자 빔 용접(EBW ; Electron Beam Welding)
고밀도로 집속되고 가속화된 전자 빔을 높은 진공 속에서 용접물에 고속도로 조사시키면 빛과 같은 속도로 이동한 전자가 용접물에 충돌하면서 전자의 운동에너지를 열에너지로 변환시켜 국부적으로 고열을 발생시키는데, 이때 생긴 열원으로 용접부를 용융시켜 용접하는 방식이다. 텅스텐(3,410℃)이나 몰리브덴(2,620℃)과 같이 용융점이 높은 재료의 용접에 적합하다.

04 서브머지드 아크 용접에서 사용하는 용제 중 흡습성이 가장 작은 것은?

① 용융형　　　　② 혼성형
③ 고온소결형　　④ 저온소결형

서브머지드 아크 용접(SAW)용 용제 중 흡습성이 가장 작은 것은 용융형 용제이고 흡습성이 가장 큰 것은 소결형 용제이다.
서브머지드 아크 용접용 용제(Flux)
• 용융형 용제 : 흡습성이 가장 작으며, 소결형에 비해 좋은 비드를 얻을 수 있고 화학적으로 균일하다.
• 소결형 용제 : 흡습성이 가장 크며, 분말형태로 작게 한 후 결합해서 만든다.
• 혼성형 용제 : 흡습성이 용융형과 소결형의 중간이다.

05 용접제품을 조립하다가 V홈 맞대기 이음 홈의 간격이 5mm 정도 벌어졌을 때 홈의 보수 및 용접방법으로 가장 적합한 것은?

① 그대로 용접한다.
② 뒷댐판을 대고 용접한다.
③ 덧살올림 용접 후 가공하여 규정 간격을 맞춘다.
④ 치수에 맞는 재료로 교환하여 로트 간격을 맞춘다.

V형 홈 맞대기 이음의 홈 간격이 5mm 정도로 작게 벌어졌을 경우에는 덧살올림 용접을 한 후 그라인딩(Grinding) 작업으로 규정 간격을 맞춘다.

06 다음 중 서브머지드 아크 용접의 다른 명칭이 아닌 것은?

① 잠호 용접
② 헬리 아크 용접
③ 유니언 멜트 용접
④ 불가시 아크 용접

서브머지드 아크 용접(SAW)은 아크가 플럭스 속에서 발생되므로 용접부가 눈에 보이지 않아 불가시 아크 용접, 잠호 용접, 유니언 멜트 용접이라고 불린다. 헬리 아크 용접은 TIG 용접의 상품명이다.
서브머지드 아크 용접
용접 부위에 미세한 입상의 플럭스를 도포한 뒤 용접선과 나란히 설치된 레일 위를 주행대차가 지나가면서 와이어를 용접부로 공급시키면 플럭스 내부에 아크가 발생하면서 용접하는 자동 용접법이다. 용접봉인 와이어의 공급과 이송이 자동이며 용접부를 플럭스가 덮고 있으므로 복사열과 연기가 많이 발생하지 않는다. 특히, 용접부로 공급되는 와이어가 전극과 용가재의 역할을 동시에 하므로 전극인 와이어는 소모된다.

[서브머지드 아크 용접장치]

07 납땜에 사용되는 용제가 갖추어야 할 조건으로 틀린 것은?

① 청정한 금속면의 산화를 방지할 것

② 납땜 후 슬래그의 제거가 용이할 것

③ 모재나 땜납에 대한 부식 작용이 최소한일 것

④ 전기 저항 납땜에 사용되는 것은 부도체일 것

해설
납땜용 용제가 갖추어야 할 조건
• 금속의 표면이 산화되지 않아야 한다.
• 납땜 후 슬래그 제거가 용이해야 한다.
• 모재나 땜납에 대한 부식이 최소이어야 한다.
• 전기 저항 납땜에 사용되는 용제는 도체이어야 한다.
• 용제의 유효온도 범위와 납땜의 온도가 일치해야 한다.
• 땜납의 표면장력을 맞추어서 모재와의 친화력이 높아야 한다.

08 피복아크 용접 작업 시 감전으로 인한 재해의 원인으로 틀린 것은?

① 1차 측과 2차 측 케이블의 피복 손상부에 접촉되었을 경우

② 피용접물에 붙어 있는 용접봉을 떼려다 몸에 접촉되었을 경우

③ 용접기기의 보수 중에 입출력 단자가 절연된 곳에 접촉되었을 경우

④ 용접 작업 중 홀더에 용접봉을 물릴 때나 홀더가 신체에 접촉되었을 경우

해설
입출력 단자에 절연처리가 되어 있으면 사람에게 감전될 가능성이 적기 때문에 재해의 원인이 되지 않는다.

09 샤르피식의 시험기를 사용하는 시험방법은?

① 경도시험   ② 인장시험

③ 피로시험   ④ 충격시험

해설
충격시험
충격력에 대한 재료의 충격 저항인 인성과 취성을 측정하기 위한 시험으로 그 종류에는 샤르피식과 아이조드식 시험법이 있다.
• 샤르피식 충격 시험법 : 시험편을 40mm 떨어진 2개의 지지대 위에 가로 방향으로 지지하고, 노치부를 지지대 사이의 중앙에 일치시킨 후 노치부 뒷면을 해머로 1회만 충격을 주어 시험편을 파단시킬 때 소비된 흡수에너지(E)와 충격값(U)을 구하는 시험법이다.
• 아이조드식 충격 시험법 : 시험편을 세로 방향으로 고정시키는 방법으로 한쪽 끝을 노치부에 고정하고 반대쪽 끝을 노치부에서 22mm 떨어뜨린 후 노치부와 같은 쪽 면을 해머로 1회의 충격을 주어 시험편을 파단시킬 때 그 충격값을 구하는 시험법이다.

아이조드 시험기	샤르피 시험기

10 용접결함에서 언더컷이 발생하는 조건이 아닌 것은?

① 전류가 너무 낮을 때

② 아크 길이가 너무 길 때

③ 부적당한 용접봉을 사용할 때

④ 용접속도가 적당하지 않을 때

해설
언더컷 불량은 용접 전류(A)가 너무 높아서 모재에 주는 아크열이 커짐으로 인해 모재가 움푹 파이는 현상이다. 따라서 언더컷 불량을 줄이기 위해서는 아크 전류(A)를 적절하게 설정해야 한다.

11 한 부분의 몇 층을 용접하다가 이것을 다음 부분의 층으로 연속시켜 전체 모양이 계단 형태를 이루는 용착법은?

① 스킵법   ② 덧살올림법
③ 전진블록법   ④ 캐스케이드법

해설

캐스케이드법
한 부분의 몇 층을 용접하다가 다음 부분의 층으로 연속시켜 전체가 단계를 이루도록 용착시켜 나가는 방법이다.
용착법의 종류

분류		특징
용착 방향에 의한 용착법	전진법	• 한쪽 끝에서 다른 쪽 끝으로 용접을 진행하는 방법으로 용접 진행 방향과 용착 방향이 서로 같다. • 용접 길이가 길면 끝부분 쪽에 수축과 잔류응력이 생긴다.
	후퇴법	• 용접을 단계적으로 후퇴하면서 전체 길이를 용접하는 방법으로 용접 진행 방향과 용착 방향이 서로 반대가 된다. • 수축과 잔류응력을 줄이는 용접기법이나 작업 능률이 떨어진다.
	대칭법	변형과 수축응력의 경감법으로 용접의 전 길이에 걸쳐 중심에서 좌우 또는 용접물 형상에 따라 좌우 대칭으로 용접하는 기법이다.
	스킵법 (비석법)	용접부 전체의 길이를 5개 부분으로 나누어 놓고 1-4-2-5-3 순으로 용접하는 방법으로 용접부에 잔류응력을 작게 해야 할 경우에 사용한다.
다층 비드 용착법	덧살올림법 (빌드업법)	각 층마다 전체의 길이를 용접하면서 쌓아올리는 가장 일반적인 방법이다.
	전진블록법	한 개의 용접봉으로 살을 붙일 만한 길이로 구분해서 홈을 한 층 완료한 후 다른 층을 용접하는 방법이다.
	캐스 케이드법	한 부분의 몇 층을 용접하다가 다음 부분의 층으로 연속시켜 전체가 단계를 이루도록 용착시켜 나가는 방법이다.

12 맞대기 용접이음에서 판 두께가 9mm, 용접선길이가 120mm, 하중이 7,560N일 때, 인장응력은 몇 N/mm²인가?

① 5   ② 6
③ 7   ④ 8

해설

인장응력$(\sigma) = \dfrac{F}{A} = \dfrac{F}{t \times L}$

$\qquad = \dfrac{7,560\text{N}}{9\text{mm} \times 120\text{mm}} = 7\text{N/mm}^2$

맞대기 용접부의 인장하중(힘)

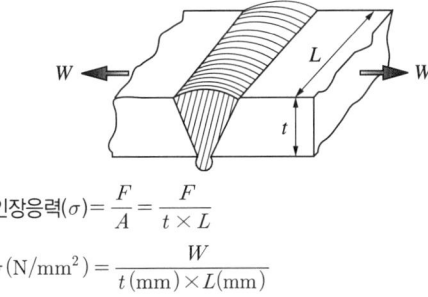

인장응력$(\sigma) = \dfrac{F}{A} = \dfrac{F}{t \times L}$

$\sigma\,(\text{N/mm}^2) = \dfrac{W}{t\,(\text{mm}) \times L\,(\text{mm})}$

13 용접이음부에 예열하는 목적을 설명한 것으로 틀린 것은?

① 수소의 방출을 용이하게 하여 저온균열을 방지한다.
② 모재의 열영향부와 용착금속의 연화를 방지하고, 경화를 증가시킨다.
③ 용접부의 기계적 성질을 향상시키고, 경화조직의 석출을 방지시킨다.
④ 온도분포가 완만하게 되어 열응력의 감소로 변형과 잔류응력의 발생을 적게 한다.

해설

용접부를 예열하는 목적은 용접 시 발생하는 용접열에 의한 재료의 갑작스런 팽창과 수축에 의한 변형 방지와 잔류응력 제거에 있으므로 용접 예열은 오히려 용접부를 경화시키는 것보다 연화시키는 역할을 한다. 따라서 ②번은 틀린 표현이다.

14 보기에서 설명하는 서브머지드 아크 용접에 사용되는 용제는?

> • 화학적 균일성이 양호하다.
> • 반복 사용성이 좋다.
> • 비드 외관이 아름답다.
> • 용접 전류에 따라 입자의 크기가 다른 용제를 사용해야 한다.

① 소결형　　　　　② 혼성형
③ 혼합형　　　　　④ 용융형

해설
서브머지드 아크 용접(SAW)에 사용되는 용제는 용융형 용제와 소결형 용제로 나뉘는데, 용융형 용제는 용접 전류에 따라 입자의 크기가 다른 용제를 사용해야 한다. 작은 전류에는 입도가 큰 거친 입자를, 큰 전류에는 입도가 작은 미세한 입자를 사용한다.
서브머지드 아크 용접에 사용되는 용융형 용제의 특징
• 비드 모양이 아름답다.
• 고속 용접이 가능하다.
• 화학적으로 안정되어 있다.
• 미용융된 용제의 재사용이 가능하다.
• 조성이 균일하고 흡습성이 작아서 가장 많이 사용한다.
• 입도가 작을수록 용입이 얕고, 너비가 넓으며 미려한 비드를 생성한다.
• 작은 전류에는 입도가 큰 거친 입자를, 큰 전류에는 입도가 작은 미세한 입자를 사용한다. 작은 전류에 미세한 입자를 사용하면 가스 방출이 불량해서 Pock Mark 불량의 원인이 된다.

15 다음 중 초음파탐상법의 종류가 아닌 것은?

① 극간법　　　　　② 공진법
③ 투과법　　　　　④ 펄스반사법

해설
초음파탐상법의 종류
• 투과법 : 초음파펄스를 시험체의 한쪽 면에서 송신하고 반대쪽 면에서 수신하는 방법이다.
• 펄스반사법 : 불연속부와 같은 경계면에서는 투과 및 굴절 또는 반사를 하는데 이러한 불연속부에서 반사하는 초음파를 분석하여 검사하는 방법이다.
• 공진법 : 시험체에 가해진 초음파의 진동수와 시험체의 고유진동 수가 일치할 때 진동의 진폭이 커지는 현상인 공진을 이용하여 시험체의 두께를 측정하는 방법이다.
초음파탐상검사(UT ; Ultrasonic Test)
사람이 들을 수 없는 매우 높은 주파수의 초음파를 사용하여 검사 대상물의 형상과 물리적 특성을 검사하는 방법이다. 4~5MHz 정도의 초음파가 경계면, 결함표면 등에서 반사하여 되돌아오는 성질을 이용하는 방법으로 반사파의 시간과 크기를 스크린으로 관찰하여 결함의 유무, 크기, 종류 등을 검사하는 방법이다.

16 탄산가스 아크 용접의 장점이 아닌 것은?

① 가시 아크이므로 시공이 편리하다.
② 적용되는 재질이 철 계통으로 한정되어 있다.
③ 용착금속의 기계적 성질 및 금속학적 성질이 우수하다.
④ 전류 밀도가 높아 용입이 깊고 용접 속도를 빠르게 할 수 있다.

해설
CO_2 용접(이산화탄소가스 아크 용접)이 철 계통 재질의 용접에만 한정된다는 점은 단점에 속한다.
CO_2 용접의 특징
• 조작이 간단하다.
• 가시아크로 시공이 편리하다.
• 철 재질의 용접에만 한정된다.
• 전 용접자세로 용접이 가능하다.
• 용착금속의 강도와 연신율이 크다.
• MIG 용접에 비해 용착금속에 기공의 발생이 적다.
• 보호가스가 저렴한 탄산가스이므로 경비가 적게 든다.
• 킬드강이나 세미킬드강, 림드강도 쉽게 용접할 수 있다.
• 아크와 용융지가 눈에 보여 정확한 용접이 가능하다.
• 산화 및 질화가 되지 않아 양호한 용착금속을 얻을 수 있다.
• 용접의 전류밀도가 커서 용입이 깊고, 용접속도를 빠르게 할 수 있다.
• 용착금속 내부의 수소 함량이 타 용접법보다 적어 은점이 생기지 않는다.
• 용제가 사용되지 않아 슬래그의 잠입이 적으며 슬래그를 제거하지 않아도 된다.
• 아크 특성에 적합한 상승 특성을 갖는 전원을 사용하므로 스패터의 발생이 적고 안정된 아크를 얻는다.

17 산소와 아세틸렌 용기의 취급상 주의사항으로 옳은 것은?

① 직사광선이 잘 드는 곳에 보관한다.
② 아세틸렌병은 안전상 눕혀서 사용한다.
③ 산소병은 40℃ 이하 온도에서 보관한다.
④ 산소병 내에 다른 가스를 혼합해도 상관없다.

해설
가스 용접뿐만 아니라 특수용접 중 보호가스로 사용되는 가스를 담고 있는 용기(봄베, 압력용기)는 안전을 위해 모두 세워서 보관해야 한다.

18 고주파 교류 전원을 사용하여 TIG 용접을 할 때 장점으로 틀린 것은?

① 긴 아크 유지가 용이하다.

② 전극봉의 수명이 길어진다.

③ 비접촉에 의해 용착금속과 전극의 오염을 방지한다.

④ 동일한 전극봉 크기로 사용할 수 있는 전류 범위가 작다.

해설

TIG 용접에서는 아크 안정을 위해 고주파 교류(ACHF)를 전원으로 사용하는데 고주파 교류는 아크 발생이 쉽고 전극의 소모를 줄일 수 있어서 텅스텐봉의 수명이 길어진다.
TIG 용접에서 고주파 교류(ACHF)의 특성을 전원으로 사용하는 목적
• 긴 아크 유지가 용이하다.
• 아크를 발생시키기 쉽다.
• 비접촉에 의해 용착금속과 전극의 오염을 방지한다.
• 전극의 소모를 줄여 텅스텐 전극봉의 수명을 길게 한다.
• 고주파 전원을 사용하므로 모재에 접촉시키지 않아도 아크가 발생한다.
• 동일한 전극봉에서 직류정극선(DCSP)에 비해 고주파교류(ACHF)의 사용전류 범위가 크다.

19 미세한 알루미늄 분말과 산화철 분말을 혼합하여 과산화바륨과 알루미늄 등의 혼합 분말로 된 점화제를 넣고 연소시켜 그 반응열로 용접하는 방법은?

① MIG 용접

② 테르밋 용접

③ 전자 빔 용접

④ 원자 수소 용접

해설

테르밋 용접

금속 산화물과 알루미늄이 반응하여 열과 슬래그를 발생시키는 테르밋반응을 이용하는 용접법이다. 강을 용접할 경우에는 산화철과 알루미늄 분말을 3 : 1로 혼합한 테르밋제를 만들어 냄비의 역할을 하는 도가니에 넣은 후, 점화제를 약 1,000℃로 점화시키면 약 2,800℃의 열이 발생되어 용접용 강이 만들어지게 되는데 이 강(Steel)을 용접 부위에 주입 후 서랭하여 용접을 완료하며 철도 레일이나 차축, 선박의 프레임 접합에 주로 사용된다.

20 피복 아크 용접의 필릿 용접에서 루트 간격이 4.5mm 이상일 때의 보수 요령은?

① 규정대로의 각장으로 용접한다.

② 두께 6mm 정도의 뒷판을 대서 용접한다.

③ 라이너를 넣든지 부족한 판을 300mm 이상 잘라 내서 대체하도록 한다.

④ 그대로 용접하여도 좋으나 넓혀진 만큼 각장을 증가시킬 필요가 있다.

해설

필릿 용접부에서 보수할 간격이 4.5mm 이상일 때는 이상 부위를 300mm 정도로 잘라낸 후 새로운 판으로 용접한다.
필릿 용접부의 보수방법
• 간격이 1.5mm 이하일 때는 규정된 각장(다리길이)으로 용접하면 된다.
• 간격이 1.5~4.5mm일 때는 규정된 각장(다리길이)으로 용접하거나 각장을 증가시킨다.
• 간격이 4.5mm일 때는 라이너를 넣는다.
• 간격이 4.5mm 이상일 때는 이상 부위를 300mm 정도로 잘라낸 후 새로운 판으로 용접한다.

21 현상제(MgO, $BaCO_3$)를 사용하여 용접부의 표면 결함을 검사하는 방법은?

① 침투탐상법

② 자분탐상법

③ 초음파탐상법

④ 방사선투과법

해설

침투탐상검사(PT ; Penetrant Test)

검사하려는 대상물의 표면에 침투력이 강한 형광성 침투액을 도포 또는 분무하거나 표면 전체를 침투액 속에 침적시켜 표면의 흠집 속에 침투액이 스며들게 한 다음 이를 백색 분말의 현상제(MgO, $BaCO_3$)를 뿌려서 침투액을 표면으로부터 빨아내어 결함을 검출하는 방법이다.
※ 침투액이 형광물질이면 형광침투탐상시험이라고 불린다.

22 CO_2 가스 아크 편면 용접에서 이면 비드의 형성은 물론 뒷면 가우징 및 뒷면 용접을 생략할 수 있고 모재의 중량에 따른 뒤업기(Turn Over) 작업을 생략할 수 있도록 홈 용접부 이면에 부착하는 것은?

① 스캘럽
② 엔드탭
③ 뒷댐재
④ 포지셔너

해설

뒷댐재

CO_2 가스 아크 용접에서 이면 비드 형성과 뒷면 가우징 및 뒷면 용접을 생략할 수 있고 모재의 중량에 따른 뒤업기 작업도 생략할 수 있도록 용접 홈의 이면(뒷면)에 부착하는 용접 보조도구이다.

23 사용률이 60%인 교류 아크 용접기를 사용하여 정격전류로 6분 용접하였다면 휴식시간은 얼마인가?

① 2분
② 3분
③ 4분
④ 5분

해설

사용률 구하는 식

$$사용률(\%) = \frac{아크발생시간}{아크발생시간 + 정지시간}$$

$$60(\%) = \frac{6분}{6분 + 정지시간} \times 100\%$$

$$6분 + 정지시간 = \frac{600}{60}$$

정지시간 = 10분 − 6분 = 4분

24 용해 아세틸렌 취급 시 주의사항으로 틀린 것은?

① 저장 장소는 통풍이 잘되어야 한다.
② 저장 장소에는 화기를 가까이 하지 말아야 한다.
③ 용기는 진동이나 충격을 가하지 말고 신중히 취급해야 한다.
④ 용기는 아세톤의 유출을 방지하기 위해 눕혀서 보관한다.

해설

가스 및 고압으로 액화된 액체를 담고 있는 용기(봄베)는 안전을 위해 모두 세워서 보관해야 한다.

25 2개의 모재에 압력을 가해 접촉시킨 다음 접촉면에 압력을 주면서 상대운동을 시켜 접촉면에서 발생하는 열을 이용하는 용접법은?

① 가스압접
② 냉간압접
③ 마찰용접
④ 열간압접

해설

마찰용접은 2개의 접합물에 압력을 가해 강하게 맞대어 접촉시킨 후 서로 상대운동을 시키면 마찰열이 발생하는데 이 열을 이용하여 접합하는 방법이다.

26 모재의 절단부를 불활성가스로 보호하고 금속전극에 대전류를 흐르게 하여 절단하는 방법으로 알루미늄과 같이 산화에 강한 금속에 이용되는 절단방법은?

① 산소 절단　　② TIG 절단
③ MIG 절단　　④ 플라스마 절단

해설
MIG 절단
모재의 절단부를 불활성가스로 보호하고 금속전극에 대전류를 흐르게 하여 절단하는 방법으로 알루미늄과 같이 산화에 강한 금속의 절단에 이용한다.

27 아크에서 가우징 작업에 사용되는 압축 공기의 압력으로 적당한 것은?

① 1~3kgf/cm^2　　② 5~7kgf/cm^2
③ 9~12kgf/cm^2　　④ 14~16kgf/cm^2

해설
아크 에어 가우징은 탄소 아크 절단법에 고압(5~7kgf/cm²)의 압축공기를 병용하는 방법이다. 용융된 금속에 탄소봉과 평행으로 분출하는 압축공기를 전극 홀더의 끝부분에 위치한 구멍을 통해 연속해서 불어내어 홈을 파내는 방법으로 홈 가공이나 구멍 뚫기, 절단 작업에 사용된다. 이것은 철이나 비철금속에 모두 이용할 수 있으며, 가스 가우징보다 작업 능률이 2~3배 높고 모재에도 해를 입히지 않는다.
아크 에어 가우징의 구성요소

• 가우징 머신
• 가우징 봉
• 가우징 토치
• 컴프레서(압축공기)

28 리벳이음과 비교하여 용접이음의 특징을 열거한 것 중 틀린 것은?

① 구조가 복잡하다.
② 이음 효율이 높다.
③ 공정의 수가 절감된다.
④ 유밀, 기밀, 수밀이 우수하다.

해설
용접은 리벳작업에 비해 구조가 단순하다는 장점이 있다.
용접과 타 접합법과의 차이점

구분	종류	장점 및 단점
야금적 접합법	용접이음 (융접, 압접, 납땜)	• 결합부에 틈새가 발생하지 않아서 이음효율이 좋다. • 영구적인 결합법으로 한번 결합 시 분리가 불가능하다.
기계적 접합법	리벳이음, 볼트이음, 나사이음, 핀, 키, 접어 잇기 등	• 결합부에 틈새가 발생하여 이음효율이 좋지 않다. • 일시적 결합법으로 잘못 결합 시 수정이 가능하다.
화학적 접합법	본드와 같은 화학 물질에 의한 접합	• 간단하게 결합이 가능하다. • 이음강도가 크지 않다.

※ 야금 : 광석에서 금속을 추출하고 용융 후 정련하여 사용목적에 알맞은 형상으로 제조하는 기술이다.

29 용접법의 분류 중에서 융접에 속하는 것은?

① 심 용접
② 테르밋 용접
③ 초음파 용접
④ 플래시 용접

해설

용접의 분류

30 탄소 전극봉 대신 절단 전용의 특수 피복을 입힌 피복봉을 사용하여 절단하는 방법은?

① 금속 아크 절단
② 탄소 아크 절단
③ 아크 에어 가우징
④ 플라스마 제트 절단

해설

① 금속 아크 절단 : 탄소 전극봉 대신 절단 전용의 특수 피복을 입힌 피복봉을 사용하여 절단하는 절단법이다.
② 탄소 아크 절단 : 탄소나 흑연 재질의 전극봉과 금속 사이에서 아크를 일으켜 금속의 일부를 용융시켜 이 용융금속을 제거하면서 절단하는 방법이다.
③ 아크 에어 가우징 : 탄소 아크 절단법에 고압(5~7kgf/cm²)의 압축공기를 병용하는 방법이다. 용융된 금속에 탄소봉과 평행으로 분출하는 압축공기를 전극 홀더의 끝부분에 위치한 구멍을 통해 연속해서 불어내어 홈을 파내는 방법으로 홈 가공이나 구멍 뚫기, 절단 작업에 사용된다. 이것은 철이나 비철금속에 모두 이용할 수 있으며, 가스 가우징보다 작업 능률이 2~3배 높고 모재에도 해를 입히지 않는다.
④ 플라스마 제트 절단 : 높은 온도를 가진 플라스마를 한 방향으로 모아서 분출시키는 것을 일컬어 플라스마 제트라고 부르는데 이 열원으로 절단하는 방법이다.

31 용접기의 특성 중에서 부하 전류가 증가하면 단자 전압이 저하하는 특성은?

① 수하 특성
② 상승 특성
③ 정전압 특성
④ 자기제어 특성

해설

용접기의 특성

• 정전류 특성 : 부하 전류나 전압이 변해도 단자 전류는 거의 변하지 않는다.
• 정전압 특성 : 부하 전류나 전압이 변해도 단자 전압은 거의 변하지 않는다.
• 수하 특성 : 부하 전류가 증가하면 단자 전압이 낮아진다.
• 상승 특성 : 부하 전류가 증가하면 단자 전압이 약간 높아진다.

32 기체를 수천℃의 높은 온도로 가열하면 그 속도의 가스 원자가 원자핵과 전자로 분리되어 양(+)과 음(−)이온상태로 된 것을 무엇이라 하는가?

① 전자빔　　　　② 레이저
③ 테르밋　　　　④ 플라스마

해설

플라스마

기체를 가열하여 수천℃로 온도가 높아지면 기체의 전자가 심한 열운동에 의해 원자핵과 전자로 분리되어 양(+)이온과 음(−)이온 상태로 되면서 매우 높은 온도와 도전성을 가지는 현상이다.

---

33 정격 2차 전류가 300A, 정격 사용률이 40%인 아크용접기로 실제 200A 용접 전류를 사용하여 용접하는 경우 전체 시간을 10분으로 하였을 때 다음 중 용접시간과 휴식시간을 올바르게 나타낸 것은?

① 10분 동안 계속 용접한다.
② 5분 용접 후 5분간 휴식한다.
③ 7분 용접 후 3분간 휴식한다.
④ 9분 용접 후 1분간 휴식한다.

해설

$$\text{허용사용률(\%)} = \frac{(\text{정격 2차 전류})^2}{(\text{실제 용접 전류})^2} \times \text{정격사용률(\%)}$$

$$= \frac{300A^2}{200A^2} \times 40\% = \frac{90,000}{40,000} \times 40\% = 90\%$$

$$\text{용접기 사용률(\%)} = \frac{\text{아크발생시간}}{\text{아크발생시간 + 정지시간}} \times 100$$

위 식에 ④번을 대입하면

$90(\%) = \frac{9}{9+1} \times 100$이므로 허용사용률 90%와 일치한다.

---

34 산소-아세틸렌 불꽃의 종류가 아닌 것은?

① 중성불꽃　　　　② 탄화불꽃
③ 산화불꽃　　　　④ 질화불꽃

해설

산소-아세틸렌가스 불꽃의 종류에 질화불꽃이란 없다.
• 산화불꽃 : 산소 과잉 불꽃으로 용접 시 금속을 산화시키므로 구리, 황동 등의 용접에 사용한다. 중성불꽃에서 산소량을 증가 시키거나 아세틸렌 가스량을 감소시키면 만들어진다.
• 탄화불꽃 : 스테인리스나 스텔라이트와 같이 가스 용접 시 산화 방지가 필요한 금속의 용접에 사용한다. 금속 표면에 침탄작용을 일으키기 쉬운 불꽃으로 아세틸렌 과잉 불꽃이라고도 한다. 속불꽃과 겉불꽃 사이에 연한 백색의 제3불꽃인 아세틸렌 페더가 있는 것이 특징으로 아세틸렌 밸브를 열고 점화한 후, 산소 밸브를 조금만 열게 되면 다량의 그을음이 발생되어 연소를 하게 되는 경우 발생한다.
• 아세틸렌불꽃 : 아세틸렌 과잉 불꽃이다.

산소-아세틸렌가스 불꽃의 종류

명칭	특징	산소 : 아세틸렌 비율
중성불꽃	표준불꽃	1 : 1
탄화불꽃	아세틸렌 과잉	0.05~0.95 : 1
산화불꽃	산소 과잉	1.15~1.70 : 1
아세틸렌불꽃	산소 약간 혼입	−

---

35 산소 아크 절단에 대한 설명으로 가장 적합한 것은?

① 전원은 직류 역극성이 사용된다.
② 가스 절단에 비하여 절단속도가 느리다.
③ 가스 절단에 비하여 절단면이 매끄럽다.
④ 철강 구조물 해체나 수중 해체 작업에 이용된다.

해설

산소 아크 절단의 특징
• 전극의 운봉이 거의 필요 없다.
• 입열시간이 작아서 변형이 작다.
• 가스 절단에 비해 절단면이 거칠다.
• 전원은 직류 정극성이나 교류를 사용한다.
• 가운데가 비어 있는 중공의 원형봉을 전극봉으로 사용한다.
• 절단속도가 빨라 철강 구조물 해체나 수중 해체 작업에 이용된다.

---

36 산소 용기의 윗부분에 각인되어 있는 표시 중, 최고 충전압력의 표시는 무엇인가?

① TP
② FP
③ WP
④ LP

해설
② 최고충전압력(FP ; Full Pressure)
① 내압시험압력(TP ; Test Pressure)

37 피복 아크 용접봉의 피복제 작용을 설명한 것 중 틀린 것은?

① 스패터를 많게 하고, 탈산·정련작용을 한다.
② 용융금속의 용적을 미세화하고, 용착효율을 높인다.
③ 슬래그 제거를 쉽게 하며, 파형이 고운 비드를 만든다.
④ 공기로 인한 산화, 질화 등의 해를 방지하여 용착 금속을 보호한다.

해설
피복제(Flux)의 역할
• 아크를 안정시킨다.
• 전기 절연작용을 한다.
• 보호가스를 발생시킨다.
• 스패터의 발생을 줄인다.
• 아크의 집중성을 좋게 한다.
• 용착금속의 급랭을 방지한다.
• 용착금속의 탈산·정련작용을 한다.
• 용융금속과 슬래그의 유동성을 좋게 한다.
• 용적(쇳물)을 미세화하여 용착효율을 높인다.
• 용융점이 낮고 적당한 점성의 슬래그를 생성한다.
• 슬래그 제거를 쉽게 하여 비드의 외관을 좋게 한다.
• 적당량의 합금 원소를 첨가하여 금속에 특수성을 부여한다.
• 중성 또는 환원성 분위기를 만들어 질화나 산화를 방지하고 용융 금속을 보호한다.
• 쇳물이 쉽게 달라붙도록 힘을 주어 수직자세, 위보기자세 등 어려운 자세를 쉽게 한다.

38 다음 중 아크 절단법이 아닌 것은?

① 스카핑
② 금속 아크 절단
③ 아크 에어 가우징
④ 플라스마 제트 절단

해설
스카핑은 가스 가공법의 일종으로 아크 절단에 속하지 않는다.
• 스카핑(Scarfing) : 강괴나 강편, 강재 표면의 홈이나 개재물, 탈탄층 등을 제거하기 위한 불꽃 가공으로 가능한 얇으면서 타원 형의 모양으로 표면을 깎아내는 가공법이다.
• 절단법의 열원에 의한 분류

종류	특징	분류
아크 절단	전기 아크열을 이용한 금속 절단법	• 산소 아크 절단 • 피복 아크 절단 • 탄소 아크 절단 • 아크 에어 가우징 • 플라스마 제트 절단 • 불활성 가스 아크 절단
가스 절단	산소가스와 금속과의 산화 반응을 이용한 금속 절단법	산소-아세틸렌가스 절단
분말 절단	철분이나 플럭스 분말을 연속적으로 절단 산소 속에 혼입시켜서 공급하여 그 반응열이나 용제 작용을 이용한 절단법	

39 형상기억효과를 나타내는 합금이 일으키는 변태는?

① 펄라이트 변태
② 마텐자이트 변태
③ 오스테나이트 변태
④ 레데부라이트 변태

해설

형상기억효과를 나타내는 합금은 마텐자이트 변태에서 실시한다.
형상기억합금
항복점을 넘어서 소성변형된 재료는 외력을 제거해도 원래의 상태로 복원이 불가능하지만, 형상기억합금은 고온에서 일정 시간 유지함으로써 원하는 형상으로 기억시키면 상온에서 외력에 의해 변형되어도 기억시킨 온도로 가열만 하면 변형 전 형상으로 되돌아오는 합금이다. 그 종류에는 Ni-Ti계, Ni-Ti-Cu계, Cu-Al-Ni계 합금이 있으며 니티놀이 대표적인 제품이다.
형상기억합금의 특징
• 어떤 모양을 기억할 수 있는 합금이다.
• 형상기업합금의 대표적인 합금은 Ni-Ti합금(니티놀)이다.
• 형상기억효과를 나타내는 합금은 마텐자이트 변태온도 이하에서 실시한다.

40 다음 중 Ni-Cu 합금이 아닌 것은?

① 어드밴스
② 콘스탄탄
③ 모넬메탈
④ 니칼로이

해설

④ 니칼로이 : 50%의 Ni, 1% 이하의 Mn, 나머지 Fe이 합금된 것으로 투자율이 높아서 소형 변압기나 계전기, 증폭기용 재료로 사용한다.
① 어드밴스 : 56%의 Cu, 1.5% 이하의 Mn, 나머지 Ni의 합금으로 전기 저항에 대한 온도 계수가 작아서 열전쌍이나 저항 재료를 활용한 전기 기구에 사용한다.
② 콘스탄탄 : Ni 40~50%와 구리의 합금으로 전기 저항성이 크지만 온도계수가 일정하므로 저항선이나 전열선, 열전쌍의 재료로 사용된다.
③ 모넬메탈 : 구리와 니켈의 합금이다. 소량의 철, 망간, 규소 등도 다소 함유되어 있어서 내식성과 고온에서 강도가 높아서 각종 화학 기계나 열기관의 재료로 사용한다.

41 침탄법에 대한 설명으로 옳은 것은?

① 표면을 용융시켜 연화시키는 것이다.
② 망상 시멘타이트를 구상화시키는 방법이다.
③ 강재의 표면에 아연을 피복시키는 방법이다.
④ 강재의 표면에 탄소를 침투시켜 경화시키는 것이다.

해설

침탄법
순철에 0.2% 이하의 C가 합금된 저탄소강을 목탄과 같은 침탄제 속에 완전히 파묻은 상태로 약 900~950℃로 가열하여 재료의 표면에 C를 침입시켜 고탄소강으로 만든 후 급랭시킴으로써 표면을 경화시키는 열처리법이다. 기어나 피스톤 핀을 표면 경화할 때 주로 사용된다.

42 구상흑연주철은 주조성, 가공성 및 내마멸성이 우수하다. 이러한 구상흑연주철을 제조 시 구상화제로 첨가되는 원소로 옳은 것은?

① P, S
② O, N
③ Pb, Zn
④ Mg, Ca

해설

흑연을 구상화하는 방법
황(S)이 적은 선철을 용해한 후 Mg, Ce, Ca 등을 첨가하여 제조하는데, 흑연이 구상화되면 보통 주철에 비해 강력하고 점성이 강한 성질을 갖는다.
구상흑연주철
주철 속 흑연이 완전히 구상이고 그 주위가 페라이트조직으로 되어 있는데 이 형상이 황소의 눈과 닮았다고 해서 불스아이주철로도 불린다. 일반 주철에 Ni(니켈), Cr(크롬), Mo(몰리브덴), Cu(구리)를 첨가하여 재질을 개선한 주철로 내마멸성, 내열성, 내식성이 대단히 우수하여 자동차용 주물이나 주조용 재료로 사용되며 노둘러 주철, 덕타일 주철로도 불린다.

43 Y합금의 일종으로 Ti과 Cu를 0.2% 정도씩 첨가한 것으로 피스톤에 사용되는 것은?

① 두랄루민   ② 코비탈륨

③ 로엑스합금   ④ 하이드로날륨

알루미늄합금의 종류 및 특징

분류	종류	구성 및 특징
주조용 (내열용)	실루민	• Al + Si(10~14% 함유) • 알펙스로도 불리며 해수에 잘 침식되지 않는다.
	라우탈	• Al + Cu 4% + Si 5% • 열처리에 의하여 기계적 성질을 개량할 수 있다.
	Y합금	• Al + Cu + Mg + Ni • 내연기관용 피스톤, 실린더 헤드의 재료로 사용된다.
	로엑스합금 (Lo-Ex)	• Al + Si 12% + Mg 1% + Cu 1% + Ni • 열팽창 계수가 작아서 엔진, 피스톤용 재료로 사용된다.
	코비탈륨	• Al + Cu + Ni에 Ti, Cu 0.2%를 첨가한다. • 내연기관의 피스톤용 재료로 사용된다.
가공용	두랄루민	• Al + Cu + Mg + Mn • 고강도로서 항공기나 자동차용 재료로 사용된다.
	알클래드	고강도 Al합금에 다시 Al을 피복한 것이다.
내식성	알민	• Al + Mn • 내식성과 용접성이 우수한 알루미늄 합금이다.
	알드레이	• Al + Mg + Si • 강인성이 없고 가공변형에 잘 견딘다.
	하이드로날륨	• Al + Mg • 내식성과 용접성이 우수한 알루미늄 합금이다.

44 시험편을 눌러 구부리는 시험방법으로 굽힘에 대한 저항력을 조사하는 시험방법은?

① 충격시험   ② 굽힘시험

③ 전단시험   ④ 인장시험

굽힘시험은 용접부위를 U자 모양으로 굽힘으로써 그 저항력으로 용접부의 연성과 결함 여부를 확인할 수 있다.

[굽힘 시험기]

45 Fe-C 평형상태도에서 공정점과 C%는?

① 0.02%   ② 0.8%

③ 4.3%   ④ 6.67%

공정반응을 일으키는 공정점은 순수한 철에 4.3%의 C(탄소)가 합금된다.

Fe-C계 평형상태도에서의 불변반응

공석반응	• 반응온도 : 723℃ • 탄소 함유량 : 0.8% • 반응내용 : γ 고용체 ↔ α고용체 + Fe_3C • 생성조직 : 펄라이트 조직
공정반응	• 반응온도 : 1,147℃ • 탄소 함유량 : 4.3% • 반응내용 : 융체(L) ↔ γ 고용체 + Fe_3C • 생성조직 : 레데부라이트 조직
포정반응	• 반응온도 : 1,494℃(1,500℃) • 탄소 함유량 : 0.18% • 반응내용 : δ고용체 + 융체(L) ↔ γ 고용체 • 생성조직 : 오스테나이트 조직

46 금속이 소성변형을 일으키는 원인 중 원자 밀도가 가장 큰 격자면에서 잘 일어나는 것은?

① 슬립　　　　　② 쌍정
③ 전위　　　　　④ 편석

47 다이캐스팅, 주물품, 단조품 등의 재료로 사용되며 융점이 약 660℃이고, 비중이 약 2.7인 원소는?

① Sn　　　　　② Ag
③ Al　　　　　④ Mn

48 전해인성구리를 약 400℃ 이상의 온도에서 사용하지 않는 이유로 옳은 것은?

① 풀림취성을 발생시키기 때문이다.
② 수소취성을 발생시키기 때문이다.
③ 고온취성을 발생시키기 때문이다.
④ 상온취성을 발생시키기 때문이다.

49 다음 중 주철에 관한 설명으로 틀린 것은?

① 비중은 C와 Si 등이 많을수록 작아진다.
② 용융점은 C와 Si 등이 많을수록 낮아진다.
③ 주철을 600℃ 이상의 온도에서 가열 및 냉각을 반복하면 부피가 감소한다.
④ 투자율을 크게 하기 위해서는 화합 탄소를 적게 하고, 유리 탄소를 균일하게 분포시킨다.

50 그림과 같은 결정격자의 금속 원자는?

 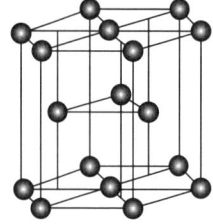

① Ni
② Mg
③ Al
④ Au

해설

그림은 조밀육방격자의 결정구조로 이 결정구조를 갖는 금속은 Mg과 Zn과 같이 전연성이 작고 가공성이 좋지 않은 금속이다.

금속의 결정구조

체심입방격자 (BCC ; Body Centered Cubic)	• 성질 　- 강도가 크다. 　- 용융점이 높다. 　- 전성과 연성이 작다. • 원소 : W, Cr, Mo, V, Na, K • 단위격자 : 2개 • 배위수 : 8 • 원자충진율 : 68%
면심입방격자 (FCC ; Face Centered Cubic)	• 성질 　- 전기전도도가 크다. 　- 가공성이 우수하다. 　- 장신구로 사용된다. 　- 전성과 연성이 크다. 　- 연한 성질의 재료이다. • 원소 : Al, Ag, Au, Cu, Ni, Pb, Pt, Ca • 단위격자 : 4개 • 배위수 : 12 • 원자충진율 : 74%
조밀육방격자 (HCP ; Hexagonal Close Packed lattice)	• 성질 　- 전성과 연성이 작다. 　- 가공성이 좋지 않다. • 원소 : Mg, Zn, Ti, Be, Hg, Zr, Cd, Ce • 단위격자 : 2개 • 배위수 : 12 • 원자충진율 : 70.4%

51 그림과 같이 원통을 경사지게 절단한 제품을 제작할 때, 다음 중 어떤 전개법이 가장 적합한가?

① 사각형법
② 평행선법
③ 삼각형법
④ 방사선법

해설

원기둥이나 각기둥의 전개에 가장 적합한 전개도법은 평행선법이다.

전개도법의 종류

종류	의미
평행선법	삼각기둥, 사각기둥과 같은 여러 가지의 각기둥과 원기둥을 평행하게 전개하여 그리는 방법
방사선법	삼각뿔, 사각뿔 등의 각뿔과 원뿔을 꼭짓점을 기준으로 부채꼴로 펼쳐서 전개도를 그리는 방법
삼각형법	꼭짓점이 먼 각뿔, 원뿔 등을 해당 면을 삼각형으로 분할하여 전개도를 그리는 방법

52 그림과 같이 제3각법으로 정투상한 각뿔의 전개도 형상으로 적합한 것은?

①
②
③
④

해설

사각뿔을 전개도로 펼치면 ②번과 같은 형상으로 나온다.

53 그림과 같은 도면에서 괄호 안의 치수는 무엇을 나타내는가?

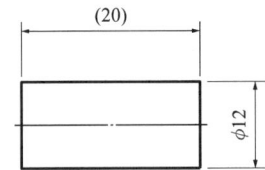

① 완성 치수
② 참고 치수
③ 다듬질 치수
④ 비례척이 아닌 치수

해설
치수 보조기호

기호	구분	기호	구분
ϕ	지름	p	피치
Sϕ	구의 지름	⌢50	호의 길이
R	반지름	50̲	비례척도가 아닌 치수
SR	구의 반지름	⬚50	이론적으로 정확한 치수
□	정사각형	(50)	참고 치수
C	45° 모따기	~~50~~	치수의 취소 (수정 시 사용)
t	두께	–	–

54 다음 용접 기호 중 표면 육성을 의미하는 것은?

①   ② ▬▬▬▬

③   ④

해설
육성 용접이란 재료의 표면에 내마모나 내식용 재료를 입히는 용접법으로 다음과 같은 기호를 사용한다.

※ 육성 용접 : 표면(서페이싱) 육성 용접

55 다음 중 가는 실선으로 나타내는 경우가 아닌 것은?

① 시작점과 끝점을 나타내는 치수선
② 소재의 굽은 부분이나 가공 공정의 표시선
③ 상세도를 그리기 위한 틀의 선
④ 금속 구조 공학 등의 구조를 나타내는 선

해설
금속의 결정구조와 같은 금속 구조는 굵은 실선으로 나타낸다.

56 다음 중 일반 구조용 탄소강관의 KS 재료 기호는?

① SPP   ② SPS
③ SKH   ④ STK

해설
④ STK : 일반 구조용 탄소강관
① SPP : 배관용 탄소강판
② SPS : 스프링용 강
③ SKH : 고속도 공구강재

57 그림과 같은 도면에서 나타난 '□40' 치수에서 '□'가 뜻하는 것은?

① 정사각형의 변
② 이론적으로 정확한 치수
③ 판의 두께
④ 참고치수

해설
53번 해설 참조

58 도면에 대한 호칭방법이 다음과 같이 나타날 때 이에 대한 설명으로 틀린 것은?

> KS B ISO 5457–A1t–TP112.5–R–TBL

① 도면은 KS B ISO 5457을 따른다.
② A1 용지 크기이다.
③ 제단하지 않은 용지이다.
④ 112.5g/m² 사양의 트레이싱지이다.

해설
이 규격에 따르면 A1용지는 제단되었으므로 ③번은 틀린 표현이다.

> KS B ISO 5457 – A1t–TP112.5–R–TBL
> A1으로 제단된 트레이싱 용지의 단위 면적당 질량이 112.5 g/m²이다. 뒷면(R)에 인쇄한 것이 TBL 형식에 따르는 표제란을 가진 도면이다.

• TP 112.5 : 트레이싱 용지 112.5g/m²
  ※ OP : 불투명용지 60∼120g/m²
• R : 인쇄 시 뒷면
• TBL : TBL 형식에 따르는 표제란을 도면에 기재한다.

59 제3각법의 투상도에서 도면의 배치 관계는?

① 정면도를 중심하여 정면도는 위에, 우측면도는 우측에 배치된다.
② 정면도를 중심하여 평면도는 밑에, 우측면도는 우측에 배치된다.
③ 정면도를 중심하여 평면도는 위에, 우측면도는 우측에 배치된다.
④ 정면도를 중심하여 평면도는 위에, 우측면도는 좌측에 배치된다.

해설
제3각법에서 평면도는 물체를 위에서 바라본 모양이므로 정면도의 위쪽에, 우측면도는 물체를 오른쪽에서 바라본 모양이므로 정면도의 우측에 배치한다.
제1각법과 제3각법

제1각법	제3각법
투상면을 물체의 뒤에 놓는다.	투상면을 물체의 앞에 놓는다.
눈 → 물체 → 투상면	눈 → 투상면 → 물체
저면도 / 우측면도 정면도 좌측면도 배면도 / 평면도	평면도 / 좌측면도 정면도 우측면도 배면도 / 저면도

60 배관의 간략 도시방법에서 파이프의 영구 결합부(용접 또는 다른 공법에 의한다) 상태를 나타내는 것은?

해설
배관을 도시할 때 관의 접속 상태가 영구결합일 경우 연결 부위를 굵은 점으로 표시한다.
관의 접속 상태와 표시

관의 접속 상태	표시
접속하지 않을 때	┼ ┤├
교차 또는 분기할 때	[교차] [분기]

01 다음 중 용접 시 수소의 영향으로 발생하는 결함과 가장 거리가 먼 것은?

① 기공   ② 균열

③ 은점   ④ 설퍼

해설
설퍼는 황(S)의 영향으로 발생하는 결함이다.

02 가스 중에서 최소의 밀도로 가장 가볍고 확산속도 가 빠르며, 열전도가 가장 큰 가스는?

① 수소   ② 메탄

③ 프로판   ④ 부탄

해설
수소(H_2)가스가 가스 중 밀도가 가장 작고 가벼우며 확산속도가 빠르다.

03 용착금속의 인장강도가 55N/m², 안전율이 6이라 면 이음의 허용응력은 약 몇 N/m²인가?

① 0.92   ② 9.2

③ 92   ④ 920

해설
안전율(S)
외부의 하중에 견딜 수 있는 정도를 수치로 나타낸 것이다.

$$S = \frac{극한강도(\sigma_u) \text{ 또는 인장강도}}{허용응력(\sigma_a)}$$

$$6 = \frac{55\text{N/m}^2}{\sigma_a}$$

$$\sigma_a = \frac{55}{6} ≒ 9.16\,\text{N/m}^2$$

04 팁 끝이 모재에 닿는 순간 순간적으로 팁 끝이 막혀 팁속에서 폭발음이 나면서 불꽃이 꺼졌다가 다시 나타나는 현상은?

① 인화   ② 역화

③ 역류   ④ 선화

해설
불꽃의 이상 현상
• 인화 : 팁 끝이 순간적으로 막히면 가스의 분출이 나빠지고 가스 혼합실까지 불꽃이 도달하여 토치를 빨갛게 달구는 현상이다.
• 역류 : 토치 내부의 청소가 불량할 때 내부 기관에 막힘이 생겨 고압의 산소가 밖으로 배출되지 못하고 압력이 낮은 아세틸렌 쪽으로 흐르는 현상이다.
• 역화 : 토치의 팁 끝이 모재에 닿아 순간적으로 막히거나 팁의 과열 또는 사용가스의 압력이 부적당할 때 팁 속에서 폭발음을 내면서 불꽃이 꺼졌다가 다시 나타나는 현상이다. 불꽃이 꺼지면 산소 밸브를 차단하고, 이어 아세틸렌 밸브를 닫는다. 팁이 가열 되었으면 물속에 담가 산소를 약간 누출시키면서 냉각한다.

05 다음 중 파괴시험 검사법에 속하는 것은?

① 부식시험 ② 침투시험
③ 음향시험 ④ 와류시험

해설
매크로시험과 같이 현미경으로 조직을 검사하는 시험은 반드시 시험편의 부식작업이 필요하므로 매크로시험은 부식시험법의 일종으로 볼 수 있다.
용접부 검사방법의 종류

비파괴 시험	내부결함	• 방사선투과시험(RT) • 초음파탐상시험(UT)
	표면결함	• 외관검사(VT) • 자분탐상검사(MT) • 침투탐상검사(PT) • 누설검사(LT)
파괴시험 (기계적 시험)	인장시험	인장강도, 항복점, 연신율 계산
	굽힘시험	연성의 정도 측정
	충격시험	인성과 취성의 정도 측정
	경도시험	외력에 대한 저항의 크기 측정
	매크로시험	현미경 조직검사
	피로시험	반복적인 외력에 대한 저항력 측정

06 TIG 용접 토치의 분류 중 형태에 따른 종류가 아닌 것은?

① T형 토치 ② Y형 토치
③ 직선형 토치 ④ 플렉시블형 토치

해설
TIG 용접 토치를 분류할 때 Y형으로 분류하지 않는다.
TIG 용접용 토치의 종류

분류	명칭	내용
냉각방식에 의한 분류	공랭식 토치	200A 이하의 전류 시 사용
	수랭식 토치	650A 정도의 전류까지 사용
모양에 따른 분류	T형 토치	가장 일반적으로 사용
	직선형 토치	T형 토치가 사용 불가능한 장소에서 사용
	가변형 머리 토치 (플렉시블)	토치 머리의 각도 조정

07 용접에 의한 수축 변형에 영향을 미치는 인자로 가장 거리가 먼 것은?

① 가접
② 용접 입열
③ 판의 예열 온도
④ 판 두께에 따른 이음 형상

해설
가접은 용접 전 재료의 형태를 잡는 간단한 작업으로 용접에 따라 재료에 전달되는 열량은 미미하므로 수축 변형에 영향을 미치는 인자로 볼 수 없다.

08 전자동 MIG 용접과 반자동 용접을 비교했을 때 전자동 MIG 용접의 장점으로 틀린 것은?

① 용접속도가 빠르다.
② 생산단가를 최소화할 수 있다.
③ 우수한 품질의 용접이 얻어진다.
④ 용착효율이 낮아 능률이 매우 좋다.

해설
전자동 MIG 용접(Metal Inert Gas Arc Welding)은 전자동으로 용접을 진행하므로 용착효율이 높고 작업 능률도 매우 좋다.

09 다음 중 탄산가스 아크 용접의 자기 쏠림 현상을 방지하는 대책으로 틀린 것은?

① 엔드 탭을 부착한다.
② 가스 유량을 조절한다.
③ 어스의 위치를 변경한다.
④ 용접부의 틈을 작게 한다.

해설
자기 쏠림(아크 쏠림)과 가스 유량의 조절은 관련이 없다.

10 다음 용접법 중 비소모식 아크 용접법은?

① 논 가스 아크 용접

② 피복 금속 아크 용접

③ 서브머지드 아크 용접

④ 불활성 가스 텅스텐 아크 용접

해설
TIG 용접은 텅스텐 전극봉으로 아크를 발생시킨 후 용가재를 그 아크로 집어넣어 용접하는 방법으로 비소모식 용접법에 속한다.
용극식과 비용극식 아크 용접법

용극식 용접법 (소모성 전극)	용가재인 와이어 자체가 전극이 되어 모재와의 사이에서 아크를 발생시키면서 용접 부위를 채워나가는 용접방법으로 이때 전극의 역할을 하는 와이어는 소모된다. 예 서브머지드 아크 용접(SAW), MIG 용접, CO_2 용접, 피복 금속아크 용접(SMAW)
비용극식 용접법 (비소모성 전극)	전극봉을 사용하여 아크를 발생시키고 이 아크열로 용가재인 용접을 녹이면서 용접하는 방법으로 이때 전극은 소모되지 않고 용가재인 와이어(피복 금속 아크 용접의 경우 피복 용접봉)는 소모된다. 예 TIG 용접

11 용접부를 끝이 구면인 해머로 가볍게 때려 용착금 속부의 표면에 소성변형을 주어 인장응력을 완화 시키는 잔류응력 제거법은?

① 피닝법

② 노 내 풀림법

③ 저온 응력 완화법

④ 기계적 응력 완화법

해설
① 피닝(Peening)법 : 특수 해머를 사용하여 모재의 표면에 지속 적으로 충격을 가해줌으로써 재료 내부에 있는 잔류응력을 완 화시키면서 표면층에 소성변형을 주는 방법이다.
② 노 내 풀림법 : 가열 노(Furnace) 내에서 유지온도는 625℃ 정도이며 노에 넣을 때나 꺼낼 때의 온도는 300℃ 정도로 한다. 판 두께가 25mm일 경우에 1시간 동안 유지하는데 유지 온도가 높거나 유지 시간이 길수록 풀림 효과가 크다.
③ 저온 응력 완화법 : 용접선의 양측을 정속으로 이동하는 가스불 꽃에 의하여 약 150mm의 너비에 걸쳐 150~200℃로 가열한 뒤 곧 수랭하는 방법으로 주로 용접선 방향의 응력을 제거하는 데 사용한다.
④ 기계적 응력 완화법 : 용접 후 잔류응력이 있는 제품에 하중을 주어 용접부에 약간의 소성변형을 일으킨 후 하중을 제거하면 서 잔류응력을 제거하는 방법이다.

12 용접 변형의 교정법에서 점 수축법의 가열온도와 가열시간으로 가장 적당한 것은?

① 100~200℃, 20초

② 300~400℃, 20초

③ 500~600℃, 30초

④ 700~800℃, 30초

해설
점 수축법으로 변형된 재료를 교정할 때는 500~600℃의 온도로 약 30초간 가열하면서 진행한다.

13 수직면 또는 수평면 내에서 선회하는 회전영역이 넓 고 팔이 기울어져 상하로 움직일 수 있어, 주로 스폿 용접, 중량물 취급 등에 많이 이용되는 로봇은?

① 다관절 로봇

② 극좌표 로봇

③ 원통 좌표 로봇

④ 직각 좌표계 로봇

해설
② 극좌표 로봇 : 수직면이나 수평면 내에서 선회하는 회전영역이 넓고 팔이 기울어져 상하로 움직일 수 있어서 주로 스폿 용접이 나 중량물을 취급하는 장소에 주로 이용된다.
① 다관절 로봇 : 수직 다관절 로봇과 수평 다관절 로봇으로 나뉘는 데 3개 이상의 회전하는 관절이 장착된 로봇으로 사람의 팔과 같은 움직임을 할 수 있다. 동작이 빠르고 작동 반경이 넓어서 생산 공장에서 조립이나 도장작업에 사용한다.
③ 원통 좌표 로봇 : 원통의 길이와 반경 방향으로 움직이는 두 개의 직선 축과 원의 둘레 방향으로 움직이는 하나의 회전축으로 구성 되는데 설치공간이 직교 좌표형에 비해 작고 빠르게 움직인다.
④ 직각 좌표계 로봇 : 각 축들이 직선 운동만으로 작업영역을 구성하는 로봇으로 인간에게 가장 익숙한 좌표계이다. 90°씩 분할된 직각 좌표계로 일반 사용자들이 쉽게 운용할 수 있어서 산업 현장에 널리 이용되고 있다.

14 서브머지드 아크 용접 시 발생하는 기공의 원인이 아닌 것은?

① 직류 역극성 사용

② 용제의 건조 불량

③ 용제의 산포량 부족

④ 와이어의 녹, 기름, 페인트

해설
서브머지드 아크 용접에서 기공 불량은 거친 입자의 용제에 높은 전류를 사용하면 발생되는 불량이므로 직류 역극성을 전원으로 사용한 것과는 관련이 없다.

15 다음 중 전자 빔 용접에 관한 설명으로 틀린 것은?

① 용입이 낮아 후판 용접에는 적용이 어렵다.

② 성분 변화에 의하여 용접부의 기계적 성질이나 내식성의 저하를 가져올 수 있다.

③ 가공재나 열처리에 대하여 소재의 성질을 저하시키지 않고 용접할 수 있다.

④ $10^{-6} \sim 10^{-4}$mmHg 정도의 높은 진공실 속에서 음극으로부터 방출된 전자를 고전압으로 가속시켜 용접을 한다.

해설

전자 빔 용접

고밀도로 집속되고 가속화된 전자 빔을 높은 진공 속에서 용접물에 고속도로 조사시키면 빛과 같은 속도로 이동한 전자가 용접물에 충돌하면서 전자의 운동에너지를 열에너지로 변환시켜 국부적으로 고열을 발생시키는데, 이때 생긴 열원으로 용접부를 용융시켜 용접하는 방식이다. 텅스텐(3,410℃)이나 몰리브덴(2,620℃)과 같이 용융점이 높은 재료의 용접에 적합하다.

장점	• 에너지 밀도가 크다. • 용접부의 성질이 양호하다. • 아크 용접에 비해 용입이 깊다. • 활성 재료가 용이하게 용접이 된다. • 고융용점 재료의 용접이 가능하다. • 아크 빔에 의해 열의 집중이 잘된다. • 고속 절단이나 구멍 뚫기에 적합하다. • 얇은 판에서 두꺼운 판까지 용접할 수 있다(응용 범위가 넓다). • 높은 진공상태에서 행해지므로 대기와 반응하기 쉬운 재료도 용접이 가능하다. • 진공 중에서도 용접하므로 불순가스에 의한 오염이 적고 높은 순도의 용접이 된다. • 용접부가 작아서 용접부의 입열이 작고 용입이 깊어 용접 변형이 작고 정밀 용접이 가능하다.
단점	• 용접부에 경화 현상이 생긴다. • X선 피해에 대한 특수 보호장치가 필요하다. • 진공 중에서 용접하기 때문에 진공 상자의 크기에 따라 모재의 크기가 제한된다.

16 안전·보건표지의 색채, 색도기준 및 용도에서 지시의 용도 색채는?

① 검은색

② 노란색

③ 빨간색

④ 파란색

해설

산업안전보건법에 따른 안전·보건표지의 색채, 색도기준 및 용도

색상	용도	사례
빨간색	금지	정지신호, 소화설비 및 그 장소, 유해행위 금지
	경고	화학물질 취급장소에서 유해·위험 경고
노란색	경고	화학물질 취급장소에서의 유해·위험 경고 이외의 위험 경고, 주의표지 또는 기계방호물
파란색	지시	특정 행위의 지시 및 사실의 고지
녹색	안내	비상구 및 피난소, 사람 또는 차량의 통행표지
흰색	–	파란색이나 녹색에 대한 보조색
검은색	–	문자 및 빨간색, 노란색에 대한 보조색

17 X선이나 γ선을 재료에 투과시켜 투과된 빛의 강도에 따라 사진 필름에 감광시켜 결함을 검사하는 비파괴시험법은?

① 자분탐상검사

② 침투탐상검사

③ 초음파탐상검사

④ 방사선투과검사

해설

방사선투과시험(RT ; Radiography Test)

용접부 뒷면에 필름을 놓고 용접물 표면에서 X선이나 γ선을 방사하여 용접부를 통과시키면, 금속 내부에 구멍이 있을 경우 그만큼 투과되는 두께가 얇아져서 필름에 방사선의 투과량이 그만큼 많아지게 되므로 다른 곳보다 검게 됨을 확인함으로써 불량을 검출하는 방법

18 다음 중 용접봉의 용융속도를 나타낸 것은?

① 단위 시간당 용접 입열의 양

② 단위 시간당 소모되는 용접전류

③ 단위 시간당 형성되는 비드의 길이

④ 단위 시간당 소비되는 용접봉의 길이

해설

용접봉의 용융속도는 단위 시간당 소비되는 용접봉의 길이로 나타내며, 다음과 같은 식으로 나타낸다.

용융속도 = 아크전류 × 용접봉 쪽 전압 강하

분류		특징
다층 비드 용착법	덧살올림법 (빌드업법)	각 층마다 전체의 길이를 용접하면서 쌓아올리는 방법으로 가장 일반적인 방법이다.
	전진블록법	한 개의 용접봉으로 살을 붙일 만한 길이로 구분해서 홈을 한 층 완료한 후 다른 층을 용접하는 방법이다.
	캐스 케이드법	한 부분의 몇 층을 용접하다가 다음 부분의 층으로 연속시켜 전체가 단계를 이루도록 용착시켜 나가는 방법이다.

19 물체와의 가벼운 충돌 또는 부딪침으로 인하여 생기는 손상으로 충격 부위가 부어오르고 통증이 발생되며 일반적으로 피부 표면에 창상이 없는 상처를 뜻하는 것은?

① 출혈   ② 화상

③ 찰과상   ④ 타박상

해설
④ 타박상 : 물체와 가벼운 충돌 또는 부딪침으로 생기는 손상으로 충격 부위가 부어오르고 통증이 발생되며 피부 표면에 창상이 없는 상처이다.
① 출혈 : 혈관의 손상에 의해 혈액이 혈관 밖으로 나오는 현상이다.
② 화상 : 뜨거운 물이나 불, 화학물질에 의해 피부나 피부의 내부 조직이 손상된 현상이다.
③ 찰과상 : 마찰에 의해 피부의 표면에 입는 외상으로 일명 긁힌 상처라고도 불린다. 피부의 진피까지 상처를 입으면 출혈이 크다. 넘어지거나 물체의 긁힘에 의해 발생한다.

20 일명 비석법이라고도 하며, 용접 길이를 짧게 나누어 간격을 두면서 용접하는 용착법은?

① 전진법   ② 후진법

③ 대칭법   ④ 스킵법

해설
용착법의 종류

분류		특징
용착 방향에 의한 용착법	전진법	• 한쪽 끝에서 다른 쪽 끝으로 용접을 진행하는 방법으로 용접 진행 방향과 용착 방향이 서로 같다. • 용접 길이가 길면 끝부분 쪽에 수축과 잔류응력이 생긴다.
	후퇴법	• 용접을 단계적으로 후퇴하면서 전체 길이를 용접하는 방법으로 용접 진행 방향과 용착 방향이 서로 반대가 된다. • 수축과 잔류응력을 줄이는 용접기법이나 작업 능률이 떨어진다.
	대칭법	변형과 수축응력의 경감법으로 용접의 전 길이에 걸쳐 중심에서 좌우 또는 용접물 형상에 따라 좌우 대칭으로 용접하는 기법이다.
	스킵법 (비석법)	용접부 전체의 길이를 5개 부분으로 나누어 놓고 1-4-2-5-3 순으로 용접하는 방법으로 용접부에 잔류응력을 적게 해야 할 경우에 사용한다.

21 금속산화물이 알루미늄에 의하여 산소를 빼앗기는 반응에 의해 생성되는 열을 이용한 용접법은?

① 마찰 용접

② 테르밋 용접

③ 일렉트로 슬래그 용접

④ 서브머지드 아크 용접

해설
테르밋 용접(Termit Welding)
금속 산화물과 알루미늄이 반응하여 열과 슬래그를 발생시키는 테르밋반응을 이용하는 용접법이다. 강을 용접할 경우에는 산화철과 알루미늄 분말을 3 : 1로 혼합한 테르밋제를 만들어 냄비의 역할을 하는 도가니에 넣은 후, 점화제를 약 1,000℃로 점화시키면 약 2,800℃의 열이 발생되어 용접용 강이 만들어지는데 이 강(Steel)을 용접 부위에 주입 후 서랭하여 용접을 완료하며 철도 레일이나 차축, 선박의 프레임 접합에 주로 사용된다.

22 저항 용접의 장점이 아닌 것은?

① 대량 생산에 적합하다.

② 후열처리가 필요하다.

③ 산화 및 변질 부분이 적다.

④ 용접봉, 용제가 불필요하다.

해설

저항 용접의 장점

- 작업 속도가 빠르고 대량 생산에 적합하다.
- 산화 및 변질 부분이 적고, 접합 강도가 비교적 크다.
- 용접공의 기능에 대한 영향이 적다(숙련을 요하지 않는다).
- 가압 효과로 조직이 치밀하며 용접봉, 용제 등이 불필요하다.
- 열손실이 적고, 용접부에 집중열을 가할 수 있어서 용접 변형 및 잔류응력이 적다.

저항용접의 단점

- 용융점이 다른 금속 간의 접합은 다소 어렵다.
- 대전류를 필요로 하며 설비가 복잡하고 값이 비싸다.
- 서로 다른 금속과의 접합이 곤란하며, 비파괴검사에 제한이 있다.
- 급랭 경화로 용접 후 열처리가 필요하며 용접부의 위치, 형상 등의 영향을 받는다.

23 정격 2차 전류가 200A, 정격 사용률이 40%인 아크 용접기로 실제 아크 전압이 30V, 아크 전류가 130A로 용접을 수행한다고 가정할 때 허용사용률은 약 얼마인가?

① 70%　　　　　② 75%

③ 80%　　　　　④ 95%

해설

허용사용률 구하는 식

$$허용사용률(\%) = \frac{(정격\ 2차\ 전류)^2}{(실제\ 용접\ 전류)^2} \times 정격사용률(\%)$$

$$= \frac{200A^2}{130A^2} \times 40\% = \frac{40,000}{16,900} \times 40\% ≒ 94.67\%$$

24 아크 전류가 일정할 때 아크 전압이 높아지면 용접봉의 용융속도가 늦어지고, 아크 전압이 낮아지면 용융속도가 빨라지는 특성을 무엇이라 하는가?

① 부저항 특성

② 절연회복 특성

③ 전압회복 특성

④ 아크 길이 자기제어 특성

해설

아크 길이 자기제어 : 자동용접에서 와이어 자동 송급 시 아크 길이가 변동되어도 항상 일정한 길이가 되도록 유지하는 제어기능이다. 아크전류가 일정할 때 전압이 높아지면 용접봉의 용융속도가 늦어지고, 전압이 낮아지면 용융속도가 빨라지게 하는 것으로 전류밀도가 클 때 잘 나타난다.

25 강재 표면의 홈이나 개재물, 탈탄층 등을 제거하기 위하여 될 수 있는 대로 얇게 그리고 타원형 모양으로 표면을 깎아내는 가공법은?

① 분말 절단　　　　② 가스 가우징

③ 스카핑　　　　　④ 플라스마 절단

해설

③ 스카핑 : 강괴나 강편, 강재 표면의 홈이나 개재물, 탈탄층 등을 제거하기 위한 불꽃 가공으로 가능한 얇으면서 타원형의 모양으로 표면을 깎아내는 가공법이다.

① 분말절단 : 철 분말이나 용제 분말을 절단용 산소에 연속적으로 혼입하여 그 산화열을 이용하여 절단하는 방법이다.

② 가스 가우징 : 용접 결함이나 가접부 등의 제거를 위해 사용하는 방법으로써 가스 절단과 비슷한 토치를 사용해 용접부의 뒷면을 따내거나 U형이나 H형의 용접 홈을 가공하기 위하여 깊은 홈을 파내는 가공법이다.

④ 플라스마 아크 절단(플라스마 제트 절단) : 높은 온도를 가진 플라스마를 한 방향으로 모아서 분출시키는 것을 일컬어 플라스마 제트라고 부르는데 이 열원으로 절단하는 방법이다. 절단하려는 재료에 전기적 접촉을 하지 않으므로 금속재료와 비금속재료 모두 절단이 가능하다.

26 다음 중 야금적 접합법에 해당되지 않는 것은?

① 융접(Fusion Welding)

② 접어 잇기(Seam)

③ 압접(Pressure Welding)

④ 납땜(Brazing and Soldering)

해설

접어 잇기는 프레스가공의 일종으로 야금적 접합법에 속하지 않는다.

용접과 타 접합법과의 차이점

구분	종류	장점 및 단점
야금적 접합법	용접이음 (융접, 압접, 납땜)	• 결합부에 틈새가 발생하지 않아서 이음효율이 좋다. • 영구적인 결합법으로 한 번 결합 시 분리가 불가능하다.
기계적 접합법	리벳이음, 볼트이음, 나사이음 핀, 키, 접어 잇기 등	• 결합부에 틈새가 발생하여 이음효율이 좋지 않다. • 일시적 결합법으로 잘못 결합 시 수정이 가능하다.
화학적 접합법	본드와 같은 화학 물질에 의한 접합	• 간단하게 결합이 가능하다. • 이음강도가 크지 않다.

※ 야금 : 광석에서 금속을 추출하고 용융 후 정련하여 사용목적에 알맞은 형상으로 제조하는 기술

27 다음 중 불꽃의 구성요소가 아닌 것은?

① 불꽃심   ② 속불꽃

③ 겉불꽃   ④ 환원불꽃

해설

산소-아세틸렌 불꽃의 구조

불꽃심(백심), 속불꽃, 겉불꽃

1,500℃ 2,900℃ 2,900℃ 1,260℃

3,200~3,500℃ 2,000~2,700℃

백심의 끝에서 2~3mm

28 피복 아크 용접봉에서 피복제의 주된 역할이 아닌 것은?

① 용융금속의 용적을 미세화하여 용착효율을 높인다.

② 용착금속의 응고와 냉각속도를 빠르게 한다.

③ 스패터의 발생을 적게 하고 전기 절연작용을 한다.

④ 용착금속에 적당한 합금원소를 첨가한다.

해설

피복 아크 용접봉을 둘러싸고 있는 피복제의 역할은 냉각속도를 느리게 해서 급랭에 의한 변형 불량을 방지한다.

피복제(Flux)의 역할

• 아크를 안정시킨다.

• 전기 절연작용을 한다.

• 보호가스를 발생시킨다.

• 스패터의 발생을 줄인다.

• 아크의 집중성을 좋게 한다.

• 용착금속의 급랭을 방지한다.

• 용착금속의 탈산 · 정련작용을 한다.

• 용융금속과 슬래그의 유동성을 좋게 한다.

• 용적(쇳물)을 미세화하여 용착효율을 높인다.

• 용융점이 낮고 적당한 점성의 슬래그를 생성한다.

• 슬래그 제거를 쉽게 하여 비드의 외관을 좋게 한다.

• 적당량의 합금 원소를 첨가하여 금속에 특수성을 부여한다.

• 중성 또는 환원성 분위기를 만들어 질화나 산화를 방지하고 용융 금속을 보호한다.

• 쇳물이 쉽게 달라붙도록 힘을 주어 수직자세, 위보기자세 등 어려운 자세를 쉽게 한다.

29 교류 아크 용접기에서 안정한 아크를 얻기 위하여 상용주파의 아크 전류에 고전압의 고주파를 중첩시키는 방법으로 아크 발생과 용접작업을 쉽게 할 수 있도록 하는 부속장치는?

① 전격방지장치　　　② 고주파 발생장치

③ 원격제어장치　　　④ 핫 스타트장치

해설
② 고주파 발생장치 : 교류 아크 용접기의 아크 안정성을 확보하기 위하여 상용주파수의 아크 전류 외에 고전압(2,000~3,000V)의 고주파 전류를 중첩시키는 방식이며 라디오나 TV 등에 방해를 주는 결점도 있으나 장점이 더 많다.
① 전격방지장치 : 용접기가 작업을 쉬는 동안에 2차 무부하 전압을 항상 25V 정도로 유지되도록 하여 전격을 방지하는 장치로 용접기에 부착된다.
③ 원격제어장치 : 원거리에서 용접 전류 및 용접 전압 등의 조정이 필요할 때 설치하는 원거리 조정장치이다.
④ 핫 스타트장치 : 아크가 발생하는 초기에만 용접전류를 커지게 만드는 아크 발생 제어장치이다.

30 피복 아크 용접봉의 피복제 중에서 아크를 안정시켜 주는 성분은?

① 붕사　　　　　　　② 페로망간

③ 니켈　　　　　　　④ 산화타이타늄

해설
피복 배합제의 종류

배합제	용도	종류
고착제	심선에 피복제를 고착시킨다.	규산나트륨, 규산칼륨, 아교
탈산제	용융금속 중의 산화물을 탈산, 정련한다.	크롬, 망간, 알루미늄, 규소철, 페로망간, 페로실리콘, 망간철, 톱밥, 소맥분(밀가루)
가스발생제	중성, 환원성 가스를 발생하여 대기와의 접촉을 차단하고 용융금속의 산화나 질화를 방지한다.	아교, 녹말, 톱밥, 탄산바륨, 셀룰로이드, 석회석, 마그네사이트
아크안정제	아크를 안정시킨다.	산화타이타늄, 규산칼륨, 규산나트륨, 석회석
슬래그 생성제	용융점이 낮고 가벼운 슬래그를 만들어 산화나 질화를 방지한다.	석회석, 규사, 산화철, 일미나이트, 이산화망간
합금첨가제	용접부의 성질을 개선하기 위해 첨가한다.	페로망간, 페로실리콘, 니켈, 몰리브덴, 구리

31 산소용기의 취급 시 주의사항으로 틀린 것은?

① 기름이 묻은 손이나 장갑을 착용한 경우는 취급하지 않아야 한다.

② 통풍이 잘되는 야외에서 직사광선에 노출시켜야 한다.

③ 용기의 밸브가 얼었을 경우에는 따뜻한 물로 녹여야 한다.

④ 사용 전에는 비눗물 등을 이용하여 누설 여부를 확인한다.

해설
산소용기뿐만 아니라 모든 가스 저장용 압력용기는 통풍이 잘되는 그늘진 곳에서 보관해야 한다.

32 피복 아크 용접봉의 기호 중 고산화타이타늄계를 표시한 것은?

① E4301　　　　　② E4303

③ E4311　　　　　④ E4313

해설
용접봉의 종류

기호	종류
E4301	일미나이트계
E4303	라임티타니아계
E4311	고셀룰로스계
E4313	고산화타이타늄계
E4316	저수소계
E4324	철분 산화타이타늄계
E4326	철분 저수소계
E4327	철분 산화철계

33 가스 절단에서 프로판가스와 비교한 아세틸렌가스의 장점에 해당되는 것은?

① 후판 절단의 경우 절단속도가 빠르다.
② 박판 절단의 경우 절단속도가 빠르다.
③ 중첩 절단을 할 때에는 절단속도가 빠르다.
④ 절단면이 거칠지 않다.

해설
프로판가스 절단의 경우 후판 절단 시 작업속도가 빠르나 아세틸렌가스 절단의 경우 박판 절단에서 절단속도가 빠르다.

34 용접기의 구비조건이 아닌 것은?

① 구조 및 취급이 간단해야 한다.
② 사용 중에 온도 상승이 작아야 한다.
③ 전류 조정이 용이하고 일정한 전류가 흘러야 한다.
④ 용접 효율과 상관없이 사용 유지비가 적게 들어야 한다.

해설
아크 용접기의 구비조건
• 내구성이 좋아야 한다.
• 역률과 효율이 높아야 한다.
• 구조 및 취급이 간단해야 한다.
• 사용 중 온도 상승이 작아야 한다.
• 단락되는 전류가 크지 않아야 한다.
• 전격방지기가 설치되어 있어야 한다.
• 아크 발생이 쉽고 아크가 안정되어야 한다.
• 아크 안정을 위해 외부 특성 곡선을 따라야 한다.
• 전류 조정이 용이하고 전류가 일정하게 흘러야 한다.
• 아크 길이의 변화에 따라 전류의 변동이 작아야 한다.
• 적당한 무부하 전압이 있어야 한다(AC : 70~80V, DC : 40~60V).

35 다음 중 연강을 가스 용접할 때 사용하는 용제는?

① 붕사
② 염화나트륨
③ 사용하지 않는다.
④ 중탄산소다 + 탄산소다

해설
가스 용접 시 재료에 따른 용제의 종류

재질	용제
연강	용제를 사용하지 않음
반경강	중탄산소다, 탄산소다
주철	붕사, 탄산나트륨, 중탄산나트륨
알루미늄	염화칼륨, 염화나트륨, 염화리튬, 플루오린화칼륨
구리합금	붕사, 염화리튬

36 프로판가스의 특징으로 틀린 것은?

① 안전도가 높고, 관리가 쉽다.
② 온도 변화에 따른 팽창률이 크다.
③ 액화하기 어렵고, 폭발 한계가 넓다.
④ 상온에서는 기체 상태이고 무색, 투명하다.

해설
프로판 가스는 액화하기 쉽고, 용기에 넣어 수송하기 편리하다.

37 피복 아크 용접봉에서 아크 길이와 아크 전압의 설명으로 틀린 것은?

① 아크 길이가 너무 길면 아크가 불안정하다.
② 양호한 용접을 하려면 짧은 아크를 사용한다.
③ 아크 전압은 아크 길이에 반비례한다.
④ 아크 길이가 적당할 때, 정상적인 작은 입자의 스패터가 생긴다.

해설
피복 아크 용접봉에서 아크 전압은 아크 길이에 비례하는 특성을 갖는다.

38 다음 중 용융금속의 이행 형태가 아닌 것은?

① 단락형   ② 스프레이형

③ 연속형   ④ 글로뷸러형

해설

용적 이행방식의 종류

이행 방식	이행 형태	특징
단락이행		• 박판용접에 적합하다. • 모재로의 입열량이 적고 용입이 얕다. • 용융금속이 표면장력의 작용으로 모재에 옮겨가는 용적이행이다. • 저전류의 CO_2 및 MIG 용접에서 솔리드와이어를 사용할 때 발생한다.
입상이행 (글로뷸러, Globular)		• 글로뷸(Globule)은 용융방울인 용적을 의미한다. • 깊고 양호한 용입을 얻을 수 있어서 능률적이나 스패터가 많이 발생한다. • 초당 90회 정도의 와이어보다 큰 용적으로 용융되어 모재로 이행된다.
스프레이 이행		• 용적이 작은 입자로 되어 스패터 발생이 적고 비드의 외관이 좋다. • 가장 많이 사용되는 것으로 아크 기류 중에서 용가재가 고속으로 용융되어 미립자의 용적으로 분사되어 모재에 옮겨가면서 용착되는 용적이행이다. • 고전압, 고전류에서 발생하고 아르곤가스나 헬륨가스를 사용하는 경합금 용접에서 주로 나타나며 용착속도가 빠르고 능률적이다.
맥동이행 (펄스아크)		연속적으로 스프레이 이행을 사용할 때 높은 입열로 인해 용접부의 물성이 변화되었거나 박판 용접 시 용락으로 인해 용접이 불가능하게 되었을 때 낮은 전류에서도 스프레이 이행이 이루어지게 하여 박판 용접을 가능하게 한다.

39 강자성을 가지는 은백색의 금속으로 화학반응용 촉매, 공구 소결재로 널리 사용되며 바이탈륨의 주성분 금속은?

① Ti   ② Co

③ Al   ④ Pt

해설

Co(코발트) : 철과 비슷한 광택을 내는 강자성체의 은백색 금속으로 고속도강이나 영구자석, 내열, 내식강용 합금재료로 사용된다. 또한, 공기 중에 화학반응용 촉매나 공구의 소결재로 널리 사용되고 있는 바이탈륨의 주성분 금속으로도 쓰인다.

40 재료에 어떤 일정한 하중을 가하고 어떤 온도에서 긴 시간 동안 유지하면 시간이 경과함에 따라 스트레인이 증가하는 것을 측정하는 시험방법은?

① 피로시험

② 충격시험

③ 비틀림시험

④ 크리프시험

해설

크리프 : 고온에서 재료에 일정 크기의 하중(정하중)을 작용시키면 시간이 경과함에 따라 변형이 증가하는 현상이다.

41 금속의 결정구조에서 조밀육방격자(HCP)의 배위 수는?

① 6

② 8

③ 10

④ 12

해설

금속의 결정구조

체심입방격자 (BCC ; Body Centered Cubic)	• 성질 　– 강도가 크다. 　– 용융점이 높다. 　– 전성과 연성이 작다. • 원소 : W, Cr, Mo, V, Na, K • 단위격자 : 2개 • 배위수 : 8 • 원자충진율 : 68%
면심입방격자 (FCC ; Face Centered Cubic)	• 성질 　– 전기전도도가 크다. 　– 가공성이 우수하다. 　– 장신구로 사용된다. 　– 전성과 연성이 크다. 　– 연한 성질의 재료이다. • 원소 : Al, Ag, Au, Cu, Ni, Pb, Pt, Ca • 단위격자 : 4개 • 배위수 : 12 • 원자충진율 : 74%
조밀육방격자 (HCP ; Hexagonal Close Packed lattice)	• 성질 　– 전성과 연성이 작다. 　– 가공성이 좋지 않다. • 원소 : Mg, Zn, Ti, Be, Hg, Zr, Cd, Ce • 단위격자 : 2개 • 배위수 : 12 • 원자충진율 : 70.4%

42 주석청동의 용해 및 주조에서 1.5~1.7%의 아연을 첨가할 때의 효과로 옳은 것은?

① 수축률이 감소된다.

② 침탄이 촉진된다.

③ 취성이 향상된다.

④ 가스가 혼입된다.

해설

청동(Cu + Sn)에 Zn을 첨가하면 가공이 곤란할 정도로 강도가 커지므로 수축률은 감소된다.

43 금속의 결정구조에 대한 설명으로 틀린 것은?

① 결정입자의 경계를 결정립계라 한다.

② 결정체를 이루고 있는 각 결정을 결정입자라 한다.

③ 체심입방격자는 단위 격자 속에 있는 원자수가 3개이다.

④ 물질을 구성하고 있는 원자가 입체적으로 규칙적 인 배열을 이루고 있는 것을 결정이라 한다.

해설

체심입방격자(BCC ; Body Centered Cubic)의 단위 격자 내 원자 수는 2개이다.

44 Al의 표면을 적당한 전해액 중에서 양극 산화처리하 면 표면에 방식성이 우수한 산화 피막층이 만들어진 다. 알루미늄의 방식방법에 많이 이용되는 것은?

① 규산법

② 수산법

③ 탄화법

④ 질화법

해설

수산법 : 알루마이트법이라고도 하며 Al 제품을 2%의 수산 용액에 서 전류를 흘려 표면에 단단하고 치밀한 산화막 조직을 형성시키는 방법이다.

알루미늄 방식법의 종류

• 수산법

• 황산법

• 크롬산법

45 강의 표면경화법이 아닌 것은?

① 풀림

② 금속용사법

③ 금속침투법

④ 하드페이싱

해설

풀림은 표면뿐만이 아닌 재료의 전체를 열처리하는 기본 열처리법 의 일종으로 표면경화법에 속하지 않는다.

46 비금속 개재물이 강에 미치는 영향이 아닌 것은?

① 고온 메짐의 원인이 된다.
② 인성은 향상시키나 경도를 떨어뜨린다.
③ 열처리 시 개재물로 인한 균열을 발생시킨다.
④ 단조나 압연작업 중에 균열의 원인이 된다.

해설
비금속 개재물은 인성을 떨어뜨린다.

47 해드필드강(Hadfield Steel)에 대한 설명으로 옳은 것은?

① Ferrite계 고Ni강이다.
② Pearlite계 고Co강이다.
③ Cementite계 고Cr강이다.
④ Austenite계 고Mn강이다.

해설
해드필드강(Hadfield Steel)
Fe과 C 이외에 Mn이 12% 함유된 오스테나이트계 고Mn강으로 인성이 높고 내마멸성, 내충격성이 우수해서 파쇄장치나 기차레일, 굴착기, 분쇄기 롤러용 재료로 사용된다.

48 잠수함, 우주선 등 극한 상태에서 파이프의 이음쇠에 사용되는 기능성 합금은?

① 초전도합금
② 수소저장합금
③ 아모퍼스합금
④ 형상기억합금

해설
형상기억합금
항복점을 넘어서 소성변형된 재료는 외력을 제거해도 원래의 상태로 복원이 불가능하지만, 형상기억합금은 고온에서 일정 시간 유지함으로써 원하는 형상으로 기억시키면 상온에서 외력에 의해 변형되어도 기억시킨 온도로 가열만 하면 변형 전 형상으로 되돌아오는 합금이다. 최근 인공위성 안테나, 잠수함, 우주선, 극한 상태의 파이프 이음쇠 등에 사용되고 있으며 그 종류에는 Ni-Ti계, Ni-Ti-Cu계, Cu-Al-Ni계 합금이 있으며 니티놀이 대표적인 제품이다.

49 탄소강에서 탄소의 함량이 높아지면 낮아지는 값은?

① 경도
② 항복강도
③ 인장강도
④ 단면수축률

해설
탄소함유량 증가에 따른 철강의 특성
• 경도 증가
• 취성 증가
• 항복점 증가
• 충격치 감소
• 인장강도 증가
• 인성 및 연신율, 단면수축률 감소

50 3~5% Ni, 1% Si을 첨가한 Cu합금으로 C합금이라고도 하며 강력하고 전도율이 좋아 용접봉이나 전극재료로 사용되는 것은?

① 톰백
② 문쯔메탈
③ 길딩메탈
④ 콜슨합금

해설
콜슨합금은 Ni 3~4%, Si 0.8~1.0%의 Cu합금으로 인장강도와 도전율이 높아서 통신선, 전화선과 같이 얇은 선재로 사용된다.

51 치수기입법에서 지름, 반지름, 구의 지름 및 반지름, 모따기, 두께 등을 표시할 때 사용되는 보조기호 표시가 잘못된 것은?

① 두께 : D6

② 반지름 : R3

③ 모따기 : C3

④ 구의 지름 : $S\phi 6$

해설

치수 보조기호

기호	구분	기호	구분
ϕ	지름	p	피치
$S\phi$	구의 지름	$\overset{\frown}{50}$	호의 길이
R	반지름	$\underline{50}$	비례척도가 아닌 치수
SR	구의 반지름	$\boxed{50}$	이론적으로 정확한 치수
□	정사각형	(50)	참고 치수
C	45° 모따기	~~50~~	치수의 취소 (수정 시 사용)
t	두께	–	–

52 인접 부분을 참고로 표시하는 데 사용하는 선은?

① 숨은선　　　② 가상선

③ 외형선　　　④ 피치선

해설

인접 부분을 참고로 표시할 때는 가상선(가는 2점 쇄선)을 사용한다.

53 다음과 같은 KS 용접 기호의 해독으로 틀린 것은?

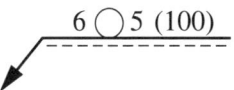

① 화살표 반대쪽 점 용접

② 점 용접부의 지름 6mm

③ 용접부의 개수(용접 수) 5개

④ 점 용접한 간격은 100mm

해설

용접부가 화살표 쪽에 있으면 기호는 실선 위에 위치해야 한다. 반대로 화살표의 반대 방향으로 용접부가 만들어져야 한다면 점선 위에 용접기호를 위치시켜야 한다. 따라서 기호가 실선 위에 존재하므로 용접은 화살표 쪽에서 진행되어야 한다.

 실선 위에 V표가 있으면 화살표 쪽에 용접한다.

- - - - - - - - 점선 위에 V표가 있으면 화살표 반대쪽에 용접한다.

54 좌우, 상하 대칭인 그림과 같은 형상을 도면화하려고 할 때 이에 관한 설명으로 틀린 것은?(단, 물체에 뚫린 구멍의 크기는 같고 간격은 6mm로 일정하다)

 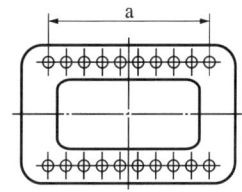

① 치수 a는 9×6(= 54)으로 기입할 수 있다.

② 대칭기호를 사용하여 도형을 $\frac{1}{2}$로 나타낼 수 있다.

③ 구멍은 동일 형상일 경우 대표 형상을 제외한 나머지 구멍은 생략할 수 있다.

④ 구멍은 크기가 동일하더라도 각각의 치수를 모두 나타내어야 한다.

해설

중복되는 구멍의 치수는 간략하게 나타낼 수 있다. 그리고 도면상에도 해당 위치에 중심 표시만 해 준다.

55 그림과 같은 제3각법 정투상도에 가장 적합한 입체 도는?

 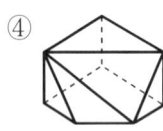

① ② ③ ④

해설
3각법의 정면도를 보면 우측 부분에 평행사변형의 형상이 투상되어야 하므로 정답을 ②, ③번으로 압축할 수 있다. 그리고 평면도에도 역시 우측 부분에 평행사변형의 형상이 투상되어야 하기 때문에 정답은 ③번이 된다.

56 3각기둥, 4각기둥 등과 같은 각기둥 및 원기둥을 평행하게 펼치는 전개방법의 종류는?

① 삼각형을 이용한 전개도법
② 평행선을 이용한 전개도법
③ 방사선을 이용한 전개도법
④ 사다리꼴을 이용한 전개도법

해설
전개도법의 종류

종류	의미
평행선법	삼각기둥, 사각기둥과 같은 여러 가지의 각기둥과 원기둥을 평행하게 전개하여 그리는 방법
방사선법	삼각뿔, 사각뿔 등의 각뿔과 원뿔을 꼭짓점을 기준으로 부채꼴로 펼쳐서 전개도를 그리는 방법
삼각형법	꼭짓점이 먼 각뿔, 원뿔 등을 해당 면을 삼각형으로 분할하여 전개도를 그리는 방법

57 SF 340A는 탄소강 단강품이며 340은 최저인장강도를 나타낸다. 이때 최저인장강도의 단위로 가장 옳은 것은?

① N/m^2
② kgf/m^2
③ N/mm^2
④ kgf/mm^2

해설
탄소강 단강품 – SF 340A
• SF : carbon Steel Forgings for general use
• 340 : 최저인장강도 $340N/mm^2$
• A : 어닐링, 노멀라이징 또는 노멀라이징 템퍼링을 한 단강품

58 배관 도면에서 그림과 같은 기호의 의미로 가장 적합한 것은?

① 체크 밸브
② 볼 밸브
③ 콕 일반
④ 안전 밸브

해설
체크 밸브
유체가 한쪽 방향으로만 흐르고 반대쪽으로는 흐르지 못하도록 할 때 사용하는 밸브로, 기호로는 다음과 같이 2가지로 표시한다.

59 한쪽단면도에 대한 설명으로 올바른 것은?

① 대칭형의 물체를 중심선을 경계로 하여 외형도의 절반과 단면도의 절반을 조합하여 표시한 것이다.

② 부품도의 중앙 부위 전후를 절단하여, 단면을 90° 회전시켜 표시한 것이다.

③ 도형 전체가 단면으로 표시된 것이다.

④ 물체의 필요한 부분만 단면으로 표시한 것이다.

해설

한쪽단면도는 대칭형의 물체를 중심선을 경계로 하여 외형도의 반과 단면도의 반을 조합해서 나타낸 도면이다.

단면도의 종류

단면도명	특징
온단면도 (전단면도)	• 전단면도라고도 한다. • 물체 전체를 직선으로 절단하여 앞부분을 잘라 내고 남은 뒷부분의 단면 모양을 그린 것이다. • 절단 부위의 위치와 보는 방향이 확실한 경우에는 절단선, 화살표, 문자 기호를 기입하지 않아도 된다.
한쪽단면도 (반단면도)	• 반단면도라고도 한다. • 절단면을 전체의 반만 설치하여 단면도를 얻는다. • 상하 또는 좌우가 대칭인 물체를 중심선을 기준으로 1/4 절단하여 내부 모양과 외부 모양을 동시에 표시하는 방법이다.
부분단면도	• 파단선을 그어서 단면 부분의 경계를 표시한다. • 일부분을 잘라 내고 필요한 내부의 모양을 그리기 위한 방법이다.

단면도명	특징
회전도시 단면도	(a) 암의 회전 단면도(투상도 안) (b) 훅의 회전 단면도(투상도 밖) • 절단선의 연장선 뒤에도 그릴 수 있다. • 투상도의 절단할 곳과 겹쳐서 그릴 때는 가는 실선으로 그린다. • 주투상도의 밖으로 끌어내어 그릴 경우는 가는 1점 쇄선으로 한계를 표시하고 굵은 실선으로 그린다. • 핸들이나 벨트 풀리, 바퀴의 암, 리브, 축, 형강 등의 단면의 모양을 90°로 회전시켜 투상도의 안이나 밖에 그린다.
계단단면도	A-B-C-D • 절단면을 여러 개 설치하여 그린 단면도이다. • 복잡한 물체의 투상도 수를 줄일 목적으로 사용한다. • 절단선, 절단면의 한계와 화살표 및 문자기호를 반드시 표시하여 절단면의 위치와 보는 방향을 정확히 명시해야 한다.

60 판금작업 시 강판재료를 절단하기 위하여 가장 필요한 도면은?

① 조립도   ② 전개도
③ 배관도   ④ 공정도

해설

전개도 : 금속판을 접어서 만든 물체를 펼친 모양으로 표시할 필요가 있는 경우 그리는 도면

합격의 공식 *시대에듀* www.sdedu.co.kr

CHAPTER 02

특수용접기능사
과년도 기출문제

2015~2016년 　　과년도 기출문제

01 용접봉에서 모재로 용융금속이 옮겨가는 용적이행 상태가 아닌 것은?

① 글로뷸러형　　　② 스프레이형

③ 단락형　　　④ 핀치효과형

해설

핀치효과형은 용융금속의 이행 형태에 속하지 않는다(단락이행형, 입상이행(글로뷸러)형, 스프레이형, 맥동이행형).

02 일반적으로 사람의 몸에 얼마 이상의 전류가 흐르면 순간적으로 사망할 위험이 있는가?

① 5mA　　　② 15mA

③ 25mA　　　④ 50mA

해설

전류(Ampere)량에 따라 사람의 몸에 미치는 영향

전류량	인체에 미치는 영향
1mA	감전을 조금 느낌
5mA	상당한 아픔을 느낌
20mA	스스로 현장을 탈피하기 힘듦, 근육 수축
50mA	심장마비 발생, 사망의 위험이 있음

03 피복 아크 용접 시 일반적으로 언더컷을 발생시키는 원인으로 가장 거리가 먼 것은?

① 용접 전류가 너무 높을 때

② 아크 길이가 너무 길 때

③ 부적당한 용접봉을 사용했을 때

④ 홈 각도 및 루트 간격이 좁을 때

해설

홈 각도 및 루트 간격이 좁으면 언더컷 불량보다는 용입 불량이 발생하기 쉽다.

용접부 결함과 방지대책

모양	원인	방지대책
언더컷	• 전류가 높을 때 • 아크 길이가 길 때 • 용접 속도가 빠를 때 • 운봉 각도가 부적당할 때 • 부적당한 용접봉을 사용할 때	• 전류를 낮춘다. • 아크 길이를 짧게 한다. • 용접 속도를 알맞게 조절한다. • 운봉 각도를 알맞게 조절한다. • 알맞은 용접봉을 사용한다.
오버랩	• 전류가 낮을 때 • 운봉, 작업각, 진행각과 같은 유지각도가 불량할 때 • 부적당한 용접봉을 사용할 때	• 전류를 높인다. • 작업각과 진행각을 조정한다. • 알맞은 용접봉을 사용한다.
용입 불량	• 이음 설계에 결함이 있을 때 • 용접 속도가 빠를 때 • 전류가 낮을 때 • 부적당한 용접봉을 사용할 때	• 치수를 크게 한다. • 용접속도를 적당히 조절한다. • 전류를 높인다. • 알맞은 용접봉을 사용한다.
균열	• 이음부의 강성이 클 때 • 부적당한 용접봉을 사용할 때 • C, Mn 등 합금성분이 많을 때 • 과대 전류, 용접 속도가 클 때 • 모재에 유황 성분이 많을 때	• 예열이나 피닝처리를 한다. • 알맞은 용접봉을 사용한다. • 예열 및 후열처리를 한다. • 전류 및 용접 속도를 알맞게 조절한다. • 저수소계 용접봉을 사용한다.
기공	• 수소나 일산화탄소 가스가 과잉으로 분출될 때 • 용접 전룟값이 부적당할 때 • 용접부가 급속히 응고될 때 • 용접 속도가 빠를 때 • 아크길이가 부적절할 때	• 건조된 저수소계 용접봉을 사용한다. • 전류 및 용접 속도를 알맞게 조절한다. • 이음 표면을 깨끗하게 하고 예열을 한다.
슬래그 혼입	• 전류가 낮을 때 • 용접 이음이 부적당할 때 • 운봉 속도가 너무 빠를 때 • 모든 층의 슬래그 제거가 불완전할 때	• 슬래그를 깨끗이 제거한다. • 루트 간격을 넓게 한다. • 전류를 약간 높게 하며 운봉 조작을 적절하게 한다. • 슬래그를 앞지르지 않도록 운봉속도를 유지한다.

04 보기에서 용극식 용접방법을 모두 고른 것은?

┌─보기├─────────────────────
│ ㉠ 서브머지드 아크 용접
│ ㉡ 불활성 가스 금속 아크 용접
│ ㉢ 불활성 가스 텅스텐 아크 용접
│ ㉣ 솔리드 와이어 이산화탄소 아크 용접
└──────────────────────────

① ㉠, ㉡   ② ㉢, ㉣

③ ㉠, ㉡, ㉢   ④ ㉠, ㉡, ㉣

해설

용극식 용접법	용가재인 와이어 자체가 전극이 되어 모재와의 사이에서 아크를 발생시키면서 접합하는 방법 예 서브머지드 아크 용접, MIG용접, CO₂용접, 피복금속 아크용접
비용극식 용접법	전극봉을 사용하여 아크를 발생시키고 이 아크에 용가재인 용접봉을 녹이면서 용접하는 방법 예 TIG 용접

05 납땜을 연납땜과 경납땜으로 구분할 때 구분온도는?

① 350℃   ② 450℃

③ 550℃   ④ 650℃

해설

연납땜과 경납땜을 구분 짓는 온도는 450℃이다.

06 전기저항 용접의 특징에 대한 설명으로 틀린 것은?

① 산화 및 변질 부분이 적다.

② 다른 금속 간의 접합이 쉽다.

③ 용제나 용접봉이 필요 없다.

④ 접합 강도가 비교적 크다.

해설

전기저항 용접은 저항열로 녹인 모재들을 용가재 없이 결합시키는
방법이므로 다른 금속 간의 접합은 쉽지 않다.

07 직류 정극성(DCSP)에 대한 설명으로 옳은 것은?

① 모재의 용입이 얕다.

② 비드폭이 넓다.

③ 용접봉의 녹음이 느리다.

④ 용접봉에 (+)극을 연결한다.

해설

직류 정극성은 모재에서 70%의 열이 발생하나, 용접봉에서는
30%의 열만 발생되므로 용접봉의 녹음은 느리게 된다.

직류 정극성
(DCSP ; Direct
Current
Straight
Polarity)
	• 용입이 깊다.
	• 비드 폭이 좁다.
	• 용접봉의 용융속도가 느리다.
	• 후판(두꺼운 판) 용접이 가능하다.
	• 모재에는 (+)전극이 연결되며 70% 열이 발생
	  하고, 용접봉에는 (-)전극이 연결되며 30%
	  열이 발생한다.

직류 역극성
(DCRP ; Direct
Current
Reverse
Polarity)
	• 용입이 얕다.
	• 비드 폭이 넓다.
	• 용접봉의 용융속도가 빠르다.
	• 박판(얇은 판) 용접이 가능하다.
	• 주철, 고탄소강, 비철금속의 용접에 쓰인다.
	• 모재에는 (-)전극이 연결되며 30% 열이 발
	  생하고, 용접봉에는 (+)전극이 연결되며 70%
	  열이 발생한다.

교류(AC)	• 극성이 없다. • 전원 주파수의 $\frac{1}{2}$ 사이클마다 극성이 바뀐다. • 직류 정극성과 직류 역극성의 중간적 성격이다.

08 다음 용접법 중 압접에 해당되는 것은?

① MIG 용접

② 서브머지드 아크 용접

③ 점용접

④ TIG 용접

해설
용접법의 분류

09 로크웰 경도시험에서 C스케일의 다이아몬드의 압입자 꼭지각 각도는?

① 100°　　　　② 115°

③ 120°　　　　④ 150°

해설
경도 시험법의 종류

종류	시험원리	압입자
브리넬 경도 (H_B)	압입자에 하중을 걸어 오목부 자국의 크기로 경도를 조사한다.	• 강구 • 초경 합금구
비커스 경도 (H_V)	압입자에 하중을 걸어 자국의 대각선 길이로 조사한다.	다이아몬드
로크웰 경도 (H_{RB}, H_{RC})	압입자에 하중을 걸어 홈의 깊이를 측정한다. 예비하중 : 10kg	• B스케일 : $\frac{1}{16}$ 인치 강구 • C스케일 : 120° 다이아몬드
쇼어 경도 (H_S)	추를 일정한 높이에서 5회 낙하시켜, 이 추의 반발높이의 평균값으로 측정한다. 10인치 높이에서 시험편 질량은 0.1kg 이상 되도록 한다.	다이아몬드

10 아크타임을 설명한 것 중 옳은 것은?

① 단위기간 내의 작업 여유시간이다.

② 단위시간 내의 용도 여유시간이다.

③ 단위시간 내의 아크발생시간을 백분율로 나타낸 것이다.

④ 단위시간 내의 시공한 용접길이를 백분율로 나타낸 것이다.

해설
아크타임(Arc Time)은 단위시간 내 아크의 발생시간을 백분율로 나타낸 것이다.

11 용접부에 오버랩의 결함이 발생했을 때, 가장 올바른 보수방법은?

① 작은 지름의 용접봉을 사용하여 용접한다.

② 결함 부분을 깎아내고 재용접한다.

③ 드릴로 정지구멍을 뚫고 재용접한다.

④ 결함 부분을 절단한 후 덧붙임 용접을 한다.

해설

오버랩은 용입이 되지 않은 상태에서 표면을 덮어버린 불량이므로 결함 부분을 깎아내고 재용접한다.
① 언더컷이나 용입 불량 시 보수용접을 할 경우 작은 지름의 용접봉을 사용한다.
③, ④ 드릴로 정지구멍을 뚫거나 결함제거 후 덧붙임 용접은 크랙이 발생했을 경우의 보수방법이다.

12 용접 설계상의 주의점으로 틀린 것은?

① 용접하기 쉽도록 설계할 것

② 결함이 생기기 쉬운 용접방법은 피할 것

③ 용접이음이 한곳으로 집중되도록 할 것

④ 강도가 약한 필릿 용접은 가급적 피할 것

해설

용접구조물을 설계할 때는 용접 이음부를 여러 곳에 배치하여 응력이 잘 분산되도록 설계하여 집중응력에 의한 파손을 방지해야 한다.

13 저온균열이 일어나기 쉬운 재료에 용접 전에 균열을 방지할 목적으로 피용접물의 전체 또는 이음부 부근의 온도를 올리는 것을 무엇이라고 하는가?

① 잠열

② 예열

③ 후열

④ 발열

해설

예열은 용접할 재료에 미리 열을 줌으로써 재료의 급랭을 방지하여 용접 후에 발생가능한 불량들을 예방하기 위한 조작이다.
예열의 목적
• 잔류응력을 감소시킨다.
• 열영향부(HAZ)의 균열을 방지한다.
• 용접 금속에 연성 및 인성을 부여한다.
• 냉각속도를 느리게 하여 결함 및 수축 변형을 방지한다.
• 금속에 함유된 수소 등의 가스를 방출하여 균열을 방지한다.

14 TIG 용접에 사용되는 전극의 재질은?

① 탄소

② 망간

③ 몰리브덴

④ 텅스텐

해설

TIG 용접은 Tungsten(텅스텐)재질의 전극봉과 Inert Gas(불활성 가스)인 Ar을 사용해서 용접하는 특수용접법이다.

15 용접의 장점으로 틀린 것은?

① 작업공정이 단축되며 경제적이다.

② 기밀, 수밀, 유밀성이 우수하며 이음효율이 높다.

③ 용접사의 기량에 따라 용접부의 품질이 좌우된다.

④ 재료의 두께에 제한이 없다.

해설

용접의 장점 및 단점

용접의 장점	용접의 단점
• 이음효율이 높다.	• 취성이 생기기 쉽다.
• 재료가 절약된다.	• 균열이 발생하기 쉽다.
• 제작비가 적게 든다.	• 용접부의 결함판단이 어렵다.
• 이음구조가 간단하다.	• 용융부위 금속의 재질이 변한다.
• 보수와 수리가 용이하다.	• 저온에서 쉽게 약해질 우려가 있다.
• 재료의 두께 제한이 없다.	• 용접 모재의 재질에 따라 영향을 크게 받는다.
• 이종재료도 접합이 가능하다.	• 용접 기술자(용접사)의 기량에 따라 품질이 다르다.
• 제품의 성능과 수명이 향상된다.	• 용접 후 변형 및 수축함에 따라 잔류응력이 발생한다.
• 유밀성, 기밀성, 수밀성이 우수하다.	
• 작업공정이 줄고, 자동화가 용이하다.	

16 이산화탄소 아크 용접의 솔리드와이어 용접봉의 종류 표시는 YGA-50W-1.2-20 형식이다. 이때 Y가 뜻하는 것은?

① 가스 실드 아크 용접　　② 와이어 화학 성분
③ 용접 와이어　　　　　　④ 내후성 강용

해설

• CO_2 용접용 솔리드와이어의 호칭 방법

Y	용접 와이어	
G	가스 실드 아크 용접	
A	내후성 강의 종류	CO_2 용접용 와이어의 종류
–		
50	용착금속의 최소 인장 강도	
W	와이어의 화학성분	
–	–	–
1.2	지름	**지름**
–	–	–
20	무게	**무게**

• CO_2 용접용 솔리드와이어의 종류

와이어 종류	적용 강
YGA-50W	인장 강도-400N/mm^2급 및 490N/mm^2급 내후성 강의 W형
YGA-50P	인장 강도-400N/mm^2급 및 490N/mm^2급 내후성 강의 P형
YGA-58W	인장 강도-570N/mm^2급 내후성 강의 W형
YGA-58P	인장 강도-570N/mm^2급 내후성 강의 P형

※ 내후성 : 각종 기후에 잘 견디는 성질로 녹이 잘 슬지 않는 성질

17 용접선 양측을 일정 속도로 이동하는 가스불꽃에 의하여 너비 약 150mm를 150~200℃로 가열한 다음 곧 수랭하는 방법으로서 주로 용접선 방향의 응력을 완화시키는 잔류응력 제거법은?

① 저온 응력 완화법　　② 기계적 응력 완화법
③ 노 내 풀림법　　　　④ 국부 풀림법

해설

저온 응력 완화법 : 용접선의 양측을 정속으로 이동하는 가스불꽃에 의하여 약 150mm의 너비에 걸쳐 150~200℃로 가열한 뒤 곧 수랭하는 방법으로 주로 용접선 방향의 응력을 제거하는 데 사용한다.

② 기계적 응력 완화법 : 용접 후 잔류응력이 있는 제품에 하중을 주어 용접부에 약간의 소성변형을 일으킨 후 하중을 제거하면서 잔류응력을 제거하는 방법
③ 노 내 풀림법 : 가열로 내에서 냉각 시간을 천천히 하게 하여 잔류응력을 제거해 나가는 방법
④ 국부 풀림법 : 재료의 전체 중에서 일부분의 재질을 표준화시키거나 잔류응력의 제거를 위해 사용하는 방법

18 용접 자동화 방법에서 정성적 자동제어의 종류가 아닌 것은?

① 피드백제어　　　　② 유접점 시퀀스제어
③ 무접점 시퀀스제어　④ PLC 제어

해설

자동제어란 제어장치에 의하여 구동부가 자동으로 실행하게 하는 장치이다.

자동제어의 종류
• 정량적 제어 : 제어명령 시 온도나 압력, 속도, 위치 등 수많은 물리량을 고려해서 제어하는 방법 예 피드백 제어
• 정성적 제어 : ON/OFF와 같이 2개의 정보만을 통해서 제어하는 방법 예 시퀀스 제어
※ 시퀀스 제어를 제어장치에 따라 분류하면 유접점, 무접점, PLC 제어가 있다.

19 지름 13mm, 표점거리 150mm인 연강재 시험편을 인장시험한 후의 거리가 154mm가 되었다면 연신율은?

① 3.89%　　　　② 4.56%
③ 2.67%　　　　④ 8.45%

해설

연신율(ε) : 시험편이 파괴되기 직전의 표점거리와 원표점 거리와의 차를 변형량이라고 하는데, 연신율은 이 변형량을 원표점 거리에 대한 백분율로 표시한 것

$$\varepsilon = \frac{L_1 - L_0}{L_0} \times 100\% = \frac{154 - 150}{150} \times 100\% = 2.666\%$$

20 용접균열에서 저온균열은 일반적으로 몇 ℃ 이하에서 발생하는 균열을 말하는가?

① 200~300℃ 이하

② 301~400℃ 이하

③ 401~500℃ 이하

④ 501~600℃ 이하

해설

저온 균열(Cold Cracking)은 상온까지 냉각한 다음 시간이 지남에 따라 균열이 발생하는 불량으로 일반적으로는 200℃ 이하의 온도에서 발생하나 200~300℃에서 발생하기도 한다. 철강 재료의 용접부나 HAZ(열영향부)에서 주로 발생한다.

21 스테인리스강을 TIG 용접할 시 적합한 극성은?

① DCSP   ② DCRP

③ AC   ④ ACRP

해설

스테인리스강(Fe에 C의 함유량이 0.02~2%)을 TIG용접할 때 적합한 극성은 DCSP(직류정극성)이다.

22 피복아크 용접 작업 시 전격에 대한 주의사항으로 틀린 것은?

① 무부하 전압이 필요 이상으로 높은 용접기는 사용하지 않는다.

② 전격을 받은 사람을 발견했을 때는 즉시 스위치를 꺼야 한다.

③ 작업 종료 시 또는 장시간 작업을 중지할 때는 반드시 용접기의 스위치를 끄도록 한다.

④ 낮은 전압에서는 주의하지 않아도 되며, 습기 찬 구두는 착용해도 된다.

해설

전격이란 강한 전류를 갑자기 몸에 느꼈을 때의 충격을 말하는데, 낮은 전압에서도 주의해서 작업해야 하며 습기 찬 구두나 도구를 사용해서는 안 된다.

23 직류 아크 용접의 설명 중 옳은 것은?

① 용접봉을 양극, 모재를 음극에 연결하는 경우를 정극성이라고 한다.

② 역극성은 용입이 깊다.

③ 역극성은 두꺼운 판의 용접에 적합하다.

④ 정극성은 용접 비드의 폭이 좁다.

해설

직류 정극성으로 용접하면 (-)극인 용접봉에서 30%의 열만 발생되므로 비드 폭은 좁아진다.

아크 용접기의 극성

직류 정극성 (DCSP ; Direct Current Straight Polarity)	• 용입이 깊다. • 비드 폭이 좁다. • 용접봉의 용융속도가 느리다. • 후판(두꺼운 판) 용접이 가능하다. • 모재에는 (+)전극이 연결되며 70% 열이 발생하고, 용접봉에는 (-)전극이 연결되며 30% 열이 발생한다.
직류 역극성 (DCRP ; Direct Current Reverse Polarity)	• 용입이 얕다. • 비드 폭이 넓다. • 용접봉의 용융속도가 빠르다. • 박판(얇은 판) 용접이 가능하다. • 주철, 고탄소강, 비철금속의 용접에 쓰인다. • 모재에는 (-)전극이 연결되며 30% 열이 발생하고, 용접봉에는 (+)전극이 연결되며 70% 열이 발생한다.
교류(AC)	• 극성이 없다. • 전원 주파수의 $\frac{1}{2}$ 사이클마다 극성이 바뀐다. • 직류 정극성과 직류 역극성의 중간적 성격이다.

24 다음 중 수중절단에 가장 적합한 가스로 짝지어진 것은?

① 산소 – 수소가스

② 산소 – 이산화탄소가스

③ 산소 – 암모니아가스

④ 산소 – 헬륨가스

해설

수중절단의 연료가스로 수소가스를 가장 많이 사용한다. 따라서 산소-수소가스가 수중절단에 가장 적합하다.

수중절단용 가스의 특징

• 연료가스로는 수소가스를 가장 많이 사용한다.

• 일반적으로는 수심 45m 정도까지 작업이 가능하다.

• 수중작업 시 예열 가스의 양은 공기 중에서의 4~8배로 한다.

• 수중작업 시 절단 산소의 압력은 공기 중에서의 1.5~2배로 한다.

• 연료가스로는 수소, 아세틸렌, 프로판, 벤젠 등의 가스를 사용한다.

25 피복아크 용접봉 중에서 피복제 중에 석회석이나 형석을 주성분으로 하고, 피복제에서 발생하는 수소량이 적어 인성이 좋은 용착금속을 얻을 수 있는 용접봉은?

① 일미나이트계(E4301)
② 고셀룰로스계(E4311)
③ 고산화타이타늄계(E4313)
④ 저수소계(E4316)

해설

피복제 중에 석회석이나 형석을 주성분으로 하며 발생하는 수소량이 적어 인성이 좋은 용착금속을 얻는 용접봉은 저수소계 용접봉이다.

피복아크 용접봉의 종류

종류	특징
E4301 일미나이트계	• 일미나이트($TiO_2 \cdot FeO$)를 약 30% 이상 합금한 것으로 우리나라에서 많이 사용한다. • 일본에서 처음 개발한 것으로 작업성과 용접성이 우수하며 값이 저렴하여 철도나 차량, 구조물, 압력용기에 사용된다. • 내균열성, 내가공성, 연성이 우수하여 25mm 이상의 후판용도 가능하다.
E4303 라임 티타니아계	• E4313의 새로운 형태로 약 30% 이상의 산화타이타늄(TiO_2)과 석회석($CaCO_3$)이 주성분이다. • 산화타이타늄과 염기성 산화물이 다량으로 함유된 슬래그 생성식이다. • 피복이 두껍고 전 자세 용접성이 우수하다. • E4313의 작업성을 따르면서 기계적 성질과 일미나이트계의 작업성, 부족한 점을 개량하여 만든 용접봉이다. • 고산화타이타늄계 용접봉보다 약간 높은 전류를 사용한다.
E4311 고셀룰로스계	• 피복제에 가스 발생제인 셀룰로스(유기물)를 20~30% 정도를 포함한 가스 생성식의 대표적인 용접봉이다. • 발생 가스량이 많아 피복량이 얇고 슬래그가 적으므로 수직, 위보기 용접에서 우수한 작업성을 보인다. • 가스 생성에 의한 환원성 아크 분위기로 용착금속의 기계적 성질이 양호하며 아크는 스프레이 형상으로 용입이 크고 용융속도가 빠르다. • 슬래그가 적으므로 비드 표면이 거칠고 스패터가 많다. • 사용전류는 슬래그 실드계 용접봉에 비해 10~15% 낮게 하며 사용 전 70~100°C에서 30분~1시간 건조해야 한다. • 도금강판, 저합금강, 저장탱크나 배관공사에 이용된다.

종류	특징
E4313 고산화 타이타늄계	• 균열에 대한 감수성이 좋아서 구속이 큰 구조물의 용접이나 고탄소강, 쾌삭강의 용접에 사용한다. • 피복제에 산화타이타늄(TiO_2)을 약 35% 정도 합금한 것으로 일반 구조용 용접에 사용된다. • 용접기의 2차 무부하 전압이 낮을 때에도 아크가 안정적이며 조용하다. • 스패터가 적고 슬래그의 박리성도 좋아서 비드의 모양이 좋다. • 저합금강이나 탄소량이 높은 합금강의 용접에 적합하다. • 다층 용접에서는 만족할 만한 품질을 만들지 못한다. • 기계적 성질이 다른 용접봉에 비해 약하고 고온 균열을 일으키기 쉬운 단점이 있다.
E4316 저수소계	• 용접봉 중에서 피복제의 염기성이 가장 높다. • 석회석이나 형석을 주성분으로 한 피복제를 사용한다. • 보통 저탄소강의 용접에 주로 사용되나 저합금강과 중, 고탄소강의 용접에도 사용된다. • 용착금속 중의 수소량이 타 용접봉에 비해 1/10 정도로 현저하게 적다. • 균열에 대한 감수성이 좋아 구속도가 큰 구조물이 용접이나 탄소 및 황의 함유량이 많은 쾌삭강의 용접에 사용한다. • 피복제는 습기를 잘 흡수하기 때문에 사용 전에 300~350°C에서 1~2시간 건조 후 사용해야 한다.
E4324 철분 산화 타이타늄계	• E4313의 피복제에 철분을 50% 정도 첨가한 것이다. • 작업성이 좋고 스패터가 적게 발생하나 용입이 얕다. • 용착금속의 기계적 성질은 E4313과 비슷하다.
E4326 철분 저수소계	• E4316의 피복제에 30~50% 정도의 철분을 첨가한 것으로 용착속도가 크고 작업 능률이 좋다. • 용착금속의 기계적 성질이 양호하고 슬래그의 박리성이 저수소계 용접봉보다 좋으며 아래보기나 수평 필릿 용접에만 사용된다.
E4327 철분 산화철계	• 주성분인 산화철에 철분을 첨가한 것으로 규산염을 다량 함유하고 있어서 산성의 슬래그가 생성된다. • 아크가 분무상으로 나타나며 스패터가 적고 용입은 E4324보다 깊다. • 비드의 표면이 곱고 슬래그의 박리성이 좋아서 아래보기나 수평 필릿 용접에 많이 사용된다.

26 피복아크 용접봉의 간접 작업성에 해당되는 것은?

① 부착 슬래그의 박리성
② 용접봉 용융 상태
③ 아크 상태
④ 스패터

해설
부착 슬래그의 박리성이란 용접부 표면에 생긴 슬래그가 얼마나 잘 떨어지는가를 말하는 것이므로 직접적인 용접작업과는 거리가 멀다.

27 가스 용접의 특징에 대한 설명으로 틀린 것은?

① 가열 시 열량 조절이 비교적 자유롭다.
② 피복금속 아크 용접에 비해 후판 용접에 적당하다.
③ 전원 설비가 없는 곳에서도 쉽게 설치할 수 있다.
④ 피복금속 아크 용접에 비해 유해광선의 발생이 적다.

해설
가스 용접의 장점 및 단점

장점	• 운반이 편리하고 설비비가 싸다. • 전원이 없는 곳에 쉽게 설치할 수 있다. • 아크 용접에 비해 유해 광선의 피해가 적다. • 가열할 때 열량 조절이 비교적 자유로워 박판 용접에 적당하다.
단점	• 폭발의 위험이 있다. • 아크 용접에 비해 불꽃의 온도가 낮다. • 열 집중성이 낮아서 효율적인 용접이 어렵다. • 가열범위가 커서 용접변형이 크고 일반적으로 용접부의 신뢰성이 적다.

28 피복아크 용접봉의 심선의 재질로서 적당한 것은?

① 고탄소 림드강
② 고속도강
③ 저탄소 림드강
④ 반 연강

해설
피복 금속 아크 용접봉의 중심에 있는 심선의 재질로는 주로 저탄소 림드강을 사용한다.

29 가스 절단에서 양호한 절단면을 얻기 위한 조건으로 틀린 것은?

① 드래그(Drag)가 가능한 한 클 것
② 드래그(Drag)의 홈이 낮고 노치가 없을 것
③ 슬래그 이탈이 양호할 것
④ 절단면 표면의 각이 예리할 것

해설
가스 절단 작업 시 양호한 절단면을 얻기 위해서는 드래그 양을 작게 해야 한다.

30 용접기의 2차 무부하 전압을 20~30V로 유지하고, 용접 중 전격 재해를 방지하기 위해 설치하는 용접기의 부속장치는?

① 과부하방지 장치
② 전격방지 장치
③ 원격제어 장치
④ 고주파발생 장치

해설
전격 : 강한 전류를 갑자기 몸에 느꼈을 때의 충격을 말하며, 용접기에는 작업자의 전격을 방지하기 위해서 반드시 전격방지기를 용접기에 부착해야 한다.
전격방지기 : 작업을 쉬는 동안에 2차 무부하 전압이 항상 25V 정도로 유지되도록 하여 전격재해를 방지할 수 있다.

31 피복아크 용접기로서 구비해야 할 조건 중 잘못된 것은?

① 구조 및 취급이 간편해야 한다.
② 전류 조정이 용이하고 일정하게 전류가 흘러야 한다.
③ 아크 발생과 유지가 용이하고 아크가 안정되어야 한다.
④ 용접기가 빨리 가열되어 아크 안정을 유지해야 한다.

해설
피복아크 용접기를 오래 사용하기 위해서는 용접기가 가능한 한 늦게 가열되면서 아크 안정성을 유지해야 한다.

32 피복아크 용접에서 용접봉의 용융속도와 관련이 가장 큰 것은?

① 아크 전압
② 용접봉 지름
③ 용접기의 종류
④ 용접봉 쪽 전압강하

해설
용접봉의 용융속도는 단위시간당 소비되는 용접봉의 길이로 나타내며, 아래와 같은 식으로 나타낼 수도 있다.
용융속도 = 아크전류 × 용접봉 쪽 전압 강하

33 가스 가우징이나 치핑에 비교한 아크 에어 가우징의 장점이 아닌 것은?

① 작업능률이 2~3배 높다.
② 장비조작이 용이하다.
③ 소음이 심하다.
④ 활용범위가 넓다.

해설
아크 에어 가우징은 탄소 아크 절단법에 고압(5~7kgf/cm²)의 압축공기를 병용하는 방법이다. 용융된 금속에 탄소봉과 평행으로 분출하는 압축공기를 전극 홀더의 끝부분에 위치한 구멍을 통해 연속해서 불어내어 홈을 파내는 방법으로 홈 가공이나 구멍 뚫기, 절단작업에 사용된다. 이것은 장비조작이 쉽고 철이나 비철 금속에 모두 이용할 수 있으며, 소음이 크지 않으며 가스 가우징보다 작업능률이 2~3배 높고 모재에도 해를 입히지 않는다.
아크 에어 가우징의 구성요소
• 가우징머신   • 가우징봉
• 가우징토치   • 컴프레서(압축공기)

34 피복아크 용접에서 아크전압이 30V, 아크전류가 150A, 용접속도가 20cm/min일 때, 용접입열은 몇 Joule/cm 인가?

① 27,000   ② 22,500
③ 15,000   ④ 13,500

해설
용접 입열량 구하는 식
$$H = \frac{60EI}{V} \ (\mathrm{J/cm})$$
$$= \frac{60 \times 30 \times 150}{20} = 13,500 \ \mathrm{J/cm}$$
여기서, H : 용접 단위길이 1cm당 발생하는 전기적 에너지
　　　　E : 아크전압(V)
　　　　I : 아크전류(A)
　　　　V : 용접속도(cm/min)
※ 일반적으로 모재에 흡수된 열량은 입열의 75~85% 정도임

35 다음 가연성 가스 중 산소와 혼합하여 연소할 때 불꽃 온도가 가장 높은 가스는?

① 수소   ② 메탄
③ 프로판   ④ 아세틸렌

해설
산소-아세틸렌 불꽃의 온도는 약 3,430℃로 다른 불꽃들에 비해 가장 높다.
가스별 불꽃 온도 및 발열량

가스 종류	불꽃 온도(℃)	발열량(kcal/m³)
아세틸렌	3,430	12,500
부탄	2,926	26,000
수소	2,960	2,400
프로판	2,820	21,000
메탄	2,700	8,500

36 피복아크 용접봉의 피복제의 작용에 대한 설명으로 틀린 것은?

① 산화 및 질화를 방지한다.

② 스패터가 많이 발생한다.

③ 탈산·정련작용을 한다.

④ 합금원소를 첨가한다.

해설
피복제(Flux)의 역할
• 아크를 안정시킨다.
• 전기절연작용을 한다.
• 보호가스를 발생시킨다.
• 스패터의 발생을 줄인다.
• 아크의 집중성을 좋게 한다.
• 용착금속의 급랭을 방지한다.
• 용착금속의 탈산·정련작용을 한다.
• 용융금속과 슬래그의 유동성을 좋게 한다.
• 용적(쇳물)을 미세화하여 용착효율을 높인다.
• 용융점이 낮고 적당한 점성의 슬래그를 생성한다.
• 슬래그 제거를 쉽게 하여 비드의 외관을 좋게 한다.
• 적당량의 합금원소를 첨가하여 금속에 특수성을 부여한다.
• 중성 또는 환원성 분위기를 만들어 질화나 산화를 방지하고 용융 금속을 보호한다.
• 쇳물이 쉽게 달라붙도록 힘을 주어 수직자세, 위보기 자세 등 어려운 자세를 쉽게 한다.

37 부하 전류가 변화하여도 단자 전압은 거의 변하지 않는 특성은?

① 수하 특성

② 정전류 특성

③ 정전압 특성

④ 전기저항 특성

해설
용접기의 특성
• 정전류 특성 : 부하 전류나 전압이 변해도 단자 전류는 거의 변하지 않는다.
• 정전압 특성 : 부하 전류나 전압이 변해도 단자 전압은 거의 변하지 않는다.
• 수하 특성 : 부하 전류가 증가하면 단자 전압이 낮아진다.
• 상승 특성 : 부하 전류가 증가하면 단자 전압이 약간 높아진다.

38 용접기의 명판에 사용률이 40%로 표시되어 있을 때, 다음 설명으로 옳은 것은?

① 아크발생시간이 40%이다.

② 휴지시간이 40%이다.

③ 아크발생시간이 60%이다.

④ 휴지시간이 4분이다.

해설
사용률이 40%라면 전체 사용시간 중에서 아크발생시간이 40%이다.

39 포금의 주성분에 대한 설명으로 옳은 것은?

① 구리에 8~12% Zn을 함유한 합금이다.

② 구리에 8~12% Sn을 함유한 합금이다.

③ 6-4황동에 1% Pb을 함유한 합금이다.

④ 7-3황동에 1% Mg을 함유한 합금이다.

해설
포금(Gun Metal)은 구리합금인 청동의 일종으로 Cu에 8~12%의 Sn(주석)을 합금시킨 재료이다. 단조성이 좋고 내식성이 있어서 밸브나 기어, 베어링의 부시용 재료로 사용된다.

40 다음 중 완전 탈산시켜 제조한 강은?

① 킬드강　　　　② 림드강

③ 고망간강　　　④ 세미킬드강

해설

강괴의 탈산 정도에 따른 분류

- 킬드강 : 평로, 전기로에서 제조된 용강을 Fe−Mn, Fe−Si, Al 등으로 완전히 탈산시킨 강으로 상부에 작은 수축관과 소수의 기포만 존재하며 탄소 함유량이 0.15~0.3% 정도인 강
- 세미킬드강 : Fe−Mn, Fe−S, Al으로 탈산시킨 것으로 상부에 작은 수축관과 소수의 기포만 존재하며, 탄소 함유량이 0.15~ 0.3% 정도인 강으로 림드강과 킬드강의 중간 정도로 탈산시킨 강
- 림드강 : 평로, 전로에서 제조된 것을 Fe−Mn으로 가볍게 탈산시킨 강
- 캡트강 : 림드강을 주형에 주입한 후 탈산제를 넣거나 주형에 뚜껑을 덮고 리밍 작용을 억제하여 표면을 림드강처럼 깨끗하게 만듦과 동시에 내부를 세미킬드강처럼 편석이 적은 상태로 만든 강

킬드강	림드강	세미킬드강

41 Al−Cu−Si 합금으로 실리콘(Si)을 넣어 주조성을 개선하고 Cu를 첨가하여 절삭성을 좋게 한 알루미늄 합금으로 시효 경화성이 있는 합금은?

① Y합금　　　　② 라우탈

③ 코비탈륨　　　④ 로−엑스 합금

해설

라우탈은 주조용 알루미늄 합금으로 Al + Cu + Si의 합금이다. Al에 Si를 첨가하면 주조성을 개선하며, Cu를 첨가하면 절삭성을 향상시킨다. 이 재료는 시효경화성을 갖고 있다.

42 주철 중 구상 흑연과 편상 흑연의 중간 형태의 흑연으로 형성된 조직을 갖는 주철은?

① CV 주철　　　　② 에시큘라 주철

③ 니크로 실라 주철　④ 미하나이트 주철

43 연질 자성 재료에 해당하는 것은?

① 페라이트 자석　　② 알니코 자석

③ 네오디뮴 자석　　④ 퍼멀로이

해설

퍼멀로이 : 니켈과 철의 합금으로 자기장의 세기가 큰 연질 자성 재료이다. 열처리를 하면 높은 자기투과도를 나타내기 때문에 전기통신 재료나 코일용 재료로 사용된다.

44 다음 중 황동과 청동의 주성분으로 옳은 것은?

① 황동 : Cu + Pb, 청동 : Cu + Sb

② 황동 : Cu + Sn, 청동 : Cu + Zn

③ 황동 : Cu + Sb, 청동 : Cu + Pb

④ 황동 : Cu + Zn, 청동 : Cu + Sn

해설

구리 합금의 종류

청 동	Cu + Sn, 구리 + 주석
황 동	Cu + Zn, 구리 + 아연

45 다음 중 담금질에 의해 나타난 조직 중에서 경도와 강도가 가장 높은 것은?

① 오스테나이트　　② 소르바이트

③ 마텐자이트　　　④ 트루스타이트

해설

담금질에 따른 금속 조직의 경도와 강도가 높은 순서 M(마텐자이트) > T(트루스타이트) > S(소르바이트) > P(펄라이트) > A(오스테나이트) > F(페라이트)

46 다음 중 재결정 온도가 가장 낮은 금속은?

① Al
② Cu
③ Ni
④ Zn

해설

Zn의 재결정온도는 상온인 24℃ 정도로 보기 중에서 가장 낮다.
금속의 재결정 온도

금속	온도(℃)	금속	온도(℃)	금속	온도(℃)
주석(Sn)	상온 이하	마그네슘(Mg)	150	백금(Pt)	450
납(Pb)	상온 이하	알루미늄(Al)	150	철(Fe)	450
카드뮴(Pb)	상온	구리(Cu)	200	니켈(Ni)	600
아연(Zn)	상온	은(Ag)	200	몰리브덴(Mo)	900
–	–	금(Au)	200	텅스텐(W)	1,200

47 다음 중 상온에서 구리(Cu)의 결정격자 형태는?

① HCT
② BCC
③ FCC
④ CPH

해설

철의 결정구조

종류	기호	성질	원소
체심입방격자	BCC	• 강도가 크다. • 용융점이 높다. • 전연성이 적다.	W, Cr, Mo, V, Na, K,
면심입방격자	FCC	• 가공성이 우수하다. • 연한 성질의 재료이다. • 장신구로 많이 사용된다. • 전연성과 전기전도도가 크다.	Al, Ag, Au, Cu, Ni, Pb, Pt, Ca
조밀육방격자	HCP	• 전연성이 불량하다. • 가공성이 좋지 않다.	Mg, Zn, Ti, Be, Hg, Zr, Cd, Ce

48 Ni-Fe 합금으로서 불변강이라 불리우는 합금이 아닌 것은?

① 인바
② 모넬메탈
③ 엘린바
④ 슈퍼인바

해설

모넬메탈 : 구리와 니켈의 합금이다. 소량의 철, 망간, 규소 등도 다소 함유되어 있어서 내식성과 고온에서의 강도가 높아서 각종 화학 기계나 열기관의 재료로 사용된다. 따라서 불변강에 속하지 않는다.

49 다음 중 Fe-C 평형상태도에 대한 설명으로 옳은 것은?

① 공정점의 온도는 약 723℃이다.
② 포정점은 약 4.30%C를 함유한 점이다.
③ 공석점은 약 0.80%C를 함유한 점이다.
④ 순철의 자기변태 온도는 210℃이다.

해설

③ 공석점인 723℃에서 나오는 공석강의 탄소 함유량은 0.8% 이다.
① 공정점은 1,148℃에서 펄라이트 조직이 나온다.
② 포정점인 1,494℃의 탄소함유량은 0.18%이다.
④ 순철의 자기변태점인 A₂변태점의 온도는 768℃이다.

[Fe₃C 평형상태도]

50 고주파 담금질의 특징을 설명한 것 중 옳은 것은?

① 직접 가열하므로 열효율이 높다.

② 열처리 불량은 적으나 변형 보정이 항상 필요하다.

③ 열처리 후의 연삭 과정을 생략 또는 단축시킬 수 없다.

④ 간접 부분 담금질법으로 원하는 깊이만큼 경화하기 힘들다.

고주파경화법은 고주파 유도전류에 의해서 강 부품의 표면층만 직접 급속히 가열한 후 급랭시키는 방법으로 열효율이 높다.
고주파경화법의 특징
• 작업비가 싸다.
• 직접 가열로 열효율이 높다.
• 열처리 후 연삭과정을 생략할 수 있다.
• 조작이 간단하여 열처리 시간이 단축된다.
• 불량이 적고 변형 보정을 필요로 하지 않는다.
• 급열이나 급랭으로 인해 재료가 변형될 수 있다.
• 경화층이 이탈되거나 담금질 균열이 생기기 쉽다.
• 가열 시간이 짧아서 산화 및 탈탄의 우려가 적다.
• 마텐자이트 생성으로 체적이 변화하여 내부응력이 발생한다.

51 다음 입체도의 화살표 방향 투상도로 가장 적합한 것은?

① ② ③ ④

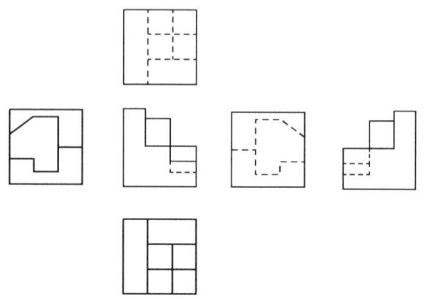

배면도는 물체를 정면도의 뒤쪽에서 본 형상으로 정답은 ③번이 된다.

제3각법으로 물체 표현하기

52 다음 그림과 같은 용접방법 표시로 맞는 것은?

① 삼각용접　　　② 현장용접

③ 공장용접　　　④ 수직용접

53 다음 밸브 기호는 어떤 밸브를 나타내는가?

① 풋 밸브　　　② 볼 밸브

③ 체크 밸브　　　④ 버터플라이 밸브

[해설]
밸브의 종류 및 기호

종류	풋 밸브	볼 밸브	체크 밸브	버터플라이 밸브
기호				

54 다음 중 리벳용 원형강의 KS 기호는?

① SV　　　② SC

③ SB　　　④ PW

[해설]
① SV : 리벳용 압연강재, 리벳용 원형강재
② SC : 탄소주강품
③ SB : 보일러 및 압력 용기용 탄소강
④ PW : 합판

55 대상물의 일부를 떼어낸 경계를 표시하는 데 사용하는 선의 굵기는?

① 굵은 실선

② 가는 실선

③ 아주 굵은 실선

④ 아주 가는 실선

[해설]
대상물의 일부를 떼어낸 경계를 표시하는 파단선은 가는 실선으로 그린다.

파단선	불규칙한 가는 실선		대상물의 일부를 파단한 경계나 일부를 떼어 낸 경계를 표시하는 선
	지그재그 선		

56 그림과 같은 배관도시기호가 있는 관에는 어떤 종류의 유체가 흐르는가?

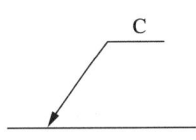

① 온수　　　② 냉수

③ 냉온수　　　④ 증기

[해설]
관에 흐르는 유체의 종류

종류	기호	종류	기호
공기	A	물	W
가스	G	기름	O
수증기	S	냉수	C

[정답] 52 ② 53 ① 54 ① 55 ② 56 ②

57 제3각법에 대하여 설명한 것으로 틀린 것은?

① 저면도는 정면도 밑에 도시한다.

② 평면도는 정면도의 상부에 도시한다.

③ 좌측면도는 정면도의 좌측에 도시한다.

④ 우측면도는 평면도의 우측에 도시한다.

해설
제3각법에서 우측면도는 정면도의 우측에 도시해야 한다.
제1각법과 제3각법

제1각법	제3각법
투상면을 물체의 뒤에 놓는다.	투상면을 물체의 앞에 놓는다.
눈 → 물체 → 투상면	눈 → 투상면 → 물체

58 다음 치수 표현 중에서 참고치수를 의미하는 것은?

① S∅24　　　　② t=24

③ (24)　　　　④ □24

해설
치수 보조기호의 종류

기호	구분	기호	구분
φ	지름	p	피치
Sφ	구의 지름	⌒50	호의 길이
R	반지름	50̲	비례척도가 아닌 치수
SR	구의 반지름	⎡50⎤	이론적으로 정확한 치수
□	정사각형	(50)	참고 치수
C	45° 모따기	-50-	치수의 취소 (수정 시 사용)
t	두께	–	–

59 구멍에 끼워 맞추기 위한 구멍, 볼트, 리벳의 기호 표시에서 현장에서 드릴가공 및 끼워맞춤을 하고 양쪽면에 카운터 싱크가 있는 기호는?

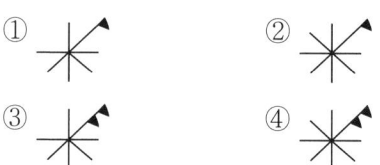

해설
양쪽 면에 카운터 싱크가 있고 현장에서 드릴가공 및 끼워 맞춤을 하는 표시는 ✳ 이다.

60 도면을 용도에 따른 분류와 내용에 따른 분류로 구분할 때, 다음 중 내용에 따라 분류한 도면인 것은?

① 제작도　　　　② 주문도

③ 견적도　　　　④ 부품도

해설
도면의 분류

용도에 따른 분류	계획도, 상세도, 제작도, 검사도, 주문도, 승인도, 설명도
내용에 따른 분류	부품도, 배치도, 조립도

01 아르곤(Ar)가스는 1기압하에서 6,500L 용기에 몇 기압으로 충전하는가?

① 100기압
② 120기압
③ 140기압
④ 160기압

해설

아르곤(Ar)가스는 140kgf/cm² 으로 충전한다.
- 산소가스 : 150kgf/cm²
- 아세틸렌 : 15kgf/cm²

02 다음 파괴시험 방법 중 충격시험 방법은?

① 전단시험
② 샤르피시험
③ 크리프시험
④ 응력부식 균열시험

해설

샤르피식 충격 시험법
샤르피 충격 시험기를 사용하여 시험편을 40mm 떨어진 2개의 지지대로 지지하고, 노치부를 지지대 사이의 중앙에 일치시킨 후 노치부 뒷면을 해머로 1회만 충격을 주어 시험편을 파단시킬 때 소비된 흡수 에너지(E)와 충격값(U)를 구하는 시험방법

[샤르피 시험기]

$$U = \frac{E}{A_0} (\text{kgf} \cdot \text{m/cm}^2)$$

여기서, A_0 : 소비된 흡수 에너지

03 초음파탐상 검사방법이 아닌 것은?

① 공진법
② 투과법
③ 극간법
④ 펄스반사법

해설

초음파탐상법의 종류
- 투과법 : 초음파펄스를 시험체의 한쪽면에서 송신하고 반대쪽면에서 수신하는 방법
- 펄스반사법 : 불연속부와 같은 경계면에서는 투과 및 굴절 또는 반사를 하는데 이러한 불연속부에서 반사하는 초음파를 분석하여 검사하는 방법
- 공진법 : 시험체에 가해진 초음파의 진동수와 시험체의 고유진동수가 일치할 때 진동의 진폭이 커지는 현상인 공진을 이용하여 시험체의 두께를 측정하는 방법

04 다음 중 용접결함에서 구조상 결함에 속하는 것은?

① 기공
② 인장강도의 부족
③ 변형
④ 화학적 성질 부족

해설

용접결함의 종류

결함의 종류		결함의 명칭
치수상 결함		변형, 치수불량, 형상불량
구조상 결함		기공, 은점, 언더컷, 오버랩, 균열, 선상조직, 용입불량, 표면결함, 슬래그 혼입
성질상 결함	기계적 불량	인장강도 부족, 항복강도 부족, 피로강도 부족, 경도 부족, 연성 부족, 충격시험값 부족
	화학적 불량	화학성분 부적당, 부식(내식성 불량)

05 15℃, 1kgf/cm²하에서 사용 전 용해 아세틸렌 병의 무게가 50kgf이고, 사용 후 무게가 47kgf일 때 사용한 아세틸렌의 양은 몇 리터(L)인가?

① 2,915

② 2,815

③ 3,815

④ 2,715

해설
용해 아세틸렌 1kg을 기화시키면 약 905L의 아세틸렌가스가 발생되므로, 아세틸렌가스의 양(C)을 구하는 공식은 다음과 같다.
아세틸렌 가스량(C) = 905L(50−47) = 2,715L
※ 아세틸렌 가스량(C) = 905L(병 전체 무게 − 빈 병의 무게)

06 다음 용착법 중 다층쌓기 방법인 것은?

① 전진법
② 대칭법
③ 스킵법
④ 캐스케이드법

해설
용착법의 종류

구분	종류		
용접 방향에 의한 용착법	전진법	후퇴법	
	대칭법	스킵법(비석법)	
다층 비드 용착법	빌드업법(덧살올림법)	캐스케이드법	
	전진블록법		

07 플라스마 아크의 종류 중 모재가 전도성 물질이어야 하며, 열효율이 높은 아크는?

① 이행형 아크

② 비이행형 아크

③ 중간형 아크

④ 피복 아크

해설
플라스마 아크 용접의 아크의 종류 중에서 모재가 전도성을 가져야 하는 것은 이행형 아크이다.
플라스마 아크 용접의 아크 종류
• 이행형 아크 : 텅스텐 전극봉에 (−), 모재에 (+)를 연결하는 것으로 모재가 전기전도성을 가진 것으로 용입이 깊다.
• 비이행형 아크 : 텅스텐 전극봉에 (−), 구속 노즐(+) 사이에서 아크를 발생시키는 것으로 모재에는 전기를 연결하지 않아서 비전도체도 용접이 가능하나 용입이 얕고 비드가 넓다.

08 철도 레일 이음 용접에 적합한 용접법은?

① 테르밋 용접
② 서브머지드 용접
③ 스터드 용접
④ 그래비티 및 오토콘 용접

해설
테르밋 용접은 금속산화물과 알루미늄이 반응하여 열과 슬래그를 발생시키는 테르밋 반응을 이용하는 것으로 먼저 알루미늄 분말과 산화철을 1 : 3의 비율로 혼합하여 테르밋제를 만든 후 냄비의 역할을 하는 도가니에 넣어 약 1,000℃로 점화하면 약 2,800℃의 열이 발생되면서 용접용 강이 만들어지는데 이 강을 용접부에 주입하면서 용접하는 방법으로 차축이나 철도 레일의 접합, 선박의 프레임 등 비교적 큰 단면을 가진 물체의 맞대기 용접과 보수용접에 주로 사용한다.

09 다음 TIG 용접에 대한 설명 중 틀린 것은?

① 박판 용접에 적합한 용접법이다.
② 교류나 직류가 사용된다.
③ 비소모식 불활성 가스 아크 용접법이다.
④ 전극봉은 연강봉이다.

해설
TIG 용접은 Tungsten(텅스텐)재질의 전극봉과 Inert Gas(불활성 가스)인 Ar을 사용해서 용접하는 특수용접법이다.

10 TIG 용접에서 전극봉은 세라믹 노즐의 끝에서부터 몇 mm 정도 돌출시키는 것이 가장 적당한가?

① 1~2mm

② 3~6mm

③ 7~9mm

④ 10~12mm

해설

TIG 용접에서 텅스텐 전극봉은 보통 세라믹 노즐의 끝에서 3~6mm 정도 돌출시키는 것이 운봉하기 좋다. 이는 세라믹 노즐 끝 직경의 절반 정도이다.

11 구리 합금 용접 시험편을 현미경 시험할 경우 시험용 부식제로 주로 사용되는 것은?

① 왕수

② 피크르산

③ 수산화나트륨

④ 연화철액

12 이산화탄소 용접에 사용되는 복합 와이어(Flux Cored Wire)의 구조에 따른 종류가 아닌 것은?

① 아코스 와이어

② T관상 와이어

③ Y관상 와이어

④ S관상 와이어

해설

CO_2가스 아크 용접용 와이어에 따른 용접법

솔리드 와이어 (Solid Wire)	혼합가스법, CO_2법
복합 와이어(FCW ; Flux Cored Wire)	아코스 아크법, 유니언 아크법, 퓨즈 아크법, NCG법, S관상 와이어 아크법, Y관상 와이어 아크법

13 불활성 가스 텅스텐(TIG) 아크 용접에서 용착금속의 용락을 방지하고 용착부 뒷면의 용착금속을 보호하는 것은?

① 포지셔너(Positioner)

② 지그(Zig)

③ 뒷받침(Backing)

④ 엔드탭(End Tap)

해설

TIG 용접을 비롯한 기타 용접법으로 맞대기 용접 시 판의 두께가 얇거나 루트 면의 치수가 용융금속을 지지하지 못할 경우, 용융금속의 용락을 방지하기 위해서 받침쇠(Backing, 뒷받침)를 사용한다.

14 레이저 빔 용접에 사용되는 레이저의 종류가 아닌 것은?

① 고체 레이저

② 액체 레이저

③ 기체 레이저

④ 도체 레이저

해설

레이저 빔 용접에 도체 레이저는 사용되지 않는다.

15 피복아크 용접 후 실시하는 비파괴 검사방법이 아닌 것은?

① 자분탐상법
② 피로시험법
③ 침투탐상법
④ 방사선투과 검사법

해설
피로시험(Fatigue Test)은 재료의 강도시험으로 재료에 반복응력을 가했을 때 파괴되기까지의 반복횟수를 구해서 응력(S)과 반복횟수(N)와의 상관관계를 알 수 있는 시험으로 파괴검사방법에 속한다.

16 용접결함 중 치수상의 결함에 대한 방지대책과 가장 거리가 먼 것은?

① 역변형법 적용이나 지그를 사용한다.
② 습기, 이물질 제거 등 용접부를 깨끗이 한다.
③ 용접 전이나 시공 중에 올바른 시공법을 적용한다.
④ 용접조건과 자세, 운봉법을 적정하게 한다.

해설
습기 제거는 기공을 방지하기 위함이고, 이물질 제거는 슬래그 및 이물질 혼입을 막기 위함이므로 치수상 결함과는 관련이 없다.

17 다음 중 저탄소강의 용접에 관한 설명으로 틀린 것은?

① 용접 균열의 발생 위험이 크기 때문에 용접이 비교적 어렵고, 용접법의 적용에 제한이 있다.
② 피복아크 용접의 경우 피복아크 용접봉은 모재와 강도 수준이 비슷한 것을 선정하는 것이 바람직하다.
③ 판의 두께가 두껍고 구속이 큰 경우에는 저수소계 계통의 용접봉이 사용된다.
④ 두께가 두꺼운 강재일 경우 적절한 예열을 할 필요가 있다.

해설
C(탄소)는 온도가 상승함에 따라 부피가 잠시 수축했다가 다시 팽창하는 성질이 있어서 탄소량이 많은 고탄소강일수록 재료의 변형에 따른 용접 균열이 발생할 우려가 크다. 따라서 저탄소강은 용접이 쉬우며 균열 발생의 위험이 적다.
탄소함유량에 따른 분류
• 저탄소강 : 0.02~0.25%의 탄소 함유량
• 중탄소강 : 0.25~0.5%의 탄소 함유량
• 고탄소강 : 0.5~1.7%의 탄소 함유량

18 다음 중 용접이음에 대한 설명으로 틀린 것은?

① 필릿 용접에서는 형상이 일정하고, 미용착부가 없어 응력분포상태가 단순하다.
② 맞대기 용접이음에서 시점과 크레이터 부분에서는 비드가 급랭하여 결함을 일으키기 쉽다.
③ 전면 필릿 용접이란 용접선의 방향이 하중의 방향과 거의 직각인 필릿 용접을 말한다.
④ 겹치기 필릿 용접에서는 루트부에 응력이 집중되기 때문에 보통 맞대기 이음에 비하여 피로강도가 낮다.

해설
필릿 용접은 형상이 매우 다양하기 때문에 응력분포상태가 복잡하며, 전류의 크기에 따라 미용착부가 발생할 수 있다.

19 변형과 잔류응력을 최소로 해야 할 경우 사용되는 용착법으로 가장 적합한 것은?

① 후진법　　　　② 전진법

③ 스킵법　　　　④ 덧살올림법

해설
용접법의 종류

분류		특징
용착 방향에 의한 용착법	전진법	한쪽 끝에서 다른 쪽 끝으로 용접을 진행하는 방법으로 용접길이가 길면 끝부분 쪽에 수축과 잔류응력이 생긴다.
	후퇴법	용접을 단계적으로 후퇴하면서 전체 길이를 용접하는 방법으로써, 수축과 잔류응력을 줄이는 용접기법이다.
	대칭법	변형과 수축응력의 경감법으로 용접의 전 길이에 걸쳐 중심에서 좌우 또는 용접물 형상에 따라 좌우대칭으로 용접하는 기법이다.
	스킵법 (비석법)	용접부 전체의 길이를 5개 부분으로 나누어 놓고 1-4-2-5-3순으로 용접하는 방법으로 용접부에 잔류응력을 적게 해야 할 경우에 사용한다.
다층 비드 용착법	덧살올림법 (빌드업법)	각 층마다 전체의 길이를 용접하면서 쌓아 올리는 방법으로 가장 일반적인 방법이다.
	전진블록법	한 개의 용접봉으로 살을 붙일 만한 길이로 구분해서 홈을 한 층 완료한 후 다른 층을 용접하는 방법이다.
	캐스 케이드법	한 부분의 몇 층을 용접하다가 다음 부분의 층으로 연속시켜 전체가 단계를 이루도록 용착시켜 나가는 방법이다.

20 통행과 운반 관련 안전조치로 가장 거리가 먼 것은?

① 뛰지 말 것이며 한눈을 팔거나 주머니에 손을 넣고 걷지 말 것

② 기계와 다른 시설물과의 사이의 통행로 폭은 30cm 이상으로 할 것

③ 운반차는 규정속도를 지키고 운반 시 시야를 가리지 않게 할 것

④ 통행로와 운반차, 기타 시설물에는 안전표지색을 이용한 안전표지를 할 것

21 TIG 용접에 사용되는 전극봉의 조건으로 틀린 것은?

① 고용융점의 금속

② 전자방출이 잘되는 금속

③ 전기저항률이 많은 금속

④ 열전도성이 좋은 금속

해설
TIG 용접용으로 사용되는 텅스텐 전극봉은 전기저항률이 낮아야 전자방출이 잘된다.

22 불활성 가스 아크용접에 주로 사용되는 가스는?

① CO_2　　　　② CH_4

③ Ar　　　　④ C_2H_2

해설
TIG 용접(Tungsten Inert Gas arc welding)과 MIG 용접(Metal Inert Gas arc welding)은 모두 Inert Gas(불활성가스)인 Ar(아르곤)가스를 주로 사용한다.

23 다음 중 두께 20mm인 강판을 가스 절단하였을 때 드래그(Drag)의 길이가 5mm이었다면 드래그 양은 몇 %인가?

① 5　　　　② 20

③ 25　　　　④ 100

해설
$$드래그\ 양(\%) = \frac{드래그\ 길이}{판\ 두께} \times 100\% = \frac{5}{20} \times 100\% = 25\%$$

24 가스 용접에 사용되는 용접용 가스 중 불꽃온도가 가장 높은 가연성 가스는?

① 아세틸렌 ② 메탄
③ 부탄 ④ 천연가스

해설

산소–아세틸렌 불꽃의 온도는 약 3,430℃로 다른 불꽃들에 비해 가장 높다.

가스별 불꽃 온도 및 발열량

가스 종류	불꽃 온도(℃)	발열량(kcal/m³)
아세틸렌	3,430	12,500
부탄	2,926	26,000
수소	2,960	2,400
프로판	2,820	21,000
메탄	2,700	8,500

25 가동철심형 용접기를 설명한 것으로 틀린 것은?

① 교류아크 용접기의 종류에 해당한다.
② 미세한 전류 조정이 가능하다.
③ 용접작업 중 가동 철심의 진동으로 소음이 발생할 수 있다.
④ 코일의 감긴 수에 따라 전류를 조정한다.

해설

용접기의 핸들로 1차 코일을 이동시켜 2차 코일과의 간격을 변화시킴으로써 전류를 조정하는 교류아크 용접기는 가동 코일형이다.

교류아크 용접기의 종류별 특징

종류	특징
가동 철심형	• 현재 가장 많이 사용된다. • 미세한 전류 조정이 가능하다. • 광범위한 전류의 조정이 어렵다. • 가동 철심으로 누설 자속을 가감하여 전류를 조정한다.
가동 코일형	• 아크 안정성이 크고 소음이 없다. • 가격이 비싸며 현재는 거의 사용되지 않는다. • 용접기의 핸들로 1차 코일을 상하로 이동시켜 2차 코일의 간격을 변화시켜 전류를 조정한다.
탭 전환형	• 주로 소형이 많다. • 탭 전환부의 소손이 심하다. • 넓은 범위의 전류 조정이 어렵다. • 코일의 감긴 수에 따라 전류를 조정한다. • 미세전류의 조정 시 무부하 전압이 높아서 전격의 위험이 크다.
가포화 리액터형	• 조작이 간단하고 원격제어가 된다. • 가변 저항의 변화로 전류의 조정이 가능하다. • 전기적 전류 조정으로 소음이 없고 기계의 수명이 길다.

26 피복금속 아크 용접봉의 피복제가 연소한 후 생성된 물질이 용접부를 보호하는 방식이 아닌 것은?

① 가스 발생식 ② 슬래그 생성식
③ 스프레이 발생식 ④ 반가스 발생식

해설

용착금속의 보호방식에 따른 분류

• 가스발생식 : 피복제 성분이 주로 셀룰로스이며 연소 시 가스를 발생시켜 용접부를 보호한다.
• 슬래그생성식 : 피복제 성분이 주로 규사, 석회석 등의 무기물로 슬래그를 만들어 용접부를 보호하며 산화 및 질화를 방지한다.
• 반가스발생식 : 가스발생식과 슬래그 생성식의 중간적 성질을 갖는다.

27 다음 중 가스 용접의 특징으로 틀린 것은?

① 전기가 필요 없다.

② 응용범위가 넓다.

③ 박판용접에 적당하다.

④ 폭발의 위험이 없다.

해설

가스 용접의 장점 및 단점

장점	• 운반이 편리하고 설비비가 싸다. • 전원이 없는 곳에 쉽게 설치할 수 있다. • 아크 용접에 비해 유해 광선의 피해가 적다. • 가열할 때 열량 조절이 비교적 자유로워 박판 용접에 적당하다.
단점	• 가연성 가스를 사용하므로 폭발의 위험이 있다. • 아크 용접에 비해 불꽃의 온도가 낮다. • 열 집중성이 나빠서 효율적인 용접이 어렵다. • 가열 범위가 커서 용접 변형이 크고 일반적으로 용접부의 신뢰성이 적다.

28 가스 절단 시 절단면에 일정한 간격의 곡선이 진행 방향으로 나타나는데 이것을 무엇이라 하는가?

① 슬래그(Slag)

② 태핑(Tapping)

③ 드래그(Drag)

④ 가우징(Gouging)

해설

드래그란 가스 절단 시 한 번에 토치를 이동한 거리로, 절단면에 일정한 간격의 곡선이 나타나는 것이다.

29 용접 중 전류를 측정할 때 전류계(클램프 미터)의 측정위치로 적합한 것은?

① 1차측 접지선

② 피복 아크 용접봉

③ 1차측 케이블

④ 2차측 케이블

해설

용접 중 전류계로 용접전류를 측정할 때는 정확한 측정을 위해 2차측 케이블에서 해야 한다.

30 직류아크 용접에서 용접봉을 용접기의 음(-)극에, 모재를 양(+)극에 연결한 경우의 극성은?

① 직류 정극성

② 직류 역극성

③ 용극성

④ 비용극성

해설

아크 용접기의 극성

직류 정극성 (DCSP ; Direct Current Straight Polarity)	• 용입이 깊다. • 비드 폭이 좁다. • 용접봉의 용융속도가 느리다. • 후판(두꺼운 판) 용접이 가능하다. • 모재에는 (+)전극이 연결되며 70% 열이 발생하고, 용접봉에는 (-)전극이 연결되며 30% 열이 발생한다.
직류 역극성 (DCRP ; Direct Current Reverse Polarity)	• 용입이 얕다. • 비드 폭이 넓다. • 용접봉의 용융속도가 빠르다. • 박판(얇은 판) 용접이 가능하다. • 주철, 고탄소강, 비철금속의 용접에 쓰인다. • 모재에는 (-)전극이 연결되며 30% 열이 발생하고, 용접봉에는 (+)전극이 연결되며 70% 열이 발생한다.
교류(AC)	• 극성이 없다. • 전원 주파수의 $\frac{1}{2}$ 사이클마다 극성이 바뀐다. • 직류 정극성과 직류 역극성의 중간적 성격이다.

31 다음 중 피복아크 용접에 있어 용접봉에서 모재로 용융금속이 옮겨가는 상태를 분류한 것이 아닌 것은?

① 폭발형　　　　② 스프레이형
③ 글로뷸러형　　④ 단락형

폭발형은 용융금속의 이행 형태에 속하지 않는다(단락이행형, 입상이행(글로뷸러)형, 스프레이형, 맥동이행형).

32 강재표면의 홈이나 개재물, 탈탄층 등을 제거하기 위하여 얇고 타원형 모양으로 표면을 깎아 내는 가공법은?

① 산소창 절단　　② 스카핑
③ 탄소아크 절단　④ 가우징

스카핑(Scarfing)은 강괴나 강편, 강재 표면의 홈이나 개재물, 탈탄층 등을 제거하기 위한 불꽃 가공으로 가능한 얇으면서 타원형의 모양으로 표면을 깎아 내는 가공법이다.
• 산소창 절단 : 가늘고 긴 강관(안지름 3.2~6mm, 길이 1.5~3m)을 사용해서 절단 산소를 큰 강괴의 중심부에 분출시켜 창으로 불리는 강관 자체가 함께 연소되면서 절단하는 방법
• 탄소아크절단 : 탄소나 흑연 재질의 전극봉과 금속 사이에서 아크를 일으켜 금속의 일부를 용융시켜 이 용융금속을 제거하면서 절단하는 방법
• 가스가우징 : 용접결함이나 가접부 등의 제거를 위해 사용하는 방법으로써 가스 절단과 비슷한 토치를 사용해 용접부의 뒷면을 따내거나 U형이나 H형의 용접 홈을 가공하기 위하여 깊은 홈을 파내는 가공법

33 가스 용접에서 전진법과 후진법을 비교하여 설명한 것으로 옳은 것은?

① 용착금속의 냉각도는 후진법이 서랭된다.
② 용접변형은 후진법이 크다.
③ 산화의 정도가 심한 것은 후진법이다.
④ 용접속도는 후진법보다 전진법이 더 빠르다.

가스 용접에서의 전진법과 후진법의 차이점

구분	전진법	후진법
열이용률	나쁘다.	좋다.
비드의 모양	보기 좋다.	매끈하지 못하다.
홈의 각도	크다(약 80°).	작다(약 60°).
용접속도	느리다.	빠르다.
용접변형	크다.	작다.
용접 가능 두께	두께 5mm 이하의 박판	후판
가열시간	길다.	짧다.
기계적 성질	나쁘다.	좋다.
산화 정도	심하다.	양호하다.
냉각 정도	급랭	서랭
토치 진행방향 및 각도		
	오른쪽 → 왼쪽	왼쪽 → 오른쪽

34 용접 용어와 그 설명이 잘못 연결된 것은?

① 모재 : 용접 또는 절단되는 금속
② 용융풀 : 아크열에 의해 용융된 쇳물 부분
③ 슬래그 : 용접봉이 용융지에 녹아 들어가는 것
④ 용입 : 모재가 녹은 깊이

슬래그(Slag)란 용접 중 발생되는 불순물이 응집된 것으로 용접 완료 후 용융금속을 덮고 있다.

35 주철의 용접 시 예열 및 후열 온도는 얼마 정도가 가장 적당한가?

① 100~200℃   ② 300~400℃

③ 500~600℃   ④ 700~800℃

해설
주철(2~6.67%의 C) 용접 시 예열 및 후열의 온도는 500~600℃가 적당하다.

36 저수소계 용접봉은 용접시점에서 기공이 생기기 쉬운데 해결방법으로 가장 적당한 것은?

① 후진법 사용

② 용접봉 끝에 페인트 도색

③ 아크 길이를 길게 사용

④ 접지점을 용접부에 가깝게 물림

해설
E4316(저수소계) 용접봉 사용 시 기공방지를 위해서는 후진법을 사용한다. 후진법은 아크가 발생되는 지점의 반대쪽으로 이동시키는 용접 방법이다.

37 AW300, 정격사용률이 40%인 교류 아크 용접기를 사용하여 실제 150A의 전류로 용접을 한다면 허용 사용률은?

① 80%   ② 120%

③ 140%   ④ 160%

해설
$$허용사용률(\%) = \frac{(정격2차전류)^2}{(실제용접전류)^2} \times 정격사용률(\%)$$

$$= \frac{300A^2}{150A^2} \times 40\% = \frac{90,000}{22,500} \times 40\% = 160\%$$

38 용해 아세틸렌 용기 취급 시 주의사항으로 틀린 것은?

① 아세틸렌 충전구가 동결 시는 50℃ 이상의 온수로 녹여야 한다.

② 저장 장소는 통풍이 잘되어야 한다.

③ 용기는 반드시 캡을 씌워 보관한다.

④ 용기는 진동이나 충격을 가하지 말고 신중히 취급해야 한다.

해설
가스의 충전구가 동결되었을 때는 35℃ 이하의 온수로 녹여야 한다.

39 노멀라이징(Normalizing) 열처리의 목적으로 옳은 것은?

① 연화를 목적으로 한다.

② 경도 향상을 목적으로 한다.

③ 인성 부여를 목적으로 한다.

④ 재료의 표준화를 목적으로 한다.

해설
열처리의 기본 4단계
• 담금질(Quenching) : 재질을 경화시킬 목적으로 강을 오스테나이트 조직의 영역으로 가열한 후 급랭시켜 강도와 경도를 증가시키는 열처리법이다.
• 뜨임(Tempering) : 담금질한 강을 A_1변태점(723℃) 이하로 가열 후 서랭하는 것으로, 담금질로 경화된 재료에 인성을 부여하고 내부응력을 제거한다.
• 풀림(Annealing) : 재질을 연하고 균일화시킬 목적으로 실시하는 열처리법으로, 완전풀림은 A_3변태점(968℃) 이상의 온도로, 연화풀림은 650℃정도의 온도로 가열한 후 서랭한다.
• 불림(Normalizing) : 담금질 정도가 심하거나 결정입자가 조대해진 강을 표준화조직으로 만들기 위하여 A_3점(968℃)이나 A_{cm}(시멘타이트)점 이상의 온도로 가열 후 공랭시킨다.

40 면심입방격자 구조를 갖는 금속은?

① Cr   ② Cu

③ Fe   ④ Mo

> **해설**
>
> 철의 결정구조
>
> | 종류 | 기호 | 성질 | 원소 |
> |------|------|------|------|
> | 체심
입방
격자 | BCC | • 강도가 크다.
• 용융점이 높다.
• 전연성이 적다. | W, Cr, Mo,
V, Na, K |
> | 면심
입방
격자 | FCC | • 가공성이 우수하다.
• 연한 성질의 재료이다.
• 귀금속이나 장신구로 많이 사용된다.
• 전연성과 전기전도도가 크다. | Al, Ag, Au,
Cu, Ni, Pb,
Pt, Ca |
> | 조밀
육방
격자 | HCP | • 전연성이 불량하다.
• 가공성이 좋지 않다. | Mg, Zn, Ti,
Be, Hg, Zr,
Cd, Ce |

41 융점이 높은 코발트(Co) 분말과 1~5μm 정도의 세라믹, 탄화 텅스텐 등의 입자들을 배합하여 확산과 소결 공정을 거쳐서 분말 야금법으로 입자강화 금속 복합 재료를 제조한 것은?

① FRP

② FRS

③ 서멧(Cermet)

④ 진공청정구리(OFHC)

> **해설**
>
> 서멧(Cermet)은 융점이 높은 Co(코발트)분말과 세라믹, 탄화 텅스텐 등의 입자를 배합한 후 소결공정을 거쳐 분말야금법으로 만든 내열재료이다. 고온에 잘 견디기 때문에 가스터빈이나 날개, 원자로의 재료로 사용된다.

42 알루미늄 합금 중 대표적인 단련용 Al합금으로 주요성분이 Al–Cu–Mg–Mn인 것은?

① 알민   ② 알드리

③ 두랄루민   ④ 하이드로날륨

> **해설**
>
> 시험에 자주 출제되는 주요 알루미늄 합금
>
> | Y합금 | Al + Cu + Mg + Ni, 알구마니 |
> |------|------|
> | 두랄루민 | Al + Cu + Mg + Mn, 알구마망 |

43 재료 표면상에 일정한 높이로부터 낙하시킨 추가 반발하여 튀어 오르는 높이로부터 경도값을 구하는 경도기는?

① 쇼어 경도기   ② 로크웰 경도기

③ 비커스 경도기   ④ 브리넬 경도기

> **해설**
>
> 경도 시험법의 종류
>
> | 종류 | 시험 원리 | 압입자 |
> |------|----------|--------|
> | 브리넬 경도
(H_B) | 압입자에 하중을 걸어 자국의 크기로 경도를 조사한다. | 강구 |
> | 비커스 경도
(H_V) | 압입자에 하중을 걸어 자국의 대각선 길이로 조사한다. | 136°인 다이아몬드 피라미드 압입자 |
> | 로크웰 경도
(H_{RB}, H_{RC}) | 압입자에 하중을 걸어 홈의 깊이를 측정한다.
예비하중 : 10kg | • B스케일 : 강구
• C스케일 : 120° 다이아몬드(콘) |
> | 쇼어 경도
(H_S) | 추를 일정한 높이에서 낙하시킨 후 재료 표면에서 이 추의 반발높이를 측정한다. | 다이아몬드 추 |

44 알루미늄의 표면 방식법이 아닌 것은?

① 수산법   ② 염산법
③ 황산법   ④ 크롬산법

해설
알루미늄 방식법의 종류
• 수산법
• 황산법
• 크롬산법

45 인장시험에서 표점거리가 50mm의 시험편을 시험 후 절단된 표점거리를 측정하였더니 65mm가 되었다. 이 시험편의 연신율은 얼마인가?

① 20%   ② 23%
③ 30%   ④ 33%

해설
연신율(ε) : 시험편이 파괴되기 직전의 표점거리와 원표점 거리와의 차를 변형량이라고 하는데, 연신율은 이 변형량을 원표점 거리에 대한 백분율로 표시한 것

$$\varepsilon = \frac{L_1 - L_0}{L_0} \times 100\% = \frac{65 - 50}{50} \times 100\% = 30\%$$

46 2~10% Sn, 0.6% P 이하의 합금이 사용되며 탄성률이 높아 스프링 재료로 가장 적합한 청동은?

① 알루미늄청동   ② 망간청동
③ 니켈청동   ④ 인청동

해설
0.6%의 P(인)이 첨가되어 탄성이 높아 스프링 재료로 사용되는 청동은 인청동이다.

47 강의 담금질 깊이를 깊게 하고 크리프 저항과 내식성을 증가시키며 뜨임 메짐을 방지하는 데 효과가 있는 합금원소는?

① Mo   ② Ni
③ Cr   ④ Si

해설
탄소강에 함유된 원소들의 영향

종류	영향
탄소(C)	• 경도를 증가시킨다. • 인성과 연성을 감소시킨다. • 일정 함유량까지 강도를 증가시킨다. • 함유량이 많아질수록 취성(메짐)이 강해진다.
규소(Si)	• 유동성을 증가시킨다. • 용접성을 저하시킨다. • 결정립의 조대화로 충격값과 인성을 저하시킨다. • 가공성을 저하시킨다. • 인장강도, 탄성한계, 경도를 상승시킨다. • 연신율과 충격값을 저하시킨다.
망간(Mn)	• 뜨임취성을 방지한다. • 주철의 흑연화를 촉진한다. • 탄소강에 함유된 S을 제거하여 적열취성을 감소시킨다.
인(P)	• 상온취성의 원인이 된다. • 편석, 균열의 원인이 된다.
황(S)	• 편석의 원인이 된다. • 절삭성을 양호하게 한다. • 적열취성의 원인이 된다. • 백점, 헤어크랙의 원인이 된다. • 철을 여리게 하며 알칼리성에 약하다.
몰리브덴(Mo)	• 내식성을 증가시킨다. • 뜨임취성을 방지한다. • 강의 담금질 깊이를 깊게 한다.
크롬(Cr)	• 내열성, 내마모성, 내식성을 증가시킨다. • 합금강에서 합금원소의 함유량이 많아지면 내식성, 내열성 및 자경성을 크게 증가시키며 탄화물을 만들기 쉽고, 내마멸성이 커지게 하는 원소
납(Pb)	절삭성을 크게 하여 쾌삭강의 재료가 된다.
코발트(Co)	고온에서 내식성, 내산화성, 내마모성, 기계적 성질이 뛰어나다.
구리(Cu)	• 고온 취성의 원인이 된다. • 압연 시 균열의 원인이 된다.
니켈(Ni)	내식성 및 내산성을 증가시킨다.
타이타늄(Ti)	• 부식에 대한 저항이 매우 크다. • 가볍고 강력해서 항공기 재료로 사용된다.

48 황동에 납(Pb)을 첨가하여 절삭성을 좋게 한 황동으로 스크루, 시계용 기어 등의 정밀가공에 사용되는 합금은?

① 리드 브래스(Lead Brass)

② 문쯔메탈(Muntz Metal)

③ 틴 브래스(Tin Brass)

④ 실루민(Silumin)

해설
리드 브래스는 연함유 황동이라고도 불리는데, Pb이 3% 정도 함유되어 쾌삭 황동의 일종이다.
② 문쯔메탈 : 60%의 Cu(구리)와 40%의 Zn(아연)이 합금된 황동 합금으로 인장강도가 최대이며 강도가 필요한 단조제품이나 볼트, 리벳 등의 재료로 사용한다.
③ 틴 브래스 : Brass(황동)에 소량의 주석을 첨가한 합금을 부르는 말이다.
④ 실루민 : Al에 Si을 10~14% 첨가한 주조용 Al 합금으로 알펙스라고도 불린다. 가볍고 전연성이 크며 주조 후 수축량이 적고 해수에도 잘 침식되지 않는 특징이 있다.

49 Fe-C 평형상태도에서 나타날 수 없는 반응은?

① 포정반응

② 편정반응

③ 공석반응

④ 공정반응

해설
Fe-C계 평형상태도에서의 불변반응

공석반응	• 반응온도 : 723℃ • 탄소함유량 : 0.8% • 반응내용 : γ 고용체 ↔ α고용체 + Fe_3C • 생성조직 : 펄라이트 조직
공정반응	• 반응온도 : 1,147℃ • 탄소함유량 : 4.3% • 반응내용 : 융체(L) ↔ γ 고용체 + Fe_3C • 생성조직 : 레데부라이트 조직
포정반응	• 반응온도 : 1,494℃(1,500℃) • 탄소함유량 : 0.18% • 반응내용 : δ고용체 + 융체(L) ↔ γ 고용체 • 생성조직 : 오스테나이트 조직

50 탄소강에 함유된 원소 중에서 고온 메짐(Hot Shortness)의 원인이 되는 것은?

① Si

② Mn

③ P

④ S

해설
S(황)은 고온메짐(적열취성)의 원인이 된다.

51 나사의 단면도에서 수나사와 암나사의 골밑(골지름)을 도시하는 데 적합한 선은?

① 가는 실선

② 굵은 실선

③ 가는 파선

④ 가는 1점 쇄선

해설
나사를 제도할 때 암나사와 수나사의 골지름은 가는 실선으로 도시한다.

52 일면 개선형 맞대기 용접의 기호로 맞는 것은?

①   ②   ③   ④

해설

명칭	기본기호
V형 홈 맞대기 용접	V
베벨형 맞대기 용접 (일면 개선형 맞대기 용접)	V
양면 플랜지형 맞대기 용접	ЛГ
스폿용접	○

53 물체를 수직단면으로 절단하여 그림과 같이 조합하여 그릴 수 있는데, 이러한 단면도를 무슨 단면도라고 하는가?

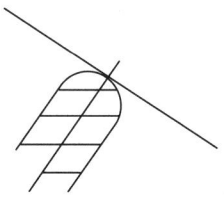

① 온 단면도
② 한쪽 단면도
③ 부분 단면도
④ 회전도시 단면도

해설
회전도시 단면도에서 도형 내 절단한 곳에 겹쳐서 가는 실선으로 도시한다.
회전도시 단면도

도면	(a) 암의 회전 단면도(투상도 안) (b) 훅의 회전 단면도(투상도 밖)
특징	• 절단선의 연장선 뒤에도 그릴 수 있다. • 투상도의 절단할 곳과 겹쳐서 그릴 때는 가는 실선으로 그린다. • 주투상도의 밖으로 끌어내어 그릴 경우는 가는 1점 쇄선으로 한계를 표시하고 굵은 실선으로 그린다. • 핸들이나 벨트 풀리, 바퀴의 암, 리브, 축, 형강 등의 단면의 모양을 90°로 회전시켜 투상도의 안이나 밖에 그린다.

54 치수선상에서 인출선을 표시하는 방법으로 옳은 것은?

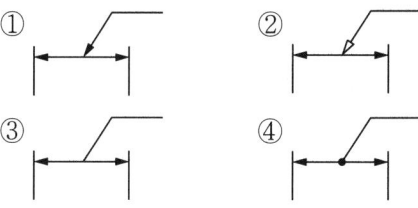

해설
치수선상에서 인출선을 끌어 올 때는 ③번과 같이 그 끝이 아무 모양도 없게 한다.

55 다음 배관 도면에 없는 배관 요소는?

① 티   ② 엘보
③ 플랜지 이음   ④ 나비 밸브

해설
그림의 좌측 하단부에는 나비 밸브가 아닌 글로브 밸브가 연결되어 있다.

글로브밸브	─▶◀─
버터플라이밸브 (나비밸브)	

56 다음 중 원기둥의 전개에 가장 적합한 전개도법은?

① 평행선 전개도법

② 방사선 전개도법

③ 삼각형 전개도법

④ 타출 전개도법

원기둥이나 각기둥의 전개에 가장 적합한 전개도법은 평행선법이다.

전개도법의 종류

종류	의미
평행선법	삼각기둥, 사각기둥과 같은 여러 가지의 각기둥과 원기둥을 평행하게 전개하여 그리는 방법
방사선법	삼각뿔, 사각뿔 등의 각뿔과 원뿔을 꼭짓점을 기준으로 부채꼴로 펼쳐서 전개도를 그리는 방법
삼각형법	꼭짓점이 먼 각뿔, 원뿔 등을 해당 면을 삼각형으로 분할하여 전개도를 그리는 방법

57 그림과 같이 정투상도의 제3각법으로 나타낸 정면도와 우측면도를 보고 평면도를 올바르게 도시한 것은?

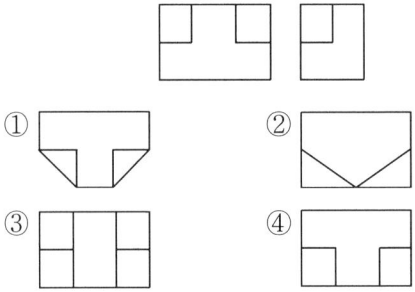

① ② ③ ④

정면도 위에 배치되는 평면도는 물체를 위에서 바라보는 형상으로, 정면도 윗면과 우측면도의 왼쪽 상단의 형상을 통해 돌기부가 예상되므로 정답은 ④번이 된다.

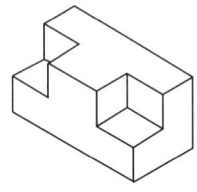

58 KS 재료기호 'SM10C'에서 10C는 무엇을 뜻하는가?

① 일련번호

② 항복점

③ 탄소 함유량

④ 최저인장강도

KS규격 'KS D 3752'에 다음과 같이 나타나 있다.

• SM : 기계 구조용 탄소 강재

• 10C : 평균 탄소 함유량(0.07~0.13% Carbon)

59 도면을 축소 또는 확대했을 경우, 그 정도를 알기 위해서 설정하는 것은?

① 중심마크　　　　② 비교눈금
③ 도면의 구역　　　④ 재단마크

해설
도면에 마련되는 양식

윤곽선	도면 용지의 안쪽에 그려진 내용이 확실히 구분되도록 하고, 종이의 가장자리가 찢어져서 도면의 내용을 훼손하지 않도록 하기 위해서 굵은 실선으로 표시한다.
표제란	도면관리에 필요한 사항과 도면 내용에 관한 중요 사항으로서 도명, 도면 번호, 기업(소속명), 척도, 투상법, 작성 연월일, 설계자 등이 기입된다.
중심마크	도면의 영구 보존을 위해 마이크로필름으로 촬영하거나 복사하고자 할 때 굵은 실선으로 표시한다.
비교눈금	도면을 축소하거나 확대했을 때 그 정도를 알기 위해 도면 아래쪽의 중앙 부분에 10mm 간격의 눈금을 굵은 실선으로 그려놓은 것이다.
재단마크	인쇄, 복사, 플로터로 출력된 도면을 규격에서 정한 크기로 자르기 편하도록 하기 위해 사용한다.

60 다음 중 선의 종류와 용도에 의한 명칭 연결이 틀린 것은?

① 가는 1점 쇄선 : 무게중심선
② 굵은 1점 쇄선 : 특수 지정선
③ 가는 1점 쇄선 : 중심선
④ 아주 굵은 실선 : 특수한 용도의 선

해설
무게중심선은 가는 2점 쇄선으로 표시한다.
선의 종류 및 용도

명칭	기호명칭	기호	설명
중심선	가는 1점 쇄선	─ · ─ · ─ · ─	도형의 중심을 표시하는 선
기준선			위치결정의 근거임을 나타내기 위해 사용
피치선			반복 도형의 피치의 기준을 잡음
특수 지정선	굵은 1점 쇄선	━ ·· ━ ·· ━	특수한 가공이나 특수 열처리가 필요한 부분 등 특별한 요구 사항을 적용할 범위를 표시할 때 사용하는 선
치수선	가는 실선	─────	치수 기입을 위해 사용하는 선
치수보조선			치수를 기입하기 위해 도형에서 인출한 선
지시선			지시, 기호를 나타내기 위한 선
회전단면선			회전한 형상을 나타내기 위한 선
수준면선			수면, 유면 등의 위치를 나타내는 선
개스킷 등 특수선	아주 굵은 실선	▬▬▬	개스킷 등 두께가 얇은 부분이나 특수한 용도로 표시하는 선

01 CO_2용접에서 발생되는 일산화탄소와 산소 등의 가스를 제거하기 위해 사용되는 탈산제는?

① Mn ② Ni

③ W ④ Cu

해설
CO_2용접 시 탈산제 및 아크 안정을 위해 넣는 원소
Mn, Si, Ti, Al

02 용접부의 균열 발생의 원인 중 틀린 것은?

① 이음의 강성이 큰 경우

② 부적당한 용접 봉 사용 시

③ 용접부의 서랭

④ 용접전류 및 속도 과대

해설
용접부가 급랭되었을 때 용접부에 균열이 발생하기 쉽다. 반대로 서랭하면 균열의 발생을 줄일 수 있다.

03 다음 중 플라스마 아크용접의 장점이 아닌 것은?

① 용접속도가 빠르다.

② 1층으로 용접할 수 있으므로 능률적이다.

③ 무부하 전압이 높다.

④ 각종 재료의 용접이 가능하다.

해설
플라스마 아크용접은 무부하 전압이 일반 아크 용접보다 2~5배 더 높은데 이 무부하 전압이 높으면 그만큼 감전의 위험이 더 커지므로 이는 단점에 해당한다.

04 MIG 용접 시 와이어 송급방식의 종류가 아닌 것은?

① 풀(Pull)방식

② 푸시(Push)방식

③ 푸시언더(Push-under)방식

④ 푸시풀(Push-pull)방식

해설
와이어 송급방식
• Push방식 : 미는 방식
• Pull방식 : 당기는 방식
• Push-pull방식 : 밀고 당기는 방식

05 다음 용접 이음부 중에서 냉각속도가 가장 빠른 이음은?

① 맞대기 이음

② 변두리 이음

③ 모서리 이음

④ 필릿 이음

해설
냉각속도는 방열 면적이 클수록 빨라지는데 필릿 용접의 용접부가 대기와의 접촉이 다른 용접법들보다 가장 크므로 냉각속도가 가장 빠르다.

06 CO_2용접 시 저전류 영역에서의 가스 유량으로 가장 적당한 것은?

① 5~10L/min ② 10~15L/min
③ 15~20L/min ④ 20~25L/min

해설

CO_2용접에서 전류의 크기에 따른 가스 유량

전류 영역		가스 유량(L/min)
250A 이하	저전류 영역	10~15
250A 이상	고전류 영역	20~25

07 비소모성 전극봉을 사용하는 용접법은?

① MIG 용접 ② TIG 용접
③ 피복아크 용접 ④ 서브머지드 아크용접

해설

TIG 용접은 텅스텐 전극봉으로 아크를 발생시킨 후 용가재를 그 아크로 집어넣어 용접하는 방법으로 비소모성 용접법에 속한다.
용극식과 비용극식 아크 용접법

용극식 용접법 (소모성 전극)	용가재인 와이어 자체가 전극이 되어 모재와의 사이에서 아크를 발생시키면서 용접 부위를 채워나가는 용접 방법으로 이때 전극의 역할을 하는 와이어는 소모된다. 예 서브머지드 아크 용접(SAW), MIG 용접, CO_2용접, 피복금속 아크용접(SMAW)
비용극식 용접법 (비소모성 전극)	전극봉을 사용하여 아크를 발생시키고 이 아크열로 용가재인 용접을 녹이면서 용접하는 방법으로 이때 전극은 소모되지 않고 용가재인 와이어(피복금속 아크용접의 경우 피복 용접봉)는 소모된다. 예 TIG 용접

08 용접부 비파괴 검사법인 초음파 탐상법의 종류가 아닌 것은?

① 투과법 ② 펄스반사법
③ 형광 탐상법 ④ 공진법

해설

초음파탐상법의 종류
• 투과법 : 초음파펄스를 시험체의 한쪽 면에서 송신하고 반대쪽 면에서 수신하는 방법
• 펄스반사법 : 불연속부와 같은 경계면에서는 투과 및 굴절 또는 반사를 하는데 이러한 불연속부에서 반사하는 초음파를 분석하여 검사하는 방법
• 공진법 : 시험체에 가해진 초음파의 진동수와 시험체의 고유진동수가 일치할 때 진동의 진폭이 커지는 현상인 공진을 이용하여 시험체의 두께를 측정하는 방법

09 공기보다 약간 무거우며 무색, 무미, 무취의 독성이 없는 불활성가스로 용접부의 보호 능력이 우수한 가스는?

① 아르곤 ② 질소
③ 산소 ④ 수소

해설

아르곤 가스의 특징
• 물에 용해가 된다.
• 불활성이며 불연성이다.
• 무색, 무취, 무미의 성질을 갖는다.
• 특수강 정련 및 특수 용접에 사용된다.
• 대기 중 약 0.9% 존재(불활성 기체 중 가장 많음)한다.
• 단원자 분자의 기체로 반응성이 거의 없어 불활성 기체라고 한다.
• 공기보다 약 1.4배 무겁기 때문에 용접에 이용 시 용접부를 도포하여 산화 및 질화를 방지한다.

10 예열 방법 중 국부 예열의 가열 범위는 용접선 양쪽에 몇 mm 정도로 하는 것이 가장 적합한가?

① 0~50mm

② 50~100mm

③ 100~150mm

④ 150~200mm

해설
예열 시 국부 예열은 한정된 좁은 공간을 가열하는 것이므로 용접선 양쪽에서 50~100mm 정도로 가열한다.

11 인장강도가 750MPa인 용접 구조물의 안전율은? (단, 허용응력은 250MPa이다)

① 3   ② 5

③ 8   ④ 12

해설
안전율(S) : 외부 하중에 견딜 수 있는 정도를 수치로 나타낸 것으로 극한강도를 허용응력으로 나눈 것이다.

$$S = \frac{극한강도(\sigma_u)}{허용응력(\sigma_a)} = \frac{750MPa}{250MPa} = 3$$

12 용접부의 결함은 치수상 결함, 구조상 결함, 성질상 결함으로 구분된다. 구조상 결함들로만 구성된 것은?

① 기공, 변형, 치수 불량

② 기공, 용입 불량, 용접 균열

③ 언더컷, 연성부족, 표면결함

④ 표면결함, 내식성 불량, 융합 불량

해설
용접 결함의 종류

13 다음 중 연납땜(Sn + Pb)의 최저 용융 온도는 몇 ℃인가?

① 327℃   ② 250℃

③ 232℃   ④ 183℃

해설
주석(Sn)의 용융점은 232℃이고, 납(Pb)은 327℃이나 이 둘을 합금시킨 연납땜(일명 땜납) 중 Sn의 함유량이 높아질수록 용융점이 낮아지는 경향을 보이는데 여기서 주석이 약 62% 합금되었을 때 용융점은 183℃이다.

14 레이저 용접의 특징으로 틀린 것은?

① 루비 레이저와 가스 레이저의 두 종류가 있다.

② 광선이 용접의 열원이다.

③ 열 영향 범위가 넓다.

④ 가스 레이저로는 주로 CO_2 가스 레이저가 사용된다.

해설

레이저 빔 용접은 열 영향부가 매우 작은 점으로 집중되므로 열 영향 범위가 매우 작다.
레이저 빔 용접의 원리
파장이 같은 빛을 렌즈로 집광하면 매우 작은 점으로 집중되면서 높은 에너지로서 고온의 열을 얻을 수 있는데, 이 열원을 이용하여 용접하는 방법이다.

15 용접부의 연성 결함을 조사하기 위하여 사용되는 시험은?

① 인장시험　　　　② 경도시험

③ 피로시험　　　　④ 굽힘시험

해설

용접한 재료의 표면을 매끈하게 연삭한 후 굽힘시험기를 이용하여 굴곡시험(굽힘시험)을 하면 재료의 연성이나 균열 여부를 파악할 수 있다.

16 용융 슬래그와 용융금속이 용접부로부터 유출되지 않게 모재의 양측에 수랭식 동판을 대어 용융 슬래그 속에서 전극 와이어를 연속적으로 공급하여 주로 용융 슬래그의 저항열로 와이어와 모재 용접부를 용융시키는 것으로 연속 주조형식의 단층용접법은?

① 일렉트로 슬래그 용접

② 논 가스 아크용접

③ 그래비트 용접

④ 테르밋 용접

해설

일렉트로 슬래그 용접 : 용융된 슬래그와 용융금속이 용접부에서 흘러나오지 못하도록 수랭동판으로 둘러싸고 이 용융 풀에 용접봉을 연속적으로 공급하는데 이때 발생하는 용융 슬래그의 저항열에 의하여 용접봉과 모재를 연속적으로 용융시키면서 용접하는 방법

17 맴돌이 전류를 이용하여 용접부를 비파괴 검사하는 방법으로 옳은 것은?

① 자분 탐상 검사　　② 와류 탐상 검사

③ 침투 탐상 검사　　④ 초음파 탐상 검사

해설

비파괴 검사의 종류 및 검사방법

명칭	기호	검사방법
방사선 투과시험	RT (Radiography Test)	용접부 뒷면에 필름을 놓고 용접물 표면에서 X선이나 선을 방사하여 용접부를 통과시키면, 금속 내부에 구멍이 있을 경우 그만큼 투과되는 두께가 얇아져서 필름에 방사선의 투과량이 그만큼 많아지게 되므로 다른 곳보다 검게 됨을 확인함으로써 불량을 검출하는 방법
침투 탐상검사	PT (Penetrant Test)	• 검사하려는 대상물의 표면에 침투력이 강한 형광성 침투액을 도포 또는 분무하거나 표면 전체를 침투액 속에 침적시켜 표면의 흠집 속에 침투액이 스며들게 한 다음 이를 백색 분말의 현상액을 뿌려서 침투액을 표면으로부터 빨아내서 결함을 검출하는 방법 • 침투액이 형광물질이면 형광침투 탐상 시험이라고 불린다.
초음파 탐상검사	UT (Ultrasonic Test)	• 사람이 들을 수 없는 매우 높은 주파수의 초음파를 사용하여 검사 대상물의 형상과 물리적 특성을 검사하는 방법 • 4~5MHz 정도의 초음파가 경계면, 결함 표면 등에서 반사하여 되돌아오는 성질을 이용하는 방법으로 반사파의 시간과 크기를 스크린으로 관찰하여 결함의 유무, 크기 종류 등을 검사하는 방법
와전류 탐상검사	ET (Eddy current Test)	도체에 전류가 흐르면 도체 주위에는 자기장이 형성되며, 반대로 변화하는 자기장 내에서는 도체에 전류가 유도된다. 표면에 흐르는 전류의 형태를 파악하여 검사하는 방법
자분 탐상검사	MT (Magnetic Test)	철강 재료 등 강자성체를 자기장에 놓았을 때 시험편 표면이나 표면 근처에 균열이나 비금속 개재물과 같은 결함이 있으면 결함 부분에는 자속이 통하기 어려워 공간으로 누설되어 누설 자속이 생긴다. 이 누설 자속을 자분(자성 분말)이나 검사 코일을 사용하여 결함의 존재를 검출하는 방법
누설검사	LT (Leaking Test)	탱크나 용기 속에 유체를 넣고 압력을 가하여 새는 부분을 검출함으로써 구조물의 기밀성, 수밀성을 검사하는 방법
육안검사 (외관검사)	VT (Visual Test)	용접부의 표면이 좋고 나쁨을 육안으로 검사하는 것으로 가장 많이 사용하며 간편하고 경제적인 검사 방법

18 화재 및 폭발의 방지 조치로 틀린 것은?

① 대기 중에 가연성 가스를 방출시키지 말 것
② 필요한 곳에 화재 진화를 위한 방화설비를 설치할 것
③ 배관에서 가연성 증기의 누출 여부를 철저히 점검할 것
④ 용접작업 부근에 점화원을 둘 것

해설
화재나 폭발을 방지하려면 용접 작업장 근처에 점화원을 모두 제거해야 한다.

19 연납땜의 용제가 아닌 것은?

① 붕산
② 염화아연
③ 인산
④ 염화암모늄

해설
납땜용 용제의 종류

경납땜용 용제(Flux)	연납땜용 용제(Flux)
• 붕사	• 송진
• 붕산	• 인산
• 불화나트륨	• 염산
• 불화칼륨	• 염화아연
• 은납	• 염화암모늄
• 황동납	• 주석-납
• 인동납	• 카드뮴-아연납
• 망간납	• 저융점 땜납
• 양은납	
• 알루미늄납	

20 점용접에서 용접점이 앵글재와 같이 용접 위치가 나쁠 때, 보통 팁으로는 용접이 어려운 경우에 사용하는 전극의 종류는?

① P형 팁
② E형 팁
③ R형 팁
④ F형 팁

해설
점용접(Spot) 시 사용하는 전극 중에서 용접 위치가 나쁠 때 사용하는 팁은 평상형인 E형 팁을 사용한다.

D(돔형)	E(평상형)	F(평면형)
P(돌출형)	R(구면형)	Y형

21 용접작업의 경비를 절감시키기 위한 유의사항으로 틀린 것은?

① 용접봉의 적절한 선정
② 용접사의 작업 능률의 향상
③ 용접지그를 사용하여 위보기 자세의 시공
④ 고정구를 사용하여 능률 향상

해설
용접작업 시 경비를 줄이기 위해서는 적절한 용접봉을 선정하고, 용접시간 단축을 위한 용접사의 작업 능률 향상과 고정구를 사용한다. 그러나 위보기 자세는 용접사가 가장 힘들게 작업하는 방법이므로 경비의 절감과는 관련이 없다.

22 다음 중 표준 홈 용접에 있어 한쪽에서 용접으로 완전 용입을 얻고자 할 때 V형 홈이음의 판 두께로 가장 적합한 것은?

① 1~10mm
② 5~15mm
③ 20~30mm
④ 35~50mm

해설
V형 홈이음의 판 두께는 보기 중에서 5~15mm인 ②번이 가장 적합하다.
맞대기 용접 홈의 판 두께

형상	적용 두께
I형	6mm 이하
V형	6~19mm
∨형	9~14mm
X형	18~28mm
U형	16~50mm

23 프로판(C_3H_8)의 성질을 설명한 것으로 틀린 것은?

① 상온에서 기체 상태이다.
② 쉽게 기화하며 발열량이 높다.
③ 액화하기 쉽고 용기에 넣어 수송이 편리하다.
④ 온도 변화에 따른 팽창률이 작다.

해설
프로판가스는 상온에서 기체 상태이며 쉽게 기화하기 때문에 온도 변화에 따른 팽창률이 크다.

24 다음 중 용접기의 특성에 있어 수하특성의 역할로 가장 적합한 것은?

① 열량의 증가
② 아크의 안정
③ 아크전압의 상승
④ 개로전압의 증가

해설
외부특성곡선이란 수동 아크 용접기에서 아크 안정을 위해서 적용되는 이론으로 부하 전류나 전압이 단자의 전류나 전압과의 관계를 곡선으로 나타낸 것으로 피복 금속 아크 용접(SMAW)에는 수하특성을, MIG나 CO_2용접에는 정전압특성이나 상승특성이 이용된다.
※ 수하특성(DC특성 : Drooping Characteristic) : 부하 전류가 증가하면 단자 전압이 낮아지는 특성이다.

25 용접기의 사용률이 40%일 때, 아크 발생 시간과 휴식시간의 합이 10분이면 아크 발생 시간은?

① 2분
② 4분
③ 6분
④ 8분

해설
사용률 구하는 식

$$사용률(\%) = \frac{\text{아크 발생 시간}}{\text{아크 발생 시간} + \text{정지 시간}} \times 100$$

$$40\% = \frac{\text{아크 발생 시간}}{10분} \times 100\%$$

0.4×10분 = 아크 발생 시간
아크 발생 시간 = 4분

26 다음 중 가스 용접에서 용제를 사용하는 주된 이유로 적합하지 않은 것은?

① 재료 표면의 산화물을 제거한다.
② 용융금속의 산화·질화를 감소하게 한다.
③ 청정작용으로 용착을 돕는다.
④ 용접봉 심선의 유해성분을 제거한다.

해설
가스 용접용 용제는 용착 시 발생하는 산화물을 제거하여 용착을 돕거나 용융금속의 산화와 질화를 감소하기 위해서 사용하나, 용접봉 심선의 유해성분을 제거하기 위해 사용하지는 않는다.
가스 용접에서 용제를 사용하는 이유
금속을 가열하면 대기 중의 산소나 질소와 접촉하여 산화 및 질화 작용이 일어난다. 이때 생긴 산화물이나 질화물은 모재와 용착 금속과의 융합을 방해한다. 용제는 용접 중 생기는 이러한 산화물과 유해물을 용융시켜 슬래그로 만들거나, 산화물의 용융 온도를 낮게 하며 청정작용으로 용착을 돕는다.
가스 용접용 용제(Flux)
용제는 분말이나 액체로 된 것이 있으며, 분말로 된 것은 물이나 알코올에 개어서 용접봉이나 용접 홈에 그대로 칠하거나, 직접 용접 홈에 뿌려서 사용한다.

27 교류 아크 용접기 종류 중 코일의 감긴 수에 따라 전류를 조정하는 것은?

① 탭 전환형   ② 가동 철심형
③ 가동 코일형   ④ 가포화 리액터형

해설
교류 아크 용접기의 종류별 특징

종류	특징
가동 철심형	• 현재 가장 많이 사용된다. • 미세한 전류조정이 가능하다. • 광범위한 전류의 조정이 어렵다. • 가동 철심으로 누설 자속을 가감하여 전류를 조정한다.
가동 코일형	• 아크 안정성이 크고 소음이 없다. • 가격이 비싸며 현재는 거의 사용되지 않는다. • 용접기의 핸들로 1차 코일을 상하로 이동시키고 2차 코일의 간격을 변화시켜 전류를 조정한다.
탭 전환형	• 주로 소형이 많다. • 탭 전환부의 소손이 심하다. • 넓은 범위의 전류 조정이 어렵다. • 코일의 감긴 수에 따라 전류를 조정한다. • 미세 전류의 조정 시 무부하 전압이 높아서 전격의 위험이 크다.
가포화 리액터형	• 조작이 간단하고 원격 제어가 된다. • 가변 저항의 변화로 전류의 원격 조정이 가능하다. • 전기적 전류 조정으로 소음이 없고 기계의 수명이 길다.

28 피복아크 용접에서 아크 쏠림 방지대책이 아닌 것은?

① 접지점을 될 수 있는 대로 용접부에서 멀리할 것
② 용접봉 끝을 아크 쏠림 방향으로 기울일 것
③ 접지점 2개를 연결할 것
④ 직류용접으로 하지 말고 교류용접으로 할 것

해설
아크 쏠림 방지대책
• 용접 전류를 줄인다.
• 교류용접기를 사용한다.
• 접지점을 2개 연결한다.
• 아크 길이는 최대한 짧게 유지한다.
• 접지부를 용접부에서 최대한 멀리한다.
• 용접봉 끝을 아크 쏠림의 반대 방향으로 기울인다.
• 용접부가 긴 경우는 가용접 후 후진법(후퇴 용접법)을 사용한다.
• 받침쇠, 긴 가용접부, 이음의 처음과 끝에는 앤드 탭을 사용한다.

29 다음 중 피복제의 역할이 아닌 것은?

① 스패터의 발생을 많게 한다.
② 중성 또는 환원성 분위기를 만들어 질화, 산화 등의 해를 방지한다.
③ 용착금속의 탈산 정련작용을 한다.
④ 아크를 안정하게 한다.

해설
피복제(Flux)는 스패터의 발생을 적게 한다.

30 용접봉을 여러 가지 방법으로 움직여 비드를 형성하는 것을 운봉법이라 하는데, 위빙비드 운봉 폭은 심선지름의 몇 배가 적당한가?

① 0.5~1.5배   ② 2~3배
③ 4~5배   ④ 6~7배

해설
피복아크 용접의 위빙 운봉 폭은 용접봉 심선 지름의 2~3배로 하는 것이 적당하다.

31 수중절단 작업 시 절단 산소의 압력은 공기 중에서의 몇 배 정도로 하는가?

① 1.5~2배   ② 3~4배

③ 5~6배   ④ 8~10배

32 산소병의 내용적이 40.7L인 용기에 압력이 100kgf/cm^{2}로 충전되어 있다면 프랑스식 팁 100번을 사용하여 표준불꽃으로 약 몇 시간까지 용접이 가능한가?

① 16시간   ② 22시간

③ 31시간   ④ 41시간

해설
프랑스식 100번 팁은 가변압식으로 시간당 소비량은 100L이다.

$$용접가능시간 = \frac{산소용기의\ 총가스량}{시간당\ 소비량} = \frac{내용적 \times 압력}{시간당\ 소비량} = 시간$$

33 가스 용접 토치 취급상 주의 사항이 아닌 것은?

① 토치를 망치나 갈고리 대용으로 사용하여서는 안 된다.

② 점화되어 있는 토치를 아무 곳에나 함부로 방치하지 않는다.

③ 팁 및 토치를 작업장 바닥이나 흙 속에 함부로 방치하지 않는다.

④ 작업 중 역류나 역화 발생 시 산소의 압력을 높여서 예방한다.

해설
가스 용접 시 역류나 역화 발생 시에는 그 즉시 연료 밸브를 먼저 잠근 후 산소 밸브를 잠가야 한다. 산소의 압력을 높이면 폭발의 위험이 더 커진다.

34 용접기의 특성 중 부하전류가 증가하면 단자전압이 저하되는 특성은?

① 수하 특성

② 동전류 특성

③ 정전압 특성

④ 상승 특성

해설
용접기의 특성
• 정전류특성 : 부하 전류나 전압이 변해도 단자 전류는 거의 변하지 않는다.
• 정전압특성 : 부하 전류나 전압이 변해도 단자 전압은 거의 변하지 않는다.
• 상승특성 : 부하 전류가 증가하면 단자 전압이 약간 높아진다.
• 수하특성 : 부하 전류가 증가하면 단자 전압이 낮아진다.

35 다음 중 가스 절단 시 예열 불꽃이 강할 때 생기는 현상이 아닌 것은?

① 드래그가 증가한다.

② 절단면이 거칠어진다.

③ 모서리가 용융되어 둥글게 된다.

④ 슬래그 중의 철 성분의 박리가 어려워진다.

해설
예열 불꽃의 세기

예열 불꽃이 너무 강할 때	예열 불꽃이 너무 약할 때
• 절단면이 거칠어진다. • 절단면 위 모서리가 녹아 둥글게 된다. • 슬래그가 뒤쪽에 많이 달라붙어 잘 떨어지지 않는다. • 슬래그 중의 철 성분의 박리가 어려워진다.	• 절단이 잘 안 되어 드래그가 증가한다. • 역화를 일으키기 쉽다. • 절단 속도가 느려지며, 절단이 중단되기 쉽다.

36 보기와 같이 연강용 피복아크 용접봉을 표시하였다. 설명으로 틀린 것은?

┤보기├

E   4   3   1   6

① E : 전기 용접봉
② 43 : 용착금속의 최저 인장강도
③ 16 : 피복제의 계통 표시
④ E4316 : 일미나이트계

해설

피복 용접봉의 종류

E4301	일미나이트계
E4303	라임티타니아계
E4311	고셀룰로스계
E4313	고산화타이타늄계
E4316	저수소계
E4324	철분 산화타이타늄계
E4326	철분 저수소계
E4327	철분 산화철계

37 가스 절단에서 고속 분출을 얻는 데 가장 적합한 다이버전트 노즐은 보통의 팁에 비하여 산소소비량이 같을 때 절단 속도를 몇 % 정도 증가시킬 수 있는가?

① 5~10%   ② 10~15%
③ 20~25%   ④ 30~35%

해설

다이버전트형 팁은 고속분출을 얻을 수 있어서 보통의 팁에 비해 절단 속도를 20~25% 증가시킬 수 있다.

38 직류아크 용접에서 정극성(DCSP)에 대한 설명으로 옳은 것은?

① 용접봉의 녹음이 느리다.
② 용입이 얕다.
③ 비드 폭이 넓다.
④ 모재를 음극(−)에, 용접봉을 양극(+)에 연결한다.

해설

아크 용접기의 극성

직류 정극성 (DCSP ; Direct Current Straight Polarity)	• 용입이 깊다. • 비드 폭이 좁다. • 용접봉의 용융속도가 느리다. • 후판(두꺼운 판) 용접이 가능하다. • 모재에는 (+)전극이 연결되며 70% 열이 발생하고, 용접봉에는 (−)전극이 연결되며 30% 열이 발생한다.
직류 역극성 (DCRP ; Direct Current Reverse Polarity)	• 용입이 얕다. • 비드 폭이 넓다. • 용접봉의 용융속도가 빠르다. • 박판(얇은 판) 용접이 가능하다. • 주철, 고탄소강, 비철금속의 용접에 쓰인다. • 모재에는 (−)전극이 연결되며 30% 열이 발생하고, 용접봉에는 (+)전극이 연결되며 70% 열이 발생한다.
교류(AC)	• 극성이 없다. • 전원 주파수의 $\frac{1}{2}$ 사이클마다 극성이 바뀐다. • 직류 정극성과 직류 역극성의 중간적 성격이다.

39 게이지용 강이 갖추어야 할 성질에 대한 설명 중 틀린 것은?

① HRC 55 이하의 경도를 가져야 한다.
② 팽창계수가 보통 강보다 작아야 한다.
③ 시간이 지남에 따라 치수 변화가 없어야 한다.
④ 담금질에 의하여 변형이나 담금질 균열이 없어야 한다.

해설

측정기용 재료로 사용하는 게이지용 강은 HRC 55 이상의 경도를 가져야 한다.

40 알루미늄에 대한 설명으로 옳지 않은 것은?

① 비중이 2.7로 낮다.

② 용융점은 1,067℃이다.

③ 전기 및 열전도율이 우수하다.

④ 고강도 합금으로 두랄루민이 있다.

해설
알루미늄(Al)의 성질
• 비중은 2.7
• 용융점 : 660℃
• 면심입방격자이다.
• 비강도가 우수하다.
• 주조성이 우수하다.
• 열과 전기전도성이 좋다.
• 가볍고 전연성이 우수하다.
• 내식성 및 가공성이 양호하다.
• 담금질 효과는 시효경화로 얻는다.
• 염산이나 황산 등의 무기산에 잘 부식된다.
• 보크사이트 광석에서 추출하는 경금속이다.
※ 시효경화 : 열처리 후 시간이 지남에 따라 강도와 경도가 증가하는 현상

41 강의 표면경화방법 중 화학적 방법이 아닌 것은?

① 침탄법   ② 질화법

③ 침탄질화법   ④ 화염경화법

해설
표면경화법의 분류

물리적 표면경화법	화학적 표면경화법
화염경화법	침탄법
고주파경화법	질화법
하드페이싱	금속침투법
쇼트피닝	–

42 황동 합금 중에서 강도는 낮으나 전연성이 좋고 금색에 가까워 모조금이나 판 및 선에 사용되는 합금은?

① 톰백(Tombac)

② 7-3 황동(Cartridge Brass)

③ 6-4 황동(Muntz Metal)

④ 주석 황동(Tin Brass)

해설
황동의 종류

톰백	Cu에 Zn을 5~20% 합금한 것으로 색깔이 아름답고 냉간가공이 쉽게 되어 단추나 금박, 금 모조품과 같은 장식용 재료로 사용된다.
문쯔메탈	60%의 Cu와 40%의 Zn이 합금된 것으로 인장강도가 최대이며, 강도가 필요한 단조제품이나 볼트나 리벳용 재료로 사용한다.
알브락	Cu 75% + Zn 20% + 소량의 Al, Si, As의 합금이다. 해수에 강하며 내식성과 내침수성이 커서 복수기관과 냉각기관에 사용한다.
애드미럴티 황동	7:3 황동에 Sn 1%를 합금한 것으로 콘덴서 튜브에 사용한다.
델타메탈	6:4 황동에 1~2% Fe을 첨가한 것으로, 강도가 크고 내식성이 좋아서 광산기계나 선박용, 화학용 기계에 사용한다.
쾌삭 황동	황동에 Pb을 0.5~3% 합금한 것으로 피절삭성 향상을 위해 사용한다.
납 황동	3% 이하의 Pb을 6:4 황동에 첨가하여 절삭성을 향상시킨 쾌삭황동으로 기계적 성질은 다소 떨어진다.
강력 황동	4:6황동에 Mn, Al, Fe, Ni, Sn 등을 첨가하여 한층 더 강력하게 만든 황동
네이벌 황동	6:4황동에 0.8% 정도의 Sn을 첨가한 것으로 내해수성이 강해서 선박용 부품에 사용한다.

※ 6 : 4황동 : Cu 60% + Zn 40%의 합금

43 다음 중 비중이 가장 작은 것은?

① 청동   ② 주철

③ 탄소강   ④ 알루미늄

해설
알루미늄의 비중은 2.7로, 구리(8.9)나 철(7.8)보다 작다. 청동은 구리와 주석의 합금이고 주철과 탄소강의 기본은 철이므로 기본 비중은 구리와 철로 판단한다.

44 냉간가공 후 재료의 기계적 성질을 설명한 것 중 옳은 것은?

① 항복강도가 감소한다.
② 인장강도가 감소한다.
③ 경도가 감소한다.
④ 연신율이 감소한다.

해설
냉간가공한 재료의 성질
• 항복강도가 증가한다.
• 인장강도가 증가한다.
• 경도가 증가한다.

46 물과 얼음의 상태도에서 자유도가 '0(Zero)'일 경우 몇 개의 상이 공존하는가?

① 0   ② 1
③ 2   ④ 3

해설
물과 얼음의 상태도에서 자유도가 0이라면, 액체와 기체, 고체 총 3개의 상이 공존한다.

47 변태 초소성의 조건과 원칙에 대한 설명 중 틀린 것은?

① 재료에 변태가 있어야 한다.
② 변태 진행 중에 작은 하중에도 변태 초소성이 된다.
③ 감도지수(m)의 값은 거의 0(Zero)의 값을 갖는다.
④ 한 번의 열사이클로 상당한 초소성변형이 발생한다.

해설
초소성 재료의 감도지수(= 변형률 속도에 대한 민감지수)는 보통 0.3~0.85의 값을 갖는다.

45 금속간 화합물에 대한 설명으로 옳은 것은?

① 자유도가 5인 상태의 물질이다.
② 금속과 비금속 사이의 혼합 물질이다.
③ 금속이 공기 중의 산소와 화합하여 부식이 일어난 물질이다.
④ 두 가지 이상의 금속 원소가 간단한 원자비로 결합되어 있으며, 원래 원소와는 전혀 다른 성질을 갖는 물질이다.

해설
금속간 화합물은 일종의 합금으로 두 가지 이상의 원소를 섞어 원하는 성질의 재료를 만들어낸 결과물이다.

48 Mg-희토류계 합금에서 희토류원소를 첨가할 때 미시메탈(Micsh-metal)의 형태로 첨가한다. 미시메탈에서 세륨(Ce)을 제외한 합금 원소를 첨가한 합금의 명칭은?

① 탈타뮴   ② 디디뮴
③ 오스뮴   ④ 갈바늄

해설
② 디디뮴 : 미시메탈에서 세륨(Ce)을 제외하고 네오디뮴과 란타넘, 프라세오디뮴을 주성분으로 합금시킨 재료이다.
③ 오스뮴 : 내마모성이 매우 우수해 합금 제조에 주로 사용되는 원소로 희소금속 중 하나이다.
④ 갈바늄 : 알루미늄과 아연을 혼합하여 도금한 제품의 명칭이다.
※ 미시메탈(Misch-metal) : 희토류의 15원소를 혼합해서 첨가원소로 활용하는 것으로 발화합금용 재료에 사용하거나 내열합금이나 주철에 첨가한다. 이 미시메탈에는 세륨 50%, 란타넘(La) 25%, 네오디뮴(Nd) 17%, 프라세오디뮴(Pr) 5% 등이 포함되어 있다.

49 인장 시험에서 변형량을 원표점 거리에 대한 백분율로 표시한 것은?

① 연신율
② 항복점
③ 인장강도
④ 단면 수축률

해설
연신율은 원래의 표점에 비해 얼마나 늘어났는지를 백분율로 나타낸 것이다.

50 강에 인(P)이 많이 함유되면 나타나는 결함은?

① 적열메짐
② 연화메짐
③ 저온메짐
④ 고온메짐

51 화살표가 가리키는 용접부의 반대쪽 이음의 위치로 옳은 것은?

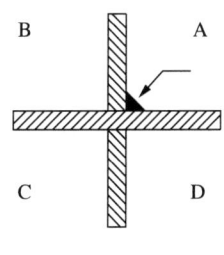

① A
② B
③ C
④ D

해설
화살표가 표시한 필릿 용접부 기호의 꼭짓점이 맞닿아 있는 세로 기둥을 기준으로 반대쪽인 B가 반대쪽 이음의 위치가 된다.

52 재료기호에 대한 설명 중 틀린 것은?

① SS 400은 일반 구조용 압연 강재이다.
② SS 400의 400은 최고 인장 강도를 의미한다.
③ SM 45C는 기계 구조용 탄소 강재이다.
④ SM 45C의 45C는 탄소 함유량을 의미한다.

해설
일반구조용 압연강재인 'SS 400'에서 400은 최저 인장 강도를 의미한다.

53 보기 입체도의 화살표 방향이 정면일 때 평면도로 적합한 것은?

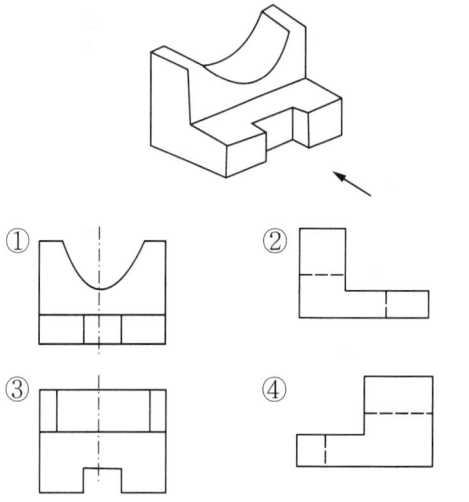

해설
평면도는 화살표 기준으로 물체를 위에서 바라본 형상이므로 정답은 ③번이 된다.
제3각법

54 보조 투상도의 설명으로 가장 적합한 것은?

① 물체의 경사면을 실제 모양으로 나타낸 것

② 특수한 부분을 부분적으로 나타낸 것

③ 물체를 가상해서 나타낸 것

④ 물체를 90° 회전시켜서 나타낸 것

해설

투상도법의 종류

회전 투상도	각도를 가진 물체의 실제 모양을 나타내기 위해서 그 부분을 회전해서 나타낸다.
부분 투상도	그림의 일부를 도시하는 것만으로도 충분한 경우에는 필요한 부분만을 투상하여 그린다.
국부 투상도	대상물이 구멍, 홈 등과 같이 한 부분의 모양을 도시하는 것으로 충분한 경우에 사용한다.
부분 확대도	특정한 부분의 도형이 작아서 그 부분을 자세하게 나타낼 수 없거나 치수 기입을 할 수 없을 때에는 그 부분을 가는 실선으로 둘러싸고 한글이나 알파벳 대문자로 표시한다.
보조 투상도	경사면을 지니고 있는 물체는 그 경사면의 실제 모양을 표시할 필요가 있는데, 이 경우 보이는 부분의 전체 또는 일부분을 나타낼 때 사용한다.

55 용접부의 보조기호에서 제거 가능한 이면 판재를 사용하는 경우의 표시 기호는?

① ☐ M   ② ☐ P

③ ☐ MR   ④ ☐ PR

해설

③ ☐ MR 은 Material Remove의 약자로 제거 가능한 이면 판재를 나타낸다.

① ☐ M : 영구적인 이면 판재(덮개판)

56 다음 그림과 같이 상하면의 절단된 경사각이 서로 다른 원통의 전개도 형상으로 가장 적합한 것은?

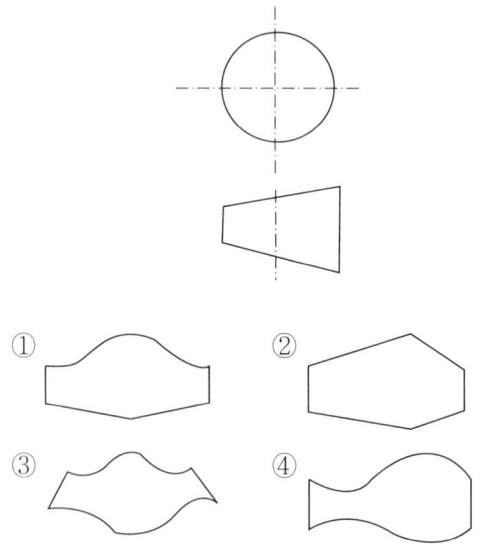

①   ②

③   ④

해설

①, ②, ③번의 형상은 절단된 경사각이 같아서 전개도 형상이 좌우 대칭을 이루고 있으나, ④번은 절단된 형상이 좌우 대칭을 이루고 있지 않으므로 절단된 경사각이 서로 다름을 알 수 있다.

57 기계나 장치 등의 실체를 보고 프리핸드(Freehand)로 그린 도면은?

① 배치도　　　　② 기초도
③ 조립도　　　　④ 스케치도

해설
④ 스케치도 : 기계나 장치 등의 실체를 프리핸드로 그린 도면이다.
① 배치도 : 각종 기계 장치의 설치 위치를 나타내는 도면으로 정밀하게 그려야 한다.
② 기초도 : 기계나 장치, 구조물 등을 설치하는 기초를 만들기 위한 도면으로 정밀하게 그려야 한다.
③ 조립도 : 두 개 이상의 부품이나 부분 조립품을 조립하거나 조립하는 상태에서 그 상호 관계나 조립에 필요한 치수 등을 나타낸 도면으로 정밀하게 그려야 한다.

58 도면에서 두 종류 이상의 선이 겹쳤을 때, 우선하는 순위를 바르게 나타낸 것은?

① 숨은선 > 절단선 > 중심선
② 중심선 > 숨은선 > 절단선
③ 절단선 > 중심선 > 숨은선
④ 무게 중심선 > 숨은선 > 절단선

해설
두 종류 이상의 선이 중복되는 경우 선의 우선순위
숫자나 문자 > 외형선 > 숨은선 > 절단선 > 중심선 > 무게 중심선 > 치수 보조선

59 관용 테이퍼 나사 중 평행 암나사를 표시하는 기호는?(단, ISO 표준에 있는 기호로 한다)

① G　　　　② R
③ Rc　　　　④ Rp

해설
나사의 종류 및 기호

구분	나사의 종류		종류기호
ISO규격에 있는 것	미터 보통나사		M
	미터 가는나사		
	유니파이 보통나사		UNC
	유니파이 가는나사		UNF
	미터 사다리꼴나사		Tr
	미니추어 나사		S
	관용 테이퍼나사	테이퍼 수나사	R
		테이퍼 암나사	Rc
		평행 암나사	Rp
ISO규격에 없는 것	관용 평행나사		G
	30° 사다리꼴나사		TM
	관용 테이퍼나사	테이퍼 나사	PT
		평행 암나사	PS
특수용	전구나사		E
	미싱나사		SM
	자전거나사		BC

60 현의 치수 기입 방법으로 옳은 것은?

해설
길이와 각도의 치수 기입

현의 치수 기입	호의 치수 기입
40	42
반지름의 치수 기입	각도의 치수 기입
R8	105°

01 아크 용접에서 피닝을 하는 목적으로 가장 알맞은 것은?

① 용접부의 잔류응력을 완화시킨다.
② 모재의 재질을 검사하는 수단이다.
③ 응력을 강하게 하고 변형을 유발시킨다.
④ 모재 표면의 이물질을 제거한다.

해설
피닝(Peening)
특수 해머를 사용하여 모재의 표면에 지속적으로 충격을 가해 줌으로써 재료 내부에 있는 잔류응력을 완화시키면서 표면층에 소성변형을 주는 방법이다.

02 다음 중 연납의 특성에 관한 설명으로 틀린 것은?

① 연납땜에 사용하는 용가제를 말한다.
② 주석-납계 합금이 가장 많이 사용된다.
③ 기계적 강도가 낮으므로 강도를 필요로 하는 부분에는 적당하지 않다.
④ 은납, 황동납 등이 이에 속하고 물리적 강도가 크게 요구될 때 사용된다.

해설
은납과 황동납은 경납땜용 용제이다. 경납이란 용융점이 450℃ 이상인 납땜용 용재를 사용하여 납땜에 사용하는데, 이종 재질의 접합이 가능하며 접합면에 누설이 없다는 점과 연납땜보다 강도가 크다는 장점이 있다.
납땜용 용제의 종류

경납용 용제		연납용 용제	
• 붕사	• 붕산	• 송진	• 인산
• 불화나트륨	• 불화칼륨	• 염산	• 염화아연
• 은납	• 황동납	• 염화암모늄	
• 인동납	• 망간납	• 주석-납	
• 양은납	• 알루미늄납	• 카드뮴-아연납	
		• 저용점 땜납	

03 다음 각종 용접에서 전격방지 대책으로 틀린 것은?

① 홀더나 용접봉은 맨손으로 취급하지 않는다.
② 어두운 곳이나 밀폐된 구조물에서 작업 시 보조자와 함께 작업한다.
③ CO_2용접이나 MIG 용접 작업 도중에 와이어를 2명이 교대로 교체할 때는 전원은 차단하지 않아도 된다.
④ 용접작업을 하지 않을 때에는 TIG 전극봉은 제거하거나 노즐 뒤쪽에 밀어 넣는다.

해설
전격을 방지하기 위해서는 용접기 내부에 전격방지기를 설치하거나 용접기와 용접에 사용되는 주변장치들의 주변에 물이 닿지 않도록 주의해야 한다. 그러나 용접기 내부를 수시로 열어서 점검하는 것은 오히려 용접기 내부를 열 때 전격이 발생할 위험이 더 크다.

04 심(Seam)용접법에서 용접전류의 통전방법이 아닌 것은?

① 직·병렬 통전법
② 단속 통전법
③ 연속 통전법
④ 맥동 통전법

해설
심(Seam)용접 : 전류를 연속하여 통전하여 용접 속도를 향상시키면서 용접 변형을 방지하는 용접법으로 그 종류에는 단속 통전법, 연속 통전법, 맥동 통전법이 있다.

05 플라스마 아크의 종류가 아닌 것은?

① 이행형 아크   ② 비이행형 아크

③ 중간형 아크   ④ 탠덤형 아크

해설

플라스마

초고온에서 음전하를 가진 전자와 양전하를 띤 이온으로 분리된 기체 상태를 말하는 것으로 흔히 제4의 물리상태라고도 한다.

플라스마 아크 용접용 아크의 종류별 특징

• 이행형 아크 : 텅스텐 전극봉에 (−), 모재에 (+)를 연결하는 것으로 모재가 전기전도성을 가진 것으로 용입이 깊다.
• 비이행형 아크 : 텅스텐 전극봉에 (−), 구속 노즐(+) 사이에서 아크를 발생시키는 것으로 모재에는 전기를 연결하지 않아서 비전도체도 용접이 가능하나 용입이 얕고 비드가 넓다.
• 중간형 아크 : 이행형과 비이행형 아크의 중간적 성질을 갖는다.

06 피복 아크 용접 결함 중 용착금속의 냉각 속도가 빠르거나, 모재의 재질이 불량할 때 일어나기 쉬운 결함으로 가장 적당한 것은?

① 용입 불량   ② 언더컷

③ 오버랩   ④ 선상조직

해설

선상조직 : 표면이 눈꽃 모양의 조직을 나타내고 있는 것으로, 인(P)을 많이 함유하는 강에 나타나는 편석조직인 용접 불량이다. 용착금속의 냉각속도가 빠르거나 용접 모재의 재질이 불량할 때 발생하기 쉽다.

용접부 결함과 방지 대책

모양	원인	방지대책
언더컷	• 전류가 높을 때 • 아크 길이가 길 때 • 용접 속도가 빠를 때 • 운봉 각도가 부적당할 때 • 부적당한 용접봉을 사용할 때	• 전류를 낮춘다. • 아크 길이를 짧게 한다. • 용접 속도를 알맞게 한다. • 운봉 각도를 알맞게 한다. • 알맞은 용접봉을 사용한다.
오버랩	• 전류가 낮을 때 • 운봉, 작업각, 진행각과 같은 유지각도가 불량할 때 • 부적당한 용접봉을 사용할 때	• 전류를 높인다. • 작업각과 진행각을 조정한다. • 알맞은 용접봉을 사용한다.
용입 불량	• 이음 설계에 결함이 있을 때 • 용접 속도가 빠를 때 • 전류가 낮을 때 • 부적당한 용접봉을 사용할 때	• 치수를 크게 한다. • 용접속도를 적당히 조절한다. • 전류를 높인다. • 알맞은 용접봉을 사용한다.
균열	• 이음부의 강성이 클 때 • 부적당한 용접봉을 사용할 때 • C, Mn 등 합금성분이 많을 때 • 과대 전류, 용접 속도가 클 때 • 모재에 유황 성분이 많을 때	• 예열이나 피닝처리를 한다. • 알맞은 용접봉을 사용한다. • 예열 및 후열처리를 한다. • 전류 및 용접 속도를 알맞게 조절한다. • 저수소계 용접봉을 사용한다.
기공	• 수소나 일산화탄소 가스가 과잉으로 분출될 때 • 용접 전룟값이 부적당할 때 • 용접부가 급속히 응고될 때 • 용접 속도가 빠를 때 • 아크길이가 부적절할 때	• 건조된 저수소계 용접봉을 사용한다. • 전류 및 용접 속도를 알맞게 조절한다. • 이음 표면을 깨끗하게 하고 예열을 한다.
슬래그 혼입	• 전류가 낮을 때 • 용접 이음이 부적당할 때 • 운봉 속도가 너무 빠를 때 • 모든 층의 슬래그 제거가 불완전할 때	• 슬래그를 깨끗이 제거한다. • 루트 간격을 넓게 한다. • 전류를 약간 높게 하며 운봉 조작을 적절하게 한다. • 슬래그를 앞지르지 않도록 운봉속도를 유지한다.

07 용접기의 점검 및 보수 시 지켜야 할 사항으로 옳은 것은?

① 정격사용률 이상으로 사용한다.

② 탭전환은 반드시 아크 발생을 하면서 시행한다.

③ 2차측 단자의 한쪽과 용접기 케이스는 반드시 어스(Earth)하지 않는다.

④ 2차측 케이블이 길어지면 전압강하가 일어나므로 가능한 지름이 큰 케이블을 사용한다.

해설

용접기를 설치할 때 2차측 단자의 한쪽 면과 용접기 케이스에는 반드시 접지(Earth, 어스)를 해야 한다.

08 용접입열이 일정한 경우에는 열전도율이 큰 것일수록 냉각속도가 빠른데 다음 금속 중 열전도율이 가장 높은 것은?

① 구리   ② 납
③ 연강   ④ 스테인리스강

해설
열 및 전기 전도율이 높은 순서
$Ag > Cu > Au > Al > Mg > Zn > Ni > Fe > Pb > Sb$

09 로봇용접의 분류 중 동작 기구로부터의 분류방식이 아닌 것은?

① PTB 좌표 로봇
② 직각 좌표 로봇
③ 극좌표 로봇
④ 관절 로봇

해설
PTB(Physikalisch Technische Bundesanstalt) 좌표 로봇은 로봇을 이동시키고자 할 때 좌표를 측정하는 방식에 따라 분류한 것이다.

10 CO_2 용접작업 중 가스의 유량은 낮은 전류에서 얼마가 적당한가?

① 10~15L/min
② 20~25L/min
③ 30~35L/min
④ 40~45L/min

해설
CO_2 용접에서 전류의 크기에 따른 가스 유량

전류 영역		가스 유량(L/min)
250A 이하	저전류 영역	10~15
250A 이상	고전류 영역	20~25

11 용접부의 균열 중 모재의 재질 결함으로서 강괴일 때 기포가 압연되어 생기는 것으로 설퍼밴드와 같은 층상으로 편재해 있어 강재 내부에 노치를 형성하는 균열은?

① 래미네이션(Lamination)균열
② 루트(Root)균열
③ 응력 제거 풀림(Stress Relief)균열
④ 크레이터(Crater)균열

해설
① 래미네이션균열 : 모재의 재질 결함으로서 강괴일 때 내부에 있던 기포나 수축공, 슬래그가 압연에 의해 압착되면서 생기는 결함으로 설퍼 밴드와 같이 층상으로 편재해 있어서 강재의 내부에 노치를 형성시키는 균열이다.
② 루트균열 : 용접부의 루트면에 있는 노치에 의해 응력이 집중되어 발생하는 균열로 저온 균열에 속한다.
④ 크레이터균열 : 용접부의 끝부분인 크레이터에서 발생하는 균열로 크레이터가 급랭으로 응고될 때 발생하는 고온균열이다.

12 다음 중 용접열원을 외부로부터 가하는 것이 아니라 금속분말의 화학반응에 의한 열을 사용하여 용접하는 방식은?

① 테르밋 용접
② 전기저항 용접
③ 잠호 용접
④ 플라스마 용접

해설
테르밋 용접
알루미늄 분말과 산화철을 1:3의 비율로 혼합하여 테르밋제를 만든 후 냄비의 역할을 하는 도가니에 넣어 약 1,000℃로 점화하면 약 2,800℃의 열이 발생되면서 용접용 강이 만들어지는데 이 강을 용접부에 주입하면서 용접하는 용접법이다.

13 각종 금속의 용접부 예열온도에 대한 설명으로 틀린 것은?

① 고장력강, 저합금강, 주철의 경우 용접 홈을 50~350℃로 예열한다.

② 연강을 0℃ 이하에서 용접할 경우 이음의 양쪽 폭 100mm 정도를 40~75℃로 예열한다.

③ 열전도가 좋은 구리 합금은 200~400℃의 예열이 필요하다.

④ 알루미늄 합금은 500~600℃ 정도의 예열온도가 적당하다.

해설
금속의 종류별 예열온도
• 고장력강의 용접 홈을 50~350℃ 정도로 예열한 후 용접하면 결함을 방지할 수 있다.
• 저합금강도 두께에 따라 다르나 일반적으로 50~350℃ 정도로 예열한다.
• 연강을 기온이 0℃ 이하에서 용접하면 저온 균열이 발생하기 쉬우므로 이음의 양쪽을 약 100mm 폭이 되게 하여 약 50~75℃ 정도로 예열하는 것이 좋다.
• 주철도 두께에 따라 다르나 일반적으로 500~600℃ 정도로 예열한다.
• Al이나 Cu와 같이 열전도가 큰 재료는 이음부의 열 집중이 부족하여 융합 불량이 생기기 쉬우므로 200~400℃ 정도의 예열이 필요하다.

14 논 가스 아크 용접의 설명으로 틀린 것은?

① 보호 가스나 용제를 필요로 한다.

② 바람이 있는 옥외에서 작업이 가능하다.

③ 용접장치가 간단하며 운반이 편리하다.

④ 용접 비드가 아름답고 슬래그 박리성이 좋다.

해설
논 가스 아크 용접은 솔리드 와이어나 플럭스 와이어를 사용하여 보호 가스가 없이도 공기 중에서 직접 용접하는 방법이다. 비피복 아크용접이라고도 하며 반자동 용접으로서 가장 간편한 용접 방법이다. 보호 가스가 필요치 않으므로 바람에도 비교적 안정되어 옥외에서도 용접이 가능하나 용착금속의 기계적 성질은 다른 용접에 비해 좋지 않다는 단점이 있다.
논 가스 아크 용접의 특징
• 수소가스의 발생이 적다.
• 피복 용접봉을 사용하지 않는다.
• 보호가스가 없이도 용접이 가능하다.
• 용접 장치가 간단하며 운반이 편리하다.
• 바람이 부는 옥외에서도 작업이 가능하다.
• 반자동 용접뿐 아니라 자동용접도 가능하다.
• 용착금속의 기계적 성질은 다른 용접에 비해 좋지 않다.

15 용접부의 결함이 오버랩일 경우 보수 방법은?

① 가는 용접봉을 사용하여 보수한다.

② 일부분을 깎아내고 재용접한다.

③ 양단에 드릴로 정지 구멍을 뚫고 깎아내고 재용접한다.

④ 그 위에 다시 재용접한다.

해설
오버랩 불량은 용입부의 일부를 채우지 않고 덮은 불량이므로 일부분을 그라인더로 깎아 낸 후 재용접을 하면 보수가 가능하다.

16 다음 중 초음파 탐상법의 종류에 해당하지 않는 것은?

① 투과법 ② 펄스 반사법
③ 관통법 ④ 공진법

해설
초음파탐상법의 종류
• 공진법 : 시험체에 가해진 초음파의 진동수와 시험체의 고유진동수가 일치할 때 진동의 진폭이 커지는 현상인 공진을 이용하여 시험체의 두께를 측정하는 방법
• 투과법 : 초음파펄스를 시험체의 한쪽 면에서 송신하고 반대쪽 면에서 수신하는 방법
• 펄스 반사법 : 불연속부와 같은 경계면에서는 투과 및 굴절 또는 반사를 하는데 이러한 불연속부에서 반사하는 초음파를 분석하여 검사하는 방법

17 피복아크 용접 작업의 안전사항 중 전격방지대책이 아닌 것은?

① 용접기 내부는 수시로 분해·수리하고 청소를 하여야 한다.
② 절연 홀더의 절연부분이 노출되거나 파손되면 교체한다.
③ 장시간 작업을 하지 않을 시는 반드시 전기 스위치를 차단한다.
④ 젖은 작업복이나 장갑, 신발 등을 착용하지 않는다.

해설
전격의 방지를 위해서는 전격방지기를 설치하거나, 용접기 주변이나 작업 중 물이 용접기기에 닿지 않도록 주의해야 한다. 그러나 용접기 내부를 수시로 열어서 점검하면 오히려 용접기 내부를 열 때 전격이 발생할 위험이 더 크다.

18 전자렌즈에 의해 에너지를 집중시킬 수 있고, 고융융 재료의 용접이 가능한 용접법은?

① 레이저 용접
② 피복아크 용접
③ 전자 빔 용접
④ 초음파 용접

해설
전자빔용접
고밀도로 집속되고 가속화된 전자빔을 높은 진공 속에서 용접물에 고속도로 조사시키면 빛과 같은 속도로 이동한 전자가 용접물에 충돌하면서 전자의 운동에너지를 열에너지로 변환시켜 국부적으로 고열을 발생시키는데, 이때 생긴 열원으로 용접부를 용융시켜 용접하는 방식이다. 텅스텐(3,410℃)과 몰리브덴(2,620℃)과 같이 용융점이 높은 재료의 용접에 적합하다.

19 일렉트로 슬래그 용접에서 사용되는 수랭식 판의 재료는?

① 연강 ② 동
③ 알루미늄 ④ 주철

해설
일렉트로 슬래그 용접에 사용되는 수랭판의 명칭은 수랭동판이다. 여기서 동은 구리(Copper)를 의미하므로 그 재료도 구리이다.

20 맞대기용접 이음에서 모재의 인장강도는 40kgf/mm² 이며, 용접 시험편의 인장강도가 45kgf/mm²일 때 이 음효율은 몇 %인가?

① 88.9   ② 104.4

③ 112.5   ④ 125.0

해설

$$이음효율(\eta) = \frac{용접\ 시험편의\ 인장강도}{모재의\ 인장강도} \times 100\%$$
$$= \frac{45}{40} \times 100\% = 112.5\%$$

21 납땜에서 경납용 용제가 아닌 것은?

① 붕사   ② 붕산

③ 염산   ④ 알칼리

해설

납땜용 용제의 종류

경납땜용 용제(Flux)	연납땜용 용제(Flux)
• 붕사	• 송진
• 붕산	• 인산
• 불화나트륨	• 염산
• 불화칼륨	• 염화아연
• 은납	• 염화암모늄
• 황동납	• 주석-납
• 인동납	• 카드뮴-아연납
• 망간납	• 저융점 땜납
• 양은납	
• 알루미늄납	

22 서브머지드 아크 용접에서 동일한 전류 전압의 조건에서 사용되는 와이어 지름의 영향 설명 중 옳은 것은?

① 와이어의 지름이 크면 용입이 깊다.

② 와이어의 지름이 작으면 용입이 깊다.

③ 와이어의 지름과 상관이 없이 같다.

④ 와이어의 지름이 커지면 비드 폭이 좁아진다.

해설

서브머지드 아크 용접은 전류 밀도가 크기 때문에 동일한 전류, 전압의 조건에서 와이어 지름이 작으면 열이 집중도가 더 좋아져서 용입이 더 깊다.

서브머지드 아크 용접의 장점

• 내식성이 우수하다.
• 이음부의 품질이 일정하다.
• 후판일수록 용접속도가 빠르다.
• 높은 전류밀도로 용접할 수 있다.
• 용접 조건을 일정하게 유지하기 쉽다.
• 용접 금속의 품질을 양호하게 얻을 수 있다.
• 용제의 단열 작용으로 용입을 크게 할 수 있다.
• 용입이 깊어 개선각을 작게 해도 되므로 용접변형이 적다.
• 용접 중 대기와 차폐되어 대기 중의 산소, 질소 등의 해를 받지 않는다.
• 용접 속도가 아크 용접에 비해서 판두께 12mm에서는 2~3배, 25mm일 때는 5~6배 빠르다.

서브머지드 아크 용접

용접 부위에 미세한 입상의 플럭스를 도포한 뒤 용접선과 나란히 설치된 레일 위를 주행대차가 지나가면서 와이어를 용접부로 공급시키면 플럭스 내부에서 아크가 발생하면서 용접하는 자동 용접법이다. 아크가 플럭스 속에서 발생되므로 용접부가 눈에 보이지 않아 불가시 아크용접, 잠호용접이라고 불린다. 용접봉인 와이어의 공급과 이송이 자동이며 용접부를 플럭스가 덮고 있으므로 복사열과 연기가 많이 발생하지 않는다.

23 피복 아크 용접봉에서 피복제의 주된 역할로 틀린 것은?

① 전기 절연 작용을 하고 아크를 안정시킨다.

② 스패터의 발생을 적게 하고 용착금속에 필요한 합금원소를 첨가시킨다.

③ 용착금속의 탈산 정련작용을 하며 용융점이 높고, 높은 점성의 무거운 슬래그를 만든다.

④ 모재 표면의 산화물을 제거하고, 양호한 용접부를 만든다.

해설

피복 아크 용접용 피복제는 용착금속의 탈산 정련 작용으로 용융점을 낮게 하여 가벼운 슬래그를 만듦으로써 슬래그의 유동성을 좋게 한다.

피복제(Flux)의 역할

• 아크를 안정시킨다.
• 전기절연작용을 한다.
• 보호가스를 발생시킨다.
• 아크의 집중성을 좋게 한다.
• 용착금속의 급랭을 방지한다.
• 탈산작용 및 정련작용을 한다.
• 용융금속과 슬래그의 유동성을 좋게 한다.
• 용적(쇳물)을 미세화하여 용착효율을 높인다.
• 슬래그 제거를 쉽게 하여 비드의 외관을 좋게 한다.
• 적당량의 합금 원소 첨가로 금속에 특수성을 부여한다.
• 용융점을 낮게 하여 가벼운 슬래그를 만듦으로써 슬래그의 유동성을 좋게 한다.
• 중성 또는 환원성 분위기를 만들어 질화나 산화를 방지하고 용융금속을 보호한다.

24 다음 중 부하전류가 변하여도 단자 전압은 거의 변화하지 않는 용접기의 특성은?

① 수하 특성   ② 하향 특성

③ 정전압 특성   ④ 정전류 특성

해설

용접기의 특성 4가지

• 정전류특성 : 부하 전류나 전압이 변해도 단자 전류는 거의 변하지 않는다.
• 정전압특성 : 부하 전류나 전압이 변해도 단자 전압은 거의 변하지 않는다.
• 수하특성 : 부하 전류가 증가하면 단자 전압이 낮아진다.
• 상승특성 : 부하 전류가 증가하면 단자 전압이 약간 높아진다.

25 아크가 보이지 않는 상태에서 용접이 진행된다고 하여 일명 잠호용접이라 부르기도 하는 용접법은?

① 스터드 용접

② 레이저 용접

③ 서브머지드 아크 용접

④ 플라스마 용접

해설

서브머지드 아크 용접(SAW)

용접 부위에 미세한 입상의 플럭스를 도포한 뒤 용접선과 나란히 설치된 레일 위를 주행대차가 지나가면서 와이어를 용접부로 공급시키면 플럭스 내부에서 아크가 발생하면서 용접하는 자동 용접법이다. 아크가 플럭스 속에서 발생되므로 용접부가 눈에 보이지 않아 불가시 아크용접, 잠호 용접이라고 불린다. 용접봉인 와이어의 공급과 이송이 자동이며 용접부를 플럭스가 덮고 있으므로 복사열과 연기가 많이 발생하지 않는다.

26 가스 절단면의 표준 드래그(Drag) 길이는 판 두께의 몇 % 정도가 가장 적당한가?

① 10%   ② 20%

③ 30%   ④ 40%

해설

표준드래그 길이(mm) = 판 두께(mm) × $\frac{1}{5}$ = 판 두께의 20%

27 피복아크용접에서 홀더로 잡을 수 있는 용접봉 지름(mm)이 5.0∼8.0일 경우 사용하는 용접봉 홀더의 종류로 옳은 것은?

① 125호   ② 160호

③ 300호   ④ 400호

해설

용접 홀더의 종류(KS C 9607)

종류	정격 용접 전류(A)	홀더로 잡을 수 있는 용접봉 지름(mm)	접촉할 수 있는 최대 홀더용 케이블의 도체 공정 단면적(mm²)
125호	125	1.6∼3.2	22
160호	160	3.2∼4.0	30
200호	200	3.2∼5.0	38
250호	250	4.0∼6.0	50
300호	300	4.0∼6.0	50
400호	400	5.0∼8.0	60
500호	500	6.4∼10.0	80

28 다음 중 용접봉의 내균열성이 가장 좋은 것은?

① 셀룰로스계   ② 타이타늄계

③ 일미나이트계   ④ 저수소계

해설

용접봉의 종류 중에서 내균열성이 우수한 용접봉은 고장력강용 용접봉으로 불리는 저수소계(E4316) 용접봉이다.

29 아크 길이가 길 때 일어나는 현상이 아닌 것은?

① 아크가 불안정해진다.

② 용융금속의 산화 및 질화가 쉽다.

③ 열 집중력이 양호하다.

④ 전압이 높고 스패터가 많다.

해설

아크 길이가 길면 아크가 불안정해지면서 열의 집중성이 떨어져서 열영향부를 크게 한다. 그리고 용융부를 보호하지 못하므로 용융금속의 산화 및 질화를 일으키기 쉽게 하고 전압을 높게 하여 스패터도 많아 발생하고 용접한 제품의 재질약화 및 기공, 균열 불량도 일으킨다. 따라서 아크 길이는 적절하게 조절하는 것이 좋다.

30 직류용접기 사용 시 역극성(DCRP)과 비교한 정극성(DCSP)의 일반적인 특징으로 옳은 것은?

① 용접봉의 용융속도가 빠르다.

② 비드 폭이 넓다.

③ 모재의 용입이 깊다.

④ 박판, 주철, 합금강 비철금속의 접합에 쓰인다.

해설

직류 정극성은 용접봉보다 모재에서 열이 더 발생되므로 용접봉에서 동일한 열이 주어졌다고 가정했을 때 모재가 더 잘 녹기 때문에 용입이 깊게 된다.

아크 용접기의 극성

직류 정극성 (DCSP ; Direct Current Straight Polarity)	• 용입이 깊다. • 비드 폭이 좁다. • 용접봉의 용융속도가 느리다. • 후판(두꺼운 판) 용접이 가능하다. • 모재에는 (+)전극이 연결되며 70% 열이 발생하고, 용접봉에는 (−)전극이 연결되며 30% 열이 발생한다.
직류 역극성 (DCRP ; Direct Current Reverse Polarity)	• 용입이 얕다. • 비드 폭이 넓다. • 용접봉의 용융속도가 빠르다. • 박판(얇은 판) 용접이 가능하다. • 주철, 고탄소강, 비철금속의 용접에 쓰인다. • 모재에는 (−)전극이 연결되며 30% 열이 발생하고, 용접봉에는 (+)전극이 연결되며 70% 열이 발생한다.
교류(AC)	• 극성이 없다. • 전원 주파수의 $\frac{1}{2}$ 사이클마다 극성이 바뀐다. • 직류 정극성과 직류 역극성의 중간적 성격이다.

31 가변압식의 팁 번호가 200일 때 10시간 동안 표준 불꽃으로 용접할 경우 아세틸렌가스의 소비량은 몇 리터인가?

① 20   ② 200

③ 2,000   ④ 20,000

해설

가변압식 팁은 프랑스식으로 매시간당 아세틸렌가스의 소비량을 리터(L)로 표시한다. 예를 들어 200번 팁은 단위 시간당 가스 소비량이 200L이다. 여기서 10시간 사용했으므로 총 아세틸렌 가스의 소비량은 2,000L가 된다.

200L × 10시간 = 2,000L

32 정격 2차 전류가 200A, 아크출력 60kW인 교류용접기를 사용할 때 소비전력은 얼마인가?(단, 내부손실이 4kW이다)

① 64kW   ② 104kW

③ 264kW   ④ 804kW

해설
소비전력 = 아크전력 + 내부손실 = 60kW + 4kW = 64kW

33 수중절단 작업을 할 때 가장 많이 사용하는 가스로 기포 발생이 적은 연료가스는?

① 아르곤   ② 수소

③ 프로판   ④ 아세틸렌

해설
수중 절단 시 가장 많이 사용하는 연료가스는 H_2(수소)가스이다. 이때, 절단 산소의 압력은 공기 중에서보다 1.5~2배로 높인다.

34 용접기의 규격 AW 500의 설명 중 옳은 것은?

① AW은 직류 아크 용접기라는 뜻이다.

② 500은 정격 2차 전류의 값이다.

③ AW은 용접기의 사용률을 말한다.

④ 500은 용접기의 무부하 전압 값이다.

해설
AW-500의 정격 2차 전륫값은 500A이다. 여기서 AW는 교류아크 용접기를 나타내는 기호이다.
교류 아크 용접기의 규격

종 류	정격 2차 전류(A)	정격 사용률(%)	정격부하 전압(V)	사용 용접봉 지름(mm)
AW200	200	40	30	2.0~4.0
AW300	300	40	35	2.6~6.0
AW400	400	40	40	3.2~8.0
AW500	500	60	40	4.0~8.0

35 가스 용접에서 토치를 오른손에 용접봉을 왼손에 잡고 오른쪽에서 왼쪽으로 용접을 해 나가는 용접법은?

① 전진법   ② 후진법

③ 상진법   ④ 병진법

해설
가스 용접에서의 전진법과 후진법의 차이점

구분	전진법	후진법
열 이용률	나쁘다.	좋다.
비드의 모양	보기 좋다.	매끈하지 못하다.
홈의 각도	크다(약 80°).	작다(약 60°).
용접 속도	느리다.	빠르다.
용접 변형	크다.	작다.
용접 가능 두께	두께 5mm 이하의 박판	후판
가열 시간	길다.	짧다.
기계적 성질	나쁘다.	좋다.
산화 정도	심하다.	양호하다.
토치 진행방향 및 각도	오른쪽 → 왼쪽	왼쪽 → 오른쪽

36 용접기와 멀리 떨어진 곳에서 용접전류 또는 전압을 조절할 수 있는 장치는?

① 원격 제어 장치　② 핫 스타트 장치
③ 고주파 발생 장치　④ 수동전류조정장치

해설

① 원격 제어 장치 : 원거리에서 용접 전류 및 용접 전압 등의 조정이 필요할 때 설치하는 원거리조정 장치
② 핫 스타트 장치 : 아크가 발생하는 초기에만 용접전류를 커지게 만드는 아크 발생 제어 장치
③ 고주파 발생장치 : 교류 아크 용접기의 아크 안정성을 확보하기 위하여 상용 주파수의 아크 전류 외에 고전압(2,000~3,000V)의 고주파 전류를 중첩시키는 방식이며 라디오나 TV 등에 방해를 주는 결점도 있으나 장점이 더 많다.
④ 수동전류조정장치 : 용접기 자체에 부착되어 있는 핸들이나 스위치를 손으로 조작해서 전류를 조절하는 장치

37 아크에어 가우징법의 작업능률은 가스 가우징법보다 몇 배 정도 높은가?

① 2~3배　② 4~5배
③ 6~7배　④ 8~9배

해설

아크에어 가우징은 탄소 아크 절단법에 고압(5~7kgf/cm²)의 압축공기를 병용하는 방법이다. 용융된 금속에 탄소봉과 평행으로 분출하는 압축공기를 전극 홀더의 끝부분에 위치한 구멍을 통해 연속해서 불어내어 홈을 파내는 방법으로 홈 가공이나 구멍 뚫기, 절단 작업에 사용된다. 이것은 철이나 비철 금속에 모두 이용할 수 있으며, 가스 가우징보다 작업 능률이 2~3배 높고 모재에도 해를 입히지 않는다.
아크에어 가우징의 구성요소
• 가우징 머신
• 가우징 봉
• 가우징 토치
• 컴프레서(압축공기)

38 가스 용접에서 프로판 가스의 성질 중 틀린 것은?

① 증발 잠열이 작고, 연소할 때 필요한 산소의 양은 1:1 정도이다.
② 폭발한계가 좁아 다른 가스에 비해 안전도가 높고 관리가 쉽다.
③ 액화가 용이하여 용기에 충전이 쉽고 수송이 편리하다.
④ 상온에서 기체 상태이고 무색, 투명하며 약간의 냄새가 난다.

해설

연소에 필요한 산소 : 프로판의 비율은 4.5 : 1이다.
프로판가스
상온에서 기체이며 무색, 투명하며 약간의 냄새가 난다. 쉽게 기화하므로 온도 변화에 따른 팽창률이 크고 발열량도 크다. 또한 액화하기 쉬워서 용기에 넣어 수송하므로 이동이 편리하지만, 폭발한계가 좁아서 안전도가 떨어진다.

39 면심입방격자의 어떤 성질이 가공성을 좋게 하는가?

① 취성　② 내식성
③ 전연성　④ 전기전도성

해설

면심입방격자(FCC ; Face Centered Cubic)에 속하는 금속은 비교적 연하기 때문에 전연성이 커서 가공성을 좋게 한다.

40 알루미늄과 알루미늄 가루를 압축 성형하고 약 500~600℃로 소결하여 압출 가공한 분산 강화형 합금의 기호에 해당하는 것은?

① DAP   ② ACD

③ SAP   ④ AMP

해설
알루미늄 분말 소결체(SAP ; Sintered Aluminum Powder)
Al에 산화막을 증가시키기 위하여 산소분위기 내에서 알루미늄을 분쇄하여 알루미늄과 알루미늄분말을 가압 형성하여 소결 후 압출한 알루미늄-알루미나계 입자의 분산강화합금이다.

41 스테인리스강 중 내식성이 제일 우수하고 비자성이나 염산, 황산, 염소가스 등에 약하고 결정립계 부식이 발생하기 쉬운 것은?

① 석출경화계 스테인리스강
② 페라이트계 스테인리스강
③ 마텐자이트계 스테인리스강
④ 오스테나이트계 스테인리스강

해설
스테인리스강 중에서 내식성이 제일 우수하나 염산이나 황산 등에 약하고 결정립계의 부식을 일으키기 쉬운 것은 오스테나이트계 스테인리스강이다.

42 라우탈은 Al-Cu-Si 합금이다. 이 중 3~8% Si를 첨가하여 향상되는 성질은?

① 주조성   ② 내열성

③ 피삭성   ④ 내식성

해설
Si이 합금원소로 사용되면 금속에 유동성을 향상시키기 때문에 주조성이 좋아진다.

43 금속의 조직검사로서 측정이 불가능한 것은?

① 결함
② 결정입도
③ 내부응력
④ 비금속 개재물

해설
금속의 조직검사는 현미경을 통해 조직 내부를 크게 확대해서 관찰하기 때문에 결함이나 결정입도, 비금속 개재물을 알 수 있지만, 내부응력은 알 수 없다. 내부응력은 인장시험을 통해서 파악할 수 있다.

44 탄소 함량 3.4%, 규소 함량 2.4% 및 인 함량 0.6%인 주철의 탄소당량(CE)은?

① 4.0   ② 4.2

③ 4.4   ④ 4.6

해설
CE(Carbon Equivalent, 탄소당량) : 철강 재료는 탄소의 함량에 따라 그 성질이 크게 달라지는데, 탄소의 영향에 따른 강재의 단단함과 용접성을 나타내는 지표로 사용한다.

$$주철의\ CE = C + \frac{Mn}{6} + \frac{Si + P}{3}$$

$$= 3.4 + \frac{2.4 + 0.6}{3}$$

$$= 4.4\%$$

45 자기변태가 일어나는 점을 자기변태점이라 하며, 이 온도를 무엇이라고 하는가?

① 상점　　　　　② 이슬점

③ 퀴리점　　　　④ 동소점

자기변태

철이 '퀴리점'으로 불리는 자기변태 온도(A_2 변태점, 768℃)를 지나면, 원자배열은 변하지 않으나 자성이 큰 강자성체에서 자성을 잃어버리는 상자성체로 변하는 현상으로 금속마다 자기변태점이 다르다.

예 시멘타이트는 210℃이다.

46 다음 중 경질 자성재료가 아닌 것은?

① 센더스트　　　② 알니코 자석

③ 페라이트 자석　④ 네오디뮴 자석

센더스트(Sendust) : 5%의 Al, 10%의 Si, 85%의 Fe을 합금한 고투자율인 자성재료로 기계적으로 약한 특징을 갖는다. 연질 자성 재료는 일반적으로 고투자율이며 보자력이 작고 자화되기 쉬운 금속으로 규소강판이나 퍼멀로이, 센더스트 등이 있다.
경질 자성재료
일종의 영구자석으로 알니코 자석, 페라이트 자석, 네오디뮴 자석, 희토류계 자석 등이 있다.

47 문쯔메탈(Muntz Metal)에 대한 설명으로 옳은 것은?

① 90%Cu-10%Zn 합금으로 톰백의 대표적인 것이다.

② 70%Cu-30%Zn 합금으로 가공용 황동의 대표적인 것이다.

③ 70%Cu-30%Zn 황동에 주석(Sn)을 1% 함유한 것이다.

④ 60%Cu-40%Zn 합금으로 황동 중 아연 함유량이 가장 높은 것이다.

황동의 종류

톰백	Cu에 Zn을 5~20% 합금한 것으로 색깔이 아름답고 냉간가공이 쉽게 되어 단추나 금박, 금모조품과 같은 장식용 재료로 사용된다.
문쯔메탈	60%의 Cu와 40%의 Zn이 합금된 것으로, 황동 합금 중 아연의 함유량이 가장 높다. 인장강도가 최대이며, 강도가 필요한 단조제품이나 볼트나 리벳용 재료로 사용한다.
알브락	Cu 75% + Zn 20% + 소량의 Al, Si, As의 합금이다. 해수에 강하며 내식성과 내침수성이 커서 복수기관과 냉각기관에 사용한다.
애드미럴티 황동	Cu와 Zn의 비율이 7 : 3황동에 Sn 1%를 합금한 것으로 콘덴서 튜브나 열교환기, 증발기용 재료로 사용한다.
델타메탈	6 : 4 황동에 1~2% Fe을 첨가한 것으로, 강도가 크고 내식성이 좋아서 광산기계나 선박용, 화학용 기계에 사용한다.
쾌삭 황동	황동에 Pb을 0.5~3% 합금한 것으로 피절삭성 향상을 위해 사용한다.
납 황동	3% 이하의 Pb을 6 : 4황동에 첨가하여 절삭성을 향상시킨 쾌삭황동으로 기계적 성질은 다소 떨어진다.
강력 황동	4 : 6 황동에 Mn, Al, Fe, Ni, Sn 등을 첨가하여 한층 더 강력하게 만든 황동이다.
네이벌 황동	6 : 4 황동에 0.8% 정도의 Sn을 첨가한 것으로 내해수성이 강해서 선박용 부품에 사용한다.

48 다음의 조직 중 경도값이 가장 낮은 것은?

① 마텐자이트

② 베이나이트

③ 소르바이트

④ 오스테나이트

금속 조직의 강도와 경도 순서
페라이트 < 오스테나이트 < 펄라이트 < 소르바이트 < 베이나이트 < 트루스타이트 < 마텐자이트 < 시멘타이트

49 열처리의 종류 중 항온열처리 방법이 아닌 것은?

① 마퀜칭   ② 어닐링

③ 마템퍼링   ④ 오스템퍼링

해설

어닐링(Annealing)은 풀림이라는 뜻이다. 풀림은 기본열처리법의 일종으로 재질을 연하고 균일화시킬 목적으로 실시한다. 열처리법으로 완전풀림은 A_3변태점(968℃) 이상의 온도로, 연화풀림은 약 650℃의 온도로 가열한 후 서랭한다.

항온열처리의 종류

항온풀림		재료의 내부응력을 제거하여 조직을 균일화하고 인성을 향상시키기 위한 열처리 조작으로 가열한 재료를 연속적으로 냉각하지 않고 약 500~600℃의 염욕 중에 냉각하여 일정 시간 동안 유지시킨 뒤 냉각시키는 방법이다.
항온뜨임		약 250℃의 열욕에서 일정시간을 유지시킨 후 공랭하여 마텐자이트와 베이나이트의 혼합된 조직을 얻는 열처리법으로, 고속도강이나 다이스강을 뜨임처리하고자 할 때 사용한다.
항온담금질	오스템퍼링	강을 오스테나이트 상태로 가열한 후 300~350℃의 온도에서 담금질을 하여 하부 베이나이트 조직으로 변태시킨 후 공랭하는 방법으로, 강인한 베이나이트 조직을 얻고자 할 때 사용한다.
	마템퍼링	강을 Ms점과 Mf점 사이에서 항온 유지 후 꺼내어 공기 중에서 냉각하여 마텐자이트와 베이나이트의 혼합조직을 얻는 방법이다. • Ms : 마텐자이트 생성 시작점 • Mf : 마텐자이트 생성 종료점
	마퀜칭	강을 오스테나이트 상태로 가열한 후 Ms점 바로 위에서 기름이나 염욕에 담그는 열욕에서 담금질하여 재료의 내부 및 외부가 같은 온도가 될 때까지 항온을 유지한 후 공랭하여 열처리하는 방법으로 균열이 없는 마텐자이트 조직을 얻을 때 사용한다.
	오스포밍	가공과 열처리를 동시에 하는 방법으로 조밀하고 기계적 성질이 좋은 마텐자이트를 얻고자 할 때 사용된다.
	MS 퀜칭	강을 Ms점보다 다소 낮은 온도에서 담금질하여 물이나 기름 중에서 급랭시키는 열처리 방법으로 잔류 오스테나이트의 양이 적다.

50 컬러 텔레비전의 전자총에서 나온 광선의 영향을 받아 섀도 마스크가 열팽창하면 엉뚱한 색이 나오게 된다. 이를 방지하기 위해 섀도 마스크의 제작에 사용되는 불변강은?

① 인바

② Ni-Cr 강

③ 스테인리스강

④ 플래티나이트

해설

Ni-Fe계 합금(불변강)의 종류

종류	용도
인바	• Fe에 35%의 Ni, 0.1~0.3%의 Co, 0.4%의 Mn이 합금된 불변강의 일종으로 상온 부근에서 열팽창계수가 매우 작아서 길이 변화가 거의 없다. • 줄자나 측정용 표준자, 바이메탈, TV용 섀도 마스크용 재료로 사용된다.
슈퍼인바	Fe에 30~32%의 Ni, 4~6%의 Co를 합금한 재료로 20℃에서 열팽창계수가 0에 가까워서 표준 척도용 재료로 사용한다.
엘린바	Fe에 36%의 Ni, 12%의 Cr이 합금된 재료로 온도변화에 따라 탄성률의 변화가 미세하여 시계태엽이나 계기의 스프링, 기압계용 다이어프램, 정밀 저울용 스프링 재료로 사용한다.
퍼멀로이	Fe에 35~80%의 Ni이 합금된 재료로 열팽창계수가 작아서 측정기나 고주파 철심, 코일, 릴레이용 재료로 사용된다.
플래티나이트	Fe에 46%의 Ni이 합금된 재료로 열팽창계수가 유리와 백금과 가까우며 전구 도입선이나 진공관의 도선용으로 사용한다.
코엘린바	Fe에 Cr 10~11%, Co 26~58%, Ni 10~16% 합금한 것으로 온도변화에 대한 탄성율의 변화가 적고 공기 중이나 수중에서 부식되지 않아서 스프링, 태엽, 기상관측용 기구의 부품에 사용한다.

51 다음 단면도에 대한 설명으로 틀린 것은?

① 부분 단면도는 일부분을 잘라내고 필요한 내부 모양을 그리기 위한 방법이다.

② 조합에 의한 단면도는 축, 핀, 볼트, 너트류의 절단면의 이해를 위해 표시한 것이다.

③ 한쪽 단면도는 대칭형 대상물의 외형 절반과 온 단면의 절반을 조합하여 표시한 것이다.

④ 회전도시 단면도는 핸들이나 바퀴 등의 암, 림, 훅, 구조물 등의 절단면을 90° 회전시켜서 표시한 것이다.

해설

길이 방향으로 절단하여 도시가 가능한 기계요소와 불가능한 기계요소

길이 방향으로 절단하여 도시가 가능한 것	보스, 부시, 칼라, 베어링, 파이프 등 KS규격에서 절단하여 도시가 불가능하다고 규정된 이외의 부품
길이 방향으로 절단하여 도시가 불가능한 것	축, 키, 암, 핀, 볼트, 너트, 리벳, 코터, 기어의 이, 베어링의 볼과 롤러

52 나사의 감김 방향의 지시 방법 중 틀린 것은?

① 오른나사는 일반적으로 감김 방향을 지시하지 않는다.

② 왼나사는 나사의 호칭 방법에 약호 'LH'를 추가하여 표시한다.

③ 동일 부품에 오른나사와 왼나사가 있을 때는 왼나사에만 약호 'LH'를 추가한다.

④ 오른나사는 필요하면 나사의 호칭 방법에 약호 'RH'를 추가하여 표시할 수 있다.

해설

나사의 감김 방향은 왼나사(LH)와 오른나사(RH)인 경우 각각 모두 표시한다.

53 그림과 같은 도면의 해독으로 잘못된 것은?

① 구멍 사이의 피치는 50mm

② 구멍의 지름은 10mm

③ 전체 길이는 600mm

④ 구멍의 수는 11개

해설

전체 길이를 구하려면 도면의 '11-10드릴'에서 지름이 10mm인 원이 50mm의 간격으로 11개 있다는 것을 확인한다. 여기서 피치(간격)가 50mm인 것이 10개가 있다. 그리고 끝부분과 바로 인접한 원의 중심이 25mm이므로, 양쪽 2를 곱하면 50mm가 된다.
따라서 전체 길이는 (50mm × 10) + (25mm × 2) = 550mm이다.

54 그림과 같이 제3각법으로 정투상한 도면에 적합한 입체도는?

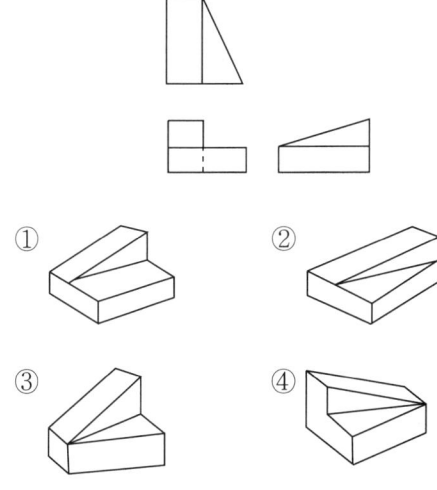

해설

물체를 위에서 바라본 형상인 평면도의 외곽선의 형상을 확인함으로써 정답을 ②, ④번으로 압축할 수 있다. 그리고 우측면도의 형상이 왼쪽에서 오른쪽으로 올라가는 형상을 확인하면 정답이 ②번임을 알 수 있다.

55 동일 장소에서 선이 겹칠 경우 나타내야 할 선의 우선순위를 옳게 나타낸 것은?

① 외형선 > 중심선 > 숨은선 > 치수보조선
② 외형선 > 치수보조선 > 중심선 > 숨은선
③ 외형선 > 숨은선 > 중심선 > 치수보조선
④ 외형선 > 중심선 > 치수보조선 > 숨은선

해설
두 종류 이상의 선이 중복되는 경우 선의 우선순위
숫자나 문자 > 외형선 > 숨은선 > 절단선 > 중심선 > 무게 중심선 > 치수 보조선

56 일반적인 판금 전개도의 전개법이 아닌 것은?

① 다각전개법
② 평행선법
③ 방사선법
④ 삼각형법

해설
전개도법의 종류

종류	의미
평행선법	삼각기둥, 사각기둥과 같은 여러 가지의 각기둥과 원기둥을 평행하게 전개하여 그리는 방법
방사선법	삼각뿔, 사각뿔 등의 각뿔과 원뿔을 꼭짓점을 기준으로 부채꼴로 펼쳐서 전개도를 그리는 방법
삼각형법	꼭짓점이 먼 각뿔, 원뿔 등을 해당 면을 삼각형으로 분할하여 전개도를 그리는 방법

57 다음 냉동 장치의 배관 도면에서 팽창밸브는?

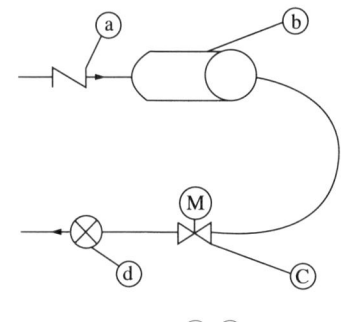

① ⓐ
② ⓑ
③ ⓒ
④ ⓓ

해설
④ 팽창밸브
① 체크밸브
② 건조기
③ 전동밸브(전자밸브)

58 다음 중 치수 보조기호로 사용되지 않는 것은?

① π
② Sϕ
③ R
④ □

해설
치수 보조기호의 종류

기호	구분	기호	구분
ϕ	지름	p	피치
Sϕ	구의 지름	$\overset{\frown}{50}$	호의 길이
R	반지름	$\underline{50}$	비례척도가 아닌 치수
SR	구의 반지름	$\boxed{50}$	이론적으로 정확한 치수
□	정사각형	(50)	참고 치수
C	45° 모따기	~~50~~	치수의 취소 (수정 시 사용)
t	두께	–	–

59 3각법으로 그린 투상도 중 잘못된 투상이 있는 것은?

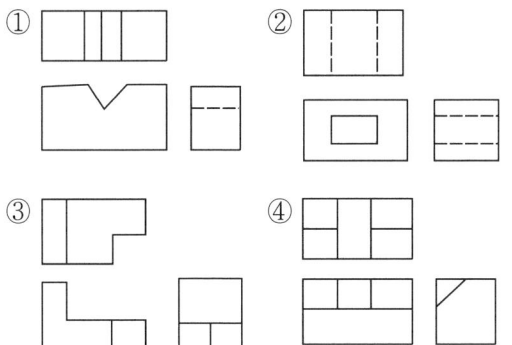

① ② ③ ④

투상도는 다양하게 해석이 가능하나 ④번의 경우, 우측면도와 평면도를 기준으로 보았을 때 정면도는 다음과 같은 형상을 나타내어야 한다.

60 다음 중 열간압연 강판 및 강대에 해당하는 재료 기호는?

① SPCC ② SPHC

③ STS ④ SPB

② SPHC : 열간압연 강판 및 강대
① SPCC : 냉간압연 강판 및 강대(일반용)
③ STS : 합금공구강(절삭공구용)
④ SPB : 주석도금강판

01 용접이음 설계 시 충격하중을 받는 연강의 안전율은?

① 12
② 8
③ 5
④ 3

해설
안전율(S)이란 외부의 하중에 견딜 수 있는 정도를 수치로 나타낸 것으로서 $S = \dfrac{극한강도}{허용응력}$ 로 나타낸다. 연강재 이음부의 경우는 충격하중 시에는 12로 설정한다.
※ 정하중 : 3, 동하중(일반) : 5, 동하중(주기적) : 8, 충격하중 : 12

02 다음 중 기본 용접 이음 형식에 속하지 않는 것은?

① 맞대기 이음
② 모서리 이음
③ 마찰 이음
④ T자 이음

해설
기본 용접 이음의 종류

맞대기 이음	모서리 이음	변두리 이음
겹치기 이음	맞물림 겹치기이음	
T 이음(필릿 용접)	십자형 이음	한면 맞대기판 이음
양면 맞대기판 이음	플레어 이음	

03 화재의 분류는 소화 시 매우 중요한 역할을 한다. 서로 바르게 연결된 것은?

① A급 화재 - 유류화재
② B급 화재 - 일반화재
③ C급 화재 - 가스화재
④ D급 화재 - 금속화재

해설
화재의 종류

분류	A급 화재	B급 화재	C급 화재	D급 화재
명칭	일반(보통) 화재	유류 및 가스화재	전기화재	금속화재

04 불활성 가스가 아닌 것은?

① C_2H_2
② Ar
③ Ne
④ He

해설
아세틸렌가스는 구리나 은과 반응할 때 산화물이 아닌 폭발성 물질이 생성되므로 불활성 가스에는 포함되지 않는다. Ar(아르곤), Ne(네온), He(헬륨)은 모두 불활성 가스이다.
아세틸렌가스(Acetylene, C_2H_2)의 특징
• 400℃ 근처에서 자연 발화한다.
• 순수한 아세틸렌가스는 무색무취이다.
• 아세틸렌가스 1L의 무게는 1.176g이다.
• 카바이드(CaC_2)를 물에 작용시켜 제조한다.
• 비중이 0.906으로서 1.105인 산소보다 가볍다.
• 구리나 은과 반응할 때 폭발성 물질이 생성된다.
• 가스 용접이나 절단 등에 주로 사용되는 연료가스이다.
• 충전은 15℃, 1기압하에서 15kgf/cm² 의 압력으로 한다.
• 산소와 적당히 혼합 연소시키면 3,000~3,500℃의 고온을 낸다.
• 아세틸렌가스는 불포화 탄화수소의 일종으로 불완전한 상태의 가스이다.
• 각종 액체에 용해가 잘된다(물 - 1배, 석유 - 2배, 벤젠 - 4배, 알코올 - 6배, 아세톤 - 25배).

05 서브머지드 아크 용접장치 중 전극형상에 의한 분류에 속하지 않는 것은?

① 와이어(Wire) 전극

② 테이프(Tape) 전극

③ 대상(Hoop) 전극

④ 대차(Carriage) 전극

해설

대차 전극은 서브머지드 아크 용접장치(SAW)의 전극형상으로 분류되지 않는다.

06 용접 시공 계획에서 용접 이음 준비에 해당되지 않는 것은?

① 용접 홈의 가공

② 부재의 조립

③ 변형 교정

④ 모재의 가용접

해설

용접 작업을 준비할 때는 용접 홈을 가공하거나 부재료를 조립, 모재를 가접(가용접)한다. 그러나 변형 교정은 용접 후 실시하는 것이므로 ③번은 틀린 표현이다.

07 다음 중 서브머지드 아크 용접(Submerged Arc Welding)에서 용제의 역할과 가장 거리가 먼 것은?

① 아크 안정

② 용락 방지

③ 용접부의 보호

④ 용착금속의 재질 개선

해설

서브머지드 아크 용접(SAW)에서 용제(Flux)는 아크 안정, 용접부 보호, 용착금속의 재질을 개선하나 용락을 방지하지는 않는다. SAW는 바닥에 용접 모재를 두고 주행대차를 통해 이동하며 용접하는 방법이므로 용락은 일반적으로 발생하지 않는다.

08 다음 중 전기저항 용접의 종류가 아닌 것은?

① 점 용접

② MIG 용접

③ 프로젝션 용접

④ 플래시 용접

해설

용접의 분류

09 다음 중 용접 금속에 기공을 형성하는 가스에 대한 설명으로 틀린 것은?

① 응고 온도에서의 액체와 고체의 용해도 차에 의한 가스 방출

② 용접금속 중에서 화학반응에 의한 가스 방출

③ 아크 분위기에서의 기체의 물리적 혼입

④ 용접 중 가스 압력의 부적당

해설

용접 중 가스 압력이 부적당하면 용접 재료의 산화 정도에 영향을 주나, 기공 불량의 형성에는 큰 영향을 미치지 않는다.

10 가스 용접 시 안전조치로 적절하지 않은 것은?

① 가스의 누설검사는 필요할 때만 체크하고 점검은 수돗물로 한다.

② 가스 용접 장치는 화기로부터 5m 이상 떨어진 곳에 설치해야 한다.

③ 작업 종료 시 메인 벨트 및 콕 등을 완전히 잠가준다.

④ 인화성 액체 용기의 용접을 할 때는 증기 열탕물로 완전히 세척 후 통풍구멍을 개방하고 작업한다.

해설
가스 용접 시에는 폭발의 위험을 사전에 방지하기 위해서 가스봄베의 연결 부위를 비눗물을 이용하여 용접 전, 중, 후에 수시로 체크해야 한다.

11 TIG 용접에서 가스이온이 모재에 충돌하여 모재 표면에 산화물을 제거하는 현상은?

① 제거효과　　　　② 청정효과

③ 용융효과　　　　④ 고주파효과

해설
청정효과란 TIG 용접에서 가스이온이 모재에 충돌하여 모재 표면의 산화물을 제거하는 현상이다. TIG 용접(Tungsten Inert Gas arc welding)에서 청정작용은 직류 역극성일 때 잘 발생한다.

12 연강의 인장시험에서 인장시험편의 지름이 10mm 이고 최대하중이 5,500kgf일 때 인장강도는 약 몇 kgf/mm²인가?

① 60　　　　② 70

③ 80　　　　④ 90

해설
인장응력을 구하는 식

$$\sigma = \frac{F(W)}{A} = \frac{F}{\frac{\pi d^2}{4}} = \frac{\text{작용 힘(N 또는 kgf)}}{\text{단위면적(mm}^2\text{)}}$$

$$= \frac{5,500\text{kgf}}{\frac{\pi \times 100\text{mm}^2}{4}} = 70.02\text{kgf/mm}^2$$

13 용접부의 표면에 사용되는 검사법으로 비교적 간단하고 비용이 싸며, 특히 자기 탐상 검사가 되지 않는 금속재료에 주로 사용되는 검사법은?

① 방사선비파괴 검사　　② 누수 검사

③ 침투비파괴 검사　　　④ 초음파비파괴 검사

해설
③ 침투탐상검사(PT ; Penetrant Test) : 검사하려는 대상물의 표면에 침투력이 강한 형광성 침투액을 도포 또는 분무하거나 표면 전체를 침투액 속에 침적시켜 표면의 흠집 속에 침투액이 스며들게 한 다음 이를 백색 분말의 현상액을 뿌려서 침투액을 표면으로부터 빨아내서 결함을 검출하는 방법이다. 만일 침투액이 형광물질이면 형광침투탐상시험이라고 불린다.

① 방사선투과시험(RT) : 용접부 뒷면에 필름을 놓고 용접물 표면에서 X선이나 γ선을 방사하여 용접부를 통과시키면, 금속 내부에 구멍이 있을 경우 그만큼 투과되는 두께가 얇아져서 필름에 방사선의 투과량이 그만큼 많아지게 되므로 다른 곳보다 검게 됨을 확인함으로써 불량을 검출하는 방법이다.

② 누설검사(LT) : 탱크나 용기 속에 유체를 넣고 압력을 가하여 새는 부분을 검출함으로써 구조물의 기밀성, 수밀성을 검사하는 방법이다.

④ 초음파탐상검사(UT) : 사람이 들을 수 없는 매우 높은 주파수의 초음파를 사용하여 검사 대상물의 형상과 물리적 특성을 검사하는 방법이다. 4~5MHz 정도의 초음파가 경계면, 결함 표면 등에서 반사하여 되돌아오는 성질을 이용하는 방법으로 반사파의 시간과 크기를 스크린으로 관찰하여 결함의 유무, 크기, 종류 등을 검사하는 방법이다.

14 용접에 의한 변형을 미리 예측하여 용접하기 전에 용접 반대 방향으로 변형을 주고 용접하는 방법은?

① 억제법　　　　② 역변형법

③ 후퇴법　　　　④ 비석법

해설
역변형법은 용접을 시작하기 전 모재에 역변형을 주고 가접하는 것이므로 변형 방지법이다. 후퇴법과 비석법은 용접 시 용착법의 종류들이다.

용접 변형 방지법의 종류
• 억제법 : 지그설치 및 가접을 통해 변형을 억제하도록 한 것
• 역변형법 : 용접 전에 변형을 예측하여 반대 방향으로 변형시킨 후 용접을 하도록 한 것
• 도열법 : 용접 중 모재의 입열을 최소화하기 위해 물을 적신 동판을 덧대어 열을 흡수하도록 한 것

15 다음 중 플라스마 아크 용접에 적합한 모재가 아닌 것은?

① 텅스텐, 백금
② 타이타늄, 니켈 합금
③ 타이타늄, 구리
④ 스테인리스강, 탄소강

텅스텐(3,410℃)과 같이 용융점이 높은 재료의 용접에는 전자빔 용접이 적합하며, 플라스마 아크 용접에는 그보다 용융점이 낮은 타이타늄이나 구리, 스테인리스강, 주철이 알맞다.

16 용접 지그를 사용했을 때의 장점이 아닌 것은?

① 구속력을 크게 하여 잔류응력 발생을 방지한다.
② 동일 제품을 다량 생산할 수 있다.
③ 제품의 정밀도를 높인다.
④ 작업을 용이하게 하고 용접능률을 높인다.

용접 지그를 사용했을 때 구속력을 크게 하면 열에 의한 변형에 의해 잔류응력을 발생시킬 수 있으므로 이는 단점에 해당한다.

17 일종의 피복 아크 용접법으로 피더(Feeder)에 철분계 용접봉을 장착하여 수평 필릿 용접을 전용으로 하는 일종의 반자동 용접장치로서 모재와 일정한 경사를 갖는 금속지주를 용접 홀더가 하강하면서 용접되는 용접법은?

① 그래비트 용접　　② 용사
③ 스터드 용접　　　④ 테르밋 용접

① 그래비트 용접 : 피복 아크 용접법의 일종으로 피더(Feeder)에 철분계 용접봉을 장착하여 수평 필릿 용접을 하는 일종의 반자동 용접장치로 모재와 일정한 경사를 갖는 금속지주를 용접 홀더가 하강하면서 용접한다.
③ 스터드 용접(Stud Welding) : 아크 용접의 일부로서 봉재, 볼트 등의 스터드를 판 또는 프레임 등의 구조재에 직접 심는 능률적인 용접 방법이다.
④ 테르밋 용접 : 금속 산화물과 알루미늄이 반응하여 열과 슬래그를 발생시키는 테르밋 반응을 이용하는 용접법이다. 강을 용접할 경우에는 산화철과 알루미늄 분말을 3 : 1로 혼합한 테르밋제를 만든 후 냄비의 역할을 하는 도가니에 넣은 다음, 점화제를 약 1,000℃로 점화시키면 약 2,800℃의 열이 발생되어 용접용 강이 만들어지는데 이 강(Steel)을 용접 부위에 주입 후 서랭하여 용접을 완료하며 철도 레일이나 차축, 선박의 프레임 접합에 주로 사용된다.

18 피복 아크 용접에 의한 맞대기 용접에서 개선 홈과 판 두께에 관한 설명으로 틀린 것은?

① I형 : 판 두께 6mm 이하 양쪽용접에 적용
② V형 : 판 두께 20mm 이하 한쪽용접에 적용
③ U형 : 판 두께 40~60mm 양쪽용접에 적용
④ X형 : 판 두께 15~40mm 양쪽용접에 적용

맞대기 홈 형상이 U형인 판은 두께가 16~50mm 정도일 때 한쪽 용접으로 한다.

19 이산화탄소 아크 용접 방법에서 전진법의 특징으로 옳은 것은?

① 스패터의 발생이 적다.
② 깊은 용입을 얻을 수 있다.
③ 비드 높이가 낮고 평탄한 비드가 형성된다.
④ 용접선이 잘 보이지 않아 운봉을 정확하게 하기 어렵다.

해설
이산화탄소 아크 용접의 전진법과 후진법

전진법	후진법
• 용접선이 잘 보여 운동이 정확하다.	• 스패터 발생이 적다.
• 높이가 낮고 평탄한 비드를 형성한다.	• 깊은 용입을 얻을 수 있다.
• 스패터가 비교적 많고 진행 방향으로 흩어진다.	• 높이가 높고 폭이 좁은 비드를 형성한다.
• 용착금속이 아크보다 앞서기 쉬워 용입이 얕다.	• 용접선이 노즐에 가려 운봉이 부정확하다.
	• 비드 형상이 잘 보여 폭, 높이의 제어가 가능하다.

20 일렉트로 슬래그 용접에서 주로 사용되는 전극 와이어의 지름은 보통 몇 mm 정도인가?

① 1.2~1.5 ② 1.7~2.3
③ 2.5~3.2 ④ 3.5~4.0

해설
일렉트로 슬래그 용접
용융된 슬래그와 용융금속이 용접부에서 흘러나오지 못하도록 수랭동판으로 둘러싸고 이 용융 풀에 용접봉인 $\phi 2.5 \sim \phi 3.2$의 전극 와이어를 연속적으로 공급하는데, 이때 발생하는 용융 슬래그의 저항열에 의하여 용접봉과 모재를 연속적으로 용융시키면서 용접하는 방법이다.

21 볼트나 환봉을 피스톤형의 홀더에 끼우고 모재와 볼트 사이에 순간적으로 아크를 발생시켜 용접하는 방법은?

① 서브머지드 아크 용접
② 스터드 용접
③ 테르밋 용접
④ 불활성가스 아크 용접

해설

② 스터드 용접(Stud Welding) : 아크용접의 일부로서 봉재, 볼트 등의 스터드를 판 또는 프레임 등의 구조재에 직접 심는 능률적인 용접 방법이다. 여기서 스터드란 판재에 덧대는 물체인 봉이나 볼트 같이 긴 물체를 일컫는 용어이다.
① 서브머지드 아크 용접(SAW) : 용접 부위에 미세한 입상의 플럭스를 도포한 뒤 용접선과 나란히 설치된 레일 위를 주행대차가 지나가면서 와이어를 용접부로 공급시키면 플럭스 내부에서 아크가 발생하면서 용접하는 자동 용접법이다. 아크가 플럭스 속에서 발생되므로 용접부가 눈에 보이지 않아 불가시 아크용접, 잠호 용접이라고도 한다.
③ 테르밋 용접 : 금속 산화물과 알루미늄이 반응하여 열과 슬래그를 발생시키는 테르밋 반응을 이용하는 용접법이다. 강을 용접할 경우에는 산화철과 알루미늄 분말을 3 : 1로 혼합한 테르밋제를 만든 후 냄비의 역할을 하는 도가니에 넣은 다음, 점화제를 약 1,000℃로 점화시키면 약 2,800℃의 열이 발생되어 용접용 강이 만들어지는데, 이 강(Steel)을 용접 부위에 주입 후 서랭하여 용접을 완료하며 철도 레일이나 차축, 선박의 프레임 접합에 주로 사용된다.
④ 불활성가스 아크 용접 : 불활성가스인 아르곤(Ar)을 사용하는 TIG 용접 및 MIG 용접이 이에 속한다.

22 용접 결함과 그 원인에 대한 설명 중 잘못 짝지어진 것은?

① 언더컷 - 전류가 너무 높은 때

② 기공 - 용접봉이 흡습되었을 때

③ 오버랩 - 전류가 너무 낮을 때

④ 슬래그 섞임 - 전류가 과대되었을 때

해설

슬래그 혼입 불량의 원인과 방지대책

원인	방지대책
• 전류가 낮을 때 • 용접 이음이 부적당할 때 • 운봉 속도가 너무 빠를 때 • 모든 층의 슬래그 제거가 불완전할 때	• 슬래그를 깨끗이 제거한다. • 루트 간격을 넓게 한다. • 전류를 약간 높게 하며 운봉 조작을 적절하게 한다. • 슬래그를 앞지르지 않도록 운봉속도를 유지한다.

23 피복 아크 용접에서 피복제의 성분에 포함되지 않는 것은?

① 아크 안정제   ② 가스 발생제

③ 피복 이탈제   ④ 슬래그 생성제

해설

피복 아크 용접봉을 피복하고 있는 피복제(Flux)에는 굳이 피복이탈제를 포함시킬 필요는 없다.

피복 배합제의 종류

배합제	용도	종류
고착제	심선에 피복제를 고착시킨다.	규산나트륨, 규산칼륨, 아교
탈산제	용융금속 중의 산화물을 탈산, 정련한다.	크롬, 망간, 알루미늄, 규소철, 페로망간, 페로실리콘, 망간철, 톱밥, 소맥분(밀가루)
가스발생제	중성, 환원성 가스를 발생하여 대기와의 접촉을 차단하고 용융금속의 산화나 질화를 방지한다.	아교, 녹말, 톱밥, 탄산바륨, 셀룰로이드, 석회석, 마그네사이트
아크안정제	아크를 안정시킨다.	산화타이타늄, 규산칼륨, 규산나트륨, 석회석
슬래그 생성제	용융점이 낮고 가벼운 슬래그를 만들어 산화나 질화를 방지한다.	석회석, 규사, 산화철, 일미나이트, 이산화망간
합금첨가제	용접부의 성질을 개선하기 위해 첨가한다.	페로망간, 페로실리콘, 니켈, 몰리브덴, 구리

24 피복 아크 용접봉의 용융속도를 결정하는 식은?

① 용융속도 = 아크전류 × 용접봉 쪽 전압 강하

② 용융속도 = 아크전류 × 모재 쪽 전압 강하

③ 용융속도 = 아크전압 × 용접봉 쪽 전압 강하

④ 용융속도 = 아크전압 × 모재 쪽 전압 강하

해설

용접봉의 용융속도는 단위 시간당 소비되는 용접봉의 길이로 나타내며, 다음과 같은 식으로 나타낸다.

용융속도 = 아크전류 × 용접봉 쪽 전압 강하

25 용접법의 분류에서 아크 용접에 해당되지 않는 것은?

① 유도가열 용접   ② TIG 용접

③ 스터드 용접   ④ MIG 용접

해설

유도가열 용접은 저항 용접의 일종으로 용접법의 분류상 압접에 속하나 TIG, MIG, 스터드 용접은 융접에 속한다.

26 피복 아크 용접 시 용접선 상에서 용접봉을 이동시키는 조작을 말하며 아크의 발생, 중단, 재아크, 위빙 등이 포함된 작업을 무엇이라 하는가?

① 용입   ② 운봉

③ 키홀   ④ 용융지

해설

운봉이란 피복 아크 용접 시 용접선상에서 용접봉을 이동시키는 조작이다.

27 다음 중 산소 및 아세틸렌 용기의 취급방법으로 틀린 것은?

① 산소용기의 밸브, 조정기, 도관, 취부구는 반드시 기름이 묻은 천으로 깨끗이 닦아야 한다.

② 산소용기의 운반 시에는 충돌, 충격을 주어서는 안 된다.

③ 사용이 끝난 용기는 실병과 구분하여 보관한다.

④ 아세틸렌 용기는 세워서 사용하며 용기에 충격을 주어서는 안 된다.

해설
가스 용접에 사용하는 가스통와 압력조정기, 역화방지기 등 각각의 연결 부위에는 이물질이 들어가지 않도록 마른 걸레로 잘 닦아야 한다. 연결부에 그리스와 같은 이물질을 바르거나 기름이 묻은 천으로 연결 부위를 닦을 경우 이물질이 용접부로 혼입되어 불량을 유발할 수 있다.

28 가스 용접이나 절단에 사용되는 가연성가스의 구비조건으로 틀린 것은?

① 발열량이 클 것

② 연소속도가 느릴 것

③ 불꽃의 온도가 높을 것

④ 용융금속과 화학반응이 일어나지 않을 것

해설
가스 용접에 사용되는 가연성가스는 연소속도가 빨라야 절단면을 매끈하게 자를 수 있다.

29 다음 중 가변저항의 변화를 이용하여 용접전류를 조정하는 교류 아크 용접기는?

① 탭 전환형

② 가동 코일형

③ 가동 철심형

④ 가포화 리액터형

해설
교류 아크 용접기의 종류별 특징

종류	특징
가동 철심형	• 현재 가장 많이 사용된다. • 미세한 전류 조정이 가능하다. • 광범위한 전류의 조정이 어렵다. • 가동 철심으로 누설 자속을 가감하여 전류를 조정한다.
가동 코일형	• 아크 안정성이 크고 소음이 없다. • 가격이 비싸며 현재는 거의 사용되지 않는다. • 용접기의 핸들로 1차 코일을 상하로 이동시켜 2차 코일의 간격을 변화시켜 전류를 조정한다.
탭 전환형	• 주로 소형이 많다. • 탭 전환부의 소손이 심하다. • 넓은 범위의 전류 조정이 어렵다. • 코일의 감긴 수에 따라 전류를 조정한다. • 미세 전류의 조정 시 무부하 전압이 높아서 전격의 위험이 크다.
가포화 리액터형	• 조작이 간단하고 원격 제어가 된다. • 가변 저항의 변화로 전류의 원격 조정이 가능하다. • 전기적 전류 조정으로 소음이 없고, 기계의 수명이 길다.

30 AW-250, 무부하 전압 80V, 아크전압 20V인 교류 용접기를 사용할 때 역률과 효율은 각각 약 얼마인가?(단, 내부손실은 4kW이다)

① 역률 : 45%, 효율 : 56%

② 역률 : 48%, 효율 : 69%

③ 역률 : 54%, 효율 : 80%

④ 역률 : 69%, 효율 : 72%

해설

$$효율(\%) = \frac{아크전력}{소비전력} \times 100\%$$

여기서, 아크전력 = 아크전압 × 정격2차전류 = 20 × 250 = 5,000W

소비전력 = 아크전력 + 내부손실 = 5,000 + 4,000
= 9,000W

따라서, $효율(\%) = \dfrac{5,000}{9,000} \times 100\% ≒ 55.6\%$

$$역률(\%) = \frac{소비전력}{전원입력} \times 100\%$$

여기서, 전원입력 = 무부하전압 × 정격2차전류
= 80 × 250 = 20,000W

∴ $역률(\%) = \dfrac{9,000}{20,000} \times 100\% = 45\%$

31 혼합가스 연소에서 불꽃 온도가 가장 높은 것은?

① 산소 - 수소 불꽃

② 산소 - 프로판 불꽃

③ 산소 - 아세틸렌 불꽃

④ 산소 - 부탄 불꽃

해설

산소-아세틸렌 불꽃의 온도는 약 3,430℃로 다른 불꽃들에 비해 가장 높다.
가스별 불꽃 온도 및 발열량

가스 종류	불꽃 온도(℃)	발열량(kcal/m³)
아세틸렌	3,430	12,500
부탄	2,926	26,000
수소	2,960	2,400
프로판	2,820	21,000
메탄	2,700	8,500

32 연강용 피복 아크 용접봉의 종류와 피복제 계통으로 틀린 것은?

① E4303 : 라임티타니아계

② E4311 : 고산화타이타늄계

③ E4316 : 저수소계

④ E4327 : 철분 산화철계

해설

용접봉의 종류

기호	종류
E4301	일미나이트계
E4303	라임티타니아계
E4311	고셀룰로스계
E4313	고산화타이타늄계
E4316	저수소계
E4324	철분 산화타이타늄계
E4326	철분 저수소계
E4327	철분 산화철계

33 산소-아세틸렌가스 절단과 비교한 산소-프로판가스 절단의 특징으로 옳은 것은?

① 절단면이 미세하며 깨끗하다.

② 절단 개시 시간이 빠르다.

③ 슬래그 제거가 어렵다.

④ 중성불꽃을 만들기가 쉽다.

해설

산소-프로판가스의 발열량이 산소-아세틸렌가스의 발열량보다 더 크므로 절단면을 미세하고 깨끗하게 절단할 수 있다.
가스별 불꽃 온도 및 발열량

가스 종류	불꽃 온도(℃)	발열량(kcal/m³)
아세틸렌	3,430	12,500
부탄	2,926	26,000
수소	2,960	2,400
프로판	2,820	21,000
메탄	2,700	8,500

34 피복 아크 용접에서 '모재의 일부가 녹은 쇳물 부분'을 의미하는 것은?

① 슬래그
② 용융지
③ 피복부
④ 용착부

해설
② 용융지 : 모재의 일부가 녹은 쇳물 부분이다.
① 슬래그 : 용융된 금속부에서 순수 금속만을 빼내고 남은 찌꺼기 덩어리로 비드의 표면을 덮고 있다.
③ 피복부 : 용접봉에서 피복제로 둘러싸인 부분이다.
④ 용착부 : 용접이 완료된 부분이다.

35 가스 압력 조정기 취급 사항으로 틀린 것은?

① 압력 용기의 설치구 방향에는 장애물이 없어야 한다.
② 압력 지시계가 잘 보이도록 설치하며 유리가 파손되지 않도록 주의한다.
③ 조정기를 견고하게 설치한 다음 조정 나사를 잠그고 밸브를 빠르게 열어야 한다.
④ 압력 조정기 설치구에 있는 먼지를 털어내고 연결부에 정확하게 연결한다.

해설
가스 용기(봄베)에서 분출되는 압력은 매우 크기 때문에 압력 조정기를 장착하는데, 가스를 분출시킬 경우 압력조정나사를 우측으로 돌려서 원하는 압력으로 설정한 후 밸브를 천천히 열어야 한다. 밸브를 빨리 열면 큰 압력이 일시에 분출되어 배관에 손상을 줄 수 있다.

36 연강용 가스 용접봉에서 '625±25℃에서 1시간 동안 응력을 제거한 것'을 뜻하는 영문자 표시에 해당되는 것은?

① NSR
② GB
③ SR
④ GA

해설
연강용 용접봉의 시험편 처리(KS D 7005)

SR	625±25℃에서 1시간 응력 제거 풀림을 한 것
NSR	용접한 상태 그대로 응력을 제거하지 않은 것

37 피복 아크 용접에서 위빙(Weaving) 폭은 심선 지름의 몇 배로 하는 것이 가장 적당한가?

① 1배
② 2~3배
③ 5~6배
④ 7~8배

해설
피복 아크 용접의 위빙 운봉 폭은 용접봉 심선 지름의 2~3배로 하는 것이 적당하다.

38 전격방지기는 아크를 끊음과 동시에 자동적으로 릴레이가 차단되어 용접기의 2차 무부하 전압을 몇 V 이하로 유지시키는가?

① 20~30
② 35~45
③ 50~60
④ 65~75

해설
전격이란 강한 전류를 갑자기 몸에 느꼈을 때의 충격을 말하며, 용접기에는 작업자의 전격을 방지하기 위해서 반드시 전격방지기를 용접기에 부착해야 한다. 전격방지기는 작업을 쉬는 동안에 2차 무부하 전압이 항상 25V 정도로 유지되도록 하여 전격을 방지할 수 있다.

39 30% Zn을 포함한 황동으로 연신율이 비교적 크고, 인장강도가 매우 높아 판, 막대, 관, 선 등으로 널리 사용되는 것은?

① 톰백(Tombac)

② 네이벌 황동(Naval Brass)

③ 6-4 황동(Muntz Metal)

④ 7-3 황동(Cartridge Brass)

> **해설**
> • 7-3 황동 : Cu 70% + Zn 30%의 합금
> • 6-4 황동 : Cu 60% + Zn 40%의 합금
> 황동의 종류
>
> | | |
> |---|---|
> | 톰백 | Cu에 Zn을 5~20% 합금한 것으로 색깔이 아름답고 냉간가공이 쉽게 되어 단추나 금박, 동전, 메달, 금 모조품과 같은 장식용 재료로 사용된다. ※ 코이닝 작업이 쉽게 된다. |
> | 문쯔메탈 | 60%의 Cu와 40%의 Zn이 합금된 것으로 인장강도가 최대이며, 강도가 필요한 단조제품이나 볼트나 리벳용 재료로 사용한다. |
> | 알브락 | Cu 75% + Zn 20% + 소량의 Al, Si, As의 합금이다. 해수에 강하며 내식성과 내침수성이 커서 복수기관과 냉각기관에 사용한다. |
> | 애드미럴티 황동 | 7 : 3 황동에 Sn 1%를 합금한 것으로 콘덴서 튜브에 사용한다. |
> | 델타메탈 | 6 : 4 황동에 1~2% Fe을 첨가한 것으로, 강도가 크고 내식성이 좋아서 광산기계나 선박용, 화학용 기계에 사용한다. |
> | 쾌삭 황동 | 황동에 Pb을 0.5~3% 합금한 것으로 피절삭성 향상을 위해 사용한다. |
> | 납 황동 | 3% 이하의 Pb을 6 : 4 황동에 첨가하여 절삭성을 향상시킨 쾌삭황동으로 기계적 성질은 다소 떨어진다. |
> | 강력 황동 | 4 : 6 황동에 Mn, Al, Fe, Ni, Sn 등을 첨가하여 한층 더 강력하게 만든 황동이다. |
> | 네이벌 황동 | 6 : 4 황동에 0.8% 정도의 Sn을 첨가한 것으로 내해수성이 강해서 선박용 부품에 사용한다. |

40 Au의 순도를 나타내는 단위는?

① K(Carat)

② P(Pound)

③ %(Percent)

④ μm(Micron)

> **해설**
> 금(Au)의 순도 단위는 K(Carat)로 표시하는데 일반적으로 24K, 18K, 14K가 있다.

41 다음 상태도에서 액상선을 나타내는 것은?

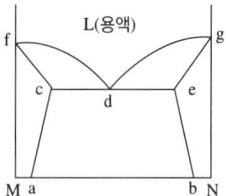

① acf

② cde

③ fdg

④ beg

> **해설**
> 액상선이란 Liquid(용액)을 접하고 있는 경계선으로 'f-d-g'를 연결한 선이다.

42 금속 표면에 스텔라이트, 초경합금 등의 금속을 용착시켜 표면경화층을 만드는 것은?

① 금속 용사법

② 하드 페이싱

③ 쇼트피닝

④ 금속 침투법

> **해설**
> ② 하드 페이싱 : 금속 표면에 스텔라이트나 경합금 등 내마모성이 좋은 금속을 용착시켜 표면에 경화층을 형성시키는 표면경화법이다.
> ① 금속 용사법 : 금속이나 유리, 플라스틱의 표면에 액체 상태의 금속을 고압으로 분무시켜(안개 모양) 금속 막을 만드는 표면처리법의 일종으로 녹 방지와 미관을 위해 사용한다.
> ③ 쇼트피닝 : 강이나 주철제의 작은 강구(볼)를 금속표면에 고속으로 분사하여 표면층을 냉간가공에 의한 가공경화 효과로 경화시키면서 압축 잔류응력을 부여하여 금속부품의 피로수명을 향상시키는 표면경화법이다.
> ④ 금속 침투법 : 제품을 가열하여 표면에 다른 종류의 금속을 피복시키는 동시에 확산에 의해 합금의 피복층을 얻는 방법으로써 철강 표면에 어떤 금속을 피복시키는가에 따라 명칭이 달라진다.

43 철강 인장시험결과 시험편이 파괴되기 직전 표점거리 62mm, 원표점거리 50mm일 때 연신율은?

① 12%

② 24%

③ 31%

④ 36%

> **해설**
> $$연신율(\varepsilon) = \frac{변형된 \ 길이}{처음길이} \times 100\%$$
> $$= \frac{l_2 - l_1}{l_1} = \frac{62 - 50}{50} \times 100\% = 24\%$$

44 주철의 조직은 C와 Si의 양과 냉각속도에 의해 좌우된다. 이들의 요소와 조직의 관계를 나타낸 것은?

① CCT 곡선
② 탄소 당량도
③ 주철의 상태도
④ 마우러 조직도

마우러 조직도
주철 조직을 지배하는 주요 요소인 C와 Si의 함유량에 따른 주철 조직의 변화를 나타낸 그래프

※ 빗금 친 부분은 고급주철이다.

영역	주철 조직	경도
I	백주철	
II$_a$	반주철	최대 ↕ 최소
II	펄라이트 주철	
II$_b$	회주철	
III	페라이트 주철	

45 Al-Cu-Si계 합금의 명칭으로 옳은 것은?

① 알민
② 라우탈
③ 알드레이
④ 콜슨 합금

알루미늄 합금의 종류 및 특징

분류	종류	구성 및 특징
주조용 (내열용)	실루민	• Al + Si(10~14% 함유), 알펙스로도 불린다. • 해수에 잘 침식되지 않는다.
	라우탈	• Al + Cu 4% + Si 5% • 열처리에 의하여 기계적 성질을 개량할 수 있다.
	Y합금	• Al + Cu + Mg + Ni • 내연기관용 피스톤, 실린더 헤드의 재료로 사용된다.
	로엑스 합금 (Lo-Ex)	• Al + Si 12% + Mg 1% + Cu 1% + Ni • 열팽창 계수가 작아서 엔진, 피스톤용 재료로 사용된다.
	코비탈륨	• Al + Cu + Ni에 Ti, Cu 0.2% 첨가 • 내연기관의 피스톤용 재료로 사용된다.
가공용	두랄루민	• Al + Cu + Mg + Mn • 고강도로서 항공기나 자동차용 재료로 사용된다.
	알클래드	• 고강도 Al합금에 다시 Al을 피복한 것이다.
내식성	알민	• Al + Mn • 내식성과 용접성이 우수한 알루미늄 합금이다.
	알드레이	• Al + Mg + Si 강인성이 없고 가공변형에 잘 견딘다.
	하이드로날륨	• Al + Mg • 내식성과 용접성이 우수한 알루미늄 합금이다.

46 Al 표면에 방식성이 우수하고 치밀한 산화피막이 만들어지도록 하는 방식 방법이 아닌 것은?

① 산화법   ② 수산법
③ 황산법   ④ 크롬산법

알루미늄 재료의 방식법
• 수산법 : 알루마이트법이라고도 하며 Al 제품을 2%의 수산 용액에서 전류를 흘려 표면에 단단하고 치밀한 산화막 조직을 형성시키는 방법이다.
• 황산법 : 전해액으로 황산(H_2SO_4)을 사용하며, 가장 널리 사용되는 Al 방식법이다. 경제적이며 내식성과 내마모성이 우수하다. 착색력이 좋아서 유지하기가 용이하다.
• 크롬산법 : 전해액으로 크롬산(H_2CrO_4)을 사용하며, 반투명이나 에나멜과 같은 색을 띤다. 광학기계나 가전제품, 통신기기 등에 사용된다.

47 다음 중 재결정온도가 가장 낮은 것은?

① Sn

② Mg

③ Cu

④ Ni

해설

주석의 재결정 온도는 상온(24℃) 이하로 보기 중 가장 낮다.

금속의 재결정 온도

금속	온도(℃)	금속	온도(℃)	금속	온도(℃)
주석(Sn)	상온이하	마그네슘(Mg)	150	백금(Pt)	450
납(Pb)	상온이하	알루미늄(Al)	150	철(Fe)	450
카드뮴(Pb)	상온	구리(Cu)	200	니켈(Ni)	600
아연(Zn)	상온	은(Ag)	200	몰리브덴(Mo)	900
–	–	금(Au)	200	텅스텐(W)	1,200

48 다음 중 해드필드(Hadfield)강에 대한 설명으로 틀린 것은?

① 오스테나이트 조직의 Mn강이다.

② 성분은 10~14Mn%, 0.9~1.3C% 정도이다.

③ 이 강은 고온에서 취성이 생기므로 600~800℃에서 공랭한다.

④ 내마멸성과 내충격성이 우수하고, 인성이 우수하기 때문에 파쇄장치, 임펠러 플레이트 등에 사용한다.

해설

해드필드강(Hadfield Steel) : 강에 Mn을 약 12% 합금한 고망간 주강으로 오스테나이트 입계의 탄화물 석출로 취약하나 약 1,000℃에서 담금질하면 균일한 오스테나이트 조직이 되면서 조직이 강인해지므로 광산이나 토목용 기계부품에 사용이 가능하다. 따라서 ③번의 온도 범위보다 높은 약 1,000℃에서 담금질 작업으로 급랭시킨다.

49 Fe-C 상태도에서 A_3, A_4 변태점 사이에서의 결정구조는?

① 체심정방격자

② 체심입방격자

③ 조밀육방격자

④ 면심입방격자

해설

Fe_3C 상태도에서 A_3 변태점(910℃)~A_4 변태점(1,410℃) 사이의 Fe은 면심입방격자(FCC)의 원자구조를 갖는다.

변태점 : 변태가 일어나는 온도

• A_0 변태점(210℃) : 시멘타이트의 자기 변태점

• A_1 변태점(723℃) : 철의 동소 변태점(= 공석 변태점)

• A_2 변태점(768℃) : 철의 자기 변태점

• A_3 변태점(910℃) : 철의 동소 변태점, 체심입방격자(BCC) → 면심입방격자(FCC)

• A_4 변태점(1,410℃) : 철의 동소 변태점, 면심입방격자(FCC) → 체심입방격자(BCC)

50 열팽창계수가 다른 두 종류의 판을 붙여서 하나의 판으로 만든 것으로 온도 변화에 따라 휘거나 그 변형을 구속하는 힘을 발생하며 온도감응소자 등에 이용되는 것은?

① 서멧 재료

② 바이메탈 재료

③ 형상기억합금

④ 수소저장합금

해설

바이메탈 : 열팽창계수가 다른 두 종류의 판을 붙여 하나의 판으로 만든 온도감응소자로 온도변화에 따라 휘거나 그 변형을 구속하는 힘으로 스위치 작동을 한다. 주로 불변강인 인바로 제작한다.

51 기계제도에서 가는 2점 쇄선을 사용하는 것은?

① 중심선
② 지시선
③ 피치선
④ 가상선

가는 2점 쇄선(―― - - ――)은 가상선으로 사용한다.

52 나사의 종류에 따른 표시기호가 옳은 것은?

① M – 미터 사다리꼴나사
② UNC – 미니추어나사
③ Rc – 관용 테이퍼 암나사
④ G – 전구나사

나사의 종류 및 기호

구분	나사의 종류		종류기호
ISO 규격에 있는 것	미터 보통나사		M
	미터 가는나사		
	유니파이 보통나사		UNC
	유니파이 가는나사		UNF
	미터 사다리꼴나사		Tr
	미니추어나사		S
	관용 테이퍼나사	테이퍼 수나사	R
		테이퍼 암나사	Rc
		평행 암나사	Rp
ISO 규격에 없는 것	관용 평행나사		G
	30° 사다리꼴나사		TM
	관용 테이퍼나사	테이퍼나사	PT
		평행 암나사	PS
특수용	전구나사		E
	미싱나사		SM
	자전거나사		BC

53 배관용 탄소 강관의 종류를 나타내는 기호가 아닌 것은?

① SPPS380
② SPPH380
③ SPCD390
④ SPLT390

① SPPS : 압력 배관용 탄소 강관
② SPPH : 고압 배관용 탄소강 강관
④ SPLT : 저온 배관용 강관

54 기계제도에서 도형의 생략에 관한 설명으로 틀린 것은?

① 도형이 대칭 형식인 경우에는 대칭 중심선의 한 쪽 도형만을 그리고, 그 대칭 중심선의 양 끝부분에 대칭 그림기호를 그려서 대칭임을 나타낸다.

② 대칭 중심선의 한쪽 도형을 대칭 중심선을 조금 넘는 부분까지 그려서 나타낼 수도 있으며, 이때 중심선 양 끝에 대칭 그림기호를 반드시 나타내야 한다.

③ 같은 종류, 같은 모양의 것이 다수 줄지어 있는 경우에는 실형 대신 그림기호를 피치선과 중심선과의 교점에 기입하여 나타낼 수 있다.

④ 축, 막대, 관과 같은 동일 단면형의 부분은 지면을 생략하기 위하여 중간 부분을 파단선으로 잘라내서 그 긴요한 부분만을 가까이 하여 도시할 수 있다.

대칭되는 물체를 도면에 표시할 때 중심선을 조금 넘는 부분까지 그리는 경우에는 대칭 도시기호를 생략할 수 있다.

55 모따기의 치수가 2mm이고, 각도가 45°일 때 올바른 치수 기입 방법은?

① C2
② 2C
③ 2-45°
④ 45°×2

해설

모따기(Chamfer)를 입력할 때는 영어의 앞 글자를 따서 'C'로 쓰며 치수 기입은 모따기 각도가 45°이며 길이가 2mm인 경우 C2와 같이 한다.

기호 사용 기입	C7
동시 기입	7×45°
분리 기입	7 / 45°

56 도형의 도시 방법에 관한 설명으로 틀린 것은?

① 소성가공 때문에 부품의 초기 윤곽선을 도시해야 할 필요가 있을 때는 가는 2점 쇄선으로 도시한다.

② 필릿이나 둥근 모퉁이와 같은 가상의 교차선은 윤곽선과 서로 만나지 않은 가는 실선으로 투상도에 도시할 수 있다.

③ 널링 부는 굵은 실선으로 전체 또는 부분적으로 도시한다.

④ 투명한 재료로 된 모든 물체는 기본적으로 투명한 것처럼 도시한다.

57 그림과 같은 제3각 정투상도에 가장 적합한 입체도는?

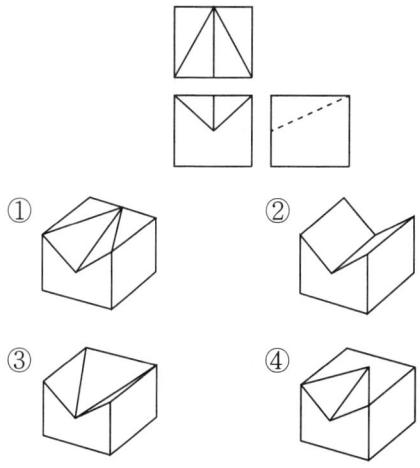

해설

정면도에서 중앙에 세로방향의 실선이 있고, 우측면도의 윗면에서 점선의 시작점이 우측 상단에서 좌측 중심부로 향하므로 이는 평면도의 중심에서 아래 방향으로 세로의 실선이 그려져야 한다. 따라서 ①번이 정답이다.

58 제3각법으로 정투상한 그림에서 누락된 정면도로 가장 적합한 것은?

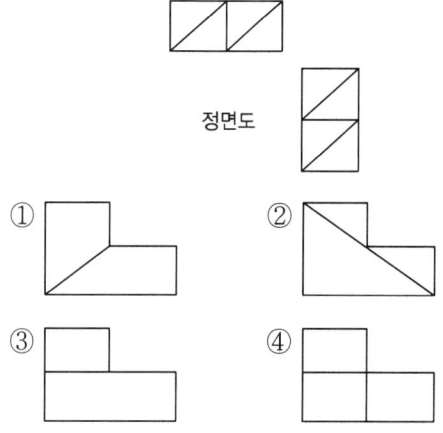

정면도

해설

우측면도를 보면 상단과 하단의 경계선을 기준으로 사각형의 좌측에서 우측 상단 방향으로 실선이 그려져 있으므로 이 점을 고려하면 정면도에서 ②번처럼 대각선이 보인다.

59 다음 중 게이트 밸브를 나타내는 기호는?

①   ②

③   ④

> **해설**
> 밸브 및 콕의 표시 방법

밸브 일반	⟻▷◁⟼	전자 밸브	(S)
글로브 밸브	⟻▷●◁	전동 밸브	(M)
체크 밸브	⟻▷ / ▶◁	콕 일반	⟻◯◯◁ / ◇
슬루스 밸브 (게이트 밸브)	⟻▷◁⟼	닫힌 콕 일반	▶●◀
앵글 밸브	↗▷	닫혀 있는 밸브 일반	▶◀
3방향 밸브	▷◁	볼 밸브	⊗
안전 밸브 (스프링식)	↓	안전 밸브 (추식)	↗○
공기빼기 밸브	◇●	버터플라이 밸브	╱●╲

60 그림과 같은 용접 기호는 무슨 용접을 나타내는가?

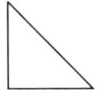

① 심 용접
② 비드 용접
③ 필릿 용접
④ 점 용접

> **해설**
> 일반적으로 비드 용접은 비드의 형상을 물결무늬로 표시할 뿐 규정하지는 않으며, 필릿(필렛) 용접은 △로 표현한다.
> 용접부 기호의 종류

명칭	도시	기본기호
필릿 용접		◺
스폿 용접		○
플러그 용접 (슬롯 용접)		▢
뒷면 용접		⌣
심 용접		⊖

01 용접봉의 습기가 원인이 되어 발생하는 결함으로 가장 적절한 것은?

① 기공
② 선상조직
③ 용입 불량
④ 슬래그 섞임

해설
기공은 용착부의 급랭이나 용접봉에 습기가 있을 때, 아크 길이와 모재에 따른 용접 전류가 부적당할 때 발생한다.

02 은납땜이나 황동납땜에 사용되는 용제(Flux)는?

① 붕사
② 송진
③ 염산
④ 염화암모늄

해설
납땜용 용제의 종류

경납용 용제	연납용 용제
• 붕사 • 붕산 • 불화나트륨 • 불화칼륨 • 은납 • 황동납 • 인동납 • 망간납 • 양은납 • 알루미늄납	• 송진 • 인산 • 염산 • 염화아연 • 염화암모늄 • 주석-납 • 카드뮴-아연납 • 저융점 땜납

03 다음 금속 중 냉각속도가 가장 빠른 금속은?

① 구리
② 연강
③ 알루미늄
④ 스테인리스강

해설
열 및 전기 전도율이 높은 순서
Ag > Cu > Au > Al > Mg > Zn > Ni > Fe > Pb > Sb
※ 열전도율이 높을수록 고유저항은 작아진다.

04 아크용접기의 사용에 대한 설명으로 틀린 것은?

① 사용률을 초과하여 사용하지 않는다.
② 무부하 전압이 높은 용접기를 사용한다.
③ 전격방지기가 부착된 용접기를 사용한다.
④ 용접기 케이스는 접지(Earth)를 확실히 해 둔다.

해설
전격 방지를 위해서 무부하 전압이 낮은 용접기를 사용해야 한다.

05 서브머지드 아크 용접에서 와이어 돌출 길이는 보통 와이어 지름을 기준으로 정한다. 와이어 돌출길이는 와이어 지름의 몇 배가 가장 적당한가?

① 2배
② 4배
③ 6배
④ 8배

해설
서브머지드 아크 용접(SAW)의 와이어 돌출 길이는 보통 와이어 지름의 8배가 적당하다.

06 다음 중 지그나 고정구의 설계 시 유의사항으로 틀린 것은?

① 구조가 간단하고 효과적인 결과를 가져와야 한다.

② 부품의 고정과 이완은 신속히 이루어져야 한다.

③ 모든 부품의 조립은 어렵고 눈으로 볼 수 없어야 한다.

④ 한 번 부품을 고정시키면 차후 수정 없이 정확하게 고정되어 있어야 한다.

해설
지그나 고정구는 작업을 쉽게 하도록 도와주는 보조기구이므로 모든 부품의 조립은 쉽고 눈으로 확인할 수 있어야 한다.

07 다음 중 일반적으로 모재의 용융선 근처의 열영향부에서 발생되는 균열이며 고탄소강이나 저합금강을 용접할 때 용접열에 의한 열영향부의 경화와 변태응력 및 용착금속 속의 확산성 수소에 의해 발생되는 균열은?

① 루트 균열

② 설퍼 균열

③ 비드 밑 균열

④ 크레이터 균열

해설
③ 비드 밑 균열 : 모재의 용융선 근처의 열영향부(HAZ)에서 발생되는 균열이며 고탄소강이나 저합금강을 용접할 때 용접열에 의한 열영향부의 경화와 변태응력 및 용착금속 내부의 확산성 수소에 의해 발생되는 균열이다.
① 루트 균열 : 맞대기 용접 이음의 가접이나 비드의 첫 층에서 루트면 근방 열영향부의 노치에서 발생하여 점차 비드 속으로 들어가는 균열(세로 균열)로 함유 수소량에 의해서도 발생하는 저온균열의 일종이다.
② 설퍼 균열 : 유황의 편석이 층상으로 존재하는 강재를 용접하는 경우, 낮은 융점의 황화철 공정이 원인이 되어 용접금속 내에 생기는 1차 결정 입계균열
④ 크레이터 균열 : 용접 루트의 노치에 의해 응력 집중부에 생기는 균열

08 플라스마 아크 용접의 특징으로 틀린 것은?

① 비드 폭이 좁고 용접속도가 빠르다.

② 1층으로 용접할 수 있으므로 능률적이다.

③ 용접부의 기계적 성질이 좋으며 용접 변형이 작다.

④ 핀치효과에 의해 전류밀도가 작고 용입이 얕다.

해설
플라스마 아크 용접(플라스마 제트 용접)
기체를 가열하여 온도가 높아지면 기체의 전자가 심한 열운동에 의해 전리되어 이온과 전자가 혼합되면서 매우 높은 온도와 도전성을 가지는 현상을 말한다.
• 용접 변형이 작다.
• 용접의 품질이 균일하다.
• 용접부의 기계적 성질이 좋다.
• 용접속도를 크게 할 수 있다.
• 용입이 깊고 비드의 폭이 좁다.
• 용접장치 중에 고주파 발생장치가 필요하다.
• 용접속도가 빨라서 가스 보호가 잘 안 된다.
• 무부하 전압이 일반 아크 용접기보다 2~5배 더 높다.
• 핀치효과에 의해 전류밀도가 크고, 안정적이며 보유 열량이 크다.
• 아크 용접에 비해 10~100배의 높은 에너지 밀도를 가짐으로써 10,000~30,000℃의 고온의 플라스마를 얻으므로 철과 비철 금속의 용접과 절단에 이용된다.
• 스테인리스강이나 저탄소 합금강, 구리합금, 니켈합금과 같이 용접하기 힘든 재료도 용접이 가능하다.
• 판 두께가 두꺼울 경우 토치 노즐이 용접 이음부의 루트면까지 접근하기가 어렵기 때문에 모재의 두께는 25mm 이하로 제한을 받는다.

09 가스 용접 시 안전사항으로 적당하지 않는 것은?

① 작업자의 눈을 보호하기 위해 적당한 차광유리를 사용한다.

② 호스는 길지 않게 하며 용접이 끝났을 때는 용기 밸브를 잠근다.

③ 산소병은 60℃ 이상 온도에서 보관하고 직사광선을 피하여 보관한다.

④ 호스 접속부는 호스밴드로 조이고 비눗물 등으로 누설 여부를 검사한다.

해설

가스 용접뿐만 아니라 특수용접 중 보호가스로 사용되는 가스를 담고 있는 용기(봄베, 압력용기)는 40℃ 이하의 온도에서 직사광선을 피해 그늘진 곳에서 반드시 세워서 보관해야 한다.

10 다음 중 연소의 3요소에 해당하지 않는 것은?

① 가연물　　　　② 부촉매

③ 산소공급원　　④ 점화원

해설

연소가 일어날 조건

• 탈 물질(가연성 물질)

• 산소(조연성 가스)

• 점화원(불꽃)

11 다음 중 불활성 가스인 것은?

① 산소　　　　　② 헬륨

③ 탄소　　　　　④ 이산화탄소

해설

가스의 분류

조연성 가스	다른 연소 물질이 타는 것을 도와주는 가스	산소, 공기
가연성 가스 (연료 가스)	산소나 공기와 혼합하여 점화하면 빛과 열을 내면서 연소하는 가스	아세틸렌, 프로판, 메탄, 부탄, 수소
불활성 가스	다른 물질과 화학반응을 일으키기 어려운 가스	아르곤, 헬륨, 네온

12 다음 중 유도방사에 의한 광의 증폭을 이용하여 용융하는 용접법은?

① 맥동 용접

② 스터드 용접

③ 레이저 용접

④ 피복 아크 용접

해설

레이저빔 용접(레이저 용접)

레이저는 유도방사에 의한 빛의 증폭이란 뜻이며, 레이저빔은 레이저에서 얻어진 접속성이 강한 단색 광선으로서 강렬한 에너지를 가지고 있다. 이때의 광선 출력을 이용하여 용접을 하는 방법이 레이저빔 용접이다. 모재의 열 변형이 거의 없으며, 이종 금속의 용접이 가능하고 정밀한 용접을 할 수 있으며, 비접촉식 방식으로 모재에 손상을 주지 않는다는 특징을 갖는다.

13 저항 용접의 특징으로 틀린 것은?

① 산화 및 변질 부분이 적다.

② 용접봉, 용제 등이 불필요하다.

③ 작업속도가 빠르고 대량 생산에 적합하다.

④ 열손실이 많고, 용접부에 집중열을 가할 수 없다.

해설

저항 용접의 장점
- 작업자의 숙련이 필요 없다.
- 작업 속도가 빠르고 대량 생산에 적합하다.
- 산화 및 변질 부분이 적고, 접합 강도가 비교적 크다.
- 용접공의 기능에 대한 영향이 적다(숙련을 요하지 않는다).
- 가압 효과로 조직이 치밀하며, 용접봉, 용제 등이 불필요하다.
- 열손실이 적고, 용접부에 집중적으로 열을 가할 수 있어서 용접 변형 및 잔류응력이 적다.

저항 용접의 단점
- 용융점이 다른 금속 간의 접합은 다소 어렵다.
- 대전류를 필요로 하며 설비가 복잡하고 값이 비싸다.
- 서로 다른 금속과의 접합이 곤란하며, 비파괴검사에 제한이 있다.
- 급랭 경화로 용접 후 열처리가 필요하며, 용접부의 위치, 형상 등의 영향을 받는다.

14 제품을 용접한 후 일부분에 언더컷이 발생하였을 때 보수 방법으로 가장 적당한 것은?

① 홈을 만들어 용접한다.

② 결함 부분을 절단하고 재용접한다.

③ 가는 용접봉을 사용하여 재용접한다.

④ 용접부 전체 부분을 가우징으로 따낸 후 재용접한다.

해설

언더컷 불량은 용접 부위가 깊이 파인 불량이므로 직경이 가는 용접봉으로 용접을 실시한 후 그라인더로 연삭하여 보수작업을 마친다.

15 서브머지드 아크 용접법에서 두 전극 사이의 복사열에 의한 용접은?

① 탠덤식   ② 횡직렬식

③ 횡병렬식   ④ 종병렬식

해설

횡직렬식 방식은 두 전극 사이의 복사열을 활용해서 용접한다.

16 다음 중 TIG 용접 시 주로 사용되는 가스는?

① CO_2 ② H_2

③ O_2 ④ Ar

해설

TIG 용접 및 MIG 용접에 주로 사용되는 불활성 가스는 아르곤(Ar) 가스이다.

17 심 용접의 종류가 아닌 것은?

① 횡 심 용접(Circular Seam Welding)

② 머시 심 용접(Mush Seam Welding)

③ 포일 심 용접(Foil Seam Welding)

④ 맞대기 심 용접(Butt Seam Welding)

해설

심 용접(Seam Welding)

원판상의 롤러 전극 사이에 용접할 2장의 판을 두고, 전기와 압력을 가하며 전극을 회전시키면서 연속적으로 점용접을 반복하는 용접이다. 종류에는 맞대기 심 용접, 머시 심 용접, 포일 심 용접이 있다.

18 용접 순서에 관한 설명으로 틀린 것은?

① 중심선에 대하여 대칭으로 용접한다.

② 수축이 작은 이음을 먼저하고 수축이 큰 이음은 후에 용접한다.

③ 용접선의 직각 단면 중심축에 대하여 용접의 수축력의 합이 0이 되도록 한다.

④ 동일 평면 내에 많은 이음이 있을 때는 수축은 가능한 한 자유단으로 보낸다.

해설

용접물의 변형이나 잔류응력의 누적을 피하려면 수축이 큰 이음을 먼저 용접하고 수축이 작은 이음을 나중에 용접해야 한다.

20 다음 중 인장시험에서 알 수 없는 것은?

① 항복점

② 연신율

③ 비틀림 강도

④ 단면수축률

해설

인장시험은 재료를 축 방향으로 잡아당기는 시험이므로 재료를 좌우로 비트는 비틀림 강도는 알 수 없다.

21 다음 용접 결함 중 구조상의 결함이 아닌 것은?

① 기공

② 변형

③ 용입 불량

④ 슬래그 섞임

해설

용접 결함의 종류

19 맞대기 용접이음에서 판 두께가 6mm, 용접선 길이가 120mm, 인장응력이 9.5N/mm²일 때 모재가 받는 하중은 몇 N인가?

① 5,680

② 5,860

③ 6,480

④ 6,840

해설

용접부의 인장응력

$$\sigma = \frac{F}{A}$$

$$9.5\text{N/mm}^2 = \frac{F}{6\text{mm} \times 120\text{mm}}$$

$$F = 9.5\text{N/mm}^2 \times (6 \times 120) = 6,840\text{N}$$

22 다음 중 일렉트로 가스 아크 용접의 특징으로 옳은 것은?

① 용접속도는 자동으로 조절된다.

② 판 두께가 얇을수록 경제적이다.

③ 용접장치가 복잡하여 취급이 어렵고, 고도의 숙련을 요한다.

④ 스패터 및 가스의 발생이 적고, 용접 작업 시 바람의 영향을 받지 않는다.

해설

일렉트로 가스 용접

용접하는 모재의 틈을 물로 냉각시킨 구리 받침판으로 싸고 용융풀의 위부터 이산화탄소가스인 실드가스를 공급하면서 와이어를 용융부에 연속적으로 공급하여 와이어 선단과 용융부와의 사이에서 아크를 발생시켜 그 열로 와이어와 모재를 용융시키는 용접법이다.

• 용접속도는 자동으로 조절된다.

• 판 두께가 두꺼울수록 경제적이다.

• 이산화탄소(CO_2)가스를 보호가스로 사용한다.

• 판 두께에 관계없이 단층으로 상진 용접한다.

• 용접 홈의 기계가공이 필요하며 가스 절단 그대로 용접할 수 있다.

• 정확한 조립이 요구되며 이동용 냉각 동판에 급수장치가 필요하다.

• 용접장치가 간단해서 취급이 쉬워 용접 시 숙련이 요구되지 않는다.

23 피복 아크 용접에서 아크의 특성 중 정극성에 비교하여 역극성의 특징으로 틀린 것은?

① 용입이 얕다.

② 비드 폭이 좁다.

③ 용접봉의 용융이 빠르다.

④ 박판, 주철 등 비철금속의 용접에 쓰인다.

해설

직류 역극성의 경우 용접봉에 (+)전극이 연결되어 70%의 열이 발생되면서 용접봉이 빨리 용융되므로 비드 폭을 넓게 할 수 있다.

아크 용접기의 극성

직류 정극성 (DCSP ; Direct Current Straight Polarity)	• 용입이 깊다. • 비드 폭이 좁다. • 용접봉의 용융속도가 느리다. • 후판(두꺼운 판) 용접이 가능하다. • 모재에는 (+)전극이 연결되며 70%의 열이 발생하고, 용접봉에는 (−)전극이 연결되며 30%의 열이 발생한다.
직류 역극성 (DCRP ; Direct Current Reverse Polarity)	• 용입이 얕다. • 비드 폭이 넓다. • 용접봉의 용융속도가 빠르다. • 박판(얇은 판) 용접이 가능하다. • 주철, 고탄소강, 비철금속의 용접에 쓰인다. • 모재에는 (−)전극이 연결되며 30%의 열이 발생하고, 용접봉에는 (+)전극이 연결되며 70%의 열이 발생한다.
교류(AC)	• 극성이 없다. • 전원 주파수의 $\frac{1}{2}$ 사이클마다 극성이 바뀐다. • 직류 정극성과 직류 역극성의 중간적 성격이다.

24 가스 용접봉 선택조건으로 틀린 것은?

① 모재와 같은 재질일 것

② 용융 온도가 모재보다 낮을 것

③ 불순물이 포함되어 있지 않을 것

④ 기계적 성질에 나쁜 영향을 주지 않을 것

해설

가스 용접봉의 용융 온도는 모재와 같거나 비슷해야 한다. 만일 모재의 용융온도보다 낮으면 용접봉만 먼저 용융되기 때문에 모재와 용접봉이 서로 결합되지 않는다.

가스 용접봉 선택 시 조건

• 용융온도가 모재와 같거나 비슷할 것

• 용접봉의 재질 중에 불순물을 포함하고 있지 않을 것

• 모재와 같은 재질이어야 하며 충분한 강도를 줄 수 있을 것

• 용융 온도가 모재와 같고, 기계적 성질에 나쁜 영향을 주지 말 것

25 아크 용접에 속하지 않는 것은?

① 스터드 용접

② 프로젝션 용접

③ 불활성 가스 아크 용접

④ 서브머지드 아크 용접

해설
용접법의 분류

26 아세틸렌(C_2H_2)가스의 성질로 틀린 것은?

① 비중이 1,906으로 공기보다 무겁다.

② 순수한 것은 무색, 무취의 기체이다.

③ 구리, 은, 수은과 접촉하면 폭발성 화합물을 만든다.

④ 매우 불안전한 기체이므로 공기 중에서 폭발 위험성이 크다.

해설
아세틸렌가스(Acetylene, C_2H_2)의 특징
• 400℃ 근처에서 자연 발화한다.
• 순수한 아세틸렌가스는 무색무취이다.
• 아세틸렌가스 1L의 무게는 1.176g이다.
• 카바이드(CaC_2)를 물에 작용시켜 제조한다.
• 비중이 0.906으로서 1.105인 산소보다 가볍다.
• 구리나 은과 반응할 때 폭발성 물질이 생성된다.
• 가스 용접이나 절단 등에 주로 사용되는 연료가스이다.
• 충전은 15℃, 1기압하에서 15kgf/cm²의 압력으로 한다.
• 산소와 적당히 혼합 연소시키면 3,000~3,500℃의 고온을 낸다.
• 아세틸렌가스는 불포화 탄화수소의 일종으로 불완전한 상태의 가스이다.
• 각종 액체에 용해가 잘된다(물 – 1배, 석유 – 2배, 벤젠 – 4배, 알코올 – 6배, 아세톤 – 25배).
• 순수한 카바이드 1kg은 이론적으로 348L의 아세틸렌가스를 발생하며, 보통의 카바이드는 230~300L의 아세틸렌가스를 발생시킨다.

27 용접용 2차측 케이블의 유연성을 확보하기 위하여 주로 사용하는 캡 타이어 전선에 대한 설명으로 옳은 것은?

① 가는 구리선을 여러 개로 꼬아 얇은 종이로 싸고 그 위에 니켈 피복을 한 것

② 가는 구리선을 여러 개로 꼬아 튼튼한 종이로 싸고 그 위에 고무 피복을 한 것

③ 가는 알루미늄선을 여러 개로 꼬아 튼튼한 종이로 싸고 그 위에 니켈 피복을 한 것

④ 가는 알루미늄선을 여러 개로 꼬아 얇은 종이로 싸고 그 위에 고무 피복을 한 것

해설
용접용 2차측 케이블은 여러 가닥의 가는 구리선을 꼬아서 만든 후 고무 피복을 해서 절연처리를 한 뒤 용접기에 장착한다.

28 산소 용기를 취급할 때 주의사항으로 가장 적합한 것은?

① 산소 밸브의 개폐는 빨리해야 한다.
② 운반 중에 충격을 주지 말아야 한다.
③ 직사광선이 쬐는 곳에 두어야 한다.
④ 산소 용기의 누설시험에는 순수한 물을 사용해야 한다.

해설
산소 용기뿐만 아니라 모든 가스용 압력용기는 운반 중 충격을 주어서는 안 된다.

29 프로판 가스의 성질에 대한 설명으로 틀린 것은?

① 기화가 어렵고 발열량이 낮다.
② 액화하기 쉽고 용기에 넣어 수송이 편리하다.
③ 온도 변화에 따른 팽창률이 크고 물에 잘 녹지 않는다.
④ 상온에서는 기체 상태이고 무색이며, 투명하고 약간의 냄새가 난다.

해설
프로판 가스의 특징
• 쉽게 기화하며 발열량이 높다.
• 액화하기 쉽고 용기에 넣어 수송이 편리하다.
• 온도 변화에 따른 팽창률이 크고 물에 잘 녹지 않는다.
• 상온에서는 기체 상태이고 무색이며 투명하고 약간의 냄새가 난다.

가스별 불꽃 온도 및 발열량

가스 종류	불꽃 온도(℃)	발열량(kcal/m³)
아세틸렌	3,430	12,500
부탄	2,926	26,000
수소	2,960	2,400
프로판	2,820	21,000
메탄	2,700	8,500

30 아크가 발생될 때 모재에서 심선까지의 거리를 아크 길이라 한다. 아크 길이가 짧을 때 일어나는 현상은?

① 발열량이 적다.
② 스패터가 많아진다.
③ 기공 균열이 생긴다.
④ 아크가 불안정해진다.

해설
아크 길이가 길 때보다 아크 길이가 짧을 때 발열량이 더 적기 때문에 아크 길이를 길게 하면 발열량이 커져서 모재가 빨리 녹는다.

31 피복 아크 용접 중 용접봉의 용융속도에 관한 설명으로 옳은 것은?

① 아크전압 × 용접봉 쪽 전압 강하로 결정된다.
② 단위 시간당 소비되는 전류값으로 결정된다.
③ 동일 종류 용접봉인 경우 전압에만 비례하여 결정된다.
④ 용접봉 지름이 달라도 동일 종류의 용접봉인 경우 용접봉 지름에는 관계가 없다.

해설
용접봉의 용융속도는 단위 시간당 소비되는 용접봉의 길이로 나타내기 때문에 용접봉의 지름이 달라도 동일 종류의 용접봉인 경우 용융속도는 같다.
용접봉의 용융속도 = 아크전류 × 용접봉 쪽 전압 강하

32 산소–아세틸렌가스 용접기로 두께가 3.2mm인 연강 판을 V형 맞대기 이음을 하려면 이에 적합한 연강용 가스 용접봉의 지름(mm)을 계산서에 의해 구하면 얼마인가?

① 2.6 　　　　　② 3.2

③ 3.6 　　　　　④ 4.6

가스 용접봉 지름(D) $= \dfrac{\text{판 두께}(T)}{2} + 1$

$$= \dfrac{3.2mm}{2} + 1$$

$$= 2.6mm$$

33 산소–프로판가스 절단에서 프로판가스 1에 대하여 얼마의 비율로 산소를 필요로 하는가?

① 1.5 　　　　　② 2.5

③ 4.5 　　　　　④ 6

• 연소에 필요한 산소 : 프로판가스의 비율은 4.5 : 1이다.

• 프로판가스는 상온에서 기체이며 무색, 투명하며 약간의 냄새가 난다. 쉽게 기화하므로 온도 변화에 따른 팽창률과 발열량이 크다. 또한 액화하기 쉬워서 용기에 넣어 수송하므로 이동이 편리하다. 그러나 폭발 한계가 좁아서 안전도가 떨어진다.

34 가스 절단작업에서 절단속도에 영향을 주는 요인과 가장 관계가 먼 것은?

① 모재의 온도 　　　② 산소의 압력

③ 산소의 순도 　　　④ 아세틸렌 압력

가스 절단은 처음 아세틸렌가스를 일정량으로 분출시킨 후 산소가스를 분출시켜 불꽃을 만든다. 그 이후 저압 산소밸브를 돌려 분출 압력을 높이면서 불꽃심을 약 5mm로 만든 후 모재를 용융시키는데 모재가 빨갛게 달궈지면 고압 산소밸브를 열어 고압으로 산소를 분출시켜 절단하게 된다. 이때 모재의 온도와 산소의 순도, 산소의 압력은 절단작업 시 중요한 요소로 작용하나 아세틸렌가스의 압력은 절단 속도와 관련이 적다.

35 일미나이트계 용접봉을 비롯하여 대부분의 피복 아크 용접봉을 사용할 때 많이 볼 수 있으며 미세한 용적이 날려서 옮겨가는 용접이행방식은?

① 단락형 　　　　② 누적형

③ 스프레이형 　　　④ 글로뷸러형

용적 이행방식의 종류

이행 방식	이행 형태	특징
단락 이행		• 박판용접에 적합하다. • 입열량이 적고 용입이 얕다. • 저전류의 CO_2 및 MIG용접에서 솔리드 와이어를 사용할 때 발생한다.
입상 이행 (글로뷸러, Globular)		• 글로뷸(Globule)은 용융방울인 용적을 의미한다. • 깊고 양호한 용입을 얻을 수 있어서 능률적이나 스패터가 많이 발생한다. • 초당 90회 정도의 와이어보다 큰 용적으로 용융되어 모재로 이행된다.
스프레이 이행		• 용적이 작은 입자로 되어 스패터 발생이 적고 비드가 외관이 좋다. • 가장 많이 사용되는 것으로 아크기류 중에서 용가재가 고속으로 용융되어 미립자의 용적으로 분사되어 모재에 옮겨가면서 용착되는 용적이행이다. • 고전압, 고전류에서 발생하며, 아르곤가스나 헬륨가스를 사용하는 경합금 용접에서 주로 나타나며 용착속도가 빠르고 능률적이다.
맥동이행 (펄스아크)		연속적으로 스프레이 이행을 사용할 때 높은 입열로 인해 용접부의 물성이 변화되었거나 박판 용접 시 용락으로 인해 용접이 불가능하게 되었을 때 낮은 전류에서도 스프레이 이행이 이루어지게 하여 박판용접을 가능하게 한다.

36 아크 용접기의 구비조건으로 틀린 것은?

① 효율이 좋아야 한다.

② 아크가 안정되어야 한다.

③ 용접 중 온도 상승이 커야 한다.

④ 구조 및 취급이 간단해야 한다.

해설

아크 용접기는 사용 중에 용접기 내부의 온도 상승이 작아야만 내부의 부품들이 안전하게 보호되어 작업자가 오랜 시간 동안 사고나 고장 없이 사용할 수 있다.

아크 용접기의 구비조건
- 내구성이 좋아야 한다.
- 역률과 효율이 높아야 한다.
- 구조 및 취급이 간단해야 한다.
- 사용 중 온도 상승이 작아야 한다.
- 단락되는 전류가 크지 않아야 한다.
- 전격방지기가 설치되어 있어야 한다.
- 아크 발생이 쉽고 아크가 안정되어야 한다.
- 아크 안정을 위해 외부 특성 곡선을 따라야 한다.
- 전류 조정이 용이하고 전류가 일정하게 흘러야 한다.
- 아크 길이의 변화에 따라 전류의 변동이 작아야 한다.
- 적당한 무부하 전압이 있어야 한다(AC : 70∼80V, DC : 40∼60V).

37 피복 아크 용접봉에서 피복제의 역할로 틀린 것은?

① 용착금속의 급랭을 방지한다.

② 모재 표면의 산화물을 제거한다.

③ 용착금속의 탈산 · 정련작용을 방지한다.

④ 중성 또는 환원성 분위기로 용착금속을 보호한다.

해설

피복제(Flux)의 역할
- 아크를 안정시킨다.
- 전기 절연작용을 한다.
- 보호가스를 발생시킨다.
- 스패터의 발생을 줄인다.
- 아크의 집중성을 좋게 한다.
- 용착금속의 급랭을 방지한다.
- 용착금속의 탈산 · 정련작용을 한다.
- 용융금속과 슬래그의 유동성을 좋게 한다.
- 용적(쇳물)을 미세화하여 용착효율을 높인다.
- 용융점이 낮고 적당한 점성의 슬래그를 생성한다.
- 슬래그 제거를 쉽게 하여 비드의 외관을 좋게 한다.
- 적당량의 합금 원소를 첨가하여 금속에 특수성을 부여한다.
- 중성 또는 환원성 분위기를 만들어 질화나 산화를 방지하고 용융 금속을 보호한다.
- 쇳물이 쉽게 달라붙도록 힘을 주어 수직자세, 위보기자세 등 어려운 자세를 쉽게 한다.

38 가스 용접에서 용제(Flux)를 사용하는 가장 큰 이유는?

① 모재의 용융온도를 낮게 하여 가스 소비량을 적게 하기 위해

② 산화작용 및 질화작용을 도와 용착금속의 조직을 미세화하기 위해

③ 용접봉의 용융속도를 느리게 하여 용접봉 소모를 적게 하기 위해

④ 용접 중에 생기는 금속의 산화물 또는 비금속 개재물을 용해하여 용착금속의 성질을 양호하게 하기 위해

해설

가스 용접용 용제의 특징
- 용융온도가 낮은 슬래그를 생성한다.
- 모재의 용융점보다 낮은 온도에서 녹는다.
- 일반적으로 연강에서는 용제를 사용하지 않는다.
- 불순물을 제거함으로써 용착금속의 성질을 좋게 한다.
- 용접 중에 생기는 금속의 산화물이나 비금속 개재물을 용해한다.

39 인장시험편의 단면적이 50mm²이고, 최대 하중이 500kgf일 때 인장강도는 얼마인가?

① $10kgf/mm^2$ ② $50kgf/mm^2$

③ $100kgf/mm^2$ ④ $250kgf/mm^2$

해설

용접부의 인장응력$(\sigma) = \dfrac{F}{A} = \dfrac{500kgf}{50mm^2} = 10kgf/mm^2$

40 4% Cu, 2% Ni, 1.5% Mg 등을 알루미늄에 첨가한 Al 합금으로 고온에서 기계적 성질이 매우 우수하고, 금형 주물 및 단조용으로 이용될 뿐만 아니라 자동차 피스톤용에 많이 사용되는 합금은?

① Y합금 ② 슈퍼인바

③ 콜슨합금 ④ 두랄루민

해설

Y합금 : Al + Cu + Mg + Ni의 합금으로 내연기관용 피스톤, 실린더 헤드의 재료로 사용된다.

41 Al-Si계 합금을 개량처리하기 위해 사용되는 접종 처리제가 아닌 것은?

① 금속나트륨 ② 염화나트륨

③ 불화알칼리 ④ 수산화나트륨

해설

개량처리 시 접종처리제는 나트륨이나 수산화나트륨, 플루오린화 알칼리(불화 알칼리), 알칼리 염류이다. 그러나 염화나트륨은 사용하지 않는다.

개량처리

Al에 Si(규소, 실리콘)가 고용될 수 있는 한계는 공정온도인 577℃에서 약 1.6%이고, 공정점은 12.6%이다. 이 부근의 주조 조직은 육각판의 모양으로, 크고 거칠며 취성이 있어서 실용성이 없는데, 이 합금에 나트륨이나 수산화나트륨, 플루오린화 알칼리, 알칼리 염류 등을 용탕 안에 넣고 10~50분 후에 주입하면 조직이 미세화되며, 공정점과 온도가 각각 14%, 556℃로 이동하는데 이 처리를 개량처리라고 한다.

42 그림과 같은 결정격자는?

 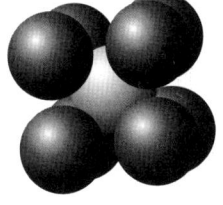

① 면심입방격자 ② 조밀육방격자

③ 저심면방격자 ④ 체심입방격자

해설

격자의 모서리와 중심에 원자가 배치되어 있는 것은 체심입방격자이다.

43 Mg의 비중과 용융점(℃)은 약 얼마인가?

① 0.8, 350℃

② 1.2, 550℃

③ 1.74, 650℃

④ 2.7, 780℃

해설

금속의 용융점(℃)

W	Fe	Ni	Cu	Au
3,410	1,538	1,453	1,083	1,063

Ag	Al	Mg	Zn	Hg
960	660	650	420	−38.4

금속의 비중

경금속				중금속			
Mg	Be	Al	Ti	Sn	V	Cr	Mn
1.7	1.8	2.7	4.5	5.8	6.1	7.1	7.4

중금속							
Fe	Ni	Cu	Ag	Pb	W	Pt	Ir
7.8	8.9	8.9	10.4	11.3	19.1	21.4	22

※ 경금속과 중금속을 구분하는 비중의 경계 : 4.5

44 다음 중 Fe-C 평형상태도에서 가장 낮은 온도에서 일어나는 반응은?

① 공석반응　　　② 공정반응
③ 포석반응　　　④ 포정반응

해설

Fe-C계 평형상태에서의 불변반응

공석반응	• 반응온도 : 723℃ • 탄소함유량 : 0.8% • 반응내용 : γ 고용체 ↔ α고용체 + Fe_3C • 생성조직 : 펄라이트 조직
공정반응	• 반응온도 : 1,147℃ • 탄소함유량 : 4.3% • 반응내용 : 융체(L) ↔ γ 고용체 + Fe_3C • 생성조직 : 레데부라이트 조직
포정반응	• 반응온도 : 1,494℃(1,500℃) • 탄소함유량 : 0.18% • 반응내용 : δ고용체 + 융체(L) ↔ γ 고용체 • 생성조직 : 오스테나이트 조직

45 금속의 공통적 특성으로 틀린 것은?

① 열과 전기의 양도체이다.
② 금속 고유의 광택을 갖는다.
③ 이온화하면 음(-)이온이 된다.
④ 소성변형성이 있어 가공하기 쉽다.

해설

금속의 일반적인 특성
• 비중이 크다.
• 전기 및 열의 양도체이다.
• 금속 특유의 광택을 갖는다.
• 금속을 이온화하면 양(+)이온이 된다.
• 상온에서 고체이며 결정체이다(단, Hg 제외).
• 연성과 전성이 우수하며 소성변형이 가능하다.

46 담금질한 강을 뜨임 열처리하는 이유는?

① 강도를 증가시키기 위하여
② 경도를 증가시키기 위하여
③ 취성을 증가시키기 위하여
④ 연성을 증가시키기 위하여

해설

뜨임(Tempering) : 담금질한 강을 A₁변태점(723℃) 이하로 가열 후 서랭하는 것으로 담금질로 경화된 재료에 인성을 부여하고 내부응력을 제거한다.

47 다음 중 소결 탄화물 공구강이 아닌 것은?

① 듀콜(Ducol)강
② 미디아(Midia)
③ 카볼로이(Carboloy)
④ 텅갈로이(Tungalloy)

해설

듀콜강은 펄라이트 조직으로 1~2%의 Mn, 0.2~1%의 C로 인장강도가 440~863MPa이며, 연신율은 13~34%이다. 건축, 토목, 교량재 등 일반 구조용으로 쓰이는 망간(Mn)강으로 소결 탄화물 공구강과는 관련이 없다.

48 미세한 결정립을 가지고 있으며, 어느 응력하에서 파단에 이르기까지 수백 % 이상의 연신율을 나타내는 합금은?

① 제진합금   ② 초소성합금

③ 미경질합금   ④ 형상기억합금

해설
초소성 합금
금속재료가 일정한 온도와 속도하에서 일반 금속보다 수십에서 수천 배의 연성을 보이는 재료로 연성이 매우 커서 작은 힘으로도 복잡한 형상의 성형이 가능한 신소재이다. 최근 터빈의 날개 제작에 사용된다.

49 합금 공구강 중 게이지용 강이 갖추어야 할 조건으로 틀린 것은?

① 경도는 HRC 45 이하를 가져야 한다.

② 팽창계수가 보통강보다 작아야 한다.

③ 담금질에 의한 변형 및 균열이 없어야 한다.

④ 시간이 지남에 따라 치수의 변화가 없어야 한다.

해설
게이지용 강의 경도는 HRC 55 이상이어야 한다.

50 상온에서 방치된 황동 가공재나 저온 풀림 경화로 얻은 스프링재가 시간이 지남에 따라 경도 등 여러 가지 성질이 악화되는 현상은?

① 자연 균열

② 경년변화

③ 탈아연 부식

④ 고온 탈아연

해설
② 경년변화 : 재료 내부의 상태가 세월이 경과함에 따라 서서히 변화하는데 이로 인해 부품의 특성이 처음보다 변화되는 것으로 방치할 경우 기기의 오작동을 초래할 수 있다. 주로 상온에서 장시간 방치할 경우에 발생한다.
① 자연균열 : 냉간가공한 황동의 파이프, 봉재제품 등에 자연적으로 균열이 생기는 현상이다. 그 원인은 암모니아 또는 암모늄에 의한 내부응력 때문이다.
③ 탈아연 부식 : 20% 이상의 아연(Zn)을 포함한 황동이 바닷물에 침식되거나 불순물이 있을 경우 아연만 용해되고 구리는 남아 있어 재료에 구멍이 나거나 두께가 얇아지는 현상이다. 이러한 부식을 방지하려면 주석이나 안티몬 등을 첨가한다.
④ 고온 탈아연 : 황동의 고온 탈아연 현상은 고온에서 증발에 의하여 황동 표면으로부터 아연이 없어지는 현상으로 이를 방지하기 위해서는 표면에 산화물 피막을 형성시키면 효과적이다. 표면에 피막이 형성된 알루미늄 산화물일 경우 효과가 크다.

51 그림과 같이 기점 기호를 기준으로 하여 연속된 치수선으로 치수를 기입하는 방법은?

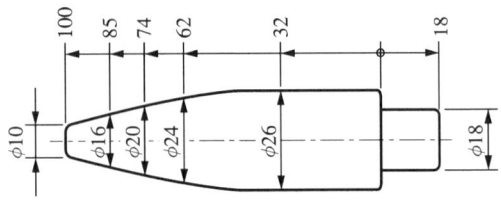

① 직렬치수기입법
② 병렬치수기입법
③ 좌표치수기입법
④ 누진치수기입법

해설

치수의 배치 방법

종류	도면상 표현
직렬치수 기입법	• 직렬로 나란히 연결된 각각의 치수에 공차가 누적되어도 상관없는 경우에 사용한다. • 축을 기입할 때는 중요도가 작은 치수는 괄호를 붙여서 참고 치수로 기입한다.
병렬치수 기입법	• 기준면을 설정하여 개별로 기입하는 방법이다. • 각 치수의 일반공차는 다른 치수의 일반공차에 영향을 주지 않는다.
누진치수 기입법	• 한 개의 연속된 치수선으로 간편하게 기입하는 방법이다. • 치수의 기준점에 기점기호(○)를 기입하고, 치수 보조선과 만나는 곳마다 화살표를 붙인다.

종류	도면상 표현
좌표치수 기입법	• 구멍의 위치나 크기 등의 치수는 좌표를 사용해도 된다. • 프레스 금형이나 사출 금형의 설계도면 작성 시 사용한다. • 기준면에 해당하는 쪽의 치수 보조선의 위치는 제품의 기능, 조립, 검사 등의 조건을 고려하여 정한다.

52 아주 굵은 실선의 용도로 가장 적합한 것은?

① 특수 가공하는 부분의 범위를 나타내는 데 사용
② 얇은 부분의 단면도시를 명시하는 데 사용
③ 도시된 단면의 앞쪽을 표현하는 데 사용
④ 이동한계의 위치를 표시하는 데 사용

해설

아주 굵은 실선은 얇은 부분의 단면도시를 명시하는 데 사용한다.

53 나사의 표시방법에 대한 설명으로 옳은 것은?

① 수나사의 골지름은 가는 실선으로 표시한다.

② 수나사의 바깥지름은 가는 실선으로 표시한다.

③ 암나사의 골지름은 아주 굵은 실선으로 표시한다.

④ 완전 나사부와 불완전 나사부의 경계선은 가는 실선으로 표시한다.

해설
① 수나사의 골지름은 가는 실선으로 그린다.
② 수나사의 바깥지름은 굵은 실선으로 그린다.
③ 암나사의 골지름은 가는 실선으로 그린다.
④ 완전 나사부와 불완전 나사부의 경계선은 굵은 실선으로 그린다.
나사의 제도방법
• 단면 시 암나사는 안지름까지 해칭한다.
• 수나사와 암나사의 골지름은 모두 가는 실선으로 그린다.
• 수나사와 암나사 결합부의 단면은 수나사 기준으로 나타낸다.
• 수나사의 바깥지름과 암나사의 안지름은 굵은 실선으로 그린다.
• 완전 나사부와 불완전 나사부의 경계선은 굵은 실선으로 그린다.
• 수나사와 암나사의 측면도시에서 골지름과 바깥지름은 가는 실선으로 그린다.
• 암나사의 단면 도시에서 드릴 구멍의 끝부분은 굵은 실선으로 120°로 그린다.
• 불완전 나사부의 골밑을 나타내는 선은 축선에 대하여 30°의 경사진 가는 실선으로 그린다.
• 가려서 보이지 않는 암나사의 안지름은 보통의 파선으로 그리고, 바깥지름은 가는 파선으로 그린다.
• 나사의 끝면에서 본 그림에서 나사의 골밑은 가는 실선으로 원주의 3/4에 가까운 원의 일부로 그린다.
※ 참고
• 완전 나사부 : 환봉이나 구멍에 나사내기를 할 때, 완전한 나사산이 만들어져 있는 부분
• 불완전 나사부 : 환봉이나 구멍에 나사내기를 할 때, 나사가 끝나는 곳에서 불완전 나사산을 갖는 부분

54 다음 입체도의 화살표 방향을 정면으로 한다면 좌측면도로 적합한 투상도는?

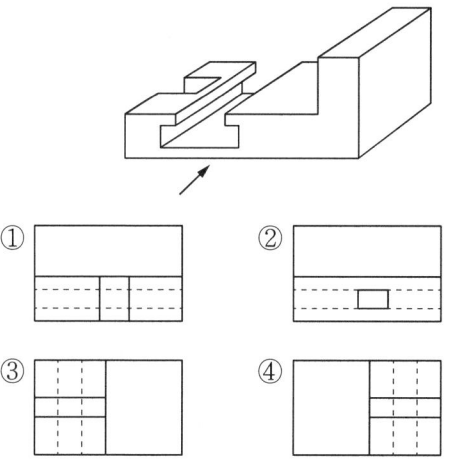

① ② ③ ④

해설
좌측면도에서 중앙 하단부에 사각형 형상이 세로로 깎인 부분이 존재하는데, 이 부분을 도면에 나타낸 것이 ①번밖에 없다.

55 판을 접어서 만든 물체를 펼친 모양으로 표시할 필요가 있는 경우 그리는 도면을 무엇이라 하는가?

① 투상도

② 개략도

③ 입체도

④ 전개도

해설
전개도
금속판을 접어서 만든 물체를 펼친 모양으로 표시할 필요가 있는 경우 그리는 도면

종류	의미
평행선법	삼각기둥, 사각기둥과 같은 여러 가지의 각기둥과 원기둥을 평행하게 전개하여 그리는 방법
방사선법	삼각뿔, 사각뿔 등의 각뿔과 원뿔을 꼭짓점을 기준으로 부채꼴로 펼쳐서 전개도를 그리는 방법
삼각형법	꼭짓점이 먼 각뿔, 원뿔 등을 해당 면을 삼각형으로 분할하여 전개도를 그리는 방법

56 배관도시기호에서 유량계를 나타내는 기호는?

① Ⓟ

② Ⓣ

③ ─Ⓕ─

④ Ⓛ𝖦

57 그림과 같은 입체도의 정면도로 적합한 것은?

정면

① 　②

③ 　④

58 재료 기호 중 SPHC의 명칭은?

① 배관용 탄소강관

② 열간압연 연강판 및 강대

③ 용접구조용 압연강재

④ 냉간압연 강판 및 강대

59 용접 보조기호 중 '제거 가능한 이면 판재 사용' 기호는?

① ⌐MR⌐　② ──

③ ⌣　④ ⌐M⌐

60 기계제도에서 사용하는 척도에 대한 설명으로 틀린 것은?

① 척도의 표시방법에는 현척, 배척, 축척이 있다.

② 도면에 사용한 척도는 일반적으로 표제란에 기입한다.

③ 한 장의 도면에 서로 다른 척도를 사용할 필요가 있는 경우에는 해당되는 척도를 모두 표제란에 기입한다.

④ 척도는 대상물과 도면의 크기로 정해진다.

01 다음 중 MIG 용접에서 사용하는 와이어 송급 방식이 아닌 것은?

① 풀(Pull) 방식
② 푸시(Push) 방식
③ 푸시 풀(Push-pull) 방식
④ 푸시 언더(Push-under) 방식

해설
와이어 송급 방식
• Push 방식 : 미는 방식
• Pull 방식 : 당기는 방식
• Push-pull 방식 : 밀고 당기는 방식

02 용접결함과 그 원인의 연결이 틀린 것은?

① 언더컷 - 용접 전류가 너무 낮을 경우
② 슬래그 섞임 - 운봉속도가 느릴 경우
③ 기공 - 용접부가 급속하게 응고될 경우
④ 오버랩 - 부적절한 운봉법을 사용했을 경우

해설
언더컷 불량은 용접 전류(A)가 너무 커서 모재에 주는 아크열이 커짐으로 인해 모재가 움푹 파이는 현상이다. 따라서 언더컷 불량을 줄이기 위해서는 적절한 아크 전류(A)를 설정해야 한다.

03 일반적으로 용접순서를 결정할 때 유의해야 할 사항으로 틀린 것은?

① 용접물의 중심에 대하여 항상 대칭으로 용접한다.
② 수축이 작은 이음을 먼저 용접하고 수축이 큰 이음은 나중에 용접한다.
③ 용접구조물이 조립되어감에 따라 용접작업이 불가능한 곳이나 곤란한 경우가 생기지 않도록 한다.
④ 용접구조물의 중립축에 대하여 용접 수축력의 모멘트 합이 0이 되게 하면 용접선 방향에 대한 굽힘을 줄일 수 있다.

해설
용접물의 변형이나 잔류응력의 누적을 피하려면 수축이 큰 이음을 먼저 용접하고 수축이 작은 이음을 나중에 용접해야 한다.

04 용접부에 생기는 결함 중 구조상의 결함이 아닌 것은?

① 기공
② 균열
③ 변형
④ 용입 불량

해설
용접 결함의 분류

05 스터드 용접에서 내열성의 도기로 용융금속의 산화 및 유출을 막아 주고 아크열을 집중시키는 역할을 하는 것은?

① 페룰
② 스터드
③ 용접토치
④ 제어장치

해설
페룰(Ferrule)
모재와 스터드가 통전할 수 있도록 연결해 주는 것으로 아크 공간을 대기와 차단하여 아크분위기를 보호한다. 또한 아크열을 집중시켜 주며 용착금속의 누출을 방지하고 작업자의 눈도 보호해 준다.

06 다음 중 저항 용접의 3요소가 아닌 것은?

① 가압력
② 통전시간
③ 통전전압
④ 전류의 세기

해설
저항 용접의 3요소
• 가압력
• 용접전류
• 통전시간

07 다음 중 용접 이음의 종류가 아닌 것은?

① 십자 이음
② 맞대기 이음
③ 변두리 이음
④ 모따기 이음

해설
용접 이음의 종류

맞대기 이음	모서리 이음	변두리 이음
겹치기 이음		맞물림 겹치기 이음
T 이음(필릿 용접)	십자형 이음	한면 맞대기판 이음
양면 맞대기판 이음		플레어 이음

08 일렉트로 슬래그 용접의 장점으로 틀린 것은?

① 용접 능률과 용접 품질이 우수하다.
② 최소한의 변형과 최단시간의 용접법이다.
③ 후판을 단일층으로 한 번에 용접할 수 있다.
④ 스패터가 많으며 80%에 가까운 용착 효율을 나타낸다.

해설
일렉트로 슬래그 용접의 장점
• 용접이 능률적이다.
• 전기 저항열에 의한 용접이다.
• 용접 시간이 적어서 용접 후 변형이 적다.
• 다전극을 이용하면 더 효과적인 용접이 가능하다.
• 후판 용접을 단일층으로 한 번에 용접할 수 있다.
• 스패터나 슬래그 혼입, 기공 등의 결함이 거의 없다.
• 일렉트로 슬래그 용접의 용착량은 거의 100%에 가깝다.
• 냉각하는 데 시간이 오래 걸려서 기공이나 슬래그가 섞일 확률이 적다.

일렉트로 슬래그 용접의 단점
• 손상된 부위에 취성이 크다.
• 용접 진행 중에 용접부를 직접 관찰할 수는 없다.
• 가격이 비싸며, 용접 후 기계적 성질이 좋지 못하다.
• 저융점 합금원소의 편석과 작은 형상계수로 인해 고온균열이 발생한다.

09 선박, 보일러 등 두꺼운 판의 용접 시 용융 슬래그와 와이어의 저항열을 이용하여 연속적으로 상진하는 용접법은?

① 테르밋 용접
② 넌실드 아크 용접
③ 일렉트로 슬래그 용접
④ 서브머지드 아크 용접

해설
일렉트로 슬래그 용접
용융된 슬래그와 용융금속이 용접부에서 흘러나오지 못하도록 수랭동판으로 둘러싸고 이 용융풀에 용접봉을 연속적으로 공급하는데, 이때 발생하는 용융슬래그의 저항열에 의하여 용접봉과 모재를 연속적으로 용융시키면서 용접하는 방법이다. 선박이나 보일러와 같이 두꺼운 판의 용접에 적합하며, 수직 상진으로 단층 용접하는 방식으로 용접 전원으로는 정전압형 교류를 사용한다.

10 다음 중 스터드 용접법의 종류가 아닌 것은?

① 아크 스터드 용접법
② 저항 스터드 용접법
③ 충격 스터드 용접법
④ 텅스텐 스터드 용접법

해설
스터드 용접(Stud Welding)
아크 용접의 일부로서 봉재, 볼트 등의 스터드를 판 또는 프레임 등의 구조재에 직접 심는 능률적인 용접방법이다. 여기서 스터드란 판재에 덧대는 물체인 봉이나 볼트 같이 긴 물체를 일컫는 용어이다.
• 아크 스터드 용접
• 저항 스터드 용접
• 충격 스터드 용접

11 탄산가스 아크 용접에서 용착속도에 관한 내용으로 틀린 것은?

① 용접속도가 빠르면 모재의 입열이 감소한다.
② 용착률은 일반적으로 아크전압이 높은 쪽이 좋다.
③ 와이어 용융속도는 와이어의 지름과는 거의 관계가 없다.
④ 와이어 용융속도는 아크전류에 거의 정비례하며 증가한다.

해설
용착률은 일반적으로 아크전류가 높은 쪽이 더 좋다.

12 플래시 버트 용접 과정의 3단계는?

① 업셋, 예열, 후열   ② 예열, 검사, 플래시

③ 예열, 플래시, 업셋   ④ 업셋, 플래시, 후열

해설
플래시 용접 과정의 3단계
예열 → 플래시 → 업셋
플래시 용접(플래시 버트 용접)
2개의 금속 단면을 가볍게 접촉시키면서 큰 전류를 흐르게 하면
열이 집중적으로 발생하면서 그 부분이 용융되고 불꽃이 튀게
되는데, 이때 접촉이 끊어지고 다시 피용접재를 전진시키면서 용
융과 불꽃이 튀는 것을 반복하면서 강한 압력을 가해 압접하는
방법으로, 불꽃 용접이라고도 불린다.

13 용접결함 중 은점의 원인이 되는 주된 원소는?

① 헬 륨   ② 수 소

③ 아르곤   ④ 이산화탄소

해설
용접 후 용접부에 은점이 발생되었다면 이것은 수소(H_2)가스와
용융금속 간의 반응에 의한 것으로 이 결함을 없애기 위해서는
실온(약 24℃)에서 수개월간 방치하면 된다.

14 다음 중 제품별 노 내 및 국부풀림의 유지 온도와
시간이 올바르게 연결된 것은?

① 탄소강 주강품 : 625±25℃, 판 두께 25mm에
대하여 1시간

② 기계구조용 연강재 : 725±25℃, 판 두께 25mm
에 대하여 1시간

③ 보일러용 압연강재 : 625±25℃, 판 두께 25mm
에 대하여 4시간

④ 용접구조용 연강재 : 725±25℃, 판 두께 25mm
에 대하여 2시간

해설
노 내 풀림법
가열 노(Furnace) 내에서 유지온도는 625℃ 정도이며 노에 넣을
때나 꺼낼 때의 온도는 300℃ 정도로 한다. 판 두께가 25mm일
경우에 1시간 동안 유지하는데 유지온도가 높거나 유지시간이 길
수록 풀림 효과가 크다.

15 용접 시공에서 다층 쌓기로 작업하는 용착법이 아닌
것은?

① 스킵법

② 빌드업법

③ 전진블록법

④ 캐스케이드법

해설
용접법의 종류

분류		특징
용착 방향에 의한 용착법	전진법	• 한쪽 끝에서 다른 쪽 끝으로 용접을 진행하는 방법으로 용접 진행 방향과 용착 방향이 서로 같다. • 용접 길이가 길면 끝부분 쪽에 수축과 잔류응력이 생긴다.
	후퇴법	• 용접을 단계적으로 후퇴하면서 전체 길이를 용접하는 방법으로 용접 진행 방향과 용착 방향이 서로 반대가 된다. • 수축과 잔류응력을 줄이는 용접기법이나 작업 능률이 떨어진다.
	대칭법	변형과 수축응력의 경감법으로 용접의 전 길이에 걸쳐 중심에서 좌우 또는 용접물 형상에 따라 좌우 대칭으로 용접하는 기법이다.
	스킵법 (비석법)	용접부 전체의 길이를 5개 부분으로 나누어 놓고 1-4-2-5-3 순으로 용접하는 방법으로 용접부에 잔류응력을 작게 해야 할 경우에 사용한다.
다층 비드 용착법	덧살올림법 (빌드업법)	각 층마다 전체의 길이를 용접하면서 쌓아올리는 방법으로 가장 일반적인 방법이다.
	전진블록법	• 한 개의 용접봉으로 살을 붙일 만한 길이로 구분해서 홈을 한 층 완료한 후 다른 층을 용접하는 방법이다. • 다층 용접 시 변형과 잔류응력의 경감을 위해 사용한다.
	캐스 케이드법	한 부분의 몇 층을 용접하다가 다음 부분의 층으로 연속시켜 전체가 단계를 이루도록 용착시켜 나가는 방법이다.

12 ③ 13 ② 14 ① 15 ① 정답

16 예열의 목적에 대한 설명으로 틀린 것은?

① 수소의 방출을 용이하게 하여 저온균열을 방지한다.
② 열영향부와 용착금속의 경화를 방지하고 연성을 증가시킨다.
③ 용접부의 기계적 성질을 향상시키고 경화조직의 석출을 촉진시킨다.
④ 온도 분포가 완만하게 되어 열응력의 감소로 변형과 잔류응력의 발생을 적게 한다.

해설
용접 재료를 예열하는 목적은 금속의 갑작스런 팽창과 수축에 의한 변형방지 및 잔류응력 제거이므로 열영향부의 경도 증가와는 거리가 멀다.

17 용접작업에서 전격의 방지대책으로 틀린 것은?

① 땀, 물 등에 의해 젖은 작업복, 장갑 등은 착용하지 않는다.
② 텅스텐봉을 교체할 때 항상 전원 스위치를 차단하고 작업한다.
③ 절연 홀더의 절연 부분이 노출, 파손되면 즉시 보수하거나 교체한다.
④ 가죽 장갑, 앞치마, 발 덮개 등 보호구를 반드시 착용하지 않아도 된다.

해설
전격을 예방하려면 작업할 때 반드시 가죽 장갑과 같은 안전용품을 착용해야 한다.
전격
강한 전류를 갑자기 몸에 느꼈을 때의 충격을 말하며, 용접기에는 작업자의 전격을 방지하기 위해서 반드시 전격방지기를 부착해야 한다. 전격방지기는 작업을 쉬는 동안에 2차 무부하 전압이 항상 25V 정도로 유지되도록 하여 전격을 방지할 수 있다.

18 서브머지드 아크 용접에서 용제의 구비조건에 대한 설명으로 틀린 것은?

① 용접 후 슬래그(Slag)의 박리가 어려울 것
② 적당한 입도를 갖고 아크 보호성이 우수할 것
③ 아크 발생을 안정시켜 안정된 용접을 할 수 있을 것
④ 적당한 합금성분을 첨가하여 탈황, 탈산 등의 정련작용을 할 것

해설
서브머지드 아크 용접용 용제의 구비조건
• 아크 발생을 안정적으로 유지할 것
• 용접 후 슬래그(Slag)의 박리가 쉬울 것
• 적당한 입도로 아크 보호성이 우수할 것
• 적당한 합금성분을 첨가하여 탈산, 탈황 등의 정련작용을 할 것

19 MIG 용접의 전류밀도는 TIG 용접의 약 몇 배 정도인가?

① 2
② 4
③ 6
④ 8

해설
MIG 용접은 TIG 용접에 비해 전류밀도가 2배 정도로 높아서 용융속도가 빠르며 후판용접에 적합하다.
MIG 용접의 특징
• 분무 이행이 원활하다.
• 열영향부가 매우 적다.
• 용착효율은 약 98%이다.
• 전 자세 용접이 가능하다.
• 용접기의 조작이 간단하다.
• 아크의 자기제어 기능이 있다.
• 직류용접기의 경우 정전압 특성 또는 상승 특성이 있다.
• 전류가 일정할 때 아크 전압이 커지면 용융속도가 낮아진다.
• 전류밀도가 아크 용접의 4~6배, TIG 용접의 2배 정도로 매우 높다.
• 용접부가 좁고 깊은 용입을 얻으므로 후판(두꺼운 판) 용접에 적당하다.
• 전자동 또는 반자동식이 많으며 전극인 와이어는 모재와 동일한 금속을 사용한다.
• 용접부로 공급되는 와이어가 전극과 용가재의 역할을 동시에 하므로 전극인 와이어는 소모된다.
• 전원은 직류 역극성이 이용되며 Al, Mg 등에는 클리닝 작용(청정작용)이 있어 용제 없이도 용접이 가능하다.
• 용접봉을 갈아 끼울 필요가 없어 용접 속도를 빨리할 수 있으므로 고속 및 연속적으로 양호한 용접을 할 수 있다.

20 다음 중 파괴시험에서 기계적 시험에 속하지 않는 것은?

① 경도시험   ② 굽힘시험

③ 부식시험   ④ 충격시험

해설

용접부 검사방법의 종류

분류		특징
비파괴시험	내부결함	• 방사선투과시험(RT) • 초음파탐상시험(UT)
	표면결함	• 외관검사(VT) • 자분탐상검사(MT) • 침투탐상검사(PT) • 누설검사(LT)
파괴시험 (기계적 시험)	인장시험	인장강도, 항복점, 연신율 계산
	굽힘시험	연성의 정도 측정
	충격시험	인성과 취성의 정도 측정
	경도시험	외력에 대한 저항의 크기 측정
	매크로시험	현미경 조직검사
	피로시험	반복적인 외력에 대한 저항력 측정

※ 부식시험을 넓게 보면 현미경 조직검사 중 부식(Etching) 과정이 있어서 파괴시험법으로 분류할 수 있는데, 경도 및 굽힘, 충격시험이 모두 명확하게 기계적 시험법에 속하므로 이 문제에서는 부식시험을 정답으로 선택해야 한다.

21 다음 중 초음파탐상법에 속하지 않는 것은?

① 공진법   ② 투과법

③ 프로드법   ④ 펄스반사법

해설

초음파탐상검사(UT ; Ultrasonic Test)

• 사람이 들을 수 없는 매우 높은 주파수의 초음파를 사용하여 검사 대상물의 형상과 물리적 특성을 검사하는 방법
• 4~5MHz 정도의 초음파가 경계면, 결함 표면 등에서 반사하여 되돌아오는 성질을 이용하는 방법으로 반사파의 시간과 크기를 스크린으로 관찰하여 결함의 유무, 크기, 종류 등을 검사하는 방법

초음파탐상법의 종류

• 투과법 : 초음파펄스를 시험체의 한쪽 면에서 송신하고 반대쪽 면에서 수신하는 방법
• 펄스반사법 : 불연속부와 같은 경계면에서는 투과 및 굴절 또는 반사를 하는데 이러한 불연속부에서 반사하는 초음파를 분석하여 검사하는 방법
• 공진법 : 시험체에 가해진 초음파의 진동수와 시험체의 고유진동수가 일치할 때 진동의 진폭이 커지는 현상인 공진을 이용하여 시험체의 두께를 측정하는 방법

22 화재 및 소화기에 관한 내용으로 틀린 것은?

① A급 화재란 일반화재를 뜻한다.

② C급 화재란 유류화재를 뜻한다.

③ A급 화재에는 포말소화기가 적합하다.

④ C급 화재에는 CO_2소화기가 적합하다.

해설

화재의 종류

분류	명칭
A급 화재	일반(보통)화재
B급 화재	유류 및 가스화재
C급 화재	전기화재
D급 화재	금속화재

23 TIG 절단에 관한 설명으로 틀린 것은?

① 전원은 직류 역극성을 사용한다.

② 절단면이 매끈하고 열효율이 좋으며 능률이 대단히 높다.

③ 아크냉각용 가스에는 아르곤과 수소의 혼합가스를 사용한다.

④ 알루미늄, 마그네슘, 구리와 구리합금, 스테인리스강 등 비철금속의 절단에 이용된다.

해설

TIG 절단

아크 절단법의 일종으로 텅스텐 전극과 모재 사이에 아크를 발생시켜 모재를 용융하여 절단하는 절단법으로 알루미늄과 마그네슘, 구리 및 구리합금, 스테인리스강 등의 금속재료의 절단에 사용한다. 절단가스로는 Ar + H_2의 혼합가스를 사용하고 전원은 직류 정극성을 사용한다.

24 다음 중 기계적 접합법에 속하지 않는 것은?

① 리벳
② 용접
③ 접어 잇기
④ 볼트 이음

해설

용접은 접합 부위를 용융시켜서 결합시키는 야금적 접합법에 해당한다.

용접과 타 접합법과의 차이점

구분	종류	장점 및 단점
야금적 접합법	용접이음 (융접, 압접, 납땜)	• 결합부에 틈새가 발생하지 않아서 이음효율이 좋다. • 영구적 결합법으로 한 번 결합 시 분리가 불가능하다.
기계적 접합법	리벳이음, 볼트이음, 나사이음, 핀, 키, 접어 잇기 등	• 결합부에 틈새가 발생하여 이음 효율이 좋지 않다. • 일시적 결합법으로 잘못 결합 시 수정이 가능하다.
화학적 접합법	본드와 같은 화학 물질에 의한 접합	• 간단하게 결합이 가능하다. • 이음강도가 크지 않다.

※ 야금 : 광석에서 금속을 추출하고 용융 후 정련하여 사용목적에 알맞은 형상으로 제조하는 기술

25 다음 중 아크 절단에 속하지 않는 것은?

① MIG 절단
② 분말 절단
③ TIG 절단
④ 플라스마 제트 절단

해설

분말 절단 : 철 분말이나 용제 분말을 절단용 산소에 연속적으로 혼입하여 그 산화열을 이용하여 절단하는 방법

절단법의 열원에 의한 분류절단법의 열원에 의한 분류

종류	특징	분류
아크 절단	전기 아크열을 이용한 금속 절단법	산소 아크 절단
		피복 아크 절단
		탄소 아크 절단
		아크 에어 가우징
		플라스마 제트 절단
		불활성 가스 아크 절단
가스 절단	산소가스와 금속과의 산화 반응을 이용한 금속 절단법	산소-아세틸렌가스 절단
분말 절단	철분이나 플럭스 분말을 연속적으로 절단 산소 속에 혼입시켜서 공급하여 그 반응열이나 용제작용을 이용한 절단법	

26 가스 절단 작업 시 표준 드래그 길이는 일반적으로 모재 두께의 몇 % 정도인가?

① 5
② 10
③ 20
④ 30

해설

가스 절단 작업 시 표준 드래그의 길이는 보통 판 두께의 20% 정도이다.

27 용접 중에 아크를 중단시키면 중단된 부분이 오목하거나 납작하게 파진 모습으로 남게 되는 것은?

① 피트
② 언더컷
③ 오버랩
④ 크레이터

해설

크레이터 : 아크 용접의 비드 끝에서 오목하게 파인 부분으로 용접 후에는 반드시 크레이터 처리를 해야 한다.

② 언더컷 : 용접의 변 끝을 따라 모재가 파이며, 용착금속이 채워지지 않고 홈으로 남아 있는 부분

③ 오버랩 : 용융된 금속이 용입이 되지 않은 상태에서 표면을 덮어버린 불량

28 10,000~30,000℃의 높은 열에너지를 가진 열원을 이용하여 금속을 절단하는 절단법은?

① TIG 절단법
② 탄소 아크 절단법
③ 금속 아크 절단법
④ 플라스마 제트 절단법

해설

플라스마 아크 절단(플라스마 제트 절단) : 10,000~30,000℃의 높은 온도를 가진 플라스마를 한 방향으로 모아서 분출시키는 것을 일컬어 플라스마 제트라고 부르는데 이 열원으로 절단하는 방법이다. 절단하려는 재료에 전기적 접촉을 하지 않으므로 금속 재료와 비금속재료 모두 절단이 가능하다.

29 일반적인 용접의 특징으로 틀린 것은?

① 재료의 두께에 제한이 없다.
② 작업공정이 단축되며 경제적이다.
③ 보수와 수리가 어렵고 제작비가 많이 든다.
④ 제품의 성능과 수명이 향상되며 이종 재료도 용접이 가능하다.

해설

용접의 장점 및 단점

용접의 장점	용접의 단점
• 이음효율이 높다. • 재료가 절약된다. • 제작비가 적게 든다. • 이음구조가 간단하다. • 유지와 보수가 용이하다. • 재료의 두께 제한이 없다. • 이종재료도 접합이 가능하다. • 제품의 성능과 수명이 향상된다. • 유밀성, 기밀성, 수밀성이 우수하다. • 작업 공정이 줄고, 자동화가 용이하다.	• 취성이 생기기 쉽다. • 균열이 발생하기 쉽다. • 용접부의 결함 판단이 어렵다. • 용융부위 금속의 재질이 변한다. • 저온에서 쉽게 약해질 우려가 있다. • 용접 모재의 재질에 따라 영향을 크게 받는다. • 용접 기술자(용접사)의 기량에 따라 품질이 다르다. • 용접 후 변형 및 수축에 따라 잔류응력이 발생한다.

30 일반적으로 두께가 3mm인 연강판을 가스 용접하기에 가장 적합한 용접봉의 직경은?

① 약 2.6mm   ② 약 4.0mm
③ 약 5.0mm   ④ 약 6.0mm

해설

$$\text{가스 용접봉 지름}(D) = \frac{\text{판 두께}(T)}{2} + 1$$

$$= \frac{3\text{mm}}{2} + 1$$

$$= 2.5\text{mm}$$

31 연강용 피복 아크 용접봉의 종류에 따른 피복제 계통이 틀린 것은?

① E4340 : 특수계
② E4316 : 저수소계
③ E4327 : 철분산화철계
④ E4313 : 철분산화타이타늄계

해설

용접봉의 종류

기호	종류	기호	종류
E4301	일미나이트계	E4316	저수소계
E4303	라임티타니아계	E4324	철분 산화타이타늄계
E4311	고셀룰로스계	E4326	철분 저수소계
E4313	고산화타이타늄계	E4327	철분 산화철계

32 다음 중 아크 쏠림 방지대책으로 틀린 것은?

① 접지점 2개를 연결할 것
② 용접봉 끝은 아크 쏠림 반대 방향으로 기울일 것
③ 접지점을 될 수 있는 대로 용접부에서 가까이 할 것
④ 큰 가접부 또는 이미 용접이 끝난 용착부를 향하여 용접할 것

해설

아크 쏠림 방지대책
• 용접 전류를 줄인다.
• 교류용접기를 사용한다.
• 접지점을 2개 연결한다.
• 아크 길이는 최대한 짧게 유지한다.
• 접지부를 용접부에서 최대한 멀리 한다.
• 용접봉 끝을 아크 쏠림의 반대 방향으로 기울인다.
• 용접부가 긴 경우는 가용접 후 후진법(후퇴 용접법)을 사용한다.
• 받침쇠, 긴 가용접부, 이음의 처음과 끝에는 엔드 탭을 사용한다.

33 양호한 절단면을 얻기 위한 조건으로 틀린 것은?

① 드래그가 가능한 한 클 것

② 슬래그 이탈이 양호할 것

③ 절단면 표면의 각이 예리할 것

④ 절단면이 평활하며 드래그의 홈이 낮을 것

해설

드래그 : 가스 절단 시 한 번에 토치를 이동한 거리로서 절단면에 일정한 간격의 곡선이 나타나는 것으로, 절단 후 양호한 절단면을 얻으려면 가능한 한 드래그를 작게 해야 한다.

34 산소-아세틸렌가스 절단과 비교한 산소-프로판가스 절단의 특징으로 틀린 것은?

① 슬래그의 제거가 쉽다.

② 절단면 위 모서리가 잘 녹지 않는다.

③ 후판 절단 시에는 아세틸렌보다 절단속도가 느리다.

④ 포갬 절단 시에는 아세틸렌보다 절단속도가 빠르다.

해설

산소-아세틸렌가스 절단과 비교한 산소-프로판가스 절단의 특징
• 점화하기 어렵다.
• 슬래그의 제거가 쉽다.
• 포갬 절단속도가 빠르다.
• 절단면이 미세하여 깨끗하다.
• 절단면 위 모서리가 잘 녹지 않는다.
• 후판 절단 시 절단속도가 빠르다.

35 용접기의 사용률(Duty Cycle)을 구하는 공식으로 옳은 것은?

① 사용률(%) = $\dfrac{\text{휴식시간}}{\text{아크발생시간 + 휴식시간}} \times 100$

② 사용률(%) = $\dfrac{\text{아크발생시간}}{\text{아크발생시간 + 휴식시간}} \times 100$

③ 사용률(%) = $\dfrac{\text{아크발생시간}}{\text{아크발생시간 - 휴식시간}} \times 100$

④ 사용률(%) = $\dfrac{\text{휴식시간}}{\text{아크발생시간 - 휴식시간}} \times 100$

해설

아크 용접기의 사용률 구하는 식

사용률(%) = $\dfrac{\text{아크발생시간}}{\text{아크발생시간 + 정지시간}} \times 100$

36 가스 절단에서 예열불꽃의 역할에 대한 설명으로 틀린 것은?

① 절단산소 운동량 유지

② 절단산소 순도 저하 방지

③ 절단 개시 발화점 온도 가열

④ 절단재의 표면 스케일 등의 박리성 저하

해설

가스 절단 시 예열불꽃은 절단재의 표면 스케일 등의 박리성을 높인다.

37 가스 용접작업에서 양호한 용접부를 얻기 위해 갖추어야 할 조건으로 틀린 것은?

① 용착금속의 용입 상태가 균일해야 한다.

② 용접부에 첨가된 금속의 성질이 양호해야 한다.

③ 기름, 녹 등을 용접 전에 제거하여 결함을 방지한다.

④ 과열의 흔적이 있어야 하고 슬래그나 기공 등도 있어야 한다.

해설

양호한 용접부를 얻으려면 과열의 흔적이 없고 슬래그나 기공 등의 불량도 없어야 한다.

38 용접기 설치 시 1차 입력이 10kVA이고, 전원 전압이 200V이면 퓨즈 용량은?

① 50A ② 100A

③ 150A ④ 200A

$$퓨즈용량 = \frac{전력(kVA)}{전압(V)}$$
$$= \frac{10,000(VA)}{200(V)}$$
$$= 50A$$

즉, 50A 용량의 퓨즈를 부착하면 된다.

39 다음의 희토류 금속원소 중 비중이 약 16.6, 용융점은 약 2,996℃이고, 150℃ 이하에서 불활성 물질로서 내식성이 우수한 것은?

① Se ② Te

③ In ④ Ta

④ Ta(Tantalum, 탄탈럼) : 비중은 16.69, 용융점은 약 2,990℃인 희토류계의 회흑색 금속이다. 고온에서도 기계적 강도와 전연성이 커서 코일이나 콘덴서용 재료로도 사용된다. 150℃ 이하에서 내식성이 우수하다.

① Se(Selenium, 셀레늄) : 비중은 4.79, 용융점은 약 217℃로 광디스크, 광전지, 광도계 등에 사용된다.

② Te(Tellurium, 텔루륨) : 비중은 6.24, 용융점은 약 449.5℃로 자성재료나 광디스크 재료로 사용된다.

③ In(Indium, 인듐) : 비중은 7.28, 용융점은 약 156.6℃로 비교적 잘 부식되지 않으나 산에는 용융된다. 내마모성이 좋아서 베어링을 도금할 때 사용한다.

40 압입체의 대면각이 136°인 다이아몬드 피라미드로 하중 1~120kg을 사용하여 특히 얇은 물건이나 표면 경화된 재료의 경도를 측정하는 시험법은 무엇인가?

① 로크웰 경도시험법 ② 비커스 경도시험법

③ 쇼어 경도시험법 ④ 브리넬 경도시험법

경도시험

종류	시험 원리	압입자
브리넬 경도 (H_B)	압입자인 강구에 일정량의 하중을 걸어 시험편의 표면에 압입한 후, 압입자국의 표면적 크기와 하중의 비로 경도 측정 $H_B = \dfrac{P}{A} = \dfrac{P}{\pi Dh}$ $= \dfrac{2P}{\pi D(D - \sqrt{D^2 - d^2})}$ 여기서, D : 강구 지름 d : 압입자국의 지름 h : 압입자국의 깊이 A : 압입자국의 표면적	강구
비커스 경도 (H_V)	압입자에 1~120kg의 하중을 걸어 자국의 대각선 길이로 경도를 측정한다. 하중을 가하는 시간은 캠의 회전 속도로 조절한다. $H_V = \dfrac{P(하중)}{A(압입 자국의 표면적)}$	136°인 다이아몬드 피라미드 압입자
로크웰 경도 (H_{RB}, H_{RC})	압입자에 하중을 걸어 압입자국(홈)의 깊이를 측정하여 경도 측정 • 예비하중 : 10kg • 시험하중 – B스케일 : 100kg – C스케일 : 150kg • $H_{RB} = 130 - 500h$ • $H_{RC} = 100 - 500h$ (h : 압입 자국의 깊이)	• B스케일 : 강구 • C스케일 : 120° 다이아몬드(콘)
쇼어 경도 (H_S)	추를 일정한 높이(h_0)에서 낙하시켜, 이 추의 반발높이(h)를 측정해서 경도 측정 $H_S = \dfrac{10,000}{65} \times \dfrac{h}{h_0}$ 여기서, h (해머의 반발 높이) h_0 (해머 낙하 높이)	다이아몬드 추

41 TTT 곡선에서 하부 임계냉각속도란?

① 50% 마텐자이트를 생성하는 데 요하는 최대의 냉각속도
② 100% 오스테나이트를 생성하는 데 요하는 최소의 냉각속도
③ 최초에 소르바이트가 나타나는 냉각속도
④ 최초에 마텐자이트가 나타나는 냉각속도

해설
TTT 곡선은 Time, Temperature, Transformation의 약자로 열처리 시 일정한 온도를 유지하며 열처리를 진행하는 방법으로 항온 열처리의 과정을 나타낸 그래프이다. 이 항온 열처리를 통해서 베이나이트 조직을 얻을 때 사용한다.
• 하부 임계냉각속도(M_s) : 강을 담금질할 때 마텐자이트 조직이 나오기 시작하는 냉각속도로 약 250℃에서 일어난다.
• 상부 임계냉각속도(M_f) : 강을 담금질할 때 모든 조직이 마텐자이트 조직으로 변하는 최소한의 냉각속도로 약 −40℃에서 일어난다.
• 임계냉각속도 : 오스테나이트 조직을 열처리할 때 펄라이트 발생 없이 모든 조직이 마텐자이트 조직으로 변하는 최소의 냉각속도

42 1,000~1,100℃에서 수중 냉각함으로써 오스테나이트 조직으로 되고, 인성 및 내마멸성 등이 우수하여 광석 파쇄기, 기차 레일, 굴삭기 등의 재료로 사용되는 것은?

① 고Mn강
② Ni-Cr강
③ Cr-Mo강
④ Mo계 고속도강

해설
Mn 주강
Mn을 약 1% 합금한 저망간 주강은 제지용 롤러에, 약 12% 합금한 고망간 주강(해드필드강)은 오스테나이트 입계의 탄화물 석출로 취약하나 약 1,000℃에서 담금질하면 균일한 오스테나이트 조직이 되면서 조직이 강인해지므로 광산이나 토목용 기계부품에 사용 가능하다.

43 게이지용 강이 갖추어야 할 성질로 틀린 것은?

① 담금질에 의해 변형이나 균열이 없을 것
② 시간이 지남에 따라 치수 변화가 없을 것
③ HRC 55 이상의 경도를 가질 것
④ 팽창계수가 보통강보다 클 것

해설
게이지용 강은 열팽창의 계수가 보통강보다 작아야 측정 시 오차가 작다.

44 알루미늄을 주성분으로 하는 합금이 아닌 것은?

① Y합금
② 라우탈
③ 인코넬
④ 두랄루민

해설
인코넬은 내열성과 내식성이 우수한 니켈 합금의 일종이다.
알루미늄합금의 종류 및 특징

분류	종류	구성 및 특징
주조용 (내열용)	실루민	• Al + Si(10~14% 함유) • 알펙스로도 불리며 해수에 잘 침식되지 않는다.
	라우탈	• Al + Cu 4% + Si 5% • 열처리에 의하여 기계적 성질을 개량할 수 있다.
	Y합금	• Al + Cu + Mg + Ni • 내연기관용 피스톤, 실린더 헤드의 재료로 사용된다.
	로엑스합금 (Lo-Ex)	• Al + Si 12% + Mg 1% + Cu 1% + Ni • 열팽창 계수가 작아서 엔진, 피스톤용 재료로 사용된다.
	코비탈륨	• Al + Cu + Ni에 Ti, Cu 0.2%를 첨가한다. • 내연기관의 피스톤용 재료로 사용된다.
가공용	두랄루민	• Al + Cu + Mg + Mn • 고강도로서 항공기나 자동차용 재료로 사용된다.
	알클래드	고강도 Al합금에 다시 Al을 피복한 것이다.
내식성	알민	• Al + Mn • 내식성과 용접성이 우수한 알루미늄 합금이다.
	알드레이	• Al + Mg + Si • 강인성이 없고 가공변형에 잘 견딘다.
	하이드로날륨	• Al + Mg • 내식성과 용접성이 우수한 알루미늄 합금이다.

45 두 종류 이상의 금속 특성을 복합적으로 얻을 수 있고 바이메탈재료 등에 사용되는 합금은?

① 제진합금
② 비정질합금
③ 클래드합금
④ 형상기억합금

해설
클래드 합금(Clad Materials)
두 개 혹은 그 이상의 금속을 기계적으로 겹쳐서 만든 신소재로 대표적인 제품으로는 두 금속의 열팽창계수를 응용한 바이메탈이 있다.
※ Clad : 두 개 혹은 그 이상의 금속을 기계적으로 겹쳐서 만든 신소재
① 제진(制振) 합금 : 소음의 원인이 되는 진동을 흡수하는 합금재료로 제진강판 등이 있다.
② 비정질합금 : 일정한 결정구조를 갖지 않는 아모르포스(Amorphous)구조이며 재료를 고속으로 급랭시키면 제조할 수 있다. 강도와 경도가 높으면서도 자기적 특성이 우수하여 변압기용 철심 재료로 사용된다.
④ 형상기억합금 : 항복점을 넘어서 소성변형된 재료는 외력을 제거해도 원래의 상태로 복원이 불가능하지만, 형상기억합금은 고온에서 일정 시간 유지함으로써 원하는 형상으로 기억시키면 상온에서 외력에 의해 변형되어도 기억시킨 온도로 가열만 하면 변형 전 형상으로 되돌아오는 합금이다. 그 종류에는 Ni-Ti계, Ni-Ti-Cu계, Cu-Al-Ni계 합금이 있으며 니티놀이 대표적인 제품이다.

46 황동 중 60% Cu + 40% Zn 합금으로 조직이 $\alpha + \beta$ 이므로 상온에서 전연성은 낮으나 강도가 큰 합금은?

① 길딩메탈(Gilding Metal)
② 문쯔메탈(Muntz Metal)
③ 두라나메탈(Durana Metal)
④ 애드미럴티메탈(Admiralty Metal)

해설
문쯔메탈
60%의 Cu와 40%의 Zn이 합금된 것으로 인장강도가 최대이며, 강도가 필요한 단조제품이나 볼트나 리벳용 재료로 사용한다.

47 가단주철의 일반적인 특징이 아닌 것은?

① 담금질 경화성이 있다.
② 주조성이 우수하다.
③ 내식성, 내충격성이 우수하다.
④ 경도는 Si량이 적을수록 높다.

해설
탄소강에 Si(규소, 실리콘)의 함유량이 높을수록 경도가 높아진다.
가단주철
백주철을 고온에서 장시간 열처리하여 시멘타이트 조직을 분해하거나 소실시켜 조직의 인성과 연성을 개선한 주철로 가단성이 부족했던 주철을 강인한 조직으로 만들기 때문에 단조작업이 가능한 주철이다. 주조성과 내충격성, 내식성이 우수하며 담금질 경화성이 있으나 제작 공정이 복잡해서 시간과 비용이 상대적으로 많이 든다.

48 금속에 대한 성질을 설명한 것으로 틀린 것은?

① 모든 금속은 상온에서 고체 상태로 존재한다.
② 텅스텐(W)의 용융점은 약 3,410℃이다.
③ 이리듐(Ir)의 비중은 약 22.5이다.
④ 열 및 전기의 양도체이다.

해설
상온에서 대부분의 금속은 고체이며 결정체이지만 Hg(수은)은 액체 상태이므로 ①번은 틀린 표현이다.
금속의 일반적인 특성
• 비중이 크다.
• 전기 및 열의 양도체이다.
• 금속 특유의 광택을 갖는다.
• 이온화하면 양(+)이온이 된다.
• 상온에서 고체이며 결정체이다(단, Hg 제외).
• 연성과 전성이 우수하며 소성변형이 가능하다.

49 순철이 910℃에서 A_{C3} 변태를 할 때 결정격자의 변화로 옳은 것은?

① BCT → FCC
② BCC → FCC
③ FCC → BCC
④ FCC → BCT

해설
순철은 A₃ 변태점(910℃)에서 체심입방격자(BCC) α철에서 면심입방격자(FCC)인 γ철로 바뀐다.
순철의 변태점
• A₁ 변태점(723℃) : 철의 동소변태점(공석변태점)
• A₂ 변태점(768℃) : 철의 자기변태점
• A₃ 변태점(910℃) : 철의 동소변태점, 체심입방격자(BCC) → 면심입방격자(FCC)
• A₄ 변태점(1,410℃) : 철의 동소변태점, 면심입방격자(FCC) → 체심입방격자(BCC)

50 압력이 일정한 Fe-C 평형상태도에서 공정점의 자유도는?

① 0
② 1
③ 2
④ 3

해설
공정점에서의 자유도는 0이다.

51 다음 중 도면의 일반적인 구비조건으로 관계가 가장 먼 것은?

① 대상물의 크기, 모양, 자세, 위치의 정보가 있어야 한다.
② 대상물을 명확하고 이해하기 쉬운 방법으로 표현해야 한다.
③ 도면의 보존, 검색 이용이 확실히 되도록 내용과 양식을 구비해야 한다.
④ 무역과 기술의 국제 교류가 활발하므로 대상물의 특징을 알 수 없도록 보안성을 유지해야 한다.

해설
도면은 설계자와 제작자의 약속이므로 대상물의 특징을 잘 알 수 있도록 표현해야 하지만, 보안성을 유지할 필요는 없다.

52 보기 입체도를 제3각법으로 올바르게 투상한 것은?

①
②
③
④

해설
물체를 위쪽 방향에서 바라본 형상인 평면도를 보면 중앙의 하단부에 세로줄의 경계선이 나타나야 하므로 정답은 ④번이 된다.

53 배관도에서 유체의 종류와 문자 기호를 나타내는 것 중 틀린 것은?

① 공기 : A
② 연료가스 : G
③ 증기 : W
④ 연료유 또는 냉동기유 : O

해설
관에 흐르는 유체의 종류

종류	기호	종류	기호	종류	기호
공기	A	수증기	S	기름	O
가스	G	물	W	냉수	C

54 리벳의 호칭표기법을 순서대로 나열한 것은?

① 규격번호, 종류, 호칭지름×길이, 재료

② 종류, 호칭지름×길이, 규격번호, 재료

③ 규격번호, 종류, 재료, 호칭지름×길이

④ 규격번호, 호칭지름×길이, 종류, 재료

해설

리벳의 호칭방법

규격 번호	종류	호칭지름×길이	재료
KS B 1102	보일러용 둥근 머리 리벳	13×30	SV 400

55 다음 중 일반적으로 긴쪽 방향으로 절단하여 도시할 수 있는 것은?

① 리브　　　　② 기어의 이

③ 바퀴의 암　　④ 하우징

해설

하우징(본체)는 절단하여 도시해야 내부의 형상을 알 수 있으므로 긴쪽 방향으로 절단하여 도면에 표시할 수 있으나, 리브는 길이 방향으로 절단하여 도시하지 않는다.

길이 방향으로 절단하여 도시가 가능한 것	보스, 부시, 칼라, 베어링, 파이프 등 KS규격에서 절단하여 도시가 불가능하다고 규정된 이외의 부품
길이 방향으로 절단하여 도시가 불가능한 것	축, 키, 바퀴의 암, 핀, 볼트, 너트, 리브, 리벳, 코터, 기어의 이, 베어링의 볼과 롤러

56 단면의 무게중심을 연결한 선을 표시하는 데 사용하는 선의 종류는?

① 가는 1점 쇄선

② 가는 2점 쇄선

③ 가는 실선

④ 굵은 파선

해설

단면의 무게중심을 연결한 무게중심선은 가는 2점 쇄선(─·─·─) 으로 표시한다.

57 다음 용접보조기호에서 현장용접기호는?

① 　　② ▶

③ ○　　④ ─

해설

현장용접은 다음과 같은 기호를 사용한다.

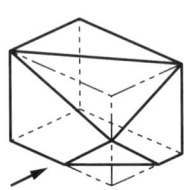

58 보기 입체도의 화살표 방향 투상도면으로 가장 적합한 것은?

① 　　②

③ 　　④

해설

입체도에서 굵은 실선으로 표현된 부분이 외형선을 나타낸 것이다. 따라서 화살표 방향에서 바라본 도면은 정면도인데 우측 상단과 하단부에 빈 공간이 존재하므로 이를 표현한 ③번이 정답이다.

59 탄소강 단강품의 재료 표시기호 SF 490A에서 490 이 나타내는 것은?

① 최저인장강도
② 강재 종류 번호
③ 최대항복강도
④ 강재 분류 번호

탄소강 단강품 SF 490A
• SF : Carbon Steel Forgings for General Use
• 490 : 최저인장강도 490N/mm^2
• A : 어닐링, 노멀라이징 또는 노멀라이징 템퍼링을 한 단강품

60 다음 중 호의 길이 치수를 나타내는 것은?

① ②

③ ④

길이와 각도의 치수 기입

현의 치수 기입	호의 치수 기입
40	$\overset{\frown}{42}$
반지름의 치수 기입	각도의 치수 기입
R8	105° 36′ 30°

합격의 공식 *시대에듀* www.sdedu.co.kr

PART **03**

실전
모의고사

제**1**회~제**10**회   실전 모의고사

01 다음은 수중 절단(Underwater Cutting)에 대한 설명으로 틀린 것은?

① 일반적으로 수중 절단은 수심 45m 정도까지 작업이 가능하다.

② 수중작업 시 절단산소의 압력은 공기 중에서의 1.5~2배로 한다.

③ 수중작업 시 예열가스의 양은 공기 중에서의 4~8배 정도로 한다.

④ 연료가스로는 수소, 아세틸렌, 프로판, 벤젠 등이 사용되나 그중 아세틸렌이 가장 많이 사용된다.

> **해설**
> 수중 절단용 가스의 특징
> • 연료가스로는 수소가스를 가장 많이 사용한다.
> • 일반적으로는 수심 45m 정도까지 작업이 가능하다.
> • 수중작업 시 예열가스의 양은 공기 중에서의 4~8배로 한다.
> • 수중작업 시 절단산소의 압력은 공기 중에서의 1.5~2배로 한다.

02 담금질 가능한 스테인리스강으로 용접 후 경도가 증가하는 것은?

① STS 316

② STS 304

③ STS 202

④ STS 410

> **해설**
> 스테인리스강 중에서 400번 계열의 마텐자이트계 스테인리스강은 열처리가 가능하다.

03 보통화재와 기름화재의 소화기로는 적합하나 전기화재의 소화기로는 부적합한 것은?

① 포말소화기　　　② 분말소화기

③ CO_2소화기　　　④ 물소화기

> **해설**
> 포소화기(포말소화기)의 소화재인 포는 액체로 되어 있어 전기화재에 사용할 경우 감전의 위험이 있기 때문에 사용이 불가능하다. 포소화기는 주로 A급, B급 화재에 사용된다.

04 이산화탄소 아크용접의 일반적인 용접작업(약 200A 미만)에서 팁과 모재 간 거리는 몇 mm 정도가 가장 적합한가?

① 0~5mm　　　② 10~15mm

③ 40~50mm　　　④ 30~40mm

> **해설**
> 이산화탄소 아크 용접에서 팁과 모재 간 거리
> • 저전류 영역(약 200A 미만) : 10~15mm
> • 고전류 영역(약 200A 이상) : 15~25mm

05 TIG용접의 전원 특성 및 사용법에 대한 설명이 틀린 것은?

① 역극성을 사용하면 전극의 소모가 많아진다.

② 알루미늄용접 시 교류를 사용하면 용접이 잘된다.

③ 정극성은 연강, 스테인리스강용접에 적합하다.

④ 정극성을 사용할 때 전극은 둥글게 가공하여 사용해야 아크가 안정된다.

> **해설**
> TIG(불활성가스 텅스텐 아크)용접에서 전극으로 사용되는 텅스텐봉은 직류 정극성 및 직류 역극성 중 어떤 전원을 사용하더라도 뾰족하게 가공되어야 아크가 집중되면서 용접이 잘된다.

06 다음 중 테르밋용접의 점화제가 아닌 것은?

① 과산화바륨　　　② 망간
③ 알루미늄　　　　④ 마그네슘

해설
테르밋 용접용 점화제의 종류
• 마그네슘
• 과산화바륨
• 알루미늄 분말

07 피복아크용접봉에서 피복배합제인 아교의 역할은?

① 고착제　　　　　② 합금제
③ 탈산제　　　　　④ 아크안정제

해설
아교는 동물의 가죽이나 힘줄, 창자, 뼈 등을 고아서 그 액체를 고형화한 물질로, 고착제나 가스발생제로 사용한다.

08 균열에 대한 감수성이 좋아 구속도가 큰 구조물의 용접이나 탄소가 많은 고탄소강 및 황의 함유량이 많은 쾌삭강 등의 용접에 사용되는 용접봉 계통은?

① 고산화타이타늄계
② 일미나이트계
③ 라임티타니아계
④ 저수소계

해설
저수소계 용접봉(E4316)은 균열에 대한 감수성이 좋아 구속도가 큰 구조물의 용접이나 탄소 및 황의 함유량이 많은 쾌삭강의 용접에 사용한다.

09 주철에서 탄소와 규소의 함유량에 의해 분류한 조직의 분포를 나타낸 것은?

① TTT 곡선
② Fe-C 상태도
③ 공정반응조직도
④ 마우러(Maurer)조직도

해설
마우러조직도 : 주철의 조직을 지배하는 주요 요소인 C와 Si의 함유량에 따른 주철 조직의 관계를 나타낸 그래프이다.

10 베어링에서 사용되는 대표적인 구리합금으로 70% Cu-30% Pb합금은?

① 켈밋(Kelmet)
② 톰백(Tombac)
③ 다우메탈(Dow Metal)
④ 배빗메탈(Babbit Metal)

해설
켈밋은 Cu 70%＋Pb 30~40%의 합금으로 열전도성과 압축강도가 크고 마찰계수가 작아서 고속 · 고하중용, 베어링용 재료로 사용되는 대표적인 구리합금이다.

11 공랭식 MIG용접 토치의 구성요소가 아닌 것은?

① 와이어　　　　　② 공기호스
③ 보호가스 호스　　④ 스위치 케이블

해설
MIG용접은 보호가스로 불활성가스를 사용하기 때문에 가스용 호스를 사용하며 공기호스는 사용하지 않는다.
공랭식 MIG용접 토치의 구성요소
• 노즐
• 토치보디
• 콘택트팁
• 전극와이어
• 작동 스위치
• 스위치 케이블
• 불활성 가스호스

12 반자동 CO₂ 가스아크 편면(One Side) 용접 시 뒷댐재료로 가장 많이 사용되는 것은?

① 세라믹 제품
② CO₂ 가스
③ 테프론테이프
④ 알루미늄 판재

해설
세라믹은 무기질의 비금속 재료를 고온에서 소결한 것으로 1,200℃의 열에도 잘 견디는 신소재이기 때문에 뒷댐재료로 사용해도 녹아내리지 않아 주로 CO₂ 가스아크용접의 뒷댐재료로 사용된다.

13 언더컷의 원인이 아닌 것은?

① 전류가 높을 때
② 전류가 낮을 때
③ 빠른 용접속도
④ 운봉각도의 부적합

해설
언더컷은 비드 가장자리에 홈이나 오목한 부위가 생기는 불량으로, 용접전류가 높을 때 발생한다.

14 서브머지드 아크용접에 사용되는 용접용 용제 중 용융형 용제에 대한 설명으로 옳은 것은?

① 화학적 균일성이 양호하다.
② 미용융 용제는 재사용이 불가능하다.
③ 흡습성이 있어 재건조가 필요하다.
④ 용융 시 분해되거나 산화되는 원소를 첨가할 수 있다.

해설
서브머지드 아크용접(SAW)에 사용되는 용제는 용융형 용제와 소결형 용제로 나뉘는데, 용융형 용제는 화학적 균일성이 양호하다.

15 논 가스아크용접(Non Gas Arc Welding)의 장점에 대한 설명으로 틀린 것은?

① 바람이 있는 옥외에서도 작업이 가능하다.
② 용접장치가 간단하며 운반이 편리하다.
③ 용착금속의 기계적 성질은 다른 용접법에 비해 우수하다.
④ 피복아크용접봉의 저수소계와 같이 수소의 발생이 적다.

해설
논 가스아크용접은 솔리드 와이어나 플럭스 와이어를 사용하여 보호가스 없이 공기 중에서 직접 용접하는 방법이다. 비피복아크용접이라고도 하며, 반자동용접으로서 가장 간편한 용접방법이다. 보호가스가 필요하지 않아 바람에도 비교적 안정해서 옥외에서도 용접이 가능하나 용착금속의 기계적 성질은 다른 용접에 비해 좋지 않다는 단점이 있다.

16 용접부의 결함검사법에서 초음파탐상법의 종류에 해당되지 않는 것은?

① 공진법   ② 투과법
③ 스테레오법   ④ 펄스반사법

해설
초음파탐상법의 종류
• 공진법 : 시험체에 가해진 초음파의 진동수와 시험체의 고유진동수가 일치할 때 진동의 진폭이 커지는 현상인 공진을 이용하여 시험체의 두께를 측정하는 방법이다.
• 투과법 : 초음파펄스를 시험체의 한쪽 면에서 송신하면 반대쪽 면에서 수신하는 방법이다.
• 펄스반사법 : 불연속부와 같은 경계면에서는 투과 및 굴절 또는 반사를 하는데 이러한 불연속부에서 반사하는 초음파를 분석하여 검사하는 방법이다.

17 아크용접기에 사용하는 변압기로 가장 적합한 것은?

① 누설변압기
② 단권변압기
③ 계기용 변압기
④ 전압조정용 변압기

18 10,000~30,000℃의 높은 열에너지를 가진 열원을 이용하여 금속을 절단하는 절단법은?

① TIG 절단법
② 탄소아크 절단법
③ 금속아크 절단법
④ 플라스마제트 절단법

해설
플라스마아크 절단(플라스마제트 절단) : 10,000~30,000℃의 높은 온도를 가진 플라스마를 한 방향으로 모아서 분출시키는 것을 플라스마 제트라고 하는데, 이 열원으로 절단하는 방법이다. 절단하려는 재료에 전기적 접촉을 하지 않으므로 금속재료와 비금속재료 모두 절단이 가능하다.

19 모재의 열변형이 거의 없으며, 이종금속의 용접이 가능하고 정밀한 용접을 할 수 있으며, 비접촉식 방식으로 모재에 손상을 주지 않는 용접은?

① 레이저용접
② 테르밋용접
③ 스터드용접
④ 플라스마 제트아크용접

해설
레이저빔용접(레이저용접) : 레이저란 유도방사에 의한 빛의 증폭을 뜻한다. 레이저빔은 레이저에서 얻어진 접속성이 강한 단색광선으로서 강렬한 에너지를 가지고 있는데 이때의 광선 출력을 이용하여 용접하는 방법이 레이저빔용접이다. 모재의 열변형이 거의 없으며, 이종금속의 용접이 가능하고 정밀한 용접을 할 수 있으며, 비접촉식방식으로 모재에 손상을 주지 않는다.

20 납땜에 관한 설명 중 맞는 것은?

① 경납땜은 주로 납과 주석의 합금용제를 많이 사용한다.
② 연납땜은 450℃ 이상에서 하는 작업이다.
③ 납땜은 금속 사이에 융점이 낮은 별개의 금속을 용융 첨가하여 접합한다.
④ 은납의 주성분은 은, 납, 탄소 등의 합금이다.

21 MIG용접 시 와이어 송급방식의 종류가 아닌 것은?

① 풀방식
② 푸시방식
③ 푸시풀방식
④ 푸시언더방식

해설
와이어 송급방식
• Push방식 : 미는 방식
• Pull방식 : 당기는 방식
• Push-pull방식 : 밀고 당기는 방식

22 아크에어 가우징법으로 절단할 때 사용되는 장치가 아닌 것은?

① 가우징 봉
② 컴프레서
③ 가우징 토치
④ 냉각장치

해설
아크 에어 가우징 : 탄소아크 절단법에 고압(5~7kgf/cm²)의 압축공기를 병용하는 방법이다. 용융된 금속에 탄소봉과 평행으로 분출하는 압축공기를 전극 홀더의 끝부분에 위치한 구멍을 통해 연속해서 불어내어 홈을 파내는 방법으로, 홈 가공이나 구멍 뚫기, 절단작업에 사용된다. 이것은 철이나 비철 금속에 모두 이용할 수 있으며, 가스 가우징보다 작업능률이 2~3배 높고 모재에도 해를 입히지 않는다.

23 교류아크용접기의 규격 AW-300에서 300이 의미하는 것은?

① 정격사용률
② 정격 2차 전류
③ 무부하전압
④ 정격부하전압

해설
AW-300에서 AW는 Arc Welding, 300은 정격 2차 전류를 의미한다.

24 아크용접에서 부하전류가 증가하면 단자전압이 저하하는 특성은?

① 상승특성
② 수하특성
③ 정전류특성
④ 정전압특성

25 아세틸렌은 각종 액체에 잘 용해된다. 1기압 아세톤 2L에는 몇 L의 아세틸렌이 용해되는가?

① 2L
② 10L
③ 25L
④ 50L

해설
1기압하에서 아세틸렌가스 1L는 아세톤에 약 25배로 용해되기 때문에 아세톤 2L에는 50L의 아세틸렌이 용해된다.
아세틸렌가스의 용해 정도
• 물 : 1배
• 석유 : 2배
• 벤젠 : 4배
• 알코올 : 6배
• 아세톤 : 25배

26 정련된 용강을 노 내에서 Fe-Mn, Fe-Si, Al 등으로 완전 탈산시킨 강은?

① 킬드강
② 캡트강
③ 림드강
④ 세미킬드강

해설
정련된 용강을 노 내에서 Fe-Mn이나 Fe-Si, Al 등으로 완전히 탈산시킨 강은 킬드강이다.

27 불활성가스 텅스텐아크용접의 장점으로 틀린 것은?

① 용제가 불필요하다.
② 용접 품질이 우수하다.
③ 전자세용접이 가능하다.
④ 후판용접에 능률적이다.

해설
불활성가스 텅스텐아크용접(TIG)은 박판용접에 더 능률적이다.

28 다음 중 화재 및 폭발의 방지조치가 아닌 것은?

① 가연성가스는 대기 중에 방출시킨다.
② 용접작업 부근에 점화원을 두지 않도록 한다.
③ 가스용접 시 가연성 가스가 누설되지 않도록 한다.
④ 배관 또는 기기에서 가연성 가스의 누출 여부를 철저히 점검한다.

> **해설**
> 가연성 가스를 대기 중에 방출시키면 작은 불씨로도 폭발이 가능하므로 위험하다.

29 본용접의 용착법 중 각 층마다 전체 길이를 용접하면서 쌓아올리는 방법으로 용접하는 것은?

① 전진블록법　　② 캐스케이드법
③ 빌드업법　　　④ 스킵법

> **해설**
> 용접에서 비드를 쌓을 때 각 층마다 전체 길이를 용접하면서 쌓아올리는 용착방법은 덧살올림법(빌드업법)이다.

30 교류아크용접기의 종류가 아닌 것은?

① 가동철심형　　② 가동코일형
③ 가포화리액터형　④ 정류기형

> **해설**
> 정류기형은 직류아크용접기에 속한다.

31 TIG용접 시 텅스텐 전극의 수명을 연장시키기 위하여 아크를 끊은 후 전극의 온도가 얼마일 때까지 불활성가스를 흐르게 하는가?

① 100℃　　　　② 300℃
③ 500℃　　　　④ 700℃

32 일렉트로 슬래그 아크용접에 대한 설명 중 맞지 않는 것은?

① 일렉트로 슬래그용접은 단층 수직 상진 용접을 하는 방법이다.
② 일렉트로 슬래그용접은 아크를 발생시키지 않고 와이어와 용융 슬래그 그리고 모재 내에 흐르는 전기저항열에 의하여 용접한다.
③ 일렉트로 슬래그용접의 홈 형상은 I형 그대로 사용한다.
④ 일렉트로 슬래그용접 전원으로는 정전류형의 직류가 적합하고, 용융금속의 용착량은 90% 정도이다.

> **해설**
> 일렉트로 슬래그 아크용접은 용접 전원으로 교류의 정전압 특성을 갖는 대전류를 사용한다.

33 용접봉에서 모재로 용융금속이 옮겨가는 용적 이행 상태가 아닌 것은?

① 글로뷸러형　　② 스프레이형
③ 단락형　　　　④ 핀치효과형

> **해설**
> 핀치효과형은 용융금속의 이행 형태에 속하지 않는다(단락이행형, 입상이행(글로뷸러)형, 스프레이형, 맥동이행형).

34 직류 정극성(DCSP)에 대한 설명으로 옳은 것은?

① 모재의 용입이 얕다.

② 비드폭이 넓다.

③ 용접봉의 녹음이 느리다.

④ 용접봉에 (+)극을 연결한다.

해설
직류 정극성은 모재에서 70%의 열이 발생하고, 용접봉에서는 30%의 열만 발생되므로 용접봉은 느리게 녹는다.

35 용접 자동화 방법에서 정성적 자동제어의 종류가 아닌 것은?

① 피드백제어

② 유접점 시퀀스제어

③ 무접점 시퀀스제어

④ PLC제어

해설
자동제어 : 제어장치에 의하여 구동부가 자동으로 실행하는 장치

36 아크타임을 설명한 것 중 옳은 것은?

① 단위기간 내의 작업 여유시간이다.

② 단위시간 내의 용도 여유시간이다.

③ 단위시간 내의 아크 발생시간을 백분율로 나타낸 것이다.

④ 단위시간 내의 시공한 용접 길이를 백분율로 나타낸 것이다.

37 납땜을 연납땜과 경납땜으로 구분할 때의 온도는?

① 350℃ ② 450℃

③ 550℃ ④ 650℃

해설
연납땜과 경납땜을 구분 짓는 온도는 450℃이다.

38 용접 균열에서 저온 균열은 일반적으로 몇 ℃ 이하에서 발생하는 균열인가?

① 200~300℃ 이하 ② 301~400℃ 이하

③ 401~500℃ 이하 ④ 501~600℃ 이하

해설
저온 균열(Cold Cracking)은 상온까지 냉각한 다음 시간이 지남에 따라 균열이 발생하는 불량으로 일반적으로는 200℃ 이하의 온도에서 발생하나 200~300℃에서 발생하기도 한다. 주로 철강 재료의 용접부나 HAZ(열영향부)에서 발생한다.

39 가스용접에서 프로판가스의 성질 중 틀린 것은?

① 증발잠열이 작고, 연소할 때 필요한 산소의 양은 1 : 1 정도이다.

② 폭발한계가 좁아 다른 가스에 비해 안전도가 높고 관리가 쉽다.

③ 액화가 용이하여 용기에 충전이 쉽고 수송이 편리하다.

④ 상온에서 기체 상태이고 무색, 투명하며 약간의 냄새가 난다.

해설
연소에 필요한 산소 : 프로판의 비율은 4.5 : 10이다.
프로판가스
상온에서 기체이며 무색, 투명하며 약간의 냄새가 난다. 쉽게 기화하므로 온도 변화에 따른 팽창률이 크고 발열량도 크다. 또한, 액화하기 쉬워서 용기에 넣어 수송하여 이동이 편리하지만 폭발한계가 좁아서 안전도가 떨어진다.

40 MIG용접의 전류밀도는 TIG용접의 약 몇 배 정도인가?

① 2배 ② 4배

③ 6배 ④ 8배

해설
MIG용접은 TIG용접에 비해 전류밀도가 2배 정도로 높아서 용융속도가 빠르며 후판용접에 적합하다.
MIG용접의 특징
• 분무 이행이 원활하다.
• 열영향부가 매우 작다.
• 용착효율은 약 98%이다.

41 18% Cr-8% Ni계 스테인리스강의 조직은?

① 페라이트계
② 마텐자이트계
③ 오스테나이트계
④ 시멘타이트계

해설
오스테나이트계 18-8형 스테인리스강은 일반 강에 Cr-18%와 Ni-8%가 합금된 재료이다.

42 로크웰 경도시험에서 C스케일의 다이아몬드의 압입자 꼭지각 각도는?

① 100° ② 115°

③ 120° ④ 150°

해설
로크웰 경도시험에서 C스케일은 120°의 다이아몬드 압입자를 사용한다.

43 1,000~1,100℃에서 수중 냉각함으로써 오스테나이트 조직으로 되고, 인성 및 내마멸성 등이 우수하여 광석 파쇄기, 기차 레일, 굴삭기 등의 재료로 사용되는 것은?

① 고Mn강
② Ni-Cr강
③ Cr-Mo강
④ Mo계 고속도강

해설
Mn주강 : Mn을 약 1% 합금한 저망간주강은 제지용 롤러에 취약하고, 약 12% 합금한 고망간주강(해드필드강)은 오스테나이트 입계의 탄화물 석출로 취약하나 약 1,000℃에서 담금질하면 균일한 오스테나이트 조직이 되면서 조직이 강인해지므로 광산이나 토목용 기계부품에 사용 가능하다.

44 가단주철의 일반적인 특징이 아닌 것은?

① 담금질 경화성이 있다.
② 주조성이 우수하다.
③ 내식성, 내충격성이 우수하다.
④ 경도는 Si의 양이 적을수록 높다.

해설
탄소강에 Si(규소, 실리콘)의 함유량이 높을수록 경도가 높아진다.
가단주철 : 백주철을 고온에서 장시간 열처리하여 시멘타이트 조직을 분해하거나 소실시켜 조직의 인성과 연성을 개선한 주철로, 가단성이 부족했던 주철을 강인한 조직으로 만들기 때문에 단조작업이 가능하다. 주조성과 내충격성, 내식성이 우수하며 담금질 경화성이 있으나 제작공정이 복잡해서 시간과 비용이 상대적으로 많이 든다.

45 압력이 일정한 Fe-C 평형상태도에서 공정점의 자유도는?

① 0 ② 1

③ 2 ④ 3

해설
공정점에서의 자유도는 0이다.

46 탄소강의 표준조직이 아닌 것은?

① 페라이트   ② 펄라이트

③ 시멘타이트   ④ 마텐자이트

해설

탄소강의 표준조직
- 페라이트
- 펄라이트
- 시멘타이트
- 오스테나이트

47 7 : 3 황동에 1% 내외의 Sn을 첨가하여 열교환기, 증발기 등에 사용되는 합금은?

① 코슨황동

② 네이벌 황동

③ 애드미럴티 황동

④ 에버듀어 메탈

해설

애드미럴티 황동은 Cu와 Zn의 비율이 7 : 3인 황동에 Sn 1%를 합금한 것으로 콘덴서 튜브나 열교환기, 증발기용 재료로 사용된다.

48 탄소 함유량이 0.3~0.5%이고, 탄소량이 증가함에 따라서 용접부에서 저온 균열이 발생될 위험성이 커지기 때문에 150~250℃로 예열이 필요한 탄소강은?

① 저탄소강   ② 중탄소강

③ 고탄소강   ④ 대탄소강

해설

탄소 함유량에 따른 분류
- 저탄소강 : 0.02~0.25%의 탄소 함유량
- 중탄소강 : 0.25~0.5%의 탄소 함유량
- 고탄소강 : 0.5~1.7%의 탄소 함유량

49 시중에 판매되는 구리 제품의 종류가 아닌 것은?

① 전기동   ② 산화동

③ 정련동   ④ 무산소동

해설

Cu(구리)가 대기 중에서 산화되면 상품성을 잃게 되므로 산화동은 시중에 판매되지 않는다.

50 연질 자성재료에 해당하는 것은?

① 페라이트 자석

② 알니코 자석

③ 네오디뮴 자석

④ 퍼멀로이

해설

퍼멀로이: 니켈과 철의 합금으로 자기장의 세기가 큰 연질 자성재료이다. 열처리를 하면 높은 자기투과도를 나타내기 때문에 전기통신 재료나 코일용 재료로 사용된다.

46 ④ 47 ③ 48 ② 49 ② 50 ④ 　정답

51 다음 중 일반구조용 압연강재의 KS 재료기호는?

① SS490　　② SSW41

③ SBC1　　④ SM400A

해설
① SS : 일반구조용 압연강재
② SSW : 스테인리스 창
③ SBC : 체인용 환강
④ SM400A : 용접구조용 압연강재, 기계구조용 탄소강재도 SM을
　 사용한다.

52 다음 중 치수 보조기호를 적용할 수 없는 것은?

① 구의 지름 치수
② 단면이 정사각형인 면
③ 단면이 정삼각형인 면
④ 판재의 두께 치수

해설
단면이 정삼각형인 면을 나타내는 치수 보조기호는 없다.

53 회전도시 단면도에 대한 설명으로 틀린 것은?

① 절단할 곳의 전후를 끊어서 그 사이에 그린다.
② 절단선의 연장선 위에 그린다.
③ 도형 내의 절단한 곳에 겹쳐서 도시할 경우 굵은
　 실선을 사용하여 그린다.
④ 절단면은 90° 회전하여 표시한다.

해설
회전도시 단면도에서 도형 내 절단한 곳에 겹쳐서 도시할 때는
가는 실선을 사용한다.

54 배관도에서 유체의 종류와 문자기호를 나타내는
것 중 틀린 것은?

① 공기 : A
② 연료가스 : G
③ 증기 : W
④ 연료유 또는 냉동기유 : O

해설
증기(수증기)를 나타내는 기호는 S이다.

55 다음 중 일반적으로 긴 쪽 방향으로 절단하여 도시
할 수 있는 것은?

① 리브　　② 기어의 이
③ 바퀴의 암　　④ 하우징

해설
하우징(본체)은 절단하여 도시해야 내부의 형상을 알 수 있으므로
긴 쪽 방향으로 절단하여 도면에 표시하지만, 리브는 길이 방향으
로 절단하여 도시하지 않는다.

56 다음 중 단독 형체로 적용되는 기하공차로만 짝지어진 것은?

① 평면도, 진원도
② 진직도, 직각도
③ 평행도, 경사도
④ 위치도, 대칭도

해설
단독 형체를 갖는 기하공차는 모양공차에 해당되는 평면도와 진원도이다.

57 미터나사의 호칭지름은 수나사의 바깥지름을 기준으로 정하는데, 이에 결합되는 암나사의 호칭지름은?

① 암나사의 골지름
② 암나사의 안지름
③ 암나사의 유효지름
④ 암나사의 바깥지름

해설
암나사의 호칭지름은 암나사에 끼우는 수나사의 바깥지름으로 하며, 수나사의 바깥지름은 암나사의 골지름과 같다.

58 도면의 마이크로필름 촬영, 복사할 때 등의 편의를 위해 만든 것은?

① 중심마크
② 비교눈금
③ 도면구역
④ 재단마크

해설
중심마크는 도면의 영구 보존을 위해 마이크로필름으로 촬영하거나 복사하고자 할 때 도면의 폭과 높이의 중간 부분에 굵은 실선으로 표시한다.

59 용접부의 보조기호에서 제거 가능한 이면 판재를 사용하는 경우의 표시기호는?

① ☐M☐ ② ☐P☐
③ ☐MR☐ ④ ☐PR☐

해설
MR은 Material Remove의 약자로 제거 가능한 이면 판재를 나타낸다.

60 나사의 감김 방향의 지시방법 중 틀린 것은?

① 오른나사는 일반적으로 감김 방향을 지시하지 않는다.
② 왼나사는 나사의 호칭방법에 약호 'LH'를 추가하여 표시한다.
③ 동일한 부품에 오른나사와 왼나사가 있을 때는 왼나사에만 약호 'LH'를 추가한다.
④ 오른나사는 필요하면 나사의 호칭방법에 약호 'RH'를 추가하여 표시할 수 있다.

해설
나사의 감김 방향은 왼나사(LH)와 오른나사(RH)인 경우 각각 모두 표시한다.

01 서브머지드 아크용접용 재료 중 와이어의 표면에 구리를 도금한 이유가 아닌 것은?

① 콘택트 팁과의 전기적 접촉을 좋게 한다.
② 와이어에 녹이 발생하는 것을 방지한다.
③ 전류의 통전효과를 높게 한다.
④ 용착금속의 강도를 높게 한다.

해설
서브머지드 아크용접(SAW)용 재료인 와이어에 구리를 도금하는 것만으로 강도가 높아지지 않는다.

02 심용접의 종류가 아닌 것은?

① 맞대기 심용접
② 슬롯 심용접
③ 매시 심용접
④ 포일 심용접

해설
심용접(Seam Welding)
원판상의 롤러 전극 사이에 용접할 2장의 판을 두고, 전기와 압력을 가하며 전극을 회전시키면서 연속적으로 점용접을 반복하는 용접법이다.
• 맞대기 심용접
• 포일 심용접
• 매시 심용접

03 모재의 열변형이 거의 없으며, 이종 금속의 용접이 가능하고 정밀한 용접을 할 수 있으며, 비접촉식 방식으로 모재에 손상을 주지 않는 용접은?

① 레이저용접
② 테르밋용접
③ 스터드용접
④ 플라스마 제트아크용접

해설
레이저빔용접(레이저용접) : 레이저란 유도 방사에 의한 빛의 증폭을 뜻한다. 레이저빔은 레이저에서 얻어진 접속성이 강한 단색 광선으로서 강렬한 에너지를 가지고 있으며, 이때의 광선 출력을 이용하여 용접하는 방법이 레이저빔용접이다. 모재의 열변형이 거의 없으며, 이종 금속의 용접이 가능하고 정밀한 용접을 할 수 있으며, 비접촉식 방식으로 모재에 손상을 주지 않는다는 특징을 갖는다.

04 교류아크용접기 종류 중 AW-500의 정격부하전압은 몇 V인가?

① 28V　　② 32V
③ 36V　　④ 40V

해설
교류아크용접기의 규격

종류	정격 2차 전류(A)	정격 사용률(%)	정격 부하전압(V)	사용 용접봉 지름(mm)
AW 200	200	40	30	2.0~4.0
AW 300	300	40	35	2.6~6.0
AW 400	400	40	40	3.2~8.0
AW 500	500	60	40	4.0~8.0

05 피복아크용접에 있어 위빙 운봉 폭은 용접봉 심선 지름의 얼마로 하는 것이 가장 적절한가?

① 1배 이하   ② 약 2~3배

③ 약 4~5배   ④ 약 6~7배

해설
피복아크용접의 위빙 운봉 폭은 용접봉 심선 지름의 2~3배로 하는 것이 적당하다.

06 다음 중 가스 불꽃의 온도가 가장 높은 것은?

① 산소-메탄 불꽃

② 산소-프로판 불꽃

③ 산소-수소 불꽃

④ 산소-아세틸렌 불꽃

해설
산소-아세틸렌 불꽃의 온도는 약 3,430℃로 다른 불꽃들에 비해 가장 높다.

07 다음 중 고속 분출을 얻는 데 적합하고, 보통의 팁에 비하여 산소의 소비량이 같을 때 절단속도를 20~25% 증가시킬 수 있는 절단 팁은?

① 직선형 팁   ② 산소-LP형 팁

③ 보통형 팁   ④ 다이버전트형 팁

해설
다이버전트형 팁은 고속 분출을 얻을 수 있어서 보통의 팁에 비해 절단속도를 20~25% 증가시킬 수 있다.

[다이버전트형 팁]

08 철도 레일 이음용접에 적합한 용접법은?

① 테르밋용접

② 서브머지드용접

③ 스터드용접

④ 그래비티 및 오토콘용접

해설
테르밋용접은 금속산화물과 알루미늄이 반응하여 열과 슬래그를 발생시키는 테르밋반응을 이용하는 것으로 먼저 알루미늄 분말과 산화철을 1 : 3의 비율로 혼합하여 테르밋제를 만든 후 냄비의 역할을 하는 도가니에 넣어 약 1,000℃로 점화하면 약 2,800℃의 열이 발생되면서 용접용 강이 만들어지는데 이 강을 용접부에 주입하면서 용접하는 방법이다. 차축이나 철도 레일의 접합, 선박의 프레임 등 비교적 큰 단면을 가진 물체의 맞대기용접과 보수용접에 주로 사용한다.

09 TIG용접에 대한 설명 중 틀린 것은?

① 박판용접에 적합한 용접법이다.

② 교류나 직류가 사용된다.

③ 비소모식 불활성 가스아크용접법이다.

④ 전극봉은 연강봉이다.

해설
TIG용접은 Tungsten(텅스텐) 재질의 전극봉과 Inert Gas(불활성 가스)인 Ar(아르곤)을 사용해서 용접하는 특수용접법이다.

10 레이저 빔 용접에 사용되는 레이저의 종류가 아닌 것은?

① 고체 레이저
② 액체 레이저
③ 기체 레이저
④ 도체 레이저

해설
레이저 빔 용접에 도체 레이저는 사용하지 않는다.

11 가스 가우징이나 치핑과 비교한 아크에어 가우징의 장점이 아닌 것은?

① 작업능률이 2~3배 높다.
② 장비 조작이 용이하다.
③ 소음이 심하다.
④ 활용범위가 넓다.

해설
아크에어 가우징은 탄소아크절단법에 고압($5\sim7kgf/cm^2$)의 압축공기를 병용하는 방법이다. 용융된 금속에 탄소봉과 평행으로 분출하는 압축공기를 전극 홀더의 끝부분에 위치한 구멍을 통해 연속해서 불어내어 홈을 파내는 방법으로 홈 가공이나 구멍 뚫기, 절단작업에 사용된다. 이것은 장비 조작이 쉽고 철이나 비철금속에 모두 이용할 수 있으며, 소음이 크지 않고 가스 가우징보다 작업능률이 2~3배 높고 모재에도 해를 입히지 않는다.

12 변형과 잔류응력을 최소로 해야 할 경우에 사용되는 용착법으로 가장 적합한 것은?

① 후진법
② 전진법
③ 스킵법
④ 덧살올림법

해설
용접법의 종류

분류		특징
용착 방향에 의한 용착법	전진법	한쪽 끝에서 다른 쪽 끝으로 용접을 진행하는 방법으로 용접 길이가 길면 끝부분 쪽에 수축과 잔류응력이 생긴다.
	후퇴법	용접을 단계적으로 후퇴하면서 전체 길이를 용접하는 방법으로써, 수축과 잔류응력을 줄이는 용접기법이다.
	대칭법	변형과 수축응력의 경감법으로 용접의 전 길이에 걸쳐 중심에서 좌우 또는 용접물 형상에 따라 좌우 대칭으로 용접하는 기법이다.
	스킵법 (비석법)	용접부 전체의 길이를 5개 부분으로 나누어 놓고 1-4-2-5-3순으로 용접하는 방법으로 용접부에 잔류응력을 작게 해야 할 경우에 사용한다.
다층 비드 용착법	덧살올림법 (빌드업법)	각 층마다 전체의 길이를 용접하면서 쌓아 올리는 방법으로 가장 일반적인 방법이다.
	전진블록법	한 개의 용접봉으로 살을 붙일만한 길이로 구분해서 홈을 한층 완료 후 다른 층을 용접하는 방법이다.
	캐스케이드법	한 부분의 몇 층을 용접하다가 다음 부분의 층으로 연속시켜 전체가 단계를 이루도록 용착시켜 나가는 방법이다.

13 가동철심형 용접기에 대한 설명으로 틀린 것은?

① 교류아크용접기의 종류에 해당한다.

② 미세한 전류 조정이 가능하다.

③ 용접작업 중 가동철심의 진동으로 소음이 발생할 수 있다.

④ 코일의 감긴 수에 따라 전류를 조정한다.

해설

교류아크용접기의 종류별 특징

종류	특징
가동 철심형	• 현재 가장 많이 사용된다. • 미세한 전류 조정이 가능하다. • 광범위한 전류의 조정이 어렵다. • 가동철심으로 누설자속을 가감하여 전류를 조정한다.
가동 코일형	• 아크 안정성이 크고 소음이 없다. • 가격이 비싸며 현재는 거의 사용되지 않는다. • 용접기의 핸들로 1차 코일을 상하로 이동시켜 2차 코일의 간격을 변화시켜 전류를 조정한다.
탭 전환형	• 주로 소형이 많다. • 탭 전환부의 소손이 심하다. • 코일의 감긴 수에 따라 전류를 조정한다. • 미세전류 조정 시 무부하전압이 높아서 전력의 위험이 크다.
가포화 리액터형	• 조작이 간단하고 원격제어가 된다. • 가변저항의 변화로 전류의 조정이 가능하다. • 전기적 전류 조정으로 소음이 없고, 기계의 수명이 길다.

14 프로판(C_3H_8)의 성질에 대한 설명으로 틀린 것은?

① 상온에서는 기체 상태이다.

② 쉽게 기화하며 발열량이 높다.

③ 액화하기 쉽고 용기에 넣어 수송이 편리하다.

④ 온도 변화에 따른 팽창률이 작다.

해설

프로판가스는 온도 변화에 따른 부피 팽창률이 크다.

15 선박, 보일러 등 두꺼운 판의 용접 시 용융 슬래그와 와이어의 저항열을 이용하여 연속적으로 상진하면서 용접하는 방법은?

① 테르밋용접

② 일렉트로 슬래그용접

③ 넌실드 아크용접

④ 서브머지드 아크용접

해설

일렉트로 슬래그용접은 용융된 슬래그와 용융 금속이 용접부에서 흘러나오지 못하도록 수랭 동판으로 둘러싸고 이 용융 풀에 용접봉을 연속적으로 공급하는데, 이때 발생하는 용융 슬래그의 저항열에 의하여 용접봉과 모재를 연속적으로 용융시키면서 용접하는 방법이다.

16 다음 중 용접전류가 낮아서 생기는 결함이 아닌 것은?

① 오버랩

② 용입 불량

③ 융합 불량

④ 언더컷

해설

언더컷 불량은 모재의 표면이 움푹하게 파이는 현상으로, 용접전류가 높을 때 발생한다. 이를 방지하려면 용접전류를 낮추거나 용접속도를 늦춰야 한다.

17 서브머지드 아크용접의 V형 맞대기용접 시 루트면 쪽에 받침쇠가 없는 경우에는 루트 간격을 몇 mm 이하로 하여야 하는가?

① 0.8mm 이하

② 1.2mm 이하

③ 1.8mm 이하

④ 2.0mm 이하

해설

서브머지드 아크용접(SAW)에서 루트면 쪽에 받침쇠가 없는 경우에는 루트 간격을 0.8mm 이하로 한다.

18 산소-아세틸렌 불꽃의 종류가 아닌 것은?

① 중성 불꽃   ② 탄화 불꽃

③ 질화 불꽃   ④ 산화 불꽃

해설
산소-아세틸렌가스 불꽃의 종류
• 아세틸렌 불꽃(산소 약간 혼입)
• 탄화 불꽃(아세틸렌 과잉)
• 중성 불꽃(표준 불꽃) – 산화 불꽃(산소 과잉)

19 용접봉의 보관 및 취급상의 주의사항으로 틀린 것은?

① 용접 작업자는 용접전류, 용접 자세 및 건조 등 용접봉 사용조건에 대해 제조자의 지시에 따라야 한다.

② 보통 용접봉은 70~100℃에서 30~60분 정도 건조시켜야 한다.

③ 저수소계 용접봉은 300~350℃에서 1~2시간 정도 건조시켜야 한다.

④ 용접봉은 진동이 없고 하중이 받는 상태에서 지면보다 낮은 곳에 보관한다.

해설
용접봉은 진동이 없고 하중을 받지 않는 상태에서 습기를 피하기 위해 지면보다 높은 곳에 보관해야 한다.
• 일반 용접봉 : 약 100℃로 30분~1시간
• 저수소계 용접봉 : 약 300~350℃에서 1~2시간

20 주철 균열의 보수용접 중 가늘고 긴 용접을 할 때 용접선에 직각이 되게 꺾쇠 모양으로 직경 6mm 정도의 강봉을 박고 용접하는 방법은?

① 스터드법   ② 비녀장법

③ 버터링법   ④ 로킹법

해설
주철의 보수용접 작업의 종류
• 비녀장법 : 균열부 수리나 가늘고 긴 부분을 용접할 때 용접선에 직각이 되도록 지름이 6~10mm 정도인 ㄷ자형의 강봉을 박고 용접하는 방법
• 버터링법 : 처음에는 모재와 융합이 잘되는 용접봉으로 적정 두께까지 용착시킨 후 다른 용접봉으로 용접하는 방법
• 로킹법 : 스터드 볼트 대신에 용접부 바닥에 홈을 파고 이 부분을 걸쳐서 힘을 받도록 하는 방법

21 알루미늄을 TIG용접할 때 가장 적합한 전류는?

① AC   ② ACHF

③ DCRP   ④ DCSP

해설
TIG(Tungsten Inert Gas Arc Welding) 용접으로 알루미늄용접 시에는 고주파 교류(ACHF ; Across Current High Frequency)를 사용한다.

22 피복아크용접에서 용접전류에 의해 아크 주위에 발생하는 자장이 용접봉에 대해서 비대칭일 때 일어나는 현상은?

① 자기흐름   ② 언더 컷

③ 자기불림   ④ 오버 랩

해설
자기불림은 아크쏠림과 동일한 의미로 사용된다.
자기불림 방지책
• 후퇴법으로 용접할 것
• 짧은 아크를 사용할 것
• 접지를 양쪽에 연결할 것
• 교류용접기를 사용할 것
• 접지점을 용접부에서 가능한 한 멀리 할 것
• 용접봉을 Arc Blow와 반대 방향으로 기울일 것
• 받침쇠, 간판 용접부, 시점과 종점에 엔드 탭을 사용할 것

23 아크 플라스마는 고전류가 되면 방전전류에 의하여 자장과 전류의 작용으로 아크의 단면이 수축되고 그 결과 아크 단면이 수축하여 가늘게 되고 전류밀도가 증가한다. 이와 같은 성질을 무엇이라고 하는가?

① 열적 핀치효과   ② 자기적 핀치효과
③ 플라스마 핀치효과   ④ 동적 핀치효과

해설
핀치효과 : 플라스마 기둥이 전자기력을 받아 가늘게 죄어지는 효과로, 그 발생현상에 따라서 크게 열적 핀치효과와 자기적 핀치효과로 나뉜다.
• 열적 핀치효과 : 아크 플라스마의 외부를 가스로 강제 냉각을 하면 아크 플라스마는 열손실이 증가하여 전류를 일정하게 하며 아크전압은 상승한다. 아크 플라스마는 열손실이 최소한이 되도록 단면이 수축되고 전류밀도가 증가하여 상당히 높은 온도의 아크 플라스마가 얻어진다.
• 자기적 핀치효과 : 아크 플라스마는 고전류가 되면 방전전류에 의하여 생기는 자장과 전류의 작용으로 아크의 단면이 수축되고 그 결과 아크 단면이 수축하여 가늘게 되고 전류밀도가 증가하여 큰 에너지를 발생한다.

24 강재를 가스 절단할 때 예열온도로 가장 적합한 것은?

① 300~450℃   ② 450~700℃
③ 800~900℃   ④ 1,000~1,300℃

해설
강재의 가스 절단 시 팁 끝과 모재와의 거리는 백심에서 1.5~2.0mm 정도 떨어지게 하며, 예열된 절단부의 온도가 800~900℃가 되었을 때 고압 산소를 이용하여 절단을 시작한다.

25 아크 발생 초기에 용접봉과 모재가 냉각되어 있어 입열이 부족하면 아크가 불안정하기 때문에 아크 초기에만 용접전류를 특별히 크게 해 주는 장치는?

① 전격방지장치
② 원격제어장치
③ 핫 스타트 장치
④ 고주파 발생장치

해설
핫 스타트 장치의 장점
• 아크 발생을 쉽게 한다.
• 기공을 방지한다.
• 비드의 이음을 좋게 한다.
• 아크 발생 초기의 비드 용입을 좋게 한다.

① 전격방지장치 : 전격이란 강한 전류를 갑자기 몸에 느꼈을 때의 충격으로, 용접기에는 작업자의 전격을 방지하기 위해서 반드시 전격방지기를 용접기에 부착해야 한다. 전격방지기는 작업을 쉬는 동안에 2차 무부하전압이 항상 25V 정도 유지되도록 하면 전격을 방지할 수 있다.
② 원격제어장치 : 원거리에서 용접전류 및 용접전압 등의 조정이 필요할 때 설치하는 원거리조정장치이다.
④ 고주파 발생장치 : 교류아크용접기의 아크 안정성을 확보하기 위하여 상용 주파수의 아크전류 외에 고전압(2,000~3,000V)의 고주파 전류를 중첩시키는 방식이며 라디오나 TV 등에 방해를 주는 단점도 있으나 장점이 더 많다.

26 CO_2 가스 아크용접 결함에 있어서 다공성이란?

① 질소, 수소, 일산화탄소 등에 의한 가공이다.

② 와이어 선단부에 용적이 붙어 있는 것이다.

③ 스패터가 발생하여 비드의 외관에 붙어 있는 것이다.

④ 노즐과 모재 간 거리가 지나치게 작아서 와이어 송급 불량을 의미한다.

해설

다공성 : 금속 중에 기공(Blow Hole)이나 피트(Pit)가 발생하기 쉬운 성질로 질소, 수소, 일산화탄소에 의해 발생된다. 이 불량을 방지하기 위해서는 용융강 중에 산화철(FeO)을 적당히 감소시켜야 한다.

27 용착법 중 한 부분의 몇 층을 용접하다가 이것을 다른 부분의 층으로 연속시켜 전체가 계단 형태의 단계를 이루도록 용착시켜 나가는 방법은?

① 전진법   ② 스킵법

③ 캐스케이드법   ④ 덧살올림법

해설

캐스케이드법은 한 부분의 몇 층을 용접하다가 이것을 다음 부분의 층으로 연속시켜 전체가 단계를 이루도록 용착시켜 나가는 방법이다.

구분	종류		
	전진법		**후퇴법**
용접 방향에 의한 용착법	1 2 3 4 5 →		5 4 3 2 1 →
	대칭법		**스킵법(비석법)**
	4 2 1 3 →		1 4 2 5 3 →
	빌드업법(덧살올림법)		**캐스케이드법**
다층 비드 용착법	4 / 3 / 2 / 1		4 / 3 / 2 / 1
	전진블록법		
	4 8 12 / 3 7 11 / 2 6 10 / 1 5 9		

28 아크전류가 일정할 때 아크전압이 높아지면 용접봉의 용융속도가 늦어지고, 아크전압이 낮아지면 용융속도가 빨라지는 특성은?

① 절연 회복 특성

② 정전압 특성

③ 정전류 특성

④ 아크 길이 자기제어 특성

해설

아크의 자기제어

어떤 원인에 의해 아크 길이가 짧아져도 이것을 다시 길게 하여 원래의 길이로 돌아오는 작용이다. 동일 전류에서 아크전압이 높으면 용융속도가 떨어지고, 와이어의 송급속도가 격감하여 용접물이 오목하게 파인다.

29 용접봉 피복제에 산화타이타늄이 약 35% 정도 포함된 용접봉으로서, 일반 경구조물의 용접에 많이 사용되는 용접봉은?

① 저수소계

② 일루미나이트계

③ 고산화타이타늄계

④ 철분산화철계

해설

고산화타이타늄계(E4313)의 특징

• 아크가 안정하다.

• 외관이 아름답다.

• 균열이 생기기 쉽다.

• 박판용접에 적합하다.

• 용입이 얕고, 스패터가 적다.

• 용착금속의 연성이나 인성이 다소 부족하다.

• 피복제에 약 35% 정도의 산화타이타늄을 함유한다.

30 안전·보건표지의 색채, 색도기준 및 용도에서 특정행위의 지시 및 사실의 고지에 사용되는 색채는?

① 빨간색 ② 노란색
③ 녹색 ④ 파란색

해설
산업안전보건법에 따른 안전·보건표지의 색채 및 용도

색상	용도	사례
빨간색	금지	정지신호, 소화설비 및 그 장소, 유해행위 금지
	경고	화학물질 취급 장소에서 유해·위험 경고
노란색	경고	화학물질 취급 장소에서 유해·위험 경고, 위험경고, 주의 표시 또는 기계방호물
파란색	지시	특정행위의 지시 및 사실의 고지
녹색	안내	비상구 및 피난소, 사람 또는 차량의 통행 표지
흰색	보조	파란색이나 녹색에 대한 보조
검은색	보조	문자 및 빨간색, 노란색에 대한 보조색

31 다음 그림은 가스 절단의 종류 중 어떤 작업을 나타낸 것인가?

① 산소창 절단
② 포갬 절단
③ 가스 가우징
④ 분말 절단

해설
가스 가우징은 용접결함이나 가접부 등의 제거를 위하여 사용하는 방법으로, 가스 절단과 비슷한 토치를 사용해서 용접 부분의 뒷면을 따내거나 U형, H형의 용접 홈을 가공하기 위하여 깊은 홈을 파내는 가공법이다.

32 가스 절단에서 양호한 절단면을 얻기 위한 조건이 아닌 것은?

① 드래그(Drag)가 가능한 한 클 것
② 드래그(Drag)의 홈이 낮고 노치가 없을 것
③ 슬래그 이탈이 양호할 것
④ 절단면 표면의 각이 예리할 것

해설
가스 절단작업 시 양호한 절단면을 얻기 위해서는 드래그의 양을 적게 해야 한다.

33 각각의 단독 용접공정(Each Welding Process)보다 훨씬 우수한 기능과 특성을 얻을 수 있도록 두 종류 이상의 용접공정을 복합적으로 활용하여 서로의 장점은 살리고 단점을 보완하여 시너지 효과를 얻기 위한 용접법은?

① 하이브리드용접
② 마찰교반용접
③ 천이액상확산용접
④ 저온용 무연 솔더링용접

해설
하이브리드 자동차의 경우 엔진과 전기배터리를 동시에 사용한다. 이처럼 하이브리드용접 역시 두 개의 서로 다른 용접방법 중 좋은 방법을 선택해서 사용하는 방법이다.

34 TIG용접에 사용되는 전극봉의 재료로 가장 적합한 금속은?

① 알루미늄   ② 텅스텐
③ 스테인리스   ④ 강철

해설
TIG용접은 용융점이 3,410℃로 제일 높은 W(텅스텐)으로 만들어진 전극봉을 사용하는데, 여러 종류의 텅스텐봉 중에서 1~2%의 토륨을 함유한 토륨 텅스텐봉을 가장 많이 이용한다.

텅스텐봉의 종류	색상
순 텅스텐봉	녹색
1% 토륨봉	노란색
2% 토륨봉	적색
지르코니아봉	갈색

35 변형방지용 지그의 종류 중 다음 그림과 같이 사용된 지그는?

① 바이스 지그
② 스트롱 백
③ 탄성 역변형 지그
④ 판넬용 탄성 역변형 지그

해설
스트롱 백은 용접 시 사용되는 지그의 일종으로 가접을 피하기 위해서 피용접물을 구속시키기 위한 변형 방지용 도구이다.

바이스 지그	
스트롱 백 지그	
역변형 지그	

36 산소용기의 각인사항에 포함되지 않는 것은?

① 내용적   ② 내압시험압력
③ 가스 충전 일시   ④ 용기의 번호

해설
산소용기에 각인하는 사항
• 용기 제조자의 명칭
• 충전가스의 명칭
• 용기 제조번호(용기번호)
• 용기의 중량(kg)
• 용기의 내용적(L)
• 내압시험압력 연월일
• 최고충전압력(kg/cm^2)
• 이음매 없는 용기일 경우 '이음매 없음' 표기

37 표준 불꽃(산소와 아세틸렌 1:1 혼합)의 구성요소가 아닌 것은?

① 불꽃심   ② 겉불꽃
③ 속불꽃   ④ 환원 불꽃

해설
불꽃은 불꽃심, 속불꽃, 겉불꽃으로 나뉜다.

38 산소-아세틸렌가스 용접할 때 가스용접봉 지름을 결정하려고 하는데, 일반적으로 모재의 두께가 1mm 이상일 때 가스용접봉의 지름을 결정하는 식은?(단, D는 가스용접봉의 지름(mm), T는 판 두께(mm)를 의미한다)

① $D = \dfrac{T}{5} + 4$　　② $D = \dfrac{T}{4} + 3$

③ $D = \dfrac{T}{3} + 2$　　④ $D = \dfrac{T}{2} + 1$

해설
가스용접봉의 지름
$$D = \frac{\text{판 두께}(T)}{2} + 1$$

39 용접작업 전 준비를 위한 점검사항과 가장 거리가 먼 것은?

① 보호구의 착용 여부
② 용접봉의 건조 여부
③ 용접설비의 점검
④ 용접결함의 파악

해설
용접결함은 용접작업이 완료된 후에 슬래그 제거 후 용접 부위를 살피면서 점검해야 할 사항이다.

40 마찰용접의 장점이 아닌 것은?

① 용접 작업시간이 짧아 작업능률이 높다.
② 이종 금속의 접합이 가능하다.
③ 피용접물과 형상 치수, 길이, 무게의 제한이 없다.
④ 작업자의 숙련이 필요하지 않다.

해설
압접에 속하는 마찰용접은 피용접물 간의 용접부를 서로 마찰시켜 용융된 금속에 압력을 가해 접합하는 방법으로, 마찰 부위의 면적과 형상, 무게 등을 고려해서 작업환경을 만들어야 하므로 마찰용접은 피용접물과 형상 치수, 길이, 무게 등의 제한이 있다.

41 X선이나 γ선을 재료에 투과시켜 투과된 빛의 강도에 따라 사진필름에 감광시켜 결함을 검사하는 비파괴시험법은?

① 자분탐상검사
② 침투탐상검사
③ 초음파탐상검사
④ 방사선투과검사

해설
방사선투과시험은 용접부 뒷면에 필름을 놓고 용접물 표면에서 X선이나 γ선을 방사하여 용접부를 통과시키면, 금속 내부에 구멍이 있을 경우 그만큼 투과되는 두께가 얇아져서 필름에 방사선의 투과량이 그만큼 많아지게 되므로 다른 곳보다 검게 됨을 확인함으로써 불량을 검출하는 시험법이다. 기공, 균열, 용착 불량, 슬래그 섞임 등의 투과량이 모두 다르므로 검게 되는 정도를 확인함으로써 결함의 종류와 장소를 찾을 수 있다.

42 스테인리스강에 관한 설명으로 옳은 것은?

① 18-8형 스테인리스강은 니켈 18%, 크롬 8%를 기준으로 한 것이다.

② 스테인리스강은 13형 니켈 스테인리스강과 18-8형 니켈-크롬강으로 대별한다.

③ 13형 크롬 스테인리스강을 페라이트계 스테인리스강이라고도 한다.

④ 스테인리스강의 종류에는 페라이트계, 펄라이트계, 오스테나이트계, 소르바이트계가 있다

해설

① 18-8형 스테인리스강은 Cr 18%, Ni 8%를 기준으로 한 것으로 오스테나이트계 스테인리스강이다.

② 스테인리스강은 Cr계 스테인리스강과 Cr + Ni계 스테인리스강으로 나뉜다.

④ 스테인리스강의 종류에는 페라이트계, 마텐자이트계, 오스테나이트계, 석출경화계가 있다.

스테인리스강의 분류

구분	종류	합금성분	자성
Cr계	페라이트계 스테인리스강	Fe+Cr 12% 이상	자성체
	마텐자이트계 스테인리스강	Fe+Cr 13%	자성체
Cr+Ni계	오스테나이트계 스테인리스강	Fe+Cr 18%+Ni 8%	비자성체
	석출경화계 스테인리스강	Fe+Cr+Ni	비자성체

43 림드강의 특징으로 옳지 않은 것은?

① 강괴 내부에 기포와 편석이 생긴다.

② 강의 재질이 균일하지 못하다.

③ 중앙부에 응고가 지연되며 먼저 응고한 바깥부터 주상정이 테두리에 생긴다.

④ 탈산제로 완전탈산시킨 강이다.

해설

강괴의 종류

• 킬드강 : 평로, 전기로에서 제조된 용강을 Fe-Mn, Fe-Si, Al 등으로 완전히 탈산시킨 강

• 세미킬드강 : Al으로 림드강과 킬드강의 중간 정도로 탈산시킨 강

• 림드강 : 평로, 전로에서 제조된 것을 Fe-Mn으로 가볍게 탈산시킨 강

• 캡트강 : 림드강을 주형에 주입한 후 탈산제를 넣거나 주형에 뚜껑을 덮고 리밍작용을 억제하여 내부를 조용하게 응고시키는 것에 의해 강괴의 표면 부근을 림드강처럼 깨끗한 것으로 만듦과 동시에 내부를 세미킬드강처럼 편석이 적은 상태로 만든 강

44 담금질강의 경도를 증가시키고 시효변형을 방지하기 위한 목적으로 하는 심랭처리(Subzero Treatment)는 몇 ℃의 온도에서 처리하는가?

① 0℃ 이하 ② 300℃ 이하

③ 600℃ 이하 ④ 800℃ 이하

해설

심랭처리는 담금질강의 조직을 전부 오스테나이트로 바꾸기 위한 조작으로서 0℃ 이하로 급랭시킨다.

45 탄소강에서의 잔류응력 제거방법으로 가장 적절한 것은?

① 재료를 앞뒤로 반복하여 굽힌다.
② 재료의 취약 부분에 드릴로 구멍을 낸다.
③ 재료를 일정 온도에서 일정 시간 유지 후 서랭시킨다.
④ 일정한 온도로 금속을 가열한 후 기름에 급랭시킨다.

해설
탄소강에서는 잔류응력을 제거하기 위해 담금질 후에는 반드시 뜨임처리를 해야 한다. 뜨임은 재료를 일정 온도에서 일정 시간 유지 후 서랭하는 열처리조작이다.

46 주철과 비교한 주강에 대한 설명으로 틀린 것은?

① 주철에 비하여 강도가 더 필요할 경우에 사용한다.
② 주철에 비하여 용접에 의한 보수가 용이하다.
③ 주철에 비하여 주조 시 수축량이 커서 균열 등이 발생하기 쉽다.
④ 주철에 비하여 용융점이 낮다.

해설
주강은 주철에 비해 C(탄소) 함유량이 적어 용융점이 더 높다. 주철의 평균 탄소 함유량은 4.5% 정도이나 주강은 0.1~0.5%로 함유량이 더 적다.

47 일반적으로 냉간가공 경화된 탄소강 재료를 600~650℃에서 중간 풀림하는 방법은?

① 확산 풀림   ② 연화 풀림
③ 항온 풀림   ④ 완전 풀림

해설
냉간가공으로 경화된 탄소강 재료를 600~650℃에서 중간 풀림하면 재료가 연화되는데, 이러한 열처리를 연화 풀림이라고 한다.

48 침탄법의 종류에 속하지 않는 것은?

① 고체침탄법   ② 증기침탄법
③ 가스침탄법   ④ 액체침탄법

해설
• 침탄법의 종류
 – 액체침탄법 : 침탄제인 NaCN, KCN에 염화물과 탄화염을 40~50% 첨가하고 600~900℃에서 용해하여 C와 N이 동시에 소재의 표면에 침투하게 하여 표면을 경화시키는 방법으로써 침탄과 질화가 동시에 된다는 특징이 있다.
 – 고체침탄법 : 침탄제인 목탄이나 코크스 분말과 소금 등의 침탄촉진제를 재료와 함께 침탄상자에서 약 900℃의 온도에서 약 3~4시간 가열하여 표면에서 0.5~2mm의 침탄층을 얻는 표면경화법이다.
 – 가스침탄법 : 메탄가스나 프로판가스를 이용하여 표면을 침탄하는 표면경화법이다.
• 침탄제의 종류 : NaCN(사이안화나트륨), KCN(사이안화칼륨)

49 재해와 숙련도 관계에서 사고가 가장 많이 발생하는 근로자는?

① 경험이 1년 미만인 근로자
② 경험이 3년인 근로자
③ 경험이 5년인 근로자
④ 경험이 10년인 근로자

해설
기능을 숙련한 기간이 길수록 재해에 대처하는 능력과 제품을 제조하는 능력이 향상된다. 따라서 경험이 1년 미만인 근로자는 재해와 숙련도 관계에서 사고가 가장 많이 발생할 수 있다.

50 기계제도 치수기입법에서 참고 치수를 의미하는 것은?

① 50

② <u>50</u>

③ (50)

④ ≪50≫

치수 표시기호

기호	구분	기호	구분
∅	지름	p	피치
S∅	구의 지름	⌒50	호의 길이
R	반지름	<u>50</u>	비례척도가 아닌 치수
SR	구의 반지름	50 (박스)	이론적으로 정확한 치수
□	정사각형	(50)	참고 치수
C	45° 모따기	~~50~~	치수의 취소 (수정 시 사용)
t	두께	–	–

51 일면 개선형 맞대기용접의 기호로 맞는 것은?

명칭	기본기호
V형 홈 맞대기용접	V
베벨형 맞대기용접 (일면 개선형 맞대기용접)	V (한쪽)
양면 플랜지형 맞대기용접	ЈL ГТ
스폿용접	○

52 얇은 두께 부분의 단면도(개스킷, 형강, 박판 등 얇은 것의 단면) 표시로 사용되는 선은?

① 실제 치수와 관계없이 매우 굵은 1점 쇄선

② 실제 치수와 관계없이 매우 굵은 2점 쇄선

③ 실제 치수와 관계없이 매우 가는 실선

④ 실제 치수와 관계없이 매우 굵은 실선

개스킷이나 형강, 박판 등은 선의 굵기보다도 더 작기 때문에 아주 굵은 실선으로 표시한다.

53 다음 도면에서 드릴 구멍의 위치에 관한 설명으로 맞는 것은?

① 90° 간격으로 배열되어 있다.

② 120° 간격으로 배열되어 있다.

③ 150° 간격으로 배열되어 있다.

④ 임의의 위치에 적당하게 배열되어 있다.

'등간격', '3–∅5 드릴'이란 구멍지름이 5mm인 구멍이 360°의 원형 배열 안에 등간격으로 3개가 있음을 나타낸 것이다. 따라서 구멍 중심 간 간격은 서로 120°로 떨어져 있음을 알 수 있다.

54 플러그용접에서 용접부의 수는 4개, 간격은 70mm, 구멍의 지름은 8mm일 경우 그 용접기호 표시로 올바른 것은?

① 4 ⊏ 8 - 70

② 8 ⊏ 4 - 70

③ 4 ⊏ 8(70)

④ 8 ⊏ 4(70)

8	⊏	4	(70)
구멍 지름	플러그 용접(슬롯 용접)	용접부 개수	간격

55 다음 그림과 같은 배관도시기호가 있는 관에 흐르는 유체는?

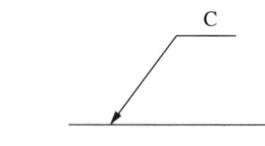

① 온수 ② 냉수

③ 냉온수 ④ 증기

관에 흐르는 유체의 종류

종류	기호	종류	기호	종류	기호
공기	A	수증기	S	기름	O
가스	G	물	W	냉수	C

56 제3각법으로 투상한 그림과 같은 정면도와 평면도의 좌측면도로 적합한 것은?

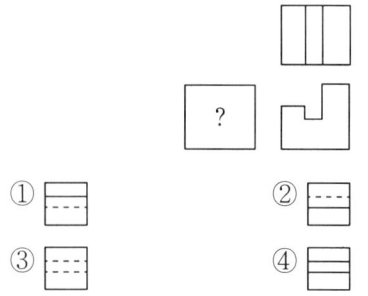

① ▭┄ ② ▭┄

③ ▭┄ ④ ▭

우측면도에서 가운데에 빈 공간이 보이므로 중간 부분에 점선이 있는 ①번이 정답이다.

평면도

정면도   우측면도

[제3각법으로 물체 표현하기]

57 핸들, 바퀴의 암과 림, 리브, 훅, 축 등은 주로 단면의 모양을 90° 회전시켜 단면 전후를 끊어서 그 사이에 그리는 단면도는?

① 부분 단면도

② 온단면도

③ 한쪽 단면도

④ 회전도시 단면도

58 구멍에 끼워 맞추기 위한 구멍, 볼트, 리벳의 기호 표시에서 현장에서 드릴가공 및 끼워맞춤을 하고, 양쪽 면에 카운터 싱크가 있는 기호는?

①

②

③

④

59 다음 그림과 같은 배관도시기호가 나타내는 것은?

① 앵글밸브
② 체크밸브
③ 게이트밸브
④ 안전밸브

해설

배관의 기호는 앵글밸브이다.
배관용 밸브의 표시기호

종류	그림기호	종류	그림기호
일반밸브	⋈	앵글밸브	◺
게이트밸브	⋈	3방향 밸브	⋈
글로브밸브	⋈	안전밸브	⋈
체크밸브	◁◀▷		
볼밸브	⋈		
버터플라이 밸브	◁●▷	콕밸브	◇

60 기계제도에서 폭이 50mm, 두께가 7mm, 길이가 1,000mm인 등변 ㄱ형강의 표시를 바르게 나타낸 것은?

① L7 × 50 × 50 − 1,000
② L × 7 × 50 × 50 − 1,000
③ L50 × 50 × 7 − 1,000
④ L − 50 × 50 × 7 − 1,000

해설

형강의 치수 표시

L	A	×	B	×	t	−	K
형강 모양	세로 폭		가로 폭		두께		길이

01 구조물의 본용접 작업에 대한 설명으로 틀린 것은?

① 위빙 폭은 심선 지름의 2~3배 정도가 적당하다.
② 용접 시단부의 기공 발생 방지 대책으로 핫 스타트(Hot Start) 장치를 설치한다.
③ 용접작업 종단에 수축공을 방지하기 위하여 아크를 빨리 끊어 크레이터를 남게 한다.
④ 구조물의 끝부분이나 모서리, 구석 부분과 같이 응력이 집중되는 곳에서 용접봉을 갈아 끼우는 것을 피하여야 한다.

해설
구조물에 크레이터를 남기면 움푹 파인 부분에 응력이 집중되어 크랙(Crack) 및 기타 불량을 발생시킬 수 있기 때문에, 용접작업 종단에는 움푹 파인 곳을 메우는 작업인 크레이터 처리를 반드시 해야 한다.

02 맞대기 용접이음에서 모재의 인장강도는 450MPa이며, 용접 시험편의 인장강도가 470MPa일 때 이음효율은 약 몇 %인가?

① 104
② 96
③ 60
④ 69

해설
$$이음효율(\eta) = \frac{시험편\ 인장강도}{모재인장강도} \times 100\% = \frac{470MPa}{450MPa} \times 100\%$$
$$= 104\%$$

03 CO_2 가스 아크용접 시 작업장의 CO_2 가스가 몇 % 이상이면 인체에 위험한 상태인가?

① 1%
② 4%
③ 10%
④ 15%

해설
CO_2(이산화탄소) 가스가 인체에 미치는 영향

CO_2 농도	증상
1%	호흡속도 다소 증가
2%	호흡속도 증가, 지속 시 피로를 느낌
3~4%	호흡속도 평소의 약 4배 증대, 두통, 뇌빈혈, 혈압 상승
6%	피부혈관의 확장, 구토
7~8%	호흡곤란, 정신장애, 수분 내 의식불명
10% 이상	시력장애, 2~3분 내 의식을 잃으며 방치 시 사망
15% 이상	위험 상태
30% 이상	극히 위험, 사망

04 서브머지드 아크용접의 용융형 용제에서 입도에 대한 설명으로 틀린 것은?

① 용제의 입도는 발생가스의 방출 상태에는 영향을 미치지만, 용제의 용융성과 비드 형상에는 영향을 미치지 않는다.
② 가는 입자일수록 용제에 높은 전류를 사용해야 한다.
③ 거친 입자의 용제에 높은 전류를 사용하면 비드가 거칠어 기공, 언더컷 등이 발생한다.
④ 가는 입자의 용제를 사용하면 비드 폭이 넓어지고 용입이 얕아진다.

해설
용융형 용제(Flux)는 광물성 원료를 전기로에서 1,300℃ 이상 가열하여 용해시킨 후 응고시켜 분쇄한 뒤 적당한 입도로서 만든 것으로, 20메시 정도의 미세한 가루이다. 용제의 입도는 용융성과 비드 형상에 영향을 미치는 중요한 요인 중 하나이다.

05 서브머지드 아크용접의 용제 중 흡습성이 높아 일 반적으로 사용 전에 150~300℃에서 1시간 정도 재건조해서 사용하는 것은?

① 용제형　　　　② 혼성형
③ 용융형　　　　④ 소결형

서브머지드 아크 용접용 용제(Flux)

용제의 종류	제조과정
용융형 용제 (Fused Flux)	• 원광석을 아크 전기로에서 1,300℃ 이상 에서 용융하여 응고시킨 후 분쇄하여 알맞 은 입도로 만든 것이다. • 입도가 작을수록 용입이 얕고, 너비가 넓 은 깨끗한 비드가 된다.
소결형 용제 (Sintered Flux)	• 원료와 합금 분말을 규산화나트륨과 같은 점결제와 함께 낮은 온도에서 소정의 입도 로 소결하여 제조한 것이다. • 흡습성이 높아서 사용 전 150~300℃에 서 1시간 정도 재건조해서 사용해야 한다.

06 CO_2 가스 아크용접에서 용제가 들어 있는 와이어 CO_2법의 종류에 속하지 않은 것은?

① 솔리드 아크법　　② 유니언 아크법
③ 퓨즈 아크법　　　④ 아코스 아크법

CO_2 아크용접의 종류
• NCG법
• 퓨즈 아크법
• 유니언 아크법
• 아코스(Arcos) 아크법

07 가스 절단에 따른 변형을 최소화할 수 있는 방법이 아닌 것은?

① 적당한 지그를 사용하여 절단재의 이동을 구속 한다.
② 절단에 의하여 변형되기 쉬운 부분을 최후까지 남겨 놓고 냉각하면서 절단한다.
③ 여러 개의 토치를 이용하여 평행 절단한다.
④ 가스 절단 직후 절단물 전체를 650℃로 가열한 후 즉시 수랭한다.

재료를 가열한 후 수랭하면 재료는 급격히 식는다. 뜨거워진 재료 를 급랭하면 내부에 잔류응력이 많이 발생하며 변형될 수 있기 때문에 서랭해야 한다.

08 플라스마 아크용접장치에서 아크 플라스마의 냉각 가스로 쓰이는 것은?

① 아르곤과 수소의 혼합가스
② 아르곤과 산소의 혼합가스
③ 아르곤과 메탄의 혼합가스
④ 아르곤과 프로판의 혼합가스

플라스마 아크용접에서 아크 플라스마의 냉각가스로 Ar(아르곤) 과 H_2(수소)의 혼합가스가 사용된다.

09 아크 용접작업에 의한 직접 재해에 해당되지 않은 것은?

① 감전　　　　② 화상
③ 전광성 안염　　④ 전도

전도란 엎어져서 넘어지거나 넘어뜨림을 당하는 사고로 아크 용접 작업 시 직접 재해에 속하지 않는다. 그리고 전광성 안염이란 아크 빛에 의한 발생하는 것으로 용접 눈병이라고도 한다.

10 응력 제거방법 중 노 내 풀림법에 대한 설명으로 틀린 것은?

① 일반 구조용 압연강재의 노 내 및 국부 풀림의 유지 온도는 725±50℃이며, 유지시간은 판 두께의 25mm에 대하여 5시간 정도이다.

② 잔류응력의 제거는 어떤 한계 내에서 유지온도가 높을수록 또는 유지시간이 길수록 효과가 크다.

③ 보통 연강에 대해서 제품을 노 내에서 출입시키는 온도는 300℃를 넘어서는 안 된다.

④ 응력 제거 열처리법 중에서 가장 잘 이용되고 효과가 큰 것은 제품 전체를 가열로 안에 넣고 적당한 온도에서 얼마 동안 유지한 후 노 내에서 서랭하는 것이다.

해설
용접 후 재료 내부의 잔류응력 제거법
• 노 내 풀림법 : 가열 시 노 내에서 유지온도는 625℃ 정도이며, 판 두께는 25mm일 경우 1시간 동안 유지한다. 유지온도가 높거나 유지시간이 길수록 풀림효과가 크다.
• 국부 풀림법 : 노 내 풀림이 곤란한 경우에 사용하며 용접선 양측을 각각 250mm나 판 두께 12배 이상의 범위를 가열한 후 서랭한다. 유도가열장치를 사용하며 온도가 불균일하게 실시하면 잔류응력이 발생할 수 있다.
• 기계적 응력 완화법 : 용접부에 하중을 주어 소성변형을 시켜 응력을 제거하는 방법이다.
• 저온 응력 완화법 : 용접선 좌우 양측을 일정하게 이동하는 가스 불꽃으로 150mm의 폭을 약 150~200℃로 가열한 후 수랭하는 방법이다. 용접선 방향의 인장응력을 완화시키기 위해서 사용한다.
• 피닝법 : 끝이 둥근 특수 해머를 사용하여 용접부를 연속적으로 타격하며 용접 표면에 소성변형을 주어 인장응력을 완화시킨다.

11 불활성가스 텅스텐 아크용접에서 고주파 전류를 사용할 때의 이점이 아닌 것은?

① 전극을 모재에 접촉시키지 않아도 아크 발생이 용이하다.

② 전극을 모재에 접촉시키지 않으므로 아크가 불안정하여 아크가 끊어지기 쉽다.

③ 전극을 모재에 접촉시키지 않으므로 전극의 수명이 길다.

④ 일정한 지름의 전극에 대하여 광범위한 전류의 사용이 가능하다.

해설
TIG용접은 전극인 텅스텐봉이 모재에 닿지 않고 용접하는 것으로, 고주파전류를 사용하면 아크가 안정된다.

12 다음 중 착화온도가 가장 낮은 가연물은?

① 수소(H_2) ② 일산화탄소(CO)
③ 아세틸렌(C_2H_2) ④ 휘발유(Gasoline)

해설
착화온도(Ignition Temperature)란 불이 붙거나 타는 온도를 나타낸다.

가스	착화온도(발화온도)
수소	570℃
일산화탄소	610℃
아세틸렌	305℃
휘발유	290℃

13 일반적으로 MIG용접의 전류밀도는 아크용접의 몇 배 정도인가?

① 2~4배 ② 4~6배
③ 6~8배 ④ 9~11배

해설
MIG(불활성가스 금속 아크)용접은 전류밀도가 매우 높아 아크용접의 4~6배, TIG용접의 2배 정도이다.

14 MIG용접에서 와이어 송급방식이 아닌 것은?

① 푸시방식   ② 풀방식

③ 푸시-풀방식   ④ 포터블방식

해설

와이어 송급방식
- 푸시(Push)방식 : 미는 방식
- 풀(Pull)방식 : 당기는 방식
- 푸시-풀(Push-pull)방식 : 밀고 당기는 방식

15 다음 용착법 중 비석법을 나타낸 것은?

①   5   4   3   2   1
     →   →   →   →   →

②   2   3   4   1   5
     →   →   →   →   →

③   1   4   2   5   3
     →   →   →   →   →

④   3   4   5   1   2
     →   →   →   →   →

해설

비석법이라고도 하는 스킵법은 용접부 전체의 길이를 5개 부분으로 나누어 1-4-2-5-3 순으로 용접하는 방법이다. 용접부에 잔류응력을 적게 해야 할 경우에 사용하는 용착법이다.
용착법의 종류

구분	종류			
용접 방향에 의한 용착법	전진법		후퇴법	
	1 2 3 4 5		5 4 3 2 1	
	대칭법		스킵법(비석법)	
	4 2 1 3		1 4 2 5 3	
다층 비드 용착법	빌드업법(덧살올림법)		캐스케이드법	
	4 / 3 / 2 / 1		4 / 3 / 2 / 1	
	전진블록법			
	4 8 12 / 3 7 11 / 2 6 10 / 1 5 9			

16 용접부의 방사선 검사에서 γ선원으로 사용되지 않은 원소는?

① 이리듐 192   ② 코발트 60

③ 세슘 134   ④ 몰리브덴 30

해설

몰리브덴 30은 X선관이다. γ선 투과시험에 사용하는 γ선원에는 이리듐 192, 코발트 60, 세슘 137, TM(툴륨) 170이 있다.

17 연납땜에 가장 많이 사용되는 용가재는?

① 주석 납   ② 인동 납

③ 양은 납   ④ 황동 납

해설

납땜용 용제의 종류

경납용 용제(Flux)	연납용 용제(Flux)
- 붕사 - 붕산 - 불화나트륨 - 불화칼륨 - 은납 - 황동 납 - 인동 납 - 망간 납 - 양은 납 - 알루미늄 납	- 송진 - 인산 - 염산 - 염화아연 - 염화암모늄 - 주석-납 - 카드뮴-아연 납 - 저융점 땜납

18 모재의 홈 가공을 U형으로 했을 경우 엔드 탭(End-tap)은 어떤 조건으로 하는 것이 가장 좋은가?

① I형 홈 가공으로 한다.

② X형 홈 가공으로 한다.

③ U형 홈 가공으로 한다.

④ 홈 가공이 필요 없다.

해설

엔드 탭은 모재의 홈 가공 모양과 동일한 것으로 해야 한다.

19 겹치기 저항용접에 있어서 접합부에 나타나는 용융 응고된 금속 부분은?

① 마크(Mark)　　② 스폿(Spot)

③ 포인트(Point)　④ 너깃(Nugget)

20 충전가스 용기 중 암모니아가스 용기의 도색은?

① 회색　　　② 청색

③ 녹색　　　④ 백색

해설
일반 가스 용기의 도색 색상

가스 명칭	도색	가스 명칭	도색
산소	녹색	암모니아	백색
수소	주황색	아세틸렌	황색
탄산가스	청색	프로판(LPG)	회색
아르곤	회색	염소	갈색

21 이음 형상에 따라 저항용접을 분류할 때 맞대기용접에 속하는 것은?

① 업셋용접　　② 스폿용접

③ 심용접　　　④ 프로젝션용접

해설
저항용접의 종류

겹치기 저항용접	맞대기 저항용접
• 점용접 • 심용접 • 프로젝션용접	• 버트용접 • 퍼커션용접 • 업셋용접 • 플래시 버트 용접 • 포일심용접

22 용접기의 보수 및 점검사항에 대한 설명으로 틀린 것은?

① 습기나 먼지가 많은 장소는 용접기 설치를 피한다.

② 용접기 케이스와 2차측 단자의 두 쪽 모두 접지를 피한다.

③ 가동 부분 및 냉각팬을 점검하고 주유를 한다.

④ 용접케이블의 파손된 부분은 절연테이프로 감아 준다.

해설
2차측 단자는 용접기와 용접홀더를 연결한 것으로 용접기는 접지와 연결되어 있으므로 용접기 케이스와 2차측이 모두 접지되어 있는 상태가 된다.

23 산소병의 내용적이 40.7L인 용기에 압력이 $100kg/cm^2$로 충전되어 있다면 프랑스식 팁 100번을 사용하여 표준불꽃으로 약 몇 시간까지 용접이 가능한가?

① 16시간　　② 22시간

③ 31시간　　④ 41시간

해설
가변압식인 프랑스식 팁 100번은 시간당 소비량이 100L이다.

$$용접 가능 시간 = \frac{산소용기의 총가스량}{시간당 소비량} = \frac{내용적 \times 압력}{시간당 소비량}$$

$$= \frac{40.7 \times 100}{100} = 40.7시간$$

24 용접봉에서 모재로 용융금속이 옮겨가는 용적 이행 상태가 아닌 것은?

① 단락형
② 스프레이형
③ 탭 전환형
④ 글로뷸러형

해설

용적 이행방식의 종류

단락 이행 (Short Circuiting Transfer)		• 박판용접에 적합하다. • 입열량이 적고 용입이 얕다. • 저전류의 CO_2 및 MIG용접에서 솔리드 와이어를 사용할 때 발생한다.
입상 이행 (글로뷸러, Globular Transfer)		• 글로뷸(Globule)은 용융방울인 용적을 의미한다. • 깊고 양호한 용입을 얻을 수 있어서 능률적이지만 스패터가 많이 발생한다. • 초당 90회 정도의 와이어보다 큰 용적으로 용융되어 모재로 이행된다.
스프레이 이행		• 용적이 작은 입자로 되어 스패터 발생이 적고 비드의 외관이 좋다. • 가장 많이 사용되는 것으로 아크류 중에서 용가재가 고속으로 용융되어 미립자의 용적으로 분사되어 모재에 옮겨가면서 용착되는 용적 이행이다. • 고전압, 고전류에서 발생하며, 아르곤가스나 헬륨가스를 사용하는 경합금 용접에서 주로 나타나며 용착속도가 빠르고 능률적이다.
맥동 이행 (펄스아크)		연속적으로 스프레이 이행을 사용할 때 높은 입열로 인해 용접부의 물성이 변화되었거나 박판용접 시 용락으로 인해 용접이 불가능하게 되었을 때 낮은 전류에서도 스프레이 이행이 이루어지게 하여 박판용접을 가능하게 한다.

25 전류 조정이 용이하고 전류 조정을 전기적으로 하기 때문에 이동 부분이 없으며 가변저항을 사용함으로써 용접전류의 원격 조정이 가능한 용접기는?

① 탭 전환형
② 가동 코일형
③ 가동 철심형
④ 가포화 리액터형

해설

교류 아크 용접기의 종류별 특징
• 가동 철심형
 – 현재 가장 많이 사용한다.
 – 미세한 전류 조정이 가능하다.
 – 광범위한 전류 조정이 어렵다.
 – 가동 철심으로 누설 자속을 가감하여 전류를 조정한다.
• 가동 코일형
 – 가격이 비싸며 현재 거의 사용하지 않는다.
 – 아크 안정도가 높고 소음이 없다.
 – 1차, 2차 코일 중의 하나를 이동하여 누설 자속을 변화하여 전류를 조정한다.
• 탭 전환형
 – 주로 소형이 많다.
 – 탭 전환부의 소손이 심하다.
 – 넓은 범위는 전류 조정이 어렵다.
 – 코일의 감긴 수에 따라 전류를 조정한다.
 – 적은 전류를 조정할 때 무부하전압이 높아서 전격의 위험이 크다.
• 가포화 리액터형
 – 조작이 간단하고 원격제어가 된다.
 – 가변저항의 변화로 용접전류를 조정한다.
 – 전기적 전류 조정으로 소음이 없고 기계 수명이 길다.

26 가스 절단에서 전후, 좌우 및 직선 전달을 자유롭게 할 수 있는 팁은?

① 이심형
② 동심형
③ 곡선형
④ 회전형

해설

절단 팁의 종류
• 동심형 팁(프랑스식) : 동심원의 중앙 구멍으로 고압산소를 분출하고 외곽 구멍으로는 예열용 혼합가스를 분출한다. 가스 절단에서 전후, 좌우 및 직선 전달을 자유롭게 할 수 있다.
• 이심형 팁(독일식) : 고압가스 분출구와 예열가스 분출구가 분리되며, 예열용 분출구가 있는 방향으로만 절단 가능하다. 작은 곡선, 후진 등 절단은 어렵지만 직선 절단의 능률이 높고, 절단면이 깨끗하다.

27 가스 용접작업에서 보통작업을 할 때 압력조정기의 산소 압력은 몇 kg/cm² 이하이어야 하는가?

① 6~7
② 3~4
③ 1~2
④ 0.1~0.3

해설

가스 용접작업 시 압력조정기의 산소압력은 보통 3~4kg/cm² 이하이다.

28 가스 절단작업 시 표준 드래그 길이는 일반적으로 모재 두께의 몇 % 정도인가?

① 5
② 10
③ 20
④ 30

해설

표준 드래그 길이(mm) = 판 두께(mm) × $\frac{1}{5}$ = 판 두께의 20%

29 산소용기의 표시로 용기 윗부분에 각인이 찍혀 있다. 잘못 표시된 것은?

① 용기 제작사 명칭 또는 기호
② 충전가스 명칭
③ 용기 중량
④ 최저 충전 압력

해설

산소용기의 각인사항
• 용기 제조자의 명칭
• 충전가스의 명칭
• 용기 제조번호(용기번호)
• 용기의 중량(kg)
• 용기의 내용적(L)
• 내압시험압력(TP ; Test Pressure), 연월일
• 최고충전압력(kg/cm²)
• 이음매 없는 용기일 경우 '이음매 없는 용기' 표기

30 피복아크용접기의 아크 발생 시간과 휴식시간 전체가 10분이고, 아크 발생시간이 3분일 때 이 용접기의 사용률(%)은?

① 10%
② 20%
③ 30%
④ 40%

해설

용접기의 사용률은 용접기를 사용하여 아크용접을 할 때 용접기의 2차측에서 아크를 발생하는 시간을 나타내는 것으로, 사용률이 40%이면 아크를 발생하는 시간은 용접기가 가동된 전체 시간의 40%이고 나머지 60%는 용접작업 준비, 슬래그 제거 등으로 용접기가 쉬는 시간의 비율을 나타낸 것이다. 이는 용접기의 온도 상승을 방지하여 용접기를 보호하기 위해서 구하는 것이다.

$$사용률(\%) = \frac{아크\ 발생시간}{아크\ 발생시간 + 정지시간} \times 100\%$$
$$= \frac{3}{3+7} \times 100\% = 30\%$$

31 아크열이 아닌 와이어와 용융 슬래그 사이에 통전된 전류의 저항열을 이용하여 용접하는 방법은?

① 전자 빔 용접
② 테르밋용접
③ 서브머지드 아크용접
④ 일렉트로 슬래그용접

해설

일렉트로 슬래그용접
용융된 슬래그와 용융금속이 용접부에서 흘러나오지 않도록 수랭동판으로 둘러싸고 용융된 슬래그 풀에 연속적으로 용접봉을 공급하며, 주로 용융 슬래그의 저항열에 의하여 용접봉과 모재를 연속적으로 용융시키는 방법

32 용접 중 전류를 측정할 때 훅미터(클램프미터)의 측정 위치로 적합한 것은?

① 1차측 접지선
② 피복아크 용접봉
③ 1차측 케이블
④ 2차측 케이블

해설

훅미터는 용접전류를 2차 케이블(용접기와 용접홀더가 연결된 케이블)의 아무 부위에나 걸어서 측정하는 측정기기이다.

33 용접에서 직류 역극성의 설명 중 틀린 것은?

① 모재의 용입이 깊다.

② 봉의 녹음이 빠르다.

③ 비드 폭이 넓다.

④ 박판, 합금강, 비철금속의 용접에 사용한다.

해설

직류 역극성(DCRP ; Direct Current Reverse Polarity)
• 모재(-) 30% 열, 용접봉(+) 70% 열
• 용입이 얕음
• 용접봉의 용융이 빠름
• 박판용접 가능
• 비드 폭이 넓음
• 주철, 고탄소강, 비철금속 용접 시

34 가스용접에서 전진법과 후진법을 비교하여 설명한 것으로 맞는 것은?

① 용착금속의 냉각속도는 후진법이 서랭된다.

② 용접 변형은 후진법이 크다.

③ 산화의 정도가 심한 것은 후진법이다.

④ 용접속도는 후진법보다 전진법이 더 빠르다.

해설

가스용접에서 전진법과 후진법의 차이점

구분	전진법	후진법
토치 진행 방향	오른쪽 → 왼쪽	왼쪽 → 오른쪽
열 이용률	나쁘다.	좋다.
비드의 모양	보기 좋다.	매끈하지 못하다.
홈의 각도	크다(약 80°).	작다(약 60°).
용접속도	느리다.	빠르다.
용접 변형	크다.	작다.
용접 가능 두께	두께 5mm 이하의 박판	후판
가열시간	길다.	짧다.
기계적 성질	나쁘다.	좋다.
산화 정도	심하다.	양호하다.

35 자기불림(Magnetic Blow)이 발생하는 용접은?

① 가스용접

② 교류아크용접

③ 일렉트로 슬래그용접

④ 직류아크용접

해설

• 자기불림 : 도체 사이에 전류가 흐르면 그 주위에 자기장이 생긴다. 자기불림은 모재와 용접봉 사이에 흐르는 전류에 따라 자계가 생겨 이 자계가 용접봉에 대하여 비대칭이 되면서 아크가 자력선이 집중되지 않는 쪽으로 쏠려 흐르는 현상이다. 아크가 불안정하고, 기공, 슬래그 섞임, 용착금속의 재질이 변화되는 불량이 발생한다.
• 자기불림 방지책
  – 교류용접기를 사용할 것
  – 후퇴법으로 용접할 것
  – 접지를 양쪽에 연결할 것
  – 짧은 아크를 사용할 것
  – 접지점을 용접부에서 가능한 멀리 할 것
  – 용접봉을 Arc Blow와 반대 방향으로 기울일 것
  – 받침쇠, 간판 용접부, 시점과 종점에 엔드 탭을 사용할 것

36 가스 절단에서 절단속도에 영향을 미치는 요소가 아닌 것은?

① 예열 불꽃의 세기

② 팁과 모재의 간격

③ 역화방지기의 설치 유무

④ 모재의 재질과 두께

해설

가스 절단에서 역화방지기는 토치의 화구가 막히거나 과열되는 경우 화염이 화구에서 아세틸렌 호스로 역행하는 것을 방지하는 기구로, 안전과 관련된다.

37 아크에어 가우징에 사용되는 압축공기에 대한 설명으로 옳은 것은?

① 압축공기의 압력은 2~3kgf/cm^2 정도가 좋다.

② 압축공기 분사는 항상 봉의 바로 앞에서 이루어져야 효과적이다.

③ 약간의 압력 변동에도 작업에 영향을 미치므로 주의한다.

④ 압축공기가 없을 경우 긴급 시에는 용기에 압축된 질소나 아르곤가스를 사용한다.

해설

아크에어 가우징은 질소나 아르곤가스를 사용해도 상관 없다. 탄소봉을 전극으로 하여 아크를 발생시켜 절단작업을 하는 탄소 아크 절단에 약 5~7kgf/cm^{2}인 고압의 압축공기를 병용하는 것으로, 용융된 금속을 홀더의 구멍으로부터 탄소봉과 평행으로 분출하는 압축공기로 계속 불어내서 홈을 파는 방법이다. 용접부의 홈 가공, 뒷면 따내기(Back Chipping), 용접 결함부 제거 등에 많이 사용된다.

38 용접 자세에 사용되는 기호 중 잘못된 것은?

① F : 아래보기 자세

② V : 수직 자세

③ H : 수평 자세

④ O : 전 자세

해설

용접 자세

자세	KS규격	ISO	AWS
아래보기	F	PA	1G
수평	H	PC	2G
수직	V	PF	3G
위보기	OH	PE	4G

39 텅스텐 전극과 모재 사이에 아크를 발생시켜 알루미늄, 마그네슘, 구리 및 구리합금, 스테인리스강 등의 절단에 사용되는 절단법은?

① TIG 절단　　　　② MIG 절단

③ 탄소 절단　　　　④ 산소 아크 절단

해설

W(텅스텐)전극을 사용하는 아크 절단법은 TIG(Tungsten Inert Gas) 절단이다.

40 가스의 혼합비(가연성 가스 : 산소)가 최적의 상태일 때 가연성 가스의 소모량이 1이면 산소의 소모량이 가장 적은 가스는?

① 메탄　　　　　　② 프로판

③ 수소　　　　　　④ 아세틸렌

해설

가스용접 시 적절한 가스 혼합비

가스의 종류 (가연성 : 조연성)	혼합 비율
수소 : 산소	2 : 1
아세틸렌 : 산소	1 : 1.7
메탄 : 산소	1 : 2.1
프로판 : 산소	1 : 4.5

41 다이캐스팅 합금강 재료의 요구조건에 해당되지 않는 것은?

① 유동성이 좋아야 한다.

② 열간 메짐성(취성)이 작아야 한다.

③ 금형에 대한 점착성이 좋아야 한다.

④ 응고수축에 대한 용탕 보급성이 좋아야 한다.

해설

다이캐스팅은 주조법의 하나로써 필요한 주조 형상에 완전히 일치하도록 정확하게 가공된 강제의 금형에 용융된 금속을 주입하여 금형과 똑같은 형태의 주물을 얻는 정밀주조법이다. 금형에서 주물이 잘 떨어져야 하기 때문에 점착성이 좋으면 재료에 손상이 생길 우려가 있다. 따라서 점착성은 우수하지 않아야 한다.

42 두랄루민(Duralumin)의 합금 성분은?

① Al + Cu + Sn + Zn

② Al + Cu + Si + Mo

③ Al + Cu + Ni + Fe

④ Al + Cu + Mg + Mn

> **해설**
> 시험에 자주 출제되는 주요 알루미늄 합금은 Y합금과 두랄루민이다.
> • Y합금 : Al + Cu + Mg + Ni
> • 두랄루민 : Al + Cu + Mg + Mn

43 주철의 성장원인이 아닌 것은?

① Fe_3C 흑연화에 의한 팽창

② 불균일한 가열로 생기는 균열에 의한 팽창

③ 흡수되는 가스의 팽창으로 인해 항복되어 생기는 팽창

④ 고용된 원소인 Mn의 산화에 의한 팽창

> **해설**
> 주철의 물리적 성질은 화학 조성과 조직에 따라 크게 달라진다. 또한 주철을 600℃ 이상의 온도에서 가열과 냉각을 반복하면 부피가 증가하여 파열되는데, 이 현상을 주철의 성장이라고 한다.
> 주철 성장의 원인
> • 흡수된 가스에 의한 팽창
> • 시멘타이트의 흑연화에 의한 팽창
> • A₁변태에서 부피 변화로 인한 팽창
> • 불균일한 가열로 생기는 균열에 의한 팽창
> • 페라이트 중 고용된 Si(규소)의 산화에 의한 팽창

44 질화처리의 특성에 관한 설명으로 틀린 것은?

① 침탄에 비해 높은 표면 경도를 얻을 수 있다.

② 고온에서 처리되어 변형이 크고 처리시간이 짧다.

③ 내마모성이 커진다.

④ 내식성이 우수하고 피로한도가 향상된다.

> **해설**
> 질화는 담금질 후 뜨임처리한 강을 500℃ 정도로 가열하여 장시간에 걸쳐 표면층에 질소를 확산시켜서 질화물이 생성되도록 하여 표면 부근을 경화시키는 방법이다. 질화처리란 강의 표면에 질화물을 만들어 내식성, 내마모성, 피로강도 등을 향상시키는 가공법으로 처리시간이 오래 걸린다.

45 Cr-Ni계 스테인리스강의 결함인 입계 부식의 방지책 중 틀린 것은?

① 탄소량이 적은 강을 사용한다.

② 300℃ 이하에서 가공한다.

③ Ti을 소량 첨가한다.

④ Nb을 소량 첨가한다.

> **해설**
> 입계 부식을 방지하려면 600℃ 이상의 고온에서 작업한다.

46 강을 동일한 조건에서 담금질할 경우 '질량효과(Mass Effect)가 작다.'의 가장 적합한 의미는?

① 냉간처리가 잘된다.

② 담금질 효과가 작다.

③ 열처리 효과가 잘된다.

④ 경화능이 적다.

> **해설**
> 질량효과 : 강의 질량의 크기에 따라 열처리 효과가 달라진다는 것으로, 질량효과가 작으면 열처리 효과가 크고, 질량효과가 크면 열처리 효과는 작다. 질량이 작은 강은 담금질 시 강의 내부까지 열이 빨리 식기 때문에 열처리 효과가 크지만, 질량이 큰 강은 담금질 시 강의 내부까지 열이 식으려면 시간이 많이 걸려 담금질 경도가 작기 때문에 열처리 효과는 작아진다.

47 알루미늄 합금, 구리 합금 용접에서 예열온도로 가장 적합한 것은?

① 200~400℃   ② 100~200℃

③ 60~100℃   ④ 20~50℃

해설
알루미늄 합금 및 구리 합금 용접을 가스용접으로 할 경우 작업 전 200~400℃의 범위에서 예열한다.

48 다음 금속의 기계적 성질에 대한 설명으로 틀린 것은?

① 탄성 : 금속에 외력을 가해 변형되었다가 외력을 제거했을 때 원래 상태로 돌아오는 성질

② 경도 : 금속 표면이 외력에 저항하는 성질, 즉 물체의 기계적인 단단함의 정도를 나타내는 것

③ 취성 : 강도가 크면서 연성이 없는 것, 즉 물체가 약간의 변형에도 견디지 못하고 파괴되는 성질

④ 피로 : 재료에 인장과 압축하중을 오랜 시간 동안 연속적으로 되풀이하여도 파괴되지 않는 현상

해설
• 피로 : 재료에 인장과 압축의 반복하중이 작용할 때 파괴되는 현상
• 반복 인장압축시험 : 재료에 인장과 압축하중을 오랜 시간 동안 연속적으로 되풀이하여도 파괴되지 않는 현상

49 탄소강의 적열취성의 원인이 되는 원소는?

① S   ② CO_2

③ Si   ④ Mn

해설
S(황)은 적열취성의 원인이 되며, P(인)은 청열취성의 원인이 된다.

50 강을 담금질할 때 다음 냉각액 중에서 냉각효과가 가장 빠른 것은?

① 기름   ② 공기

③ 물   ④ 소금물

해설
냉각효과 순서 : 소금물 > 물 > 기름 > 공기

51 기계제도에 대한 일반사항의 설명으로 틀린 것은?

① 도형의 크기와 대상물의 크기의 사이에는 올바른 비례관계를 보유하도록 그린다. 다만, 잘못 볼 염려가 없다고 생각되는 도면은 도면의 일부 또는 전부에 대하여 이 비례관계는 지키지 않아도 좋다.

② 선의 굵기 방향의 중심은 선의 이론상 그려야 할 위치 위에 있어야 한다.

③ 서로 근접하여 그리는 선의 선 간격(중심거리)은 원칙적으로 평행선의 경우 선의 굵기의 3배 이상으로 하고, 선과 선의 간격은 0.7mm 이상으로 하는 것이 좋다.

④ 투명한 재료로 만들어지는 대상물 또는 부분은 투상도에서 전부 투명한 것(없는 것)으로 하여 나타낸다.

해설
기계제도의 일반사항
• 선의 굵기 방향의 중심은 선의 이론상 그려야 할 위치 위에 있어야 한다.
• 한국산업표준에 제도에 사용하는 기호로서 규정한 기호를 그 규정에 따라 사용할 경우, 일반적으로는 특별한 주기를 필요로 하지 않는다.
• 기능상의 요구, 호환성, 제작기술 수준 등을 기본으로 불가결의 경우만 기하공차를 지시한다.
• 길이 치수는 특별히 지시가 없는 한 그 대상물의 측정을 2점 측정에 따라 행한 것으로 지시한다.
• 투명한 재료로 만들어지는 대상물 또는 부분은 투상도에서 전부 불투명한 것으로 하고 그린다.
• 도형의 크기와 대상물의 크기의 사이에는 올바른 비례관계를 보유하도록 그린다. 다만, 잘못 볼 염려가 없다고 생각되는 도면은 도면의 일부 또는 전부에 대해 비례관계는 지키지 않아도 좋다.

52 다음 재료기호 중 용접구조용 압연강재에 속하는 것은?

① SPPS380　　② SPCC
③ SCW450　　④ SM400C

④ SM : 용접구조용 압연강재, 기계구조용 탄소강재
① SPPS : Carbon Steel Pipes for Pressure Service, 압력배관용 탄소강관
② SPCC : Steel Plate Cold Commercia, 냉간압연강판
③ SCW : 용접구조용 주강품

53 나사의 표시가 'M42×3–6H'일 때 이 나사에 대한 설명으로 틀린 것은?

① 암나사 등급이 6H이다.
② 호칭지름(바깥지름)은 42mm이다.
③ 피치는 3mm이다.
④ 왼나사이다.

나사산의 감긴 방향이 왼나사인 경우에는 '좌' 또는 'L'로 표시하지만, 오른나사인 경우에는 표시하지 않는다. 따라서 위의 나사는 오른나사이다.

54 관 끝의 표시방법 중 용접식 캡을 나타내는 것은?

① ———×　　② ———‖
③ ———⌐　　④ ———⊃

관의 끝부분 표시

끝부분의 종류	그림 기호
막힌 플랜지	———‖
나사박음식 캡 및 나사박음식 플러그	———⌐
용접식 캡	———⊃

55 도면에서 2종류 이상의 선이 같은 장소에서 중복될 경우 선의 우선순위를 옳게 나열한 것은?

① 외형선 > 숨은선 > 절단선 > 중심선 > 치수 보조선
② 외형선 > 중심선 > 절단선 > 치수 보조선 > 숨은선
③ 외형선 > 절단선 > 치수 보조선 > 중심선 > 숨은선
④ 외형선 > 치수 보조선 > 절단선 > 숨은선 > 중심선

선이 중복될 경우 선의 우선순위
외형선 > 숨은선 > 절단선 > 중심선 > 무게중심선 > 치수선

56 다음 그림과 같은 제3각 투상도에 가장 적합한 입체도는?

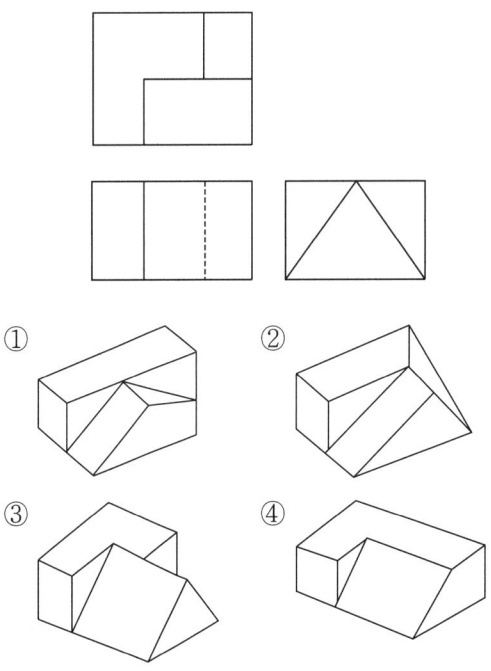

① ② ③ ④

57 다음 용접기호의 설명으로 옳은 것은?

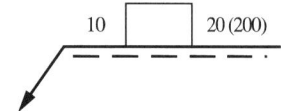

① 플러그용접을 의미한다.
② 용접부 지름은 20mm이다.
③ 용접부 간격은 10mm이다.
④ 용접부의 수는 200개이다.

해설
플러그용접은 슬롯용접이라고도 한다.

- 10 : 용접부의 지름
- ⬜ : 플러그용접(슬롯용접)
- 20 : 용접부 개수
- 200 : 구멍 사이의 간격

58 다음 중 필릿용접의 기호로 옳은 것은?

①

②

③
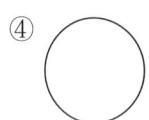
④

해설
용접의 기본 기호

명칭	도시	기본 기호
필릿용접		◣
스폿용접		◯
플러그용접 (슬롯용접)		▢
뒷면용접		◡
심용접		⊖

59 판의 두께를 나타내는 치수 보조기호는?

① C
② R
③ □
④ t

해설
치수 표시기호

기호	구분	기호	구분
∅	지름	p	피치
S∅	구의 지름	⌒50	호의 길이
R	반지름	50̲	비례척도가 아닌 치수
SR	구의 반지름	⬛50	이론적으로 정확한 치수
□	정사각형	(50)	참고 치수
C	45° 모따기	~~50~~	치수의 취소(수정 시 사용)
t	두께		

60 다음 중 원기둥의 전개에 가장 적합한 전개도법은?

① 평행선 전개도법
② 방사선 전개도법
③ 삼각형 전개도법
④ 역삼각형 전개도법

해설
전개도법의 종류
- 평행선법 : 삼각기둥, 사각기둥과 같은 여러 가지 각기둥과 원기둥을 평행하게 전개하여 그리는 방법
- 방사선법 : 삼각뿔, 사각뿔 등의 각뿔과 원뿔을 꼭짓점을 기준으로 부채꼴로 펼쳐서 전개도를 그리는 방법
- 삼각형법 : 꼭짓점이 먼 각뿔, 원뿔 등의 해당면을 삼각형으로 분할하여 전개도를 그리는 방법

01 텅스텐 전극봉의 종류에 해당되지 않는 것은?

① 순 텅스텐
② 1% 토륨 텅스텐
③ 지르코늄 텅스텐
④ 3% 토륨 텅스텐

해설
TIG용접에서 사용하는 전극봉은 순 텅스텐, 지르코늄 텅스텐, 토륨이 1~2% 함유되어 있는 토륨 텅스텐이 있다.

02 다음 그림에 해당하는 용접 이음의 종류는?

① 겹치기 이음
② 맞대기 이음
③ 전면 필릿 이음
④ 모서리 이음

해설
용접 이음의 종류

맞대기 이음	모서리 이음	변두리 이음
겹치기 이음		맞물림 겹치기 이음
T 이음	십자형 이음	한면 맞대기판 이음
양면 맞대기판 이음		플레어 이음

03 용접을 로봇(Robot)화 할 때 그 특징으로 틀린 것은?

① 비드의 높이, 비드 폭, 용입 등을 정확히 제어할 수 있다.
② 아크 길이를 일정하게 유지할 수 있다.
③ 용접봉의 손실을 줄일 수 있다.
④ 생산성이 저하된다.

해설
사람이 하는 용접작업보다 용접을 로봇화하면 월등한 작업능률 때문에 생산성이 향상된다.

04 가스용접에 있어 납땜의 용제가 갖추어야 할 조건으로 옳은 것은?

① 청정한 금속면의 산화가 잘 이루어질 것
② 전기저항 납땜에 사용되는 것은 부도체일 것
③ 용제의 유효 온도범위와 납땜의 온도가 일치할 것
④ 땜납의 표면장력과 차이를 만들고 모재와의 친화력이 낮을 것

해설
납땜
• 금속의 표면에 용융금속을 접촉시켜 양 금속 원자 간의 응집력과 확산작용에 의해 결합시키는 방법이다.
• 납땜용 용제가 갖추어야 할 조건
 – 금속면의 표면이 산화되지 않을 것
 – 모재나 땜납에 대한 부식작용이 최소일 것
 – 용제의 유효 온도범위와 납땜의 온도가 일치할 것
 – 땜납의 표면장력을 맞추어서 모재와의 친화력이 높을 것

정답 1 ④ 2 ① 3 ④ 4 ③

05 다음 중 연소의 3요소를 올바르게 나열한 것은?

① 가연물, 산소, 공기
② 가연물, 빛, 탄산가스
③ 가연물, 산소, 정촉매
④ 가연물, 산소, 점화원

해설
연소의 조건 : 가연물, 산소, 점화원

06 불활성가스 금속아크용접에 대한 설명으로 틀린 것은?

① 바람의 영향을 받지 않으므로 방풍대책이 필요 없다.
② 피복아크용접에 비해 용착효율이 높아 고능률적 이다.
③ TIG용접에 비해 전류밀도가 높아 용융속도가 빠르다.
④ CO_2용접에 비해 스패터 발생이 작아 비교적 아름답고 깨끗한 비드를 얻을 수 있다.

해설
MIG(불활성가스 금속아크)용접의 특징
• 분무 이행이 원활하다.
• 열영향부가 매우 적다.
• 전자세 용접이 가능하다.
• 용접기의 조작이 간단하다.
• 아크의 자기제어 기능이 있다.
• 직류용접기의 경우 정전압 특성 또는 상승 특성이 있다.
• 전류밀도가 아크용접의 4~6배, TIG용접의 2배 정도로 매우 높다.
• 일정할 때 아크전압이 커지면 용융속도가 낮아진다.
• 용접부가 좁고, 깊은 용입을 얻으므로 후판(두꺼운 판)용접에 적당하다.
• 전자동 또는 반자동식이 많으며 전극인 와이어는 모재와 동일한 금속을 사용한다.
• 전원은 직류 역극성이 이용되며 Al, Mg 등에는 클리닝작용(청정 작용)이 있어 용제 없이도 용접이 가능하다.
• 용접봉을 갈아 끼울 필요가 없어 용접속도를 빨리할 수 있으므로 고속 및 연속적으로 양호한 용접을 할 수 있다.
• 보호가스 분출 시 외부의 영향을 없애야 하므로 방풍대책이 필요 하다.

07 TIG용접 토치는 공랭식과 수랭식으로 분류되는데 가볍고 취급이 용이한 공랭식 토치의 경우 일반적 으로 몇 A 정도까지 사용하는가?

① 200
② 380
③ 450
④ 650

해설
TIG용접용 토치의 종류

분류	명칭	내용
냉각방식에 의한 분류	공랭식 토치	200A 이하의 전류 시 사용
	수랭식 토치	650A 정도의 전류까지 사용
모양에 따른 분류	T형 토치	가장 일반적으로 사용
	직선형 토치	T형 토치가 사용 불가능한 장소에서 사용
	가변형 머리 토치 (플렉시블)	토치 머리의 각도 조정

08 용접작업에 있어 가용접 시 주의해야 할 사항으로 옳은 것은?

① 본용접보다 높은 온도로 예열한다.
② 개선 홈 내의 가접부는 백치핑으로 완전히 제거 한다.
③ 가접의 위치는 주로 부품의 끝 모서리에 한다.
④ 용접봉의 본용접 작업 시에 사용하는 것보다 두 꺼운 것을 사용한다.

해설
개선된 홈이나 일반 홈의 가접부는 뒷면까지 슬래그 해머를 이용해 서 백치핑(뒷면을 치면서 슬래그를 제거하는 방법)의 방법으로 슬래그를 완전히 제거해야 한다.
• 가용접은 본용접보다 낮은 온도로 해야 한다.
• 가접의 위치는 모서리를 피해서 적당히 떨어진 곳에 한다.
• 용접봉은 본용접 시 사용하는 것보다 작은 지름의 봉을 사용한다.

09 일렉트로 슬래그 용접 이음의 종류가 아닌 것은?

① 모서리 이음　　② 필릿 이음
③ T 이음　　④ X 이음

해설
일렉트로 슬래그 용접 이음에 X 이음은 없다.
일렉트로 슬래그 용접 이음의 종류

맞대기 이음		모서리 이음	
T 이음		+자 이음	
필릿 이음		변두리 이음	
플러그 이음		덧붙이 이음	
중간 이음		겹침 이음	

10 용접작업 시 전격방지대책으로 잘못된 것은?

① 홀더나 용접봉은 절대로 맨손으로 취급하지 않는다.
② TIG용접 시 텅스텐 전극봉을 교체할 때는 항상 전원 스위치를 차단하고 작업한다.
③ TIG용접 시 수랭식 토치는 과열을 방지하기 위해 냉각수 탱크에 넣어 식힌 후 작업한다.
④ 용접하지 않을 때에는 TIG용접의 텅스텐 전극봉을 제거하거나 노즐 뒤쪽으로 밀어 넣는다.

해설
토치의 과열 방지와 전격은 전혀 관련성이 없다.

11 서브머지드 아크용접에서 용융형 용제의 특징에 대한 설명으로 옳은 것은?

① 흡습성이 크다.
② 비드 외관이 거칠다.
③ 용제의 화학적 균일성이 양호하다.
④ 용접전류에 따라 입도의 크기는 같은 용제를 사용해야 한다.

해설
서브머지드 아크용접(SAW) 용제의 특징
• 흡습성이 거의 없다.
• 비드 모양이 아름답다.
• 용제의 재사용이 가능하다.
• 화학적으로 안정되어 있다.
• 용접전류에 따라 알맞은 입자의 크기를 가진 용제를 선택해야 한다.
• 용융 중에는 성분 추가가 어려워 와이어(Wire)에 필요 성분을 함유해야 한다.

12 용접 후 열처리를 하는 목적 중 맞지 않는 것은?

① 용접 후의 급랭 회피
② 응력 제거 풀림 처리
③ 완전 풀림 처리
④ 담금질에 의한 경화

해설
용접 후 열처리는 담금질로 인해 경화된 강 재료를 연하게 하고 잔류응력을 제거하기 위한 것이다. 따라서 담금질에 의한 경화와는 관련이 없다.

13 다음 중 제품별 노 내 및 국부 풀림의 유지 온도와 시간이 올바르게 연결된 것은?

① 탄소강 주강품 : 625±25℃, 판 두께 25mm에 대하여 1시간
② 기계구조용 연강재 : 725±25℃, 판 두께 25mm에 대하여 1시간
③ 보일러용 압연강재 : 625±25℃, 판 두께 25mm에 대하여 1시간
④ 용접구조용 연강재 : 725±25℃, 판 두께 25mm에 대하여 2시간

해설
탄소강의 풀림처리 시 유지온도는 625℃±25℃로서 판 두께가 25mm일 경우 1시간 정도 유지하면 된다. 또한, 일반구조용 압연강재를 비롯한 기타 재료들도 비슷한 온도에서 1시간 정도만 유지하면 풀림처리가 완료된다.

14 중탄소강의 용접에 대한 설명으로 틀린 것은?

① 중탄소강을 용접할 경우에 탄소량이 증가함에 따라 800~900℃ 정도 예열할 필요가 있다.
② 탄소량이 0.4% 이상인 중탄소강은 후열처리를 고려하여야 한다.
③ 피복아크용접할 경우에는 저수소계 용접봉을 선정하여 건조시켜 사용한다.
④ 서브머지드 아크용접할 경우는 와이어와 플럭스 선정 시 용접부 강도 수준을 충분히 고려하여야 한다.

해설
탄소량에 따른 예열온도(℃)

탄소량	0.2% 이하	0.2~0.3%	0.3~0.45%	0.45~0.8%
예열온도	90 이하	90~150	150~260	260~420

탄소강의 종류
• 저탄소강(Low Carbon Steel) : 탄소 함유량이 0.3% 이하
• 중탄소강(Middle Carbon Steel) : 탄소 함유량이 0.3~0.5%
• 고탄소강(High Carbon Steel) : 탄소 함유량이 0.5~1.3%

15 용접 후처리에서 잔류응력을 제거시켜 주는 방법이 아닌 것은?

① 저온응력 완화법
② 노 내 풀림법
③ 피닝법
④ 역변형법

해설
역변형법은 용접 전에 변형을 예측하여 반대 방향으로 변형시킨 후 용접을 하도록 한 것으로 변형방지법에 속한다.

16 다음 중 고압가스 용기의 색상이 틀린 것은?

① 산소 - 청색
② 수소 - 주황색
③ 아르곤 - 회색
④ 아세틸렌 - 황색

해설
일반 가스 용기의 도색 색상

가스 명칭	도색	가스 명칭	도색
산소	녹색	암모니아	백색
수소	주황색	아세틸렌	황색
탄산가스	청색	프로판(LPG)	회색
아르곤	회색	염소	갈색

17 가스 절단작업 시 주의사항으로 틀린 것은?

① 가스 절단에 알맞은 보호구를 착용한다.
② 절단 진행 중에 시선은 절단면을 떠나서는 안 된다.
③ 호스는 흐트러지지 않도록 정해진 꼬임 상태로 작업한다.
④ 가스 호스가 용용금속이나 산화물의 비산으로 인해 손상되지 않도록 한다.

해설
가스용접 시 토치에 연결된 가스 호스는 산소-아세틸렌가스의 원활한 이동을 위하여 항상 바르게 펴서 사용해야 한다.

18 다음 중 CO_2 아크용접 시 박판의 아크전압(V_0) 산출 공식으로 가장 적당한 것은?(단, I는 용접전룻값을 의미한다)

① $V_0 = 0.07 \times I + 20 \pm 5.0$

② $V_0 = 0.05 \times I + 11.5 \pm 3.0$

③ $V_0 = 0.06 \times I + 40 \pm 6.0$

④ $V_0 = 0.04 \times I + 15.5 \pm 1.5$

해설
CO_2용접의 재료 두께별 아크전압(V) 구하는 식

박판의 아크전압(V)	$0.04 \times$ 용접전류(I) + $(15.5 \pm 10\%)$
	$0.04 \times$ 용접전류(I) + (15.5 ± 1.5)
후판의 아크전압(V)	$0.04 \times$ 용접전류(I) + $(20 \pm 10\%)$
	$0.04 \times$ 용접전류(I) + (20 ± 2)

19 KS규격에서 화재 안전, 금지 표시의 의미를 나타내는 안전색은?

① 노랑　　　　　② 초록

③ 빨강　　　　　④ 파랑

해설
산업안전보건법에 따른 안전·보건표지의 색채, 색도기준 및 용도

색상	용도	사례
빨간색	금지	정지신호, 소화설비 및 그 장소, 유해행위 금지
	경고	화학물질 취급 장소에서 유해·위험 경고
노란색	경고	화학물질 취급 장소에서의 유해·위험 경고 이외의 위험 경고, 주의표지 또는 기계방호물
파란색	지시	특정행위의 지시 및 사실의 고지
녹색	안내	비상구 및 피난소, 사람 또는 차량의 통행표지
흰색	–	파란색이나 녹색에 대한 보조색
검은색	–	문자 및 빨간색, 노란색에 대한 보조색

20 용접결함의 종류 중 치수상의 결함에 속하는 것은?

① 선상조직　　　② 변형

③ 기공　　　　　④ 슬래그 잠입

해설
용접결함의 종류

21 볼트나 환봉 등을 강판이나 형강에 직접 용접하는 방법으로, 볼트나 환봉을 홀더에 끼우고 모재와 볼트 사이에 순간적으로 아크를 발생시켜 용접하는 것은?

① 피복아크용접　　② 스터드용접

③ 테르밋용접　　　④ 전자 빔용접

해설
스터드용접의 작업방법

모재에 스터드 (Stud) 고정 및 스터드를 둘러싸고 있는 페룰에 의한 통전	스터드를 들어 올려 아크 발생	통전 단절하고 가압스프링으로 가압	스터드용접 완료

22 압축공기를 이용하여 가우징, 결함 부위 제거, 절단 및 구멍 뚫기 등에 널리 사용되는 아크 절단방법은?

① 탄소 아크 절단　　② 금속 아크 절단
③ 산소 아크 절단　　④ 아크 에어 가우징

해설

④ 아크에어 가우징 : 탄소봉을 전극으로 하여 아크를 발생시킨 후 절단작업을 하는 탄소 아크 절단법에 약 5~7kgf/cm^{2}인 고압의 압축공기를 병용하는 것으로, 용융된 금속을 탄소봉과 평행으로 분출하는 압축공기를 계속 불어내서 홈을 파내는 방법이다. 용접부의 홈 가공, 뒷면 따내기(Back Chipping), 용접 결함부 제거 등에 많이 사용된다.
① 탄소 아크 절단 : 탄소나 흑연 전극봉과 금속 사이에서 아크를 일으켜 금속의 일부를 용융시켜 제거하면서 절단하는 방법이다.
② 금속 아크 절단 : 탄소 전극봉 대신 절단 전용 특수 피복제를 입힌 전극봉을 사용하여 절단하는 방법이다.
③ 산소 아크 절단 : 산소 아크 절단에 사용되는 전극봉은 중공의 피복봉으로 발생되는 아크열을 이용하여 모재를 용융시킨 후 중공 부분으로 절단 산소를 내보내서 절단하는 방법이다.

23 용해 아세틸렌을 충전했을 때 용기의 전체 무게가 27kgf이고, 사용 후 빈 용기의 무게가 24kgf이었다면 순수 아세틸렌가스의 양은?

① 2,715L　　② 2,025L
③ 1,125L　　④ 648L

해설

용해 아세틸렌 1kg을 기화시키면 약 905L의 가스가 발생하므로, 아세틸렌가스량 공식은 다음과 같다.
아세틸렌 가스량 = 905L(병 전체 무게 − 빈 병의 무게)
　　　　　　　 = 905L(27 − 24) = 2,715L

24 용접전류가 150A, 전압이 30V일 때 아크출력은 몇 kW인가?

① 4.2kW　　② 4.5kW
③ 4.8kW　　④ 5.8kW

해설

아크출력 : 용접전류 × 용접전압 = 150 × 30 = 4,500W = 4.5kW

25 교류아크용접기에서 가변저항을 이용하여 전류의 원격조정이 가능한 용접기는?

① 가포화 리액터형
② 가동 코일형
③ 탭 전환형
④ 가동 철심형

해설

교류아크용접기의 종류별 특징

종류	특징
가동 철심형	• 현재 가장 많이 사용된다. • 미세한 전류 조정이 가능하다. • 광범위한 전류의 조정이 어렵다. • 가동 철심으로 누설 자속을 가감하여 전류를 조정한다.
가동 코일형	• 아크 안정성이 크고 소음이 없다. • 가격이 비싸며 현재는 거의 사용되지 않는다. • 용접기의 핸들로 1차 코일을 상하로 이동시켜 2차 코일의 간격을 변화시켜 전류를 조정한다.
탭 전환형	• 주로 소형이 많다. • 탭 전환부의 소손이 심하다. • 넓은 범위의 전류 조정이 어렵다. • 코일의 감긴 수에 따라 전류를 조정한다. • 미세 전류의 조정 시 무부하전압이 높아서 전격의 위험이 크다.
가포화 리액터형	• 조작이 간단하고 원격제어가 된다. • 가변저항의 변화로 전류의 원격 조정이 가능하다. • 전기적 전류 조정으로 소음이 없고 기계의 수명이 길다.

26 200V용 아크용접기의 1차 입력이 15kVA일 때, 퓨즈의 용량은 얼마인가?

① 65A　　② 75A
③ 90A　　④ 100A

해설

$$퓨즈용량 = \frac{1차\ 입력(kVA)}{전원전압(V)} = \frac{15,000VA}{200V} = 75A$$

75A 용량의 퓨즈를 부착하면 된다.

27 용접법과 기계적 접합법을 비교할 때 용접법의 장점이 아닌 것은?

① 작업 공정이 단축되며 경제적이다.

② 기밀성, 수밀성, 유밀성이 우수하다.

③ 재료가 절약되고 중량이 가벼워진다.

④ 이음효율이 낮다.

용접의 장점은 두 금속을 용해한 후 하나의 물체로 만들기 때문에 리벳과 같은 기계적 접합법보다 이음효율이 높다는 점이다.
용접의 장단점

장점	• 이음효율이 높다. • 재료가 절약된다. • 제작비가 적게 든다. • 보수와 수리가 용이하다. • 재료의 두께 제한이 없다. • 이종재료도 접합이 가능하다. • 제품의 성능과 수명이 향상된다. • 유밀성, 기밀성, 수밀성이 우수하다. • 작업 공정이 줄고, 자동화가 용이하다.
단점	• 취성이 생기기 쉽다. • 균열이 발생하기 쉽다. • 용접부의 결함 판단이 어렵다. • 용융 부위 금속의 재질이 변한다. • 저온에서 쉽게 약해질 우려가 있다. • 용접 기술자(용접사)의 기량에 따라 품질이 다르다. • 용접 후 변형 및 수축함에 따라 잔류응력이 발생한다.

28 가변압식 가스용접 토치에서 팁의 능력에 대한 설명으로 옳은 것은?

① 매시간당 소비되는 아세틸렌가스의 양

② 매시간당 소비되는 산소의 양

③ 매분당 소비되는 아세틸렌가스의 양

④ 매분당 소비되는 산소의 양

가스용접 토치에서 팁의 능력은 매시간당 소비되는 아세틸렌가스의 양으로 나타낸다. 예를 들면, 100번 팁은 1시간 동안 표준불꽃으로 용접 시에는 아세틸렌가스의 소비량이 100L가 된다.

29 피복아크용접봉에서 피복제의 역할로 옳은 것은?

① 재료의 급랭을 도와준다.

② 산화성 분위기로 용착금속을 보호한다.

③ 슬래그 제거를 어렵게 한다.

④ 아크를 안정시킨다.

피복제(Flux)의 역할
• 아크를 안정시킨다.
• 전기 절연작용을 한다.
• 보호가스를 발생시킨다.
• 아크의 집중성을 좋게 한다.
• 용착금속의 급랭을 방지한다.
• 탈산작용 및 정련작용을 한다.
• 용융금속과 슬래그의 유동성을 좋게 한다.
• 용적(쇳물)을 미세화하여 용착효율을 높인다.
• 슬래그 제거를 쉽게 하여 비드의 외관을 좋게 한다.
• 적당량의 합금 원소 첨가로 금속에 특수성을 부여한다.
• 중성 또는 환원성 분위기를 만들어 질화나 산화를 방지하고 용융 금속을 보호한다.
• 쇳물이 쉽게 달라붙을 수 있도록 힘을 주어 수직 자세, 위보기 자세 등 어려운 자세를 쉽게 한다.

30 피복아크용접봉에 탄소량을 적게 하는 가장 큰 이유는?

① 스패터 방지를 위하여

② 균열 방지를 위하여

③ 산화 방지를 위하여

④ 기밀 유지를 위하여

탄소(C)는 온도 변화에 따라서 그 크기가 변한다. 탄소 함량이 많을수록 용접 후 변형이 크고 변형으로 인한 균열이 발생한다. 이 균열 방지를 위해서 피복아크용접봉에는 탄소 함량을 적게 한다.

31 교류와 직류아크용접기를 비교해서 직류아크용접기의 특징이 아닌 것은?

① 구조가 복잡하다.

② 아크의 안정성이 우수하다.

③ 비피복 용접봉 사용이 가능하다.

④ 역률이 불량하다.

직류아크용접기와 교류아크용접기의 차이점

특성	직류아크용접기	교류아크용접기
아크 안정성	우수	보통
비피복봉 사용 여부	가능	불가능
극성 변화	가능	불가능
자기쏠림 방지	불가능	가능
무부하전압	약간 낮음(40~60V)	높음(70~80V)
전격의 위험	낮다.	높다.
유지보수	다소 어렵다.	쉽다.
고장	비교적 많다.	적다.
구조	복잡하다.	간단하다.
역률	양호	불량
가격	고가	저렴

32 아세틸렌은 액체에 잘 용해되며 석유에는 2배, 알코올에는 6배가 용해된다. 아세톤에는 몇 배가 용해되는가?

① 12 　　　　　② 20

③ 25 　　　　　④ 50

아세틸렌가스(Acetylene, C_2H_2)는 각종 액체에 용해가 잘된다(물 : 1배, 석유 : 2배, 벤젠 : 4배, 알코올 : 6배, 아세톤 : 25배).

33 다음 그림은 강재의 절단 부분을 나타낸 것이다. ㉠, ㉡, ㉢, ㉣의 명칭이 틀린 것은?

① ㉠ : 판 두께

② ㉡ : 드래그(Drag)

③ ㉢ : 드래그 라인(Drag Line)

④ ㉣ : 피치(Pitch)

㉣의 명칭은 '홈'이다. 가스 절단의 원리는 절단 부분을 800~1,000℃의 산소–아세틸렌 불꽃으로 예열한 뒤 고압의 산소를 불어 내면 철이 연소하여 산화철이 되는데, 이 산화철은 강보다 용융철이 낮아 용융과 동시에 절단된다.

34 플라스마 절단에 대한 설명으로 틀린 것은?

① 플라스마(Plasma)는 고체, 액체, 기체 이외의 제4의 물리 상태라고도 한다.

② 아크 플라스마의 온도는 약 5,000℃의 열원을 가진다.

③ 비이행형 아크 절단은 텅스텐 전극과 수랭 노즐의 사이에서 아크 플라스마를 발생시키는 것이다.

④ 이행형 아크 절단은 텅스텐 전극과 모재 사이에서 아크 플라스마를 발생시키는 것이다.

전기전도성 금속의 절단에 사용되는 플라스마 절단은 절단 토치에서 절단 모재로 전원을 공급하는 데 있어서 전기전도성 가스를 이용하는데, 이 가스가 이온화되어 전류가 통할 수 있는 자유전자를 가진 플라스마이며 이것의 온도는 약 20,000~30,000℃ 정도가 된다. 비이행형 아크를 사용하면 비철금속이나 비금속의 절단도 가능하다.
플라스마 아크의 형태
• 이행형 아크 : 전기전도체인 모재를 (+)극, 텅스텐 전극을 (−)극으로 연결한 후 아크 플라스마를 발생시키는 방식으로 에너지 밀도가 높아서 주로 용접에 이용한다.
• 비이행형 아크 : 수랭 노즐을 (+)극, 텅스텐 전극을 (−)극으로 연결한 후 아크 플라스마를 발생시키는 방식으로 모재에 전기 접촉이 필요하지 않아 비금속 물질이나 주철, 비철금속 등의 절단에 사용한다.

35 절단 부위에 철분이나 용제의 미세한 입자를 압축공기나 압축질소로 연속적으로 팁을 통하여 분출시켜 그 산화열 또는 용제의 화학작용을 이용하여 절단하는 것은?

① 분말 절단
② 수중 절단
③ 산소창 절단
④ 포갬 절단

해설
① 분말 절단 : 철분이나 플럭스 분말을 연속적으로 절단 산소 속에 혼입시켜서 공급하여 그 반응열을 이용한 절단방법이다.
② 수중 절단 : 주로 수소가스를 사용하여 수중에서 절단작업을 하는 방법이다.
③ 산소창 절단 : 가늘고 긴 강관(안지름 3.2~6mm, 길이 1.5~3m)을 사용해서 절단 산소를 큰 강괴의 심부에 분출시켜 창으로 불리는 강관 자체가 함께 연소되면서 절단되는 방법이다.
④ 포갬 절단 : 판과 판 사이의 틈새를 0.1mm 이상으로 포개어 압착시킨 후 절단하는 방법이다.

36 다음 중 아크용접에서 아크쏠림방지법이 아닌 것은?

① 교류용접기를 사용한다.
② 접지점을 2개로 한다.
③ 짧은 아크를 사용한다.
④ 직류용접기를 사용한다.

해설
아크쏠림 방지대책
• 용접전류를 줄인다.
• 교류용접기를 사용한다.
• 접지점을 2개 연결한다.
• 아크 길이는 최대한 짧게 한다.
• 용접부가 긴 경우 후진법을 사용한다.
• 모재에 연결된 접지점을 용접부에서 멀리한다.
• 용접봉 끝을 아크쏠림 반대 방향으로 기울인다.
• 받침쇠, 긴 가용접부, 이음의 처음과 끝에 엔드 탭을 사용한다.

37 아세틸렌의 성질에 대한 설명으로 틀린 것은?

① 산소와 적당히 혼합하여 연소하면 고온을 얻는다.
② 공기보다 가볍다.
③ 아세톤에 25배로 용해된다.
④ 탄화수소에서 가장 완전한 가스이다.

해설
아세틸렌(Acetylene, C_2H_2)
• 불포화 탄화수소의 일종으로 불완전한 상태의 가스이다.
• 비중이 0.906으로 공기보다 약간 가볍다.
• 카바이드(CaC_2)를 물에 작용시켜 제조한다.
• 주로 가스용접이나 절단 등에 사용되는 연료가스이다.
• 산소와 적당히 혼합 연소시키면 3,000~3,500℃의 고온을 낸다.
• 각종 액체에 용해가 잘된다(물 : 1배, 석유 : 2배, 벤젠 : 4배, 알코올 : 6배, 아세톤 : 25배).
• 아세틸렌가스의 충전은 15℃, 1기압하에서 15kgf/cm²의 압력으로 한다. 아세틸렌가스 1L의 무게는 1.176g이다.

38 스테인리스강, 알루미늄 등과 같은 비철합금을 절단할 수 없는 것은?

① 플라스마 절단
② 가스 가우징
③ TIG 절단
④ MIG 절단

해설
가스 가우징은 가스 절단과 비슷한 토치를 사용해서 용접 부분의 뒷면을 따내거나 U형, H형의 용접 홈을 가공하기 위하여 깊은 홈을 파내는 가공법으로, 스테인리스강이나 알루미늄 등의 비철금속은 절단할 수 없다.

39 가스 용접작업에서 양호한 용접부를 얻기 위해 갖추어야 할 조건으로 잘못된 것은?

① 기름, 녹 등을 용접 전에 제거하여 결함을 방지한다.
② 모재의 표면이 균일하면 과열의 흔적은 있어도 된다.
③ 용착금속의 용입 상태가 균일해야 한다.
④ 용접부에 첨가된 금속의 성질이 양호해야 한다.

해설
가스 용접작업에서 양호한 용접부를 얻기 위해서는 모재의 표면이 균일해야 하며, 과열의 흔적이 있어서는 안 된다.

40 다음 중 압접에 속하지 않는 용접법은?

① 스폿용접　　② 심용접
③ 프로젝션용접　　④ 서브머지드 아크용접

해설
용접법의 분류

41 6 : 4 황동의 내식성을 개량하기 위하여 1% 전후의 주석을 첨가한 것은?

① 콜슨합금　　② 네이벌 황동
③ 청동　　④ 인청동

해설
② 네이벌 황동 : 구리와 아연의 비율이 6 : 4로 합금된 것으로 내식성을 개량하기 위해 1% 전후의 주석을 함유한다.
① 콜슨 합금 : 니켈 청동으로 통신선이나 전화선으로 사용된다.
③ 청동 : 구리에 주석을 합금한 것이다.
④ 인청동 : 청동에 소량의 인(P)을 첨가한 것으로 전자기기의 탄성을 요구하는 제품에 사용된다.

42 주강에서 탄소량이 많아질수록 일어나는 성질이 아닌 것은?

① 강도가 증가한다.
② 연성이 감소한다.
③ 충격값이 증가한다.
④ 용접성이 떨어진다.

해설
순수한 철에 탄소량이 증가하면 강도와 경도는 증가하나 취성이 강해져서 결국에는 충격값이 저하된다.

43 WC, TiC, TaC 등의 금속탄화물을 Co로 소결한 것으로서 탄화물 소결공구라고 하며, 일반적으로 칠드 주철, 경질 유리 등도 쉽게 절삭할 수 있는 공구강은?

① 세라믹　　② 고속도강
③ 초경합금　　④ 주조경질합금

해설
초경합금은 텅스텐 카바이드, 타이타늄 카바이드 등의 금속탄화물을 코발트로 소결한 것으로, 약 1,100℃의 고온에서도 열에 의한 변형 없이 가공할 수 있다.

44 소재의 표면에 강이나 주철로 된 작은 입자를 고속으로 분사시켜 표면경도를 높이는 것은?

① 쇼트피닝
② 하드 페이싱
③ 화염경화법
④ 고주파 경화법

해설

① 쇼트피닝 : 강이나 주철제의 작은 강구(볼)를 고속으로 표면층에 분사하여 표면층을 가공경화시키는 방법이다.
② 하드 페이싱 : 금속 표면에 스텔라이트나 경합금 등 내마모성이 좋은 금속을 용착시켜 표면에 경화층을 형성시키는 방법이다.
③ 화염경화법 : 산소-아세틸렌가스 불꽃으로 강의 표면을 급격히 가열한 후 물을 분사시켜 급랭시킴으로써 표면을 경화시키는 방법이다.
④ 고주파 경화법 : 고주파 유도전류에 의해서 강 부품의 표면층만 급가열한 후 급랭시키는 표면경화법이다. 높은 주파수는 소형품이나 얇은 담금질층, 낮은 주파수는 대형품이나 깊은 담금질층을 얻고자 할 때 사용한다.

45 마그네슘의 성질에 대한 설명으로 잘못된 것은?

① 비중은 1.74이다.
② 비강도가 Al(알루미늄) 합금보다 우수하다.
③ 면심입방격자이며, 냉간가공이 가능하다.
④ 구상흑연주철의 첨가제로 사용한다.

해설

Mg(마그네슘)의 특징
• 용융점은 650℃이다.
• 조밀육방격자 구조이다.
• Al에 비해 약 35% 가볍다.
• 냉간가공이 거의 불가능하다.
• 비중이 1.74로 실용금속 중 가장 가볍다.
• 비강도가 우수하여 항공우주용 재료로 사용된다.
• 항공기, 자동차부품, 구상흑연주철의 첨가제로 사용된다.
• 대기 중에서 내식성이 양호하나 산이나 염류(바닷물)에는 침식되기 쉽다.

46 경도가 큰 재료를 A_1 변태점 이하의 일정 온도로 가열하여 인성을 증가시킬 목적으로 하는 열처리법은?

① 뜨임(Tempering)
② 풀림(Annealing)
③ 불림(Normalizing)
④ 담금질(Quenching)

해설

담금질한 강을 A_1 변태점(723℃) 이하로 가열 후 서랭하는 열처리 조작은 뜨임(Tempering)이다.

철의 기본 열처리
• 담금질(Quenching) : 강을 Fe-C상태도상에서 A_3 및 A_1 변태선 이상 30~50℃로 가열 후 급랭시켜 오스테나이트 조직에서 마텐자이트 조직으로 강도가 큰 재질을 만드는 열처리작업
• 뜨임(Tempering) : 담금질한 강을 A_1 변태점 이하로 가열 후 서랭하는 것으로 담금질되어 경화된 재료에 인성을 부여한다.
• 풀림(Annealing) : 재질을 연하고 균일화시킬 목적으로 목적에 맞는 일정 온도 이상으로 가열한 후 서랭한다(완전 풀림은 A_3 변태점 이상, 연화 풀림은 650℃ 정도).
• 불림(Normalizing) : 담금질이 심하거나 결정입자가 조대해진 강을 표준화조직으로 만들어 주기 위하여 A_3점이나 A_{cm}점 이상으로 가열 후 대기 중에서 서랭한다.

47 오스테나이트계 스테인리스강의 표준 성분에서 크롬과 니켈의 함유량은?

① 10% 크롬, 10% 니켈
② 18% 크롬, 8% 니켈
③ 10% 크롬, 8% 니켈
④ 8% 크롬, 18% 니켈

해설

스테인리스강의 분류

구분	종류	주요 성분	자성
Cr계	페라이트계 스테인리스강	Fe+Cr 12% 이상	자성체
	마텐자이트계 스테인리스강	Fe+Cr 13%	자성체
Cr+Ni계	오스테나이트계 스테인리스강	Fe+Cr 18%+Ni 8%	비자성체
	석출경화계 스테인리스강	Fe+Cr+Ni	비자성체

48 순철의 자기변태점은?

① A₁   ② A₂

③ A₃   ④ A₄

해설

원자 배열은 변화가 없으나 자성만 변하는 것을 금속의 자기변태라고 한다.

금속의 변태점

- A₀변태점 : 210℃ – 시멘타이트의 자기변태점(시멘타이트가 자성을 잃는 변태점)
- A₁변태점 : 723℃ – 페라이트 + 시멘타이트 → 오스테나이트로 바뀜
- A₂변태점 : 770℃ – 금속의 자기변태점
- A₃변태점 : 910℃ – 체심입방격자가 면심입방격자로 바뀜
- A₄변태점 : 1,400℃ – 면심입방격자가 체심입방격자로 바뀜

49 탄소강의 열처리방법 중 표면경화 열처리에 속하는 것은?

① 풀림   ② 담금질

③ 뜨임   ④ 질화법

해설

질화법은 표면경화 열처리에 속하며 담금질, 뜨임, 풀림은 불림과 더불어 철의 기본 열처리로 재료의 내부 및 외부를 모두 열처리하는 방법이다.

표면경화법의 분류

종류		침탄재료
화염경화법		산소–아세틸렌불꽃
고주파경화법		고주파 유도전류
질화법		암모니아가스
침탄법	고체침탄법	목탄, 코크스, 골탄
	액체침탄법	사이안화칼륨(KCN), 사이안화나트륨(NaCN)
	가스침탄법	메탄, 에탄, 프로판
금속 침투법	세라다이징	아연(Zn)
	칼로라이징	알루미늄(Al)
	크로마이징	크롬(Cr)
	실리코나이징	규소, 실리콘(Si)
	보로나이징	붕소(B)

50 Al에 약 10%까지의 마그네슘을 첨가한 합금으로 다른 주물용 알루미늄의 합금에 비하여 내식성, 강도, 연신율이 우수한 것은?

① 실루민   ② 두랄루민

③ 하이드로날륨   ④ Y합금

해설

알루미늄 합금의 종류

합금의 종류	용도	구성
Y합금	내열 주조용	Al + Cu + Mg + Ni
두랄루민	고강도 재료	Al + Cu + Mg + Mn
라우탈	내식용	Al + Cu + Si
하이드로날륨	내식성	Al + Mg

51 다음 그림과 같은 도면의 설명으로 가장 올바른 것은?

① 전체 길이는 660mm이다.

② 드릴 가공 구멍의 지름은 20mm이다.

③ 드릴 가공 구멍의 수는 20개이다.

④ 드릴 가공 구멍의 피치는 30mm이다.

해설

'12–20 드릴'은 지름이 Φ20인 드릴로 12개의 구멍을 만들었다는 의미이다.

① 이 도면에서 전체 길이는
(50mm × 11개 구멍 간 거리) + (30mm × 2) = 610mm이다.

③ 드릴 가공 구멍의 수는 12개이다.

④ 드릴 가공 구멍의 피치는 50mm이다.

52 다음 그림과 같은 용접기호에서 'z3'의 설명으로 옳은 것은?

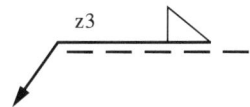

① 필릿용접부의 목 길이가 3mm이다.
② 필릿용접부의 목 두께가 3mm이다.
③ 용접을 위쪽으로 3군데 하라는 표시이다.
④ 용접을 3mm 간격으로 하라는 표시이다.

해설
z3은 목 길이가 3mm임을 의미한다.
용접부 기호 표시
• a : 목 두께
• z : 목 길이($z = a\sqrt{2}$)

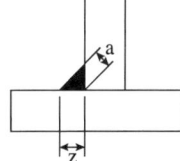

53 다음 그림과 같은 제3각법에 의한 정투상도의 입체도로 가장 적합한 것은?

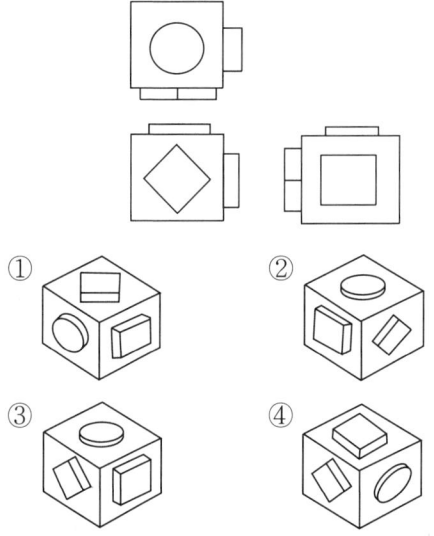

① ② ③ ④

해설
정면도에는 마름모, 평면도에는 원의 형상이 부착된 ③번이 정답이다.

54 KS에서 기계제도에 관한 일반사항 설명으로 틀린 것은?

① 치수는 참고치수, 이론적으로 정확한 치수를 기입할 수도 있다.
② 도형의 크기와 대상물의 크기와의 사이에는 올바른 비례관계를 보유하도록 그린다. 다만, 잘못 볼 염려가 없다고 생각되는 도면은 도면의 일부 또는 전부에 대하여 이 비례관계는 지키지 않아도 좋다.
③ 기능상의 요구, 호환성, 제작기술 수준 등을 기본으로 불가결의 경우만 기하공차를 지시한다.
④ 길이 치수는 특별히 지시가 없는 한 그 대상물의 측정을 3점 측정에 따라 행한 것으로 하여 지시한다.

해설
길이 치수는 특별히 지시가 없는 한 그 대상물의 측정을 2점 측정에 따라 행한 것으로 지시한다.
기계제도의 일반사항
• 선의 굵기 방향의 중심은 선의 이론상 그려야 할 위치 위에 있어야 한다.
• 한국산업표준에 제도에 사용하는 기호로서 규정한 기호를 그 규정에 따라 사용할 경우, 일반적으로는 특별한 주기를 필요로 하지 않는다.
• 기능상의 요구, 호환성, 제작 기술 수준 등을 기본으로 불가결의 경우만 기하공차를 지시한다.
• 길이 치수는 특별히 지시가 없는 한 그 대상물의 측정을 2점 측정에 따라 행한 것으로 지시한다.
• 투명한 재료로 만들어지는 대상물 또는 부분은 투상도에서 전부 불투명한 것으로 하고 그린다.
• 도형의 크기와 대상물의 크기와의 사이에는 올바른 비례관계를 보유하도록 그린다. 다만, 잘못 볼 염려가 없다고 생각되는 도면은 도면의 일부 또는 전부에 대해 비례관계는 지키지 않아도 좋다.

55 일반 구조용 압연강재 SS400에서 400이 나타내는 것은?

① 최저 인장강도
② 최저 압축강도
③ 평균 인장강도
④ 최대 인장강도

해설
SS400에서 SS는 Structure Steel로서 일반 구조용 압연 강재를 뜻하며, 400은 최저 인장강도 400N/mm² 를 의미한다.

56 다음 그림과 같은 물체를 한쪽 단면도로 나타낼 때 가장 옳은 것은?

①

②

③

④

해설
반단면도의 경우 한쪽면은 외부에서 보이는 그대로의 형태를 나타내어야 하며, 반대쪽면은 단면되었을 때 도면이 그려져야 한다. 따라서 ④번이 정답이다.

단면도의 종류

단면도명	도면
온단면도 (전단면도)	
한쪽 단면도 (반단면도)	
부분 단면도	파단선 떼어 낸 부분의 단면
회전도시 단면도	(a) 암의 회전 단면도(투상도 안) (b) 훅의 회전 단면도(투상도 밖)

단면도명	도면
계단 단면도	A-B-C-D

57 그림과 같이 가공 전 또는 가공 후의 모양을 표시하는 데 사용하는 선의 명칭은?

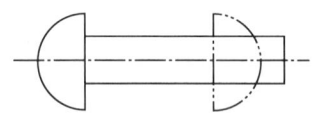

① 숨은선　　　　② 파단선
③ 가상선　　　　④ 절단선

해설
가는 2점 쇄선(— · · — · · —)으로 표시되는 가상선의 용도
• 인접 부분을 참고로 표시할 때
• 공구 및 지그 등 위치를 참고로 나타낼 때
• 가공 전이나 후의 모양을 표시할 때
• 반복되는 것을 나타낼 때
• 도시된 단면의 앞부분을 표시할 때
• 단면의 무게중심을 연결한 선을 표시할 때

58 KS 배관 제도 밸브 도시기호에서 기호의 뜻은?

① 안전밸브　　　② 체크밸브
③ 일반밸브　　　④ 앵글밸브

해설
체크밸브란 액체의 역류를 방지하기 위해 한쪽 방향으로만 흐르게 하는 밸브이다. 기호는 다음과 같이 두 가지로 나타낸다.

59 지지장치를 의미하는 배관도시기호가 다음 그림과 같이 나타날 때 이 지지장치의 형식은?

① 고정식
② 가이드식
③ 슬라이드식
④ 일반식

해설
하단부에 관의 접속부에 X 표시를 통해 지지장치가 고정식임을 알 수 있다.

60 다음 그림에서 '□15'에 대한 설명으로 맞는 것은?

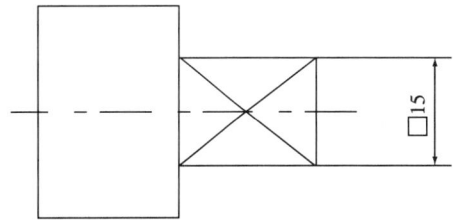

① 단면적이 15인 직사각형
② 한 변의 길이가 15인 정사각형
③ ∅15인 원통에 평면이 있음
④ 이론적으로 정확한 치수가 15인 평면

해설
기계 도면에서 ⊠ 표시는 해당면이 평면으로 되어 있음을 나타낸다. 그리고, '□15'는 한 변의 길이가 15mm인 정사각형을 의미한다.

치수 표시기호의 종류

기호	구분	기호	구분
∅	지름	p	피치
S∅	구의 지름	⌒50	호의 길이
R	반지름	50̲	비례척도가 아닌 치수
SR	구의 반지름	50̄	이론적으로 정확한 치수
□	정사각형	(50)	참고 치수
C	45° 모따기	~~50~~	치수의 취소 (수정 시 사용)
t	두께	–	–

01 고체 상태에 있는 두 개의 금속재료를 융접, 압접, 납땜으로 분류하여 접합하는 방법은?

① 기계적인 접합법

② 화학적 접합법

③ 전기적 접합법

④ 야금적 접합법

해설
야금적 접합법
• 결합부에 틈이 발생하지 않아서 이음효율이 좋다.
• 영구적 결합법으로 한 번 결합 시 분리가 불가능하다.

03 전격방지기가 설치된 용접기의 가장 적당한 무부하전압은?

① 25V 이하　　　　② 50V 이하

③ 75V 이하　　　　④ 상관없다.

해설
일반적인 교류아크용접기의 2차측 무부하 전압은 75V 정도가 되는데 이 때문에 직류아크용접기보다 전격의 위험이 더 크다. 따라서 용접기에 정격방지기를 반드시 설치하고 무부하전압은 항상 25V 이하로 유지해야 한다.

04 용접 시 두통이나 뇌빈혈을 일으키는 이산화탄소 가스의 농도는?

① 1~2%　　　　② 3~4%

③ 10~15%　　　④ 20~30%

해설
이산화탄소 가스의 농도가 3~4%인 환경에 사람이 노출되면 두통이나 뇌빈혈을 일으킨다.

02 리벳이음과 비교하여 용접이음의 특징 중 옳지 않은 것은?

① 구조가 복잡하다.

② 이음효율이 높다.

③ 공정의 수가 절감된다.

④ 유밀, 기밀, 수밀이 우수하다.

해설
용접은 리벳작업에 비해 구조가 단순하다는 장점이 있다.

05 발전(모터, 엔진형)형 직류아크용접기와 비교하여 정류기형 직류아크용접기에 대한 설명으로 틀린 것은?

① 고장이 적고 유지보수가 용이하다.

② 취급이 간단하고 가격이 싸다.

③ 초소형 경량화 및 안정된 아크를 얻을 수 있다.

④ 완전한 직류를 얻을 수 있다.

해설
정류기형 직류아크용접기는 완전한 직류를 얻지 못한다는 단점이 있다.

06 피복아크용접봉은 피복제가 연소한 후 생성된 물질이 용접부를 보호한다. 용접부의 보호방식에 따른 분류가 아닌 것은?

① 가스발생식
② 스프레이형
③ 반가스발생식
④ 슬래그생성식

해설
용착금속의 보호방식에 따른 분류에 스프레이형은 포함되지 않는다.

07 직류용접에서 발생되는 아크쏠림의 방지대책 중 틀린 것은?

① 큰 가접부 또는 이미 용접이 끝난 용착부를 향하여 용접할 것
② 용접부가 긴 경우에는 후퇴 용접법(Back Step Welding)으로 할 것
③ 용접봉 끝을 아크가 쏠리는 방향으로 기울일 것
④ 되도록 아크를 짧게 하여 사용할 것

해설
아크쏠림을 방지하기 위해서는 용접봉 끝을 아크쏠림의 반대 방향으로 기울여야 한다.

08 고셀룰로스계(E4311) 용접봉의 특징으로 틀린 것은?

① 슬래그 생성량이 적다.
② 비드 표면이 양호하고, 스패터의 발생이 적다.
③ 아크는 스프레이 형상으로 용입이 비교적 양호하다.
④ 가스 실드에 의한 아크 분위기가 환원성이므로 용착금속의 기계적 성질이 양호하다.

해설
고셀룰로스계(E4311) 용접봉은 비드 표면이 거칠고, 스패터가 많다.

09 산소용기의 윗부분에 각인되어 있는 표시 중 최고충전압력의 표시는?

① TP
② FP
③ WP
④ LP

해설
② 최고충전압력(FP ; Full Pressure)
① 내압시험압력(TP ; Test Pressure)

10 폭발 위험성이 가장 큰 산소와 아세틸렌의 혼합비(%)는?(단, 산소 : 아세틸렌)

① 40 : 60
② 15 : 85
③ 60 : 40
④ 85 : 15

해설
가스용접 시 산소 : 아세틸렌가스의 혼합비가 산소 85% : 아세틸렌 15% 부근일 때 폭발 위험성이 가장 크다.

11 가스 절단에서 양호한 절단면을 얻기 위한 조건으로 옳지 않은 것은?

① 드래그가 가능한 한 클 것
② 절단면 표면의 각이 예리할 것
③ 슬래그 이탈이 양호할 것
④ 경제적인 절단이 이루어질 것

해설
가스 절단 시 양호한 절단면을 얻기 위해서는 가능한 한 드래그가 작아야 한다.

12 가스 절단에 대한 설명으로 옳은 것은?

① 강의 절단 원리는 예열 후 고압산소를 불어대면 강보다 용융점이 낮은 산화철이 생성되고, 이때 산화철은 용융과 동시 절단된다.
② 양호한 절단면을 얻으려면 절단면이 평활하며 드래그의 홈이 높고 노치 등이 있을수록 좋다.
③ 절단산소의 순도는 절단속도와 절단면에 영향이 없다.
④ 가스 절단 중에 모래를 뿌리면서 절단하는 방법을 가스분말절단이라고 한다.

해설
가스 절단은 절단할 모재를 먼저 가스토치 팁의 불꽃으로 예열한 후 용융점 이하의 온도에서 가열한 후 고압산소를 이용해서 용융된 산화철을 불어내서 절단하는 방법이다.

13 납땜 시 용제가 갖추어야 할 조건이 아닌 것은?

① 모재의 불순물 등을 제거하고 유동성이 좋을 것
② 청정한 금속면의 산화를 쉽게 할 것
③ 땜납의 표면장력에 맞추어 모재와의 친화도를 높일 것
④ 납땜 후 슬래그 제거가 용이할 것

해설
납땜 시 용제는 청정한 금속면의 산화를 일으키면 안 된다.

14 서브머지드 아크용접의 장점이 아닌 것은?

① 용융속도 및 용착속도가 빠르다.
② 용입이 깊다.
③ 용접 자세에 제약을 받지 않는다.
④ 대전류 사용이 가능하여 고능률적이다.

해설
서브머지드 아크용접(SAW)은 특수한 장치를 사용하지 않는 한 아래보기, 수평필릿자세 용접에만 한정된다.

15 불활성 가스텅스텐 아크용접을 이용하여 알루미늄 주물을 용접할 때 사용하는 전류로 가장 적합한 것은?

① AC   ② DCRP
③ DCSP   ④ ACHF

해설
TIG 용접으로 스테인리스강이나 탄소강, 주철, 구리 합금을 용접할 때는 토륨 텅스텐 전극봉을 이용해서 직류 정극성으로 용접한다. 이외의 재질을 TIG 용접법으로 용접할 때는 아크 안정을 위해 주로 고주파 교류(ACHF)를 전원으로 사용하는데, 고주파 교류는 아크를 발생시키기 쉽고, 전극의 소모를 줄여 텅스텐봉의 수명을 길게 하는 장점이 있다.

16 MIG 용접법의 특징에 대한 설명으로 틀린 것은?

① 전자세 용접이 불가능하다.

② 용접속도가 빠르므로 모재의 변형이 적다.

③ 피복아크용접에 비해 빠른 속도로 용접할 수 있다.

④ 후판에 적합하고 각종 금속용접에 다양하게 적용할 수 있다.

해설
MIG(Metal Inert Gas arc welding) 용접은 전자세 용접이 가능하다.

17 탄산가스아크용접에 대한 설명으로 틀린 것은?

① 용착금속에 포함된 수소량은 피복아크용접봉의 경우보다 적다.

② 박판용접은 단락이행 용접법에 의해 가능하고, 전자세 용접도 가능하다.

③ 피복아크용접처럼 용접봉을 갈아 끼우는 시간이 필요 없어 용접 생산성이 높다.

④ 용융지의 상태를 보면서 용접할 수가 없어 용접 진행의 양부 판단이 곤란하다.

해설
이산화탄소(CO_2, 탄산) 가스아크용접은 아크와 용융지가 눈에 보여 정확한 용접이 가능하므로 용접 진행의 양부 판단을 할 수 있다.

18 플라스마 아크용접에 대한 설명으로 옳지 않은 것은?

① 아크 플라스마의 온도는 $10,000 \sim 30,000℃$에 달한다.

② 핀치효과에 의해 전류밀도가 커서 용입이 깊고 비드폭이 좁다.

③ 무부하전압이 일반 아크용접기에 비하여 2~5배 정도 낮다.

④ 용접장치 중에 고주파 발생장치가 필요하다.

해설
플라스마 아크용접은 무부하전압이 일반 아크용접기보다 2~5배 더 높다.

19 실드가스로서 주로 탄산가스를 사용하여 용융부를 보호하여 탄산가스 분위기 속에서 아크를 발생시켜 그 아크열로 모재를 용융시켜 용접하는 방법은?

① 테르밋용접

② 실드용접

③ 전자빔용접

④ 일렉트로 가스아크용접

20 테르밋용접에 관한 설명으로 틀린 것은?

① 테르밋 혼합제는 미세한 알루미늄 분말과 산화철의 혼합물이다.

② 테르밋반응 시 온도는 약 $4,000℃$이다.

③ 테르밋용접 시 모재가 강일 경우 약 $800 \sim 900℃$로 예열시킨다.

④ 테르밋은 차축, 레일, 선미 프레임 등 단면이 큰 부재를 용접할 때 사용한다.

해설
테르밋용접 시 발생되는 반응온도는 약 $2,800℃$ 정도이다.

21 용접전류는 200A, 아크전압은 20V, 용접속도는 15cm/min이라 하면 용접의 단위 길이 1cm당 발생하는 용접 입열을 몇 Joule/cm인가?

① 2,000
② 5,000
③ 10,000
④ 16,000

해설
용접 입열량

$$H = \frac{60EI}{v}$$

$$= \frac{60 \times 20 \times 200}{15} = 16,000\,\text{J/cm}$$

여기서, H : 용접 단위 길이 1cm당 발생하는 전기적 에너지
E : 아크전압[V]
I : 아크전류[A]
v : 용접속도[cm/min]
※ 일반적으로 모재에 흡수된 열량은 입열의 75~85% 정도이다.

22 일반적인 레이저빔 용접의 특징으로 옳은 것은?

① 용접속도가 느리고 비드 폭이 매우 넓다.
② 깊은 용입을 얻을 수 있고, 이종금속의 용접도 가능하다.
③ 가공물의 열변형이 크고 정밀용접이 불가능하다.
④ 여러 작업을 한 레이저로 동시에 작업할 수 없으며 생산성이 낮다.

해설
레이저빔 용접(레이저용접)의 특징
• 좁고 깊은 용접부를 얻을 수 있다.
• 이종금속의 용접이 가능하다.
• 미세하고 정밀한 용접이 가능하다.
• 접근이 곤란한 물체의 용접이 가능하다.
• 열변형이 거의 없는 비접촉식 용접법이다.
• 전자빔 용접기보다 설치비가 저렴하다.
• 고속용접과 용접공정의 융통성을 부여할 수 있다.
• 전자부품과 같은 작은 크기의 정밀용접이 가능하다.
• 용접 입열이 매우 작으며, 열영향부의 범위가 좁다.
• 용접될 물체가 불량 도체인 경우에도 용접이 가능하다.
• 에너지 밀도가 매우 높으며, 고용점을 가진 금속의 용접에 이용한다.
• 접합되어야 할 부품의 조건에 따라서 한면 용접으로 접합이 가능하다.
• 열원이 빛의 빔이기 때문에 투명재료를 사용해서 어떤 분위기 속에서도(공기, 진공) 용접이 가능하다.

23 점용접(Spot Welding)의 3대 요소에 해당되는 것은?

① 가압력, 통전시간, 전류의 세기
② 가압력, 통전시간, 전압의 세기
③ 가압력, 냉각수량, 전류의 세기
④ 가압력, 냉각수량, 전압의 세기

해설
저항용접의 3요소
• 가압력
• 용접전류
• 통전시간

24 주철의 보수용접방법이 아닌 것은?

① 로킹법
② 비녀장법
③ 버터링법
④ 백킹법

해설
주철의 보수용접작업의 종류
• 비녀장법 : 균열부 수리나 가늘고 긴 부분을 용접할 때 용접선에 직각이 되게 지름이 6~10mm 정도인 ㄷ자형의 강봉을 박고 용접하는 방법이다.
• 버터링법 : 처음에는 모재와 잘 융합이 되는 용접봉으로 적정 두께까지 용착시킨 후 다른 용접봉으로 용접하는 방법이다.
• 로킹법 : 스터드 볼트 대신에 용접부 바닥에 홈을 파고 이 부분을 걸쳐서 힘을 받도록 하는 방법이다.

25 미소한 결함이 있어 응력의 이상 집중에 의하여 성장하거나 새로운 균열이 발생될 경우 변형 개방에 의한 초음파가 방출되는데, 이러한 초음파를 AE검출기로 탐상함으로써 발생 장소와 균열의 성장속도를 감지하는 용접시험검사법은?

① 누설탐상검사법

② 전자초음파법

③ 진공검사법

④ 음향방출탐상검사법

해설
① 누설탐상검사법 : 유체(액체나 기체)가 시험체 내부와 외부의 압력차에 의해 결함부로 흘러 들어가거나 흘러나오는 성질을 이용하여 결함을 찾아내는 검사법이다.
② 전자초음파법(전자초음파 공명법) : 비접촉으로 초음파를 송수신할 수 있는 전자초음파 탐촉자를 이용하여 금속 내부에 초음파 공명을 발생시켜 그 공명 스펙트럼에서 재료의 결함을 검사하는 비파괴검사법이다.

26 T형 이음(홈완전용입)에서 인장하중 6ton, 판 두께를 20mm로 할 때 필요한 용접 길이는 몇 mm인가?(단, 용접부의 허용인장응력은 5kgf/mm²이다)

① 60

② 80

③ 100

④ 102

해설
인장응력$(\sigma) = \dfrac{F}{A} = \dfrac{F}{t \times L}$ 식을 응용하면

$5\text{kgf/mm}^2 = \dfrac{6,000\text{N}}{20\text{mm} \times L}$

$L = \dfrac{6,000\text{kgf}}{20\text{mm} \times 5\text{kgf/mm}^2} = 60\text{mm}$

27 다음 그림과 같이 각 층마다 전체의 길이를 용접하면서 쌓아올리는 가장 일반적인 용착법은?

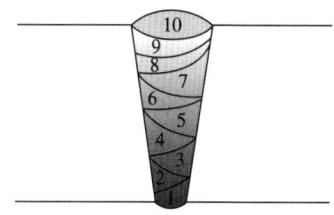

① 교호법   ② 덧살 올림법

③ 캐스케이드법   ④ 전진 블록법

해설
덧살 올림법(빌드 업 법)은 각 층마다 전체의 길이를 용접하면서 쌓아올리는 가장 일반적인 용착법이다.

28 판 두께가 가장 두꺼운 경우에 적당한 용접방법은?

① 원자수소용접

② CO₂ 가스용접

③ 서브머지드 용접(Submerged Welding)

④ 일렉트로 슬래그용접(Electro Slag Welding)

29 용접 전 적당한 온도로 예열하면 냉각속도를 느리게 하여 결함을 방지할 수 있다. 예열온도에 대한 설명 중 옳은 것은?

① 고장력강의 경우는 용접 홈을 50~350℃로 예열한다.

② 저합금강의 경우는 용접 홈을 200~500℃로 예열한다.

③ 연강을 0℃ 이하에서 용접할 경우는 이음의 양쪽 폭 100mm 정도를 40~250℃로 예열한다.

④ 주철의 경우는 용접홈을 40~75℃로 예열한다.

해설
고장력강의 용접 홈을 50~350℃ 정도로 예열한 후 용접하면 결함을 방지할 수 있다. 참고로 후판, 구리 또는 구리 합금, 알루미늄 합금 등과 같이 열전도가 큰 재료는 이음부의 열집중이 부족하여 융합 불량이 생기기 쉬우므로 200~400℃ 정도의 예열이 필요하다.

30 용접금속의 파단면에 매우 미세한 주상정(柱狀晶)이 서릿발 모양으로 병립하고, 그 사이에 현미경으로 보이는 정도의 비금속 개재물이나 기공을 포함한 조직이 나타나는 결함은?

① 선상조직　　　　② 은점
③ 슬래그 혼입　　　④ 용입 불량

해설

선상조직이란 표면의 조직이 눈꽃 모양을 나타내며, 인(P)을 많이 함유하는 강에 나타나는 편석의 일종이다. 용접금속의 파단면에 미세한 주상정이 서릿발 모양으로 병립하고 그 사이에 현미경으로 확인 가능한 비금속 개재물이나 기공을 포함한다.

31 금속의 결정구조에 대한 설명으로 틀린 것은?

① 결정입자의 경계를 결정립계라 한다.
② 결정체를 이루고 있는 각 결정을 결정입자라 한다.
③ 체심입방격자는 단위 격자 속에 있는 원자수가 3개이다.
④ 물질을 구성하고 있는 원자가 입체적으로 규칙적인 배열을 이루고 있는 것을 결정이라 한다.

해설

체심입방격자(BCC ; Body Centered Cubic)의 단위 격자 내 원자수는 2개이다.

32 Fe-C상태도에서 공정반응에 의해 생성된 조직은?

① 펄라이트
② 페라이트
③ 레데부라이트
④ 소르바이트

해설

Fe-C계 평형상태도에서의 불변반응

공석반응	• 반응온도 : 723℃ • 탄소함유량 : 0.8% • 반응내용 : γ 고용체 ↔ α 고용체 + Fe_3C • 생성조직 : 펄라이트 조직
공정반응	• 반응온도 : 1,147℃ • 탄소함유량 : 4.3% • 반응내용 : 융체(L) ↔ γ 고용체 + Fe_3C • 생성조직 : 레데부라이트 조직
포정반응	• 반응온도 : 1,494℃(1,500℃) • 탄소함유량 : 0.18% • 반응내용 : δ 고용체 + 융체(L) ↔ γ 고용체 • 생성조직 : 오스테나이트 조직

33 구상흑연주철은 주조성, 가공성 및 내마멸성이 우수한데, 구상흑연주철 제조 시 구상화제로 첨가되는 원소는?

① P, S　　　　② O, N
③ Pb, Zn　　　④ Mg, Ca

해설

흑연을 구상화하는 방법
황(S)이 적은 선철을 용해한 후 Mg, Ce, Ca 등을 첨가하여 제조하는데, 흑연이 구상화되면 보통 주철에 비해 강력하고 점성이 강한 성질을 갖는다.

34 비파괴검사법 중 표면결함 검출에 사용되지 않는 것은?

① MT   ② UT

③ PT   ④ ET

해설
비파괴시험법의 분류

내부결함	방사선투과시험(RT)
	초음파탐상시험(UT)
표면결함	외관검사(VT)
	자분탐상검사(MT)
	침투탐상검사(PT)
	누설검사(LT)
	와전류탐상시험(ET)

35 Fe-C 평형상태도에서 공정점과 C%는?

① 0.02%   ② 0.8%

③ 4.3%   ④ 6.67%

해설
공정반응을 일으키는 공정점은 순수한 철에 4.3%의 C(탄소)가 합금된다.

36 강을 경화시키기 위한 열처리는?

① 담금질   ② 뜨임

③ 불림   ④ 풀림

해설
① 담금질(Quenching) : 재질을 경화시킬 목적으로 강을 오스테나이트 조직의 영역으로 가열한 후 급랭시켜 강도와 경도를 증가시키는 열처리법이다.
② 뜨임(Tempering) : 담금질한 강을 A_1 변태점(723℃) 이하로 가열 후 서랭하는 것으로, 담금질로 경화된 재료에 인성을 부여하고 내부응력을 제거한다.
③ 불림(Normalizing) : 담금질 정도가 심하거나 결정입자가 조대해진 강, 소성가공이나 주조로 거칠어진 조직을 표준화조직으로 만들기 위하여 A_3점(968℃)이나 A_{cm}(시멘타이트)점보다 30~50℃ 이상의 온도로 가열한 후 공랭시킨다.
④ 풀림(Annealing) : 재질을 연하고(연화시키고) 균일화시키거나 내부응력을 제거할 목적으로 실시하는 열처리법으로, 완전풀림은 A_3 변태점(968℃) 이상의 온도로, 연화풀림은 650℃ 정도의 온도로 가열한 후 서랭한다.

37 탄소강의 용접에서 탄소 함유량이 많아지면 낮아지는 성질은?

① 인장강도   ② 취성

③ 연신율   ④ 압축강도

해설
탄소 함유량이 많아지면 연신율은 낮아진다.
연신율(ε) : 재료에 외력이 가해졌을 때 처음 길이에 비해 나중에 늘어난 길이의 비율

$$\varepsilon = \frac{\text{나중 길이} - \text{처음 길이}}{\text{처음 길이}} = \frac{l_1 - l_0}{l_0} \times 100\%$$

38 주철에 관한 설명으로 틀린 것은?

① 비중은 C와 Si 등이 많을수록 작아진다.
② 용융점은 C와 Si 등이 많을수록 낮아진다.
③ 주철을 600℃ 이상의 온도에서 가열 및 냉각을 반복하면 부피가 감소한다.
④ 투자율을 크게 하기 위해서는 화합 탄소를 적게 하고, 유리 탄소를 균일하게 분포시킨다.

해설
주철은 C의 함유량이 많기 때문에 600℃ 이상으로 가열과 냉각을 반복하면 부피가 팽창한다.

39 탄소량이 약 0.80%인 공석강의 조직으로 옳은 것은?

① 페라이트 ② 펄라이트
③ 시멘타이트 ④ 레데부라이트

해설
② 펄라이트 : 순수한 철(Fe)에 0.8%의 탄소(C)가 합금된 조직으로, 공석강이라고 한다. 펄라이트는 α(페라이트)+Fe₃C(시멘타이트)의 층상구조조직으로 질기고 강한 성질을 갖는 금속조직이다.
① 페라이트 : α철, 체심입방격자인 α철이 723℃에서 최대 0.02%의 탄소를 고용하는데, 이때의 고용체가 페라이트이다. 전연성이 크고 자성체이다.
③ 시멘타이트 : Fe₃C, 순철에 6.67%의 탄소가 합금된 금속조직으로 경도가 매우 크나 취성도 크다.
④ 레데부라이트 : 순수한 철에 탄소의 함유량이 약 4.3%인 금속조직으로 융체(L) ↔ γ고용체 + Fe₃C 간 반응에 의해 생성된다.

40 주조 시 주형에 냉금을 삽입하여 주물 표면을 급랭시키는 방법으로 제조되며 금속 압연용 롤 등으로 사용되는 주철은?

① 가단주철 ② 칠드주철
③ 고급주철 ④ 페라이트주철

해설
칠드주철은 주조 시 주형에 냉금을 삽입하여 주물의 표면을 급랭시켜 경화시키고, 내부는 본래의 연한 조직으로 남게 하는 내마모성 주철이다. 칠드된 부분은 시멘타이트 조직으로 되어 경도가 높아지고 내마멸성과 압축강도가 커서 기차 바퀴나 분쇄기 롤러에 사용된다.

41 Y합금의 일종으로 Ti과 Cu를 0.2% 정도씩 첨가한 것으로 피스톤에 사용되는 것은?

① 두랄루민 ② 코비탈륨
③ 로엑스합금 ④ 하이드로날륨

해설
주조용 알루미늄 합금의 일종인 코비탈륨은 Al + Cu + Ni에 Ti, Cu 0.2% 첨가한 것으로 내연기관의 피스톤용 재료로 사용된다.

42 체심입방격자에 속하는 원소가 아닌 것은?

① 텅스텐 ② 크롬
③ 바나듐 ④ 알루미늄

해설
Fe의 결정구조의 종류 및 특징

종류	성질	원소	단위 격자 내 원자수	배위 수	원자 충진율
체심입방격자 (BCC ; Body Centered Cubic)	• 강도가 크다. • 용융점이 높다. • 전성과 연성이 작다.	W, Cr, Mo, V, Na, K	2개	8	68%
면심입방격자 (FCC ; Face Centered Cubic)	• 전기전도도가 크다. • 가공성이 우수하다. • 장신구로 사용된다. • 전성과 연성이 크다. • 연한 성질의 재료이다.	Al, Ag, Au, Cu, Ni, Pb, Pt, Ca	4개	12	74%
조밀육방격자 (HCP ; Hexagonal Close Packed lattice)	• 전성과 연성이 작다. • 가공성이 좋지 않다.	Mg, Zn, Ti, Be, Hg, Zr, Cd, Ce	2개	12	74%

43 6 : 4 황동에 1~2% Fe을 첨가한 것으로, 강도가 크며 내식성이 좋아 광산기계, 선박용 기계, 화학기계 등에 이용되는 합금은?

① 톰백
② 라우탈
③ 델타메탈
④ 네이벌 황동

해설
① 톰백 : Cu에 Zn을 5~20% 합금한 것으로 색깔이 아름답고 냉간가공이 쉽게 되어 단추나 금박, 금 모조품과 같은 장식용 재료로 사용된다.
② 라우탈 : 주조용 알루미늄 합금으로 Al + Cu + Si의 합금이다. Al에 Si를 첨가하면 주조성이 개선되며, Cu를 첨가하면 절삭성이 향상된다.
④ 네이벌 황동 : 6 : 4 황동에 0.8% 정도의 Sn을 첨가한 것으로 내해수성이 강해서 선박용 부품에 사용한다.

44 온도에 따른 탄성률의 변화가 거의 없어 시계나 압력계 등에 널리 이용되는 합금은?

① 플래티나이트   ② 니칼로이
③ 인바   ④ 엘린바

해설
Ni-Fe계 합금(불변강)의 종류

종류	용도
인바	• Fe에 35%의 Ni, 0.1∼0.3%의 Co, 0.4%의 Mn이 합금된 불변강의 일종으로, 상온 부근에서 열팽창계수가 매우 작아서 길이 변화가 거의 없다. • 줄자나 측정용 표준자, 바이메탈, TV용 섀도 마스크용 재료로 사용한다.
슈퍼인바	• Fe에 30∼32%의 Ni, 4∼6%의 Co를 합금한 재료로, 20℃에서 열팽창계수가 0에 가까워서 표준 척도용 재료로 사용한다.
엘린바	• Fe에 36%의 Ni, 12%의 Cr이 합금된 재료로, 온도 변화에 따라 탄성률의 변화가 미세하여 시계태엽이나 계기의 스프링, 기압계용 다이어프램, 정밀 저울용 스프링 재료로 사용한다.
퍼멀로이	• Fe에 35∼80%의 Ni이 합금된 재료로 열팽창계수가 작아서 측정기나 고주파 철심, 코일, 릴레이용 재료로 사용한다.
플래티나이트	• Fe에 46%의 Ni이 합금된 재료로, 열팽창계수가 유리와 백금과 가까우며 전구 도입선이나 진공관의 도선용으로 사용한다.
코엘린바	• Fe에 Cr 10∼11%, Co 26∼58%, Ni 10∼16% 합금한 것으로 온도 변화에 대한 탄성률의 변화가 작고 공기 중이나 수중에서 부식되지 않아서 스프링, 태엽, 기상관측용 기구의 부품에 사용한다.

45 3∼5% Ni, 1% Si을 첨가한 Cu합금으로 C합금이라고도 하며, 강력하고 전도율이 좋아 용접봉이나 전극재료로 사용되는 것은?

① 톰백   ② 문쯔메탈
③ 길딩메탈   ④ 콜슨 합금

해설
콜슨 합금은 Ni 3∼4%, Si 0.8∼1.0%의 Cu 합금으로 인장강도와 도전율이 높아서 통신선, 전화선과 같이 얇은 선재로 사용된다.

46 용접부의 노 내 응력 제거방법에서 가열부를 노에 넣을 때 및 꺼낼 때의 노 내 온도는 몇 ℃ 이하로 하는가?

① 180℃   ② 200℃
③ 250℃   ④ 300℃

해설
노 내 풀림법 : 가열 노(Furnace) 내부의 유지온도는 625℃ 정도이며 노에 넣을 때나 꺼낼 때의 온도는 300℃ 정도로 한다. 판 두께가 25mm일 경우에 1시간 동안 유지하는 데 유지온도가 높거나 유지시간이 길수록 풀림효과가 크다.

47 강의 표면경화법이 아닌 것은?

① 불림
② 침탄법
③ 질화법
④ 고주파 열처리

해설
불림(Normalizing)은 강의 기본 열처리 4단계에 속한다.
표면경화 열처리의 종류

종류		열처리 재료
화염경화법		산소-아세틸렌불꽃
고주파경화법		고주파 유도전류
질화법		암모니아가스
침탄법	고체 침탄법	목탄, 코크스, 골탄
	액체 침탄법	KCN(사이안화칼륨), NaCN(사이안화나트륨)
	가스 침탄법	메탄, 에탄, 프로판
금속 침투법	세라다이징	Zn
	칼로라이징	Al
	크로마이징	Cr
	실리코나이징	Si
	보로나이징	B(붕소)

48 일반적으로 피로강도는 세로축에 응력(S), 가로축에 파괴까지의 응력 반복 횟수(N)를 가진 선도로 표시하는데, 이 선도는?

① B-S 선도　　　　② N-S 선도

③ N-N 선도　　　　④ S-N 선도

해설

피로시험은 재료의 강도시험으로 재료에 인장-압축응력을 반복해서 가했을 때 재료가 파괴되는 시점의 반복수를 구해서 S-N 곡선에 응력(S)과 반복하중 횟수(N)의 상관관계를 나타내서 피로한도를 측정하는 시험이다. 이 시험을 통해서 S-N 곡선이 만들어진다.

49 일반적으로 성분 금속이 합금(Alloy)이 되면 나타나는 특징이 아닌 것은?

① 기계적 성질이 개선된다.

② 전기저항이 감소하고, 열전도율이 높아진다.

③ 용융점이 낮아진다.

④ 내마멸성이 좋아진다.

해설

합금은 순금속에 다른 원소를 첨가하여 새로운 성질의 물질을 만드는 작업으로, 순금속보다 전기저항이 증가하고 열전도율이 낮아지는 특성이 있다.

50 형상기억효과를 나타내는 합금이 일으키는 변태는?

① 펄라이트 변태

② 마텐자이트 변태

③ 오스테나이트 변태

④ 레데부라이트 변태

해설

형상기억효과를 나타내는 합금은 마텐자이트 변태에서 실시한다.

51 도면에서 표제란과 부품란으로 구분할 때 일반적으로 표제란에만 기입하는 것은?

① 부품번호　　　　② 부품기호

③ 수량　　　　　　④ 척도

해설

부품란은 표제란 위쪽의 적당한 위치에 기입하는데 부품란에는 부품번호와 부품명, 수량 등을 기입하며, 표제란에는 척도를 기입한다.

52 다음 그림과 같은 치수기입방법은?

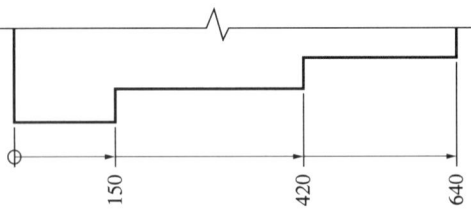

① 직렬치수기입방법

② 병렬치수기입방법

③ 누진치수기입방법

④ 복합치수기입방법

해설

누진치수기입법은 한 개의 연속된 치수선으로 간편하게 사용하는 방법이다. 치수의 기준점에 기점기호(○)를 기입하고, 치수보조선과 만나는 곳마다 화살표를 붙인다.

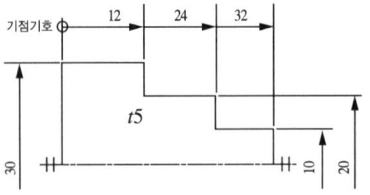

53 인접 부분, 공구, 지그 등의 위치를 참고로 나타내는 데 사용하는 선은?

① 지시선　　　　② 외형선
③ 가상선　　　　④ 파단선

54 제3각법의 투상도에서 도면의 배치관계는?

① 정면도를 중심하여 정면도는 위에, 우측면도는 우측에 배치된다.
② 정면도를 중심하여 평면도는 밑에, 우측면도는 우측에 배치된다.
③ 정면도를 중심하여 평면도는 위에, 우측면도는 우측에 배치된다.
④ 정면도를 중심하여 평면도는 위에, 우측면도는 좌측에 배치된다.

제3각법에서 평면도는 물체를 위에서 바라본 모양이므로 정면도의 위쪽에, 우측면도는 물체를 오른쪽에서 바라본 모양이므로 정면도의 우측에 배치한다.

55 서브머지드 아크용접의 용접 헤드에 해당하지 않는 것은?

① 와이어 송급장치　　② 제어장치
③ 용접 레일　　　　　④ 콘택트 팁

용접 헤드는 용접작업과 직접 관련된 부속장치들이 장착된 것으로 용접 레일과는 관련이 없다.

56 기계제도에서의 척도에 대한 설명으로 잘못된 것은?

① 척도란 도면에서의 길이와 대상물의 실제 길이의 비이다.
② 척도는 표제란에 기입하는 것이 원칙이다.
③ 축척은 2 : 1, 5 : 1, 10 : 1과 같이 나타낸다.
④ 도면을 정해진 척도값으로 그리지 못하거나 비례하지 않을 때는 척도를 'NS'로 표시할 수 있다.

척도 표시방법
A : B = 도면에서의 크기 : 물체의 실제 크기
예 축척 − 1 : 2, 현척 − 1 : 1, 배척 − 2 : 1

57 다음 용접기호 중 표면 육성을 의미하는 것은?

① 　　　②

③ 　　　④

육성 용접이란 재료의 표면에 내마모나 내식용 재료를 입히는 용접법으로 다음과 같은 기호를 사용한다.

※ 육성용접 : 표면(서페이싱) 육성용접

58 배관의 간략 도시방법에서 파이프의 영구 결합부 (용접 또는 다른 공법에 의한다) 상태를 나타내는 것은?

배관을 도시할 때 관의 접속 상태가 영구 결합일 경우 연결 부위를 굵은 점으로 표시한다.
관의 접속 상태와 표시

관의 접속 상태	표시
접속하지 않을 때	┼ ╎
교차 또는 분기할 때	● ● [교차] [분기]

59 다음 그림은 마이크로미터의 측정 눈금을 나타낸 것이다. 측정값은?

① 1.35mm

② 1.85mm

③ 7.35mm

④ 7.80mm

마이크로미터 측정값 계산
7.5mm + 0.30mm = 7.80mm

60 직접측정의 장점이 아닌 것은?

① 측정기의 측정범위가 다른 측정법에 비하여 넓다.

② 측정물의 실제 치수를 직접 읽을 수 있다.

③ 수량이 적고, 많은 종류의 제품 측정에 적합하다.

④ 측정자의 숙련과 경험이 필요 없다.

직접측정은 측정기의 측정값을 작업자가 직접 확인하기 때문에 작업자별 측정오차가 발생한다. 따라서 반드시 측정자의 숙련과 경험이 요구된다.

01 피복아크용접봉에서 피복제의 가장 중요한 역할은?

① 변형 방지
② 인장력 증대
③ 모재의 강도 증가
④ 아크 안정

해설
용접봉의 심선을 덮고 있는 피복제(Flux)는 아크를 안정시키는 역할을 한다.

02 일반적인 용접의 장점으로 옳은 것은?

① 재질 변형이 생긴다.
② 작업공정이 단축된다.
③ 잔류응력이 발생한다.
④ 품질검사가 곤란하다.

해설
용접은 두께에 따라 다르지만 한두 번의 용접만으로도 접합이 이루어지므로 작업공정 수를 다른 접합법보다 단축시킬 수 있다.

03 용접기의 특성 중에서 부하전류가 증가하면 단자 전압이 저하하는 특성은?

① 수하 특성
② 상승 특성
③ 정전압 특성
④ 자기제어 특성

04 화재의 분류 중 C급 화재에 속하는 것은?

① 전기 화재
② 금속 화재
③ 가스 화재
④ 일반 화재

해설
전기 화재는 C급, 일반 화재는 A급, 가스 화재는 B급, 금속 화재는 D급으로 분류된다.

05 교류아크용접기의 용접전류 조정범위는 전격 2차 전류의 몇 % 정도인가?

① 10~20%
② 20~110%
③ 110~150%
④ 160~200%

해설
교류아크용접기의 용접전류의 조정범위는 전격 2차 전류의 20~110% 범위이다.

06 용접 자세를 나타내는 기호가 잘못 짝지어진 것은?

① 위보기 자세 : O

② 수직 자세 : V

③ 아래보기 자세 : U

④ 수평 자세 : H

해설

아래보기 자세 : F

07 피복아크용접 시 위빙 운봉의 폭은 용접봉 심선 지름의 얼마로 하는 것이 가장 적절한가?

① 1배 이하

② 약 2~3배

③ 약 4~5배

④ 약 6~7배

08 아크 발생 초기에 용접봉과 모재가 냉각되어 입열이 부족하면 아크가 불안정하기 때문에 아크 초기에만 용접전류를 특별히 크게 해 주는 장치는?

① 전격방지장치

② 원격제어장치

③ 핫스타트장치

④ 고주파발생장치

해설

핫스타트장치의 장점

• 아크 발생을 쉽게 한다.

• 기공을 방지한다.

• 비드의 이음을 좋게 한다.

• 아크 발생 초기 비드의 용입을 좋게 한다.

① 전격방지장치 : 전격이란 강한 전류를 갑자기 몸에 느꼈을 때의 충격으로, 용접기에는 작업자의 전격을 방지하기 위해서 반드시 전격방지기를 용접기에 부착해야 한다. 전격방지기는 작업을 쉬는 동안에 2차 무부하전압이 항상 25V 정도로 유지되도록 하여 전격을 방지할 수 있다.

② 원격제어장치 : 원거리에서 용접전류 및 용접전압 등의 조정이 필요할 때 설치하는 원거리 조정장치이다.

④ 고주파발생장치 : 교류아크용접기의 아크 안정성을 확보하기 위하여 상용 주파수의 아크전류 외에 고전압(2,000~3,000V)의 고주파 전류를 중첩시키는 방식이며 라디오나 TV 등에 방해를 주는 결점도 있으나 장점이 더 많다.

09 산소와 아세틸렌 용기의 취급상 주의사항으로 옳은 것은?

① 직사광선이 잘 드는 곳에 보관한다.

② 아세틸렌병은 안전상 눕혀서 사용한다.

③ 산소병은 40℃ 이하 온도에서 보관한다.

④ 산소병 내에 다른 가스를 혼합해도 상관없다.

해설

가스용접뿐만 아니라 특수용접 중 보호가스로 사용되는 가스를 담는 용기(봄베, 압력용기)는 안전을 위해 세워서 보관해야 한다.

10 연강용 가스용접봉의 용착금속의 기계적 성질 중 시험 편의 처리에서 '용접한 그대로 응력을 제거하지 않은 것'을 나타내는 기호는?

① NSR   ② SR

③ GA   ④ GB

해설

연강용 용접봉의 시험편 처리

SR	625 ± 25℃에서 응력 제거 풀림을 제거한 것
NSR	용접한 상태 그대로 응력을 제거하지 않은 것

11 아크에어가우징에 가장 적합한 홀더 전원은?

① DCRP

② DCSP

③ DCRP, DCSP 모두 좋다.

④ 대전류의 DCSP가 가장 좋다.

해설

아크에어가우징은 직류 역극성(DCRP ; Direct Current Reverse Polarity)을 전원으로 사용한다.

12 플라스마 절단에 대한 설명으로 틀린 것은?

① 플라스마(Plasma)는 고체, 액체, 기체 이외의 제4의 물리 상태라고도 한다.

② 아크 플라스마의 온도는 약 5,000℃의 열원을 가진다.

③ 비이행형 아크 절단은 텅스텐 전극과 수랭 노즐 사이에서 아크 플라스마를 발생시키는 것이다.

④ 이행형 아크 절단은 텅스텐 전극과 모재 사이에서 아크 플라스마를 발생시키는 것이다.

해설

전기전도성 금속의 절단에 사용되는 플라스마 절단은 절단 토치에서 절단 모재로 전원을 공급할 때 전기전도성 가스를 이용하는데 이 가스가 플라스마이며, 온도는 약 20,000~30,000℃ 정도이다.

13 안전보건표지의 색채, 색도기준 및 용도에서 특정 행위의 지시 및 사실의 고지에 사용되는 색채는?

① 빨간색

② 노란색

③ 녹색

④ 파란색

해설

안전보건표지의 색도기준 및 용도

색채	용도	사용 예
빨간색	금지	정지신호, 소화설비 및 그 장소, 유해행위의 금지
	경고	화학물질 취급 장소에서의 유해·위험 경고
노란색	경고	화학물질 취급 장소에서의 유해·위험 경고 이외의 위험 경고, 주의표지 또는 기계방호물
파란색	지시	특정행위의 지시 및 사실의 고지
녹색	안내	비상구 및 피난소, 사람 또는 차량의 통행 표지
흰색		파란색 또는 녹색에 대한 보조색
검은색		문자 및 빨간색 또는 노란색에 대한 보조색

14 서브머지드 아크용접(SAW)의 전진법과 후진법의 차이점으로 옳지 않은 것은?

① 전진법은 와이어 송급부에 대해 와이어 선단이 진행 방향으로 눕혀진다.

② 후진법은 와이어 송급부에 대해 와이어 선단이 진행 방향의 반대 방향으로 눕혀진다.

③ 후진법은 Arc Blow가 약해 용융금속을 밀어내지 못해서 용입이 얕고 폭이 넓다.

④ 전진법은 용융금속이 아크보다 선행하므로 모재 면에 아크가 직접 발생되지 않고 용융금속 위에서 발생된다.

해설

SAW의 후진법은 Arc Blow가 세서 용융금속을 밀어내므로 아크가 모재 위에 직접 발생되는데, 용입이 깊고 폭이 좁으며 높은 비드가 만들어진다.

15 TIG 용접에 대한 설명 중 틀린 것은?

① 박판용접에 적합한 용접법이다.

② 교류나 직류가 사용된다.

③ 비소모식 불활성 가스아크용접법이다.

④ 전극봉은 연강봉이다.

해설

TIG 용접은 Tungsten(텅스텐) 재질의 전극봉과 Inert Gas(불활성 가스)인 Ar을 사용해서 용접하는 특수용접법이다.

16 불활성 가스금속아크(MIG) 용접의 특징에 대한 설명으로 옳은 것은?

① 바람의 영향을 받지 않아 방풍대책이 필요 없다.

② TIG 용접에 비해 전류밀도가 높아 용융속도가 빠르고 후판용접에 적합하다.

③ 각종 금속용접이 불가능하다.

④ TIG 용접에 비해 전류밀도가 낮아 용접속도가 느리다.

해설

MIG 용접은 TIG 용접에 비해 전류밀도가 2배 정도 높아서 용융속도가 빠르며 후판용접에 적합하다.

17 CO_2 가스아크용접에서 가장 두꺼운 판에 사용되는 용접 홈은?

① I형   ② V형

③ H형   ④ J형

해설

H형 홈은 두꺼운 판을 양쪽에서 용접하여 완전한 용입을 얻을 수 있기 때문에 가장 두꺼운 판에 사용된다.

18 플라스마 아크용접장치에서 아크 플라스마의 냉각 가스로 쓰이는 것은?

① 아르곤과 수소의 혼합가스

② 아르곤과 산소의 혼합가스

③ 아르곤과 메탄의 혼합가스

④ 아르곤과 프로판의 혼합가스

해설

플라스마 아크용접에서 아크 플라스마의 냉각가스로 Ar(아르곤)과 H_2(수소)의 혼합가스가 사용된다.

19 일렉트로 가스아크용접의 특징으로 옳은 것은?

① 용접속도는 자동으로 조절된다.

② 판 두께가 얇을수록 경제적이다.

③ 용접장치가 복잡하여 취급이 어렵고 고도의 숙련을 요한다.

④ 스패터 및 가스의 발생이 적고, 용접작업 시 바람의 영향을 받지 않는다.

20 테르밋용접에서 테르밋제는 무엇과 무엇의 혼합물인가?

① 탄소와 붕사 분말
② 탄소와 규소의 분말
③ 알루미늄과 산화철의 분말
④ 알루미늄과 납의 분말

테르밋용접(Termit Welding)
금속 산화물과 알루미늄이 반응하여 열과 슬래그를 발생시키는 테르밋반응을 이용하는 용접법이다. 강을 용접할 경우에는 산화철과 알루미늄 분말을 3 : 1로 혼합한 테르밋제를 만든 후 냄비의 역할을 하는 도가니에 넣은 후 점화제를 약 1,000℃로 점화시키면 약 2,800℃의 열이 발생되어 용접용 강이 만들어지는데 이 강(Steel)을 용접 부위에 주입한 후 서랭하여 용접을 완료한다. 주로 철도 레일이나 차축, 선박의 프레임 접합에 사용된다.
※ 테르밋제 : 산화철과 알루미늄 분말을 3 : 1로 혼합하여 만듦

21 전자빔 용접의 종류 중 고전압 소전류형의 가속전압은?

① 20~40kV
② 50~70kV
③ 70~150kV
④ 150~300kV

전자 빔 용접(EBW ; Electron Beam Welding)의 가속전압
• 고전압형 : 60~150kV(일부 전공서에는 70~150kV로 되어 있다)
• 저전압형 : 30~60kV

22 아크용접법과 비교할 때 레이저 하이브리드 용접법의 특징으로 틀린 것은?

① 용접속도가 빠르다.
② 용입이 깊다.
③ 입열량이 높다.
④ 강도가 높다.

아크용접과 레이저빔용접법을 결합시킨 레이저 하이브리드용접법은 아크용접법에 비해 입열량이 작다.

23 볼트나 환봉을 피스톤형의 홀더에 끼우고 모재와 볼트 사이에 순간적으로 아크를 발생시켜 용접하는 방법은?

① 테르밋용접
② 스터드용접
③ 서브머지드 아크용접
④ 불활성 가스아크용접

스터드용접은 아크용접의 일부로서 봉재나 볼트와 같은 스터드를 피스톤형의 홀더에 끼우고 모재에 대면 순간적으로 아크가 발생되면서 용접하는 방법이다. 스터드(Stud)란 판재에 덧대는 물체로 봉이나 볼트와 같은 긴 물체를 일컫는다.

24 정지 구멍(Stop Hole)을 뚫어 결함 부분을 깎아내고 재용접해야 하는 결함은?

① 균열
② 언더컷
③ 오버랩
④ 용입 부족

용접물에 균열이 발생된 경우 계속적인 진행을 방지하기 위해 정지 구멍(Stop Hole)을 뚫어서 결함 부분을 깎아 낸 후 재용접해야 한다.

25 용접부의 검사방법에 있어 비파괴시험으로 비드 외관, 언더컷, 오버랩, 용입 불량, 표면 균일 등의 검사에 가장 적합한 것은?

① 부식검사

② 외관검사

③ 초음파탐상검사

④ 방사선투과검사

해설

용접부의 검사방법 중에서 비드의 외관, 언더컷, 오버랩, 표면 불량 등의 점검이 가능한 방법으로는 사람의 눈으로 살펴보는 육안검사 (Visual Testing)가 있다.

26 맞대기 용접이음에서 판 두께가 6mm, 용접선 길이가 120mm, 인장응력이 9.5 N/mm²일 때 모재가 받는 하중은 몇 N인가?

① 5,680

② 5,860

③ 6,480

④ 6,840

해설

용접부의 인장응력

$\sigma = \dfrac{F}{A}$, $9.5\mathrm{N/mm^2} = \dfrac{F}{6\mathrm{mm} \times 120\mathrm{mm}}$

$F = 9.5\mathrm{N/mm^2} \times (6\mathrm{mm} \times 120\mathrm{mm})$
$\quad = 6,840\mathrm{N}$

27 다층용접방법 중 각 층마다 전체의 길이를 용접하면서 쌓아 올리는 용착법은?

① 전진 블록법

② 덧살 올림법

③ 캐스케이드법

④ 스킵법

해설

용접에서 비드를 쌓을 때 각 층마다 전체 길이를 용접하면서 쌓아 올리는 용착방법은 덧살 올림법(빌드 업 법)이다.

28 용적 40L의 아세틸렌용기의 고압력계에서 60기압이 나타났다면, 가변압식 300번 팁으로 약 몇 시간 용접할 수 있는가?

① 4.5시간

② 8시간

③ 10시간

④ 20시간

해설

가스용접용 토치 팁인 가변압식(프랑스식) 팁은 '100번 팁', '200번 팁'과 같이 나타내는데, '가변압식 300번 팁'이란 표준불꽃으로 1시간에 소비하는 아세틸렌가스의 양이 300L임을 나타낸다.

용접 가능시간 $= \dfrac{\text{산소용기 총가스량}}{\text{시간당 소비량}} = \dfrac{\text{내용적} \times \text{압력}}{\text{시간당 소비량}}$

$\qquad\qquad = \dfrac{40\mathrm{L} \times 60\text{기압}}{300\mathrm{L/h}} = 8\text{시간}$

29 탄소강에서의 잔류응력 제거방법으로 가장 적절한 것은?

① 재료를 앞뒤로 반복하여 굽힌다.

② 재료의 취약 부분에 드릴로 구멍을 낸다.

③ 재료를 일정 온도에서 일정 시간 유지한 후 서랭시킨다.

④ 일정한 온도로 금속을 가열한 후 기름에 급랭시킨다.

해설

탄소강에서는 잔류응력을 제거하기 위해 담금질 후에는 반드시 뜨임처리를 해야 한다. 뜨임은 재료를 일정 온도에서 일정 시간 유지한 후 서랭하는 열처리 조작이다.

30 용접결함에서 언더컷이 발생하는 조건이 아닌 것은?

① 전류가 너무 낮을 때
② 아크 길이가 너무 길 때
③ 부적당한 용접봉을 사용할 때
④ 용접속도가 적당하지 않을 때

해설
언더컷 불량은 용접전류(A)가 너무 높아서 모재에 주는 아크열이 커짐으로 인해 모재가 움푹 파이는 현상이다.

31 순수 비중이 2.7이며 주조가 쉽고 가벼울 뿐만 아니라, 대기 중에서 내식력이 강하고 전기와 열의 양도체로 다른 금속과 합금하여 쓰이는 금속은?

① 구리(Cu)
② 알루미늄(Al)
③ 마그네슘(Mg)
④ 텅스텐(W)

해설
① 구리의 비중 : 8.9
③ 마그네슘의 비중 : 1.7
④ 텅스텐의 비중 : 19.1

32 큰 재료일수록 내외부 열처리 효과의 차이가 생기는 현상으로, 강의 담금질성에 의하여 영향을 받는 현상은?

① 시효경화
② 노치효과
③ 담금질효과
④ 질량효과

해설
④ 질량효과 : 탄소강을 담금질하였을 때 강의 질량(크기)에 따라 조직과 기계적 성질이 변하는 현상이다. 질량이 무거운 제품을 담금질 시 질량이 큰 제품일수록 내부의 열이 많기 때문에 천천히 냉각되며 그 결과, 조직과 경도가 변한다.
① 시효경화 : 열처리 후 시간이 지남에 따라 강도와 경도가 증가하는 현상이다.
② 노치효과 : 표면층에 노치가 있는 물체에 기계적 외력을 가하면 노치 부분이 다른 부분보다 먼저 소성변형이 일어나거나 파괴되는 현상이다.
③ 담금질효과 : 담금질의 목적인 재료의 강도와 경도를 크게 얻는 정도로 냉각속도에 큰 영향을 받는다.

33 담금질강의 경도를 증가시키고 시효변형을 방지하기 위해 하는 심랭처리(Subzero Treatment)는 몇 ℃에서 처리하는가?

① 0℃ 이하
② 300℃ 이하
③ 600℃ 이하
④ 800℃ 이하

해설
심랭처리(Subzero Treatment, 서브제로)
담금질강의 경도를 증가시키고 시효변형을 방지하기 위한 열처리 조작으로, 담금질강의 조직을 잔류 오스테나이트에서 전부 오스테나이트 조직으로 바꾸기 위해 재료를 오스테나이트 영역까지 가열한 후 0℃ 이하로 급랭시킨다.

34 강의 표면경화법에 있어 침탄법과 질화법에 대한 설명으로 틀린 것은?

① 침탄법은 경도가 질화법보다 높다.
② 질화법은 경화처리 후 열처리가 필요 없다.
③ 침탄법은 고온가열 시 뜨임되고, 경도는 낮아진다.
④ 질화법은 침탄법에 비하여 경화에 의한 변형이 작다.

해설
질화처리한 재료의 경도가 침탄처리한 재료보다 더 높다.

35 주철과 비교한 주강에 대한 설명으로 틀린 것은?

① 주철에 비하여 강도가 더 필요할 경우에 사용한다.
② 주철에 비하여 용접에 의한 보수가 용이하다.
③ 주철에 비하여 주조 시 수축량이 커서 균열 등이 발생하기 쉽다.
④ 주철에 비하여 용융점이 낮다.

해설
주강은 주철에 비해 C(탄소)의 함유량이 적어 용융점이 더 높다. 주철의 평균 탄소 함유량은 4.5% 정도이고, 주강은 0.1~0.5%로 함유량이 더 적다.

36 담금질에서 나타나는 조직으로, 경도와 강도가 가장 높은 조직은?

① 시멘타이트　　② 오스테나이트
③ 소르바이트　　④ 마텐자이트

해설
담금질에 따른 금속 조직의 경도와 강도가 높은 순서
M(마텐자이트) > T(트루스타이트) > S(소르바이트) > P(펄라이트) > A(오스테나이트) > F(페라이트)

37 스테인리스강의 금속조직학상 분류에 해당하지 않는 것은?

① 마텐자이트계
② 페라이트계
③ 시멘타이트계
④ 오스테나이트계

해설
스테인리스강의 분류

구분	종류	주요성분	자성
Cr계	페라이트계 스테인리스강	Fe + Cr 12% 이상	자성체
	마텐자이트계 스테인리스강	Fe + Cr 13%	자성체
Cr + Ni계	오스테나이트계 스테인리스강	Fe + Cr 18% + Ni 8%	비자성체
	석출경화계 스테인리스강	Fe + Cr + Ni	비자성체

38 조성이 2.0~3.0% C, 0.6~1.5% Si 범위이고, 백주철을 열처리로에 넣어 가열해서 탈탄 또는 흑연화 방법으로 제조한 주철은?

① 가단주철　　　② 칠드주철
③ 구상흑연주철　④ 고력합금주철

해설
가단주철은 회주철의 결점을 보완한 것으로, 백주철의 주물을 장시간 열처리하여 탈탄과 시멘타이트의 흑연화에 의해 연성을 갖게 하여 단조가공을 가능하게 한 주철이다. 탄소의 함량이 많아서 주조성이 우수하며 적당한 열처리에 의해 주강과 같은 강인한 조직이 된다. 조성은 C가 2~3%, Si가 0.6~1.5% 합금되어 있다.

39 탄소강의 표준조직이 아닌 것은?

① 페라이트
② 펄라이트
③ 시멘타이트
④ 마텐자이트

해설
탄소강의 표준조직
• 페라이트
• 펄라이트
• 시멘타이트
• 오스테나이트

40 다음 중 완전탈산시켜 제조한 강은?

① 킬드강
② 림드강
③ 고망간강
④ 세미킬드강

해설
킬드강 : 평로, 전기로에서 제조된 용강을 Fe-Mn, Fe-Si, Al 등으로 완전히 탈산시킨 강이다. 상부에 작은 수축관과 소수의 기포만 존재하며 탄소 함유량이 0.15~0.3% 정도이다.

41 황동 중 60% Cu + 40% Zn 합금으로 조직이 $\alpha + \beta$이므로 상온에서 전연성은 낮으나 강도가 큰 합금은?

① 길딩메탈(Gilding Metal)
② 문쯔메탈(Muntz Metal)
③ 두라나메탈(Durana Metal)
④ 애드미럴티메탈(Admiralty Metal)

해설
문쯔메탈 : 60%의 Cu와 40%의 Zn이 합금된 것으로, 인장강도가 최대이며 강도가 필요한 단조제품이나 볼트나 리벳용 재료로 사용한다.

42 강에서 상온 메짐(취성)의 원인이 되는 원소는?

① P
② S
③ Mn
④ Cu

해설
탄소강에 P(인)이 합금되면 상온 취성의 원인이 된다.

43 Al-Cu-Si 합금으로, 실리콘(Si)을 넣어 주조성을 개선하고 Cu를 첨가하여 절삭성을 좋게 한 알루미늄 합금으로 시효경화성이 있는 합금은?

① Y합금
② 라우탈
③ 코비탈륨
④ 로엑스 합금

해설
라우탈은 주조용 알루미늄 합금으로 시효경화성이 있는 Al + Cu + Si의 합금이다. Al에 Si를 첨가하면 주조성이 개선되고, Cu를 첨가하면 절삭성이 향상된다.

44 Al의 비중과 용융점(℃)은 약 얼마인가?

① 2.7, 660℃ ② 4.5, 390℃

③ 8.9, 220℃ ④ 10.5, 450℃

해설

금속의 용융점(℃)

W	Fe	Ni	Cu	Au
3,410	1,538	1,453	1,083	1,063
Ag	Al	Mg	Zn	Hg
960	660	650	420	−38.4

금속의 비중

경금속				중금속			
Mg	Be	Al	Ti	Sn	V	Cr	Mn
1.7	1.8	2.7	4.5	5.8	6.1	7.1	7.4
중금속							
Fe	Ni	Cu	Ag	Pb	W	Pt	Ir
7.8	8.9	8.9	10.4	11.3	19.1	21.4	22

※ 경금속과 중금속을 구분하는 비중의 경계 : 4.5

45 다음 중 경질 자성재료가 아닌 것은?

① 센더스트

② 알니코 자석

③ 페라이트 자석

④ 네오디뮴 자석

해설

센더스트(Sendust) : 5%의 Al, 10%의 Si, 85%의 Fe을 합금한 고투자율인 자성재료로, 기계적으로 약한 특징을 갖는다. 연질 자성재료는 일반적으로 고투자율이며 보자력이 작고 자화되기 쉬운 금속으로 규소강판이나 퍼멀로이, 센더스트 등이 있다.

46 마그네슘의 성질에 대한 설명 중 잘못된 것은?

① 비중은 1.74이다.

② 비강도가 Al(알루미늄) 합금보다 우수하다.

③ 면심입방격자이며, 냉간가공이 가능하다.

④ 구상흑연주철의 첨가제로 사용한다.

해설

Mg은 조밀육방격자이며 냉간가공이 거의 불가능하다.

47 금속침투법에서 칼로라이징은 어떤 원소를 사용하는가?

① 니켈 ② 크롬

③ 붕소 ④ 알루미늄

해설

표면경화법의 일종인 칼로라이징은 금속 표면에 Al(알루미늄)을 침투시키는 것이다.

금속침투법

세라다이징	Zn(아연)
칼로라이징	Al(알루미늄)
크로마이징	Cr(크롬)
실리코나이징	Si(규소, 실리콘)
보로나이징	B(붕소)

48 용접부시험에는 파괴시험과 비파괴시험이 있다. 파괴시험 중에서 야금학적 시험방법이 아닌 것은?

① 파면시험

② 물성시험

③ 매크로시험

④ 현미경 조직시험

해설

물성시험 : 물체의 성질을 파악하는 시험으로, 비중이나 비열 등을 시험한다. 물체에 파손을 가하지 않아도 되는 시험법이므로 야금학적 시험방법에 속하지 않는다.

※ 야금 : 광석에서 금속을 추출하고 용융한 뒤 정련하여 사용목적에 알맞은 형상으로 제조하는 기술

49 고급주철인 미하나이트주철은 저탄소, 저규소의 주철에 어떤 접종제를 사용하는가?

① 규소철, Ca-Si

② 규소철, Fe-Mn

③ 칼슘, Fe-Si

④ 칼슘, Fe-Mg

해설
미하나이트주철 : 바탕이 펄라이트 조직으로 인장강도가 350~450MPa이다. 담금질이 가능하고 인성과 연성이 매우 크며, 두께 차이에 의한 성질의 변화가 매우 작아서 내연기관의 실린더 재료로 사용한다.

50 알루마이트법이라고 하며, Al 제품을 2% 수산용액에서 전류를 흘려 표면에 단단하고 치밀한 산화막을 만드는 방법은?

① 통산법　　　　② 황산법

③ 수산법　　　　④ 크롬산법

51 다음의 선이 겹칠 경우 선의 우선순위가 가장 높은 것은?

① 중심선　　　　② 치수보조선

③ 절단선　　　　④ 숨은선

해설
두 종류 이상의 선이 중복되는 경우, 선의 우선순위
숫자나 문자 > 외형선 > 숨은선 > 절단선 > 중심선 > 무게중심선 > 치수보조선

52 제1각법과 제3각법에 대한 설명 중 틀린 것은?

① 제3각법은 평면도를 정면도의 위에 그린다.

② 제1각법은 저면도를 정면도의 아래에 그린다.

③ 제3각법의 원리는 눈 → 투상면 → 물체의 순서가 된다.

④ 제1각법에서 우측면도는 정면도를 기준으로 본 위치와는 반대쪽인 좌측에 그려진다.

해설
제1각법에서 저면도는 정면도 위에 그려야 한다.

53 다음 중 가는 실선으로 나타내는 경우가 아닌 것은?

① 시작점과 끝점을 나타내는 치수선

② 소재의 굽은 부분이나 가공 공정의 표시선

③ 상세도를 그리기 위한 틀의 선

④ 금속구조공학 등의 구조를 나타내는 선

해설
금속의 결정구조와 같은 금속구조는 굵은 실선으로 나타낸다.

54 다음 그림의 용접 도시기호가 나타내는 용접은?

① 점용접
② 플러그용접
③ 심용접
④ 가장자리용접

해설
'▢' 기호는 플러그용접(슬롯용접)을 나타낸다.

55 기계재료 표시방법 중 SF340A에서 '340'이 의미하는 것은?

① 평균 탄소 함유량
② 단조품
③ 최저 인장강도
④ 최고 인장강도

해설
탄소강 단강품 – SF340A
• SF : carbon Steel Forgings for general use
• 340 : 최저 인장강도 340N/mm²
• A : 어닐링, 노멀라이징 또는 노멀라이징 템퍼링을 한 단강품

56 도면의 척도값 중 실제 형상을 확대하여 그리는 것은?

① 2 : 1
② 1 : $\sqrt{2}$
③ 1 : 1
④ 1 : 2

해설
실제 형상보다 도면에 크게 확대하여 그린 것은 배척으로 2 : 1로 표시한다.
척도 표시방법
A : B = 도면에서의 크기 : 물체의 실제 크기
예 축척 – 1 : 2, 현척 – 1 : 1, 배척 – 2 : 1

57 다음 그림과 같은 용접이음 방법의 명칭으로 가장 적합한 것은?

① 연속 필릿용접
② 플랜지형 겹치기용접
③ 연속 모서리용접
④ 플랜지형 맞대기용접

해설
문제의 그림은 플랜지형 맞대기용접에 대한 기호이다.

58 배관 도면에서 도시기호 W가 나타내는 유체는?

① 물
② 기름
③ 가스
④ 수증기

해설
관에 흐르는 유체의 도시기호는 물은 W, 기름은 O, 가스는 G, 수증기는 S로 표시한다.

59 허용할 수 있는 부품의 오차 정도를 결정한 후 각각 최대 및 최소 치수를 설정하여 부품의 치수가 그 범위 내에 드는지를 검사하는 게이지는?

① 블록게이지

② 한계게이지

③ 간극게이지

④ 다이얼게이지

해설

한계게이지는 허용할 수 있는 부품의 오차범위인 최대·최소 치수를 설정하고 제품의 치수가 그 공차범위 안에 드는지를 검사하는 측정기기로 봉게이지, 플러그게이지, 스냅게이지 등이 있다.

60 측정자의 직선 또는 원호운동을 기계적으로 확대하여 그 움직임을 지침의 회전 변위로 변환시켜 눈금을 읽을 수 있는 측정기는?

① 다이얼게이지

② 마이크로미터

③ 만능투영기

④ 3차원 측정기

해설

② 마이크로미터 : 버니어캘리퍼스보다 정밀도가 높은 외경용 측정기

③ 만능투영기 : 고정밀 광학영상투영기로 광학, 정밀기계, 전자 측정방식을 일체화한 정밀측정기

④ 3차원 측정기 : 대상물의 가로, 세로, 높이의 3차원 좌표가 디지털로 표시되는 측정기

다이얼게이지	마이크로미터
만능투영기	3차원 측정기

01 용융슬래그의 염기도식은?

① $\dfrac{\sum 산성\ 성분[\%]}{\sum 염기성\ 성분[\%]}$

② $\dfrac{\sum 염기성\ 성분[\%]}{\sum 산성\ 성분[\%]}$

③ $\dfrac{\sum 중성\ 성분[\%]}{\sum 염기성\ 성분[\%]}$

④ $\dfrac{\sum 염기성\ 성분[\%]}{\sum 중성\ 성분[\%]}$

해설

용융슬래그의 염기도
용융금속의 슬래그 안에 포함된 산성 산화물에 대한 염기성 산화물의 비율

$$용융슬래그\ 염기도 = \dfrac{\sum 염기성\ 성분[\%]}{\sum 산성\ 성분[\%]}$$

02 피복아크용접에서 자기쏠림을 방지하는 대책은?

① 접지점은 가능한 한 용접부에 가까이 한다.
② 용접봉 끝을 아크쏠림 방향으로 기울인다.
③ 직류용접 대신 교류용접으로 한다.
④ 긴 아크를 사용한다.

해설

아크쏠림(자기쏠림)을 방지하기 위해서는 교류용접기를 사용해야 한다.

03 다음 용접법 중 압접에 해당되는 것은?

① MIG 용접
② 서브머지드 아크용접
③ 점용접
④ TIG 용접

해설

04 다음 중 용접 포지셔너 사용 시 장점이 아닌 것은?

① 최적의 용접 자세를 유지할 수 있다.
② 로봇 손목에 의해 제어되는 이송 각도의 일종인 토치 팁의 리드각과 래그각의 변화를 줄일 수 있다.
③ 용접 토치가 접근하기 어려운 위치를 용접이 가능하도록 접근성을 부여한다.
④ 바닥에 고정되어 있는 로봇의 작업영역 한계를 축소시켜 준다.

해설
용접 포지셔너는 용접작업 중 불편한 용접 자세를 바로잡기 위해 작업자가 원하는 대로 용접물을 움직일 수 있는 작업 보조기구로, 작업영역의 한계를 확대시켜 준다.

05 용접 관련 안전사항에 대한 설명으로 옳은 것은?

① 탭 전환 시 아크를 발생하면서 진행한다.
② 용접봉 홀더는 전체가 절연된 B형을 사용하여 작업자를 보호한다.
③ 작업자의 안전을 위하여 무부하전압은 높이고, 아크전압은 낮춘다.
④ 정격 2차 전류가 낮을 때 정격사용률 이상으로 용접기를 사용해도 안전하다.

해설
④ 정격 2차 전류가 낮으면 정격사용률 이상으로 용접기를 사용해도 안전성에는 이상이 없다.
① 탭 전환 시 아크를 발생시키면 위험하다.
② A형이 안전형 홀더이고, B형이 비안전형 홀더이다.
③ 안전을 위하여 무부하전압은 낮추어야 한다.

06 정격 2차 전류 300A의 용접기에서 실제로 200A의 전류로서 용접한다고 가정하면 허용사용률은 얼마인가?(단, 정격사용률은 40%라고 한다)

① 80%　　　　　② 85%
③ 90%　　　　　④ 95%

해설

$$허용사용률(\%) = \frac{(정격 \ 2차 \ 전류)^2}{(실제 \ 용접 \ 전류)^2} \times 정격사용률(\%)$$

$$= \frac{300A^2}{200A^2} \times 40\%$$

$$= \frac{90,000}{40,000} \times 40\%$$

$$= 90\%$$

07 피복아크용접 중 수동 용접기에 가장 적합한 용접기의 특성은?

① 정전압특성　　　② 상승특성
③ 수하특성　　　　④ 정특성

해설
수하특성은 부하전류가 증가하면 단자전압이 낮아지는 특성으로, 피복아크용접 중 수동 용접기에 가장 적합하다.
용접기의 특성
• 정전류특성 : 부하 전류나 전압이 변해도 단자 전류는 거의 변하지 않는다.
• 정전압특성 : 부하 전류나 전압이 변해도 단자 전압은 거의 변하지 않는다.
• 수하특성 : 부하 전류가 증가하면 단자 전압이 낮아진다.
• 상승특성 : 부하 전류가 증가하면 단자 전압이 약간 높아진다.

08 피복아크용접봉의 단면적 1mm²에 대한 적당한 전류밀도는?

① 6~9A   ② 10~13A

③ 14~17A   ④ 18~21A

09 다음 가연물 중 착화온도가 가장 낮은 것은?

① 수소(H_2)

② 일산화탄소(CO)

③ 아세틸렌(C_2H_2)

④ 휘발유(Gasoline)

해설
착화온도(Ignition Temperature)란 불이 붙거나 타는 온도로, 수소는 570℃, 일산화탄소는 610℃, 아세틸렌은 305℃, 휘발유는 290℃이다. 따라서 보기의 가연물 중 휘발유의 착화온도가 가장 낮다.

10 공업용 아세틸렌가스용기의 도색은?

① 녹색   ② 백색

③ 황색   ④ 갈색

해설
일반 가스용기의 도색 색상

가스 명칭	도색	가스 명칭	도색
산소	녹색	암모니아	백색
수소	주황색	아세틸렌	황색
탄산가스	청색	프로판(LPG)	회색
아르곤	회색	염소	갈색

11 연강의 가스 절단 시 드래그(Drag) 길이는 주로 어느 인자에 의해 변화하는가?

① 예열과 절단 팁의 크기

② 토치 각도와 진행 방향

③ 예열 불꽃 및 백심의 크기

④ 절단속도와 산소소비량

해설
드래그(Drag)
가스 절단 시 한 번에 토치를 이동한 거리로, 절단면에 일정한 간격의 곡선이 나타나는 것이다. 드래그 길이는 작업자의 토치를 움직이는 절단속도와 발생열량 그리고 산소소비량에 의해 변화한다.

12 가스 절단에 영향을 미치는 인자 중 절단속도에 대한 설명으로 옳지 않은 것은?

① 절단속도는 모재의 온도가 높을수록 고속 절단이 가능하다.

② 절단속도는 절단산소가 높을수록 정비례하여 증가한다.

③ 예열불꽃의 세기가 약하면 절단속도가 늦어진다.

④ 절단속도는 산소소비량이 적을수록 정비례하여 증가한다.

해설
절단속도는 산소소비량이 많을수록 그 발열량도 커지기 때문에 산소소비량과 정비례하여 증가한다.

13 납땜에서 용제가 갖추어야 할 조건이 아닌 것은?

① 모재의 산화피막과 같은 불순물을 제거하고 유동성이 좋을 것
② 청정한 금속면의 산화를 방지할 것
③ 용제의 유효온도 범위와 납땜온도가 일치할 것
④ 침지 땜에 사용되는 것은 수분을 충분히 함유할 것

해설
납땜용 용제 중 침지 땜 및 일반 납땜에서도 수분이 있으면 부품의 손상을 가져오기 때문에 수분이 없는 건조 상태로 유지해야 한다.

14 서브머지드 아크용접의 다전극 방식에 의한 분류 중 같은 종류의 전원에 두 개의 전극을 접속하여 용접하는 것으로 비드 폭이 넓고, 용입이 깊은 용접부를 얻기 위한 방식은?

① 탠덤식   ② 횡병렬식
③ 횡직렬식   ④ 종직렬식

해설
같은 종류의 전원에 두 개의 전극을 접속했으므로, 이는 독립 전원에 각각 연결시키는 횡병렬식에 대한 설명이다.

15 TIG 용접에 사용되는 텅스텐 전극봉의 종류가 아닌 것은?

① 순 텅스텐
② 바륨 텅스텐
③ 2% 토륨 텅스텐
④ 지르코늄 텅스텐

해설
텅스텐 전극봉의 종류별 색상

종류	색상
순 텅스텐봉	녹색
1% 토륨 텅스텐봉	노랑(황색)
2% 토륨 텅스텐봉	적색
지르코늄 텅스텐봉	갈색
세륨 텅스텐봉	회색

16 불활성가스 금속아크용접법에 대한 설명으로 옳지 않은 것은?

① 알루미늄(Al), 마그네슘(Mg), 구리합금, 스테인리스강, 저합금강 등 거의 모든 금속에 적용되며, TIG용접의 2~3배 용접능률을 얻을 수 있다.
② MIG용접에서 아크길이를 일정하게 유지할 수 있게 하는 것은 고주파장치가 있기 때문이다.
③ MIG용접에서의 용적이행은 단락이행, 입상이행, 스프레이 이행이 있으며, 이 중 스프레이 이행을 가장 많이 사용한다.
④ TIG용접과 같이 청정작용으로 용제(Flux)가 필요 없다.

해설
MIG용접에서 아크길이를 일정하게 유지할 수 있는 것은 아크길이 자기제어기능 때문이다.

17 CO_2 가스아크용접에서 후진법과 비교한 전진법의 특징에 대한 설명으로 옳은 것은?

① 용융금속이 앞으로 나가지 않으므로 깊은 용입을 얻을 수 있다.

② 용접선을 잘 볼 수 있어 운봉을 정확하게 할 수 있다.

③ 스패터 발생이 적다.

④ 높이가 약간 높고, 폭이 좁은 비드를 얻는다.

해설
CO_2 가스아크용접에서 전진법은 용접선이 잘 보여서 운봉을 정확하게 할 수 있다.

18 플라스마 아크용접의 장점으로 옳지 않은 것은?

① 높은 에너지 밀도를 얻을 수 있다.

② 용접속도가 빠르고 품질이 우수하다.

③ 용접부의 기계적 성질이 좋으며 변형이 작다.

④ 맞대기용접에서 용접 가능한 모재 두께의 제한이 없다.

해설
플라스마 아크용접은 판 두께가 두꺼울 경우 토치 노즐이 용접 이음부 루트면까지 접근하기 어려워서 모재의 두께는 25mm 이하로 제한을 받는다.

플라스마 아크용접의 특징
• 용입이 깊다.
• 비드의 폭이 좁다.
• 용접 변형이 작다.
• 용접의 품질이 균일하다.
• 용접부의 기계적 성질이 좋다.
• 용접속도를 크게 할 수 있다.
• 용접장치 중에 고주파 발생장치가 필요하다.
• 용접속도가 빨라서 가스 보호가 잘 안 된다.
• 무부하전압이 일반 아크 용접기보다 2~5배 더 높다.
• 핀치효과에 의해 전류밀도가 크고, 안정적이며 보유 열량이 크다.

19 실드가스로서, 주로 탄산가스를 사용하여 용융부를 보호하여 탄산가스 분위기 속에서 아크를 발생시켜 그 아크열로 모재를 용융시켜 용접하는 방법은?

① 테르밋용접

② 실드용접

③ 전자 빔 용접

④ 일렉트로 가스아크용접

해설
④ 일렉트로 가스아크용접 : 탄산가스(CO_2)를 용접부의 보호가스로 사용하며 탄산가스 분위기 속에서 아크를 발생시켜 그 아크열로 모재를 용융시켜 용접하는 방법이다.

① 테르밋용접 : 금속 산화물과 알루미늄이 반응하여 열과 슬래그를 발생시키는 테르밋반응을 이용하는 용접법이다. 강을 용접할 경우에는 산화철과 알루미늄 분말을 3 : 1로 혼합한 테르밋제를 만든 후 냄비의 역할을 하는 도가니에 넣은 후 점화제를 약 1,000℃로 점화시키면, 약 2,800℃의 열이 발생되어 용접용 강이 만들어지는데 이 강(Steel)을 용접 부위에 주입 후 서랭하여 용접을 완료한다. 주로 철도 레일이나 차축, 선박의 프레임 접합에 사용된다.

③ 전자 빔 용접 : 고밀도로 집속되고 가속화된 전자 빔을 높은 진공 속에서 용접물에 고속도로 조사시키면 빛과 같은 속도로 이동한 전자가 용접물에 충돌하면서 전자의 운동에너지를 열에너지로 변환시켜 국부적으로 고열이 발생하는데, 이때 생긴 열원으로 용접부를 용융시켜 용접하는 방식이다. 텅스텐(3,410℃), 몰리브덴(2,620℃)과 같이 용융점이 높은 재료의 용접에 적합하다.

20 전기저항 용접 시 발생되는 발열량 Q를 나타내는 식은?

① $Q = 0.24I^2Rt$

② $Q = 0.24IR^2t$

③ $Q = 0.24I^2R^2t$

④ $Q = 0.24IRt$

해설
전기저항 용접의 발열량(Q)
$Q = 0.24I^2RT$
여기서 I : 전류, R : 저항, T : 시간
※ 발열량(Q)를 H로 표시하기도 한다.

21 테르밋용접의 특징에 대한 설명으로 옳은 것은?

① 용접시간이 짧고, 용접 후 변형이 작다.

② 설비비가 비싸고, 작업 장소 이동이 어렵다.

③ 용접에 전기가 필요하다.

④ 불활성가스를 사용하여 용접한다.

해설
테르밋 용접의 특징
• 설비비가 싸다.
• 용접비용이 싸다.
• 이동이 용이하다.
• 용접작업이 단순하다.
• 홈 가공이 불필요하다.
• 전기 공급이 필요 없다.
• 현장에서 직접 사용된다.
• 용접시간이 짧고 용접 후 변형이 작다.
• 구조, 단조, 레일 등의 용접 및 보수에 이용한다.
• 차량, 선박, 접합단면이 큰 구조물의 용접에 적용한다.

22 아크용접법과 비교할 때 레이저 하이브리드 용접법의 특징으로 옳지 않은 것은?

① 용접속도가 빠르다.

② 용입이 깊다.

③ 입열량이 높다.

④ 강도가 높다.

해설
아크용접과 레이저 빔 용접법을 결합시킨 레이저 하이브리드 용접법은 아크용접법에 비해 입열량이 적다.

23 심(Seam)용접법에서 용접전류의 통전방법이 아닌 것은?

① 직병렬 통전법   ② 단속 통전법

③ 연속 통전법   ④ 맥동 통전법

해설
심용접(Seam Welding)
원판상의 롤러 전극 사이에 용접할 2장의 판을 두고, 전기와 압력을 가하며 전극을 회전시키면서 연속적으로 점(Spot)용접을 반복하는 용접법이다. 심용접의 전류 통전방법에는 단속 통전법, 연속 통전법, 맥동 통전법이 있다.

24 주철의 보수용접 방법 중 스터드 볼트 대신 용접부 바닥면에 둥근 홈을 파고 이 부분에 걸쳐 힘을 받도록 용접하는 방법은?

① 로킹법   ② 스터드법

③ 비녀장법   ④ 버터링법

해설
주철의 보수용접 방법
• 스터드법 : 스터드 볼트를 사용해서 용접부가 힘을 받도록 용접하는 방법이다.
• 비녀장법 : 균열부 수리나 가늘고 긴 부분을 용접할 때 용접선에 직각이 되도록 지름이 6~10mm 정도인 ㄷ자형의 강봉을 박고 용접하는 방법이다.
• 버터링법 : 처음에는 모재와 잘 융합되는 용접봉으로 적정 두께까지 용착시킨 후 다른 용접봉으로 용접하는 방법이다.
• 로킹법 : 스터드 볼트 대신 용접부 바닥에 홈을 파고 이 부분에 걸쳐서 힘을 받도록 용접하는 방법이다.

25 다음 중 용접 균열성 시험이 아닌 것은?

① 리하이형 구속균열시험

② 피스코균열시험

③ CTS균열시험

④ 코머렐시험

해설
용접부 성질시험법의 종류

구분	종류
연성시험	킨젤시험
	코머렐시험
	T-굽힘시험
취성시험	로버트슨시험
	밴더빈시험
	칸티어시험
	슈나트시험
	카안인열시험
	티퍼시험
	에소시험
	샤르피충격시험
균열(터짐)성 시험	피스코균열시험
	CTS균열시험법
	리하이형 구속균열시험

26 용착금속의 최대 인장강도(σ)가 300MPa이다. 안전율을 3으로 할 때 강판의 허용응력은 몇 MPa인가?

① 50 　　　　　 ② 100

③ 150 　　　　　 ④ 200

해설

안전율(S)

외부의 하중에 견딜 수 있는 정도를 수치로 나타낸 것이다.

$$S = \frac{\text{인장강도}}{\text{허용응력}}$$

$$3 = \frac{300MPa}{\sigma_a}$$

$$\sigma_a = \frac{300MPa}{3} = 100MPa$$

27 겹쳐진 두 부재의 한쪽에 둥근 구멍 대신 좁고 긴 홈을 만들고 그곳을 용접하는 용접법은?

① 겹치기용접 　　　 ② 플랜지용접

③ T형 용접 　　　　 ④ 슬롯용접

해설

④ 슬롯용접 : 겹쳐진 2개의 부재 중 한쪽에 가공한 좁고 긴 홈에 용접하는 방법

① 겹치기용접 : 2개의 부재를 일부 겹쳐서 부재의 표면과 두께 면에서 필릿용접을 하는 이음
③ T형 용접 : 한 개의 판의 끝면을 다른 판의 표면에 올려놓고 T형상으로 직각이 되도록 용접하는 이음

28 미소한 결함이 있어 응력의 이상 집중에 의하여 성장하거나 새로운 균열이 발생될 경우 변형 개방에 의한 초음파가 방출되는데 이러한 초음파를 AE검출기로 탐상함으로써 발생 장소와 균열의 성장속도를 감지하는 용접시험검사법은?

① 누설탐상검사법 　　 ② 전자초음파법

③ 진공검사법 　　　　 ④ 음향방출탐상검사법

해설

④ 음향방출탐상법 : 미소한 결함이나 균열이 발생된 경우 초음파를 방출하여 AE검출기로 탐상함으로써 발생 장소와 균열의 성장속도를 감지하는 용접시험검사법
① 누설탐상검사법 : 유체(액체나 기체)가 시험체 내부와 외부의 압력차에 의해 결함부로 흘러들어가거나 흘러나오는 성질을 이용하여 결함을 찾아내는 검사법
② 전자초음파법(전자초음파공명법) : 비접촉으로 초음파를 송수신할 수 있는 전자초음파 탐촉자를 이용하여 금속 내부에 초음파 공명을 발생시켜 그 공명 스펙트럼에서 재료의 결함을 검사하는 비파괴검사법

29 모재의 홈가공을 U형으로 했을 경우 엔드탭(End-tap)의 가장 좋은 조건은?

① I형 홈가공으로 한다.
② X형 홈가공으로 한다.
③ U형 홈가공으로 한다.
④ 홈가공이 필요 없다.

해설

엔드탭은 모재의 홈가공 모양과 동일해야 하므로 U형이 가장 좋다.

30 피복아크용접에서 발생한 용접결함 중 구조상의 결함이 아닌 것은?

① 기공 　　　　　 ② 변형

③ 언더컷 　　　　 ④ 오버랩

해설

변형은 치수상의 결함에 해당한다.

31 Fe-C계 평형상태도의 조직과 결정구조에 대한 연결이 옳은 것은?

① δ-페라이트 – 면심입방격자

② 펄라이트 – δ + Fe_3C의 혼합물

③ γ-오스테나이트 – 체심입방격자

④ 레데부라이트 – γ고용체 + Fe_3C의 혼합물

[해설]
④ 레데부라이트 조직 : 융체(L)↔γ고용체 + Fe_3C
① δ-페라이트 : 체심입방격자
② 펄라이트 : α철(페라이트) + Fe_3C(시멘타이트)
③ γ-오스테나이트 : 면심입방격자

32 철강의 용접부 조직 중 수지상 결정조직으로 되어 있는 부분은?

① 모재   ② 열영향부

③ 용착금속부   ④ 융합부

[해설]
철강의 용접부 조직에서 수지상의 결정구조를 갖는 부분은 용착금속부이다.
수지상정(수지상 결정) : 금속이 응고하는 과정에서 성장하는 결정립의 모양으로, 나뭇가지 모양을 닮았다고 하여 수지상정이라고 한다.

용융금속부
용융금속(Liquid)

33 피복아크용접봉에서 용융금속 중에 침투한 산화물을 제거하는 탈산정련작용제로 사용되는 것은?

① 붕사   ② 석회석

③ 형석   ④ 규소철

[해설]
규소철이 피복배합제로 사용되면 용착금속의 탈산·정련작용을 한다.

34 용접비드 끝부분에 흔히 나타나는 고온 균열로서, 고장력강이나 합금원소가 많은 강에서 나타나는 균열은?

① 토 균열(Toe Crack)

② 설퍼 균열(Sulfur Crack)

③ 크레이터 균열(Crater Crack)

④ 비드 밑 균열(Under Bead Crack)

[해설]
크레이터 균열
용접비드의 끝에서 발생하는 고온 균열로서, 냉각속도가 지나치게 빠른 경우에 발생하며, 용접 루트의 노치부에 의한 응력 집중부에도 발생한다. 주로 고장력강이나 합금원소가 많이 함유된 강에서 나타난다.

크레이터 균열

35 일반적으로 주철의 탄소 함유량은?

① 0.03% 이하

② 2.11~6.67%

③ 1.0~1.3%

④ 0.03~0.08%

[해설]
주철의 탄소 함유량은 2.0~6.67%이다.

36 침탄, 질화 등으로 내마모성과 인성이 요구되는 기계적 성질을 개선하는 열처리는?

① 수인법
② 담금질
③ 표면경화
④ 오스포밍

해설

침탄법이나 질화법 모두 재료의 표면을 경화시키고, 내부에 인성을 부여하기 위해 실시하는 열처리법이다.

37 Ti합금 결정구조의 종류가 아닌 것은?

① α형 합금
② β형 합금
③ δ형 합금
④ $(\alpha + \beta)$형 합금

38 다음 중 완전탈산시켜 제조한 강은?

① 킬드강
② 림드강
③ 고망간강
④ 세미킬드강

해설

강괴의 탈산 정도에 따른 분류

• 킬드강 : 평로, 전기로에서 제조된 용강을 Fe-Mn, Fe-Si, Al 등으로 완전히 탈산시킨 강으로, 상부에 작은 수축관과 소수의 기포만 존재하며 탄소 함유량이 0.15~0.3% 정도이다.
• 세미킬드강 : Fe-Mn, Fe-S, Al으로 탈산시킨 강으로, 상부에 작은 수축관과 소수의 기포만 존재하며 탄소 함유량이 0.15~ 0.3% 정도이다. 림드강과 킬드강의 중간 정도로 탈산시킨 강이다.
• 림드강 : 평로, 전로에서 제조된 것을 Fe-Mn으로 가볍게 탈산시킨 강이다.
• 캡트강 : 림드강을 주형에 주입한 후 탈산제를 넣거나 주형에 뚜껑을 덮고 리밍작용을 억제하여 표면을 림드강처럼 깨끗하게 만듦과 동시에 내부를 세미킬드강처럼 편석이 적은 상태로 만든 강이다.

킬드강	림드강	세미킬드강
수축공 강괴	기포 강괴	수축공 기포 강괴

39 스테인리스강 중에서 내식성, 내열성, 용접성이 우수하여 대표적인 조성이 18Cr-8Ni인 계통은?

① 마텐자이트계
② 페라이트계
③ 오스테나이트계
④ 소바이트계

해설

18-8스테인리스강은 18%의 Cr과 8%의 Ni이 합금된 것으로, 오스테나이트계 스테인리스강의 다른 명칭이다.

스테인리스강의 분류

구분	종류	주요 성분	자성
Cr계	페라이트계 스테인리스강	Fe + Cr 12% 이상	자성체
	마텐자이트계 스테인리스강	Fe + Cr 13%	자성체
Cr+Ni계	오스테나이트계 스테인리스강	Fe + Cr 18% + Ni 8%	비자성체
	석출경화계 스테인리스강	Fe + Cr + Ni	비자성체

40 6 : 4 황동의 내식성을 개량하기 위하여 1% 전후의 주석을 첨가한 것은?

① 콜슨합금
② 네이벌 황동
③ 청동
④ 인청동

해설

① 콜슨합금 : 니켈청동으로 통신선이나 전화선으로 사용된다.
③ 청동 : 구리에 주석을 합금한 것이다.
④ 인청동 : 청동에 소량의 인(P)을 첨가한 것으로 전자기기의 탄성을 요구하는 제품에 사용된다.

36 ③　37 ③　38 ①　39 ③　40 ②　**정답**

41 동합금의 용접성에 대한 설명으로 옳지 않은 것은?

① 순동은 좋은 용입을 얻기 위해서 반드시 예열이 필요하다.

② 알루미늄 청동은 열간에서 강도나 연성이 우수하다.

③ 인청동은 열간취성의 경향이 없으며, 용융점이 낮아 편석에 의한 균열 발생이 없다.

④ 황동에는 아연이 다량 함유되어 있어 용접 시 증발에 의해 기포가 발생하기 쉽다.

해설

청동은 구리(동)와 주석의 합금으로, 구리 중 산화구리를 함유한 부분이 순수한 구리에 비해 용융점이 낮아서 먼저 용융된다. 이때 균열이 발생하므로, 동합금(구리합금)을 용접할 때 균열이 발생할 수 있다.

42 적열취성의 원인은?

① 탄소   ② 수소

③ 질소   ④ 황

해설

적열(赤熱)취성(철이 빨갛게 달궈진 상태)

S(황)의 함유량이 많은 탄소강이 900℃ 부근에서 적열 상태가 되었을 때 파괴되는 성질이다. 철에 황의 함유량이 많으면 황화철이 되면서 결정립계 부근의 황이 망상으로 분포되면서 결정립계가 파괴된다. 적열취성을 방지하려면 Mn(망간)을 합금하여 황을 MnS(황화망간)으로 석출시킨다. 적열취성은 높은 온도에서 발생하므로 고온취성이라고도 한다.

※ 赤 : 붉을 적, 熱 : 더울 열

43 4% Cu, 2% Ni, 1.5% Mg이 함유된 Al 합금으로서 내열성이 크고, 기계적 성질이 우수하여 실린더 헤드나 피스톤 등에 적합한 합금은?

① 실루민   ② Y합금

③ 로엑스   ④ 두랄루민

해설

알루미늄 합금의 종류 및 특징

분류	종류	구성 및 특징
주조용 (내열용)	실루민	• Al + Si(10~14% 함유) • 알펙스로라고도 한다. • 해수에 잘 침식되지 않는다.
	라우탈	• Al + Cu 4% + Si 5% • 열처리에 의하여 기계적 성질을 개량할 수 있다.
	Y합금	• Al + Cu + Mg + Ni • 내연기관용 피스톤, 실린더 헤드의 재료로 사용된다.
	로엑스 합금 (Lo-ex)	• Al + Si 12% + Mg 1% + Cu 1% + Ni • 열팽창계수가 작아서 엔진, 피스톤용 재료로 사용된다.
	코비탈륨	• Al + Cu + Ni에 Ti, Cu 0.2% 첨가 • 내연기관의 피스톤용 재료로 사용된다.
가공용	두랄루민	• Al + Cu + Mg + Mn, • 고강도로서 항공기나 자동차용 재료로 사용된다.
	알클래드	고강도 Al합금에 다시 Al을 피복한 것이다.
내식성	알민	• Al + Mn • 내식성, 용접성이 우수하다.
	알드레이	• Al + Mg + Si • 강인성이 없고, 가공변형에 잘 견딘다.
	하이드로날륨	• Al + Mg • 내식성, 용접성이 우수하다.

44 두랄루민(Duralumin)의 조성으로 옳은 것은?

① Al-Cu-Mg-Mn   ② Al-Cu-Ni-Si

③ Al-Ni-Cu-Zn   ④ Al-Ni-Si-Mg

해설

두랄루민은 가공용 알루미늄 합금의 일종으로, Al + Cu + Mg + Mn로 구성된다. 고강도로서 항공기나 자동차용 재료로 사용된다.

※ 시험에 자주 출제되는 주요 알루미늄 합금

Y합금	Al + Cu + Mg + Ni, 알구마니
두랄루민	Al + Cu + Mg + Mn, 알구마망

45 마그네슘(Mg)의 성질에 대한 설명으로 옳지 않은 것은?

① 고온에서 발화하기 쉽다.

② 비중은 1.74 정도이다.

③ 조밀육방격자로 되어 있다.

④ 바닷물에 매우 강하다.

마그네슘(Mg)의 성질
• 절삭성이 우수하다.
• 용융점은 650℃이다.
• 조밀육방격자 구조이다.
• 고온에서 발화하기 쉽다.
• Al에 비해 약 35% 가볍다.
• 알칼리성에는 거의 부식되지 않는다.
• 구상흑연주철 제조 시 첨가제로 사용된다.
• 비중이 1.74로, 실용금속 중 가장 가볍다.
• 열전도율과 전기전도율은 Cu, Al보다 낮다.
• 비강도가 우수하여 항공기나 자동차 부품으로 사용된다.
• 대기 중에는 내식성이 양호하지만, 산이나 염류(바닷물)에는 침식되기 쉽다.
※ 마그네슘 합금은 부식되기 쉽고, 탄성한도와 연신율이 작아 Al, Zn, Mn 및 Zr 등을 첨가한 합금으로 제조된다.

46 금속의 냉각속도가 빠르면 조직은 어떻게 되는가?

① 조직이 치밀해진다.

② 조직이 거칠어진다.

③ 불순물이 적어진다.

④ 냉각속도와 조직은 아무 관계가 없다.

금속의 냉각속도
• 빠를 때 : 금속조직이 치밀(조밀)해진다.
• 느릴 때 : 금속조직이 조대화(크게)된다.

47 강의 표면경화법에 대한 설명으로 옳지 않은 것은?

① 침탄법에는 고체침탄법, 액체침탄법, 가스침탄법 등이 있다.

② 질화법은 강의 표면에 질소를 침투시켜 경화하는 방법이다.

③ 화염경화법은 일반 담금질법에 비해 담금질 변형이 작다.

④ 세라다이징은 철강 표면에 Cr을 확산 침투시키는 방법이다.

금속침투법

종류	침투 원소
세라다이징	Zn
칼로라이징	Al
크로마이징	Cr
실리코나이징	Si
보로나이징	B(붕소)

48 큰 재료일수록 내·외부 열처리 효과의 차이가 생기는 현상으로, 강의 담금질성에 의하여 영향을 받는 현상은?

① 시효경화   ② 노치효과

③ 담금질효과   ④ 질량효과

④ 질량효과 : 탄소강을 담금질하였을 때 강의 질량(크기)에 따라 조직과 기계적 성질이 변하는 현상이다. 질량이 무거운 제품을 담금질 시 질량이 큰 제품일수록 내부의 열이 많기 때문에 천천히 냉각되며, 그 결과 조직과 경도가 변한다.
① 시효경화 : 열처리 후 시간이 지남에 따라 강도와 경도가 증가하는 현상이다.
② 노치효과 : 표면층에 노치가 있는 물체에 기계적 외력을 가하면 노치 부분이 다른 부분보다 먼저 소성변형이 일어나거나 파괴되는 현상이다.
③ 담금질효과 : 담금질의 목적인 재료의 강도와 경도를 크게 얻는 정도로 냉각속도에 큰 영향을 받는다.

49 다음 주조용 알루미늄합금 중 Alcoa(알코아) No.12 합금의 종류는?

① Al – Ni계 합금
② Al – Si계 합금
③ Al – Cu계 합금
④ Al – Zn계 합금

50 일정한 온도 영역과 변형속도 영역에서 유리질처럼 늘어나며, 이때 강도가 낮고, 연성이 커서 작은 힘으로 복잡한 형상의 성형이 가능한 기능성 재료는?

① 형상기억합금
② 초소성합금
③ 초탄성합금
④ 초인성합금

해설
초소성합금은 금속재료가 일정한 온도영역과 변형속도의 영역에서 유리질처럼 늘어나는 특수한 현상이다. 고온에서 강도가 낮고, 연성이 커서 작은 힘으로 복잡한 형상의 성형이 가능한 신소재이다.
초소성합금의 특징
• 고온강도가 낮다.
• 결정입자가 매우 미세하다.
• 미세 결정입자 초소성과 변태 초소성으로 나뉜다.
• Al–Zn합금은 플라스틱 성형용 금형을 제작하는 데 사용된다.

51 도면에서 두 종류 이상의 선이 같은 장소에서 중복될 경우 선의 우선순위를 옳게 나열한 것은?

① 외형선 > 숨은선 > 절단선 > 중심선 > 치수보조선
② 외형선 > 중심선 > 절단선 > 치수보조선 > 숨은선
③ 외형선 > 절단선 > 치수보조선 > 중심선 > 숨은선
④ 외형선 > 치수보조선 > 절단선 > 숨은선 > 중심선

해설
선이 중복될 경우 선의 우선순위
외형선 > 숨은선 > 절단선 > 중심선 > 무게중심선 > 치수보조선

52 도면에 치수를 기입할 때 유의사항으로 옳지 않은 것은?

① 치수는 계산할 필요가 없도록 기입하여야 한다.
② 치수는 중복 기입하여 도면을 이해하기 쉽게 한다.
③ 관련되는 치수는 가능한 한 한곳에 모아서 기입한다.
④ 치수는 될 수 있는 대로 주투상도에 기입해야 한다.

해설
도면에 치수를 기입할 때는 중복 치수를 피해야 한다.

53 가공 전 또는 가공 후의 모양을 표시하는 데 사용하는 선은?

① 숨은선   ② 파단선

③ 가상선   ④ 절단선

[해설]
가상선의 용도
• 인접 부분을 참고로 표시할 때
• 공구 및 지그 등 위치를 참고로 나타낼 때
• 가공 전이나 후의 모양을 표시할 때
• 반복되는 것을 나타낼 때
• 도시된 단면의 앞부분을 표시할 때
• 단면의 무게중심을 연결한 선을 표시할 때

54 다음 그림과 같이 경사면부가 있는 대상물에서 그 경사면의 실형을 표시할 필요가 있는 경우에 사용하는 투상도는?

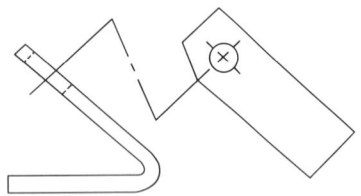

① 부분투상도
② 보조투상도
③ 국부투상도
④ 회전투상도

[해설]
② 보조투상도 : 경사면을 갖고 있는 물체는 그 경사면의 실제 모양을 표시할 필요가 있는데, 이 경우 보이는 부분의 전체 또는 일부분을 나타낼 때 사용한다.
① 부분투상도 : 특정한 부분의 도형이 작아서 그 부분을 자세하게 나타낼 수 없거나 치수 기입을 할 수 없을 때는 그 부분을 가는 실선으로 둘러싸고 한글이나 알파벳 대문자로 표시한다.
③ 국부투상도 : 대상물이 구멍, 홈 등과 같이 한 부분의 모양을 도시하는 것으로 충분한 경우에 사용한다.
④ 회전투상도 : 각도를 가진 물체의 실제 모양을 나타내기 위해서 그 부분을 회전해서 나타낸다.

55 다음 중 치수 보조기호의 설명으로 옳은 것은?

① S∅ : 원통의 지름
② C : 45°의 모따기
③ R : 구의 지름
④ □ : 직사각형의 변

[해설]
치수 보조기호

기호	구분	기호	구분
∅	지름	p	피치
S∅	구의 지름	⌒50	호의 길이
R	반지름	<u>50</u>	비례척도가 아닌 치수
SR	구의 반지름	[50]	이론적으로 정확한 치수
□	정사각형	(50)	참고 치수
C	45° 모따기	~~50~~	치수의 취소 (수정 시 사용)
t	두께		

56 치수공차와 끼워맞춤공차에서 사용하는 용어에 대한 설명으로 옳지 않은 것은?

① 틈새 : 구멍의 치수가 축의 치수보다 클 때의 구멍과 축의 치수 차
② 위치수 허용차 : 최대허용치수에서 기준치수를 뺀 값
③ 헐거운 끼워맞춤 : 항상 틈새가 있는 끼워맞춤
④ 치수공차 : 기준치수에서 아래치수 허용차를 뺀 값

[해설]
치수공차는 최대허용한계치수에서 최소허용한계치수를 뺀 값으로, 공차라고도 한다.

57 다음 그림이 나타내는 용접 보조기호는?

① 용접부를 볼록으로 다듬질함
② 끝단부를 매끄럽게 함
③ 용접부를 오목으로 다듬질함
④ 영구적인 덮개판을 사용함

해설

용접부의 보조기호 ⤵는 끝단부 토를 매끄럽게 하라는 지시기호이다.

58 전개도를 그리는 기본적인 방법 3가지에 해당하지 않는 것은?

① 평행선 전개법 　② 삼각형 전개법
③ 방사선 전개법 　④ 원통형 전개법

해설

전개도법의 종류

종류	의미
평행선법	삼각기둥, 사각기둥과 같은 여러 가지 각기둥과 원기둥을 평행하게 전개하여 그리는 방법
방사선법	삼각뿔, 사각뿔 등의 각뿔과 원뿔을 꼭짓점을 기준으로 부채꼴로 펼쳐서 전개도를 그리는 방법
삼각형법	꼭짓점이 먼 각뿔, 원뿔 등을 해당 면을 삼각형으로 분할하여 전개도를 그리는 방법

59 다음 중 나사산의 각도를 측정하는 기기가 아닌 것은?

① 투영기
② 공구현미경
③ 오토콜리메이터
④ 만능측정현미경

해설

오토콜리메이터는 망원경의 원리와 콜리메이터(평행 광선을 만드는 광학장치)의 원리를 조합시켜서 만든 측정기로, 계측기와 십자선, 조명 등을 장착한 망원경을 이용하여 미소한 각도 측정이나 평면 측정에 이용하는 측정기기이다.

60 드릴의 홈, 나사의 골지름, 곡면 형상의 두께를 측정하는 마이크로미터는?

① 외경 마이크로미터
② 캘리퍼형 마이크로미터
③ 나사 마이크로미터
④ 포인트 마이크로미터

해설

포인트 마이크로미터는 두 측정면이 뾰족하기 때문에 드릴의 홈이나 나사의 골지름 측정이 가능하다.

포인트 마이크로미터

01 금속의 접합법 중 야금학적 접합법이 아닌 것은?

① 융접　　　　　② 압접
③ 납땜　　　　　④ 볼트 이음

해설
볼트 이음은 기계적 접합법에 해당한다.

02 다음 중 용접이음의 단점이 아닌 것은?

① 내부결함이 생기기 쉽고 정확한 검사가 어렵다.
② 용접공의 기능에 따라 용접부의 강도가 좌우된다.
③ 다른 이음작업과 비교하여 작업 공정이 많은 편이다.
④ 잔류응력이 발생하기 쉬워서 이를 제거해야 하는 작업이 필요하다.

해설
용접은 다른 이음작업에 비해 작업 공정이 적은편이다.
용접이음의 단점
• 내부 결함이 생기기 쉽고 정확한 검사가 어렵다.
• 용접공의 기능에 따라 용접부의 강도가 좌우된다.
• 잔류응력이 발생하기 쉬워 이를 제거해야 하는 작업이 필요하다.

03 수직판 또는 수평면 내에서 선회하는 회전 영역이 넓고 팔이 기울어져 상하로 움직일 수 있어 주로 스폿 용접, 중량물 취급 등에 많이 이용되는 로봇은?

① 다관절 로봇
② 극좌표 로봇
③ 원통 좌표 로봇
④ 직각 좌표계 로봇

해설
② 극좌표 로봇 : 수직면이나 수평면 내에서 선회하는 회전영역이 넓고 팔이 기울어져 상하로 움직일 수 있어서 주로 스폿 용접이나 중량물을 취급하는 장소에 이용된다.
① 다관절 로봇 : 수직 다관절 로봇과 수평 다관절 로봇으로 나뉘는데 3개 이상의 회전하는 관절이 장착된 로봇으로 사람의 팔처럼 움직일 수 있다. 동작이 빠르고 작동 반경이 넓어서 생산 공장에서 조립이나 도장작업에 사용한다.
③ 원통 좌표 로봇 : 원통의 길이와 반경 방향으로 움직이는 두 개의 직선 축과 원의 둘레 방향으로 움직이는 하나의 회전축으로 구성되는데, 설치 공간이 직교좌표형에 비해 작고 빠르게 움직인다.
④ 직각 좌표계 로봇 : 각 축들이 직선운동만으로 작업영역을 구성하는 로봇으로, 인간에게 가장 익숙한 좌표계이다. 90°씩 분할된 직각좌표계로 일반 사용자들이 쉽게 운용할 수 있어서 산업 현장에서 널리 이용된다.

04 안전·보건표지의 색채, 색도기준 및 용도에서 지시의 용도 색채는?

① 검은색 ② 노란색

③ 빨간색 ④ 파란색

산업안전보건법에 따른 안전·보건표지의 색채 및 용도

색채	용도	사례
빨간색	금지	정지신호, 소화설비 및 그 장소, 유해행위 금지
	경고	화학물질 취급 장소에서 유해·위험 경고
노란색	경고	화학물질 취급 장소에서의 유해·위험 경고 이외의 위험 경고, 주의표지 또는 기계 방호물
파란색	지시	특정 행위의 지시 및 사실의 고지
녹색	안내	비상구 및 피난소, 사람 또는 차량의 통행 표지
흰색	보조	파란색이나 녹색에 대한 보조색
검은색	보조	문자 및 빨간색, 노란색에 대한 보조색

05 교류 아크 용접기와 비교했을 때 직류 아크 용접기의 특징을 옳게 설명한 것은?

① 아크의 안정성이 우수하다.

② 구조가 간단하다.

③ 극성 변화가 불가능하다.

④ 전격의 위험이 많다.

직류 아크 용접기는 전류가 안정적으로 공급되므로 아크가 안정적이다.

06 용접봉에서 모재로 용융금속이 옮겨가는 용적이행 상태가 아닌 것은?

① 글로뷸러형 ② 스프레이형

③ 단락형 ④ 핀치효과형

용적이행의 종류
• 단락이행형
• 입상이행(글로뷸러)형
• 스프레이형
• 맥동이행형

07 직류정극성(DCSP)에 대한 설명으로 옳은 것은?

① 모재의 용입이 얕다.

② 비드폭이 넓다.

③ 용접봉의 녹음이 느리다.

④ 용접봉에 (+)극을 연결한다.

직류정극성은 모재에서 70%의 열이 발생하고, 용접봉에서는 30%의 열이 발생되어 용접봉에서 70%의 열이 발생하는 직류역극성에 비해 용접봉의 녹음이 느리다.

08 피복아크용접에서 아크안정제에 속하는 피복 배합제는?

① 산화타이타늄 ② 탄산마그네슘

③ 페로망간 ④ 알루미늄

용접봉의 피복 배합제 성분 중 산화타이타늄은 아크안정제로 사용된다. 규산칼륨, 규산나트륨, 석회석을 사용하기도 한다.

09 아세틸렌 과잉 불꽃이라 하며 속불꽃과 겉불꽃 사이에 백색의 제3 불꽃, 즉 아세틸렌 페더(Excess Acetylene Feather)가 있는 불꽃은?

① 탄화 불꽃

② 산화 불꽃

③ 아세틸렌 불꽃

④ 중성 불꽃

해설
아세틸렌이 과잉 분출되었을 때 탄화 불꽃이 생성된다.

10 가스용접에 대한 설명 중 옳은 것은?

① 아크용접에 비해 불꽃의 온도가 높다.

② 열 집중성이 좋아 효율적인 용접이 가능하다.

③ 전원 설비가 있는 곳에서만 설치가 가능하다.

④ 가열할 때 열량 조절이 비교적 자유롭기 때문에 박판용접에 적합하다.

해설
가스용접의 장점 및 단점

장점
• 운반이 편리하고 설비비가 싸다.
• 전원이 없는 곳에 쉽게 설치할 수 있다.
• 아크용접에 비해 유해 광선의 피해가 적다.
• 가열할 때 열량 조절이 비교적 자유로워 박판용접에 적합하다.

단점
• 폭발의 위험이 있다.
• 아크용접에 비해 불꽃의 온도가 낮다.
• 열 집중성이 나빠서 효율적인 용접이 어렵다.
• 가열범위가 커서 용접 변형이 크고, 일반적으로 용접부의 신뢰성이 작다.

11 텅스텐 전극과 모재 사이에 아크를 발생시켜 알루미늄, 마그네슘, 구리 및 구리합금, 스테인리스강 등의 절단에 사용되는 것은?

① TIG 절단 ② MIG 절단

③ 탄소 절단 ④ 산소 아크 절단

해설
W(텅스텐)전극을 사용하는 아크 절단법은 TIG(Tungsten Inert Gas) 절단이다.

12 다음 중 수중 절단에 가장 적합한 가스로 짝지어진 것은?

① 산소-수소가스

② 산소-이산화탄소 가스

③ 산소-암모니아 가스

④ 산소-헬륨가스

해설
수소가스는 연소 시 탄소가 존재하지 않아 납의 용접이나 수중 절단용 가스로 사용된다.

13 연납용 용제로 사용하지 않는 것은?

① 인산 ② 염화아연

③ 염산 ④ 붕산

해설
붕산은 경납용 납땜 용제로 사용된다.

14 서브머지드 아크용접의 다전극 방식에 의한 분류가 아닌 것은?

① 푸시식
② 탠덤식
③ 횡병렬식
④ 횡직렬식

해설
서브머지드 아크용접(SAW)의 다전극 용극 방식에는 탠덤식, 횡병렬식, 횡직렬식이 있다.

15 TIG 용접 및 MIG 용접에 사용되는 불활성 가스로 가장 적합한 것은?

① 수소가스
② 아르곤 가스
③ 산소가스
④ 질소가스

해설
TIG 및 MIG 용접 시 Ar(아르곤) 가스를 보호가스로 사용한다.

16 MIG용접의 용적이행 중 단락 아크용접에 관한 설명으로 옳은 것은?

① 용적이 안정된 스프레이 형태로 용접된다.
② 고주파 및 저전류 펄스를 활용한 용접이다.
③ 임계 전류 이상의 용접 전류에서 많이 적용된다.
④ 저전류, 저전압에서 나타나며 박판용접에 사용된다.

해설
MIG용접에서 사용하는 용적 이행방식 중 단락이행(단락 아크용접) 방식은 저전류, 저전압에서 나타나며 주로 박판용접에 사용된다.

17 CO_2 가스 아크용접에서 솔리드 와이어와 비교한 복합 와이어의 특징에 대한 설명으로 틀린 것은?

① 양호한 용착금속을 얻을 수 있다.
② 스패터가 많다.
③ 아크가 안정된다.
④ 비드 외관이 깨끗하여 아름답다.

해설
복합 와이어
• 솔리드 와이어에 비해 스패터의 발생량이 적다.
• 용착속도가 빠르고, 슬래그 제거가 쉽다.

18 교류 아크 용접기는 무부하 전압이 높아 전격의 위험이 있으므로 안전을 위하여 전격 방지기를 설치한다. 이때 전격 방지기의 2차 무부하 전압은 몇 V 범위로 유지하는 것이 적당한가?

① 80~90V 이하
② 60~70V 이하
③ 40~50V 이하
④ 20~30V 이하

해설
전격이란 강한 전류를 갑자기 몸에 느꼈을 때의 충격으로, 작업자의 전격을 방지하기 위해 전격방지기를 용접기에 부착한다. 전격방지기는 작업을 쉬는 동안에 2차 무부하 전압이 항상 25V 정도로 유지되도록 하여 전격을 방지할 수 있다.

19 일렉트로 슬래그 용접의 특징으로 옳지 않은 것은?

① 용접 입열이 낮다.

② 후판용접에 적당하다.

③ 용접능률과 용접 품질이 우수하다.

④ 용접 진행 중 아크를 눈으로 직접 관찰할 수 없다.

해설

일렉트로 슬래그 용접

용융된 슬래그와 용융 금속이 용접부에서 흘러나오지 못하도록 수랭동판으로 둘러싸고 이 용융 풀에 용접봉을 연속적으로 공급하는데, 이때 발생하는 용융 슬래그의 저항열에 의하여 용접봉과 모재를 연속적으로 용융시키면서 용접하는 방법이다. 선박이나 보일러와 같이 두꺼운 판의 용접에 적합하며, 수직 상진으로 단층 용접하는 방식으로 용접 전원으로는 정전압형 교류를 사용한다.

• 장점
- 용접 입열량이 커서 후판용접에 적합하다.
- 용접이 능률적이다.
- 전기저항열에 의한 용접이다.
- 용접시간이 적어서 용접 후 변형이 작다.
- 다전극을 이용하면 더 효과적인 용접이 가능하다.
- 후판용접을 단일층으로 한 번에 용접할 수 있다.
- 스패터나 슬래그 혼입, 기공 등의 결함이 거의 없다.
- 일렉트로 슬래그 용접의 용착량은 거의 100%에 가깝다.
- 냉각하는 데 시간이 오래 걸려서 기공이나 슬래그가 섞일 확률이 작다.
• 단점
- 손상된 부위에 취성이 크다.
- 용접 진행 중에 용접부를 직접 관찰할 수 없다.
- 가격이 비싸며, 용접 후 기계적 성질이 좋지 못하다.
- 저융점 합금원소의 편석과 작은 형상계수로 인해 고온 균열이 발생한다.

20 스터드 용접의 특징에 대한 설명으로 옳지 않은 것은?

① 긴 용접시간으로 용접 변형이 크다.

② 용접 후의 냉각속도가 비교적 빠르다.

③ 알루미늄, 스테인리스강 용접이 가능하다.

④ 탄소 0.2%, 망간 0.7% 이하 시 균열 발생이 없다.

해설

스터드 용접은 용접시간이 짧고, 국부적으로 가열하기 때문에 용접 변형이 작다.

21 CO₂ 가스 아크용접 시 저전류영역에서 가스 유량은 약 몇 L/min 정도가 적당한가?

① 1~5

② 6~10

③ 10~15

④ 16~20

해설

CO_2 용접에서 전류의 크기에 따른 가스 유량

전류영역		가스 유량(L/min)
250A 이하	저전류 영역	10~15
250A 이상	고전류 영역	20~25

22 전자 빔 용접의 장점에 대한 설명으로 옳지 않은 것은?

① 두꺼운 판의 용접이 불가능하다.

② 용접을 정밀하고 정확하게 할 수 있다.

③ 에너지 집중이 가능하여 고속으로 용접된다.

④ 고진공 속에서 용접을 하므로 대기와 반응하기 쉬운 활성재료도 용이하게 용접한다.

해설

전자 빔 용접은 얇은 판에서 두꺼운 판까지 용접이 가능하다.

23 저항용접의 특징으로 옳지 않은 것은?

① 산화 및 변질 부분이 적다.

② 용접봉, 용제 등이 불필요하다.

③ 작업속도가 빠르고 대량 생산에 적합하다.

④ 열손실이 많고, 용접부에 집중열을 가할 수 없다.

해설

저항용접은 열손실이 적고, 용접부에 집중적으로 열을 가할 수 있다.

24 다음 중 용접결함의 보수 용접에 관한 사항으로 가장 적절하지 않은 것은?

① 재료 표면에 있는 얕은 결함은 덧붙임 용접으로 보수한다.

② 언더컷이나 오버랩 등은 그대로 보수용접을 하거나 정으로 따내기 작업을 한다.

③ 결함이 제거된 모재 두께가 필요한 치수보다 얕게 되었을 때에는 덧붙임 용접으로 보수한다.

④ 덧붙임 용접으로 보수할 수 있는 한도를 초과할 때에는 결함 부분을 잘라내어 맞대기 용접으로 보수한다.

해설
재료 표면에 얕은 결함이 있으면 스카핑으로 불어내서 결함을 제거한 뒤 재용접을 해야 한다.

---

25 미소한 결함이 있어 응력의 이상 집중에 의하여 성장하거나 새로운 균열이 발생할 경우 변형 개방에 의한 초음파가 방출되는데 이러한 초음파를 AE검출기로 탐상함으로써 발생 장소와 균열의 성장속도를 감지하는 용접시험검사법은?

① 누설탐상검사법

② 전자초음파법

③ 진공검사법

④ 음향방출탐상검사법

해설
④ 음향방출탐상검사법 : 미소한 결함이나 균열이 발생된 경우 초음파를 방출하여 AE검출기로 탐상함으로써 발생 장소와 균열의 성장속도를 감지하는 용접시험검사법

① 누설탐상검사법 : 유체(액체나 기체)가 시험체 내부와 외부의 압력차에 의해 결함부로 흘러들어가거나 흘러나오는 성질을 이용하여 결함을 찾아내는 검사법

② 전자초음파법(전자초음파공명법) : 비접촉으로 초음파를 송수신할 수 있는 전자초음파 탐촉자를 이용하여 금속 내부에 초음파 공명을 발생시켜 그 공명 스펙트럼에서 재료의 결함을 검사하는 비파괴검사법

---

26 다음 그림과 같이 두께(h) = 10mm인 연강판에 길이(l) = 400mm로 용접하여 1,000N의 인장하중(P)을 작용시킬 때 발생하는 인장응력(σ)은?

① 약 177MPa   ② 약 125MPa

③ 약 177kPa   ④ 약 125kPa

해설

$$\sigma_t = \frac{F}{A} = \frac{F}{2(h\cos 45° \times l)}$$

$$= \frac{1,000\text{N}}{2(0.01\cos 45°\text{m} \times 0.4\text{m})}$$

$$= \frac{1,000\text{N}}{0.005657\text{m}^2} = 176,772\text{N/m}^2$$

∴ 인장응력은 약 177kPa이 된다.

---

27 잔류응력제거법 중 잔류응력이 있는 제품에 하중을 주어 용접 부위에 약간의 소성변형을 일으킨 다음 하중을 제거하는 방법은?

① 피닝법

② 노 내 풀림법

③ 국부 풀림법

④ 기계적 응력완화법

해설
④ 기계적 응력완화법 : 용접 후 잔류응력이 있는 제품에 하중을 주어 용접부에 약간의 소성변형을 일으킨 후 하중을 제거하면서 잔류응력을 제거하는 방법이다.

① 피닝법 : 끝이 둥근 특수 해머를 사용하여 용접부를 연속적으로 타격하며 용접 표면에 소성변형을 주어 인장응력을 완화시키는 방법이다.

② 노 내 풀림법 : 가열 노(Furnace) 내부의 유지온도는 625℃ 정도이며 노에 넣을 때나 꺼낼 때의 온도는 300℃ 정도로 한다. 판 두께 25mm일 경우에 1시간 동안 유지하는데 유지온도가 높거나 유지시간이 길수록 풀림효과가 크다.

③ 국부 풀림법 : 재료의 전체 중에서 일부분의 재질을 표준화시키거나 잔류응력의 제거를 위해 사용하는 방법이다.

---

28 알루미늄에 대한 설명으로 옳지 않은 것은?

① 비중이 2.7로 낮다.

② 용융점은 1,067℃이다.

③ 전기 및 열전도율이 우수하다.

④ 고강도 합금으로 두랄루민이 있다.

해설
알루미늄의 용융점은 660℃이다.

29 강재 표면의 홈이나 개재물, 탈탄층 등을 제거하기 위하여 가능한 한 얇게 그리고 타원형 모양으로 표면을 깎아내는 가공법은?

① 가스 가우징   ② 코킹

③ 아크에어 가우징   ④ 스카핑

해설
스카핑
강괴나 강편, 강재 표면의 홈이나 개재물, 탈탄층 등을 제거하기 위하여 불꽃가공으로 가능한 한 얇게 그리고 타원형 모양으로 표면을 깎아내는 가공법이다. 열간 스카핑, 냉간 스카핑, 분말 스카핑 등이 있다.

30 용접결함과 원인이 잘못 짝지어진 것은?

① 언더컷 : 용접전류가 너무 높을 때

② 오버랩 : 용접전류가 너무 낮을 때

③ 용입 불량 : 이음설계가 불량할 때

④ 기공 : 저수소계 용접봉을 사용했을 때

해설
• 기공의 원인 : 황이나 수소 등의 가스가 용융금속 중에 있을 때, 건조되지 않은 용접봉을 사용했을 경우에 발생한다.
• 기공의 방지대책 : 저수소계 용접봉을 사용하거나 용접봉을 충분히 건조한 후 사용한다.

31 용접 변형방법 중 용접부의 부근을 냉각시켜서 열영향부의 넓이를 축소시킴으로써 변형을 감소시키는 방법은?

① 피닝법   ② 도열법

③ 구속법   ④ 역변형법

해설
② 도열법 : 용접 중 모재의 입열을 최소화하기 위해 물을 적신 동판을 덧대어 열을 흡수하도록 한 것으로, 용접부의 부근을 냉각시켜서 열영향부의 넓이가 축소되면서 변형이 감소된다.
① 피닝 : 타격 부분이 둥근 구면인 특수 해머를 사용하여 모재의 표면에 지속적으로 충격을 가해 줌으로써 재료 내부에 있는 잔류응력을 완화시키면서 표면층에 소성변형을 주는 방법이다.
④ 역변형법 : 용접 전에 변형을 예측하여 반대 방향으로 변형시킨 후 용접하는 방법이다.

32 다음 중 순철의 동소체가 아닌 것은?

① α철   ② β철

③ γ철   ④ δ철

해설
β철은 순철의 동소체로 분류되지 않는다. 동소체란 같은 원소로 되어 있으나 온도나 압력 등 조건에 따라 성질이 달라지는 물질로, 물과 철(Fe)이 대표적이다.
• 물의 동소체 : 얼음, 물, 수증기
• 철의 동소체 : α철, γ철, δ철

33 맞대기 용접이음에서 모재의 인장강도가 60N/mm² 이고, 용접시험편의 인장강도가 25N/mm²으로 나타났을 때 이음효율은 약 얼마인가?

① 42%   ② 45%

③ 50%   ④ 55%

해설

용접부의 이음효율(η)

$$\eta = \frac{\text{시험편 인장강도}}{\text{모재 인장강도}} \times 100\%$$

$$= \frac{25\text{N/mm}^2}{60\text{N/mm}^2} \times 100\% \fallingdotseq 41.6\%$$

34 결함 에코 형태로 결함을 판정하는 방법으로, 초음파검사법 중 가장 많이 사용하는 방법은?

① 투과법   ② 공진법

③ 타격법   ④ 펄스반사법

해설

초음파탐상검사(UT ; Ultrasonic Test)

사람이 들을 수 없는 매우 높은 주파수의 초음파를 사용하여 검사 대상물의 형상과 물리적 특성을 검사하는 방법이다. 4~5MHz 정도의 초음파가 경계면, 결함 표면 등에서 반사하여 되돌아오는 성질을 이용하는 방법으로, 반사파의 시간과 크기를 스크린으로 관찰하여 결함의 유무, 크기, 종류 등을 검사한다.

초음파 탐상법의 종류

• 투과법 : 초음파 펄스를 시험체의 한쪽 면에서 송신하고 반대쪽 면에서 수신하는 방법이다.

• 펄스반사법 : 시험체 내로 초음파 펄스를 송신하고 내부 또는 바닥면에서 그 반사파를 탐지하는 결함 에코의 형태로 내부결함이나 재질을 조사하는 방법으로, 현재 가장 널리 사용된다.

• 공진법 : 시험체에 가해진 초음파 진동수와 고유 진동수가 일치할 때 진동 폭이 커지는 공진현상을 이용하여 시험체의 두께를 측정하는 방법이다.

35 탄소강의 표준조직이 아닌 것은?

① 페라이트   ② 펄라이트

③ 시멘타이트   ④ 마텐자이트

해설

탄소강의 표준조직

• 페라이트

• 펄라이트

• 시멘타이트

• 오스테나이트

36 열처리방법 중 연화를 목적으로 하며, 냉각 시 서랭하는 열처리법은?

① 뜨임   ② 풀림

③ 담금질   ④ 노멀라이징

해설

열처리의 기본 4단계

• 담금질(Quenching) : 재질을 경화시킬 목적으로 강을 오스테나이트 조직의 영역으로 가열한 후 급랭시켜 강도와 경도를 증가시키는 열처리법이다.

• 뜨임(Tempering) : 담금질한 강을 A₁변태점(723℃) 이하로 가열 후 서랭하는 것으로, 담금질로 경화된 재료에 인성을 부여하고 내부응력을 제거한다.

• 풀림(Annealing) : 재질을 연하고 균일화시킬 목적으로 실시하는 열처리법이다. 완전풀림은 A₃변태점(968℃) 이상의 온도로, 연화풀림은 650℃정도의 온도로 가열한 후 서랭한다.

• 불림(Normalizing) : 담금질 정도가 심하거나 결정입자가 조대해진 강을 표준화 조직으로 만들기 위하여 A₃점(968℃)이나 Acm(시멘타이트)점 이상의 온도로 가열 후 공랭시킨다.

37 탄화텅스텐(WC)을 소결한 합금으로 내마모성이 우수하여 대량 생산을 위한 다이 제작용으로 사용되는 재료는?

① 주철
② 초경합금
③ 합금 공구강
④ 다이스강

> **해설**
> 초경합금
> 고속·고온 절삭에서 높은 경도를 유지하며 WC, TiC, TaC 분말에 Co를 첨가하고 소결시켜 만든다. 진동이나 충격을 받으면 쉽게 깨지는 특성이 있는 공구용 재료로, 고속도강의 4배 정도로 절삭이 가능하며 1,100℃의 절삭열에도 경도 변화가 없다.

38 주철은 600℃ 이상의 온도에서 가열했다가 냉각하는 과정의 반복에 의하여 팽창하는데 이러한 현상을 주철의 성장이라고 한다. 다음 중 주철의 성장원인이 아닌 것은?

① Fe_3C 중의 흑연화에 의한 팽창
② 오스테나이트 조직 중의 Si의 산화에 의한 팽창
③ 흡수된 가스의 팽창에 따른 부피 증가 등으로 인한 주철의 성장
④ A_1변태의 반복과정에서 오는 체적 변화에 기인되는 미세한 균열이 형성되어 생기는 팽창

> **해설**
> 주철은 불균일한 가열로 균열이 생기면서 성장한다. 또한, 주철을 600℃ 이상의 온도에서 가열과 냉각을 반복하면 부피가 증가하여 파열되는데, 이 현상을 주철의 성장이라고 한다.
> 주철 성장의 원인
> • 흡수된 가스에 의한 팽창
> • 시멘타이트의 흑연화에 의한 팽창
> • A_1변태에서 부피 변화로 인한 팽창
> • 불균일한 가열로 생기는 균열에 의한 팽창
> • 페라이트 중 고용된 Si(규소)의 산화에 의한 팽창

39 다음 중 강괴를 용강의 탈산 정도에 따라 분류할 때 해당되지 않는 것은?

① 킬드강
② 석출강
③ 림드강
④ 세미킬드강

> **해설**
> 강괴의 탈산 정도에 따른 분류
> • 킬드강
> • 세미킬드강
> • 림드강
> • 캡트강

40 아연을 약 40% 첨가한 황동으로 고온가공하여 상온에서 완성하며 열교환기, 열간 단조품, 탄피 등에 사용되고 탈아연 부식을 일으키기 쉬운 것은?

① 알브락
② 니켈황동
③ 문쯔메탈
④ 애드미럴티 황동

> **해설**
> 문쯔메탈은 황동으로서, 60%의 구리와 40%의 아연이 합금된 것이다. 이 조성에서 인장강도가 최대가 되어 강도가 필요한 곳에 사용한다.

41 아연을 5~20% 첨가한 것으로, 금색에 가까워 금박 대용으로 사용하여 주로 화폐, 메달 등에 사용하는 황동은?

① 톰백
② 실루민
③ 문쯔메탈
④ 고속도강

> **해설**
> ① 톰백 : Cu(구리)에 Zn(아연)을 5~20% 합금한 것으로, 색깔이 아름다워 장식용 재료나 화폐, 메달 등에 사용한다.
> ② 실루민 : Al에 Si을 10~14% 합금한 재료로, 알펙스라고도 하며 알루미늄 합금으로 내식성이 강해서 해수에 잘 침식되지 않는다.
> ③ 문쯔메탈 : 60%의 Cu(구리)와 40%의 Zn(아연)이 합금된 것이다. 인장강도가 최대이어서 강도가 필요한 단조 제품이나 볼트, 리벳 등의 재료로 사용한다.
> ④ 고속도강 : W-18%, Cr-4%, V-1%이 합금된 것으로 600℃ 정도에서도 경도 변화가 없다. 탄소강보다 2배의 절삭속도로 가공이 가능하기 때문에 강력 절삭 바이트나 밀링 커터에 사용된다.

42 황(S)의 해를 방지하는 데 적합한 원소는?

① Mn(망간)

② Si(규소)

③ Al(알루미늄)

④ Mo(몰리브덴)

해설

S(황)은 적열취성을 일으키는 원소이므로 이를 방지하기 위해서는 Mn(망간)을 합금시킨다.

적열취성(철이 빨갛게 달궈진 상태)

S(황)의 함유량이 많은 탄소강이 900℃ 부근에서 적열(赤熱) 상태가 되었을 때 파괴되는 성질로 철에 S의 함유량이 많으면 황화철이 되면서 결정립계 부근의 S이 망상으로 분포되면서 결정립계가 파괴된다. 적열취성을 방지하려면 Mn(망간)을 합금하여 S을 MnS로 석출시킨다. 적열취성은 높은 온도에서 발생하므로 고온취성이라고도 한다.

※ 赤 : 붉을 적, 熱 : 더울 열

43 알루미늄을 TIG 용접할 때 가장 적합한 전류는?

① AC 　　　② ACHF

③ DCRP 　　④ DCSP

해설

TIG(Tungsten Inert Gas arc welding) 용접으로 알루미늄 용접 시에는 고주파 교류(ACHF ; Across Current High Frequency)를 사용한다.

44 V형 홈에 비해 홈의 폭이 좁아도 되고, 루트 간격을 '0'으로 해도 작업성과 용입이 좋지만 홈 가공이 어려운 이음 형상은?

① H형 홈 　　② X형 홈

③ I형 홈 　　④ U형 홈

해설

홈(Groove)의 형상에 따른 특징

홈의 형상	특징
I형	• 가공이 쉽고, 용착량이 적어서 경제적이다. • 판이 두꺼워지면 이음부를 완전히 녹일 수 없다.
V형	• 한쪽 방향에서 완전한 용입을 얻고자 할 때 사용한다. • 홈 가공이 용이하지만, 두꺼운 판에서는 용착량이 많아지고 변형이 일어난다.
X형	• 후판(두꺼운 판)용접에 적합하다. • 홈 가공이 V형에 비해 어렵지만 용착량이 적다. • 양쪽에서 용접하므로 완전한 용입을 얻을 수 있다.
U형	• 홈 가공이 어렵다. • 두꺼운 판에서는 비드의 너비가 좁고 용착량도 적다. • 두꺼운 판을 한쪽 방향에서 충분한 용입을 얻고자 할 때 사용한다. • V형 홈에 비해 홈의 폭이 좁아도 되고 루트 간격을 '0'으로 해도 용입이 좋다.
H형	• 두꺼운 판을 양쪽에서 용접하므로 완전한 용입을 얻을 수 있다.
J형	• 한쪽 V형이나 K형 홈보다 두꺼운 판에 사용한다.

45 가용접 시 주의사항으로 옳지 않은 것은?

① 강도상 중요한 부분에는 가용접을 피한다.

② 본용접보다 지름이 굵은 용접봉을 사용하는 것이 좋다.

③ 용접의 시점 및 종점이 되는 끝부분은 가용접을 피한다.

④ 본용접과 비슷한 기량을 가진 용접사에 의해 실시하는 것이 좋다.

해설

가용접은 용접할 모재들의 위치를 고정시키기 위해 전체 길이가 아닌 몇 포인트만 용접하는 임시작업이므로 본용접 때보다 지름이 작은 용접봉으로 실시하는 것이 좋다.

46 강을 동일한 조건에서 담금질할 경우 '질량효과 (Mass Effect)가 적다.'의 가장 적합한 의미는?

① 냉간처리가 잘된다.

② 담금질 효과가 적다.

③ 열처리 효과가 잘된다.

④ 경화능이 적다.

해설

질량효과

강의 질량 크기에 따라 열처리 효과가 달라진다는 것으로 질량효과가 작으면 열처리 효과가 크고, 질량효과가 크면 열처리 효과는 작다. 질량이 작은 강은 담금질 시 강의 내부까지 열이 빨리 식기 때문에 열처리 효과가 크지만 질량이 큰 강은 담금질 시 강의 내부까지 열이 식으려면 시간이 많이 걸리기 때문에 열처리 효과는 작아진다.

47 고주파 담금질의 특징에 대한 설명으로 옳은 것은?

① 직접 가열하므로 열효율이 높다.

② 열처리 불량은 적으나 항상 변형 보정이 필요하다.

③ 열처리 후의 연삭과정을 생략 또는 단축시킬 수 없다.

④ 간접 부분 담금질법으로 원하는 깊이만큼 경화하기 힘들다.

해설

고주파경화법은 고주파 유도전류에 의해서 강 부품의 표면층만 직접 급속히 가열한 후 급랭시키는 방법으로 열효율이 높다.

고주파경화법의 특징

• 작업비가 싸다.

• 직접 가열로 열효율이 높다.

• 열처리 후 연삭과정을 생략할 수 있다.

• 조작이 간단하여 열처리시간이 단축된다.

• 불량이 적고, 변형 보정을 필요로 하지 않는다.

• 급열이나 급랭으로 인해 재료가 변형될 수 있다.

• 경화층이 이탈되거나 담금질 균열이 생기기 쉽다.

• 가열시간이 짧아서 산화 및 탈탄의 우려가 적다.

• 마텐자이트 생성으로 체적이 변화하여 내부응력이 발생한다.

48 자기비파괴검사에서 사용하는 자화방법이 아닌 것은?

① 형광법

② 극간법

③ 관통법

④ 축통전법

해설

자분탐상검사(MT ; Magnetic Test)

철강재료 등 강자성체를 자기장에 놓았을 때 시험편 표면이나 표면 근처에 균열이나 비금속 개재물과 같은 결함이 있으면 결함 부분에는 자속이 통하기 어려워 공간으로 누설되어 누설 자속이 생긴다. 이 누설 자속을 자분(자성 분말)이나 검사 코일을 사용하여 결함의 존재를 검출하는 방법이다.

• 축통전법

• 직각통전법

• 관통법

• 코일법

• 극간법

49 강에 인(P)이 많이 함유되면 나타나는 결함은?

① 적열메짐

② 연화메짐

③ 저온메짐

④ 고온메짐

해설

저온취성(상온취성)

인(P)은 강의 결정입자를 조대화시키는데, 인이 많은 합금된 탄소강이 −30 ~ −20℃에서 급격히 취성을 갖는 현상이다. 이때 충격을 받게 되면 쉽게 부서져서 저온취성이라고 한다. 이를 방지하려면 뜨임(Tempering)처리하여 솔바이트 조직으로 만들어 사용하여야 한다.

50 형상기억합금인 니티놀(Nitinol)의 성분은?

① Cu-Zn

② Ti-Ni

③ Ni-Cr

④ Al-Cu

해설

형상기억합금

항복점을 넘어서 소성변형된 재료는 외력을 제거해도 원상태로 회복이 불가능하지만, 형상기억합금은 일정 온도에서 재료의 형상을 기억시키면 상온에서 재료가 외력에 의해 변형되어도 기억시킨 온도로 가열하면 변형 전의 형상으로 되돌아온다. 그 종류에는 Ni-Ti계, Ni-Ti-Cu계, Cu-Al-Ni계 합금이 있다.

51 도면을 그리기 위하여 도면에 설정하는 양식에 대한 설명으로 옳지 않은 것은?

① 윤곽선 : 도면으로 사용된 용지의 안쪽에 그려진 내용을 확실히 구분되도록 하기 위해
② 도면의 구역 : 도면을 축소 또는 확대했을 경우, 그 정도를 알기 위해
③ 표제란 : 도면관리에 필요한 사항과 도면내용에 관한 중요한 사항을 정리하여 기입하기 위해
④ 중심마크 : 완성된 도면을 영구적으로 보관하기 위하여 도면을 마이크로필름을 사용하여 사진 촬영을 하거나 복사하고자 할 때 도면의 위치를 알기 쉽도록 하기 위하여 표시하기 위해

해설
비교눈금 : 도면을 축소하거나 확대했을 때 그 정도를 알기 위해 도면 아래쪽의 중앙 부분에 10mm 간격의 눈금을 굵은 실선으로 그려 놓은 것이다.

52 바퀴의 암(Arm), 림(Rim), 축(Shaft), 훅(Hook) 등을 나타낼 때 주로 사용하는 단면도로서, 단면의 일부를 90° 회전하여 나타낸 단면도는?

① 부분단면도
② 회전도시 단면도
③ 계단단면도
④ 곡면단면도

해설
회전도시 단면도는 핸들이나 벨트 풀리, 바퀴의 암, 리브, 축, 형강 등의 단면 모양을 90°로 회전시켜 투상도의 안이나 밖에 그리는 단면도법이다.

53 한국산업표준(KS)의 분류기호와 해당 부문의 연결이 틀린 것은?

① KS K : 섬유
② KS B : 기계
③ KS E : 광산
④ KS D : 건설

해설
한국산업규격(KS)의 부문별 분류기호에서 KS D는 금속을 나타낸다.

54 다음 용접기호 표시를 올바르게 설명한 것은?

$$C \ominus n \times l(e)$$

① 지름이 C이고, 용접 길이 l인 스폿용접이다.
② 지름이 C이고, 용접 길이 l인 플러그용접이다.
③ 용접부 너비가 C이고, 용접 개수 n인 심용접이다.
④ 용접부 너비가 C이고, 용접 개수 n인 스폿용접이다.

해설

55 가상선의 용도에 대한 설명으로 옳지 않은 것은?

① 인접 부분을 참고로 표시할 때
② 공구, 지그 등의 위치를 참고로 나타낼 때
③ 대상물이 보이지 않는 부분을 나타낼 때
④ 가공 전 또는 후의 모양을 나타낼 때

해설
도면에서 대상물이 보이지 않는 부분을 나타낼 때는 숨은선인 점선(------)을 사용한다.

56 다음의 용접 보조기호에 대한 명칭으로 옳은 것은?

① 볼록 필릿용접
② 오목 필릿용접
③ 필릿용접 끝단부를 매끄럽게 다듬질
④ 한쪽 면 V형 맞대기 용접 평면 다듬질

해설

비드를 오목하게
용접하라는 지시기호

필릿용접 기호

57 그림에 대한 설명으로 옳은 것은?

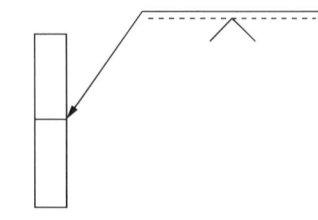

① 화살표 쪽에 용접
② 화살표 반대쪽에 용접
③ 원둘레 용접
④ 양면 용접

해설
• 실선 위에 V표가 있으면 화살표 쪽에 용접한다.
• 점선 위에 V표가 있으면 화살표 반대쪽에 용접한다.

58 배관의 끝부분 도시기호가 다음 그림과 같을 경우 a와 b의 명칭이 옳게 연결된 것은?

     a   b

① a-블라인더 플랜지, b-나사식 캡
② a-나사박음식 캡, b-용접식 캡
③ a-나사박음식 캡, b-블라인더 플랜지
④ a-블라인더 플랜지, b-용접식 캡

해설

끝부분의 종류	그림 기호
막힌(블라인더) 플랜지	———┤├
나사박음식 캡 및 나사박음식 플러그	———┤ˌ
용접식 캡	———┤)

59 어미자의 1눈금이 0.5mm이며, 아들자의 눈금 12mm를 25등분한 버니어 캘리퍼스의 최소 측정값은?

① 0.01mm
② 0.05mm
③ 0.02mm
④ 0.1mm

해설
어미자의 눈금 간격이 0.5mm이고, 이 간격을 아들자로 25등분하면 $\frac{0.5mm}{25} = 0.02mm$가 된다. 따라서 이 버니어 캘리퍼스의 최소 측정값은 0.02mm이다.

60 길이 측정 시 오차를 최소로 줄이기 위해 피측정물과 표준자와는 측정 방향에 있어서 일직선 위에 배치하여야 한다는 원리는?

① 헤르츠의 법칙
② 훅의 법칙
③ 에어리점
④ 아베의 원리

해설
아베의 원리
측정오차를 줄이기 위해서 측정 방향을 피측정물과 표준자와 일직선 위에 배치해야 한다는 원리로, 표준자와 피측정물이 동일 축선 상에 없을 경우 측정오차가 발생한다.

01 용접 자동화 방법에서 정성적 자동제어의 종류가 아닌 것은?

① 피드백제어

② 유접점 시퀀스제어

③ 무접점 시퀀스제어

④ PLC제어

해설

자동제어 : 제어장치에 의하여 구동부가 자동으로 실행하게 하는 장치이다.

• 정량적 제어 : 제어명령 시 온도나 압력, 속도, 위치 등 수많은 물리량을 고려해서 제어하는 방법(예 피드백 제어)

• 정성적 제어 : ON/OFF와 같이 2개의 정보만을 통해서 제어하는 방법(예 시퀀스 제어)

  ※ 시퀀스 제어를 제어장치에 따라 분류하면 유접점, 무접점, PLC 제어가 있다.

02 용접이음에 대한 특징으로 옳은 것은?

① 복잡한 구조물 제작이 어렵다.

② 기밀성, 수밀성, 유밀성이 나쁘다.

③ 변형의 우려가 없어 시공이 용이하다.

④ 이음효율이 높고 성능이 우수하다.

해설

용접은 일반적으로 철(Fe) 조각들의 경계부를 녹인 후 그 사이에 용가재인 용접봉을 투입하면서 하나의 제품으로 만들어내는 작업이다. 따라서 이음효율이 높고, 성능도 다른 결합방법보다 더 우수하다.

03 균열에 대한 감수성이 좋아 구속도가 큰 구조물의 용접이나 탄소가 많은 고탄소강 및 황의 함유량이 많은 쾌삭강 등의 용접에 사용되는 용접봉 계통은?

① 고산화타이타늄계

② 일미나이트계

③ 라임티타니아계

④ 저수소계

해설

저수소계 용접봉(E4316)은 균열에 대한 감수성이 좋아 구속도가 큰 구조물의 용접이나 탄소 및 황의 함유량이 많은 쾌삭강의 용접에 사용한다.

04 본용접의 용착법 중 각 층마다 전체 길이를 용접하면서 쌓아올리는 방법으로 용접하는 것은?

① 전진블록법

② 캐스케이드법

③ 빌드업법

④ 스킵법

해설

용접에서 비드를 쌓을 때 각 층마다 전체 길이를 용접하면서 쌓아올리는 용착방법은 덧살올림법(빌드업법)이다.

05 아세틸렌은 각종 액체에 잘 용해된다. 1기압 아세톤 2L에는 몇 L의 아세틸렌이 용해되는가?

① 2L

② 10L

③ 25L

④ 50L

해설

1기압하에서 아세틸렌가스 1L는 아세톤에 약 25배로 용해되기 때문에 아세톤 2L에는 50L의 아세틸렌이 용해된다.

아세틸렌가스의 용해 정도

• 물 : 1배

• 석유 : 2배

• 벤젠 : 4배

• 알코올 : 6배

• 아세톤 : 25배

06 두 개의 모재에 압력을 가해 접촉시킨 다음 접촉면에 상대운동을 시켜 접촉면에서 발생하는 열을 이용하여 이음압접하는 용접법은?

① 초음파 용접
② 냉간압접
③ 마찰용접
④ 아크용접

① 초음파 용접 : 용접물을 겹쳐서 용접 팁과 하부의 앤빌 사이에 끼워 놓고 압력을 가하면서 초음파 주파수(약 18kHz 이상)로 직각 방향으로 진동을 주면서 그 마찰열로 압접하는 방법
② 냉간압접 : 열이나 전류를 가하지 않고 연성재료의 경계부를 상온에서 강하게 압축하여 접합면을 국부적으로 소성변형시켜 압접하는 방법
④ 아크용접 : 전기아크(전류 방전)를 이용해 금속을 녹여 접합하는 용접법

07 가동철심형 용접기에 대한 설명으로 틀린 것은?

① 교류아크용접기의 종류에 해당한다.
② 미세한 전류 조정이 가능하다.
③ 용접작업 중 가동철심의 진동으로 소음이 발생할 수 있다.
④ 코일의 감긴 수에 따라 전류를 조정한다.

교류아크용접기의 종류별 특징

종류	특징
가동 철심형	• 현재 가장 많이 사용된다. • 미세한 전류 조정이 가능하다. • 광범위한 전류의 조정이 어렵다. • 가동철심으로 누설자속을 가감하여 전류를 조정한다.
가동 코일형	• 아크 안정성이 크고 소음이 없다. • 가격이 비싸며 현재는 거의 사용되지 않는다. • 용접기의 핸들로 1차 코일을 상하로 이동시켜 2차 코일의 간격을 변화시켜 전류를 조정한다.
탭 전환형	• 주로 소형이 많다. • 탭 전환부의 소손이 심하다. • 코일의 감긴 수에 따라 전류를 조정한다. • 미세전류 조정 시 무부하전압이 높아서 전력의 위험이 크다.
가포화 리액터형	• 조작이 간단하고 원격제어가 된다. • 가변저항의 변화로 전류의 조정이 가능하다. • 전기적 전류 조정으로 소음이 없고, 기계의 수명이 길다.

08 용접봉에서 모재로 용융금속이 옮겨가는 용적 이행 상태가 아닌 것은?

① 글로뷸러형
② 스프레이형
③ 단락형
④ 핀치효과형

용적이행의 종류
• 단락이행형
• 입상이행(글로뷸러)형
• 스프레이형
• 맥동이행형

09 다음은 수중 절단(Underwater Cutting)에 대한 설명으로 틀린 것은?

① 일반적으로 수중 절단은 수심 45m 정도까지 작업이 가능하다.
② 수중작업 시 절단산소의 압력은 공기 중에서의 1.5~2배로 한다.
③ 수중작업 시 예열가스의 양은 공기 중에서의 4~8배 정도로 한다.
④ 연료가스로는 수소, 아세틸렌, 프로판, 벤젠 등이 사용되지만, 그중 아세틸렌이 가장 많이 사용된다.

수중 절단용 가스의 특징
• 연료가스로는 수소가스를 가장 많이 사용한다.
• 일반적으로는 수심 45m 정도까지 작업이 가능하다.
• 수중작업 시 예열가스의 양은 공기 중에서의 4~8배로 한다.
• 수중작업 시 절단산소의 압력은 공기 중에서의 1.5~2배로 한다.

10 다음 중 테르밋 용접의 점화제가 아닌 것은?

① 과산화바륨　　② 망간
③ 알루미늄　　　④ 마그네슘

테르밋 용접용 점화제의 종류
• 마그네슘
• 과산화바륨
• 알루미늄 분말

11 아크용접기에 사용하는 변압기로 가장 적합한 것은?

① 누설변압기
② 단권변압기
③ 계기용 변압기
④ 전압조정용 변압기

12 담금질 가능한 스테인리스강으로 용접 후 경도가 증가하는 것은?

① STS 316　　　② STS 304
③ STS 202　　　④ STS 410

스테인리스강 중에서 400번 계열의 마텐자이트계 스테인리스강은 열처리가 가능하다.

13 서브머지드 아크용접에 사용되는 용접용 용제 중 용융형 용제에 대한 설명으로 옳은 것은?

① 화학적 균일성이 양호하다.
② 미용융 용제는 재사용이 불가능하다.
③ 흡습성이 있어 재건조가 필요하다.
④ 용융 시 분해되거나 산화되는 원소를 첨가할 수 있다.

서브머지드 아크용접(SAW)에 사용되는 용제는 용융형 용제와 소결형 용제로 나뉘는데, 용융형 용제는 화학적 균일성이 양호하다.

14 반자동 CO_2 가스아크 편면(One Side) 용접 시 뒷댐재료로 가장 많이 사용되는 것은?

① 세라믹 제품
② CO_2 가스
③ 테프론테이프
④ 알루미늄 판재

세라믹은 무기질의 비금속재료를 고온에서 소결한 것이다. 1,200℃의 열에도 잘 견디는 신소재이기 때문에 뒷댐재료로 사용해도 녹아내리지 않아 주로 CO_2 가스아크용접의 뒷댐재료로 사용된다.

15 다음 중 교류아크용접기의 종류가 아닌 것은?

① 가동철심형　　② 가동코일형
③ 가포화리액터형　④ 정류기형

정류기형은 직류아크용접기에 해당한다.

16 베어링에 사용되는 대표적인 구리합금으로 70% Cu–30% Pb합금은?

① 켈밋(Kelmet)

② 톰백(Tombac)

③ 다우메탈(Dow Metal)

④ 배빗메탈(Babbit Metal)

해설
켈밋은 Cu 70% + Pb 30~40%의 합금으로 열전도성과 압축강도가 크고 마찰계수가 작아서 고속·고하중용, 베어링용 재료로 사용되는 대표적인 구리합금이다.

17 10,000~30,000℃의 높은 열에너지를 가진 열원을 이용하여 금속을 절단하는 절단법은?

① TIG 절단법   ② 탄소아크 절단법

③ 금속아크 절단법   ④ 플라스마 제트 절단법

해설
플라스마 아크 절단(플라스마 제트 절단) : 10,000~30,000℃의 높은 온도를 가진 플라스마를 한 방향으로 모아서 분출시키는 것을 플라스마 제트라고 하는데, 이 열원으로 절단하는 방법이다. 절단하려는 재료에 전기적 접촉을 하지 않으므로 금속재료와 비금속재료 모두 절단이 가능하다.

18 용접부의 결함검사법에서 초음파탐상법의 종류에 해당되지 않는 것은?

① 공진법   ② 투과법

③ 스테레오법   ④ 펄스반사법

해설
초음파탐상법의 종류
• 공진법 : 시험체에 가해진 초음파의 진동수와 시험체의 고유진동수가 일치할 때 진동의 진폭이 커지는 현상인 공진을 이용하여 시험체의 두께를 측정하는 방법이다.
• 투과법 : 초음파 펄스를 시험체의 한쪽 면에서 송신하면 반대쪽 면에서 수신하는 방법이다.
• 펄스반사법 : 불연속부와 같은 경계면에서는 투과 및 굴절 또는 반사를 하는데 이러한 불연속부에서 반사하는 초음파를 분석하여 검사하는 방법이다.

19 언더컷의 원인이 아닌 것은?

① 전류가 높을 때

② 전류가 낮을 때

③ 빠른 용접속도

④ 운봉각도의 부적합

해설
언더컷은 비드 가장자리에 홈이나 오목한 부위가 생기는 불량으로, 용접전류가 높을 때 발생한다.

20 볼트나 환봉 등을 직접 강판이나 형강에 용접하는 방법으로, 볼트나 환봉을 피스톤형의 홀더에 끼우고 모재와 볼트 사이에 순간적으로 아크를 발생시켜 용접하는 방법은?

① 테르밋 용접

② 스터드 용접

③ 서브머지드 아크용접

④ 불활성 가스아크용접

해설
스터드(Stud) 용접
• 스터드란 판재에 덧대는 물체인 환봉과 볼트같은 긴 물체이다. 스터드 용접은 점용접의 일종으로 봉재, 볼트 등으로 불리는 스터드를 판 또는 프레임 등의 구조재에 직접 심는 능률적인 용접방법이다.
• 스터드 용접의 작업방법

모재에 스터드 고정 및 스터드를 둘러싸고 있는 페룰에 의한 통전	스터드를 들어 올려 아크 발생	통전 단절하고 가압스프링으로 가압	스터드 용접 완료

21 일렉트로 슬래그 아크용접에 대한 설명으로 옳지 않은 것은?

① 일렉트로 슬래그용접은 단층 수직 상진 용접을 하는 방법이다.

② 일렉트로 슬래그용접은 아크를 발생시키지 않고 와이어와 용융 슬래그 그리고 모재 내에 흐르는 전기저항열에 의하여 용접한다.

③ 일렉트로 슬래그용접의 홈 형상은 I형 그대로 사용한다.

④ 일렉트로 슬래그용접 전원으로는 정전류형의 직류가 적합하고, 용융금속의 용착량은 90% 정도이다.

해설
일렉트로 슬래그 아크용접은 용접 전원으로 교류의 정전압 특성을 갖는 대전류를 사용한다.

22 MIG 용접 시 와이어 송급방식의 종류가 아닌 것은?

① 풀방식 ② 푸시방식
③ 푸시풀방식 ④ 푸시언더방식

해설
와이어 송급방식
• Push방식 : 미는 방식
• Pull방식 : 당기는 방식
• Push-pull방식 : 밀고 당기는 방식

23 교류아크용접기의 규격 AW-300에서 300이 의미하는 것은?

① 정격사용률 ② 정격 2차 전류
③ 무부하전압 ④ 정격부하전압

해설
AW-300에서 AW는 Arc Welding, 300은 정격 2차 전류를 의미한다.

24 TIG 용접의 전원 특성 및 사용법에 대한 설명이 틀린 것은?

① 역극성을 사용하면 전극의 소모가 많아진다.

② 알루미늄 용접 시 교류를 사용하면 용접이 잘된다.

③ 정극성은 연강, 스테인리스강 용접에 적합하다.

④ 정극성을 사용할 때 전극은 둥글게 가공하여 사용해야 아크가 안정된다.

해설
TIG(불활성 가스 텅스텐 아크) 용접에서 전극으로 사용되는 텅스텐 봉은 직류 정극성 및 직류 역극성 중 어떤 전원을 사용하더라도 뾰족하게 가공되어야 아크가 집중되면서 용접이 잘된다.

25 다음 중 초음파탐상법에 해당하지 않는 것은?

① 펄스반사법
② 투과법
③ 공진법
④ 관동법

해설
비파괴검사법 중 하나인 초음파탐상법에는 펄스반사법, 투과법, 공진법이 있다.

26 연강의 인장시험에서 하중 100N, 시험편의 최초 단면적이 20mm²일 때 응력은 몇 N/mm²인가?

① 5   ② 10

③ 15   ④ 20

해설

$$응력(\sigma) = \frac{작용\ 힘(하중,\ F)}{단면적(A)} = \frac{100N}{20mm^2} = 5N/mm^2$$

27 서브머지드 아크 용접법에서 다전극 방식의 종류에 해당되지 않는 것은?

① 탠덤식 방식   ② 횡병렬식 방식

③ 횡직렬식 방식   ④ 종직렬식 방식

해설

서브머지드 아크 용접(SAW)에서 2개 이상의 전극와이어를 사용하여 한 번에 많은 양의 용착금속을 얻을 수 있는 다전극 용극 방식의 종류에는 탠덤식, 횡병렬식, 횡직렬식이 있다.

28 풀림처리 시 조대한 결정립이 형성되는 원인이 아닌 것은?

① 풀림온도가 너무 높은 경우
② 풀림시간이 너무 긴 경우
③ 냉간가공도가 너무 작은 경우
④ 용질원소의 분포가 양호한 경우

해설

조대한 결정립이 형성되면 재료의 기계적 성질과 가공성에 부정적인 영향을 준다. 용질원소의 균일한 분포는 결정립 성장을 억제하는 데 도움이 된다.

29 예열을 하는 목적에 대한 설명으로 옳은 것은?

① 용접부와 인접된 모재의 수축응력을 감소시키기 위해
② 냉각속도를 빠르게 하기 위해
③ 수소의 함량을 높이기 위해
④ 오버랩 생성을 크게 하기 위해

해설

예열이란 용접할 모재를 뜨겁게 만드는 것으로, 냉각속도를 느리게 하여 갑작스런 모재의 수축현상을 방지한다.

30 피복아크용접봉에서 피복배합제인 아교의 역할은?

① 고착제   ② 합금제

③ 탈산제   ④ 아크안정제

해설

아교는 동물의 가죽이나 힘줄, 창자, 뼈 등을 고아서 그 액체를 고형화한 물질로, 고착제나 가스발생제로 사용한다.

31 7:3 황동에 1% 내외의 Sn을 첨가하여 열교환기, 증발기 등에 사용되는 합금은?

① 코슨황동
② 네이벌 황동
③ 애드미럴티 황동
④ 에버듀어 메탈

해설

애드미럴티 황동은 Cu와 Zn의 비율이 7:3인 황동에 Sn 1%를 합금한 것으로, 콘덴서 튜브나 열교환기, 증발기용 재료로 사용된다.

32 X선이나 γ선을 재료에 투과시켜 투과된 빛의 강도에 따라 사진필름에 감광시켜 결함을 검사하는 비파괴시험법은?

① 자분탐상검사
② 침투탐상검사
③ 초음파탐상검사
④ 방사선투과검사

해설

방사선투과시험은 용접부 뒷면에 필름을 놓고 용접물 표면에서 X선이나 γ선을 방사하여 용접부를 통과시키면, 금속 내부에 구멍이 있을 경우 그만큼 투과되는 두께가 얇아져서 필름에 방사선의 투과량이 그만큼 많아지게 되므로 다른 곳보다 검게 됨을 확인함으로써 불량을 검출하는 시험법이다. 기공, 균열, 용착 불량, 슬래그 섞임 등의 투과량이 모두 다르므로 검게 되는 정도를 확인함으로써 결함의 종류와 장소를 찾을 수 있다.

33 금속의 변태 중 자기변태(Magnetic Transformation)에 대한 설명으로 옳지 않은 것은?

① 철의 자기변태점은 910℃이다.
② 격자의 배열 변화는 없고 자성변화만을 가져오는 변태이다.
③ 자기변태가 일어나는 온도를 자기변태점이라 하고, 이 온도를 퀴리점이라 한다.
④ 강자성 금속을 가열하면 어느 온도에서 자성의 성질이 급감한다.

해설

순철은 약 768℃에서 강자성체로부터 상자성체로 바뀌면서 자성을 잃어버리는 자기변태가 진행된다.

34 인장시험의 인장시험편에서 규제요건에 해당되지 않는 것은?

① 시험편의 무게
② 시험편의 지름
③ 평행부의 길이
④ 표점거리

해설

KS B 0801 금속재료 인장시험편 규격에는 시험편의 지름이나 너비, 표점거리, 평행부 길이, 어깨부의 반지름, 두께 등이 규정되어 있다.

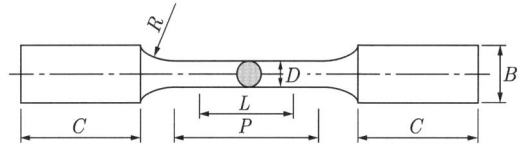

(단위 : mm)

지름 (D)	표점거리 (L)	물림부 (C)	물림부 지름 (B)	평행부의 길이 (P)	어깨부의 반지름 (R)
6.25±0.12	25±0.10	약 50	10~12	32	5 이상
8.75±0.18	35±0.10	약 50	12~16	45	6 이상

35 다음 중 레이저 빔 용접에 사용되는 레이저가 아닌 것은?

① 고체 레이저
② 액체 레이저
③ 기체 레이저
④ 도체 레이저

해설

레이저 빔 용접에 도체 레이저는 사용하지 않는다.

36 재해와 숙련도 관계에서 사고가 가장 많이 발생하는 근로자는?

① 경험이 1년 미만인 근로자
② 경험이 3년인 근로자
③ 경험이 5년인 근로자
④ 경험이 10년인 근로자

> **해설**
> 기능을 숙련한 기간이 길수록 재해에 대처하는 능력과 제품을 제조하는 능력이 향상된다. 따라서 경험이 1년 미만인 근로자는 재해와 숙련도 관계에서 사고가 가장 많이 발생할 수 있다.

37 시중에 판매되는 구리 제품이 아닌 것은?

① 전기동   ② 산화동
③ 정련동   ④ 무산소동

> **해설**
> Cu(구리)가 대기 중에서 산화되면 상품성을 잃게 되므로 산화동은 시중에 판매되지 않는다.

38 다음 중 가단주철(Malleable Cast Iron)의 종류가 아닌 것은?

① 백심 가단주철
② 흑심 가단주철
③ 레데부라이트 가단주철
④ 펄라이트 가단주철

> **해설**
> 가단주철은 백주철을 800~950℃에서 장시간 열처리하여 흑연 형태로 탄소를 변화시켜 연성을 부여한 주철로, 회주철보다 강하고 강철보다 가공성이 뛰어난 금속재료이다. 가단주철의 종류에는 크게 백심 가단주철, 흑심 가단주철, 펄라이트 가단주철이 있다.
> • 백심 가단주철 : 산화철과 함께 열처리하여 표면을 탈탄시켜 페라이트 조직을 형성한다. 연신율은 우수하나 중심부에 펄라이트가 많다.
> • 흑심 가단주철 : 저탄소 · 저규소 백주철을 열처리하여 흑연을 입상으로 석출한 것으로, 내충격성과 내가공성이 우수하다.
> • 펄라이트 가단주철 : 고강도와 내마모성이 요구되는 기어류나 고하중을 받는 기계 부품용 재료로 사용된다.

39 저탄소강에 18%의 크롬(Cr)과 8%의 니켈(Ni)이 합금된 18-8형 스테인리스강의 조직은?

① 페라이트(Ferrite)
② 마텐자이트(Martensite)
③ 오스테나이트(Austenite)
④ 펄라이트(Pearlite)

> **해설**
> 오스테나이트계 스테인리스강은 Cr-Ni계 스테인리스강으로, 비자성체이며 Cr과 Ni을 18 : 8의 비율로 합금한 것이다.

40 가스용접에서 프로판가스의 성질에 대한 설명으로 틀린 것은?

① 증발잠열이 작고, 연소할 때 필요한 산소의 양은 1 : 1 정도이다.
② 폭발한계가 좁아 다른 가스에 비해 안전도가 높고 관리가 쉽다.
③ 액화가 용이하여 용기에 충전이 쉽고 수송이 편리하다.
④ 상온에서 기체 상태이고 무색, 투명하며 약간의 냄새가 난다.

> **해설**
> 프로판가스 : 상온에서 기체이며 무색, 투명하며 약간의 냄새가 난다. 쉽게 기화하므로 온도 변화에 따른 팽창률이 크고 발열량도 크다. 또한, 액화하기 쉬워서 용기에 넣어 수송하여 이동이 편리하지만 폭발한계가 좁아서 안전도가 떨어진다. 연소에 필요한 산소 : 프로판의 비율은 4.5 : 1이다.

41 주철에서 탄소와 규소의 함유량에 의해 분류한 조직의 분포를 나타낸 것은?

① TTT 곡선
② Fe-C 상태도
③ 공정반응조직도
④ 마우러(Maurer)조직도

해설
마우러조직도 : 주철의 조직을 지배하는 주요 요소인 C와 Si의 함유량에 따른 주철조직의 관계를 나타낸 그래프이다.

42 보통화재와 기름화재의 소화기로는 적합하나 전기화재의 소화기로는 부적합한 것은?

① 포말소화기
② 분말소화기
③ CO_2소화기
④ 물소화기

해설
포소화기(포말소화기)의 소화재인 포는 액체로 되어 있어 전기화재에 사용할 경우 감전의 위험이 있기 때문에 사용이 불가능하다. 포소화기는 주로 A급, B급 화재에 사용된다.

43 다음 중 내열용 알루미늄 합금이 아닌 것은?

① 하이드로날륨 합금
② 로엑스(Lo-Ex) 합금
③ 코비탈륨 합금
④ Y합금

해설
하이드로날륨 합금은 내식용 합금이다.

44 맞대기 이음에서 판 두께 10mm, 용접선의 길이 200mm, 하중 9,000kgf에 대한 인장응력(σ)은?

① 4.5kgf/mm^2
② 3.5kgf/mm^2
③ 2.5kgf/mm^2
④ 1.5kgf/mm^2

해설
인장응력(σ)

$$\sigma = \frac{\text{하중}(F)}{\text{단면적}(A)} [\text{kgf/cm}^2]$$

$$= \frac{9,000\text{kgf}}{10\text{mm} \times 200\text{mm}} = \frac{9,000\text{kgf}}{2,000\text{mm}^2}$$

$$= 4.5\text{kgf/cm}^2$$

45 MIG 용접의 전류밀도는 TIG 용접의 약 몇 배 정도인가?

① 2배
② 4배
③ 6배
④ 8배

해설
MIG 용접
MIG 용접은 TIG 용접에 비해 전류밀도가 2배 정도 높아서 용융속도가 빠르며 후판용접에 적합하다.
• 분무이행이 원활하다.
• 열영향부가 매우 작다.
• 용착효율은 약 98%이다.

46 스테인리스강을 TIG 용접할 시 적합한 극성은?

① DCSP
② DCRP
③ AC
④ ACRP

해설
스테인리스강(Fe에 C의 함유량이 0.02~2%)을 TIG용접할 때 적합한 극성은 DCSP(직류정극성)이다.

47 1,000~1,100℃에서 수중 냉각함으로써 오스테나이트 조직으로 되고, 인성 및 내마멸성 등이 우수하여 광석 파쇄기, 기차 레일, 굴삭기 등의 재료로 사용되는 것은?

① 고Mn강
② Ni-Cr강
③ Cr-Mo강
④ Mo계 고속도강

해설
Mn주강 : Mn을 약 1% 합금한 저망간주강은 제지용 롤러에 취약하고, 약 12% 합금한 고망간주강(해드필드강)은 오스테나이트 입계의 탄화물 석출로 취약하나 약 1,000℃에서 담금질하면 균일한 오스테나이트 조직이 되면서 조직이 강인해지므로 광산이나 토목용 기계부품에 사용 가능하다.

48 용접전류가 150A, 전압이 30V일 때 아크출력은 몇 kW인가?

① 4.2kW
② 4.5kW
③ 4.8kW
④ 5.8kW

해설
아크출력 : 용접전류 × 용접전압 = 150 × 30 = 4,500kW

49 온도 변화에 따라 열팽창계수, 탄성계수 등이 변하지 않는 불변강의 종류가 아닌 것은?

① 인바(Invar)
② 텅갈로이(Tungalloy)
③ 엘린바(Elinvar)
④ 플라티나이트(Platinite)

해설
텅갈로이는 WC(탄화텅스텐)의 합금으로 초경질합금에 이용되는데, 절삭작업 중 열이 발생하면 재료에 변형이 발생하므로 불변강에는 해당하지 않는다.

50 기체를 수천도의 높은 온도로 가열하여 그 속도의 가스원자가 원자핵과 전자로 분리되어 양(+)과 음(−)의 이온 상태로 된 것은?

① 전자빔
② 레이저
③ 플라스마
④ 테르밋

해설
플라스마는 고체, 액체, 기체에 이은 물질의 네 번째 상태로, 기체가 높은 에너지를 받아 이온화된 상태이다.

51 다음 중 일반적으로 긴 쪽 방향으로 절단하여 도시할 수 있는 것은?

① 리브　　　　　② 기어의 이

③ 바퀴의 암　　　④ 하우징

해설

하우징(본체)은 절단하여 도시해야 내부의 형상을 알 수 있으므로 긴 쪽 방향으로 절단하여 도면에 표시한다.

길이 방향으로 절단하여 도시가 가능한 것	보스, 부시, 칼라, 베어링, 파이프 등 KS규격에서 절단하여 도시가 불가능하다고 규정된 이외의 부품
길이 방향으로 절단하여 도시가 불가능한 것	축, 키, 바퀴의 암, 핀, 볼트, 너트, 리브, 리벳, 코터, 기어의 이, 베어링의 볼과 롤러

52 KS 기계제도 선의 종류에서 가는 2점 쇄선으로 표시되는 선의 용도에 해당하는 것은?

① 가상선　　　　② 치수선

③ 해칭선　　　　④ 지시선

해설

가는 2점 쇄선(—·—·—·—)으로 표시되는 가상선의 용도

• 인접 부분을 참고로 표시할 때
• 공구 및 지그 등 위치를 참고로 나타낼 때
• 가공 전이나 후의 모양을 표시할 때
• 반복되는 것을 나타낼 때
• 도시된 단면의 앞부분을 표시할 때
• 단면의 무게중심을 연결한 선을 표시할 때

53 다음 중 치수 보조기호를 적용할 수 없는 것은?

① 구의 지름 치수

② 단면이 정사각형인 면

③ 단면이 정삼각형인 면

④ 판재의 두께 치수

해설

단면이 정삼각형인 면을 나타내는 치수 보조기호는 없다.

54 다음 중 단독 형체로 적용되는 기하공차로만 짝지어진 것은?

① 평면도, 진원도

② 진직도, 직각도

③ 평행도, 경사도

④ 위치도, 대칭도

해설

단독 형체를 갖는 기하공차는 모양공차에 해당되는 평면도와 진원도이다.

55 연질 자성재료에 해당하는 것은?

① 페라이트 자석

② 알니코 자석

③ 네오디뮴 자석

④ 퍼멀로이

해설

퍼멀로이 : 니켈과 철의 합금으로 자기장의 세기가 큰 연질 자성재료이다. 열처리를 하면 높은 자기투과도를 나타내기 때문에 전기통신 재료나 코일용 재료로 사용된다.

56 도면의 표제란에 척도로 표시된 NS가 의미하는 것은?

① 축척

② 비례척이 아니다.

③ 배척

④ 모든 척도가 1 : 1이다.

해설
NS는 Not to Scale의 약자로 척도가 비례하지 않을 경우 비례가 아님을 의미하며, 치수 밑에 밑줄을 긋기도 한다.
① 축척 : 실물보다 작게 축소해서 그리는 것으로 1 : 2, 1 : 20의 형태로 표시한다.
③ 배척 : 실물보다 크게 확대해서 그리는 것으로 2 : 1, 20 : 1의 형태로 표시한다.
④ 현척 : 실물과 동일한 크기로 1 : 1의 형태로 표시한다.

57 이산화탄소 아크용접의 일반적인 용접작업(약 200A 미만)에서 팁과 모재 간 거리는 몇 mm 정도가 가장 적합한가?

① 0~5mm   ② 10~15mm

③ 40~50mm   ④ 30~40mm

해설
이산화탄소 아크 용접에서 팁과 모재 간 거리
• 저전류 영역(약 200A 미만) : 10~15mm
• 고전류 영역(약 200A 이상) : 15~25mm

58 미터나사의 호칭지름은 수나사의 바깥지름을 기준으로 정하는데, 이에 결합되는 암나사의 호칭지름은?

① 암나사의 골지름

② 암나사의 안지름

③ 암나사의 유효지름

④ 암나사의 바깥지름

해설
암나사의 호칭지름은 암나사에 끼우는 수나사의 바깥지름으로 하며, 수나사의 바깥지름은 암나사의 골지름과 같다.

59 다음 그림과 같은 마이크로미터를 이용하여 수나사에서 측정할 수 있는 것은?

① 골지름

② 피치

③ 호칭지름

④ 나사산 높이

해설
나사와 암나사의 호칭지름은 모두 수나사의 바깥지름으로 표시하는데, 마이크로미터로 수나사의 바깥지름 측정이 가능하다.
마이크로미터 : 나사를 이용한 길이측정기로 정밀한 측정을 할 때 사용한다. 측정 영역에 따라서 내경 측정용인 내측 마이크로미터와 외경 측정용인 외측 마이크로미터로 나뉜다. 나사 마이크로미터는 나사의 유효지름을 측정하기 위해 사용한다.

60 측정기에 대한 설명으로 옳은 것은?

① 버니어 캘리퍼스가 마이크로미터보다 측정 정밀도가 높다.

② 사인바(Sine Bar)는 공작물의 내경을 측정한다.

③ 다이얼게이지(Dial Gage)는 각도측정기이다.

④ 스트레이트 에지(Straight Edge)는 평면도의 측정에 사용된다.

해설
④ 스트레이트 에지는 평면도를 측정하는 측정기기이다.

① 마이크로미터가 버니어 캘리퍼스보다 측정 정밀도가 더 높다.
② 사인바는 공작물의 각도를 측정한다.
③ 다이얼게이지는 비교측정기이다.

01 TIG 용접에 사용되는 전극봉의 재료로 가장 적합한 금속은?

① 알루미늄   ② 텅스텐
③ 스테인리스   ④ 강철

해설
TIG 용접은 용융점이 3,410℃로 제일 높은 W(텅스텐)으로 만들어진 전극봉을 사용하는데, 여러 종류의 텅스텐봉 중에서 1~2%의 토륨을 함유한 토륨 텅스텐봉을 가장 많이 이용한다.

종류	색상
순 텅스텐봉	녹색
1% 토륨봉	노란색
2% 토륨봉	적색
지르코니아봉	갈색

02 다음 중 산소-아세틸렌 불꽃의 종류가 아닌 것은?

① 중성 불꽃   ② 탄화 불꽃
③ 질화 불꽃   ④ 산화 불꽃

해설
산소-아세틸렌가스 불꽃의 종류
• 아세틸렌 불꽃(산소 약간 혼입)
• 탄화 불꽃(아세틸렌 과잉)
• 중성 불꽃(표준 불꽃) – 산화 불꽃(산소 과잉)

03 주철 균열의 보수용접 중 가늘고 긴 용접을 할 때 용접선에 직각이 되게 꺾쇠 모양으로 직경 6mm 정도의 강봉을 박고 용접하는 방법은?

① 스터드법   ② 비녀장법
③ 버터링법   ④ 로킹법

해설
주철의 보수용접 작업의 종류
• 비녀장법 : 균열부 수리나 가늘고 긴 부분을 용접할 때 용접선에 직각이 되도록 지름이 6~10mm 정도인 ㄷ자형의 강봉을 박고 용접하는 방법
• 버터링법 : 처음에는 모재와 융합이 잘되는 용접봉으로 적정 두께까지 용착시킨 후 다른 용접봉으로 용접하는 방법
• 로킹법 : 스터드 볼트 대신에 용접부 바닥에 홈을 파고 이 부분을 걸쳐서 힘을 받도록 하는 방법

04 선박, 보일러 등 두꺼운 판의 용접 시 용융 슬래그와 와이어의 저항열을 이용하여 연속적으로 상진하면서 용접하는 방법은?

① 테르밋용접
② 일렉트로 슬래그용접
③ 넌실드 아크용접
④ 서브머지드 아크용접

해설
일렉트로 슬래그용접은 용융된 슬래그와 용융 금속이 용접부에서 흘러나오지 못하도록 수랭 동판으로 둘러싸고 이 용융 풀에 용접봉을 연속적으로 공급하는데, 이때 발생하는 용융 슬래그의 저항열에 의하여 용접봉과 모재를 연속적으로 용융시키면서 용접하는 방법이다.

05 서브머지드 아크용접의 V형 맞대기용접 시 루트면 쪽에 받침쇠가 없는 경우에는 루트 간격을 몇 mm 이하로 하여야 하는가?

① 0.8mm 이하
② 1.2mm 이하
③ 1.8mm 이하
④ 2.0mm 이하

해설
서브머지드 아크용접(SAW)에서 루트면 쪽에 받침쇠가 없는 경우에는 루트 간격을 0.8mm 이하로 한다.

06 아크 플라스마는 고전류가 되면 방전전류에 의하여 자장과 전류의 작용으로 아크의 단면이 수축되고 그 결과 아크 단면이 수축하여 가늘게 되고 전류밀도가 증가한다. 이와 같은 성질을 무엇이라고 하는가?

① 열적 핀치효과
② 자기적 핀치효과
③ 플라스마 핀치효과
④ 동적 핀치효과

해설
핀치효과 : 플라스마 기둥이 전자기력을 받아 가늘게 죄어지는 효과로, 그 발생현상에 따라서 크게 열적 핀치효과와 자기적 핀치효과로 나뉜다.
• 열적 핀치효과 : 아크 플라스마의 외부를 가스로 강제 냉각을 하면 아크 플라스마는 열손실이 증가하여 전류를 일정하게 하며 아크전압은 상승한다. 아크 플라스마는 열손실이 최소한이 되도록 단면이 수축되고 전류밀도가 증가하여 상당히 높은 온도의 아크 플라스마가 얻어진다.
• 자기적 핀치효과 : 아크 플라스마는 고전류가 되면 방전전류에 의하여 생기는 자장과 전류의 작용으로 아크의 단면이 수축되고 그 결과 아크 단면이 수축하여 가늘게 되고 전류밀도가 증가하여 큰 에너지를 발생한다.

07 다음 중 용접전류가 낮아서 생기는 결함이 아닌 것은?

① 오버랩
② 용입 불량
③ 융합 불량
④ 언더컷

해설
언더컷 불량은 모재의 표면이 움푹하게 파이는 현상으로, 용접전류가 높을 때 발생한다. 이를 방지하려면 용접전류를 낮추거나 용접속도를 늦춰야 한다.

08 변형 방지용 지그 중 다음 그림과 같이 사용된 지그는?

① 바이스 지그
② 스트롱 백
③ 탄성 역변형 지그
④ 판넬용 탄성 역변형 지그

해설
스트롱 백은 용접 시 사용되는 지그의 일종으로 가접을 피하기 위해서 피용접물을 구속시키기 위한 변형 방지용 도구이다.

바이스 지그	
스트롱 백 지그	
역변형 지그	

09 산소용기의 각인사항에 포함되지 않는 것은?

① 내용적   ② 내압시험압력

③ 가스 충전 일시   ④ 용기의 번호

해설
산소용기에 각인하는 사항
• 용기 제조자의 명칭
• 충전가스의 명칭
• 용기 제조번호(용기번호)
• 용기의 중량(kg)
• 용기의 내용적(L)
• 내압시험압력 연월일
• 최고충전압력(kg/cm²)
• 이음매 없는 용기일 경우 '이음매 없음' 표기

11 심용접의 종류가 아닌 것은?

① 맞대기 심용접

② 슬롯 심용접

③ 매시 심용접

④ 포일 심용접

해설
심용접(Seam Welding) : 원판상의 롤러 전극 사이에 용접할 두 장의 판을 두고, 전기와 압력을 가하며 전극을 회전시키면서 연속적으로 점용접을 반복하는 용접법이다.
• 맞대기 심용접
• 포일 심용접
• 매시 심용접

10 모재의 열변형이 거의 없으며, 이종금속의 용접이 가능하고 정밀한 용접을 할 수 있으며, 비접촉식 방식으로 모재에 손상을 주지 않는 용접은?

① 레이저용접

② 테르밋용접

③ 스터드용접

④ 플라스마 제트 아크용접

해설
레이저빔용접(레이저용접) : 레이저란 유도 방사에 의한 빛의 증폭을 뜻한다. 레이저빔은 레이저에서 얻어진 접속성이 강한 단색 광선으로서 강렬한 에너지를 가지고 있으며, 이때의 광선 출력을 이용하여 용접하는 방법이 레이저빔용접이다. 모재의 열변형이 거의 없으며, 이종금속의 용접이 가능하고 정밀한 용접을 할 수 있으며, 비접촉식 방식으로 모재에 손상을 주지 않는다는 특징을 갖는다.

12 다음 그림은 가스 절단 중 어떤 작업을 나타낸 것인가?

① 산소창 절단

② 포갬 절단

③ 가스 가우징

④ 분말 절단

해설
가스 가우징은 용접결함이나 가접부 등의 제거를 위하여 사용하는 방법으로, 가스 절단과 비슷한 토치를 사용해서 용접 부분의 뒷면을 따내거나 U형, H형의 용접 홈을 가공하기 위하여 깊은 홈을 파내는 가공법이다.

13 두께가 3.2mm인 박판을 탄산가스 아크용접법으로 맞대기용접을 하고자 한다. 용접전류 100A를 사용할 때 이에 적합한 아크전압(V)의 조정범위는?

① 10~13V ② 18~21V

③ 23~26V ④ 28~31V

해설

CO_2 용접의 맞대기용접 조건

판 두께 (mm)	와이어 지름 (mm)	루트 간격 (mm)	용접 전류 (A)	아크 전압 (V)	용접속도 (m/min)
1.0	0.9	0	90~100	17~18	80~90
2.0	1.2	0	110~120	19~21	45~50
3.2	1.2	1.5	110~120	19~21	40~45
4.0	1.2	1.5	110~120	19~21	40~45

14 서브머지드 아크용접용 재료 중 와이어의 표면에 구리를 도금한 이유가 아닌 것은?

① 콘택트 팁과의 전기적 접촉을 좋게 한다.

② 와이어에 녹이 발생하는 것을 방지한다.

③ 전류의 통전효과를 높게 한다.

④ 용착금속의 강도를 높게 한다.

해설

서브머지드 아크용접(SAW)용 재료인 와이어에 구리를 도금하는 것만으로 강도가 높아지지 않는다.

15 프로판(C_3H_8)의 성질에 대한 설명으로 틀린 것은?

① 상온에서는 기체 상태이다.

② 쉽게 기화하며 발열량이 높다.

③ 액화하기 쉽고 용기에 넣어 수송이 편리하다.

④ 온도 변화에 따른 팽창률이 작다.

해설

프로판가스는 온도 변화에 따른 부피 팽창률이 크다.

16 가스 가우징이나 치핑과 비교한 아크에어 가우징의 장점이 아닌 것은?

① 작업능률이 2~3배 높다.

② 장비 조작이 용이하다.

③ 소음이 심하다.

④ 활용범위가 넓다.

해설

아크에어 가우징은 탄소아크절단법에 고압(5~7kgf/cm^2)의 압축공기를 병용하는 방법이다. 용융된 금속에 탄소봉과 평행으로 분출하는 압축공기를 전극 홀더의 끝부분에 위치한 구멍을 통해 연속해서 불어내어 홈을 파내는 방법으로 홈 가공이나 구멍 뚫기, 절단작업에 사용된다. 장비 조작이 쉽고 철이나 비철금속에 모두 이용할 수 있으며, 소음이 크지 않고 가스 가우징보다 작업능률이 2~3배 높고 모재에도 해를 입히지 않는다.

17 이산화탄소 가스아크용접에 대한 설명으로 옳지 않은 것은?

① 비용극식 용접방법이다.

② 가시아크이므로 시공이 편리하다.

③ 전류밀도가 높아 용입이 깊다.

④ 용제를 사용하지 않아 슬래그 혼입이 없다.

해설

이산화탄소 가스아크용접은 와이어가 전극봉과 용가재의 역할을 동시에 하므로 용극식 용접방법에 해당한다.

18 플라스마 아크용접에 관한 설명으로 옳지 않은 것은?

① 전류밀도가 크고, 용접속도가 빠르다.

② 기계적 성질이 좋으며 변형이 작다.

③ 설비비가 적게 든다.

④ 1층으로 용접할 수 있으므로 능률적이다.

해설
높은 온도를 가진 플라스마를 한 방향으로 모아서 분출시키는 것을 플라스마 제트라고 하며, 이를 이용하여 용접이나 절단에 사용하는 것을 플라스마 아크용접(플라스마 제트용접)이라고 한다. 설비비가 많이 드는 단점이 있다.

19 두꺼운 판의 양쪽에 수랭동판을 대고 용융 슬래그 속에서 아크를 발생시킨 후 용융 슬래그의 전기저항열을 이용하여 용접하는 방법은?

① 서브머지드 아크용접

② 불활성 가스아크용접

③ 일렉트로 슬래그용접

④ 전자빔 용접

해설
수랭동판을 사용하는 것은 일렉트로 슬래그용접에만 이용되는 특징이다.

20 레일 및 선박의 프레임 등 비교적 큰 단면적을 가진 주조나 단조품의 맞대기용접과 보수용접에 용이한 용접은?

① 테르밋용접   ② MIG 용접

③ TIG 용접   ④ 브레이징

해설
테르밋용접은 산화철과 알루미늄과의 혼합제인 테르밋의 산화환원반응을 통해 얻어진 약 2,800℃의 열에 의해 용융된 용강을 접합부에 주입하여 피용접물의 간격을 메워 응고 접합하는 것으로, 용접 후의 변형이 작다. 철도레일이나 선박 프레임 등 보수용접 시 사용한다.

21 일반적으로 MIG 용접의 전류밀도는 아크용접의 몇 배 정도인가?

① 2~4배   ② 4~6배

③ 6~8배   ④ 9~11배

해설
MIG 용접(불활성 가스금속아크용접)은 전류밀도가 매우 높아 아크 용접의 4~6배, TIG 용접의 2배 정도이다.

22 피복아크용접에서 용접전류에 의해 아크 주위에 발생하는 자장이 용접봉에 대해서 비대칭일 때 일어나는 현상은?

① 자기흐름   ② 언더 컷

③ 자기불림   ④ 오버 랩

해설
자기불림(아크쏠림) 방지책
• 후퇴법으로 용접할 것
• 짧은 아크를 사용할 것
• 접지를 양쪽에 연결할 것
• 교류용접기를 사용할 것
• 접지점을 용접부에서 가능한 한 멀리 할 것
• 용접봉을 아크 블로(Arc Blow)와 반대 방향으로 기울일 것
• 받침쇠, 간판 용접부, 시점과 종점에 엔드 탭을 사용할 것

23 납땜에 관한 설명으로 옳은 것은?

① 경납땜은 주로 납과 주석의 합금용제를 많이 사용한다.

② 연납땜은 450℃ 이상에서 하는 작업이다.

③ 납땜은 금속 사이에 융점이 낮은 별개의 금속을 용융 첨가하여 접합한다.

④ 은납의 주성분은 은, 납, 탄소 등의 합금이다.

24 직류아크용접에 대한 설명으로 옳은 것은?

① 용접봉을 양극, 모재를 음극에 연결하는 경우를 정극성이라고 한다.

② 역극성은 용입이 깊다.

③ 역극성은 두꺼운 판의 용접에 적합하다.

④ 정극성은 용접 비드의 폭이 좁다.

직류 정극성 (DCSP ; Direct Current Straight Polarity)	직류 역극성 (DCRP ; Direct Current Reverse Polarity)	교류(AC)
• 모재(+) 70% 열, 용접봉(−) 30% 열 • 용입이 깊다. • 용접봉의 용융이 느리다. • 후판용접이 가능하다. • 비드 폭이 좁다.	• 모재(−) 30%열, 용접봉(+) 70% 열 • 용입이 얕다. • 용접봉의 용융이 빠르다. • 박판용접이 가능하다. • 비드폭이 넓다. • 주철, 고탄소강, 비철금속 용접 시	• 극성이 없다. • 전원 주파수의 1/2 사이클 마다 극성이 바뀐다.

25 용접구조물의 제작 도면에 사용하는 보조기능 중 RT가 의미하는 비파괴시험은?

① 초음파탐상시험

② 자기분말탐상시험

③ 침투탐상시험

④ 방사선투과시험

명칭	기호	영문 표기
방사선투과시험	RT	Radiography Test
침투탐상검사	PT	Penetrant Test
초음파탐상검사	UT	Ultrasonic Test
와전류탐상검사	ET	Eddy Current Test
자분탐상검사	MT	Magnetic Test
누설검사	LT	Leaking Test
육안검사	VT	Visual Test

26 연강 용접이음의 안전율은 정하중일 때 얼마로 하는 것이 가장 적당한가?

① 3

② 5

③ 8

④ 12

안전율 : 외부의 하중에 견딜 수 있는 정도를 수치로 나타낸 것 $S = \dfrac{극한강도}{허용응력}$ 로, 연강재 이음부의 경우는 정하중 시 3으로 해야 한다.

• 정하중 : 3
• 동하중(일반) : 5
• 동하중(주기적) : 8
• 충격하중 : 12

27 아크용접기의 사용률에서 아크시간과 휴식시간을 합한 전체 시간은 몇 분을 기준으로 하는가?

① 60분

② 30분

③ 10분

④ 5분

사용률에서 아크시간과 휴식시간을 합한 시간은 10분을 기준으로 하며, 사용률을 구하는 공식은 다음과 같다.

사용률(%) $= \dfrac{아크 \, 발생시간}{아크 \, 발생시간 + 정지시간} \times 100\%$

28 TIG 용접에 대한 설명으로 옳지 않은 것은?

① 박판용접에 적합한 용접법이다.

② 교류나 직류가 사용된다.

③ 비소모식 불활성 가스아크용접법이다.

④ 전극봉은 연강봉이다.

TIG 용접은 Tungsten(텅스텐) 재질의 전극봉과 Inert Gas(불활성 가스)인 Ar(아르곤)을 사용해서 용접하는 특수용접법이다.

29 강을 표준 상태로 하기 위하여 가공조직의 균일화, 결정립의 미세화, 기계적 성질의 향상을 목적으로 소재를 A_3나 A_{cm}보다 30~50℃ 정도 높은 온도로 가열한 후 공랭하는 열처리 방법은?

① 불림
② 심랭
③ 담금질
④ 뜨임

해설

Normal은 표준이라는 의미이며, Normalizing은 단단해지거나 너무 연해진 금속을 표준화 상태로 되돌리는 열처리 방법으로 표준조직을 얻고자 할 때 사용하는 열처리 방법이다. 불림처리라고도 한다.

30 변형과 잔류응력을 최소로 해야 할 경우에 사용되는 용착법으로 가장 적합한 것은?

① 후진법
② 전진법
③ 스킵법
④ 덧살올림법

해설

용접법의 종류

분류		특징
용착 방향에 의한 용착법	전진법	한쪽 끝에서 다른 쪽 끝으로 용접을 진행하는 방법으로 용접 길이가 길면 끝부분 쪽에 수축과 잔류응력이 생긴다.
	후퇴법	용접을 단계적으로 후퇴하면서 전체 길이를 용접하는 방법으로써, 수축과 잔류응력을 줄이는 용접기법이다.
	대칭법	변형과 수축응력의 경감법으로, 용접의 전 길이에 걸쳐 중심에서 좌우 또는 용접물 형상에 따라 좌우대칭으로 용접하는 기법이다.
	스킵법 (비석법)	용접부 전체의 길이를 5개 부분으로 나누고 1-4-2-5-3순으로 용접하는 방법으로, 용접부에 잔류응력을 작게 해야 할 경우에 사용한다.
다층 비드 용착법	덧살올림법 (빌드업법)	각 층마다 전체의 길이를 용접하면서 쌓아올리는 방법으로 가장 일반적인 방법이다.
	전진블록법	한 개의 용접봉으로 살을 붙일만한 길이로 구분해서 홈을 한층 완료 후 다른 층을 용접하는 방법이다.
	캐스 케이드법	한 부분의 몇 층을 용접하다가 다음 부분의 층으로 연속시켜 전체가 단계를 이루도록 용착시켜 나가는 방법이다.

31 용접작업 전 준비를 위한 점검사항이 아닌 것은?

① 보호구의 착용 여부
② 용접봉의 건조 여부
③ 용접설비의 점검
④ 용접결함의 파악

해설

용접결함은 용접작업이 완료된 후에 슬래그 제거 후 용접 부위를 살피면서 점검해야 할 사항이다.

32 림드강의 특징으로 옳지 않은 것은?

① 강괴 내부에 기포와 편석이 생긴다.
② 강의 재질이 균일하지 못하다.
③ 중앙부에 응고가 지연되며 먼저 응고한 바깥부터 주상정이 테두리에 생긴다.
④ 탈산제로 완전탈산시킨 강이다.

해설

강괴의 종류

• 킬드강 : 평로, 전기로에서 제조된 용강을 Fe-Mn, Fe-Si, Al 등으로 완전히 탈산시킨 강
• 세미킬드강 : Al으로 림드강과 킬드강의 중간 정도로 탈산시킨 강
• 림드강 : 평로, 전로에서 제조된 것을 Fe-Mn으로 가볍게 탈산시킨 강
• 캡트강 : 림드강을 주형에 주입한 후 탈산제를 넣거나 주형에 뚜껑을 덮고 리밍작용을 억제하여 내부를 조용하게 응고시키는 것에 의해 강괴의 표면 부근을 림드강처럼 깨끗한 것으로 만듦과 동시에 내부를 세미킬드강처럼 편석이 적은 상태로 만든 강

33 일반적으로 냉간가공 경화된 탄소강 재료를 600∼650℃에서 중간풀림하는 방법은?

① 확산풀림 ② 연화풀림
③ 항온풀림 ④ 완전풀림

해설
냉간가공으로 경화된 탄소강 재료를 600∼650℃에서 중간풀림하면 재료가 연화되는데, 이러한 열처리를 연화풀림이라고 한다.

34 기계적 시험법 중 동적 시험법에 해당하는 것은?

① 크리프 시험
② 피로시험
③ 굽힘시험
④ 인장시험

해설
동적 시험은 시편에 작용하는 하중을 가변적으로 부여하는 것으로, 피로시험이 동적 시험법에 해당한다. 피로시험은 재료에 인장과 압축의 반복하중이 작용할 때 파괴되는 정도를 알아보는 시험법이다.

35 마찰용접의 장점이 아닌 것은?

① 용접 작업시간이 짧아 작업능률이 높다.
② 이종금속의 접합이 가능하다.
③ 피용접물과 형상 치수, 길이, 무게의 제한이 없다.
④ 작업자의 숙련이 필요하지 않다.

해설
압접에 속하는 마찰용접은 피용접물 간의 용접부를 서로 마찰시켜 용융된 금속에 압력을 가해 접합하는 방법으로, 마찰 부위의 면적과 형상, 무게 등을 고려해서 작업환경을 만들어야 하므로 마찰용접은 피용접물과 형상 치수, 길이, 무게 등의 제한이 있다.

36 용접봉의 보관 및 취급상의 주의사항으로 틀린 것은?

① 용접 작업자는 용접전류, 용접 자세 및 건조 등 용접봉 사용조건에 대해 제조자의 지시에 따라야 한다.
② 보통 용접봉은 70∼100℃에서 30∼60분 정도 건조시켜야 한다.
③ 저수소계 용접봉은 300∼350℃에서 1∼2시간 정도 건조시켜야 한다.
④ 용접봉은 진동이 없고 하중을 받는 상태에서 지면보다 낮은 곳에 보관한다.

해설
용접봉은 진동이 없고 하중을 받지 않는 상태에서 습기를 피하기 위해 지면보다 높은 곳에 보관해야 한다.
• 일반 용접봉 : 약 100℃로 30분∼1시간
• 저수소계 용접봉 : 약 300∼350℃에서 1∼2시간

37 탄소강에서의 잔류응력 제거방법으로 가장 적절한 것은?

① 재료를 앞뒤로 반복하여 굽힌다.
② 재료의 취약 부분에 드릴로 구멍을 낸다.
③ 재료를 일정온도에서 일정시간 유지 후 서랭시킨다.
④ 일정한 온도로 금속을 가열한 후 기름에 급랭시킨다.

해설
탄소강에서는 잔류응력을 제거하기 위해 담금질 후에는 반드시 뜨임처리를 해야 한다. 뜨임은 재료를 일정온도에서 일정시간 유지 후 서랭하는 열처리조작이다.

38 주강에 대한 설명으로 옳지 않은 것은?

① 일반적인 주강의 탄소 함유량은 0.1~0.6% 정도이다.

② 기포, 기공 등이 생기기 쉬우므로 제강작업 시 다량의 탈산제가 필요하다.

③ 주조 상태로는 취성이 있어 이것을 억제하기 위하여 Ac_3보다 60~90℃ 높게 가열하여 저온풀림 처리를 한다.

④ 주철로서는 강도가 부족한 곳에 사용된다.

해설
주강은 함유된 C(탄소)의 양이 많기 때문에 완전풀림을 실시해야 한다.

39 주철과 비교한 주강에 대한 설명으로 틀린 것은?

① 주철에 비하여 강도가 더 필요할 경우에 사용한다.

② 주철에 비하여 용접에 의한 보수가 용이하다.

③ 주철에 비하여 주조 시 수축량이 커서 균열 등이 발생하기 쉽다.

④ 주철에 비하여 용융점이 낮다.

해설
주강은 주철에 비해 C(탄소) 함유량이 적어 용융점이 더 높다. 주철의 평균 탄소 함유량은 4.5% 정도이나 주강은 0.1~0.5%로 함유량이 더 적다.

40 다음 중 탄소강의 표준조직이 아닌 것은?

① 페라이트 　　② 펄라이트

③ 시멘타이트 　④ 마텐자이트

해설
탄소강의 표준조직
• 페라이트
• 펄라이트
• 시멘타이트
• 오스테나이트

41 스테인리스강에 관한 설명으로 옳은 것은?

① 18-8형 스테인리스강은 니켈 18%, 크롬 8%를 기준으로 한 것이다.

② 스테인리스강은 13형 니켈 스테인리스강과 18-8형 니켈-크롬강으로 대별한다.

③ 13형 크롬 스테인리스강을 페라이트계 스테인리스강이라고도 한다.

④ 스테인리스강의 종류에는 페라이트계, 펄라이트계, 오스테나이트계, 소르바이트계가 있다

해설
① 18-8형 스테인리스강은 Cr 18%, Ni 8%를 기준으로 한 것으로 오스테나이트계 스테인리스강이다.
② 스테인리스강은 Cr계 스테인리스강과 Cr + Ni계 스테인리스강으로 나뉜다.
④ 스테인리스강의 종류에는 페라이트계, 마텐자이트계, 오스테나이트계, 석출경화계가 있다.

스테인리스강의 분류

구분	종류	합금성분	자성
Cr계	페라이트계 스테인리스강	Fe+Cr 12% 이상	자성체
	마텐자이트계 스테인리스강	Fe+Cr 13%	자성체
Cr+Ni계	오스테나이트계 스테인리스강	Fe+Cr 18%+Ni 8%	비자성체
	석출경화계 스테인리스강	Fe+Cr+Ni	비자성체

42 탄소 함유량이 0.3~0.5%이고, 탄소량이 증가함에 따라서 용접부에서 저온 균열이 발생할 위험성이 커지기 때문에 150~250℃로 예열이 필요한 탄소강은?

① 저탄소강 　　② 중탄소강

③ 고탄소강 　　④ 대탄소강

해설
탄소 함유량에 따른 분류
• 저탄소강 : 0.02~0.25%의 탄소 함유량
• 중탄소강 : 0.25~0.5%의 탄소 함유량
• 고탄소강 : 0.5~1.7%의 탄소 함유량

43 침탄법의 종류에 해당하지 않는 것은?

① 고체침탄법　　② 증기침탄법
③ 가스침탄법　　④ 액체침탄법

• 침탄법의 종류
　– 액체침탄법 : 침탄제인 NaCN(사이안화나트륨), KCN(사이안화칼륨)에 염화물과 탄화염을 40~50% 첨가하고, 600~900℃에서 용해하여 C(탄소)와 N(질소)가 동시에 소재의 표면에 침투하게 하여 표면을 경화시키는 방법으로써, 침탄과 질화가 동시에 된다.
　– 고체침탄법 : 침탄제인 목탄이나 코크스 분말과 소금 등의 침탄촉진제를 재료와 함께 침탄상자에서 약 900℃의 온도에서 약 3~4시간 가열하여 표면에서 0.5~2mm의 침탄층을 얻는 표면경화법이다.
　– 가스침탄법 : 메탄가스나 프로판가스를 이용하여 표면을 침탄하는 표면경화법이다.
• 침탄제의 종류 : NaCN, KCN

44 용접결함의 종류 중 치수상의 결함에 해당하는 것은?

① 선상조직　　② 변형
③ 기공　　④ 슬래그 잠입

용접결함의 종류

45 다음 중 강도가 높고 피로한도, 내열성, 내식성이 우수하여 베어링, 고급 스프링의 재료로 이용되는 것은?

① 쿠니얼 브론즈　　② 콜슨 합금
③ 베릴륨 청동　　④ 인 청동

46 산소-아세틸렌가스 용접할 때 가스용접봉 지름을 결정하려고 하는데, 일반적으로 모재의 두께가 1mm 이상일 때 가스용접봉의 지름을 결정하는 식은?(단, D 는 가스용접봉의 지름(mm), T 는 판 두께(mm)를 의미한다)

① $D = \dfrac{T}{5} + 4$ 　　② $D = \dfrac{T}{4} + 3$

③ $D = \dfrac{T}{3} + 2$ 　　④ $D = \dfrac{T}{2} + 1$

가스용접봉의 지름

$$D = \frac{판\ 두께(T)}{2} + 1$$

47 다음 중 화학적인 표면경화법이 아닌 것은?

① 침탄법　　② 화염경화법
③ 금속침투법　　④ 질화법

표면경화법의 분류

물리적 표면경화법	화학적 표면경화법
화염경화법	침탄법
고주파경화법	질화법
하드페이싱	금속침투법
쇼트피닝	

48 현미경시험용 부식제 중 알루미늄 및 그 합금용에 사용되는 것은?

① 초산 알코올액

② 수산화칼륨액

③ 연화철액

④ 피크린산

알루미늄 및 그 합금용 부식제에는 수산화나트륨, 수산화칼륨 등이 있다.

49 기계제도 치수기입법에서 참고 치수를 의미하는 것은?

① 50

② <u>50</u>

③ (50)

④ ≪50≫

치수 표시기호

기호	구분	기호	구분
∅	지름	p	피치
S∅	구의 지름	⌒50	호의 길이
R	반지름	<u>50</u>	비례척도가 아닌 치수
SR	구의 반지름	50	이론적으로 정확한 치수
□	정사각형	(50)	참고 치수
C	45° 모따기	~~50~~	치수의 취소 (수정 시 사용)
t	두께	–	–

50 형틀굽힘(굴곡)시험을 할 때 시험편을 보통 몇 도까지 굽히는가?

① 120°   ② 180°

③ 240°   ④ 300°

굽힘시험기를 통해서 용접 부분을 그라인딩 후 약 180°로 굽혀서 재료의 상태를 시험한다.

51 다음 도면에서 드릴 구멍의 위치에 관한 설명으로 맞는 것은?

① 90° 간격으로 배열되어 있다.

② 120° 간격으로 배열되어 있다.

③ 150° 간격으로 배열되어 있다.

④ 임의의 위치에 적당하게 배열되어 있다.

'등간격', '3-∅5 드릴'이란 구멍지름이 5mm인 구멍이 360°의 원형 배열 안에 등간격으로 3개가 있음을 나타낸 것이다. 따라서 구멍 중심 간 간격은 서로 120°로 떨어져 있음을 알 수 있다.

52 회전도시 단면도에 대한 설명으로 틀린 것은?

① 절단할 곳의 전후를 끊어서 그 사이에 그린다.

② 절단선의 연장선 위에 그린다.

③ 도형 내의 절단한 곳에 겹쳐서 도시할 경우 굵은 실선을 사용하여 그린다.

④ 절단면은 90° 회전하여 표시한다.

해설
회전도시 단면도에서 도형 내 절단한 곳에 겹쳐서 도시할 때는 가는 실선을 사용한다.

53 선의 종류와 명칭이 바르게 짝지어진 것은?

① 가는 실선 – 중심선

② 굵은 실선 – 외형선

③ 가는 파선 – 지시선

④ 굵은 1점 쇄선 – 수준면선

해설
제품의 외형을 인식하게 하기 위해서는 굵은 실선으로 도면에 표시한다.

선의 종류 및 용도

명칭	기호명칭	기호
외형선	굵은 실선	———————
치수선	가는 실선	———————
치수보조선		
지시선		
회전단면선		
수준면선		
숨은선	가는 파선	– – – –
	굵은 파선	▬ ▬ ▬ ▬
중심선	가는 1점 쇄선	–·–·–·–
기준선		
피치선		
무게중심선	가는 2점 쇄선	—··—··—
가상선		
열처리	굵은 1점 쇄선	▬·▬·▬·

54 다음 중 일면 개선형 맞대기용접의 기호는?

해설

명칭	기본기호
V형 홈 맞대기용접	V
베벨형 맞대기용접 (일면 개선형 맞대기용접)	V
양면 플랜지형 맞대기용접	⌐⌐
스폿용접	○

55 교류아크용접기 종류 중 AW-500의 정격부하전압은 몇 V인가?

① 28V   ② 32V

③ 36V   ④ 40V

해설
교류아크용접기의 규격

종류	정격 2차 전류(A)	정격 사용률(%)	정격 부하전압(V)	사용 용접봉 지름(mm)
AW 200	200	40	30	2.0~4.0
AW 300	300	40	35	2.6~6.0
AW 400	400	40	40	3.2~8.0
AW 500	500	60	40	4.0~8.0

56 도면의 척도값 중 실제 형상을 확대하여 그리는 것은?

① 2 : 1   ② $1 : \sqrt{2}$

③ 1 : 1   ④ 1 : 2

해설
확대하여 그린 확대도는 실제 물체보다 더 크게 도면에 표시하는 것으로 2:1, 3:1과 같이 도면에 표시되는 크기의 배율을 맨 앞에 나타낸다.
척도 표시방법
A : B = 도면에서의 크기 : 물체의 실제 크기
예 축적 – 1 : 2, 현척 – 1 : 1, 배척 – 2 : 1

57 다음 중 일반구조용 압연강재의 KS 재료기호는?

① SS490   ② SSW41

③ SBC1   ④ SM400A

해설
① SS : 일반구조용 압연강재
② SSW : 스테인리스 창
③ SBC : 체인용 환강
④ SM400A : 용접구조용 압연강재, 기계구조용 탄소강재도 SM을 사용한다.

58 마이크로필름으로 도면을 촬영, 복사할 때 편의를 위해 만든 것은?

① 중심마크   ② 비교눈금
③ 도면구역   ④ 재단마크

해설
중심마크는 도면의 영구 보존을 위해 마이크로필름으로 촬영하거나 복사하고자 할 때 도면의 폭과 높이의 중간 부분에 굵은 실선으로 표시한다.

59 다음 중 나사산의 각도를 측정하는 방법이 아닌 것은?

① 투영기에 의한 방법
② 공구 현미경에 의한 방법
③ 버니어 캘리퍼스에 의한 방법
④ 만능 측정 현미경에 의한 방법

해설
버니어 캘리퍼스는 길이측정기로 각도 측정은 불가능하다.

60 한계게이지에 대한 설명으로 옳지 않은 것은?

① 조작이 간단하므로 경험이 필요하지 않다.
② 분업방식을 취할 수 있다.
③ 공작물의 정확한 치수를 알 수 있다.
④ 대량 검사에 적합하다.

해설
한계게이지는 기준 치수 안으로 공작물의 치수가 부합되는지만, 판단되는 비교측정기의 일종으로 정확한 치수를 알 수는 없다.

참 / 고 / 문 / 헌

- 이승평, 간추린 금속재료, 청호

- 박종우, 정밀용접공학, 일진사

- 교육과학기술부, 기초제도, (주)두산동아

- 교육과학기술부, 기계제도, (주)두산동아

- 교육과학기술부, 기계일반, (주)두산동아

- 교육과학기술부, 금속재료, (주)두산동아

- 교육과학기술부, 금속제조, (주)두산동아

- 교육과학기술부, 재료가공, (주)두산동아

- 교육인적자원부, 소성가공, (주)대한교과서

- 교육과학기술부, 산업설비 상, (주)두산동아

- 교육과학기술부, 산업설비 하, (주)두산동아

- 교육과학기술부, 기계기초공작, (주)두산동아

- 교육과학기술부, 기계공작법, (주)두산동아

Win-Q 피복아크용접기능사 필기

개정12판1쇄 발행	2026년 01월 05일 (인쇄 2025년 11월 20일)
초 판 발 행	2014년 01월 15일 (인쇄 2013년 12월 04일)
발 행 인	박영일
책 임 편 집	이해욱
편 저	홍순규
편 집 진 행	윤진영, 최 영
표지디자인	권은경, 길전홍선
편집디자인	정경일, 심혜림
발 행 처	(주)시대고시기획
출 판 등 록	제10-1521호
주 소	서울시 마포구 큰우물로 75 [도화동 538 성지 B/D] 9F
전 화	1600-3600
팩 스	02-701-8823
홈 페 이 지	www.sdedu.co.kr

I S B N	979-11-434-0426-8(13550)
정 가	23,000원

자격증 취득에 승리할 수 있도록 **Win-Q시리즈**가 완벽하게 준비하였습니다.

Win-Q
위험물기능사
필기

Win-Q
환경기능사
필기+실기

Win-Q
화훼장식기능사
필기

Win-Q
원예기능사
필기+실기

Win-Q
공조냉동기계산업기사
필기

Win-Q
화학분석기사
필기

Win-Q
위험물산업기사
필기

Win-Q
소방설비기사[전기편]
필기

Win-Q
설비보전산업기사
필기+실기

Win-Q
가스산업기사
필기

Win-Q
에너지관리기사
필기

Win-Q
실내건축산업기사
필기

※ 도서의 이미지 및 구성은 변경될 수 있습니다.